国外电子与电气工程技术丛书

自动控制系统

（原书第10版）

[加] 法里德·高那菲（Farid Golnaraghi）
[美] 本杰明·C. 郭（Benjamin C. Kuo） 著
李少远 邹媛媛 译

Automatic
Control Systems
Tenth Edition

机械工业出版社
China Machine Press

图书在版编目（CIP）数据

自动控制系统（原书第10版）/（加）法里德·高那菲（Farid Golnaraghi），（美）本杰明·C.郭（Benjamin C. Kuo）著；李少远，邹媛媛译．—北京：机械工业出版社，2020.5
（国外电子与电气工程技术丛书）
书名原文：Automatic Control Systems, Tenth Edition

ISBN 978-7-111-65577-0

I. 自…　II. ①法…　②本…　③李…　④邹…　III. 自动控制系统　IV. TP273

中国版本图书馆CIP数据核字（2020）第079740号

本书版权登记号：图字　01-2017-8948

Farid Golnaraghi, Benjamin C. Kuo: Automatic Control Systems, Tenth Edition (ISBN 978-1-25-964383-5)

出版发行：机械工业出版社（北京市西城区百万庄大街22号　邮政编码：100037）

责任编辑：张梦玲　　责任校对：李秋荣

印　刷：北京市荣盛彩色印刷有限公司　　版　次：2020年6月第1版第1次印刷

开　本：185mm×260mm　1/16　　印　张：40

书　号：ISBN 978-7-111-65577-0　　定　价：149.00元

客服电话：（010）88361066　88379833　68326294　　投稿热线：（010）88379604

华章网站：www.hzbook.com　　读者信箱：hzjsj@hzbook.com

出版者的话

文艺复兴以来，源远流长的科学精神和逐步形成的学术规范，使西方国家在自然科学的各个领域取得了垄断性的优势；也正是这样的优势，使美国在信息技术发展的六十多年间名家辈出、独领风骚。在商业化的进程中，美国的产业界与教育界越来越紧密地结合，信息学科中的许多泰山北斗同时身处科研和教学的最前线，由此而产生的经典科学著作，不仅擘划了研究的范畴，还揭示了学术的源变，既遵循学术规范，又自有学者个性，其价值并不会因年月的流逝而减退。

近年，在全球信息化大潮的推动下，我国的信息产业发展迅猛，对专业人才的需求日益迫切。这对我国教育界和出版界都既是机遇，也是挑战；而专业教材的建设在教育战略上显得举足轻重。在我国信息技术发展时间较短的现状下，美国等发达国家在其信息科学发展的几十年间积淀和发展的经典教材仍有许多值得借鉴之处。因此，引进一批国外优秀教材将对我国教育事业的发展起到积极的推动作用，也是与世界接轨、建设真正的世界一流大学的必由之路。

机械工业出版社华章公司较早意识到“出版要为教育服务”。自1998年开始，我们就将工作重点放在了遴选、移译国外优秀教材上。经过多年的不懈努力，我们与Pearson、McGraw-Hill、Elsevier、John Wiley & Sons、CRC、Springer等世界著名出版公司建立了良好的合作关系，从它们现有的数百种教材中甄选出Alan V. Oppenheim、Thomas L. Floyd、Charles K. Alexander、Behzad Razavi、John G. Proakis、Stephen Brown、Allan R. Hambley、Albert Malvino、Peter Wilson、H. Vincent Poor、Hassan K. Khalil、Gene F. Franklin、Rex Miller等大师名家的经典教材，以“国外电子与电气工程技术丛书”和“国外工业控制与智能制造丛书”为系列出版，供读者学习、研究及珍藏。这些书籍在读者中树立了良好的口碑，并被许多高校采用为正式教材和参考书籍。其影印版“经典原版书库”作为姊妹篇也越来越多被实施双语教学的学校所采用。

权威的作者、经典的教材、一流的译者、严格的审校、精细的编辑，这些因素使我们的图书有了质量的保证。随着电气与电子信息学科、自动化、人工智能等建设的不断完善和教材改革的逐渐深化，教育界对国外电气与电子信息类、控制类、智能制造类等相关教材的需求和应用都将步入一个新的阶段，我们的目标是尽善尽美，而反馈的意见正是我们达到这一终极目标的重要帮助。华章公司欢迎老师和读者对我们的工作提出建议或给予指正，我们的联系方法如下：

华章网站：www.hzbook.com
电子邮件：hzjsj@hzbook.com
联系电话：(010) 88379604
联系地址：北京市西城区百万庄南街1号
邮政编码：100037

华章科技图书出版中心

纪念本杰明·C. 郭（Benjamin C. Kuo）教授

一位富有远见的先驱者和杰出的老师

当人们想到一个学术机构时，想到的是这个机构成员的智慧以及影响力。已故的Benjamin C. Kuo教授是伊利诺伊大学的杰出教授中的一位，特别是对于电气和计算机工程系来说。

Benjamin教授毕业于伊利诺伊大学电气与计算机工程系，也是该系教师团队的成员。1958年，Benjamin教授在获得该系的博士学位后加入了该系，并把自己长达31年的耀眼且最具影响力的职业生涯奉献于此。

Benjamin教授是自动控制领域富有远见的先驱者。他的著作《自动控制系统》首次出版于1962年，已被翻译成多种语言。近50年来，该书共出版9个版本，已成为自动控制领域最受欢迎的书籍之一。

他于1972年首次举办了Incremental Motion Control Systems and Devices（增量运动控制系统与装置）研讨会，吸引了来自世界各地的工业界和学术界的工程师、研究人员，以一种非凡且最有影响力的方式促进了该领域的发展。

Benjamin教授作为杰出的研究者和教育家，带来的影响主要有：

- 他指导的120多名研究生在工业界和学术界取得了令人振奋的成绩，传播了数字控制的新思路，为此领域的发展做出了贡献。
- 世界各地数以万计的学生，通过阅读本书了解了自动控制学科，并对其多方面的应用产生了兴趣。
- 最后，全世界数十亿人如今生活得更加轻松和安全，这也要归功于无处不在的控制电子产品，这也是Benjamin教授几十年前在伊利诺伊大学梦寐以求的。

一个杰出的灵魂会产生长久的贡献，且不会随着这个人的去世而消失。

Andreas C. Cangellaris
工程学院院长
M. E. Van Valkenburg 教授
电气与计算机工程系
伊利诺伊大学厄巴纳－香槟分校

译者序

自动控制技术作为国家生产力水平先进性的重要体现，已广泛应用于工农业生产、交通运输、电力、能源与资源、计算机和通信网络、机器人、航空航天、武器装备乃至人类经济活动、社会管理等诸多领域。特别是在智能制造、互联网、大数据、新一代人工智能等重大发展战略背景下，对自动控制技术的发展提出了新的要求，自动控制理论作为控制技术的核心，其经典控制原理蕴含着丰富的控制策略与控制方法，也是发展现代控制理论乃至目前智能控制原理与方法的根本，这也是我们学习这本书的意义所在。

本书第 10 版是由西蒙弗雷泽大学 Farid Golnaraghi 教授和伊利诺伊大学 Benjamin C. Kuo 教授于 2017 年合作完成的。前 9 版曾被美国及全世界的上百所大学采用。译者之所以选择本书进行翻译，是因为其作为一本自动控制工具书，在选材、编排和表达方面都独具特色，不仅详尽、系统地阐述了自动控制系统的基本概念、原理等理论知识，同时通过计算机辅助工具为读者提供了更多的演示例子。这种将控制理论、实际工程案例与计算机工具有机结合的方式，使读者在学习基础知识的同时，对控制思想与方法有更直观、深刻的理解。与旧版相比，本书在内容的组织和逻辑上更加严密，涵盖了经典控制理论、现代控制理论等自动控制原理的核心内容，同时增加了更多的示例，配备了 LEGO MINDSTORMS 和 MATLAB / SIMLab 的在线实验室，便于学生在软件环境中求解各种类型的控制问题并进行控制实验。在表达上，避免使用过多的数学知识和理论证明，而是采用直观透彻的方式描述自动控制这门复杂的学科。因此，本书不仅适合在校学生和教师使用，对工程师以及那些没有系统地学过有关课程的读者也能提供很大帮助。

本书术语的翻译参考了由汪小帆教授和李翔教授翻译的第 8 版，以及由上海交通大学自动化系徐薇莉、田作华老师编著的《自动控制理论与设计》，在此表示感谢。还要感谢博士研究生何叶、穆建彬、白婷、杨亚茹、黄猛、堵益高、米肖肖等做的大量协助工作。本书译稿虽几经校阅，但译者深知水平有限，译文中难免存在不当之处，恳请广大读者提出宝贵意见。

李少远　邹媛媛

2019 年 12 月于上海交通大学

前　言

本书第10版进行了全面的修订，更偏重从实际的角度向读者介绍自动控制系统的基本概念。这一版丰富了每一章的内容，提供更多的解决实例，使用LEGO MINDSTORMS 和 MATLAB/SIMLab 模拟软件，并介绍控制实验室概念。这本书让读者对于本学科的实际应用有所了解，为以后将要面临的挑战做好准备。

本版本增加了更多案例，添加了更多的 MATLAB 工具箱，并增强了 MATLAB GUI 软件 ACSYS，以与 LEGO MINDSTORMS 软件连接，还为学生和老师介绍了更多的计算机辅助工具。本版本的撰写历时5年，其间经过许多教授评审，以求更好地调整其中的新概念。在本版本中，第1～3章包括所有的背景知识，第4～11章包含与控制学科直接相关的内容。控制实验室的内容在附录D中有详细介绍。

本书的以下附录可以从 www.mhprofessional.com/golnaraghi 或 www.hzbook.com 中找到：

附录A　初等矩阵理论和代数学
附录B　数学基础
附录C　拉普拉斯变换表
附录D　控制实验室
附录E　ACSYS 2013：软件说明
附录F　根轨迹的特征和构造
附录G　广义奈奎斯特（Nyquist）判据
附录H　离散控制系统
附录I　差分方程
附录J　z 变换表

这本书主要适用于三类人群：已经采用本书，或者将要选用本书作为教材的教师；想要解决日常设计问题的实践工程师；选择了控制系统课程的学生。

致教师⊖

这本书的内容是 Golnaraghi 教授和 Kuo 教授在各自的大学讲授初级和高级控制系统课程时所做的总结。前9个版本已经被全世界的上百所大学所采用，而且至少已经被翻译成了6种语言。

大部分本科控制课程都有涉及直流电动机的时间响应和控制（即速度响应、速度控制、位置响应和位置控制）的实验课程。在许多情况下，由于控制实验室中的设备的成本高昂，学生对实验设备的使用受到限制，因此，许多学生不能获得对于控制学科的实际见解。在第10版中，我们介绍了**控制实验室**的概念，它包括两类实验：**SIMLab（基于模型的仿真）**和 **LEGOLab（物理实验）**。这些实验旨在补充或者替代传统的本科控制

⊖ 关于本书教辅资源，只有使用本书作为教材的教师才可以申请，需要的教师请向麦格劳·希尔教育出版公司北京代表处申请，电话010-57997618/7600，传真010-59575582，电子邮件 instructorchina@mheducation.com。——编辑注

课程中的实验部分。

在这个版本中，我们为 LEGO MINDSTORMS NXT 直流电动机设计了一系列低成本的控制实验，使学生即使在家里也能够在 MATLAB 和 Simulink 环境下进行练习。有关详细信息，请参阅附录 D。得益于低成本，教育机构可为实验室配备许多 LEGO 实验床，以最大化学生对实验设备的使用。另外，作为补充学习的工具，学生可以在支付一定的押金后把设备带回家，按照自己的节奏来学习。这个概念在 Golnaraghi 教授所在的加拿大温哥华西蒙弗雷泽大学被证明是非常成功的。

实验内容包括对直流电动机的**速度和位置进行控制**，其次是**控制器设计**，也就是，为一个简单的机器人系统设计控制器以进行拾取和放置操作，以及电梯系统的位置控制。在第 6 和第 7 章中另有两个项目。这些新实验的具体目标是：

- 对直流电动机的速度响应、速度控制和位置控制概念进行深入且实际的讨论。
- 以实验方式提供如何识别物理系统参数的示例。
- 通过现实的例子来更好地理解控制器设计。

本书不仅包含传统的 MATLAB 工具箱（学生可以学习 MATLAB 并发挥他们的编程技能），还包含一个基于 MATLAB 的图形化软件 ACSYS。此版本中的 ACSYS 软件与任何其他的控制类书籍附带的软件有很大的差别。书中通过大量使用 MATLAB GUI 编程开发了非常易用的软件。这样，学生只需要把注意力集中在控制问题的学习上，而不是编程上！

致执业工程师

我们在写作本书的过程中时刻考虑读者的情况，而且本书很适合自学。我们的目标是清楚而透彻地讲解这门学科。这本书的编写没有采用理论 – 证明 –（证毕）Q. E. D 的格式，也没有包含过多的数学知识。多年来作者做过多个工业领域的顾问，并且参与解决了许多控制系统问题，涉及宇航系统、工业控制、汽车控制和计算机外部设备控制等。虽然实际问题的所有细节和真实性难以被全部包含在这种层次的书本中，但是书中的一些例子和问题还是可以反映实际系统的简化形式的。

致学生

因为你选了控制系统这门课而你的老师指定用这本书，所以这本书现在在你手中！虽然你有权在读过本书后表达自己的观点，但是你无法左右老师对本书的选择。你的老师想让你努力学习可能是他选择这本书的理由之一。请不要对我们有误解，我们的本意是，尽管这本书易于学习，但也非常有意义。书中没有吸引人的卡通画或者漂亮的图片，从这里开始将是繁重、艰苦的学习。本书假设你已经掌握了典型线性系统课程讲授的一些预备知识，例如线性常微分方程的求解、拉普拉斯变换及应用、线性系统的时间响应和频域分析。书中不涉及太多你以前没有学过的新数学工具。一件有趣且富有挑战性的事情是，你将要运用在过去的两三年大学课程中所学到的数学工具。如果需要重温一下某些数学基础，你可以在 www.mhprofessional.com/golnaraghi 上的附录里找到它们。本书还包含许多其他内容，如基于 Simulink 的 SIMLab 和 LEGOLab，它们可以帮助你增进对实际控制系统的理解。

本书包含大量示例。为了说明新思想和主要问题，还特意简化了一些例子。其他例子为了更贴近实际则更加精细化。此外，本书的目标是用一种清晰透彻的方法来描述一门复杂的学科。对学生来说，一种重要的学习策略是，不完全依赖于指定的书本。当学习一门课程的时候，可去图书馆查阅一些类似的书，看一看其他的作者是如何处理相同内容的。你可能会发现关于这门学科的新观点，并且发现某个作者对学习资料的论述比其他人更仔细和彻底。不要分散注意力去记录一大堆过于简单的例子。在现实中，你将遇到涉及非线性系统、时变元件，以及高阶控制系统的设计。现实世界中不存在严格的线性系统和一阶系统的事实可能会令你有点沮丧。

特别致谢

感谢 McGraw-Hill 教育出版公司的编辑总监 Robert L. Argentieri 在本书的出版方面所做的努力和给予的支持。初稿审阅工作对这次修订的完成有很大的帮助，特别感谢审阅者提出的宝贵建议和意见。特别感谢西蒙弗雷泽大学机电系统工程系的教师、学生、研究人员以及所有为此书做出贡献的合作学生。

感谢 Kuo 教授遗留的宝贵财产，尤其感谢 Lori Dillon 在这个项目中给予的支持。

最后，还要感谢已故的 Benjamin C. Kuo 教授，感谢能与他共同分享写作此书的快乐，感谢他在写作过程中的教诲和支持。

Farid Golnaraghi

加拿大，不列颠哥伦比亚省，温哥华

目 录

第9章 根轨迹法

第10章 频域分析

⊖ 见华章官网 www.hzbook.com。

第1章 绪论

完成本章的学习后，你将能够

1）认识到控制系统在日常生活中的作用和重要性。

2）了解控制系统的基本组成部分。

3）了解开环和闭环系统之间的区别，以及反馈在闭环控制系统中的作用。

4）通过使用 LEGO MINDSTORMS、MATLAB 和 Simulink，理解现实生活中的控制问题。

本章的目的是使读者熟悉以下几方面的内容：

1）什么是控制系统。

2）控制系统的重要性。

3）控制系统的基本组成部分。

4）控制系统应用例子。

5）为什么绝大多数控制系统均具有反馈。

6）控制系统的分类。

在过去的50年里，控制系统在现代文明和技术的发展和进步中发挥着越来越重要的作用。它几乎影响着我们日常活动的方方面面。例如在家中，我们需要控制房间内的温度和湿度以使生活舒适。在工业上，制造过程中的大量产品需要达到一定的指标，这些指标要满足精度和成本利润的要求。一个人要能够完成包括做各种决策在内的各种类型的任务。有些任务通常是一种程序化的方式，例如捡起物体后从一个地方走到另外一个地方。在某些情况下，一些任务需要按照尽可能好的方式去完成。例如在百米短跑中，运动员希望以尽可能短的时间跑完全程。而对于一名马拉松选手来说，他不仅需要尽可能快地跑完，还需要控制好在这个过程中的能量消耗并设计最好的比赛策略。为了实现这些“目标”，通常需要引入能够执行某种控制策略的控制系统。

控制系统已经大量应用到工业的各个部门，比如产品质量控制、自动装配线、机床控制、空间技术、计算机控制、交通系统、电力系统、机器人、微机电系统（MEMS）、纳米技术等，甚至包括社会与经济系统。具体地说，控制系统的应用领域包括：

- **过程控制**，实现工业环境下的自动化和批量生产。
- **机床**，改善精度并提高生产效率。
- **机器人系统**，实现运动和速度控制。
- **运输系统**，现代汽车和飞机的各种功能涉及控制系统。
- **微机电系统**，微型机电装置，如微型传感器和微型执行器。
- **芯片实验室**，在只有几毫米至几平方厘米大小的芯片上同时进行用于医疗诊断或者是环境监测的几项实验任务。
- **生物力学和生物医学**，人造肌肉、药物输送系统和其他辅助技术。

1.1 控制系统的基本组成部分

控制系统的基本组成部分包括：

1）控制目标。

2）控制系统（元件）。

3）结果或输出。

上述三部分之间的基本关系如图 1-1 所示，此控制框图提供了一种图形化的方法来描述控制系统的元件如何进行交互。我们稍后将在第 4 章中进行讨论。在这种情况下，**控制目标**可由**输入**（或者称为激励信号 u）和**输出**（或者称为被控变量 y）确定。一般而言，控制系统的目标在于通过输入，经由控制元件，以某种预先设定的方式来控制输出。

图 1-1　控制系统的基本组成部分

1.2　控制系统应用举例

随着计算机技术的发展和新材料的开发，控制系统的应用范围获得了极大的扩展。这些材料可用于开发高效的执行器和传感器，从而减少了对能源的浪费和环境的影响。这些先进的执行器和传感器几乎可以被应用到任何系统中，包括生物推进、运动、机器人、材料处理、生物医学、外科和内窥镜、航空、海洋、国防和航天工业。

2

下面介绍一些我们日常生活中常见的控制系统。

1.2.1　智能交通系统

汽车及其在过去两个世纪的演变可以说是人类最具有变革性的发明。多年来，许多创新使得汽车更快、更安全、更美观。人们总是希望汽车的智能化程度不断提高，而且能够提供最大程度的舒适、安全和低油耗。汽车智能系统包括空调控制系统、巡航控制系统、防死锁刹车系统（ABS）、用于在粗糙地面上减少震动的主动悬挂、高过载弯道平衡气垫、当汽车转向不足或过高时提供偏移控制的动力系统（通过有选择地启动刹车以重新获得车辆控制）、防车轮加速时抓地不牢的牵引系统、控制车辆侧倾的主动转向杆等。以下是几个例子。

线控驱动和驾驶辅助系统

新一代的智能汽车能够了解驾驶环境、定位所在位置、监控汽车健康状态、理解道路标志、监控驾驶员的表现，甚至超越驾驶员以避免事故的发生。要实现上述功能需要对现有控制系统进行大修。线控技术把传统的机械和液压系统替换为电子设备和控制系统，使用机电执行器和人机接口（或者称为触觉系统），如踏板和转向模拟器。因此，传统的一些汽车元件，如驾驶杆、中间轴、泵、软管、流体、带、冷却器、制动助力器和主汽缸等。触觉界面可以为驾驶员提供足够的透明度，同时保持系统的安全性和稳定性。卸下笨重的机械方向盘和转向系统的其余部分在现代汽车重量的减轻和安全性方面具有明显的优势，并且由于给驾驶员创造了更大的空间而在人体工程学方面也有改善。在这方面，用驾驶员通过触觉控制的触觉装置来替换方向盘是有益的。触觉装置可以让驾驶员产生与机械方向盘相同的感觉，但是由于去除了大体积的机械系统，可以改善成本，提高安全性，同时减少燃料的消耗。

驾驶辅助系统通过感知、检测危险的性质和程度来帮助驾驶员避免或减轻事故。根据威胁的重要性和时间，车载安全系统将会尽早提醒司机即将到来的危险，并积极协助或最终进行干预，以避免事故或减轻其后果。当驾驶员由于疲劳驾驶或者是注意力不集中导致车辆失控时，辅助系统自动替代功能将是系统中的重要组成部分。在这种系统中，被称为先进车辆控制系统的装置对车辆控制进行纵向和横向的监控，并且通过与中央控制单元的交互，在被需要时可以随时对车辆进行控制。该系统可以方便地与传感器网络集成在一起，监控道路上的各个环节，并准备以安全的方式采取适当的行动。

高级混合动力总成技术的综合应用

混合动力技术可以提高燃油的效率，同时增强驾驶体验。把新能源存储和转换技术与动力总成相结合，是混合动力技术的主要目标。这些技术必须与内燃机平台兼容，并且必须增强而不是危及车辆的功能。应用的示例包括插电式混合动力技术，其单独使用电池供电来增加车辆的巡航距离，并且利用燃料电池、能量收集（例如，通过将悬架中的振动能量或者是制动器中的能量转换为电能）或可持续能源（如太阳能和风力发电）为电池充电。智能的插电式车辆可以作为未来集成智能家居和电网能源系统的一部分，其将利用智能电能计量装置预测峰值能耗小时数，来最大限度地利用电网能源。

3

高性能实时控制，健康监测和诊断

现代车辆使用越来越多的传感器、执行器和网络嵌入式计算机。随着驱动系统等革命性功能的引入，现代车辆对高性能计算的需求将会增加。将感官数据处理为适当的控制、监测以及诊断信息所需要的巨大的计算负担为嵌入式计算技术的设计带来了挑战。为此，与之对应的挑战是如何利用复杂的计算技术来控制、监控和诊断复杂的汽车系统，同时满足低功耗和成本效益等要求。

1.2.2 汽车转向控制

其为图 1-1 所示为控制系统的简单例子，考虑汽车转向系统。被控变量或输出 y 是两个前轮的方向；激励信号或输入 u 为方向盘的方向。转向机构和整车动力系统组成了这样的控制系统或者类似的过程。如果控制汽车的速度是目的，那么施加在加速器上的压力就是激励信号，车辆速度就是被控变量。总体来说，可以认为简化的汽车控制系统有两个输入（方向盘和加速器）和两个输出（方向和速度）。这里的两个控制量和两个输出量是互相独立的，但是有些系统中的控制量之间是相互关联的。具有超过一个输入和一个输出的系统被称为多变量系统。

1.2.3 汽车怠速控制

以汽车发动机的怠速控制为例，这个控制系统的目标是：在发动机上施加诸如传动、电力辅助转向、空调等负载的情况下，维持发动机以较低的速度空转，以降低损耗。如果没有怠速控制，任何突加于发动机的负载都会造成发动机速度陡降，甚至导致发动机熄火。因此，怠速控制系统的主要目的在于：在发动机上施加负载时，消除或尽量减少转速下降；使发动机怠速稳定在期望值上。图 1-2 是怠速控制系统框图。这里节气阀调节角 α 和负载转矩 T_L（使用空调、电力辅助、转向或电力制动产生的转矩）是输入，发动机转速 ω 是输出，发动机则是被控过程或系统。

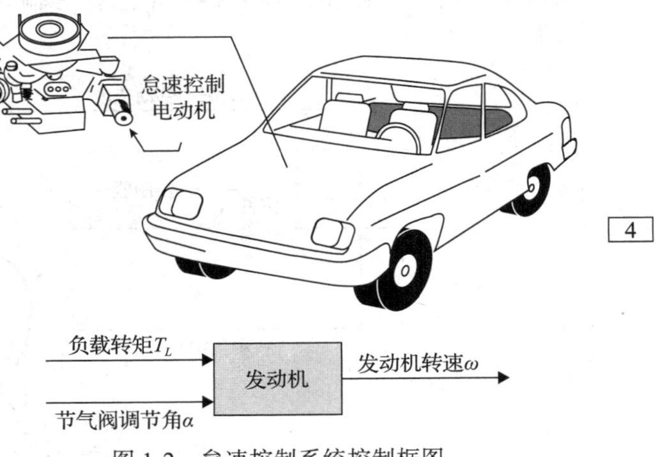

图 1-2 怠速控制系统控制框图

4

1.2.4 太阳能收集器的太阳跟踪控制

为了发展经济可行的非石油源电能，人们在替代能源的开发方面已经进行了大量的研究，其中包括太阳能转换方法和太阳能电池转换技术。大部分此类系统使用了太阳跟踪装置。图 1-3 展示了一个太阳能收集器阵列，图 1-4 是一个使用太阳能的高效抽水机的概念图。白天太阳能收集器产生电能把水从地下抽到蓄水池（在附近的山上），次日清晨，蓄水池的水再被送至灌溉系统。

图 1-3　太阳能收集器阵列

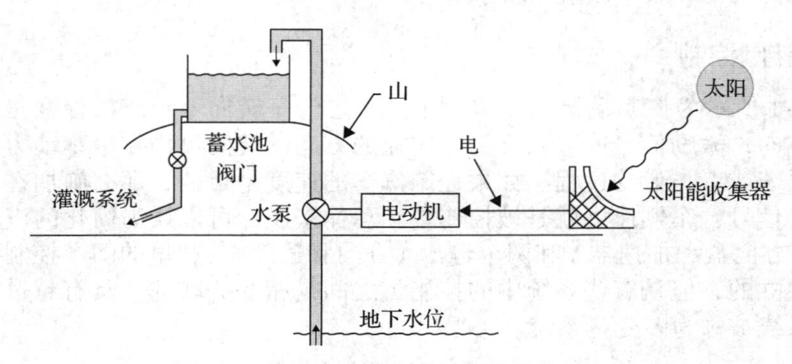

图 1-4　使用太阳能的高效抽水机的概念图

太阳能收集器的一个重要特征是蝶形收集器必须精确地跟踪太阳，因此，蝶形收集器的移动必须由复杂的控制系统控制。图 1-5 所示控制框图描绘了太阳跟踪系统及其他一些重要部件的常见结构。控制器在清晨发出“开始跟踪”命令并保证收集器始终对着太阳。控制器在白天不断计算两个控制轴（方位角和仰角）的移动速度，并使用这个速度与太阳传感器获得的信息作为输入来启动适当的电动机指令，从而转动收集器。

5

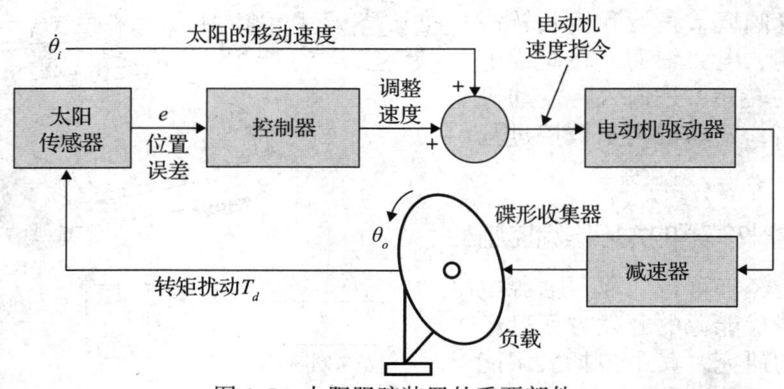

图 1-5　太阳跟踪装置的重要部件

1.3 开环控制系统（无反馈系统）

图 1-2 所示怠速控制系统并不复杂，它被称为**开环控制系统**。显然，该系统不能达到令人满意的性能指标。某一时刻，根据发动机速度设置节气阀调节角 α 初始值后，一旦加上负载转矩 T_L，发动机转速不可避免地要降低。要让系统正常工作，唯一的办法是根据负载转矩的变化调节 α，从而维持 ω 在期望的水平上。传统的电动洗衣机也是开环控制系统，因为总的洗涤时间完全是由人的判断和估计决定的。

6

开环控制系统通常由两个部分组成：**控制器**与**被控过程**（见图 1-6）。参考输入 r 被用于控制器，其输出为激励信号 u；激励信号作用于被控过程上，使被控变量 y 达到预先设定值。比较简单的情况下，根据系统特性，控制器可能是放大器、机械连接或者是其他控制元件；在复杂情况下，控制器可能是计算机，如微处理器等。由于开环控制系统具有简单经济的特点，其常被用于很多不重要的应用中。

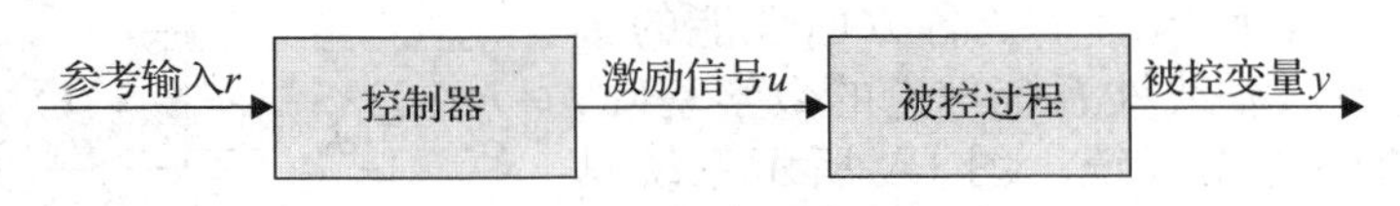

图 1-6 开环控制系统的组成

1.4 闭环控制系统（反馈控制系统）

开环控制系统缺少从输出到输入的反馈，这种反馈可以提供更精确、更具适应性的控制。为了获得更精确的控制，被控信号 y 经反馈后与参考输入比较，输入与输出的差值经比例放大得到执行信号，并送给系统以纠正误差。具有至少一条上述反馈路径的系统称为闭环控制系统。

图 1-7 是一个闭环怠速控制系统框图。参考输入 ω_r 设定为期望的怠速。发动机的怠速对应于参考值 ω_r，任意偏差（如转矩 T_L）都会被速度变换器和误差传感器检测到。控制器根据偏差产生一个信号来调整节气阀调节角 α 以消除误差。图 1-8 比较了开环与闭环怠速控制系统的典型响应特性。在图 1-8a 中加入负载转矩 T_L 后，开环系统的怠速会降低并稳定在一个较低值上；在图 1-8b 中，加 T_L 后闭环系统的速度会迅速恢复到设定值。

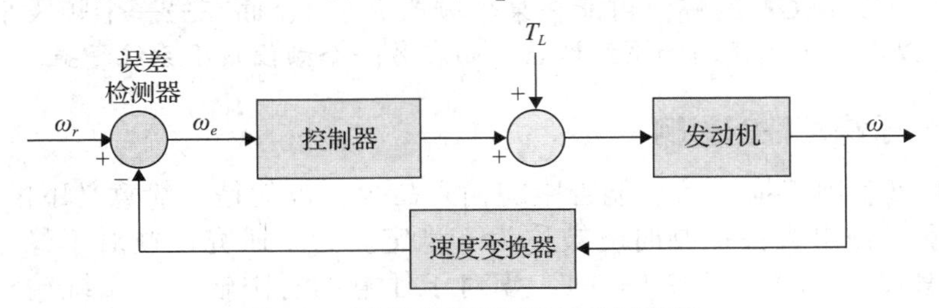

图 1-7 闭环怠速控制系统控制框图

7

图 1-7 所示的怠速控制系统（也称为**调节器系统**）的目标在于维持系统输出在预先设定的固定值上。

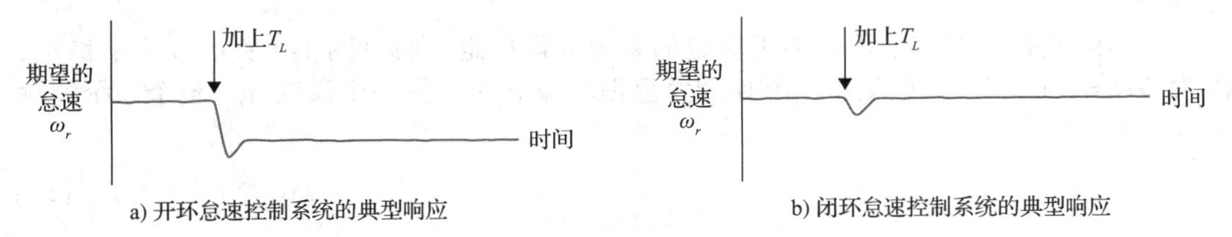

图 1-8 开环与闭环怠速控制系统的典型响应对比

1.5 反馈的含义及其作用

1.4 节中显示的使用反馈的动因显得过于简单了。在那些例子里，反馈用于减少系统输出和参考输入之间的误差，但是反馈在控制系统中的意义远比上述例子所展示的深刻得多。减小系统误差只是反馈对于系统的各种重要作用之一。以下几节介绍反馈对于**稳定性**、**带宽**、**总增益**、**阻抗**和**敏感度**等系统品质特性的影响。

要理解反馈对系统的作用，就必须在广义上考察这种现象。如果反馈是为了实现控制而有意识地引入到系统中的，那么反馈的存在性是很容易识别的。但是，对于很多我们认为应该是不存在反馈的物理系统，却可以通过一定的方法观察到其中存在的反馈。一般地，只要系统变量中存在闭合的**因果关系序列**，系统就存在反馈。按这种观点看，很多通常被认为是无反馈的系统都存在反馈。不过，在控制理论中不管系统是否具有物理反馈，只要能够确定其具有前面提到的反馈，就可以用系统的方法加以研究。

现在来讨论一下反馈对系统各方面性能的影响。由于目前还不具备线性系统理论的数学基础，我们只讨论简单的静态系统。图 1-9 所示系统具有简单反馈，r 代表输入信号，y 代表输出信号，e 是误差，b 是反馈信号，参数 G 和 H 可以看作常量增益。由简单的代数运算很容易得到系统的输入输出关系：

8

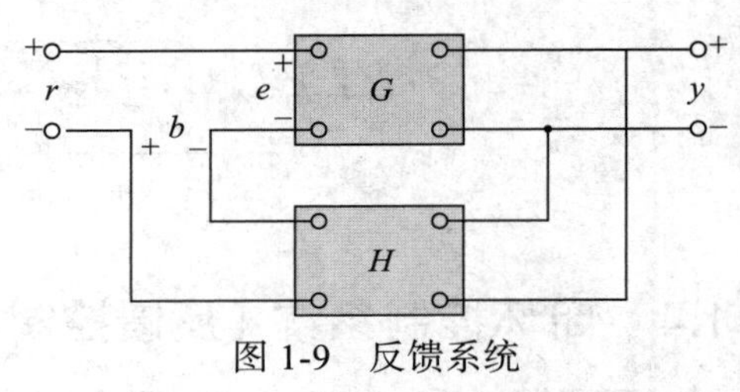

图 1-9 反馈系统

$$M=\frac{y}{r}=\frac{G}{1+GH} \tag{1-1}$$

根据反馈系统结构的基本关系，我们可以得到反馈的一些重要作用。

1.5.1 反馈对于总增益的影响

由式（1-1）可以看出，反馈系统的增益中比无反馈系统的增益多了一个因子 $1+GH$。图 1-9 所示的系统包含**负反馈**，因为反馈信号是负的。乘积 GH 自身可能是一个负信号，因此反馈的一般作用是它可以增加或减小增益 G。在实际系统里，G 和 H 是频率的函数，所以 $1+GH$ 的幅值可能在某个频段大于 1，而在另一个频段小于 1。由此可知，反馈可以在一个频段增加系统增益，而在另一个频段减小系统增益。

1.5.2 反馈对于稳定性的影响

稳定性的概念用于描述系统能否跟随输入命令，也就是一般意义下的可用性。不严格地说，系统输出失去控制时就被称为不稳定。为了研究反馈对于稳定性的影响，我们仍然考虑式（1-1）。若 $GH=-1$，则对于任意的有限输入，系统输出均为无穷，系统不稳定。这意味着反馈可以使原来稳定的系统变成不稳定。确实，反馈是一把双刃剑，使用不当也会有害。需要指出的是，这里讨论的只是静态情况，而且一般情况下 $GH=-1$ 并非是使系统不稳定的唯一条件。有关系统稳定性的内容将在第 5 章进行详细讨论。

反馈的好处之一在于可以使不稳定的系统变得稳定。假设图 1-9 所示系统不稳定，因为 $GH=-1$；如果按照图 1-10 使用负反馈增益 F 引入另一个反馈环，整个系统的输入输出关系为

$$\frac{y}{r}=\frac{G}{1+GH+GF} \tag{1-2}$$

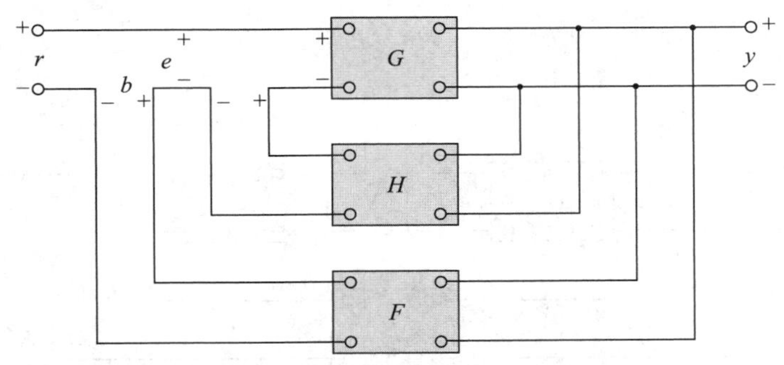

图 1-10 具有两个反馈环的反馈系统

9

显然，尽管因为 $GH=-1$ 而使得反馈系统内环不稳定，但通过适当选择外环反馈增益 F，仍旧可以使整个系统稳定。实际上，GH 是频率的函数，闭环系统的稳定性条件依赖于 GH 的**幅值**和**相位**。概括来讲，反馈可以改善系统稳定性，也会因为不恰当的使用而损害系统稳定性。

敏感度也是设计控制系统时需要考虑的一个重要因素。由于所有的物理元件都具有随环境和使用时间而改变的性质，所以不能认为控制系统的参数在系统的使用寿命内是一成不变的。例如，电动机的绕线电阻在其运行时会随着温度升高而改变。带有电子元件的控制系统由于系统参数在“预热”的过程中仍在发生变化，在第一次启动时往往不能正常工作，这种现象有时被称为“**早困**”。大多数复印机在第一次运行的时候有一个“预热”的过程，在这段时间里不做控制操作。

一般而言，一个好的控制系统应该对参数变化不敏感，而对输入指令敏感。我们来看一下参数变化时反馈对敏感度的影响。考虑图 1-9 所示系统，我们认为 G 是可能变化的增益参数。整个系统的增益 M 对 G 的变化的敏感度定义为

$$S_G^M=\frac{\partial M/M}{\partial G/M}=\frac{M\text{变化的百分比}}{G\text{变化的百分比}} \tag{1-3}$$

这里 ∂M 表示 G 的增量引起的 M 的增量。使用式（1-1），敏感度方程可以写成

$$S_G^M=\frac{\partial M}{\partial G}\frac{G}{M}=\frac{1}{1+GH} \tag{1-4}$$

上述关系式表明：如果 GH 是正常数，可以在系统保持稳定的情况下，通过增加 GH 来减小敏感度函数的幅值。显然在开环系统里，系统增益与 G 的变化是一一对应的（如 $S_G^M=1$）。如前所述，GH 是频率的函数；$1+GH$ 的幅值在某些频段内可能小于 1，因此反馈可能在某些情况下增大系统对参数变化的敏感度。一般地，反馈系统增益对于参数变化的敏感度取决于参数所在的位置。读者可以推导出图 1-9 的系统对于 H 的变化的敏感度。

1.5.3 反馈对于外部干扰或噪声的作用

所有的物理系统在运行时都会受到外部信号或噪声的影响。此类信号包括电路中的热噪电压和电动机电刷或转向器噪声等。外部干扰，例如作用在天线上的阵风等，在控制系统中也很常见。因此，控制系统应当对噪声和干扰不敏感，而对输入指令敏感。

反馈对于噪声和干扰的作用很大程度上取决于这类外加信号在系统中施加的位置。尽管没有一般性的结论，但是多数情况下反馈可以减小噪声和干扰对系统性能的影响。考察图 1-11 所示系统，r 表示指令信号，n 表示噪声信号。在没有反馈的情况下，$H=0$，n 单独作用所产生的输出 y 为

10

$$y = G_2 n \tag{1-5}$$

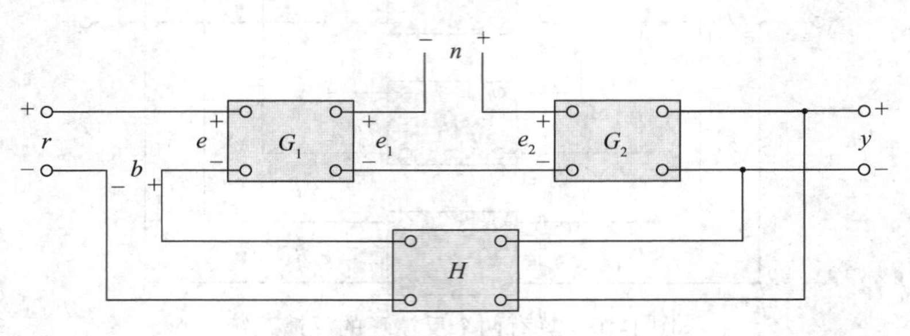

图 1-11　有噪声信号的反馈系统

有反馈的情况下，n 单独作用所产生的系统输出为

$$y = \frac{G_2}{1 + G_1 G_2 H} n \tag{1-6}$$

比较式（1-6）与式（1-5）可以看出，当 $1+G_1G_2H$ 大于 1 并且系统保持稳定时，包含在输出中的噪声被削弱了。

第 11 章里将使用前馈与前向控制器配置与反馈配合来减小扰动和噪声的影响。一般来说，反馈对于带宽、阻抗、暂态响应、频率响应等性能特点也都有影响，这些影响将在后续章节中讨论。

1.6　反馈控制系统的类型

反馈控制系统可以有多种分类方法，如何分类取决于分类的目的。例如，按照分析和设计的方法，反馈控制系统可以分为**线性**与**非线性**系统、**时变**与**时不变**系统。按照系统中信号的种类，可以分为**连续**与**离散**系统、**调制**与**非调制**系统。控制系统还常根据系统的主要目的来分类。举例来说，**位置控制系统**和**速度控制系统**控制的正是与其名称同名的那些输出变量。在第 11 章里，控制系统的类型是由开环传递函数确定的。总之，根据系统的一些特征有很多种分类方法。在着手分析和设计系统之前，掌握一些控制系统的常见分类方法是很重要的。

1.7　线性系统与非线性系统

这种分类是根据分析与设计的方法进行的。严格来说，线性系统实际上并不存在，[11] 因为实际的物理系统总是具有一定程度的非线性。线性反馈控制系统被作为一种理想化模型而提出。当控制系统内信号的幅值被限制在系统各部件呈现线性特征的范围内时，此系统就可以被认为是线性的。但是当信号幅值超过部件线性运行区域时，根据非线性的程度，系统就可能被认为是非线性的了。例如，控制系统中常用的放大器在输入信号较大时呈现饱和特性；电动机电磁场往往也具有饱和特性。控制系统中其他常见的非线性现象包括：啮合齿轮之间的齿隙和死区，弹簧的非线性特性，两移动组件之间的非线性摩擦力或力矩等。控制系统中常利用非线性特性来改善系统性能或提供更高效的控制。例如，为了实现最短时间控制，许多导弹和太空船的控制系统里常使用开关型（bang-bang 或继电）控制器。其中，典型的例子是装在导弹和飞船侧面的喷管，它们产生反作用力矩提供姿态控制。这些喷管往往以全关或全开的方式工作，它们能在一定时间里喷出固定量的气体来控制弹（船）体姿态。

对于线性系统，有许多解析的和图形的方法可以用于分析与设计。本书的主要内容讲述的是线性系统的分析与设计。至于非线性系统，则往往难以用数学方法处理，也没有适用于各种非线性系统的通用方法。在设计控制器的开始阶段，可以基于线性模型设计不考虑系统的非线性，然后采用计算机仿真，把设计好的控制器用于非线性模型加以评估或重新设计。第 8 章要介绍的控制实验室主要用于使用逼真的物理部件来模拟实际系统的特征。

1.8 时不变与时变系统

如果系统参数在系统运行过程中相对于时间是不变的，那么称此系统为时不变系统。实际上，多数物理系统都包含一些参数随时间波动或变化的部件。比如在电动机刚启动以及温度升高时，电动机的绕线电阻会发生变化。时变系统的另一个例子是制导导弹控制系统，飞行中导弹的质量会随着其携带的燃料的不断消耗而减少。尽管不具非线性的时变系统仍然是线性系统，但是这类系统的分析和设计往往比线性时不变系统困难得多。

1.9 连续控制系统

连续系统是指各部分信号是连续时间变量 t 的函数的系统。连续系统中的信号可以进一步分为交流信号和直流信号。与电子工程中的交直流定义不同，交流和直流控制系统在控制系统中具有特殊意义。**交流控制系统**通常是指系统信号已根据某种调制模式调制过。**直流控制系统**只是意味着信号没有经过调制，但仍然有符合传统定义的交流信号。图 1-12 是闭环直流控制系统的原理图，图上也显示了系统的阶跃响应波形。直流控制系统的典型元件是稳压器、直流放大器、直流电动机和直流转速表等。 12

图 1-13 是一个典型的交流控制系统原理图，其功能等同于图 1-12 所示直流系统。这种系统中的信号是经过调制的，也就是说，信息由交流载波信号传输。需要注意的是，交流系统输出的被控变量的性能与直流系统中的相似。调制过的信号由交流电动机的低通特性解调。交流控制系统广泛用于飞行器与导弹控制系统，这类系统中往往有噪声和干扰引起的问题。在交流控制系统中使用 400Hz 或更高频率的载波信号，可以使系统不易受低频噪声影响。交流控制系统的典型元件是自整角机、交流放大器、交流电动机、陀螺仪和加速度计等。

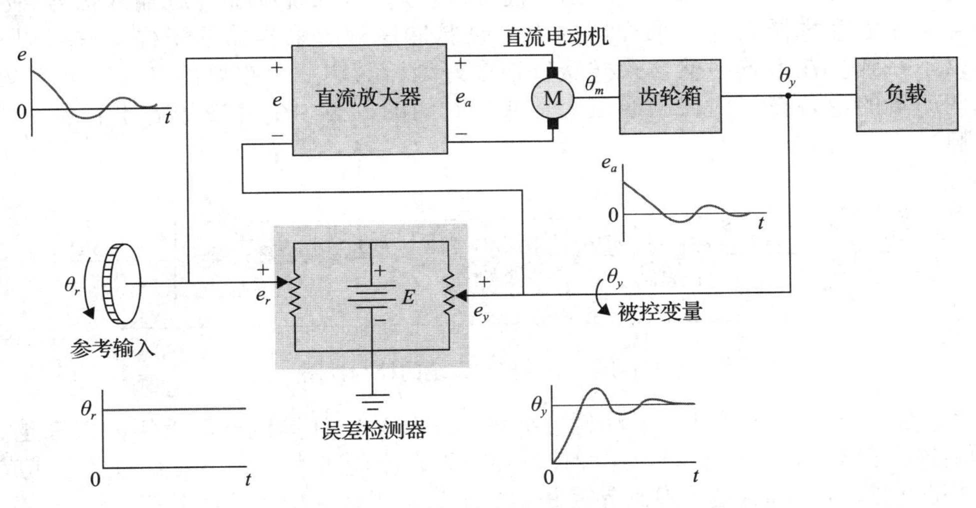

图 1-12 典型直流闭环控制系统的原理图 13

实际上，并非所有的系统都严格符合直流或交流系统的定义。系统可能混用交流和直流元件，同时在系统不同部分使用调制器和解调器来匹配信号。

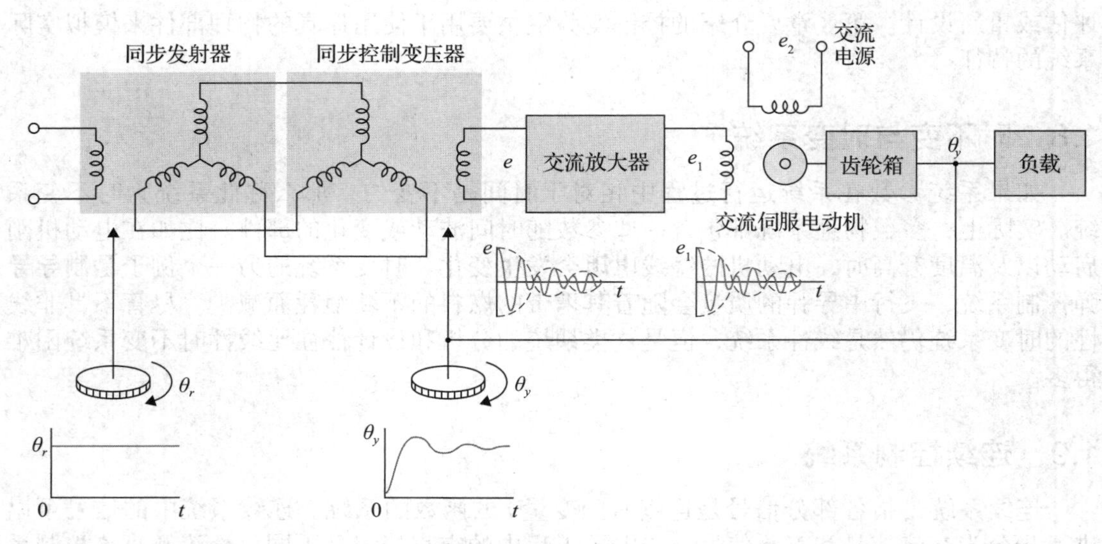

图 1-13　典型交流闭环控制系统的原理图

1.10　离散控制系统

区别于连续系统，离散控制系统中一点或多点信号是以脉冲序列或数字编码的形式出现的。通常离散控制系统又分为**采样控制系统**和**数字控制系统**。采样控制系统指一大类使用脉冲信号的离散系统。数字控制系统中使用数字计算机或控制器，因此信号是数字编码的，例如二进制码。

一般情况下，采样系统每隔一定的时间获取一次数据或信息。例如，控制系统的误差信号只能由脉冲提供，在两个相邻的脉冲之间的时间间隔里，系统是收不到误差信号的。严格来讲，采样数据系统属于交流系统，因为信号是脉冲调制的。

图 1-14 说明了一个典型采样系统的运行过程。对系统施加连续输入信号 $r(t)$，误差信号 $e(t)$ 由**采样器**采样，采样器的输出是脉冲序列。采样器的采样速率可以一致，也可以不一致。在系统中整合采样器有很多好处，其中一个重要的好处在于系统使用的一些昂贵的设备在一些控制通道上是共享时间的；另一个好处是脉冲信号不易受噪声影响。

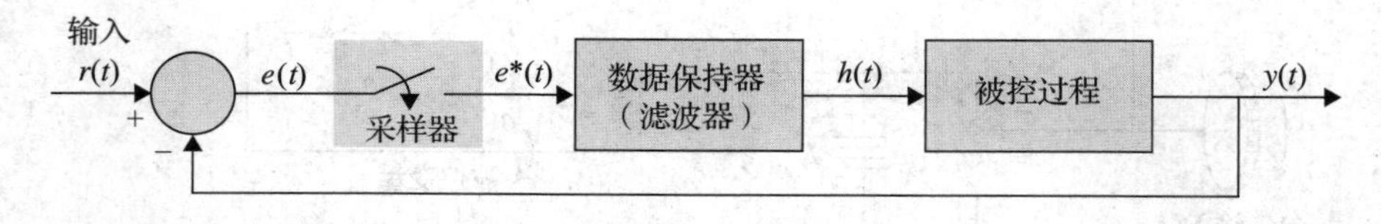

图 1-14　采样控制系统的控制框图

由于数字计算机在尺寸、灵活性方面有很多优势，计算机控制近年来越来越流行。许多航空系统含有数字控制器，这种控制器可以在不超过本书大小的空间里集成成千上万的离散元件。图 1-15 是导弹制导控制的数字自动飞行系统包含的基本元件。

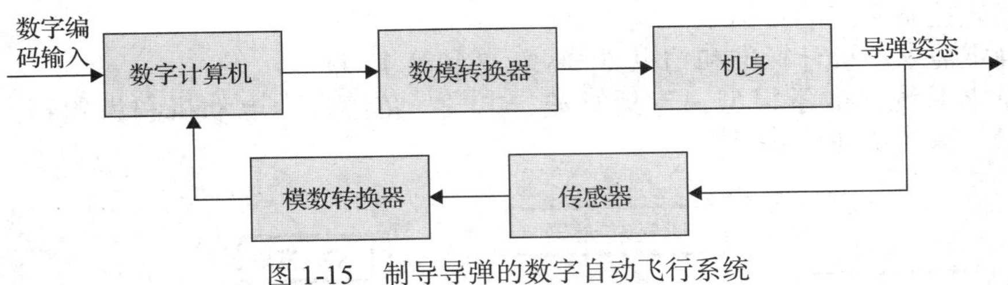

图 1-15　制导导弹的数字自动飞行系统

14

1.11　案例研究：基于 LEGO MINDSTORMS 的智能车辆避障

本节的目标是让读者对实际系统的控制器设计过程有更好的理解，我们将以 LEGO MINDSTORMS NXT 可编程机器人系统为例。虽然此处使用的示例在现阶段可能看起来难度过大，但是这个例子可以演示成功地实施控制系统所需要的步骤。读者可以在完成附录 D 的学习以后再来回顾这个示例。

项目描述

如图 1-16 所示，系统的设置是一辆用 MATLAB 和 Simulink 控制的 LEGO MINDSTORMS 车。如图 1-17 和图 1-18 所示，此 LEGO 车配有超声波传感器、光传感器、指示灯、NXT 电机齿轮箱和 NXT 模块。编码器（传感器）用于读取电动机齿轮箱的角位置。NXT 模块最多可以读取 4 个传感器的输入并通过 RJ12 电缆控制多达三台电动机。详细介绍请参见第 8 章。将超声波传感器放置在小车的前侧以检测车身与障碍物之间的距离。将光传感器朝下放置以检测运行表面的颜色，当检测到颜色为白色时表示出发。使用 USB 把系统与主机连接，主机使用蓝牙连接实时记录编码器数据。

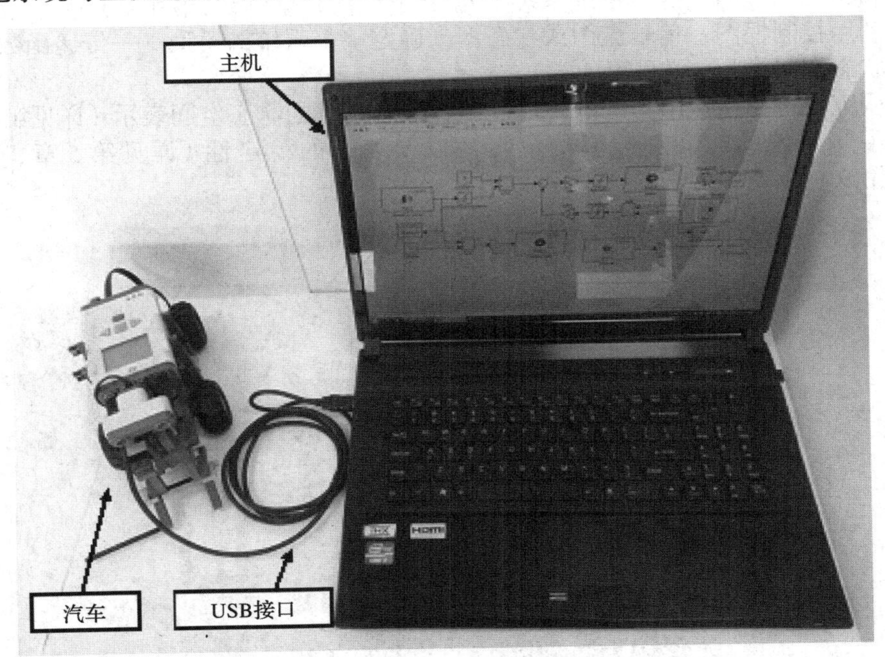

图 1-16　LEGO 汽车与主机

控制器设计步骤

实际的控制系统设计需要进行如下系统化的处理：

- 概述控制系统的目标。

15

- 确定需求、设计标准和约束（详见第 7 和第 11 章）。
- 建立系统的数学模型，包括机械、电气、传感器、电动机和齿轮箱（详见第 2 章、第 3 章和第 6 章）。

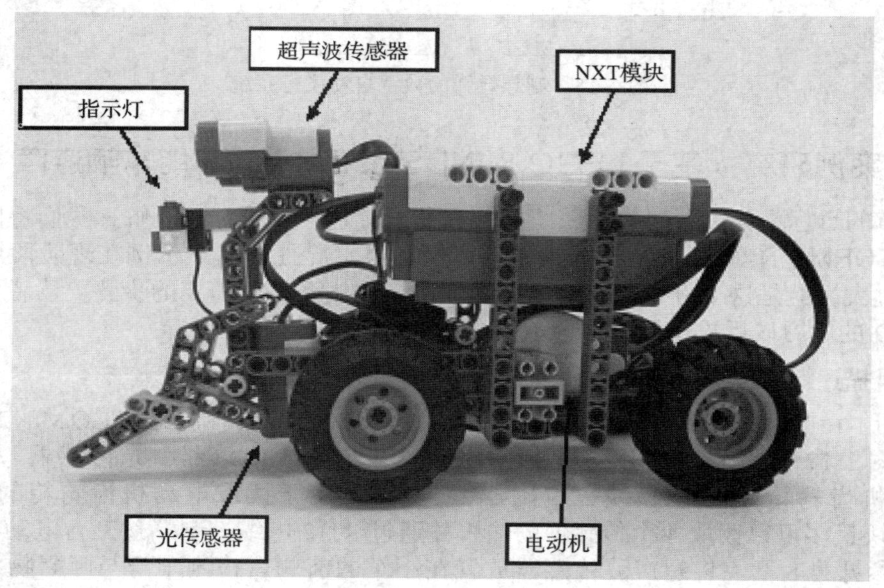

图 1-17　汽车设计侧视图

- 利用控制框图来确定整个系统子元件的交互方式（详见第 4 章）。
- 利用控制框图、信号流图或状态图来确定整个系统的模型——传递函数模型或者状态空间模型（详见第 4 章）。
- 研究拉普拉斯域中系统的传递函数，或者系统的状态空间表示（详见第 3 章）。
- 了解系统的时间和频率响应特性以及系统的稳定性（详见第 5 章、第 7 章和第 9～11 章）。

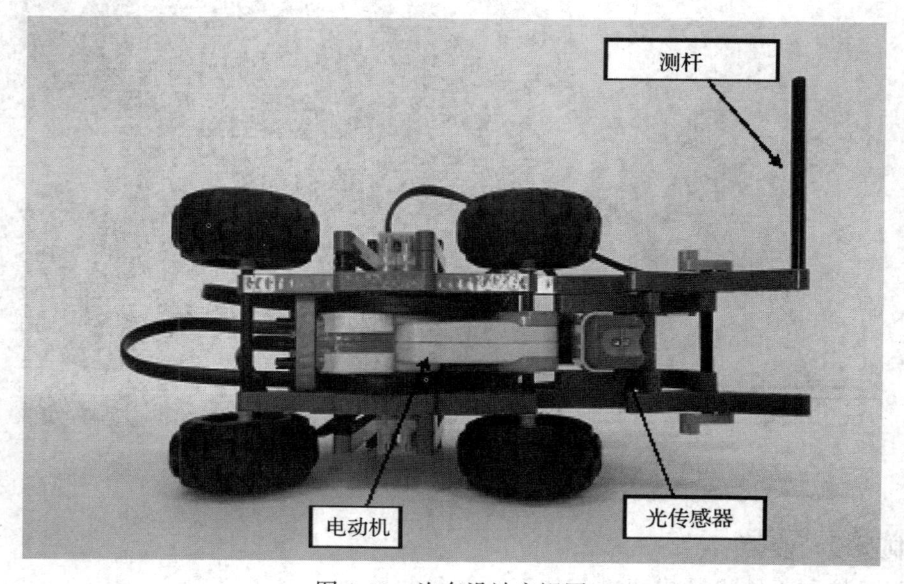

图 1-18　汽车设计底视图

- 利用时间响应来设计控制器（详见第 7 章和第 11 章）。
- 使用根轨迹（拉普拉斯域）和时间响应设计控制器（详见第 7 章、第 9 章和第 11 章）。
- 使用频域响应技术设计控制器（详见第 10 章和第 11 章）。
- 使用状态空间方法设计控制器（详见第 8 章）。
- 必要时优化控制器（详见第 11 章）。
- 在实验 / 实践系统上应用设计的控制器（详见第 7 章、第 11 章和附录 D）。

目标

这个项目的目标是让 LEGO 汽车在白色路面上运行，并在碰到障碍物之前停下来——这里的障碍物是一堵墙。

设计标准和约束

汽车只能在白色路面全速运行。如果路面颜色不是白色，汽车必须停下。在撞到障碍物之前，汽车也必须停下。

开发系统的数学模型

电动机驱动后轮。在建模过程中必须考虑车辆的质量、电动机、齿轮箱和车轮摩擦。读者可以使用第 2 和第 6 章中的内容得到系统的数学模型。同时需要参考 7.5 节的内容。

按照第 6 章、第 7 章和附录 D 中的流程，使用位置控制（使用增益为 K 的放大器）和编码器传感位置反馈的系统控制框图如图 1-19 所示，其中，时域中的系统参数和变量包括：

16～17

R_a= 电枢电阻，Ω

L_a= 电枢电感，H

θ_m= 电动机齿轮箱轴的角位移，rad（弧度）

θ_{in}= 电动机齿轮箱轴的角位移的期望值，rad（弧度）

ω_m= 电动机角的角速度，rad/s

T= 电动机的转矩，N · m

J= 电动机和负载连接到电动机轴的等效转动惯量，$J=J_L/n^2+J_m$，kg · m²（详见第 2 章）

n= 齿轮比

B= 电动机的等效黏性摩擦系数和电动机轴的负载，N · m/rad/s（在齿轮比存在的情况下，B 必须按照 n 来缩放，详见第 2 章）

K_i= 转矩常数，N · m/A

K_b= 反电动势常数，V/rad/s

K_s= 等效编码器传感器增益，V/rad

K= 位置控制增益（放大器）

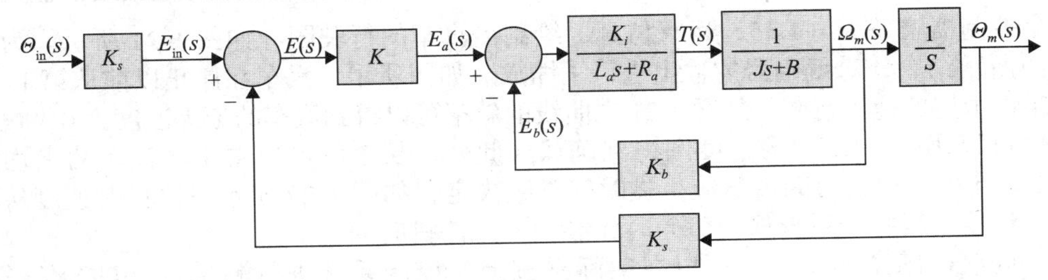

图 1-19　位置控制和电枢控制直流电动机的控制框图表示的 LEGO 汽车

在这种情况下，拉普拉斯域中的闭环**传递函数**变为

$$\frac{\Theta_m(s)}{\Theta_{\text{in}}(s)}=\frac{\frac{KK_iK_s}{R_a}}{(\tau_e s+1)\left\{Js^2+\left(B_m+\frac{K_bK_i}{R_a}\right)s+\frac{KK_iK_s}{R_a}\right\}} \tag{1-7}$$

其中，K_s 是传感器增益。当 L_a 较小时，电动机的电子时间常数 $\tau_e = L_a/R_a$ 可以忽略。因此，位置传递函数可以简化为

$$\frac{\Theta_m(s)}{\Theta_{\text{in}}(s)}=\frac{\frac{KK_iK_s}{R_aJ}}{s^2+\left(\frac{R_aB_m+K_iK_b}{R_aJ}\right)s+\frac{KK_iK_s}{R_aJ}}=\frac{\omega_n^2}{s^2+2\zeta\omega_n s+\omega_n^2} \tag{1-8}$$

其中，式（1-8）所示为一个二阶系统，而且

$$2\zeta\omega_n=\frac{R_aB_m+K_iK_b}{R_aJ} \tag{1-9}$$

$$\omega_n^2=\frac{KK_iK_s}{R_aJ} \tag{1-10}$$

当 K>0 时，式（1-8）中传递函数代表的系统是**稳定**的，而且没有**任何稳态误差**。也就是说，此系统将达到由输入指定的期望值。

为了研究位置控制系统的时间响应，我们使用 Simulink。该系统的 Simulink 数值模型如图 1-20 所示，其中所有的系统参数可以通过实验按照第 8 章中讨论的步骤获得。18 系统参数如表 1-1 所示。

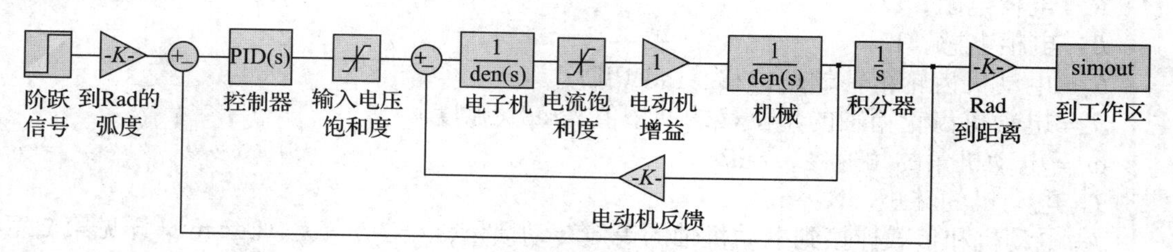

图 1-20 汽车的 Simulink 模型

表 1-1 LEGO 汽车的系统参数

汽车质量	M = 574g	反电动势常数	K_b = 0.25V/rad/s
电枢电阻	R_a = 2.27Ω	等效黏性摩擦系数	B = 0.003 026kg · m²/s 或者是 N · m/s
电枢电感	L_a = 0.004 7H	总转动惯量	J = 0.002 46kg · m²
电动机转矩常数	K_i = 0.25N · m/A		

令控制器增益 K = 12.5，运行仿真，绘制出汽车的行驶图，如图 1-21 所示。为了得到如图所示结果，对编码器的输出进行了缩放。如图所示，汽车在停止以前从第 1s 到大约 2.7s 以恒定的速度行驶。从图 1-21 中曲线的斜率可以得到汽车的最大速度为 0.4906m/s，这个也可以用图 1-22 中的速度图得到确认。此外，从该图可以看出，该车的平均加速度为 2.27m/s²。停止时间由系统机械时间常数决定，如图 1-22 所示，停机时速度从最大值衰减到零。当实际系统遇到障碍时，必须考虑停机时间。

一旦获得满意的响应，可以在**实际系统**上对控制系统进行测试。LEGO 汽车利用 Simulink 进行操作。在这种情况下，Simulink 模型是基于第 8 章所示的过程构建的，如

图 1-23 所示。输入增益参数 $K=12.5$。

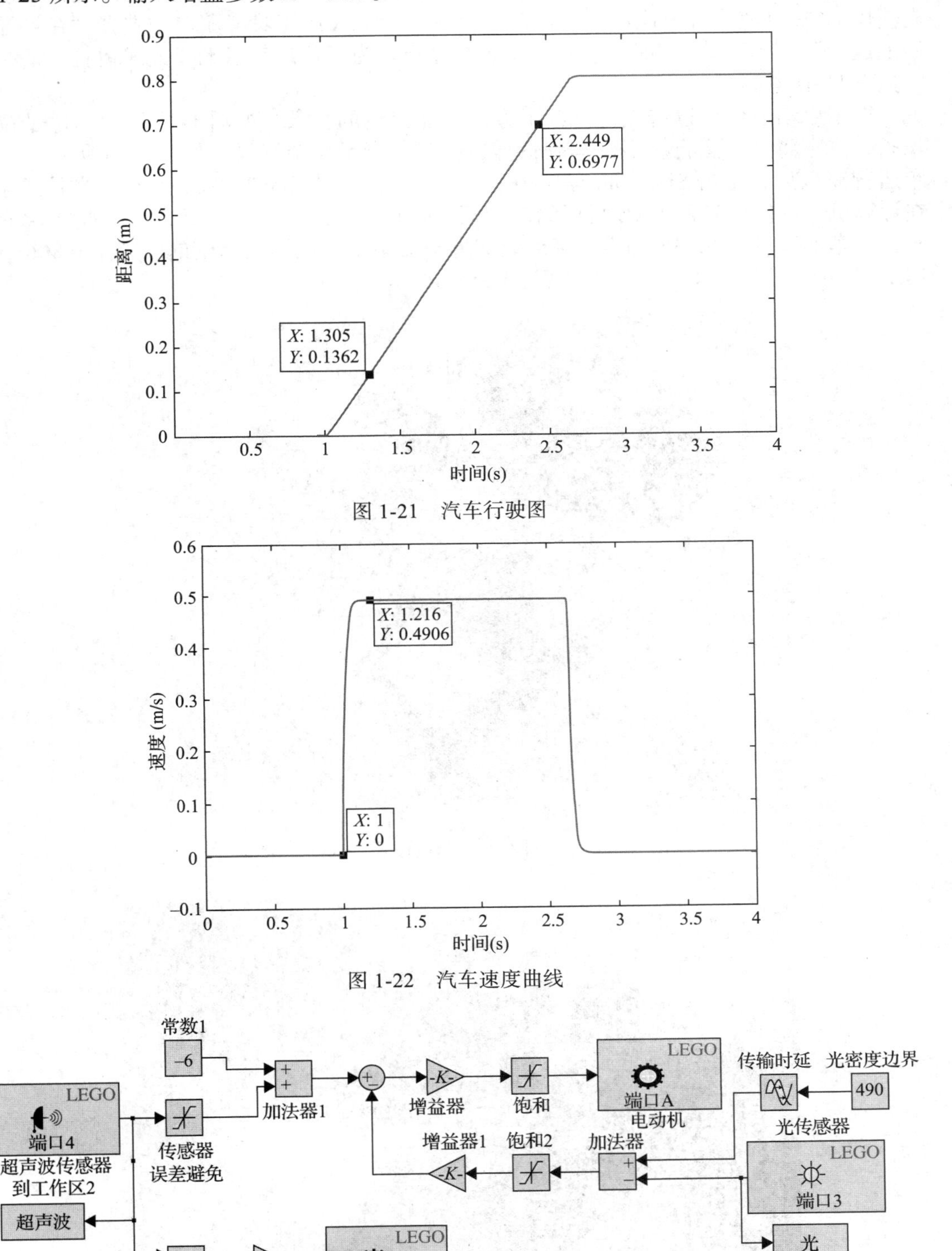

图 1-21　汽车行驶图

图 1-22　汽车速度曲线

图 1-23　操作 LEGO 汽车的 Simulink 模型

在构建了 Simulink 模型以后，可以使用蓝牙将主机与 NXT 模块配对。我们必须首先使用 USB 电缆将汽车连接到主机，然后在 Simulink 的工具栏菜单中选择“在目标硬件上运行”。指示灯亮起时，表示汽车正在运行。为了让汽车以无线方式运行，请在此时拔下 USB 电缆。

19~20

汽车启动前，可以在光传感器下方放置非白色的长条，如图 1-24 所示。通过拉出长条，汽车将开始运行。当汽车到达障碍物时，指示灯会熄灭，如图 1-25 所示。在汽车运行完以后，单击 Simulink 程序中的“停止”按钮来停止操作。所有的数据将存储在计算机中。使用 MATLAB 可以绘制车辆的时间响应图像，详见第 8 章。如图 1-26 所示，汽车的速度为 0.436 7m/s，接近数值模拟的结果。汽车到墙壁的距离是 0.806 3m。速度图如图 1-27 所示，平均加速度为 1.888m/s^2。

图 1-24　起始位置

图 1-25　停止位置

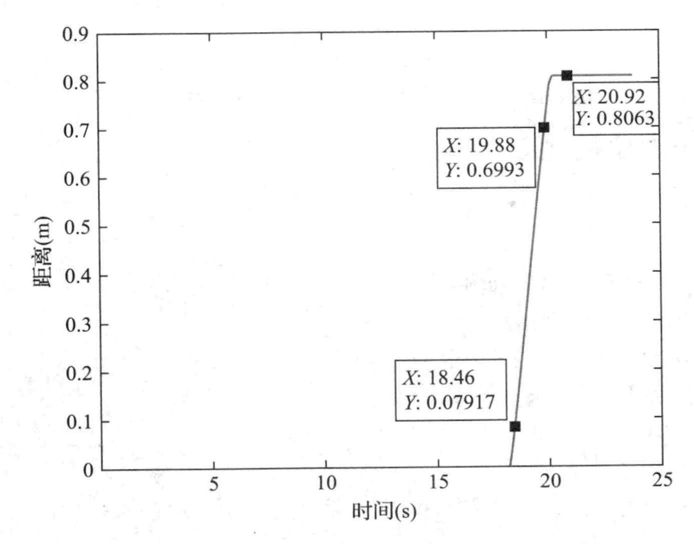

图 1-26　从电动机编码器读取的汽车运行数据

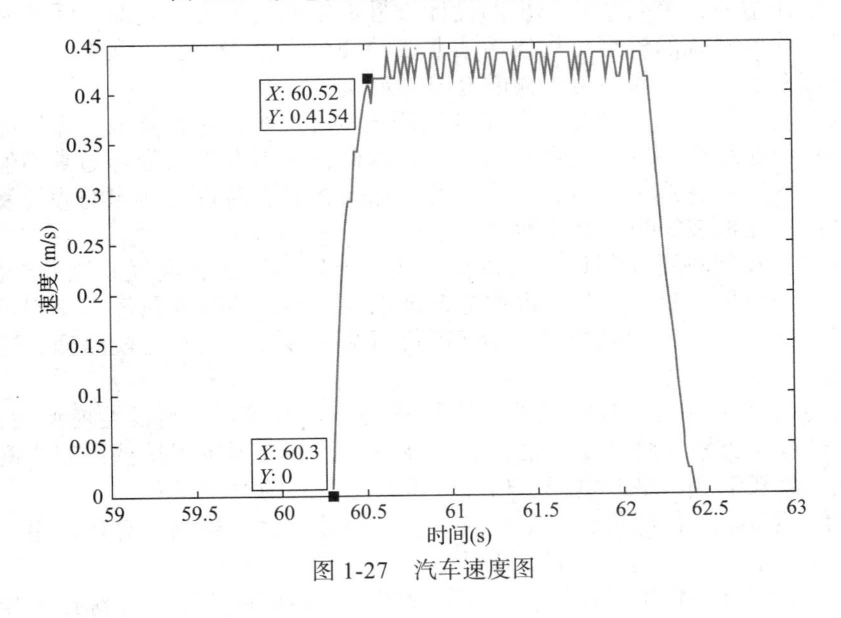

图 1-27　汽车速度图

21～22

1.12　小结

本章介绍了一些控制系统及其功能的基本概念，描述了控制系统的基本组成部分。通过对反馈的作用本质的描述，阐明了为什么大多数控制系统采用闭环控制。值得一提的是，反馈是一把双刃剑，它可能有利于也可能不利于所要控制的系统。设计控制系统是一件具有挑战性的工作，必须考虑诸如稳定性、敏感度、带宽和精度等性能指标。最后，根据系统信号、线性性以及控制目的给控制系统做了不同的分类，同时使用插图说明了几种典型控制系统的设计与分析。实际系统大多具有不同程度的非线性和时变性，集中研究线性系统主要是因为对线性系统的分析与设计有统一且易于理解的分析方法。

23～24

第 2 章 动态系统的建模

完成本章的学习后，你将能够

1）对基本机械系统建立微分方程
2）对基本电力系统建立微分方程
3）对基本热系统建立微分方程
4）对基本流体系统建立微分方程
5）线性化非线性常微分方程
6）讨论类比并将机械、热流体系统与其电气等效物相关联

如第 1 章介绍的，控制系统分析和设计中最重要的任务之一是对子系统和整体系统的数学建模。这些系统的模型可用线性或非线性**微分方程**来表示。在本书中，我们考虑用常微分方程来建模——而不是用偏微分方程建模。

大多数应用的控制系统的分析和设计使用线性（或线性化）模型，并且已经建立起来了，然而对于非线性系统的处理相当复杂。因此，控制系统工程师通常不但要确定如何在数学上准确地描述系统，而且更重要的是如何在必要时进行适当的假设和近似，以便系统可以被实际地表征为一个线性数学模型。

在本章中，我们将更详细地介绍机械、热、流体、气动和电气系统等组件的建模。在本章中，我们将回顾这些系统（也称为**动态系统**）的一些基本属性。使用运动学的牛顿第二定律、基尔霍夫定律或质量守恒（不可压缩流体）等基本建模原理，这些动态系统的模型表示为微分方程。

如前所述，因为在大多数情况下，控制器设计过程需要用到线性模型。在本章中，我们回顾了非线性方程线性化的方法。在本章中，我们还展示了这些系统之间的相似之处，并建立了具有电气网络的机械、热和流体系统之间的类比。

控制系统还包括其他组件，诸如放大器、传感器、执行器和计算机。由于额外的理论要求，对这些系统的建模将在第 6 章讨论。

最后会提到本章中提出的建模材料非常重要，旨在回顾大学二年级或三年级的各种工程课程，包括动力学、流体力学、热传递电路、电子学、传感器和执行器。为了更全面地了解这些课题，读者可以参考上述课程。

2.1 简单机械系统的建模

机械系统由**平移组件**、**旋转组件**或两者组合组成。机械元素的运动通常直接或间接地由**牛顿运动定律**⊖表达。这些机械系统的介绍模型基于粒子动力学，其中系统的质量被认为是无量纲粒子。为了捕捉逼真的机械系统的运动，包括平移和旋转运动，使用刚体动力学模型。弹簧用于描述柔性部件，阻尼器用于模拟摩擦。最后，所得到的运动控制方程是线性或非线性微分方程，其可以由多达 6 个变量描述——在 3D 中，对象能够进行 3 个平移运动和 3 个旋转运动。在这本书中，我们主要研究线性、平面粒子和刚体运动。

⊖ 在更复杂的应用中，可以使用诸如拉格朗日的高级建模方法作为牛顿建模方法的替代方案。

2.1.1　平移运动

平移运动可以沿直线或弯曲的路径进行。用于描述平移运动的变量是**加速度**、**速度**和**位移**。

牛顿运动定律指出，在给定方向上作用于刚体或粒子的外力的代数和等于刚体质量与其在相同方向上的加速度的乘积。这一定律可以表达为

$$\sum_{外部的} 力=Ma \tag{2-1}$$

其中，M表示质量，a表示所考虑的方向上的加速度。图 2-1 给出了力作用在具有质量M的刚体上的情况，力的方程写为

$$f(t)=Ma(t)=M\frac{\mathrm{d}^2y(t)}{\mathrm{d}t^2} \tag{2-2}$$

或

$$f(t)=M\frac{\mathrm{d}v(t)}{\mathrm{d}t} \tag{2-3}$$

其中，$a(t)$是加速度，$v(t)$表示线速度，$y(t)$是质量M的位移。注意，建模的第一步总是通过分离质量并通过其相应的反作用力来表示所有附加组件的影响从而绘制系统的受力图（Free-Body Diagram, FBD）。这些作用于刚体的外力使其加速。在这种情况下，唯一的外力是$f(t)$。作为一般规则，找到假定质量正在沿$y(t)$移动的方程式。

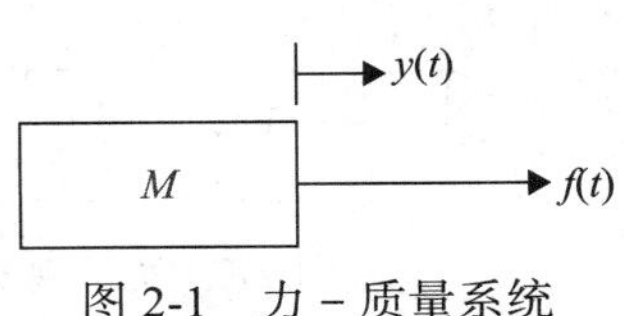

图 2-1　力 - 质量系统

26

考虑到图 2-2，其中力$f(t)$施加到一个柔性结构上，在这种情况下，悬臂梁可以通过用弹簧 - 质量 - 阻尼器系统近似获得简单的数学模型。

在这种情况下，除了质量之外，还涉及以下系统元件。

线性弹簧。在实际中，线性弹簧可以是实际弹簧的模型，或诸如电缆、皮带等机械部件的模型——这种情况下是一束（弹簧模型）。一般来说，一个理想的弹簧是存储潜在能量的无质元素。图 2-2 中的弹簧元件对质量M施加力F_s。使用牛顿的动作和反作用概念，质量也对弹簧K施加相同的力，如图 2-2 所示，并具有以下线性模型：

$$F_s=Ky(t) \tag{2-4}$$

其中，K是弹簧常数，或简单的刚度。式（2-4）意味着作用在弹簧上的力与弹簧的位移（偏差）成线性比例。如果弹簧预加载有T的预紧张力，则式（2-4）被修改为

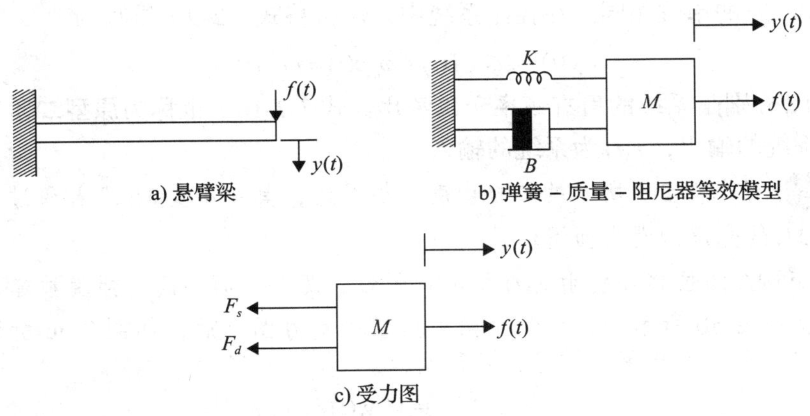

图 2-2　施加到悬臂梁上的力被建模为弹簧 - 质量 - 阻尼器系统

27

$$F_s - T = Ky(t) \tag{2-5}$$

摩擦。每当两个物理元素之间存在运动或运动趋势时，存在摩擦力。机械结构也表现出内部摩擦。在图 2-2 所示的梁的情况中，当弯曲和释放结构时，由于内部摩擦，所产生的运动将最终停止。在物理系统中遇到的摩擦力通常是非线性的。两个接触表面之间的摩擦力的特征通常取决于诸如表面的组成、表面之间的压力及其相对速度等因素。因此难以获得摩擦力的精确数学描述。三种不同类型的摩擦通常用于实际系统中：**黏性摩擦**、**静摩擦**和**库仑摩擦**。在大多数情况下，在本书中，为了利用线性模型，大多数摩擦分量近似为黏性摩擦，也称为**黏性阻尼**。在黏滞阻尼中，施加的力和速度是线性比例的。黏性阻尼的示意图元素通常由缓冲器（或阻尼器）表示，如图 2-3 所示。图 2-4 显示了隔离的缓冲器，具有以下数学表达式：

$$F_d = B\frac{\mathrm{d}y(t)}{\mathrm{d}t} \tag{2-6}$$

其中，B 是黏滞阻尼系数。

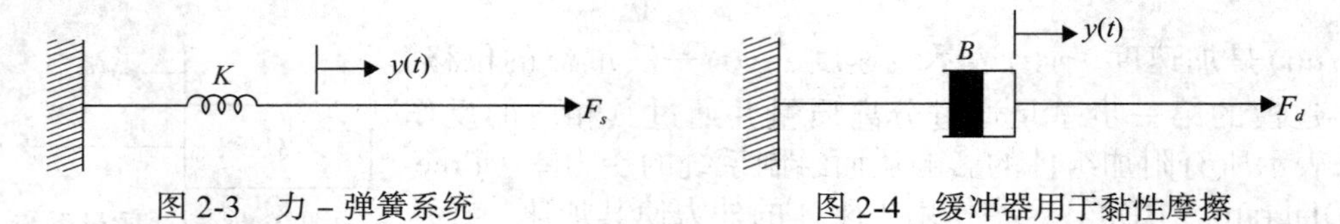

图 2-3　力 – 弹簧系统　　图 2-4　缓冲器用于黏性摩擦

使用图 2-2c 所示的受力图获得图 2-2 所示系统的运动方程——假设质量沿着 $y(t)$ 方向被拉动。因此有

$$f(t) - F_s - F_d = Ma(t) = M\frac{\mathrm{d}^2 y(t)}{\mathrm{d}t^2} \tag{2-7}$$

将式（2-4）和式（2-5）代入式（2-6）并重新排列等式，有

$$M\frac{\mathrm{d}^2 y(t)}{\mathrm{d}t^2} + B\frac{\mathrm{d}y(t)}{\mathrm{d}t} + Ky(t) = f(t) \tag{2-8}$$

其中，$\dot{y}(t) = \left(\frac{\mathrm{d}y(t)}{\mathrm{d}t}\right)$ 和 $\ddot{y}(t) = \left(\frac{\mathrm{d}^2 y(t)}{\mathrm{d}t^2}\right)$ 分别表示速度和加速度。将前面的方程除以 M，可得到：

$$\ddot{y}(t) + \frac{B}{M}\dot{y}(t) + \frac{K}{M}y(t) = \frac{K}{M}r(t) \tag{2-9}$$

其中，$r(t)$ 和 $y(t)$ 的**单位**相同。在控制系统中，通常将式（2-9）重写为

$$\ddot{y}(t) + 2\zeta\omega_n\dot{y}(t) + \omega_n^2 y(t) = \omega_n^2 r(t) \tag{2-10}$$

其中，ω_n 和 ζ 分别是系统的固有频率和阻尼比。式（2-10）也称为**原型二阶系统**。我们定义 $y(t)$ 为系统的**输出**，$r(t)$ 为系统的**输入**。

28

例 2-1-1　考虑图 2-5 所示的二自由度机械系统，其中质量 M_1 沿着通过弹簧 K 连接到壁的质量 M_2 的光滑润滑表面滑动。

质量 M_1 和 M_2 的位移分别由 $y_1(t)$ 和 $y_2(t)$ 测量。两个表面之间的油膜被建模为黏性阻尼元件 B，如图 2-5b 所示。在绘制了两个质量的受力图之后，如图 2-5c 所示，我们将牛顿第二运动定律应用于每个质量，可得到：

$$\sum_{\text{外部的}} \text{力} = M_1\ddot{y}_1(t) \tag{2-11}$$

使用式（2-5）和式（2-6），可得到：

$$-Ky_1(t)+B(\dot{y}_2(t)-\dot{y}_1(t))=M_1\ddot{y}_1(t) \qquad (2\text{-}12)$$

$$\sum_{\text{外部的}} \text{力}=M_2\ddot{y}_2(t) \qquad (2\text{-}13)$$

类似地，使用式（2-5）和式（2-6），可得到：

$$-B(\dot{y}_2(t)-\dot{y}_1(t))+f(t)=M_2\ddot{y}_2(t) \qquad (2\text{-}14)$$

因此，运动的两个二阶微分方程变成

$$M_1\ddot{y}_1(t)+B(\dot{y}_1(t)-\dot{y}_2(t))+Ky_1(t)=0 \qquad (2\text{-}15)$$

$$M_2\ddot{y}_2(t)+B(\dot{y}_1(t)-\dot{y}_2(t))=f(t) \qquad (2\text{-}16)$$

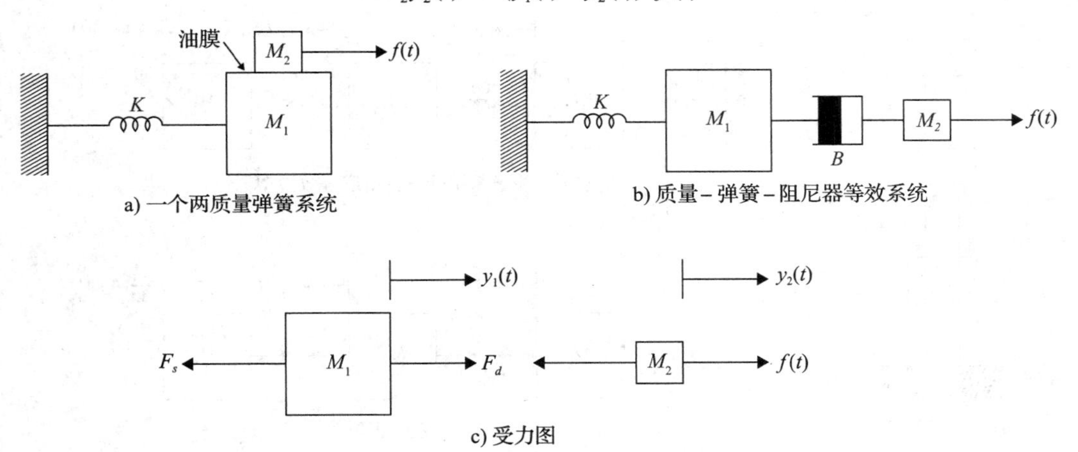

图 2-5　具有弹簧和阻尼元件的二自由度机械系统　▲ 29

例 2-1-2　考虑如图 2-6 所示的二自由度机械系统，其中质量 M_1 和 M_2 由三个弹簧约束，而力 $f(t)$ 施加到质量 M_2 上。

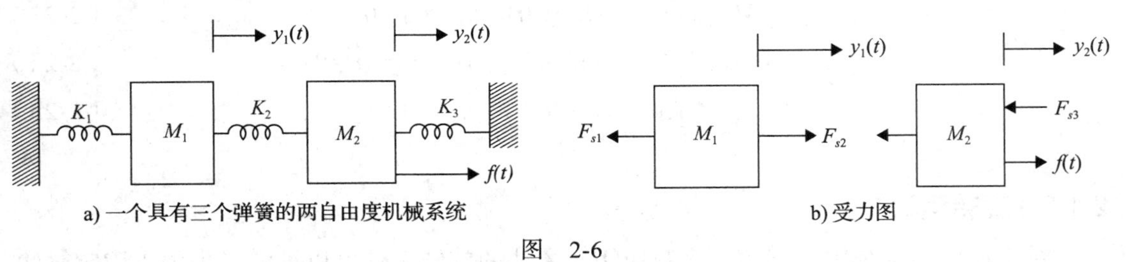

图　2-6

质量 M_1 和 M_2 的位移分别由 $y_1(t)$ 和 $y_2(t)$ 测量。假设质量在正方向上移位，$y_2(t)>y_1(t)$，绘制出两个质量的受力图，如图 2-6b 所示。这是一个很好的技巧，使得应用的弹簧力方向正确。所以在这种情况下，弹簧 K_1 和 K_2 处于张紧状态，而 K_3 处于压缩状态。对每个质量应用牛顿第二定律，可得到：

$$\sum_{\text{外部的}} \text{力}=M_1\ddot{y}_1(t) \qquad (2\text{-}17)$$

使用式（2-5），并注意到弹簧 K_1 和 K_2 的偏差分别为 $y_1(t)$ 和 $(y_2(t)-y_1(t))$，可得到：

$$-K_1y_1(t)+K_2(y_2(t)-y_1(t))=M_1\ddot{y}_1(t) \qquad (2\text{-}18)$$

$$\sum_{\text{外部的}} \text{力}=M_2\ddot{y}_2(t) \qquad (2\text{-}19)$$

类似地，使用式（2-5），可得到：

$$-K_2(y_2(t)-y_1(t))-K_3y_2(t)+f(t)=M_2\ddot{y}_2(t) \tag{2-20}$$

因此，运动的两个二阶微分方程变成

$$M_1\ddot{y}_1(t)+(K_1+K_2)y_1(t)-K_2y_2(t)=0 \tag{2-21}$$

$$M_2\ddot{y}_2(t)-K_2y_1(t)+(K_2+K_3)y_2(t)=f(t) \tag{2-22}$$ ▲

例 2-1-3 考虑如图 2-7 所示的三层建筑。让我们得出描述由于地震建筑物运动的系统的方程式。假设地板的质量与列的质量相比是主要的，并且列没有内部的能量损失，系统可以由三个质量和三个弹簧建模，如图 2-7b 所示。

30

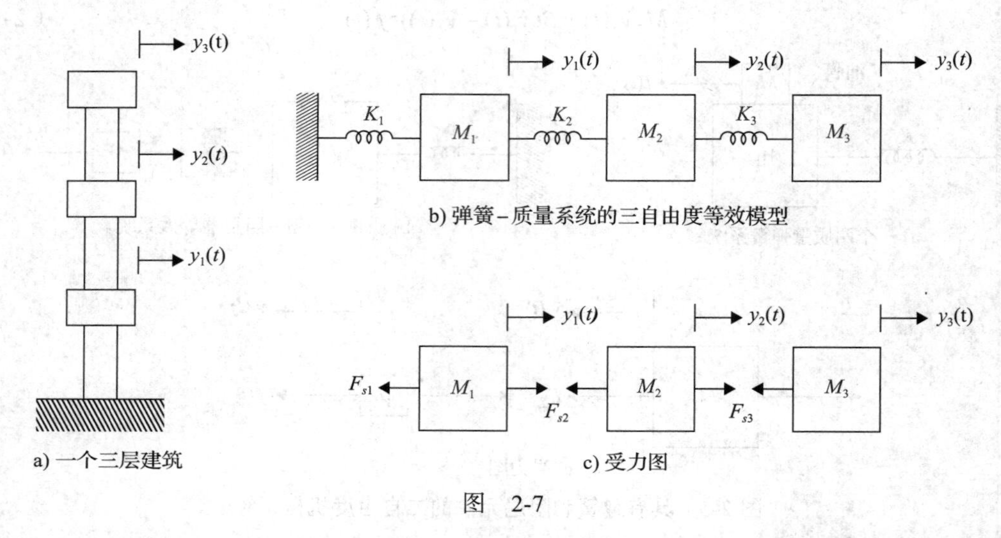

a) 一个三层建筑

b) 弹簧-质量系统的三自由度等效模型

c) 受力图

图 2-7

建模方法与例 2-1-2 相同。我们绘制受力图，假设 $y_3(t)>y_2(t)>y_1(t)$ 并获得系统的最终方程：

$$M_1\ddot{y}_1(t)+(K_1+K_2)y_1(t)-K_2y_2(t)=0 \tag{2-23}$$

$$M_2\ddot{y}_2(t)-K_2y_1(t)+(K_2+K_3)y_2(t)-K_3y_3(t)=0 \tag{2-24}$$

$$M_3\ddot{y}_3(t)-K_3y_2(t)+K_3y_3(t)=0 \tag{2-25}$$

▲

2.1.2 旋转运动

对于在控制系统中遇到的大多数应用，主体的旋转运动可以被定义为关于**固定轴线**的运动[⊖]。用于旋转运动的牛顿第二定律表明，施加到刚体围绕固定轴惯性矩 J 的外部力矩的代数和，产生围绕该轴的角加速度。或者

$$\sum_{\text{外部的}} \text{力矩} = J\alpha \tag{2-26}$$

其中，J 表示转动惯量，α 是角加速度。通常用于描述旋转运动的其他变量是（通常是从电动机施加的）**转矩** T、**角速度** ω 和**角位移** θ。运动的旋转方程式包括以下术语：

转动惯量。质量为 M 的三维刚体具有 3 个惯性力矩和 3 个转动惯量乘积。在本书

⊖ 通过任意轴或刚体质心的轴的旋转由不同的等式表示。读者应参考关于刚体的动力学教科书，以更详细地了解这一主题。

中，我们主要关注平面运动，由式（2-26）决定。质量 M 的刚体具有关于固定旋转轴的转动惯量 J，它是与旋转运动的动能相关的特性。给定元件的转动惯量取决于关于旋转 31
轴线及其密度的几何组成。例如，半径为 r 和质量为 M 的圆盘绕其几何轴的转动惯量为

$$J=\frac{1}{2}Mr^2 \tag{2-27}$$

当转矩施加到具有转动惯量 J 的主体时，如图 2-8 所示，转矩方程被写为

$$T(t)=J\alpha(t)=J\frac{\mathrm{d}\omega(t)}{\mathrm{d}t}=J\frac{\mathrm{d}^2\theta(t)}{\mathrm{d}t^2} \tag{2-28}$$

其中，$\theta(t)$ 是角位移，$\omega(t)$ 是角速度，$\alpha(t)$ 是角加速度。

图 2-8　转矩 – 惯性系统

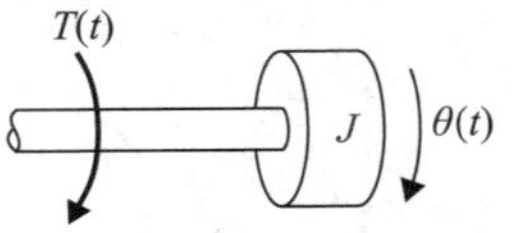

扭转弹簧。与用于平移运动的线性弹簧一样，可以设计**扭转弹簧常数** K（以单位转矩为单位的角位移），表示杆或轴在施加转矩时的顺应性。图 2-9 示出了可以由等式表示的简单的转矩 – 弹簧系统：

$$T_s=K\theta(t) \tag{2-29}$$

如果扭转弹簧由 TP 的预载转矩预加载，则将式（2-36）修改为

$$T_s-\mathrm{TP}=K\theta(t) \tag{2-30}$$

a) 扭转载荷下的杆　　b) 等效转矩扭转弹簧系统　　c) 受力图

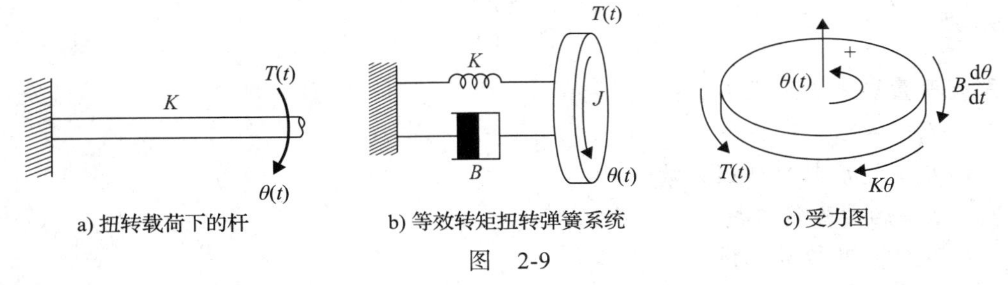

图　2-9

用于旋转运动的黏性阻尼。所描述的用于平移运动的摩擦可以转移到旋转运动。式（2-26）可以替代为

$$T_d=B\frac{\mathrm{d}\theta(t)}{\mathrm{d}t} \tag{2-31}$$

在图 2-9b 中，杆内能量的内部损失由黏性阻尼 B 表示。 32

考虑到图 2-9c 中的受力图，我们检查了在正方向上施加转矩后的反作用。注意，我们通常使用右手定则来定义正向的旋转方向——在这种情况下为逆时针。将式（2-29）和式（2-31）代入式（2-26）并重新排列等式，有

$$J\frac{\mathrm{d}^2\theta(t)}{\mathrm{d}t^2}+B\frac{\mathrm{d}\theta(t)}{\mathrm{d}t}+K\theta(t)=T(t) \tag{2-32}$$

其中，$\dot{\theta}(t)=\left(\frac{\mathrm{d}\theta(t)}{\mathrm{d}t}\right)$ 和 $\ddot{\theta}(t)=\left(\frac{\mathrm{d}^2\theta(t)}{\mathrm{d}t^2}\right)$ 分别表示角速度和角加速度。将前面的方程除以 J 可得到：

$$\ddot{\theta}(t)+\frac{B}{J}\dot{\theta}(t)+\frac{K}{J}\theta(t)=\frac{K}{J}r(t) \tag{2-33}$$

其中，$r(t)$ 和 $\theta(t)$ 的**单位相同**。在控制系统中，通常将式（2-33）重写为

$$\ddot{\theta}(t)+2\zeta\omega_n\dot{\theta}(t)+\omega_n^2\theta(t)=\omega_n^2r(t) \tag{2-34}$$

其中，ω_n 和 ζ 分别是系统的固有频率和阻尼比。式（2-34）也称为**原型二阶系统**。我们定义 $\theta(t)$ 是系统的**输出**，$r(t)$ 是系统的**输入**。注意到该系统类似于图 2-2 中的平移系统。

例 2-1-4 控制系统中的两个机械部件之间的非刚性耦合通常会引起可以传递到系统的所有部分的扭转共振。在这种情况下，图 2-10a 所示的旋转系统由具有长的惯性轴 J_m 的电动机组成。表示具有惯性力 J_L 的负载的盘安装在电动机轴的端部。轴的灵活性被建模为扭转弹簧 K，并且电动机内的任何能量损失由系数为 B 的黏性阻尼表示。简单起见，假设轴在这种情况下没有内部的能量损失。由于轴的灵活性，电动机端的角位移和负载不相等，表示为 θ_m 和 θ_L。因此系统有两个自由度。

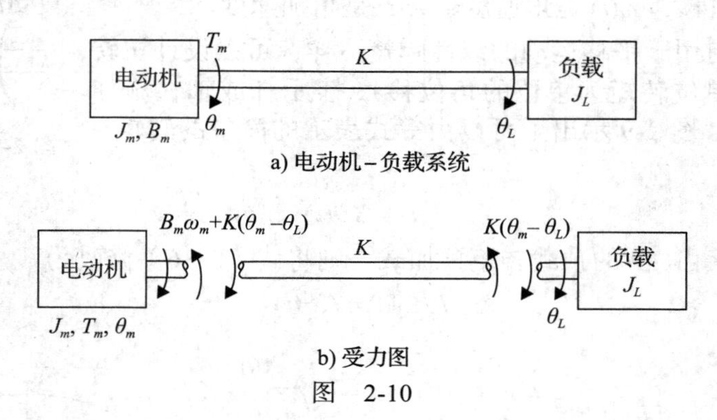

33

图 2-10

系统变量和参数定义如下：

$T_m(t)$ = 电动机转矩

B_m = 运动黏性摩擦系数

K = 轴的弹簧常数

$\theta_m(t)$ = 电动机位移

$\omega_m(t)$ = 电动机速度

J_m = 电动机转动惯量

$\theta_L(t)$ = 负载位移

$\omega_L(t)$ = 负载速度

J_L = 负载惯量

系统的受力图如图 2-17b 所示。系统的两个方程式是

$$\frac{\mathrm{d}^2\theta_m(t)}{\mathrm{d}t^2}=-\frac{B_m}{J_m}\frac{\mathrm{d}\theta_m(t)}{\mathrm{d}t}-\frac{K}{J_m}[\theta_m(t)-\theta_L(t)]+\frac{1}{J_m}T_m(t) \tag{2-35}$$

$$K[\theta_m(t)-\theta_L(t)]=J_L\frac{\mathrm{d}^2\theta_L(t)}{\mathrm{d}t^2} \tag{2-36}$$

式（2-35）和式（2-36）被重写为

$$\frac{\mathrm{d}^2\theta_m(t)}{\mathrm{d}t^2}+\frac{B_m}{J_m}\frac{\mathrm{d}\theta_m(t)}{\mathrm{d}t}+\frac{K}{J_m}[\theta_m(t)-\theta_L(t)]=\frac{1}{J_m}T_m(t) \tag{2-37}$$

$$\frac{\mathrm{d}^2\theta_L(t)}{\mathrm{d}t^2}+\frac{K}{J_L}[\theta_L(t)-\theta_m(t)]=0 \tag{2-38}$$

请注意，如果电动机轴是**刚性**的，$\theta_m=\theta_L$ 并且所有电动机施加的转矩传递到负载。所以在这种情况下，系统的整体方程就变成：

$$\frac{\mathrm{d}^2\theta_m(t)}{\mathrm{d}t^2}+\frac{B_m}{J_m+J_L}\frac{\mathrm{d}\theta_m(t)}{\mathrm{d}t}=\frac{1}{J_m+J_L}T_m(t) \tag{2-39}$$ ▲

表 2-1 显示了平移和旋转机械系统参数的 SI 和其他测量单位。

表 2-1　平移和旋转机械系统基本属性及其单位

参数	使用符号	SI 单位	其他单位	转换因素
平移运动				
质量	M	kg	slug、$\mathrm{ft/s^2}$	$1\mathrm{kg}=1000\mathrm{g}$ $=2.2046\ \mathrm{lb}$(质量) $=35.274\mathrm{oz}$(质量) $=0.06852\mathrm{slug}$
弹簧常数	K	N/m	lb/ft	
黏性摩擦系数	B	N/m/s	lb/ft/s	
旋转运动				
转动惯量	J	$\mathrm{kg\cdot m^2}$	$\mathrm{slug\cdot ft^2}$ $\mathrm{lb\cdot ft\cdot s^2}$ $\mathrm{oz\cdot in\cdot s^2}$	$1\mathrm{g\cdot cm}=1.417\times10^{-5}\mathrm{oz\cdot in\cdot s^2}$ $1\mathrm{lb\cdot ft\cdot s^2}=192\mathrm{oz\cdot in\cdot s^2}$ $=32.2\mathrm{lb\cdot ft^2}$ $1\mathrm{oz\cdot in\cdot s^2}=386\mathrm{oz\cdot in^2}$ $1\mathrm{g\cdot cm\cdot s^2}=980\mathrm{g\cdot cm^2}$
弹簧常数	K	N/m/rad	ft · lb/rad	
黏性摩擦系数	B	N/m/rad/s	ft · lb/rad/s	

变量

位移：$y(t)$——m、ft、in $1\mathrm{m}=3.2808\mathrm{ft}=39.37\mathrm{in}$ $1\mathrm{ft}=0.3048\mathrm{m}$ $1\mathrm{in}=25.4\mathrm{mm}$	角旋转：$\theta(t)$——rad $1\mathrm{rad}=\frac{180}{\pi}=57.3°$
速度：$v(t)=\frac{\mathrm{d}y(t)}{\mathrm{d}t}$——m/s、ft/s、in/s	角速度：$\omega(t)=\frac{\mathrm{d}\theta(t)}{\mathrm{d}t}$——rad/s $1\mathrm{rpm}=\frac{2\pi}{60}=0.1047\mathrm{rad/s}$ $1\mathrm{rpm}=6\mathrm{deg/s}$
加速度：$a(t)=\frac{\mathrm{d}^2y(t)}{\mathrm{d}t^2}$——$\mathrm{m/s^2}$、$\mathrm{ft/s^2}$、$\mathrm{in/s^2}$	角加速度：$\alpha(t)=\frac{\mathrm{d}^2\theta}{\mathrm{d}t^2}\mathrm{rad/s^2}$
力：$f(t)$——N、lb（力）、dyn $1\mathrm{N}=0.2248\mathrm{lb}$（力）　$1\mathrm{N}=1\mathrm{kg\cdot m/s^2}$ $=3.5969\mathrm{oz}$（力）　$1\mathrm{dyn}=1\mathrm{g\cdot cm/s^2}$	转矩：$T(t)$——N · m、dyn · cm、lb · ft、oz · in $1\mathrm{g\cdot cm}=0.0139\mathrm{oz\cdot in}$ $1\mathrm{oz\cdot in}=0.00521\mathrm{lb\cdot ft}$ $1\mathrm{lb\cdot ft}=192\mathrm{oz\cdot in}$
能量：E——J $1\mathrm{J}=1\mathrm{N\cdot m}$ $1\mathrm{cal}=4.184\mathrm{J}$ $1\mathrm{Btu}=1055\mathrm{J}$	
功率：P——W、J/s $1\mathrm{W}=1\mathrm{J/s}$	

2.1.3 平移和旋转运动之间的转换

在运动控制系统中，通常需要将旋转运动转换为平移运动。例如，可以通过旋转电动机和导螺杆组件控制负载沿着直线移动，如图 2-11 所示。图 2-12 示出了类似的情况，其中机架和小齿轮组件用作机械联动装置。运动控制中的另一个熟悉的系统是利用旋转电动机通过滑轮控制质量，如图 2-13 所示。图 2-11～图 2-13 所示的系统都可以用一个简单的系统来表示，其等效惯量直接连接到驱动电动机。例如，图 2-13 中的质量可以被认为是围绕具有半径 r 的滑轮移动的点质量。通过忽略滑轮的惯量，电动机看到的等效惯量是

34~35

$$J = Mr^2 \tag{2-40}$$

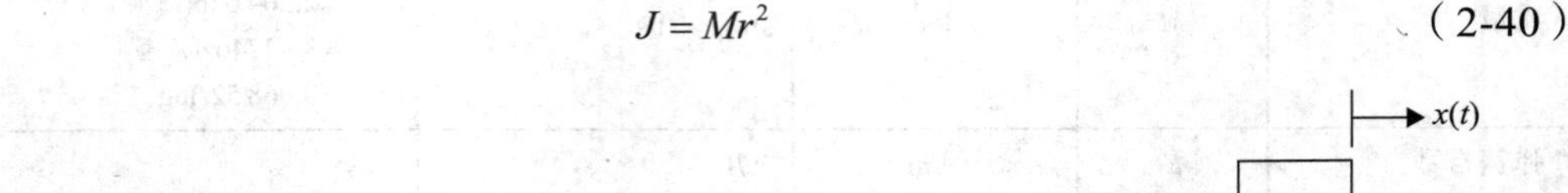

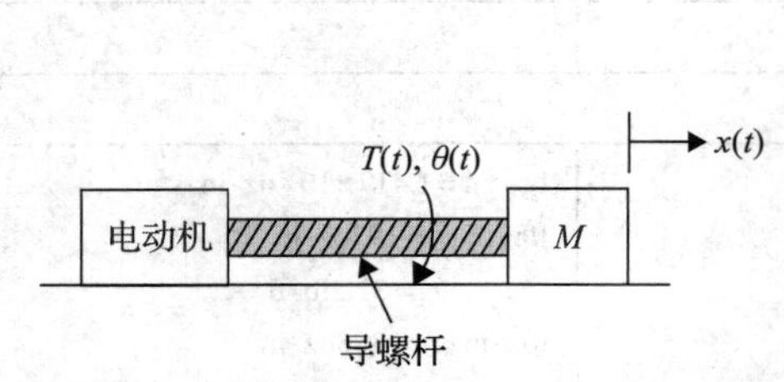

图 2-11 旋转到线性运动控制系统（导螺杆）

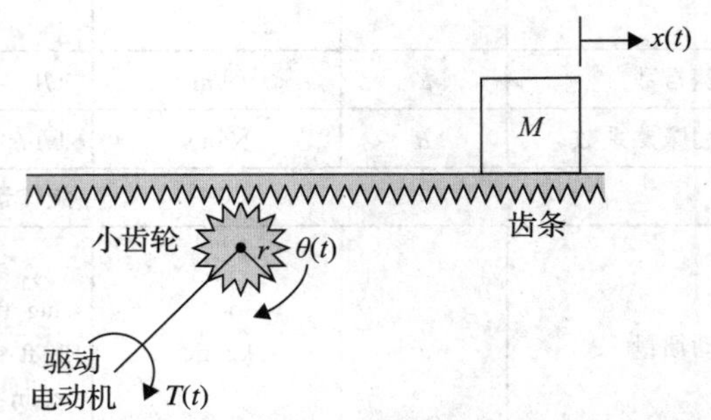

图 2-12 旋转线性运动控制系统（机架和小齿轮）

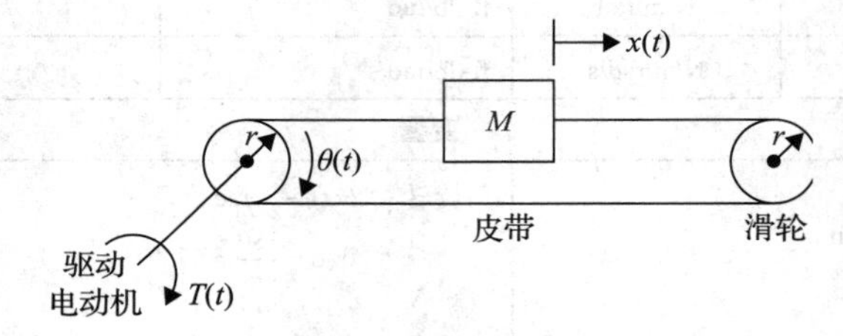

图 2-13 旋转到线性运动控制系统（皮带和滑轮）

如果图 2-12 中的小齿轮的半径为 r，电动机所看到的等效惯量也由式（2-40）给出。现在考虑图 2-11 的系统。螺杆的引线 L 被定义为质量距螺杆的直线距离。原则上，图 2-12 和图 2-13 中的两个系统是等效的。在图 2-12 中，小齿轮质量每转的行驶距离为 $2\pi r$。通过使用式（2-40），作为图 2-11 所示系统的等效惯量，有

$$J = M\left(\frac{L}{2\pi}\right)^2 \tag{2-41}$$

例 2-1-5 经典地，车辆的 1/4 模型被用于研究车辆悬挂系统，根据各种道路输入而产生相应的动态响应。通常，如图 2-14a 所示的系统的惯量、刚度和阻尼特性被建模在二自由度系统中（2-DOF），如图 2-14b 所示。虽然 2-DOF 系统是一个更准确的模型，但是以下分析假设为 1-DOF 模型就足够了，如图 2-14c 所示。

给定图 2-14c 所示的系统，其中

36

m = 有效 1/4 汽车质量

k = 有效刚度

c = 有效阻尼

$x(t)$ = 质量 m 的绝对位移

$y(t)$ = 基座的绝对位移

$z(t)$ = 质量相对于基座的相对位移

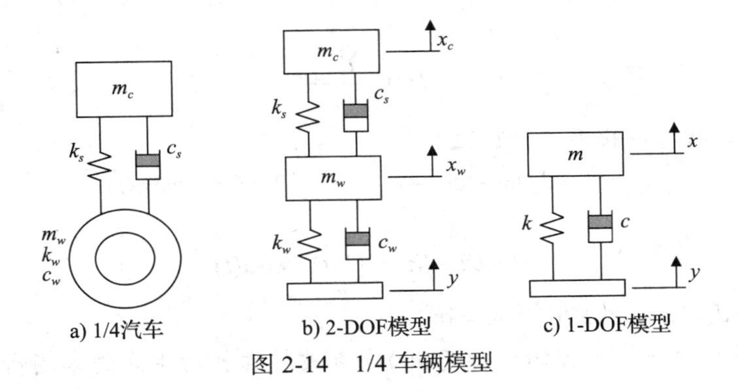

图 2-14　1/4 车辆模型

系统的运动方程定义如下：

$$m\ddot{x}(t)=c(\dot{y}(t)-\dot{x}(t))+k(y(t)-x(t)) \tag{2-42}$$

或

$$m\ddot{x}(t)+c\dot{x}(t)+kx(t)=c\dot{y}(t)+ky(t) \tag{2-43}$$

可以通过替换关系来重新定义相对位移或弹力

$$z(t)=x(t)-y(t) \tag{2-44}$$

将结果除以 m，式（2-43）被重写为

$$\ddot{z}(t)+2\zeta\omega_n\dot{z}(t)+\omega_n^2 z(t)=-\ddot{y}(t)=-a(t) \tag{2-45}$$

请注意，以前 ω_n 和 ζ 分别为系统的固有频率和阻尼比。式（2-45）反映了如果从地面输入加速度，车辆底盘如何相对于地面弹跳——例如，在车轮经过碰撞之后。

在实践中，可以使用包括液压、气动或机电系统（诸如电动机）的各种类型的执行器来实现悬挂系统的**主动控制**。让我们使用一个主动悬挂系统，它的内部有一个直流电动机和一个机架，如图 2-15 所示。

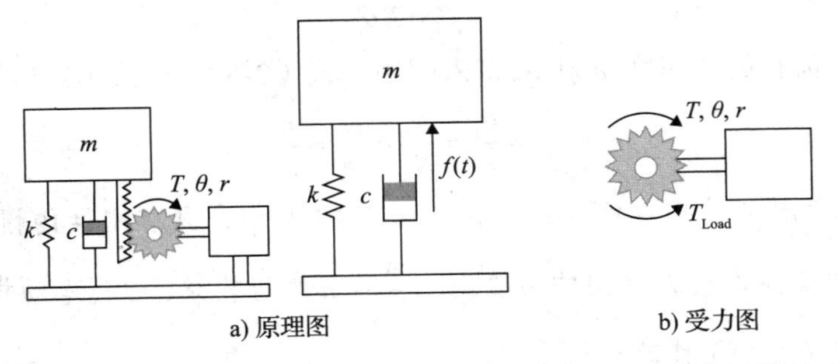

图 2-15　通过直动流电机和机架主动控制 1-DOF 1/4 车辆模型

在图 2-15 中，$T(t)$ 是具有轴旋转 θ 的电动机产生的转矩，r 是电动机驱动齿轮的半径。因此，电动机转矩方程为

$$T(t)=J_m\ddot{\theta}+B_m\dot{\theta}+T_{\text{Load}} \tag{2-46}$$

将电动机组件传递到质量的力定义为 $f(t)$，质量运动方程为

$$m\ddot{x}+c\dot{x}+kx=c\dot{y}+ky+f \tag{2-47}$$

为了控制车辆的弹跳，我们用 $z(t)=x(t)-y(t)$ 将方程重写为

[37]

$$m\ddot{x}+c\dot{z}+kz=f-m\ddot{y}=f(t)-ma(t) \tag{2-48}$$

运用

$$f(t)=\frac{T_{\text{Load}}}{r} \tag{2-49}$$

并注意到 $z=\theta r$，式（2-48）可以被重写为

$$(mr^2+J_m)\ddot{\theta}+(cr^2+B_m)\dot{\theta}+kr^2\theta=T(t)-mra(t) \tag{2-50}$$

或

$$J\ddot{z}+B\dot{z}+Kz=r[T(t)-mra(t)] \tag{2-51}$$

其中，$J=mr^2+J_m$，$B=cr^2+B_m$ 且 $K=kr^2$。

所以电动机转矩被用来控制由加速 $a(t)$ 引起的地面扰动带来的车辆齿隙。 ▲

2.1.4 齿轮系

滑轮上的齿轮系、杠杆或同步皮带是将能量从系统的一部分传递到另一部分的机械装置，可以改变力、转矩、速度和位移。这些设备也可以被认为是用于实现最大功率传输的匹配设备。在图 2-16 中给出了两个齿轮联接在一起。在考虑的理想情况下，齿轮的惯量和摩擦力被忽略。

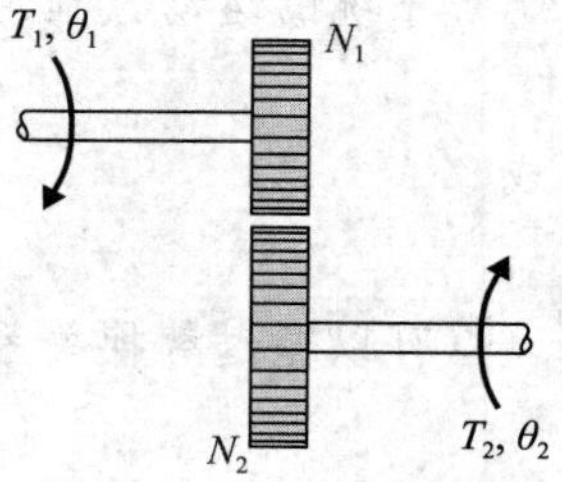

[38]

图 2-16 齿轮系

转矩 T_1 和 T_2 之间的关系，角位移 θ_1 和 θ_2 以及齿轮系的齿数 N_1 和 N_2 由以下导出：

1）齿轮表面上的齿数与齿轮的半径 r_1 和 r_2 成比例，即

$$r_1N_2=r_2N_1 \tag{2-52}$$

2）沿着每个齿轮表面行驶的距离是相同的。因此

$$\theta_1r_1=\theta_2r_2 \tag{2-53}$$

3）由于假设没有损失，所以由一个装置完成的工作与另一个装置完成的相同。因此

$$T_1\theta_1=T_2\theta_2 \tag{2-54}$$

如果将两个齿轮的角速度 ω_1 和 ω_2 带入图中，式（2-52）～式（2-54）将导致

$$\frac{T_1}{T_2}=\frac{\theta_2}{\theta_1}=\frac{N_1}{N_2}=\frac{\omega_2}{\omega_1}=\frac{r_1}{r_2} \tag{2-55}$$

例 2-1-6 考虑电动机－负载组件，如图 2-10 所示，具有刚性的惯性轴 J_m。如果使用电动机轴和惯性负载 J_L 之间的齿轮比为 $\frac{N_1}{N_2}=n$ 的齿轮系，J 是电动机和负载的等效转动惯量，则式（2-39）修改为

$$\frac{\mathrm{d}^2\theta_m(t)}{\mathrm{d}t^2}+\frac{B_m}{J}\frac{\mathrm{d}\theta_m(t)}{\mathrm{d}t}=\frac{1}{J}T_m(t) \tag{2-56}$$ ▲

在实践中，齿轮在耦合的齿轮齿之间具有惯量和摩擦力，这些齿轮通常不能被忽略。具有黏性摩擦和惯量的齿轮系的等效表示如图 2-17 所示，其中 T 表示施加的转矩，T_1 和 T_2 是传递转矩，B_1 和 B_2 是黏性摩擦系数。齿轮 2 的转矩方程为

[39]

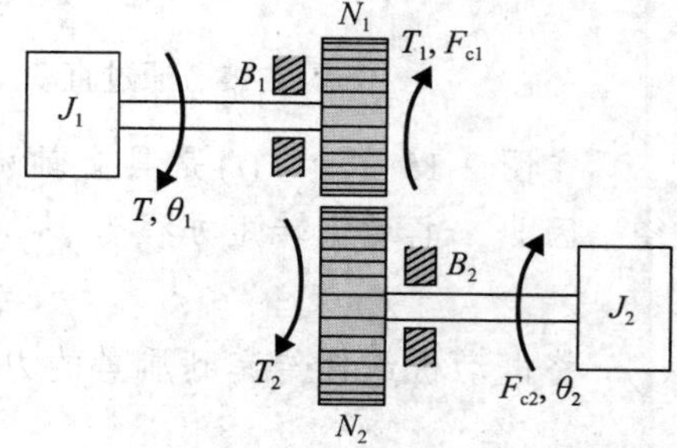

图 2-17 带有摩擦和惯量的齿轮系

$$T_2(t)=J_2\frac{\mathrm{d}^2\theta_2(t)}{\mathrm{d}t^2}+B_2\frac{\mathrm{d}\theta_2(t)}{\mathrm{d}t} \tag{2-57}$$

齿轮 1 侧的转矩方程为

$$T(t)=J_1\frac{\mathrm{d}^2\theta_1(t)}{\mathrm{d}t^2}+B_1\frac{\mathrm{d}\theta_1(t)}{\mathrm{d}t}+T_1(t) \tag{2-58}$$

使用式（2-55）、式（2-57），经乘以 $\frac{N_1}{N_2}$ 后，转换为

$$T_1(t)=\frac{N_1}{N_2}T_2(t)=\left(\frac{N_1}{N_2}\right)^2 J_2\frac{\mathrm{d}^2\theta_1(t)}{\mathrm{d}t^2}+\left(\frac{N_1}{N_2}\right)^2 B_2\frac{\mathrm{d}\theta_1(t)}{\mathrm{d}t} \tag{2-59}$$

式（2-59）表示可以将齿轮系一侧的惯量、摩擦、顺应性、转矩、速度和位移反映到另一侧。在从齿轮 2 反映到齿轮 1 时获得以下量：

$$\begin{aligned}&\text{惯性：}\left(\frac{N_1}{N_2}\right)^2 J_2\\&\text{黏性摩擦系数：}\left(\frac{N_1}{N_2}\right)^2 B_2\\&\text{扭矩：}\frac{N_1}{N_2}T_2\\&\text{角位移：}\frac{N_1}{N_2}\theta_2\\&\text{角速度：}\frac{N_1}{N_2}\omega_2\end{aligned} \tag{2-60}$$

类似地，齿轮参数和变量可以通过简单地交换前述表达式中的下标来从齿轮 1 反映到齿轮 2。如果存在扭转弹簧效应，则从齿轮 2 反射到齿轮 1 时，弹簧常数也乘以 $\left(\frac{N_1}{N_2}\right)^2$。现在将式（2-59）替换为（2-58），可得到：

$$T(t)=J_{1e}\frac{\mathrm{d}^2\theta_1(t)}{\mathrm{d}t^2}+B_{1e}\frac{\mathrm{d}\theta_1(t)}{\mathrm{d}t} \tag{2-61}$$

其中，

$$J_{1e}=J_1+\left(\frac{N_1}{N_2}\right)^2 J_2 \tag{2-62}$$

$$B_{1e}=B_1+\left(\frac{N_1}{N_2}\right)^2 B_2 \tag{2-63}$$

40

例 2-1-7 给定一个具有惯量 $0.05\mathrm{oz\cdot in\cdot s^2}$ 的负载，找到通过 1:5 齿轮系反映的惯量和摩擦转矩（$N_1/N_2=1/5$，N_2 在负载侧）。N_1 侧的反射惯量为 $(1/5)^2\times0.05=0.002\mathrm{oz\cdot in\cdot s^2}$。▲

2.1.5　齿隙和死区（非线性特性）

齿轮和死区通常存在于齿轮系和类似的机械连杆中，其中联轴器不完美。在大多数情况下，齿隙可能会导致控制系统不准确、振荡和不稳定。此外，它具有磨损机械构件的倾向。不管实际的机械构件如何，图 2-18 中显示了输入和输出构件之间的间隙或死

区的物理模型。该模型可用于旋转系统以及平移系统。在参考位置的任一侧，齿隙量为 $b/2$。

一般来说，具有齿隙的机械连杆的动力学取决于输出构件的相对惯量与摩擦比，运动主要由摩擦力控制。这意味着当两个构件之间没有接触时，输出构件将不会随意移动。当输出由输入驱动时，两个构件将一起移动，直到输入构件反转其方向，那么输出构件将处于静止状态，直到在另一侧吸收齿隙，此时假定输出构件立即承受输入构件的速度。具有可忽略输出惯性齿隙的系统的输入和输出位移之间的传递特性如图 2-19 所示。

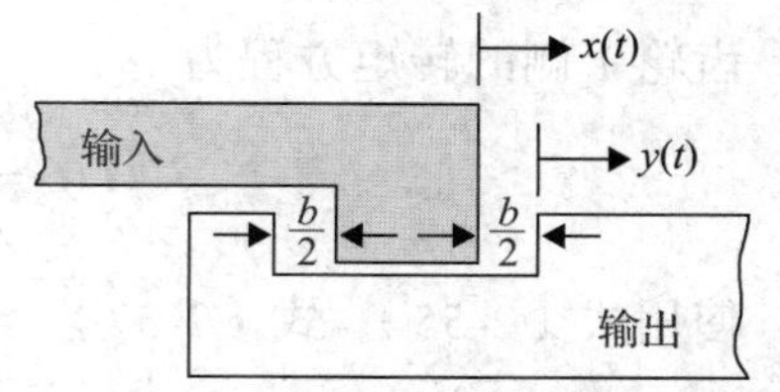

图 2-18　两个机械元件之间齿间隙物理模型

41

2.2　简单电气系统的建模

在本章中，我们用简单的无源元件（如电阻、电感和电容）来处理电气网络建模。这些系统的数学模型由普通微分方程描述。在第 6 章，我们讨论了运算放大器，它们是有源电气元件，它们的模型与控制器系统讨论更相关。

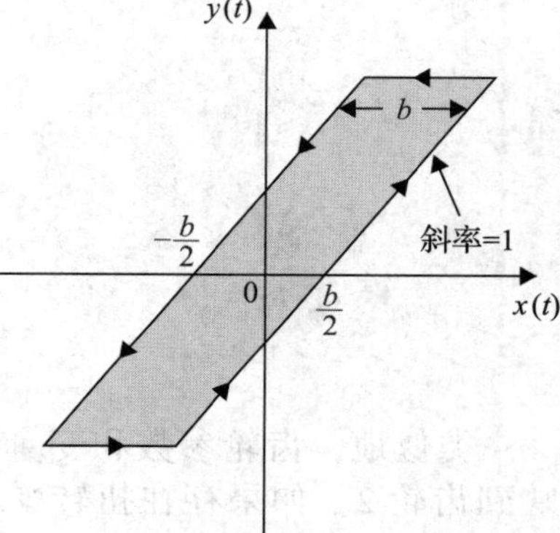

图 2-19　齿隙的输入输出特性

2.2.1　无源电气元件建模

考虑图 2-20，其中显示了基本的无源电气元件：电阻、电感和电容。

电阻。欧姆定律指出，电阻 R 两端的电压降 $e_R(t)$ 与通过电阻的电流 $i(t)$ 成比例。或者

$$e_R(t)=i(t)R \tag{2-64}$$

电感。电感 L 两端的电压降 $e_L(t)$ 与当前流过电感的电流 $i(t)$ 的时间变化率成比例。因此

$$e_L(t)=L\frac{\mathrm{d}i(t)}{\mathrm{d}t} \tag{2-65}$$

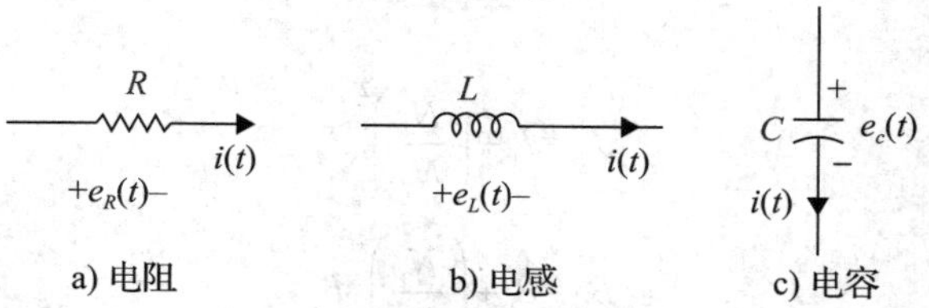

a) 电阻　　b) 电感　　c) 电容

图 2-20　基本的无源电气元件

电容。跨过电容 C 的电压降 $e_C(t)$ 与通过电容的电流 $i(t)$ 相对于时间的积分成比例。因此

$$e_C(t)=\int\frac{i(t)}{C}\mathrm{d}t \tag{2-66}$$

2.2.2　电气网络建模

编写电气网络方程的经典方法是基于循环法或节点法，这两种方法都是由基尔霍夫

(Kirchhoff) 的两个定律制定的：

电流定律或循环法。进入节点的所有电流的代数和为零。

电压定律或节点法。整个闭环回路的所有电压降的代数和为零。

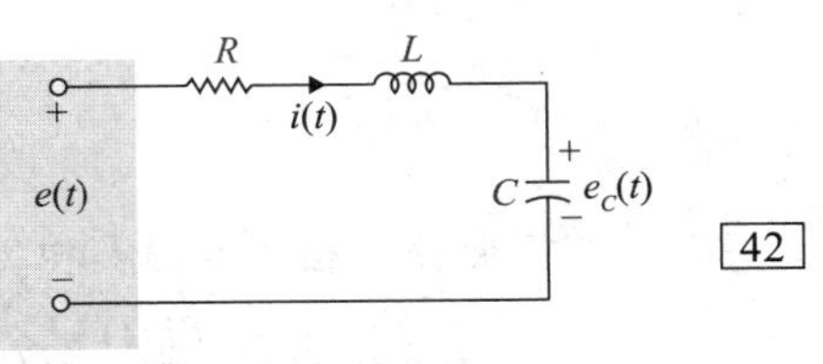

图 2-21 RLC 网络（电气原理图）

42

例 2-2-1 让我们考虑图 2-21 所示的 RLC 网络。使用电压定律：

$$e(t)=e_R+e_L+e_C \tag{2-67}$$

其中，

$e_R=$电阻 R 两端的电压

$e_L=$电感 L 两端的电压

$e_C=$电容 C 两端的电压

或者

$$e(t)=+e_C(t)+Ri(t)+L\frac{\mathrm{d}i(t)}{\mathrm{d}t} \tag{2-68}$$

在 C 中使用电流：

$$C\frac{\mathrm{d}e_C(t)}{\mathrm{d}t}=i(t) \tag{2-69}$$

在式（2-68）中代替 $i(t)$，得到 RLC 网络的方程：

$$LC\frac{\mathrm{d}^2e_C(t)}{\mathrm{d}t^2}+RC\frac{\mathrm{d}e_C(t)}{\mathrm{d}t}+e_C(t)=e(t) \tag{2-70}$$

通过 LC 除以上一个方程，并使用 $\dot{e}_C(t)=\left(\frac{\mathrm{d}e_C(t)}{\mathrm{d}t}\right)$ 和 $\ddot{e}_C(t)=\left(\frac{\mathrm{d}^2e_C(t)}{\mathrm{d}t^2}\right)$，可得到：

$$\ddot{e}_C(t)+\frac{R}{L}\dot{e}_C(t)+\frac{1}{LC}e_C(t)=\frac{1}{LC}e(t) \tag{2-71}$$

在控制系统中，通常将式（2-70）重写为

$$\ddot{e}_C(t)+2\zeta\omega_n\dot{e}_C(t)+\omega_n^2e_C(t)=\omega_n^2e(t) \tag{2-72}$$

其中，ω_n 和 ζ 分别是系统的固有频率和阻尼比。如式（2-10）、式（2-72）也称为**原型二阶系统**。我们将 $e_C(t)$ 定义为系统**输出**，$e(t)$ 定义为系统的**输入**，这两项都具有相同的单位。注意该系统也**类似**于图 2-2 中的平移机械系统。▲

例 2-2-2 电气网络的另一个例子如图 2-22 所示。电容两端的电压为 $e_C(t)$，电感的电流分别为 $i_1(t)$ 和 $i_2(t)$。该网络的方程式是

$$L_1\frac{\mathrm{d}i_1(t)}{\mathrm{d}t}+R_1i_1(t)+e_C(t)=e(t) \tag{2-73}$$

43

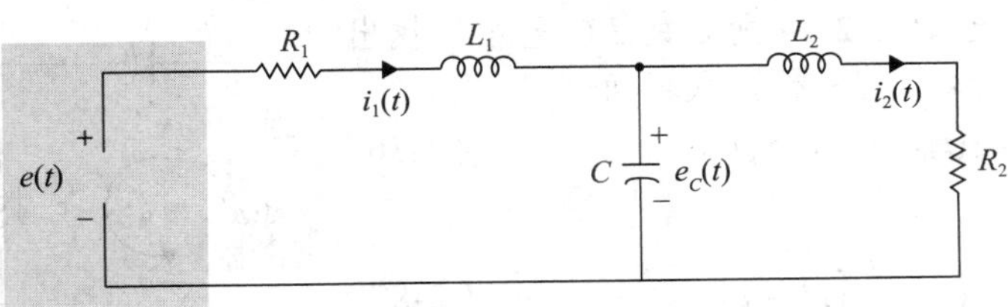

图 2-22 例 2-2-2 的电气网络原理图

$$L_2\frac{\mathrm{d}i_2(t)}{\mathrm{d}t}+R_2i_2(t)=e_C(t) \quad (2\text{-}74)$$

$$C\frac{\mathrm{d}e_C(t)}{\mathrm{d}t}=i_1(t)-i_2(t) \quad (2\text{-}75)$$

将微分方程（2-73）和（2-74）一并代入式（2-75），可得到：

$$L_1\frac{\mathrm{d}^2i_1(t)}{\mathrm{d}t^2}+R_1\frac{\mathrm{d}i_1(t)}{\mathrm{d}t}+i_1(t)-i_2(t)=e(t) \quad (2\text{-}76)$$

$$L_2\frac{\mathrm{d}^2i_2(t)}{\mathrm{d}t^2}+R_2\frac{\mathrm{d}i_2(t)}{\mathrm{d}t}-i_1(t)+i_2(t)=0 \quad (2\text{-}77)$$

探索该系统与例 2-1-4 中所示系统的相似性，我们发现当 $R_2=0$ 时，两个系统是类似的，即将式（2-76）和式（2-77）与式（2-37）和式（2-38）进行比较。 ▲

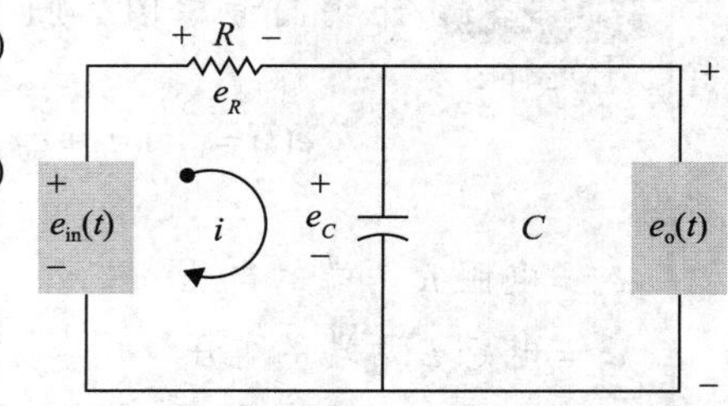

图 2-23 简单的电气 *RC* 电路（一）

例 2-2-3 考虑如图 2-23 所示的 *RC* 电路，找到系统的微分方程。使用电压定律

$$e_{in}(t)=e_R(t)+e_C(t) \quad (2\text{-}78)$$

其中

$$e_R=iR \quad (2\text{-}79)$$

并且电容器 $e_C(t)$ 两端的电压是

$$e_C(t)=\frac{1}{C}\int i\mathrm{d}t \quad (2\text{-}80)$$

但从图 2-21 有

44

$$e_o(t)=\frac{1}{C}\int i\mathrm{d}t=e_C(t) \quad (2\text{-}81)$$

如果将式（2-81）对时间求导，可得到：

$$\frac{i}{C}=\frac{\mathrm{d}e_o(t)}{\mathrm{d}t} \quad (2\text{-}82)$$

或

$$C\dot{e}_o(t)=i \quad (2\text{-}83)$$

这意味着式（2-78）可以写成输入 – 输出形式：

$$RC\dot{e}_o(t)+e_o(t)=e_{in}(t) \quad (2\text{-}84)$$

其中，$\tau=RC$ 也称为系统的**时间常数**。这个术语的意义将稍后在第 3 章、第 6 章和第 7 章讨论。使用这个术语，系统的方程式以标准的**一阶系统**的形式被重写为

$$\dot{e}_o(t)+\frac{1}{\tau}e_o(t)=\frac{1}{\tau}e_{in}(t) \quad (2\text{-}85)$$

注意，当 M=0 时，式（2-85）类似于式（2-8）。 ▲

例 2-2-4 考虑如图 2-24 所示的 *RC* 电路，找出系统的微分方程。像以前一样，我们有

$$e_{in}(t)=e_C(t)+e_R(t) \quad (2\text{-}86)$$

或

$$e_{in}(t)=\frac{1}{C}\int i\mathrm{d}t+iR \quad (2\text{-}87)$$

但 $e_o(t)=iR$，因此

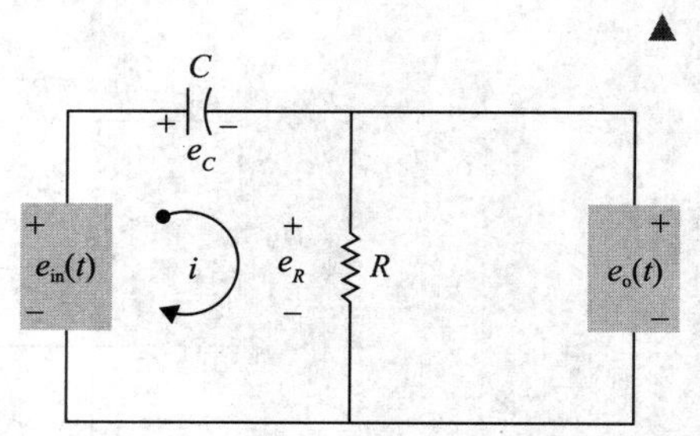

图 2-24 简单的电气 *RC* 电路（二）

$$e_{in}(t)=\frac{\int e_o(t)\mathrm{d}t}{RC}+e_o(t) \tag{2-88}$$

是系统的微分方程。为了解决式（2-88），可对时间求一阶导数：

$$\dot{e}_{in}(t)=\frac{e_o(t)}{RC}+\dot{e}_o(t) \tag{2-89}$$

其中，$\tau=RC$ 是系统的**时间常数**。▲

45

例 2-2-5 考虑如图 2-25 所示的分压器。给定输入电压 $e_{in}(t)$，在由两个电阻器 R_1 和 R_2 组成的电路中找到输出电压 $e_o(t)$。

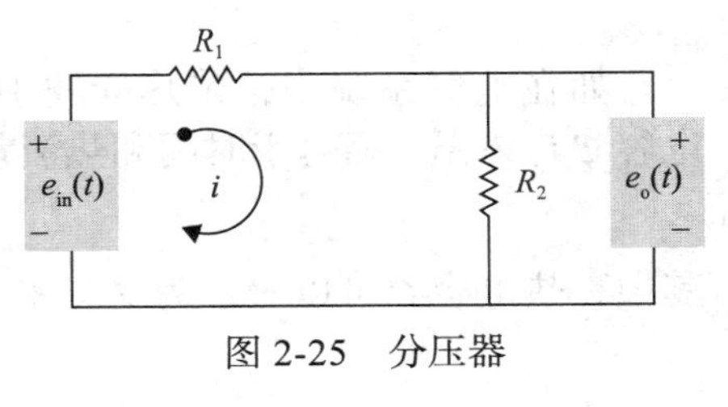

图 2-25　分压器

电阻中的电流为

$$i=\frac{e_{in}(t)-e_o(t)}{R_1} \tag{2-90}$$

$$i=\frac{e_o(t)}{R_2} \tag{2-91}$$

令式（2-90）和式（2-91）相等，可有

$$\frac{e_{in}(t)-e_o(t)}{R_1}=\frac{e_o(t)}{R_2} \tag{2-92}$$

重新排列该方程可得到分压器的以下等式：

$$e_o(t)=\frac{R_2}{R_1+R_2}e_{in}(t) \tag{2-93}$$ ▲

电气系统中 SI 和大多数其他测量单位相同，如表 2-2 所示。

表 2-2　电气系统基本属性及其单位

参　数	符　号	单　位
电阻	R	Ω=V/A
电容	C	F=A；s/V=s/Ω
电感	L	H=V；s/A=Ω · s
变量		
电荷：$q(t)$——C=N · m/V 电流：$i(t)$——A 电压：$e(t)$——V		
能量：E——J 1J = 1N · m 1cal = 4.184J 1Btu = 1055J		
功率：P——W、J/s 1W = 1J/s		

46

2.3　简单热系统和简单流体系统的建模

在本节中，我们将回顾热系统和流体系统。这些系统的知识在许多机械和化学工程控制系统应用中很重要，例如在发电厂、流体动力控制系统或温度控制系统中。由于与这些非线性系统相关的数学知识非常复杂，我们只关注基本模型和简化模型。

2.3.1 热系统的基本属性⊖

在热系统中，我们研究不同组件之间的热传递。热过程中的两个关键变量是温度 T 和热存储或储热 Q，其具有与能量相同的单位（例如，在 SI 中以 J 或焦［耳］为单位）。传热系统还包括热电容和电阻性质，其类似于电气系统中提及的相同特性。传热与热流量 q 相关，热流量 q 具有功率单位，即

$$q=\dot{Q} \tag{2-94}$$

如在电气系统中，传热问题中的**电容**的概念与主体中热量的存储（或放电）有关。电容 C 与体温 T 相对于时间和热流量 q 的变化有关，即

$$q=C\dot{T} \tag{2-95}$$

其中，热电容 C 可以表示为材料密度 ρ、材料比热容 c 和体积 V 的乘积：

$$C=\rho cV \tag{2-96}$$

在热系统中，传热有三种不同的方式，即通过**传导**、**对流**和**辐射**。

传导

热传导描述物体如何传导热量。一般来说，这种发生在固体材料中的热传递是由于两个表面之间的温度差产生的。在这种情况下，热量趋向于从热到冷的区域传递。这种情况下的能量转移通过分子扩散在垂直于物体表面的方向进行。考虑到沿 x 方向的单向稳态热传导，如图 2-26 所示，传热速率由下式给出

$$q=\frac{kA}{\ell}\Delta T=D_{1-2}\Delta T \tag{2-97}$$

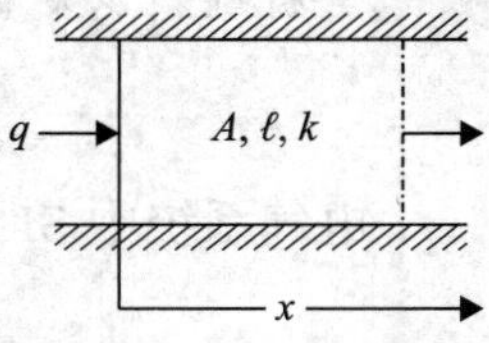

图 2-26　单向热传导

其中，q 是热传递速率（流量），k 是与所用材料相关的导热系数，A 是与热流 x 的方向垂直的面积，$\Delta T=T_1-T_2$ 是 $x=0$ 和 $x=\ell$ 或 T_1 和 T_2 之间的温度差。注意在这种情况下，假设完美绝缘，其他方向的热传导为零。同时注意

$$D_{1-2}=\frac{1}{\dfrac{\ell}{kA}}=\frac{1}{R} \tag{2-98}$$

47

其中，R 也称为**热阻**。因此，传热速率 q 可以用 R 代表：

$$q=\frac{\Delta T}{R} \tag{2-99}$$

对流

这种类型的传热发生在固体表面和暴露于其之间的流体之间，如图 2-27 所示。在流体和固体表面相遇的边界处，传热过程是通过传导。但一旦流体暴露于热量，可以用新的流体代替。在热对流中，热流量由下式给出

$$q=hA\Delta T=D_0\Delta T \tag{2-100}$$

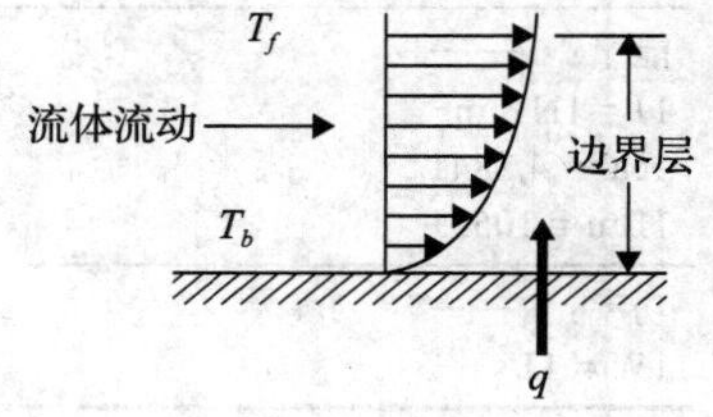

图 2-27　流体边界的热对流

其中，q 是传热速率或热流量，h 是对流传热系数，A 是传热面积，$\Delta T=T_b-T_f$ 是边界和流体温度之间的差值。术语 hA 可由 D_0 表示，其中，

$$D_0=hA=\frac{1}{R} \tag{2-101}$$

⊖ 要更深入地研究这个问题，请参考文献 [1−7]。

再次，传热速率 q 可以用热阻 R 来表示。因此

$$q=\frac{\Delta T}{R} \tag{2-102}$$

辐射

两个不同物体之间的辐射传热速率由 Stephan-Boltzmann 定律确定：

$$q=\sigma A(T_1^4-T_2^4) \tag{2-103}$$

其中，q 是传热速率，σ 是 Stefan-boltzmann 常数，数值等于 $5.667\times10^{-8}\,\mathrm{W/m^2\cdot K^4}$，$A$ 是与热流正交的面积，T_1 和 T_2 是两个物体的绝对温度。注意，式（2-103）适用于具有相等表面积 A 的直接相反的理想散热器，其完全吸收所有的热量而不反射（见图 2-28）。 48

热力系统变量的 SI 和其他测量单位如表 2-3 所示。

表 2-3　热系统基本属性及其单位

参数	使用符号	SI 单位	其他单位
电阻	R	℃/W、K/W	℉/(Btu/h)
电容	C	J/(kg·℃)、J/(kg·K)	Btu/℉、Btu/°R
温度：$T(t)$——°C、K、°F °C=(°F−32)×5/9，°C=°K+273			
能量（储热）：Q——J、Btu、cal 1J=1N·m 1cal=4.184J 1Btu=1055J			
热流量：$q(t)$——J/s、W、Btu/s			

例 2-3-1　如图 2-29 所示，矩形物体由在其顶侧与流体接触的材料构成，同时与其他 3 个侧面完美绝缘。找到以下热传过程的方程式。

T_l = 固体温度，假定温度均匀分布

T_f = 顶部流体温度

ℓ = 对象的长度

A = 物体横截面积

ρ = 材料密度

c = 材料比热容

k = 材料导热系数

h = 对流传热系数

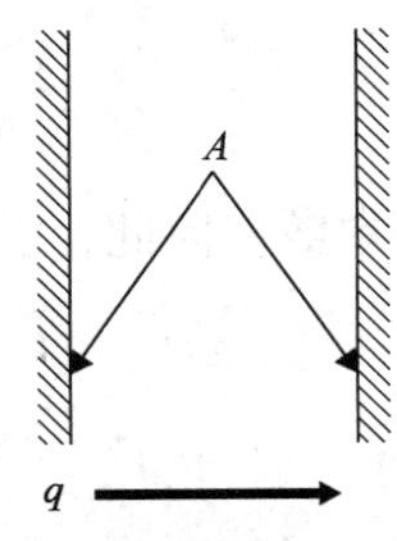

图 2-28　一个简单的散热系统，具有直接相对的理想散热器

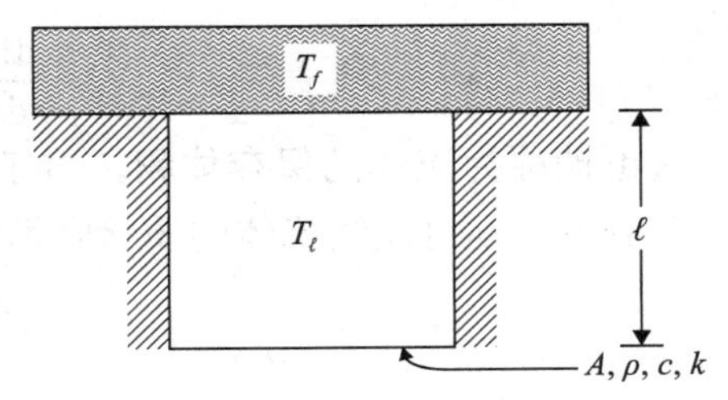

图 2-29　流体和绝缘固体之间的传热问题

求解：式（2-95）的固体的储热速率为

$$q = \rho c A \ell \left(\frac{\mathrm{d}T_\ell}{\mathrm{d}t} \right) \tag{2-104}$$

此外，从流体传递的热的对流速率是

$$q = hA(T_f - T_\ell) \tag{2-105}$$

系统的能量平衡方程规定q在式（2-104）和式（2-105）中相同。因此，当从式（2-95）引入热电容C并且从式（2-99）引入对流热阻R并将式（2-104）的右侧替换为式（2-105）时，可得到：

$$RC\dot{T}_\ell + T_\ell = T_f \tag{2-106}$$

其中，$RC=\tau$也称为系统的**时间常数**。注意，式（2-106）类似于由式（2-84）建模的电气系统。

▲

2.3.2 流体系统的基本属性⊖

在本节中，我们推导了流体系统的方程。与流体系统相关的控制系统中的关键应用是在流体动力控制领域。了解流体系统的行为将有助于鉴别液压执行器的型号。在流体系统中，有 5 个重要参数——压力、流量（和流速）、温度、密度和流体体积（和体积率）。我们研究的重点将主要在于**不可压缩流体系统**，因为它们应用于诸如液压执行器和阻尼器之类的流行的工业控制系统的元件。在不可压缩流体的情况下，流体体积保持恒定，就像电气系统一样，它们可以被无源元件（包括电阻、电容和电感）建模。

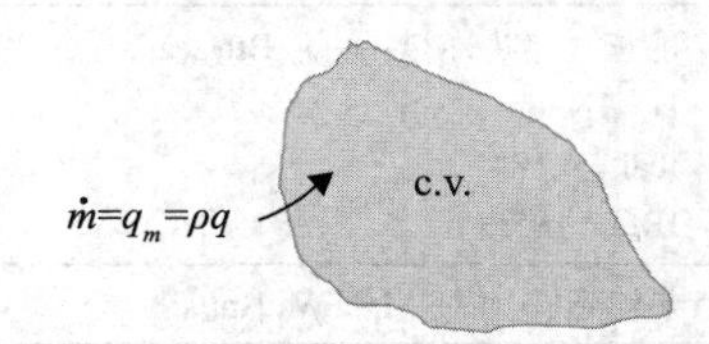

图 2-30 控制体积和净质量流量

要更好地理解这些概念，我们必须查看**流体连续性方程**或**质量守恒定律**。对于图 2-30 所示的控制体积和净质量流量 $q_m = \rho q$，我们有

50

$$m = \int \rho q \mathrm{d}t \tag{2-107}$$

其中，m是净质量流量，ρ是流体密度，$\frac{\mathrm{d}V}{\mathrm{d}t} = q = q_i - q_o$是净体积流体流速（流入流体的体积流量$q_i$减去输出流体$q_o$的体积流量）。由质量守恒定律得：

$$\frac{\mathrm{d}m}{\mathrm{d}t} = \rho q = \frac{\mathrm{d}}{\mathrm{d}t}(M_{cv}) = \frac{\mathrm{d}}{\mathrm{d}t}(\rho V) \tag{2-108}$$

$$\frac{\mathrm{d}m}{\mathrm{d}t} = \rho \dot{V} + V\dot{\rho} \tag{2-109}$$

其中，m是净质量流量，M_{cv}是控制体积的质量（或为简单起见是“容器”流体），V是容器体积。注意

$$\frac{\mathrm{d}V}{\mathrm{d}t} = q_i - q_o = q \tag{2-110}$$

这也被称为流体的**保存体积**。对于**不可压缩流体**，ρ是**常数**。因此，在式（2-109）中设置$\dot{\rho}=0$，不可压缩流体的质量守恒式是

$$\dot{m} = \rho \dot{V} = \rho q \tag{2-111}$$

⊖ 要更深入地研究这个问题，请参考参考文献 [1–7]。

电容——不可压缩流体

类似于电容，流体电容与能量如何存储在流体系统中有关。流体电容 C 是在压力变化时存储的流体体积的变化。或者，电容定义为如下的体积流体流速 q 与压力 P 的比率：

$$C=\frac{\dot{V}}{\dot{P}}=\frac{q}{\dot{P}} \tag{2-112}$$

或

$$q=C\dot{P} \tag{2-113}$$

例 2-3-2 在单罐液位系统中，如图 2-31 所示，填充到高度 h（也称为头）的罐中的流体压力是流体在横截面积上的重量，或者

$$P=\frac{\rho Vg}{A}=\frac{\rho hgA}{A}=\rho hg \tag{2-114}$$

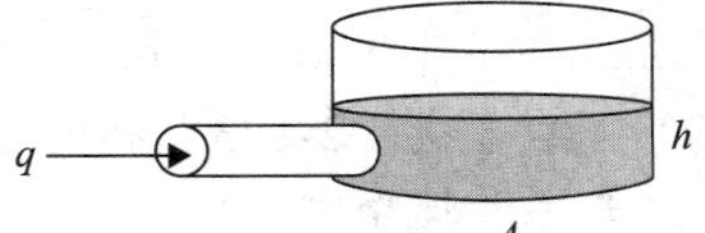

图 2-31　不可压缩的流体流入开口的圆柱形容器

根据式（2-112）并注意到 $V=Ah$，可得到：

$$C=\frac{\dot{V}}{\dot{P}}=\frac{A\dot{h}}{\rho g\dot{h}}=\frac{A}{\rho g} \tag{2-115}$$ ▲

51

通常，流体密度 ρ 是非线性的，并且可能取决于温度和压力。称为**状态方程**的这种非线性依赖性 $\rho(P,T)$ 可以使用与 P 和 T 相关的 ρ 的一阶泰勒序列来线性化：

$$\rho=\rho_{\text{ref}}+\left(\frac{\partial\rho}{\partial P}\right)_{P_{\text{ref}},T_{\text{ref}}}(P-P_{\text{ref}})+\left(\frac{\partial\rho}{\partial T}\right)_{P_{\text{ref}},T_{\text{ref}}}(T-T_{\text{ref}}) \tag{2-116}$$

其中，ρ_{ref}、P_{ref} 和 T_{ref} 分别是密度、压力和温度的恒定参考值。在这种情况下，

$$\beta=\frac{1}{\rho_{\text{ref}}}\left(\frac{\partial\rho}{\partial P}\right)_{P_{\text{ref}},T_{\text{ref}}} \tag{2-117}$$

$$\alpha=-\frac{1}{\rho_{\text{ref}}}\left(\frac{\partial\rho}{\partial T}\right)_{P_{\text{ref}},T_{\text{ref}}} \tag{2-118}$$

分别是体积模量和热膨胀系数。然而，在大多数感兴趣的情况下，进入和流出容器的流体的温度几乎相同。因此，回顾图 2-30 中的控制体积，质量守恒方程式（2-108）反映了体积和密度的变化：

$$\frac{\mathrm{d}m}{\mathrm{d}t}=\frac{\mathrm{d}\rho}{\mathrm{d}t}V+\rho\frac{\mathrm{d}V}{\mathrm{d}t} \tag{2-119}$$

如果体积 V 的容器是**刚性物体**，则 $\dot{V}=0$。因此

$$\frac{\mathrm{d}m}{\mathrm{d}t}=\frac{\mathrm{d}\rho}{\mathrm{d}t}V \tag{2-120}$$

将式（2-116）的时间导数（假定没有温度依赖性）代入式（2-120）并使用式（2-117），可以获得电容关系：

$$q=\frac{V}{\beta}\dot{P}=C\dot{P} \tag{2-121}$$

注意，$\frac{\mathrm{d}m}{\mathrm{d}t}=q_m=\rho_{\text{ref}}q$ 被用来得到式（2-121）。结果是，在刚性物体内的**可压缩**流体的情况下，电容是

$$C=\frac{V}{\beta} \tag{2-122}$$

例 2-3-3 在实践中，蓄能器是流体电容器，其可以被建模为弹簧式活塞系统，如图 2-32 所示。在这种情况下，假设区域 A 的弹簧式活塞在刚性圆柱形容器内行进，对式（2-119）所示的可压缩流体使用质量守恒定律，可得到：

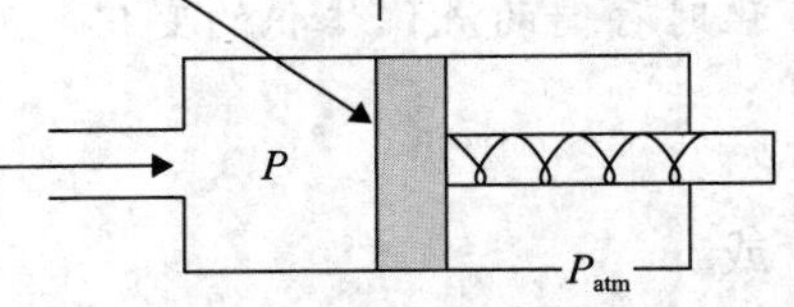

图 2-32 弹簧式活塞系统

$$\rho_{ref}q=\frac{d\rho}{dt}V+\rho_{ref}\frac{dV}{dt} \tag{2-123}$$

假设可压缩流体没有温度依赖性，取式（2-116）的时间导数并使用式（2-117）可有

52

$$\frac{d\rho}{dt}=\frac{\rho_{ref}}{\beta}\frac{dP}{dt} \tag{2-124}$$

结合式（2-123）和式（2-124）并使用式（2-122），图 2-32 在变化的控制体积中压力的上升速率为

$$\dot{P}=\frac{\beta}{V}(q-\dot{V})=\frac{1}{C}(q-\dot{V}) \tag{2-125}$$

其中，$\dot{V}=A\dot{x}$。该方程式反映了变化的控制体积内的压力变化率与进入的流体体积流量和室体积本身的变化率有关。 ▲

电感——不可压缩流体

流体电感也称为流体**惯量**，即相对于通道（管线或管道）内的移动流体的惯量。惯量主要发生在长线上，但是当外力（例如由泵引起）导致流量的显著变化时也可能发生。在图 2-33 所示的情况下，假设无摩擦管中有以速度 v 移动的均匀流体流动，为了加速流体流动，施加外力 F。根据牛顿第二定律有

$$F=A\Delta P=M\dot{v}=\rho A\ell\dot{v}$$

$$\Delta P=(P_1-P_2) \tag{2-126}$$

但

$$\dot{V}=Av=q \tag{2-127}$$

因此，

$$(P_1-P_2)=L\dot{q} \tag{2-128}$$

其中，

53

$$L=\frac{\rho\ell}{A} \tag{2-129}$$

被称为**流体电感**。请注意，在可压缩流体和气体的情况下，很少会讨论电感的概念。

电阻——不可压缩流体

如在电气系统中，流体电阻消耗能量。但是，这个术语没有唯一的定义。在这本书中，我们采用最常用的术语，它将流体阻力与压力变化相关联。对于图 2-34 所示的系统，抵抗通过像管子的通道的流体的力是

$$F_f=A\Delta P=A(P_1-P_2) \tag{2-130}$$

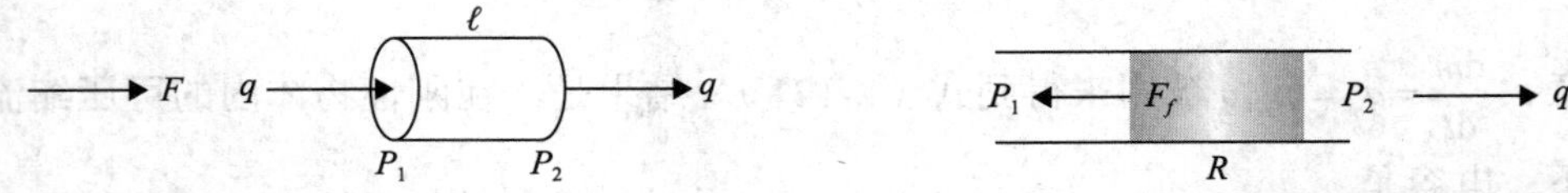

图 2-33 均匀的不可压缩流体流过无摩擦管道　　图 2-34 不可压缩流体流过管道和流体电阻器 R

其中，$\Delta P = P_1 - P_2$是压降，A是管道的横截面积。取决于流动的类型（即层流或紊流），流体阻力关系可以是非线性或线性关系，并将压降与体积流量q相关联。对于层流，定义

$$\Delta P = Rq \tag{2-131}$$

$$R = \frac{\Delta P}{q} \tag{2-132}$$

其中，q是体积流量。表2-4给出了层流假设下各种通道横截面的电阻R。

表2-4 层流的电阻R的方程

流体阻力	
使用符号	流体体积流量：q 压降：$\Delta P = P_{12} = P_1 - P_2$ 层流阻力：R μ：流体黏度 w = 宽；h = 高；ℓ = 长；d = 直长
一般情况	$R = \frac{32\mu\ell}{Ad_h^2}$ d_h = 液压直径 = $\frac{4A}{周长}$
圆形截面	$R = \frac{128\mu\ell}{\pi d^4}$
正方形截面	$R = \frac{32\mu\ell}{w^4}$
矩形截面	$R = \frac{8\mu\ell}{\frac{wh^3}{(1+h/w)^2}}$
矩形截面：近似	$R = \frac{12\mu\ell}{wh^3}$ w/h = 小
环形截面	$R = \frac{8\mu\ell}{\pi d_o d_i^3\left(1-\frac{d_i}{d_o}\right)}$ d_o = 外径；d_i = 内径
环形截面：近似	$R = \frac{12\mu\ell}{\pi d_o d_i^3}$ d_o/d_i = 小

当流动变为**湍流**时，压力关系式（2-131）被重写为

$$\Delta P = R_T q^n \tag{2-133}$$

其中R_T是湍流阻力，n是根据所使用的边界而变化的功率，例如，对于长管道而言，$n = 7/4$是最有用的，对于通过孔或阀的流动，$n = 2$最有用。

为了获得层流和湍流及其相应的阻力条件，你可能希望通过在充满水的柱塞注射器上施加力进行简单的实验。如果用柔和的力推动柱塞，水可以通过注射器孔轻松地从另一端排出。然而，施加强力会导致强大的阻力。在前一种情况下，由于层流，所遇阻力温和，而在后一种情况下，由于湍流，阻力较大。

例2-3-4 单罐液位系统。

对于图2-35所示的液位系统，水或任何不可压缩流体（即，流体密度ρ恒定）从顶

部进入罐体，并通过阀底部的电阻 R 离开阀门。罐中的流体高度（也称为头）为 h，并且是可变的，阀门电阻为 R。求出输入 q_i 和输出 h 的系统方程。

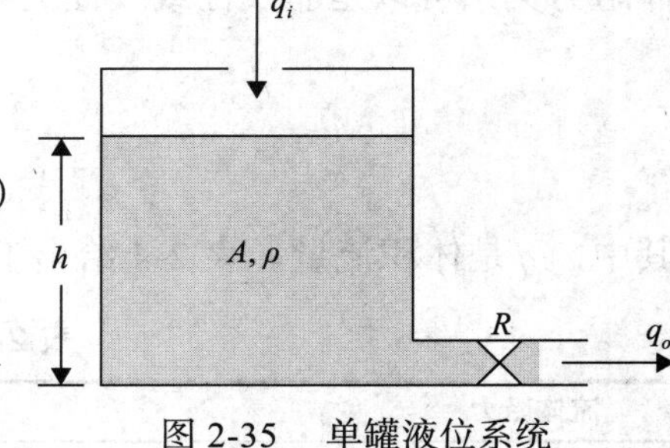

图 2-35 单罐液位系统

54 ~ 55

求解 质量守恒定律表明

$$\frac{\mathrm{d}m}{\mathrm{d}t}=\frac{\mathrm{d}(\rho V)}{\mathrm{d}t}=\rho q_i-\rho q_o \qquad (2\text{-}134)$$

其中，ρq_i 和 ρq_o 分别是进入和离开阀的质量流量。因为流体密度 ρ 是一个常数，所以体积的守恒也适用，这表明罐内的流体体积的时间变化率等于进出流量的差值。

$$\frac{\mathrm{d}(V)}{\mathrm{d}t}=\frac{\mathrm{d}(Ah)}{\mathrm{d}t}=q_i-q_o \qquad (2\text{-}135)$$

从式（2-112）回顾罐液体**电容**为

$$C=\frac{\dot{V}}{\dot{P}}=\frac{A\dot{h}}{\rho g\dot{h}}=\frac{A}{\rho g} \qquad (2\text{-}136)$$

其中，$\dot{P}$ 是出口阀处流体压力的变化率。从式（2-132），假定是层流，阀门处的电阻 R 被定义为

$$R=\frac{\Delta P}{q_o} \qquad (2\text{-}137)$$

其中，$\Delta P=P_o-P_{\mathrm{atm}}$ 是阀门上的压降。将压力与可变的流体高度 h 相关联，可得到：

$$P_o=P_{\mathrm{atm}}+\rho gh \qquad (2\text{-}138)$$

其中，P_o 是阀的压力，P_{atm} 是大气压。因此，从式（2-137）可得到：

$$q_o=\frac{\rho gh}{R} \qquad (2\text{-}139)$$

组合式（2-134）和式（2-139）之后，并且使用来自式（2-136）的电容等式，可得到系统方程：

$$RC\frac{\mathrm{d}h}{\mathrm{d}t}+h=\frac{R}{\rho g}q_i \qquad (2\text{-}140)$$

或者使用式（2-139），也可以根据体积流量求出系统方程：

$$RC\dot{q}_o+q_o=q_i \qquad (2\text{-}141)$$

其中，系统时间常数为 $\tau=RC$。该系统**类似**于式（2-85）表示的电气系统。▲

例 2-3-5 图 2-36 所示的液位系统与图 2-35 相同，但排水管长度为 ℓ。

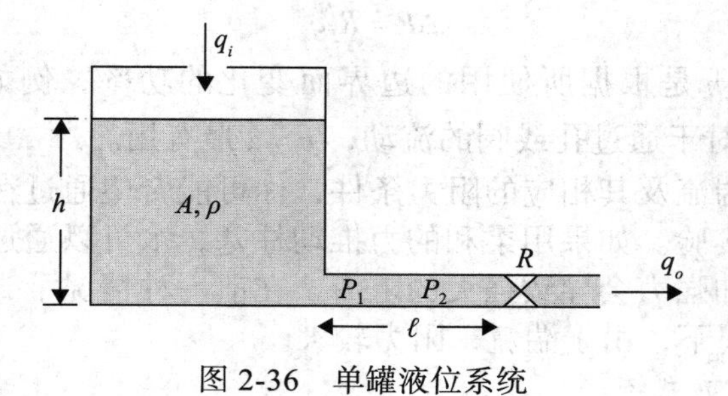

图 2-36 单罐液位系统

56

在这种情况下，管道将具有以下电感

$$(P_1 - P_2) = \ell \dot{q}_o \tag{2-142}$$

在前面的例子中，阀门处的阻力是

$$R = \frac{P_2 - P_{\text{atm}}}{q_o} \tag{2-143}$$

储罐流体电容与实例 2-3-4 中的相同：

$$C = \frac{A}{\rho g} \tag{2-144}$$

将式（2-143）代入式（2-142）并使用 $P_1 = P_{\text{atm}} + \rho g h$，可得到：

$$\rho g h = L\dot{q}_o + Rq_o \tag{2-145}$$

但是从体积守恒也有

$$\frac{\mathrm{d}(V)}{\mathrm{d}t} = A\dot{h} = q_i - q_o \tag{2-146}$$

对式（2-145）求微分，可以根据输入、q_i 和输出 q_o 修改式（2-146），也就是说，

$$\frac{L}{\rho g}\ddot{q}_o + \frac{R}{\rho g}\dot{q}_o = \frac{1}{A}q_i - \frac{1}{A}\dot{q}_o \tag{2-147}$$

使用式（2-144）中的电容公式，式（2-147）被修改为

$$LC\ddot{q}_o + RC\dot{q}_o + q_o = q_i \tag{2-148}$$ ▲

例 2-3-6　一个双罐液位系统。

考虑双罐系统，如图 2-37 所示，h_1 和 h_2 分别代表两个油箱高度，R_1 和 R_2 分别代表两个阀门电阻。我们将罐 1 和罐 2 底部的压力分别标记为 P_1 和 P_2。此外，罐 2 出口处的压力为 $P_3 = P_{\text{atm}}$，写出微分方程。

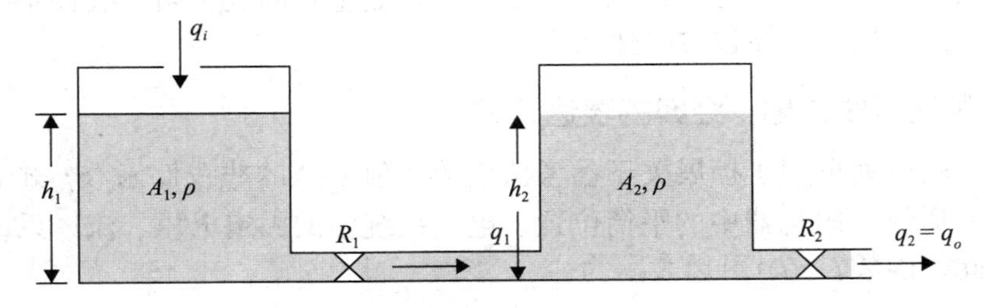

图 2-37　双罐液位系统

求解　使用与实例 2-3-4 相同的方法，对于罐 1 不难看出，

$$\begin{aligned}\frac{\mathrm{d}(V_1)}{\mathrm{d}t} &= A_1\dot{h}_1 = q_i - q_1 \\ &= q_i - \frac{P_1 - P_2}{R_1} = q_i - \frac{(P_{\text{atm}} + \rho g h_1) - (P_{\text{atm}} + \rho g h_2)}{R_1}\end{aligned} \tag{2-149}$$

57

对于罐 2，

$$\begin{aligned}\frac{\mathrm{d}(V_2)}{\mathrm{d}t} &= A_2\dot{h}_2 = q_1 - q_2 = \frac{P_1 - P_2}{R_1} - \frac{P_2 - P_3}{R_2} \\ &= \frac{(P_{\text{atm}} + \rho g h_1) - (P_{\text{atm}} + \rho g h_2)}{R_1} - \frac{(P_{\text{atm}} + \rho g h_2) - P_{\text{atm}}}{R_2}\end{aligned} \tag{2-150}$$

因此，系统的方程式是

$$A_1\dot{h}_1+\frac{\rho g h_1}{R_1}-\frac{\rho g h_2}{R_1}=q_i \tag{2-151}$$

$$A_2\dot{h}_2-\frac{\rho g h_1}{R_1}+\left(\frac{1}{R_1}+\frac{1}{R_2}\right)\rho g h_2=0 \tag{2-152}$$ ▲

流体系统中 SI 和其他变量的测量单位列于表 2-5。

表 2-5 流体系统基本属性及其单位

参数	使用符号	SI 单位	其他单位
电阻（液压）	R	$\mathrm{N\cdot s/m^5}$	$\mathrm{lb}_f\cdot\mathrm{s/in^5}$
电压（液压）	C	$\mathrm{m^5/N}$	$\mathrm{in^5/lb}$
时间常数	$\tau=RC$	s	
变量 压力：P——$\mathrm{N/m^2}$、Pa、psi($\mathrm{lb/in^2}$) 体积流速：q——$\mathrm{m^3/s}$、$\mathrm{ft^3/s}$、$\mathrm{in^3/s}$ 质量流速：q_m——kg/s、lb/s			

2.4 非线性系统的线性化

从前面章节对基本系统建模的讨论中，我们应该意识到，在物理系统中发现的大多数组件都具有非线性特性。实际上，我们可能会发现，某些器件具有中等的非线性特性，或者如果它们被驱动到特定的工作区域，则会出现非线性特性。对于这些设备，线性系统模型的建模在相对宽的工作条件下可能具有非常准确的分析结果。然而，也存在许多具有强非线性特性的物理装置。对于这些设备，线性化模型仅在有限的工作范围内有效，并且通常仅在进行线性化的工作点处有效。更重要的是，当非线性系统在工作点被线性化时，线性模型可能包含时变元素。

使用泰勒序列进行线性化：经典的表达

通常，泰勒序列可用于扩展关于参考值或操作值 $x_0(t)$ 的非线性函数 $f(x(t))$。操作值可以是弹簧－质量－阻尼器中的平衡位置、电气系统中的固定电压、流体系统中的稳态压力等。因此，函数 $f(x(t))$ 可以表示为

58

$$f(x(t))=\sum_{i=1}^{n}c_i(x(t)-x_0(t))^i \tag{2-153}$$

其中，常数 c_i 表示 $f(x(t))$ 相对于 $x(t)$ 的导数并且在工作点 $x_0(t)$ 处进行评估，即

$$c_i=\frac{1}{i!}\frac{d^i f(x_0)}{\mathrm{d}x^i} \tag{2-154}$$

或

$$f(x(t))=f(x_0(t))+\frac{\mathrm{d}f(x_0(t))}{\mathrm{d}t}(x(t)-x_0(t))+\frac{1}{2}\frac{\mathrm{d}^2 f(x_0(t))}{\mathrm{d}t^2}(x(t)-x_0(t))^2$$
$$+\frac{1}{6}\frac{\mathrm{d}^3 f(x_0(t))}{\mathrm{d}t^3}(x(t)-x_0(t))^3+\cdots+\frac{1}{n!}\frac{\mathrm{d}^n f(x_0(t))}{\mathrm{d}t^n}(x(t)-x_0(t))^n \tag{2-155}$$

如果 $\Delta x=x(t)-x_0(t)$ 小，则式（2-155）收敛，并且可以使用线性化方法来代替式（2-155）中的前两项 $f(x(t))$，即

$$f(x(t)) \approx f(x_0(t)) + \frac{\mathrm{d}f(x_0(t))}{\mathrm{d}t}(x(t) - x_0(t)) = c_0 + c_1\Delta x \tag{2-156}$$

以下实例用于说明刚刚描述的线性化方法。

例 2-4-1 找到一个简单（理想）倒立摆的运动方程，带有质量为 m 的小球和长度为不变 ℓ 的杆，铰接在点 O 处，如图 2-38 所示。

假设质量沿着角度 θ 确定的正方向移动，注意，沿 x 轴反方向对 θ 进行测量。第一步是绘制系统组件（即质量与杆）的受力图，如图 2-38b 所示。对于质量 m，运动方程为

$$\sum F_x = ma_x \tag{2-157}$$

$$\sum F_y = ma_y \tag{2-158}$$

a) 一个简单的倒立摆

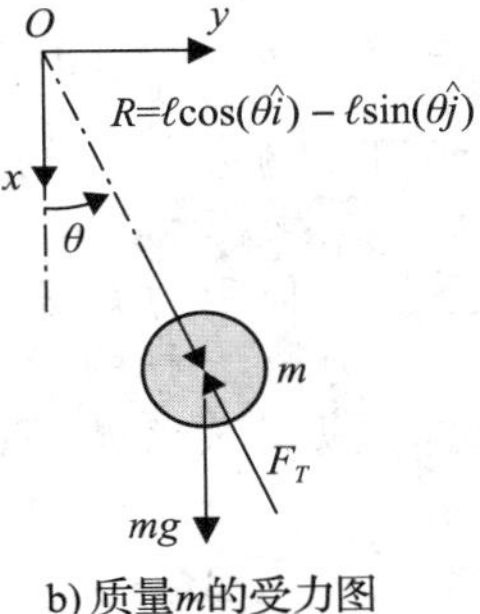

b) 质量m的受力图

图　2-38

59

其中，F_x 和 F_y 是施加到质量 m 的外力，a_x 和 a_y 分别是沿着 x 轴和 y 轴的质量 m 的加速度分量。如果从点 O 到质量 m 的位置矢量由 R 表示，质量 m 的加速度是 R 的二次导数，并且是具有切向和向心分量的矢量 a。使用直角坐标 (x,y) 表示，加速度矢量为

$$\begin{aligned} a &= \frac{\mathrm{d}^2R}{\mathrm{d}t^2} = \frac{\mathrm{d}^2(\ell\cos(\theta\hat{i}) + \ell\sin(\theta\hat{j}))}{\mathrm{d}t^2} \\ &= (-\ell\ddot{\theta}\sin\theta - \ell\dot{\theta}^2\cos\theta)\hat{i} + (\ell\ddot{\theta}\cos\theta - \ell\dot{\theta}^2\sin\theta)\hat{j} \end{aligned} \tag{2-159}$$

其中 $\hat{i}$ 和 $\hat{j}$ 分别是沿 x 和 y 方向的单位矢量。结果是，

$$a_x = (-\ell\ddot{\theta}\sin\theta - \ell\dot{\theta}^2\cos\theta) \tag{2-160}$$

$$a_y = (\ell\ddot{\theta}\cos\theta - \ell\dot{\theta}^2\sin\theta) \tag{2-161}$$

考虑到应用于质量的外力，我们有

$$\sum F_x = -F_T\cos\theta + mg \tag{2-162}$$

$$\sum F_y = -F_T\sin\theta \tag{2-163}$$

因此，式（2-241）和式（2-242）可以被重写为

$$-F_T\cos\theta + mg = m(-\ell\ddot{\theta}\sin\theta - \ell\dot{\theta}^2\cos\theta) \tag{2-164}$$

$$-F_T\sin\theta = m(\ell\ddot{\theta}\cos\theta - \ell\dot{\theta}^2\sin\theta) \tag{2-165}$$

通过推导式（2-164）的 $-(\sin\theta)$ 和式（2-165）的 $(\cos\theta)$，将两者相加可得到

$$-mg\sin\theta = m\ell\ddot{\theta} \tag{2-166}$$

其中，

$$\sin^2\theta + \cos^2\theta = 1 \tag{2-167}$$

重新排列后，式（2-167）重新写为

$$m\ell\ddot{\theta} + mg\sin\theta = 0 \tag{2-168}$$

或

$$\ddot{\theta} + \frac{g}{\ell}\sin\theta = 0 \tag{2-169}$$

简而言之，使用静态平衡位置 $\theta = 0$ 作为工作点，对于小运动，系统的线性化意味着 $\sin\theta \approx \theta$，如图 2-39 所示。

因此，系统的线性表示是 $\ddot{\theta}+\frac{g}{\ell}\theta=0$。或者

$$\ddot{\theta}+\omega_n^2\theta=0 \qquad (2\text{-}170)$$

其中，$\omega_n=\sqrt{\frac{g}{\ell}}$ (rad/s) 是线性化模型的固有频率。 ▲

60

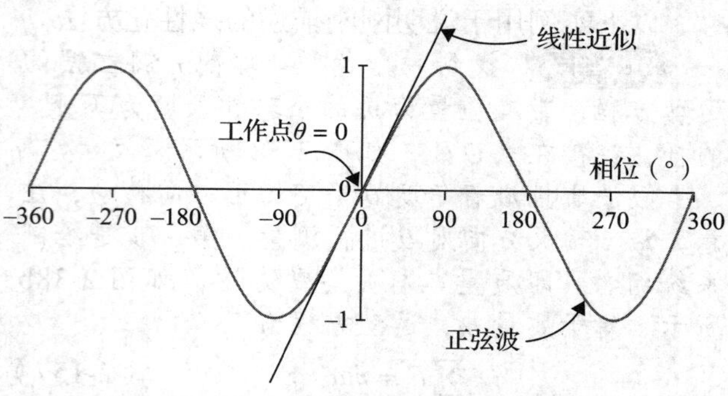

图 2-39 $\sin\theta\approx\theta$ 在工作点 $\theta=0$ 的线性化

例 2-4-2 对于图 2-38 所示的倒立摆，使用力矩方程求解微分方程。

力矩方程的受力图如图 2-38b 所示。应用关于固定点 O 的力矩方程，得

$$\sum M_o=m\ell^2\alpha$$

$$-\ell\sin\theta\cdot mg=m\ell^2\ddot{\theta} \qquad (2\text{-}171)$$

在标准输入 - 输出微分方程式中重新排列方程式，得

$$m\ell^2\ddot{\theta}+mg\ell\sin\theta=0 \qquad (2\text{-}172)$$

或

$$\ddot{\theta}+\frac{g}{\ell}\sin\theta=0 \qquad (2\text{-}173)$$

这是以前获得的相同结果。对于小的运动，如例 2-4-1 所示，

$$\sin\theta\approx\theta \qquad (2\text{-}174)$$

线性微分方程是

$$\ddot{\theta}+\omega_n^2\theta=0 \qquad (2\text{-}175)$$

其中，和前面一样

$$\omega_n=\sqrt{\frac{g}{\ell}} \qquad (2\text{-}176)$$ ▲

2.5 类比

在本节中，我们展示了具有电气网络的机械、热系统和流体系统之间的相似之处。例如，比较式（2-10）和式（2-71），不难看出，图 2-2 中的机械系统**类似**于图 2-21 所示的**串联** *RLC* **电气网络**。这些系统如图 2-40 所示。为了准确地看到参数 M、B 和 K 如何与 R、L 和 C 相关，或者变量 $y(t)$ 和 $f(t)$ 如何与 $i(t)$ 和 $e(t)$ 相关，我们需要比较式（2-8）和式（2-59）。因此

61

$$M\frac{\mathrm{d}^2y(t)}{\mathrm{d}t^2}+B\frac{\mathrm{d}y(t)}{\mathrm{d}t}+Ky(t)=f(t) \qquad (2\text{-}177)$$

$$L\frac{\mathrm{d}i(t)}{\mathrm{d}t}+Ri(t)+\frac{1}{C}\int i(t)\mathrm{d}t=e(t) \qquad (2\text{-}178)$$

在将式（2-177）相对于时间整合后，这种比较更加适当，即

$$M\frac{\mathrm{d}v(t)}{\mathrm{d}t}+Bv(t)+K\int v(t)\mathrm{d}t=f(t) \qquad (2\text{-}179)$$

其中，v 表示质量 m 的速度。结果，通过该比较，质量 M 类似于电感 L，弹簧常数 K 类似于电容 $1/C$ 的倒数，并且黏性 - 摩擦系数 B 类似于电阻 R。类似地，$v(t)$ 和 $f(t)$ 分别类似于 $i(t)$ 和 $e(t)$。这种类比也称为**力 - 电压**类比。可以通过比较式（2-32）中的旋转系统与实例 2-4-1 的 *RLC* 网络进行类似的评估。

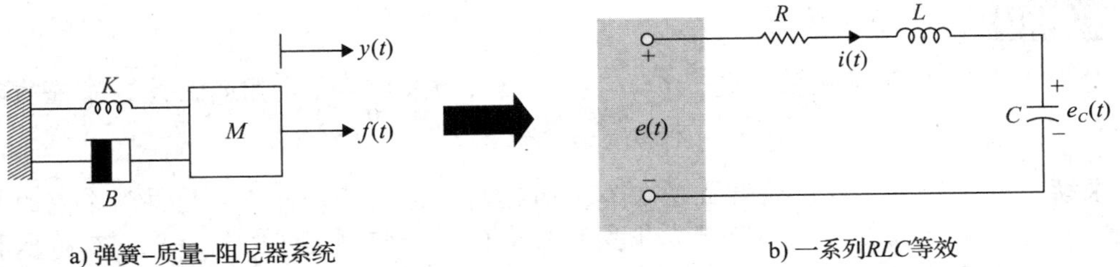

图 2-40　弹簧 - 质量 - 阻尼器系统到串联 *RLC* 网络的类比

使用具有电流的并行 *RLC* 网络作为源，一些文献使用这里没有讨论的力 - 电流类比[⊖]。比较热、流体和电气系统，可以获得类似的类比，如表 2-6 所示。

表 2-6　机械、热和流体系统及其电气等效

系统	参数与电气 *R*、*L*、*C* 的关系	变量类比
机械（传输） $M\dfrac{dv(t)}{dt}+Bv(t)+K\int v(t)dt=f(t)$ 类似于 $L\dfrac{di(t)}{dt}+Ri(t)+\dfrac{1}{C}\int i(t)dt=e(t)$	$Ri(t)=Bv(t)$ $R=B$ $\dfrac{1}{C}\int i(t)dt=K\int v(t)dt$ $C=\dfrac{1}{K}$ $L\dfrac{di(t)}{dt}=M\dfrac{dv(t)}{dt}$ $L=M$	$e(t)$类似 $f(t)$ $i(t)$类似 $v(t)$ 其中， $e(t)$ = 电压 $i(t)$ = 电流 $f(t)$ = 力 $v(t)$ = 线速度
机械（旋转） $J\dfrac{d\omega(t)}{dt}+B\omega(t)+K\int\omega(t)dt=T(t)$ 类似于 $L\dfrac{di(t)}{dt}+Ri(t)+\dfrac{1}{C}\int i(t)dt=e(t)$	$R=B$ $C=\dfrac{1}{K}$ $L=J$	$e(t)$类似 $T(t)$ $i(t)$类似 $\omega(t)$ 其中， $e(t)$ = 电压 $i(t)$ = 电流 $T(t)$ = 转矩 $\omega(t)$ = 角速度
流体（不可压缩）	$\Delta P=Rq(t)$ （层流） *R*是流体阻力，取决于流动状态 $q(t)=C\dot{P}$ *C*是流体电容，取决于流动状态 $L=\dfrac{\rho}{A}$（流入管道） 其中，*L*是流体电感（也称惯性） A = 截面面积 l = 长度 ρ = 流体密度	$e(t)$类似 ΔP $i(t)$类似 $q(t)$ 其中， $e(t)$ = 电压 $i(t)$ = 电流 ΔP = 压差 $q(t)$ = 体积流量
热	$R=\dfrac{\Delta T}{q}$ *R*是热阻 $T=\dfrac{1}{C}\int q dt$ *C*是热电容	$e(t)$类似 $T(t)$ $i(t)$类似 $q(t)$ 其中， $e(t)$ = 电压 $i(t)$ = 电流 $T(t)$ = 温度 $q(t)$ = 热流

⊖ 在力 - 电流类比中，$f(t)$ 和 $v(t)$ 分别类似于 $i(t)$ 和 $e(t)$，而 M、K 和 B 分别类似于 C、$1/L$ 和 $1/R$。

例 2-5-1 单罐液位系统。

62～63

对于图 2-35 所示的液位系统，$C=\dfrac{A}{\rho g}$ 是电容，$R=\dfrac{\rho gh}{q_o}$ 是电阻。因此，系统的时间常数为 $\tau=RC$。

求解 为了设计速度、位置或任何类型的控制系统，第一个任务是得到系统的数学模型。这将有助于我们“正确”开发出所需任务的最佳控制器（例如，手臂在拾取和放置操作中的正确定位）。

一般的建议是使用最简单的“够好”的模型！在这种情况下，可以假定臂的有效质量，并且有效载荷的质量集中在无质量杆的末端，如图 2-41 所示。可以做实验得出模型中的质量 m。详情见附录 D。

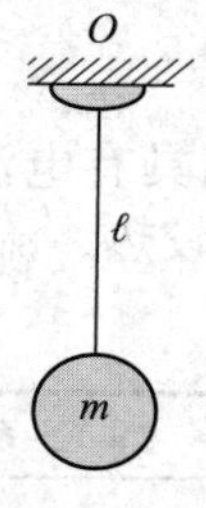

O

ℓ

m

图 2-41 具有所需组件的一自由度臂

如实例 2-2-1 所示，沿着由角度 θ 定义的正方向移动。注意，从逆时针方向的 x 轴测量 θ。对于质量 m，可以通过对点 O 作用一个力矩获得运动方程：

$$\sum M_o = T = m\ell^2\ddot{\theta} \tag{2-180}$$

其中，T 是电动机用于加速质量施加的外部转矩。

在第 6 章中，我们通过添加电动机模型来显著增加该模型。▲

2.6 案例研究：LEGO MINDSTORMS NXT 电动机——机械建模

本节提供了一个简单但实用的案例，让你更好地了解迄今为止讨论的理论概念。该案例的目标是进一步使用 LEGO MINDSTORMS NXT 电动机构建一个一自由度机器人，如图 2-42 所示，并得出机械一自由度臂的数学模型。这个例子会贯彻第 6～8 章和第 11 章。在附录 D 中提供了有关此主题的详细讨论，提供了一系列用于**测量**直流电动机的**电气**和**机械**性能的实验，以为图 2-42 中的电动机和机器人臂创建**数学模型**，从而设计控制器。

如图 2-42 所示，我们的机器人系统的组件包括 NXT 模块、NXT 电动机和 LEGO MINDSTORMS 套件中的几个 LEGO 零件（用于构建一个自由度臂）。臂将拾取有效载荷并放入杯中，在 Simulink 中进行数据采样时该杯位于指定的角度。使用 Simulink 在主机上进行编程，并通过 USB 接口将其上传到 NXT 模块。然后，模块通过 NXT 电缆向臂提供电源和控制。此外，在电动机后方有一个**光学编码器**，以 10 分辨率测量输出轴的旋转位置。主机通过蓝牙连接从 NXT 模块上采样编码器数据。为了让主机识别 NXT 模块，设置蓝牙连接时，主机必须与 NXT 模块配对⊖。

64

2.7 小结

本章致力于基础动态系统的数学建模，包括机械、电气、热和流体系统的各种实例。使用牛顿第二运动定律、基尔霍夫定律或质量守恒定律等基本建模原理，这些动态系统的模型由微分方程表示，其可以是线性或非线性的。然而，由于空间限制和本文的预期范围，仅描述了在实践中使用的一些物理设备。

⊖ 有关设置蓝牙连接的说明，请访问 http://www.mathworks.com/matlabcentral/fileexchange/35206-simulink-support-package-for-lego-mindstorms-nxt-hardware/content/lego/legodemos/html/publish_lego_communication.html#4。

因为非线性系统在现实世界中是不可忽视的，本书不是专门讨论这个问题的，我们在标称工作点引入了非线性系统的线性化。一旦确定了线性化模型，可以在指定工作点的小信号条件下研究非线性系统的性能。

最后，在本章，我们用等效电气网络来建立机械、热和流体系统之间的类比。

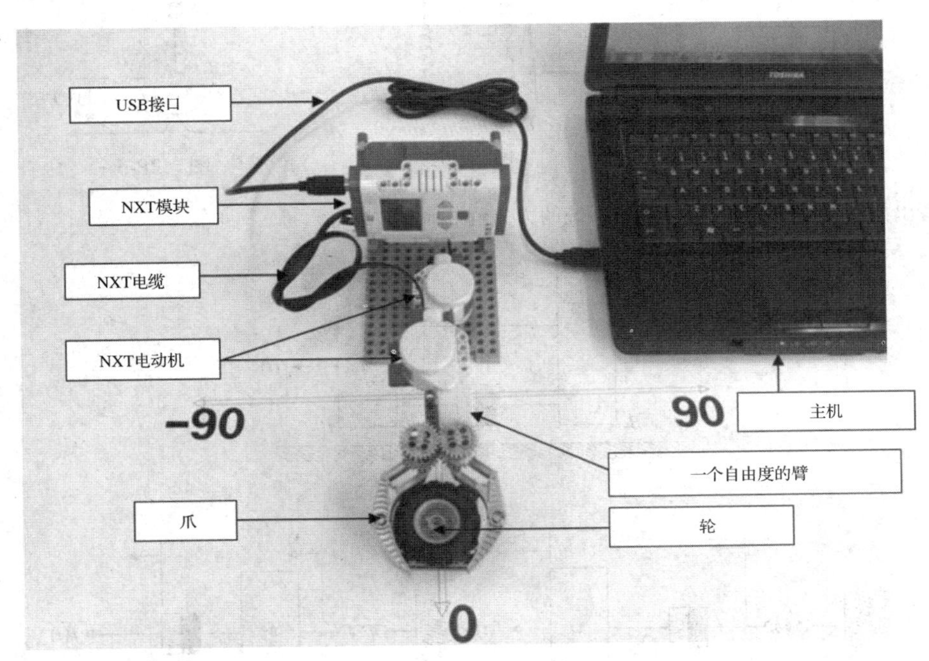

图 2-42 一个一自由度机器人臂的简化模型

参考文献

1. W. J. Palm III, *Modeling, Analysis, and Control of Dynamic Systems*, 2nd Ed., John Wiley & Sons, New York, 1999.
2. K. Ogata, *Modern Control Engineering*, 4th Ed., Prentice Hall, New Jersey, 2002.
3. I. Cochin and W. Cadwallender, *Analysis and Design of Dynamic Systems*, 3rd Ed., Addison-Wesley, New York, 1997.
4. A. Esposito, *Fluid Power with Applications*, 5th Ed., Prentice Hall, New Jersey, 2000.
5. H. V. Vu and R. S. Esfandiari, *Dynamic Systems*, Irwin/McGraw-Hill, Boston, 1997.
6. J. L. Shearer, B. T. Kulakowski, and J. F. Gardner, *Dynamic Modeling and Control of Engineering Systems*, 2nd Ed., Prentice Hall, New Jersey, 1997.
7. R. L. Woods and K. L. Lawrence, *Modeling and Simulation of Dynamic Systems*, Prentice Hall, New Jersey, 1997.
8. E. J. Kennedy, *Operational Amplifier Circuits*, Holt, Rinehart and Winston, Fort Worth, TX, 1988.
9. J. V. Wait, L. P. Huelsman, and G. A. Korn, *Introduction to Operational Amplifier Theory and Applications*, 2nd Ed., McGraw-Hill, New York, 1992.
10. B. C. Kuo and F. Golnaraghi, *Automatic Control Systems*, 8th Ed., John Wiley & Sons, New York, 2003.
11. F. Golnaraghi and B. C. Kuo, *Automatic Control Systems*, 9th Ed., John Wiley & Sons, New York, 2010.

习题

65~66

2-1 找到图 2P-1 所示的质量 – 弹簧系统的运动方程，同时计算系统的固有频率。

2-2 在图 2P-2 所示的五弹簧单质量系统中找到单弹簧质量等效，并计算系统的固有频率。

2-3 找到车辆悬挂系统的简单碰撞模型的运动方程。如图 2P-3 所示，车轮质量和惯性矩分别为 m 和 J。同时计算系统的固有频率。

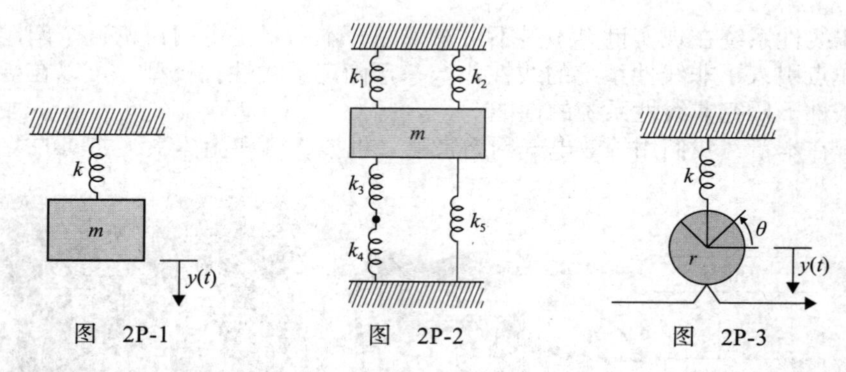

图 2P-1　　图 2P-2　　图 2P-3

2-4 写出如图 2P-4 所示的线性平移系统的力方程。

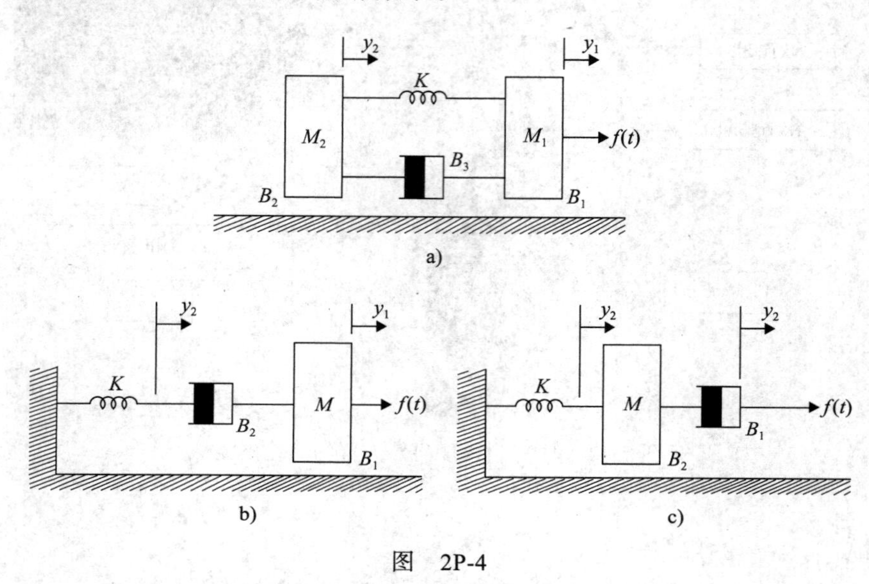

图 2P-4

2-5 写出如图 2P-5 所示的线性平移系统的力方程。

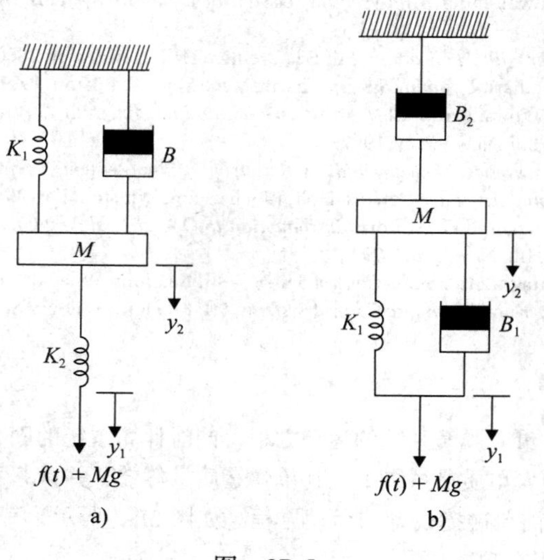

图 2P-5

2-6 考虑由发动机和汽车组成的列车，如图 2P-6 所示。

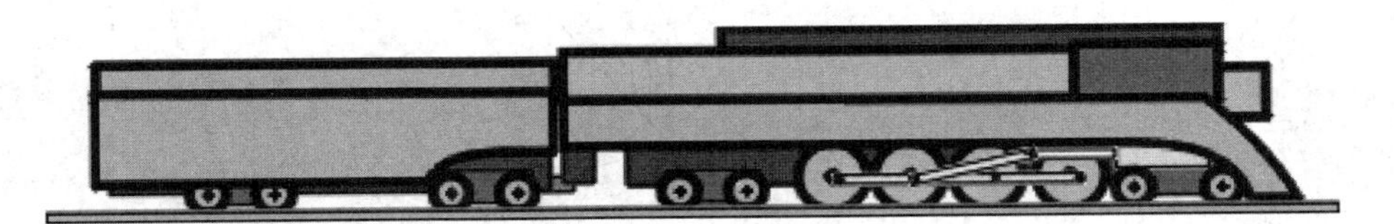

图　2P-6

将一个控制器应用到列车上，使其具有平稳的启停。发动机和汽车的质量分别为 M 和 m，它们由刚度系数为 K 的弹簧保持在一起。F 表示发动机施加的力，μ 表示滚动摩擦系数。如果列车只在一个方向行进：

（a）画出受力图。

（b）找到运动方程。

2-7　通过弹簧－阻尼器联轴器牵引拖车的车辆如图 2P-7 所示。定义了以下参数和变量：M 是拖车的质量；K_h 是挂钩的弹簧常数；B_h 是挂钩的黏性阻尼系数；B_t 是拖车的黏性摩擦系数；$y_1(t)$ 是牵引车辆的位移；$y_2(t)$ 是拖车的位移；$f(t)$ 是牵引车的力。

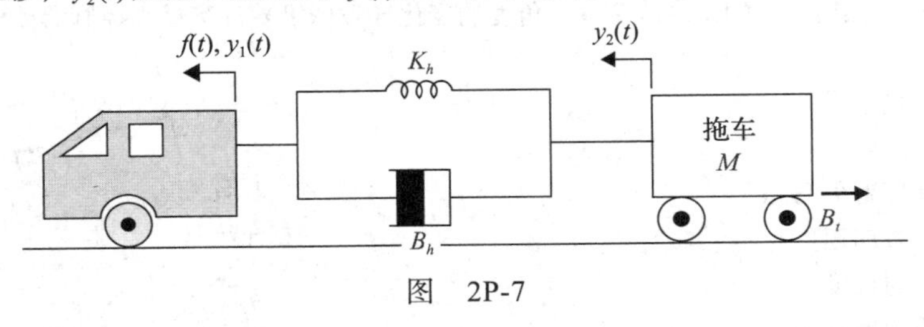

图　2P-7

写出系统的微分方程。

2-8　假设 2P-8 所示的倒立摆的位移角度足够小，使得弹簧始终保持水平。如果长度为 L 的杆是无质量的，并且弹簧从顶部附接到杆的 $7/8$，找到系统的状态方程。

2-9（挑战问题）图 2P-9 显示了推车上的倒立摆。

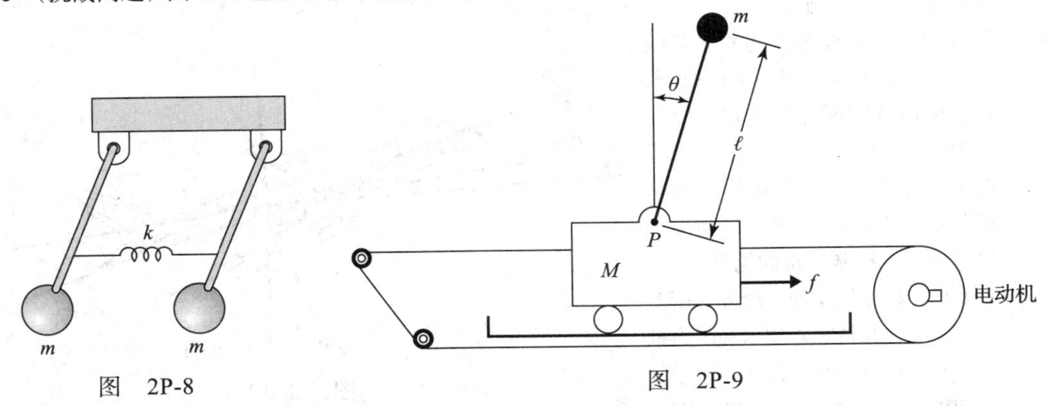

图　2P-8　　　　图　2P-9

如果推车的质量由 M 表示，并且施加的力 f 将杆保持在期望的位置，则

（a）画出受力图。

（b）确定运动的动态方程。

2-10（挑战问题）推车上的两级倒立摆如图 2P-10 所示。

如果车的质量由 M 表示，并且施加的力 f 将推车保持在期望的位置，则

（a）画出质量 M 的受力图。

（b）确定运动的动态方程。

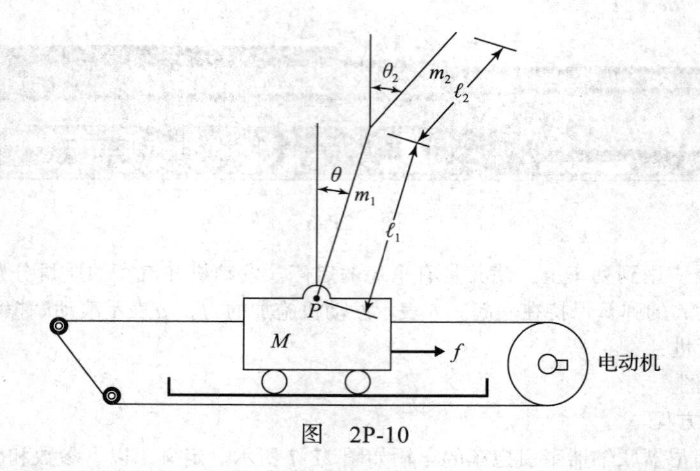

图 2P-10

2-11 （挑战问题）图 2P-11 显示了控制系统中众所周知的“球 - 杆”系统。一个球位于杆上，沿着杆的长度滚动。杠杆臂连接到杆的一端，伺服齿轮连接到杠杆臂的另一端。当伺服齿轮转动 θ 角度时，杆臂上下移动，然后将杆的角度改变 α。角度的变化导致球沿着杆滚动。控制器需要操纵球的位置。

69

假设：

m = 球的质量
r = 球的半径
d = 杠杆臂偏移量
g = 重力加速度
L = 杆的长度
J = 球的惯性矩
p = 球位置坐标
α = 杆的角度坐标
θ = 伺服齿轮角度

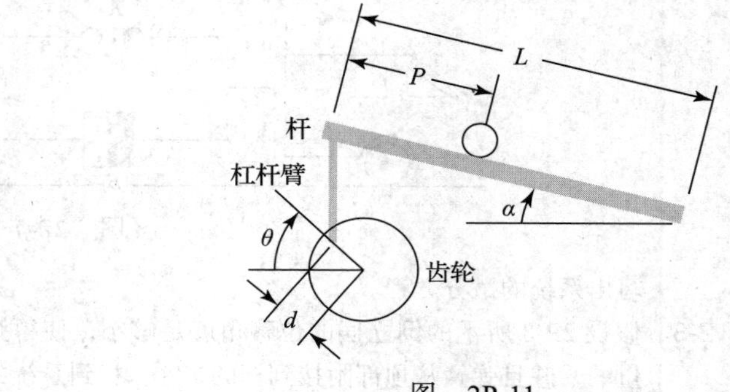

图 2P-11

确定运动的动态方程。

2-12 飞机的运动方程是一组 6 个非线性耦合微分方程。在某些假设下，它们可以被解耦并线性化成纵向和横向方程。图 2P-12 显示飞机在飞行过程中的简单模型。俯仰控制是一个纵向问题，自动驾驶仪设计用于控制飞机的俯仰。

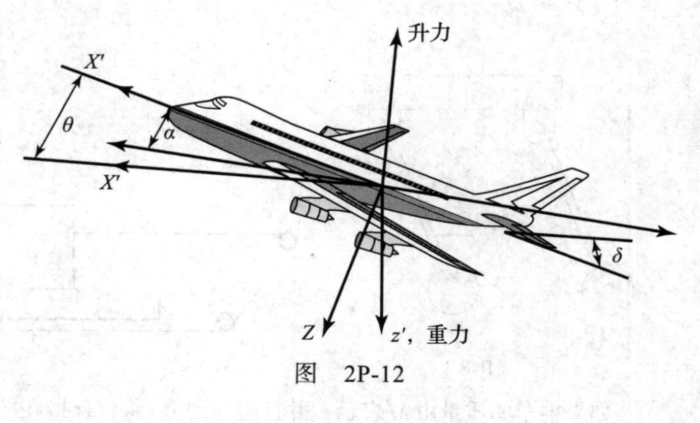

图 2P-12

考虑到飞机在恒定的高度和速度下稳定巡航，这意味着推力和阻力抵消，升力和重力平衡彼此。为了简化问题，假设俯仰角的变化不会影响飞机在安全情况下的速度。

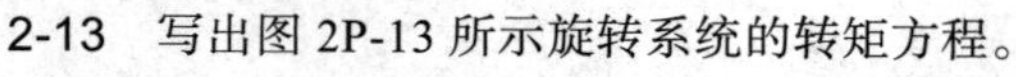

70

确定飞机的纵向运动方程。

2-13 写出图 2P-13 所示旋转系统的转矩方程。

2-14 写出如图 2P-14 所示的齿轮系系统的转矩方程式。齿轮的惯性矩集中为 J_1、J_2 和 J_3。$T_m(t)$ 是施加的转矩；N_1、N_2、N_3 和 N_4 是齿轮齿数。假设是刚性轴。

（a）假设 J_1、J_2 和 J_3 可以忽略不计，编写系统的转矩方程，找到电动机的总惯量。

（b）考虑惯性矩 J_1、J_2 和 J_3，重复（a）问。

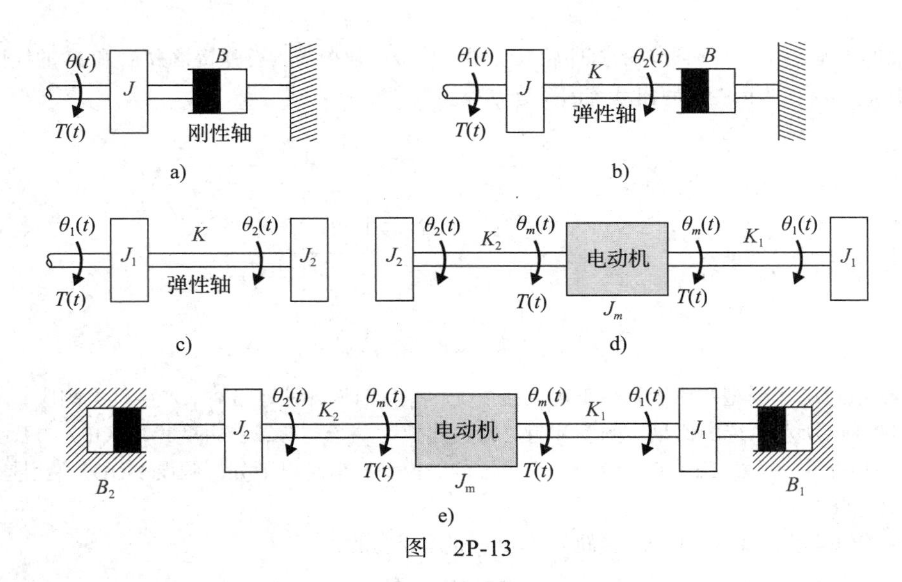

图　2P-13

2-15　图 2P-15 显示了通过齿轮比 $n = N_1 / N_2$ 传动的电动机－负载系统。电机转矩为 $T_m(t)$， $T_L(t)$ 表示负载转矩。

(a) 找到最佳齿轮比 n^* 使得负载加速度 $\alpha_L = \mathrm{d}^2\theta_L / \mathrm{d}t^2$ 最大化。

(b) 重复（a）问到负载转矩为零。

71

图　2P-14

图　2P-15

2-16　图 2P-16 显示了文字处理器的打印轮控制系统的简化图，打印轮由直流电动机通过皮带和滑轮控制，假设皮带是刚性的。定义了以下参数和变量：$T_m(t)$ 是电动机转矩；$\theta_m(t)$ 是电动机位移；$y(t)$ 是打印轮的线性位移；J_m 是电动机惯量；B_m 是电动机黏性摩擦系数；r 是滑轮半径；M 是打印轮的质量。

写出系统的微分方程。

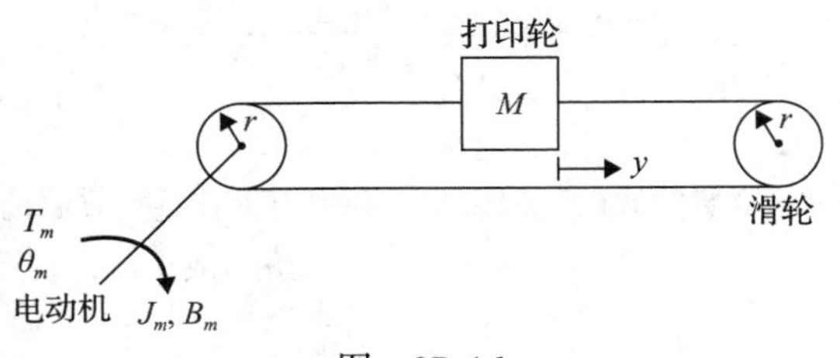

图　2P-16

2-17 图 2P-17 显示了皮带和滑轮的打印轮系统图，皮带被建模为具有弹簧常数 K_1 和 K_2 的线性弹簧。使用 θ_m 和 y 作为因变量写出系统的微分方程。

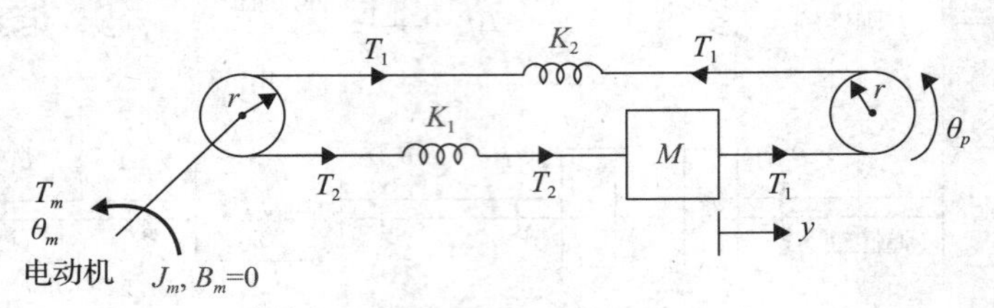

图 2P-17

2-18 经典地，1/4 车模型被用于研究车辆悬挂系统，并且因为各种道路输入产生动态响应。通常，如图 2P-18a 所示系统的惯量、刚度和阻尼特性建模为一个具有二自由度（2-DOF）的系统，如图 2P-18b 所示。虽然 2-DOF 系统是一个更准确的模型，但是以下分析假设 1-DOF 模型是足够的，如 2P-18c 所示。

72

找到绝对运动 x 和相对运动（弹跳）$z = x - y$ 的运动方程。

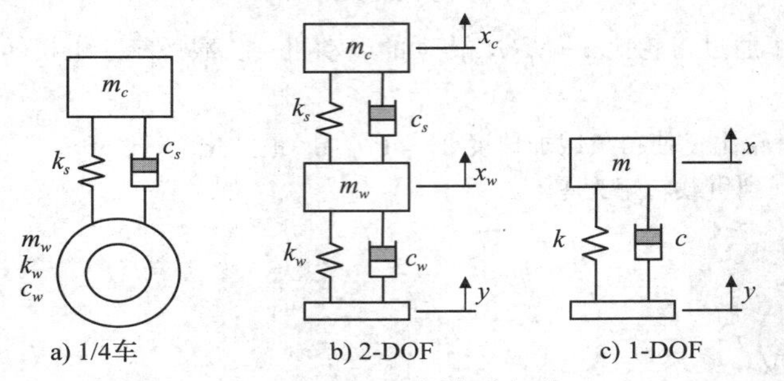

图 2P-18　1/4 车模型实现

2-19 电动机－负载系统的原理图如图 2P-19 所示。定义以下参数和变量：$T_m(t)$ 是电动机转矩；$\omega_m(t)$ 是电动机速度；$\theta_m(t)$ 是电动机位移；$\omega_L(t)$ 是负载速度；$\theta_L(t)$ 是负载位移；K 是扭转弹簧常数；J_m 是电动机惯量；B_m 是电动机黏性摩擦系数；B_L 是负载黏性摩擦系数。编写系统的转矩方程。

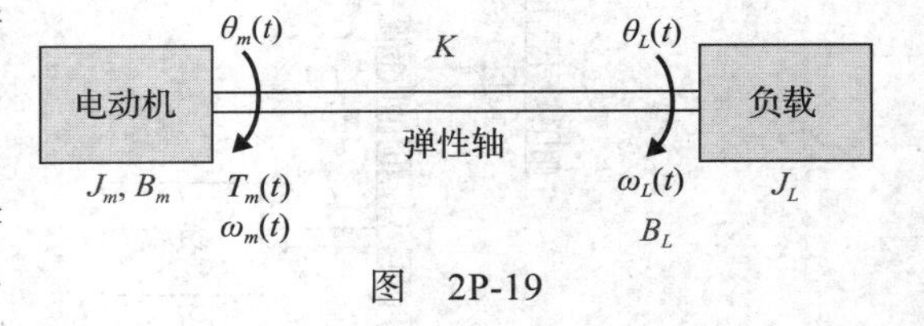

图 2P-19

2-20 这个问题涉及导弹的姿态控制。当在大气层穿行时，导弹会遇到使导弹姿态不稳定的空气动力。从飞行控制的角度来看，基本关注的问题是空气的横向力，它导致导弹绕其重心倾斜。如果导弹中心线不与重心 C 行进的方向对准，如图 2P-20 所示，具有角度 θ，也称为攻角，则侧向力由导弹穿过空气的阻力产生。总力 F_α 可以认为是施加在压力 P 的中心。如图 2P-20 所示，这种侧向力有导致导弹端部翻倒的倾向，特别是，如果点 P 在重心 C 的前面。令导弹围绕点 C 的角加速度由 α_F 表示，其取决于侧向力。通常，α_F 与攻角 θ 成正比，表示为

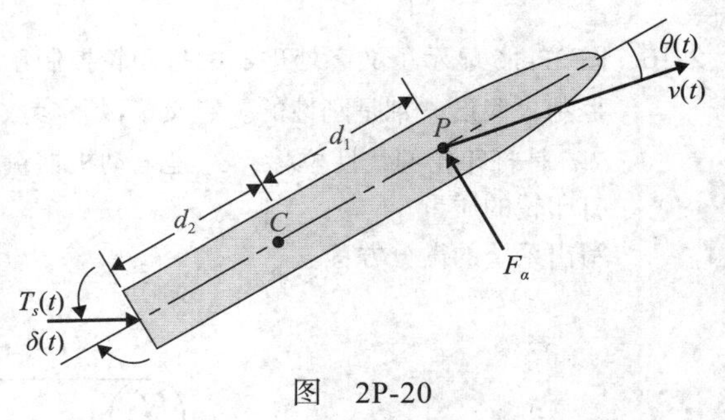

图 2P-20

73

$$\alpha_F = \frac{K_F d_1}{J}\theta$$

其中，

K_F = 一个常数，取决于诸如动态压力、导弹速度、空气密度等参数

J = 关于 C 的导弹惯性矩

d_1 = C 和 P 之间的距离

飞行控制系统的主要目标是提供稳定的操作以对抗侧向力的作用。标准的控制装置之一是在导弹尾部使用气体喷射以偏转火箭发动机信号 T_s 的方向，如图 2P-20 所示。

（a）写出一个转矩微分方程表示 T_s、δ、θ 和所给系统参数的关系。假设 δ 非常小，以致 $\sin(\delta(t))$ 可被 $\delta(t)$ 近似。

（b）互换点 C 和 P，重复（a）问。α_F 表达式中的 d_1 应改为 d_2。

2-21 图 2P-21a 显示了控制系统中众所周知的“扫帚平衡”系统。控制系统的目标是通过施加到汽车的力 $\mu(t)$ 将扫帚保持在直立位置，如图所示。在实际应用中，该系统类似于独轮车或火箭发射后立即平衡的一维控制问题。系统的受力图如图 2P-21b 所示，其中

f_x = 扫帚底部水平方向上的力

f_y = 扫帚底座垂直方向上的力

M_b = 扫帚的质量

M_c = 车的质量

g = 重力加速度

J_b = 扫帚关于重心 $CG = M_b L_2 / 3$ 的惯性矩

（a）写出扫帚的枢轴点处 x 方向和 y 方向上的力方程，关于扫帚重心 CG 的转矩方程，汽车水平方向上的力方程。

（b）将结果与问题 2-9 中的结果进行比较。

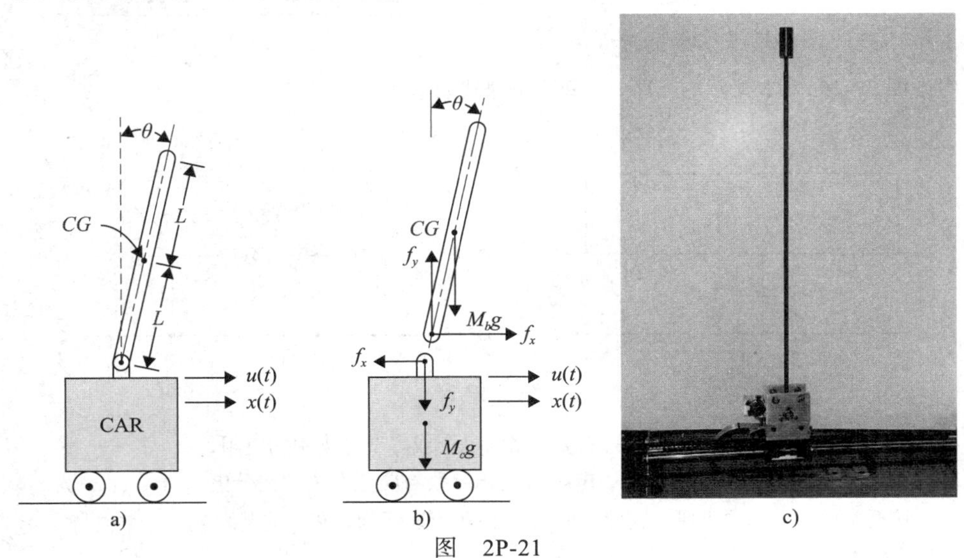

图　2P-21

2-22 大多数机器和设备都有旋转部件，旋转部件的质量分布不均匀会导致振动，这称为旋转不平衡。图 2P-22 表示质量 m 的旋转不平衡示意图。假设机器的旋转频率为 ω，导出系统的运动方程。

74

2-23 减振器用于保护以恒定速度工作的机器免受稳态谐波干扰。图 2P-23 显示了一个简单的减振器。假设谐波力 $F(t) = A\sin(\omega t)$ 是对质量 M 的扰动，得出系统的运动方程。

2-24 图 2P-24 表示减振系统。假设谐波力 $F(t) = A\sin(\omega t)$ 是对质量 M 的扰动，得出系统的运动方程。

2-25 加速度计是如图 2P-25 所示的传感器。找到运动的动态方程。

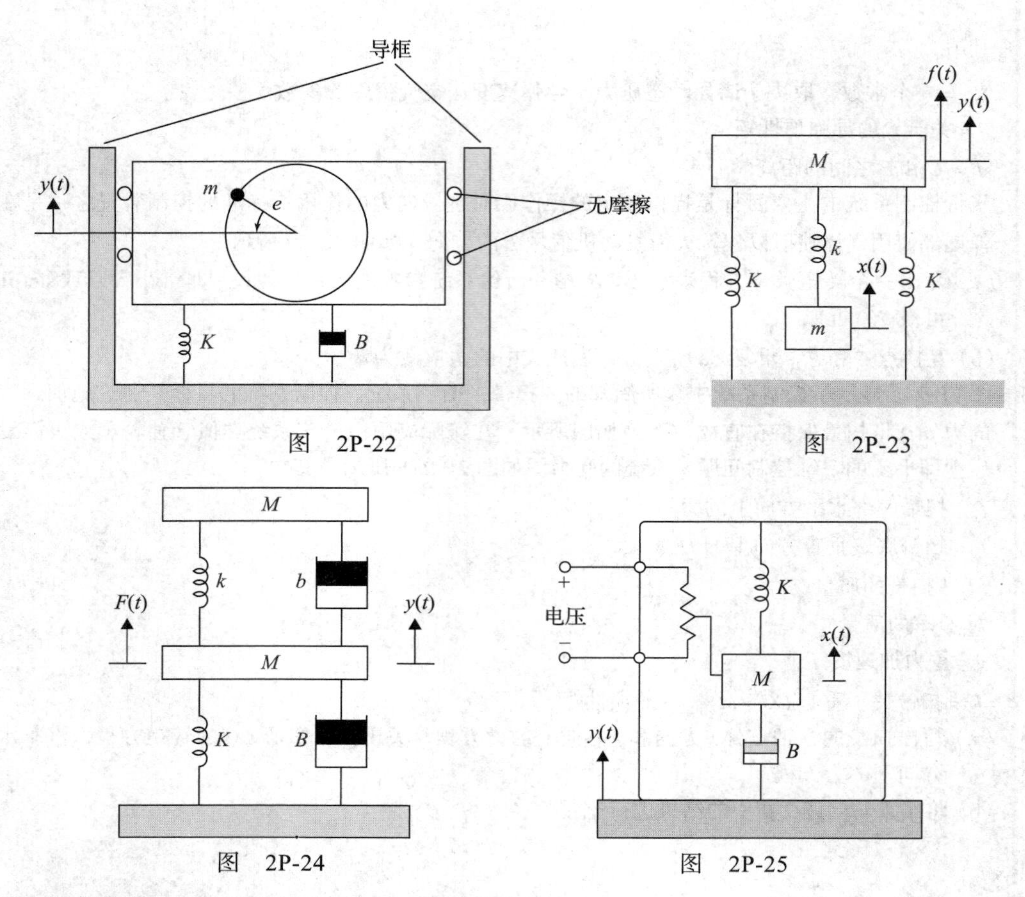

图 2P-22

图 2P-23

图 2P-24

图 2P-25

2-26 考虑图 2P-26a 和 b 所示的电路。为每个电路找到动态方程。

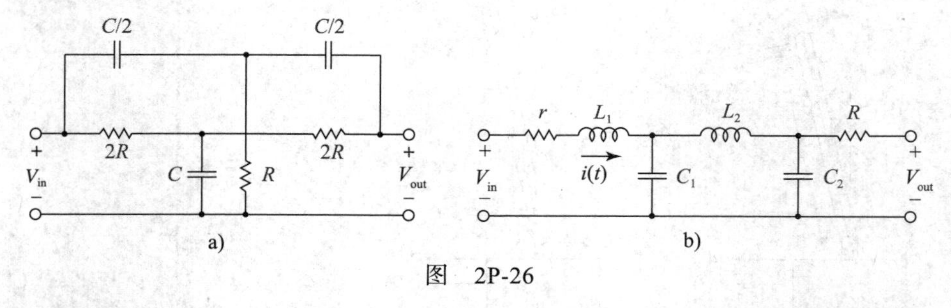

图 2P-26

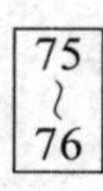

2-27 在应变计电路中，图 2P-27 所示的桥接电路的一个或多个分支中的电阻，随其刚性连接表面的应变而变化。电阻的变化导致与应变有关的差分电压。该桥由两个分压器组成，因此差分电压 Δe 可以表示为 e_1 和 e_2 的差。

（a）找到 Δe。

（b）如果电阻 R_2 具有 R_2^* 的固定值，加上电阻的小增量 δR，则 $R_2 = R_2^* + \delta R$。对于相等的电阻值（$R_1 = R_3 = R_4 = R_2^* = R$），重写桥式方程（即 Δe）。

图 2P-27

2-28 图 2P-28 显示了由两个 RC 电路组成的电路，找到系统的动态方程式。

2-29 对于并联 RLC 电路，如图 2P-29 所示，找到系统的动态方程。

2-30 淬火槽中的热油锻造的截面图如图 2P-30 所示。图中所示槽的半径为 r_1，r_2，r_3。热量从槽的侧面和底部转移到大气中，还有具有对流热系数 k_o 的油表面，假设：

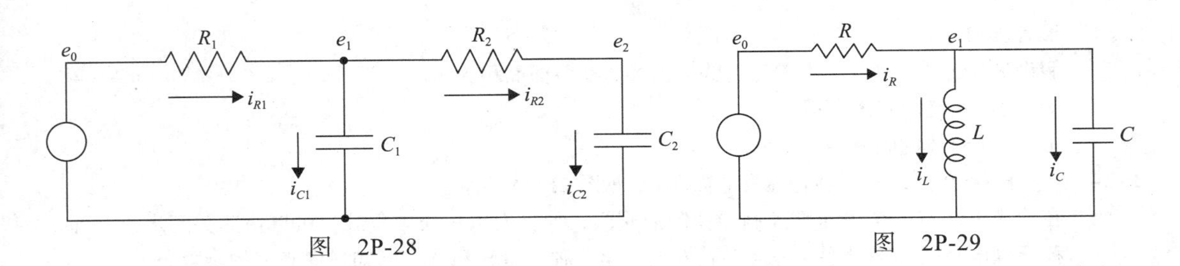

图　2P-28　　　图　2P-29

k_v = 槽的导热系数

k_i = 绝缘子的导热系数

c_o = 油的比热容

d_o = 油的密度

c = 锻造槽的比热容

m = 锻造槽的质量

A = 锻造槽的表面积

h = 槽底部的厚度

T_a = 环境温度

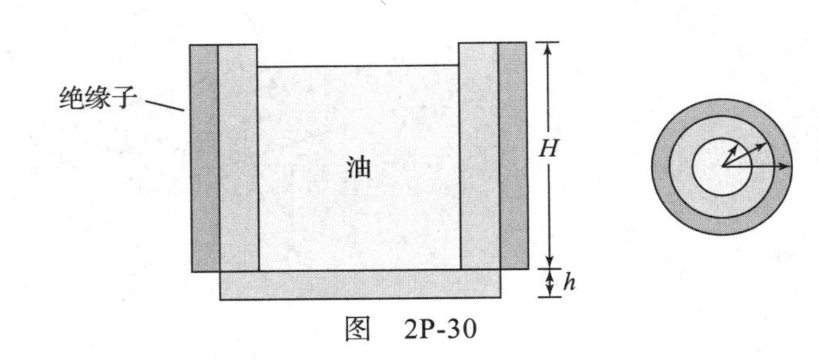

图　2P-30

当油的温度达到所需时，确定系统模型。

77

2-31　外壳内的电源如图 2P-31 所示。由于电源产生大量的热量，散热器通常会附着在外壳上散热。假设电源内的发热速率是已知且恒定的，热量 Q 通过辐射和传导从电源传递到外壳，框架是理想的绝缘体，散热器的温度恒定，等于大气温度，确定在运行期间可以给出电源温度的系统模型。任何所需的参数已知。

2-32　图 2P-32 显示了一个热交换器系统。

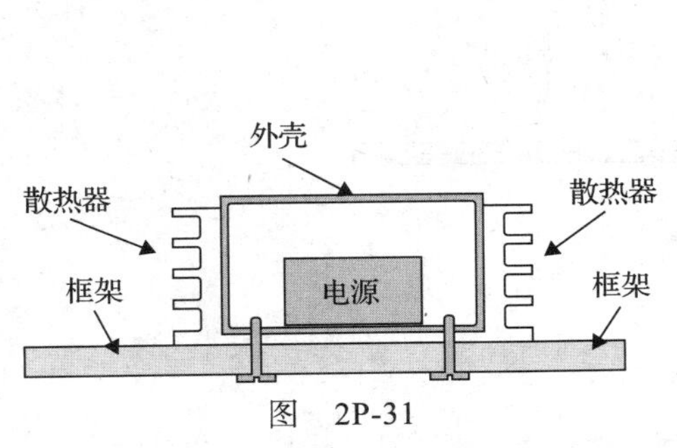

图　2P-31

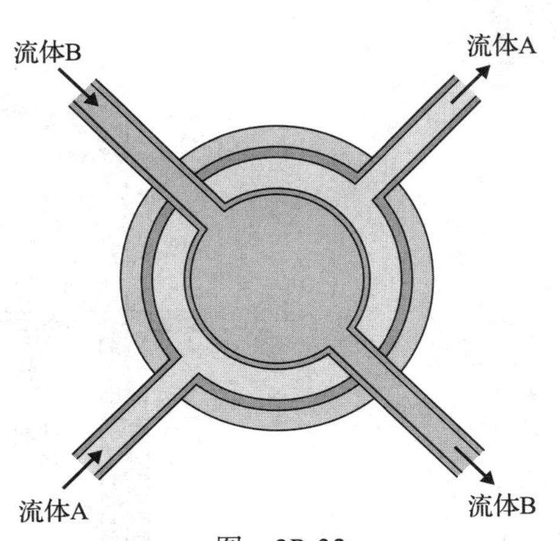

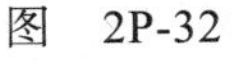

图　2P-32

假设简单的材料传输模型代表了该系统的热能增益率，那么

$$(\dot{m}c)(T_2 - T_1) = q_{\text{gained}}$$

其中，m 表示质量流量，T_1 和 T_2 是进入和离开的流体温度，c 表示流体的比热容。

如果热交换器圆筒的长度为 L，则导出一个模型，以给出离开热交换器的流体 B 的温度。已知任何所需的参数，如半径、导热系数和厚度。

2-33　振动也可以体现在流体系统中。图 2P-33 显示了 U

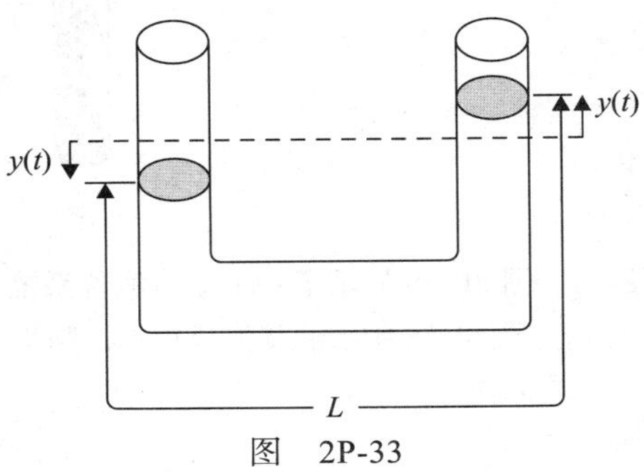

图　2P-33

78

形管压力计。

假设流体的长度为 L，重量密度为 μ，管的横截面面积为 A。

(a) 写出系统的状态方程。

(b) 计算流体的固有振荡频率。

2-34 一条长管道将水库连接到液压发电机系统，如图 2P-34 所示。
在管道末端有一个由速度控制器控制的阀门，如果发电机失去负载，可以快速关闭水流。确定稳压罐电平的动态模型，考虑涡轮发电机是一种能量转换器。已知任何必需的参数。

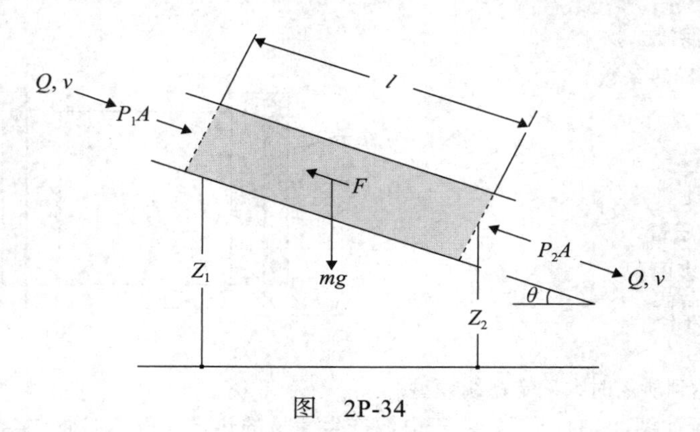

图 2P-34

2-35 简化的油井系统如图 2P-35 所示。在该图中，驱动机械由输入转矩 $T_{in}(t)$ 代替。假设周围岩石的压力固定在 P 处，步行梁移动小角度，在泵杆上行期间确定该系统的模型。

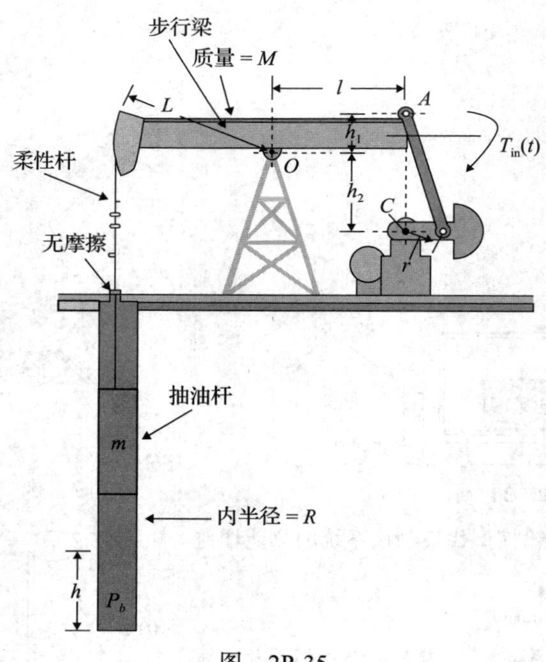

图 2P-35

2-36 图 2P-36 显示了一个双罐液位系统。假设 Q_1 和 Q_2 是稳态流入速率，H_1 和 H_2 是稳态水头。如果图 2P-36 所示的其他量较小，则当 h_1 和 h_2 是系统的输出，q_{i1} 和 q_{i2} 是输入时，导出系统的状态空间模型。

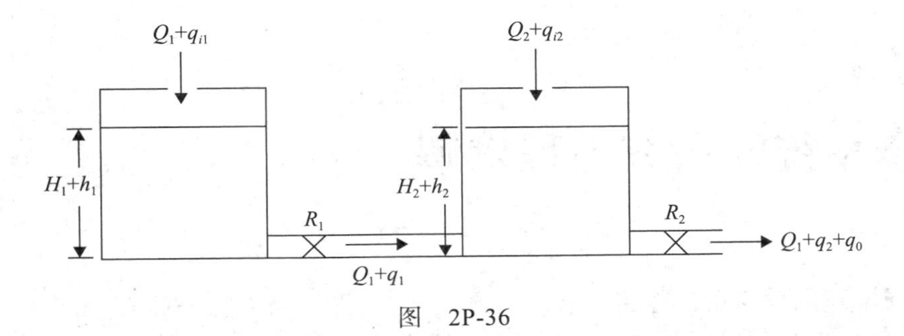

图　2P-36

2-37 图 2P-37 显示了典型的粒度示例。

已知任何必需的参数。

(a) 画出受力图。

(b) 得出一个粒度模型，用于确定物体放置在秤台上之后读取重量的等待时间。

(c) 为该系统开发一个类似的电路。

80

2-38 为图 2P-38 所示的机械系统开发出类似的电路。

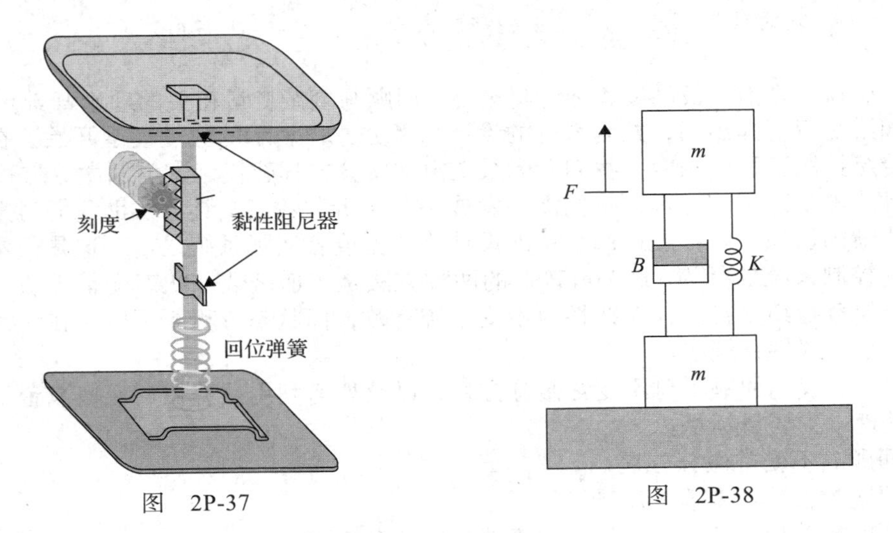

图　2P-37　　　　图　2P-38

2-39 为图 2P-39 所示的液压系统开发出类似的电路。

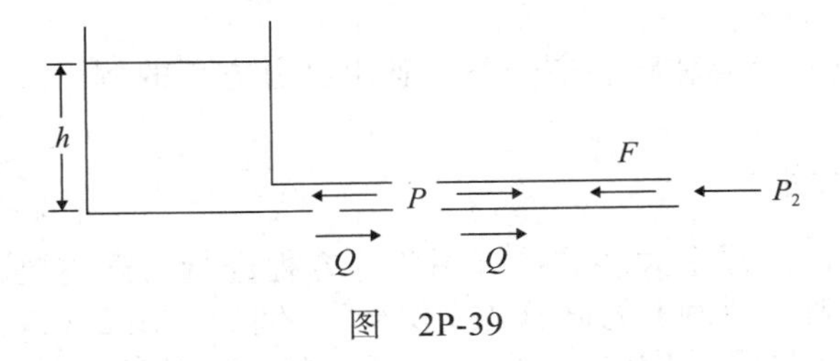

图　2P-39

81~82

有关更多线性化问题，请参见第 3 章。

第 3 章

动态系统的微分方程求解

完成本章的学习后，你将能够

1）将线性时不变常微分方程转换到拉普拉斯域。
2）求传递函数。微分方程的零极点在拉普拉斯域的表达。
3）利用拉普拉斯逆变换找到线性时不变微分方程的响应。
4）理解一阶和原型二阶微分方程的行为。
5）求线性时不变微分方程的表达。
6）利用拉普拉斯逆变换求状态空间方程的响应。
7）利用状态空间方法求传递函数。
8）从系统的传递函数，找到状态空间表示。

在开始这章之前，鼓励读者参考附录 B，回顾与复杂变量相关的理论背景。

正如第 2 章所提出的，控制系统的设计从微分方程表示的数学模型开始。在这本书的许多传统控制工程应用中，我们考虑系统由常微分方程建模，这与偏微分方程不同。

一旦获得了系统的方程，我们需要发展一套分析和数值工具，协助我们对系统的性能有更清晰的认识，在扩展控制系统的设计为原型或者实际系统之前，这是很重要的一步。研究控制系统的行为（解）最普遍的两种方法是传递函数和状态变量方法。传递函数是基于拉普拉斯变换，仅对线性时不变系统有效，而状态方程既可以用在线性系统中也可以用在非线性系统中。

在本章，我们回顾了时不变常微分方程，以及如何利用拉普拉斯变换或者状态空间方法来处理。主要目标是：

- 回顾时不变常微分方程；
- 回顾拉普拉斯变换的基础；
- 证明拉普拉斯变换的应用，求解线性常微分方程；
- 介绍传递函数的概念，以及如何用它们对线性时不变系统建模；
- 介绍状态空间系统；
- 给出用拉普拉斯变换和状态空间系统解决微分方程的例子。

83

3.1 微分方程介绍

如第 2 章讨论的，工程中大多数系统用微分方程进行数学建模。这些方程一般包括因变量对自变量（一般为时间）的微分（或积分）。例如，在 2.2.2 节，一系列电气 RLC（电阻 – 电感 – 电容）网络，如图 3-1a 所示，可由微分方程表示为

$$LC\frac{\mathrm{d}^2e_C(t)}{\mathrm{d}t^2}+RC\frac{\mathrm{d}e_C(t)}{\mathrm{d}t}+e_C(t)=e(t) \tag{3-1}$$

或

$$L\frac{\mathrm{d}i(t)}{\mathrm{d}t}+Ri(t)+\int\frac{i(t)}{C}\mathrm{d}t=e(t) \tag{3-2}$$

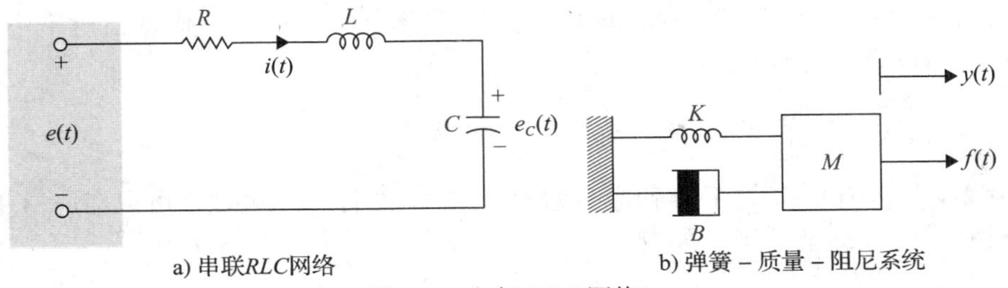

图 3-1　电气 RLC 网络

与 2.1.1 节相似，一个简单的弹簧－质量－阻尼器装置，如图 3-1b 所示，可用牛顿第二定律建模为

$$M\frac{\mathrm{d}^2y(t)}{\mathrm{d}t^2}+B\frac{\mathrm{d}y(t)}{\mathrm{d}t}+Ky(t)=f(t) \tag{3-3}$$

回忆第 2 章，这两个系统是类似的，均可用**标准二阶系统**的形式表示：

$$\ddot{y}(t)+2\zeta\omega_n\dot{y}(t)+\omega_n^2y(t)=\omega_n^2u(t) \tag{3-4}$$

84

3.1.1　线性常微分方程

一般地，n 阶系统的微分方程可写为

$$\begin{aligned}&\frac{\mathrm{d}^ny(t)}{\mathrm{d}t^n}+a_{n-1}\frac{\mathrm{d}^{n-1}y(t)}{\mathrm{d}t^{n-1}}+\cdots+a_1\frac{\mathrm{d}y(t)}{\mathrm{d}t}+a_0y(t)=\\&b_m\frac{\mathrm{d}^mu(t)}{\mathrm{d}t^m}+b_{m-1}\frac{\mathrm{d}^{m-1}u(t)}{\mathrm{d}t^{m-1}}+\cdots+b_1\frac{\mathrm{d}u(t)}{\mathrm{d}t}+b_0u(t)\end{aligned} \tag{3-5}$$

当系数 $a_0,a_1,\cdots,a_{n-1}$ 和 $b_0,b_1,\cdots,b_m$，是实常数且不是 $y(t)$ 的函数时，上式为著名的**线性常微分方程**。在控制系统中，对于 $t\geqslant t_0$，$u(t)$ 和 $y(t)$ 分别为系统的输入和输出。需要注意的是，在一般情况下，可能会有多个输入函数应用于式（3-5），但因为系统是线性的，我们可用叠加原则分别研究每个输入对系统的影响。

因此，一阶线性常微分方程的一般形式为

$$\frac{\mathrm{d}y(t)}{\mathrm{d}t}+a_0y(t)=f(t) \tag{3-6}$$

二阶线性常微分方程的一般形式为

$$\frac{\mathrm{d}^2y(t)}{\mathrm{d}t^2}+a_1\frac{\mathrm{d}y(t)}{\mathrm{d}t}+a_0y(t)=f(t) \tag{3-7}$$

本书主要研究常微分方程表示的系统。正如我们所见，第 2 章中有些系统实际上是用偏微分方程建模的，如流体系统和热传系统。在这种情况下，系统方程被修改（在特殊情况下，例如限制流体流向一个方向），然后转换为常微分方程。

3.1.2　非线性微分方程

许多物理系统是非线性的，必须用非线性微分方程描述。例如，用微分方程描述质量为 m、长度为 l 的倒立摆的运动为

$$\ddot{\theta}+\frac{g}{\ell}\sin\theta=0 \tag{3-8}$$

因为在式（3-8）中，$\sin\theta(t)$ 是非线性的，系统为非线性系统。为了能够处理非线性系统，在大多数工程实践中，相关方程会被线性化，关于一个特定的工作点，被转换

为线性常微分方程形式。在这种情况下把静态平衡点 $\theta=0$ 作为工作点，对于小的运动，系统线性化意味着 $\sin\theta\approx\theta$，或

$$\ddot{\theta}+\frac{g}{\ell}\theta=0 \tag{3-9}$$

参考 2.4 节，有更多关于泰勒序列线性化技术的细节，同时也可以参考 3.9 节，其中以矩阵形式再次提到了这个问题。

85

3.2 拉普拉斯变换

拉普拉斯变换技术是求解线性常微分方程的数学工具之一。该方法由于以下两个特性而在控制系统的研究中非常流行：

1）仅需要一步运算即可得到微分方程的通解和特解。

2）拉普拉斯变换将微分方程简化为 s 域上的代数形式。

3.2.1 拉普拉斯变换的定义

给定实函数 $f(t)$，它满足如下条件：

$$\int_0^\infty |f(t)\mathrm{e}^{-\sigma t}|\,\mathrm{d}t<\infty \tag{3-10}$$

对某个有界实数 σ，$f(t)$ 的拉普拉斯变换可定义为

$$F(s)=\int_{0^-}^\infty f(t)\,\mathrm{e}^{-st}\mathrm{d}t \tag{3-11}$$

或

$$F(s)=f(t)\text{的拉普拉斯变换}=\mathcal{L}[f(t)] \tag{3-12}$$

其中，变量 s 为**拉普拉斯算子**，为复变量，即 $s=\sigma+\mathrm{j}\omega$，$\sigma$为实部，$\mathrm{j}=\sqrt{-1}$，$\omega$为虚部。式（3-12）定义的等式也叫作**单边拉普拉斯变换**，因为是从 $t=0$ 到 $t=\infty$ 积分，即在 $t=0$ 之前，$f(t)$ 所包含的信息被忽略或被认为是 0。该假设没有对拉普拉斯变换在线性系统中的应用施加任何限制，因为在常见的时域研究中，参考时间通常选在 $t=0$。而且，对于一个物理系统在 $t=0$ 时有输入，系统的响应不会早于 $t=0$ ⊖。这样的系统也叫作有**因果关系的**或**物理可实现的**。

下面的例子说明如何用式（3-12）对 $f(t)$ 的拉普拉斯变换做评估。

例 3-2-1 令 $f(t)$ 为单位阶跃函数，定义为

$$f(t)=u_s(t)=\begin{cases}0,\ t<0\\1,\ t\geqslant 0\end{cases} \tag{3-13}$$

$f(t)$ 的拉普拉斯变换为

$$F(s)=L[u_s(t)]=\int_0^\infty u_s(t)\,\mathrm{e}^{-st}\mathrm{d}t=-\frac{1}{s}\mathrm{e}^{-st}\bigg|_0^\infty=\frac{1}{s} \tag{3-14}$$

式（3-14）有效，当

$$\int_0^\infty \left|u_s(t)\mathrm{e}^{-\sigma t}\right|\mathrm{d}t=\int_0^\infty \left|\mathrm{e}^{-\sigma t}\right|\mathrm{d}t<\infty \tag{3-15}$$

即 s 的实部 σ 必须大于 0，实际上，我们简单地认为单位阶跃函数的拉普拉斯变换为 $1/s$。

▲

⊖ 严格地说，单边拉普拉斯变换应该被定义从 $t=0^-$ 到 $t=\infty$。$t=0^-$ 表示 $t\to\infty$ 的极限从 $t=0$ 的左侧开始。简便起见，我们用 $t=0$ 或 $t=t_0$ 作为所有后续讨论的初始时刻。拉普拉斯变换表见附录 C。

例 3-2-2 考虑指数函数

$$f(t)=\mathrm{e}^{-\alpha t} t \geqslant 0 \tag{3-16}$$

式中，α 为实常数。$f(t)$ 的拉普拉斯变换为

$$F(s)=\int_0^{\infty} \mathrm{e}^{-\alpha t} \mathrm{e}^{-st} \mathrm{d}t=\left.\frac{\mathrm{e}^{-(s+\alpha)t}}{s+\alpha}\right|_0^{\infty}=\frac{1}{s+\alpha} \tag{3-17}$$ ▲

工具箱 3-2-1

```
>> syms t
>> f = t^4
f =
t^4
>> laplace(f)
ans =
24/s^5
```

表 3-1　拉普拉斯变换定理

乘一个常数	$\mathcal{L}[kf(t)]=kF(s)$
和与差	$\mathcal{L}[f_1(t)\pm f_2(t)]=F_1(s)\pm F_2(s)$
微分	$\mathcal{L}\left[\frac{\mathrm{d}f(t)}{\mathrm{d}t}\right]=sF(s)-f(0)$ 式中，$f^{(k)}(0)=\frac{\mathrm{d}^k f(t)}{\mathrm{d}t^k}\Big\|_{t=0}$ 表示在 t=0 处 $f(t)$ 对 t 的 k 阶导数。
积分	$\mathcal{L}\left[\int_0^t f(\tau)\mathrm{d}\tau\right]=\frac{F(s)}{s}$ $\mathcal{L}\left[\int_0^{t_n}\int_0^{t_{n-1}}\cdots\int_0^{t_1} f(t)\mathrm{d}\tau \mathrm{d}t_1 \mathrm{d}t_2\cdots \mathrm{d}t_{n-1}\right]=\frac{F(s)}{s^n}$
时间变换	$\mathcal{L}[f(t-T)u_s(t-T)]=\mathrm{e}^{-Ts}F(s)$ 式中，$u_s(t-T)$ 表示单位阶跃函数按时间向右移动 T。 $u_s(t-T)=\begin{cases}0, & t<T\\ 1, & t\geqslant T\end{cases}$
初值定理	$\lim\limits_{t\to 0} f(t)=\lim\limits_{s\to\infty} sF(s)$
终值定理	$\lim\limits_{t\to\infty} f(t)=\lim\limits_{s\to 0} sF(s)$，如果 $sF(s)$ 在 s 右半平面或虚轴上没有极点。 终值定理对控制系统的分析与设计很有用，因为它通过已知拉普拉斯变换在 s=0 处的值，给出了时间函数的终值。
复变换	$\mathcal{L}[\mathrm{e}^{\mp\alpha t} f(t)]=F(s\pm\alpha)$
实卷积	$F_1(s)F_2(s)=\mathcal{L}\left[\int_0^t f_1(\tau)f_2(t-\tau)\mathrm{d}\tau\right]=\mathcal{L}\left[\int_0^t f_2(\tau)f_1(t-\tau)\mathrm{d}\tau\right]=\mathcal{L}[f_1(t)*f_2(t)]$ 式中，符号 * 表示时域的**卷积**，一般地， $\mathcal{L}^{-1}[F_1(s)F_2(s)]\neq f_1(t)f_2(t)$
复卷积	$\mathcal{L}[f_1(t)f_2(t)]=F_1(s)*F_2(s)$ 在这种情况下，符号 * 表示复卷积。

3.2.2　拉普拉斯变换的重要定理

拉普拉斯变换的应用在很多例子中被简化为变换特性的使用。这些特性见表 3-1，没有给出证明。

3.2.3　传递函数

在经典控制中，**传递函数**用来表示变量的输入 – 输出关系。我们考虑常实系数的 n

阶微分方程。

86～88

$$\frac{\mathrm{d}^n y(t)}{\mathrm{d}t^n}+a_{n-1}\frac{\mathrm{d}^{n-1}y(t)}{\mathrm{d}t^{n-1}}+\cdots+a_1\frac{\mathrm{d}y(t)}{\mathrm{d}t}+a_0y(t)=b_m\frac{\mathrm{d}^m u(t)}{\mathrm{d}t^m}+b_{m-1}\frac{\mathrm{d}^{m-1}u(t)}{\mathrm{d}t^{m-1}}+\cdots+b_1\frac{\mathrm{d}u(t)}{\mathrm{d}t}+b_0u(t) \quad (3\text{-}18)$$

其中，系数 $a_0,a_1,\cdots,a_{n-1}$ 和 $b_0,b_1,\cdots,b_m$ 是实常数。一旦对于 $t\geqslant t_0$ 的**输入** $u(t)$，$y(t)$ 在 $t=t_0$ 的初始状态和导数是一定的，通过求式（3-18）可确定 $t\geqslant t_0$ 的输出响应 $y(t)$。

式（3-18）的**传递函数**为函数 $G(s)$，定义为

$$G(s)=\mathcal{L}[g(t)] \quad (3\text{-}19)$$

对等式两边同时取拉普拉斯变换并假设零初始状态，结果为

$$(s^n+a_{n-1}s^{n-1}+\cdots+a_1s+a_0)Y(s)=(b_ms^m+b_{m-1}s^{m-1}+\cdots+b_1s+b_0)U(s) \quad (3\text{-}20)$$

$u(t)$ 和 $y(t)$ 的传递函数给定如下：

$$G(s)=\frac{Y(s)}{U(s)}=\frac{b_ms^m+b_{m-1}s^{m-1}+\cdots+b_1s+b_0}{s^n+a_{n-1}s^{n-1}+\cdots+a_1s+a_0} \quad (3\text{-}21)$$

传递函数⊖的特性总结如下：

- 线性系统微分方程的传递函数是输出的拉普拉斯变换和输入的拉普拉斯变换之比；
- 系统的所有初始状态被设定为零；
- 传递函数与系统的输入无关。

3.2.4 特征方程

线性系统的特征方程是令传递函数的分母多项式为 0 得到的。因此，对于式（3-18）描述的系统微分方程，系统特征方程可由式（3-21）所示传递函数的分母得到，即

$$s^n+a_{n-1}s^{n-1}+\cdots+a_1s+a_0=0 \quad (3\text{-}22)$$

3.2.5 解析函数

复变量的函数 $G(s)$ 叫作 s 平面区域的**解析函数**，如果 $G(s)$ 及其导数都存在于这个区域，例如，函数

$$G(s)=\frac{1}{s(s+1)} \quad (3\text{-}23)$$

除了点 $s=0$ 和 $s=1$，该函数在 s 平面任何点都是解析的。因为在这两个点处，函数

89

的值是无穷大。另一个例子，$G(s)=s+2$ 在有界 s 平面的任何点都是解析的。

3.2.6 函数的极点

极点，也叫奇点，在经典控制理论的研究中起重要作用。一般来讲，式（3-21）所示传递函数的**极点**在笛卡儿坐标系（又叫作 s 平面）中，函数是无限的。换句话说，极点是特征方程（3-22）的根，使 $G(s)$ 的分母为 0⊜。

如果 $G(s)$ 的分母包括因子 $(s-p_i)^r$，对 r=1, $s=p_i$ 叫作单极点；对于 r=2，$s=p_i$ 是二阶

⊖ 如果分母多项式的阶次大于分子多项式的阶次（即 $n>m$），式（3-20）的传递函数是严格真分的。如果 $n=m$，传递函数被称为真分的。如果 $n<m$，传递函数是非真分的。

⊜ 极点的定义为：如果函数 $G(s)$ 在点 p_i 的邻域内是解析的和单值的，当极限 $\lim\limits_{s\to p_i}[(s-p_i)^r G(s)]$ 是有界非零时，我们就说在 s=p_i 处有 r 阶极点。换句话说，$G(s)$ 的分母必须包括因子 $(s-p_i)^r$，因此当 s=p_i 时，函数是无穷的。如果 r=1，s=p_i 处的极点被称为单极点。

极点，以此类推。

作为一个例子，函数

$$G(s)=\frac{10(s+2)}{s(s+1)(s+3)^2} \tag{3-24}$$

在 s=−3 处有一个二阶极点，在 s=0 和 s=1 处有单极点。也可以认为函数 $G(s)$ 除了这些极点，在 s 平面上是解析的。图 3-2 展示了系统在 s 平面上的有限极点。

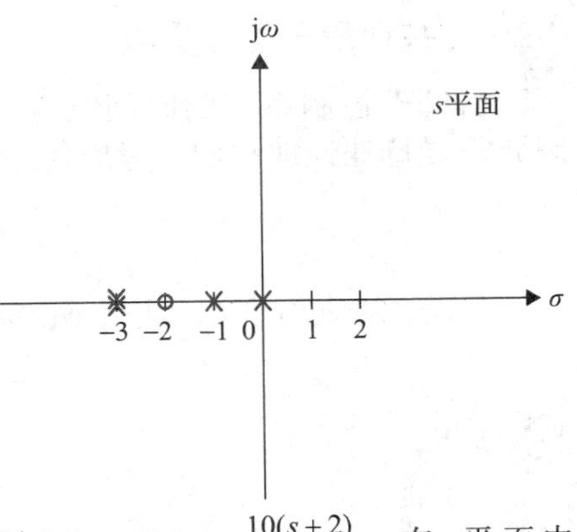

图 3-2　$G(s)=\frac{10(s+2)}{s(s+1)(s+3)^2}$ 在 s 平面中的图表示：× 为极点，○ 为零点

3.2.7　函数的零点

式（3-24）中传递函数 $G(s)$ 的**零点**是在 s 平面上使 $G(s)$ 为 0 的点。如果 $G(s)$ 的分子包括因子 $(s-z_i)^r$，对 $r=1$，$s=z_i$ 是一阶零点；对于 $r=2$，$s=z_i$ 是二阶零点，以此类推。

换句话说，$G(s)$ 的零点也是式（3-24）分子的根[⊖]，例如式（3-24）的函数有一阶零点 s=−2。

90

数学上说，极点的总数等于零点的总数，对多阶零点和极点计数，并考虑在无穷域上的零点和极点。式（3-24）有 4 个有限极点，分别在 $s=0$，−1，−3 和 −3；有 1 个有限零点，在 $s=-2$；同时还有 3 个无穷域的零点，因为

$$\lim_{s\to\infty}G(s)=\lim_{s\to\infty}\frac{10}{s^3}=0 \tag{3-25}$$

因此，在整个 s 平面（包括无穷），函数一共有 4 个极点和 4 个零点。图 3-2 展示了系统在 s 平面上的有限零点。

实际上，我们仅仅考虑函数的有限极点和零点。

工具箱 3-2-2

```
For Eq. (3-23), use "zpk" to create zero-pole-
gain models by the following sequence of MATLAB
functions
>> G = zpk([-2],[0 -1 -3 -3],10)
Zero/pole/gain:
10 (s+2)
---------------------
(s+1) (s+3)^2

Convert the transfer function to polynomial form
>> Gp=tf(G)
Transfer function:
10 s + 20
---------------------
s^4 + 7 s^3 + 15 s^2 + 9 s

Use "pole" and "zero" to obtain the poles and
zeros of the transfer function
>> pole(Gp)
ans =
 0
-1
-3
-3
>> zero(Gp)
ans =
-2
```

```
Alternatively use:
>> clear all
>> s = tf('s');
>> Gp=10*(s+2)/(s*(s+1)*(s+3)^2)
Transfer function:
10 s + 20
---------------------
s^4 + 7 s^3 + 15 s^2 + 9 s

Convert the transfer function Gp to zero-
pole-gain form
>> Gzpk=zpk(Gp)
Zero/pole/gain:
    10 (s+2)
---------------------
s (s+3)^2 (s+1)
```

⊖ 零点的定义为：如果函数 $G(s)$ 在 $s=z_i$ 处是解析的，当极限 $\lim_{s\to z_i}[(s-z_i)^{-r}G(s)]$ 是有界非零时，我们就说在 $s=z_i$ 处有 r 阶零点。或者，简单地，如果 $1/G(s)$ 在 $s=z_i$ 处有 r 阶极点，则 $G(s)$ 在 $s=z_i$ 处有 r 阶零点。

3.2.8 共轭复极点和零点

当处理控制系统的时间响应时，见第 7 章，共轭复极点（或零点）有重要的作用，因此需要特殊处理它们。考虑传递函数

$$G(s)=\frac{\omega_n^2}{s^2+2\zeta\omega_n s+\omega_n^2} \tag{3-26}$$

假设 ζ 的值小于 1，使得 $G(s)$ 有一对**单共轭复极点**：

$$s=s_1=-\sigma+\mathrm{j}\omega \text{ 和 } s=s_2=-\sigma-\mathrm{j}\omega \tag{3-27}$$

式中

91

$$\sigma=\zeta\omega_n \tag{3-28}$$

以及

$$\omega=\omega_n\sqrt{1-\zeta^2} \tag{3-29}$$

式（3-27）的极点在**直角坐标系**中表示，$\mathrm{j}=\sqrt{-1}$，$(-\sigma,\omega)$ 和 $(-\sigma,-\omega)$ 分别是 s_1 和 s_2 的实部和虚部。$(-\sigma,\omega)$ 为 s 平面的一个点，如图 3-3 所示。直角坐标系中的点也可由矢量 $\boldsymbol{R}$ 和角度 ϕ 定义，很容易看出

$$-\sigma=\boldsymbol{R}\sin\varphi \quad \omega=\boldsymbol{R}\cos\phi \tag{3-30}$$

式中，$\boldsymbol{R}$ 为 s 的大小；ϕ 为 s 的相位，从 σ（实轴）测量。右手定则规定顺时针方向为正相位。因此

$$\boldsymbol{R}=\sqrt{\sigma^2+\omega^2}$$

$$\phi=\arctan\frac{\omega}{-\sigma} \tag{3-31}$$

将式（3-30）代入式（3-27）的 s_1 中，可得：

$$s=s_1=\boldsymbol{R}(\cos\phi+\mathrm{j}\sin\phi) \tag{3-32}$$

在比较了泰勒序列包含的项之后，很容易确定

$$\mathrm{e}^{\mathrm{j}\phi}=\cos\phi+\mathrm{j}\sin\phi \tag{3-33}$$

式（3-33）也叫作**欧拉方程**，因此式（3-1）的 s_1 可用**极坐标**表示为

$$s=s_1=\boldsymbol{R}\mathrm{e}^{\mathrm{j}\phi}=\boldsymbol{R}\angle\phi \tag{3-34}$$

注意式（3-34）的**共轭**复极点为

$$s=s_2=\boldsymbol{R}(\cos\phi-\mathrm{j}\sin\phi)=\boldsymbol{R}\mathrm{e}^{-\mathrm{j}\phi}=\boldsymbol{R}\angle-\phi \tag{3-35}$$

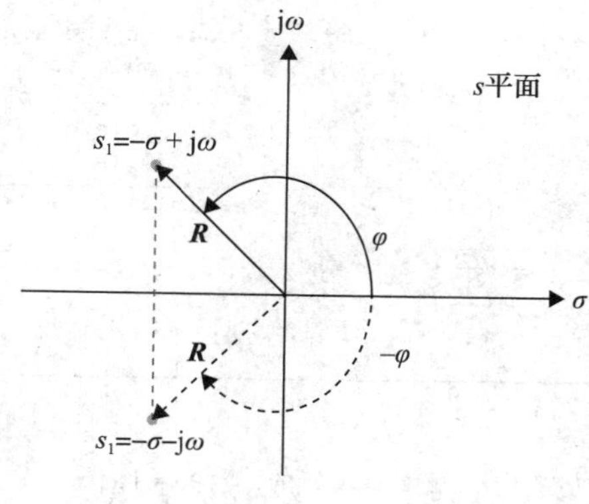

92

图 3-3 s 平面上的一对共轭复极点

3.2.9 终值定理

终值定理对于控制系统的分析与设计非常有用，因为它通过拉普拉斯变换在 s=0 处的解，给出了时间函数的终值。理论陈述：如果 $f(t)$ 的拉普拉斯变换为 $F(s)$，且 $sF(s)$ 在虚轴和在 s 右半平面上是解析的（参见 3.2.5 节对解析函数的定义），那么

$$\lim_{t\to\infty} f(t) = \lim_{s\to 0} sF(s) = 0 \tag{3-36}$$

当 $sF(s)$ 有实部为 0 或者为正数的极点时，终值定理无效，这相当于定理中对 $sF(s)$ 在 s 右半平面的解析要求。下面的例子说明在应用这个定理时必须谨慎考虑这个问题。

例 3-2-3 考虑函数

$$F(s) = \frac{5}{s(s^2+s+2)} \tag{3-37}$$

$sF(s)$ 在虚轴上和 s 右半平面上是解析的，终值定理可应用，利用式（3-36），可得：

$$\lim_{t\to\infty} f(t) = \lim_{s\to 0} sF(s) = \lim_{s\to 0}\frac{5}{s^2+s+2} = \frac{5}{2} \tag{3-38}$$ ▲

例 3-2-4 函数

$$F(s) = \frac{\omega}{s^2+\omega^2} \tag{3-39}$$

是 $f(t)=\sin(\omega t)$ 的拉普拉斯变换。由于函数 $sF(s)$ 在 s 平面的虚轴上有两个极点，终值定理无效。换句话说，尽管终值定理在 $f(t)$ 的终值上会产生零值，但这个结果是错误的。 ▲

3.3 部分分式展开的拉普拉斯逆变换

给定拉普拉斯变换 $F(s)$，获得 $f(t)$ 的操作称为拉普拉斯逆变换，定义为

$$f(t) = F(s)\text{的拉普拉斯逆变换} = \mathcal{L}^{-1}[F(s)] \tag{3-40}$$

拉普拉斯逆变换积分给定为

$$f(t) = \frac{1}{2\pi \mathrm{j}}\int_{c-\mathrm{j}\infty}^{c+\mathrm{j}\infty} F(s)\,\mathrm{e}^{st}\mathrm{d}s \tag{3-41}$$

式中 c 是比 $F(s)$ 的所有奇点实部都大的实常数。式（3-41）表示在 s 平面上的线积分。在控制系统的大多数问题中，拉普拉斯逆变换不依赖于式（3-41）的逆积分。对于简单函数，拉普拉斯逆变换可通过参考**拉普拉斯变换表**来实施，例如在附录 C 中给出的。对于复杂的函数，拉普拉斯逆变换首先可通过对 $F(s)$ **部分分式展开**，然后再利用转换表得到。你也可以利用 MATLAB 符号工具求得函数的拉普拉斯逆变换。 93

部分分式展开

当微分方程的拉普拉斯变换解是一个关于 s 的比例函数，可写为

$$G(s) = \frac{Q(s)}{P(s)} \tag{3-42}$$

式中，$P(s)$ 和 $Q(s)$ 是 s 的多项式。假设 $P(s)$ 的阶数比 $Q(s)$ 的阶数大，多项式 $P(s)$ 可写为

$$P(s) = s^n + a_{n-1}s^{n-1} + \cdots + a_1 s + a_0 \tag{3-43}$$

式中 $a_0, a_1, \cdots, a_{n-1}$ 为实系数。部分分式展开的方法现在将用于 $G(s)$ 单极点、多阶极点、共轭复极点的情况。这里的观点是尽可能简化 $G(s)$，让我们在不参考表格的情况下，轻松地求得拉普拉斯逆变换。

$G(s)$ 有单极点

如果 $G(s)$ 有实数单极点，式（3-42）可被写为

$$G(s)=\frac{Q(s)}{P(s)}=\frac{Q(s)}{(s+s_1)(s+s_2)\cdots(s+s_n)} \quad (3\text{-}44)$$

式中，$s_1 \neq s_2 \neq \ldots \neq s_n$。应用部分分式展开，式（3-43）可被写为

$$G(s)=\frac{K_{s_1}}{s+s_1}+\frac{K_{s_2}}{s+s_2}+\cdots+\frac{K_{s_n}}{s+s_n} \quad (3\text{-}45)$$

或

$$G(s)=\frac{K_{s_1}}{s+s_1}+\frac{K_{s_2}}{s+s_2}+\cdots+\frac{K_{s_n}}{s+s_n}=\frac{Q(s)}{(s+s_1)(s+s_2)\cdots(s+s_n)} \quad (3\text{-}46)$$

系数 $K_{s_i}(i=1,2,\cdots,n)$ 通过对式（3-46）两边同时乘以因子 $(s+s_i)$，然后令 $s=-s_i$ 来确定。例如，为了找到系数 K_{s_1}，式（3-46）两边同时乘以 $(s+s_1)$，且令 $s=-s_1$，因此

$$K_{s_1}=[(s+s_1)G(s)]\big|_{s=-s_1} \quad (3\text{-}47)$$

或

[94]

$$K_{s_1}=K_{s1}+\frac{(-s_1+s_1)}{-s_1+s_2}K_{s2}+\cdots+\frac{(-s_1+s_1)}{-s_1+s_n}K_{sn}=\frac{Q(-s_1)}{(s_2-s_1)(s_3-s_1)\cdots(s_n-s_1)} \quad (3\text{-}48)$$

例 3-3-1 函数

$$G(s)=\frac{5s+3}{(s+1)(s+2)(s+3)}=\frac{5s+3}{s^3+6s^2+11s+6} \quad (3\text{-}49)$$

写成部分分式展开的形式为

$$G(s)=\frac{K_{-1}}{s+1}+\frac{K_{-2}}{s+2}+\frac{K_{-3}}{s+3} \quad (3\text{-}50)$$

系数 K_{-1}、K_{-2} 和 K_{-3} 确定如下

$$K_{-1}=[(s+1)G(s)]\big|_{s=-1}=\frac{5\times(-1)+3}{(2-1)\times(3-1)}=-1 \quad (3\text{-}51)$$

$$K_{-2}=[(s+2)G(s)]\big|_{s=-2}=\frac{5\times(-2)+3}{(1-2)\times(3-2)}=7 \quad (3\text{-}52)$$

$$K_{-3}=[(s+3)G(s)]\big|_{s=-3}=\frac{5\times(-3)+3}{(1-3)\times(2-3)}=-6 \quad (3\text{-}53)$$

因此式（3-49）变为

$$G(s)=\frac{-1}{s+1}+\frac{7}{s+2}-\frac{6}{s+3} \quad (3\text{-}54)$$

工具箱 3-3-1

对例 3-3-1，式（3-49）是两个多项式的比例：

```
>> b = [5 3] % numerator polynomial coefficients
>> a = [1,6,11,6] % denominator polynomial coefficients
```

计算部分分式展开：

```
>> [r, p, k] = residue(b,a)
r =
-6.0000
```

```
7.0000
-1.0000
p =
-3.0000
-2.0000
-1.0000
k =
[ ]
```

r 表示式（3-54）的分子，p 表示对应的极点。现在把部分分式展开转换回多项式系数：

```
>> [b,a] = residue(r,p,k)
b =
0.0000    5.0000    3.0000
a =
1.0000    6.0000    11.0000    6.0000
```

注意：b 和 a 分别表示式（3-49）的分子和分母多项式，也应该注意，对于分母的首系数，结果是归一化的。

95

利用附录 C 的拉普拉斯表格或下面的 MATLAB 工具箱，对上式两边同时取拉普拉斯逆变换可得到：

$$g(t) = -e^{-t} + 7e^{-2t} - 6e^{-3t}, t \geqslant 0 \qquad (3\text{-}55)$$

工具箱 3-3-2

对于例 3-3-1，式（3-54）包括 3 个函数：f1、f2、f3。利用 MATLAB 符号工具箱，有

```
 >> syms s
 >> f1=-1/(s+1)
f1 =
-1/(s + 1)
 >> f2=7/(s+2)
f2 =
7/(s + 2)
 >> f3=-6/(s+3)
f3 =
-6/(s + 3)
 >> g=ilaplace(f1)+ilaplace(f2)+ilaplace(f3)
g =
7*exp(-2*t) - exp(-t) - 6*exp(-3*t)
```

注意：g 是式（3-54）中 $G(s)$ 的拉普拉斯逆变换，如式（3-55）所示。或者也可以直接求式（3-49）的拉普拉斯逆变换：

```
 >> f4=(5*s+3)/((s+1)*(s+2)*(s+3))
f4 =
(5*s + 3)/((s + 1)*(s + 2)*(s + 3))
 >> g=ilaplace(f4)
g =
7*exp(-2*t) - exp(-t) - 6*exp(-3*t)
```

$G(s)$ 有多重极点

如果 $G(s)$ 的 n 个极点中，有 r 个是相同的，即在 $s=-s_i$ 处有 r 重极点，$G(s)$ 写为

$$G(s) = \frac{Q(s)}{P(s)} = \frac{Q(s)}{(s+s_1)(s+s_2)\cdots(s+s_{n-r})(s+s_i)^r} \qquad (3\text{-}56)$$

式中，$i \neq 1, 2, \cdots, n-r$，则 $G(s)$ 可被展开为

96

$$G(s)=\frac{K_{s1}}{s+s_1}+\frac{K_{s2}}{s+s_2}+\cdots+\frac{K_{s(n-r)}}{s+s_{n-r}}+\frac{A_1}{s+s_i}+\frac{A_2}{(s+s_i)^2}+\cdots+\frac{A_r}{(s+s_i)^r} \tag{3-57}$$

|← $n-r$ 单极点 →| |← r 重极点 →|

那么 $(n-r)$ 系数 $K_{s_1},K_{s_2},\cdots,K_{s_{(n-r)}}$ 相当于单极点，可用式（3-47）描述的方法评估。多重极点的系数定义可描述如下：

$$A_r=\left[(s+s_i)^r G(s)\right]\Big|_{s=-s_i} \tag{3-58}$$

$$A_{r-1}=\frac{\mathrm{d}}{\mathrm{d}s}\left[(s+s_i)^r G(s)\right]\Big|_{s=-s_i} \tag{3-59}$$

$$A_{r-2}=\frac{1}{2!}\frac{\mathrm{d}^2}{\mathrm{d}s^2}\left[(s+s_i)^r G(s)\right]\Big|_{s=-s_i} \tag{3-60}$$

$$A_1=\frac{1}{(r-1)!}\frac{\mathrm{d}^{r-1}}{\mathrm{d}s^{r-1}}\left[(s+s_i)^r G(s)\right]\Big|_{s=-s_i} \tag{3-61}$$

例 3-3-2 函数

$$G(s)=\frac{1}{s(s+1)^3(s+2)}=\frac{1}{s^5+5s^4+9s^3+7s^2+2s} \tag{3-62}$$

通过利用式（3-57）的格式，$G(s)$ 被写作

$$G(s)=\frac{K_0}{s}+\frac{K_{-2}}{s+2}+\frac{A_1}{s+1}+\frac{A_2}{(s+1)^2}+\frac{A_3}{(s+1)^3} \tag{3-63}$$

与单极点有关的系数为

$$K_0=\left[SG(s)\right]\Big|_{s=0}=\frac{1}{2} \tag{3-64}$$

$$K_{-2}=[(s+2)G(s)]\Big|_{s=-2}=\frac{1}{2} \tag{3-65}$$

三重极点的系数为

$$A_3=\left[(s+1)^3 G(s)\right]\Big|_{s=-1}=-1 \tag{3-66}$$

$$A_2=\frac{\mathrm{d}}{\mathrm{d}s}\left[(s+1)^3 G(s)\right]\Big|_{s=-1}=\frac{\mathrm{d}}{\mathrm{d}s}\left[\frac{1}{s(s+2)}\right]\Big|_{s=-1}=0 \tag{3-67}$$

$$A_1=\frac{1\mathrm{d}^2}{2!\mathrm{d}s^2}\left[(s+1)^3 G(s)\right]\Big|_{s=-1}=\frac{1\mathrm{d}^2}{2\mathrm{d}s^2}\left[\frac{1}{s(s+2)}\right]\Big|_{s=-1}=-1 \tag{3-68}$$

完全部分分式展开为

97

$$G(s)=\frac{1}{2s}+\frac{1}{2(s+2)}-\frac{1}{s+1}-\frac{1}{(s+1)^3} \tag{3-69}$$ ▲

工具箱 3-3-3

对例 3-3-2，式（3-62）是两个多项式的比。

```
>> clear all
>> a = [1 5 9 7 2] % coefficients of polynomial s^4+5*s^3+9*s^2+7*s+2
a =
1       5       9       7       2
>> b = [1] % polynomial coefficients
```

```
b =
1
 >> [r, p, k] = residue(b,a) % b is the numerator and a is the denominator
r =
-1.0000
1.0000
-1.0000
1.0000
p =
-2.0000
-1.0000
-1.0000
-1.0000
k =
[]
 >> [b,a] = residue(r,p,k) % Obtain the polynomial form
b =
-0.0000    -0.0000    -0.0000    1.0000
a =
1.0000    5.0000    9.0000    7.0000    2.0000
```

利用附录 C 的拉普拉斯表格或者如下的 MATLAB 工具箱，获取拉普拉斯逆变换，可得到：

$$g(t)=\frac{1}{2}-\mathrm{e}^{-t}+\frac{\mathrm{e}^{-2t}}{2}+\frac{t^2\mathrm{e}^{-t}}{2}t, t\geqslant 0 \tag{3-70}$$

工具箱 3-3-4

对例 3-3-2，式（3-69）包括 4 个函数：f1、f2、f3、f4。利用 MATLAB 的符号函数，有

```
 >> syms s
 >> f1=1/(2*s)
f1 =
1/(2*s)
>> f2=1/(2*(s+2))
f2 =
1/(2*s + 4)
 >> f3=-1/(s+1)
f3 =
-1/(s + 1)
 >> f4=-1/(s+1)^3
f4 =
1/(s + 1)^3
 >> g=ilaplace(f1)+ilaplace(f2)+ilaplace(f3)+ilaplace(f4)
g =
exp(-2*t)/2 - exp(-t) - (t^2*exp(-t))/2 + 1/2
```

98

注意：g 是式（3-69）中 $G(s)$ 的拉普拉斯逆变换，如式（3-70）所示。或者也可以直接求式（3-63）的拉普拉斯逆变换：

```
>> f5=1/(s*(s+1)^3*(s+2))
f5 =
1/(s*(s + 1)^3*(s + 2))
>> g=ilaplace(f5)
g =
exp(-2*t)/2 - exp(-t) - (t^2*exp(-t))/2 + 1/2
```

$G(s)$ 有共轭复极点

式（3-42）的部分分式展开对共轭复极点同样也是有效的。正如 3.2.8 节讨论的，共轭复极点在控制系统的研究中有特殊作用，因此需要特别注意。

假设式 (3-42) 的 $G(s)$ 包括一对复极点 $s=-\sigma+\mathrm{j}\omega$ 和 $s=-\sigma-\mathrm{j}\omega$，利用式（3-45）求得这些极点的相关系数：

$$K_{-\sigma+\mathrm{j}\omega}=(s+\sigma-\mathrm{j}\omega)G(s)\big|_{s=-\sigma+\mathrm{j}\omega} \tag{3-71}$$

$$K_{-\sigma-\mathrm{j}\omega}=(s+\sigma+\mathrm{j}\omega)G(s)\big|_{s=-\sigma-\mathrm{j}\omega} \tag{3-72}$$

求式（3-71）和式（3-72）中系数的过程通过下面的例子说明。

例 3-3-3 考虑**二阶原型**函数

$$G(s)=\frac{\omega_n^2}{s^2+2\zeta\omega_n s+\omega_n^2} \tag{3-73}$$

假设 ζ 的值小于 1，使得 $G(s)$ 有一对共轭复极点，则 $G(s)$ 可以做如下展开：

$$G(s)=\frac{K_{-\sigma+\mathrm{j}\omega}}{s+\sigma-\mathrm{j}\omega}+\frac{K_{-\sigma-\mathrm{j}\omega}}{s+\sigma+\mathrm{j}\omega} \tag{3-74}$$

式中，

$$\sigma=\zeta\omega_n$$

$$\omega=\omega_n\sqrt{1-\zeta^2} \tag{3-75}$$

式（3-73）的系数可确定为

$$K_{-\sigma+\mathrm{j}\omega}=(s+\sigma-\mathrm{j}\omega)G(s)\big|_{s=-\sigma+\mathrm{j}\omega}=\frac{\omega_n^2}{2\mathrm{j}\omega} \tag{3-76}$$

$$K_{-\sigma-\mathrm{j}\omega}=(s+\sigma+\mathrm{j}\omega)G(s)\big|_{s=-\sigma-\mathrm{j}\omega}=-\frac{\omega_n^2}{2\mathrm{j}\omega} \tag{3-77}$$

式（3-73）的完全部分分式展开为

99

$$G(s)=\frac{\omega_n^2}{2\mathrm{j}\omega}\left[\frac{1}{s+\sigma-\mathrm{j}\omega}-\frac{1}{s+\sigma+\mathrm{j}\omega}\right] \tag{3-78}$$

对最后一个等式两边取拉普拉斯逆变换得：

$$g(t)=\frac{\omega_n^2}{2\mathrm{j}\omega}\mathrm{e}^{-\sigma t}(\mathrm{e}^{\mathrm{j}\omega t}-\mathrm{e}^{-\mathrm{j}\omega t}), t\geqslant 0 \tag{3-79}$$

或

$$g(t)=\frac{\omega_n}{\sqrt{1-\zeta^2}}\mathrm{e}^{-\zeta\omega_n t}\sin\left(\omega_n\sqrt{1-\zeta^2 t}\right), t\geqslant 0 \tag{3-80}$$ ▲

工具箱 3-3-5

对于例 3-3-3，式（3-73）包括两个函数：f1、f2。使用 MATLAB 符号函数，有

```
 >> syms s wn w z
 >> f1= wn^2/(2*j*wn*sqrt(1-z^2))*(1/(s+z*wn-j*wn*sqrt(1-z^2)))
f1 =
-(wn*i)/(2*(1 - z^2)^(1/2)*(s + wn*z - wn*(1 - z^2)^(1/2)*i))
 >> f2= wn^2/(2*j*wn*sqrt(1-z^2))*(-1/(s+z*wn+j*wn*sqrt(1-z^2)))
f2 =
(wn*i)/(2*(1 - z^2)^(1/2)*(s + wn*z + wn*(1 - z^2)^(1/2)*i))
 >> g=ilaplace(f1)+ilaplace(f2)
```

```
g=
- (wn*exp(-t*(wn*z - wn*(1 - z^2)^(1/2)*i))*i)/(2*(1 - z^2)^(1/2)) + (wn*exp(-t*(wn*z + wn*(1
- z^2)^(1/2)*i))*i)/(2*(1 - z^2)^(1/2)
 >> g=simplify(g)
g =
(wn*exp(-t*wn*z)*sin(t*wn*(1 - z^2)^(1/2)))/(1 - z^2)^(1 /2)
```

注意：g 是式（3-78）中 $G(s)$ 的拉普拉斯逆变换，如式（3-80）所示。我们用符号 simplify 命令，把 g 变为三角形格式。注意在 MATLAB 中 (i) 和 (j) 都表示 SQRT(−1)。或者可以直接找出式（3-73）的拉普拉斯逆变换：

```
 >> f3=wn^2/(s^2+2*z*wn*s+wn^2)
f3 =
wn^2/(s^2 + 2*z*s*wn + wn^2)
 >> g=ilaplace(f3)
g =
(wn*exp(-t*wn*z)*sin(t*wn*(1 - z^2)^(1/2)))/(1 - z^2)^(1/2)
```

3.4　拉普拉斯变换在线性常微分方程求解中的应用

如第 2 章所示，控制系统大部分组件的数学模型用一阶或二阶微分方程表示。在本书中，我们主要研究常系数的**线性常微分方程**，例如一阶线性系统：

$$\frac{\mathrm{d}y(t)}{\mathrm{d}t}=a_0y(t)=f(t) \tag{3-81}$$

100

或二阶线性系统：

$$\frac{\mathrm{d}^2y(t)}{\mathrm{d}t^2}+a_1\frac{\mathrm{d}y(t)}{\mathrm{d}t}+a_0y(t)=f(t) \tag{3-82}$$

在 3.2 节给出的拉普拉斯变换定理（部分分式展开和拉普拉斯变换表）的帮助下，线性常微分方程可用拉普拉斯变换方法求解，过程概述如下：

1）利用拉普拉斯变换表，通过拉普拉斯变换把微分方程转换到 s 域；

2）处理转换后的代数方程，获得输出变量；

3）对转换后的代数方程进行部分分式展开；

4）从拉普拉斯转换表中得到拉普拉斯逆变换。

让我们检查两种特殊情况：一阶和二阶系统。微分方程的原型形式提供了表示控制系统不同组件的常见形式。在第 2 章中，这种表示的重要性很明显，并且在第 7 章研究控制系统的**时间响应**时，这种重要性会更加明显。

3.4.1　一阶系统

在第 2 章，我们已经证明流体、电气、热、机械系统通过微分方程建模。图 3-4 表明机械、电气、流体和热系统通过一阶微分方程建模，最后以一阶原型的形式表示为

$$\frac{\mathrm{d}y(t)}{\mathrm{d}t}+\frac{1}{\tau}y(t)=\frac{1}{\tau}u(t) \tag{3-83}$$

式中，τ 为系统的**时间常数**，用于衡量系统对外部激励初始状态的响应速度。为了美观，注意式（3-83）的输入按 $1/\tau$ 缩放。

在图 3-4a 所示的弹簧 – 阻尼器系统（无质量）中

$$\dot{y}(t)+\frac{K}{B}y(t)=\frac{Ku(t)}{B} \tag{3-84}$$

式中，$Ku(t)=f(t)$ 为施加在系统上的力，$\tau=\dfrac{B}{K}$ 为时间常数，即阻尼常数 B 和弹簧钢度 K 的比值。在这种情况下，$y(t)$ 和 $u(t)$ 分别是输出变量和输入变量。

在图 3-4b 所示的 RC 电路中，输出电压 $e_o(t)$ 满足如下的微分方程：

$$\dot{e}_o(t)+\frac{1}{RC}e_o(t)=\frac{1}{RC}e_{\text{in}}(t) \tag{3-85}$$

式中，$e_{\text{in}}(t)$ 是输入电压，$\tau=RC$ 是时间常数。

在图 3-4c 所示的单罐液位系统中，依据输出体积流速 q_o，系统方程可定义为

$$\dot{q}_o+\frac{q_o}{RC}=\frac{q_i}{RC} \tag{3-86}$$

[101] 式中，q_i 是输入流速，$RC=\tau$ 是系统时间常数，R 是液阻，C 是箱电容。

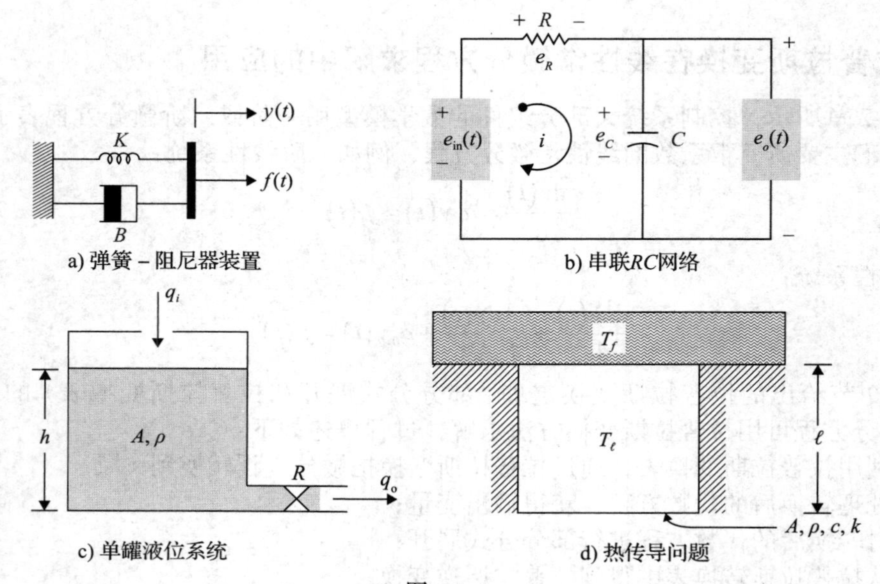

图 3-4

最后，在图 3-4d 表示的热系统中，C 是热电容，R 是对流热阻，$RC=\tau$ 是系统时间常数，T_ℓ 是固体目标温度，T_f 是液体最高温度。热传递过程的系统方程表示为

$$\dot{T}_\ell+\frac{T_\ell}{RC}=\frac{T_f}{RC} \tag{3-87}$$

很明显，从式（3-84）到式（3-87），它们都由式（3-83）的一阶系统表示，为了理解它们的特性，我们可以用一个**测试输入**求解，在这种情况下，单位阶跃输入为

$$u(t)=u_s(t)=\begin{cases}0, & t<0,\\ 1, & t\geqslant 0\end{cases} \tag{3-88}$$

单位阶跃输入基本上是施加在系统上的常输入，通过求解微分方程，我们检测输出是如何响应这个输入的，重写式（3-83）为

$$u_s(t)=\tau\frac{\mathrm{d}y(t)}{\mathrm{d}t}+y(t) \tag{3-89}$$

如果 $y(0)=\dfrac{\mathrm{d}y(0)}{\mathrm{d}t}=0$，$\mathcal{L}(u_s(t))=\dfrac{1}{s}$，且 $\mathcal{L}(y(t))=Y(s)$，则有

$$\frac{1}{s}=s\tau Y(s)+Y(s) \tag{3-90}$$

或者，在 s 域的输出结果为

$$Y(s)=\frac{1}{s}\frac{1}{\tau s+1} \tag{3-91}$$

102

如图 3-5 所示，根据输入，系统在 s=0 和 $s=-1/\tau$处有极点。对于正数 τ，极点在 s 左半平面。利用部分分式展开，式（3-91）变为

$$Y(t)=\frac{K_0}{s}+\frac{K_{-1/\tau}}{\tau s+1} \tag{3-92}$$

式中，$K_0=1$，$K_{-1/\tau}=-1$。对式（3-92）进行拉普拉斯逆变换，得到式（3-83）的时间响应：

$$y(t)=1-\mathrm{e}^{-t/\tau} \tag{3-93}$$

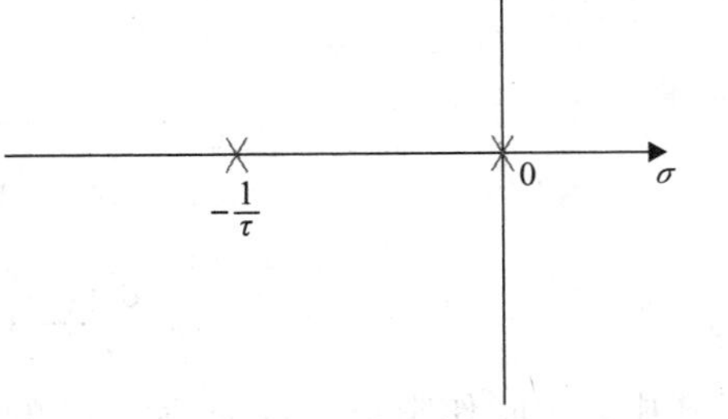

图 3-5　一阶系统的传递函数的极点配置

式中，t 是 63% 的 $y(t)$ 到达**终值**（$\lim\limits_{t\to\infty}y(t)=\lim\limits_{s\to 0}sY(s)=1$）的时间。

对于一般时间 t，$y(t)$ 的典型单位阶跃响应如图 3-6 所示。随着时间常数 τ的减少，系统响应更快地达到终值。

工具箱 3-4-1

对于式（3-91）的拉普拉斯逆变换利用 MATLAB 符号工具箱通过如下 MATLAB 函数序列得到：

```
>> syms s tau;
>> ilaplace(1/(tau*s^2+s))
ans =
 1 - exp(-t/tau)
```

结果为式（3-93）。

注意系统命令让你建立符号变量和表达式，命令

```
>> syms s tau;
```

和

```
>> s=sym('s');
>> tau=sym('tau');
```

相同。

如图 3-6 所示，对于给定值 τ=0.1，式（3-83）的时间响应通过如下代码获得：

```
>> clear all;
>> t = 0:0.01:1;
>> tau = 0.1;
>> plot(1-exp(-t/tau));
```

你可能希望确认，当 t=0.1s 时，$y(t)$=0.63。

103

3.4.2　二阶系统

和之前的章节相似，在第 2 章讨论的不同的机械、电气、流体系统可用**二阶系统**建模，对于如图 3-1 所示的系统，用式（3-1）和式（3-3）表示。标准的二阶系统有如下形式：

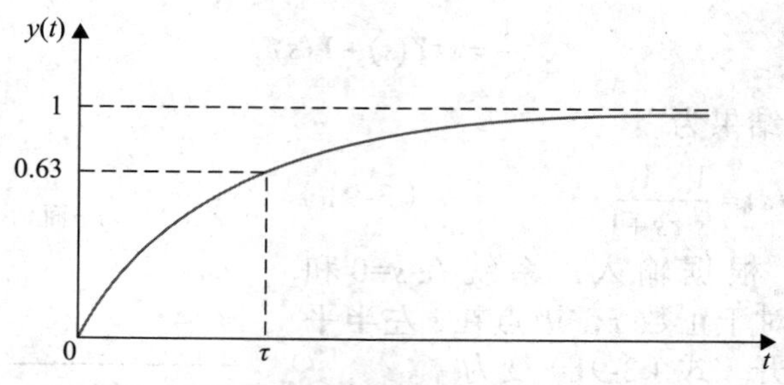

图 3-6 一阶原型微分方程的单位阶跃响应

$$\frac{\mathrm{d}^2 y(t)}{\mathrm{d}t^2}+2\zeta\omega_n\frac{\mathrm{d}y(t)}{\mathrm{d}t}+\omega_n^2 y(t)=\omega_n^2 u(t) \tag{3-94}$$

式中，ζ叫作阻尼比，ω_n为系统的自然频率，$y(t)$是输出变量，$u(t)$是输入。如在3.4.1节中，我们可以用一个测试输入求解式（3-94），在这种情况下，单位阶跃输入为

$$u(t)=u_s(t)=\begin{cases}0, & t<0\\ 1, & t\geqslant 0\end{cases} \tag{3-95}$$

如果$y(0)=\frac{\mathrm{d}y(0)}{\mathrm{d}t}=0$，$\mathcal{L}(u_s(t))=U(s)=\frac{1}{s}$，且$\mathcal{L}(y(t))=Y(s)$，在$s$域的输出关系为

$$Y(s)=\frac{1}{s}\frac{\omega_n^2}{s^2+2\zeta\omega_n s+\omega_n^2} \tag{3-96}$$

式中，系统的传递函数为

$$G(s)=\frac{Y(s)}{U(s)}=\frac{\omega_n^2}{s^2+2\zeta\omega_n s+\omega_n^2} \tag{3-97}$$

原型二阶系统的特征方程可令式（3-97）的分母为0得到：

$$\Delta(s)=s^2+2\zeta\omega_n s+\omega_n^2=0 \tag{3-98}$$

系统的两个极点是特征方程的根，表示为

$$s_1,s_2=-\zeta\omega_n\pm\omega_n\sqrt{\zeta^2-1} \tag{3-99}$$

由式（3-99）所示的系统极点可知，式（3-96）的解和阻尼比的值ζ有直接的联系。阻尼比决定在式（3-99）中的极点是实极点还是复极点。为了得到系统更清晰的时间特性，我们先求在$\zeta<1$、$\zeta=1$和$\zeta>1$这三种重要情况下式（3-96）的拉普拉斯逆变换。

104

系统临界阻尼（$\zeta=1$）

当特征方程的两个根是两个相等的实数，我们称系统**临界阻尼**。由式（3-99）可知，当$\zeta=1$时为临界阻尼。在这种情况下，s域的输出关系由式（3-96）重写为

$$Y(s)=\frac{1}{s}\frac{\omega_n^2}{s^2+2\omega_n s+\omega_n^2}=\frac{1}{s}\frac{\omega_n^2}{(s+\omega_n)^2} \tag{3-100}$$

而且，式（3-98）的传递函数变为

$$G(s)=\frac{\omega_n^2}{(s+\omega_n)^2} \tag{3-101}$$

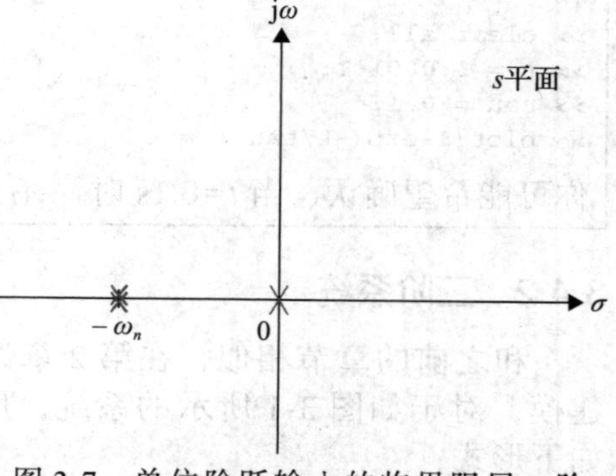

图 3-7 单位阶跃输入的临界阻尼一阶系统 $Y(s)$ 的极点

式中，$G(s)$在$s=-\omega_n$处有两个重复的极点，如

图 3-7 所示。为了求微分方程的解，在这种情况下，根据例 3-3-2 定义的过程，求得式（3-100）的部分分式表示。因此，通过利用式（3-57）的形式，$Y(s)$ 可写为

$$Y(s)=\frac{K_0}{s}+\frac{A_1}{(s+\omega_n)}+\frac{A_2}{(s+\omega_n)^2} \quad (3\text{-}102)$$

式中，

$$K_0=\left[(s)\frac{1}{s}\frac{\omega_n^2}{(s+\omega_n)^2}\right]\Bigg|_{s=0}=1 \quad (3\text{-}103)$$

$$A_2=\left[(s+\omega_n)^2\frac{1}{s}\frac{\omega_n^2}{(s+\omega_n)^2}\right]\Bigg|_{s=-\omega_n}=-1 \quad (3\text{-}104)$$

$$A_1=\frac{\mathrm{d}}{\mathrm{d}s}\left[(s+\omega_n)^2\frac{1}{s}\frac{\omega_n^2}{(s+\omega_n)^2}\right]\Bigg|_{s=-\omega_n}=-1 \quad (3\text{-}105)$$

完全部分分式展开为

$$Y(s)=\frac{1}{s}-\frac{1}{(s+\omega_n)}-\frac{1}{(s+\omega_n)^2} \quad (3\text{-}106)$$

105

利用附录 C 的拉普拉斯表格或如下的 MATLAB 工具箱，同时对两边取**拉普拉斯逆变换**，可得到：

$$y(t)=1-\mathrm{e}^{-\omega_n t}-t\mathrm{e}^{-\omega_n t}, t\geqslant 0 \quad (3\text{-}107)$$

工具箱 3-4-2

式（3-106）包括 3 个函数：f1、f2、f3。利用 MATLAB 的符号函数，我们有：

```
>> syms s wn
>> f1= 1/s
f1 =
1/s
>> f2=-1/(s+wn)
f2 =
-1/(s + wn)
>> f3=-1/(s+wn)^2
f3 =
-1/ (s + wn)^2
 >> y=ilaplace(f1)+ilaplace(f2)+ilaplace(f3)
y =
1 - t*exp(-t*wn) - exp(-t*wn)
```

或者可以直接求式（3-100）的拉普拉斯逆变换：

```
>> syms s wn
>> f1= 1/s
f1 =
1/s
 >> f2= wn^2/(s+wn)^2
f2 =
wn^2/(s + wn)^2
 >> y=ilaplace(f1*f2)
y =
1 - t*exp(-t*wn) - exp(-t*wn)
```

注意：y 是式（3-100）中 $Y(s)$ 的拉普拉斯逆变换，如式（3-107）所示。

系统过阻尼（$\zeta>1$）

当特征方程的两个根是不相等的实数，我们称**系统过阻尼**。由式（3-99）可知，当$\zeta>1$时系统过阻尼。在这种情况下，式（3-96）表示的s域输出关系可被重写为

$$Y(s)=\frac{1}{s}\frac{\omega_n^2}{s^2+2\zeta\omega_n s+\omega_n^2} \tag{3-108}$$

而且，式（3-108）的传递函数变为

106

$$G(s)=\frac{\omega_n^2}{s^2+2\zeta\omega_n s+\omega_n^2} \tag{3-109}$$

式中，$G(s)$有两个极点，在

$$s_1,s_2=-\zeta\omega_n\pm\omega_n\sqrt{\zeta^2-1} \tag{3-110}$$

让我们定义

$$\sigma=\zeta\omega_n \tag{3-111}$$

作为阻尼因子，且

$$\omega=\omega_n\sqrt{\zeta^2-1} \tag{3-112}$$

为系统的条件频率（或阻尼频率）——注意系统在过阻尼的情况下不会表现振荡，所以“频率”一词的使用并不正确。为了更好地理解该方法，我们利用如下数值例子。

例 3-4-1 考虑式（3-108），且$\zeta=\frac{3\sqrt{2}}{4}$，$\omega_n=\sqrt{2}\,(\text{rad}/\text{s})$，那么

$$Y(s)=\frac{1}{s}\frac{2}{s^2+3s+2}=\frac{1}{s}\frac{2}{(s+1)(s+2)} \tag{3-113}$$ ▲

式（3-109）的系统传递函数$G(s)$在$s_1=1$和$s_2=2$有两个极点，如图 3-8 所示。在这种情况下，为了求得微分方程的解，根据例 3-3-1 定义的过程，可得到式（3-113）的部分分式表达。因此通过利用式（3-45）的格式，$Y(s)$被写为

$$Y(s)=\frac{K_0}{s}+\frac{K_{-1}}{(s+1)}+\frac{K_{-2}}{(s+2)} \tag{3-114}$$

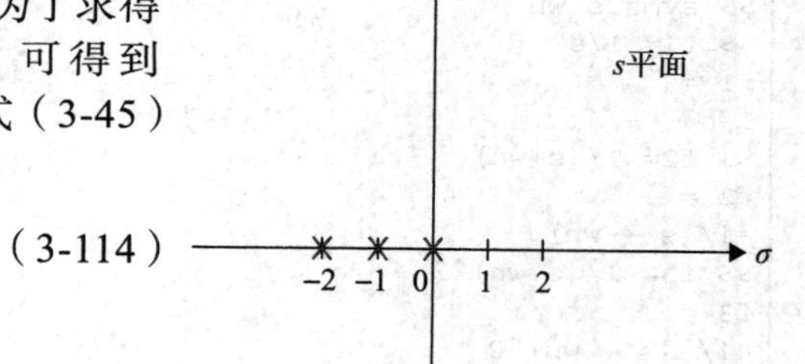

图 3-8 单位阶跃输入的过阻尼原型一阶系统 $Y(s)$ 的极点

式中，

107

$$K_0=\left[(s)\frac{1}{s}\frac{2}{(s+1)(s+2)}\right]_{s=0}=1 \tag{3-115}$$

$$K_{-1}=\left[(s+1)\frac{1}{s}\frac{2}{(s+1)(s+2)}\right]_{s=-1}=-2 \tag{3-116}$$

$$K_{-2}=\left[(s+2)\frac{1}{s}\frac{2}{(s+1)(s+2)}\right]_{s=-2}=1 \tag{3-117}$$

完全部分分式展开为

$$Y(s)=\frac{1}{s}-\frac{2}{(s+1)}+\frac{1}{(s+2)} \tag{3-118}$$

利用附录 C 的拉普拉斯表格或如下的 MATLAB 工具箱，同时对两边取拉普拉斯逆变换，可得到：

$$y(t)=1-2\mathrm{e}^{-t}+\mathrm{e}^{-2t},t\geqslant 0 \tag{3-119}$$

工具箱 3-4-3

式（3-118）包括 3 个函数：f1、f2、f3。利用 MATLAB 的符号函数，我们有：

```
 >> syms s
 >> f1=1/s
f1 =
1/s
 >> f2=-2/(s+1)
f2 =
-2/(s + 1)
 >> f3=1/(s+2)
f3 =
1/(s + 2)
 >> y=ilaplace(f1)+ilaplace(f2)+ilaplace(f3)
y =
exp(-2*t) - 2*exp(-t) + 1
```

或者可以直接求式（3-113）的拉普拉斯逆变换：

```
 >> syms s
 >> y=ilaplace(2/(s*(s+1)*(s+2)))
y =
exp(-2*t) - 2*exp(-t) + 1
```

这和式（3-119）相同。

例 3-4-2 考虑改进的**二阶系统**

$$\frac{\mathrm{d}^2 y(t)}{\mathrm{d}t^2}+2\zeta\omega_n\frac{\mathrm{d}y(t)}{\mathrm{d}t}+\omega_n^2 y(t)=A\omega_n^2 u(t) \tag{3-120}$$

108

式中，A 是常数，系统的传递函数为

$$G(s)=\frac{A\omega_n^2}{s^2+2\zeta\omega_n s+\omega_n^2} \tag{3-121}$$

将如下值赋给微分方程的参数，可得到：

$$\frac{\mathrm{d}^2 y(t)}{\mathrm{d}t^2}+3\frac{\mathrm{d}y(t)}{\mathrm{d}t}+2y(t)=5\mu_s(t) \tag{3-122}$$

式中，$u_s(t)$ 是单位阶跃函数。初始状态为 $y(0)=-1$，$\dot{y}(0)=\left.\frac{\mathrm{d}y(t)}{\mathrm{d}t}\right|_{t=0}=2$。为了求解这个微分方程，首先对式（3-122）两边取拉普拉斯变换：

$$s^2Y(s)-sy(0)-\dot{y}(0)+3sY(s)-3y(0)+2Y(s)=5/s \tag{3-123}$$

把初值代入上一个方程，求解 $Y(s)$，可得到：

$$Y(s)=\frac{-s^2-s+5}{s(s^2+3s+2)}=\frac{-s^2-s+5}{s(s+1)(s+2)} \tag{3-124}$$

式（3-124）部分分式展开为

$$Y(s)=\frac{5}{2s}-\frac{5}{s+1}+\frac{3}{2(s+2)} \tag{3-125}$$

对式（3-125）两边取拉普拉斯逆变换，得到完整的解：

$$y(t)=\frac{5}{2}-5\mathrm{e}^{-t}+\frac{3}{2}\mathrm{e}^{-2t}, t\geqslant 0 \tag{3-126}$$

式（3-126）的第一项是**稳态解**或者**特解**，后两项是**暂态解**或**齐次解**。不像经典方法，要求分别给出**暂态**和**稳态**响应或解，拉普拉斯变换方法在一个运行中给出完整的解。

如果仅仅对 $y(t)$ 的稳态解感兴趣，则可用式（3-36）的终值定理，因此

$$\lim_{t\to\infty} y(t)=\lim_{s\to 0} sY(s)=\lim_{s\to 0}\frac{-s^2-s+5}{s^2+3s+2}=\frac{5}{2} \tag{3-127}$$

式中，为了确保终值定理有效性，我们已经首先检查和发现 $sY(s)$ 的极点都在 s 左半平面。▲

由例 3-4-2 可知，需要强调的是，在控制系统中**瞬态**和**稳态**响应用来表明微分方程的**齐次解**或**特解**。第 7 章会详细研究这些话题。

系统欠阻尼（$\zeta<1$）

当特征方程的两个根是复数，且有相同的负实部，我们称这个系统是**欠阻尼**的。由式（3-99）可知，当 $0<\zeta<1$ 时系统欠阻尼。在这种情况下，式（3-96）表示的 s 域的输出关系可写为

109

$$Y(s)=\frac{1}{s}\frac{\omega_n^2}{s^2+2\zeta\omega_n s+\omega_n^2} \tag{3-128}$$

而且，式（3-128）的传递函数变为

$$G(s)=\frac{\omega_n^2}{s^2+2\zeta\omega_n s+\omega_n^2} \tag{3-129}$$

式中，$G(s)$ 有两个共轭复极点

$$s_1,s_2=-\zeta\omega_n\pm \mathrm{j}\omega_n\sqrt{1-\zeta^2} \tag{3-130}$$

式中，j 表示极点是共轭复数的。定义

$$\sigma=\zeta\omega_n \tag{3-131}$$

作为阻尼因子，且

$$\omega=\omega_n\sqrt{1-\zeta^2} \tag{3-132}$$

作为条件频率（或阻尼频率）。图 3-9 表明特征方程根的位置和 $\sigma,\zeta,\omega_n,\omega$ 之间的关系。对于共轭复根，

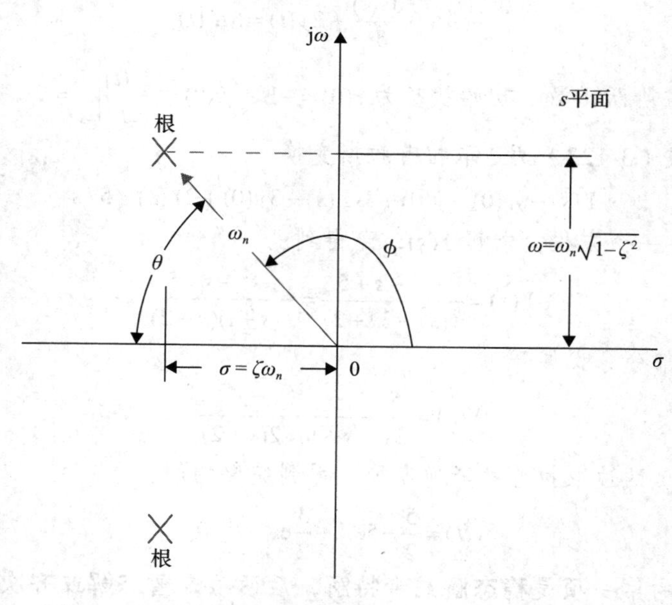

图 3-9 特征方程根的位置和 $\sigma,\zeta,\omega_n,\omega$ 之间的关系

- ω_n 是根到 s 平面的原点的半径距离，或 $\omega_n=\sqrt{(\zeta\omega_n)^2+\omega_n^2(1-\zeta^2)}$；
- σ 是根的实部；
- ω 是根的虚部；
- ζ 是当根在 s 左半平面时，半径线和负轴夹角的余弦，即 $\zeta=\cos\theta$。 110

式（3-128）的部分分式展开为

$$Y(s)=\frac{K_0}{s}+\frac{K_{-\sigma+j\omega}}{s+\sigma-j\omega}+\frac{K_{-\sigma-j\omega}}{s+\sigma+j\omega} \tag{3-133}$$

式中，

$$K_0=sY(s)\big|_{s=0}=1 \tag{3-134}$$

$$K_{-\sigma+j\omega}=(s+\sigma-j\omega)Y(s)\big|_{s=-\sigma+j\omega}=\frac{e^{-j\phi}}{2j\sqrt{1-\zeta^2}} \tag{3-135}$$

$$K_{-\sigma-j\omega}=(s+\sigma+j\omega)Y(s)\big|_{s=-\sigma-j\omega}=\frac{-e^{-j\phi}}{2j\sqrt{1-\zeta^2}} \tag{3-136}$$

角 ϕ 给定为

$$\phi=\pi-\arccos\zeta \tag{3-137}$$

由图 3-9 可知，式（3-128）的拉普拉斯逆变换可写为

$$\begin{aligned} y(t)&=1+\frac{1}{2j\sqrt{1-\zeta^2}}e^{-\zeta\omega_n t}\left[e^{j(\omega t-\phi)}-e^{-j(\omega t-\phi)}\right]\\ &=1+\frac{1}{\sqrt{1-\zeta^2}}e^{-\zeta\omega_n t}\sin\left[\omega_n\sqrt{1-\zeta^2}t-\phi\right],t\geqslant 0 \end{aligned} \tag{3-138}$$

式中，利用式（3-33）的欧拉方程把式（3-138）的指数形式转换为 sin 函数，把式（3-137）的 ϕ 代入式（3-138），可得：

$$y(t)=1+\frac{1}{\sqrt{1-\zeta^2}}e^{-\zeta\omega_n t}\sin\left[\left(\omega_n\sqrt{1-\zeta^2}\right)t+\arccos\zeta\right],t\geqslant 0 \tag{3-139}$$

例 3-4-3 考虑线性微分方程

$$\frac{d^2y(t)}{dt^2}+34.5\times\frac{dy(t)}{dt}+1000y(t)=1000u_s(t) \tag{3-140}$$

$y(t)$ 和 $dy(t)/dt$ 的初值为 0，对式（3-140）两边取拉普拉斯变换，求解 $Y(s)$，可得：

$$Y(s)=\frac{1000}{s(s^2+34.5s+1000)}=\frac{\omega_n^2}{s(s^2+2\zeta\omega_n s+\omega_n^2)} \tag{3-141}$$

式中，利用二阶原型表示，$\zeta=0.5455$，$\omega_n=31.6228$，可将这些值代入式（3-139）中求式（3-141）的拉普拉斯逆变换，可得：

$$y(t)=1-1.193e^{-17.25t}\sin(26.5t+0.9938),\ t\geqslant 0 \tag{3-142}$$ 111

式中，

$$\theta=\arccos\zeta=0.9938(\text{rad})\left(=56.94°\left(\frac{\pi(\text{rad})}{180°}\right)\right) \tag{3-143}$$

$$\sigma=\zeta\omega_n=17.25 \tag{3-144}$$

$$\omega=\omega_n\sqrt{1-\zeta^2}=26.5 \tag{3-145}$$

注意在这种情况下，终值$y(t)=1$，说明在稳态时，输出完全跟踪输入。图3-10所示为如下MATLAB工具箱得到的时间响应图。

工具箱 3-4-4

式（3-140）的单位阶跃响应可由如下程序获得：

```
num = [1000];
den = [1,34.5 1000];
G = tf (num,den);
step(G);
title ('Step Response')
xlabel ('Time (sec')
ylabel ('Amplitude y(t)')
```

```
Alternatively:
s = tf ('s');
G=1000/(s^2+34.5*s+1000);
step (G);
title ('Step Response')
xlabel ('Time(sec')
ylabel ('Amplitude')
```

“step”产生单位阶跃输入响应。

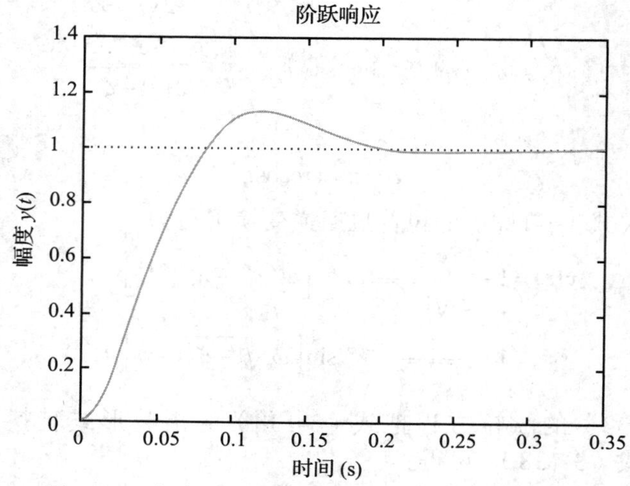

112

图3-10　式（3-140）的二阶系统单位阶跃响应$y(t)$

3.4.3　二阶系统——进一步讨论

系统参数ζ、ω_n对原型二阶系统阶跃响应$y(t)$的影响，可参考式（3-89）特征方程的根来研究。利用下面的工具箱，我们可以画出对不同的正ζ值，以及固定自然频率$\omega_n=10\text{rad/s}$的单位阶跃响应。可见，随着ζ的减小，响应振荡和**超调**增大。当$\zeta\geqslant1$，阶跃响应不出现任何超调，即$y(t)$不超过它的终值。

工具箱 3-4-5

图3-11对应的时间响应由如下MATLAB函数得到：

```
clear all
wn=10;
for l=[0.2 0.4 0.6 0.8 1 1.2 1.4 1.6 1.8 2]
t=0:0.1:50;
num = [wn.^2];
den = [1 2*l*wn wn.^2];
t=0:0.01:2;
step(num,den,t)
hold on;
end
xlabel('Time(secs)')
ylabel('Amplitude y(t)')
```

二阶系统对特征方程根的阻尼影响是式（3-97）传递函数的极点，图 3-12 和图 3-13 进行了更深刻的解释。在图 3-12 中，ω_n 保持常数，然而阻尼比 ζ 从 $-\infty$ 到 $+\infty$ 变化。基于 ζ 的值，表 3-2 是系统动态的分类。

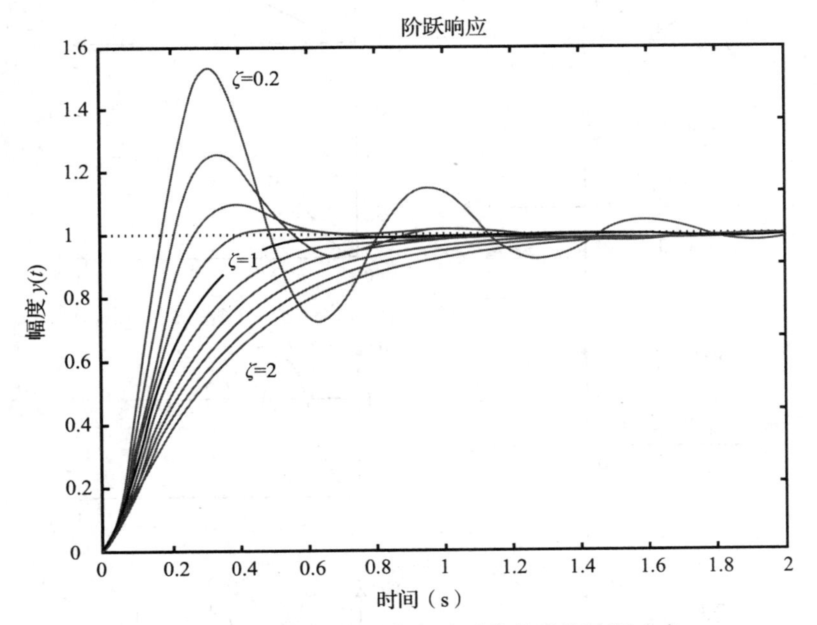

图 3-11 有不同阻尼比的二阶系统的单位阶跃响应

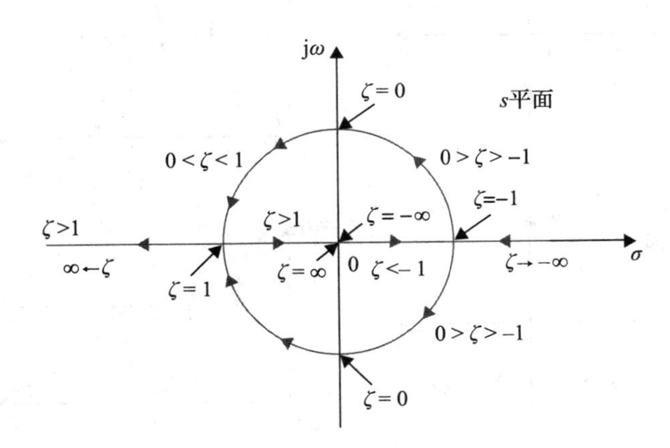

图 3-12 二阶系统的特征方程根轨迹

- s 左半平面对应**正阻尼**，即阻尼因子或阻尼比是正的。由于负指数 $\exp(-\zeta\omega_n t)$，正的阻尼比会导致单位阶跃在稳态时响应一个常数终值。系统是**稳定的**。
- s 右半平面对应**负阻尼**。负阻尼给出了**无界的增长幅度**的响应，系统是**不稳定的**。
- 虚轴对应**零阻尼**（$\sigma=0$ 或 $\zeta=0$）。零阻尼导致持续振荡响应，系统临界稳定或临界不稳定。

图 3-13 说明典型的单位阶跃响应对应不同的根位置。

在这一节，我们证明特征方程根的位置对二阶系统或任意控制系统的时间响应有重要作用。在实际应用中，仅仅对对应于 $\zeta>0$ 的**稳定**系统感兴趣。

113
~
114

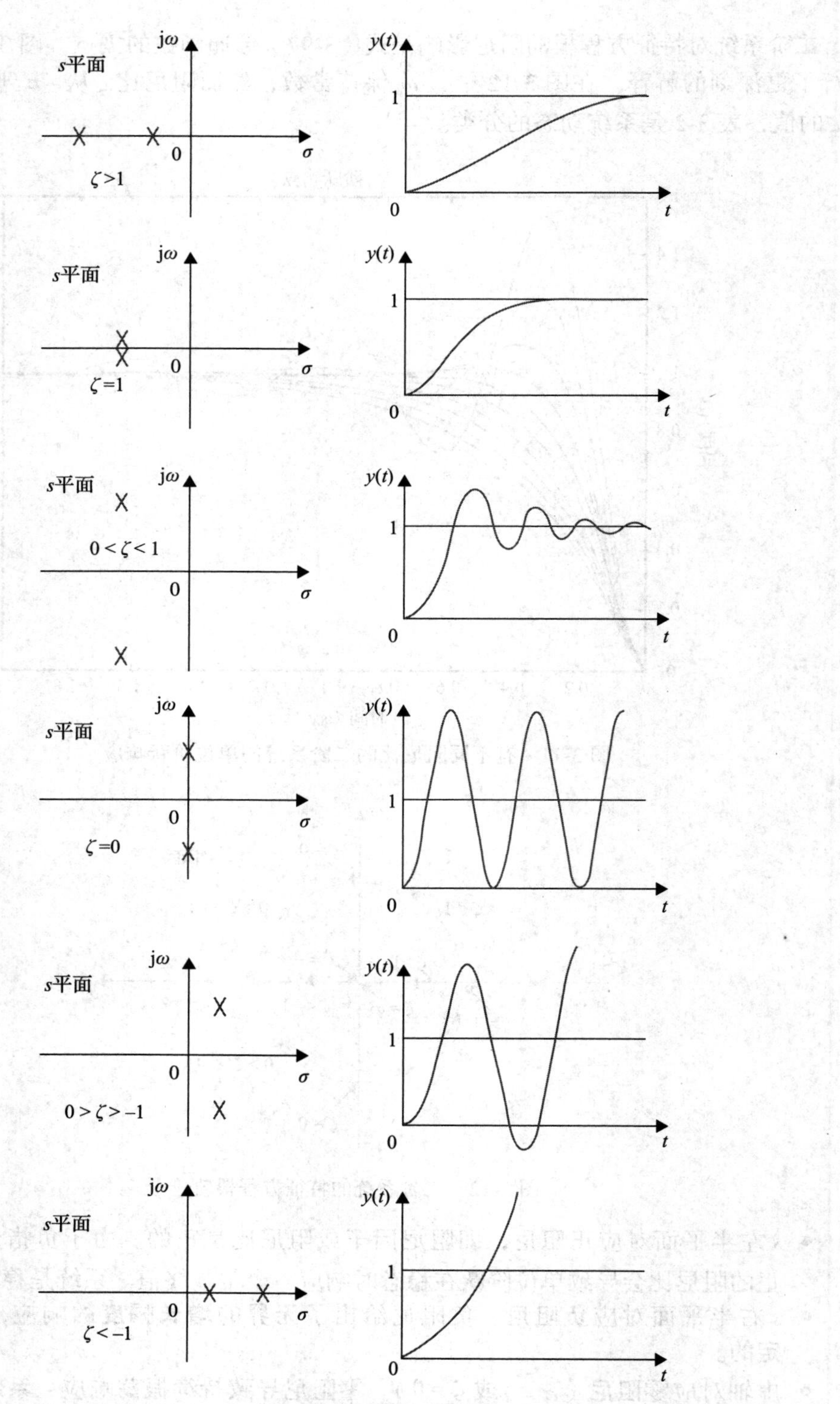

115

图 3-13 s 平面不同特征根位置的阶跃响应比较

表 3-2　根据 ζ 值的系统响应分类

$G(s)=\dfrac{\omega_n^2}{s^2+2\zeta\omega_n s+\omega_n^2}$ 的极点	$y(t)$ 响应分类
$0<\zeta<1: s_1,s_2=-\zeta\omega_n\pm \mathrm{j}\omega_n\sqrt{1-\zeta^2}$，$-\zeta\omega_n<0$	欠阻尼
$\zeta=1: s_1,s_2=-\omega_n$	临界阻尼
$\zeta>1: s_1,s_2=-\zeta\omega_n\pm\omega_n\sqrt{\zeta^2-1}$	过阻尼
$\zeta=0: s_1,s_2=\pm \mathrm{j}\omega_n$	无阻尼（临界稳定）
$\zeta<0: s_1,s_2=-\zeta\omega_n\pm \mathrm{j}\omega_n\sqrt{1-\zeta^2}$，$-\zeta\omega_n>0$	负阻尼（不稳定）

3.5　线性系统的脉冲响应和传递函数

另一个定义**传递函数**的替代方法是基于脉冲响应，这在下面的部分中给出定义。

3.5.1　脉冲响应

考虑线性时不变系统有输入 $u(t)$ 和输出 $y(t)$。正如图 3-14 所示，矩形脉冲函数 $u(t)$ 在维持时间很短（$\varepsilon\to 0$）时有很大的幅值 $\hat{u}/2\varepsilon$。图 3-14 的等式表达为

$$u(t)=\begin{cases}0, & t\leqslant\tau-\varepsilon\\ \dfrac{\hat{u}}{2\varepsilon}, & \tau-\varepsilon<t<\tau+\varepsilon\\ 0, & t\geqslant\tau+\varepsilon\end{cases}\tag{3-146}$$

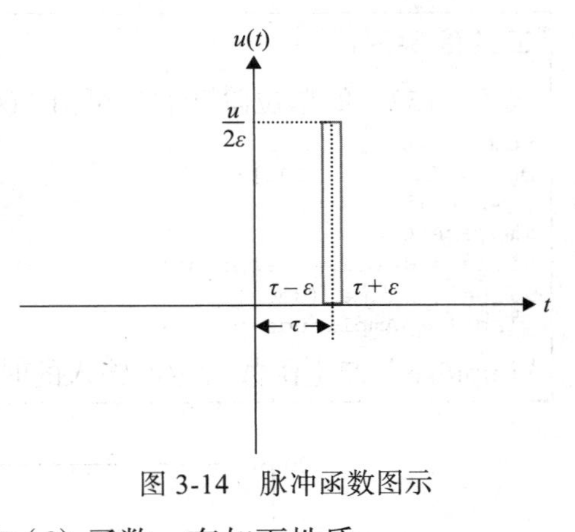

图 3-14　脉冲函数图示

116

对于 $\hat{u}=1$， $u(t)=\delta(t)$ 也叫作单位脉冲或**狄拉克**（δ）函数，有如下性质：

$$\delta(t-\tau)=0;\ t\neq\tau$$

$$\int_{\tau-\varepsilon}^{\tau+\varepsilon}\delta(t-\tau)\mathrm{d}t=1;\ \varepsilon>0\tag{3-147}$$

$$\int_{\tau-\epsilon}^{\tau+\epsilon}\delta(t-\tau)f(t)\mathrm{d}t=f(t);\ \varepsilon>0$$

式中，$f(t)$ 是任意时间函数，t=0 时，利用式（3-11）对式（3-146）取拉普拉斯变换，注意积分的实际限制被定义为从 $t=0^-$ 到 $t=\infty$，利用式（3-147）的第三个特性，$\delta(t)$ 的拉普拉斯变换是统一的，即随着 $\varepsilon\to 0$，

$$\begin{aligned}\mathcal{L}[\delta(t)]&=\int_{0^-}^{\infty}\delta(t)\,\mathrm{e}^{-st}\mathrm{d}t\\ &=\int_{\tau-\varepsilon}^{\tau+\varepsilon}\delta(t-\tau)f(t)\mathrm{d}t=\mathrm{e}^{-st}\mid_{\tau-\varepsilon}^{\tau+\varepsilon}=1\end{aligned}\tag{3-148}$$

在接下来的例子中，我们可得到二阶系统的脉冲响应。

例 3-5-1　对如下的二阶系统求脉冲响应

$$\frac{\mathrm{d}^2y(t)}{\mathrm{d}t^2}+2\zeta w_n\frac{\mathrm{d}y(t)}{\mathrm{d}t}+\omega_n^2y(t)=\omega_n^2u(t)\tag{3-149}$$

对零初始状态，

$$G(s)=\frac{Y(s)}{U(s)}=\frac{\omega_n^2}{s^2+2\zeta\omega_n s+\omega_n^2} \quad (3\text{-}150)$$

是系统（3-149）的传递函数。对于 $u(t)=\delta(t)$，因为 $\mathcal{L}[\delta(t)]=U(s)=1$，利用例 3-3-3 的拉普拉斯逆变换计算，对于 $0<\zeta<1$，脉冲响应 $y(t)=g(t)$ 为

$$y(t)=\frac{\omega_n}{\sqrt{1-\zeta^2}}e^{-\zeta\omega_n t}\sin\left(\omega_n\sqrt{1-\zeta^2}t\right),\ t\geqslant 0 \quad (3\text{-}151)$$ ▲

例 3-5-2 考虑线性微分方程

$$\frac{\mathrm{d}^2y(t)}{\mathrm{d}t^2}+34.5\times\frac{\mathrm{d}y(t)}{\mathrm{d}t}+1000y(t)=1000\delta(t) \quad (3\text{-}152)$$

根据式（3-151）的解，脉冲响应

$$y(t)=37.73\mathrm{e}^{-0.5455t}\sin(26.5t),\ t\geqslant 0 \quad (3\text{-}153)$$

117 利用工具箱 3-5-1，式（3-153）的时间响应如图 3-15 所示。 ▲

工具箱 3-5-1

式（3-152）的单位阶跃响应可由 MATLAB 获得：

```
num = [1000];
den = [1,34.5,1000];
G = tf (num,den);
impulse(G);
title ('Impulse Response')
xlabel ('Time (sec')
ylabel ('Amplitude y(t)')
```

```
Alternatively:
s = tf ('s');
G=1000/(s^2+34.5*s+1000);
impulse(G);
title ('Impulse Response')
xlabel ('Time (sec')
ylabel ('Amplitude y(t)')
```

“impulse”产生函数对脉冲输入的时间响应。

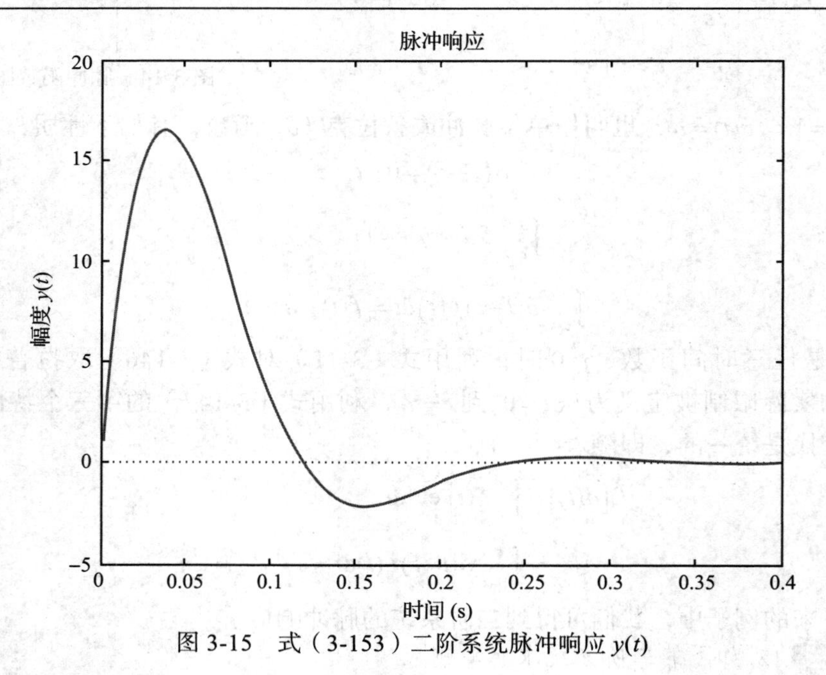

图 3-15 式（3-153）二阶系统脉冲响应 $y(t)$

3.5.2 基于脉冲响应的时间响应

着重指出，任意系统的响应可由它的脉冲响应 $g(t)$ 来表示，定义为单位脉冲输入

$\delta(t)$ 的输出。一旦线性系统的脉冲响应是已知的，对任意输入 $u(t)$，系统输出 $y(t)$ 可由传递函数求得。回顾

$$G(s)=\frac{\mathcal{L}(y(t))}{\mathcal{L}(u(t))}=\frac{Y(s)}{U(s)} \tag{3-154}$$

118

是系统的**传递函数**。对于更多的细节，可参考文献 [14]。下面的例子可证明这个概念。

例 3-5-3 对式（3-149）的二阶系统，利用 3-5-1 的脉冲响应 $g(t)$ 求得单位阶跃输入 $u(t)=u_s(t)$ 的时间响应。初始状态为 0，式（3-149）的拉普拉斯变换为

$$\mathcal{L}[y(t)]=Y(s)=\frac{1}{s}\frac{\omega_n^2}{s^2+2\zeta\omega_n s+\omega_n^2}=\frac{G(s)}{s} \tag{3-155}$$

回顾式（3-139），系统的时间响应可获得为

$$y(t)=1-\frac{\mathrm{e}^{-\zeta\omega_n t}}{\sqrt{1-\zeta^2}}\sin\left[\left(\omega_n\sqrt{1-\zeta^2}\right)t+\arccos\zeta\right],\ t\geqslant 0 \tag{3-156}$$

利用式（3-155）和拉普拉斯变换的卷积特性，由表 3-1，我们有：

$$\mathcal{L}[y(t)]=\frac{G(s)}{U(s)}=\frac{G(s)}{s}=\mathcal{L}[u_s * g(t)]=\mathcal{L}\left[\int_0^t u_s * g(t-\tau)\mathrm{d}\tau\right] \tag{3-157}$$

作为式（3-157）的结果，输出 $y(t)$ 因此为

$$\int_0^t u_s g(t-\tau)\mathrm{d}\tau=\int_0^t\frac{\omega_n}{\sqrt{1-\zeta^2}}\mathrm{e}^{-\zeta\omega_n(t-\tau)}\sin(\omega_n\sqrt{1-\zeta^2}(t-\tau))\mathrm{d}\tau,\ t\geqslant 0 \tag{3-158}$$

或者，在一些操作之后，我们得到：

$$y(t)=1-\frac{\mathrm{e}^{-\zeta\omega_n t}}{\sqrt{1-\zeta^2}}\sin\left[\left(\omega_n\sqrt{1-\zeta^2}\right)t+\theta\right],\ t\geqslant 0 \tag{3-159}$$

式中，$\theta=\arccos\zeta$。很明显，式（3-159）和式（3-156）是相等的。▲

3.5.3 传递函数（单输入单输出系统）

令 $G(s)$ 表示单输入单输出（SISO）系统的传递函数，其中输入为 $u(t)$，输出为 $y(t)$，脉冲响应为 $g(t)$，我们可以将 3.5.1 节的发现总结如下。

因此，传递函数 $G(s)$ 被定义为

$$G(s)=\mathcal{L}[g(t)]=\frac{Y(s)}{U(s)} \tag{3-160}$$

所有的初始状态都设为 0，$Y(s)$ 和 $U(s)$ 分别是 $y(t)$ 和 $u(t)$ 的拉普拉斯变换。 119

3.6 系统的一阶微分方程：状态方程

状态方程为传递函数方法以及之前讨论过的微分方程研究提供了一种选择。这种技术为处理和分析高阶微分方程提供了有效的方法，在现代控制理论以及控制系统的更高级话题（如最优控制）中被广泛使用。

一般来说，n 阶微分方程可分解为 n 个一阶微分方程。因为在原理上，一阶微分方程比高阶微分方程更容易求解，所以一阶微分方程用在控制系统的分析研究中。例如式（3-2）的微分方程：

$$L\frac{\mathrm{d}i(t)}{\mathrm{d}t}+Ri(t)+\int\frac{i(t)}{C}\mathrm{d}t=e(t) \tag{3-161}$$

如果我们令

$$x_1(t)=\int i(t)\mathrm{d}t \tag{3-162}$$

且

$$x_2(t)=\frac{\mathrm{d}x_1(t)}{\mathrm{d}t}=i(t) \tag{3-163}$$

则式（3-161）被分解为如下两个一阶微分方程：

$$\frac{\mathrm{d}x_1(t)}{\mathrm{d}t}=x_2(t) \tag{3-164}$$

$$\frac{\mathrm{d}x_2}{\mathrm{d}t}=-\frac{1}{LC}x_1(t)-\frac{R}{L}x_2(t)+\frac{1}{L}e(t) \tag{3-165}$$

或者，对于式（3-3）的微分方程，

$$M\frac{\mathrm{d}^2y(t)}{\mathrm{d}t^2}(t)+B\frac{\mathrm{d}y(t)}{\mathrm{d}t}+Ky(t)=f(t) \tag{3-166}$$

如果我们令

$$x_1(t)=y(t) \tag{3-167}$$

且

$$x_2(t)=\frac{\mathrm{d}x_1(t)}{\mathrm{d}t}=\frac{\mathrm{d}y(t)}{\mathrm{d}t} \tag{3-168}$$

则式（3-166）被分解为如下两个一阶微分方程：

$$\frac{\mathrm{d}x_1(t)}{\mathrm{d}t}=x_2(t) \tag{3-169}$$

120

$$\frac{\mathrm{d}x_2(t)}{\mathrm{d}t}=-\frac{B}{M}x_2(t)-\frac{K}{M}x_1(t)+\frac{1}{M}f(t) \tag{3-170}$$

相似地，对式（3-5），让我们定义

$$x_1(t)=y(t)$$

$$x_2(t)=\frac{\mathrm{d}y(t)}{\mathrm{d}t}$$

$$\vdots$$

$$x_n(t)=\frac{\mathrm{d}^{n-1}y(t)}{\mathrm{d}t^{n-1}} \tag{3-171}$$

则 n 阶微分方程被分解为 n 个一阶微分方程

$$\frac{\mathrm{d}x_1(t)}{\mathrm{d}t}=x_2(t)$$

$$\frac{\mathrm{d}x_2(t)}{\mathrm{d}t}=x_3(t)$$

$$\vdots$$

$$\frac{\mathrm{d}x_n(t)}{\mathrm{d}t}=-a_0x_1(t)-a_1x_2(t)-\cdots-a_{n-2}x_{n-1}(t)-a_{n-1}x_n(t)+f(t) \tag{3-172}$$

注意上一个方程是令式（3-5）的高阶导数项等于其他项获得的。在控制系统理论中，式（3-172）的一阶微分方程集合叫作**状态方程**，$x_1, x_2, \ldots, x_n$ 叫作**状态变量**。最后，所需状态变量的最小个数通常和系统微分方程的阶数 n 相等。

例 3-6-1 考虑图 3-16 中的二自由度机械系统，两个物块 M_1 和 M_2 由 3 个弹簧约束，前面的 $f(t)$ 应用在物块 M_2。物块 M_1 和 M_2 的位移分别为 $y_1(t)$ 和 $y_2(t)$。由例 2-1-2，位移的两个二阶微分方程为

$$M_1\ddot{y}_1(t)+\left(K_1+K_2\right)y_1(t)-K_2y_2(t)=0 \tag{3-173}$$

$$M_2\ddot{y}_2(t)-K_2y_1(t)+\left(K_2+K_3\right)y_2(t)=f(t) \tag{3-174}$$

如果我们令

$$x_1(t)=y_1(t) \tag{3-175}$$

$$x_2(t)=y_2(t) \tag{3-176}$$

且

$$x_3(t)=\frac{\mathrm{d}x_1(t)}{\mathrm{d}t}=\frac{\mathrm{d}y_1(t)}{\mathrm{d}t} \tag{3-177}$$

121

$$x_4(t)=\frac{\mathrm{d}x_2(t)}{\mathrm{d}t}=\frac{\mathrm{d}y_2(t)}{\mathrm{d}t} \tag{3-178}$$

则两个二阶微分方程被分解为 4 个一阶微分方程，即如下的方程：

$$\frac{\mathrm{d}x_1(t)}{\mathrm{d}t}=x_3(t) \tag{3-179}$$

$$\frac{\mathrm{d}x_2(t)}{\mathrm{d}t}=x_4(t) \tag{3-180}$$

$$\frac{\mathrm{d}x_3(t)}{\mathrm{d}t}=-\frac{(K_1+K_2)}{M_1}x_1(t)+\frac{K_2}{M_1}x_2(t) \tag{3-181}$$

$$\frac{\mathrm{d}x_4(t)}{\mathrm{d}t}=\frac{K_2}{M_2}x_1(t)-\frac{(K_2+K_3)}{M_2}x_2(t)+\frac{f(t)}{M_2} \tag{3-182}$$

注意选择状态变量的过程不是唯一的，我们能用如下的表示：

$$x_1(t)=y_1(t) \tag{3-183}$$

$$x_2(t)=\frac{\mathrm{d}x_1(t)}{\mathrm{d}t}=\frac{\mathrm{d}y_1(t)}{\mathrm{d}t} \tag{3-184}$$

$$x_3(t)=y_2(t) \tag{3-185}$$

$$x_4(t)=\frac{\mathrm{d}x_3(t)}{\mathrm{d}t}=\frac{\mathrm{d}y_2(t)}{\mathrm{d}t} \tag{3-186}$$

122

因此状态方程变为

$$\frac{\mathrm{d}x_1(t)}{\mathrm{d}t}=x_2(t) \tag{3-187}$$

$$\frac{\mathrm{d}x_2(t)}{\mathrm{d}t}=-\frac{(K_1+K_2)}{M_1}x_1(t)+\frac{K_2}{M_1}x_3(t) \tag{3-188}$$

$$\frac{\mathrm{d}x_3(t)}{\mathrm{d}t}=x_4(t) \tag{3-189}$$

$$\frac{\mathrm{d}x_4(t)}{\mathrm{d}t}=\frac{K_2}{M_2}x_1(t)-\frac{(K_2+K_3)}{M_2}x_3(t)+\frac{f(t)}{M_2} \tag{3-190}$$

▲

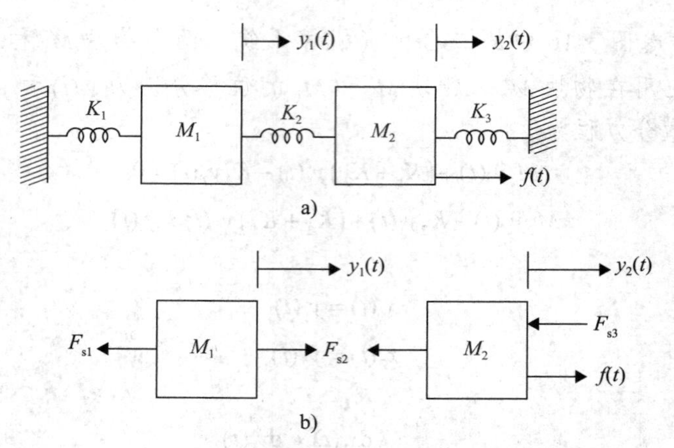

图 3-16　3 个弹簧的二自由度机械系统

3.6.1　状态变量的定义

系统状态指的是系统的过去、现在、将来的状态。从数学的角度，定义一系列状态变量以及模型动态系统的状态方程是很方便的。正如之前陈述的，式（3-171）中定义的变量 $x_1(t)$，$x_2(t)$，…，$x_n(t)$ 是式（3-5）描述的 n 阶系统**状态变量**，式（3-172）中 n 个一阶微分方程是**状态方程**。一般来说，关于状态变量的定义有很多基本规则，以构成状态方程。状态变量必须满足如下条件：

- 在任意初始时间 $t=t_0$，状态变量 $x_1(t_0)$，$x_2(t_0)$，…，$x_n(t_0)$ 定义系统的**初始状态**。
- 对于 $t \geqslant t_0$，一旦系统的输入和初始状态被特定，状态变量应该完全定义系统未来的行为。

系统的状态变量被定义为变量的**最小集** $x_1(t)$，$x_2(t)$，…，$x_n(t)$，使得在任意时刻 t_0，这些变量的知识和施加在输入上的信息能够充分确定 $t>t_0$ 时系统的状态。因此对于 n 个状态变量的**空间状态形式**为

$$\dot{\boldsymbol{x}}(t)=\boldsymbol{A}\boldsymbol{x}(t)+\boldsymbol{B}\boldsymbol{u}(t) \tag{3-191}$$

式中，$\boldsymbol{x}(t)$ 为 n 维的状态向量：

$$\boldsymbol{x}(t)=\begin{bmatrix} x_1(t) \\ x_2(t) \\ \vdots \\ x_n(t) \end{bmatrix} \tag{3-192}$$

$\boldsymbol{u}(t)$ 是 p 维输入向量：

$$\boldsymbol{u}(t)=\begin{bmatrix} u_1(t) \\ u_2(t) \\ \vdots \\ u_p(t) \end{bmatrix} \tag{3-193}$$

123

矩阵 $\boldsymbol{A}$ 和 $\boldsymbol{B}$ 的系数被定义为

$$\boldsymbol{A}=\begin{bmatrix} a_{11} & a_{12} & \cdots & a_{1n} \\ a_{21} & a_{22} & \cdots & a_{2n} \\ \vdots & \vdots & \ddots & \vdots \\ a_{n1} & a_{n2} & \cdots & a_{nn} \end{bmatrix}(n\times n) \tag{3-194}$$

$$\boldsymbol{B}=\begin{bmatrix} b_{11} & b_{12} & \cdots & b_{1p} \\ b_{21} & b_{22} & \cdots & b_{2p} \\ \vdots & \vdots & \ddots & \vdots \\ b_{n1} & b_{n2} & \cdots & b_{np} \end{bmatrix}(n\times p) \tag{3-195}$$

例 3-6-2 对于式（3-187）～式（3-190）描述的系统

$$\boldsymbol{x}(t)=\begin{bmatrix} x_1(t) \\ x_2(t) \\ x_3(t) \\ x_4(t) \end{bmatrix} \tag{3-196}$$

$$\boldsymbol{u}(t)=f(t) \tag{3-197}$$

$$\boldsymbol{A}=\begin{bmatrix} 0 & 1 & 0 & 0 \\ -\dfrac{(K_1+K_2)}{M_1} & 0 & \dfrac{K_2}{M_1} & 0 \\ 0 & 0 & 0 & 1 \\ \dfrac{K_2}{M_2} & 0 & -\dfrac{(K_2+K_3)}{M_2} & 0 \end{bmatrix}(4\times 4) \tag{3-198}$$

$$\boldsymbol{B}=\begin{bmatrix} 0 \\ 0 \\ 0 \\ \dfrac{1}{M_2} \end{bmatrix}(4\times 1) \tag{3-199}$$ ▲

3.6.2　输出方程

我们不应该把状态变量和系统输出搞混。系统的输出是可被测量的变量，但状态变量并不总是能满足这个要求。例如在一个电动机中，状态变量如绕组电流、叶轮转速、可物理测量的位移，这些量也可以作为输出变量。另一方面，在电动机中磁通量也可作为状态变量，因为它表示电动机过去、现在、将来的状态，但是不能在运行中直接测量，因此不能当作输出变量。一般来说，输出变量可被表示为状态变量的代数组合。对于式（3-5）描述的系统，如果 $y(t)$ 被特指为输出，则输出方程为 $y(t)=x_l(t)$。一般来说，

124

$$\boldsymbol{y}(t)=\begin{bmatrix} y_1(t) \\ y_1(t) \\ \vdots \\ y_q(t) \end{bmatrix}=\boldsymbol{Cx}(t)+\boldsymbol{Du}(t) \tag{3-200}$$

$$\boldsymbol{C}=\begin{bmatrix} c_{11} & c_{12} & \cdots & c_{1n} \\ c_{21} & c_{22} & \cdots & c_{2n} \\ \vdots & \vdots & \ddots & \vdots \\ c_{q1} & c_{q2} & \cdots & c_{qn} \end{bmatrix} \tag{3-201}$$

$$\boldsymbol{D}=\begin{bmatrix} d_{11} & d_{12} & \cdots & d_{1p} \\ d_{21} & d_{22} & \cdots & d_{2p} \\ \vdots & \vdots & \ddots & \vdots \\ d_{q1} & d_{q2} & \cdots & d_{qp} \end{bmatrix} \tag{3-202}$$

下面将利用这些概念对不同的动态系统建模。

例 3-6-3 考虑二阶微分方程，例 3-4-1 中也研究过：

$$\frac{\mathrm{d}^2 y(t)}{\mathrm{d}t^2}+3\frac{\mathrm{d}y(t)}{\mathrm{d}t}+2y(t)=2u(t) \tag{3-203}$$

如果我们令

$$x_1(t)=y(t) \tag{3-204}$$

且

$$x_2(t)=\frac{\mathrm{d}x_1(t)}{\mathrm{d}t}=\frac{\mathrm{d}y(t)}{\mathrm{d}t} \tag{3-205}$$

则式（3-203）可分解为如下两个一阶微分方程：

$$\frac{\mathrm{d}x_1(t)}{\mathrm{d}t}=x_2(t) \tag{3-206}$$

$$\frac{\mathrm{d}x_2(t)}{\mathrm{d}t}=-2x_1(t)-3x_2(t)+2u(t) \tag{3-207}$$

式中，$x_1(t)$、$x_2(t)$ 是状态变量，$u(t)$ 是输入，我们能在这一点任意地定义 $y(t)$ 作为输出，表示为

125

$$y(t)=x_1(t) \tag{3-208}$$

在这种情况下，仅仅把状态变量 $x_1(t)$ 作为输出，结果

$$\boldsymbol{x}(t)=\begin{bmatrix}x_1(t)\\x_2(t)\end{bmatrix}\qquad \boldsymbol{u}(t)=u(t) \tag{3-209}$$

$$\boldsymbol{A}=\begin{bmatrix}0&1\\-2&-3\end{bmatrix}\qquad \boldsymbol{B}=\begin{bmatrix}0\\2\end{bmatrix}\qquad \boldsymbol{C}=\begin{bmatrix}1&0\end{bmatrix}\qquad \boldsymbol{D}=0 \tag{3-210}$$ ▲

例 3-6-4 状态方程的另一个例子，即向量矩阵形式：

$$\begin{bmatrix}\dfrac{\mathrm{d}x_1(t)}{\mathrm{d}t}\\ \dfrac{\mathrm{d}x_2(t)}{\mathrm{d}t}\\ \dfrac{\mathrm{d}x_3(t)}{\mathrm{d}t}\end{bmatrix}=\begin{bmatrix}0&1&0\\ \dfrac{-(a_2+a_3)}{1+a_0a_3}&-a_1&\dfrac{1-a_0a_2}{1+a_0a_3}\\ 0&0&0\end{bmatrix}\begin{bmatrix}x_1(t)\\x_2(t)\\x_3(t)\end{bmatrix}+\begin{bmatrix}0\\0\\1\end{bmatrix}r(t) \tag{3-211}$$

方程的输出可能是状态变量更复杂的表示，例如

$$y(t)=\frac{1}{1+a_0a_3}x_1(t)+\frac{a_0}{1+a_0a_3}x_3(t) \tag{3-212}$$

式中，

$$\boldsymbol{C}=\begin{bmatrix}\dfrac{1}{1+a_0a_3}&0&\dfrac{a_0}{1+a_0a_3}\end{bmatrix} \tag{3-213}$$ ▲

例 3-6-5 考虑一个加速度计，它是用来测量附着物体加速度的传感器，如图 3-17 所示。如果惯性质量 M 的移动是 $u(t)$，如图 3-17b 所示的受力图中，加速度计的移动方程为

$$-K\big(y(t)-u(t)\big)-B\big(\dot{y}(t)-\dot{u}(t)\big)=M\ddot{y}(t) \tag{3-214}$$

式中，B 和 K 分别是加速度计内部材料的阻尼常数和刚度。如果用 $z(t)$ 定义惯性质量 M 的相对移动

$$z(t)=y(t)-u(t) \tag{3-215}$$

依据传感器测量的目标加速度，式（3-214）可被重写为

$$M\ddot{z}(t)+B\dot{z}(t)+Kz(t)=-M\ddot{u}(t) \tag{3-216}$$

加速度计的输出以电压衡量，与惯性质量相对位移成线性比例常数 K_a，也叫作传感器增益，也即

$$e_o(t)=K_a z(t) \tag{3-217}$$

126

在状态空间形式中，如果我们定义状态变量为

$$x_1(t)=z(t) \tag{3-218}$$

且

$$x_2(t)=\frac{\mathrm{d}x_1(t)}{\mathrm{d}t}=\frac{\mathrm{d}z(t)}{\mathrm{d}t} \tag{3-219}$$

则式（3-216）被分解为如下两个状态方程：

$$\frac{\mathrm{d}x_1(t)}{\mathrm{d}t}=x_2(t) \tag{3-220}$$

$$\frac{\mathrm{d}x_2(t)}{\mathrm{d}t}=-\frac{B}{M}x_2(t)-\frac{K}{M}x_1(t)+\ddot{u}(t) \tag{3-221}$$

式中，$x_1(t)$、$x_2(t)$ 是状态变量，$\ddot{u}(t)$ 是输入，定义 $e_o(t)$ 为输出：

$$\boldsymbol{x}(t)=\begin{bmatrix}x_1(t)\\x_2(t)\end{bmatrix} \qquad \boldsymbol{u}(t)=\ddot{u}(t) \tag{3-222}$$

$$\boldsymbol{A}=\begin{bmatrix}0 & 1\\ -\dfrac{K}{M} & -\dfrac{B}{M}\end{bmatrix} \qquad \boldsymbol{B}=\begin{bmatrix}0\\1\end{bmatrix} \qquad \boldsymbol{C}=\begin{bmatrix}K_a & 0\end{bmatrix} \qquad \boldsymbol{D}=0 \tag{3-223}$$

$$e_o(t)=K_a x_1(t) \tag{3-224}$$

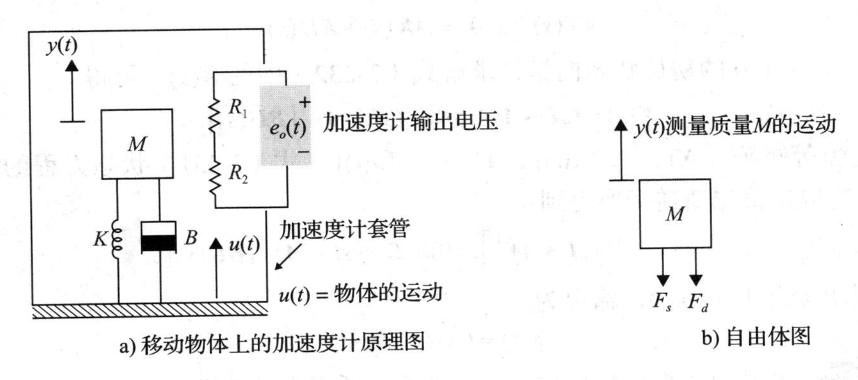

a) 移动物体上的加速度计原理图

b) 自由体图

图 3-17

这章稍后再回顾这个问题。为了更好地理解加速度计是如何测量加速度的，我们需要理解频率响应特性，这将会在第10章讲解。为了更好地理解这个主题，可参考文献[14]。 ▲

例 3-6-6 考虑微分方程

$$\frac{\mathrm{d}^3y(t)}{\mathrm{d}t^3}+5\frac{\mathrm{d}^2y(t)}{\mathrm{d}t^2}+\frac{\mathrm{d}y(t)}{\mathrm{d}t}+2y(t)=u(t) \tag{3-225}$$

重排上述等式，使得最高阶导数项等于剩余几项，我们有

$$\frac{\mathrm{d}^3y(t)}{\mathrm{d}t^3}=-5\frac{\mathrm{d}^2y(t)}{\mathrm{d}t^2}-\frac{\mathrm{d}y(t)}{\mathrm{d}t}-2y(t)+u(t) \tag{3-226}$$

状态变量定义为

$$x_1(t)=y(t)$$

$$x_2(t)=\frac{\mathrm{d}y(t)}{\mathrm{d}t}$$

$$x_3(t)=\frac{\mathrm{d}^2y(t)}{\mathrm{d}t^2} \tag{3-227}$$

则上述状态方程用向量矩阵方程表示为

127

$$\dot{\boldsymbol{x}}(t)=\boldsymbol{A}\boldsymbol{x}(t)+\boldsymbol{B}\boldsymbol{u}(t) \tag{3-228}$$

式中，$\boldsymbol{x}(t)$ 是 2×1 的状态向量，$\boldsymbol{u}(t)$ 是标量输入。在这种情况下，输入方程任意选择为

$$y(t)=x_1(t)=\begin{bmatrix}1 & 0\end{bmatrix}\boldsymbol{x}(t) \tag{3-229}$$

因此

$$\boldsymbol{A}=\begin{bmatrix}0 & 1 & 0\\ 0 & 0 & 1\\ -2 & -1 & -5\end{bmatrix}\quad \boldsymbol{B}=\begin{bmatrix}0\\0\\1\end{bmatrix}\quad \boldsymbol{C}=\begin{bmatrix}1 & 0\end{bmatrix} \tag{3-230}$$ ▲

3.7 线性齐次状态方程的解

线性时不变状态方程

$$\dot{\boldsymbol{x}}(t)=\boldsymbol{A}\boldsymbol{x}(t)+\boldsymbol{B}\boldsymbol{u}(t) \tag{3-231}$$

可以通过求解线性微分方程的经典方法或拉普拉斯变换方法求解。拉普拉斯变换的解在下述的方程中表示。

在式（3-231）两边取拉普拉斯变换，我们有：

$$s\boldsymbol{X}(s)-\boldsymbol{x}(0)=\boldsymbol{A}\boldsymbol{X}(s)+\boldsymbol{B}\boldsymbol{U}(s) \tag{3-232}$$

式中，$\boldsymbol{x}(0)$ 表示 t=0 的初始状态向量，求解式（3-232）中的 $\boldsymbol{X}(s)$，可得：

128

$$\boldsymbol{X}(s)=(s\boldsymbol{I}-\boldsymbol{A})^{-1}\boldsymbol{x}(0)+(s\boldsymbol{I}-\boldsymbol{A})^{-1}\left[\boldsymbol{B}\boldsymbol{U}(s)\right] \tag{3-233}$$

式中，$\boldsymbol{I}$ 是恒等矩阵，$\boldsymbol{X}(s)=\mathcal{L}[\boldsymbol{x}(t)]$，$\boldsymbol{U}(s)=\mathcal{L}[\boldsymbol{u}(t)]$。式（3-231）状态方程的解通过对（3-233）两边取拉普拉斯逆变换得到：

$$\boldsymbol{x}(t)=\mathcal{L}^{-1}\left[\left(s\boldsymbol{I}-\boldsymbol{A}\right)^{-1}\right]\boldsymbol{x}(0)+\mathcal{L}^{-1}\{(s\boldsymbol{I}-\boldsymbol{A})^{-1}[\boldsymbol{B}\boldsymbol{U}(s)]\} \tag{3-234}$$

一旦求出状态向量 $x(t)$，输出为

$$\boldsymbol{y}(t)=\boldsymbol{C}\boldsymbol{x}(t)+\boldsymbol{D}\boldsymbol{u}(t) \tag{3-235}$$

例 3-7-1 考虑例 3-6-3 中式（3-203）表示的系统状态方程

$$\begin{bmatrix}\dot{x}_1(t)\\ \dot{x}_2(t)\end{bmatrix}=\begin{bmatrix}0 & 1\\ -2 & -3\end{bmatrix}\begin{bmatrix}x_1(t)\\ x_2(t)\end{bmatrix}+\begin{bmatrix}0\\2\end{bmatrix}u(t) \tag{3-236}$$

问题是当输入为单位阶跃时（即 $t\geqslant0$ 时，$u(t)$=1），确定 $t\geqslant0$ 时状态向量 $\boldsymbol{x}(t)$ 的解。该系统和例 3-4-1 的二阶过阻尼系统相同。矩阵系数定义为

$$\boldsymbol{A}=\begin{bmatrix}0 & 1\\ -2 & -3\end{bmatrix}\quad \boldsymbol{B}=\begin{bmatrix}0\\2\end{bmatrix} \tag{3-237}$$

因此

$$sI-A=\begin{bmatrix} s & 0 \\ 0 & s \end{bmatrix}-\begin{bmatrix} 0 & 1 \\ -2 & -3 \end{bmatrix}=\begin{bmatrix} s & -1 \\ 2 & s+3 \end{bmatrix} \tag{3-238}$$

矩阵 $(sI\text{-}A)$ 的逆为

$$(sI-A)^{-1}=\frac{1}{s^2+3s+2}\begin{bmatrix} s+3 & 1 \\ -2 & s \end{bmatrix} \tag{3-239}$$

利用式（2-234），状态方程的解为

$$x(t)=\begin{bmatrix} 2e^{-t}-e^{-2t} & e^{-t}-e^{-2t} \\ -2e^{-t}+2e^{-2t} & -e^{-t}+2e^{-2t} \end{bmatrix}x(0)+\begin{bmatrix} 1-e^{-t}+e^{-2t} \\ e^{-t}-2e^{-2t} \end{bmatrix},\ t\geqslant 0 \tag{3-240}$$

上式解中的第二项可通过对 $(sI-A)^{-1}BU(s)$ 取拉普拉斯逆变换得到。因此，我们有

$$\begin{aligned} \mathcal{L}^{-1}[(sI-A)^{-1}]BU(s)&=\mathcal{L}^{-1}\left(\frac{1}{s^2+3s+2}\begin{bmatrix} s+3 & 1 \\ -2 & s \end{bmatrix}\begin{bmatrix} 0 \\ 2 \end{bmatrix}\frac{1}{s}\right) \\ &=\mathcal{L}^{-1}\left(\frac{1}{s^2+3s+2}\begin{bmatrix} \frac{2}{s} \\ 2 \end{bmatrix}\right)=\begin{bmatrix} 1-e^{-t}+e^{-2t} \\ e^{-t}-2e^{-2t} \end{bmatrix},\ t\geqslant 0 \end{aligned} \tag{3-241}$$

129

注意现在的例子，式（3-239）的全解是初始状态和输入 $u(t)$ 响应的叠加。对于零初始状态，这种情况下的响应和例 3-4-1 中的过阻尼系统的解（由式（3-119）求得）相等。然而状态方程的解更强大，因为它展示了状态 $x_1(t)$ 和 $x_2(t)$。最后求得这些状态，就能够由式（3-235）求得输出 $y(t)$。▲

3.7.1　传递函数（多变量系统）

传递函数的定义可轻松地扩展到多输入和多输出的系统。这种类型的系统通常被称作多变量系统。在多变量系统中，当其他的输入被设为 0，式（3-5）形式的微分方程可用来描述一对输入和输出变量的关系，方程重新表述为

$$\begin{aligned} \frac{d^n y(t)}{dt^n}&=a_{n-1}\frac{d^{n-1}y(t)}{dt^{n-1}}+\cdots+a_1\frac{dy(t)}{dt}+a_0 y(t) \\ &=b_m\frac{d^m u(t)}{dt^m}+b_{m-1}\frac{d^{m-1}u(t)}{dt^{m-1}}+\cdots+b_1\frac{du(t)}{dt}+b_0 u(t) \end{aligned} \tag{3-242}$$

系数 a_0，a_1，…，a_{n-1} 和 b_0，b_1，…，b_m 是实常数，利用式（3-242）的状态空间表达，我们有：

$$\frac{dx(t)}{dt}=Ax(t)+Bu(t) \tag{3-243}$$

$$y(t)=Cx(t)+Du(t) \tag{3-244}$$

式（3-242）两边同时取拉普拉斯变换，求解 $X(s)$，我们有：

$$X(s)=(sI-A)^{-1}x(0)+(sI-A)^{-1}BU(s) \tag{3-245}$$

式（3-244）的拉普拉斯变换为

$$Y(s)=CX(s)+DU(s) \tag{3-246}$$

把式（3-245）代入式（3-246），可得：

$$Y(s)=C(sI-A)^{-1}x(0)+C(sI-A)^{-1}BU(s)+DU(s) \tag{3-247}$$

由于传递函数的定义要求初态设为 0，$\boldsymbol{x}(0)=0$，因此式（3-247）为

$$\boldsymbol{Y}(s)=[\boldsymbol{C}(s\boldsymbol{I}-\boldsymbol{A})^{-1}\boldsymbol{B}+\boldsymbol{D}]\boldsymbol{U}(s) \tag{3-248}$$

定义 $\boldsymbol{u}(t)$ 和 $\boldsymbol{y}(t)$ 的**传递函数矩阵**为

$$\boldsymbol{G}(s)=\boldsymbol{C}(s\boldsymbol{I}-\boldsymbol{A})^{-1}\boldsymbol{B}+\boldsymbol{D} \tag{3-249}$$

式中，$\boldsymbol{G}(s)$ 是 $q\times p$ 矩阵，则式（3-248）为

130

$$\boldsymbol{Y}(s)=\boldsymbol{G}(s)\boldsymbol{U}(s) \tag{3-250}$$

一般来说，如果一个线性系统有 p 输入和 q 输出，第 j 个输入和第 i 个输出之间的传递函数定义为

$$G_{ij}(s)=\frac{Y_i(s)}{U_j(s)} \tag{3-251}$$

式中，$U_k(s)=0, k=1,2,\ldots,p, k\neq \mathrm{j}$。注意式（3-251）定义只有第 j 个输入有效，然而其他输入被设定为 0。由于线性系统的叠加原则是有效的，总的输入对输出的影响可由每个输入对输出的影响之和来获得。当 p 个输入都起作用时，第 i 个输出变换被写为

$$Y_i(s)=G_{i1}(s)U_1(s)+G_{i2}(s)U_2(s)+\ldots+G_{ip}(s)U_p(s) \tag{3-252}$$

式中，

$$\boldsymbol{G}(s)=\begin{bmatrix} G_{11}(s) & G_{12}(s) & \cdots & G_{1p}(s) \\ G_{21}(s) & G_{22}(s) & \cdots & G_{2p}(s) \\ \vdots & \vdots & \cdots & \vdots \\ G_{q1}(s) & G_{q2}(s) & \cdots & G_{qp}(s) \end{bmatrix} \tag{3-253}$$

是 $q\times p$ 的传递函数矩阵。

之后在第 4 章和第 8 章会提供更多的利用状态空间方法处理微分方程的细节。

例 3-7-2 考虑多变量系统，由如下微分方程描述

$$\frac{\mathrm{d}^2y_1(t)}{\mathrm{d}t^2}+4\frac{\mathrm{d}y_1(t)}{\mathrm{d}t}-3y_2(t)=u_1(t) \tag{3-254}$$

$$\frac{\mathrm{d}y_1(t)}{\mathrm{d}t}+\frac{\mathrm{d}y_2(t)}{\mathrm{d}t}+y_1(t)+2y_2(t)=u_2(t) \tag{3-255}$$

利用如下的状态变量选择

$$x_1(t)=y_1(t)$$

$$x_2(t)=\frac{\mathrm{d}y_1(t)}{\mathrm{d}t}$$

$$x_3(t)=y_2(t) \tag{3-256}$$

式中，这些变量可通过这两个微分方程来定义，因为除了这种方便的形式之外没有给出定义的特殊原因。现在利用式（3-256）的状态变量关系，令式（3-254）和（3-255）的第一项等于剩下几项，可得由式（3-243）和式（3-244）表示的状态方程和输出方程的向量 - 矩阵形式，或

131

$$\begin{bmatrix} \dot{x}_1(t) \\ \dot{x}_2(t) \\ \dot{x}_3(t) \end{bmatrix}=\begin{bmatrix} 0 & 1 & 0 \\ 0 & -4 & 3 \\ -1 & -1 & -2 \end{bmatrix}\begin{bmatrix} x_1(t) \\ x_2(t) \\ x_3(t) \end{bmatrix}+\begin{bmatrix} 0 & 0 \\ 1 & 0 \\ 0 & 1 \end{bmatrix}\begin{bmatrix} u_1(t) \\ u_2(t) \end{bmatrix} \tag{3-257}$$

$$\begin{bmatrix} y_1(t) \\ y_2(t) \end{bmatrix} = \begin{bmatrix} 1 & 0 & 0 \\ 0 & 0 & 1 \end{bmatrix} \begin{bmatrix} x_1(t) \\ x_2(t) \\ x_3(t) \end{bmatrix} = \boldsymbol{Cx}(t) \tag{3-258}$$

式中的输出是任意选择的。为了利用状态变量公式确定系统的传递函数矩阵，我们把矩阵 $\boldsymbol{A}$、$\boldsymbol{B}$、$\boldsymbol{C}$ 代入式（3-249）。首先形成矩阵（$s\boldsymbol{I}-\boldsymbol{A}$）：

$$(s\boldsymbol{I}-\boldsymbol{A}) = \begin{bmatrix} s & -1 & 0 \\ 0 & s+4 & -3 \\ 1 & 1 & s+2 \end{bmatrix} \tag{3-259}$$

（$s\boldsymbol{I}-\boldsymbol{A}$）的行列式为

$$|s\boldsymbol{I}-\boldsymbol{A}| = s^3+6s^2+11s+3 \tag{3-260}$$

因此

$$(s\boldsymbol{I}-\boldsymbol{A})^{-1} = \frac{\operatorname{adj}(s\boldsymbol{I}-\boldsymbol{A})}{\det(s\boldsymbol{I}-\boldsymbol{A})} = \frac{1}{s^3+6s^2+11s+3}\begin{bmatrix} s^2+6s+11 & s+2 & 3 \\ -3 & s(s+2) & 3s \\ -(s+4) & -(s+1) & s(s+4) \end{bmatrix} \tag{3-261}$$

$u(t)$ 和 $y(t)$ 之间的传递函数矩阵为

$$\boldsymbol{G}(s) = \boldsymbol{C}(s\boldsymbol{I}-\boldsymbol{A})^{-1}\boldsymbol{B} = \frac{1}{s^3+6s^2+11s+3}\begin{bmatrix} s+2 & 3 \\ -(s+1) & s(s+4) \end{bmatrix} \tag{3-262}$$

传统方法是另一种选择：对式（3-257）和式（3-258）两边取拉普拉斯变换，并假设零初始状态。转换后的方程写作向量 – 矩阵形式：

$$\begin{bmatrix} s(s+4) & -3 \\ s+1 & s+2 \end{bmatrix}\begin{bmatrix} Y_1(s) \\ Y_2(s) \end{bmatrix} = \begin{bmatrix} U_1(s) \\ U_2(s) \end{bmatrix} \tag{3-263}$$

由式（3-263）求 $\boldsymbol{Y}(s)$，可得：

$$\boldsymbol{Y}(s) = \boldsymbol{G}(s)\boldsymbol{U}(s) \tag{3-264}$$

式中，

$$\boldsymbol{G}(s) = \left[\begin{pmatrix} s(s+4) & -3 \\ s+1 & s+2 \end{pmatrix}\right]^{-1} = \frac{1}{(s^3+6s^2+11s+3)}\begin{bmatrix} (s+2) & 3 \\ -(s+1) & s(s+4) \end{bmatrix} \tag{3-265}$$

这将给出与式（3-262）相同的结果。 ▲ 132

例 3-7-3 对于例 3-7-1 表示的状态方程，我们定义输出为

$$y(t) = \boldsymbol{Cx}(t) \qquad \boldsymbol{C} = [1 \quad 0] \tag{3-266}$$

即 $y(t) = x_1(t)$。对于零初始状态，$\boldsymbol{u}(t)$ 和 $\boldsymbol{y}(t)$ 之间的传递函数为

$$\boldsymbol{G}(s) = \boldsymbol{C}(s\boldsymbol{I}-\boldsymbol{A})^{-1}\boldsymbol{B} = [1 \quad 0]\left(\frac{1}{s^2+3s+2}\begin{bmatrix} s+3 & 1 \\ -2 & s \end{bmatrix}\begin{bmatrix} 0 \\ 2 \end{bmatrix}\right) \tag{3-267}$$

或

$$\boldsymbol{G}(s) = \frac{2}{s^2+3s+2} \tag{3-268}$$

这和例 3-4-1 中过阻尼系统的二阶传递函数是相等的。 ▲

3.7.2 由状态方程到特征方程

根据前面对传递函数的讨论，我们可以把式（3-249）写为

$$G(s)=C(sI-A)^{-1}B+D=C\frac{\mathrm{adj}(sI-A)}{\det(sI-A)}B+D=\frac{C[\mathrm{adj}(sI-A)]B+|sI-A|D}{|sI-A|} \tag{3-269}$$

令传递函数矩阵 $G(s)$ 的分母为 0，我们得到特征方程：

$$|sI-A|=0 \tag{3-270}$$

这是特征方程的另一种形式，但可得到和式（3-22）相同的等式。特征方程的一个重要特性是，如果 A 的系数是实数，则 $|sI-A|$ 的系数也是实数。特征方程的根也可看作矩阵 A 的**特征值**。

例 3-7-4 微分方程（3-225）的状态方程矩阵 A 在式（3-230）中给出，A 的特征方程为

$$|sI-A|=\begin{vmatrix} s & -1 & 0 \\ 0 & s & -1 \\ 2 & 1 & s+5 \end{vmatrix}=s^3+5s^2+s+2=0 \tag{3-271}$$

注意当 A 是 3×3 矩阵时，特征方程是 3 阶多项式。▲

例 3-7-5 例 3-7-1 的状态方程矩阵 A 在式（3-237）中给出，A 的特征方程为

133

$$|sI-A|=\begin{vmatrix} s & -1 \\ 2 & s+3 \end{vmatrix}=s^2+3s+2=0 \tag{3-272}$$

注意在这种情况下，特征方程的阶数和矩阵 A 的维数是相同的。▲

例 3-7-6 例 3-7-2 的特征方程为

$$|sI-A|=s^3+6s^2+11s+3=0 \tag{3-273}$$

A 是 3×3 矩阵，特征方程是 3 阶多项式。▲

3.7.3 由传递函数到状态方程

基于之前的讨论，系统的传递函数可由状态空间方程获得。然而，对物理系统模型和特性没有很清晰的了解时，从传递函数求得状态空间方程并不是唯一的过程，特别是由于状态和输出变量有很多潜在的选择。由传递函数到状态图的过程叫作**分解**。一般来说，有三种分解传递函数的基本方法，分别是**直接分解**、**串联分解**、**并联分解**。每种分解方法都有它们自身的优点和适合的特别目的。第 8 章将会对这一话题进行更详细深入的讨论。

在这一部分，我们说明如何利用**直接分解**方法由传递函数得到状态方程。考虑 $u(t)$ 和 $y(t)$ 之间的传递函数，给定为

$$G(s)=\frac{Y(s)}{U(s)}=\frac{b_m s^m+b_{m-1}s^{m-1}+\cdots+b_1 s+b_0}{s^n+a_{n-1}s^{n-1}+\cdots+a_1 s+a_0},\quad m\leqslant n-1 \tag{3-274}$$

式中，系数 a_0，a_1，…，a_{n-1} 和 b_0，b_1，…，b_m 是实常数，$U(s)=\mathcal{L}[u(t)]$，$Y(s)=\mathcal{L}[y(t)]$。接下来我们应有 $m\leqslant n-1$。两边同时左乘式（3-274）的分母，可得：

$$\left(s^n+a_{n-1}s^{n-1}+\cdots+a_1 s+a_0\right)Y(s)=(b_m s^m+b_{m-1}s^{m-1}+\cdots+b_1 s+b_0)U(s) \tag{3-275}$$

对式（3-275）取拉普拉斯逆变换，回顾传递函数与系统的初始状态无关，可得到如下有实常数系数的 n 阶微分方程：

$$\begin{aligned}\frac{\mathrm{d}^n y(t)}{\mathrm{d}t^n}&=a_{n-1}\frac{\mathrm{d}^{n-1}y(t)}{\mathrm{d}t^{n-1}}+\cdots+a_1\frac{\mathrm{d}y(t)}{\mathrm{d}t}+a_0 y(t)\\&=b_m\frac{\mathrm{d}^m u(t)}{\mathrm{d}t^m}+b_{m-1}\frac{\mathrm{d}^{m-1}u(t)}{\mathrm{d}t^{m-1}}+\cdots+b_1\frac{\mathrm{d}u(t)}{\mathrm{d}t}+b_0 u(t)\end{aligned} \tag{3-276}$$

在这个分解方法中，我们的目的是把式（3-274）的传递函数转换为状态空间形式：

$$\frac{\mathrm{d}\boldsymbol{x}(t)}{\mathrm{d}t}=\boldsymbol{A}\boldsymbol{x}(t)+\boldsymbol{B}u(t) \tag{3-277}$$

134

$$y(t)=\boldsymbol{C}\boldsymbol{x}(t)+\boldsymbol{D}u(t) \tag{3-278}$$

注意 $y(t)$ 和 $u(t)$ 不是向量，是标量函数。由式（3-274）的分母可知，特征方程是 n 阶多项式：

$$\left|s\boldsymbol{I}-\boldsymbol{A}\right|=s^n+a_{n-1}s^{n-1}+\cdots+a_1s+a_0=0 \tag{3-279}$$

这说明 $\boldsymbol{A}$ 是 $n\times n$ 矩阵，因此系统有 n 个状态，于是

$$\boldsymbol{x}(t)=\begin{bmatrix}x_1(t)\\x_2(t)\\\vdots\\x_n(t)\end{bmatrix} \tag{3-280}$$

假设系数矩阵 $\boldsymbol{B}$ 的形式如下：

$$\boldsymbol{B}=\begin{bmatrix}0\\0\\\vdots\\0\end{bmatrix}(n\times1) \tag{3-281}$$

因此，对于式（3-277）～式（3-279），我们必须有：

$$\frac{\mathrm{d}x_1(t)}{\mathrm{d}t}=x_2(t)$$

$$\frac{\mathrm{d}x_2(t)}{\mathrm{d}t}=x_3(t)$$

$$\vdots$$

$$\frac{\mathrm{d}x_{n-1}(t)}{\mathrm{d}t}=x_n(t)$$

$$\frac{\mathrm{d}x_n(t)}{\mathrm{d}t}=-a_0x_1(t)-a_1x_2(t)-\cdots-a_{n-2}x_{n-1}(t)-a_{n-1}x_n(t)+u(t) \tag{3-282}$$

和

$$y(t)=b_0x_1(t)+b_1x_2(t)+\cdots+b_{n-1}x_n(t) \tag{3-283}$$

这表明，在式（3-278）的输出中，$\boldsymbol{D}$=0，$\boldsymbol{C}$ 是 1 行 n 列，即

$$\boldsymbol{C}=\begin{bmatrix}b_0 & b_1 & b_2 & \cdots & b_{n-2} & b_{n-1}\end{bmatrix}(1\times n) \tag{3-284}$$

这里要求在式（3-274）中，m 不能超过 $n-1$，即 $m\leqslant n-1$。

最后根据直接分解方法，系数矩阵 $\boldsymbol{A}$、$\boldsymbol{B}$、$\boldsymbol{C}$、$\boldsymbol{D}$ 为

$$\boldsymbol{A}=\begin{bmatrix}0 & 1 & 0 & \cdots & 0 & 0\\0 & 0 & 1 & \cdots & 0 & 0\\\vdots & \vdots & \vdots & \ddots & \vdots & \vdots\\0 & 0 & 0 & \cdots & 0 & 1\\-a_0 & -a_1 & -a_2 & \cdots & a_{n-2} & a_{n-1}\end{bmatrix}\qquad \boldsymbol{B}=\begin{bmatrix}0\\0\\\vdots\\0\\1\end{bmatrix}$$

$$\boldsymbol{C}=\begin{bmatrix}b_0 & b_1 & b_2 & \cdots & b_{n-2} & b_{n-1}\end{bmatrix}\qquad \boldsymbol{D}=0 \tag{3-285}$$

135 注意第 8 章将会更详细深入地讨论这个话题。

例 3-7-7 考虑如下的输入输出传递函数

$$\frac{Y(s)}{U(s)}=\frac{2s^2+s+5}{s^3+6s^2+11s+4} \tag{3-286}$$

采用直接分解方法，系统的动态方程为

$$\begin{bmatrix}\frac{\mathrm{d}x_1(t)}{\mathrm{d}t}\\ \frac{\mathrm{d}x_2(t)}{\mathrm{d}t}\\ \frac{\mathrm{d}x_3(t)}{\mathrm{d}t}\end{bmatrix}=\begin{bmatrix}0&1&0\\0&0&1\\-4&-11&-6\end{bmatrix}\begin{bmatrix}x_1(t)\\x_2(t)\\x_3(t)\end{bmatrix}+\begin{bmatrix}0\\0\\1\end{bmatrix}u(t)$$

$$y(t)=\begin{bmatrix}5&1&2\end{bmatrix}x(t) \tag{3-287}$$ ▲

例 3-7-8 考虑例 3-6-5 的加速度计，如图 3-17 所示。如果物体的移动是 $u(t)$，如图 3-17b 所示的受力图中移动物体 M 上的加速度计的移动方程为

$$-K\big(y(t)-u(t)\big)-B\big(\dot{y}(t)-\dot{u}(t)\big)=M\ddot{y}(t) \tag{3-288}$$

式中，B 和 K 分别是加速度计内部材料的阻尼常数和刚度，重排式（3-288），可得：

$$M\ddot{y}(t)+B\dot{y}(t)+Ky(t)=B\dot{u}(t)+Ku(t) \tag{3-289}$$

在这种情况下，我们把加速度计绝对位移 $y(t)$ 作为输出变量。传递函数表示的位移输入－输出关系如下：

$$\frac{Y(s)}{U(s)}=\frac{\frac{B}{M}s+\frac{K}{M}}{s^2+\frac{B}{M}s+\frac{K}{M}} \tag{3-290}$$

然后利用直接分解，式（3-290）被分解为如下两个状态方程：

$$\frac{\mathrm{d}x_1(t)}{\mathrm{d}t}=x_2(t) \tag{3-291}$$

$$\frac{\mathrm{d}x_2(t)}{\mathrm{d}t}=-\frac{K}{M}x_1(t)-\frac{B}{M}x_2(t)+u(t) \tag{3-292}$$

式中，$x_1(t)$、$x_2(t)$ 是状态变量，位移 $u(t)$ 是输入。根据式（3-283），输出为

$$y(t)=\begin{bmatrix}\frac{K}{M}&\frac{B}{M}\end{bmatrix}\boldsymbol{x}(t)=\frac{K}{M}x_1(t)+\frac{B}{M}x_2(t) \tag{3-293}$$

为了确认从式（3-291）到式（3-293）的方程确实表示式（3-290）的传递函数，令初始状态为零，取拉普拉斯变换，因此

$$sX_1(s)=X_2(s) \tag{3-294}$$

136

$$sX_2(s)=-\frac{K}{M}X_1(s)-\frac{B}{M}X_2(s)+U(s) \tag{3-295}$$

$$Y(s)=\frac{K}{M}X_1(s)+\frac{B}{M}X_2(s) \tag{3-296}$$

式中，$X_1(s)=\mathcal{L}[x_1(t)]$，$X_2(s)=\mathcal{L}[x_2(t)]$，$U(s)=\mathcal{L}[u(t)]$，$Y(s)=\mathcal{L}[y(t)]$。利用式（3-294）从式（3-295）和式（3-296）中消去 $X_2(s)$，可得：

$$\left(s^2+\frac{B}{M}s+\frac{K}{M}\right)X_1(s)=U(s) \tag{3-297}$$

$$\frac{Y(s)}{\frac{B}{M}s+\frac{K}{M}}=X_1(s) \tag{3-298}$$

根据 $Y(s)$ 和 $U(s)$ 求解式（3-297）和式（3-298），可得：

$$\frac{Y(t)}{U(t)}=\frac{\frac{B}{M}s+\frac{K}{M}}{s^2+\frac{B}{M}s+\frac{K}{M}} \tag{3-299}$$

这和式（3-290）相同。

为了使加速度计的表示和例 3-6-5 的相同，我们引入新的输出变量：

$$z(t)=y(t)-u(t)=\frac{K}{M}x_1(t)+\frac{B}{M}x_2(t)-u(t) \tag{3-300}$$

假设初始状态为零，取拉普拉斯变换，我们有

$$Z(s)=\frac{K}{M}X_1(s)+\frac{B}{M}X_2(s)-U(s) \tag{3-301}$$

用式（3-294）消去式（3-301）中的 $X_2(s)$，根据 $Z(s)$ 和 $U(s)$ 求解方程，可得：

$$\frac{Z(s)}{U(s)}=\frac{-s^2}{s^2+\frac{B}{M}s+\frac{K}{M}} \tag{3-302}$$

这是式（3-216）的传递函数。 ▲

3.8 MATLAB 案例研究

在这一节，我们利用状态空间求解简单实际例子的时间响应。

例 3-8-1 考虑如图 3-18 所示的 RLC 网络，利用电压定律

$$e(t)=e_R+e_L+e_C \tag{3-303}$$

式中，e_R = 穿过电阻 R 的电压；

e_L = 穿过电感 L 的电压；

e_c = 穿过电容 C 的电压。

137

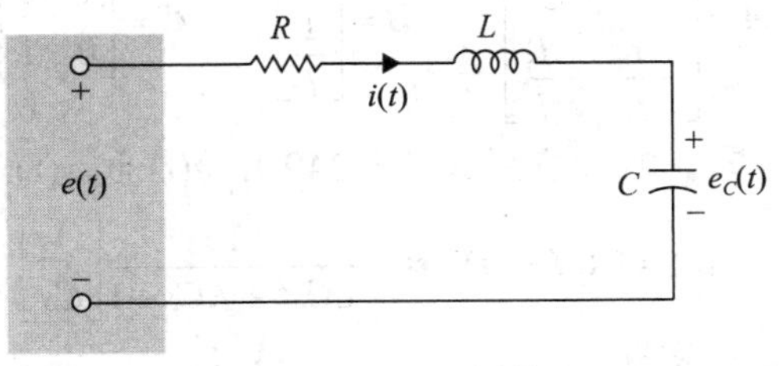

图 3-18 RLC 网络

或

$$e(t)=e_C+Ri(t)+L\frac{\mathrm{d}i(t)}{\mathrm{d}t} \tag{3-304}$$

利用电容中的电流

$$C\frac{\mathrm{d}e_C(t)}{\mathrm{d}t}=i(t) \tag{3-305}$$

且式（3-304）对时间求导，得到 RLC 网络的方程：

$$L\frac{\mathrm{d}^2 i(t)}{\mathrm{d}t^2}+R\frac{\mathrm{d}i(t)}{\mathrm{d}t}+\frac{i(t)}{C}=\frac{\mathrm{d}e(t)}{\mathrm{d}t} \tag{3-306}$$

实际的方法是令电感 L 的电流 $i(t)$，电容 C 的电压 $e_C(t)$ 为状态变量。这样选择的原因是状态变量直接和系统的储能元件相关。电感储存动能，电容储存电势能。通过把 $i(t)$、$e_C(t)$ 作为状态变量，我们对该网络的历史（通过初始状态）、现在、将来有完整的描述。图 3-18 所示网络的状态方程被写为 C 的电流、L 的电压（作为状态变量）和所施加电压 $e(t)$ 的方程。系统方程以向量矩阵形式表示为

$$\begin{bmatrix}\dfrac{\mathrm{d}e_C(t)}{\mathrm{d}t}\\ \dfrac{\mathrm{d}i(t)}{\mathrm{d}t}\end{bmatrix}=\begin{bmatrix}0 & \dfrac{1}{C}\\ -\dfrac{1}{L} & -\dfrac{R}{L}\end{bmatrix}\begin{bmatrix}e_C(t)\\ i(t)\end{bmatrix}+\begin{bmatrix}0\\ \dfrac{1}{L}\end{bmatrix}e(t) \tag{3-307}$$

这个形式也可写作状态形式，如果我们令

$$\begin{bmatrix}x_1(t)\\ x_2(t)\end{bmatrix}=\begin{bmatrix}e_C(t)\\ i(t)\end{bmatrix} \tag{3-308}$$

或

138

$$\begin{bmatrix}\dot{x}_1\\ \dot{x}_2\end{bmatrix}=\begin{bmatrix}0 & \dfrac{1}{C}\\ -\dfrac{1}{L} & -\dfrac{R}{L}\end{bmatrix}\begin{bmatrix}x_1\\ x_2\end{bmatrix}+\begin{bmatrix}0\\ \dfrac{1}{L}\end{bmatrix}e(t) \tag{3-309}$$

我们定义输出为

$$\begin{bmatrix}y_1(t)\\ y_2(t)\end{bmatrix}=\begin{bmatrix}x_1(t)\\ x_2(t)\end{bmatrix}=\begin{bmatrix}e_C(t)\\ i(t)\end{bmatrix}$$

$$\boldsymbol{y}(t)=\begin{bmatrix}1 & 0\\ 0 & 1\end{bmatrix}\boldsymbol{x}(t) \tag{3-310}$$

即我们同时测量电流 $i(t)$ 和穿过电容的电压 $e_C(t)$。

结果所得系数矩阵为

$$\boldsymbol{A}=\begin{bmatrix}0 & \dfrac{1}{C}\\ -\dfrac{1}{L} & -\dfrac{R}{L}\end{bmatrix}\qquad \boldsymbol{B}=\begin{bmatrix}0\\ \dfrac{1}{L}\end{bmatrix}\qquad \boldsymbol{C}=\begin{bmatrix}1 & 0\\ 0 & 1\end{bmatrix} \tag{3-311}$$

令所有的初始状态为零，通过应用式（3-249），$e(t)$ 和 $y(t)$ 的传递函数为

$$\boldsymbol{G}(s)=\boldsymbol{C}(s\boldsymbol{I}-\boldsymbol{A})^{-1}\boldsymbol{B}=\frac{1}{LCs^2+RCs+1}\begin{bmatrix}1\\ Cs\end{bmatrix} \tag{3-312}$$

更特殊地，两个传递函数为

$$\frac{E_C(s)}{E(s)}=\frac{1}{1+RCs+LCs^2} \tag{3-313}$$

$$\frac{I(s)}{E(s)}=\frac{Cs}{1+RCs+LCs^2} \tag{3-314}$$

工具箱 3-8-1

式（3-313）和式（3-314）输出的时域阶跃响应如图 3-19 所示，令 R=1, L=1, C=1：

```
R=1; L=1; C=1;
t=0:0.02:30;
```

```
num1 = [1];
den1 = [L*C R*C 1];
num2 = [C 0];
den2 = [L*C R*C 1];
G1 = tf(num1, den1);
G2 = tf(num2, den2);
y1 = step (G1, t);
y2 = step (G2, t);
plot(t,y1);
hold on
plot (t, y2, '--');
xlabel('Time (s)')
ylabel('Output')
```

▲ 139

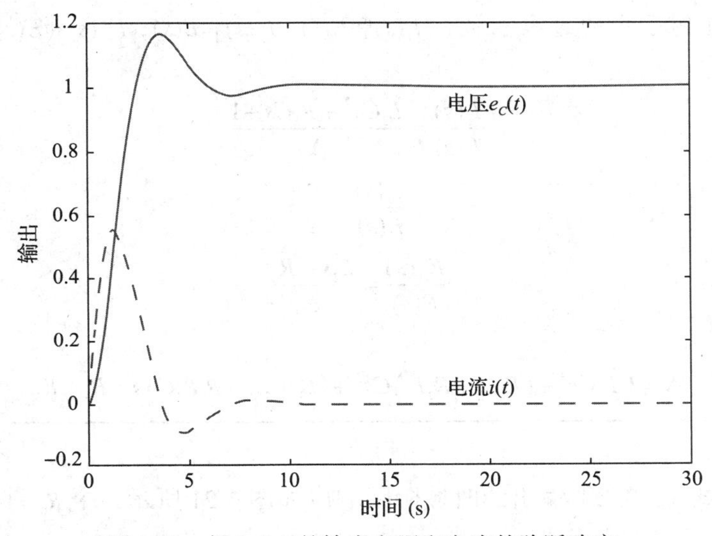

图 3-19　例 3-8-1 的输出电压和电流的阶跃响应

例 3-8-2　另一个电气网络状态方程的例子，考虑图 3-20 中的网络。根据前面的讨论，把穿过电容的电压 $e_C(t)$、电感的电流 $i_1(t)$ 和 $i_2(t)$ 作为状态变量，如图 3-20 所示。网络的状态方程根据 3 个状态变量，由穿过电感的电压、电容器的电流写为

$$L_1\frac{\mathrm{d}i_1(t)}{\mathrm{d}t}=-R_1i_1(t)-e_C(t)+e(t) \tag{3-315}$$

$$L_2\frac{\mathrm{d}i_2(t)}{\mathrm{d}t}=-R_2i_2(t)+e_C(t) \tag{3-316}$$

$$C\frac{\mathrm{d}e_C(t)}{\mathrm{d}t}=i_1(t)-i_2(t) \tag{3-317}$$

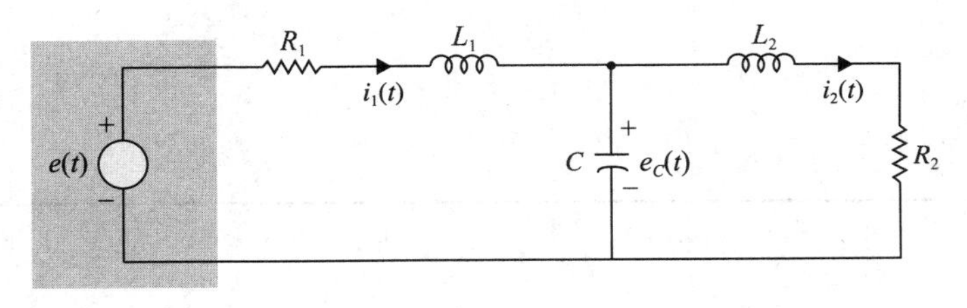

图 3-20　例 3-8-2 *RLC* 网络的电路原理图

140

状态方程用向量–矩阵形式可写为

$$\begin{bmatrix}\dot{x}_1\\ \dot{x}_2\\ \dot{x}_3\end{bmatrix}=\begin{bmatrix}-\dfrac{R_1}{L_1} & 0 & -\dfrac{1}{L_1}\\ 0 & -\dfrac{R_2}{L_2} & \dfrac{1}{L_2}\\ \dfrac{1}{C} & -\dfrac{1}{C} & 0\end{bmatrix}\begin{bmatrix}x_1\\ x_2\\ x_3\end{bmatrix}+\begin{bmatrix}\dfrac{1}{L_1}\\ 0\\ 0\end{bmatrix}e(t) \tag{3-318}$$

式中，

$$\begin{bmatrix}x_1\\ x_2\\ x_3\end{bmatrix}=\begin{bmatrix}i_1(t)\\ i_2(t)\\ e_C(t)\end{bmatrix} \tag{3-319}$$

与用在之前例子中的过程相似，$I_1(s)$和$E(s)$，$I_2(s)$和$E(s)$，$E_C(s)$和$E(s)$的传递函数分别为

$$\frac{I_1(s)}{E(s)}=\frac{L_2Cs^2+R_2Cs+1}{\Delta} \tag{3-320}$$

$$\frac{I_2(s)}{E(s)}=\frac{1}{\Delta} \tag{3-321}$$

$$\frac{E_C(s)}{E(s)}=\frac{L_2s+R_2}{\Delta} \tag{3-322}$$

式中，

$$\Delta=L_1L_2Cs^3+\left(R_1L_2+R_2L_1\right)Cs^2+\left(L_1+L_2+R_1R_2C\right)s+R_1+R_2 \tag{3-323}$$

工具箱 3-8-2

式（3-320）～式（3-322）输出的时域阶跃响应如图 3-21 所示，令 $R_1=1$，$R_2=1$，$L_1=1$，$L_2=1$，$C=1$：

```
R1=1; R2=1; L1=1; L2=1; C=1;
t=0:0.02:30;
num1 = [L2*C R2*C 1];
num2 = [1];
num3 = [L2 R2];
den = [L1*L2*C R1*L2*C+R2*L1*C L1+L2+R1*R2*C R1+R2];
G1 = tf(num1, den);
G2 = tf(num2, den);
G3 = tf(num3, den);
y1 = step (G1, t);
y2 = step (G2, t);
y3 = step (G3, t);
plot(t, y1);
hold on
plot(t, y2, '--');
hold on
plot(t, y3, '-.');
xlabel('Time (s)')
ylabel('Output')
```


▲

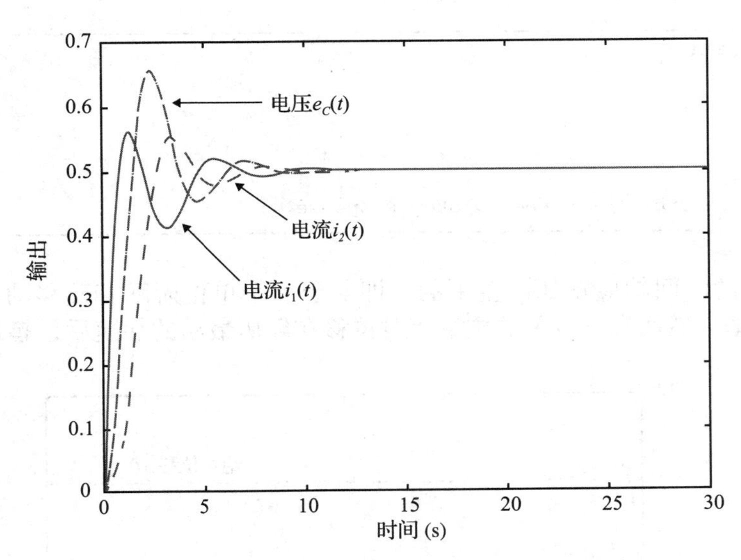

图 3-21　例 3-8-2 的输出电压和电流的阶跃响应

例 3-8-3　考虑如图 3-17 所示的例 3-6-5 和 3-7-8 中的加速度计，利用定义例 3-7-8 中的状态变量，系统状态方程为

$$\frac{\mathrm{d}x_1(t)}{\mathrm{d}t}=x_2(t) \tag{3-324}$$

$$\frac{\mathrm{d}x_2(t)}{\mathrm{d}t}=-\frac{K}{M}x_1(t)-\frac{B}{M}x_2(t)+u(t) \tag{3-325}$$

式中，$x_1(t)$、$x_2(t)$ 是状态变量，位移 $u(t)$ 是输入。这里定义能反映惯性质量绝对和相对位移的输出方程作为输出，即 $y(t)$ 和 $z(t)$。由式（3-283），输出为

$$\begin{bmatrix} y(t) \\ z(t) \end{bmatrix}=\begin{bmatrix} \frac{K}{M} & \frac{B}{M} \\ \frac{K}{M} & \frac{B}{M} \end{bmatrix}\begin{bmatrix} x_1(t) \\ x_2(t) \end{bmatrix}+\begin{bmatrix} 0 \\ -1 \end{bmatrix}u(t) \tag{3-326}$$

之前已获得的两个系统传递函数为

$$\frac{Y(t)}{U(t)}=\frac{\frac{B}{M}s+\frac{K}{M}}{s^2+\frac{B}{M}s+\frac{K}{M}} \tag{3-327}$$

$$\frac{Z(s)}{U(s)}=\frac{-s^2}{s^2+\frac{B}{M}s+\frac{K}{M}} \tag{3-328}$$

142

工具箱 3-8-3

式（3-327）和式（3-328）输出的时域阶跃响应如图 3-22 所示，令 M=1，B=3，K=2：

```
K=2; M=1; B=3;
t=0:0.02:30;
num1 = [B/M K/M];
num2 = [-1 0 0];
den = [1 B/M K/M];
G1 = tf(num1, den);
```

```
G2 = tf(num2, den);
y1 = step (G1, t);
y2 = step (G2, t);
plot(t, y1);
hold on
plot(t, y2, '--');
xlabel('Time (Second)') ; ylabel ('Step Response' )
```

▲

图 3-22 中的时间响应正如期望中的，即对于一个单位阶跃基础移动，绝对位移在稳态跟随这个基，然而和基有关的质量相对位移在经历最初的加速后，趋近于 0。

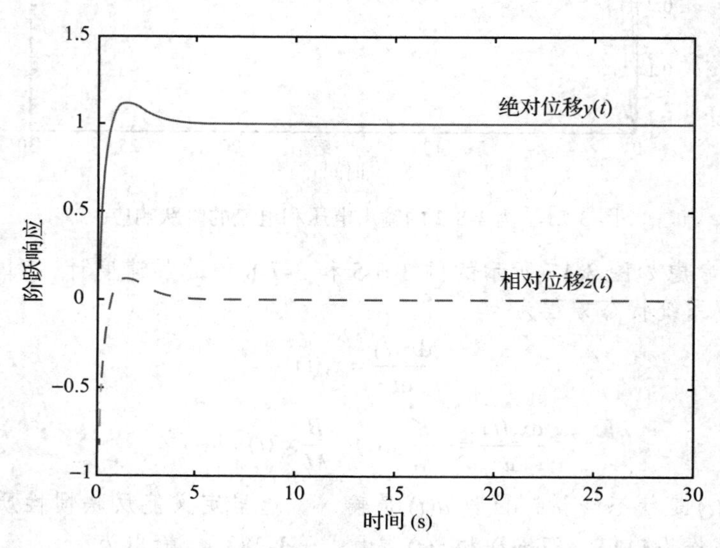

143

图 3-22　例 3-8-3 加速度计惯性质量绝对和相对位移相对阶跃位移输入的时间响应

3.9　线性化回顾：状态空间方法

在 2.4 节，我们用泰勒序列方法引入了线性化的概念。另一种方法是，通过如下的向量 - 矩阵状态方程表示非线性系统：

$$\frac{\mathrm{d}\boldsymbol{x}(t)}{\mathrm{d}t}=\boldsymbol{f}[\boldsymbol{x}(t),\boldsymbol{r}(t)] \tag{3-329}$$

式中，$\boldsymbol{x}(t)$ 表示 $n\times1$ 状态向量，$\boldsymbol{r}(t)$ 为 $p\times1$ 的输入向量，$\boldsymbol{f}[\boldsymbol{x}(t),\boldsymbol{r}(t)]$ 是 $n\times1$ 的函数向量。一般来说，$\boldsymbol{f}$ 是状态向量和输入向量的函数。

能够利用状态方程表示非线性和时变系统，是状态变量方法相对于传递函数方法明显的优点，因为后者严格定义为只用于线性时不变系统。

对于一个简单的例子，非线性状态方程给定如下：

$$\frac{\mathrm{d}x_1(t)}{\mathrm{d}t}=x_1(t)+x_2^2(t) \tag{3-330}$$

$$\frac{\mathrm{d}x_2(t)}{\mathrm{d}t}=x_1(t)+r(t) \tag{3-331}$$

因为非线性系统通常难以分析与设计，因此条件允许时，线性化是被期望的。

现在描述一个在标称工作点或轨迹上，通过将非线性状态方程泰勒展开的线性化过程。泰勒序列的所有项中，比一阶高的项被略去，非线性状态方程在标称工作点的线性化近似有了结果。

令 $\boldsymbol{x}_0(t)$ 表示标称工作点的轨迹，它与标称输入 $\boldsymbol{r}_0(t)$ 和一些固定的初始状态有关。对非线性微分方程在 $\boldsymbol{x}(t)=\boldsymbol{x}_0(t)$ 处进行泰勒展开，忽略所有的高阶项，得到：

$$x_i(t)=f_i\left(\boldsymbol{x}_0,\boldsymbol{r}_0\right)+\sum_{j=1}^{n}\left.\frac{\partial f_i\left(\boldsymbol{x},\boldsymbol{r}\right)}{\partial x_j}\right|_{x_0,r_0}(x_j-x_{0j})+\sum_{j=1}^{p}\left.\frac{\partial f_i\left(\boldsymbol{x},\boldsymbol{r}\right)}{\partial r_j}\right|_{x_0,r_0}(r_j-r_{0j}) \tag{3-332}$$

式中，$i=1,2,\cdots,n$。令

$$\Delta x_i=x_i-x_{0i} \tag{3-333}$$

和

$$\Delta r_j=r_j-r_{0j} \tag{3-334}$$

则

$$\Delta\dot{x}_i=\dot{x}_i-\dot{x}_{0i} \tag{3-335}$$

因为

$$\dot{x}_{0i}=f_i\left(\boldsymbol{x}_0,\boldsymbol{r}_0\right) \tag{3-336}$$

式（3-332）被写为

$$\Delta\dot{x}_i=\sum_{j=1}^{n}\left.\frac{\partial f_i(\boldsymbol{x},\boldsymbol{r})}{\partial x_j}\right|_{x_0,r_0}\Delta x_j+\sum_{j=1}^{p}\left.\frac{\partial f_i(\boldsymbol{x},\boldsymbol{r})}{\partial r_j}\right|_{x_0,r_0}\Delta r_j \tag{3-337}$$

144

式（3-337）可被写为向量 – 矩阵形式：

$$\Delta\boldsymbol{x}=\boldsymbol{A}^*\Delta\boldsymbol{x}+\boldsymbol{B}^*\Delta\boldsymbol{r} \tag{3-338}$$

式中，

$$\boldsymbol{A}^*=\begin{bmatrix}\dfrac{\partial f_1}{\partial x_1} & \dfrac{\partial f_1}{\partial x_2} & \cdots & \dfrac{\partial f_1}{\partial x_n}\\ \dfrac{\partial f_2}{\partial x_1} & \dfrac{\partial f_2}{\partial x_2} & \cdots & \dfrac{\partial f_2}{\partial x_n}\\ \vdots & \vdots & \cdots & \vdots\\ \dfrac{\partial f_n}{\partial x_1} & \dfrac{\partial f_n}{\partial x_2} & \cdots & \dfrac{\partial f_n}{\partial x_n}\end{bmatrix} \tag{3-339}$$

$$\boldsymbol{B}^*=\begin{bmatrix}\dfrac{\partial f_1}{\partial r_1} & \dfrac{\partial f_1}{\partial r_2} & \cdots & \dfrac{\partial f_1}{\partial r_p}\\ \dfrac{\partial f_2}{\partial r_1} & \dfrac{\partial f_2}{\partial r_2} & \cdots & \dfrac{\partial f_2}{\partial r_p}\\ \vdots & \vdots & \cdots & \vdots\\ \dfrac{\partial f_n}{\partial r_1} & \dfrac{\partial f_n}{\partial r_2} & \cdots & \dfrac{\partial f_n}{\partial r_p}\end{bmatrix} \tag{3-340}$$

接下来的简单例子说明了刚刚描述的线性化过程。

例 3-9-1 如图 2-38 所示的倒立摆，有一个质量 m 和长度为 l 的无质量杆，如果定义 $x_1=\theta, x_2=\theta$ 作为状态变量，系统模型的状态空间表示为

$$\dot{x}_1=x_2(t)$$

$$x_2=-\frac{g}{\ell}\sin x_1(t) \tag{3-341}$$

对式（3-341）的非线性状态方程在$\boldsymbol{x}(t)=\boldsymbol{x}_0(t)=0$(或$\theta=0$)处进行泰勒展开，忽略所有的高阶项，在这种情况下没有输入（或外加激励），因此$\boldsymbol{r}(t)=0$，我们得到：

$$\Delta\dot{x}_1(t)=\frac{\partial f_1(t)}{\partial x_2}\Delta x_2(t)=\frac{\partial x_2(t)}{\partial x_2}\Delta x_2(t)=\Delta x_2(t) \quad (3\text{-}342)$$

145

$$\Delta\dot{x}_2(t)=\frac{\partial f_2(t)}{\partial x_1(t)}\Delta x_1(t)=\left[\frac{\partial\left[-\frac{g}{\ell}\sin x_1(t)\right]}{\partial x_1(t)}\right]_{x_0=0}\Delta x_1(t)=-\frac{g}{\ell}\Delta x_1(t) \quad (3\text{-}343)$$

式中，$\Delta x_1(t)$和$\Delta x_2(t)$分别表示$x_1(t)$和$x_2(t)$的标称值。注意最后两个方程是线性的，仅仅对小信号有效。用向量－矩阵形式，这些线性化状态方程被写为

$$\begin{bmatrix}\Delta\dot{x}_1(t)\\ \Delta\dot{x}_2(t)\end{bmatrix}=\begin{bmatrix}0 & 1\\ a & 0\end{bmatrix}\begin{bmatrix}\Delta x_1(t)\\ \Delta x_2(t)\end{bmatrix} \quad (3\text{-}344)$$

式中，

$$a=\frac{g}{\ell}=\text{常数} \quad (3\text{-}345)$$

如果令$a=\omega_n^2$，式（3-344）为

$$\Delta\dot{x}_2=w_n^2\Delta x_1(t) \quad (3\text{-}346)$$

转回经典表示，我们得到线性系统：

$$\ddot{\theta}+w_n^2\theta=0 \quad (3\text{-}347)$$ ▲

例 3-9-2 在例 3-9-1 中，线性化系统被证明是线性时不变的。正如之前提到的，非线性系统线性化后会得到一个线性时变系统。考虑如下的非线性系统：

$$\dot{x}_1(t)=-\frac{1}{x_2^2(t)} \quad (3\text{-}348)$$

$$\dot{x}_2(t)=u(t)x_1(t) \quad (3\text{-}349)$$

这些方程在标称轨迹$[x_{01}(t),x_{02}(t)]$处线性化，是初始状态为$x_1(0)=x_2(0)=1$、$u(t)=0$的方程的解。

对式（3-349）两边对t积分，我们有：

$$x_2(t)=x_2(0)=1 \quad (3\text{-}350)$$

则式（3-348）给出

$$x_1(t)=-t+1 \quad (3\text{-}351)$$

因此，式（3-50）和式（3-51）在工作点被线性化的标称轨迹被描述为

$$x_{01}(t)=-t+1 \quad (3\text{-}352)$$

$$x_{02}(t)=1 \quad (3\text{-}353)$$

现在评估式（3-337）的系数，得到：

146

$$\frac{\partial f_1(t)}{\partial x_1(t)}=0 \quad \frac{\partial f_1(t)}{\partial x_2(t)}=\frac{2}{x_2^3(t)} \quad \frac{\partial f_2(t)}{\partial x_1(t)}=u(t) \quad \frac{\partial f_2(t)}{\partial u(t)}=x_1(t) \quad (3\text{-}354)$$

式（3-337）给出

$$\Delta\dot{x}_1(t)=\frac{2}{x_{02}^3(t)}\Delta x_2(t) \quad (3\text{-}355)$$

$$\Delta\dot{x}_2(t) = u_0(t)\Delta x_1(t) + x_{01}(t)\Delta u(t) \tag{3-356}$$

通过把式（3-353）和式（3-354）代入式（3-348）和式（3-349），线性化方程

$$\begin{bmatrix}\Delta\dot{x}_1(t)\\ \Delta\dot{x}_2(t)\end{bmatrix} = \begin{bmatrix}0 & 2\\ 0 & 0\end{bmatrix}\begin{bmatrix}\Delta x_1(t)\\ \Delta x_2(t)\end{bmatrix} + \begin{bmatrix}0\\ 1-t\end{bmatrix}\Delta u(t) \tag{3-357}$$

是一个时变系数线性方程的集合。▲

例 3-9-3 图 3-23 为磁球悬浮系统图。系统的目标是通过控制输入电压 $e(t)$，调节电磁铁的电流，进而控制钢球的位置。系统的微分方程为

$$M\frac{\mathrm{d}^2 y(t)}{\mathrm{d}t^2} = Mg - \frac{i^2(t)}{y(t)} \tag{3-358}$$

$$e(t) = Ri(t) + L\frac{\mathrm{d}i(t)}{\mathrm{d}t} \tag{3-359}$$

式中，$e(t)$ = 输入电压；
$y(t)$ = 钢球的位置；
$i(t)$ = 绕组电流；
R = 绕组电阻；
L = 绕组电感；
M = 球的质量；
g = 重力加速度。

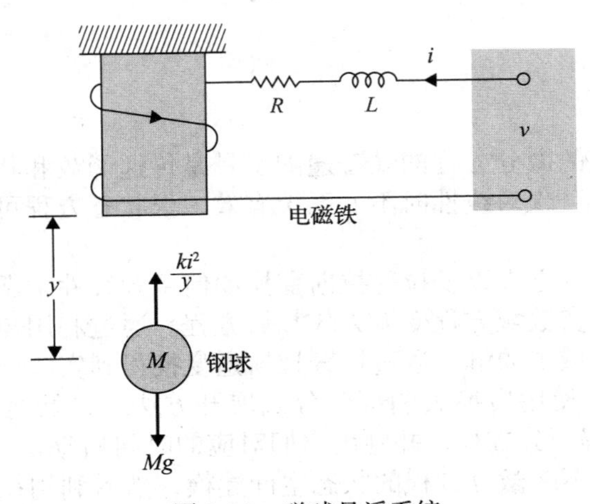

图 3-23　磁球悬浮系统

147

定义变量 $x_1(t) = y(t)$，$x_2(t) = \mathrm{d}y(t)/\mathrm{d}t$，$x_3(t) = i(t)$，系统的状态方程为

$$\frac{\mathrm{d}x_1(t)}{\mathrm{d}t} = x_2(t) \tag{3-360}$$

$$\frac{\mathrm{d}x_2(t)}{\mathrm{d}t} = g - \frac{1}{M}\frac{x_2^3(t)}{x_1(t)} \tag{3-361}$$

$$\frac{\mathrm{d}x_3(t)}{\mathrm{d}t} = -\frac{R}{L}x_3(t) + \frac{1}{L}e(t) \tag{3-362}$$

在平衡点 $y_0(t) = x_{01}$ = 常数处对系统线性化，则

$$x_{02}(t) = \frac{\mathrm{d}x_{01}(t)}{\mathrm{d}t} = 0 \tag{3-363}$$

$$\frac{\mathrm{d}^2 y_0(t)}{\mathrm{d}t^2}=0 \tag{3-364}$$

把式（3-364）代入式（3-359）得到 $i(t)$ 的标称值：

$$e(t)=Ri(t)+L\frac{\mathrm{d}i(t)}{\mathrm{d}t} \tag{3-365}$$

因此

$$i_0(t)=x_{03}(t)=\sqrt{Mgx_{01}} \tag{3-366}$$

线性化的状态方程用状态空间的形式表示，系数矩阵 $\boldsymbol{A}^*$ 和 $\boldsymbol{B}^*$ 为

$$\boldsymbol{A}^*=\begin{bmatrix} 0 & 1 & 0 \\ \dfrac{x_{03}^2}{Mx_{01}^2} & 0 & \dfrac{-2x_{03}}{Mx_{01}} \\ 0 & 0 & -\dfrac{R}{L} \end{bmatrix}=\begin{bmatrix} 0 & 1 & 0 \\ \dfrac{g}{x_{01}} & 0 & -2\left(\dfrac{g}{Mx_{01}}\right)^{1/2} \\ 0 & 0 & -\dfrac{R}{L} \end{bmatrix} \tag{3-367}$$

148

$$\boldsymbol{B}^*=\begin{bmatrix} 0 \\ 0 \\ \dfrac{1}{L} \end{bmatrix} \tag{3-368}$$ ▲

3.10 小结

两种求解动态系统的微分方程的最普遍的工具是传递函数和状态变量方法。传递函数基于拉普拉斯变换，且仅对线性时不变系统有效，但状态方程可用在线性或非线性系统中。

在本章，我们从微分方程以及拉普拉斯变换如何用到线性常微分方程的解开始。在转换域中，这种变换以实数域方程变换为代数域方程。通过利用与求解代数域方程相似的方法，首先得到转换域中的解。通过拉普拉斯逆变换得到实数域的最终解。对于工程问题，针对逆变换推荐使用转换表和部分分式展开方法。自始至终，我们介绍不同的 MATLAB 工具箱以求解微分方程，并画出它们对应的时间响应。

这章提出了线性时不变微分方程的状态空间建模，然后利用拉普拉斯变换对状态方程求解，也建立了状态方程和传递函数的关系。最后证明给定线性系统的传递函数，系统的状态方程可由传递函数的分解获得。

之后从第 7 章到第 11 章，将会提供更多利用这些方法对物理系统建模的例子。而且在第 7 章和第 8 章，分别利用拉普拉斯变换和状态空间方法，提供更多微分方程的解和时间响应的细节。

参考文献

1. F. B. Hildebrand, *Methods of Applied Mathematics*, 2nd Ed., Prentice Hall, Englewood Cliffs, NJ, 1965.
2. B. C. Kuo, *Linear Networks and Systems*, McGraw-Hill Book Company, New York, 1967.
3. C. R. Wylie, Jr., *Advanced Engineering Mathematics*, 2nd Ed., McGraw-Hill Book Company, New York, 1960.
4. C. Pottle, "On the Partial Fraction Expansion of a Rational Function with Multiple Poles by Digital Computer," *IEEE Trans. Circuit Theory*, Vol. CT-11, 161–162, Mar. 1964.

5. B. O. Watkins, "A Partial Fraction Algorithm," *IEEE Trans. Automatic Control*, Vol. AC-16, 489–491, Oct. 1971.
6. William J. Palm III, *Modeling, Analysis, and Control of Dynamic Systems*, 2nd Ed., John Wiley & Sons, Inc., New York, 1999.
7. Katsuhiko Ogata, *Modern Control Engineering*, 5th Ed., Prentice Hall, *New Jersey*, 2010.
8. Richard C. Dorf and Robert H. Bishop, *Modern Control Systems*, 12th Ed., Prentice Hall, NJ, 2011.
9. Norman S. Nise, *Control Systems Engineering*, 6th Ed., John Wiley and Sons, New York, 2011.
10. Gene F. Franklin, J. David Powell, and Abbas Emami-Naeini, *Feedback Control of Dynamic Systems*, 6th Ed., Prentice Hall, *New Jersey*, 2009.
11. J. Lowen Shearer, Bohdan T. Kulakowski, John F. Gardner, *Dynamic Modeling and Control of Engineering Systems*, 3rd Ed., Cambridge University Press, New York, 2007.
12. Robert L. Woods and Kent L. Lawrence, *Modeling and Simulation of Dynamic Systems*, Prentice Hall, *New Jersey*, 1997.
13. Benjamin C. Kuo, *Automatic Control Systems*, 7th Ed., Prentice Hall, *New Jersey*, 1995.
14. Benjamin C. Kuo and F. Golnaraghi, *Automatic Control Systems*, 8th Ed., John Wiley & Sons, New York, 2003.
15. F. Golnaraghi and Benjamin C. Kuo, *Automatic Control Systems*, 9th Ed., John Wiley & Sons, New York, 2010.
16. Daniel J. Inman, *Engineering Vibration*, 3rd Ed., Prentice Hall, New York, 2007.

149

习题

3-1 求下面函数的零极点（包括在无穷点处）。在 s 平面上，用 × 表示有限极点，用○表示有限零点。

（a）$G(s)=\dfrac{10(s+2)}{s^2(s+1)(s+10)}$　　（b）$G(s)=\dfrac{10s(s+1)}{(s+2)(s^2+3s+2)}$

（c）$G(s)=\dfrac{10(s+2)}{s(s^2+2s+2)}$　　（d）$G(s)=\dfrac{e^{-2s}}{10s(s+1)(s+2)}$

3-2 已给出函数的零极点，求函数

（a）单极点：0，−2；二阶极点：−3；零点：−1，∞

（b）单极点：−1，−4；零点：0

（c）单极点：−3，∞；二阶极点：0，−1；零点：±j，∞

3-3 用 MATLAB 求习题 3-1 的零极点。

3-4 用 MATLAB 求 $\mathcal{L}\{\sin^2(2t)\}$，已知 $\mathcal{L}\{\sin^2(2t)\}$ 之后再计算 $\mathcal{L}\{\cos^2(2t)\}$，最后用 MATLAB 计算 $\mathcal{L}\{\cos^2(2t)\}$ 验证你的答案。

3-5 求下面函数的拉普拉斯变换，利用能用到的拉普拉斯变换理论。

（a）$g(t)=5te^{-5t}u_s(t)$

（b）$g(t)=(t\sin(2t)+e^{-2t})u_s(t)$

（c）$g(t)=2e^{-2t}\sin(2t)u_s(t)$

（d）$g(t)=\sin(2t)\cos(2t)u_s(t)$

（e）$g(t)=\sum_{k=0}^{\infty}e^{-5kT}\delta(t-kT)$，其中 $\delta(t)=$ 单位脉冲响应函数

3-6 用 MATLAB 解决习题 3-5。

3-7 求图 3P-7 表示的拉普拉斯变换函数。首先写下 $g(t)$ 的完整表达，然后做出拉普拉斯变换。令 $gT(t)$ 为基本周期上的函数描述，适当地延迟 $gT(t)$ 来得到 $g(t)$。对 $g(t)$ 取拉普拉斯变换得到图 3P-7。

150

3-8 求下面函数的拉普拉斯变换。

$$g(t)=\begin{cases} t+1, & 0\leqslant t<1 \\ 0, & 1\leqslant t<2 \\ 2-t, & 2\leqslant t<3 \\ 0, & t\geqslant 3 \end{cases}$$

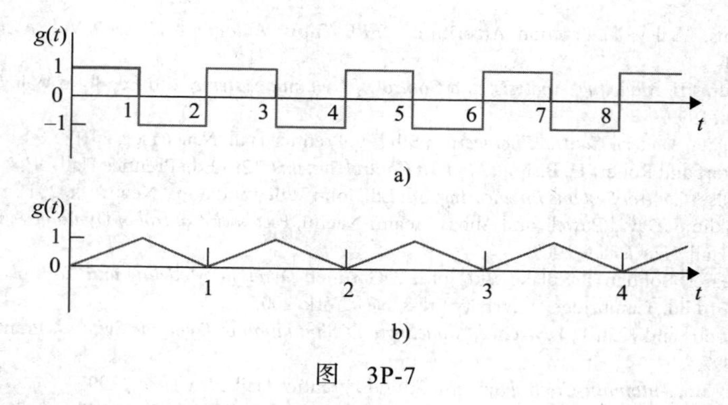

图 3P-7

3-9 求图 3P-9 所示周期函数的拉普拉斯变换。

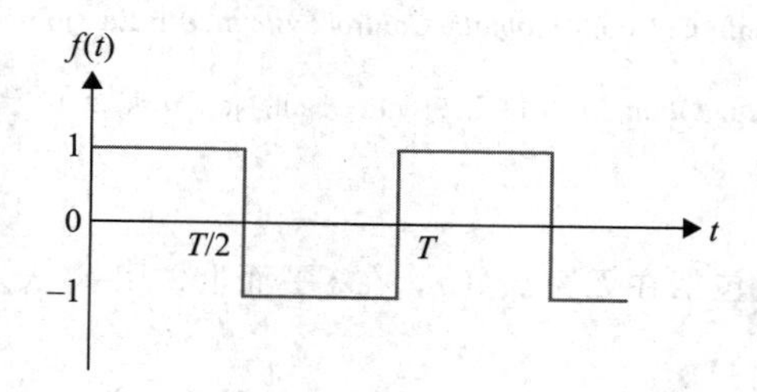

图 3P-9

3-10 求图 3P-10 所示函数的拉普拉斯变换。

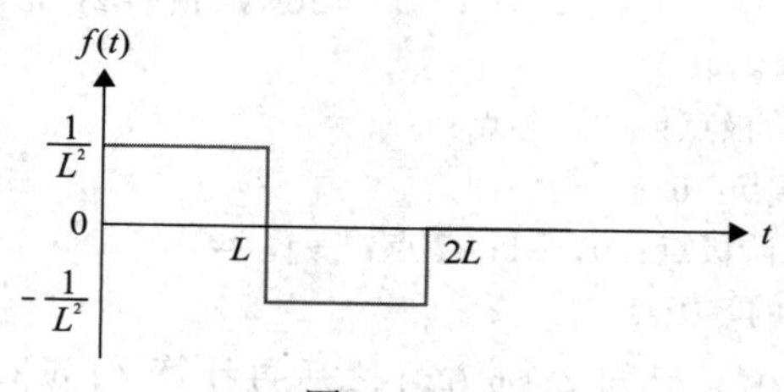

图 3P-10

3-11 下面的微分方程表示线性时不变系统，式中，$r(t)$ 表示输入，$y(t)$ 表示输出。对于每个系统，求传递函数 $Y(s)/R(s)$（假设初始状态为零）。

（a）$\dfrac{\mathrm{d}^3y(t)}{\mathrm{d}t^3}+2\dfrac{\mathrm{d}^2y(t)}{\mathrm{d}t^2}+5\dfrac{\mathrm{d}y(t)}{\mathrm{d}t}+6y(t)=3\dfrac{\mathrm{d}r(t)}{\mathrm{d}t}+r(t)$

（b）$\dfrac{\mathrm{d}^4y(t)}{\mathrm{d}t^4}+10\dfrac{\mathrm{d}^2y(t)}{\mathrm{d}t^2}+\dfrac{\mathrm{d}y(t)}{\mathrm{d}t}+5y(t)=5r(t)$

（c）$\dfrac{\mathrm{d}^3y(t)}{\mathrm{d}t^3}+10\dfrac{\mathrm{d}^2y(t)}{\mathrm{d}t^2}+2\dfrac{\mathrm{d}y(t)}{\mathrm{d}t}+y(t)+2\int_0^t y(\tau)\mathrm{d}\tau=\dfrac{\mathrm{d}r(t)}{\mathrm{d}t}+2r(t)$

（d）$2\dfrac{\mathrm{d}^2y(t)}{\mathrm{d}t^2}+\dfrac{\mathrm{d}y(t)}{\mathrm{d}t}+5y(t)=r(t)+2r(t-1)$

（e）$\dfrac{\mathrm{d}^2y(t+1)}{\mathrm{d}t^2}+4\dfrac{\mathrm{d}y(t+1)}{\mathrm{d}t}+5y(t+1)=\dfrac{\mathrm{d}r(t)}{\mathrm{d}t}+2r(t)+2\int_{-\infty}^t r(\tau)\mathrm{d}\tau$

（f）$\dfrac{\mathrm{d}^3y(t)}{\mathrm{d}t^3}+2\dfrac{\mathrm{d}^2y(t)}{\mathrm{d}t^2}+\dfrac{\mathrm{d}y(t)}{\mathrm{d}t}+2y(t)+2\int_{-\infty}^t y(\tau)\mathrm{d}\tau=\dfrac{\mathrm{d}r(t-2)}{\mathrm{d}t}+2r(t-2)$

151 3-12 用 MATLAB 求习题 2-29 的微分方程的 $Y(s)/R(s)$。

3-13 求下面函数的拉普拉斯逆变换。首先对 $G(s)$ 进行部分分式展开，然后利用拉普拉斯变换表。

（a）$G(s)=\dfrac{1}{s(s+2)(s+3)}$　（b）$G(s)=\dfrac{10}{(s+2)^2(s+3)}$　（c）$G(s)=\dfrac{100(s+2)}{s(s^2+4)(s+1)}\mathrm{e}^{-s}$

（d）$G(s)=\dfrac{2(s+1)}{s(s^2+s+2)}$　（e）$G(s)=\dfrac{1}{(s+1)^3}$　（f）$G(s)=\dfrac{2(s^2+s+1)}{s(s+1.5)(s^2+5s+5)}$

（g）$G(s)=\dfrac{2+2s\mathrm{e}^{-s}+4\mathrm{e}^{-2s}}{s^2+3s+2}$　（h）$G(s)=\dfrac{2s+1}{s^3+6s^2+11s+6}$　（i）$G(s)=\dfrac{3s^3+10s^2+8s+5}{s^4+5s^3+7s^2+5s+6}$

3-14　利用 MATLAB 求习题 3-13 中传递函数的拉普拉斯逆变换。首先对 $G(s)$ 进行部分分式展开，然后利用拉普拉斯逆变换。

3-15　利用 MATLAB 求下面方程的部分分式展开。

（a）$G(s)=\dfrac{10(s+1)}{s^2(s+4)(s+6)}$　（b）$G(s)=\dfrac{(s+1)}{s(s+2)(s^2+2s+2)}$

（c）$G(s)=\dfrac{5(s+2)}{s^2(s+1)(s+5)}$　（d）$G(s)=\dfrac{5\mathrm{e}^{-2s}}{(s+1)(s^2+s+1)}$

（e）$G(s)=\dfrac{100(s^2+s+3)}{s(s^2+5s+3)}$　（f）$G(s)=\dfrac{1}{s(s^2+1)(s+0.5)^2}$

（g）$G(s)=\dfrac{2s^3+s^2+8s+6}{(s^2+4)(s^2+2s+2)}$　（h）$G(s)=\dfrac{2s^4+9s^3+15s^2+s+2}{s^2(s+2)(s+1)^2}$

152

3-16　利用 MATLAB 求习题 3-15 中函数的拉普拉斯逆变换。

3-17　用拉普拉斯变换方法求解如下微分方程。

（a）$\dfrac{\mathrm{d}^2 f(t)}{\mathrm{d}t^2}+5\dfrac{\mathrm{d}f(t)}{\mathrm{d}t}+4f(t)=\mathrm{e}^{-2t}u_s(t)$（假设初始状态为零）

（b）$\begin{cases}\dfrac{\mathrm{d}x_1(t)}{\mathrm{d}t}=x_2(t)\\ \dfrac{\mathrm{d}x_2(t)}{\mathrm{d}t}=-2x_1(t)-3x_2(t)+u_s(t)x_1(0)=1,x_2(0)=0\end{cases}$

（c）$\begin{cases}\dfrac{\mathrm{d}^3y(t)}{\mathrm{d}t^3}+2\dfrac{\mathrm{d}^2y(t)}{\mathrm{d}t^2}+\dfrac{\mathrm{d}y(t)}{\mathrm{d}t}+2y(t)=-\mathrm{e}^{-t}u_s(t)\\ \dfrac{\mathrm{d}^2y}{\mathrm{d}t^2}(0)=-1\dfrac{\mathrm{d}y}{\mathrm{d}t}(0)=1y(0)=0\end{cases}$

3-18　利用 MATLAB 求习题 3-17 中函数的拉普拉斯变换。

3-19　利用 MATLAB 求解如下微分方程：

$$\frac{\mathrm{d}^2y}{\mathrm{d}t^2}-y=\mathrm{e}^t\text{（假设初始状态为零）}$$

3-20　如图 3P-20 所示为化学反应中的三级反应罐。

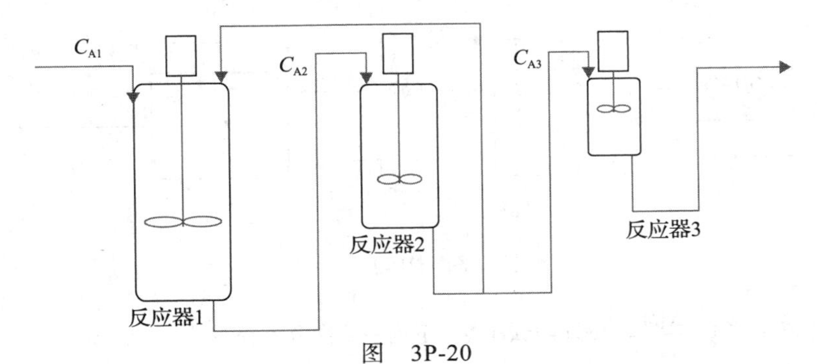

图　3P-20

每个反应器的状态方程定义如下：

$$\text{R1: } \frac{dC_{A1}}{dt}=\frac{1}{V_1}[1000+100C_{A2}-1100C_{A1}-k_1V_1C_{A1}]$$

$$\text{R2: } \frac{dC_{A2}}{dt}=\frac{1}{V_2}[1100C_{A1}-1100C_{A2}-k_2V_2C_{A2}]$$

$$\text{R3: } \frac{dC_{A3}}{dt}=\frac{1}{V_3}[1000C_{A2}-1000C_{A3}-k_3V_3C_{A3}]$$

式中，V_i和k_i表示每个罐的体积和温度常数，如下表所示：

反应器	V_i	k_i
1	1000	0.1
2	1500	0.2
3	100	0.4

153 利用 MATLAB 求解微分方程，假设在 t=0 时，$C_{A1}=C_{A2}=C_{A3}=0$。

3-21 图 3P-21 表示车辆悬挂系统碰到隆起物的简单模型，如果轮子的质量为 m，质量惯性矩为 J，那么

（a）求运动方程。

（b）确定系统的传递函数。

（c）计算自然频率。

（d）利用 MATLAB 画出系统的阶跃响应。

图 3P-21

3-22 一个机电系统有如下的系统方程：

$$L\frac{di}{dt}+R+K_1\omega=e(t)$$

$$L\frac{dw}{dt}+Bw-K_2i=0$$

对一个单位阶跃施加电压 $e(t)$，初始状态为零，求响应 $i(t)$ 和 $\omega(t)$。假设有如下的参数值：

$$L=1(\text{HmJ})=1(\text{kg}\cdot\text{m}^2),\ B=2(\text{N}\cdot\text{m}\cdot\text{s}),\ R=1(\Omega),\ K_1=1(\text{V}\cdot\text{s}),\ K_2=1(\text{N}\cdot\text{m/A})$$

3-23 考虑如图 3P-23 所示的二自由度机械系统，受两个作用力 $f_1(t)$ 和 $f_2(t)$ 控制，初始状态为零，确定系统的响应 $x_1(t)$ 和 $x_2(t)$，当

（a）$f_1(t)=0$，$f_2(t)=u_s(t)$

（b）$f_1(t)=u_s(t)$，$f_2(t)=u_s(t)$

使用如下的参数值：

$$m_1=m_2=1(\text{kg}),\ b_1=2(\text{Ns/m}),\ b_2=1(\text{Ns/m}),\ k_1=k_2=1(\text{N/m})$$

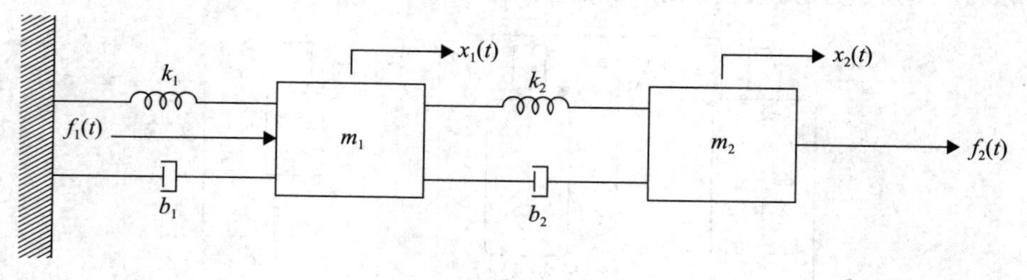

154

图 3P-23

3-24 用向量 - 矩阵形式 $\frac{d\boldsymbol{x}(t)}{dt}=\boldsymbol{Ax}(t)+\boldsymbol{Bu}(t)$ 表示下列一阶微分方程。

（a）$\frac{dx_1(t)}{dt}=-x_1(t)+2x_2(t)$

$$\frac{\mathrm{d}x_2(t)}{\mathrm{d}t}=-2x_2(t)+3x_3(t)+u_1(t)$$

$$\frac{\mathrm{d}x_3(t)}{\mathrm{d}t}=-x_1(t)-3x_2(t)-x_3(t)+u_2(t)$$

（b）$$\frac{\mathrm{d}x_1(t)}{\mathrm{d}t}=-x_1(t)+2x_2(t)+2u_1(t)$$

$$\frac{\mathrm{d}x_2(t)}{\mathrm{d}t}=2x_1(t)-x_3(t)+u_2(t)$$

$$\frac{\mathrm{d}x_3(t)}{\mathrm{d}t}=3x_1(t)-4x_2(t)-x_3(t)$$

3-25　给定系统的状态方程，把它转换为一阶微分方程。

（a）$A=\begin{bmatrix}0 & -1 & 2\\ 1 & 0 & 1\\ -1 & -2 & 1\end{bmatrix}$　$B=\begin{bmatrix}0 & -1\\ 1 & 0\\ 0 & 0\end{bmatrix}$

（b）$A=\begin{bmatrix}3 & 1 & -2\\ -1 & 2 & 2\\ 0 & 0 & 1\end{bmatrix}$　$B=\begin{bmatrix}-1\\ 0\\ 2\end{bmatrix}$

3-26　考虑如图 3P-26 所示的火车，由一个发动机和车厢组成。

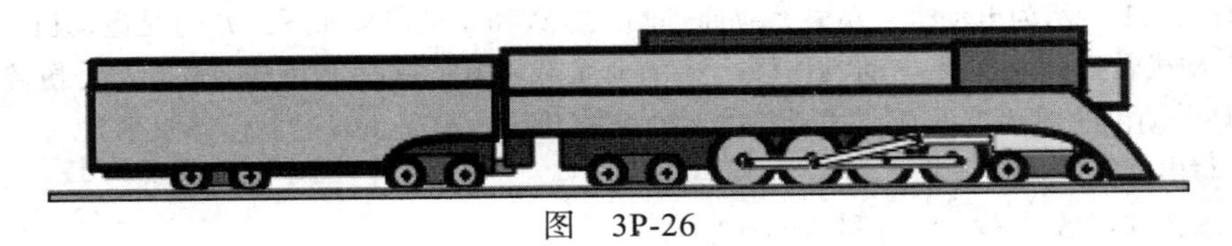

图　3P-26

一个控制器被应用在火车上，以便有光滑的启动和制动，连同常速行驶。发动机的质量为 M，车厢的质量为 m。发动机和车厢被刚度系数为 K 的弹簧连接一起。F 表示由发动机施加的作用力，μ 表示滚动摩擦系数。如果火车仅朝一个方向行驶：

(a) 画出受力图。

(b) 求状态变量和输出方程。

(c) 求传递函数。

(d) 写出系统的状态空间。

3-27　如图 3P-27 所示，一个牵引车辆通过弹簧阻尼连接器拖着一个拖车。参数和变量的定义如下：M 为拖车的质量；K_h 是连接器的弹簧常数；B_h 是连接器的黏性阻尼系数；B_t 是连接器的黏性摩擦系数；$y_1(t)$ 是牵引车辆的位移；$y_2(t)$ 是拖车的位移；$f(t)$ 是牵引车辆的力。

155

图　3P-27

(a) 写出系统的微分方程。

(b) 写出状态方程，通过定义如下状态变量：$x_1(t)=y_1(t)-y_2(t)$，$x_2(t)=\mathrm{d}y_2(t)\mathrm{d}t$。

3-28　图 3P-28 表示控制系统中著名的“球－杆系统”。球在杆上沿着杆的长度滚动。杠杆臂连着杆的尾端，一个伺服齿轮连着杠杆臂的另一端。伺服齿轮每转动 θ 角，杠杆臂上下移动，然后杆

的角度改变了 α。角度的变化导致球沿着杆滚动。一个控制器控制球的位置。

假设：

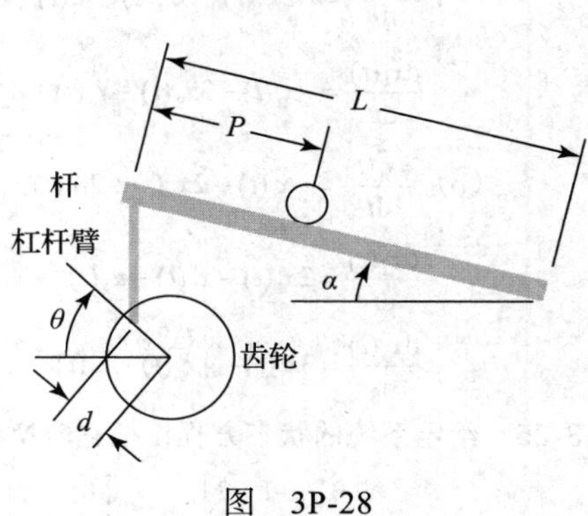

图 3P-28

m= 球的质量
r= 球的半径
d= 杠杆臂的偏移量
g= 重力加速度
L= 杆的长度
J= 球的惯性矩
p= 球的位置坐标
α = 杆的角度坐标
θ = 伺服齿轮角度

(a) 确定运动的动态方程。
(b) 求传递函数。
(c) 写出系统的状态空间。
(d) 用 MATLAB 求系统的阶跃响应。

3-29 求习题 2-12 的传递函数和状态空间变量。

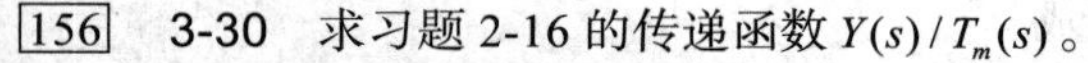

156 3-30 求习题 2-16 的传递函数 $Y(s)/T_m(s)$。

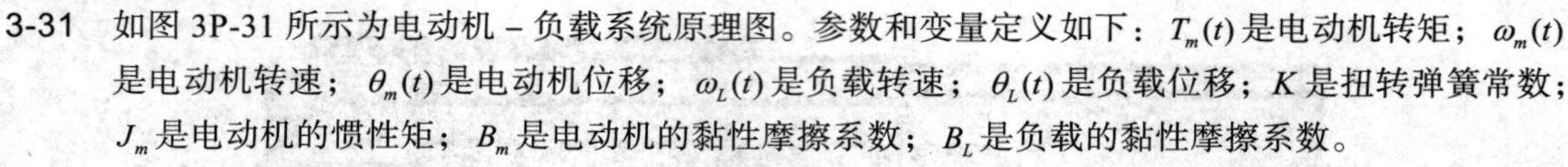

3-31 如图 3P-31 所示为电动机 – 负载系统原理图。参数和变量定义如下：$T_m(t)$ 是电动机转矩；$\omega_m(t)$ 是电动机转速；$\theta_m(t)$ 是电动机位移；$\omega_L(t)$ 是负载转速；$\theta_L(t)$ 是负载位移；K 是扭转弹簧常数；J_m 是电动机的惯性矩；B_m 是电动机的黏性摩擦系数；B_L 是负载的黏性摩擦系数。

(a) 写出系统的转矩方程。
(b) 求传递函数 $\Theta_L(s)/T_m(s)$ 和 $\Theta_m(s)/T_m(s)$。
(c) 求系统的特征方程。
(d) 令 $T_m(t)=T_m$，为常数转矩；证明在稳态下 $\omega_m=\omega_L=$ 常数；求稳态速度 ω_m 和 ω_L。
(e) 当 J_L 的值翻倍但 J_m 不变时，重复（d）问。

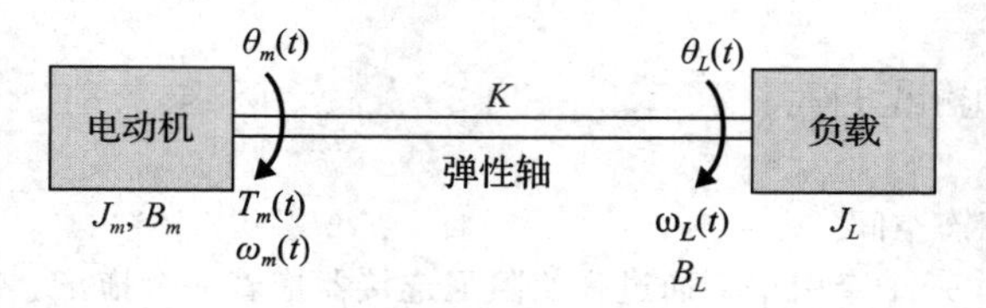

图 3P-31

3-32 习题 2-20 中，

(a) 假设 T_s 为常转矩，求传递函数 $\Theta_L(s)/\Delta(s)$，式中 $\Theta_L(s)$ 和 $\Delta(s)$ 分别是 $\theta(t)$ 和 $\delta(t)$ 的拉普拉斯变换，假设 $\delta(t)$ 非常小。
(b) 点 C 和点 P 交换位置，重做（a）问。那么 α_F 中的 d_1 应该变为 d_2。

3-33 在习题 2-21 中，

(a) 通过令状态变量 $x_1=\theta$，$x_2=\mathrm{d}\theta/\mathrm{d}t$，$x_3=x$，$x_4=\mathrm{d}x/\mathrm{d}t$，把之前得到的方程表示为状态方程。对于小 θ 通过 $\sin\theta\cong\theta,\cos\theta\cong 1$ 来简化方程。
(b) 得到系统的小信号线性化状态方程模型，形式如下：

$$\frac{\mathrm{d}\Delta\boldsymbol{x}(t)}{\mathrm{d}t}=\boldsymbol{A}^{*}\Delta\boldsymbol{x}(t)+\boldsymbol{B}^{*}\Delta\boldsymbol{r}(t)$$

在均衡点 $x_{01}(t)=1$，$x_{02}(t)=0$，$x_{03}(t)=0$，$x_{04}(t)=0$。

157 3-34 当机器在稳态受到谐波扰动时，减振器用来使其工作在常速。图 3P-34 表示一个简单的减振器。

假设谐波力 $F(t)=A\sin(\omega t)$ 为施加在质量 M 上的扰动：

（a）求系统的状态方程。

（b）求系统的传递函数。

3-35　图 3P-35 表示减振器的阻尼。

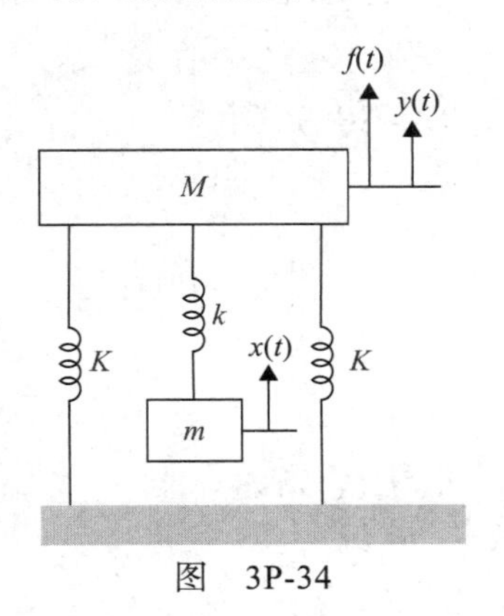

图　3P-34

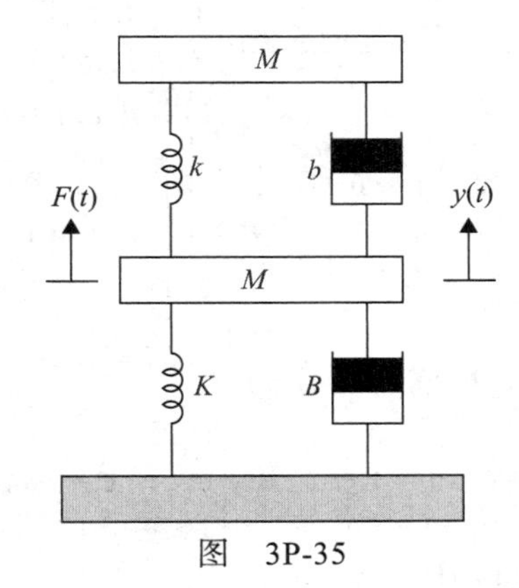

图　3P-35

假设谐波力 $F(t)=A\sin(\omega t)$ 为施加在质量 M 上的扰动：

（a）求系统的状态方程。

（b）求系统的传递函数。

3-36　考虑图 3P-36a 和 b 表示的电路。

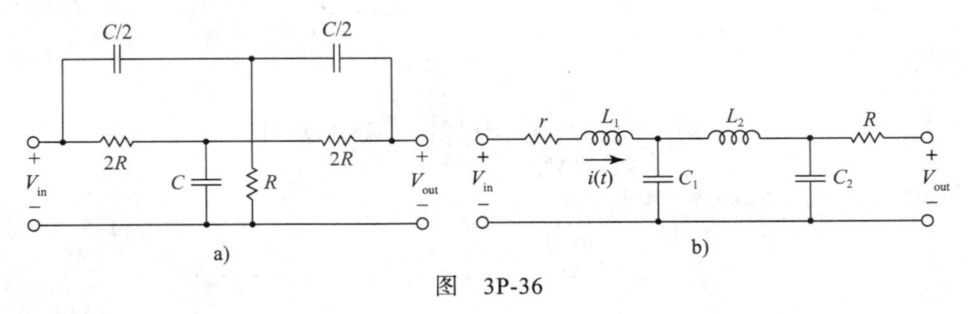

图　3P-36

对于每个电路：

（a）求动态方程和状态变量。

（b）求传递函数。

（c）用 MATLAB 画出系统的阶跃响应。

158

3-37　下面的微分方程表示线性时不变系统。请以向量 – 矩阵形式写出动态方程（状态方程和输出方程）。

（a）$\dfrac{d^2y(t)}{dt^2}+4\dfrac{dy(t)}{dt}+y(t)=5r(t)$

（b）$2\dfrac{d^3y(t)}{dt^3}+3\dfrac{d^2y(t)}{dt^2}+5\dfrac{dy(t)}{dt}+2y(t)=r(t)$

（c）$\dfrac{d^3y(t)}{dt^3}+5\dfrac{d^2y(t)}{dt^2}+3\dfrac{dy(t)}{dt}+y(t)+\int_0^t y(\tau)d\tau=r(\tau)$

（d）$\dfrac{d^4y(t)}{dt^4}+1.5\dfrac{d^3y(t)}{dt^3}+2.5\dfrac{dy(t)}{dt}+y(t)=2r(t)$

3-38　下面的传递函数表示线性时不变系统。请以向量 – 矩阵形式写出动态方程（状态方程和输出方程）。

（a）$G(s)=\dfrac{s+3}{s^2+3s+2}$　　（b）$G(s)=\dfrac{6}{s^3+6s^2+11s+6}$

（c）$G(s)=\dfrac{s+2}{s^2+7s+12}$　　（d）$G(s)=\dfrac{s^3+11s^2+35s+250}{s^2(s^3+4s^2+39s+108)}$

3-39 用 MATLAB 重做习题 3-38。

3-40 求下列系统的时间响应：

(a) $\begin{bmatrix}\dot{x}_1\\ \dot{x}_2\end{bmatrix}=\begin{bmatrix}0 & 1\\ -2 & -3\end{bmatrix}\begin{bmatrix}x_1\\ x_2\end{bmatrix}+\begin{bmatrix}0\\ 1\end{bmatrix}u$　　(b) $\begin{bmatrix}\dot{x}_1\\ \dot{x}_2\end{bmatrix}=\begin{bmatrix}-1 & -0.5\\ 1 & 0\end{bmatrix}\begin{bmatrix}x_1\\ x_2\end{bmatrix}+\begin{bmatrix}0.5\\ 0\end{bmatrix}uy=\begin{bmatrix}1 & 0\end{bmatrix}\begin{bmatrix}x_1\\ x_2\end{bmatrix}$

3-41 给定动态方程描述的系统：

$$\frac{\mathrm{d}\boldsymbol{x}(t)}{\mathrm{d}t}=\boldsymbol{A}\boldsymbol{x}(t)+\boldsymbol{B}\boldsymbol{u}(t)\qquad \boldsymbol{y}(t)=\boldsymbol{C}\boldsymbol{x}(t)$$

(a) $\boldsymbol{A}=\begin{bmatrix}0 & 1 & 0\\ 1 & 0 & 1\\ -1 & -2 & -3\end{bmatrix}\quad \boldsymbol{B}=\begin{bmatrix}0\\ 0\\ 1\end{bmatrix}\quad \boldsymbol{C}=\begin{bmatrix}1 & 0 & 0\end{bmatrix}$

(b) $\boldsymbol{A}=\begin{bmatrix}-1 & 1\\ 0 & -1\end{bmatrix}\quad \boldsymbol{B}=\begin{bmatrix}0\\ 1\end{bmatrix}\quad \boldsymbol{C}=\begin{bmatrix}1 & 1\end{bmatrix}$

(c) $\boldsymbol{A}=\begin{bmatrix}0 & 1 & 0\\ 0 & 0 & 1\\ 0 & -1 & -2\end{bmatrix}\quad \boldsymbol{B}=\begin{bmatrix}0\\ 0\\ 1\end{bmatrix}\quad \boldsymbol{C}=\begin{bmatrix}1 & 1 & 0\end{bmatrix}$

(1) 求 $\boldsymbol{A}$ 的特征根；

(2) 求 $\boldsymbol{X}(s)$ 和 $\boldsymbol{U}(s)$ 的传递函数关系；

159　(3) 求传递函数 $Y(s)/U(s)$。

3-42 给定时不变系统的动态方程

$$\frac{\mathrm{d}\boldsymbol{x}(t)}{\mathrm{d}t}=\boldsymbol{A}\boldsymbol{x}(t)+\boldsymbol{B}\boldsymbol{u}(t)\qquad \boldsymbol{y}(t)=\boldsymbol{C}\boldsymbol{x}(t)$$

式中

$$\boldsymbol{A}=\begin{bmatrix}0 & 1 & 0\\ 1 & 0 & 1\\ -1 & -2 & -3\end{bmatrix}\quad \boldsymbol{B}=\begin{bmatrix}0\\ 0\\ 1\end{bmatrix}\quad \boldsymbol{C}=\begin{bmatrix}1 & 1 & 0\end{bmatrix}$$

求矩阵 $\boldsymbol{A}_1$ 和 $\boldsymbol{B}_1$，使得状态方程可写为

$$\frac{\mathrm{d}\overline{\boldsymbol{x}}(t)}{\mathrm{d}t}=\boldsymbol{A}_1\overline{\boldsymbol{x}}(t)+\boldsymbol{B}_1\boldsymbol{u}(t)$$

式中

$$\overline{\boldsymbol{x}}(t)=\begin{bmatrix}x_1(t)\\ y(t)\\ \dfrac{\mathrm{d}y(t)}{\mathrm{d}x}\end{bmatrix}$$

3-43 图 3P-43a 表示控制系统中著名的“扫帚平衡”系统。控制系统的目标是通过施加在车上的力 $u(t)$ 将扫帚保持在直立位置。在实际的应用中，该系统类似于独轮车或火箭发射后立即平衡的一维控制问题。系统的受力图如图 3P-43b 所示，式中

f_x = 扫帚底部水平方向上的力

f_y = 扫帚底部垂直方向上的力

M_b = 扫帚的质量

g = 重力加速度

M_c = 车的质量

160　J_b = 扫帚关于重心 $CG=M_bL_2/3$ 的惯性矩

(a) 写出扫帚的枢轴点上 x 方向和 y 方向上的力方程，扫帚重心 CG 的转矩方程，小车在水平方向上的力方程。

（b）通过令状态变量 $x_1=\theta$，$x_2=\mathrm{d}\theta/\mathrm{d}t$，$x_3=x$，$x_4=\mathrm{d}x/\mathrm{d}t$，把（a）问中的方程表示为状态方程。对于小 θ 通过 $\sin\theta\cong\theta$，$\cos\theta\cong1$ 来简化方程。

（c）得到系统的小信号线性化状态方程模型，形式如下：

$$\frac{\mathrm{d}\Delta\boldsymbol{x}(t)}{\mathrm{d}t}=\boldsymbol{A}^*\Delta\boldsymbol{x}(t)+\boldsymbol{B}^*\Delta\boldsymbol{r}(t)$$

在均衡点 $x_{01}(t)=1$，$x_{02}(t)=0$，$x_{03}(t)=0$，$x_{04}(t)=0$。

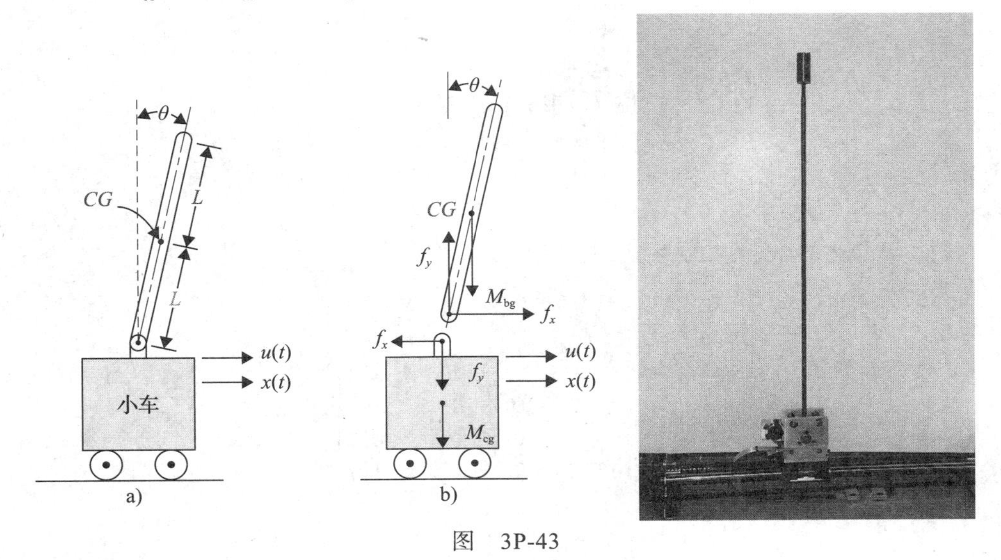

图　3P-43

3-44　习题 3-43 描述的描述的“扫帚平衡”控制系统有如下参数：

$$M_b=1(\mathrm{kg}),\ M_c=10(\mathrm{kg}),\ L=1(\mathrm{m}),\ g=32.2(\mathrm{ft/s^2})$$

系统的小信号线性化状态方程为

$$\Delta\dot{\boldsymbol{x}}(t)=\boldsymbol{A}^*\Delta\boldsymbol{x}(t)+\boldsymbol{B}^*\Delta r(t)$$

式中

$$\boldsymbol{A}^*=\begin{bmatrix}0&1&0&0\\25.92&0&0&0\\0&0&0&1\\-2.36&0&0&0\end{bmatrix}\qquad \boldsymbol{B}^*=\begin{bmatrix}0\\-0.0732\\0\\0.0976\end{bmatrix}$$

求 $\boldsymbol{A}^*$ 的特征方程和它的根。

3-45　图 3P-45 为球悬浮控制系统的原理图。钢球通过电磁铁产生的电磁力悬挂在空中。控制的目标为，用电压 $e(t)$ 控制磁铁中的电流，使得金属球悬浮在标称稳定位置。系统的实际应用是磁悬浮列车和高精度控制系统的磁力轴承。线圈电阻为 R，电感为 $L(y)=L/y(t)$，式中 L 是常数。外加电压 $e(t)$ 是幅值为 E 的常数。

（a）令 E_{eq} 为 E 的标称值。求 $y(t)$ 和 $\mathrm{d}y(t)/\mathrm{d}t$ 在平衡点的标称值。

（d）定义状态变量 $x_1(t)=i(t),x_2(t)=y(t),x_3(t)=\mathrm{d}y(t)/\mathrm{d}t$，求 $\frac{\mathrm{d}\boldsymbol{x}(t)}{\mathrm{d}t}=f(x,e)$ 形式的非线性状态方程。

（c）在平衡点对状态方程线性化，线性化状态方程为

$$\frac{\mathrm{d}\Delta\boldsymbol{x}(t)}{\mathrm{d}t}=\boldsymbol{A}^*\Delta\boldsymbol{x}(t)+\boldsymbol{B}^*\Delta\boldsymbol{e}(t)$$

电磁铁产生的力为 $Ki^2(t)/y(t)$，式中 K 是比例常数，钢球所受的重力为 Mg。

161

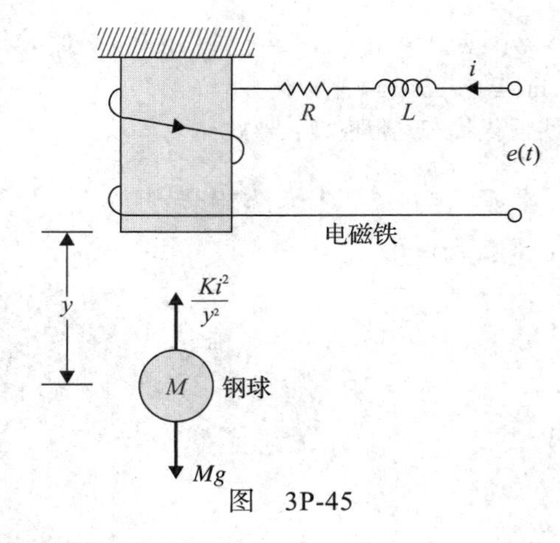

图 3P-45

3-46 习题 3-45 描述的球悬浮控制系统线性化后的方程为

$$\Delta\dot{\boldsymbol{x}}(t)=\boldsymbol{A}^*\Delta\boldsymbol{x}(t)+\boldsymbol{B}^*\Delta\boldsymbol{i}(t)$$

式中

$$\boldsymbol{A}^*=\begin{bmatrix}0 & 1 & 0 & 0\\ 115.2 & -0.05 & -18.6 & 0\\ 0 & 0 & 0 & 1\\ -37.2 & 0 & 37.2 & -0.01\end{bmatrix}$$

$$\boldsymbol{B}^*=\begin{bmatrix}0\\ -6.55\\ 0\\ -6.55\end{bmatrix}$$

令控制电流 $\Delta i(t)$ 由状态反馈 $\Delta i(t)=-\boldsymbol{K}\Delta\boldsymbol{x}(t)$ 获得，式中

$$\boldsymbol{K}=\begin{bmatrix}k_1 & k_2 & k_3 & k_4\end{bmatrix}$$

（a）求 $\boldsymbol{K}$ 的元素，使得 $\boldsymbol{A}^*-\boldsymbol{B}^*\boldsymbol{K}$ 的特征根为 $-1+\mathrm{j}$，$-1-\mathrm{j}$，-10，-10；

（b）画出 $\Delta x_1(t)=\Delta y_1(t)$（磁铁位移）和 $\Delta x_3(t)=\Delta y_2(t)$（球位移）的响应，初始状态为

$$\Delta\boldsymbol{x}(0)=\begin{bmatrix}0.1\\ 0\\ 0\\ 0\end{bmatrix}$$

（c）以如下初始状态重做（b）问：

$$\Delta\boldsymbol{x}(0)=\begin{bmatrix}0\\ 0\\ 0.1\\ 0\end{bmatrix}$$

162 评价（b）问和（c）问两种初始状态下闭环系统的响应。

第 4 章

控制框图和信号流图

完成本章的学习后，你将能够

1）利用控制框图及其组成和潜在的数学公式得到控制系统的传递函数。

2）建立控制框图和信号流图之间的平行关系。

3）利用信号流图和梅森增益公式求得控制系统的传递函数。

4）获得状态图——信号流图的一种扩展，来描述状态方程和微分方程。

在第 2 章中，我们学习了基本动态系统的建模，在之后的第 3 章，我们利用传递函数和状态空间的方法将这些模型从微分方程形式转换为适于控制系统分析的形式。在本章中，我们引进控制框图作为建模控制系统的图形表达和潜在的数学公式。控制框图是控制系统学习中的一个热点，因为它能让人更好地理解动态系统的组成和互连。信号流图也可以用作控制系统模型的可用图形表达。信号流图也可作为控制框图的另一种表示。

在本章中，我们利用控制框图、信号流图以及梅森增益公式找到整体控制系统的传递函数。通过章末示例的学习，可将这些方法应用于第 2 章和第 3 章已经研究过的各种动态系统建模中。

4.1 控制框图

控制框图建模和传递函数模型描述了整个系统的因果（输入 – 输出）关系。例如，已知教室里的加热系统的简化控制框图，如图 4-1 所示，通过设置期望温度，也称为**输入**，可以打开锅炉为房间提供热量。这个过程相对直接。实际的室温也称为**输出**，通过恒温器内的**传感器**测量。恒温器内的简单电路将实际室温与期望室温进行比较（**比较器**）。如果室温低于期望温度，将产生**误差**电压。误差电压作为开关打开气体阀门从而打开锅炉（或**执行器**）。打开教室的门窗会造成热量损失，这自然会干扰加热过程（**扰动**）。

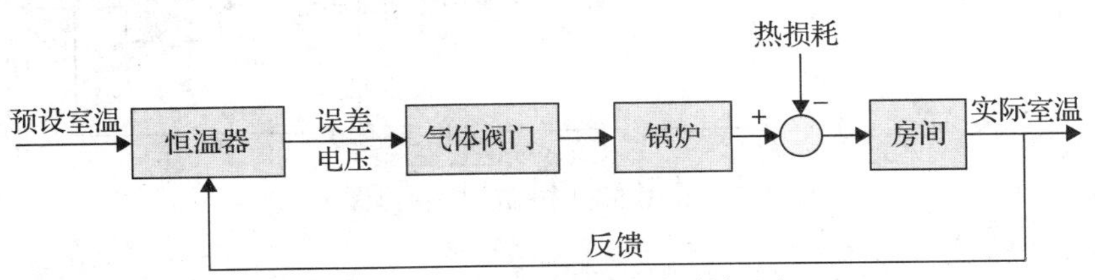

图 4-1　加热系统的简化控制框图

房间的温度是由输出传感器不断监测的，测量输出并将它与输入进行比较以建立误差信号的过程称为**反馈**。注意，这里的误差电压使锅炉打开，当误差达到零时，锅炉最终关闭。

本例中，控制框图只是简单地展示了系统组成部分之间的相互作用，并没有给出数学细节。如果系统所有元件的数学关系和函数关系已知，则控制框图可以作为系统分析或者计算求解的工具。

一般来说，控制框图可以为线性系统和非线性系统建模。对于非线性系统，控制框图的变量是时域的，而对于线性系统，则采用**拉普拉斯变换变量**。

因此在这种情况下，假设系统所有元件为线性模型，系统动态在拉普拉斯域中通过传递函数表示为

$$\frac{Ti(s)}{To(s)} \tag{4-1}$$

其中，$Ti(s)$ 是期望室温的拉普拉斯形式，$To(s)$ 为实际室温，如图 4-1 所示。

此外，我们可以用信号流图或状态图为控制系统提供图形表示，这些主题将在本章后面讨论。

4.1.1 控制系统中典型元件的控制框图建模

大多数控制系统控制框图中的典型元件如下。

- 比较器
- 表示单个元件传递函数的方框，包括
  - 输入信号变换器
  - 输出传感器
  - 执行器
  - 控制器
  - 对象（被控变量的元件）
- 输入或参考信号[⊖]
- 输出信号
- 扰动信号
- 反馈回路

164

图 4-2 展示了这些元件互连的结构。你可以比较图 4-1 和图 4-2，为每个系统找到控制术语。因此，每个方框代表控制系统的一个元件，每个元件可以由一个或多个方程建模。通常情况下，这些方程是在拉普拉斯域的（因为采用传递函数易于操作），但也可以用时间表示。一旦完全构造出系统的控制框图，就可以研究单个元件或整个系统的行为。接下来讨论控制框图的关键元件。

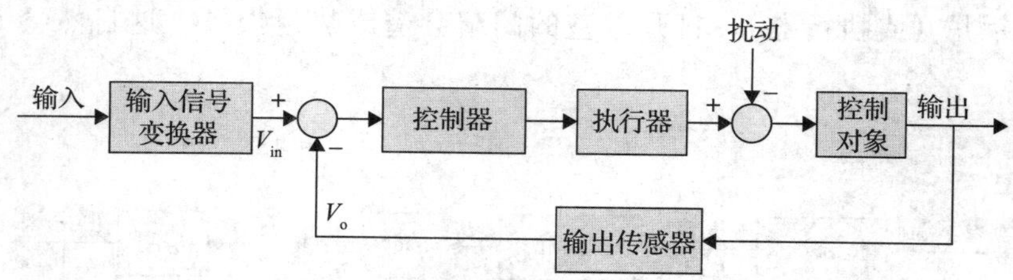

图 4-2 通用控制系统的控制框图表示

比较器

控制系统最重要的组成部分之一是用作信号比较连接点的传感和电子设备，也被称为**比较器**。通常来说，这些设备具有传感和执行简单数学运算（如加、减）的功能（如图 4-1 所示的恒温器）。比较器的 3 个示例如图 4-3 所示。注意，图 4-3a、图 4-3b 的加减运算是线性的，所以控制框图上各元件的输入输出变量可以是时域变量或经过拉普拉斯变换后的变量。因此，由图 4-3a 可以得到：

⊖ 参见第 7 章了解输入信号和参考信号的不同。

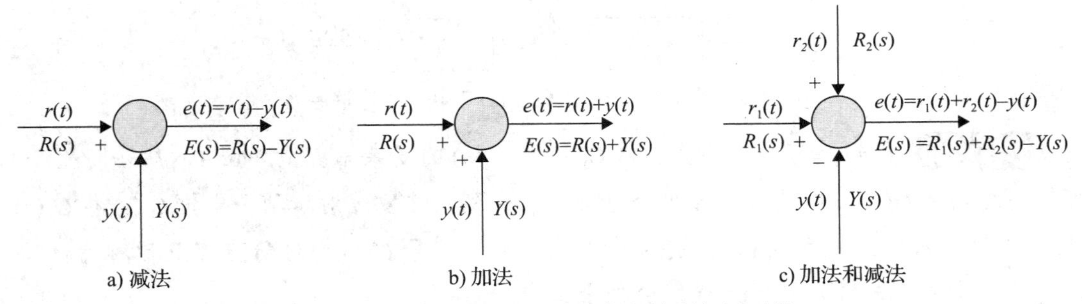

图 4-3　控制系统典型传感设备的控制框图元件

165

$$e(t) = r(t) - y(t) \tag{4-2}$$

或者

$$E(s) = R(s) - Y(s) \tag{4-3}$$

方框

如前所述，方框表示时域内的系统方程或拉普拉斯域内系统的**传递函数**，如图 4-4 所示。

在拉普拉斯域，图 4-4 所示系统的输入输出关系可以写为

$$X(s) = G(s)U(s) \tag{4-4}$$

如果信号 $X(s)$ 是输出，信号 $U(s)$ 表示输入，则图 4-4 中方框的传递函数为

$$G(s) = \frac{X(s)}{U(s)} \tag{4-5}$$

大多数控制系统控制框图中的典型方框元素包括**对象**、**控制器**、**执行器**和**传感器**。

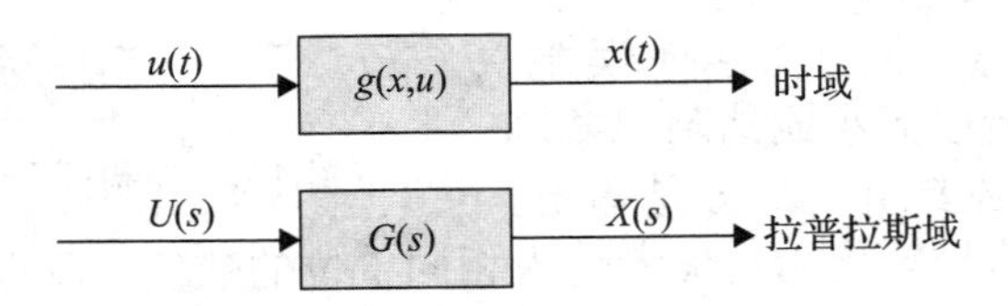

图 4-4　时间和拉普拉斯域控制框图

例 4-1-1　已知传递函数为 $G_1(s)$ 和 $G_2(s)$ 的串联系统的控制框图如图 4-5 所示。整个系统的传递函数 $G(s)$ 可以通过组合单个方框方程得到。因此，对于变量 $A(s)$ 和 $X(s)$，有

$$X(s) = A(s)G_2(s)$$

$$A(s) = U(s)G_1(s)$$

$$X(s) = G_1(s)G_2(s)$$

$$G(s) = \frac{X(s)}{U(s)}$$

或者

$$G(s) = G_1(s)G_2(s) \tag{4-6}$$

采用式（4-6），图 4-5 中的系统可以由图 4-4 所示系统表示。　▲

166

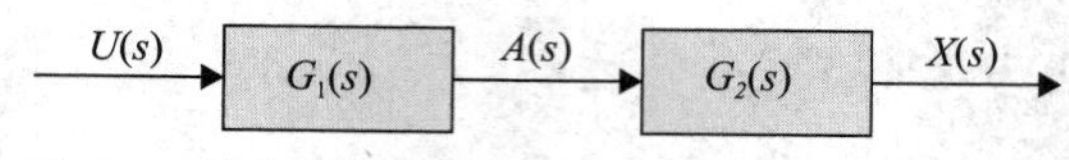

图 4-5　控制框图 $G_1(s)$ 和 $G_2(s)$ 串联——串联系统

例 4-1-2 已知具有两个传递函数 $G_1(s)$ 和 $G_2(s)$ 的复杂系统，如图 4-6 所示。整个系统的传递函数 $G(s)$ 可以通过组合单个方框方程得到。注意，对于两个方框 $G_1(s)$ 和 $G_2(s)$，$A_1(s)$ 作为输入，$A_2(s)$ 和 $A_3(s)$ 分别为输出。此外，信号 $U(s)$ 穿过**分支点** P 后称为 $A_1(s)$。因此，对于整个系统，可把方程组合如下：

$$A_1(s)=U(s)$$

$$A_2(s)=A_1(s)G_1(s)$$

$$A_3(s)=A_1(s)G_2(s)$$

$$X(s)=A_2(s)+A_3(s)$$

$$X(s)=U(s)(G_1(s)+G_2(s))$$

$$G(s)=\frac{X(s)}{U(s)}$$

或者

$$G(s)=G_1(s)+G_2(s) \tag{4-7}$$

采用式（4-7），图 4-6 所示的系统可以由图 4-4 所示系统表示。▲

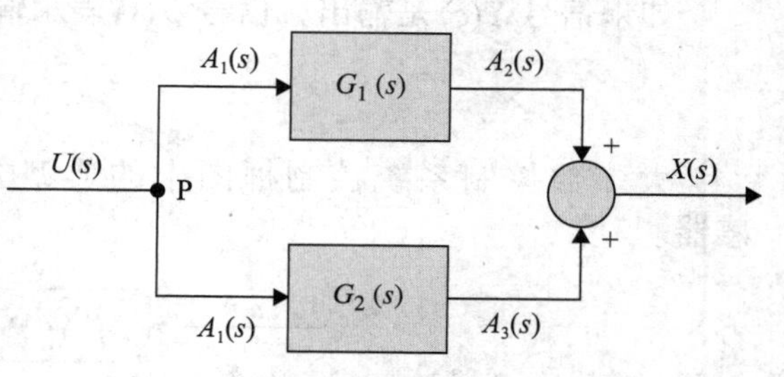

图 4-6　控制框图 $G_1(s)$ 和 $G_2(s)$ 并连

反馈

反馈控制系统必须有被控变量的反馈和与参考输入的**比较**。比较后产生用于**执行**控制系统的**误差**信号。因此，由于误差的存在，执行器被激活以减小或消除误差。每个反馈控制系统的必要组成部分是**输出传感器**，用来将输出信号转化为与参考输入相同单位的数值。反馈控制系统也称为**闭环**系统。一个系统可能存在多个反馈回路。图 4-7 是单反馈回路的线性反馈控制系统控制框图，下面的名词术语是根据这个控制框图定义的：

167

$r(t)$ 、$R(s)$ = 参考输入（指令）

$y(t)$ 、$Y(s)$ = 输出（被控变量）

$b(t)$ 、$B(s)$ = 反馈信号

$u(t)$ 、$U(s)$ = 激励信号，当 $H(s)=1$ 时等于误差信号 $e(t)$、$E(s)$。但在大多数教材中，不论反馈传递函数的值是什么，都使用 $E(s)$

$H(s)$ = 反馈传递函数

$G(s)H(s)=L(s)$ = 开环传递函数

$G(s)$ = 前向通道传递函数

$M(s)=Y(s)/R(s)$ = 闭环传递函数或系统传递函数

闭环传递函数 $M(s)$ 可以用 $G(s)$ 和 $H(s)$ 来表示，由图 4-7 可以得到：

$$Y(s)=G(s)U(s) \tag{4-8}$$

和

$$B(s) = H(s)Y(s) \tag{4-9}$$

激励信号可以写为

$$U(s) = R(s) - B(s) \tag{4-10}$$

将式（4-10）代入式（4-8），可以得到：

$$Y(s) = G(s)R(s) - G(s)H(s)Y(s) \tag{4-11}$$

将式 (4-9) 代入（4-7）并求解 $Y(s)/R(s)$，得到闭环传递函数：

$$M(s) = \frac{Y(s)}{R(s)} = \frac{G(s)}{1+G(s)H(s)} \tag{4-12}$$

由于比较器是**减**，图 4-7 所示的反馈系统称为**负反馈回路**。当比较器**加**反馈时，称为**正反馈**，且传递函数（4-12）变为

$$M(s) = \frac{Y(s)}{R(s)} = \frac{G(s)}{1-G(s)H(s)} \tag{4-13}$$

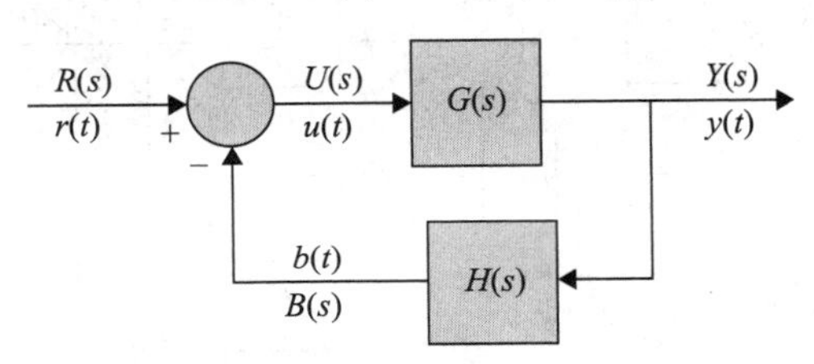

图 4-7　基本负反馈控制系统控制框图

168

如果 G 和 H 是常数，它们也称为**增益**。若图 4-7 中 $H=1$，系统称为**单位反馈回路**；如果 $H=0$，系统称为**开环**。

4.1.2　数学方程和控制框图的关系

已知在第 2 章和第 3 章学习过的二阶系统：

$$\ddot{x}(t) + 2\zeta\omega_n\dot{x}(t) + \omega_n^2 x(t) = \omega_n^2 u(t) \tag{4-14}$$

其拉普拉斯表达（假设零初始状态 $x(0)=\dot{x}(0)=0$）为：

$$X(s)s^2 + 2\zeta\omega_n X(s)s + \omega_n^2 X(s) = \omega_n^2 U(s) \tag{4-15}$$

式 (4-15) 有阻尼比 ζ、固有频率 ω_n、输入 $U(s)$ 和输出 $X(s)$。式 (4-15) 也可以写为：

$$\omega_n^2 U(s) - 2\zeta\omega_n X(s)s - \omega_n^2 X(s) = X(s)s^2 \tag{4-16}$$

它可图形化表示为图 4-8。

信号 $2\zeta\omega_n sX(s)$ 和 $\omega_n^2 X(s)$ 可以看作信号 $X(s)$ 分别通过传递函数 $2\zeta\omega_n s$ 和 ω_n^2 进入方框，信号 $X(s)$ 可以通过对 $s^2X(s)$ 积分两次或右乘 $1/s^2$，如图 4-9 所示。

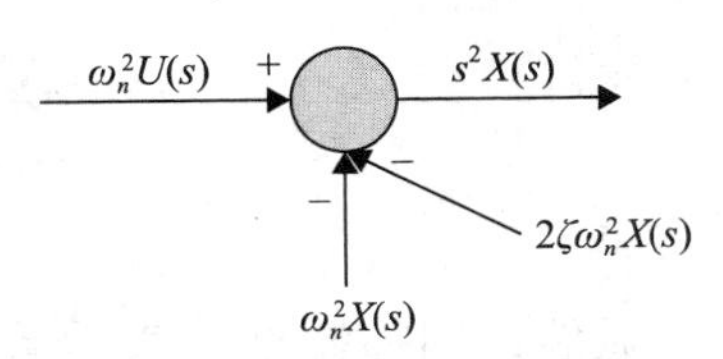

图 4-8　用比较器图形表示式（4-16）

因为图 4-9 中右边的信号 $X(s)$ 是相同的，它们可以连接起来，使图 4-10 所示的控制框图能够表示系统式（4-16）。如果你愿意，可以通过像图 4-11a 中分解出 $1/s$ 一样进一步分解控制框图 4-10 中的控制框图，得到图 4-11b。

从第 2 章，我们知道二阶系统式（4-14）能表示各种动态系统。例如，这里研究的

系统对应于图 2-2 所示的弹簧 – 质量 – 阻尼器，那么分别代表系统的加速度和速度的内部变量 $A(s)$ 和 $V(s)$ 也可能包含在控制框图模型中。理解这一点最好的方法是想到 $1/s$ 等于拉普拉斯域中的积分。因此，如果 $A(s)$ 积分一次，可以得到 $V(s)$，之后再对 $V(s)$ 积分，可得到 $X(s)$ 信号，如图 4-11b 所示。

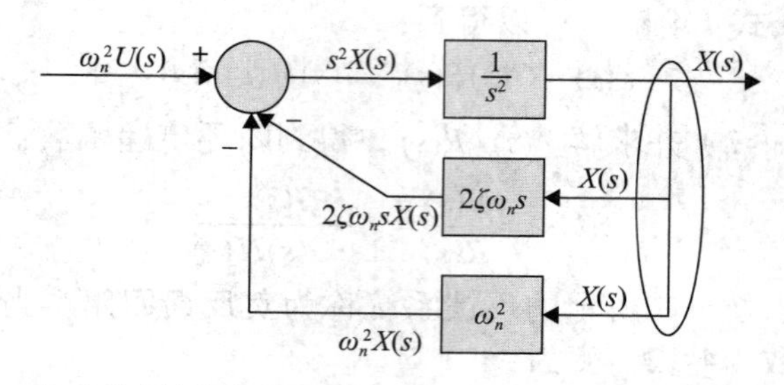

169

图 4-9　加上控制框图 $1/s^2$、$2\zeta\omega_n s$ 和 ω_n^2 的式（4-16）的图形表示

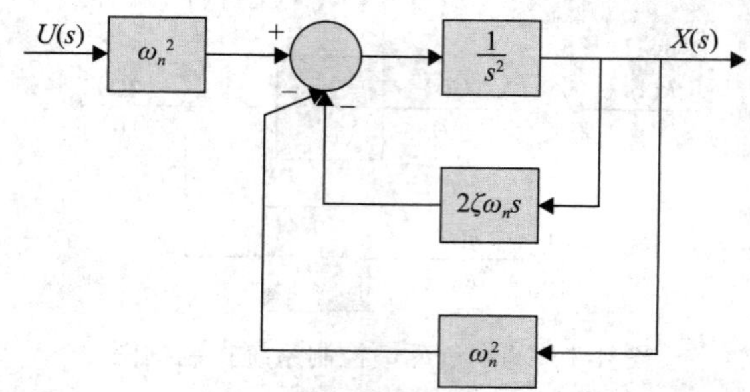

图 4-10　式（4-16）在拉普拉斯域的控制框图表示

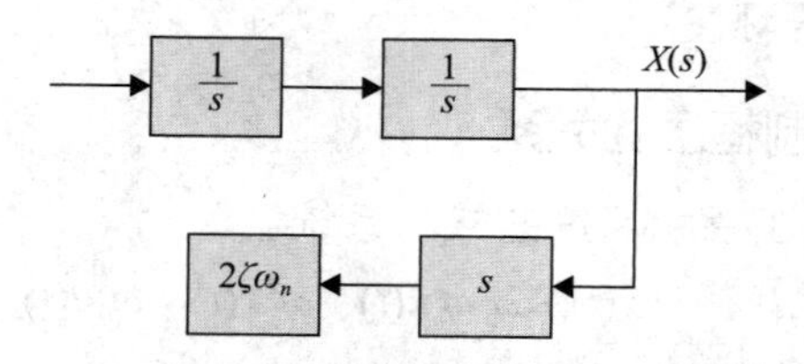

a) 从图4-10内反馈回路中分解出 $1/s$ 部分

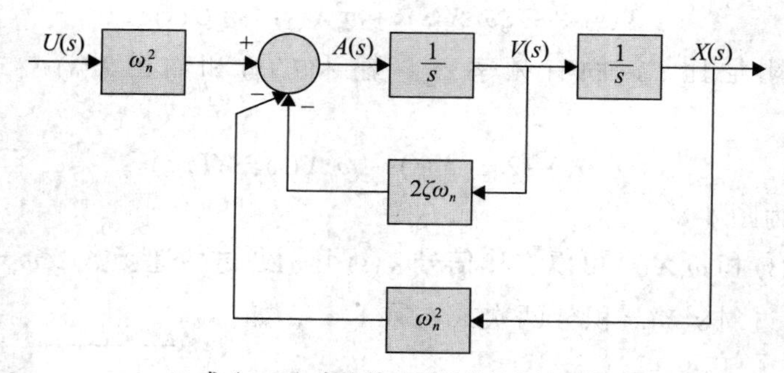

b) 式（4-16）在拉普拉斯域的最终控制框图表示

图　4-11

显然，用控制框图表示系统模型的方法是不唯一的。只要系统的整个传递函数不变，依据不同的目的，我们可以使用不同的控制框图形式。例如，为了获得传递函数 $V(s)/U(s)$，我们可以重排图 4-11，使 $V(s)$ 成为系统输出，如图 4-12 所示。这帮助我们

确定在输入 $U(s)$ 下的速度信号的行为。

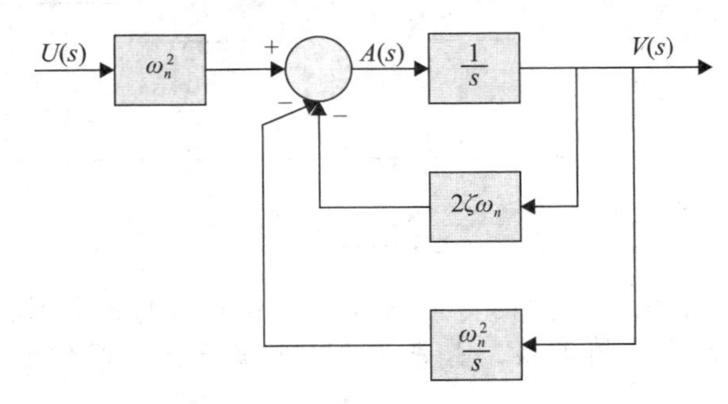

图 4-12　$V(s)$ 表示输出的式（4-16）在拉普拉斯域的控制框图

170

例 4-1-3　求出图 4-11b 所示系统的传递函数并与式（4-15）比较。

图 4-11b 中输入和反馈信号里的 ω_n^2 方框可以移到比较器的右侧，如图 4-13a 所示。这与如下所示的分解出 ω_n^2 相同：

$$\omega_n^2 U(s) - \omega_n^2 X(s) = \omega_n^2 (U(s) - X(s)) \tag{4-17}$$

对式（4-16）的分解操作使系统以图 4-13b 所示的更简单的控制框图表示。注意，图 4-11b 和图 4-13b 是相同的系统。已知图 4-11b，很容易识别内部反馈回路，从而可以用式（4-12）简化，或者

$$\frac{V(s)}{A_1(s)} = \frac{\frac{1}{s}}{1 + \frac{2\zeta\omega_n}{s}} = \frac{1}{s + 2\zeta\omega_n} \tag{4-18}$$

分别左乘和右乘 ω_n^2 和 $1/s$ 后，系统的控制框图可简化为图 4-14 所示，最终结果为

$$\frac{X(s)}{U(s)} = \frac{\frac{\omega_n^2}{s(s+2\zeta\omega_n)}}{1 + \frac{\omega_n^2}{s(s+2\zeta\omega_n)}} = \frac{\omega_n^2}{s^2 + 2\zeta\omega_n s + \omega_n^2} \tag{4-19}$$

式（4-19）是系统式（4-15）的传递函数。▲

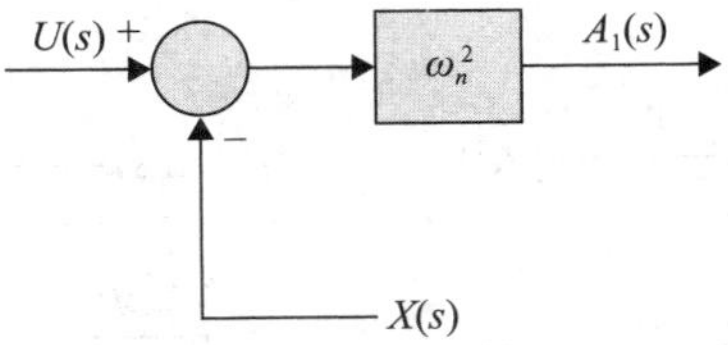

a) 分解 ω_n^2

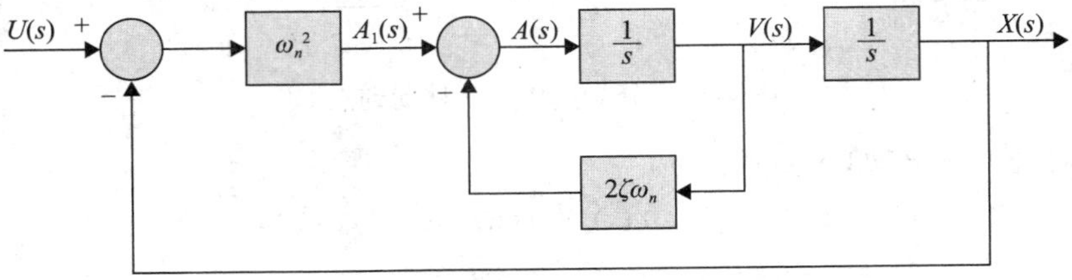

b) 式（4-16）在拉普拉斯域的另一种控制框图表示

图　4-13

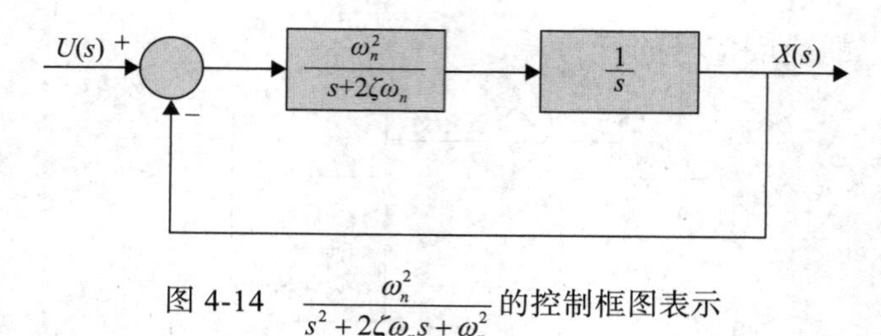

171

图 4-14 $\frac{\omega_n^2}{s^2+2\zeta\omega_n s+\omega_n^2}$的控制框图表示

例 4-1-4 由图 4-12 求出速度的传递函数并与式 (4-19) 的导数比较。

化简图 4-12 中的两个反馈回路，首先从内部回路开始，我们有：

$$\frac{V(s)}{U(s)}=\frac{\dfrac{\dfrac{1}{s}}{1+\dfrac{2\zeta\omega_n}{s}}\omega_n^2}{1+\dfrac{\dfrac{1}{s}}{1+\dfrac{2\zeta\omega_n}{s}}\dfrac{\omega_n^2}{s}}$$

$$\frac{V(s)}{U(s)}=\frac{\omega_n^2 s}{s^2+2\zeta\omega_n s+\omega_n^2} \tag{4-20}$$

式（4-20）与式（4-19）的导数相同，等于 s 乘以式（4-19）。试着找出 $A(s)/U(s)$ 的传递函数，显然，你会得到 $s^2X(s)/U(s)$。▲

4.1.3 控制框图简化

正如你可能在前面章节的示例中所注意到的，控制系统的传递函数可以通过对其控制框图操作并最终将其简化为一个方框得到。对于复杂的控制框图，经常需要移动**比较器**或**分支点**使控制框图简化过程更为简单。本例中的两个关键操作如下。

1）从 P 到 Q **移动分支点**，如图 4-15a 和 4-15b 所示，使信号 $Y(s)$ 和 $B(s)$ 保持不变。在图 4-15a 中，有如下关系：

$$Y(s)=A(s)G_2(s)$$
$$B(s)=Y(s)H_1(s) \tag{4-21}$$

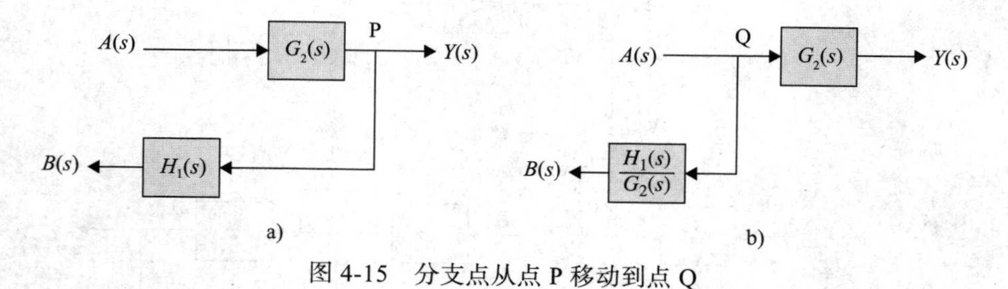

172

图 4-15 分支点从点 P 移动到点 Q

在图 4-15b 中，有如下关系：

$$Y(s)=A(s)G_2(s)$$
$$B(s)=A(s)\frac{H_1(s)}{G_2(s)} \tag{4-22}$$

但是

$$G_2(s)=\frac{A(s)}{Y(s)}\Rightarrow B(s)=Y(s)H_1(s) \tag{4-23}$$

2）移动**比较器**，正如图 4-16a 和 4-16b 所示，使输出 $Y(s)$ 不变。在图 4-16a 中，有如下关系：

$$Y(s)=A(s)G_2(s)+B(s)H_1(s) \tag{4-24}$$

在图 4-16b 中，有如下关系：

$$Y_1(s)=A(s)+B(s)\frac{H_1(s)}{G_2(s)} \tag{4-25}$$

$$Y(s)=Y_1(s)G_2(s)$$

所以

$$Y(s)=A(s)G_2(s)+B(s)\frac{H_1(s)}{G_2(s)}G_2(s)\Rightarrow Y(s)=A(s)G_2(s)+B(s)H_1(s) \tag{4-26}$$

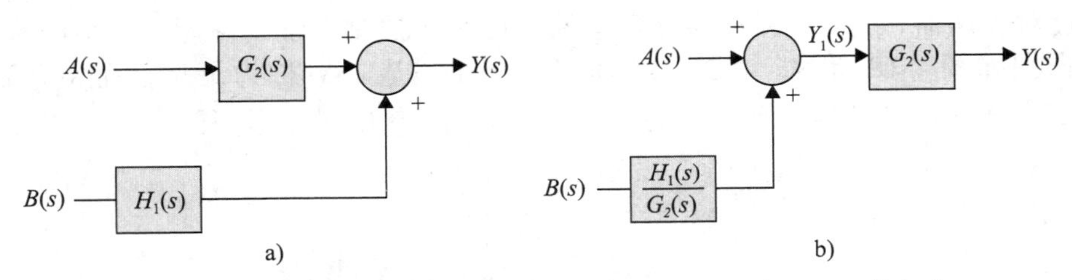

图 4-16　比较器位置从方框 $G_2(s)$ 的右边移到了方框 $G_2(s)$ 的左边

173

例 4-1-5 求出图 4-17a 中系统的输入输出传递函数。

简化控制框图，一种方法是将 Y_1 处的分支点移动到方框 G_2 的左侧，如图 4-17b 所示。之后的简化较为烦琐，首先合并方块 G_2、G_3 和 G_4，如图 4-17c 所示，然后消去两个反馈回路。因此，如图 4-17d 所示，简化后系统的最终传递函数为

$$\frac{Y(s)}{E(s)}=\frac{G_1G_2G_3+G_1G_4}{1+G_1G_2H_1+G_1G_2G_3+G_1G_4} \tag{4-27}$$ ▲

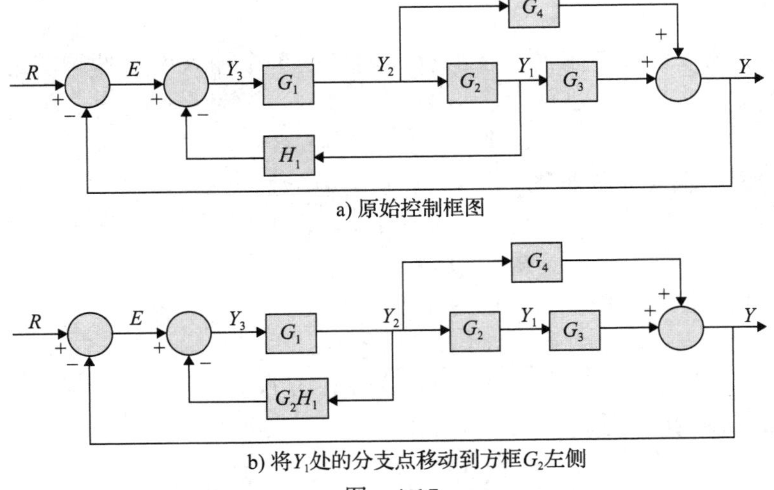

图　4-17

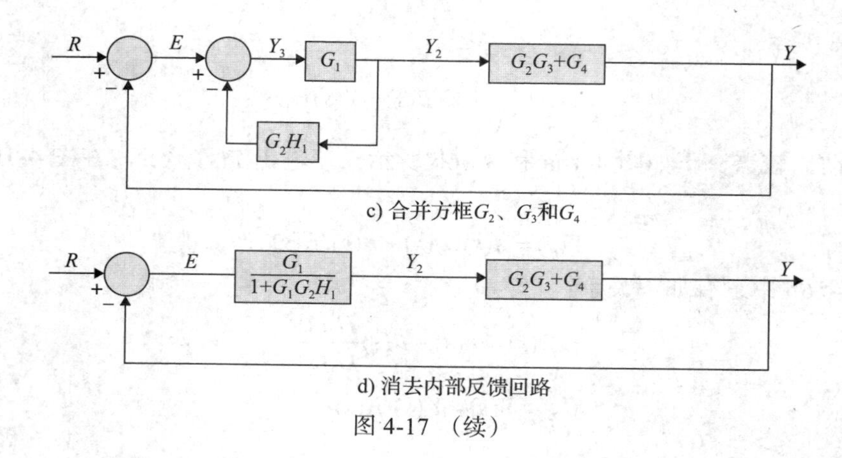

c) 合并方框G_2、G_3和G_4

d) 消去内部反馈回路

174

图 4-17 （续）

4.1.4 多输入系统的控制框图：特殊情况——扰动系统

在控制系统研究中的一个重要情况是存在扰动信号。扰动（比如图 4-1 中的热损耗）通常通过对控制器 / 执行器元件增加负担而反向影响控制系统的性能。一个两输入的简单控制框图如图 4-18 所示。在这一示例中，一个输入 $D(s)$ 称为干扰，而 $R(s)$ 为输入。为系统设计合适的控制器之前，认识到 $D(s)$ 对系统的影响是很重要的。

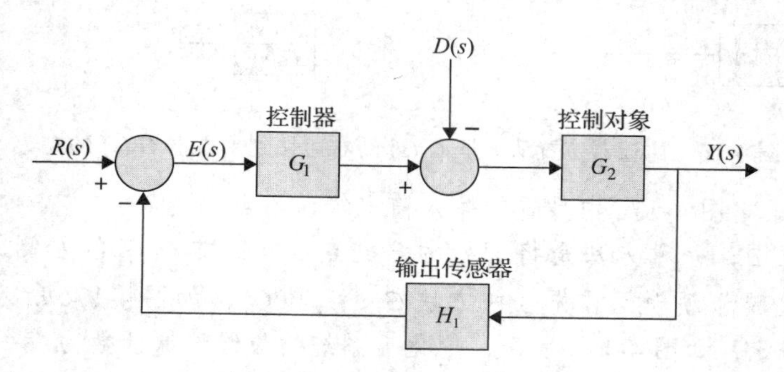

图 4-18 受扰系统控制框图

我们在多输入系统建模中采用叠加法。

叠加法

对于线性系统，系统在多输入下的整体响应是单个输入引起的响应之和，也就是，在这种情况下

$$Y_{\text{total}} = Y_R \big|_{D=0} + Y_D \big|_{R=0} \tag{4-28}$$

当 $D(s)=0$ 时，简化控制框图 (4-19) 得到传递函数：

$$\frac{Y(s)}{R(s)} = \frac{G_1(s)G_2(s)}{1+G_1(s)G_2(s)H_1(s)} \tag{4-29}$$

当 $R(s)=0$ 时，控制框图重排（见图 4-20）得到：

175

$$\frac{Y(s)}{D(s)} = \frac{-G_2(s)}{1+G_1(s)G_2(s)H_1(s)} \tag{4-30}$$

因此，从式（4-28）到式（4-32），我们最终得到：

$$Y_{\text{total}} = \frac{Y(s)}{R(s)}\bigg|_{D=0} R(s) + \frac{Y(s)}{D(s)}\bigg|_{R=0} D(s)$$

$$Y(s)=\frac{G_1G_2}{1+G_1G_2H_1}R(s)+\frac{-G_2}{1+G_1G_2H_1}D(s) \tag{4-31}$$

观察

如果扰动信号进入前向通道，则 $\left.\frac{Y}{R}\right|_{D=0}$ 和 $\left.\frac{Y}{D}\right|_{R=0}$ 有相同的分母。$\left.\frac{Y}{D}\right|_{R=0}$ 的分子为负表明扰动信号干预控制信号，从而对系统的性能产生不利影响。自然地，为了补偿，控制器会有更多的负担。

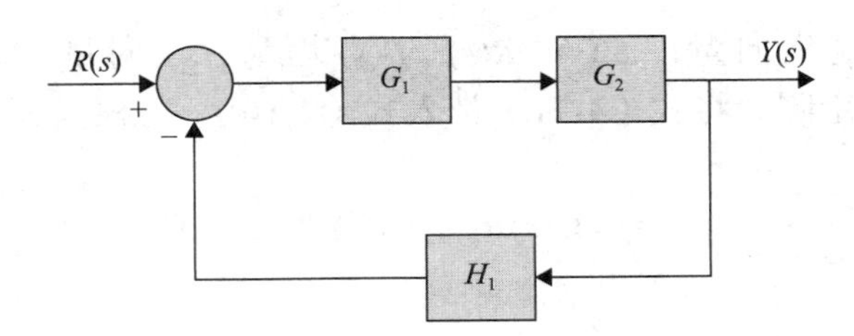

图 4-19　当 $D(s)=0$ 时，图 4-18 所示系统的控制框图

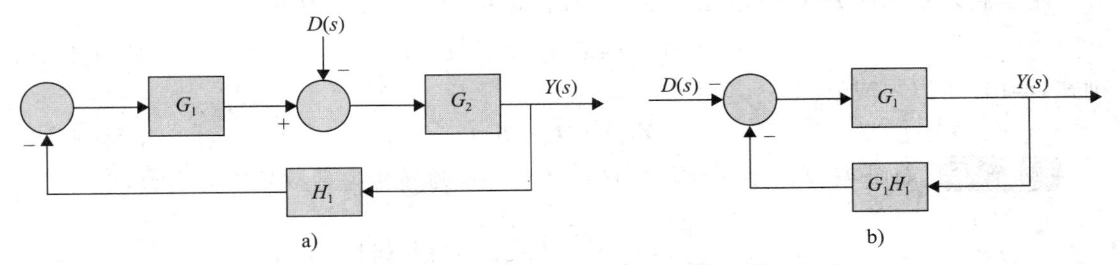

图 4-20　当 $R(s)=0$ 时，图 4-18 所示系统的控制框图

4.1.5　多变量系统的控制框图与传递函数

本节将介绍多变量系统的控制框图及矩阵表示法（见附录 A）。图 4-21a 和 4-21b 画出了一个多变量系统的控制框图，有 p 个输入、q 个输出。各个输入输出信号在图 4-21a 中逐一画出，而在图 4-21b 中则是以向量形式表示的。后者较为简单，所以更为常用。

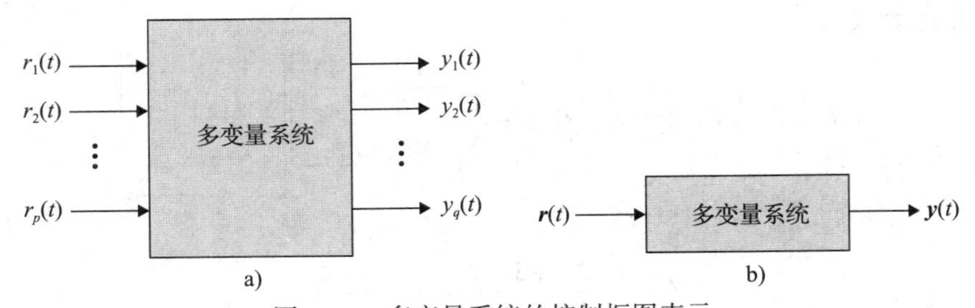

图 4-21　多变量系统的控制框图表示

图 4-22 是一个多变量反馈控制系统的控制框图，其系统传递函数可以表示为如下的向量矩阵（见附录 A）形式：

$$\boldsymbol{Y}(s)=\boldsymbol{G}(s)\boldsymbol{U}(s) \tag{4-32}$$

176

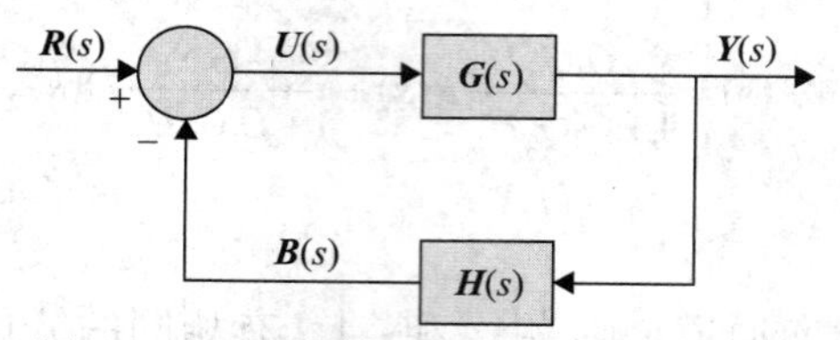

图 4-22　多变量反馈控制系统控制框图

$$U(s)=R(s)-B(s) \tag{4-33}$$

$$B(s)=H(s)Y(s) \tag{4-34}$$

其中，$Y(s)$ 是 $q\times1$ 输出向量；$U(s)$、$R(s)$、$B(s)$ 均为 $p\times1$ 向量；$G(s)$ 和 $H(s)$ 分别为 $q\times p$、$p\times q$ 传递函数矩阵。将式（4-11）带入式（4-10），再根据式（4-10）、式（4-9），可以得到：

$$Y(s)=G(s)R(s)-G(s)H(s)Y(s) \tag{4-35}$$

由式 (4-12) 解出 $Y(s)$：

$$Y(s)=[I+G(s)H(s)]^{-1}G(s)R(s) \tag{4-36}$$

这里假设 $I+G(s)H(s)$ 是非奇异的。闭环传递矩阵可以定义为

$$M(s)=[I+G(s)H(s)]^{-1}G(s) \tag{4-37}$$

则式 (4-14) 可以写成：

177

$$Y(s)=M(s)R(s) \tag{4-38}$$

例 4-1-6 如图 4-22 所示系统的前向通道和反馈通道传递函数矩阵分别为

$$G(s)=\begin{bmatrix}\dfrac{1}{s+1} & -\dfrac{1}{s}\\ 2 & \dfrac{1}{s+2}\end{bmatrix}\quad H(s)=\begin{bmatrix}1 & 0\\ 0 & 1\end{bmatrix} \tag{4-39}$$

式 (4-15) 给出了系统的闭环传递函数矩阵，写为

$$I+G(s)H(s)=\begin{bmatrix}1+\dfrac{1}{s+1} & -\dfrac{1}{s}\\ 2 & 1+\dfrac{1}{s+2}\end{bmatrix}=\begin{bmatrix}\dfrac{s+2}{s+1} & -\dfrac{1}{s}\\ 2 & \dfrac{s+3}{s+2}\end{bmatrix} \tag{4-40}$$

闭环传递函数矩阵为

$$M(s)=[I+G(s)H(s)]^{-1}G(s)=\frac{1}{\Delta}\begin{bmatrix}\dfrac{s+3}{s+2} & \dfrac{1}{s}\\ -2 & \dfrac{s+2}{s+1}\end{bmatrix}\begin{bmatrix}\dfrac{1}{s+1} & -\dfrac{1}{s}\\ 2 & \dfrac{1}{s+2}\end{bmatrix} \tag{4-41}$$

其中，

$$\Delta=\frac{s+2}{s+1}\frac{s+3}{s+2}+\frac{2}{s}=\frac{s^2+5s+2}{s(s+1)} \tag{4-42}$$

因此，

$$M(s)=\frac{s(s+1)}{s^2+5s+2}\begin{bmatrix}\dfrac{3s^2+9s+4}{s(s+1)(s+2)} & -\dfrac{1}{s}\\ 2 & \dfrac{3s+2}{s(s+1)}\end{bmatrix} \tag{4-43}$$ ▲

4.2 信号流图

信号流图可以看作控制框图的另一种表达形式。信号流图是 S. J. Mason[2,3] 提出的，用于表示用代数方程建模的线性系统的因果关系。信号流图可以定义为用来描述线性代数方程组中各变量之间的输入输出关系的图示法。

控制框图和信号流图的关系可以列为四种情况，如图 4-23 所示。

对于图 4-23b，在构造流程图时，连接点或**节点**用来表示变量——在这种情况下，$U(s)$ 是输入变量，$Y(s)$ 是输出变量。根据因果关系方程连接节点之间的线段称为**支路**。支路有支路增益和方向——在这种情况下，支路代表传递函数 $G(s)$。信号只能按箭头的方向传递。

178

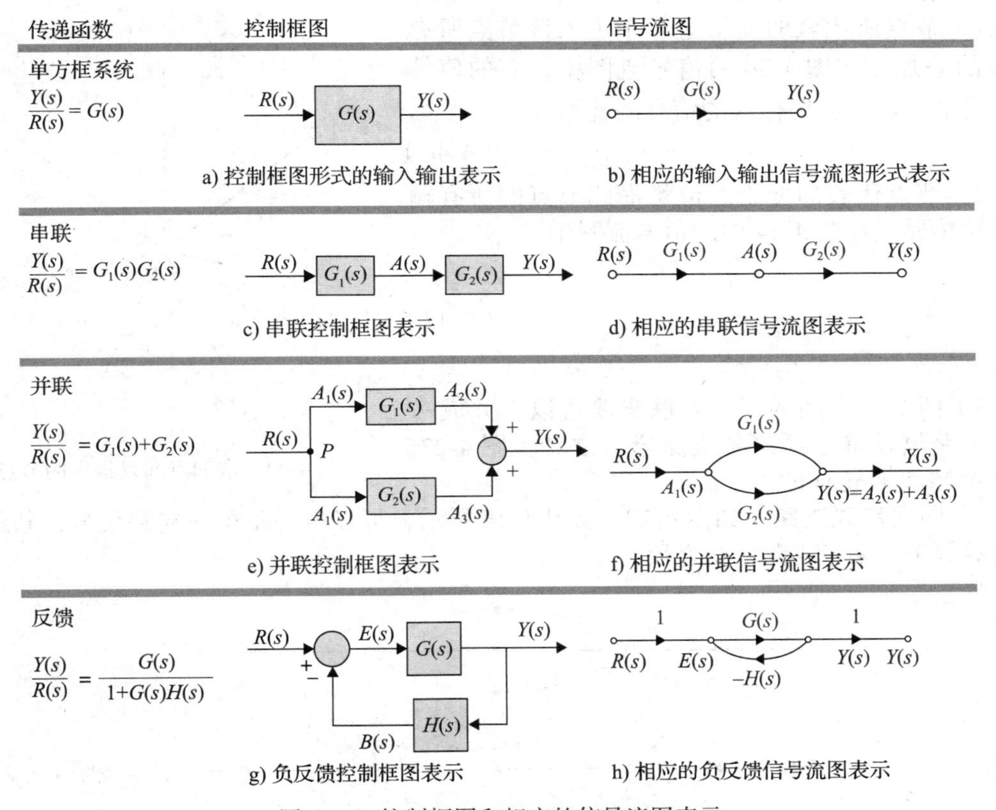

图 4-23 控制框图和相应的信号流图表示

通常，信号流程图的构建是基本上是按照每个变量自身和其他变量的输入输出关系进行的。因此，在图 4-23b 中，信号流图表示的传递函数为：

$$\frac{Y(s)}{U(s)} = G(s) \tag{4-44}$$

其中，$U(s)$ 是输入，$Y(s)$ 是输出，$G(s)$ 是增益或两个变量之间的透射率。输入节点和输出节点之间的支路应作为增益 $G(s)$ 的单边放大器，因此，当单位信号施加到输入 $U(s)$ 时，强度为 $G(s)U(s)$ 的信号传递到节点 $Y(s)$。尽管式 (4-44) 在代数上可以写为

$$U(s) = \frac{1}{G(s)}Y(s) \tag{4-45}$$

179

而信号流图 4-23b 却没有表明这种关系。如果式（4-45）是一个有效的因果方程，则可以画出一个以 $Y(s)$ 为输入、$U(s)$ 为输出的新的信号流图。

比较图 4-23c 和图 4-23d 或者图 4-23e 和图 4-23g，容易发现信号流图中的节点表示控制框图中的变量——输入、输出和中间变量，比如 $A(s)$。节点通过带有增益的支路连接，分别表示传递函数 $G_1(s)$ 和 $G_2(s)$。

信号流图表示的串联、并联形式和反馈系统如图 4-23e 和 4-23f 所示，它们将在下一节中详细讨论。

4.2.1 信号流图代数

这里归纳出信号流图的以下操作规则和代数运算：

1）节点所代表的变量值等于进入该节点所有信号的叠加。在图 4-24 的信号流图中，y_1 的值等于所有通过输入支路传入的信号的叠加，即

$$y_1 = a_{21}y_2 + a_{31}y_3 + a_{41}y_4 + a_{51}y_5 \tag{4-46}$$

2）节点代表的变量的值将沿此节点的所有输出支路传递。在图 4-24 中的信号流图中，

$$\begin{aligned} y_6 &= a_{17}y_1 \\ y_7 &= a_{17}y_1 \\ y_8 &= a_{18}y_1 \end{aligned} \tag{4-47}$$

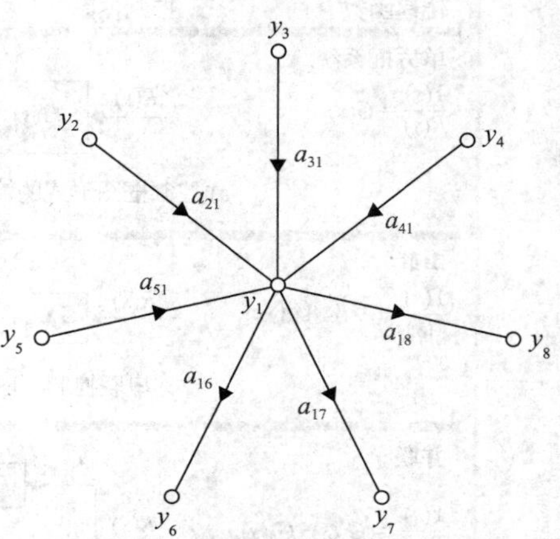

图 4-24 求和点和发送点的节点

3）两节点之间的同向**并联支路**可以合并成一条，支路增益等于原来各支路增益之和。图 4-23f 和图 4-25 就是这样的例子。

4）同向**串联支路**，如图 4-23d 或图 4-26 所示，可以由一条单一支路代替，新的支路增益等于原来各支路增益之积。

180

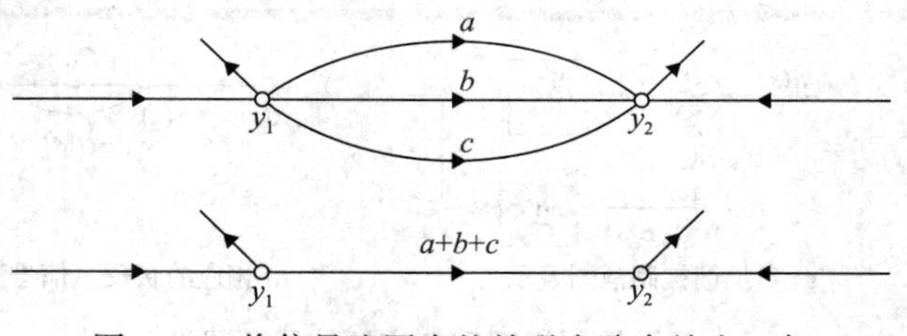

图 4-25 将信号流图中的并联支路合并为一条

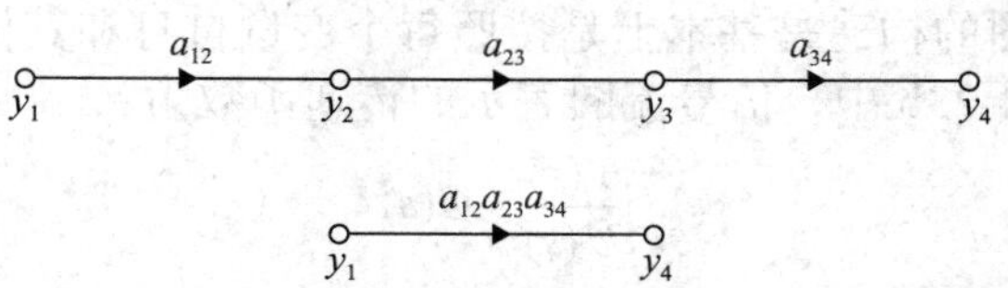

图 4-26 将同向串联支路合并为一条

5）图 4-23g 所示的**反馈系统**有如下代数方程：

$$E(s) = R(s) - H(s)Y(s) \tag{4-48}$$

且

$$Y(s) = G(s)E(s) \tag{4-49}$$

将式 (4-49) 带入式 (4-48)，消去中间变量 $E(s)$，可以得到：

$$Y(s)=G(s)R(s)-G(s)H(s)Y(s) \tag{4-50}$$

求解 $Y(s)/R(s)$，可以得到闭环传递函数：

$$M(s)=\frac{Y(s)}{R(s)}=\frac{G(s)}{1+G(s)H(s)} \tag{4-51}$$

例 4-2-1 将图 4-27a 中的控制框图转化成信号流图形式。

首先确定所有控制框图变量——在本例中，是 R、E、Y_3、Y_2、Y_1 和 Y。然后，将每个变量关联到节点，如图 4-27b 所示。注意，清楚地确定输入和输出节点 R 和 Y 是非常重要的，如图 4-27b 所示。当确定支路的方向与控制框图中信号的方向匹配时，用支路连接节点。标明与图 4-27a 中传递函数相应的支路的增益。确保将负反馈符号加入增益中（即 $-G_1(s)$、$-G_2(s)$ 和 -1），见图 4-27c。 ▲ 181

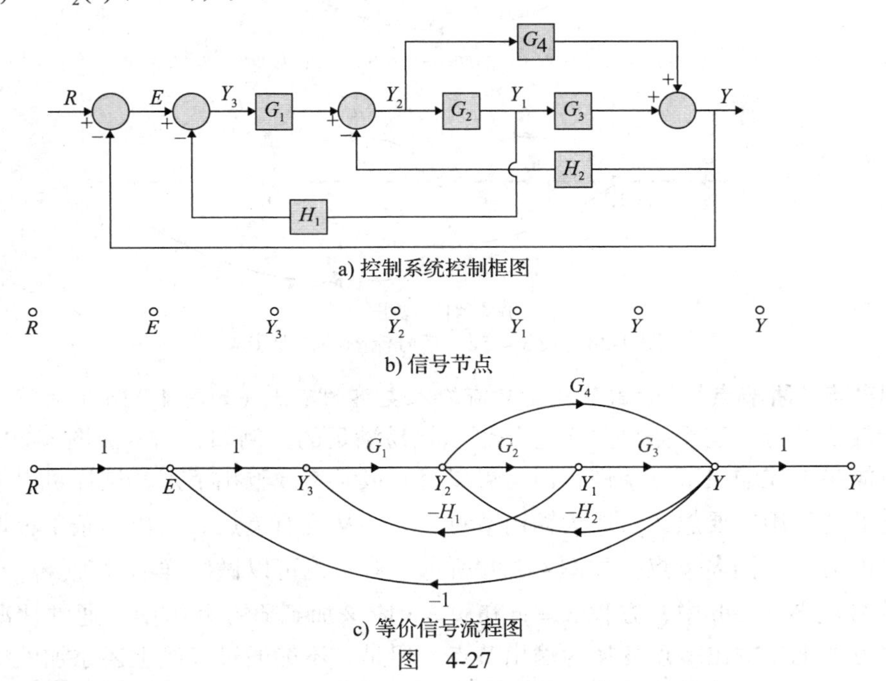

图　4-27

例 4-2-2 这是一个关于构造信号流图的例子，已知下面的代数方程组：

$$\begin{aligned} y_2 &= a_{12}y_1 + a_{32}y_3 \\ y_3 &= a_{23}y_2 + a_{43}y_4 \\ y_4 &= a_{24}y_2 + a_{34}y_3 + a_{44}y_4 \\ y_5 &= a_{25}y_2 + a_{45}y_4 \end{aligned} \tag{4-52}$$

在图 4-28 中，逐步构造出这些方程的信号流图。 ▲

4.2.2 信号流图术语的定义

除了前面已经定义的信号流图的支路和节点，下面这些术语对于信号流图代数的理解和运算也很有帮助。

输入节点（源节点）：输入节点是只有输出支路的节点（例如图 4-23b 中的节点 $U(s)$）。 182

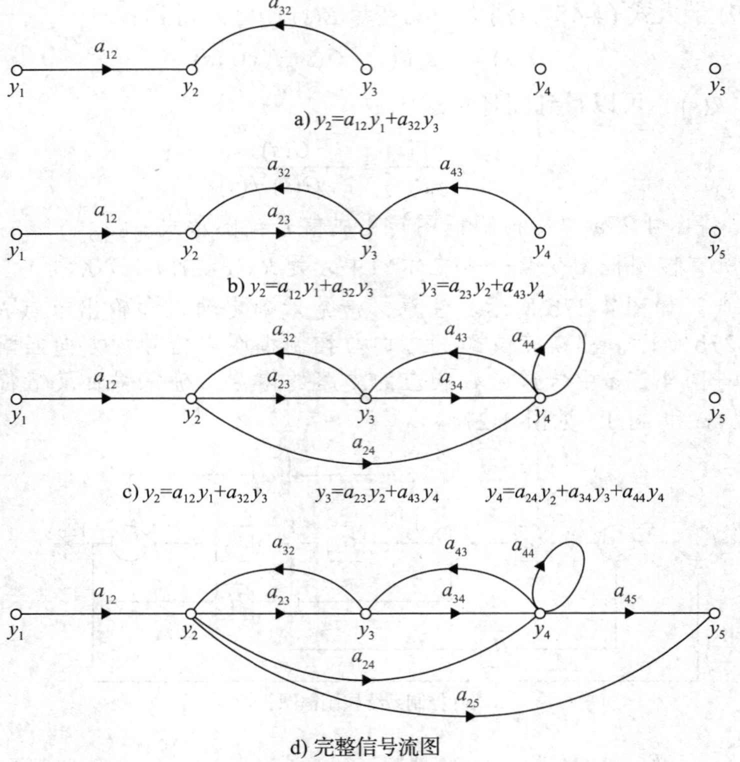

图 4-28 式（4-52）信号流图的构建步骤

输出节点（阱节点）：输出节点是只有输入支路的节点（如图 4-23b 中的节点 $Y(s)$）。但是对于输出节点，这个条件并不总是可以轻易满足的。例如，信号流图 4-29a 中没有任何节点满足上述输出节点条件，但是可以将 y_2 或 y_3 看成输出节点，这样可以求出输入信号对它们的作用。要想让 y_2 成为输出节点，只要从现有节点 y_2 引出一条单位增益支路到新定义的另一个同名节点，如图 4-29b 所示。对 y_3 也可以做同样的处理。注意，在修改后的信号流图 4-29b 中，方程 $y_2=y_2$ 和 $y_3=y_3$ 应该加到原方程组中。通常情况下，可以用上述方法把非输出节点变换为输出节点。但是，**不能**通过修改上述添加的支路方向来把非输入节点变换为输入节点。例如，图 4-29a 中，节点 y_2 不是输入节点，如果试图通过加入一条带有来自另一个相同节点 y_2 的单位增益的输入支路将它变换为输入节点，结果得到如图 4-30 所示的信号流图。这时描述节点 y_2 的方程为

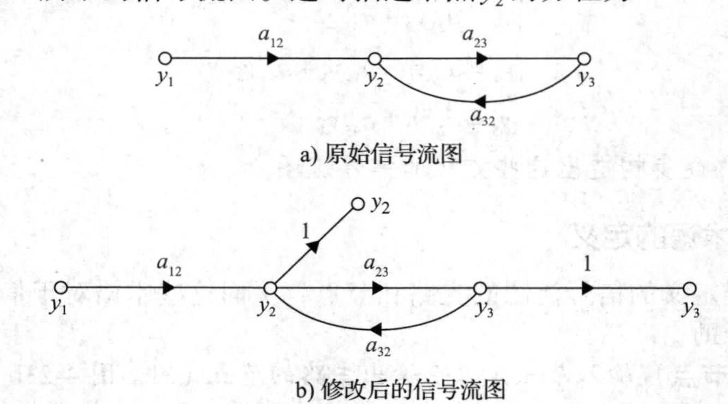

图 4-29 修改信号流图使得 y_2 和 y_3 满足作为输出节点的条件

$$y_2 = y_2 + a_{12}y_1 + a_{32}y_3 \tag{4-53}$$

183

这与图 4-29a 中原始方程式是不一样的。

通道：通道是沿着同一方向相连接的支路的任意集合。通道的定义是很一般化的，因为它允许多次通过同一个节点。所以像图 4-29a 那样简单的信号流图，只要顺着支路 a_{23} 和 a_{32} 不停地走，就可以得到无数通道。

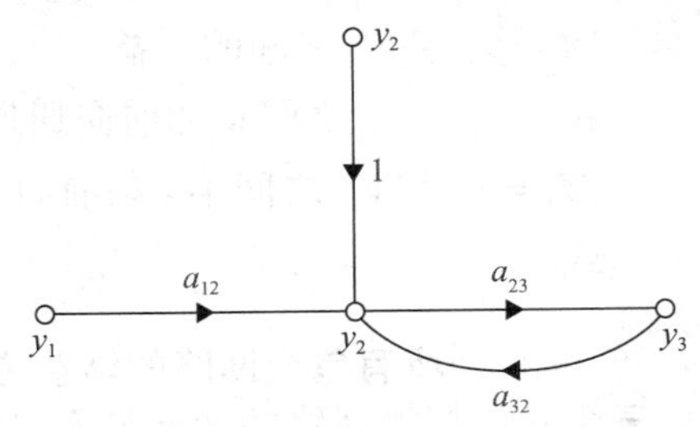

图 4-30　将 y_2 作为输入节点的错误方法

前向通道：前向通道是指从一个输入节点出发，终止于一个输出节点的通道，而且通道上的节点只经过一次。例如，在信号流图 4-28d 里，y_1 是输入节点，其余节点都可以作为输出节点。y_1 与 y_2 之间的前向通道就是连接这两个节点的支路。y_1 和 y_3 之间有两条前向通道：一条包含从 y_1 到 y_2、y_2 到 y_3 的支路；另一条包含从 y_1 到 y_2、y_2 到 y_4（支路增益为 a_{24}）、y_4 再回到 y_3（支路增益为 a_{43}）的支路。读者也可以试着确定 y_1 和 y_4 之间的两条前向通道。类似地，y_1 和 y_5 之间有三条前向通道。

通道增益：通道增益是该通道上各支路增益的乘积。例如，图 4-28d 中通道 $y_1 - y_2 - y_3 - y_4$ 的增益为 $a_{12}a_{23}a_{34}$。

回路：回路是起始及终止于同一节点，并与其他节点相遇仅一次的通道。例如，信号流图 4-28d 里有四个回路，如图 4-31 所示。

184

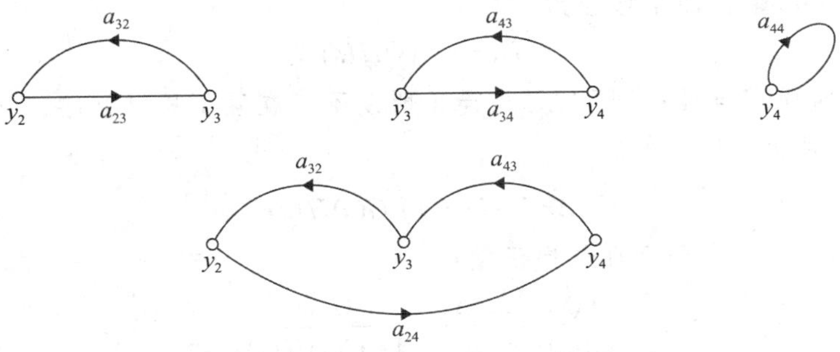

图 4-31　信号流图 4-28d 中的四个回路

前向通道增益：前向通道增益是前向通道的通道增益。

回路增益：回路增益是回路上各个支路增益的乘积。图 4-31 所示的回路 $y_2 - y_4 - y_3 - y_2$ 的回路增益为 $a_{24}a_{43}a_{32}$。

互不接触回路：如果信号流图的两部分之间不存在公共节点，它们互不接触。例如，信号流图 4-28d 中的回路 $y_2 - y_3 - y_2$ 和回路 $y_4 - y_4$ 就是互不接触的。

4.2.3　信号流图的增益公式

当给定一个信号流图或控制框图时，用代数法来计算其输入输出关系是很烦琐的。幸运的是，我们可以通过增益公式来观察得到信号流图的输入输出关系。

已知一个有 N 条前向通道和 K 条回路的信号流图，输入节点 y_{in} 和输出节点 y_{out} 之间的增益为 [3]

$$M = \frac{y_{\text{out}}}{y_{\text{in}}} = \sum_{k=1}^{N} \frac{M_k \Delta_k}{\Delta} \tag{4-54}$$

其中，

y_{in} = 输入节点变量

y_{out} = 输出节点变量

$M = y_{in}$ 与 y_{out} 之间的增益

$N = y_{in}$ 与 y_{out} 之间总的前向通道数

$M_k = y_{in}$ 与 y_{out} 之间第 k 条前向通道的增益

或
$$\Delta = 1 - \sum_{i=1} L_{i1} + \sum_{j=1} L_{j2} - \sum_{k=1} L_{k3} + \cdots \qquad (4\text{-}55)$$

Δ=1-（**所有单个**回路的增益之和）+（任意**两个**互不接触回路的增益乘积之和）-（任意**三个**互不接触回路的增益乘积之和）+（任意**四个**互不接触回路的增益乘积之和）-…

185

Δ_k = 与第 k 条前向通道互不接触的那部分信号流图的 Δ 值。

乍看起来，增益公式（4-54）似乎很难应用。事实上，如果信号流图含有大量回路和互不接触回路时，公式中也只有 Δ 和 Δ_k 部分会比较复杂。

使用增益公式时必须注意，它只适用于求一个输入节点和一个输出节点之间的增益。

例 4-2-3 用增益公式计算如图 4-23f 所示信号流图的闭环传递函数 $Y(s)/R(s)$。通过观察信号流图，可以得到以下结论：

1）$R(s)$ 与 $Y(s)$ 之间只有一条前向通道，且前向增益为

$$M_1 = G(s) \qquad (4\text{-}56)$$

2）只有一个回路，回路增益为

$$L_{11} = -G(s)H(s) \qquad (4\text{-}57)$$

3）因为前向通道与唯一回路 L_{11} 相连，所以不存在互不接触回路，而且前向通道与唯一回路相接。即 $\Delta_1 = 1$，而且

$$\Delta = 1 - L_{11} = 1 + G(s)H(s) \qquad (4\text{-}58)$$

由式（4-54）可以得到闭环传递函数：

$$\frac{Y(s)}{R(s)} = \frac{M_1\Delta_1}{\Delta} = \frac{G(s)}{1+G(s)H(s)} \qquad (4\text{-}59)$$

这与式（4-12）或式（4-51）相同。▲

例 4-2-4 已知图 4-28d 所示信号流图，首先利用增益公式来求 y_1 和 y_5 之间的增益。

y_1 和 y_5 之间的三条前向通道及其**前向通道增益**分别如下：

前向通道	**增益**
$y_1 - y_2 - y_3 - y_4 - y_5$	$M_1 = a_{12}a_{23}a_{34}a_{45}$
$y_1 - y_2 - y_5$	$M_2 = a_{12}a_{25}$
$y_1 - y_2 - y_4 - y_5$	$M_3 = a_{12}a_{24}a_{45}$

图 4-28 中画出了信号流图中的**四个回路**，回路增益分别如下：

回路	**增益**
$y_2 - y_3 - y_2$	$L_{11} = a_{23}a_{32}$
$y_3 - y_4 - y_3$	$L_{21} = a_{34}a_{43}$
$y_2 - y_4 - y_3 - y_2$	$L_{31} = a_{24}a_{43}a_{32}$
$y_4 - y_4$	$L_{41} = a_{44}$

186

两个**互不接触回路**是 $y_2-y_3-y_2$ 和 y_4-y_4。这两个互不接触回路增益的乘积是：

$$L_{12}=a_{23}a_{32}a_{44} \tag{4-60}$$

所有回路都和前向通道 M_1、M_3 接触。因此 $\Delta_1=\Delta_3=1$。有两个回路与前向通道 M_2 互不接触，分别是 $y_3-y_4-y_3$ 和 y_4-y_4。因此

$$\Delta_2=1-a_{34}a_{43}-a_{44} \tag{4-61}$$

将这些数值带入式（4-54）得到：

$$\begin{aligned}\frac{y_5}{y_1}&=\frac{M_1\Delta_1+M_2\Delta_2+M_3\Delta_3}{\Delta}\\&=\frac{(a_{12}a_{23}a_{34}a_{45})+(a_{12}a_{25})(1-a_{34}a_{43}-a_{44})+a_{12}a_{24}a_{45}}{1-(a_{23}a_{32}+a_{34}a_{43}+a_{24}a_{32}a_{43}+a_{44})+a_{23}a_{32}a_{44}}\end{aligned} \tag{4-62}$$

其中，

$$\begin{aligned}\Delta&=1-(L_{11}+L_{21}+L_{31}+L_{41})+L_{12}\\&=1-(a_{23}a_{32}+a_{34}a_{43}+a_{24}a_{32}a_{43}+a_{44})+a_{23}a_{32}a_{44}\end{aligned} \tag{4-63}$$

读者可以选择 y_2 作为输出来验证：

$$\frac{y_2}{y_1}=\frac{a_{12}(1-a_{34}a_{43}-a_{44})}{\Delta} \tag{4-64}$$

其中，Δ 在式（4-63）中给出。▲

例 4-2-5　将图 4-32a 中的控制框图转化为图 4-32c 中的信号流图形式。首先将所有控制框图变量 y_1-y_7 关联到如图 4-32b 所示的节点上。接下来，在确定支路方向与控制框图中信号方向匹配后，用支路连接节点。然后根据图 4-32a 中的传递函数为支路标明相应的增益。确保把负反馈的符号加入增益中（即 $-H_1(s),-H_2(s),-H_3(s)$ 和 $-H_4(s)$），见图 4-32c。

y_1-y_7 之间的两个前向通道和**前向通道增益**如下：

前向通道	**增益**
$y_1-y_2-y_3-y_4-y_5-y_6-y_7$	$M_1=G_1G_2G_3G_4$
$y_1-y_2-y_3-y_6-y_7$	$M_2=G_1G_5$

图 4-32 中信号流图有**四个回路**，回路增益如下：

回路	**增益**
$y_2-y_3-y_2$	$L_{11}=-G_1H_1$
$y_4-y_5-y_4$	$L_{21}=-G_3H_2$
$y_2-y_3-y_4-y_5-y_2$	$L_{31}=-G_1G_2G_3H_3$
$y_6-y_7-y_6$	$L_{41}=-H_4$

187

以下三个回路是**互不接触**回路

$$y_2-y_3-y_2,\quad y_4-y_5-y_4\quad 和\quad y_6-y_7-y_6$$

因此，三个互不接触回路中两两增益的乘积为

$$L_{12}=G_1G_3H_1H_2,\quad L_{22}=G_1H_1H_4\quad 和\quad L_{32}=G_3H_2H_4 \tag{4-65}$$

下面两个回路也是**互不接触**的

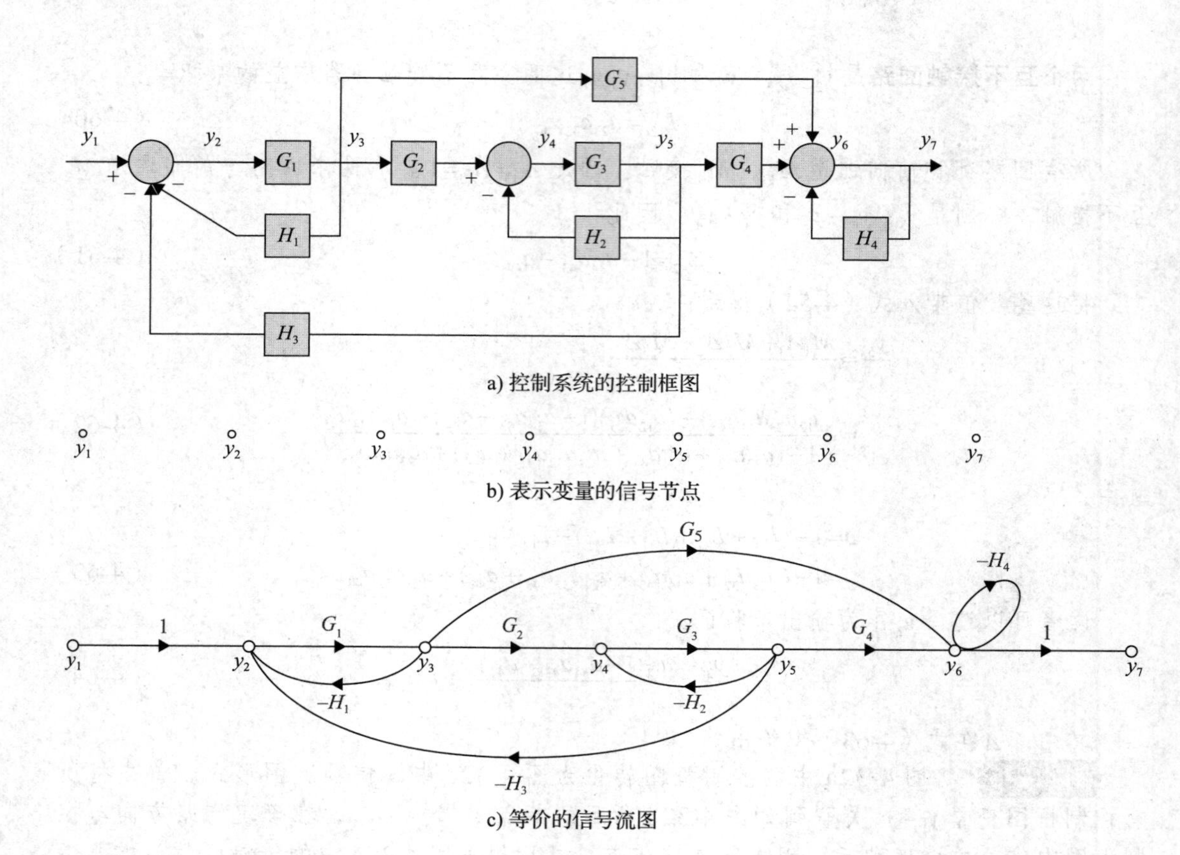

a) 控制系统的控制框图

b) 表示变量的信号节点

c) 等价的信号流图

图　4-32

$$y_2 - y_3 - y_4 - y_5 - y_2 \quad 和 \quad y_6 - y_7 - y_6$$

因此，互不接触回路的增益乘积为

$$L_{42} = G_1G_2G_3H_3H_4 \tag{4-66}$$

进一步，三个互不接触回路增益的乘积为

188

$$L_{13} = -G_1G_3H_1H_2H_4 \tag{4-67}$$

因此，

$$\begin{aligned} \Delta = 1 &+ G_1H_1 + G_3H_2 + G_1G_2G_3H_3 + H_4 + G_1G_3H_1H_2 \\ &+ G_1H_1H_4 + G_3H_2H_4 + G_1G_2G_3H_3H_4 + G_1G_3H_1H_2H_4 \end{aligned} \tag{4-68}$$

所有回路都与前向通道 M_1 接触，因此，Δ_1=1 。回路 $y_4 - y_5 - y_4$ 与前向通道 M_2 互不接触。因此

$$\Delta_2 = 1 + G_3H_2 \tag{4-69}$$

将这些数值带入式 (4-54)，有

$$\frac{y_6}{y_1} = \frac{y_7}{y_1}\frac{M_1\Delta_1 + M_2\Delta_2}{\Delta} = \frac{G_1G_2G_3G_4 + G_1G_5(1+G_3H_2)}{\Delta} \tag{4-70}$$

通过增益公式可以获得下面的输入输出关系：

$$\frac{y_2}{y_1} = \frac{1 + G_3H_2 + H_4 + G_3H_2H_4}{\Delta} \tag{4-71}$$

$$\frac{y_4}{y_1} = \frac{G_1G_2(1+H_4)}{\Delta} \tag{4-72}$$

▲

4.2.4　在输出节点与非输入节点间增益公式的应用

前面已经提到增益公式只适用于一对输入节点和输出节点之间。有时候，我们常常会对输出节点变量和非输入节点变量之间的关系感兴趣。例如，在图 4-32 所示的信号流图中，y_7/y_2 之间的关系表示 y_7 依赖于 y_2，而后者并不是一个输入节点。

我们可以发现，通过加入一个输入节点，增益公式也可以用来求非输入节点和输出节点之间的增益。令 y_{in} 为信号流图中的输入节点，y_{out} 为输出节点，增益 y_{out}/y_2，其中 y_2 不是输入节点，可以写成：

$$\frac{y_{out}}{y_2}=\frac{\dfrac{y_{out}}{y_{in}}}{\dfrac{y_2}{y_{in}}}=\frac{\dfrac{\sum M_k\Delta_k\big|_{从y_{in}到y_{out}}}{\Delta}}{\dfrac{\sum M_k\Delta_k\big|_{从y_{in}到y_2}}{\Delta}} \tag{4-73}$$

因为 Δ 独立于输入和输出，上式可以写为

$$\frac{y_{out}}{y_2}=\frac{\sum M_k\Delta_k\big|_{从y_{in}到y_{out}}}{\sum M_k\Delta_k\big|_{从y_{in}到y_2}} \tag{4-74}$$

注意，Δ 没有出现在上式中。

例 4-2-6　由图 4-32 所示的信号流程图，可以得到 y_2 和 y_7 之间的增益为

$$\frac{y_7}{y_2}=\frac{y_7/y_1}{y_2/y_1}=\frac{G_1G_2G_3G_4+G_1G_5(1+G_3H_2)}{1+G_3H_2+H_4+G_3H_2H_4} \tag{4-75}$$ ▲　189

例 4-2-7　已知图 4-27a 所示的控制框图。系统的等效信号流图如图 4-27c 所示。注意因为信号流图中的节点是所有输入信号的叠加点，所以控制框图上的负反馈通道在信号流图上用带有符号的负增益来表示。即

前向通道	**增益**
$R-E-Y_3-Y_2-Y_1-Y$	$M_1=G_1G_2G_3$
$R-E-Y_3-Y_2-Y$	$M_2=G_1G_4$

图 4-28 所示的信号流图有**四个回路**，回路增益如下：

回路	**增益**
$y_2-y_3-y_2$	$L_{11}=-G_1G_2H_1$
$y_4-y_5-y_4$	$L_{21}=-G_2G_3H_2$
$y_2-y_3-y_4-y_5-y_2$	$L_{31}=-G_1G_2G_3$
$y_6-y_7-y_6$	$L_{41}=-G_1G_4$

注意，所有的回路都是接触的。因此，系统的闭环传递函数可以通过应用式（4-54）从控制框图或图 4-27 中的信号流图获得。即

$$\frac{Y(s)}{R(s)}=\frac{G_1G_2G_3+G_1G_4}{\Delta} \tag{4-76}$$

其中

$$\Delta=1+G_1G_2H_1+G_2G_3H_2+G_1G_2G_3+G_4H_2+G_1G_4 \tag{4-77}$$

类似地，

$$\frac{E(s)}{R(s)}=\frac{1+G_1G_2H_1+G_2G_3H_2+G_4H_2}{\Delta} \tag{4-78}$$

$$\frac{Y(s)}{E(s)}=\frac{G_1G_2G_3+G_1G_4}{1+G_1G_2H_1+G_2G_3H_2+G_4H_2} \tag{4-79}$$

最后一个表达式通过式（4-74）求得。▲

4.2.5 简化增益公式

从例 4-2-7 中，我们可以看到所有的回路和前向通道是接触的。一般来说，如果在控制框图或信号流图中没有非接触回路和前向通道（即例 4-2-3 中的 $y_2-y_3-y_2$ 和 y_4-y_4），式（4-54）简化形式如下所示：

190

$$M=\frac{y_{\text{out}}}{y_{\text{in}}}=\sum\frac{\text{前向路径增益}}{1-\text{回路增益}} \tag{4-80}$$

例 4-2-8 对于例 4-2-5，如图 4-33 中存在互不接触回路，简化的增益公式可以在控制框图操作后消除互不接触回路。

y_1 和 y_7 之间的两条前向通道和**前向通道增益**如下：

前向通道	**增益**
$y_1-y_2-y_3-y_4-y_5-y_6-y_7$	$M_1=G_1G_2G_6G_4G_7$
$y_1-y_2-y_3-y_6-y_7$	$M_2=G_1G_5G_7$

图 4-33 的信号流图有两条**接触回路**，回路增益如下：

回路	**增益**
$y_2-y_3-y_2$	$L_{11}=-G_1H_1$
$y_2-y_3-y_4-y_5-y_2$	$L_{21}=-G_1G_2G_6H_3$

注意此时

$$G_6=\frac{G_3}{1+G_3H_2}\quad\text{和}\quad G_7=\frac{1}{1+H_4} \tag{4-81}$$

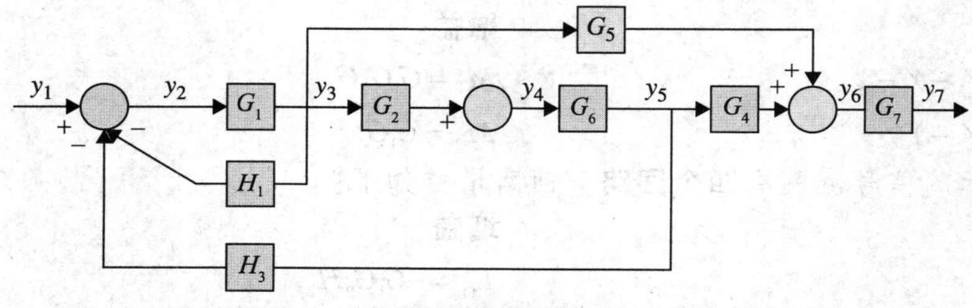

a) 修改图4-32中控制系统的控制框图以消除互不接触回路

y_1 y_2 y_3 y_4 y_5 y_6 y_7

b) 表示变量的信号节点

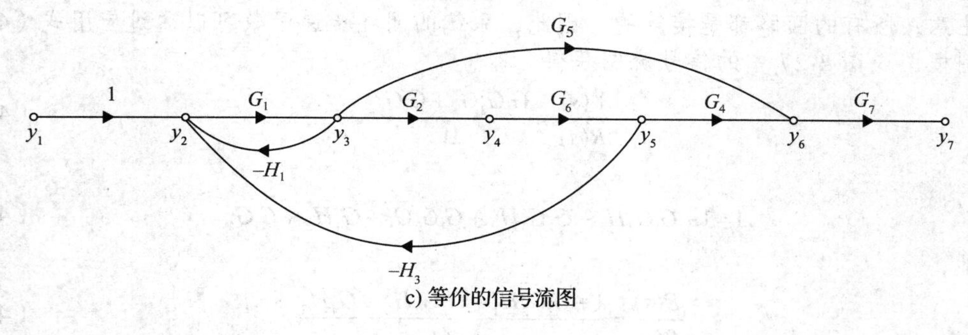

c) 等价的信号流图

191

图 4-33

因此

$$\Delta = 1 + G_1H_1 + G_3H_2 + G_1G_2G_3H_3 + H_4 + G_1G_3H_1H_2 + G_1H_1H_4 + G_3H_2H_4 + G_1G_2G_3H_3H_4 + G_1G_3H_1H_2H_4 \tag{4-82}$$

最终

$$\frac{Y(s)}{R(s)} = \frac{G_1G_2G_3 + G_1G_4}{\Delta} \tag{4-83}$$ ▲

4.3 状态图

本节将介绍状态图，它是信号流图的扩展，用来描述状态方程和微分方程的扩展。状态图是按照使用拉普拉斯变换状态方程的信号流图法则构建起来的。除了**积分**操作以外，状态图的基本元素与传统的信号流图很相似。

设变量 $x_1(t)$ 和 $x_2(t)$ 之间有下面的一阶微分方程：

$$\frac{\mathrm{d}x_1(t)}{\mathrm{d}t} = x_2(t) \tag{4-84}$$

从初始时间 t_0 对 t 进行积分，可以得到：

$$x_1(t) = \int_{t_0}^{t} x_2(\tau)\mathrm{d}\tau + x_1(t_0) \tag{4-85}$$

因为信号流图代数不是在时域内处理积分，必须对式（4-85）两边同时做拉普拉斯变换，最终得到：

$$X_1(s) = \mathcal{L}\left[\int_{t_0}^{t} x_2(\tau)\mathrm{d}\tau\right] + \frac{x_1(t_0)}{s} = \frac{X_2(s)}{s} - \int_{0}^{t_0} x_2(\tau)\mathrm{d}\tau + \frac{x_1(t_0)}{s} \tag{4-86}$$

因为过去的积分由 $x_1(t_0)$ 表示，假设状态转移从 $\tau = t_0$ 开始，$x_2(\tau) = 0$，$0 < \tau < t_0$。因此，式（4-86）写为

$$X_1(s) = \frac{X_2(s)}{s} + \frac{x_1(t_0)}{s},\ \tau \geqslant t_0 \tag{4-87}$$

此时式 (4-83) 是代数方程形式，可以由如图 4-34 所示的信号流图表示，其中积分器的输出等于 s^{-1} 乘以输入，再加上初始条件 $x_1(t_0)/s$。图 4-35 画出了另一种用更少的元素来表示式 (4-87) 的信号流图。

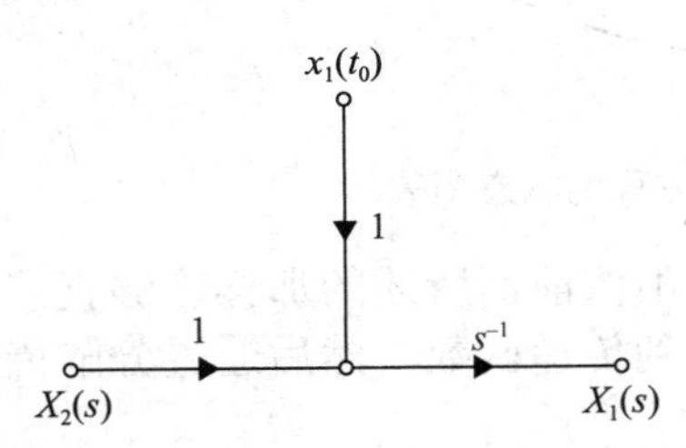

图 4-34　$X_1(s) = [X_2(s)/s] + [x_1(t_0)/s]$ 的信号流图表示

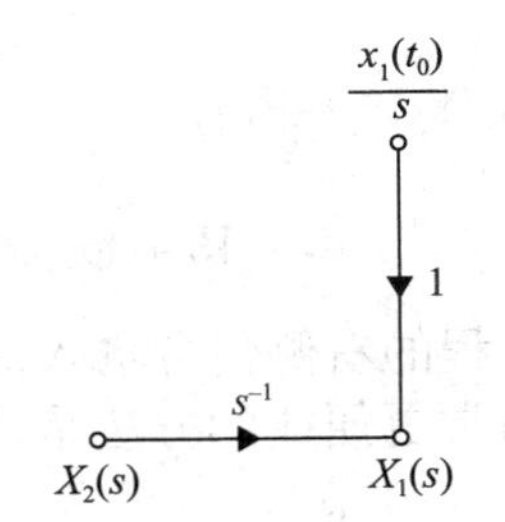

图 4-35　$X_1(s) = [X_2(s)/s] + [x_1(t_0)/s]$ 的信号流图表示

192

4.3.1 由微分方程到状态图

当用高阶微分方程来描述线性系统时，可以用这些方程来得到状态图，尽管直接方法并不总是最方便的。已知下面的微分方程：

$$\frac{\mathrm{d}^n y(t)}{\mathrm{d}t^n}+a_n\frac{\mathrm{d}^{n-1}y(t)}{\mathrm{d}t^{n-1}}+\cdots+a_2\frac{\mathrm{d}y(t)}{\mathrm{d}t}+a_1 y(t)=r(t) \tag{4-88}$$

为了能够从这个方程得到状态图，将上式重新写为

$$\frac{\mathrm{d}^n y(t)}{\mathrm{d}t^n}=-a_n\frac{\mathrm{d}^{n-1}y(t)}{\mathrm{d}t^{n-1}}-\cdots-a_2\frac{\mathrm{d}y(t)}{\mathrm{d}t}-a_1 y(t)+r(t) \tag{4-89}$$

下面着重介绍该过程：

1）如图 4-36a 所示，各个节点从左到右排列，分别表示 $R(s)$，$s^nY(s)$，$s^{n-1}Y(s)$，…，$sY(s)$ 以及 $Y(s)$。

2）因为在拉普拉斯域中，$s^iY(s)$ 对应于 $\mathrm{d}^i y(t)/\mathrm{d}t^i$，$i=0,1,2,\cdots,n$，可以用式（4-85）得到的支路将图 4-36a 里的节点连接起来，由此得到图 4-36b。

3）最后，根据图 4-35 中的基本框架，加入增益为 s^{-1} 的积分支路，并将初始条件加入到积分器的输出里。

完整的状态图如图 4-36c 所示，积分器的输出定义为状态变量 x_1，x_2，…，x_n。一旦画好状态图，这些状态变量是很自然的选择。

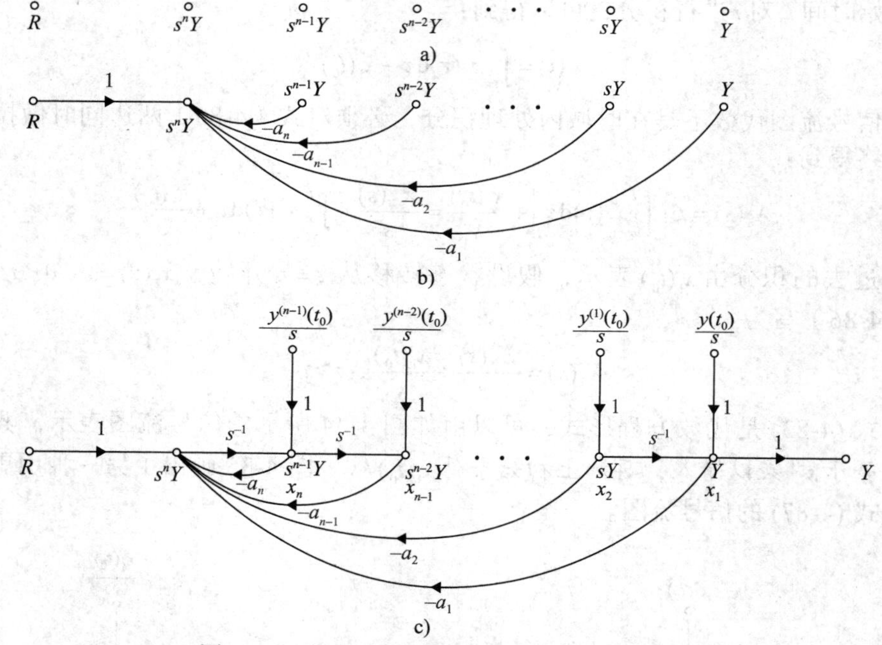

图 4-36 式（4-89）的微分方程的状态图表示

当微分方程的右侧包含输入的导数项时，则不像前面所述的那样能够直接画出状态图。这时，通常更便捷的方法是从微分方程先得到传递函数，然后通过分解传递函数得到状态图（见 8-10 节）。

例 4-3-1 已知如下微分方程

$$\frac{\mathrm{d}^2 y(t)}{\mathrm{d}t^2}+3\frac{\mathrm{d}y(t)}{\mathrm{d}t}+2y(t)=r(t) \tag{4-90}$$

将最高阶次项用其余项表示

$$\frac{\mathrm{d}^2 y(t)}{\mathrm{d}t^2}=-3\frac{\mathrm{d}y(t)}{\mathrm{d}t}-2y(t)+r(t) \tag{4-91}$$

按照前面介绍的步骤，可以得到系统的状态图，如图 4-37 所示，图中定义了状态变量 x_1 和 x_2。▲

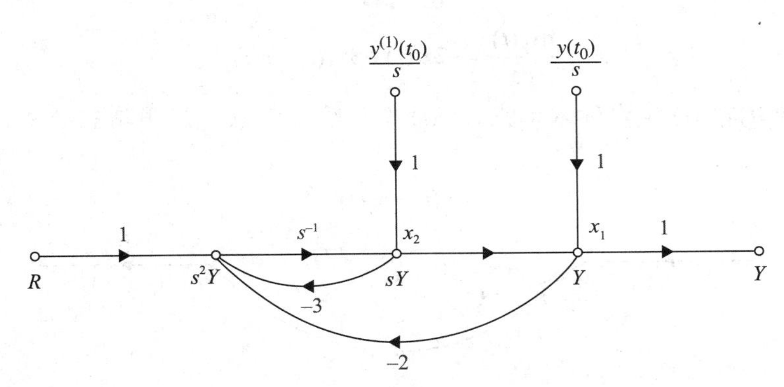

图 4-37　式（4-89）的状态图

4.3.2　由状态图到传递函数

利用增益公式并将其他输入和初始状态都设为 0，就可以从状态图中得到输入和输出的传递函数。通过下面的例子来说明如何从状态图直接求得传递函数。

194

例 4-3-2　已知图 4-37 所示状态图，求 $R(s)$ 和 $Y(s)$ 之间的传递函数。令初始状态为 0，对这两个节点应用增益公式，可以得到传递函数：

$$\frac{Y(s)}{R(s)}=\frac{1}{s^2+3s+2} \tag{4-92}$$ ▲

4.3.3　由状态图到状态和输出方程

可以直接根据状态图，利用信号流图的增益公式来得到状态方程和输出方程。第 3 章介绍了线性系统状态方程和输出方程的一般形式，如下所示。

状态方程：

$$\frac{\mathrm{d}x(t)}{\mathrm{d}t}=ax(t)+br(t) \tag{4-93}$$

输出方程：

$$y(t)=cx(t)+dr(t) \tag{4-94}$$

其中，$x(t)$ 是状态变量；$r(t)$ 为输入；$y(t)$ 为输出；a、b、c、d 为常系数。根据状态和输出方程的一般形式，从状态图得到状态与输出方程的步骤可以概括为：

1）从状态图中删去初始状态和增益为 s^{-1} 的积分支路，因为状态方程和输出方程中并不包含拉普拉斯变换算子 s 和初始状态。

2）对于状态方程，把代表状态变量导数的节点作为输出节点，因为这些变量位于状态方程等号的左边。输出方程中的 $y(t)$ 自然作为输出节点变量。

3）将状态变量和输入作为状态图的输入变量，因为在状态图中它们总是位于状态方程和输出方程的右边。

4）对状态图应用信号流图增益公式。

例 4-3-3　图 4-38 是图 4-37 中去掉了所有的积分支路和初始状态的状态图。将 $\mathrm{d}x_1/\mathrm{d}t$、$\mathrm{d}x_2/\mathrm{d}t$ 作为输出节点，$x_1(t)$、$x_2(t)$、$r(t)$ 作为输入节点，在这些节点之间应用增益

公式，可以得到状态方程：

$$\frac{\mathrm{d}x_1(t)}{\mathrm{d}t}=x_2(t) \tag{4-95}$$

$$\frac{\mathrm{d}x_2(t)}{\mathrm{d}t}=-2x_1(t)-3x_2(t)+r(t) \tag{4-96}$$

将 $x_1(t)$、$x_2(t)$和$r(t)$ 作为输入节点，$y(t)$ 作为输出节点，应用增益公式，则输出方程可写为

195

$$y(t)=x_1(t) \tag{4-97}$$

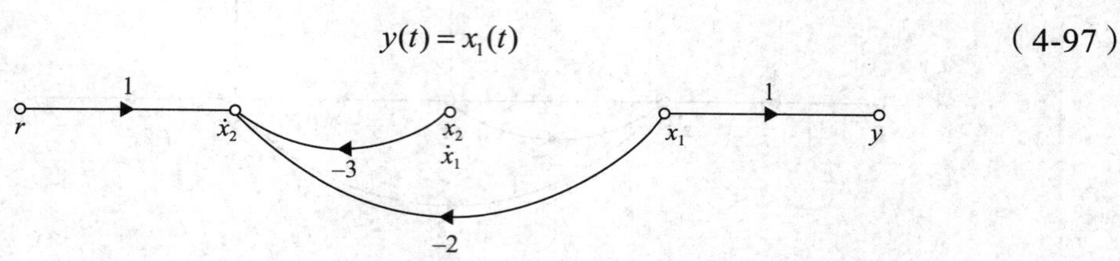

图 4-38　从图 4-37 中去掉初始状态和积分支路后得到的状态图

注意，图 4-37 所示的完整状态图的初始时间为 t_0。积分器的输出定义为状态变量，对状态图 4-37 应用增益公式，$X_1(s)$、$X_2(s)$ 作为输出节点，$x_1(t_0)$、$x_2(t_0)$ 和 $R(s)$ 作为输入节点，可得到

$$X_1(s)=\frac{s^{-1}(1+3s^{-1})}{\Delta}x_1(t_0)+\frac{s^{-2}}{\Delta}x_2(t_0)+\frac{s^{-2}}{\Delta}R(s) \tag{4-98}$$

$$X_2(s)=\frac{-2s^{-2}}{\Delta}x_1(t_0)+\frac{s^{-1}}{\Delta}x_2(t_0)+\frac{s^{-1}}{\Delta}R(s) \tag{4-99}$$

其中，

$$\Delta=1+3s^{-1}+2s^{-2} \tag{4-100}$$

简化后，式（4-98）和式（4-99）用向量矩阵形式表示：

$$\begin{bmatrix}X_1(s)\\X_2(s)\end{bmatrix}=\frac{1}{(s+1)(s+2)}\begin{bmatrix}s+3 & 1\\-2 & s\end{bmatrix}\begin{bmatrix}x_1(t_0)\\x_2(t_0)\end{bmatrix}+\frac{1}{(s+1)(s+2)}\begin{bmatrix}1\\s\end{bmatrix}R(s) \tag{4-101}$$

注意，式（4-100）也可通过对式（4-95）和式（4-96）做拉普拉斯变换得到。对于零初始状态，因为 $Y(s)=X_1(s)$，输入输出传递函数为

$$\frac{Y(s)}{R(s)}=\frac{1}{s^2+3s+2} \tag{4-102}$$

与式（4-88）相同。

▲

例 4-3-4　再举一个用状态图求得状态方程的例子，已知状态图如图 4-39a 所示。这个例子同样强调了应用增益公式的重要性。图 4-39b 是去掉初始状态和积分支路后的状态图，可以注意到此图中仍然包含一个回路。令 $\dot{x}_1(t)$、$\dot{x}_2(t)$、$\dot{x}_3(t)$ 为输出节点，$r(t)$、$x_1(t)$、$x_2(t)$、$x_3(t)$ 为输入节点，应用增益公式可以得到状态方程的向量矩阵形式：

$$\begin{bmatrix}\frac{\mathrm{d}x_1(t)}{\mathrm{d}t}\\ \frac{\mathrm{d}x_2(t)}{\mathrm{d}t}\\ \frac{\mathrm{d}x_3(t)}{\mathrm{d}t}\end{bmatrix}=\begin{bmatrix}0 & 1 & 0\\ \frac{-(a_2+a_3)}{1+a_0a_3} & -a_1 & \frac{1-a_0a_2}{1+a_0a_3}\\ 0 & 0 & 0\end{bmatrix}\begin{bmatrix}x_1(t)\\x_2(t)\\x_3(t)\end{bmatrix}+\begin{bmatrix}0\\0\\1\end{bmatrix}r(t) \tag{4-103}$$

输出方程为

$$y(t)=\frac{1}{1+a_0a_3}x_1(t)+\frac{a_0}{1+a_0a_3}x_3(t) \tag{4-104}$$ ▲ 196

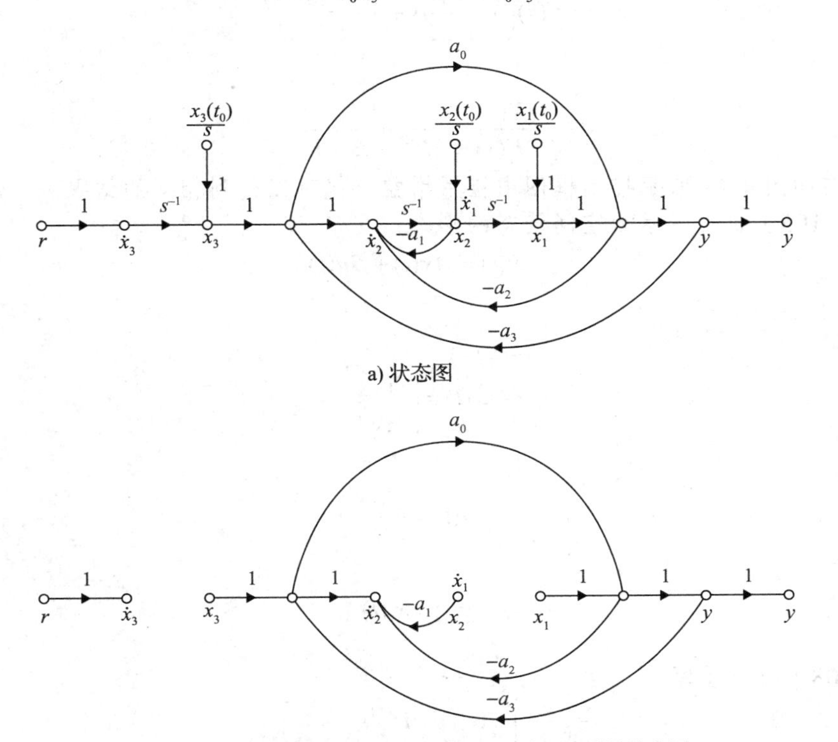

a) 状态图

b) 从a中去掉所有初始状态和积分支路后得到的状态图

图　4-39

4.4　案例研究

例 4-4-1　已知如图 4-40a 所示质量 - 弹簧 - 阻尼器系统，它在水平方向上直线运动，系统的受力分析图如图 4-40b 所示。按照 2.2.1 节的步骤进行，运动方程可以写作输入输出形式：

$$\ddot{y}(t)+\frac{B}{M}y(t)+\frac{K}{M}\dot{y}(t)=\frac{1}{M}f(t) \tag{4-105}$$

其中，$y(t)$ 是输出，$f(t)/M$ 是输入，$\dot{y}(t)=\mathrm{d}y(t)/\mathrm{d}t$ 和 $\ddot{y}(t)=\mathrm{d}^2y(t)/\mathrm{d}t^2$ 分别代表速度和加速度。

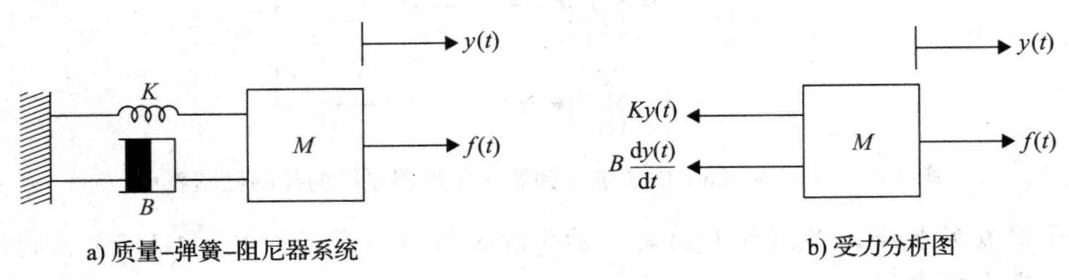

a) 质量–弹簧–阻尼器系统　　b) 受力分析图

图 4-40　例 4-4-1

197

对于**零初始状态**，$Y(s)$ 和 $F(s)$ 之间的传递函数可以通过对式（4-105）两边同时进行拉普拉斯变换得到：

$$Y(s)\left(s^2+\frac{B}{M}s+\frac{K}{M}\right)=\frac{F(s)}{M} \tag{4-106}$$

因此

$$\frac{Y(s)}{F(s)}=\frac{1}{Ms^2+Bs+K} \tag{4-107}$$

通过在如图 4-41 所示控制框图中应用增益公式可以得到相同的结果。

式（4-105）也可表示为空间状态的形式：

$$\dot{\boldsymbol{x}}(t)=\boldsymbol{A}\boldsymbol{x}(t)+\boldsymbol{B}\boldsymbol{u}(t) \tag{4-108}$$

其中，

$$\boldsymbol{x}(t)=\begin{bmatrix}x_1(t)\\x_2(t)\end{bmatrix} \tag{4-109}$$

而且

$$\boldsymbol{u}(t)=\frac{f(t)}{M} \tag{4-110}$$

输出方程为

$$y(t)=x_1(t) \tag{4-111}$$

则式（4-108）可以重写为

$$\begin{bmatrix}\dot{x}_1\\\dot{x}_2\end{bmatrix}=\begin{bmatrix}0 & 1\\-\dfrac{K}{M} & -\dfrac{B}{M}\end{bmatrix}\begin{bmatrix}x_1\\x_2\end{bmatrix}+\frac{f(t)}{M} \tag{4-112}$$

式（4-112）的状态可以写为一系列的一阶微分方程：

$$\begin{aligned}\frac{\mathrm{d}x_1(t)}{\mathrm{d}t}&=x_2(t)\\\frac{\mathrm{d}x_2(t)}{\mathrm{d}t}&=-\frac{K}{M}x_1(t)-\frac{B}{M}x_2(t)+\frac{1}{M}f(t)\\y(t)&=x_1(t)\end{aligned} \tag{4-113}$$

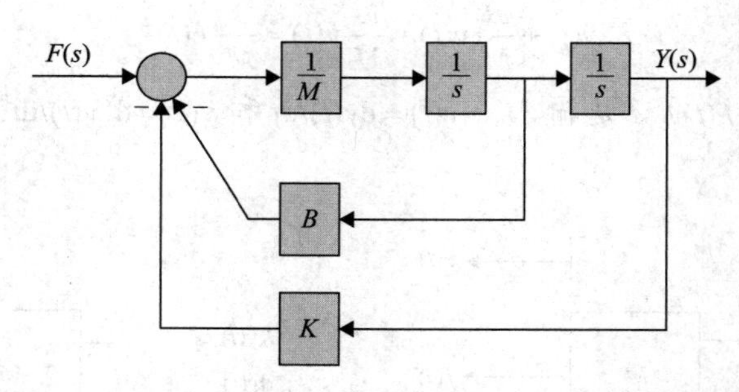

198

图 4-41 式（4-106）的质量–弹簧–阻尼器系统的控制框图表示

对于零初始状态，$Y(s)$ 和 $F(s)$ 之间的传递函数可以通过对式（4-113）两边同时进行拉普拉斯变换得到：

$$sX_1(s) = X_2(s)$$
$$sX_2(s) = -\frac{K}{M}X_2(s) - \frac{B}{M}X_1(s) + \frac{1}{M}F(s) \qquad (4\text{-}114)$$
$$Y(s) = X_1(s)$$

因此

$$\frac{Y(s)}{F(s)} = \frac{1}{Ms^2 + Bs + K} \qquad (4\text{-}115)$$

与式（4-114）相关的控制框图如图 4-42 所示。需要注意的是这个控制框图也可以直接通过从图 4-41 所示的控制框图中分解出 $1/M$ 获得。式（4-115）中的传递函数也可以通过对图 4-42 的控制框图应用增益公式获得。

对于非零初始状态，式（4-113）有不同的拉普拉斯变换表示，可以写为

$$sX_1(s) - x_1(0) = X_2(s)$$
$$sX_2(s) - x_2(0) = -\frac{B}{M}X_2(s) - \frac{K}{M}X_1(s) + \frac{1}{M}F(s) \qquad (4\text{-}116)$$
$$Y(s) = X_1(s)$$

与式（4-116）对应的信号流图如图 4-43 所示。

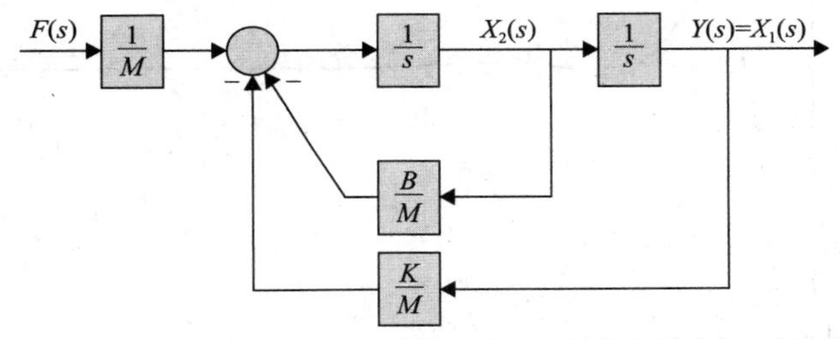

图 4-42　图 4-41 所示质量 – 弹簧 – 阻尼器系统的控制框图表示

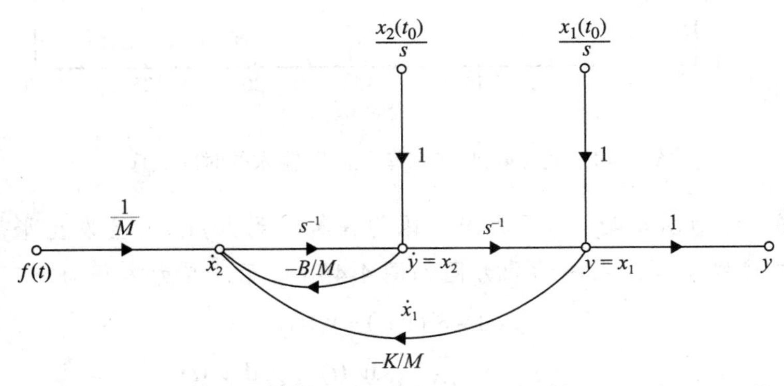

图 4-43　式（4-116）所示质量 – 弹簧 – 阻尼系统非零初始状态 $x_1(t_0)$ 和 $x_2(t_0)$ 的信号流图表示　　199

通过简化式（4-116）或对系统的信号流图应用增益公式，输出为

$$Y(s) = \frac{1}{Ms^2 + Bs + K}F(s) + \frac{Ms}{Ms^2 + Bs + K}x_1(t_0) + \frac{M}{Ms^2 + Bs + K}x_2(t_0) \qquad (4\text{-}117)$$

工具箱 4-4-1

令 $K=1$，$M=1$，$B=1$，对式（4-115）利用 MATLAB 计算时域阶跃响应：

```
K=1; M=1; B=1;
t=0 : 0.02: 30;
num = [1];
den = [M B K];
G = tf(num, den);
y1 = step (G, t);
plot(t, y1);
xlabel('Time (Second)') ; ylabel ('Step Response')
title ('Response of the system in Eq. (4-115) to step input')
```

系统（4-115）的阶跃响应如图 4-44 所示。

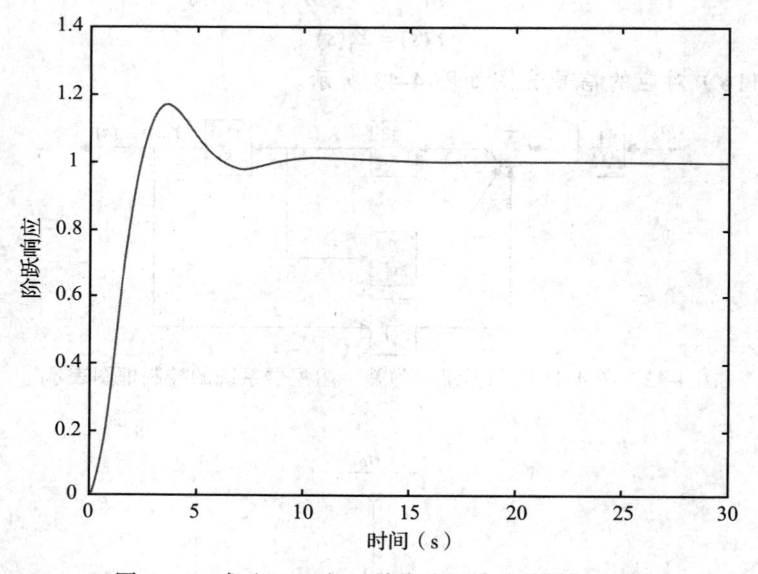

图 4-44　式（4-115）对单位阶跃输入的时间响应

例 4-4-2　已知图 4-45a 所示系统。因为弹簧受到力 $f(t)$ 时会发生形变，两个位移 y_1、y_2 分配到弹簧的端点，系统的受力图如图 4-45b 所示，受力方程为

$$f(t)=K\left[y_1(t)-y_2(t)\right] \tag{4-118}$$

$$-K\left[y_2(t)-y_1(t)\right]-B\frac{\mathrm{d}y_2(t)}{\mathrm{d}t}=M\frac{\mathrm{d}^2y_2(t)}{\mathrm{d}t^2} \tag{4-119}$$

方程组以输入输出形式重写为

$$\frac{\mathrm{d}^2y_2(t)}{\mathrm{d}t^2}+\frac{B}{M}\frac{\mathrm{d}y_2(t)}{\mathrm{d}t}+\frac{K}{M}y_2(t)=\frac{K}{M}y_1(t) \tag{4-120}$$

对于零初始状态，通过对式（4-119）两边做拉普拉斯变换，得到 $Y_1(s)$ 和 $F_2(s)$ 之间的传递函数：

$$\frac{Y_1(s)}{Y_2(s)} = \frac{K}{Ms^2 + Bs + K} \tag{4-121}$$

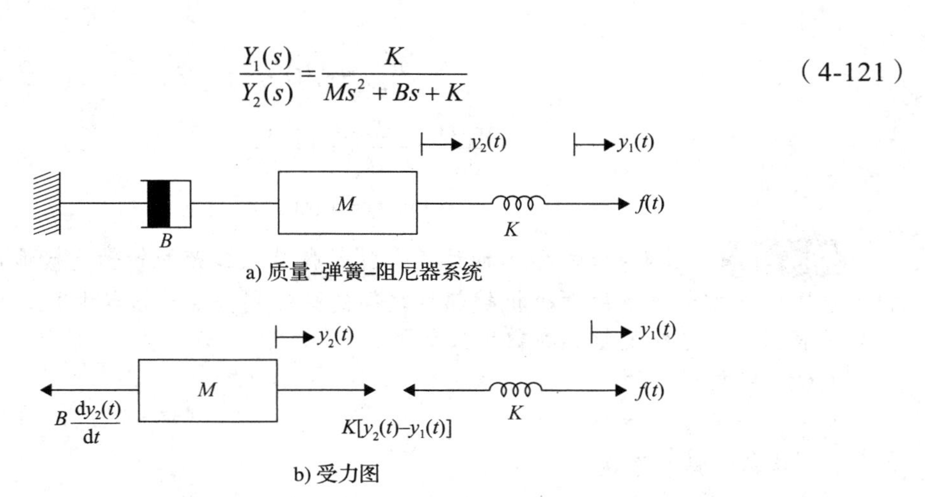

图 4-45　例 4-4-2 中的机械系统

对于状态表示，方程可以重写为

201

$$y_1(t) = y_2(t) + \frac{1}{K} f(t) \tag{4-122}$$

$$\frac{d^2 y_2(t)}{dt^2} = -\frac{B}{M}\frac{dy_2(t)}{dt} + \frac{K}{M}[y_1(t) - y_2(t)]$$

式（4-121）的传递函数可以通过对式（4-122）和图 4-46 所示控制框图表示的系统应用增益公式得到。注意在图 4-46 中，$F(s)$、$Y_1(s)$、$X_1(s)$、$Y_2(s)$、$X_2(s)$ 分别是 $f(t)$、$y_1(t)$、$x_1(t)$、$y_2(t)$、$x_2(t)$ 的拉普拉斯变换。对于零初始状态，式（4-122）的传递函数与式（4-120）相同。通过后两个方程，状态变量定义为 $x_1(t) = y_2(t)$，$x_2(t) = dy_2/dt$，因此状态方程可以写作：

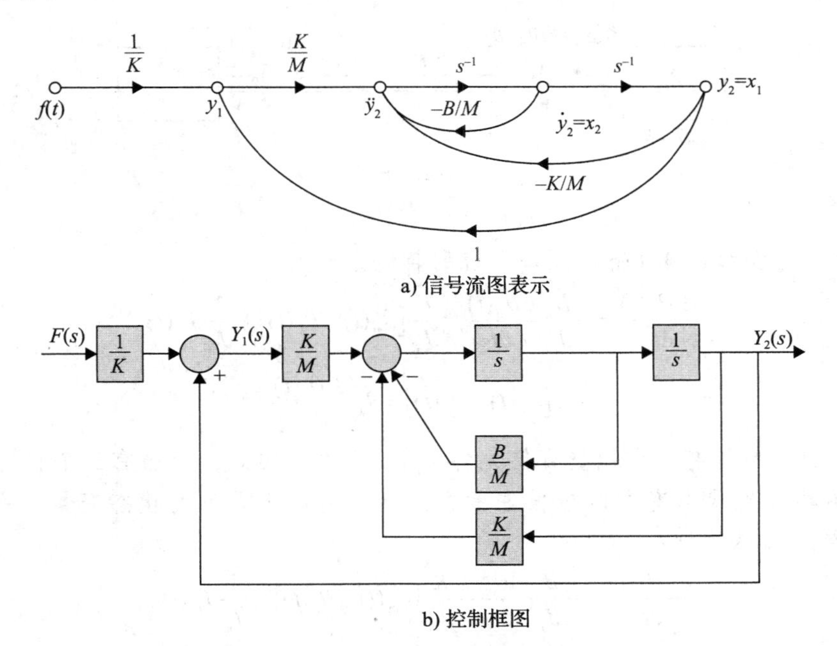

图 4-46　式（4-122）的质量 – 弹簧 – 阻尼器系统

$$\frac{\mathrm{d}x_1(t)}{\mathrm{d}t}=x_2(t)$$

$$\frac{\mathrm{d}x_2(t)}{\mathrm{d}t}=-\frac{B}{M}x_2(t)+\frac{1}{M}f(t)$$

$$y_2(t)=x_1(t) \tag{4-123}$$ ▲

例 4-4-3 图 4-47a 所示为通过具有弹簧弹性系数 K 的转轴连接惯性负载与电动机的示意图。在控制系统的两个机械部件之间的弹性耦合导致扭转共振，其可以传输到系统的所有部分。系统变量和参数定义如下：

$T_m(t)$ = 电动机转矩

B_m = 电动机黏性摩擦系数

K = 转轴的弹性系数

$\theta_m(t)$ = 电动机位移

$\omega_m(t)$ = 电动机速度

J_m = 电动机转动惯量

θ_L = 负载位移

$\omega_L(t)$ = 负载速度

J_L = 负载惯量

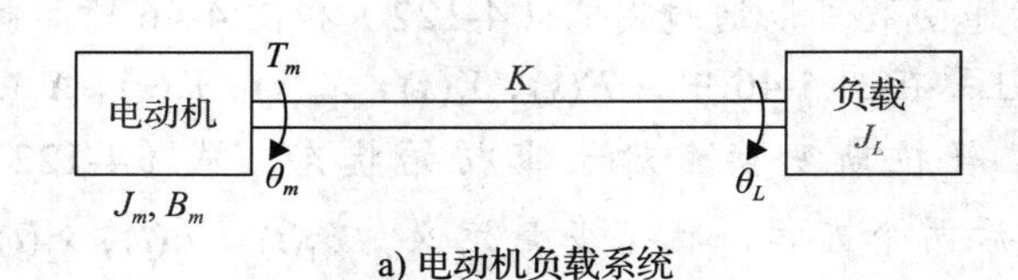

a) 电动机负载系统

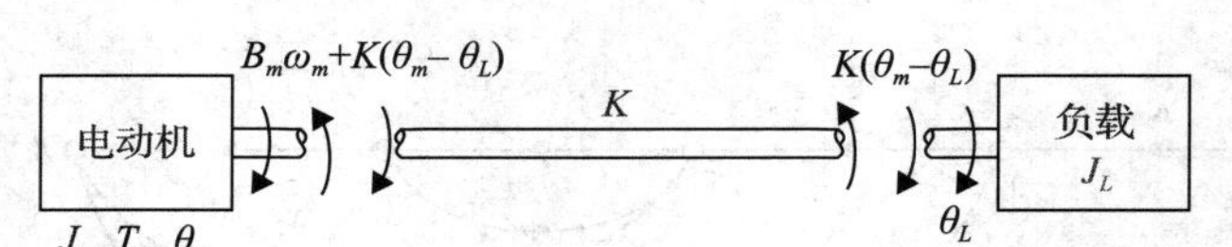

b) 受力图

图 4-47

202

系统的受力图如图 4-47b 所示。系统的转矩方程为

$$\frac{\mathrm{d}^2\theta_m(t)}{\mathrm{d}t^2}=-\frac{B_m}{J_m}\frac{\mathrm{d}\theta_m(t)}{\mathrm{d}t}-\frac{K}{J_m}\left[\theta_m(t)-\theta_L(t)\right]+\frac{1}{J_m}T_m(t) \tag{4-124}$$

$$K\left[\theta_m(t)-\theta_L(t)\right]=J_L\frac{\mathrm{d}^2\theta_L(t)}{\mathrm{d}t^2} \tag{4-125}$$

在本例中，系统有三个能量存储元件 J_m、J_L、K。因此，应当有三个状态变量。在构造状态图和分配状态变量时应仔细考虑，以采用最小数目的状态变量。式（4-124）和式（4-125）可以另写为

$$\frac{\mathrm{d}^2\theta_m(t)}{\mathrm{d}t^2}=-\frac{B_m}{J_m}\frac{\mathrm{d}\theta_m}{\mathrm{d}t}-\frac{K}{J_m}\left[\theta_m(t)-\theta_L(t)\right]+\frac{1}{J_m}T_m(t) \tag{4-126}$$

$$\frac{\mathrm{d}^2\theta_L(t)}{\mathrm{d}t^2}=\frac{K}{J_L}\left[\theta_m(t)-\theta_L(t)\right] \tag{4-127}$$

本例中的状态变量可以定义为 $x_1(t)=\theta_m-\theta_L$，$x_2(t)=\mathrm{d}\theta_L(t)/\mathrm{d}t$，$x_3(t)=\mathrm{d}\theta_m(t)/\mathrm{d}t$。状态方程为

$$\frac{\mathrm{d}x_1(t)}{\mathrm{d}t}=x_3(t)-x_2(t)$$

$$\frac{\mathrm{d}x_2(t)}{\mathrm{d}t}=\frac{K}{J_L}x_1(t)$$

$$\frac{\mathrm{d}x_3(t)}{\mathrm{d}t}=-\frac{K}{J_m}x_1(t)-\frac{B_m}{J_m}x_3(t)+\frac{1}{J_m}T_m(t) \tag{4-128}$$

信号流图如图 4-48 所示。▲

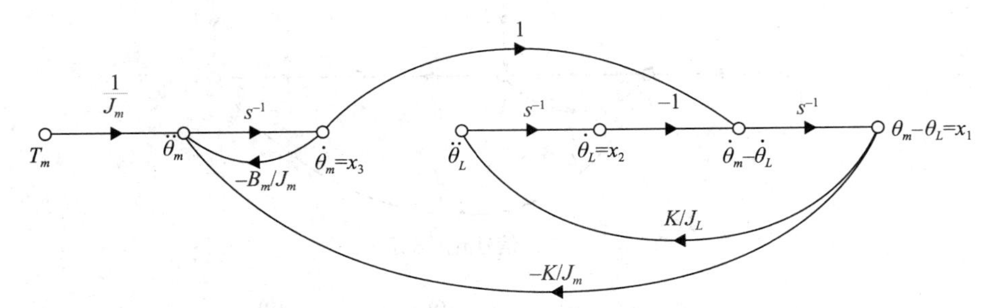

图 4-48　旋转系统（4-123）的信号流图表示

203

例 4-4-4　考虑图 4-49a 所示的 RLC 电路。采用电压定理

$$e(t)=e_R+e_L+e_C \tag{4-129}$$

其中，$e_R=$ 电阻 R 上的电压

$e_L=$ 电感 L 上的电压

$e_C=$ 电容 C 上的电压

此时

$$e(t)=+e_C(t)+Ri(t)+L\frac{\mathrm{d}i(t)}{\mathrm{d}t} \tag{4-130}$$

将式（4-130）对时间求导数，采用 C 中电流的关系

$$C\frac{\mathrm{d}e_C(t)}{\mathrm{d}t}=i(t) \tag{4-131}$$

得到 RLC 网络的方程为

$$L\frac{\mathrm{d}^2i(t)}{\mathrm{d}t^2}+R\frac{\mathrm{d}i(t)}{\mathrm{d}t}+\frac{i(t)}{C}=\frac{\mathrm{d}e(t)}{\mathrm{d}t} \tag{4-132}$$

一种实用的方法是将电感 L 的电流 $i(t)$、电容 C 的电压 $e_C(t)$ 作为状态变量。这样选择的原因是状态变量直接与系统的储能元件相关。电感存储动能，电容存储电势能。通过设定 $i(t)$、$e_C(t)$ 为状态变量，可以对电路过去的历史（通过初始状态）、现在和未来的状态进行完整的描述。图 4-49b 所示电路的状态方程组可以通过状态变量 C 的电流和 L 的电压以及施加电压 $e(t)$ 写出。以向量－矩阵形式，系统方程可以表示为

$$\begin{bmatrix}\dfrac{\mathrm{d}e_C(t)}{\mathrm{d}t}\\[2mm]\dfrac{\mathrm{d}i(t)}{\mathrm{d}t}\end{bmatrix}=\begin{bmatrix}0 & \dfrac{1}{C}\\[2mm] -\dfrac{1}{L} & -\dfrac{R}{L}\end{bmatrix}\begin{bmatrix}e_C(t)\\ i(t)\end{bmatrix}+\begin{bmatrix}0\\ \dfrac{1}{L}\end{bmatrix}e(t) \tag{4-133}$$

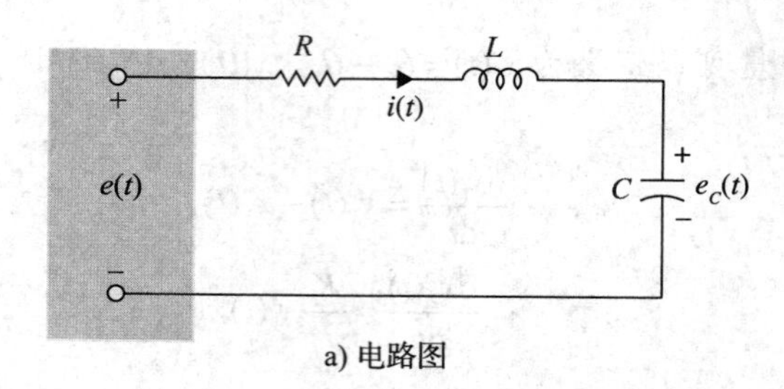

a) 电路图

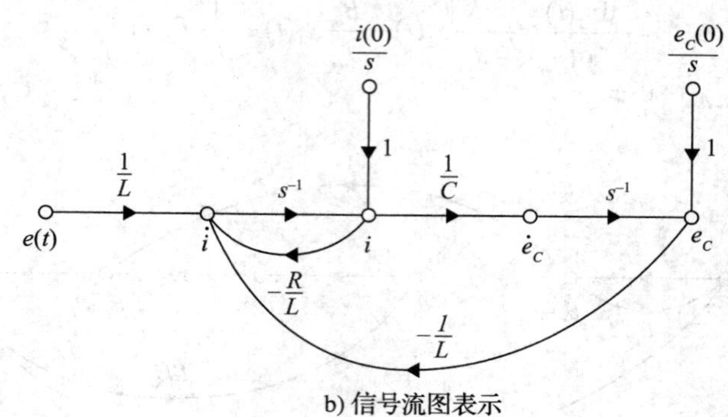

b) 信号流图表示

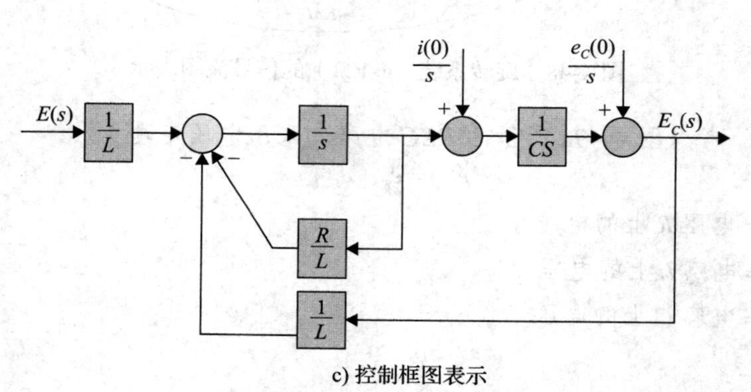

c) 控制框图表示

图 4-49　RLC 网络

这种形式也称为状态形式，如果设

$$\begin{bmatrix} x_1(t) \\ x_2(t) \end{bmatrix} = \begin{bmatrix} e_C(t) \\ i(t) \end{bmatrix} \tag{4-134}$$

则

$$\begin{bmatrix} \dot{x}_1 \\ \dot{x}_2 \end{bmatrix} = \begin{bmatrix} 0 & \dfrac{1}{C} \\ -\dfrac{1}{L} & -\dfrac{R}{L} \end{bmatrix} \begin{bmatrix} x_1 \\ x_2 \end{bmatrix} + \begin{bmatrix} 0 \\ \dfrac{1}{L} \end{bmatrix} e(t) \tag{4-135}$$

当所有初始状态设为零时，系统的传递函数可以通过对图 4-49c 中的系统信号流图或控制框图应用增益公式得到：

204
~
205

$$\frac{E_C(s)}{E(s)} = \frac{(1/LC)s^{-2}}{1+(R/L)s^{-1}+(1/LC)s^{-2}} = \frac{1}{1+RCs+LCs^2} \tag{4-136}$$

$$\frac{I(s)}{E(s)} = \frac{(1/L)s^{-1}}{1+(R/L)s^{-1}+(1/LC)s^{-2}} = \frac{Cs}{1+RCs+LCs^2} \tag{4-137}$$

工具箱 4-4-2

用 MATLAB 求式（4-136）和式（4-137）的时域单位阶跃响应，令 $R=1$，$L=1$，$C=1$：

```
R=1; L=1; C=1;
t=0 : 0.02 : 30 ;
num1 = [1];
den1 = [L*C R*C 1];
num2 = [C 0];
den2 = [L*C R*C 1];
G1 = tf(num1, den1);
G2 = tf(num2, den2);
y1 = step(G1, t);
y2 = step(G2, t);
plot(t,y1);
hold on
plot (t, y2, '--');
xlabel('Time')
ylabel('Output')
```

结果如图 4-50 所示，其中 $e_C(t)$ 和 $i(t)$ 的阶跃响应从式（4-136）中得到，且 $i(t)$ 在式（4-137）中 $R=1$，$L=1$，$C=1$ 的条件下得到。▲

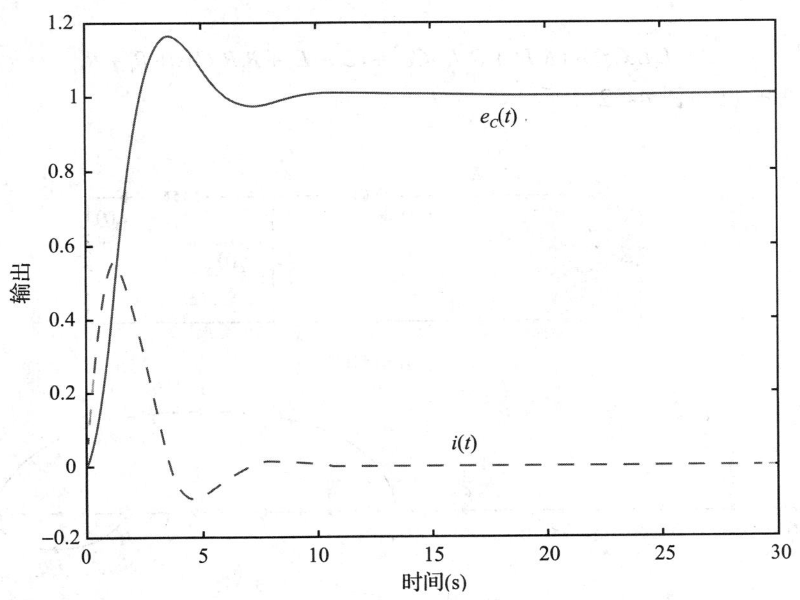

图 4-50　RLC 网络的时域单位阶跃响应，$R=1$，$L=1$，$C=1$ 时，$e_C(t)$ 根据式（4-136）和 $i(t)$ 根据式（4-137）得到

例 4-4-5　再举一个写出电路状态方程的例子，已知连接图如图 4-51a 所示。根据之前的讨论，将电容器上的电压 $e_C(t)$ 和电感的电流 $i_1(t)$、$i_2(t)$ 设为状态变量，如图 4-51a 所示。通过用三个状态变量写出电感上的电压和电容上的电流，获得电路的状态方程：

$$L_1\frac{\mathrm{d}i_1(t)}{\mathrm{d}t}=-R_1i_1(t)-e_C(t)+e(t) \tag{4-138}$$

$$L_2\frac{\mathrm{d}i_2(t)}{\mathrm{d}t}=-R_2i_2(t)+e_C(t) \tag{4-139}$$

$$C\frac{\mathrm{d}e_C(t)}{\mathrm{d}t}=i_1(t)-i_2(t) \tag{4-140}$$

以向量 - 矩阵的形式，状态方程可以写为

$$\begin{bmatrix}\dot{x}_1\\\dot{x}_2\\\dot{x}_3\end{bmatrix}=\begin{bmatrix}-\frac{R_1}{L_1} & 0 & -\frac{1}{L_1}\\ 0 & -\frac{R_2}{L_2} & \frac{1}{L_2}\\ \frac{1}{C} & -\frac{1}{C} & 0\end{bmatrix}\begin{bmatrix}x_1\\x_2\\x_3\end{bmatrix}+\begin{bmatrix}\frac{1}{L_1}\\0\\0\end{bmatrix}e(t) \tag{4-141}$$

其中，$x_1=i_1(t),x_2=i_2(t),x_3=e_C(t)$。没有初始状态的信号流图网络如图 4-51b 所示。由状态图分别可以写出 $I_1(s)$ 与 $E(s)$、$I_2(s)$ 与 $E(s)$、$E_C(s)$ 与 $E(s)$ 之间的传递函数：

$$\frac{I_1(s)}{E(s)}=\frac{L_2Cs^2+R_2Cs+1}{\Delta} \tag{4-142}$$

$$\frac{I_2(s)}{E(s)}=\frac{1}{\Delta} \tag{4-143}$$

$$\frac{E_C(s)}{E(s)}=\frac{L_2s+R_2}{\Delta} \tag{4-144}$$

其中，

$$\Delta=L_1L_2Cs^3+(R_1L_2+R_2L_1)Cs^2+(L_1+L_2+R_1R_2C)s+R_1+R_2 \tag{4-145}$$

单位阶跃响应如图 4-52 所示。

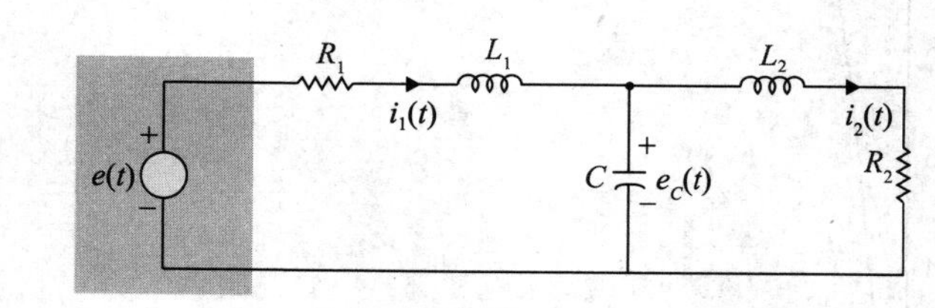

a) 电路图

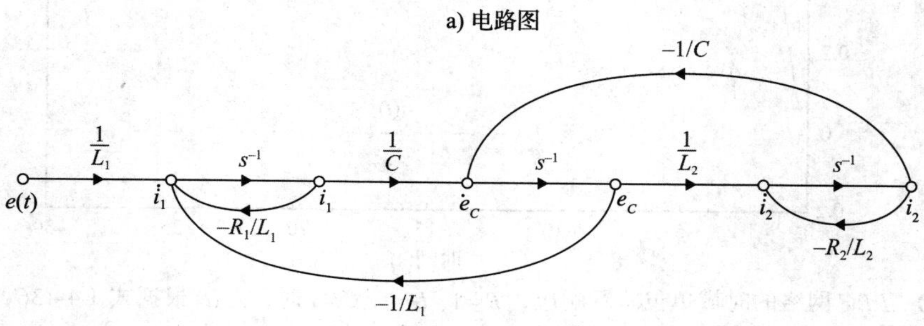

b) 信号流图表示

图 4-51　例 4-4-5 的网络

206
~
207

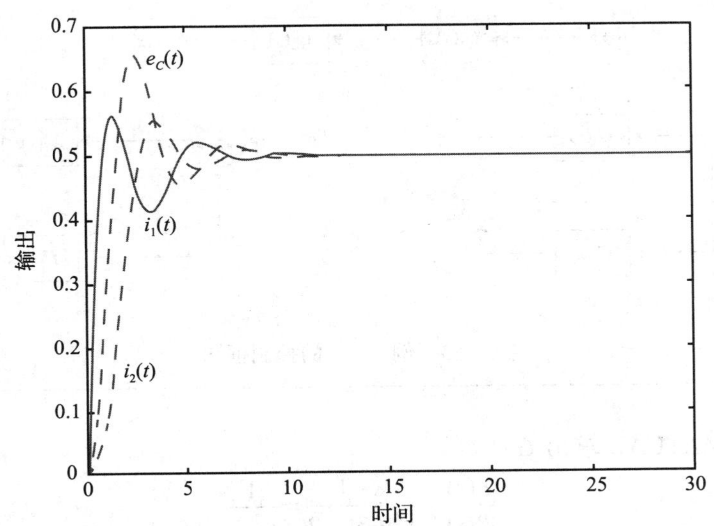

图 4-52　例 4-4-5 的网络时域单位阶跃响应，$R_1=1$，$R_2=1$，$L_1=1$，$L_2=1$，$C=1$ 时，$i_1(t)$ 根据式（4-142）、$i_2(t)$ 根据式（4-143）、$e_C(t)$ 根据式（4-144）得到

工具箱 4-4-3

用 MATLAB 求式（4-142）和式（4-144）的时域单位阶跃响应，令 $R_1=1$，$R_2=1$，$L_1=1$，$L_2=1$，$C=1$：

```
R1=1; R2=1; L1=1; L2=1; C=1;
t=0 : 0.02 : 30 ;
num1 = [L2*C R2*C 1];
num2 = [1];
num3 = [L2 R2];
den = [L1*L2*C R1*L2*C+R2*L1*C L1+L2+R1*R2*C R1+R2];
G1 = tf(num1, den);
G2 = tf(num2, den);
G3 = tf(num3, den);
y1 = step(G1, t);
y2 = step(G2, t);
y3 = step(G3, t);
plot(t, y1);
hold on
plot(t, y2, '--');
hold on
plot(t, y3, '-.');
xlabel('Time')
ylabel('Output')
```

208

4.5　MATLAB 工具箱

现在还没有专门为本章所设计开发的软件，虽然 MATLAB 控制工具箱提供了很多根据给定的控制框图来求传递函数的功能，学生们仍然应该掌握不借助计算机的求解方法。然而对于简单的操作，可以使用 MATLAB，如下例所示。

例 4-5-1　考虑如下传递函数，哪一个对应于图 4-53 所示的控制框图？

$$G_1(s)=\frac{1}{s+1},\ G_2(s)=\frac{s+1}{s+2},\ G(s)=\frac{1}{s(s+1)},\ H(s)=10 \tag{4-146}$$

用 MATLAB 求出它们的传递函数 $Y(s)/R(s)$，结果如下所示。

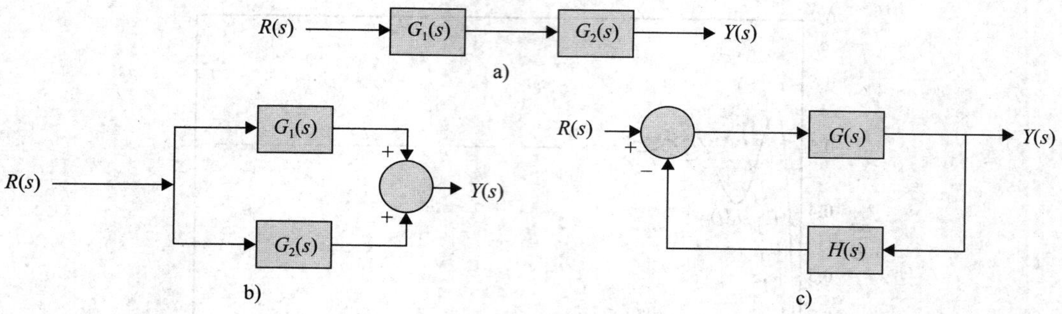

$R(s)$ → $G_1(s)$ → $G_2(s)$ → $Y(s)$

a)

b)

c)

图 4-53 例 4-5-1 的控制框图

209

工具箱 4-5-1

示例（a）：用 MATLAB 求出 $G_1 * G_2$。

$$\frac{Y(s)}{R(s)}=\frac{s+1}{s^2+3s+2}=\frac{1}{s+2}$$

方法 1

```
>> clear all
>> s = tf('s');
>> G1=1/(s+1)
G1 =
 1
----
s + 1
>> G2=(s+1)/(s+2)
G2 =
s + 1
-----
s + 2
>> YR=G1*G2
YR =
 s + 1
-------------
s^2 + 3 s + 2
>> YR_simple=minreal(YR)
YR_simple=
 1
-----
s + 2
```

方法 2

```
>> clear all
>> G1=tf([1],[1 1])

G1 =
 1
----
s + 1
>> G2=tf([1 1],[1 2])
G2 =
s + 1
-----
s + 2
>> YR=G1*G2
YR =
 s + 1
-------------
s^2 + 3 s + 2
>> YR_simple=minreal(YR)
YR_simple=
 1
-----
s + 2
```

如果需要的话，采用“mineral(YR)”进行零极点对消。

也可以采用“YR=series(G1, G2)”代替“YR=G1*G2”。

示例（b）：用 MATLAB 求解 G_1+G_2。

$$\frac{Y(s)}{R(s)}=\frac{2s+3}{s^2+3s+2}=\frac{2(s+1.5)}{(s+1)(s+2)}$$

方法 1

```
>> clear all
>> s = tf('s');
>> G1=1/(s+1)
Transfer function:
 1
-----
s + 1
>> G2=(s+1)/(s+2)
Transfer function:
```

方法 2

```
>> clear all
>> G1=tf([1],[1 1])

Transfer function:
 1
-----
s + 1
>> G2=tf([1 1],[1 2])
Transfer function:
```

```
s + 1
-----
s + 2
>> YR=G1+G2
Transfer function:
s^2 + 3 s + 3
-------------
s^2 + 3 s + 2
>> YR=parallel(G1,G2)
Transfer function:
s^2 + 3 s + 3
-------------
s^2 + 3 s + 2
```

```
s + 1
-----
s + 2
>> YR=G1+G2
Transfer function:
s^2 + 3 s + 3
-------------
s^2 + 3 s + 2
>> YR=parallel(G1,G2)
Transfer function:
s^2 + 3 s + 3
-------------
s^2 + 3 s + 2
```

如果需要的话，采用“mineral(YR)”进行零极点对消。

也可以用“YR=parallel(G1,G2)”代替“YR=G1+G2”。

用“zpk(YR)”求实零点 / 极点 / 增益形式：

```
>> zpk(YR)
Zero/pole/gain:
(s^2 + 3s + 3)
---------------
(s+2) (s+1)
```

用“zero(YR)”求传递函数零点：

```
>> zero(YR)
ans =
 -1.5000 + 0.8660i
 -1.5000 - 0.8660i
```

用“pole(YR)”求传递函数极点：

```
>> pole(YR)
ans =
 -2
 -1
```

210

工具箱 4-5-2

示例（c）：用 MATLAB 求解闭环反馈传递函数 $\dfrac{G}{1+GH}$。

$$\frac{Y(s)}{R(s)}=\frac{1}{s^2+s+10}$$

方法 1

```
>> clear YR
>> s = tf('s');
>> G=1/(s*(s+1))
Transfer function:
 1
-------
s^2 + s
>> H=10
H =
 10
>> YR=G/(1+G*H)
Transfer function:
 s^2 + s
----------------------------
s^4 + 2 s^3 + 11 s^2 + 10 s
>> YR_simple=minreal(YR)
Transfer function:
 1
------------
s^2 + s + 10
```

方法 2

```
>> clear all
>> G=tf([1],[1,1,0])

Transfer function:
 1
-------
s^2 + s
>> H=10
H =
10
>> YR=G/(1+G*H)
Transfer function:
 s^2 + s
---------------------------
s^4 + 2 s^3 + 11 s^2 + 10 s
>> YR_simple=minreal(YR)
Transfer function:
 1
------------
s^2 + s + 10
```

如果需要的话，用“mineral(YR)”进行零极点对消。

替代方法：

```
>> YR=feedback(G,H)
Transfer function:
```

用“pole(YR)”求传递函数的极点：

```
>> pole(YR)
ans =
```

```
 1                                          -0.5000 + 3.1225i
------------                                -0.5000 - 3.1225i
s^2 + s + 10
```

4.6 小结

本章的重点是物理系统的数学建模，定义了传递函数、控制框图、信号流图等概念。控制框图是一种通用的描述线性系统和非线性系统的表示方法，信号流图则是描述线性系统中各个信号之间相互关系的有力手段。只要使用得当，就可以使用增益公式从信号流图得到线性系统输入输出变量之间的传递函数。状态图是一种应用于以微分方程描述的动态系统的信号流图。

本章结尾介绍了各种各样的实例，从动态和控制系统方面完善在第 2 章和第 3 章已[211]经研究过的建模。MATLAB 也用于计算简单控制框图系统的传递函数和时间响应。

参考文献

1. T. D. Graybeal, "Block Diagram Network Transformation," *Elec. Eng.*, Vol. 70, pp. 985–990 1951.
2. S. J. Mason, "Feedback Theory—Some Properties of Signal Flow Graphs," *Proc. IRE*, Vol. 41, No. 9, pp. 1144–1156, Sep. 1953.
3. S. J. Mason, "Feedback Theory—Further Properties of Signal Flow Graphs," *Proc. IRE*, Vol. 44, No. 7, pp. 920–926, July 1956.
4. L. P. A. Robichaud, M. Boisvert, and J. Robert, *Signal Flow Graphs and Applications*, Prentice Hall, Englewood Cliffs, NJ, 1962.
5. B. C. Kuo, *Linear Networks and Systems*, McGraw-Hill, New York, 1967.
6. B. C. Kuo, *Linear Circuits and Systems*, McGraw-Hill, New York, 1967.

习题

4-1 已知如图 4P-1 的控制框图。

求出

(a) 开环传递函数。

(b) 前向通道传递函数。

(c) 误差传递函数。

(d) 反馈传递函数。

(e) 闭环传递函数。

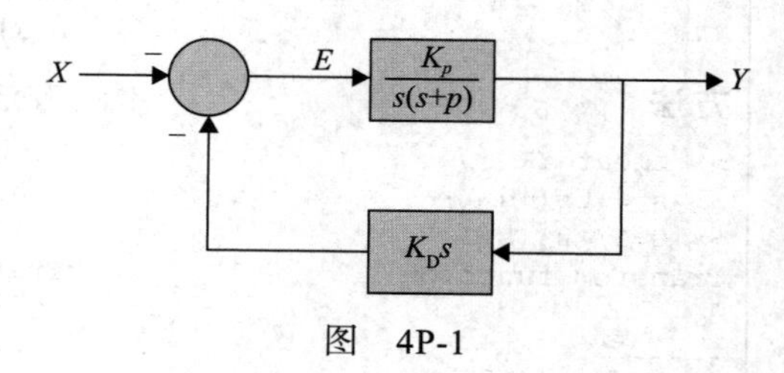

图 4P-1

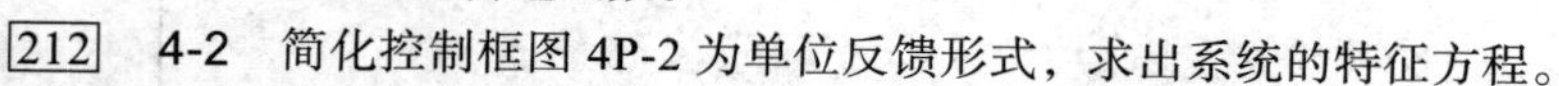

[212] **4-2** 简化控制框图 4P-2 为单位反馈形式，求出系统的特征方程。

4-3 简化图 4P-3 所示控制框图，并求出 Y/X。

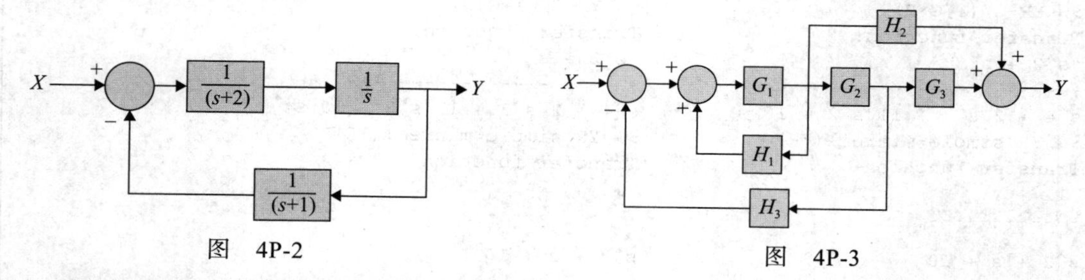

图 4P-2

图 4P-3

4-4 简化如图 4P-4 所示控制框图为单位反馈形式，并求出 Y/X。

4-5 飞机螺旋桨发动机（见图 4P-5a）的闭环系统的控制框图如图 4P-5b 所示，发动机模型是一个多变量系统，输入向量 $\boldsymbol{E}(s)$ 包括油料输入速度与推进叶片角度，输出向量 $\boldsymbol{Y}(s)$ 包括发动机转速与涡轮入口温度。传递函数矩阵分别为

图　4P-4

$$\boldsymbol{G}(s)=\begin{bmatrix}\dfrac{2}{s(s+2)} & 10\\ \dfrac{5}{s} & \dfrac{1}{s+1}\end{bmatrix}\qquad \boldsymbol{H}(s)=\begin{bmatrix}1 & 0\\ 0 & 1\end{bmatrix}$$

求闭环传递函数矩阵 $[\boldsymbol{I}+\boldsymbol{G}(s)\boldsymbol{H}(s)]^{-1}\boldsymbol{G}(s)$。

213

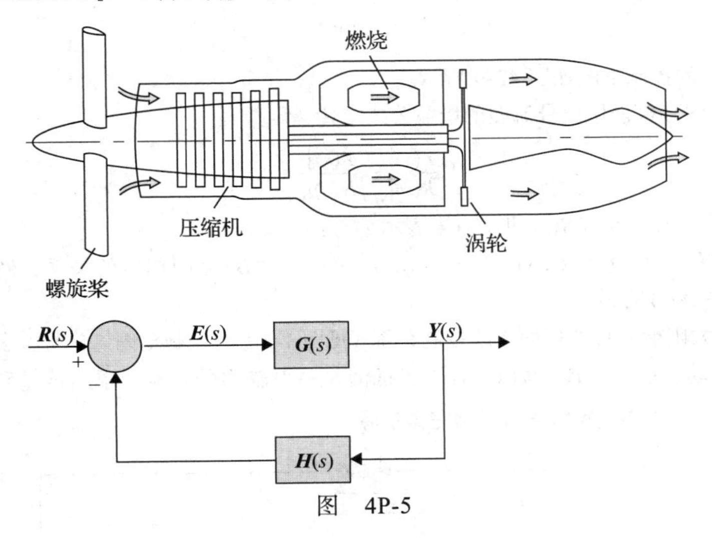

图　4P-5

4-6　用 MATLAB 求解习题 4-5。

4-7　电子文字处理器的位置控制系统的控制框图如图 4P-7 所示。

(a) 求回路传递函数 $\Theta_o(s)/\Theta_e(s)$（输出反馈通道是开的）。

(b) 求出闭环传递函数 $\Theta_o(s)/\Theta_r(s)$。

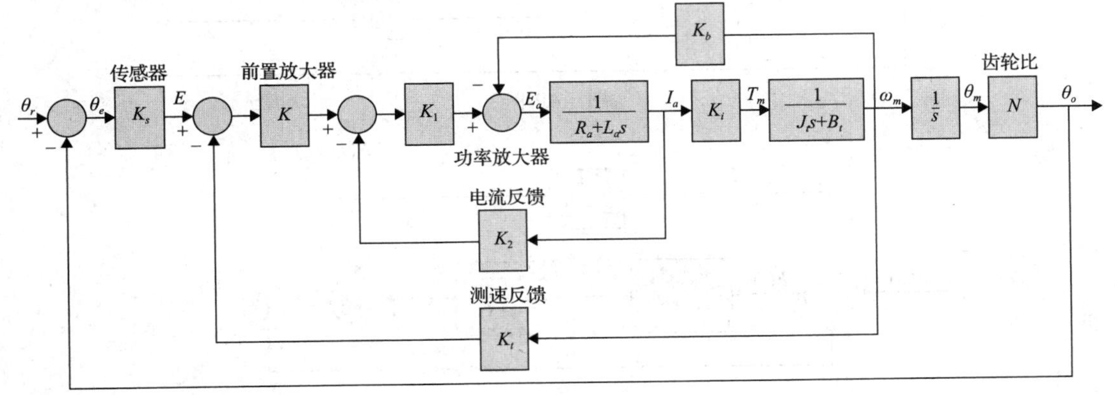

图　4P-7

4-8 反馈控制系统的控制框图如图 4P-8 所示，求解如下传递函数：

（a）$\left.\dfrac{Y(s)}{R(s)}\right|_{N=0}$　　（b）$\left.\dfrac{Y(s)}{E(s)}\right|_{N=0}$

（c）$\left.\dfrac{Y(s)}{N(s)}\right|_{R=0}$　　（d）求出 $R(s)$ 和 $N(s)$ 同时作用时的输出 $Y(s)$。

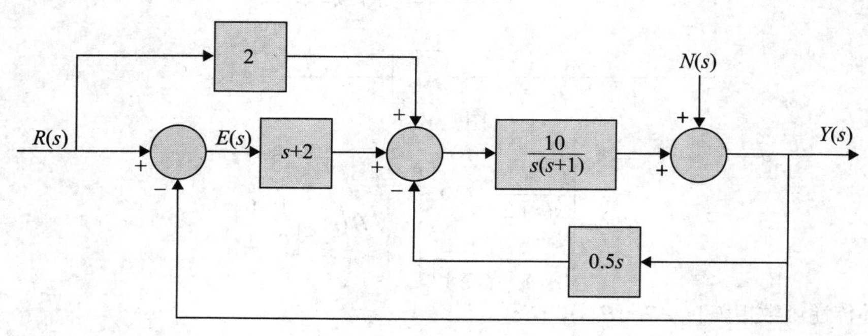

214

图　4P-8

4-9 反馈控制系统的控制框图如图 4P-9 所示。

（a）对控制框图直接采用信号流图的增益公式求传递函数：

$$\left.\frac{Y(s)}{R(s)}\right|_{N=0}\ \left.\frac{Y(s)}{N(s)}\right|_{R=0}$$

当输入同时施加时，通过 $R(s)$ 和 $N(s)$ 来表示 $Y(s)$。

（b）求出传递函数 $G_1(s)$、$G_2(s)$、$G_3(s)$、$G_4(s)$、$H_1(s)$、$H_2(s)$ 之间期望的关系，使得输出 $Y(s)$ 不受扰动信号 $N(s)$ 的影响。

4-10 图 4P-10 为太阳能收集器场的天线控制系统（见图 1-5）的控制框图。信号 $N(s)$ 表示作用在天线上的阵风扰动，前馈传递函数 $G_d(s)$ 用于抵消 $N(s)$ 对输出的影响。求出传递函数 $Y(s)/N(s)|_{R=0}$，确定 $G_d(s)$ 的表达式使得 $N(s)$ 的影响完全消除。

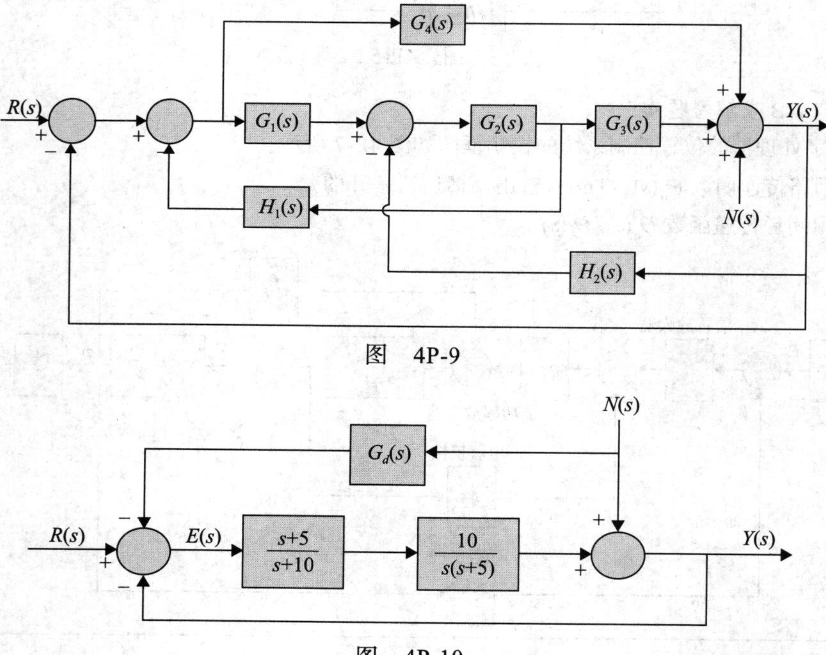

215

图　4P-10

4-11　图 4P-11 所示为直流电动机控制系统的控制框图。信号 $N(s)$ 表示轴上的摩擦转矩。

(a) 求出使输出 $Y(s)$ 不受扰动转矩 $N(s)$ 影响的传递函数 $H(s)$。

(b) 用在 (a) 中求得的 $H(s)$，当输入为单位斜坡函数，$r(t)=tu_s(t)$，$R(s)=1/s^2$，$N(s)=0$ 时，使 $e(t)$ 的稳态值等于 0.1 的 K 的值。采用终值定理。

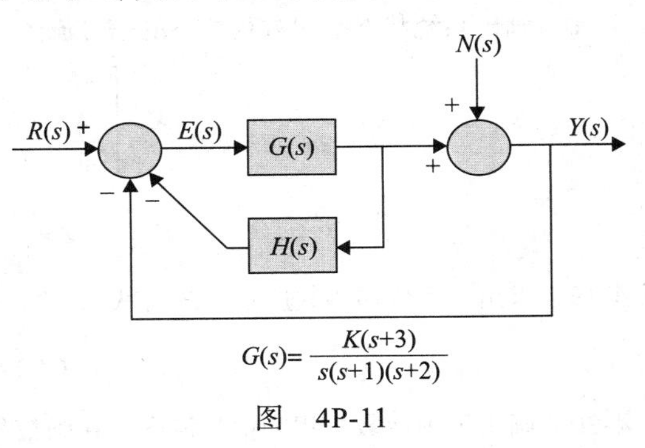

图　4P-11

4-12　图 4P-12 是列车电气控制系统的控制框图，各个系统参数和变量如下：

$e_r(t)$ = 电压，表示期望的列车速度

$v(t)$ = 列车速度，ft/s

M = 列车质量，30 000lb/s^2

K = 放大器增益

K_t = 速度指示增益器，0.15V/ft/s

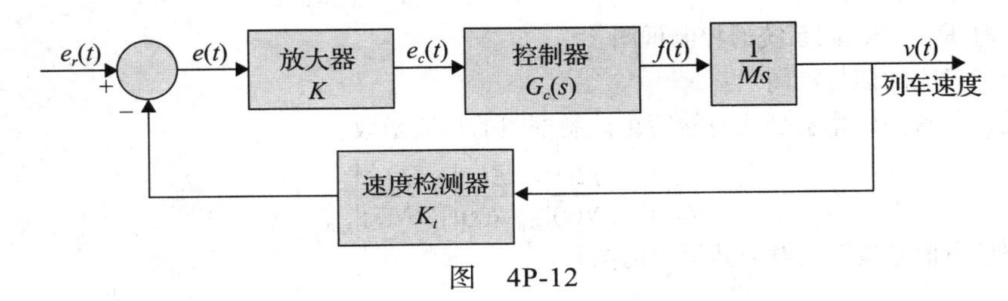

图　4P-12

为了求出控制器的传递函数，给控制输入施加 1V 的单位阶跃输入，即 $e_c(t)=u_s(t)$，控制系统输出可由如下方程得到：

$$f(t)=100(1-0.3\mathrm{e}^{-6t}-0.7\mathrm{e}^{-10t})u_s(t)$$

(a) 计算控制器的传递函数 $G_c(s)$。

(b) 求出系统的前向通道传递函数 $V(s)/E(s)$，假设此时反馈通道开环。

(c) 求出系统的闭环传递函数 $V(s)/E_r(s)$。

(d) 假设 K 为能够保证列车不会失控（系统不稳定）的设定值，当输入为 $e_c(t)=us(t)$V 时，求列车的稳态速度 (ft/s)。

4-13　用 MATLAB 求解习题 4-12。

4-14　如果习题 4-12 的控制器的输出用下式描述：

$$f(t)=100(1-0.3\mathrm{e}^{-6(t-0.5)})u_s(t-0.5)$$

系统施加 1V 的单位阶跃输入，重新求习题 4-12 的各问题。

216

4-15　用 MATLAB 求解习题 4-14。

4-16　已知一个线性时不变多变量系统用下列微分方程组表示：

$$\frac{\mathrm{d}^2y_1(t)}{\mathrm{d}t^2}+2\frac{\mathrm{d}y_1(t)}{\mathrm{d}t}+3y_2(t)=r_1(t)+r_2(t)$$

$$\frac{\mathrm{d}^2y_2(t)}{\mathrm{d}t^2}+3\frac{\mathrm{d}y_1(t)}{\mathrm{d}t}+y_1(t)-y_2(t)=r_2(t)+\frac{\mathrm{d}r_1(t)}{\mathrm{d}t}$$

其中，输入为 $r_1(t)$、$r_2(t)$，输出为 $y_1(t)$、$y_2(t)$。

求下列传递函数：

$$\left.\frac{Y_1(s)}{R_1(s)}\right|_{R_2=0}\quad\left.\frac{Y_2(s)}{R_1(s)}\right|_{R_2=0}\quad\left.\frac{Y_1(s)}{R_2(s)}\right|_{R_1=0}\quad\left.\frac{Y_2(s)}{R_2(s)}\right|_{R_1=0}$$

4-17 求图 4P-4 所示系统的状态流图。

4-18 画出系统状态空间方程如下的信号流图

$$\dot{\boldsymbol{X}}=\begin{bmatrix}-5 & -6 & 3\\ 1 & 0 & -1\\ -0.5 & 1.5 & 0.5\end{bmatrix}\boldsymbol{X}+\begin{bmatrix}0.5 & 0\\ 0 & 0.5\\ 0.5 & 0.5\end{bmatrix}\boldsymbol{U}$$

$$\boldsymbol{Z}=\begin{bmatrix}0.5 & 0.5 & 0\\ 0.5 & 0 & 0.5\end{bmatrix}\boldsymbol{X}$$

4-19 求出下面传递函数所示系统的状态空间函数

$$G(s)=\frac{B_1 s+B_0 s}{s^2+A_1 s+A_0 s}$$

4-20 画出下列代数方程的信号流图。在画信号流图之前应该将方程写为因果关系的形式。说明为什么每个方程组可以对应多个信号流图。

（a）$x_1=-x_2-3x_3+3$

$x_2=5x_1-2x_2+x_3$

$x_3=4x_1+x_2-5x_3+5$

（b）$2x_1+3x_2+x_3=-1$

$x_1-2x_2-x_3=1$

$3x_2+x_3=0$

4-21 图 4P-21 是一个控制系统的控制框图。

（a）画出对应的信号流图。

（b）用信号流图的增益公式直接写出控制框图的传递函数。

$$\left.\frac{Y(s)}{R(s)}\right|_{N=0}\quad \left.\frac{Y(s)}{N(s)}\right|_{R=0}\quad \left.\frac{E(s)}{R(s)}\right|_{N=0}\quad \left.\frac{E(s)}{N(s)}\right|_{R=0}$$

（c）比较由信号流图增益公式写出的结果。

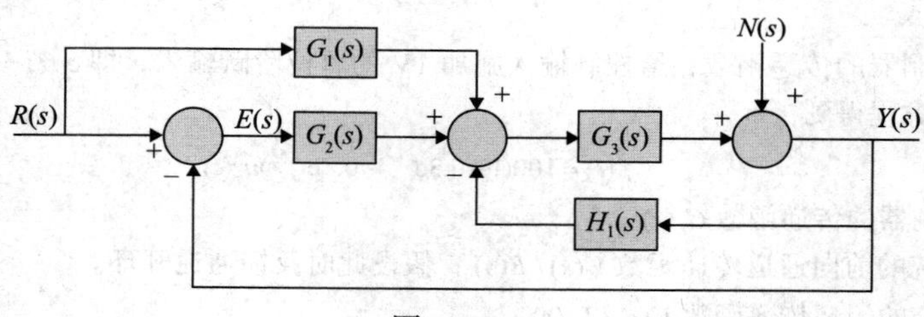

217

图 4P-21

4-22 用增益公式计算图 4P-22 所示的信号流图中的传递函数

$$\frac{Y_5}{Y_1}\quad \frac{Y_4}{Y_1}\quad \frac{Y_2}{Y_1}\quad \frac{Y_5}{Y_2}$$

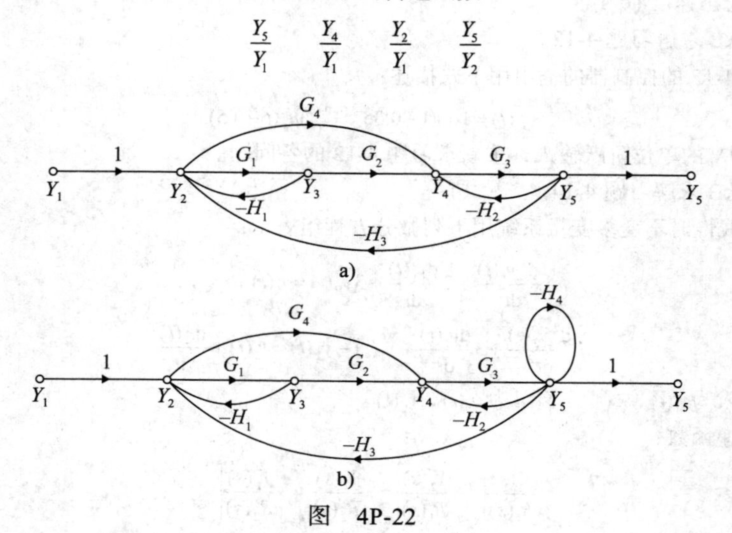

图 4P-22

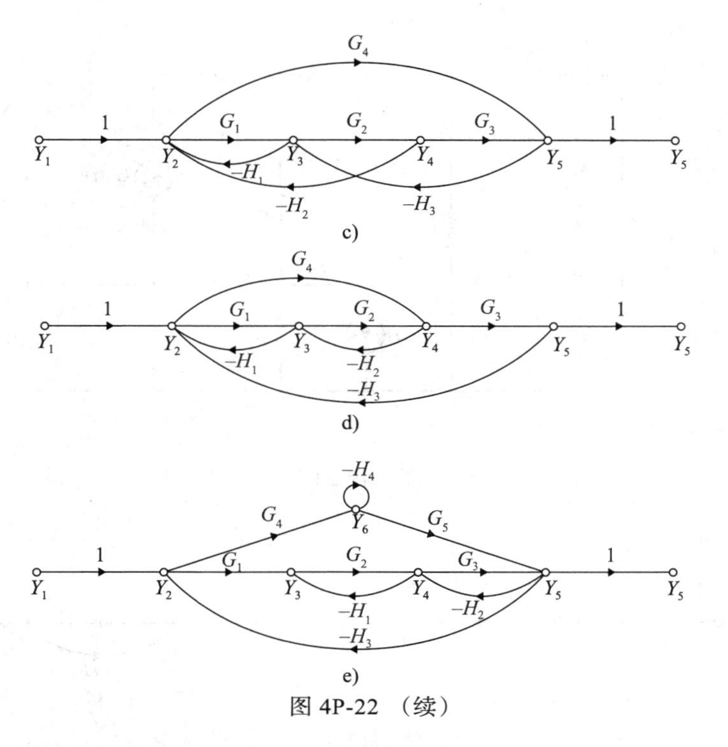

图 4P-22 （续）

218

4-23 求图 4P-23 所示信号流图中 Y_7/Y_1 与 Y_2/Y_1 的传递函数。

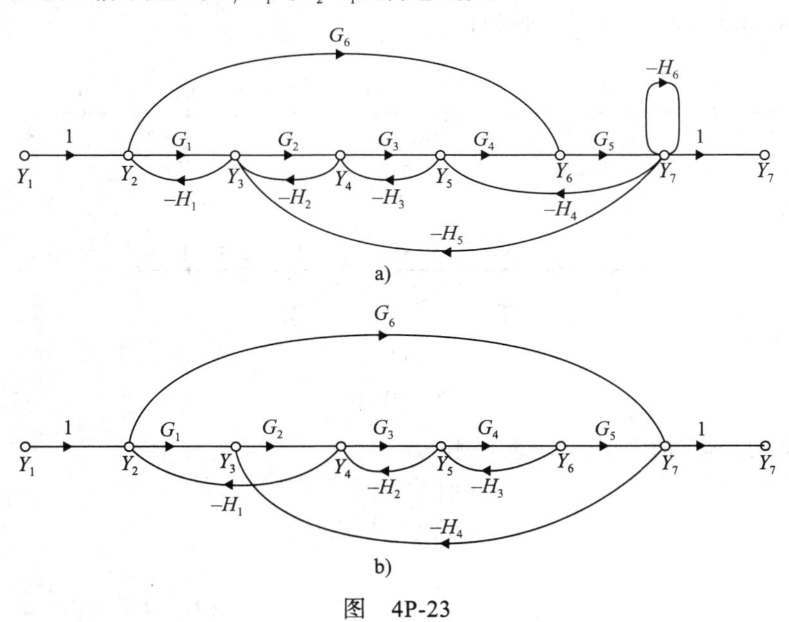

图　4P-23

4-24 信号流图可用于解决许多电气网络的问题。图 4P-24 是某一电路的等价电路示意图，电压源 $e_d(t)$ 表示扰动电压。目的是要找到一个合适的常数 k 值，使得输出电压 $e_o(t)$ 不受 $e_d(t)$ 的影响。要解决这个问题，首先需要写出这个网络的因果关系方程组，主要包含节点和回路方程，然后用这些方程画出相应的信号流图。再令其他输入为 0，求增益 e_o/e_d。由于 e_d 不影响 e_o，令 e_o/e_d 等于 0。

219

4-25 说明图 4P-25a 与 b 中两个系统等价。

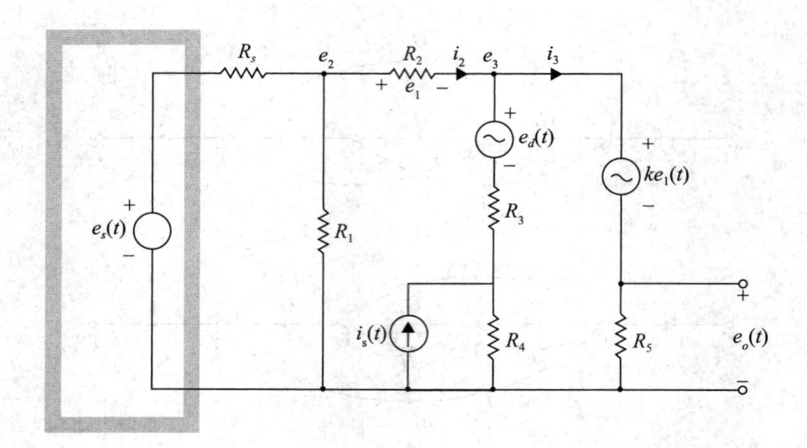

图 4P-24

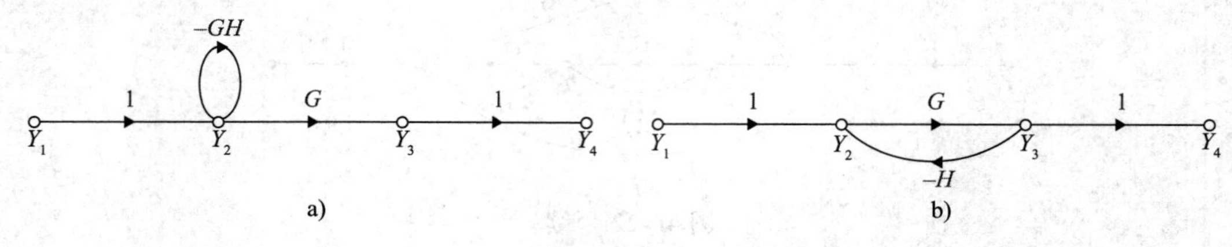

图 4P-25

4-26 说明图 4P-26a 与 b 中两个系统不等价。

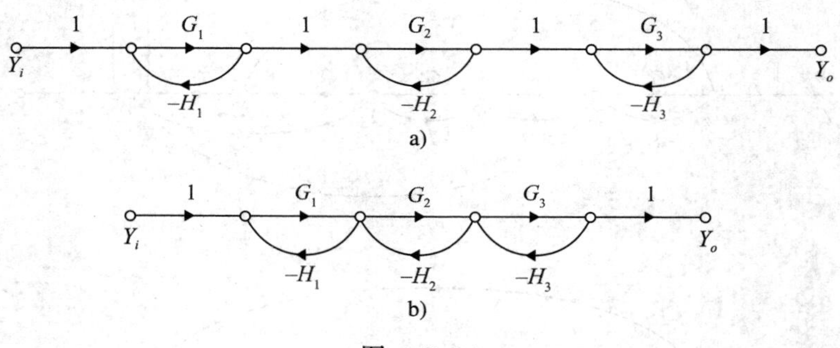

220

图 4P-26

4-27 已知图 4P-27 所示的信号流图，求下列传递函数。

$$\left.\frac{Y_6}{Y_1}\right|_{Y_7=0} \qquad \left.\frac{Y_6}{Y_7}\right|_{Y_1=0}$$

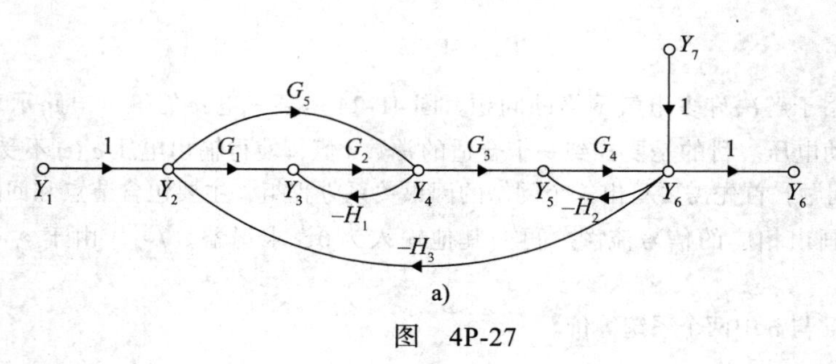

图 4P-27

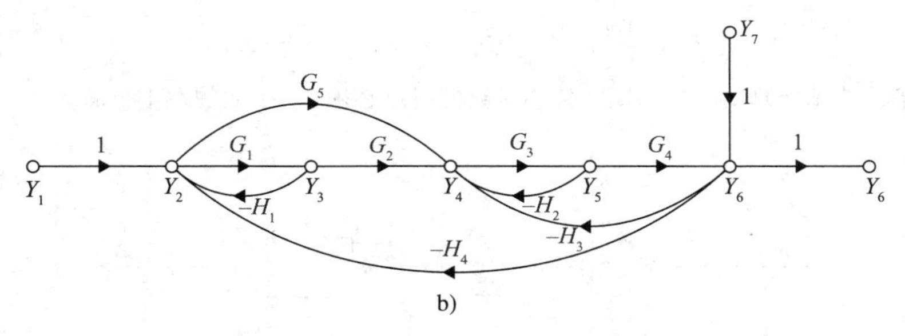

图 4P-27 （续）

4-28 已知如图 4P-28 所示的信号流图，求下列传递函数，并说明为什么 c 问与 d 问的结果不同。

(a) $\left.\dfrac{Y_7}{Y_1}\right|_{Y_8=0}$　　(b) $\left.\dfrac{Y_7}{Y_8}\right|_{Y_1=0}$　　(c) $\left.\dfrac{Y_7}{Y_4}\right|_{Y_8=0}$　　(d) $\left.\dfrac{Y_7}{Y_4}\right|_{Y_1=0}$

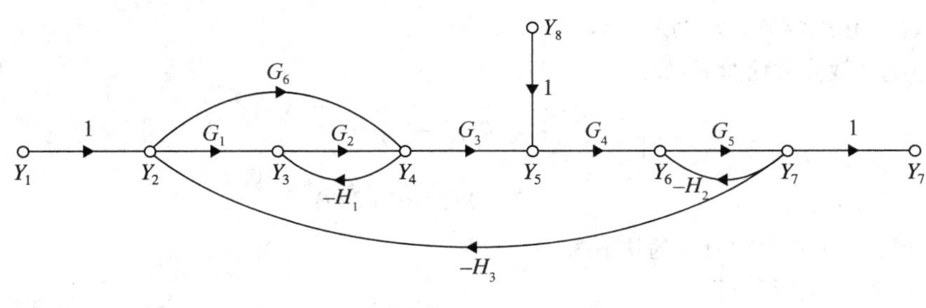

图　4P-28

221

4-29 4P-5 中螺旋桨发动机的信号耦合关系如图 4P-29 所示，各个信号分别为

$R_1(s)=$燃料流速　　$R_2(s)=$推进器叶片角

$Y_1(s)=$发动机转速　　$Y_2(s)=$涡轮进口温度

（a）画出与系统等价的信号流图。

（b）用信号流图增益公式求 Δ。

（c）求出下列传递函数。

$$\left.\frac{Y_1(s)}{R_1(s)}\right|_{R_2=0}\quad \left.\frac{Y_1(s)}{R_2(s)}\right|_{R_1=0}\quad \left.\frac{Y_2(s)}{R_1(s)}\right|_{R_2=0}\quad \left.\frac{Y_2(s)}{R_2(s)}\right|_{R_1=0}$$

（d）写出传递函数 $Y(s)=G(s)R(s)$ 的矩阵形式。

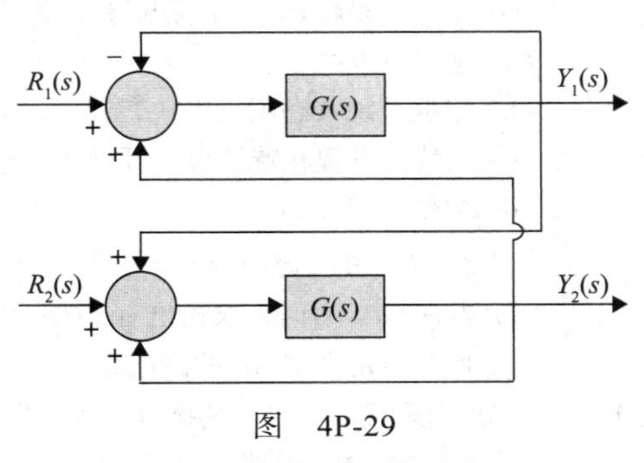

图　4P-29

4-30 图 4P-30 是带有条件反馈的控制系统的控制框图，传递函数 $G_p(s)$ 表示被控过程，$G_c(s)$ 与 $H(s)$ 是控制器的传递函数。

（a）求传递函数 $Y(s)/R(s)|_{N=0}$ 和 $Y(s)/N(s)|_{R=0}$。当 $G_c(s)=G_p(s)$ 时，求 $Y(s)/R(s)|_{N=0}$。

（b）令

$$G_p(s)=G_c(s)=\frac{100}{(s+1)(s+5)}$$

当 $N(s)=0$，$r(t)=u_s(t)$ 时，求输出响应 $y(t)$。

（c）$G_c(s)$、$G_p(s)$ 同 b 问，当 $n(t)=u_s(t)$ 且 $r(t)=0$ 时，在下面的选项中选择 $H(s)$，使得 $y(t)$ 的稳态值等于 0（可能有多个答案）。

$$H(s)=\frac{10}{s(s+1)}\qquad H(s)=\frac{10}{(s+1)(s+2)}$$

222

$$H(s)=\frac{10(s+1)}{s+2} \qquad H(s)=\frac{K}{s^n}\ (n=\text{正整数})\ \text{选择}n$$

注意：终值定理要有效，闭环传递函数的极点必须在s平面的左半平面。

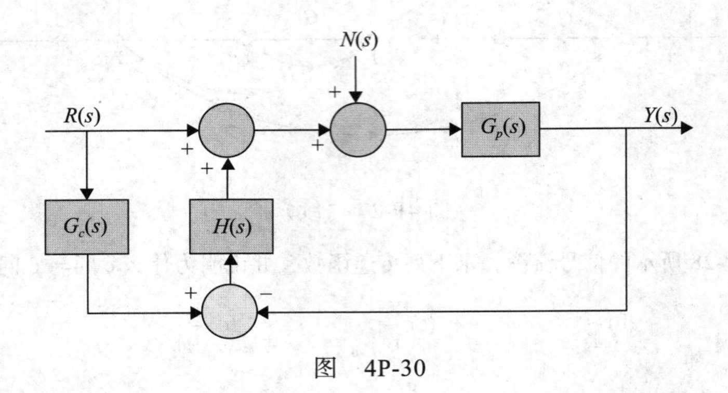

图 4P-30

4-31 用 MATLAB 求解习题 4-30。

4-32 已知系统的微分方程如下：

$$\frac{\mathrm{d}x_1(t)}{\mathrm{d}t}=-2x_1(t)+3x_2(t)$$

$$\frac{\mathrm{d}x_2(t)}{\mathrm{d}t}=-5x_1(t)-5x_2(t)+2r(t)$$

（a）根据状态方程画出对应的状态图。

（a）求出系统的特征方程。

（c）求传递函数$X_1(s)/R(s)$、$X_2(s)/R(s)$。

4-33 线性系统的微分方程为：

$$\frac{\mathrm{d}^3y(t)}{\mathrm{d}t^3}+5\frac{\mathrm{d}^2y(t)}{\mathrm{d}t^2}+6\frac{\mathrm{d}y(t)}{\mathrm{d}t}+10y(t)=r(t)$$

其中，$y(t)$是输出，$r(t)$是输入。

（a）画出系统的状态图。

（b）根据系统状态图写出状态方程，从右到左按升序阶次定义状态变量。

（c）求特征方程和特征根，可以使用计算机程序来求解特征根。

（d）求传递函数$Y(s)/R(s)$。

（e）对$Y(s)/R(s)$做部分因式扩展。

（f）当$r(t)=u_s(t)$时，求输出$y(t)$ $(t\geqslant 0)$。

（g）用终值定理求$y(t)$的终值。

4-34 已知习题 4-33 中给出的微分方程，用 MATLAB

（a）对$Y(s)/R(s)$做部分因式扩展。

（b）求系统的拉普拉斯变换。

（c）当$r(t)=u_s(t)$时，求输出$y(t)$（$t\geqslant 0$）。

（d）画出系统的单位阶跃响应。

223 （e）证明在习题 4-33g 中得到的终值。

4-35 用下面的微分方程重做习题 4-33

$$\frac{\mathrm{d}^4y(t)}{\mathrm{d}t^4}+4\frac{\mathrm{d}^3y(t)}{\mathrm{d}t^3}+3\frac{\mathrm{d}^2y(t)}{\mathrm{d}t^2}+5\frac{\mathrm{d}y(t)}{\mathrm{d}t}+y(t)=r(t)$$

4-36 用习题 4-35 给出的微分方程重做题 4-34。

4-37 某反馈控制系统的控制框图如图 4P-37 所示。

（a）求下列传递函数：

$$\left.\frac{Y(s)}{R(s)}\right|_{N=0} \qquad \left.\frac{Y(s)}{N(s)}\right|_{R=0} \qquad \left.\frac{E(s)}{R(s)}\right|_{N=0}$$

（b）已知传递函数为 $G_4(s)$ 的控制器用于减少噪声 $N(s)$ 的影响，求能够使输出 $Y(s)$ 完全独立于 $N(s)$ 的 $G_4(s)$。

（c）当 $G_4(s)$ 取 b 问中求得的结果时，求此时系统的特征方程和特征根。

（d）当输入为单位阶跃函数时，求 $e(t)$ 的稳态值，设 $N(s)=0$。

（e）当 $G_4(s)$ 取 b 问中求得的结果、输入为单位阶跃响应函数时，求响应 $y(t)(t\geqslant 0)$。

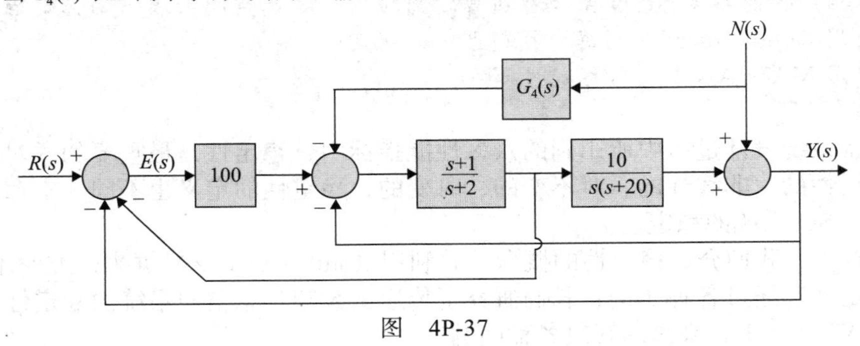

图　4P-37

4-38　用 MATLAB 求解习题 4-37。

4-39　设

$$P_1 = 2s^6 + 9s^5 + 15s^4 + 25s^3 + 25s^2 + 14s + 6$$
$$P_2 = s^6 + 8s^5 + 23s^4 + 36s^3 + 38s^2 + 28s + 16$$

（a）用 MATLAB 求出 P_1、P_2 的根。

（b）用 MATLAB 计算 $P_3 = P_2 - P_1$，$P_4 = P_2 + P_1$，$P_5 = (P_1 - P_2) * P_1$。

4-40　用 MATLAB 计算多项式。

（a）$P_6 = (s+1)(s^2+2)(s+3)(2s^2+s+1)$

（b）$P_7 = (s^2+1)(s+2)(s+4)(s^2+2s+1)$

224

4-41　用 MATLAB 对如下方程做部分因式拓展

（a）$G_1(s) = \dfrac{(s+1)(s^2+2)(s+4)(s+10)}{s(s+2)(s^2+2s+5)(2s^2+s+4)}$

（b）$G_2(s) = \dfrac{s^3+12s^2+47s+60}{4s^6+28s^5+83s^4+135s^3+126s^2+62s+12}$

4-42　用 MATLAB 计算习题 4-41 的单位闭环传递函数。

4-43　用 MATLAB 计算

（a）$G_3(s) = G_1(s) + G_2(s)$

（b）$G_4(s) = G_1(s) - G_2(s)$

（c）$G_5(s) = \dfrac{G_4(s)}{G_3(s)}$

（d）$G_6(s) = \dfrac{G_4(s)}{G_1(s) * G_2(s)}$

225 ~ 226

第5章

线性控制系统的稳定性

完成本章的学习后，你将能够

1）评估线性时不变 SISO 系统在拉普拉斯域中或状态空间形式下的稳定性。

2）使用 Routh-Hurwitz 判据来判断系统的稳定性。

3）使用 MATLAB 来进行稳定性研究。

在控制系统设计过程中所用到的众多性能指标中，**稳定性**是最重要的。对于不同的系统——线性的、非线性的、时不变的、时变的，稳定性的定义也不同。本章只讨论线性时不变 SISO 系统的稳定性。

在本章中，我们介绍稳定性的概念，并利用 Routh-Hurwitz 判据来研究时不变 SISO 系统的稳定性。通过各种实例，我们研究了传递函数和状态空间系统的稳定性，并进一步使用 MATLAB 工具来协助解决各种问题。

5.1 稳定性介绍

在第 3 章中，通过对常系数线性微分方程的研究，我们了解到，线性时不变系统的时间响应通常分为两部分：暂态响应和稳态响应。令 $y(t)$ 表示连续系统的时间响应，那么一般来说，它可以写成：

$$y(t) = y_t(t) + y_{ss}(t) \tag{5-1}$$

其中，$y_t(t)$ 表示暂态响应，$y_{ss}(t)$ 表示暂态响应。

在**稳定的**控制系统中，暂态响应对应于微分方程的齐次解，并且被定义为时间响应的一部分，随着时间变大，这部分将变为零。因此，$y_t(t)$ 具有如下特性：

$$\lim_{t\to\infty} y_t(t) = 0 \tag{5-2}$$

稳态响应只是暂态响应消失以后在总响应中仍然存在的一部分。

如 3.4.3 节所述，系统的**稳定性**直接取决于系统特征方程的根，即系统的极点。对于有界输入，如果特征方程的根具有负实部，则系统的总响应通常遵循输入（即有界输出）。

在零初始条件下，如果有界输入得到的系统输出也有界，那么称系统是 BIBO（有界输入有界输出）**稳定**，或**简称系统稳定**。如果要满足 BIBO 稳定，特征方程的根，或者说 $G(s)$ 的极点不能位于 s 平面右半部分或在虚轴 jω 上，换言之，它们必须在 s 平面的左半部分。如果一个系统不是 BIBO 稳定的，则称之为**不稳定系统**。当系统的根在虚轴 jω 上，即 $s = \pm \mathrm{j}\omega_0$，如果此时输入信号是正弦函数 $\sin(\omega_0 t)$，则输出是函数 $t\sin(\omega_0 t)$，它是无界的，因此系统不稳定。

从分析和设计的角度来说，稳定性可以分为**绝对稳定性**和**相对稳定性**⊖。绝对稳定性是指系统是否稳定。一旦系统被确定是稳定的，人们则关心其稳定的程度，稳定程度

⊖ 该主题的相关公式和数学讨论可参阅附录 B。

由相对稳定性来衡量。

首先通过一个简单的例子来展示稳定性概念。

例 5-1-1 在第 2 章中，我们得到了一个简单（理想）倒立摆的运动方程，包括质量为 m 和长度为 l 的无质量棒，铰接在点 O 处，如图 5-1 所示。这个方程被简化为

$$\ddot{\theta}+\frac{g}{\ell}\sin\theta=0 \tag{5-3}$$

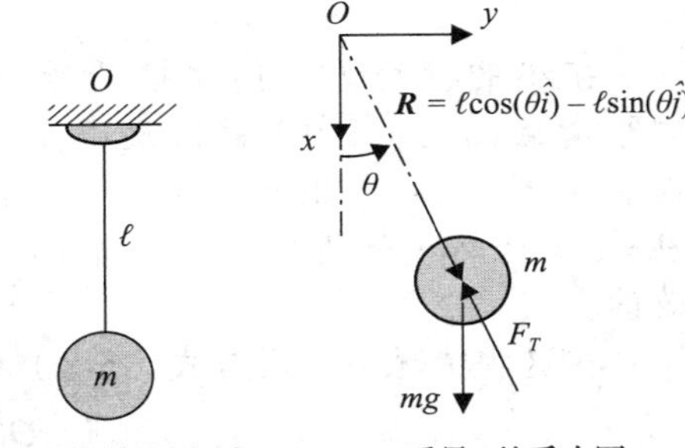

a) 一个简单的倒立摆　　b) 质量m的受力图

图　5-1

根据图 5-1b 所示的质量 m 的受力图，我们注意到简单倒立摆有两个静态平衡位置，其中

$$\sum F_x=-F_T\cos\theta+mg=0$$
$$\sum F_y=-F_T\sin\theta=0 \tag{5-4}$$

228

求解式（5-4），我们将 $\theta=0$ 和 π 定义为倒立摆的静态平衡位置，在此处，在没有任何外力、初始条件或其他障碍的情况下，倒立摆可以完全静止。在这种情况下，摆锤的重量通过铰链 O 处的反作用力完全平衡。

使用静态平衡位置 $\theta=0$ 作为工作点，系统的线性化意味着 $\sin\theta\approx\theta$。因此，系统的线性表示是

$$\ddot{\theta}+\frac{g}{\ell}\theta=0 \tag{5-5}$$

或者是

$$\ddot{\theta}+\omega_n^2\theta=0 \tag{5-6}$$

其中，$\omega_n=\sqrt{\dfrac{g}{\ell}}$rad/s 是线性化模型的固有频率。

式（5-6）描述了对于小的运动（如略微敲击摆锤），在静态平衡位置 $\theta=0$ 附近的摆动行为。在这种情况下，在施加小的初始条件 $\theta(0)=\theta_0$ 以后，系统响应是正弦曲线。此外，如果我们考虑到铰链 O 的摩擦和面向质量 m 的空气阻力，当给定一个小的初始条件时，摆锤摆动几次，直到它在 $\theta=0$ 时停止。注意在这种情况下，系统由于初始条件的**暂态响应**随着时间的推移变为零。因此，摆锤在 $\theta=0$ 处的运动是**稳定的**。

如果我们向质量 m 加上一个外力 $F(t)$，并且增加粘性阻尼，其相当于系统中的摩擦力，那么，式（5-6）可以修改为

$$\ddot{\theta}+2\zeta\omega_n\dot{\theta}+\omega_n^2\theta=f(t) \tag{5-7}$$

其中，$f(t)=\dfrac{F(t)}{m\ell}$。在这种情况下，式（5-7）的传递函数为

$$\frac{\Theta(s)}{F(s)}=\frac{1}{s^2+2\zeta\omega_n s+\omega_n^2} \tag{5-8}$$

由第 3 章可知，当 $\zeta>0$ 时，式（5-8）所示系统的**极点**，即特征方程的根，具有**负实部**。请注意，为了获得系统的时间响应，对于式（5-7），在系统的拉普拉斯变换中，需要清楚地识别并包含初始条件，参见例 3-4-2。然后，由于阻尼摆在 $\theta=0$ 处的运动是稳定的，其暂态响应随着时间的推移而减小，并且摆动跟随输入（**稳态响应**），即阶跃输入，移动到一个恒定的角度。

回顾式（5-3），把 $\theta=\pi$ 作为工作点时，系统的线性化方程为（验证）

$$\ddot{\theta}-\frac{g}{\ell}\theta=0 \tag{5-9}$$

在小的扰动下，倒立摆开始绕 $\theta=0$ 摆动，而不是 $\theta=\pi$！因此，$\theta=\pi$ 是**不稳定**的平衡点，式（5-9）的解反映了倒立摆离开了这个平衡点。无论初始条件如何，线性化方程（5-9）的时间响应包括指数增长（无界运动），这表明质量 m 要远离点 $\theta=\pi$。显然线性近似的范围很小，因此这个解只有质量停留在这个区域内时才是有效的。

229

在这种情况下，用与式（5-8）相似的方法，我们得到系统的传递函数为

$$\frac{\Theta(s)}{F(s)}=\frac{1}{s^2+2\zeta\omega_n s-\omega_n^2} \tag{5-10}$$

其中，当 $\zeta>0$ 时，式（5-10）所示系统的**极点**有一个是**正实数**，另一个具有**负实部**。 ▲

如前所述，对于线性时不变系统，系统的稳定性可以通过系统的极点来确定。对于一个稳定的系统，特征方程的根都必须位于左复半平面。此外，如果系统是稳定的，它也必须是零输入稳定的，也就是说，其响应仅由于初始条件收敛到零。因此，我们可以将线性系统的稳定性条件简单地统称为**稳定的**或**不稳定的**。不稳定的条件即为系统特征方程的根至少有一个不在左复半平面。实际上，我们往往将特征方程的单根在虚轴 $j\omega$ 上、同时没有根在右复半平面的情形称为**临界稳定**或**临界不稳定**。这种情形的一个例外是当系统为一个积分器（对控制系统而言，即为速度控制系统）时，虽然特征方程有根 $s=0$，系统仍然是稳定的。相似地，如果系统是振荡器，则特征方程有根在虚轴上，系统同样被认为是稳定的。

如 3.7.2 节所述，因为特征方程的根等同于状态方程的矩阵 A 的**特征值**，所以稳定条件对特征值存在同样的约束，具体见例 5-4-4。我们将在第 8 章中进一步讨论状态空间方程的稳定性分析。

令连续时间时不变 SISO 系统的特征方程的根或 A 的特征值为 $s_i=\sigma_i+j\omega_i$，$i=1,2,\cdots,n$。若其中有复根，则有共轭复根成对出现。表 5-1 根据特征方程的根概括了系统的稳定性条件。

表 5-1 连续时间线性时不变系统的稳定性条件

稳定性条件	特征方程的根
渐进稳定（简称为稳定）	$\sigma_i<0$ 对所有的 i 成立，$i=1, 2, \cdots, n$（所有的根都在左复半平面）
临界稳定或临界不稳定	$\sigma_i=0$ 对任意单根成立，且没有实部 $\sigma_i>0$ 的根
不稳定	$\sigma_i>0$ 对任意 i 成立，或者 $\sigma_i=0$ 对任意重根成立，$i=1,2,\cdots,n$（至少有一个单根在右复半平面，或者至少有一个重根在虚轴 $j\omega$ 上）

总之，线性时不变 SISO 系统的稳定性可以通过检验系统特征方程的根的位置来判定。实际应用中，没有必要通过计算整个系统响应来推断系统的稳定性。复平面上的稳定和不稳定区域如图 5-2 所示。

230

我们通过下面的例子来说明基于传递函数的极点和特征方程的根判定系统的稳定性是一致的。

例 5-1-2 闭环传递函数及其相关的稳定性条件如下。

$M(s)=\dfrac{20}{(s+1)(s+2)(s+3)}$	BIBO 稳定或渐进稳定（简称为稳定）	$M(s)=\dfrac{20(s-1)}{(s+2)(s^2+4)}$	临界稳定或临界不稳定，因为有极点 $s=\pm j2$
$M(s)=\dfrac{20(s+1)}{(s-1)(s^2+2s+2)}$	不稳定，因为有极点 $s=1$	$M(s)=\dfrac{10}{(s^2+4)^2(s+10)}$	不稳定，因为有多重极点 $s=\pm j2$

▲

5.2　稳定性判定方法

当系统参数都是已知的时候，可以使用 MATLAB 找到特征方程的根，如前面第 3 章中讨论过的各种 MATLAB 工具箱所示（另见工具箱 5-3-1）。下面列出的法则不需要求出特征方程的根就可以判定系统的稳定性。

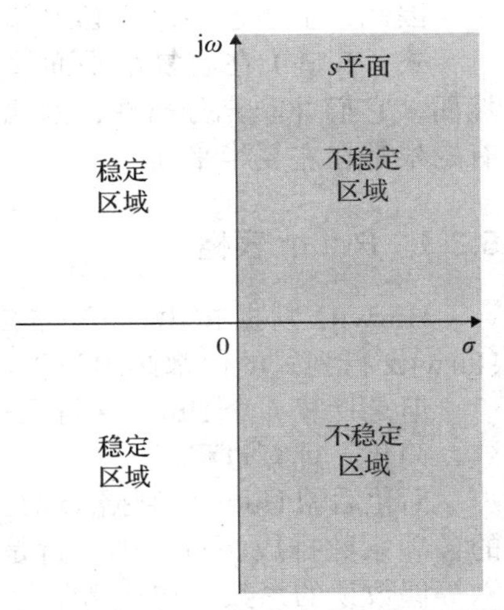

图 5-2　复平面上的稳定和不稳定区域

231

1. **Routh-Hurwitz 判据**。这是一种用代数方法来判定具有常系数特征方程的线性时不变系统稳定性的准则。它可以检验特征方程是否有根在右复半平面，还可以算出在虚轴 $j\omega$ 上和右复半平面内的根的个数。

2. **Nyquist 判据**。该准则是一种半图示的方法，通过观察开环传递函数的 Nyquist 图来比较闭环传递函数在右复半平面零极点的个数差异。该方法将在第 10 章中详细介绍。

3. **Bode 图**。通过 Bode 图可以画出开环传递函数 $G(j\omega)H(j\omega)$ 参照频率 ω 的幅值分贝和相位度，设计者由此可以判定闭环系统的稳定性。该方法将在第 10 章中详细介绍。

因此，上面三种判定法则和本书中众多的控制系统设计和分析方法一样，都是针对同一问题的不同解法，设计者可以根据所处的具体情况来选择最合适的分析工具。

本章后面的内容将主要介绍 Routh-Hurwitz 稳定性判据。

5.3　Routh-Hurwitz 判据

Routh-Hurwitz 判据能够确定时不变系统多项式的零点是位于左复半平面还是右复半平面，而不是真正地求解出零点的值。由于计算机求根程序已经能够很方便地计算出多项式的零点值，Routh-Hurwitz 判据更适合于判定至少含有一个未知参数的方程的零点位置。

我们将线性时不变 SISO 系统的特征方程写成如下形式：

$$F(s)=a_ns^n+a_{n-1}s^{n-1}+\cdots+a_1s+a_0=0 \tag{5-11}$$

其中所有的系数均为实数。这个方程的根没有正实部的必要（但并非充分）条件为：

1. 方程的各项系数的符号一致。
2. 方程各项系数非 0。

可以根据式（5-11）各项系数的如下代数法则得到上面这些条件：

$$\frac{a_{n-1}}{a_n}=-\sum \text{所有的根} \tag{5-12}$$

$$\frac{a_{n-2}}{a_n}=\sum 所有的根两两相乘的乘积 \tag{5-13}$$

$$\frac{a_{n-3}}{a_n}=-\sum 所有的根每三个相乘的乘积 \tag{5-14}$$

$$\vdots$$

$$\frac{a_0}{a_n}=(-1)^n 所有的根相乘的乘积 \tag{5-15}$$

232 因此，上述这些比值必须都为正且不为0，否则至少有一个根有正实部。

式（5-11）在右复半平面没有根的两个必要条件可以通过观察方程系数轻松得出。然而，它们并非充分条件，因此往往有可能方程虽然各项系数非零且同符号，却不是所有的根都在左复半平面。

5.3.1 Routh 表格

Hurwitz 判据指出，式（5-11）的根都在左复半平面的充分必要条件是，方程的 Hurwitz 行列式的值都必须为正。

但是计算 n 个 Hurwitz 行列式值是很烦琐的。Routh 用表格的办法代替 Hurwitz 行列式，简化了计算过程。

简化后的 Hurwitz 判据（现在通常称为 Routh-Hurwitz 判据）的第一步是将方程（5-11）的各项系数排成两行。第一行是第一、三、五等奇数项的系数，第二行则是第二、四、六等偶数项的系数，均从高阶项开始排列，如下所示：

$$\begin{matrix} a_n & a_{n-2} & a_{n-4} & a_{n-6} & \cdots \\ a_{n-1} & a_{n-3} & a_{n-5} & a_{n-7} & \cdots \end{matrix}$$

下一步则计算如下排列的各行数值，以一个六阶方程为例：

$$a_6s^6+a_5s^5+\cdots+a_1s+a_0=0 \tag{5-16}$$

$$\begin{array}{lllll}
s^6 & a_6 & a_4 & a_2 & a_0 \\
s^5 & a_5 & a_3 & a_1 & 0 \\
s^4 & \dfrac{a_5a_4-a_6a_3}{a_5}=A & \dfrac{a_5a_2-a_6a_1}{a_5}=B & \dfrac{a_5a_0-a_6\times 0}{a_5}=a_0 & 0 \\
s^3 & \dfrac{Aa_3-a_5B}{A}=C & \dfrac{Aa_1-a_5a_0}{A}=D & \dfrac{A\times 0-a_5\times 0}{A}=0 & 0 \\
s^2 & \dfrac{BC-AD}{C}=E & \dfrac{Ca_0-A\times 0}{C}=a_0 & \dfrac{C\times 0-A\times 0}{C}=0 & 0 \\
s^1 & \dfrac{ED-Ca_0}{E}=F & 0 & 0 & 0 \\
s^0 & \dfrac{Fa_0-E\times 0}{F}=a_0 & 0 & 0 & 0
\end{array}$$

我们称上面的排列为 **Routh 表格**或 **Routh 排列**。最左边的 s 列是用来标示的，Routh 表格的最后一行必须总是 s^0 行。

233 在计算出 Routh 表格以后，判据的最后一步就是观察表格第一列各项系数的正负符号，以此来了解有关方程根的信息。我们有如下结论：

> 如果 Routh 表格第一列各项元素的正负符号一致，则方程的根均在左复半平面。第一列元素符号的改变次数等于方程在右复半平面的根的个数。

我们通过下面这个简单的例子来说明如何应用 Routh-Hurwitz 判据。

例 5-3-1 已知方程

$$2s^4+s^3+3s^2+5s+10=0 \tag{5-17}$$

因为方程各项系数非零且符号一致，所以满足方程的根在右复半平面的必要条件，但仍然需要检验它是否满足充分条件。计算得到的 Routh 表格（请参见 5.4 节中的 MATLAB 工具）如下：

$$\begin{array}{llccc}
 & s^4 & 2 & 3 & 10 \\
 & s^3 & 1 & 5 & 0 \\
\text{符号改变} & s^2 & \dfrac{(1)(3)-(2)(5)}{1}=-7 & 10 & 0 \\
\text{符号改变} & s^1 & \dfrac{(-7)(5)-(1)(10)}{-7}=6.43 & 0 & 0 \\
 & s^0 & 10 & 2 & 0
\end{array}$$

表格第一列的元素符号改变两次，因此方程有两个根在右复半平面。求解式（5-17）的根，我们可以得到 4 个根，分别为 $s=-1.005\pm \mathrm{j}0.993$ 和 $s=0.775\pm \mathrm{j}1.444$。显然，后面一对复根在右复半平面，因而系统不稳定。

工具箱 5-3-1

式（5-17）中的多项式的根可以用以下 MATLAB 函数序列得到。

```
>> clear all
>> p = [2 1 3 5 10] % 定义多项式 2*s^4+s^3+3*s^2+5*s+10
p =
   2 1 3 5 10
>> roots(p)
ans =
     0.7555 + 1.4444i
     0.7555 - 1.4444i
     -1.0055 + 0.9331i
     -1.0055 - 0.9331i
```

▲ 234

5.3.2 Routh 表格提前终止时的特殊情形

在前面两个示例中的方程都是特意选择的，所以在计算其相应的 Routh 表格时没有出现特别的复杂之处。不同的方程系数往往可能导致下列情形，从而无法得到完整的 Routh 表格：

1. Routh 表格任意一行的第一项元素为 0，其他项元素均为非 0。
2. Routh 表格某一行元素全为 0。

在第一种情形中，某一行的第一项元素为 0，则后续行的各项元素为无穷，这样就无法继续计算 Routh 表格。

补救措施是，我们将等于 0 的那一行的第一项元素替换为任意小的正数 ε，然后就可以继续计算 Routh 表格后续行元素。我们通过下面的例题来说明。

例 5-3-2 已知线性系统的特征方程为

$$s^4+s^3+2s^2+2s+3=0 \tag{5-18}$$

各项系数非 0 且同号，因此可以进一步用 Routh-Hurwitz 判据。计算 Routh 表格如下：

$$\begin{array}{cccc} s^4 & 1 & 2 & 3 \\ s^3 & 1 & 2 & 0 \\ s^2 & 0 & 3 & \end{array}$$

因为 s^2 行的第一项元素为 0，则 s^1 行的各项元素将为无穷。要克服这一困难，我们可以将 s^2 行中的 0 元素替换为一小的正数 ε，然后继续计算 Routh 表格。从 s^2 行开始，各行元素依次为

$$\begin{array}{llcc} & s^2 & \varepsilon & 3 \\ \text{符号改变} & s^1 & \dfrac{2\varepsilon-3}{\varepsilon}\cong-\dfrac{3}{\varepsilon} & 0 \\ \text{符号改变} & s^0 & 3 & 0 \end{array}$$

因为 Routh 表格第一列元素中有两次符号改变，则方程（5-18）在右复半平面有两个根。计算式（5-18）的根，得到 $s=-0.091\pm \mathrm{j}0.902$ 和 $s=0.406\pm \mathrm{j}1.293$，显然后一对复根在右复半平面。

要指出的是，如果方程有虚根，上面的 ε 法可能无法得到正确的结果。▲

第二种特殊情形是 Routh 表格正常结束前，某一行的元素全部为 0，这意味着通常存在下列一种或多种情形：

1. 方程至少有一对实根，幅值相同但符号相反。
2. 方程至少有一对或多对虚根。
3. 方程有成对以复平面原点对称的共轭复根，如 $s=-1\pm \mathrm{j}1$ 和 $s=1\pm \mathrm{j}1$。

235

我们可以用辅助方程 $A(s)=0$ 来解决整行为 0 元素的情形，辅助方程可以用 Routh 表格中整行 0 元素的上一行的各项元素系数来得到。辅助方程始终是偶数多项式，也就是说，只有 s 的偶数次幂出现。辅助方程的根也是原方程的根。因此，求解辅助方程的根可以得到原方程的部分根。综上，当 Routh 表格中提早出现整行 0 元素时，我们可以执行如下步骤：

1. 用 0 元素行的上一行元素写出辅助方程 $A(s)=0$。
2. 计算辅助方程对 s 的导数，即 $\mathrm{d}A(s)/\mathrm{d}s=0$。
3. 用 $\mathrm{d}A(s)/\mathrm{d}s=0$ 各项系数替换 0 元素行。
4. 用替换 0 元素行新得到的元素行继续计算 Routh 表格。
5. 观察 Routh 表格中第一列各元素的符号改变。

例 5-3-3 已知线性控制系统的特征方程为

$$s^5+4s^4+8s^3+8s^2+7s+4=0 \tag{5-19}$$

它的 Routh 表格为

$$\begin{array}{cccc} s^5 & 1 & 8 & 7 \\ s^4 & 4 & 8 & 4 \\ s^3 & 6 & 6 & 0 \\ s^2 & 4 & 4 & \\ s^1 & 0 & 0 & \end{array}$$

因为提早出现了 0 行元素，我们根据 s^2 行元素得到辅助方程：

$$A(s)=4s^2+4=0 \tag{5-20}$$

$A(s)$ 对 s 的导数为

$$\frac{\mathrm{d}A(s)}{\mathrm{d}s} = 8s = 0 \tag{5-21}$$

用系数 8 和 0 替换原表格中 s^1 行中的 0 元素，则剩余部分的 Routh 表格为

$$\begin{array}{lll} s^1 & 8 \quad 0 & \mathrm{d}A(s)/\mathrm{d}s \text{的各项系数} \\ s^0 & 4 & \end{array}$$

因为整个 Routh 表格第一列元素的符号没有改变，所以方程（5-21）在右复半平面没有根。求解辅助方程（5-20），得到两个根 $s=\mathrm{j}$ 和 $s=-\mathrm{j}$，它们也是方程（5-19）的两个根。因此方程有两个根在 $\mathrm{j}\omega$ 轴上，系统是临界稳定的。这些虚根是使得最初的 Routh 表格在 s^1 行出现整行 0 元素的原因。 236

因为 s 的奇次幂对应的行元素均为 0，这使得辅助方程只有 s 的偶次幂项，辅助方程的根因此可能都在虚轴 $\mathrm{j}\omega$ 上。在设计中，我们可以利用 0 元素行的条件来求得系统稳定性的临界值。下面举例说明 Routh-Hurwitz 判据在设计中的实际用处。▲

例 5-3-4 已知一个三阶控制系统的特征方程

$$s^3 + 3408.3s^2 + 1\,204\,000s + 1.5\times10^7 K = 0 \tag{5-22}$$

Routh-Hurwitz 判据最适于确定稳定性的临界值 K，即，使得至少一个根在虚轴 $\mathrm{j}\omega$ 上但都不在右复半平面的 K 值。计算式（5-22）的 Routh 表格如下：

$$\begin{array}{lcc} s^3 & 1 & 1\,204\,000 \\ s^2 & 3408.3 & 1.5\times10^7 K \\ s^1 & \dfrac{410.36\times10^7 - 1.5\times10^7 K}{3408.3} & 0 \\ s^0 & 1.5\times10^7 K & \end{array}$$

如果系统要稳定，则式（5-22）的根必须都在左复半平面，即，Routh 表格中的第一列元素必须同号。因此我们得到下列两个不等式条件：

$$\frac{410.36\times10^7 - 1.5\times10^7 K}{3408.3} > 0 \tag{5-23}$$

和

$$1.5\times10^7 K > 0 \tag{5-24}$$

由式（5-23）的不等式可得 $K<273.57$，而式（5-24）则要求 $K>0$。因此，系统稳定条件是 K 应满足

$$0 < K < 273.57 \tag{5-25}$$

如果令 $K=273.57$，则式（5-22）的特征方程将有两个根在虚轴 $\mathrm{j}\omega$ 上。为了求出这两个虚轴根，将 $K=273.57$ 代入由 Routh 表格中 s^2 行元素为系数的辅助方程，即

$$A(s) = 3408.3s^2 + 4.1036\times10^9 = 0 \tag{5-26}$$

它的两个根为 $s=\mathrm{j}1097$ 和 $s=-\mathrm{j}1097$。这对虚根所对应的 K 值为 273.57。如果系统运行在 $K=273.57$，则系统的零输入响应是频率为 1097.27rad/s 的无阻尼正弦曲线。▲ 237

例 5-3-5 这是另一个把 Routh-Hurwitz 判据用于简单设计问题的例子。已知一个闭环控制系统的特征方程为

$$s^3 + 3Ks^2 + (K+2)s + 4 = 0 \tag{5-27}$$

要求出使得系统稳定的 K 值范围。由式（5-27）可以得到 Routh 表格：

$$
\begin{array}{lcc}
s^3 & 1 & K+2 \\
s^2 & 3K & 4 \\
s^1 & \dfrac{3K(K+2)-4}{3K} & 0 \\
s^0 & 4 &
\end{array}
$$

在 s^2 行，系统稳定的条件是 $K>0$，在 s^1 行，稳定条件则是

$$3K^2+6K-4>0 \tag{5-28}$$

即

$$K<-2.528 \quad 或者 \quad K>0.528 \tag{5-29}$$

比较两个条件 $K>0$ 和 $K>0.528$，显然后面的不等式条件更强。因此，要闭环系统稳定，则 K 必须满足

$$K>0.528 \tag{5-30}$$

因为 K 不可能为负，所以舍弃另一个约束条件 $K<-2.528$。 ▲

这里重申 Routh-Hurwitz 判据只适用于特征方程是实系数的代数方程。如果某一个系数为复数，或者方程不是代数方程而是包含了 s 的指数函数或正弦函数，则不能直接应用 Routh-Hurwitz 判据。

Routh-Hurwitz 判据的另一个局限性是只适用于判断特征方程的根是位于左复半平面还是右复半平面。稳定性的边界在复平面的虚轴 $j\omega$ 轴上。Routh-Hurwitz 判据不能用于复平面其他的稳定性边界，如 z 平面的单位圆，它是离散时间系统的稳定性边界（见附录 H）。

5.4 MATLAB 工具和案例分析

评估已知传递函数行为的最简单方法是寻找极点的位置。为此，在工具箱 5-3-1 中出现的 MATLAB 代码是找到特征方程多项式的根（即系统的极点）的最简单的方法。 238

在本节中，我们介绍了可用于获得 Routh 表格的 tfrouth 稳定性工具。此工具更重要的是可用于控制器设计应用中，其可用于评估控制器增益为 K 时的系统的稳定性。

使用 tfrouth 建立和求解一个稳定性问题的步骤如下：

1. 为了使用 tfrouth 工具，首先需要下载 ACSYS 软件，网址为 www.mhprofessional.com/golnaraghi。

2. 载入 MATLAB，并使用 MATLAB 命令窗口顶部的文件夹浏览器进入 ACSYS 目录。例如，对于 PC，C:\documents\ACSYS2013——如果将 ACSYS2013 目录放在文档文件夹中⊖。

3. 在 MATLAB 命令窗口中输入"dir"并标识"TFSymbolic"目录。

4. 通过输入"cd TFSymbolic"来移动到"TFSymbolic"目录。

5. 在"TFSymbolic"目录中的 MATLAB 命令窗口中输入"tfrouth"。

6. "Routh-Hurwitz"窗口将出现。输入特征多项式作为系数行向量（例如，对于 s^3+s^2+s+1，输入 [1 1 1 1]）。

7. 点击"Routh-Hurwitz"按钮，并在 MATLAB 命令窗口中检查结果。

8. 如果希望评估系统对于设计参数的稳定性，请在"Enter Symbolic Parameters"框中输入参数。例如，对于 $s^3+k_1s^2+k_2s+1$，需要在"Enter Symbolic Parameters"中输

⊖ 对于 Mac 和 Unix 用户，推荐查看 MATLAB 中的帮助信息。

入“k1 k2”，然后在“Characteristic Equation”中输入[1 k1 k2 1]。请注意，默认系数为“k”，可以将其更改为其他字符（在此情况下为k1 和 k2）。

9. 点击“Routh-Hurwitz”按钮得到 Routh 表格，进行 Routh-Hurwitz 稳定性测试。

我们将用前面的一些例题来演示如何使用 tfrouth。

例 5-4-1 （回顾例 5-3-1）已知方程

$$2s^4+s^3+3s^2+5s+10=0 \tag{5-31}$$

根据本节前面所述的步骤，在 MATLAB 的命令窗口中输入“tfrouth”并且输入式（5-31）的特征系数[2 1 3 5 10]，然后点击“Routh-Hurwitz”按钮以得到 Routh-Hurwitz 表格，如图 5-3 所示。

239

计算得到的结果与例 5-3-1 中的结果一致，系统因为存在两个正极点而不稳定。Routh 表格的第一列也显示有两次符号改变，这和前面所得结论相符。如果要列出完整的 Routh 表格，则需要切换到 MATLAB 命令行窗口中去，如图 5-4 所示。

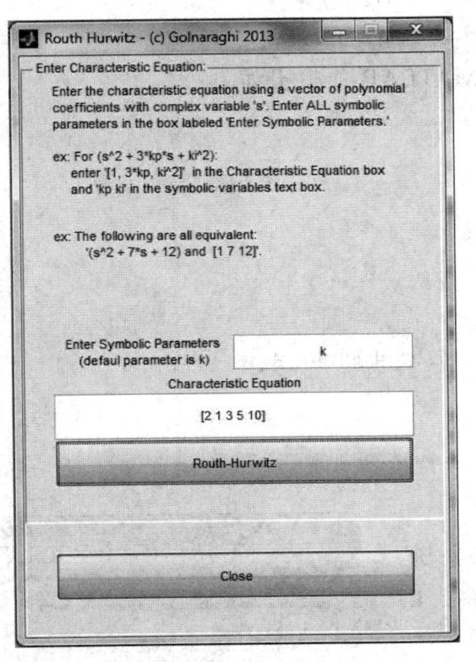

图 5-3 例 5-3-1 中用 tfrouth 模块输入特征多项式

```
Routh-Hurwitz矩阵：
        [2      3     10   ]
        [                  ]
        [1      5     0    ]
        [                  ]
        [-7     10    0    ]
        [                  ]
        [45/7   0     0    ]
        [                  ]
        [10     0     0    ]
在第1列有两次符号改变
```

图 5-4 例 5-4-1 中使用 Routh-Hurwitz 测试得到的稳定性结果

下框显示符号改变发生的位置。

```
Routh-Hurwitz矩阵：

+-                  -+      系统不稳定
|    2,    3,   10   |
|    1,    5,   0    |
|   -7,   10,   0    |      ← 符号改变
|  45/7,   0,   0    |      ← 符号改变
|   10,    0,   0    |
+-                  -+
```

▲ 240

例 5-4-2 （回顾例 5-3-2）已知线性系统的特征方程

$$s^4+s^3+2s^2+2s+3=0 \tag{5-32}$$

利用 tfrouth 模块以 [1 1 2 2 3] 的形式输入传递函数的特征方程，并且点击“Routh-Hurwitz”按钮以后，可得到如下输出：

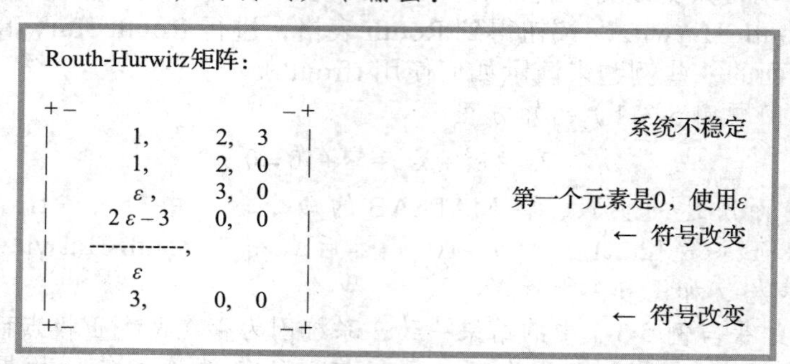

```
Routh-Hurwitz矩阵：

+-                    -+
|      1,       2,  3  |                    系统不稳定
|      1,       2,  0  |
|      ε,       3,  0  |            第一个元素是0，使用ε
|   2ε-3       0,  0  |                   ← 符号改变
|  -----------,         |
|      ε                |
|      3,       0,  0  |                   ← 符号改变
+-                    -+
```

因此，由于最后两个符号的变化，我们可以得到两个不稳定的极点。▲

例 5-4-3（回顾例 5-3-3）利用 tfrouth 研究如下特征方程

$$s^5+4s^4+8s^3+8s^2+7s+4=0 \tag{5-33}$$

输入特征方程系数 [1 4 8 8 7 4]。MATLAB 的输出如下：

```
Routh-Hurwitz矩阵：
+-            -+                         系统不稳定
|  1,  8,  7  |
|  4,  8,  4  |
|  6,  6,  0  |
|  4,  4,  0  |
|  8,  0,  0  |              0行，使用辅助多项式(4s^2 + 4)

|  4,  0,  0  |
+-            -+
```

▲

例 5-4-4 已知一个闭环系统的特征方程为

241

$$s^3+3Ks^2+(K+2)s+4=0 \tag{5-34}$$

求出使系统稳定的 K 值范围。利用默认的参数 k，输入特征方程系数 [1 3*k k+2 4]，如图 5-5 所示。

```
Routh-Hurwitz矩阵：

+-                      -+
|        1,        k + 2 |
|       3 k,         4   |
|      2                 |
|   3 k + 6 k - 4        |
|   ---------------,   0 |
|                        |
|       3 k              |
|        4,          0   |
+-                      -+
```

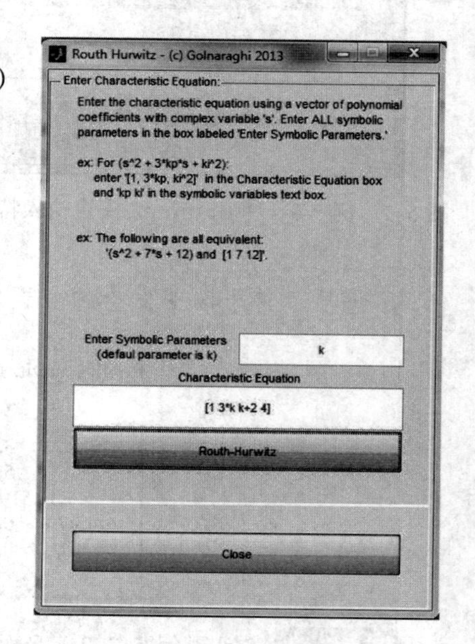

图 5-5 例 5-4-4 中，利用 tfrouth 模块输入特征多项式

在 tfrouth 中，Routh 表格储存在变量 RH 中。为了检查 k 为不同值时系统的稳定性，需要首先给 k 赋值。然后使用 MATLAB 命令“eval(RH)”获取 Routh 表格的数值，如下所示：

>> k = 0.4;			>> k = 1;		
>> eval(RH)			>> eval(RH)		
ans =			ans =		
1.0000	2.4000	**Unstable**	1.0000	3.0000	**Stable**
1.2000	4.0000		3.0000	4.0000	
–0.9333	0	← **Sign Change**	1.6667	0	
4.0000	0	← **Sign Change**	4.0000	0	

在这种情况下，对于 k = 0.4，系统是不稳定的，对于 k = 1，系统是稳定的。▲ 242

例 5-4-5 已知如下系统：

$$\frac{\mathrm{d}x_1(t)}{\mathrm{d}t} = x_1(t) - 4x_2(t)$$
$$\frac{\mathrm{d}x_2(t)}{\mathrm{d}t} = 5x_1(t) + u(t) \tag{5-35}$$

其状态空间模型为

$$\dot{\boldsymbol{x}}(t) = \boldsymbol{A}\boldsymbol{x}(t) + \boldsymbol{B}u(t)$$
$$\boldsymbol{y}(t) = \boldsymbol{C}\boldsymbol{x}(t) \tag{5-36}$$

其中，

$$\boldsymbol{A} = \begin{bmatrix} 1 & -4 \\ 5 & 0 \end{bmatrix} \quad \boldsymbol{B} = \begin{bmatrix} 0 \\ 1 \end{bmatrix} \quad \boldsymbol{C} = \begin{bmatrix} 1 & 0 \\ 0 & 1 \end{bmatrix} \tag{5-37}$$

对式（5-36）进行拉普拉斯变换，假设零初始条件，求解 $\boldsymbol{Y}(s)$ 得：

$$\boldsymbol{Y}(s) = \boldsymbol{C}(s\boldsymbol{I} - \boldsymbol{A})^{-1}\boldsymbol{B}\boldsymbol{U}(s) \tag{5-38}$$

由 3.7.1 节和 3.7.2 节的内容可知此系统的传递函数为

$$\boldsymbol{G}(s) = C(s\boldsymbol{I} - \boldsymbol{A})^{-1}\boldsymbol{B} = \boldsymbol{C}\frac{\mathbf{adj}(s\boldsymbol{I} - \boldsymbol{A})}{\mathbf{det}(s\boldsymbol{I} - \boldsymbol{A})}\boldsymbol{B} = \boldsymbol{C}\frac{[\mathbf{adj}(s\boldsymbol{I} - \boldsymbol{A})]\boldsymbol{B}}{|s\boldsymbol{I} - \boldsymbol{A}|} = \frac{\begin{bmatrix} -4 \\ s-1 \end{bmatrix}}{s^2 - s + 20} \tag{5-39}$$

更具体地说，由 $\boldsymbol{Y}(s) = \boldsymbol{X}(s)$ 得：

$$\frac{X_1(s)}{U(s)} = \frac{-4}{s^2 - s + 20} \tag{5-40}$$

$$\frac{X_2(s)}{U(s)} = \frac{s-1}{s^2 - s + 20} \tag{5-41}$$

将传递函数矩阵 $\boldsymbol{G}(s)$ 的分母设为零，得到特征方程为

$$|s\boldsymbol{I} - \boldsymbol{A}| = 0 \tag{5-42}$$

这意味着特征方程的根是矩阵 $\boldsymbol{A}$ 的特征值。因此，

$$|s\boldsymbol{I} - \boldsymbol{A}| = \begin{vmatrix} s-1 & 4 \\ -5 & s \end{vmatrix} = s^2 - s + 20 = 0 \tag{5-43}$$

按照 Routh-Hurwitz 判据，这个系统是不稳定的，参见图 5-6 的时间响应。

使用以下状态反馈控制器，我们可以解决稳定性问题和其他的控制目标（有关该主题的更多讨论，请参见第 8 章）：

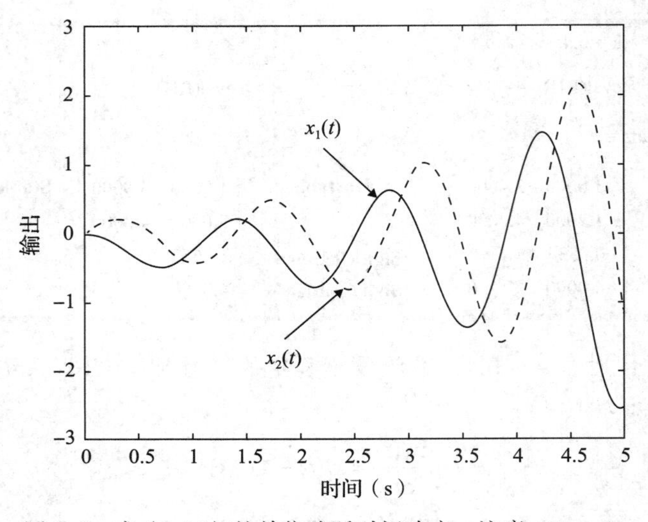

图 5-6　式（5-34）的单位阶跃时间响应，注意 $\boldsymbol{y}(t)=\boldsymbol{x}(t)$

$$u(t)=-k_1x_1(t)-k_2x_2(t)+r(t) \tag{5-44}$$

243　其中，k_1 和 k_2 是实常数，$r(t)$ 是单位阶跃输入。

下一步是确定参数为 k_1 和 k_2 时系统的稳定性。把式（5-44）带入式（5-36）中，得到闭环系统方程：

$$\begin{aligned}\dot{\boldsymbol{x}}(t)&=(\boldsymbol{A}-\boldsymbol{BK})\,\boldsymbol{x}(t)+\boldsymbol{B}r(t)=\boldsymbol{A}^*\boldsymbol{x}(t)+\boldsymbol{B}r(t)\\ \boldsymbol{y}(t)&=\boldsymbol{Cx}\end{aligned} \tag{5-45}$$

其中，

$$\boldsymbol{K}=[k_1\quad k_2] \tag{5-46}$$

和

$$\boldsymbol{A}^*=\boldsymbol{A}-\boldsymbol{BK}=\begin{bmatrix}1 & -4\\ 5-k_1 & -k_2\end{bmatrix} \tag{5-47}$$

对式（5-45）进行拉普拉斯变换，假设零初始条件，求解 $\boldsymbol{Y}(s)$ 得：

$$\begin{aligned}\boldsymbol{Y}(s)&=\boldsymbol{X}(s)=\boldsymbol{C}(s\boldsymbol{I}-\boldsymbol{A}+\boldsymbol{BK})^{-1}\boldsymbol{B}R(s)\\ &=\frac{\begin{bmatrix}-4\\ s-1\end{bmatrix}}{s^2+(k_2-1)s+20-4k_1-k_2}\end{aligned} \tag{5-48}$$

244　按照与式（5-39）同样的过程，闭环系统的特征方程为

$$\begin{aligned}|s\boldsymbol{I}-\boldsymbol{A}+\boldsymbol{BK}|&=\begin{vmatrix}s-1 & 4\\ -5+k_1 & s+k_2\end{vmatrix}\\ &=s^2+(k_2-1)s+20-4k_1-k_2=0\end{aligned} \tag{5-49}$$

对于稳定性要求，我们使用如图 5-7 所示的 tfrouth。因此，为了保证稳定性，Routh 表格的第一列中的所有元素必须是正的。这要求同时满足以下条件：

$$k_2>1 \tag{5-50}$$

$$k_2<20-4k_1 \tag{5-51}$$

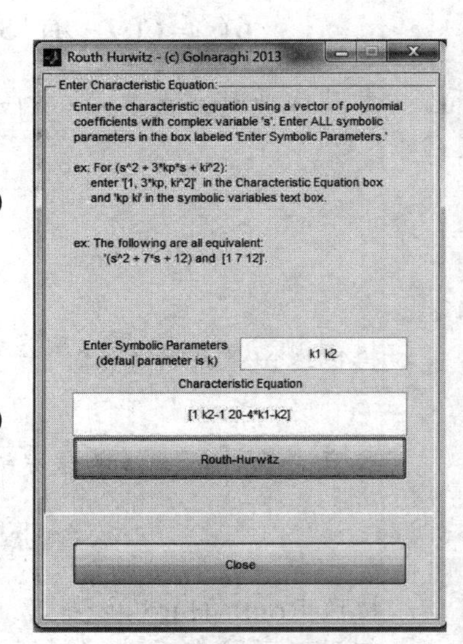

图 5-7　例 5-4-5 中用 tfrouth 模块输入特征多项式

因此，为了保证稳定性，我们必须确保

$$1<k_2<20-4k_1 \tag{5-52}$$

令 $k_2=2$，$k_1=2$，两个条件都可以满足，从而使得系统稳定。在这种情况下，我们可以得到：

$$\boldsymbol{Y}(s)=\boldsymbol{C}(s\boldsymbol{I}-\boldsymbol{A}+\boldsymbol{BK})^{-1}\boldsymbol{B}R(s)=\frac{\begin{bmatrix}-4\\ s-1\end{bmatrix}}{s^2+s+10} \tag{5-53}$$

245

使用工具箱 5-4-1，将分母项修改为 [1　1　10] 后，我们可得到系统对于单位阶跃输入 $r(t)$ 的时间响应，如图 5-8 所示。

工具箱 5-4-1

式（5-39）对于单位阶跃输入的时间响应如图 5-6 所示。

```
t=0:0.02:5;
num1 = [-4];
den1 = [1 -1 20];
num2 = [1 -1];
den2 = [1 -1 20];
G1 = tf(num1, den1);
G2 = tf(num2, den2);
y1 = step (G1, t);
y2 = step (G2, t);
plot(t,y1);
hold on
plot (t, y2, '--');
xlabel('Time (s)')
ylabel('Output')
```

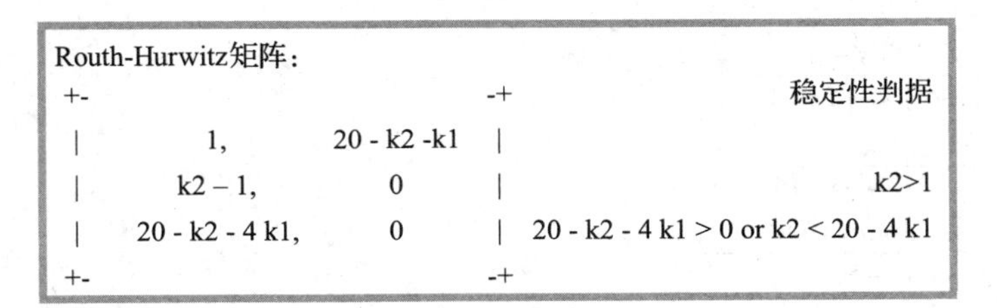

Routh-Hurwitz矩阵：

		稳定性判据
1,	20 - k2 -k1	
k2 – 1,	0	k2>1
20 - k2 - 4 k1,	0	20 - k2 - 4 k1 > 0 or k2 < 20 - 4 k1

▲

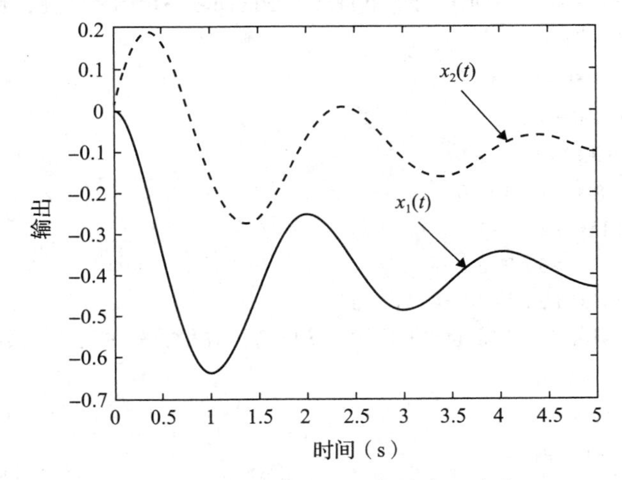

图 5-8　式（5-53）的单位阶跃时间响应，注意 $\boldsymbol{y}(t)=\boldsymbol{x}(t)$

246

5.5 小结

在本章中，我们定义了线性时不变连续系统的 Routh-Hurwitz 稳定性判据，并指出这些类型的稳定性条件直接和特征方程的根相关。如果一个连续时间系统是稳定的，则它的特征方程的根必须都位于左复半平面。虽然 Routh-Hurwitz 稳定性适用于系统的特征方程，但需要强调的是这种方法也可以应用于判断系统在状态空间表达中的稳定性——因为矩阵 $\boldsymbol{A}$ 的特征值与特征方程的根相同。

为本书开发的稳定性 MATLAB 工具 tfrouth 解决了各种示例。

参考文献

1. F. Golnaraghi and B. C. Kuo, *Automatic Control Systems*, 9th Ed., John Wiley & Sons, New York, 2010.
2. F. R. Gantmacher, *Matrix Theory*, Vol. II, Chelsea Publishing Company, New York, 1964.
3. K. J. Khatwani, "On Routh-Hurwitz Criterion," *IEEE Trans. Automatic Control*, Vol. AC-26, p. 583, April 1981.
4. S. K. Pillai, "The ε Method of the Routh-Hurwitz Criterion," *IEEE Trans. Automatic Control*, Vol. AC-26, 584, April 1981.
5. B. C. Kuo and F. Golnaraghi, *Automatic Control Systems*, 8th Ed., John Wiley & Sons, New York, 2003.

习题

5-1 不使用 Routh-Hurwitz 判据，确定以下系统是否渐近稳定、临界稳定或不稳定。已知各闭环系统的传递函数如下所示：

（a）$M(s)=\dfrac{10(s+2)}{s^3+3s^2+5s}$

（b）$M(s)=\dfrac{s-1}{(s+5)(s^2+2)}$

（c）$M(s)=\dfrac{K}{s^3+5s+5}$

（d）$M(s)=\dfrac{100(s-1)}{(s+5)(s^2+2s+2)}$

（e）$M(s)=\dfrac{100}{s^3-2s^2+3s+10}$

（f）$M(s)=\dfrac{10(s+12.5)}{s^4+3s^3+50s^2+s+10^6}$

5-2 使用 Routh-Hurwitz 判据，确定具有以下特征方程的闭环系统的稳定性。确定各方程在虚轴上和右复半平面的根的数目。

（a）$s^3+25s^2+10s+450=0$

（b）$s^3+25s^2+10s+50=0$

（c）$s^3+25s^2+250s+10=0$

247

（d）$2s^4+10s^3+5.5s^2+5.5s+10=0$

（e）$s^6+2s^5+8s^4+15s^3+20s^2+16s+16=0$

（f）$s^4+2s^3+10s^2+20s+5=0$

（g）$s^8+2s^7+8s^6+12s^5+20s^4+16s^3+16s^2=0$

5-3 使用 MATLAB 工具箱 5-3-1 确定如下连续系统的特征方程的根并且确定系统的稳定性条件。

（a）$s^3+10s^2+10s+130=0$

（b）$s^4+12s^3+s^2+2s+10=0$

（c）$s^4+12s^3+10s^2+10s+10=0$

（d）$s^4+12s^3+s^2+10s+1=0$

(e) $s^6+6s^5+125s^4+100s^3+100s^2+20s+10=0$

(f) $s^5+125s^4+100s^3+100s^2+20s+10=0$

5-4　已知反馈控制系统的特征方程如下，使用 MATLAB 来确定使系统渐近稳定的 K 的范围。确定使系统处于临界稳定的 K 值及持续振荡的频率（如果适用）。

(a) $s^4+25s^3+15s^2+20s+K=0$

(b) $s^4+Ks^3+2s^2+(K+1)s+10=0$

(c) $s^3+(K+2)s^2+2Ks+10=0$

(d) $s^3+20s^2+10K=0$

(e) $s^4+Ks^3+5s^2+10s+10K=0$

(f) $s^4+12.5s^3+s^2+5s+K=0$

5-5　已知一个单回路反馈控制系统的开环传递函数为

$$G(s)H(s)=\frac{K(s+5)}{s(s+2)(1+Ts)}$$

参数 K 和 T 构成以 K 为横轴、T 为纵轴的参数平面。试求出闭环系统渐近稳定时和不稳定时的 T、K 的参数范围，指出系统临界稳定的边界。

5-6　已知下列单位反馈控制系统的前向通道传递函数，试用 Routh-Hurwitz 判据判定以 K 为未知量的闭环系统的稳定性。求使系统等幅振荡的 K 值，并计算振荡频率。

(a) $G(s)=\dfrac{K(s+4)(s+20)}{s^3(s+100)(s+500)}$

(b) $G(s)=\dfrac{K(s+10)(s+20)}{s^2(s+2)}$

(c) $G(s)=\dfrac{K}{s(s+10)(s+20)}$

(d) $G(s)=\dfrac{K(s+1)}{s^3+2s^2+3s+1}$

5-7　已知一个被控过程由如下状态方程描述：

$$\frac{\mathrm{d}x_1(t)}{\mathrm{d}t}=x_1(t)-2x_2(t)\qquad \frac{\mathrm{d}x_2(t)}{\mathrm{d}t}=10x_1(t)+u(t)$$

由状态反馈可得控制输入 $u(t)$ 为

$$u(t)=-k_1x_1(t)-k_2x_2(t)$$

其中 k_1、k_2 是实常数。试求出 k_1、k_2 的参数范围，使得闭环系统渐近稳定。　248

5-8　已知线性时不变系统由如下状态方程描述

$$\frac{\mathrm{d}\boldsymbol{x}(t)}{\mathrm{d}t}=\boldsymbol{A}\boldsymbol{x}(t)+\boldsymbol{B}u(t)$$

其中

$$\boldsymbol{A}=\begin{bmatrix}0&1&0\\0&0&1\\0&-4&-3\end{bmatrix}\quad \boldsymbol{B}=\begin{bmatrix}0\\0\\1\end{bmatrix}$$

由状态反馈得到其闭环系统，这里 $u(t)=-\boldsymbol{K}\boldsymbol{x}(t)$，其中 $\boldsymbol{K}=[k_1\quad k_2\quad k_3]$，且 k_1、k_2、k_3 都是实常数。求闭环系统渐近稳定时 $\boldsymbol{K}$ 应满足的约束条件。

5-9　已知如下系统的状态方程

$$\frac{\mathrm{d}\boldsymbol{x}(t)}{\mathrm{d}t}=\boldsymbol{A}\boldsymbol{x}(t)+\boldsymbol{B}u(t)$$

(a) $\boldsymbol{A}=\begin{bmatrix}1&0&0\\0&-3&0\\0&0&-2\end{bmatrix}\quad \boldsymbol{B}=\begin{bmatrix}1\\0\\1\end{bmatrix}$

（b）$\boldsymbol{A}=\begin{bmatrix}1 & 0 & 0\\0 & -2 & 0\\0 & 0 & 3\end{bmatrix}$ $\boldsymbol{B}=\begin{bmatrix}0\\1\\1\end{bmatrix}$

试问能否用状态反馈 $u(t)=-\boldsymbol{Kx}(t)$ 使系统稳定？其中 $\boldsymbol{K}=[k_1 \quad k_2 \quad k_3]$。

5-10 已知开环系统如图 5P-10b 所示，其中 $\dfrac{\mathrm{d}^2y}{\mathrm{d}t^2}-\dfrac{g}{l}y=z$，$f(t)=\tau\dfrac{\mathrm{d}z}{\mathrm{d}t}+z$。

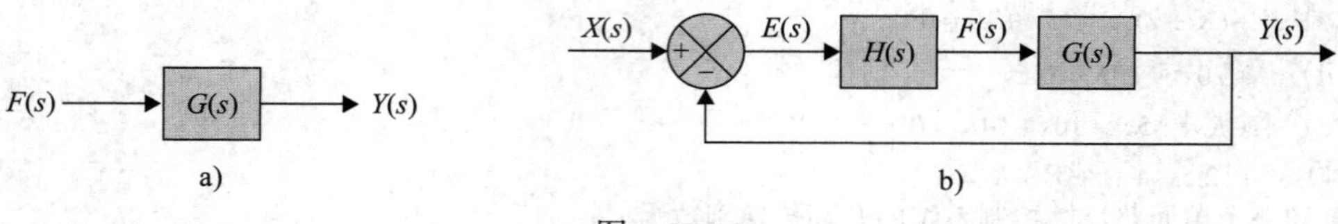

图 5P-10

我们的目标是稳定该系统，其闭环反馈控制框图如图 5P-10b。

假设 $f(t)=k_p\mathrm{e}+k_d\dfrac{\mathrm{d}e}{\mathrm{d}t}$，

（a）试求开环传递函数。

（b）试求闭环传递函数。

（c）试求可以使系统稳定的 k_p 和 k_d 的范围。

（d）假设 $\dfrac{g}{l}=10$，$\tau=0.1$。如果 $y(0)=10$，且 $\dfrac{\mathrm{d}y}{\mathrm{d}t}=0$，请画出 k_p 和 k_d 取三个不同值时的阶跃响应曲线，以显示一些值好于另外一些，然而，所有的值都必须满足 Routh-Hurwitz 判据。

249

5-11 已知带转速计反馈的电动机控制系统的控制框图如图 5P-11 所示。求系统渐近稳定时转速计常数 K_t 的范围。

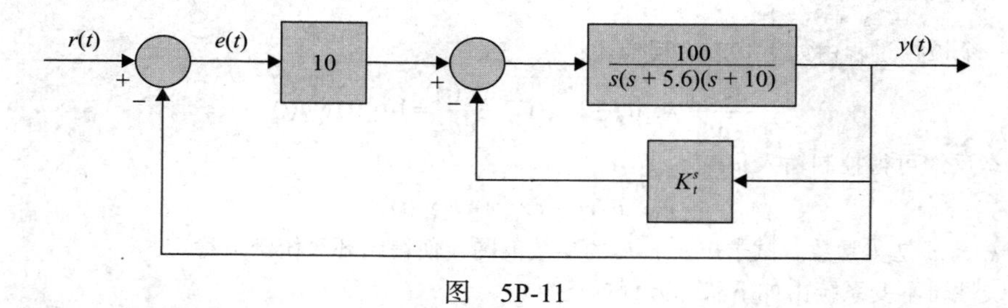

图 5P-11

5-12 图 5P-12 是某控制系统的控制框图，求使系统渐近稳定的 $K-\alpha$ 平面的参数范围（K 为纵轴，α 为横轴）。

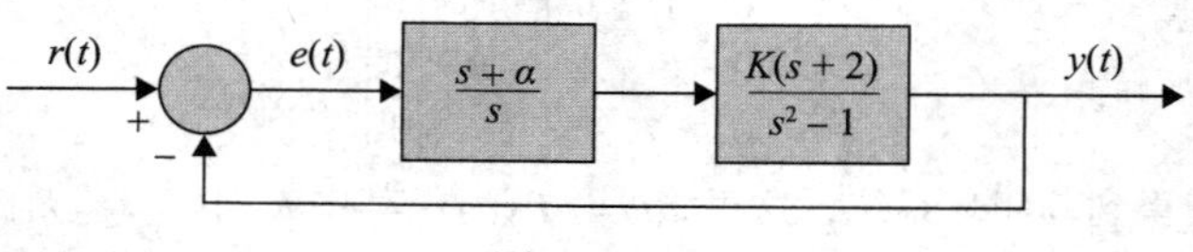

图 5P-12

5-13 通常，Routh-Hurwitz 判据只能提供关于多项式 $F(s)$ 的根位于左复半平面还是右复半平面的信息。做一个线性变换 $s=f(p,a)$，其中 p 是复变量，变换后 Routh-Hurwitz 判据可以判定 $F(s)$ 的根是否在 $s=-\alpha$ 的右边，其中 α 是正实数。对下列特征方程做上述线性变换，并求各方程在复平面的 $s=-1$ 右边有多少个根。

（a）$F(s)=s^2+5s+3=0$

（b）$s^3+3s^2+3s+1=0$

（c）$F(s)=s^3+4s^2+3s+10=0$

（d）$s^3+4s^2+4s+4=0$

5-14　一个航天飞机指向控制系统的有效载荷被建模为纯质量 M。有效载荷由磁性轴承悬挂，使得在控制中没有摩擦。有效载荷在 y 方向上的姿态由位于基座的磁性执行器控制。由磁性执行器产生的力的总和为 $f(t)$。其他运动程度的控制是独立的，这里不予考虑。因为在有效载荷上进行实验，电力需要通过电缆传输至有效载荷上。弹簧常数为 K_s 的线性弹簧用于对电缆附件进行建模。用于控制 y 轴运动的动态系统模型如图 5P-14 所示。Y 方向上运动的力的方程为

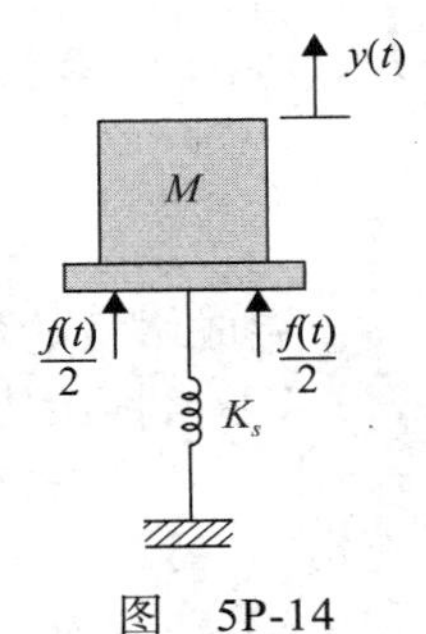

图　5P-14

$$f(t)=K_s y(t)+M\frac{\mathrm{d}^2y(t)}{\mathrm{d}t^2}$$

其中，$K_s=0.5\mathrm{N\cdot m/m}$，$M=500\mathrm{kg}$。磁性执行器通过状态反馈进行控制，使得

$$f(t)=-K_p y(t)-K_D\frac{\mathrm{d}y(t)}{\mathrm{d}t}$$

250

（a）画出此系统的控制框图。

（b）写出闭环系统的特征方程。

（c）试求 K_D-K_P 平面中使系统渐近稳定的区域。

5-15　库存控制系统的微分方程模型如下：

$$\frac{\mathrm{d}x_1(t)}{\mathrm{d}t}=-x_2(t)+u(t)$$

$$\frac{\mathrm{d}x_2(t)}{\mathrm{d}t}=-Ku(t)$$

其中，$x_1(t)$ 是库存水平，$x_2(t)$ 是产品的销售率，$u(t)$ 是生产率，K 为一个实常数。令系统输出 $y(t)=x_1(t)$，$r(t)$ 为期望的库存水平的设定值。令 $u(t)=r(t)-y(t)$。试求使闭环系统渐近稳定的 K 的范围。

5-16　用 MATLAB

（a）生成函数 $f(t)$

$$f(t)=5+2\mathrm{e}^{-2t}\sin\left(2t+\frac{\pi}{4}\right)-4\mathrm{e}^{-2t}\cos\left(2t-\frac{\pi}{2}\right)+3\mathrm{e}^{-4t}$$

（b）生成 $G(s)=\dfrac{(s+1)}{s(s+2)(s^2+2s+2)}$

（c）求 $f(t)$ 的拉普拉斯变换 $F(s)$。

（d）求 $G(s)$ 的拉普拉斯逆变换 $g(t)$。

（e）如果 $G(s)$ 是单位反馈控制系统的前向通道传递函数，试求闭环系统的传递函数，并用 Routh-Hurwitz 判据来确定系统的稳定性。

（f）如果 $F(s)$ 是单位反馈控制系统的前向通道传递函数，试求闭环系统的传递函数，并用 Routh-Hurwitz 判据来确定系统的稳定性。

251~252

第 6 章

反馈控制系统的重要组成

完成本章的学习后，你将能够

1）理解反馈系统的必要组成部分：传感器、执行器和控制器。
2）对这些重要的组成部分的常见结构建立数学模型，包括电位计、转速计、编码器、运算放大器和直流电动机。
3）建立描述直流电动机动态响应（速度响应、位置响应）的传递函数。
4）用一系列实验测量结果表征直流电动机运行特性。

参考第 1 章，设计控制系统需从对象的数学模型出发，这部分所涉及的内容常常包括机械、电气原理、化学反应机制、传感器、执行器（电动机）等。数学模型在一些情况下即为系统动态模型，在第 2 章中已经介绍了最基础的简单动态系统建模，例如机械系统、电气系统、流体系统、热传导系统等，这些被认为是大多数控制系统的子组成。根据基本建模规则（如牛顿第二定律、基尔霍夫定律等），系统的动态模型可以由一系列微分方程表示。第 3 章利用传递函数和状态空间方法来求解这些微分方程，以得到动态系统行为。第 4 章介绍了如何利用控制框图、信号流、状态图表示系统模型，同时介绍了控制系统中的反馈概念。典型的反馈控制系统如图 6-1 所示，有以下组成部分：

- 输入信号变换器
- 输出传感器
- 执行器
- 控制器
- 对象（包含一系列被控变量，通常用第 2 章的动态系统形式描述）

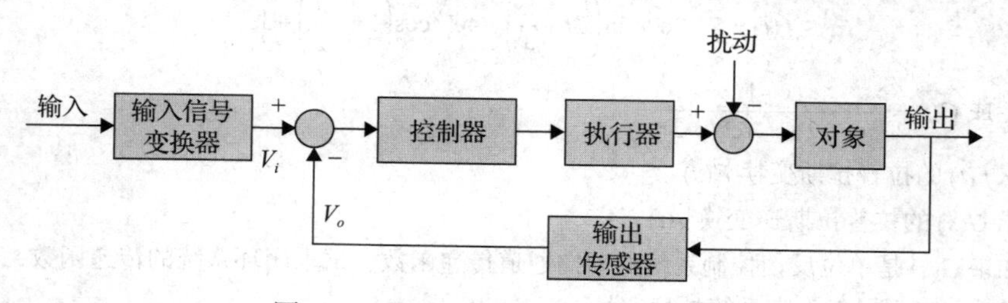

图 6-1　通用反馈控制系统控制框图

在**反馈控制系统**中，传感器对于反馈系统当前的工作状态十分重要，尤其是系统的输出。控制器通过比较测量输出值和设定值，根据控制性能指标求解控制律。执行器则执行对应的控制量，从而使系统输出跟踪至期望值。

本章主要关注反馈系统的组成部分，包括**传感器**、**执行器**，以及系统的“思想”核心——**控制器**，主要讨论可用**线性模型**或者近似线性模型描述的简单对象。

253

为了适应本书所讨论的线性模型，这里的执行器为**直流电动机**。因此，定量描述**直流电动机**运行状态的传感器为**编码器**、**转速计**和**电位计**。图 6-2a 展示了典型的电动齿轮箱系统，其中编码器测量电动机轴的输出，如图 6-2b 所示。

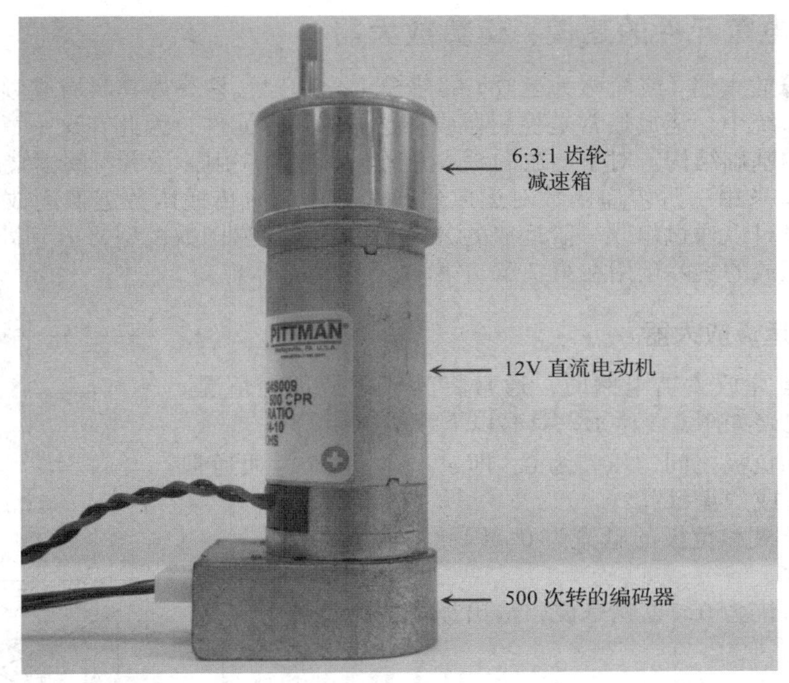

a) 典型直流电动齿轮箱系统，用编码器测量电动机轴的转速——图片来自 GM8224-S009 12VDC 500 CPR Ametec Pittman 模型

b) 电动机底部的编码器

图　6-2

本章同时介绍了**运算放大器**及其在反馈系统中所扮演的重要角色。最后，通过实例学习整合了第 1～5 章所学的内容。

通过对本章的学习，读者能够理解如何对一个完整的系统及其各个部分建模，并理解各部分之间的关联与交互。

最后，在本章的末尾提供了一个**控制实验**，介绍通过一系列实验测量建立电动机模型的实用方法。

6.1 有源电气元件的建模：运算放大器

对于**运算放大器**（或简称为运放）的建模十分基础，易获得其时域或频域的传递函数。在控制系统中，运放通常是控制器或补偿器的关键元件，因此在这一章中将简单介绍运放电路的基础结构。对于运放的深入介绍、研究与应用，读者可阅读文献 [8-9]。

虽然本节采用一阶传递函数对运放建模，利用高阶传递函数近似运放模型同样重要。事实上，可以通过串联一阶运放的方式获得高阶传递函数模型，本节将列举一个代表性范例，运放的实际运用在第 7 章、第 11 章中均有体现。

6.1.1 理想运算放大器

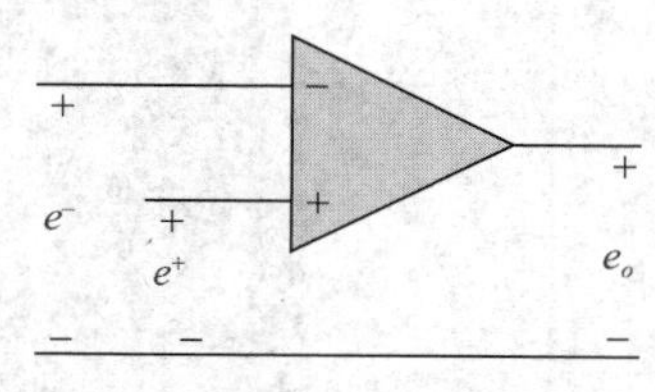

图 6-3 运算放大器原理图

在分析运算放大器电路时，通常将其考虑成理想情况。理想的运放电路如图 6-3 所示，具有以下性质：

1. 正极和负极之间的压差为 0，即 $e^+ = e^-$。这个性质通常叫作“虚地”或“虚短”。

254~255

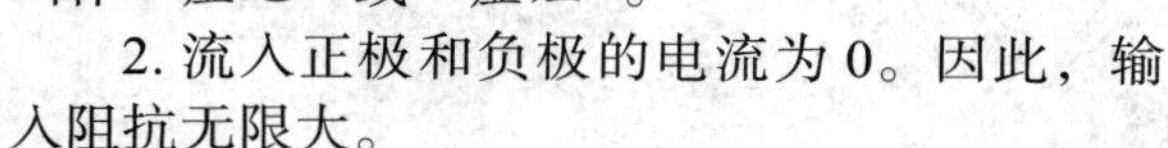

2. 流入正极和负极的电流为 0。因此，输入阻抗无限大。

3. 输出阻抗为 0，也就是说，输出被视为理想电压源。

4. 输入 – 输出关系为 $e_o = A(e^+ - e^-)$，其中增益 A 接近无穷大。

理论上，大部分运算放大器的输入 – 输出关系可以通过以上原理来确定。实际使用中，运算放大器的接线不同于图 6-3，线性放大运行时需要将输出信号反馈至“–”输入端。

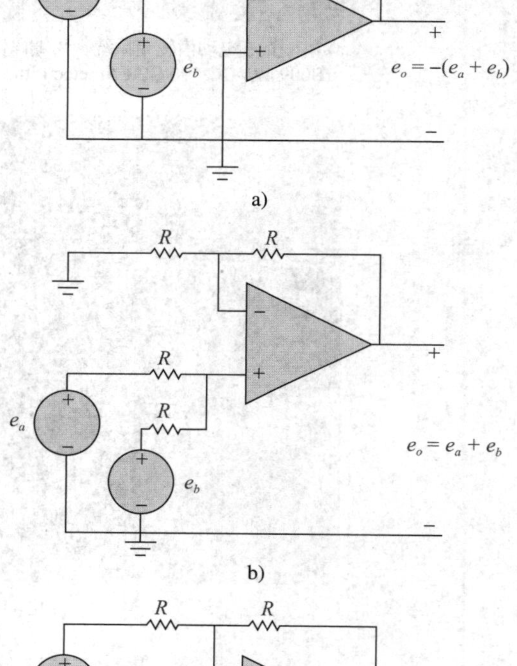

6.1.2 和与差

如第 4 章所述，信号控制框图或 SFG 中最基本的元素之一是信号的加或减。当这些信号是电压信号时，运算放大器提供了一种简单的方法来加或减信号，如图 6-4 所示，其中所有的电阻都具有相同的值，使用上一节给出的运算放大器叠加和理想特性，图 6-4a 中的输入 – 输出关系为 $e_o = -(e_a - e_b)$。因此，输出电压值与输入电压值之和反向。当需要其同向时，可以使用图 6-4b 所示的电路，此时，输出值为 $e_o = e_a + e_b$。修改图 6-4b 得到图 6-4c 所示的差分电路，其中输入 – 输出关系为 $e_o = e_a - e_b$。

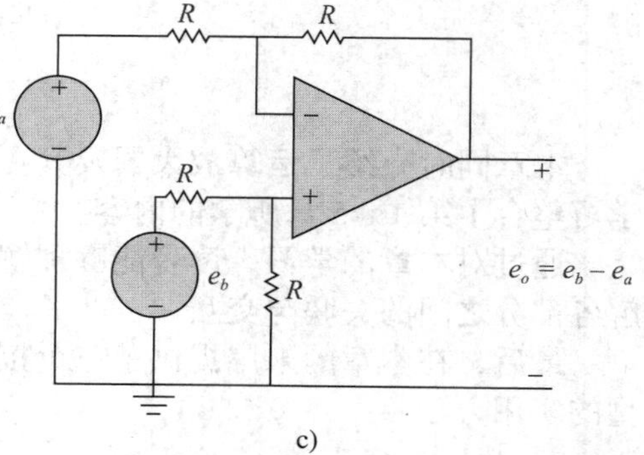

图 6-4 用于加减信号的运算放大器

6.1.3 一阶运算放大器的配置

除了具有加减信号功能之外，运算放大器还可以用于连续系统的传递函数实现。本书将仅研究图 6-5 所示的反相运算放大器配置方法。其中，$Z_1(s)$ 和 $Z_2(s)$ 通常由电容或电阻组成，受体积和成本限制，电感器在此类电路中并不常用。利用理想运算放大器的性质，图 6-5 所示电路的输入 - 输出关系或传递函数可以表示为

$$G(s)=\frac{E_o(s)}{E_i(s)}=-\frac{Z_2(s)}{Z_1(s)}=\frac{-1}{Z_1(s)Y_2(s)}=-Z_2(s)Y_1(s)=-\frac{Y_1(s)}{Y_2(s)} \tag{6-1}$$

其中，$Y_1(s)=1/Z_1(s)$ 和 $Y_2(s)=1/Z_2(s)$ 是与电路阻抗相关的导纳。针对电路中不同类型的阻抗，利用式（6-1）的形式能够方便给出对应的不同传递函数。

256

使用如图 6-5 所示的反相运算放大器配置，$Z_1(s)$ 和 $Z_2(s)$ 分别由电阻和电容器组成，可以沿着负实轴及 s 平面的原点实现零极点，见表 6-1。由于使用了反相运算放大器配置，所有的传递函数的增益均为负，负增益可通过对输入和输出信号增加相应的反向电路使得净增益为正。

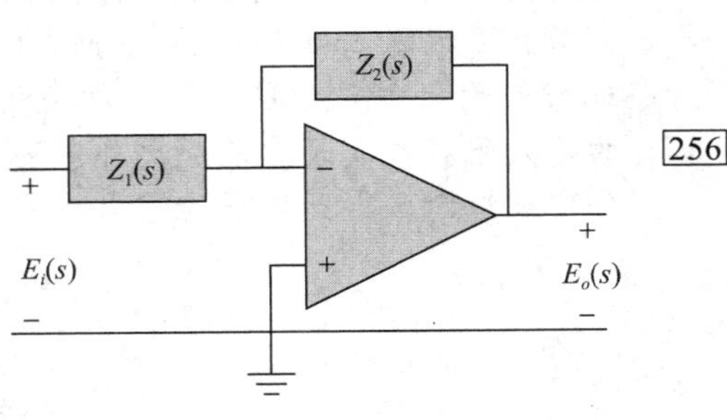

图 6-5　反相运算放大器配置

表 6-1　反相运算放大器传递函数

输入阻抗	反馈阻抗	传递函数	注　释
(a) R_1，$Z_1=R_1$	R_2，$Z_2=R_2$	$-\frac{R_2}{R_1}$	反相增益，例如，当 $R_1=R_2$，$e_o=-e_1$ 时
(b) R_1，$Z_1=R_1$	C_2，$Y_2=sC_2$	$\left(\frac{-1}{R_1C_2}\right)\frac{1}{s}$	极点在原点处，例如积分器
(c) C_1，$Y_1=sC_1$	R_2，$Z_2=R_2$	$(-R_2C_1)s$	零点在原点处，例如差分器
(d) R_1，$Z_1=R_1$	R_2，C_2，$Y_2=\frac{1}{R_2}+sC_2$	$\frac{\frac{1}{R_1C_2}}{s+\frac{1}{R_2C_2}}$	极点在阻抗 $\frac{-1}{R_2C_2}$ 处，此时直流增益为 $\frac{-R_2}{R_1}$
(e) R_1，$Z_1=R_1$	R_2，C_2，$Z_2=R_2+\frac{1}{sC_2}$	$\frac{-R_2}{R_1}\left(\frac{s+1/R_2C_2}{s}\right)$	极点在原点处，零点有阻抗 $\frac{-1}{R_2C_2}$，例如 PI 控制器
(f) R_1，C_1，$Y_1=\frac{1}{R_1}+sC_1$	R_2，$Z_2=R_2$	$-R_2C_1\left(s+\frac{1}{R_1C_1}\right)$	零点在阻抗 $s=\frac{-1}{R_1C_1}$ 处，例如 PD 控制器
(g) R_1，C_1，$Y_1=\frac{1}{R_1}+sC_1$	R_2，C_2，$Y_2=\frac{1}{R_2}+sC_2$	$\frac{\frac{-C_1}{C_2}\left(s+\frac{1}{R_1C_1}\right)}{s+\frac{1}{R_2C_2}}$	极点在阻抗 $s=\frac{-1}{R_2C_2}$ 处，零点在阻抗 $s=\frac{-1}{R_1C_1}$ 处，例如超前或滞后控制器

257 ~ 258

例 6-1-1　利用运算放大器构成电路实现对应的传递函数，考虑如下传递函数：

$$G(s)=K_p+\frac{K_I}{s}+K_D s \tag{6-2}$$

这里K_p、K_D、K_I是实常数。在第7章和第11章，这个传递函数常用来描述**PID控制器**，其中第一项为**比例增益**，第二项是**积分项**，第三项为**微分项**。根据表6-1，比例增益可以用（a）实现，积分项可用（b）实现，微分项可用（c）实现。根据叠加原理，$G(s)$的输出为各个项引起的动态响应的总和，可通过向图6-4a所示的电路中增加额外的输入阻抗来实现。除此之外，还可以通过信号流的负和使负的比例增益、积分项、微分项被抵消，得到期望的输出结果，如图6-5所示，该电路的传递函数的组成如下：

$$比例项：\frac{E_p(s)}{E(s)}=-\frac{R_2}{R_1} \tag{6-3}$$

$$积分项：\frac{E_I(s)}{E(s)}=-\frac{1}{R_iC_is} \tag{6-4}$$

$$微分项：\frac{E_D(s)}{E(s)}=-R_dC_ds \tag{6-5}$$

输出电压为

$$E_o(s)=-[E_p(s)+E_I(s)+E_D(s)] \tag{6-6}$$

因此，PID运放电路的传递函数为

$$G(s)=\frac{E_o(s)}{E(s)}=\frac{R_2}{R_1}+\frac{1}{R_iC_is}+R_dC_ds \tag{6-7}$$

根据式（6-2）和式（6-7），可以选择合适的电阻和电容得到期望的K_p、K_I和K_D。为保证可行性，控制器的设计应基于标准电容器和电阻器的值进行设计。

需要注意的是，图6-6所示电路只是传递函数式（6-2）的一种实现方式，还可以通过3个运算放大器构造同样的PID控制器。此外，还可以添加电路组分来限制微分器的高频增益和积分器输出幅度，这类电路通常被称为**反绕组保护电路**。图6-6所示电路的优点是K_p、K_I和K_D可以通过调整电路中对应的阻抗值分开整定。运算放大器也在A/D转换器和D/A转换器、采样器、非线性系统的实现中广泛运用。 ▲

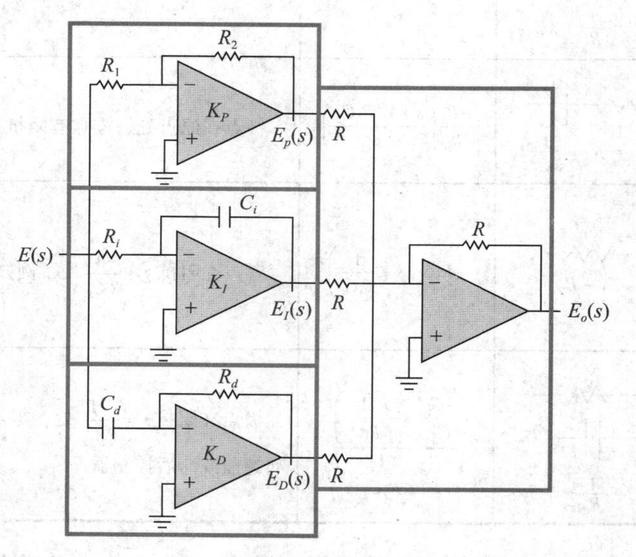

图6-6 PID控制器的实现

6.2 控制系统中的传感器和编码器

传感器和编码器是反馈控制系统中的重要组成部分。这一节将介绍控制系统中常用的传感器和编码器的应用。

6.2.1 电位计

电位计是将机械能转化为电能的机电换能装置。电位计的输入为机械位移（线性或旋转），当在电位器的固定端子上施加输入电压时，对应的输出电压（可变、端子和地之间）与输入位移成一定线性或非线性的关系。

旋转电位计有单转或多次旋转的形式，因此可进行有限或无限制的旋转位移运动。电位计通常用绕线或导电塑料电阻制成。图 6-7 为旋转电位计的剖视图，图 6-8 为包含内置运放的线性电位计。导电塑料电位计在精密控制中十分常用，因为它具有无限分辨率、长旋转寿命、良好的输出平滑度和低静态噪声等优点。

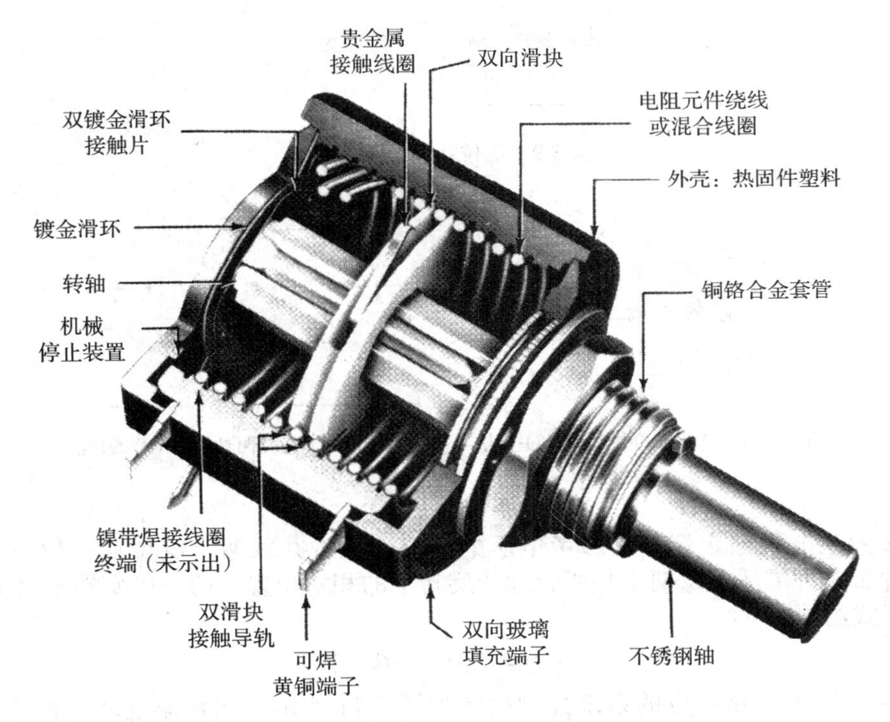

图 6-7　10 转旋转电位计（该图由 Helipot Division of Bechkman Instruments，Inc. 授权影印）

259
~
260

图 6-9 显示了线性或旋转电位计的等效电路图。由于可变端子和参考电压两端的电压与电位计的轴位移成比例，当在固定端子上施加电压时，该装置可用于指示系统的绝对位置或两个机械输出的相对位置。图 6-10a 显示了电位计的参考电压接法。

在旋转电位计中，输出电压 $e(t)$ 与轴位置 $\theta_c(t)$ 成比例，因此

$$e(t)=K_s\theta_c(t) \tag{6-8}$$

其中，K_s 为比例系数。对于 N 转旋转电位计，可测量最大位移为 $2\pi N$ 弧度。此时比例常数 K_s 为

$$K_s=\frac{E}{2\pi N}\text{V / rad} \tag{6-9}$$

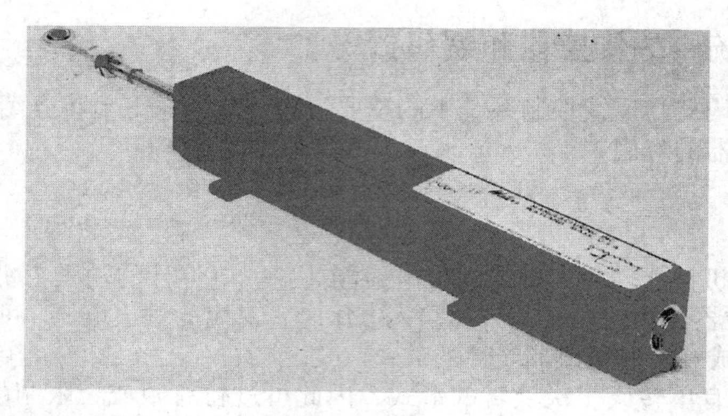

图 6-8 内置了运放的线性电位计（该图由 Waters Manufacturing，Inc. 授权影印）

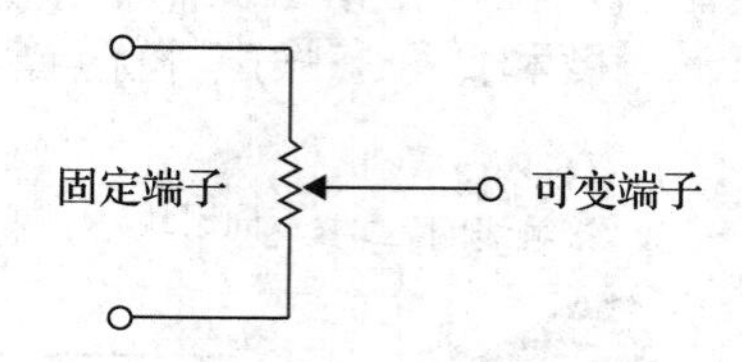

图 6-9 电位计的等效电路图

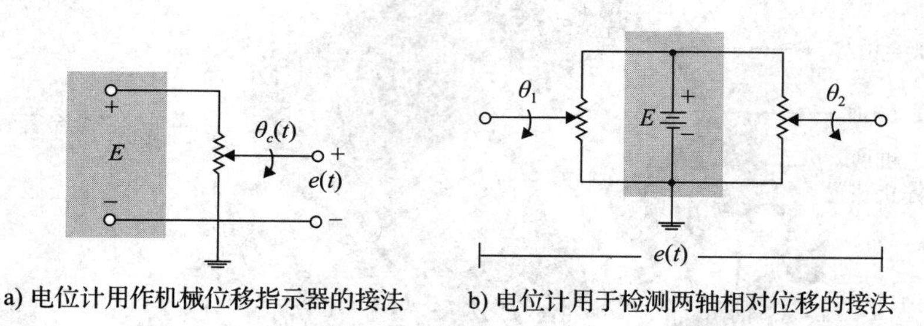

a) 电位计用作机械位移指示器的接法　b) 电位计用于检测两轴相对位移的接法

图 6-10

其中，E 为施加到固定端子的参考电压的幅值。通过并联两个电位计，如图 6-10b 所示，这种布置可灵活测量两个相距较远的旋转轴的相对位置。两个可变端子之间的输出电压由下式给出：

$$e(t)=K_s[\theta_1(t)-\theta_2(t)] \tag{6-10}$$

图 6-10 所示电路对应的系统控制框图如图 6-11 所示。在直流电动机控制系统中，电位计通常用于反馈电动机的实时位置。图 6-12a 为典型的直流电动机位置控制系统的示意图。反馈通道上的电位计用于测量实际负载位置，并与设置的参考位置进行比较。如果负载位置和参考输入之间存在差异，则电位计产生的误差信号将驱动电动机，以使该误差最小化。如图 6-12a 所示，误差信号经由直流放大器，驱动永磁直流电动机的电枢。当 $\theta_r(t)$ 为阶跃输入时，系统中各个信号（未调制）的波形如图 6-13b 所示。在控制系统术语中，直流信号通常是指未调制的信号，交流信号则指通过调制解调器处理的调制信号。这些定义与电气工程领域中通常使用的定义不同，后者 dc 仅指单向信号，ac 表示交替信号。

图 6-13a 所示控制系统以 ac 信号为参考信号，同图 6-12a 中的系统有相同的功能。此时，施加到误差检测器的电压为正弦波信号，该信号的频率通常远高于系统正向通道的信号频率。此类具有交流信号的控制系统常在易受噪声影响的航空航天领域中使用。

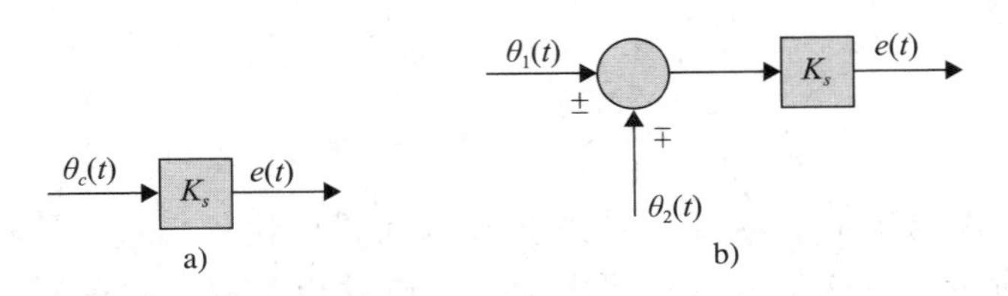

图 6-11　图 6-10 所示电路的系统控制框图

261～262

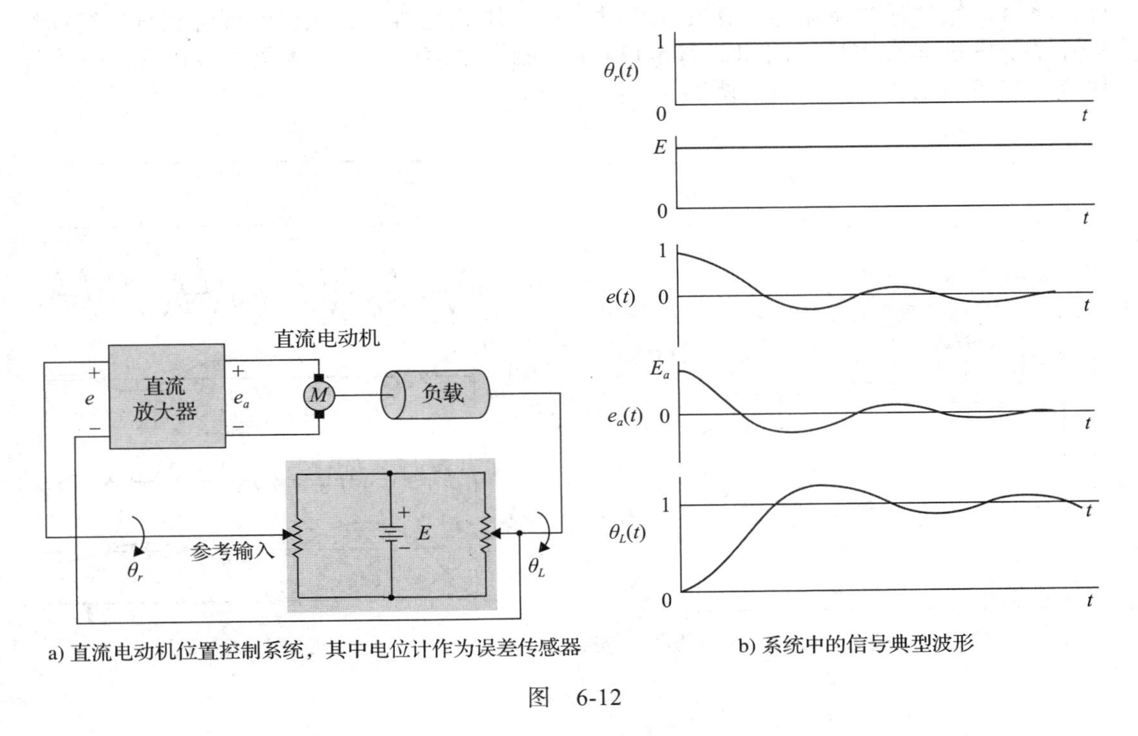

a) 直流电动机位置控制系统，其中电位计作为误差传感器　　b) 系统中的信号典型波形

图　6-12

交流控制系统的典型信号如图 6-13b 所示。信号 $v(t)$ 是频率为 ω_c 的载波，可以表示为

$$v(t) = E\sin\omega_c t \tag{6-11}$$

分析可得，误差信号可由下式给出：

$$e(t) = K_s\theta_e(t)v(t) \tag{6-12}$$

其中，$\theta_e(t)$ 是输入参考位移和实际负载位移之间的误差，或

$$\theta_e(t) = \theta_r(t) - \theta_L(t) \tag{6-13}$$

对于图 6-13b 中的 $\theta_e(t)$，$e(t)$ 为**抑制载波调制**信号。一旦信号发生变相，就会使得 $e(t)$ 的相位发生反转，这种特性使得交流电动机的信号方向跟随误差信号 $\theta_e(t)$ 的期望校正方向。

263

以图 6-13 系统为例，抑制载波调制表现为：当信号 $\theta_e(t)$ 由载波信号 $v(t)$ 调制时，根据式（6-12），信号 $e(t)$ 不再包含原始载波频率 ω_c。为了说明这一点，假设 $\theta_e(t)$ 由下式给出：

$$\theta_e(t) = \sin\omega_s t \tag{6-14}$$

其中，通常情况下，$\omega_s \ll \omega_c$。将式（6-11）和式（6-14）带入式（6-12），利用三角关

系可得：

$$e(t)=\frac{1}{2}K_sE[\cos(\omega_c-\omega_s)t-\cos(\omega_c+\omega_s)t] \tag{6-15}$$

因此，$e(t)$不再包含载波频率ω_c或信号频率ω_s，而只包含频率$\omega_c+\omega_s$和$\omega_c-\omega_s$。

如图6-13b所示，调制信号传输至电动机，电动机可视为解调器，使得负载位移与调制前的直流信号相同。实际应用中，控制系统不需要包含前述所有的直流或交流组件，将直流组件通过调制器连接交流组件，或利用解调器将交流组件耦合到直流组件在实际系统中都非常常见。例如，图6-13a中调制器之前的直流放大器可以由交流放大器代替，并在其之后串接一个解调器。

264

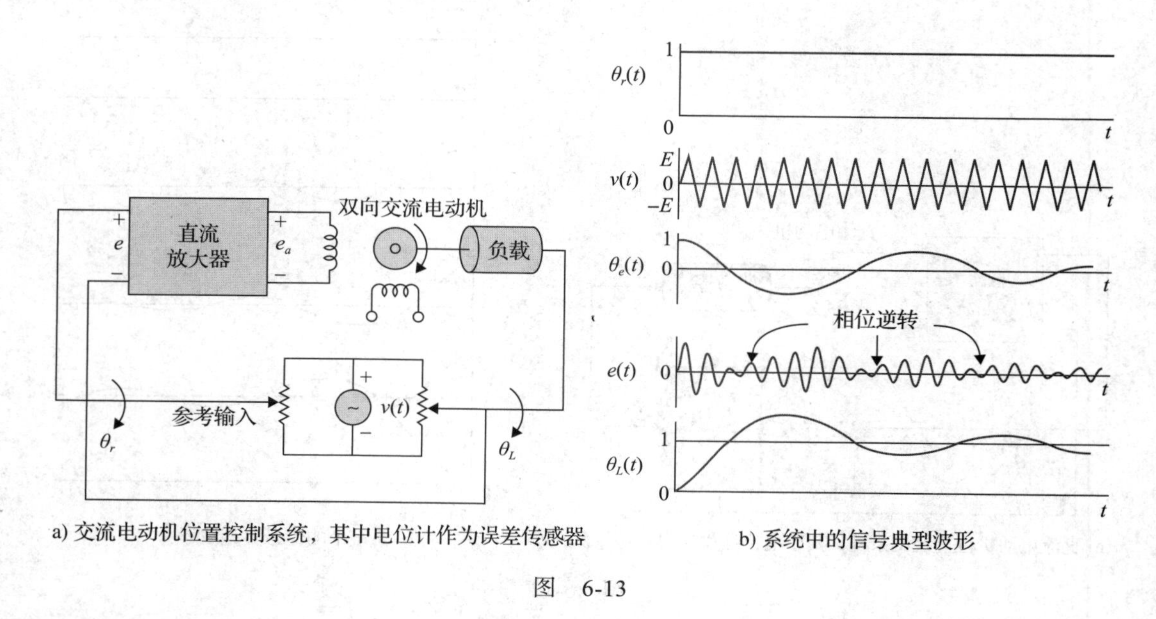

a) 交流电动机位置控制系统，其中电位计作为误差传感器

b) 系统中的信号典型波形

图 6-13

6.2.2 转速计

转速计是将机械能转换为电能的机电装置。该装置主要用作电压发生器，其输出电压与输入轴的角速度大小成正比。在控制系统中，所使用的大部分转速计均为直流变频器，即输出电压是直流信号。直流转速计能够测量轴的转速信息，因此在速度反馈、速度稳定控制等控制系统中有重要应用。图6-14是典型的速度控制系统控制框图，其中误差信号为转速计输出与参考电压之差，该信号经过放大后用于驱动电动机，使得被控轴的转速最终将达到期望值。在此应用中，转速计的精度是影响速度控制精度的关键因素。

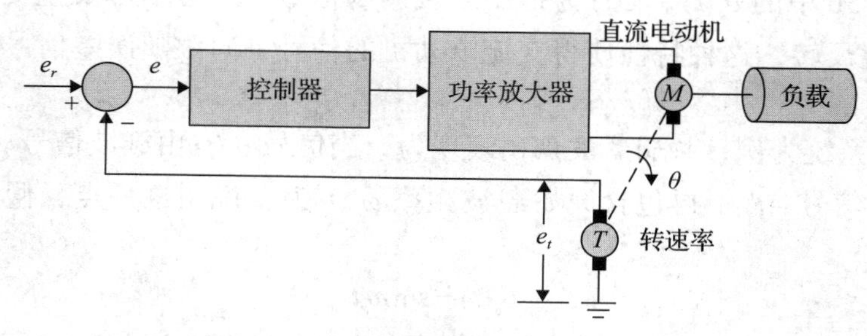

图6-14 带转速计反馈的速度控制系统

在位置控制系统中，常在内环设置速度反馈通道来抑制高频扰动并提高闭环系统的稳定性。图 6-15 显示了这种应用的控制框图。这种情况下，转速反馈形成一个内环，以改善系统的阻尼特性，此时转速计的精度不是那么关键。

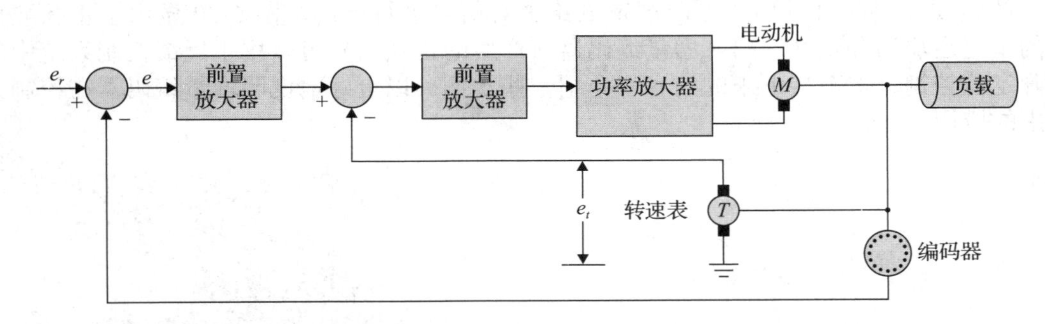

图 6-15　带转速计反馈的位置控制系统

265

直流转速计的第三种应用也是最传统的应用是提供旋转轴转速的直观视觉速度读数。此时转速计通常直接连接到单位为每分钟圈数（rpm）的校准电压表上。

转速计的数学模型

转速计的动态模型如下式所示：

$$e_t(t) = K_t \frac{\mathrm{d}\theta(t)}{\mathrm{d}t} = K_t \omega(t) \tag{6-16}$$

其中，$e_t(t)$ 为输出电压；$\theta(t)$ 为转子位移，单位为弧度；$\omega(t)$ 为转子速度，单位为 rad/s；K_t 为**电位计常数**，单位为 $\mathrm{V / rad / s}$。常数 K_t 通常为伏特每 1000rpm（V/krpm）。

电位计的传递函数可通过对式（6-16）两边同时进行拉普拉斯变换得到：

$$\frac{E_t(s)}{\Theta(s)} = K_t s \tag{6-17}$$

其中，$E_t(s)$ 和 $\Theta_t(s)$ 分别对应为 $e_t(t)$ 和 $\theta_t(t)$ 的拉普拉斯变换。

6.2.3　增量编码器

增量编码器在现代控制系统中十分常用，它的功能是将线性或旋转位移转换为数字编码或脉冲信号。绝对编码器的输出信号为数字信号，根据最小精度，绝对编码器将每个确定的位移转换为对应的数字码输出。增量编码器为每个分辨率的增量提供脉冲。在实际应用中，编码器类型的选择取决于系统的控制目标及经济因素。绝对编码器的功能强大，常用于应对电力故障时的数据丢失，或机械运动下周期性的无读数现象等场合，然而对于一般的应用，增量编码器由于其构造简单、成本低、简单易用和功能丰富等特点成为控制系统中最常用的编码器之一。增量编码器有旋转形式和线性形式。图 6-16 和图 6-17 显示了典型的旋转和线性增量编码器。

266

典型的旋转增量编码器有四个基本部分：光源、旋转码盘、固定码盘和传感器，如图 6-18 所示。旋转码盘由不透明的扇区和透明的扇区交替组成。一个增量期由一组透明扇区和不透明扇区构成。固定码盘在光源和光电传感器之间传递或阻挡光束。对于分辨率相对较低的编码器，不需要固定码盘。对于高分辨率编码器（每圈分为上千个增量），通常使用固定码盘来最大限度地分辨光电信号。根据不同的分辨率需求，传感器输出波形通常是三角波或正弦波。与数字逻辑兼容的方波信号则可以通过后接线性放大器和比较器得到。图 6-19a 显示了单通道增量编码器的典型矩形输出波形，其中，轴沿不同方向转动都将产生脉冲。在一些需要方向检测的控制系统中，则需要具有两组输出脉冲的双通道编码器。当两组脉冲信号的相位相差 90° 时，我们称这两个信号为正交的，如图 6-19b 所示。信号由 0 到 1 及 1 到 0 的逻辑变换分别对应了编码器旋转盘不同方向的转动，因此可以构造方向逻辑电路来对信号进行解码。图 6-20 显示了正弦波信号的单通道输出和正交输出。增量编码器所产生的正弦信号可以用于反馈控制系统中的精确定位控制，本节接下来的内容将介绍一些示例，以更好地说明增量编码器在控制系统中的应用。

图 6-16　旋转增量编码器（该图由 DISC Instruments，Inc. 授权影印）

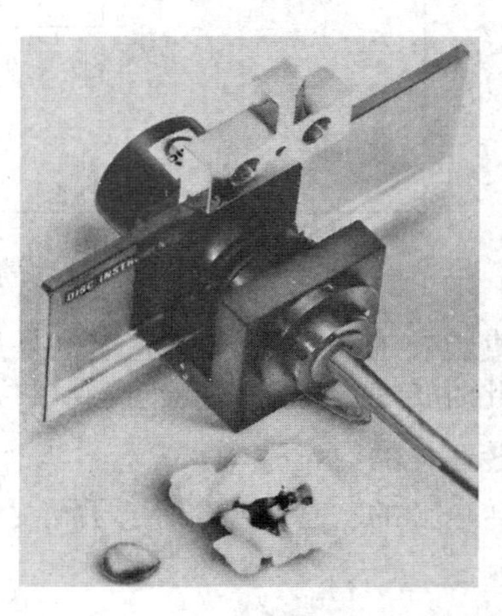

图 6-17　线性增量编码器（该图由 DISC Instruments，Inc. 授权影印）

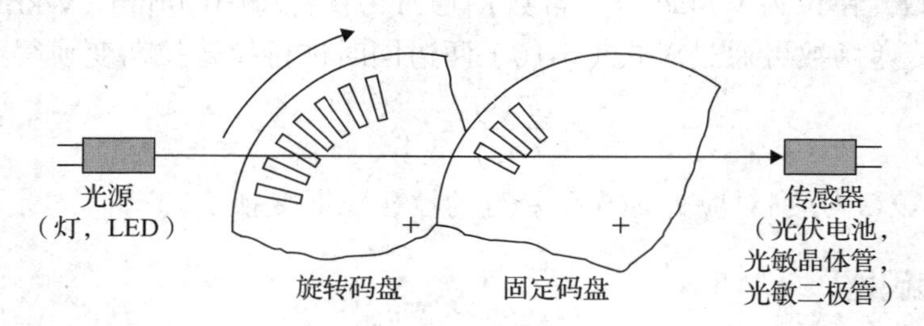

267

图 6-18　增量编码器的典型光学机械结构

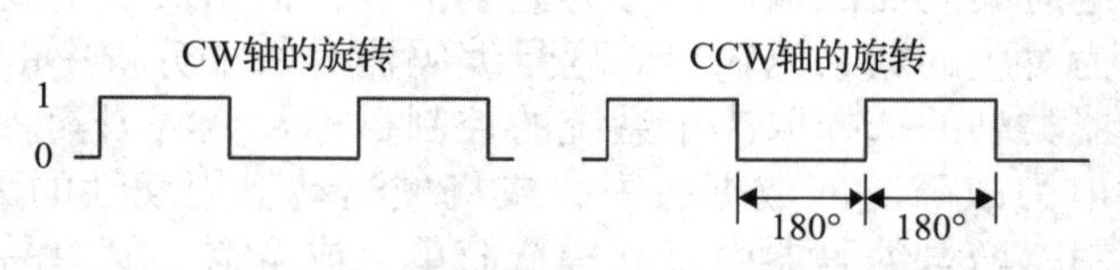

a) 单通道编码器（双向）的典型输出矩形波

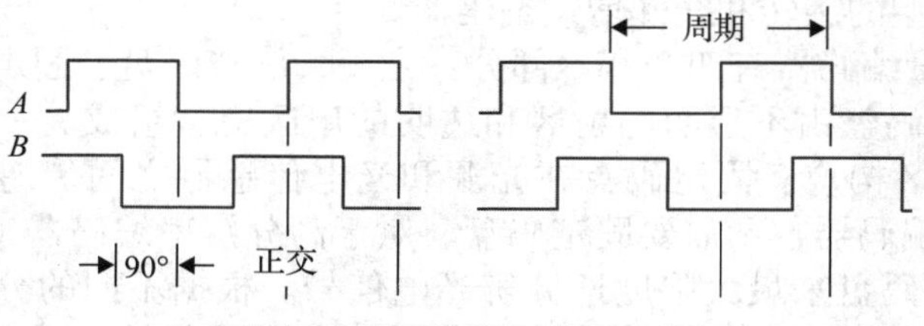

b) 典型的双通道编码器正交信号（双向）

图　6-19

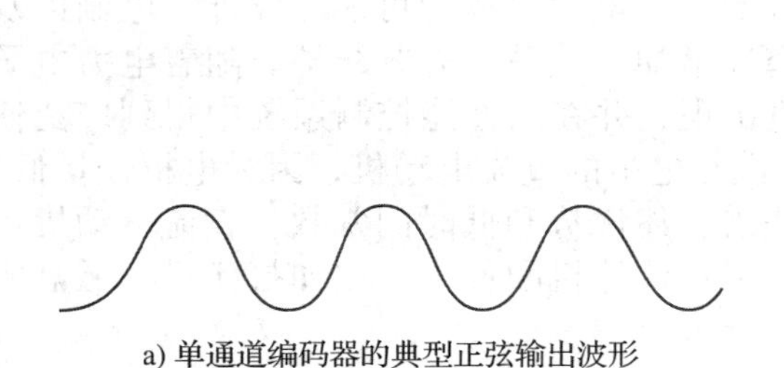

a) 单通道编码器的典型正弦输出波形

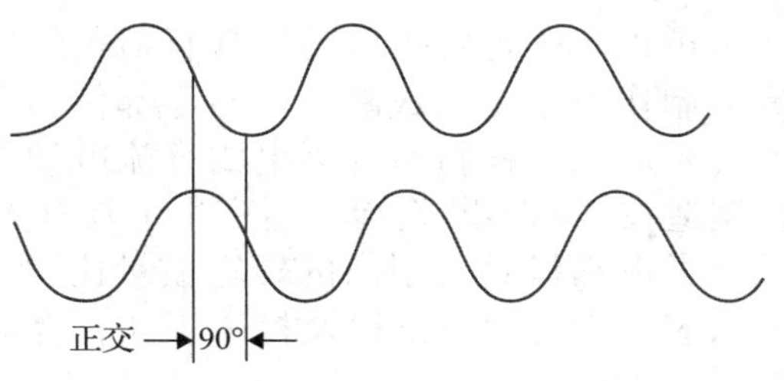

b) 典型的双通道编码器正交信号

图 6-20

例 6-2-1 考虑产生两个正交正弦信号的增量编码器。两个通道的输出信号在一个周期内的波形如图6-21所示，其中，在每个周期内编码器的两个信号产生4个交叉零点。这些交叉零点可以用作控制系统中的位置反馈、速度反馈及位置控制等。假设编码轴直接与电动机的驱动轴相连，并直接驱动一个电子打字机或文字处理器的打印轮轴。打印轮轴在其外围有96个字符的位置信息，编码器有480个周期。因此每次旋转将产生 $480\times4=1920$ 个交叉零点。对于有96个字符位置的打印轮轴，每个字母有 $1920/96=20$ 个交叉零点，也就是说，相邻字符之间有20个交叉零点。

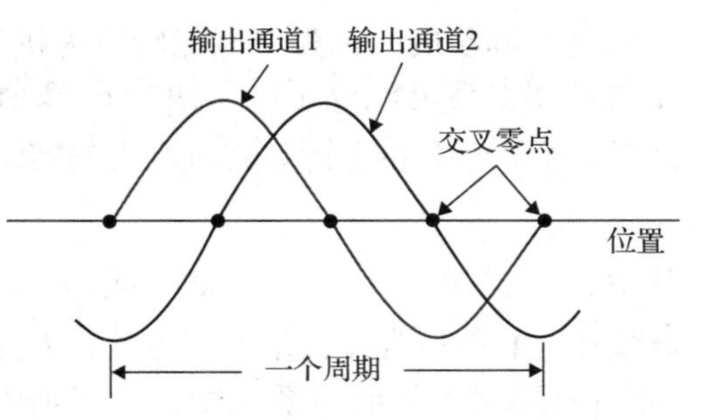

图 6-21 双通道增量编码器在一个周期内的输出信号

一种测量打印轮轴速度的方法是计算编码器两个连续交叉零点之间由电子计时器产生的脉冲信号的个数。

268

假设计时器的频率为500kHz，也就是说，该计时器每秒产生500 000个脉冲信号。当两个交叉零点间有500个脉冲信号，则轴的转速为

$$\begin{aligned}\frac{500\,000\text{脉冲/秒}}{500\text{脉冲/交叉零点}}&=1000\text{交叉零点/秒}\\&=\frac{1000\text{交叉零点/秒}}{1920\text{交叉零点/转}}=0.520\,83\text{rev/s}\\&=31.25\text{rpm}\end{aligned}\tag{6-18}$$

上述编码器可应用在打印轮轴的精确位置控制系统中。图6-21所示的波形中，交叉零点A代表打印轮轴上一个字符的位置（另一个字符的位置和它相隔20个交叉零点），这个点是系统中的一个稳定的平衡点。在精确度较低的定位控制系统中，首先要驱动打印轮轴的位置到离A最近的零点，再根据正弦信号在A点的斜率来消除误差。 ▲

6.3 控制系统中的直流电动机

直流电动机是当今工业界使用最广泛的电动机之一。在电动机发展初期，交流伺服电动机虽然应用在很多小型伺服控制系统中，但是由于其具有很强的非线性，难以解析控制，因此直流电动机在一些位置控制系统中更适用。但是，直流电动机也因其具有电刷、整流器等部件价格昂贵。除此之外，在永磁技术成熟之前，直流电动机在永磁场作用下产生的单位转矩远远达不到要求。种种因素限制，使得变流量的直流电动机只适用于特定的控制应用场合中。随着技术的发展，现在，稀土矿物的发现使得

制造出可以产生足够单位转矩并且造价适宜的直流电动机成为可能。此外，电刷以及整流器制作工艺日益成熟，这些零部件耐磨性增加，几乎不需要维护。随着电力电子技术的发展，一种新型的无电刷直流电动机出现，并在高性能控制系统中得到广泛使用。制造技术的不断发展，还产生了具有无铁心电枢的直流电动机，因为电枢惯量低，因此此类电动机具有很高的转矩惯量比。凭借上述优势和低时间常数，直流电动机不仅可以应用于自动控制以及机床工业，也应用在计算机配件中，比如打印机、磁盘驱动等。

269

6.3.1 直流电动机的基本操作原理

直流电动机可视为将电能转换为机械能的转矩转换器。电动机转轴所产生的转矩与磁通量和电枢电流成正比。如图 6-22 所示，在磁通量为 ϕ 的磁场中，有一个带电导体，其以半径 r 绕中心旋转。它所产生的转矩，与磁通量 ϕ、电流 i_a 的关系式为：

$$T_m = K_m \phi i_a \tag{6-19}$$

其中，T_m 的单位为 $\mathrm{N \cdot m}$，$\mathrm{lb \cdot ft}$ 或 $\mathrm{oz \cdot in}$，是电动机产生的转矩；ϕ 的单位为 Wb，是磁通量；i_a 的单位为 A，是电枢电流；K_m 是比例常数。

在图 6-22 所示的系统中，除了所产生的转矩之外，当带电导体在磁场中运动时，还将在两端产生反向电动势，其值和转轴速度大小成正比，方向与电流方向相反。反向电动势和转轴速度的关系式为：

$$e_b = K_m \phi \omega_m \tag{6-20}$$

其中，e_b 的单位为 V，是反向电动势；ω_m 的单位为 rad / s，是电动机的转轴速率，式（6-19）、式（6-20）为直流电动机的机理方程。

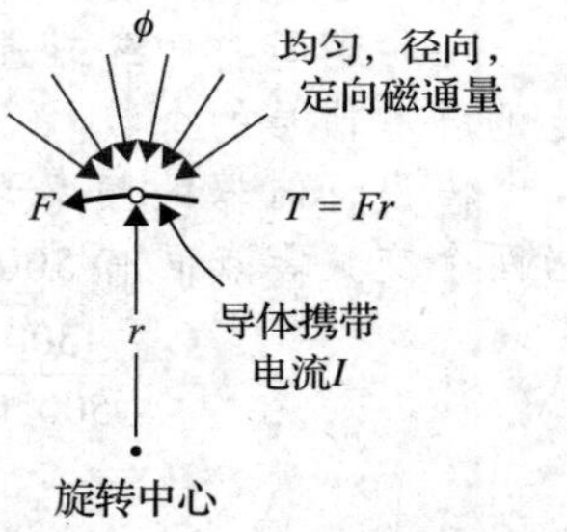

ϕ
均匀，径向，
定向磁通量
F
$T = Fr$
r
导体携带
电流I
旋转中心

图 6-22　直流电动机产生的转矩

6.3.2 永磁直流电动机的基本分类

一般来说，直流电动机的磁场可以由励磁绕组或者永磁铁产生。由于永磁直流电动机在控制系统中得到了广泛的应用，所以本节重点介绍这种电动机。

永磁直流电动机可以根据其整流模式和电枢设计方式来进行分类。传统的直流电动机具有机械电刷和整流器。新型的**无刷直流电动机**也扮演重要角色，它的整流作用是通过电子装置进行的。

根据电枢设计方式，永磁直流电动机可以分为三种形式：**铁心式电动机**、**绕组式电动机**和**动圈式电动机**。

铁心式永磁直流电动机

图 6-23 是一个铁心式永磁直流电动机的转子和定子的结构示意图。永磁铁的材料通常是钡铁氧体、铝镍钴合金或者稀有金属矿。磁铁相对复合转子运动将产生磁通量。电枢导体放置在复合转子的转槽内。这种类型的直流电动机具有如下特点：相对较高的转子惯量（因为旋转部分包括电枢绕组）、高的感应系数、低成本以及高可靠性。

270

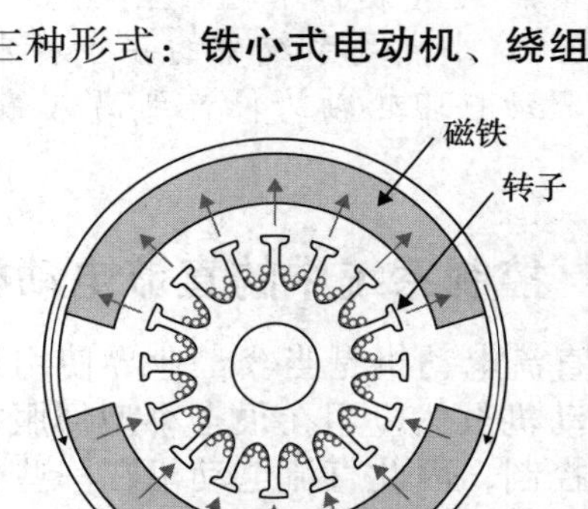

图 6-23　铁心式永磁直流电动机的横截面示意

绕组式永磁直流电动机

图 6-24 是绕组式永磁直流电动机的转子结构示意图。在电动机转轴上用叠片固定形成圆柱形转子，再将电枢导体黏接在该转子结构的表面。该转子结构中不含槽，因此电枢没有嵌齿效应。导体安放于转子和永磁铁之间的气隙里，使得这一类型电动机的感应系数比铁心式电动机要低。

动圈式永磁直流电动机

动圈式电动机的电枢导体位于磁通回路和永磁铁之间，如图 6-25 所示。这种设计结构使得该类电动机具有较低的转子惯量和感应系数。导体结构由环氧树脂或玻璃纤维等非磁材料支撑，形成中空柱体。柱体的一端和电动机轴相连。该类电动机的横截面如图 6-26 所示。由于动圈式电动机电枢部分不含非必要元件，因此转子惯量非常小。同时，其中的导体并不直接和铁接触，因此电动机的感应系数也非常低，一般小于 100μHz。这种低惯量和低感应系数的特性使得动圈式直流电动机在高性能控制系统中广泛应用。 271

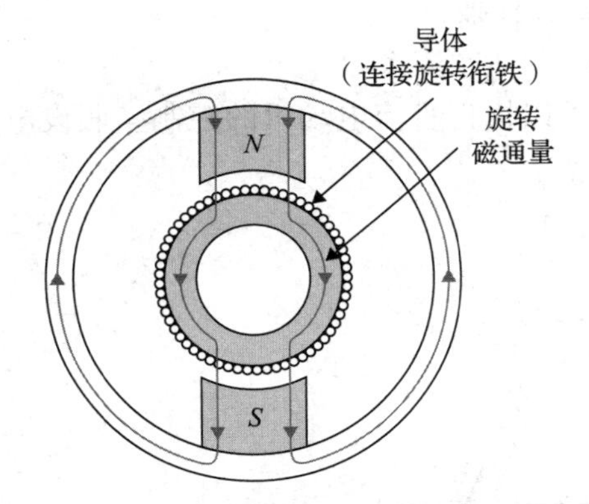

图 6-24 绕组式永磁直流电动机的横截面示意

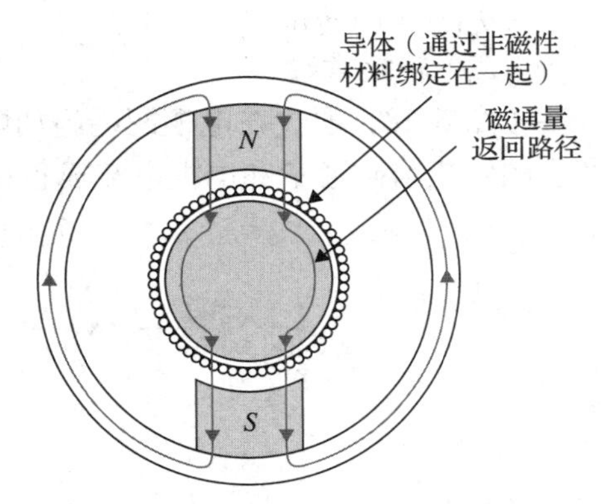

图 6-25 动圈式永磁直流电动机的横截面示意

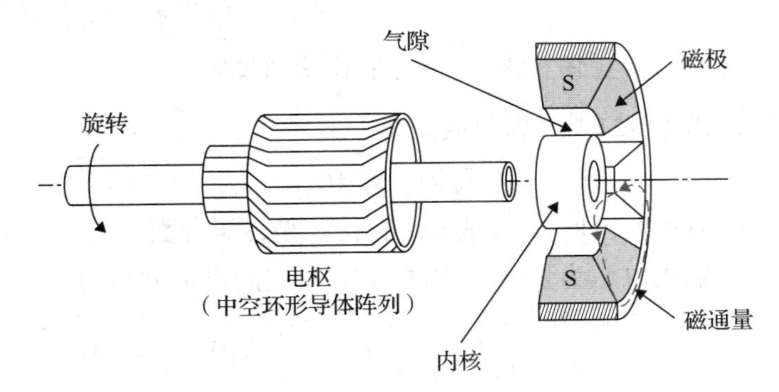

图 6-26 动圈式直流电动机的横截面示意图

无刷直流电动机

无刷直流电动机与前述直流电动机的区别在于无刷直流电动机的电枢电流是通过电子整流方式（而非机械方式）产生的。最常见（例如应用在增量式运动系统中）的无刷直流电动机的转子由磁铁和支撑护铁组成，整流线圈位于转子外部，如图 6-27 所示。与图 6-26 所示的传统直流电动机相比，这是

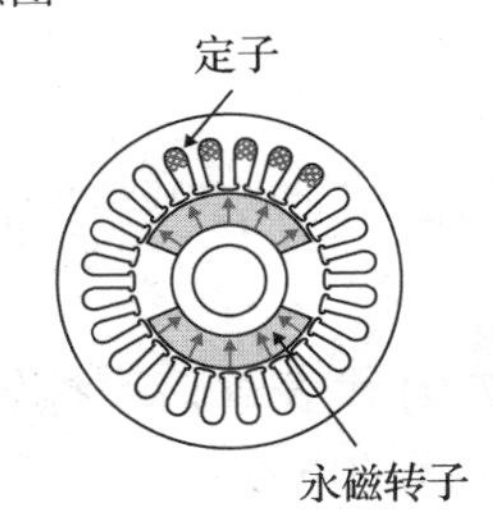

图 6-27 无刷直流电动机的横截面示意

一种整流外置的结构。无刷直流电动机在有低惯量需求的应用中应用广泛，如计算机高
272
性能磁盘驱动等。

6.3.3 永磁直流电动机的数学模型

由于直流电动机在控制系统中应用广泛，这一节将建立它的机理模型。通常用线性模型形式即可较好描述该类系统，图 6-28 为永磁直流电动机的等价电路图。电枢可等价于电感 L_a 和电阻 R_a 的串联电路，转子转动时电枢中的反向电动势用电压源 e_b 来表示。电动机的各个变量和参数定义如下：

$i_a(t)$ = 电枢电流　　L_a = 电枢感应系数
$R_a(t)$ = 电枢电阻　　$e_a(t)$ = 外加电压
$e_b(t)$ = 反向电动势　　K_b = 反向电动势常数
$T_L(t)$ = 载荷力矩　　ϕ = 磁通量
$T_m(t)$ = 电动机转矩　　$\omega_m(t)$ = 旋转角速度
$\theta_m(t)$ = 旋转位移　　J_m = 旋转惯量
K_i = 转矩常数　　B_m = 黏性摩擦系数

参考图 6-28，通过在电枢两端施加电压 $e_a(t)$ 可以模拟直流电动机的控制。假设电动机产生的转矩与磁通量和电枢电流成正比，则：

$$T_m(t) = K_m(t)\phi i_a(t) \tag{6-21}$$

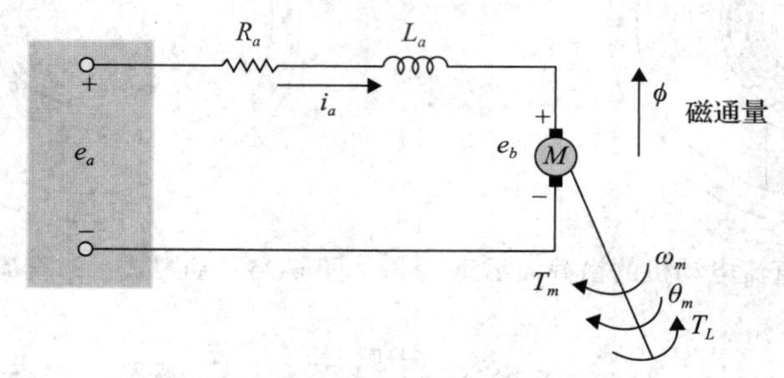

273
图 6-28　分激式直流电动机模型

由于 ϕ 是常量，式（6-21）可以写成：

$$T_m(t) = K_i i_a(t) \tag{6-22}$$

其中，K_i 的单位为 $\text{N}\cdot\text{m}/\text{A}$、$\text{lb}\cdot\text{ft}/\text{A}$ 或 $\text{oz}\cdot\text{in}/\text{A}$，是转矩常数。

已知初始时控制输入电压为 $e_a(t)$，则图 6-28 对应的机理方程为

$$\frac{\mathrm{d}i_a(t)}{\mathrm{d}t} = \frac{1}{L_a}e_a(t) - \frac{R_a}{L_a}i_a(t) - \frac{1}{L_a}e_b(t) \tag{6-23}$$

$$T_m(t) = K_i i_a(t) \tag{6-24}$$

$$e_b(t) = K_b\frac{\mathrm{d}\theta_m(t)}{\mathrm{d}t} = K_b\omega_m(t) \tag{6-25}$$

$$\frac{\mathrm{d}^2\theta_m(t)}{\mathrm{d}t^2} = \frac{1}{J_m}T_m(t) - \frac{1}{J_m}T_L(t) - \frac{B_m}{J_m}\frac{\mathrm{d}\theta_m(t)}{\mathrm{d}t} \tag{6-26}$$

其中，$T_L(t)$ 代表载荷摩擦转矩，如库仑摩擦，这部分视为影响电动机速度的扰动。例如，在实际的电动果汁机系统的工作过程中，水果的进入可视为影响电动果汁机转速的扰动。

式（6-23）～式（6-26）都假设外加电压 $e_a(t)$ 为起因。式（6-23）中，$\frac{\mathrm{d}i_a(t)}{\mathrm{d}t}$ 直接与 $e_a(t)$ 相关；式（6-24）中，转矩 $T_m(t)$ 则与 $i_a(t)$ 相关；式（6-25）定义了反向电动势；在式（6-26）中，转矩 $T_m(t)$ 产生了角速度 $\omega_m(t)$ 和位移 $\theta_m(t)$。

对式（6-23）～式（6-26）进行拉普拉斯变换，并假设零初始状态，可得：

$$I_a(s)=\frac{1}{L_a}E_a(s)-\frac{R_a}{L_a}I_a(s)-\frac{1}{L_a}E_b(s) \tag{6-27}$$

$$T_m(s)=K_iI_a(s) \tag{6-28}$$

$$E_b(s)=K_bs\Theta_m(s)=K_b\Omega_m(s) \tag{6-29}$$

$$s^2\Theta_m(s)=\frac{1}{J_m}T_m(s)-\frac{1}{J_m}T_L(s)-\frac{B_m}{J_m}s\Theta_m(s) \tag{6-30}$$

重新整理式（6-27），将式（6-30）的角速度及位置量分开表示，可得：

$$I_a(s)+\frac{R_a}{L_a}I_a(s)=\frac{1}{L_a}E_a(s)-\frac{1}{L_a}E_b(s) \tag{6-31}$$

$$T_m(s)=K_iI_a(s) \tag{6-32}$$

$$E_b(s)=K_b\Omega_m(s) \tag{6-33}$$

$$(J_ms+B_m)\Omega_m(s)=T_m(s)-T_L(s) \tag{6-34}$$

$$\Theta_m(s)=\frac{1}{s}\Omega_m(s) \tag{6-35}$$

上述方程可分别表示为如图 6-29 所示的控制框图。　274

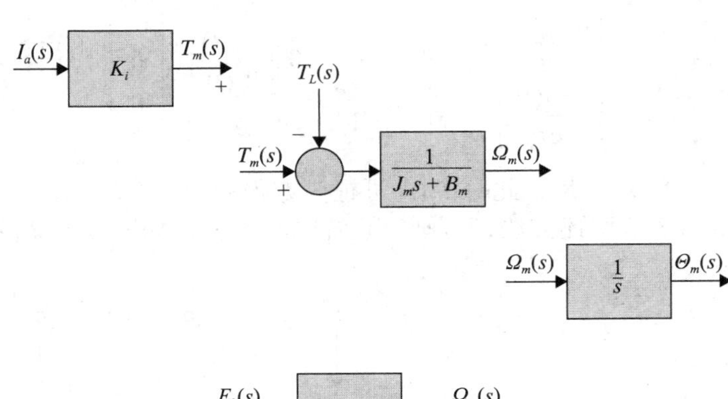

图 6-29　式（6-31）～式（6-35）的控制框图

图 6-30 是直流电动机系统的控制框图。从控制框图中我们可以清楚地得到系统中各个部分之间的传递函数。由图中整个系统的控制框图可以得到电动机位移与输入电压之间的传递函数为

$$\frac{\Theta_m(s)}{E_a(s)}=\frac{K_i}{L_aJ_ms^3+(R_aJ_m+B_mL_a)s^2+(K_bK_i+R_aB_m)s} \tag{6-36}$$

其中，考虑零负载的情况，$T_L(t)$ 被设为 0。

因为 s 可以从式（6-36）的分母中提取出来，传递函数 $\Theta_m(s)/E_a(s)$ 显示直流电动机本质上是这两个变量之间的一个积分器。这是因为当 $e_a(t)$ 是常数输入时，电动机的输出位移将表现为一个积分器的输出，也就是说，它将随着时间而线性增长。

虽然直流电动机本身是一个开环系统，但是从图 6-30 中的控制框图可以看出，反向电动势在电动机系统中产生了一个内置的反馈回路。在实际系统中，反向电动势代表一个和电动机速度的负值成正比的信号的反馈。

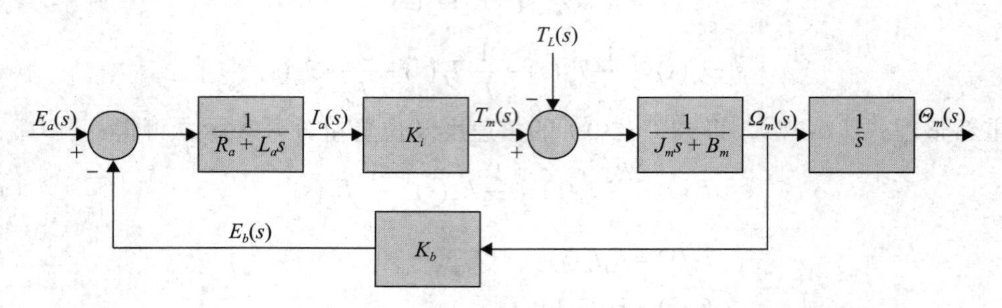

275

图 6-30　直流电动机系统的控制框图

从式（6-36）可以看出，反向电动势常数 K_b 代表由电阻 R_a 和黏性摩擦系数 B_m 产生的附加项。因此，反向电动势等价于电阻尼，通常，它可以提高电动机和系统的稳定性。

我们定义 $i_a(t)$、$\omega_m(t)$ 和 $\theta_m(t)$ 为系统的**状态变量**，通过消去式（6-23）～式（6-26）中的非状态变量，可以得到直流电动机系统的状态方程，其向量－矩阵形式为

$$\begin{bmatrix}\frac{\mathrm{d}i_a(t)}{\mathrm{d}t}\\ \frac{\mathrm{d}\omega_m(t)}{\mathrm{d}t}\\ \frac{\mathrm{d}\theta_m(t)}{\mathrm{d}t}\end{bmatrix}=\begin{bmatrix}-\frac{R_a}{L_a} & -\frac{K_b}{L_a} & 0\\ \frac{K_i}{J_m} & -\frac{B_m}{J_m} & 0\\ 0 & 1 & 0\end{bmatrix}\begin{bmatrix}i_a(t)\\ \omega_m(t)\\ \theta_m(t)\end{bmatrix}+\begin{bmatrix}\frac{1}{L_a}\\ 0\\ 0\end{bmatrix}e_a(t)+\begin{bmatrix}0\\ -\frac{1}{J_m}\\ 0\end{bmatrix}T_L(t) \tag{6-37}$$

读者要注意的是，此时 $T_L(t)$ 可视为方程的第二个输入。

根据 4.3 节所述方法，可画出系统的状态图，如图 6-31 所示。

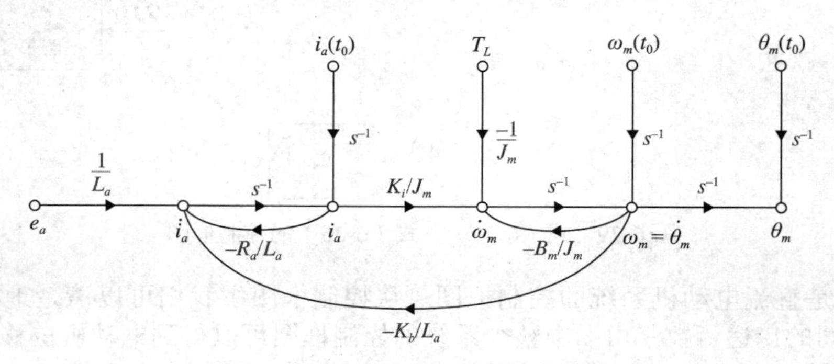

图 6-31　直流电动机系统的状态图

K_i 和 K_b 之间的关系

虽然功能上，转矩常数 K_i 和反向电动势常数 K_b 是两个独立的参数，但对于同一个电动机它们的值是密切相关的。为了说明这种相关性，我们将电枢中产生的机械功率表示为

$$P = e_b(t)i_a(t) \tag{6-38}$$

这个机械功率也可以表示为

$$P = T_m(t)\omega_m(t) \tag{6-39}$$

276

其中，在 SI 单位制下，$T_m(t)$ 的单位为 N · m，$\omega_m(t)$ 的单位为 rad/s。将式（6-24）和式（6-25）代入式（6-38）和式（6-39）中可以得到：

$$P = T_m(t)\omega_m(t) = K_b\omega_m(t)\frac{T_m(t)}{K_i} \tag{6-40}$$

由此可以得到（在 SI 单位制下）：

$$K_b(\text{V / rad/s}) = K_i(\text{N}\cdot\text{m / A}) \tag{6-41}$$

因此在 SI 单位制下，可以看出采用如上单位时，K_b 和 K_i 是等价的。

在英制单位中，我们将式（6-38）转换为以马力（hp）为单位：

$$P = \frac{e_b(t)i_a(t)}{746}\text{hp} \tag{6-42}$$

如果以转矩和角速度来衡量，则可以表示为

$$P = \frac{T_m(t)\omega_m(t)}{550}\text{hp} \tag{6-43}$$

其中，$T_m(t)$ 的单位为 ft · lb，$\omega_m(t)$ 的单位为 rad/s。利用式（6-24）、式（6-25）以及式（6-42）、式（6-43），可以得到：

$$\frac{K_b\omega_m(t)T_m(t)}{746K_i} = \frac{T_m(t)\omega_m(t)}{550} \tag{6-44}$$

因此，

$$K_b = \frac{746}{550}K_i = 1.356K_i \tag{6-45}$$

其中，K_b 的单位为 V / rad/s，K_i 的单位为 $\text{fb}\cdot\text{lb / A}$。

6.4 直流电动机的速度控制及位置控制

伺服机构是最为常见的机电控制系统之一，一些典型的应用包括机器人（机器人的每个关节都需要位置伺服）、数字控制器和激光打印机等。这些系统的共同特征是：被控变量（通常是位置和速度）被反馈回来以修正指令信号。本章实验中所采用的伺服机构由直流电动机和放大器所组成，其中放大器用于反馈电动机的速度和位置值。

设计和实现一个成功的控制器的关键因素之一就是获得系统组成元件（特别是执行器）的精确模型。在前面的章节中我们讨论了各种与直流电动机建模相关的问题，本节将研究直流电动机的速度控制及位置控制。

277

6.4.1 速度响应、自感效应和扰动：开环响应

考虑如图 6-32 所示的电枢控制直流电动机。在这个系统中，场电流视为常量，传感器为转速计，用于测量电动机的轴速度。根据具体的应用，如位置控制系统，电位计

或编码器也可作为传感器，如图 6-2 所示。系统参数包括：

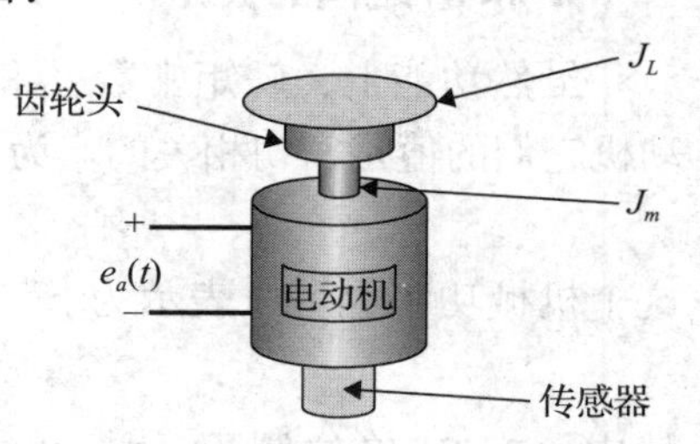

图 6-32　带有齿轮头的电枢控制直流电动机，负载惯量为 J_L

R_a = 电枢电阻，单位为 Ω；

L_a = 电枢电感，单位为 H；

e_a = 外加电枢电压，单位为 V；

e_b = 反向电动势，单位为 V；

θ_m = 电动机轴的位移，单位为 rad；

ω_m = 电动机轴的角速度，单位为 rad/s；

T_m = 电动机所产生的转矩，单位为 N·m；

J_L = 负载瞬时惯量，单位为 kg·m²；

T_L = 外部负载转矩（看作扰动），单位为 N·m；

J_m = 电动机（电动机轴）瞬时惯量，单位为 kg·m²；

J = 电动机轴惯量，$J = J_L/n^2 + J_m$，单位为 kg·m²（在第 2 章中有详细的论述）；

n = 齿轮比；

B_m = 电动机的黏性摩擦系数，单位为 N·m / rad/s；

B_L = 负载的黏性摩擦系数，单位为 N·m / rad/s；

B = 电机轴处的相对黏性摩擦系数，单位为 N·m / rad/s（在齿轮比中，B 一定乘以 n，第 2 章中有详细论述）；

K_i = 转矩常量，单位为 N·m / A；

K_b = 反向电动势常量，单位为 V / rad/s；

K_t = 速度传感器（通常是转速计）增益，单位为 V / rad/s。

如图 6-33 所示，电枢控制直流电动机本身就是一个反馈系统，反向电动势与电动机速度成比例。把任何可能的外部负载影响（例如，加在榨汁机上的负载）T_L 作为扰动转矩，可以在频域上将系统模型写成输入输出形式，其中 $E_a(s)$ 为输入、$\Omega_m(s)$ 为输出：278

$$\Omega_m(s) = \frac{\dfrac{K_i}{R_a J_m}}{\left(\dfrac{L_a}{R_a}\right)s^2 + \left(1 + \dfrac{B_m L_a}{R_a J_m}\right)s + \dfrac{K_i K_b + R_a B_m}{R_a J_m}} E_a(s) - \frac{\left\{1 + s\left(\dfrac{L_a}{R_a}\right)\right\} / J_m}{\left(\dfrac{L_a}{R_a}\right)s^2 + \left(1 + \dfrac{B_m L_a}{R_a J_m}\right)s + \dfrac{K_i K_b + R_a B_m}{R_a J_m}} T_L(s) \tag{6-46}$$

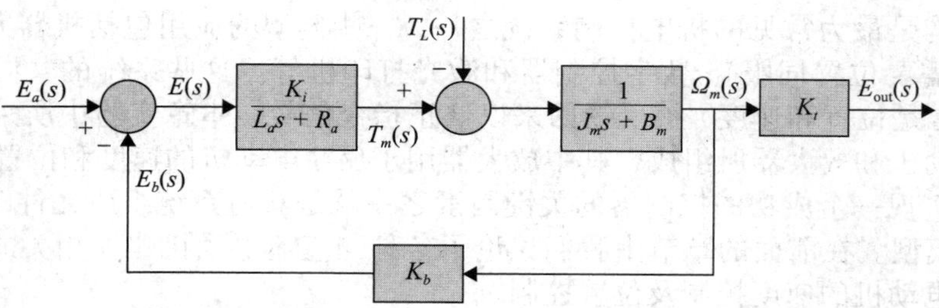

图 6-33　电枢控制直流电动机的控制框图

L_a / R_a 称为机电时间常数，用 τ_e 表示。它使得系统的速度响应传递函数为二阶，并给系统的扰动输出传递函数增加了一个零点。然而，由于电枢电路中 L_a 很小，在简化传

递函数和系统控制框图时，可以将 τ_e 忽略。从而，电动机轴的速度将简化为

$$\Omega_m(s)=\frac{\frac{K_i}{R_aJ_m}}{s+\frac{K_iK_b+R_aB_m}{R_aJ_m}}E_a(s)-\frac{\frac{1}{J_m}}{s+\frac{K_iK_b+R_aB_m}{R_aJ_m}}T_L(s) \quad (6\text{-}47)$$

或者

$$\Omega_m(s)=\frac{K_{\text{eff}}}{\tau_m s+1}E_a(s)-\frac{\frac{\tau_m}{J_m}}{\tau_m s+1}T_L(s) \quad (6\text{-}48)$$

这里，$K_{\text{eff}}=K_m/(R_aB_i+K_mK_b)$ 是电动机增益常数，$\tau_m=R_aJ_m/(R_aB_m+K_iK_b)$ 是电动机的机械时间常数。通过叠加，可以得到：

$$\Omega_m(s)=\Omega_m(s)\big|_{T_L(s)=0}+\Omega_m(s)\big|_{E_a(s)=0} \quad (6\text{-}49)$$

得到每个输入的响应后使用叠加可以知道电动机轴转速响应 $\omega_m(t)$。令 $T_L=0$（没有扰动且 $B=0$），给定电压 $e_a(t)=A$，使得 $E_a(s)=A/s$：

$$\omega_m(t)=\frac{AK_i}{K_iK_b+R_aB_m}(1-\mathrm{e}^{-t/\tau_m}) \quad (6\text{-}50)$$

279

这里，机械时间常数 τ_m 反映了电动机克服自身惯量 J_m 达到与电压 E_a 相关的稳态值的响应速度。从式（6-50）可以得到速度的稳态值为 $\omega_{fv}=\frac{AK_i}{K_iK_b+R_aB_m}$，该值为**参考输入**，反映了与输入电压对应的期望输出电压，在接下来的第 7 章我们将具体介绍。随着 τ_m 的增加，系统到达稳态值的时间也更长。式（6-50）对应的时间响应反映在图 6-34 中。

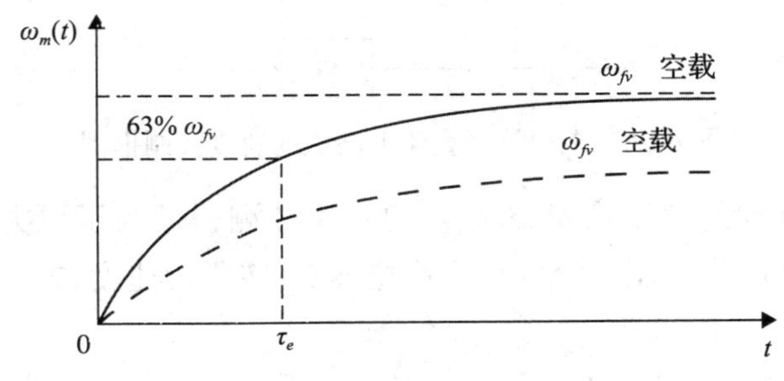

图 6-34　直流电动机的典型速度响应，实线表示空载响应，虚线表示固定负载下的速度响应

如果我们将一个幅值为 D 的恒负载转矩施加在系统上（即 $T_L=D/s$），那么速度响应将变成：

$$\omega_m(t)=\frac{K_i}{K_iK_b+R_aB_m}\left(A-\frac{R_aD}{K_i}\right)(1-\mathrm{e}^{-t/\tau_m}) \quad (6\text{-}51)$$

这清晰地表明了扰动 T_L 会影响电动机的最终速度。从式（6-51）可以看出在稳态时，电动机的速度 $\omega_{fv}=\frac{K_i}{K_iK_b+R_aB_m}\left(A-\frac{R_aD}{K_i}\right)$。这里 $\omega_m(t)$ 的稳态值减少了 $R_aD/(K_mK_b)$。实际中应注意，$T_L=D$ 的值应小于电动机的最大转矩，为使电动机转动，从式（6-51）可得到 $AK_i/R_a>D$ 成立，即设置了转矩 T_L 的幅值上限。每台电动机都可以从制造商手册中

查出对应的最大转矩值。

实际应用中，必须用传感器来测量电动机速度，那么传感器是怎样影响系统方程的呢（见图 6-33）？

6.4.2 直流电动机的速度控制：闭环响应

正如前面所示，电动机的输出速度在很大程度上依赖于转矩 T_L 的值。我们可以通过比例反馈控制器来改进电动机的速度控制性能。控制器由一个用于测量速度的传感器（通常用转速计）和增益为 K 的放大器（比例控制，具体参见表 6-1（a）行）构成，其配置如图 6-35 所示。系统的控制框图如图 6-36 所示。

280

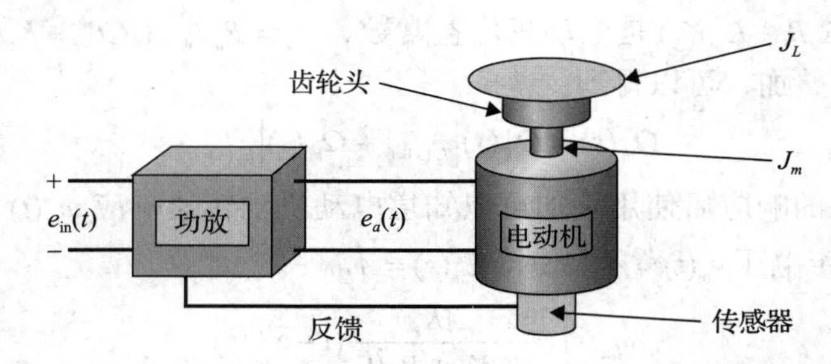

图 6-35 负载惯量为 J_L 的电枢控制直流电动机的反馈控制

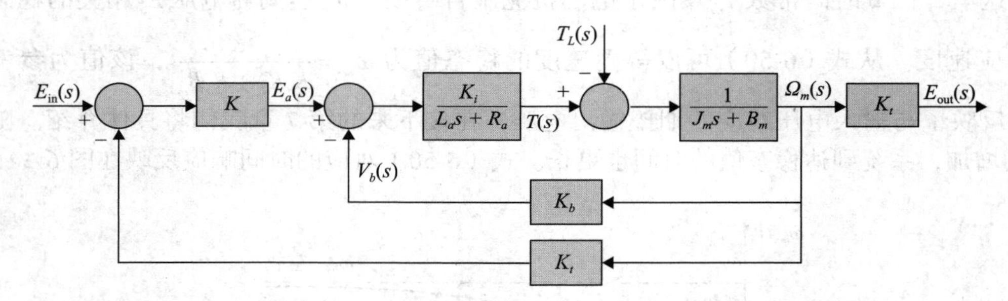

图 6-36 电枢控制直流电动机的速度控制框图

注意到，电动机轴的速度由增益为 K_t 的转速计测得。为了更方便地比较输入和输出，通过转速计增益 K_t 将控制系统的输入由电压 E_{in} 转化为速度 Ω_{in}。因此，假设 $L_a \simeq 0$，可得到：

$$\Omega_m(s)=\frac{\dfrac{K_tK_iK}{R_aJ_m}}{s+\left(\dfrac{K_iK_b+R_aB_m+K_tK_iK}{R_aJ_m}\right)}\Omega_{in}(s)-\frac{\dfrac{1}{J_m}}{s+\dfrac{K_iK_b+R_aB_m+K_tK_iK}{R_aJ_m}}T_L(s) \tag{6-52}$$

对于阶跃输入 $\Omega_{in}=A/s$ 和扰动转矩值 $T_L=D/s$，输出为

$$\omega_m(t)=\frac{AKK_iK_t}{R_aJ_m}\tau_c(1-\mathrm{e}^{-t/\tau_c})-\frac{\tau_cD}{J_m}(1-\mathrm{e}^{-t/\tau_c}) \tag{6-53}$$

这里，$\tau_c=\dfrac{R_aJ_m}{K_iK_b+R_aB_m+K_tK_iK}$ 是系统的机械时间常数。这种情况下，系统的稳态响应为

$$\omega_{fv}=\left(\frac{AKK_iK_t}{K_iK_b+R_aB_m+K_tK_iK}-\frac{R_aD}{K_iK_b+R_aB_m+K_tK_iK}\right) \tag{6-54}$$

281

当$K \to \infty$时，$\omega_{fv} \to A$。式（6-53）的时间响应曲线与图 6-34 类似，速度控制增益可以减小扰动的影响，增益K越大，扰动的影响将越小。当然，在实际应用中，运算放大器的饱和电压和电动机输入电压限制了增益K的大小，系统将仍然出现稳态误差，这将在第 7 章和第 8 章具体论述。正如在 6.4.1 节中一样，读者应该研究，如果模型中包含了惯量J_L将会有什么现象发生。如果J_L太大，那么电动机还可以转动吗？而且，也如在 6.4.1 节所讨论的，使用速度传感器电压来测量速度时将如何影响系统方程？

6.4.3　位置控制

在开环情况下，对速度响应进行积分可以获得位置响应。考虑图 6-33，可以得到$\Theta_m(s) = \Omega_m(s)/s$。因此，开环传递函数为

$$\frac{\Theta_m(s)}{E_a(s)} = \frac{K_i}{s(L_a J s^2 + (L_a B_m + R_a J)s + R_a B_m + K_i K_b)} \tag{6-55}$$

这里，$J = J_L / n^2 + J_m$为总惯量。对于足够小的L_a，时间响应为

$$\theta_m(t) = \frac{A}{K_b}(t + \tau_m \mathrm{e}^{-t/\tau_m} - \tau_m) \tag{6-56}$$

这表明电动机轴最终将以稳态值为$\frac{A}{K_b}$的恒定速度转动。为了控制电机轴的位置，最简单的方法就是采用表 6-1（a）行的增益为K的比例控制器。闭环系统的控制框图如图 6-37 所示。系统由一个角位移传感器（通常是一个编码器或用于位置测量的电压计）构成。注意到，为了简单起见，输入电压可放大为位置输入$\Theta_{\text{in}}(s)$，从而使得输入和输出具有相同的计量单位和标度。或者也可以利用传感器增益值把输出转化为电压。在这种情况下，闭环传递函数为

$$\frac{\Theta_m(s)}{\Theta_{\text{in}}(s)} = \frac{\dfrac{KK_iK_s}{R_a}}{(\tau_e s + 1)\left\{Js^2 + \left(B_m + \dfrac{K_bK_i}{R_a}\right)s + \dfrac{KK_iK_s}{R_a}\right\}} \tag{6-57}$$

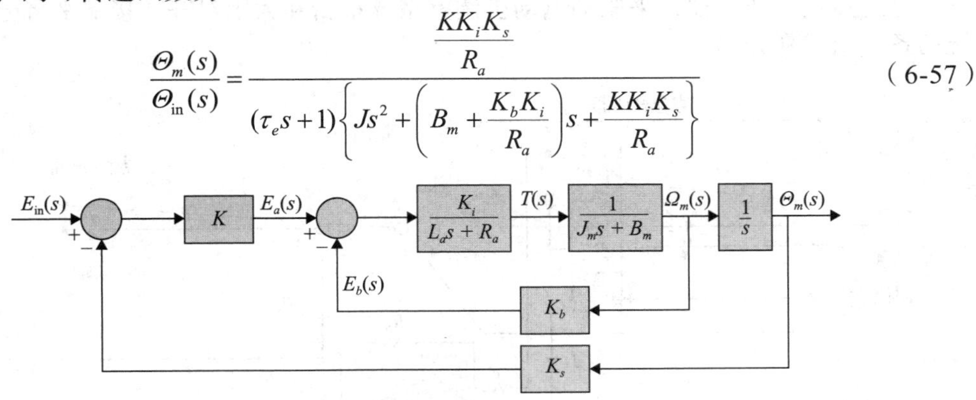

图 6-37　电枢控制直流电动机的位置控制框图

282

这里，K_s表示传感器增益（为讨论方便，这里使用电位计），并且，当L_a足够小时，可以将电动机时间常数$\tau_e = (L_a / R_a)$忽略掉。此时，位置传递函数可以简化为

$$\frac{\Theta_m(s)}{\Theta_{\text{in}}(s)} = \frac{\dfrac{KK_iK_s}{R_aJ}}{s^2 + \left(\dfrac{R_aB_m + K_iK_b}{R_aJ}\right)s + \dfrac{KK_iK_s}{R_aJ}} = \frac{\omega_n^2}{(s^2 + 2\zeta\omega_n s + \omega_n^2)} \tag{6-58}$$

式（6-58）为二阶系统，其中，

$$2\zeta\omega_n = \frac{R_a B_m + K_i K_b}{R_a J} \tag{6-59}$$

$$\omega_n^2 = \frac{K K_i K_s}{R_a J} \tag{6-60}$$

因此，该系统在阶跃输入 $\Theta_{\text{in}}(s) = 1/s$ 下的位置响应将遵循二阶系统的响应特性（见图 3-11）。给定电动机所有的参数，该系统下唯一可变参数为比例控制器增益 K——控制增益。通过改变 K，可改变 ω_n 和 ζ的值，从而得到期望的动态响应。给定正增益 K，无论何种响应特性（是否有阻尼振荡），系统的最终稳态值为 $\theta_{fv} = 1$，即系统的输出将跟随输入（当输入为单位阶跃输入）。因此，在式（6-56）表示的无控制系统中，位移不增加。

在接下来的第 7 章和第 8 章，我们将建立一个实验系统来检验和证实前面所述的概念，并学习更多其他的实际问题。

6.5 案例研究

6.5.1 案例 1：太阳观测系统

这节将介绍一个太阳观测控制系统，它通过控制系统姿态来跟随太阳的位置，以确保阳光最大利用率。该案例主要实现一个平面的随动控制。该系统示意如图 6-38 所示，误差辨别器的主要元件是两小块矩形硅光伏电池，它们被安装在外壳中的狭缝后面。同时，硅光电池作为电源与反向放大器的输入相连接。所以经过反向放大器放大后，可以检测到该电路中产生的任何微小的电流变化。因此，当传感器平面朝向太阳时，通过狭缝的光束正好同时覆盖两块硅光伏电池。每个电池产生的电流大小与它受到的光照度成正比，当通过狭缝进入的光线与电池中央发生偏移时，放大器就会输出一个误差信号。该信号通过伺服放大器，来驱动电动机调整系统重新和太阳对齐。接下来将分别描述系统的各个组成部分。

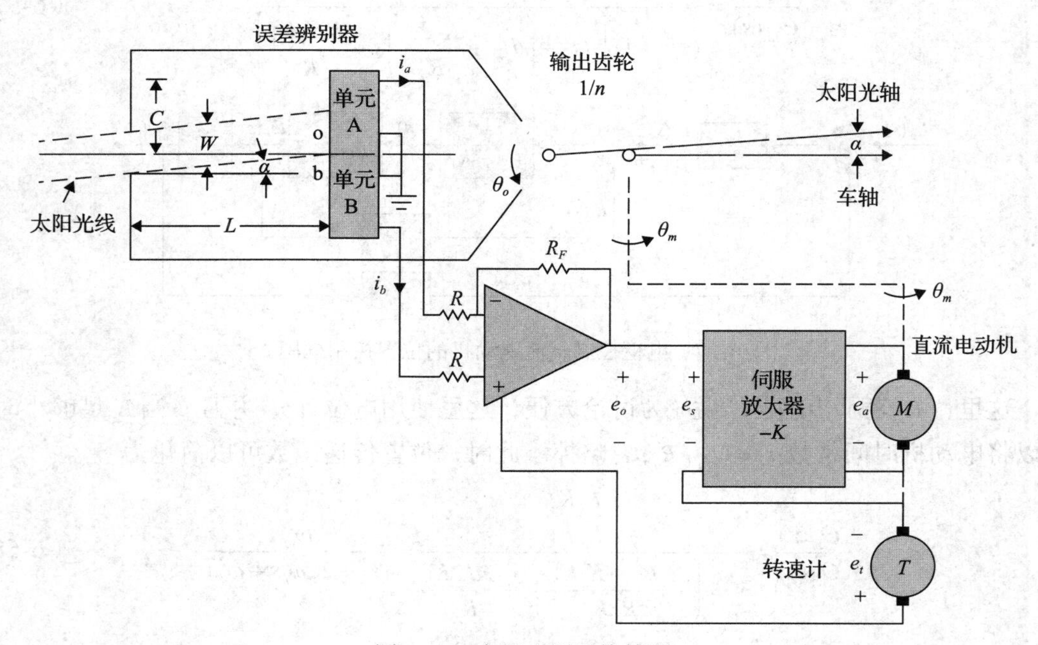

图 6-38 太阳观测系统简图

坐标系统 定义系统的输出齿轮处为坐标系统的中心。参考轴是直流电动机的固定框架，所有的旋转都以这个轴为基轴。太阳光轴或输出齿轮与太阳之间的直线相对参考轴的角度记为 $\theta_r(t)$，姿态轴相对参考轴的角度记为 $\theta_o(t)$。控制系统的目标是使得 $\theta_r(t)$ 和 $\theta_o(t)$ 之间的偏差 $\alpha(t)$ 为 0，即

$$\alpha(t) = \theta_r(t) - \theta_o(t) \tag{6-61}$$

坐标系统的示意图如图 6-39 所示。

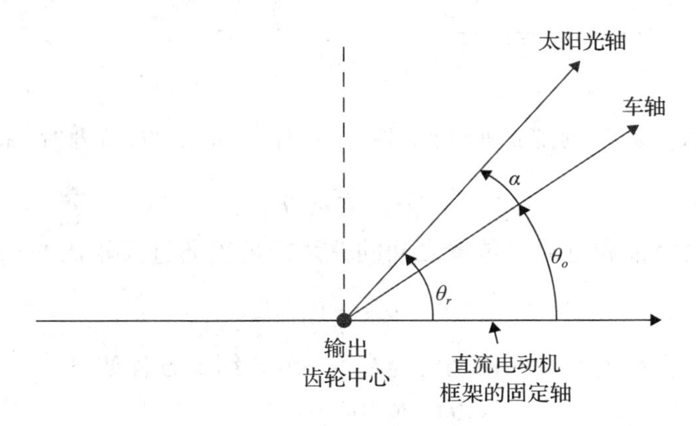

图 6-39 太阳观测系统的坐标图

误差辨别器 当系统和太阳完全对齐时，$\alpha(t) = 0$，且 $i_a(t) = i_b(t) = 1$ 或者 $i_a(t) = i_b(t) = 0$。根据图 6-39 中硅光电池与太阳光线之间的几何关系可以得到：

$$\text{oa} = \frac{W}{2} + L\tan\alpha(t) \tag{6-62}$$

$$\text{oa} = \frac{W}{2} - L\tan\alpha(t) \tag{6-63}$$

283~284

其中，对于给定的 $\alpha(t)$，oa、ob 分别是照射到电池 A 和电池 B 上的太阳光线的宽度。由于电流 $i_a(t)$ 和 oa 的大小成正比，$i_b(t)$ 和 ob 的大小成正比，所以当 $0 \leqslant \tan\alpha(t) \leqslant W/2L$ 时，我们有：

$$i_a(t) = I + \frac{2LI}{W}\tan\alpha(t) \tag{6-64}$$

$$i_b(t) = I - \frac{2LI}{W}\tan\alpha(t) \tag{6-65}$$

当 $W/2L \leqslant \tan\alpha(t) \leqslant (C - W/2)/L$ 时，太阳光线完全落在 A 电池上，此时，$i_a(t) = 2I$，$i_b(t) = 0$。当 $(C - W/2)/L \leqslant \tan\alpha(t) \leqslant (C + W/2)/L$ 时，$i_a(t)$ 从 $2I$ 线性衰减到 0。当 $\tan\alpha(t) \geqslant (C + W/2)/L$ 时，$i_a(t) = i_b(t) = 0$。因此误差辨别器可以用如图 6-40 所示的非线性特性来表示，其中 $\alpha(t)$ 很小时，$\tan\alpha(t)$ 可以用 $\alpha(t)$ 来近似。

运算放大器的输出与当前电流 $i_a(t)$ 和 $i_b(t)$ 之间的关系为

$$e_o(t) = -R_F[i_a(t) - i_b(t)] \tag{6-66}$$

伺服放大器 伺服放大器的增益是 $-K$，如图 6-40 所示，伺服放大器的输出可以写为

$$e_a(t) = -K[e_o(t) + e_t(t)] = -Ke_s(t) \tag{6-67}$$

转速计 转速计的输出电压 e_t 与转速计常数 K_t、电动机角速度之间的关系为

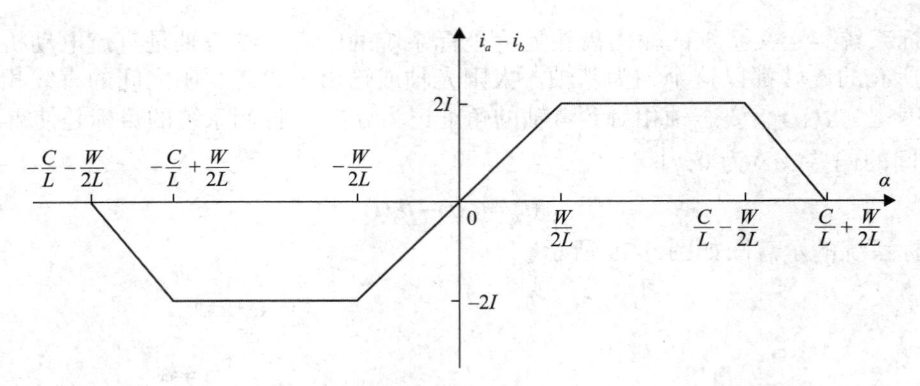

图 6-40 误差辨别器的非线性特性，横坐标为 $\tan\alpha$，当 α 很小时 $\tan\alpha \approx \alpha$

$$e_t(t) = K_t \omega_m(t) \quad (6\text{-}68)$$

输出齿轮的角坐标和电动机位置之间的关系式可以通过齿轮比 $1/n$ 来表示：

$$\theta_o = \frac{1}{n}\theta_m \quad (6\text{-}69)$$

直流电动机 直流电动机的模型已经在 6.3 节介绍，方程如下：

$$e_a(t) = R_a i_a(t) + e_b(t) \quad (6\text{-}70)$$

$$e_b(t) = K_b \omega_m(t) \quad (6\text{-}71)$$

$$T_m(t) = K_i i_a(t) \quad (6\text{-}72)$$

$$T_m(t) = J\frac{\mathrm{d}\omega_m(t)}{\mathrm{d}t} + B\omega_m(t) \quad (6\text{-}73)$$

其中，J 和 B 分别是电动机轴惯量和黏性摩擦系数。式（6-70）中忽略了假设很小的电动机的感应系数（见 6.4.1 节中关于小电动机电时间常数的讨论）。系统中所有的函数关系特性可以用图 6-41 所示的控制框图表示。

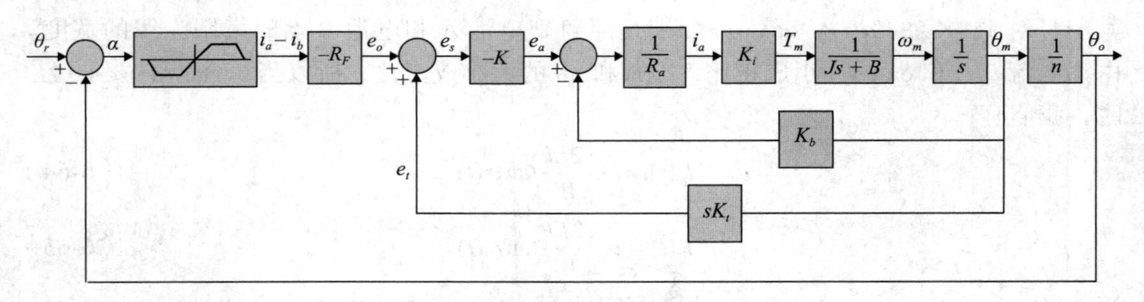

图 6-41 太阳观测系统的控制框图

6.5.2 案例 2：四分之一车辆悬挂系统

如图 6-42 所示对车辆进行测试，通过四柱振动器对车辆施加各种激励，来测试车辆悬挂系统的性能。

285~286 传统的四分之一车辆模型如图 6-43 所示，该模型通常用来研究车辆悬挂系统在不同路况下的动态响应。一般来说，如图 6-43a 所示的系统的惯量、刚度和阻尼特性通常用图 6-43b 的二自由度（2-DOF）系统模拟。虽然 2-DOF 模型更加精确，但本文接下来的分析基于 1-DOF 模型就足够了，如图 6-43c 所示。

图 6-42　凯迪拉克 SRX2005 车辆模型在四柱振动器上的测试（作者的研究所基于的实际车辆悬挂系统）

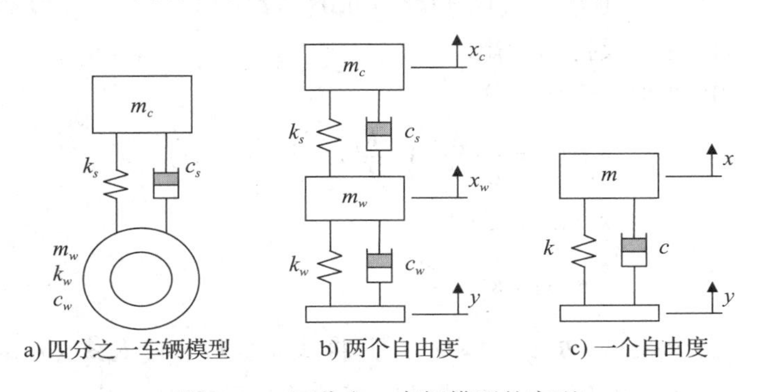

图 6-43　四分之一车辆模型的实现

开环基座激励　给定小型车辆悬挂系统的简化模型，如图 6-43c 所示，其中参数见表 6-2。

表 6-2　图 6-43 所示模型的参数

m	1/4 车辆的有效质量	10kg
k	有效刚度	2.7135N/m
c	有效阻尼	0.9135N · m/s⁻¹
$x(t)$	有效质量 m 的绝对位移	m
$y(t)$	基座的绝对位移	m
$z(t)$	相对位移 $x(t)-y(t)$	M

系统的动力学方程为

$$m\ddot{x}(t)+c\dot{x}(t)+kx(t)=c\dot{y}(t)+ky(t) \tag{6-74}$$

通过带入关系 $z(t)=x(t)-y(t)$ 并将多项式首一化可简化得到：

$$\ddot{z}(t)+2\zeta\omega_n\dot{z}(t)+\omega_n^2 z(t)=-\ddot{y}(t)=-a(t) \tag{6-75}$$

经拉普拉斯变换得到传递函数形式，系统输入输出关系如下：

$$\frac{Z(s)}{A(s)}=\frac{-1}{s^2+2\zeta\omega_n s+\omega_n^2} \tag{6-76}$$

其中，基座激励 $A(s)$ 为输入，$Z(s)$ 为输出，初始状态为零初始状态。

闭环位置控制 悬挂系统的主动控制应使用 6.4.3 节中描述的相同直流电动机配合齿条来实现，如图 6-43 所示。

287

在图 6-44 中，$T(t)$ 是由电动机旋转轴转动角度 θ 所产生的转矩，r 为电动机驱动齿轮的半径。因此，式（6-74）可由激励组分 $F(t)$ 重新表示：

$$m\ddot{x}+c\dot{x}+kx=c\dot{y}+ky+F(t) \tag{6-77}$$

其中：

$$m\ddot{z}+c\dot{z}+kz=F(t)-m\ddot{y}=F(t)-ma(t) \tag{6-78a}$$

$$F(t)=\frac{T(t)-(J_m\ddot{\theta}+B_m\dot{\theta})}{r} \tag{6-78b}$$

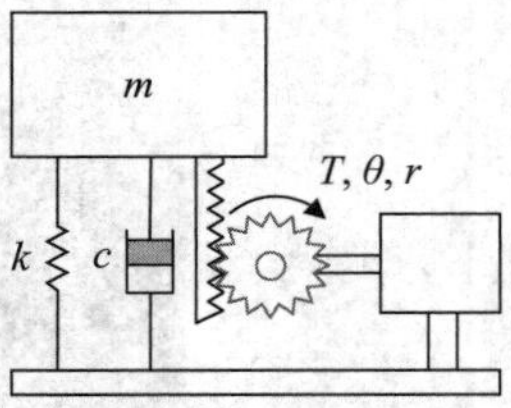

图 6-44 通过直流电机和齿条控制 1-DOF 模型

由于 $z=\theta r$，我们将式（6-78）代入式（6-77），重新整理，进行拉普拉斯变换后得到：

$$Z(s)=\frac{r}{(mr^2+J_m)s^2+(cr^2+B_m)s+kr^2}[T(s)-mrA(s)] \tag{6-79}$$

注意到 $mrA(s)$ 项可以理解成扰动转矩。

由 6.3 节知，电动机动态方程为

$$I_a(s)=\frac{1}{L_a}E_a(s)-\frac{R_a}{L_a}I_a(s)-\frac{1}{L_a}E_b(s) \tag{6-80}$$

$$T(s)=K_iI_a(s) \tag{6-81}$$

$$E_b(t)=K_b\frac{Z(s)}{r} \tag{6-82}$$

令 $J=mr^2+J_m$，$B=cr^2+B_m$，$K=kr^2$，并将式（6-79）代入式（6-80）至式（6-82）中，整个系统关于电动机电压 $E_a(s)$ 和扰动转矩的传递函数为以下形式：

$$Z(s)=\frac{\dfrac{K_ir}{R_a}}{\left(\dfrac{L_a}{R_a}s+1\right)(Js^2+Bs+K)+\dfrac{K_iK_b}{R_a}s}E_a(s)-\frac{\left(\dfrac{L_a}{R_a}s+1\right)r}{\left(\dfrac{L_a}{R_a}s+1\right)(Js^2+Bs+K)+\dfrac{K_iK_b}{R_a}s}mrA(s) \tag{6-83}$$

为了控制汽车的弹跳，需要由位置传感器获得 $z(t)$ 的值，例如增益为 K_s 的弦线电位计。在这种情况下，增益为 K 的控制器和传感器共同构成如图 6-45 所示的反馈控制电路。这种情况下，输入 $Z_{\text{in}}(s)$ 为期望弹跳值。通常，$z_{\text{in}}(t)$ 设置为 0，即期望在有限扰动路面上汽车为零弹跳。

288

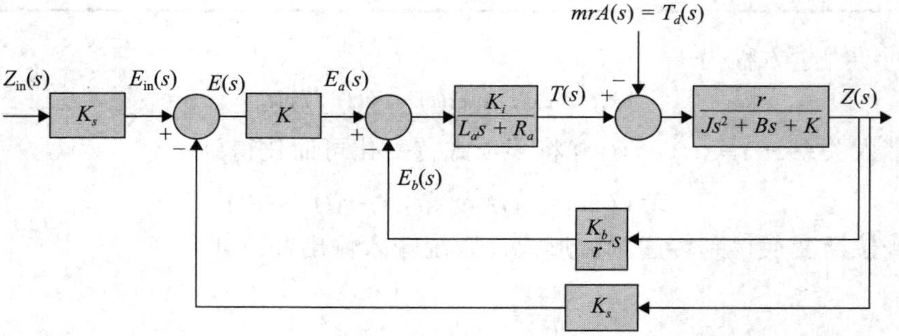

图 6-45 四分之一车辆系统弹跳反馈控制框图

6.6　虚拟实验室：LEGO MINDSTORMS NXT 电动机入门——建模和表征

本节主要介绍直流电动机建模和表征的实用方法（无须产品说明书）。同时，通过实例说明本章前述的电动机术语来源，并介绍如何通过实验获得这些参数的值。

本节中继续使用 2.6 节介绍的项目（具体内容在附录 D），并通过实验表征电动机参数以得到整个电动机系统的精确模型。

6.6.1　NXT 电动机

本项目中使用的 NXT 电动机是专门用于 LEGO MINDSTORMS NXT 机组的 9V 直流电动机。如图 6-46 所示，电动机包含从电动机到输出轴的**齿轮系统**，以提供更大的扭矩。

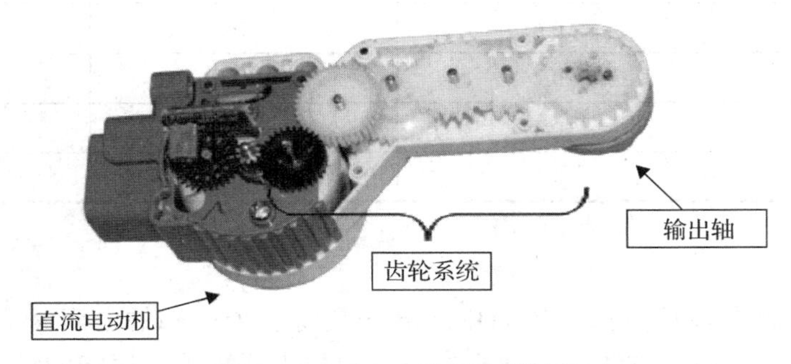

图 6-46　NTX 电动机内部结构

289

从电动机到输出轴的总齿轮减速比见表 6-3。在这种情况下，从附录 D 我们知道，因为编码器测量的是输出轴而非电动机轴的旋转位置，所以通常所说的电动机模型常常包含齿轮系统的模型，详见本章前面的讨论。因此，对电动机模型的提及都指的是电动机齿轮系统。此外，所有经实验获得的参数也与电动机齿轮组合系统相关。

表 6-3　从 NTX 电动机到齿轮系统输出轴的齿轮减速比

输出轴 #	齿轮比	齿轮减速比	输出轴 #	齿轮比	齿轮减速比
1	10:30:40	1:4	4	10:13:20	1:2
2	9:27	1:3	总齿轮减速比		1:48
3	10:20	1:2			

值得注意的是，为了更好地表征电动机系统模型，所有获得的参数都经过实验获得（而非产品说明书）。

6.6.2　电气特性[⊖]

建模中所需的电气特性指的是电枢电阻和电枢电感。本节接下来的内容将介绍获得电动机的电气特性的实验（详见附录 D）。

电枢电阻

首先，根据附录 D 中所介绍的测量流程，使用万用电表测量电枢电流。实际测量时会发现，电动机停转时电流会急剧增加，记录此时万用电表显示的**失速电流值** I_{stall}，并重

⊖ 特别注意，这里提供的测量值会根据电动机的不同而不同，所以你最好实施你自己的实验以决定你的系统的参数值。6.6.3 节的机械特性也有此特点。

复进行多次实验取平均值。同时，还需测量电枢的失速电压 v_a，则电枢电阻为

$$R_a = \frac{v_a}{I_{\text{stall}}} \tag{6-84}$$

NXT 电动机在各种输入功率（占最大功率的百分比）下的实验数据如表 6-4 所示。根据式（6-84），得到 NTX 电动机的平均实验电枢电阻为 $R_a = 2.27\Omega$。

表 6-4　电枢电感测量值实验数据

电动机输入功率	v_a 失速电枢电压（V）	I_{stall} 失速电流（A）	R_a 电枢电阻（Ω）
10%	0.24	0.106	2.3
20%	0.44	0.198	2.23
30%	0.61	0.262	2.33
−10%	−0.24	−0.108	2.26
−20%	−0.47	−0.211	2.24
−30%	−0.62	−0.269	2.28

电枢电感

测量电枢电感有多种方法。较通用的方法是将一个已知的电阻 R（与 R_a 接近的值）与电动机串联，并用前述方法使电动机失速，即先为系统提供恒定的输入电压，接着关闭该输入电压并测量电动时间常数 $L_a/(R+R_a)$。知道时间常数和电阻值，就可以计算出 L_a。这里我们通过万用表来简单测量电枢电感。只需将万用表连接到电动机端子，然后将万用表设置为电感测量模式，如图 6-47 所示。实验测得 NTX 电动机的电枢电感为 $L_a = 4.7\text{mH}$。

290

6.6.3　机械特性

建模中所需的电动机机械特性指的是转矩常数、反电动势常数、黏性摩擦系数（参考第 2 章，为简单起见，本节将所有的摩擦都建模为黏性阻尼）、电枢和负载惯性矩，以及系统机械时间常数。接下来的内容将介绍用于测量 NXT 电机机械特性的实验方法。

电动机转矩常数

根据 6.3 节的讨论，电动机转矩常数 K_i 由下式获得：

$$T_m = K_i i_a \tag{6-85}$$

其中，T_m 为电动机转矩，i_a 为电枢电流。确定转矩常数需要测量提供给电动机的电流及转矩。

如图 6-48 所示，将轴和缠线安装到电动机的一端，作为滑轮。最后，将已知质量的重物连接在挂线的末端，这将作为马达旋转时所需克服的外部转矩。该转矩可以通过下式进行计算：

$$T = T_m - T_W = K_i i_a - r_{\text{spool}} W \tag{6-86}$$

这里，r_{spool} 是缠线的半径，W 为质块 M 对应的重量。当 $T = 0$ 时，电动机将停转。T_a 和 i_a 为对应的停转转矩和停转电流。

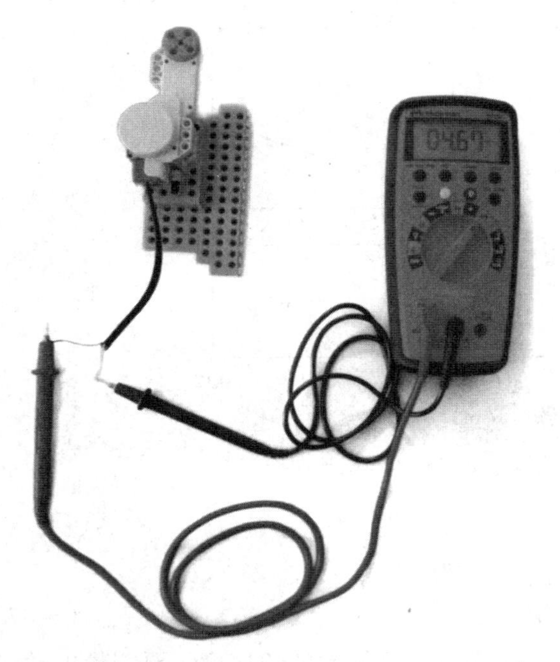

图 6-47　使用万用电表直接测量电动机电枢的电感值

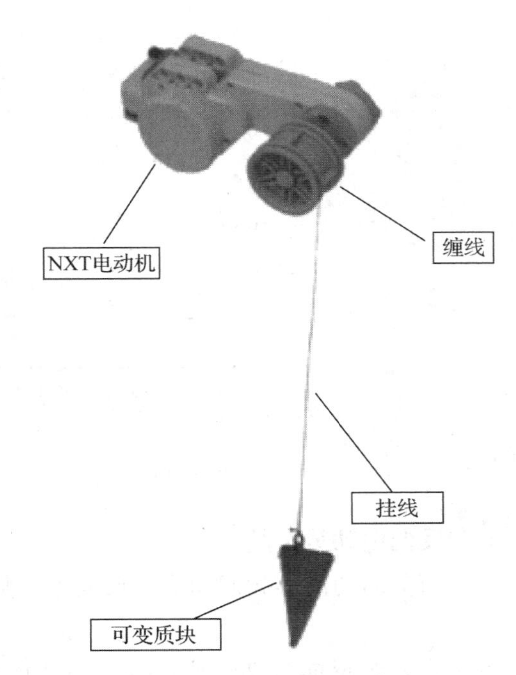

图 6-48　转矩常数测试实验

在这个实验中，电动机的旋转导致质块 M 上下移动，因此在测量电动机输入电流时负载的质量在不断变化（参见 6.6.2 节如何测量电动机输入电流）。首先对电动机施加输入，让质块上升至顶部。在电动机向上拉动质块的同时，用万用表测量提供电动机输入电流。对不同质量的质块重复这个过程，并根据式（6-85）绘制出实验转矩 T_m 与测量电流的图。值得注意的是，K_i 与输入电压值无关。表 6-5 为实验中测量的数据。当 $T_w = 0\text{N}\cdot\text{m}$ 时，$i_a = 0.041\text{A}$，为电动机克服内部摩擦的电流，这个电流值可用于计算电动机阻尼参数。另外，当负载质块 $M = 0.874\text{kg}$ 时，电动机**失速**，相应的**失速转矩**为 $T_{\text{stall}} = T_w = 0.116\text{N}\cdot\text{m}$。经过实验，NXT 电动机的实验电动机转矩曲线如图 6-49 所示，利用 MATLAB 中的线性回归工具，对数据点拟合而得这条曲线。NXT 实验测得的电动机常数是斜率的倒数（$3.95\text{A}/\text{N}\cdot\text{m}$）或 $K_i = 0.252\text{N}\cdot\text{m}/\text{A}$。

表 6-5　电动机转矩常数测量实验（r_{spool} = 0.013 575m）

实验编号	M 接在挂线末端的质块质量（kg）	W 重量（N）	$T_W = r_{\text{spool}}W$ 拉动质块上升所需的扭矩	i_a 电动机电流（A）	实验编号	M 接在挂线末端的质块质量（kg）	W 重量（N）	$T_W = r_{\text{spool}}W$ 拉动质块上升所需的扭矩	i_a 电动机电流（A）
1	0	0	0	0.041	8	0.413	4.0474	0.054 943	0.245
2	0.067	0.6566	0.008 913	0.085	9	0.471	4.6158	0.062 659	0.283
3	0.119	1.1662	0.015 831	0.113	10	0.532	5.2136	0.070 775	0.322
4	0.173	1.6954	0.023 015	0.137	11	0.643	6.3014	0.085 542	0.387
5	0.234	2.2932	0.031 13	0.161	12	0.702	6.8796	0.093 391	0.435
6	0.293	2.8714	0.038 979	0.187	13	0.874	8.5654	0.116 275	0.465（失速）
7	0.353	3.4594	0.046 961	0.224					

291
~
293

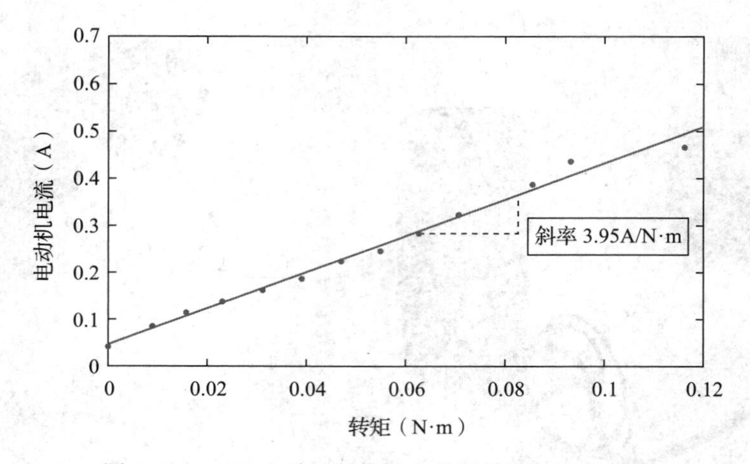

图 6-49 NXT 电动机的实验电动机转矩与电流曲线

反向电动势常数

由前面的内容我们知道，反向电动势由下式获得：

$$e_b = K_b\omega_m \tag{6-87}$$

其中，e_b 为反向电动势或电动机电压的值，ω_n 是电动机转动的角速度。要测量电动机的反电动势常数，需要用 Simulink 测试电动机的开环速度响应，并使用万用表测量供电电压（参见附录 D）。

图 6-50 为 2.0V 阶跃输入下的电动机开环速度响应。观察到输出中有可见的噪声。该噪声是由于低辨别率编码器的位置信号测量速度以及齿轮间隙引起的。因此，实验过程中需记录各阶跃输入下到达的平均稳态速度及电枢电压。最后，画出电枢电压与稳态平均速度曲线图，如图 6-51 所示，其中包含了实验数据点以及使用 MATLAB 中的线性回归工具拟合的曲线。这条线的斜率即为电动机的反向电动势常数。NXT 电动机的反向电动势常数经实验测量为 $K_b = 0.249\text{V / rad/s}$。

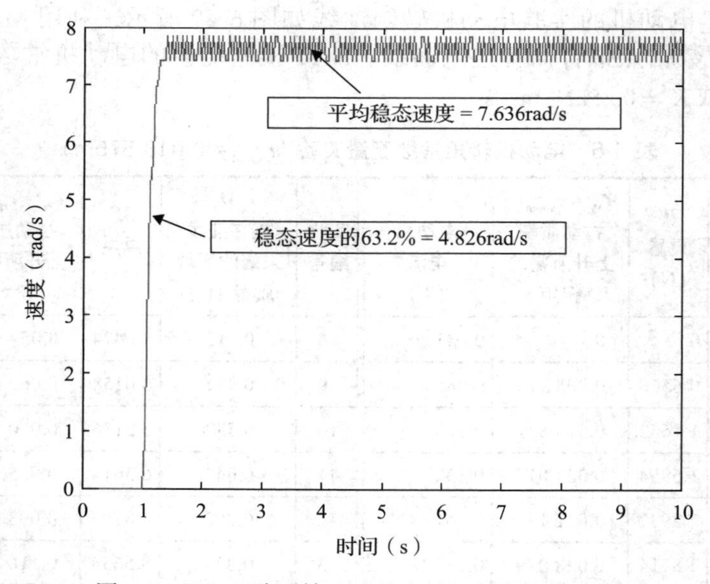

图 6-50 2.0V 阶跃输入下的电动机开环速度响应

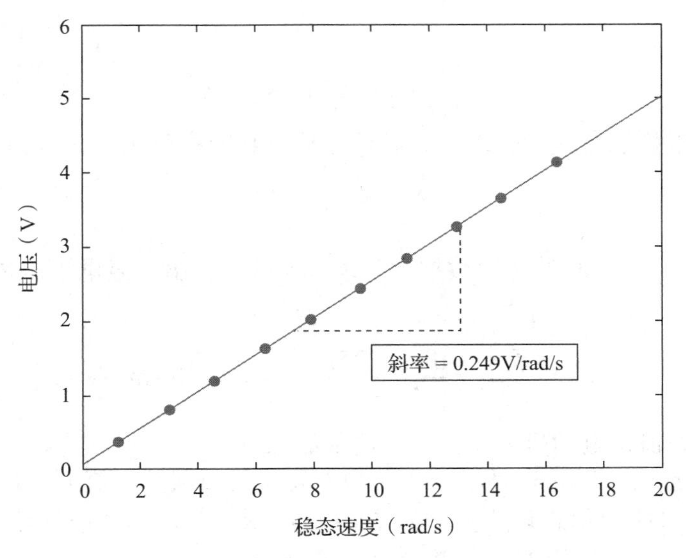

图 6-51　电压与稳态速度曲线

值得注意的是，在理想情况下，反向电动势常数和电动机转矩常数在 SI 单位中在数值上是相等的。但是，通过实际实验测量，它们相应的实验测量值接近但不相等。为了使这两个常数相等，我们取它们的平均值，使得 K_b 和 K_i 在数值上相等。$K_b = 0.249\text{V / rad/s}$ 和 $K_i = 0.252\text{N}\cdot\text{m / A}$ 的平均值为 0.25，这个值将用作 K_b 和 K_i 的值。

黏性摩擦系数

黏性摩擦系数描述系统中存在的摩擦量。实际上，电动机齿轮系统中的摩擦有可能包括非黏性部分。但是，正如第 2 章所讨论的，我们通过这个假设得出电动机齿轮系统的近似线性模型。**重要提示：**由于摩擦和齿轮间隙等各种非线性组分影响，因此不能够确切估计此参数，只能得到一个近似值。

假设电枢电感足够小，即 $L_a \simeq 0$，可以由电气组分和机械组分得到有效阻尼。根据 6.3.6 节，图 6-48 中电动机的速度响应（假定缠线惯性可忽略）为

$$J_m \frac{\mathrm{d}\omega(t)}{\mathrm{d}t} + \left(B_m + \frac{K_i K_b}{R_a}\right)\omega(t) = \frac{e_a(t) K_i}{R_a} - T_w \tag{6-88}$$

295

其中，B_m 是黏性摩擦系数，R_a 是电动机电枢电阻，K_i 是电动机转矩常数，K_b 是反向电动势常数。

接下来，根据稳态速度公式

$$\omega_{fv} = \lim_{t\to\infty}\omega(t) = \frac{2K_i}{K_i K_b + R_a B_m} \tag{6-89}$$

通过实验数据可得 B_m 的值，利用

$$B_m = \left(\frac{2K_i}{\omega_{fv}} - K_i K_b\right)\left(\frac{1}{R_a}\right) = \left(\frac{2(0.25)}{7.636} - (0.25)^2\right)\left(\frac{1}{2.27}\right) = 1.31\times 10^{-3}\,\text{N}\cdot\text{m / s} \tag{6-90}$$

用与前述测量反向电动势常数类似的步骤测量黏性摩擦系数，对电动机施加一个 2V 的阶跃输入，并观察开环速度响应，如图 6-50 所示。记录稳态速度（在这种情况下为 7.636rad/s），并代入式（6-90）。

或者，使用电动机的机械方程，并根据式（6-87），用电枢电流表示电动机转矩，

我们有：

$$J_m \frac{\mathrm{d}\omega(t)}{\mathrm{d}t} + B_m\omega(t) = K_i i_a - T_W \tag{6-91}$$

因此，当电动机以稳态角速度转动时，黏性摩擦系数同样可用下式得到：

$$B_m = \frac{K_i}{\omega_{fv}} i_a - \frac{T_W}{\omega_{fv}} \tag{6-92}$$

使用空载（$T_W = 0$）时的实验数据，从表 6-5 可以看出空载电枢电流 $i_a = 0.041\text{A}$，此时 B_m 为

$$B_m = \frac{K_i}{\omega_{fv}} i_a = \frac{(0.41)(.25)}{7.636} = 1.34 \times 10^{-3}\,\text{N} \cdot \text{m/s} \tag{6-93}$$

其中，电流的空载值是电动机需要克服的内部摩擦。

除此之外，通过式（6-93）和表 6-5 可以获得不同负载转矩值下的黏性摩擦系数，前提是每个 T_W 都有对应的稳态角速度。如图 6-52 所示，使用本节前面计算 K_i 时的相同步骤，构建电动机速度 – 转矩曲线，并通过实验获得该曲线。图 6-48 中，角速度和扭矩之间的关系为：

$$\omega_{fv} = -63.63T_m + \omega_{fv(\text{空载})} = -63.63K_i i_a + 7.636 \tag{6-94}$$

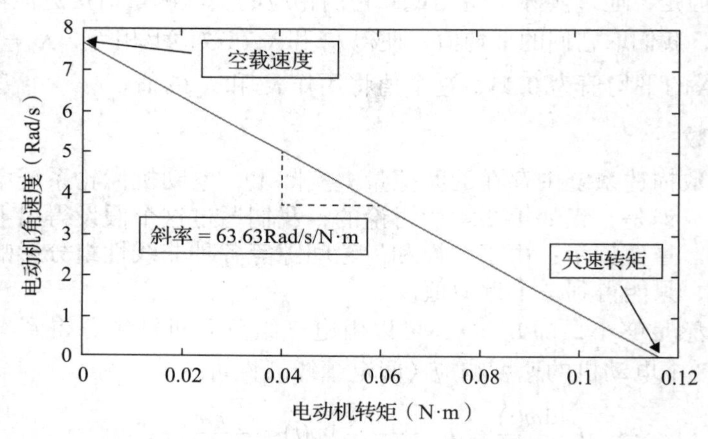

图 6-52 电动机的速度 – 转矩曲线

根据表 6-5、式（6-90）和式（6-92），黏性摩擦系数的平均值为 $B_m = 1.36 \times 10^{-3}\,\text{N} \cdot \text{m/s}$。

注：B_m 的值随着电动机功率的变化而变化。在本节的例子中，我们计算了功率等于 50% 时的黏性阻尼系数。在不同功率百分比下，我们可以发现黏性摩擦系数和电机功率百分比之间的关系。如图 6-53 所示，黏性摩擦系数值随着电动机功率的增加而减小。因此，在该项目中，NXT 电动机在无负载情况下的黏性摩擦系数较低，为 B_m=1.311×10^{-3}N · m/s。

296

将机械臂连接到电动机，重复实验，根据式（6-90）和式（6-93）得到等效电动机带有效载荷的黏性摩擦系数为 $B = B_m + B_{\text{有效载荷}} = 2.7 \times 10^{-3}\,\text{N} \cdot \text{m/s}$。在这种情况下，较大的 B 值意味着需要较高的初始转矩来克服与移动机械臂 / 有效载荷系统相关的较大的内部摩擦力。值得注意的是，这个测量实验要求机械臂在附着有效载荷的情况下旋转约十秒钟。在大多数实际应用中，这种方法虽然简单，但可能并不可行（或安全）。另一种可选方案是使用位置控制响应（见第 7 章位置响应内容）来得到 B 的值。

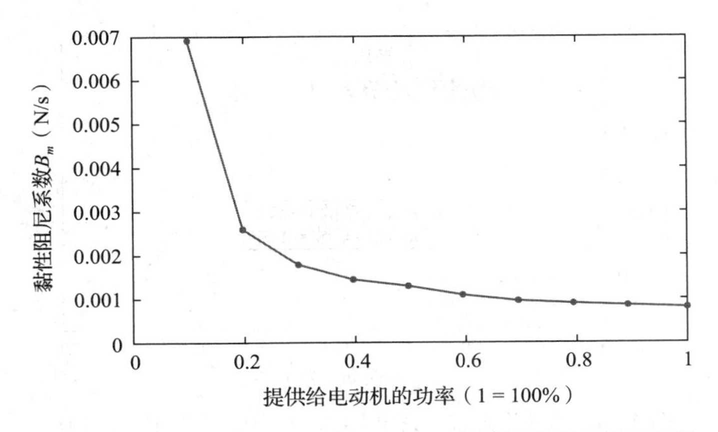

图 6-53　电动机功率从 10% 至 100% 下的测量得到的阻尼系数

297

机械时间常数

正如本章前面所讨论的，阶跃输入下，将电动机速度达到的最终稳态值的 63.2% 所需的时间定义为机械时间常数 τ_m。要测量时间常数，需用到前面所述的反向电动势计算中的开环速度响应实验。首先，确保电动机处于空载状态。接下来，如图 6-50 所示，对电动机施加一个阶跃输入，并画出响应结果。找到平均稳态速度并计算稳态速度的 63.2% 对应的响应时间。

在该实验中，平均稳态速度测量值为 7.636rad/s，而稳态速度的 63.2%（用于测量时间常数）为 4.826rad/s。NXT 电动机空载时的机械时间常数经实验测得 $\tau_m = 0.081\text{s}$。用机械臂作为有效载荷，重复实验，测量得到时间常数 $\tau_m = 0.10\text{s}$。显然，较慢的响应速度是由于机械臂增加了负载惯量。

惯性矩

电枢 – 负载总的惯性矩 J_m 可以通过下式实验计算：

$$J_m = \tau_m\left(B_m + \frac{K_i K_b}{R_a}\right) \tag{6-95}$$

这个公式将电动机齿轮系统的惯性矩与前面章节中的其他参数联系起来。将前面求得的参数代入式（6-95）中，计算得到电动机齿轮系统的惯性矩 $J_m = J_{\text{motor}} + J_{\text{gear}} = 2.33\times 10^{-3}\,\text{kg}\cdot\text{m}^2$。

为了检验结果，对于图 6-50 所示的电动机空载情况下的速度响应，在达到速度稳态值后，使输入为零，记录速度随时间衰减到零的曲线，如图 6-54 所示。断电时的系统方程为

$$J_m \frac{\text{d}\omega(t)}{\text{d}t} + B_m\omega(t) = T_m \tag{6-96}$$

在这种情况下，系统的时间常数 $\tau = J_m / B_m$。根据 J_m 和 $B_{.m}$ 的测量值，得到系统时间常数 $\tau = 1.78\text{s}$，其与图 6-54 中 $\tau = 1.68\text{s}$ 非常接近。

298

因此，通过实验对系统估计的参数有较高的准确度。

类似地，通过实验计算带机械臂负载的电动机的惯性矩为 $J_{\text{total}} = J_m + J_{\text{gear}} + J_{\text{有效载荷}} = 3.02\times 10^{-3}\,\text{kg}\cdot\text{m}^2$。注意总惯量是根据式（8-13）求得的，其中 $\tau_m = 0.10$，$B = B_m + B_{\text{有效载荷}} = 2.7\times 10^{-3}$。

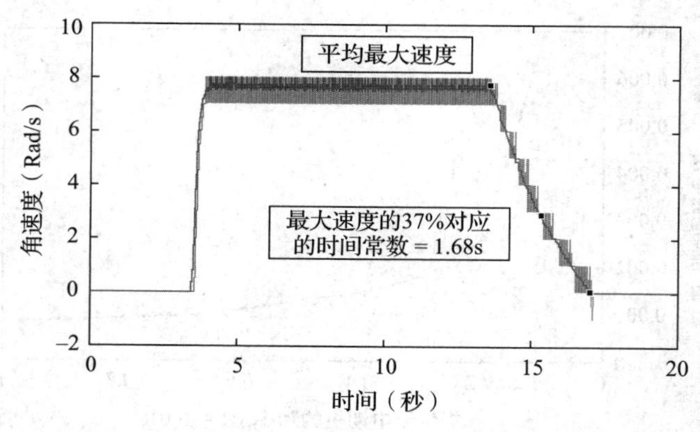

图 6-54　达到稳态后，关闭电动机输入后的时间常数测量

或者，也可以根据本科第二年动力学课程中学习的平行轴定理（或通过使用 CAD 软件）等技术来确定总系统的质心，进一步计算电动机 - 有效载荷的转动惯量。然后，通过测量机械臂 / 有效载荷的质量，可以估算 $J_{有效载荷}=M_{有效载荷}r_{cm}^2$。这种方法假设机械臂为离旋转轴 r_{cm} 的质量为 M 的质点。事实上，找到系统的质心比较费时。这一切都取决于你计划花费多少时间来得到近似的模型。

6.6.4　速度响应和模型验证

前述内容已经测量了电动机的各个参数，通过比较仿真的动态响应和实际电动机的动态响应，可以校正速度响应系统的数学模型（参见附录 D 的模拟细节）。使用表 6-6 中的参数值，在 1s 处施加幅值为 2.0V 的阶跃输入，得到如图 6-55 所示的速度响应曲线，与图 6-50 中实际系统的速度响应**非常接近**。

表 6-6　NTX 空载情况下的实验参数

电枢电阻	$R_a=2.27\Omega$	黏性摩擦系数	$B_m=0.001\,31\text{N}\cdot\text{m/s}$
电枢电感	$L_a=0.0047\text{H}$	机械时间常数	$\tau_m=0.081\text{s}$
电动机转矩常数	$K_i=0.25\text{N}\cdot\text{m/A}$	电动机齿轮系统的转动惯量	$J_m=0.002\,33\text{kg}\cdot\text{m}^2$
反向电动势常数	$K_b=0.25\text{V/rad/s}$		

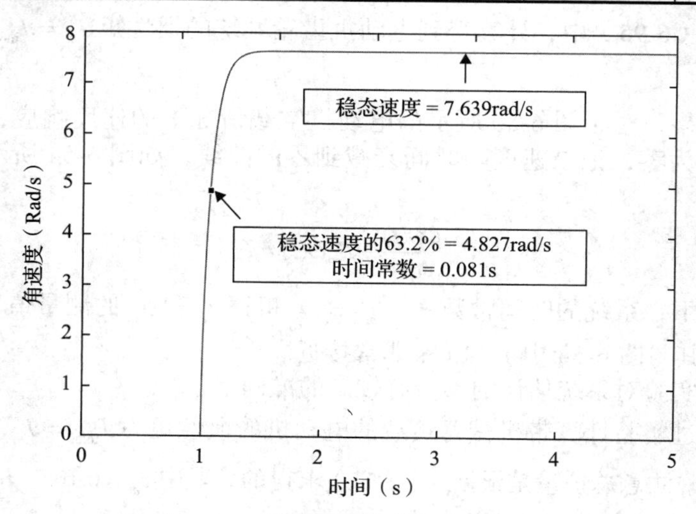

图 6-55　所建模型的速度响应曲线

299

为了进一步验证负载为机械臂的系统模型，参看第 7 章的位置控制响应内容。

6.7　小结

在**反馈控制系统**中，传感器对于检测系统的各种特性，尤其是设备的输出非常重要。控制器可以将输出信号与期望值或输入进行比较，进一步通过执行器来调整系统，使控制性能达到期望目标。本章的重点内容为对反馈控制系统的重要组成部分进行数学建模，包括**传感器**、**执行器**和控制系统的“大脑”——**控制器**。本章重点讨论线性（或尽可能接近线性）的组分。对于线性系统，微分方程、状态方程和传递函数是建模的基本工具。

在本章中，我们使用**直流电动机**作为执行器，因为其模型简单，应用广泛。我们还研究了适用于直流电动机位置测量的传感器（即**编码器**、**转速计**和**电位计**）。在本章中，我们还了解了**运算放大器**及其在控制系统中的作用。

我们还讨论了直流电动机的速度响应和位置响应，并介绍了直流电动机的速度和位置控制。最后，提出了在实际应用中如何估计电动机参数，进一步进行数学建模。

通过本章的学习，读者可以了解如何对完整的控制系统及其各个组分进行建模，并进一步了解这些组件是如何相互关联和相互作用的。

参考文献

1. W. J. Palm III, *Modeling, Analysis, and Control of Dynamic Systems*, 2nd Ed., John Wiley & Sons, New York, 1999.
2. K. Ogata, *Modern Control Engineering*, 4th Ed., Prentice Hall, NJ, 2002.
3. I. Cochin and W. Cadwallender, *Analysis and Design of Dynamic Systems*, 3rd Ed., Addison-Wesley, 1997.
4. A. Esposito, *Fluid Power with Applications*, 5th Ed., Prentice Hall, NJ, 2000.
5. H. V. Vu and R. S. Esfandiari, *Dynamic Systems*, Irwin/McGraw-Hill, 1997.
6. J. L. Shearer, B. T. Kulakowski, and J. F. Gardner, *Dynamic Modeling and Control of Engineering Systems*, 2nd Ed., Prentice Hall, NJ, 1997.
7. R. L. Woods and K. L. Lawrence, *Modeling and Simulation of Dynamic Systems*, Prentice Hall, NJ, 1997.
8. E. J. Kennedy, *Operational Amplifier Circuits*, Holt, Rinehart and Winston, Fort Worth, TX, 1988.
9. J. V. Wait, L. P., Huelsman, and G. A. Korn, *Introduction to Operational Amplifier Theory and Applications*, 2nd Ed., McGraw-Hill, New York, 1992.
10. B. C. Kuo, *Automatic Control Systems*, 7th Ed., Prentice Hall, NJ, 1995.
11. B. C. Kuo and F. Golnaraghi, *Automatic Control Systems*, 8th Ed., John Wiley & Sons, New York, 2003.
12. F. Golnaraghi and B. C. Kuo, *Automatic Control Systems*, 9th Ed., John Wiley & Sons, New York, 2010.

习题

6-1　写出如图 6P-1 所示的线性平移系统的受力方程

（a）用最少个数的积分器来画出系统的状态图。根据状态图写出状态方程。 300

（b）定义如下状态变量

（1）$x_1 = y_2, x_2 = \mathrm{d}y_2/\mathrm{d}t, x_3 = y_1, x_4 = \mathrm{d}y_1/\mathrm{d}t$

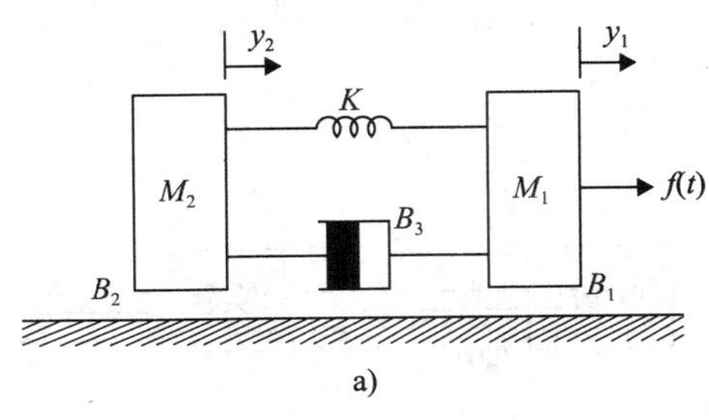

a)

图　6P-1

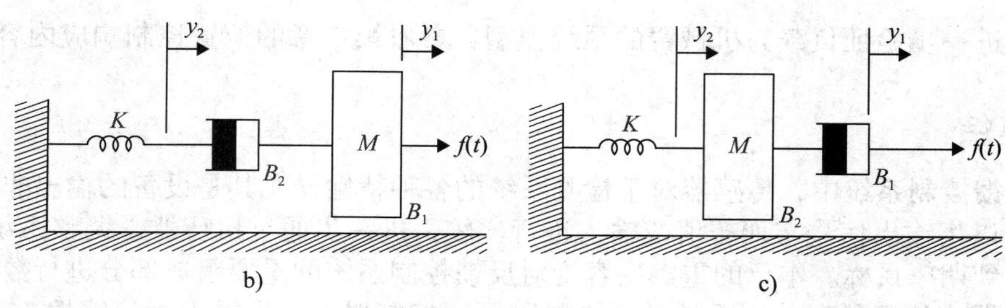

图 6P-1 （续）

（2）$x_1 = y_2, x_2 = y_1, x_3 = \mathrm{d}y_1 / \mathrm{d}t$

（3）$x_1 = y_1, x_2 = y_2, x_3 = \mathrm{d}y_2 / \mathrm{d}t$

根据上述状态变量分别写出响应的状态方程，画出状态图，并写出传递函数 $Y_1(s)/F_s$、$Y_2(s)/F_s$。

6-2 写出如图 6P-2 所示的线性平移系统的受力方程。用最少个数的积分器画出系统的状态图。根据状态图写出响应的状态方程。设传递函数中 $Mg=0$，写出传递函数 $Y_1(s)/F_s$、$Y_2(s)/F_s$。

301

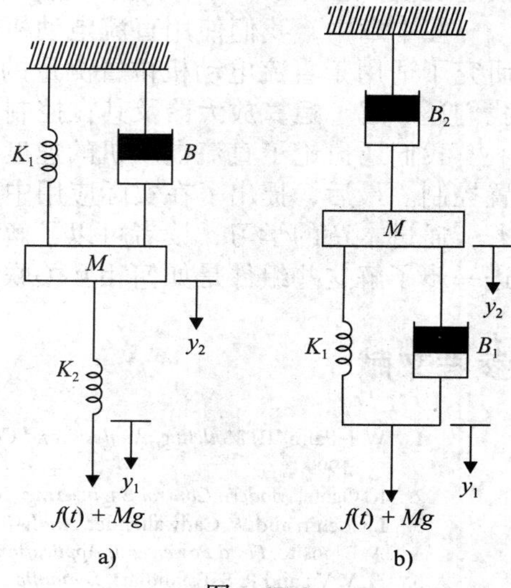

图 6P-2

6-3 写出如图 6P-3 所示的旋转系统的转矩方程。利用最少个数的积分器画出系统的状态图。根据状态图写出相应的状态方程。求 a 中系统的传递函数 $\Theta(s)/T(s)$，并求出 b、c、d、e 中的传递函数 $\Theta_1(s)/T(s)$ 和 $\Theta_2(s)/T(s)$。

6-4 图 6P-4 是一个开环电动机控制系统，电位计的最大范围是 20π rad。定义如下参数和变量：$\theta_m(t)$ 为电动机位移，$\theta_L(t)$ 为载荷位移；$T_m(t)$ 是电动机转矩；J_m 是电动机惯量；B_m 是电动机的黏性摩擦系数；$e_o(t)$ 是输出电压；K 是扭力弹性系数。写出传递函数 $E_o(s)/T_m(s)$。

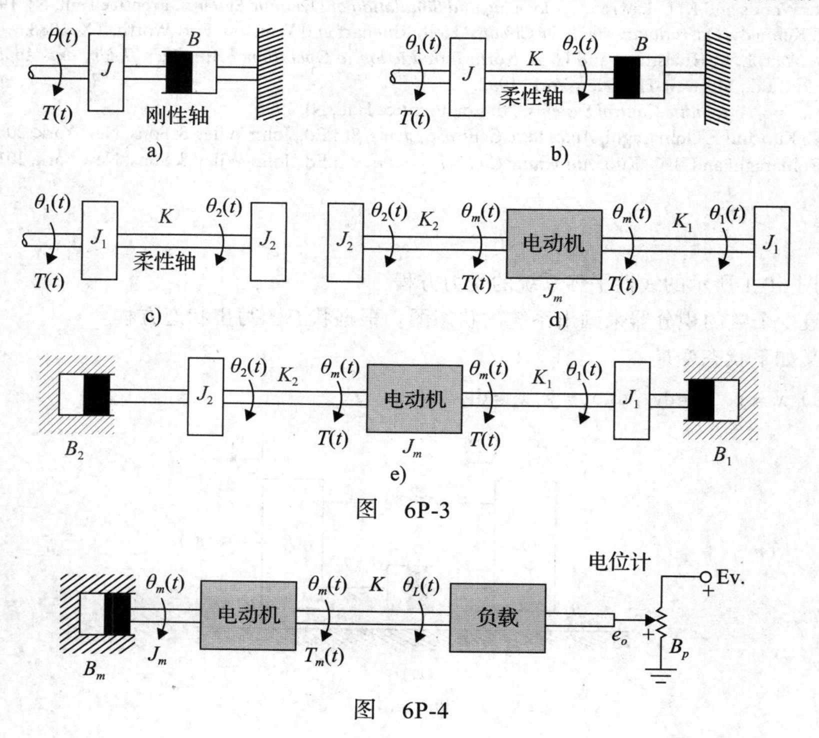

图 6P-3

图 6P-4

6-5 写出如图 6P-5 所示的齿轮系统的转矩方程。齿轮的运动惯量分别为 J_1、J_2、J_3；$T_m(t)$ 是外加转矩；N_1、N_2、N_3 和 N_4 是齿轮齿的个数，假设轴是刚性的。

(a) 假定 J_1、J_2、J_3 可以忽略，写出系统的转矩方程，求出电动机的总惯量。

(b) 不忽略 J_1、J_2、J_3 时，重新求解问题 (a)。

302

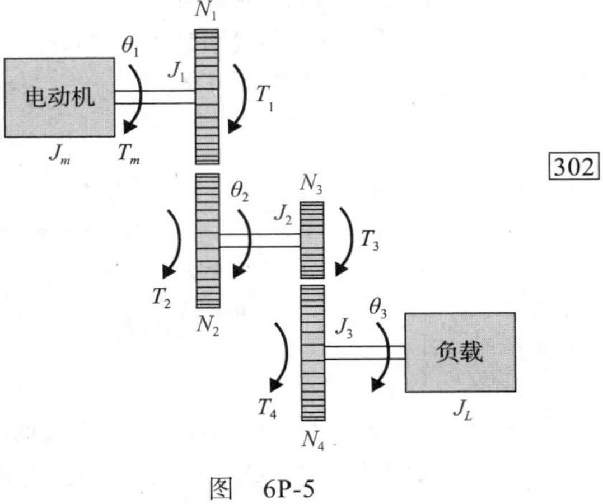

图　6P-5

6-6 如图 6P-6 所示，一辆汽车通过一个具有弹簧 - 阻尼器的铰链和另一辆拖车相连。定义如下参数和变量：M 是拖车的质量；K_h 是铰链的弹性系数；B_h 是铰链的黏性阻尼系数；B_t 是拖车的黏性摩擦系数；$f(t)$ 是汽车的拖力。

(a) 写出系统的微分方程模型。

(b) 定义如下变量状态：$x_1(t)=y_1(t)-y_2(t)$，$x_2(t)=\mathrm{d}y_2(t)/\mathrm{d}t$，写出状态方程。

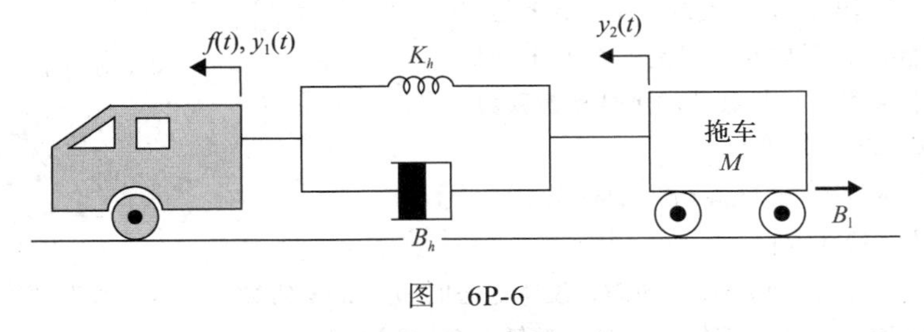

图　6P-6

6-7 图 6P-7 是一个通过齿轮连接的电动机载荷系统，齿轮比为 $n=N_1/N_2$。电动机转矩为 $T_m(t)$，载荷转矩为 $T_L(t)$。

(a) 求出最优的齿轮比 n^*，使得载荷加速度 $\alpha_L=\mathrm{d}^2\theta_L/\mathrm{d}t^2$ 最大。

(b) 当载荷转矩为 0 时，重复求解问题 (a)。

303

6-8 图 6P-8 是一个文字处理器的打印轮轴控制系统的简化图。打印轮轴由一个直流电动机通过皮带和滑轮进行控制。假设皮带是刚性的，并有如下参数和变量的定义：$T_m(t)$ 是电动机力矩；$\theta_m(t)$ 为电动机位移，$y(t)$ 为打印机轮轴的线性位移；J_m 是电动机惯量；B_m 是电动机的黏性摩擦系数；r 是滑轮半径；M 是打印轴的质量。

(a) 写出系统的微分方程

(b) 写出系统的传递函数 $Y(s)/T_m(s)$。

6-9 图 6P-9 是一个由皮带和滑轮组成的打印轮轴，皮带由具有弹性常数 K_1、K_2 的线性弹簧模型来描述。

(a) 用 θ_m、y 作为自变量，写出系统的微分方程。

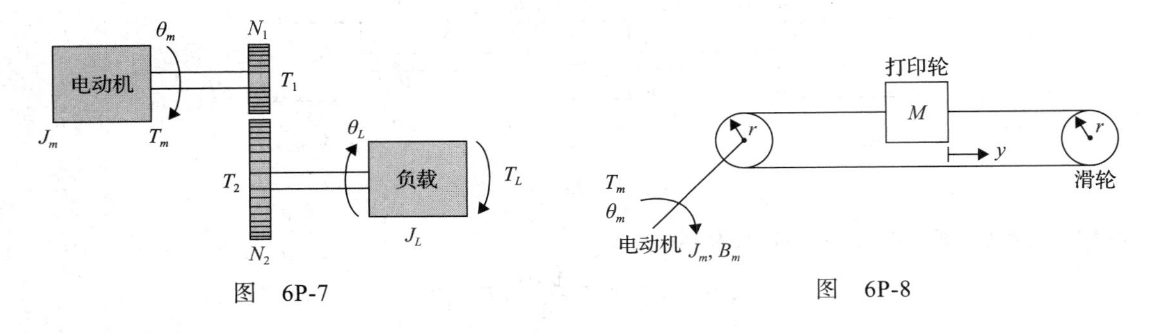

图　6P-7　　　　图　6P-8

(b) 令状态变量 $x_1 = r\theta_m - y$，$x_2 = \mathrm{d}y/\mathrm{d}t$，$x_3 = \omega_m = \mathrm{d}\theta_m/\mathrm{d}t$，写出系统的状态方程。

(c) 画出系统的状态图。

(d) 求系统的传递函数 $Y(s)/T_m(s)$。

(e) 求系统的特征方程

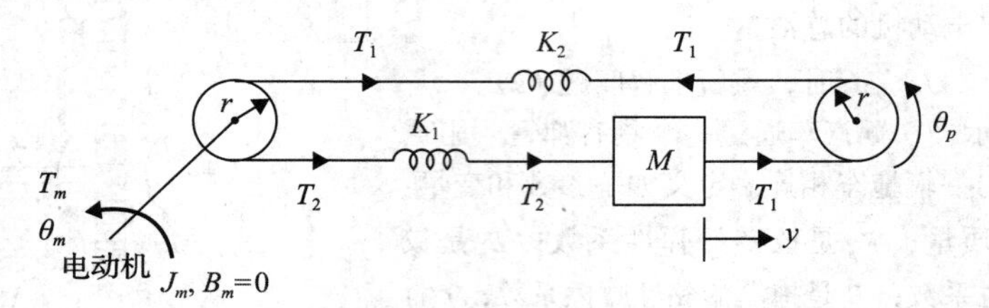

图 6P-9

6-10 图 6P-10 是一个电动机载荷系统的简图。有如下参数和变量的定义：$T_m(t)$ 是电动机转矩；$\omega_m(t)$ 是电动机速度；$\theta_m(t)$ 为电动机位移；$\omega_L(t)$ 是载荷速度；$\theta_L(t)$ 是载荷位移；K 是扭力弹性系数；J_m 是电动机惯量；B_m 是电动机的黏性摩擦系数；B_L 是载荷的黏性摩擦系数。

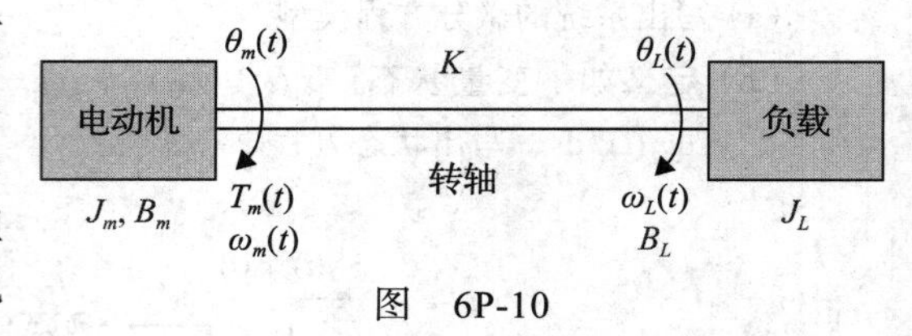

图 6P-10

(a) 写出系统的转矩方程。

(b) 求传递函数 $\Theta_L(s)/T_m(s)$ 和 $\Theta_m(s)/T_m(s)$。

(c) 求系统的特征方程。

(d) 令 $T_m(t) = T_m$ 是一个外加常转矩，说明稳态时 $\omega_m = \omega_L =$ 常数，并求出稳态速度 ω_m、ω_L。

304 (e) 当 J_L 增加一倍，J_m 保持不变时，重复求解问题 (d)。

6-11 图 6P-11 是一个由电动机、转速计和惯量载荷组成的系统的示意图。定义如下参数和变量：T_m 是电动机转矩；J_m 是电动机惯量；J_t 是转速计惯量；J_L 是载荷惯量；K_1、K_2 是轴的弹性常数；θ_t 是转速计的位移；θ_m 是电动机速度；θ_L 是载荷位移；ω_t 是转速计速度；ω_m 是电动机速度；ω_L 是载荷速度；B_m 是电动机的黏性摩擦系数。

(a) 令状态变量为 θ_L、ω_L、θ_t、ω_t、θ_m、ω_m，写出系统的状态方程。输入为电动机转矩 T_m。

(b) 不考虑初始状态，画出系统的状态图，其中 T_m 在最左端，θ_L 在最右端，状态图总共只有 10 个节点。

(c) 求出下列传递函数：

$$\frac{\Theta_L(s)}{T_m(s)},\quad \frac{\Theta_t(s)}{T_m(s)},\quad \frac{\Theta_m(s)}{T_m(s)}$$

(d) 求系统的特征方程。

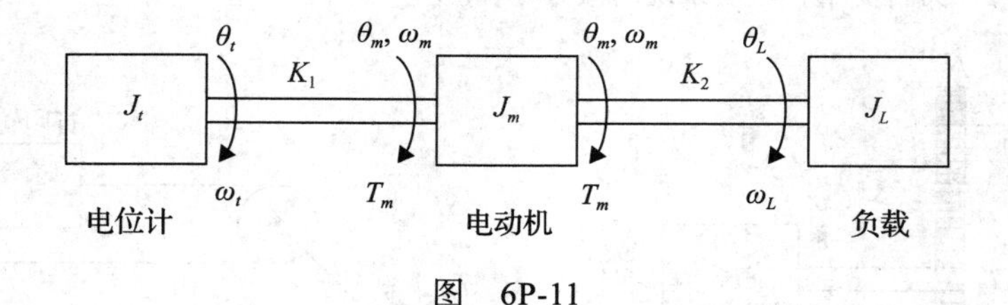

图 6P-11

6-12 直流电动机的电压方程可以写为

$$e_a(t) = R_a i_a(t) + L_a \frac{\mathrm{d}i_a(t)}{\mathrm{d}t} + K_b \omega_m(t)$$

其中，$e_a(t)$ 是外加电压；$i_a(t)$ 是电枢电流；R_a 是电枢阻抗；L_a 是电枢电感；K_b 是反向电动势常数；$\omega_m(t)$ 是电动机速度；$\omega_r(t)$ 是参考输入电压。在零初值条件下，对电压方程两端做拉普拉斯变换，我们可以得到 $\Omega_m(s)$：

$$\Omega_m(s)=\frac{E_a(s)-(R_a+L_a s)I_a(s)}{K_b}$$

这说明速度信息可以从电枢电压和电流的反馈中得到。图 6P-12 是一个有电压和电流反馈的直流电动机速度控制系统。

（a）假设 K_1 是一个高增益放大器。当 $H_i(s)/H_e(s)=-(R_a+L_a s)$ 时，说明电动机速率 $\omega_m(t)$ 和载荷扰动转矩 T_L 无关。

（b）当 $T_L=0$ 时，求从 $\Omega_m(s)$ 到 $\Omega_r(s)$ 的传递函数，其中 $H_i(s)$ 和 $H_e(s)$ 由问题（a）确定。

305

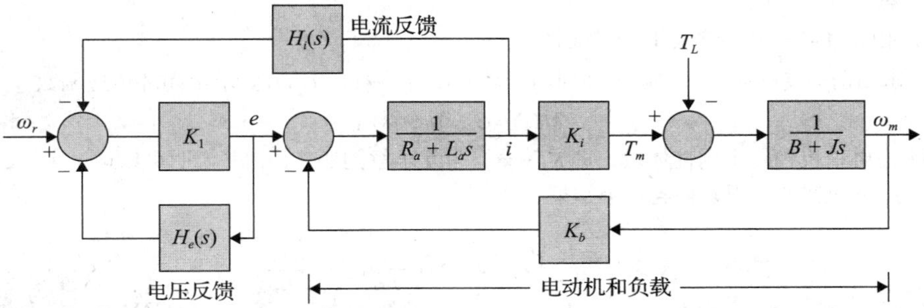

图　6P-12

6-13　这个例子是关于导弹的姿态控制问题。当导弹在空中飞行时，受到的空气阻力会使它的飞行姿态不稳定。从飞行控制来看，空气的侧力将使导弹围绕它所受地心引力的中心点旋转。如果导弹的中心线和引力中心点的方向不一致，如图 6P-13 所示，我们也称之为攻击角度 θ，从而导致在飞行过程中出现侧力。所有的力 F_α 都可以假设是作用在压力 P 的中心。如图 6P-13 所示，特别是当 P 点位于重力 C 的中心点上方时，侧力将使导弹不停地翻滚。令侧力在 C 点的角加速度为 α_F，一般来说，α_F 和攻击角度 θ 成正比，即

$$\alpha_F=\frac{K_F d_1}{J}\theta$$

其中，常数 K_F 与动态压力、导弹速率以及空气密度等参数有关，并且

J = 导弹在 C 点的运动惯量

d_1 = 点 C 和点 P 之间的距离

飞行控制系统的主要目标就是提供可以消除侧力作用的控制动作。基本控制方法之一是利用导弹尾部的气流推力来使得发动机推进力 T_s 的方向偏转，如图 6P-13 所示。

（a）已知给定的参数，当 δ 充分小时 $\sin\delta(t)$ 用 $\delta(t)$ 来近似，写出和 T_s、δ、θ 有关的转矩微分方程。

（b）假定 T_s 是常数力矩，写出传递函数 $\Theta(s)/\Delta(s)$，其中 $\Theta(s)$ 和 $\Delta(s)$ 分别是 $\theta(t)$ 和 $\delta(t)$ 的拉普拉斯变换。假设 $\delta(t)$ 充分小。

（c）将点 C 和点 P 互换，并将 α_F 表达式中的 d_1 改为 d_2，重新求解问题（a）和（b）。

306

6-14　图 6P-14a 是一个控制打印机轮轴的直流电动机控制系统的结构示意图。这里的载荷是打印机轮轴，它和电动机轴相连。定义如下参数和变量：K_s 是错误检测器的增益（V/rad）；K_i 是转矩常数（oz · in/A）；K 是放大器增益（V/V）；K_b 是反向电动势常数（V/rad/s）；n 是齿轮比 $=\theta_2/\theta_m=T_m/T_2$；$B_m$ 是电动机黏性摩擦系数（oz · in · s）；J_m 是电动机惯量（oz · in · s²）；K_L 是电动机轴的扭力弹性常数；J_L 是载荷惯量 oz · in · s²。

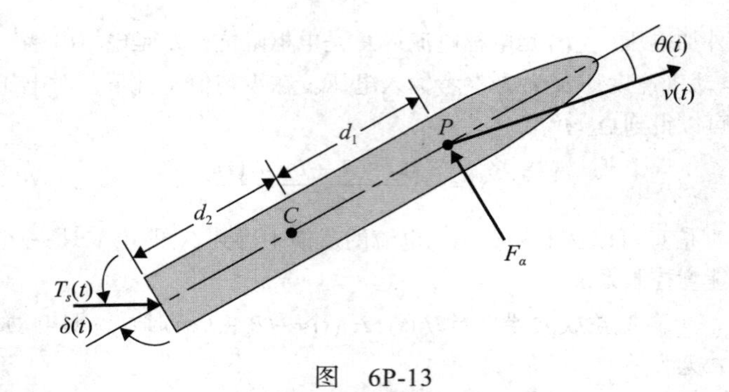

图 6P-13

(a) 写出系统的因果方程。令状态变量为$x_1=\theta_o$，$x_2=\omega_o$，$x_3=\theta_m$，$x_4=\omega_m$，$x_5=i_a$写出系统的状态方程。

(b) 用图 3P-14b 中的节点画出状态图。

(c) 求出前向传递函数（输出反馈回路开环）$G(s)=\Theta_o(s)/\Theta_e(s)$。求出闭环传递函数

$$M(s)=\Theta_o(s)/\Theta_r(s)\text{。}$$

(d) 当电动机轴是个刚性体时，即$K_L=\infty$，重复求解问题（c），并说明可以通过求（c）中的K_L趋近无穷的极限来得到这个结果。

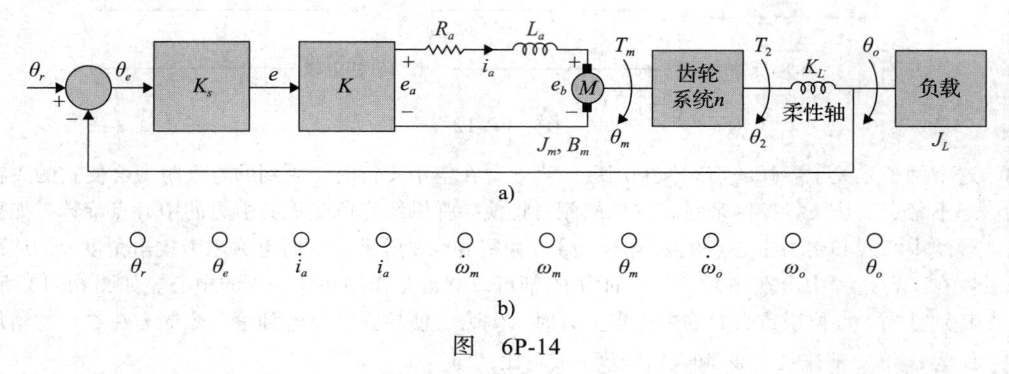

图 6P-14

6-15 图 6P-15a 是一个音圈电动机（VCM）的结构示意图。它在磁盘存储系统中用作线性执行器。音圈电动机由圆柱形的永磁铁和音圈组成。当电流通过绕组线圈时，永磁铁和带电导体的磁场就使线圈发生线性移动。音圈电动机中的音圈包括一个主线圈绕组和一个短路线圈绕组，后者用来减小设备的电气常数。图 6P-15b 是绕组的等效电路图。我们定义如下参数和变量：$e_a(t)$是在绕组两端施加的电压；$i_a(t)$是主线圈绕组中的电流；$i_s(t)$是短路线圈绕组中的电流；R_a是主线圈绕组的阻抗；L_a是主线圈绕组的电感；L_{as}是主线圈绕组和短路线圈绕组之间的互感系数；$v(t)$是音圈速度；$y(t)$是音圈位移；$f(t)=K_i v(t)$是音圈的受力；K_i是力常数；K_b是反向电动势常数；$e_b(t)=K_b v(t)$是反向电动势；M_T是音圈和载荷的总质量；B_T是音圈和载荷的总黏性摩擦系数。

(a) 写出系统的微分方程。

(b) 令$E_a(s)$、$I_a(s)$、$I_s(s)$、$V(s)$、$Y(s)$为变量，画出系统的控制框图。

307 (c) 求出传递函数$Y(s)/E_a(s)$。

6-16 已知直流电动机位置控制系统如图 6P-16a 所示。定义如下参数和变量：e为误差电压；e_r为参考输入；θ_L为载荷位置；K_A为放大器增益；e_a为电动机输入电压；e_b为反向电动势；i_a为电动机电流；T_m为电动机转矩；J_m为电动机惯量 = 0.03(oz · in · s²)；B_m为电动机黏性摩擦系数 = 10(oz · in · s)；K_L为扭力弹性常数 = 500 00(oz · in/rad)；J_L为载荷惯量 = 0.05(oz · in · s²)；K_i为

电动机力矩常数 = 21(oz · in/A)； K_b 为反向电动势常数 = 15.5(V/1000rpm)； K_s 为误差探测器增益 = $E/2\pi$； E 为误差探测器两端外加电压 = 2π(V)； R_a 为电动机阻抗 = 1.15(Ω)； $\theta_e=\theta_r-\theta_L$。

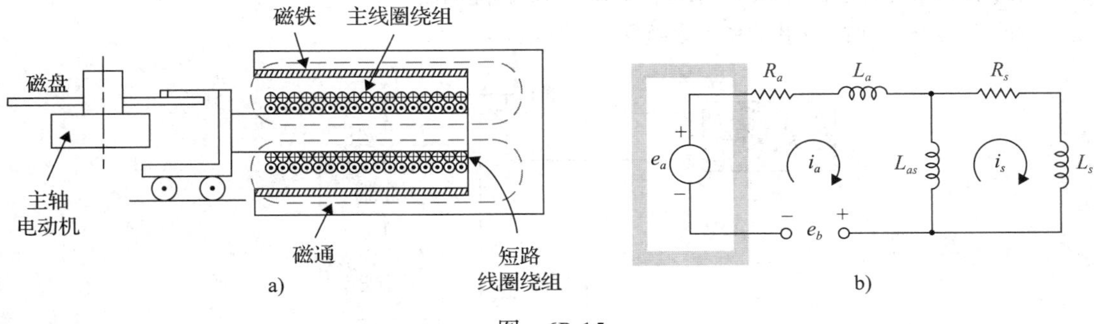

图　6P-15

（a）用这些状态变量 $x_1=\theta_L$， $x_2=\mathrm{d}\theta_L/\mathrm{d}L=\omega_L$， $x_3=\theta_3$， $x_4=\mathrm{d}\theta_m/\mathrm{d}t=\omega_m$，写出系统的状态方程。

（b）用图 6P-16b 所示的节点，画出状态图。

（c）当外环反馈回路 θ_L 开环，求系统的前向传递函数 $G(s)=\Theta_L(s)/\Theta_e(s)$，并求出 $G(s)$ 的极点。

（d）求出闭环传递函数 $M(s)=\Theta_L(s)/\Theta_e(s)$。当 $K_A=12738$ 和 5476 时，求 $M(s)$ 的极点。画出这些极点在 s 平面的位置，并说明它们和 K_A 的关系。

308

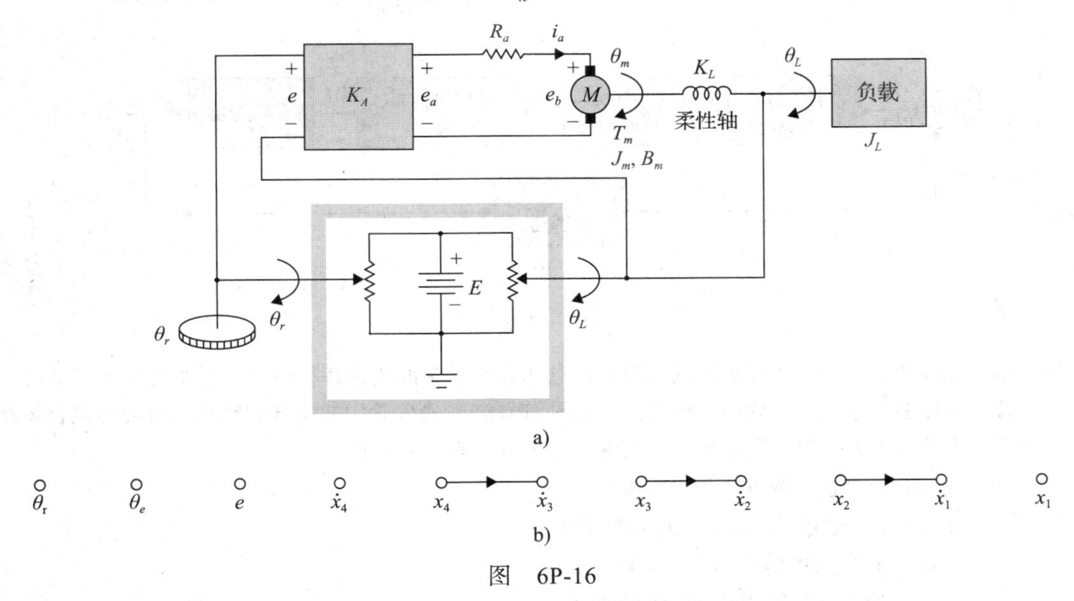

图　6P-16

6-17 图 6P-17a 是一个气流系统的温度控制装置示意图。存储水箱中的热水，通过热交换器来加热空气。温度传感器检测空气温度 T_{AO}，并将它与参考温度 T_r 进行比较，得到的误差值 T_e 被送入控制器，控制器的传递函数为 $G_c(s)$。控制器的输出 $u(t)$ 是一个电信号，通过转换器被转换为气动信号。执行器的输出通过一个三通阀门来控制水流速度。图 6P-17b 画出了系统的控制框图。

定义如下参数和变量： dM_W 为加热流体的流速 = $K_M u$， K_M = 0.054(kg/s/V)； T_W 为水温 = $K_R dM_W$； $K_R=65^{\circ}\mathrm{C/kg/s}$； T_{AO} 为空气的输出温度。

水和空气的热交换方程为

$$\tau_c\frac{\mathrm{d}T_{AO}}{\mathrm{d}t}=T_w-T_{AO}\qquad \tau_c=10\mathrm{s}$$

温度传感器的方程为

$$\tau_s \frac{\mathrm{d}T_s}{\mathrm{d}t} = T_{\mathrm{AO}} - T_s \qquad \tau_s = 2\mathrm{s}$$

(a) 画出系统的控制框图，要求包含系统所有的传递函数。

309 (b) 当 $G_c(s)=1$ 时，求出系统传递函数 $T_{\mathrm{AO}}(s)/T_r(s)$。

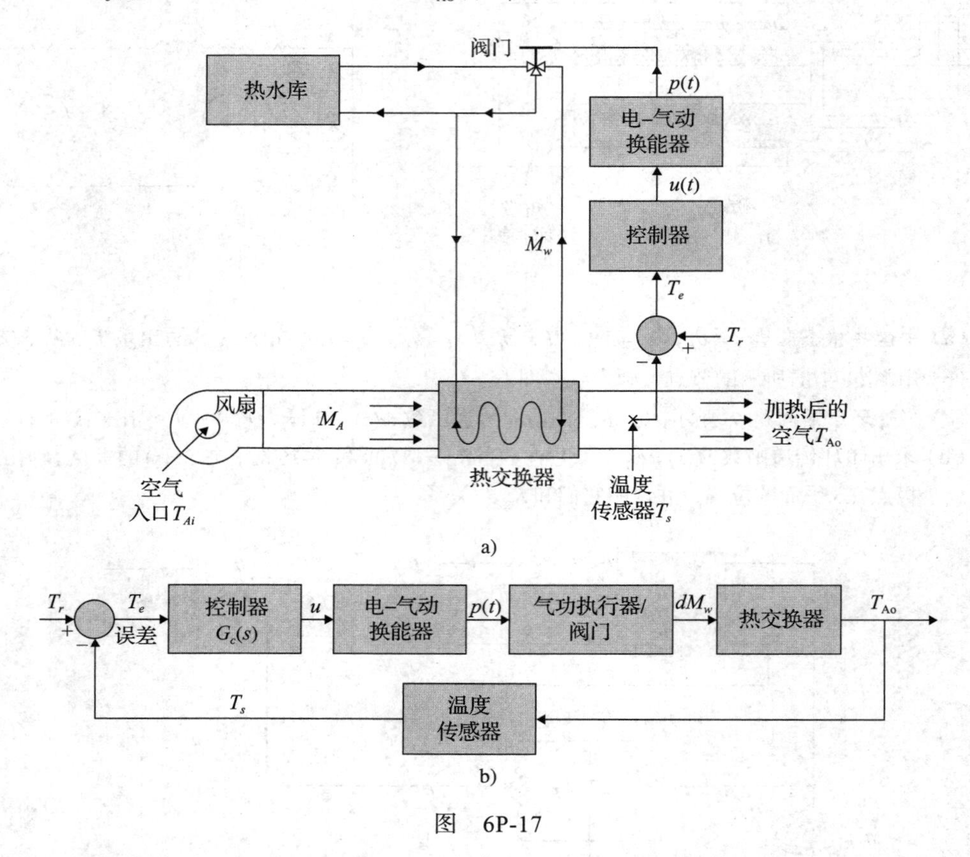

图 6P-17

6-18 本题是要得到如图 1-2 所示的汽车发动机怠速控制系统的线性解析模型。系统的输入是油门位置，它控制着进入进气管的空气流速（见图 6P-18）。进气管中的空气和空气与汽油的混合体在气缸中产生压力，使得发动机产生扭矩。定义如下参数和变量：

$q_i(t)$：通过进气管进入的空气量

$\mathrm{d}q_i(t)/\mathrm{d}t$：通过进气管进入的空气流速

$q_m(t)$：进气管中的平均空气质量

$q_o(t)$：通过进气阀离开进气管的空气量

$\mathrm{d}q_o(t)/\mathrm{d}t$：通过进气阀离开进气管的空气流速

$T(t)$：发动机转矩

T_d：应用自动加速装置产生的扰动转矩，常量

$\omega(t)$：发动机速度

$\alpha(t)$：油门位置

τ_D：电动机时滞

310 J_e：电动机惯量

电动机的假设和数学描述如下：

（1）通过进气管进入的空气流速与油门位置呈线性关系：

$$\frac{\mathrm{d}q_i(t)}{\mathrm{d}t}=K_1\alpha(i) \qquad K_1=\text{比例常数}$$

（2）离开进气管的空气流速和里面的空气质量以及发动机速度呈线性关系：

$$\frac{\mathrm{d}q_o(t)}{\mathrm{d}t}=K_2q_m(t)+K_3\omega(t) \qquad K_2,K_3=\text{常数}$$

（3）发动机转矩和进气管中空气质量的变化之间存在一个纯时滞 τ_D：

$$T(t)=K_4q_m(t-\tau_D) \qquad K_4=\text{常数}$$

（4）发动机的滞后效应由黏性摩擦转矩 $B\omega(t)$ 表示，其中 B 为黏性摩擦系数。

（5）平均空气质量 $q_m(t)$ 由下式决定：

$$q_m(t)=\int\left(\frac{\mathrm{d}q_i(t)}{\mathrm{d}t}-\frac{\mathrm{d}q_o(t)}{\mathrm{d}t}\right)\mathrm{d}t$$

（6）机械元件的描述方程为

$$T(t)=J\frac{\mathrm{d}\omega(t)}{\mathrm{d}t}+B\omega(t)+T_d$$

(a) 以 $\alpha(t)$ 为输入、$\omega(t)$ 为输出、T_d 为扰动输入，画出系统的控制框图，求出每个方框的传递函数。

(b) 写出系统的传递函数 $\Omega(s)/\alpha(s)$。

(c) 写出特征方程，并说明它不是常系数的有理方程。

(d) 将发动机时滞用下式来近似表示：

$$\mathrm{e}^{-\tau_D s}\cong\frac{1-\tau_D s/2}{1+\tau_D s/2}$$

重复求解（b）问和（c）问。

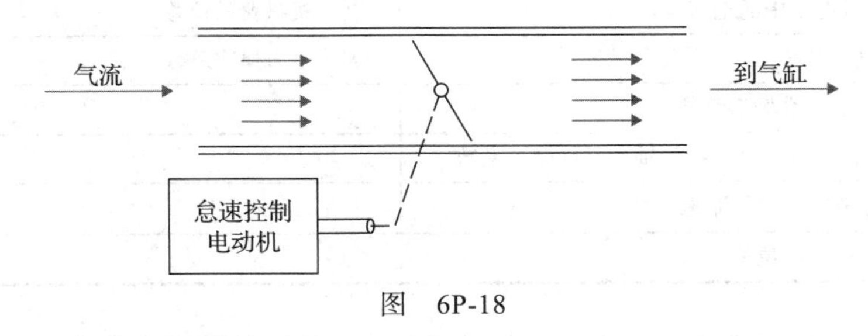

图　6P-18

311

6-19 锁相回路常用于电动机速度的精确控制中。图 6P-19a 是一个包含直流电动机的锁相回路系统的基本组成部分的示意图。输入脉冲序列代表参考频率或期望的输出速度。数字编码器得到代表电动机速度的数字脉冲。相位监测器比较电动机速度和参考频率，将误差电压送入控制系统动态响应的滤波器（控制器）。相位检测器的增益为 K_p，编码器增益为 K_e，计数器增益为 $1/N$，直流电动机的转矩常数为 K_i，令电动机感应系数和摩擦都为 0。

（a）假设滤波器的输出阻抗无限大，输入阻抗为零，求如图 6P-19b 所示的滤波器的传递函数 $E_c(s)/E(s)$。

（b）由图中所示的增益和传递函数，画出系统的控制框图。

（c）当反馈通路开环时，求出前向传递函数 $\Omega_m(s)/E(s)$。

（d）求闭环传递函数 $\Omega_m(s)/F_r(s)$。

（e）对于如图 6P-19c 所示的滤波器，重复求解（a），（c），（d）。

（f）数字编码器每转输出 36 个脉冲信号，参考频率 f_r 固定在 120 个脉冲 /s。求 K_e。计数器的作用是，对于固定的 f_r，可以通过调节 N 的值来得到各种期望的输出速度。如果期望的输出速度为 200rpm 和 1800rpm，分别求出相应的 N。

6-20 图 6P-20 是一个由直流电动机驱动的机械臂的线性模型。系统参数和变量如下定义：

a)

b)　　　　c)

图　6P-19

直流电动机	机械臂
T_m = 电动机转矩 = $K_i i_a$	J_L = 机械臂的惯量
K_i = 转矩常数	T_L = 机械臂的扰动转矩
i_a = 电动机电枢中的电流	θ_L = 机械臂的位移
J_m = 电动机惯量	K = 扭力弹性系数
B_m = 电动机黏性摩擦系数	
B = 电动机和机械臂连接处轴的黏性摩擦系数	
B_L = 机械臂轴的黏性摩擦系数	
θ_m = 电动机轴的位移	

312

（a）以 $i_a(t)$ 、$T_L(t)$ 作为输入，$\theta_m(t)$ 、$\theta_L(t)$ 作为输出，写出系统的微分方程。

（b）利用 $I_a(s)$ 、$T_L(s)$ 、$\Theta_m(s)$ 、$\Theta_L(s)$ 作为节点变量，画出信号流图。

（c）将传递函数写成如下形式：

$$\begin{bmatrix}\boldsymbol{\Theta}_m(s)\\ \boldsymbol{\Theta}_L(s)\end{bmatrix}=\boldsymbol{G}(s)\begin{bmatrix}I_a(s)\\ -T_L(s)\end{bmatrix}$$

求出 $G(s)$ 。

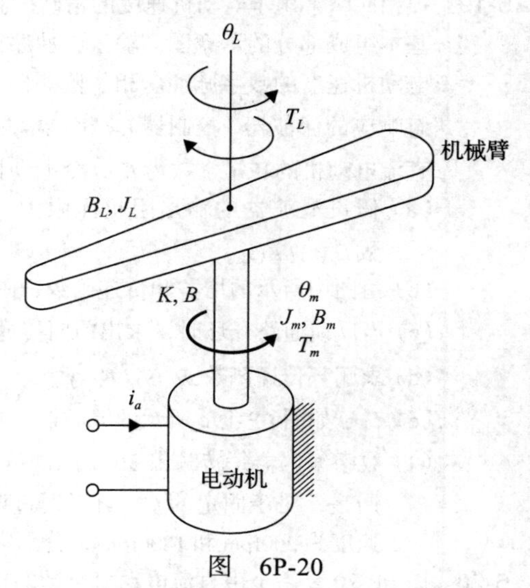

图　6P-20

6-21　下面的微分方程描述了牵引系统中的电动火车的运动方程：

$$\frac{\mathrm{d}x(t)}{\mathrm{d}t}=v(t)$$

$$\frac{\mathrm{d}v(t)}{\mathrm{d}t}=-k(v)-g(x)+f(t)$$

其中

$x(t)$ = 火车的线性位移

$v(t)$ = 火车的线性速度

$k(v)$ = 火车的阻力（是 V 的奇函数，具有如下性质：$k(0)=0$，$\mathrm{d}k(v)/\mathrm{d}v=0$）

$g(x)$ = 非水平轨道或曲面轨道产生的引力

$f(t)$ = 牵引力

电动机产生的牵引力由下面方程描述：

$$e(t)=K_b\phi(t)v(t)+R_a i_a(t)$$
$$f(t)=K_i\phi(t)i_a(t)$$

其中，$e(t)$ 为外加电压；$i_a(t)$ 为电枢电流；$i_f(t)$ 为励磁电流；R_a 为电枢阻抗；$\phi(t)$ 为独立的励磁 $K_f i_f(t)$ 产生的磁通量；K_i 为力常数。

313

（a）已知直流串联电动机的电枢和励磁绕组串接在一起，则 $i_a(t)=i_f(t)$，$g(x)=0$，$k(v)=Bv(t)$，$R_a=0$。说明系统可以用下面的非线性状态方程来描述：

$$\frac{\mathrm{d}x(t)}{\mathrm{d}t}=v(t)$$
$$\frac{\mathrm{d}v(t)}{\mathrm{d}t}=-Bv(t)+\frac{K_i}{K_b^2K_f v^2(t)}\mathrm{e}^2(t)$$

（b）考虑（a）问中情形，如果 $i_a(t)$ 是系统的输入（替换 $e(t)$），求出系统状态方程。

（c）考虑（a）问中的情形，如果 $\phi(t)$ 是系统的输入，求出系统的状态方程。

6-22 图 6P-22a 是典型的倒立摆平衡系统。控制目标是通过对底部小车施加外力 $u(t)$，来使得倒立摆保持在垂直方向。在实际应用中，该系统类似于控制一个单轮脚踏车或者刚发射时的导弹的平衡问题。系统的受力图如图 6P-22b 所示。

f_x = 水平方向倒立摆受到的力

f_y = 垂直方向倒立摆受到的力

M_b = 倒立摆的质量

g = 重力加速度

M_c = 底部小车的质量

J_b = 倒立摆在重力加速度中心点的惯量，$CG=M_bL^2/3$

（a）写出在倒立摆底部铰链处沿 x、y 方向的受力方程。写出倒立摆在重力加速度中心点 CG 处的转矩方程。写出小车在水平方向的受力方程。

（b）定义如下状态变量：$x_1=\theta$，$x_2=\mathrm{d}\theta/\mathrm{d}t$，$x_3=x$，$x_4=\mathrm{d}x/\mathrm{d}t$。将（a）中得到的方程写成相应的状态方程。当 $\sin\theta\approx\theta$，$\cos\theta\approx 1$ 时，化简所得的方程。

（c）假设信号很微弱，在平衡点 $x_{o1}(t)=1$，$x_{o2}(t)=0$，$x_{o3}(t)=0$，$x_{o4}(t)=0$ 处，写出如下形式的线性化后的状态方程：

$$\frac{\mathrm{d}\Delta x(t)}{\mathrm{d}t}=A^*\Delta x(t)+B^*\Delta r(t)$$

314

6-23 图 6P-23 是一个钢球悬浮控制系统的示意图。钢球借助电磁铁产生的磁力悬浮在空中。控制目标是通过电压 $e(t)$ 来控制磁铁中的电流，使得金属球在自治平衡点保持不动。它的实际应用背景是磁悬浮列车或磁轴承等高精度控制系统。

线圈的阻抗是 R，电感是 $L(y)=L/y(t)$，其中 L 是常数。外加电压 $e(t)$ 是幅值为 E 的常数。

（a）E_{eq} 是 E 的标度点，求出 $y(t)$、$\mathrm{d}y(t)/\mathrm{d}t$ 在平衡点的标度值。

（b）定义状态变量为 $x_1(t)=i(t)$，$x_2(t)=y(t)$，$x_3(t)=\mathrm{d}y(t)/\mathrm{d}t$，求出具有如下形式的非线性状态方程：

$$\frac{\mathrm{d}x(t)}{\mathrm{d}t}=f(x,e)$$

（c）将状态方程在平衡点处线性化，将得到的线性状态方程写成如下形式：

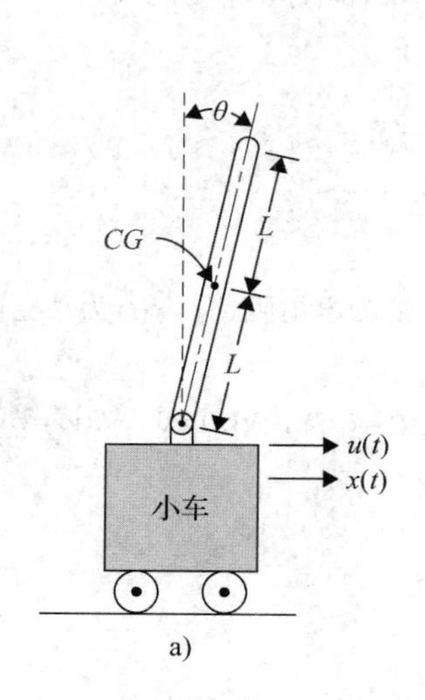

a)

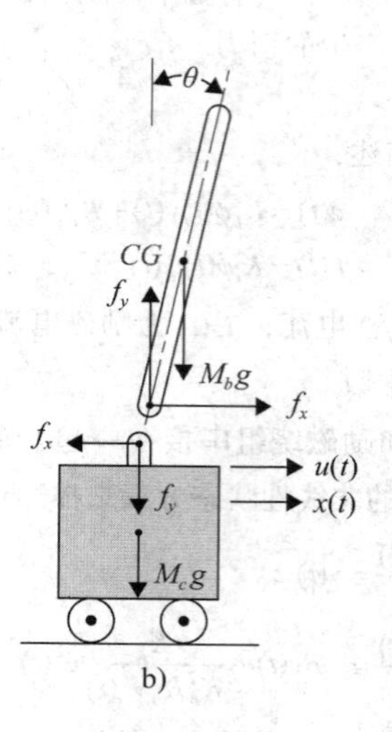

b)

图 6P-22

$$\frac{\mathrm{d}\Delta x(t)}{\mathrm{d}t}=A^*\Delta x(t)+B^*\Delta e(t)$$

其中，电磁铁产生的力为$Ki^2(t)/y(t)$，K是比例常数，钢球受到的重力为Mg。

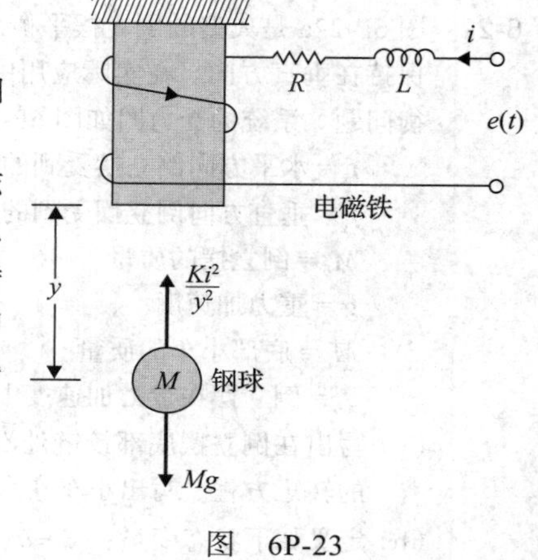

图 6P-23

6-24 图 6P-24a 是钢球悬浮控制系统的示意图。钢球借助电磁铁产生的磁力悬浮在空中。系统控制目标是通过调节电压$e(t)$来改变磁铁中的电流，使得钢球在自治平衡点保持不动。当系统处于稳定点的时候，任何一个很小的扰动都会使球偏离平衡点的位置，从而产生控制动作来使得它返回平衡点。系统的受力图如 6P-24b 所示，其中：

$M_1=2.0$ 是电磁铁的质量

$M_2=1.0$ 是钢球的质量

$B=0.1$ 是空气的黏性摩擦系数

$K=1.0$ 是电磁铁的比例常数

315

$g=32.2$ 是重力加速度

假设所有的单位都一致。变量$i(t)$、$y_1(t)$、$y_2(t)$的平衡点分别为I、Y_1、Y_2。定义如下的状态变量：$x_1(t)=y_1(t)$，$x_2(t)=\mathrm{d}y_1(t)/\mathrm{d}t$，$x_3(t)=y_2(t)$，$x_4(t)=\mathrm{d}y_2(t)/\mathrm{d}t$。

(a) 已知$Y_1=1$，求I、Y_2。

(b) 写出系统的非线性状态方程，形式为$\mathrm{d}x(t)/\mathrm{d}t=f(x,i)$。

(c) 求系统在平衡点I、Y_1、Y_2线性化得到的状态方程，写成如下形式：

$$\frac{\mathrm{d}x(t)}{\mathrm{d}t}=A^*\Delta x(t)+B^*\Delta i(t)$$

6-25 图 6P-25 是轧钢过程的示意图。钢板以常速 v ft/s 通过锟子，锟子和测量钢板厚度处的距离为 d ft。电动机的旋转位移$\theta_m(t)$通过齿轮箱和线性执行器的共同作用转换为线性位移$y(t)$，$y(t)=n\theta_m(t)$，其中n是一个正常数，单位为 ft/rad。载荷对于电动机轴的等价惯量为J_L。

(a) 画出系统的功能控制框图。

(b) 求出前向通道传递函数$Y(s)/E(s)$和闭环传递函数$Y(s)/R(s)$。

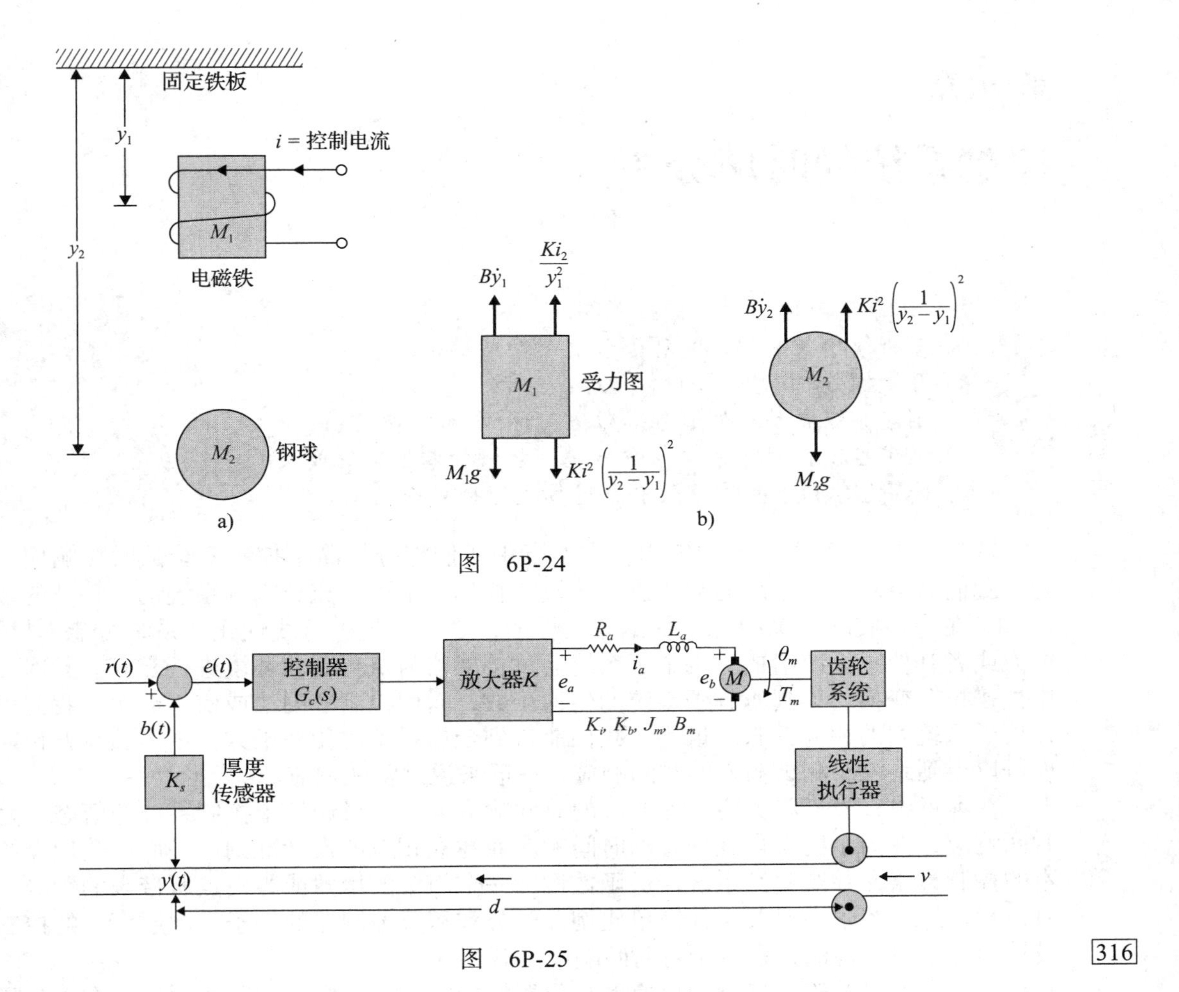

图　6P-24

图　6P-25

316

第 7 章

控制系统的时域分析

完成本章的学习之后，你将能够

1）分析简单控制系统的暂态和稳态时间响应。

2）开发操作时间响应的简单设计准则。

3）确定直流电动机的速度和位置时间响应。

4）运用控制技术观察对系统传递函数增加零极点的效果。

5）使用 MATLAB 学习简单控制系统的时间响应。

基于第 1～3 章中的基础知识，在本章中我们将分析简单控制系统的时域响应。首先，我们需要对整个系统的动态进行建模，找到一个可以充分刻画系统动态特性的数学模型。在许多实际情况中，系统是非线性的，必须首先进行线性化。系统可能由机械、电力或者其他子系统组成。每个子系统通过传感器与执行器和环境进行交互。其次，运用拉普拉斯变换，得到所有子系统的传递函数，运用控制框图法或信息流图，我们可以知道子系统间的相互关联。最后，我们能得到全局系统的传递函数，运用反拉普拉斯变换可以得到系统对测试输入的时间响应，一般来说是阶跃响应。

在本章中，我们将关注更深层次的时间响应分析，讨论简单控制系统的**暂态**和**稳态**时间响应，并为了能够得到理想的时间响应而建立相应的设计准则。最后，我们介绍基本的控制策略，并观察给系统传递函数增加一个简单的增益或零极点所带来的影响。同时，我们还介绍了在时域设计简单比例、微分和积分控制器的例子。此层面上的控制器设计纯粹是引导性的，是基于对时间响应的观察的。

本章中许多关于直流电动机速度与位置控制的实例给出了实际相关性。在本章最后给出的实例是关于一个直流电动机的位置控制以及如何将直流电动机的三阶模型简化成二阶。本章将运用 MATLAB 工具箱来分析和解释相关概念。

最后，大多数本科控制课程都有直流电动机时域响应及控制的实验室，即速度响应、速度控制、位置响应、位置控制。大多数情况下，由于控制实验设备的价格高昂使得学生测试设备的时间有限，所以许多学生对此课题并没有一个深入的理解。为了克服这个局限性，本书引入“**控制实验室**”这一概念，包括两类实验：**SIMlab**（**基于模型**的仿真）和 **LEGOlab**（**物理实验**）。这些实现将作为对传统本科控制课程实验的补充或者替代。

317

学完本章之后，建议读者参考附录 A 运用 LEGOlab 来体验设计控制系统的实际操作。

7.1 连续时间系统的时间响应

在大多数控制系统中时间通常是自变量，因此我们往往关注状态和输出关于时间的响应，或简称为**时间响应**。分析过程中，我们对系统施加一个**参考输入信号**后，可以研究系统的时域响应来获得对系统**性能**的评价。例如，如果控制系统的目标是使输出变量从某一初始条件和初始时间开始跟踪一个输入信号，则需要比较输入信号和输出响应的时间函数。因此，对大多数控制系统而言，我们都是根据时间响应来最终评价系统性能。

控制系统的时间响应常常分为两部分：**暂态响应**和**稳态响应**。连续时间系统的时间响应 $y(t)$ 通常可以写成：

$$y(t)=y_t(t)+y_{ss}(t) \tag{7-1}$$

其中，$y_t(t)$为暂态响应，$y_{ss}(t)$为稳态响应。

在稳定控制系统中，暂态响应定义为当时间趋于无穷时，响应中趋于零的那部分信号。因此，$y_t(t)$有如下性质：

$$\lim_{t\to\infty} y_t(t)=0 \tag{7-2}$$

稳态响应则是整个响应在暂态响应消失后仍然存在的那部分响应。因此，稳态响应仍可按一固定模式（如正弦波，或随时间增长的斜坡函数）变化。

所有稳定的实际控制系统在达到稳态前都会显现出一定程度的稳态现象。惯性、质量和感应在物理系统中都是无法避免的，因此一个典型控制系统的响应也不能立即跟随输入的突然变化，这时就常常可以观察到暂态现象。显然，暂态过程的控制非常重要，不仅仅因为它是系统动态行为的重要组成部分，还在于在达到稳态之前，输出响应和输入或期望之间的误差必须得到很好的控制。

控制系统的稳态响应也非常重要，因为它表明了在一段时间之后系统输出停留在什么地方。在位置控制系统中，稳态响应和期望的参考位置之间的误差说明了系统的最后精度。通常，如果输出的稳态响应不能和期望值完全一致，则我们称系统有**稳态误差**。 318

在时域中研究控制系统主要指的是评价系统的暂态响应和稳态响应。设计时，我们常常会根据给定的暂态和稳态性能指标来设计控制器，达到相应的要求。

7.2　评价控制系统时间响应性能的典型测试信号

与电气网路和通信系统不同，许多实际控制系统的输入预先都无法知道。控制系统的实际输入很多时候都随时间而随机变化。举例来说，在防空导弹的雷达跟踪系统中，跟踪目标的位置和速度的变化是不可预测的，从而无法事先设定。这就对设计者提出了一个挑战，因为很难设计出这样一个控制系统：在任何可能形式的输入信号下都有满意的性能。因此从设计和研究的角度出发，完全有必要假设一些基本类型的**测试信号**来评价系统**性能**。我们通过适当选取这些基本测试信号，不仅可以使问题的数学处理系统化，还可以根据测试信号所得到的响应来预测其他复杂输入信号下的系统性能。可以通过在**设计**过程中指定有关这些**测试信号**的性能指标，来保证设计得到的系统能够满足要求。这种方法对线性系统而言是非常行之有效的，因为复杂信号的响应可以通过简单测试信号的响应相互叠加得到。

在第 10 章中，我们还会在频域中分析线性时不变系统在输入测试用正弦信号时的响应。当输入频率从零一直增加到超出系统特性的主要范围时，我们就可以画出输入和输出之间的振幅比值和相位值的频率函数曲线。从系统的频域特征来预测出其时域响应是有可能的。

为了便于时域分析，我们需用到下面几种测试信号。

阶跃函数输入

阶跃函数输入信号表示参考输入的瞬时变化。例如，如果输入是一个机械轴的角度位置，则阶跃输入意味着机械轴的突然旋转。幅值为R的阶跃函数的数学描述为

$$\begin{aligned} r(t)&=R, \quad t\geqslant 0 \\ &=0, \quad t<0 \end{aligned} \tag{7-3}$$

其中，R是一个实常数。我们也可将它写为

$$r(t)=Ru_s(t) \tag{7-4}$$

其中，$u_s(t)$ 是单位阶跃函数。图 7-1a 是作为时间的函数的阶跃函数。阶跃函数是非常有用的测试信号，其幅值的初始瞬时跳跃在很大程度上揭示出系统在输入信号剧烈变化时响应的快速性。同时，阶跃函数包含了频谱中的很大范围的频率，由于变化的不连续性，它可以等效为将无数种频率的正弦信号输入系统。

319

斜坡函数输入

斜坡函数信号随时间恒定变化，其数学形式可写为

$$r(t) = Rtu_s(t) \tag{7-5}$$

其中，R 是一个实常数。斜坡函数如图 7-1b 所示。如果输入变量表示机械轴的角位移，则斜坡函数表示机械轴做常速旋转。斜坡函数可以用来测试系统对输入信号随时间线性变化时的响应。

抛物线函数输入

抛物线函数代表比斜坡快一个数量级的信号，数学上可以写成

$$r(t) = \frac{Rt^2}{2}u_s(t) \tag{7-6}$$

其中，R 是一个实常数，因子 1/2 是为了数学上可以将 $r(t)$ 的拉普拉斯变换简单地写成 R/s^3。抛物线函数如图 7-1c 所示。

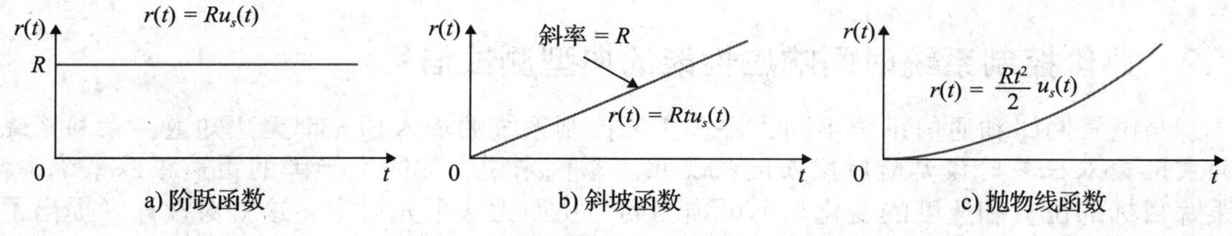

图 7-1　控制系统的基本时域测试信号

这些测试信号的共同特征就是其数学表述都很简单。从阶跃函数到抛物线函数，各个测试信号依次随时间变化加快。理论上，还可以定义变化更快的信号，如 t^3，称之为 Jerk 函数。事实上，很少有必要用到比抛物线函数更快的测试信号。

320

7.3　单位阶跃响应和时域描述

正如前面已经定义的，时间响应的暂态部分是在时间增大时趋于零的那部分。然而，控制系统的暂态响应依然很重要，因为响应的幅值和持续时间都必须保持在可以接受或设定的范围内。例如，我们在第 1 章中介绍的汽车怠速控制系统，除了稳态要达到期望的怠速之外，瞬时的发动机速度不能下降太快，并且速度恢复要尽可能快。对线性控制系统而言，暂态响应特性常常用**单位阶跃**函数 $u_s(t)$ 作为输入来获得。输入信号为单位阶跃函数时控制系统的响应被称为单位阶跃响应。图 7-2 是一个线性系统典型的单位阶跃响应。根据单位阶跃响应，在时域刻画线性控制系统的常用性能指标如下。

1. **最大超调**：令 $y(t)$ 为单位阶跃响应。$y_{\max}$ 为 $y(t)$ 的最大值；y_{ss} 是 $y(t)$ 的稳态值，$y_{\max} \geqslant y_{ss}$。我们定义 $y(t)$ 的最大超调为

$$最大超调 = y_{\max} - y_{ss} \tag{7-7}$$

最大超调常常写成阶跃响应终值的百分比形式，即

$$最大超调百分比=\frac{最大超调}{y_{ss}}\times 100\% \tag{7-8}$$

最大超调常常用来衡量控制系统的相对稳定性。我们一般不希望系统有很大的超调。设计中最大超调通常作为时域指标。在图 7-2 中，单位阶跃响应的最大超调发生在第一次超调，而一些系统的最大超调往往发生在较后的峰值。并且，如果系统传递函数在右复半平面有奇数个零点，则还会出现负的欠调 [4-5]（参考 7.9.3 和 7.9.4 节）。

2. **延迟时间**：延迟时间 t_d 定义为阶跃响应达到其稳态值 50% 时所需要的时间，如图 7-2 所示。

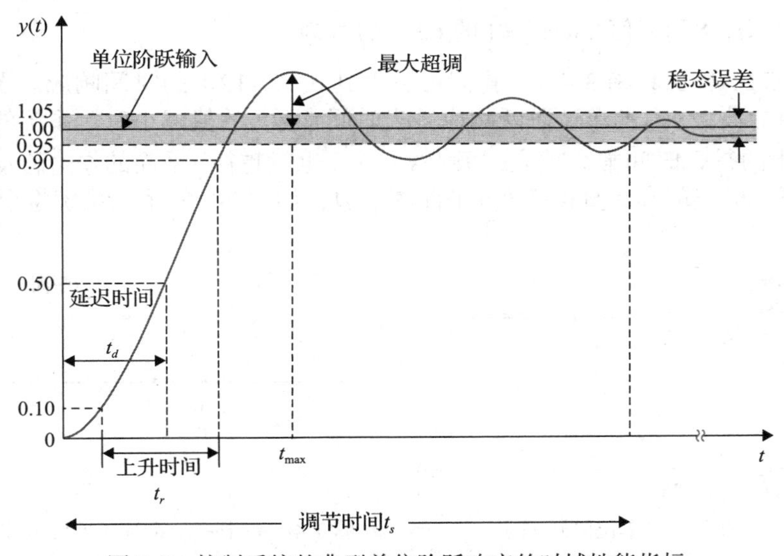

图 7-2　控制系统的典型单位阶跃响应的时域性能指标

3. **上升时间**：上升时间 t_r 定义为阶跃响应从稳态值的 10% 上升到 90% 所需要的时间，如图 7-2 所示。我们也可以将上升时间定义为阶跃响应达到稳态 50% 时阶跃响应坡度的倒数。

4. **调节时间**：调节时间 t_s 定义为阶跃响应衰减到并保持在稳态值附近一定百分比之内所需要的时间。通常这个比率定为 5%。

5. **稳态误差**：我们定义系统响应的稳态误差为达到稳态（$t\to\infty$）时输出与参考输入之间的误差。

321

上面定义的前四个指标可以用来衡量单位阶跃响应的控制系统的暂态特征。当适当定义了阶跃响应后，这些时域指标很容易测量得到，如图 7-2 所示。只有当系统阶次低于三阶时才能解析地得到这些指标值。

值得指出的是，稳态误差可以由任意一个测试信号来定义，如阶跃函数、斜坡函数、抛物线函数，甚至是正弦输入信号，图 7-2 只画出了在阶跃输入时的稳态误差。

7.4　一阶系统的时间响应

回顾在第 3 章中介绍过的**典型一阶系统**：

$$\frac{\mathrm{d}y(t)}{\mathrm{d}t}+\frac{1}{\tau}y(t)=\frac{1}{\tau}u(t) \tag{7-9}$$

其中，τ 是已知的系统**时间常数**，同时它也反映了系统对初始条件或外部激励的响应速度。对一个单位阶跃输入

$$u(t)=u_s(t)=\begin{cases}0,\ t<0\\1,\ t\geqslant 0\end{cases} \tag{7-10}$$

322 如果满足 $y(0)=\dfrac{\mathrm{d}y(0)}{\mathrm{d}t}=0$，$\mathcal{L}(y(t))=U(s)=\dfrac{1}{s}$，$\mathcal{L}(y(t))=Y(s)$，那么

$$\frac{Y(s)}{U(s)}=\frac{1/\tau}{s+1/\tau} \tag{7-11}$$

其中，$s=-1/\tau$ 是传递函数的单极点。运用反拉普拉斯变换，可得式（7-9）的时间响应为

$$y(s)=1-\mathrm{e}^{-t/\tau} \tag{7-12}$$

其中，$t=\tau$ 是 $y(t)$ 达到终值 $\lim\limits_{t\to\infty}y(t)=1$ 的 63% 的时刻。

运用 MATLAB 工具箱 3-4-1，我们可以得到式（7-12）的时间响应。图 7-3 所示为两个任意 τ 值的典型 $y(t)$ 的单位阶跃响应。当时间常数 τ 的值越小时，系统的响应速度越快。需要指出的是，时间常数越大，极点 $s=-1/\tau$ 也就越往 s 平面的左边移动。最终，只要 τ 的值为正，极点就会一直保持在 s 平面的左边，如图 7-4 所示，系统将会保持**稳定**。

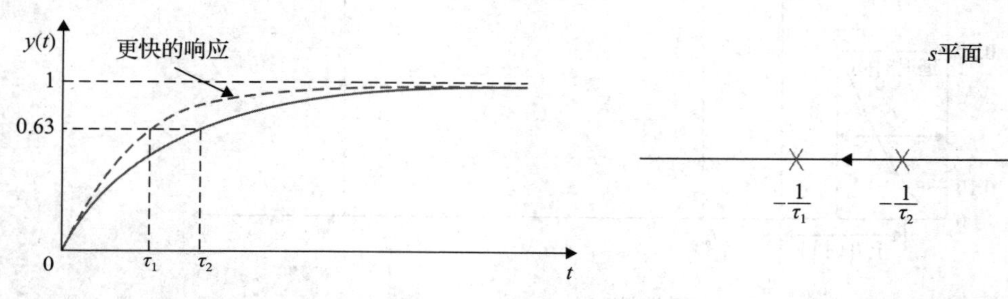

图 7-3 一阶系统的单位阶跃响应

图 7-4 一个一阶系统（7-12）在系统时间常数减小时传递函数的极点位置变化

323

例 7-4-1 直流电动机的速度响应。

对于 6.4.1 节中的直流电动机，如图 7-5 所示，检验增大电磁制动器阻尼对速度响应的影响。注意在本例中，电磁制动器同样也可看作外部负载。但为了简化问题，我们只考虑系统阻尼的变化。

在 6.4.1 节中讨论过，L_a/R_a 的比值，即电动机的电气时间常数 τ_e，非常小，可以忽略，于是可得图 7-6 中的简化控制框图。

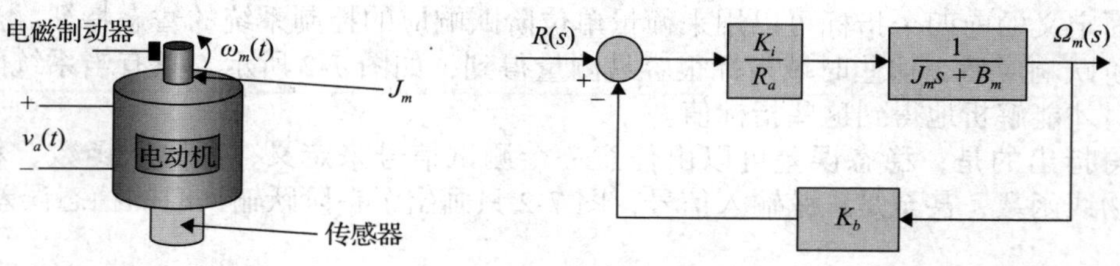

图 7-5 电枢控制直流电动机

图 7-6 假设电气时间常数可忽略的直流电动机的速度响应简化控制框图

因此，电动机轴的速度在拉普拉斯域中可表示为

$$\Omega_m(s)=\frac{\dfrac{K_i}{R_aJ_m}}{s+\dfrac{K_iK_b+R_aB_m}{R_aJ_m}}R(s) \tag{7-13}$$

或

$$\Omega_m(s)=\frac{K_{\mathrm{eff}}}{\tau_m s+1}R(s) \tag{7-14}$$

其中，$K_{\mathrm{eff}}=K_i/(K_iK_b+R_aB_m)$是电动机增益常数，$\tau_m=R_aJ_m/(K_iK_b+R_aB_m)$是电动机机械时间常数。

对于一个单位阶跃输入电压$r(t)=u_s(t)$或$R(s)=1/s$，响应$\omega_m(t)$为

$$\omega_m(t)=\frac{AK_i}{K_iK_b+R_aB_m}(1-\mathrm{e}^{-t/\tau_m}) \tag{7-15}$$

在本例中，电动机的机械时间常速τ_m反映了电动机克服自身惯性J_m达到稳态或受电压$R(s)$影响的恒定速度的响应速度。当τ_m增大时，达到稳态将需要更多时间。式（7-50）相关的典型时间响应如图 7-34 所示。由式（7-15）可得速度的终值：

$$\omega_{fv}=\lim_{t\to\infty}\omega(t)=\frac{K_i}{K_iK_b+R_aB_m} \tag{7-16}$$

324

我们选择的直流电动机参数如下：

电动机电枢电阻$R_a=5.0\Omega$

电动机电枢电感$L_a=0.003\mathrm{H}$

电动机转矩$K_i=9.0\mathrm{oz\cdot in/A}(0.0636\mathrm{N\cdot m/A})$

电动机反电势常数$K_b=0.0636\mathrm{V/rad/s}$

电动机转动惯量$J_m=0.0001\mathrm{oz\cdot in\cdot s^2}(7.0616\times10^{-7}\mathrm{N\cdot m\cdot s^2})$

无电磁制动器的电动机黏性摩擦系数$B_m=0.005\mathrm{oz\cdot in\cdot s}(3.5308\times10^{-5}\mathrm{N\cdot m\cdot s})$

电磁制动器的运用提高了系统的黏性阻尼。运用工具箱 7-4-1，我们可以检验电动机速度响应的阻尼效应。表 7-1 给出了三个不同阻尼值在单位阶跃输入下的电动机机械时间常数τ_m和终值ω_{fv}。对应的速度响应如图 7-7 所示。阻尼越大，电动机响应越快，同时终值越小。这与常识相符，即使用制动器会使得电动机的最终速度下降。 ▲

表 7-1 三个不同阻尼值对应的电动机机械时间常数和速度终值

黏性阻尼	机械时间常数	速度终值
无电磁制动器	$\tau_1=8.3696\times10^{-4}\mathrm{s}$	$\omega_{fv}=15.0653\mathrm{rad/s}$
$B_m=0.005\mathrm{oz\cdot in\cdot s}$		
$B_m=0.05\mathrm{oz\cdot in\cdot s}$	$\tau_2=86.0798\times10^{-4}\mathrm{s}$	$\omega_{fv}=15.0653\mathrm{rad/s}$
$B_m=0.5\mathrm{oz\cdot in\cdot s}$	$\tau_3=1.6274\times10^{-4}\mathrm{s}$	$\omega_{fv}=2.9293\mathrm{rad/s}$

工具箱 7-4-1

使用 MATLAB 得到例 7-4-1 的速度响应：

```
clear all
ra=5.0;ki=9.0;kb=0.0636;jm=0.0001;bm=0.005; %enter system parameters
num = [ki/(ra*jm)]; %transfer function numerator
den = [1 (ki*kb+ra*bm)/(ra*jm)];%transfer function denominator
step(num,den)%apply a unit step input
hold on;
bm=0.05;%change damping value
num = [ki/(ra*jm)];
den = [1 (ki*kb+ra*bm)/(ra*jm)];
step(num,den)
```

```
bm=0.5; %change damping value
num = [ki/(ra*jm)];
den = [1 (ki*kb+ra*bm)/(ra*jm)];
step(num,den)
xlabel('Time')
ylabel('Angular Speed (rad/s)')
```

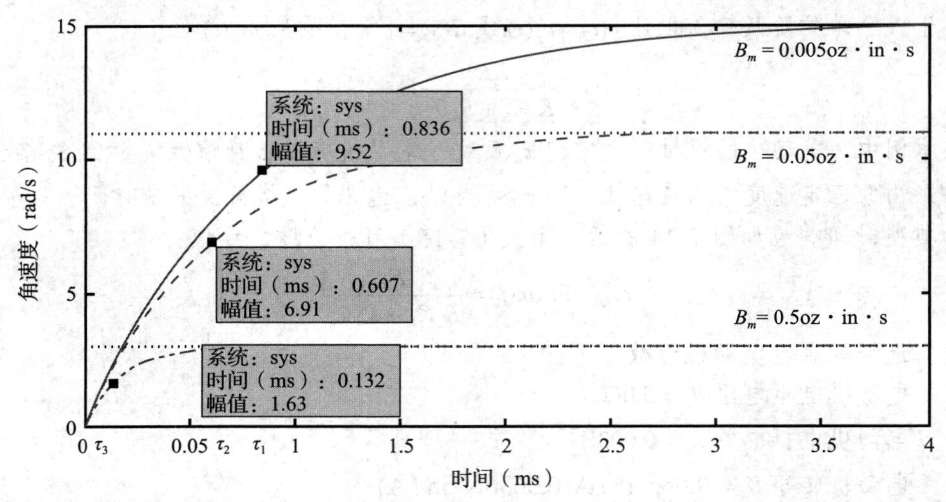

图 7-7 例 7-4-1 中直流电动机的单位阶跃速度响应。a) 实线表示 $B_m = 0.005\text{oz}\cdot\text{in}\cdot\text{s}$ 时的无电磁制动器，b) 虚线表示 $B_m = 0.05\text{oz}\cdot\text{in}\cdot\text{s}$ 时的电磁制动器效果，c) 点划线表示更强的阻尼效应 $B_m = 0.5\text{oz}\cdot\text{in}\cdot\text{s}$

325

7.5 二阶系统的暂态响应

虽然现实中真正的二阶控制系统非常少见，但分析它却有助于加深对分析和设计更高阶系统的理解，尤其是那些可以用二阶系统近似的高阶系统。

我们已知带单位反馈的二阶控制系统，其控制框图如图 7-8 所示。系统的开环传递函数为

$$G(s)=\frac{Y(s)}{E(s)}=\frac{\omega_n^2}{s(s+2\zeta\omega_n)} \tag{7-17}$$

其中，ζ 和 ω_n 为实常数。系统的闭环传递函数为

$$\frac{Y(s)}{R(s)}=\frac{\omega_n^2}{s^2+2\zeta\omega_n s+\omega_n^2} \tag{7-18}$$

如在第 2、3 章中讨论过的，对于图 7-8 所示的系统，其闭环传递函数由式（7-18）给出，我们统称这类系统为**二阶系统**。

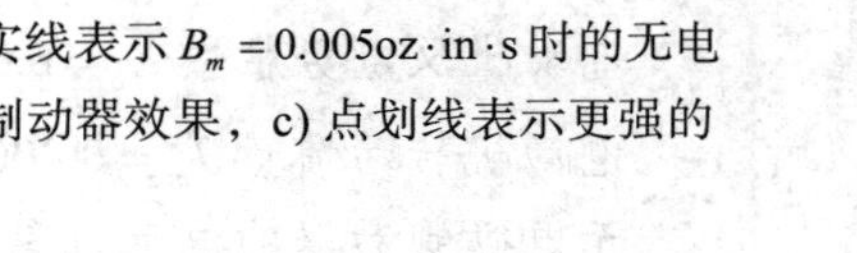

326

图 7-8 二阶控制系统

7.5.1 阻尼比和自然频率

令式（7-18）的分母为零，我们可以得到二阶系统的特征方程：

$$\Delta(s)=s^2+2\zeta\omega_n s+\omega_n^2=0 \tag{7-19}$$

它的两个根分别为

$$s_1,s_2=-\zeta\omega_n\pm \mathrm{j}\omega_n\sqrt{1-\zeta^2}$$

$$= -\sigma \pm \mathrm{j}\omega \tag{7-20}$$

其中，

$$\sigma = \zeta\omega_n \tag{7-21}$$

或

$$\omega = \omega_n\sqrt{1-\zeta^2} \tag{7-22}$$

图 7-9 是当 $1<\zeta<1$ 时特征方程根的位置和 σ、ζ、ω_n、ω 之间的关系的示意图。从图中所示的共轭复根可以知道：

- ω_n 是根到复平面原点的半径。
- σ 是根的实部。
- ω 是根的虚部。
- ζ 是根在左复半平面时，根的半径线与负虚轴之间角度的余弦值，即 $\zeta=\cos\theta$。

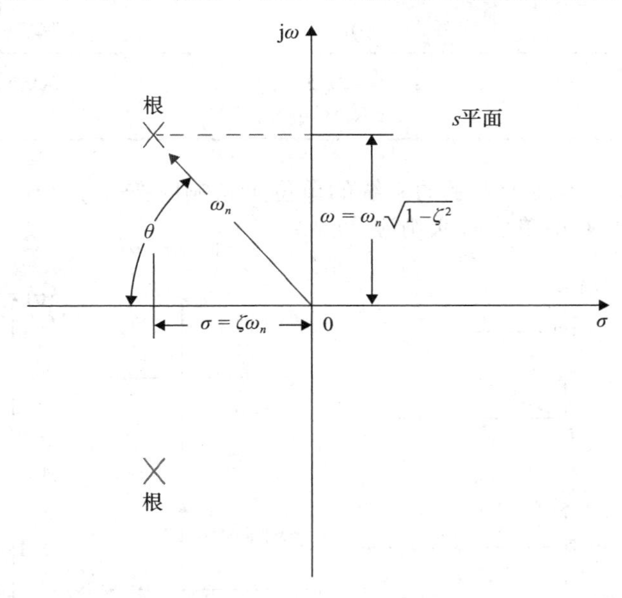

图 7-9　二阶系统的特征方程根与 σ、ζ、ω_n、ω 之间的关系的示意图

327

现在来研究式（7-21）中 ζ 和 σ 的物理意义。从第 3 章可知，**阻尼常数** σ 作为常数乘以时间 t 出现在 $y(t)$ 的指数项中。因此，σ 控制着单位阶跃响应 $y(t)$ 上升或衰减的速率。换而言之，σ 控制着系统的阻尼，因而我们称之为阻尼因子，或**阻尼常数**。σ 的倒数 $1/\sigma$，与系统的**时间常数**成正比。

当特征方程的两个根都是实根且相等时，我们称此时系统是临界阻尼的。由式（7-20）可知，临界阻尼出现在 $\zeta=1$ 时。此时，阻尼因子退化为 $\sigma=\omega_n$。因此，ζ 为**阻尼比**，即

$$\zeta = \cos\theta = \text{阻尼比} = \frac{\sigma}{\omega_n} = \frac{\text{当前阻尼因子}}{\text{临界阻尼时的阻尼因子}} \tag{7-23}$$

我们定义参数 ω_n 为**自然无阻尼频率**。从式（7-20）可以知道，$\zeta=0$ 时，阻尼为 0，特征方程的根都为虚根，由表 7-2 中式（7-27）可知其单位阶跃响应为正弦曲线。因此，ω_n 为无阻尼时正弦响应的频率。在式（7-20）中，当 $0<\zeta<1$ 时，根的虚部的幅值为 ω。由于 $\zeta\neq 0$ 时响应 $y(t)$ 不再是周期函数，此时式（7-22）中的 ω 也不再是频率。我

们常常将 ω 定义为**条件频率**，或**阻尼频率**。

表 7-2　二阶系统根据不同 ζ 值的分类

$0<\zeta<1$	$s_1,s_2=-\zeta\omega_n\pm j\omega_n\sqrt{1-\zeta^2}$ $y(t)=1-\dfrac{e^{-\zeta\omega_n t}}{\sqrt{1-\zeta^2}}\sin[(\omega_n\sqrt{1-\zeta^2})t+\arccos\zeta]$　（7-24）	低阻尼
$\zeta=1$	$s_1,s_2=-\omega_n$ $y(t)=1-e^{-\omega_n t}-te^{-\omega_n t}$　（7-25）	临界阻尼
$\zeta>1$	$s_1,s_2=-\zeta\omega_n\pm\omega_n\sqrt{\zeta^2-1}$ $1-\dfrac{e^{-\omega_n\zeta t}}{\sqrt{\zeta^2-1}}(\cosh(\omega_n\sqrt{\zeta^2-1})t+\zeta\sinh(\omega_n\sqrt{\zeta^2-1})t)$　（7-26）	过阻尼
$\zeta=0$	$s_1,s_2=\pm j\omega_n$ $y(t)=1-\cos\omega_n t$　（7-27）	无阻尼
$\zeta<0$	$s_1,s_2=-\zeta\omega_n\pm j\omega_n\sqrt{1-\zeta^2}$　（7-28） （不稳定响应）	负阻尼

将由传递函数式（7-18）表示的系统的单位阶跃响应按表 7-2 中不同的 ζ 进行分类。图 7-10 所示为对应的典型单位阶跃响应。

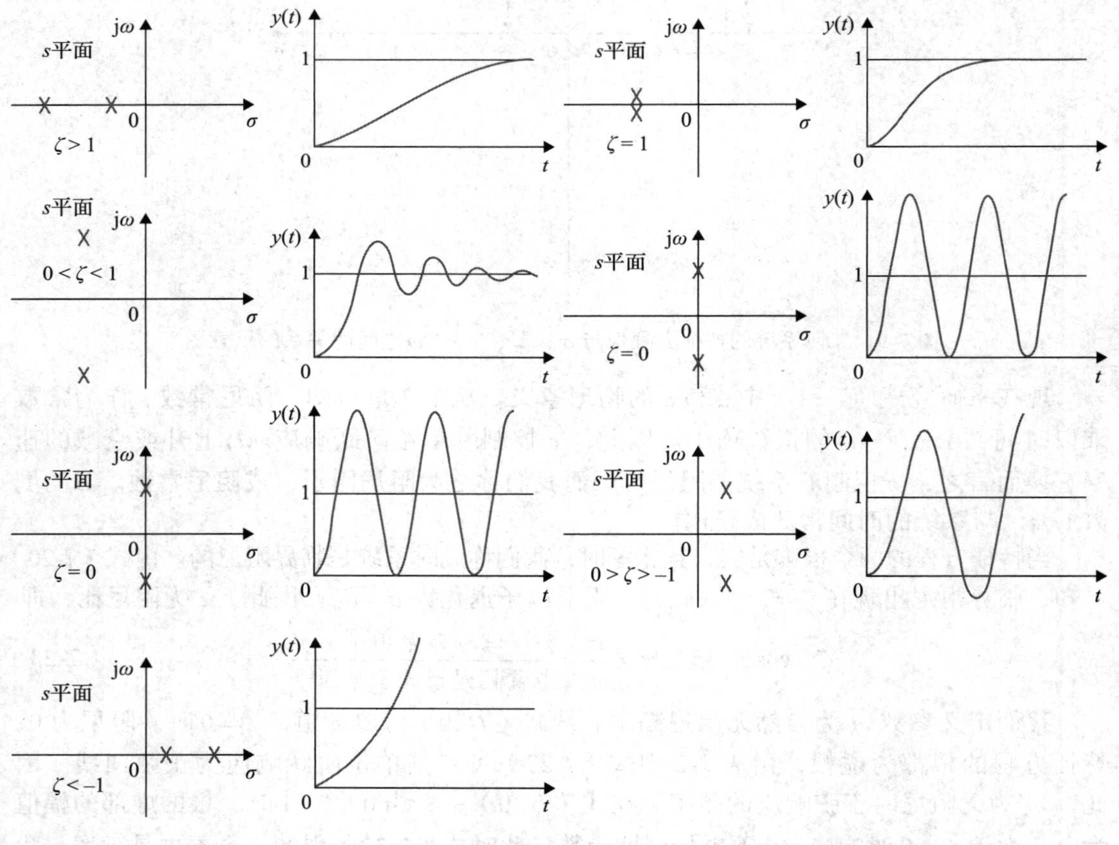

图 7-10　特征方程的根位于复平面上不同位置时的阶跃响应对比示意

在实际应用中，只有 $\zeta>0$ 所对应的稳定系统才有应用价值。图 7-11 画出了式（7-24）～式（7-26）以归一化的时间 $\omega_n t$ 为函数的不同阻尼比 ζ 下的单位阶跃响应。从图中可以看出，随着 ζ 的减小，响应变得更加振荡。当 $\zeta \geqslant 1$ 时，阶跃响应不存在超调，即 $y(t)$ 在暂态过程中不会超过其稳态终值。从响应中还可以看出，ω_n 对上升时间、延时和调节时间均有直接影响，但是对超调却无影响。 328～329

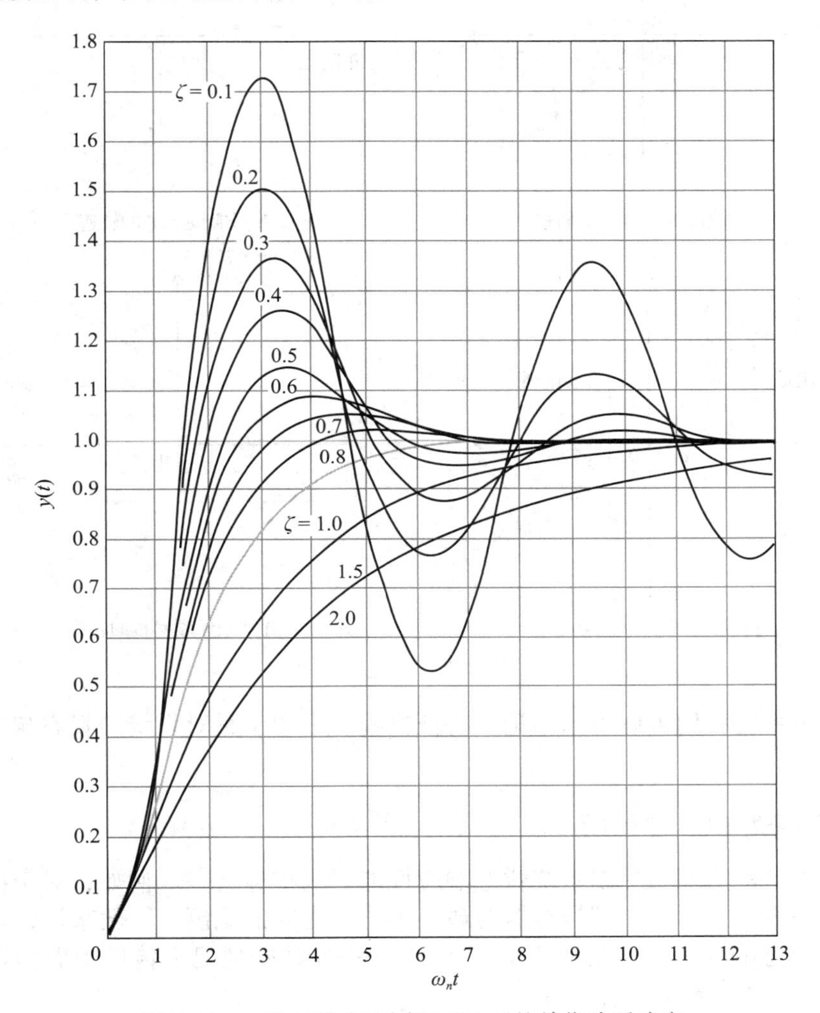

图 7-11　二阶系统在不同阻尼比下的单位阶跃响应

如前文所说，超调、上升时间、延时和调节时间可以用来量化控制系统暂态响应**性能**，这将在下文中进一步讨论。

最后，建立系统极点位置和系统时域响应的联系也很重要。图 7-12 画出了在 s 平面上常数 ω_n 的轨迹、常数 ζ 的轨迹、常数 σ 的轨迹、常数 ω 的轨迹。复平面上系统阻尼的各个区域分别为： 330

- **左复半平面**是**正阻尼**，即阻尼因子或阻尼比是正值。正阻尼使得单位阶跃响应由于负指数项 $\exp(-\zeta\omega_n t)$ 而趋于稳态终值。系统是**稳定的**。
- **右复半平面**是**负阻尼**。负阻尼使得系统响应随时间而无限增长，此时系统**不稳定**。
- 虚轴上是零阻尼（$\sigma=0$ 或 $\zeta=0$）。**零阻尼**导致振荡响应持续下去，系统是临界稳定或临界不稳定。

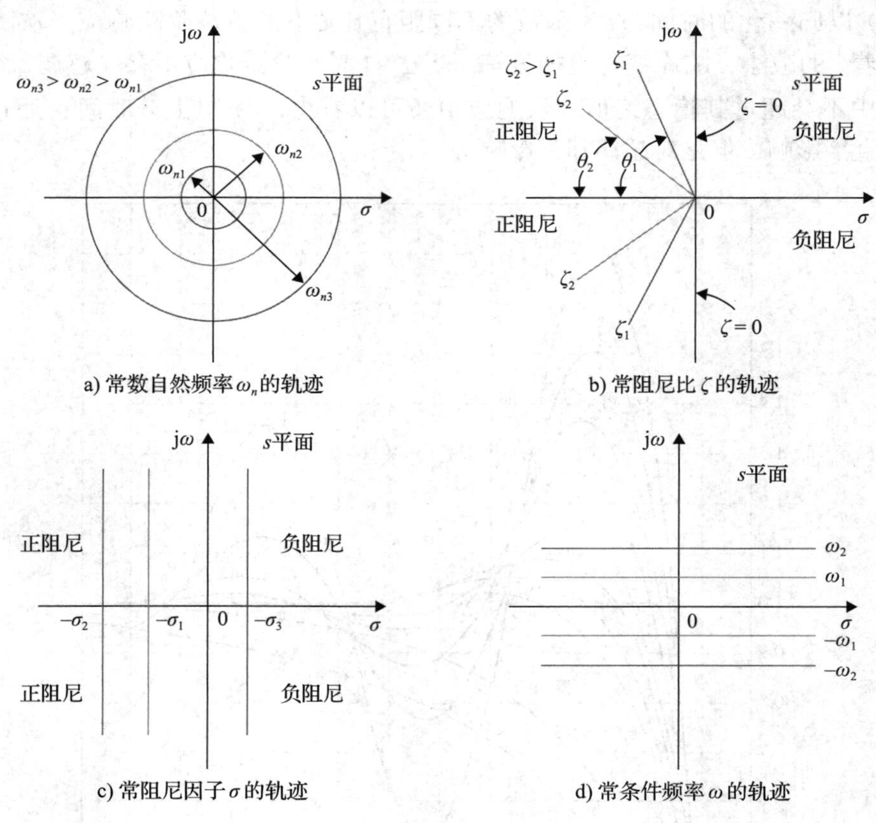

图 7-12

通过二阶系统我们可以得出结论，特征方程的根的位置对系统的暂态响应有很重要的影响。

331

7.5.2 最大超调（$0<\zeta<1$）

最大超调是最重要的控制系统暂态响应性能评判指标之一。例如，对于拾取和放置机械臂，超调表示机器人末端执行器与最终下落点之间的距离。一般来说，带有超调的二阶系统的暂态响应是振荡的（即$0<\zeta<1$）——在特殊情况下传递函数的零点可能会导致非振荡的超调（参考 7.10 节）。

当$0<\zeta<1$时（欠阻尼响应），对于一个单位阶跃输入，$R(s)=1/s$，系统的输出响应可通过对输出传递函数

$$Y(s)=\frac{\omega_n^2}{s(s^2+2\zeta\omega_n s+\omega_n^2)} \tag{7-29}$$

进行反拉普拉斯变化得到，通过查询附录 D 中的拉普拉斯变换表可得：

$$y(t)=1-\frac{e^{-\xi\omega_n t}}{\sqrt{1-\zeta^2}}\sin(\omega_n\sqrt{1-\zeta^2}t-\arccos\zeta),\quad t\geqslant 0 \tag{7-30}$$

可以通过令式（7-30）对t的导数为 0 来求得阻尼比和超调量之间的对应关系，即

$$\frac{dy(t)}{dt}=\frac{\omega_n e^{-\xi\omega_n t}}{\sqrt{1-\zeta^2}}[\zeta\sin(\omega t+\theta)-\sqrt{1-\zeta^2}\cos(\omega t+\theta)],\quad t\geqslant 0 \tag{7-31}$$

其中，ω和θ分别为式（7-22）和式（7-23）中定义的。从图 7-9 中不难发现

$$\zeta = \cos\theta \tag{7-32}$$

$$\sqrt{1-\zeta^2} = \sin\theta \tag{7-33}$$

因此，式（7-31）中方括号内的项可简化为$\sin\omega t$，该式化简为

$$\frac{\mathrm{d}y(t)}{\mathrm{d}t} = \frac{\omega_n}{\sqrt{1-\zeta^2}}\mathrm{e}^{-\xi\omega_n t}\sin\omega_n\sqrt{1-\zeta^2}t, \quad t \geqslant 0 \tag{7-34}$$

令$\mathrm{d}y(t)/\mathrm{d}t$等于 0，可以得到方程的解：$t=\infty$和

$$\omega_n\sqrt{1-\zeta^2}t = n\pi, \quad n = 0, 1, 2, \cdots \tag{7-35}$$

由此得到：

$$t = \frac{n\pi}{\omega_n\sqrt{1-\zeta^2}}, \quad n = 0, 1, 2, \cdots \tag{7-36}$$

332

$t=\infty$的解是只有当$\zeta \geqslant 1$时$y(t)$的最大值。由图 7-13 中单位阶跃响应的示意图可以知道，第一个超调就是最大超调量。这对应于式（7-36）中的$n=1$。因此最大超调发生在

$$t_{\max} = \frac{\pi}{\omega_n\sqrt{1-\zeta^2}} \tag{7-37}$$

从图 7-13 可以发现，超调发生在奇数n，$n=1,3,5,\cdots$时，欠调则发生在偶数n值。极值是超调还是欠调，所发生的时间可以用式（7-36）计算得到。这里要说明的是，尽管当$\zeta \neq 0$时单位阶跃响应不是周期的，响应中的超调和欠调仍然是周期发生的，如图 7-13 所示。

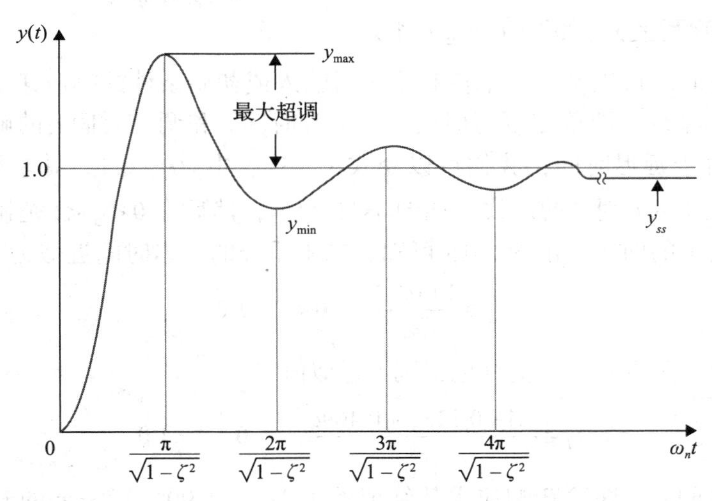

图 7-13　单位阶跃响应中周期发生的最大值和最小值

我们将式（7-36）代入式（7-30），可以求得超调和欠调的幅值，即

$$y(t)|_{\max或\min} = 1 - \frac{\mathrm{e}^{-n\pi\xi/\sqrt{1-\xi^2}}}{\sqrt{1-\zeta^2}}\sin(n\pi+\theta), \quad n = 0, 1, 2, \cdots \tag{7-38}$$

或

$$y(t)|_{\max或\min} = 1 + (-1)^{n-1}\mathrm{e}^{-n\pi\xi/\sqrt{1-\xi^2}}, \quad n = 0, 1, 2, \cdots \tag{7-39}$$

从式（7-7）中可得最大超调：

$$最大超调 = y_{\max} - y_{ss}$$

其中，$y_{ss} = \lim_{t\to\infty} y(t) = 1$。令式（7-39）中 $n=1$，可得：

$$最大超调 = y_{\max} - 1 = e^{-\pi\xi/\sqrt{1-\xi^2}} \quad (7-40)$$

333 同样，从式（7-8）可得最大超调百分比：

$$最大超调百分比 = \frac{最大超调}{y_{ss}} \times 100\% \quad (7-41)$$

或

$$最大超调百分比 = 100e^{-\pi\xi/\sqrt{1-\xi^2}} \quad (7-42)$$

式（7-40）说明在二阶系统中，阶跃响应最大超调只是阻尼比 ζ 的函数。

式（7-42）的阻尼比和最大超调百分比之间的关系如图 7-14 所示。式（7-37）中的 $t_{\max}$ 是 ζ 和 ω_n 的函数。

最后，因为最大超调只是关于 ζ 的函数，图 7-12b 中 ζ_1 线上的所有点的最大超调值相同，不论 ω_n 的值是多少。同样，ζ_2 线上所有点的最大超调也相同，而且由于 $\zeta_2 > \zeta_1$，ζ_2 线上所有点的最大超调值将会小一些。

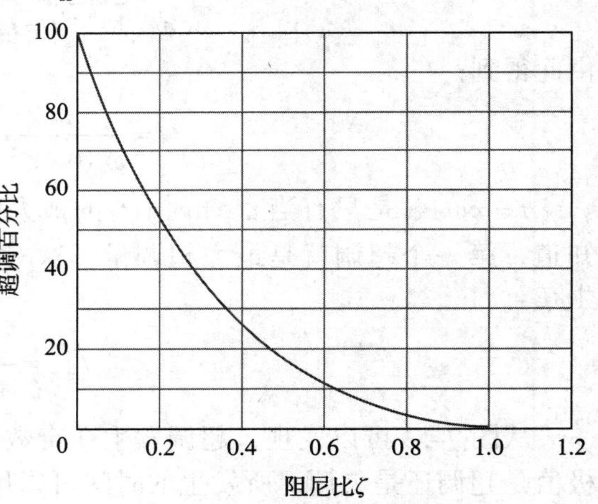

图 7-14　二阶系统阶跃响应中以阻尼比为函数的超调百分比曲线

7.5.3　延迟时间和上升时间（$0 < \zeta < 1$）

延迟和上升时间可以衡量一个控制系统对输入或初始条件的响应速度。即使是对于相对简单的二阶系统，要确定延迟时间 t_d、上升时间 t_r 和调节时间 t_s 的解析表达式也很困难。例如，对于延迟时间，我们可以令式（7-30）中 $y(t) = 0.5$，并求解时间 t。一个简单的办法是画出 $\omega_n t_d$ 对 ζ 的曲线，如图 7-15 所示，然后在 $0<\zeta<1$ 范围内用一条直线或曲线来近似图中的曲线。由图 7-15 可知，二阶系统的延迟时间近似为 334

$$t_d \cong \frac{1+0.7\zeta}{\omega_n}, \quad 0<\zeta<1.0 \quad (7-43)$$

我们用一个二阶方程可以更好地得到 t_d 近似值

$$t_d \cong \frac{1.1+0.125\zeta+0.469\zeta^2}{\omega_n}, \quad 0<\zeta<1.0 \quad (7-44)$$

对于上升时间 t_r，即阶跃响应中从终值的 10% 达到 90% 所需要的时间，我们也可以直接从图 7-11 中的响应曲线得到准确值。图 7-16 是 $\omega_n t_r$ 对于 ζ 的示意图。这里可以用一条 ζ 在一定范围内的直线来近似：

$$t_r = \frac{0.8+2.5\zeta}{\omega_n}, \quad 0<\zeta<1 \quad (7-45)$$

也可以用二阶方程来得到一个更好的近似值：

$$t_r = \frac{1-0.4167\zeta+2.917\zeta^2}{\omega_n}, \quad 0<\zeta<1 \quad (7-46)$$

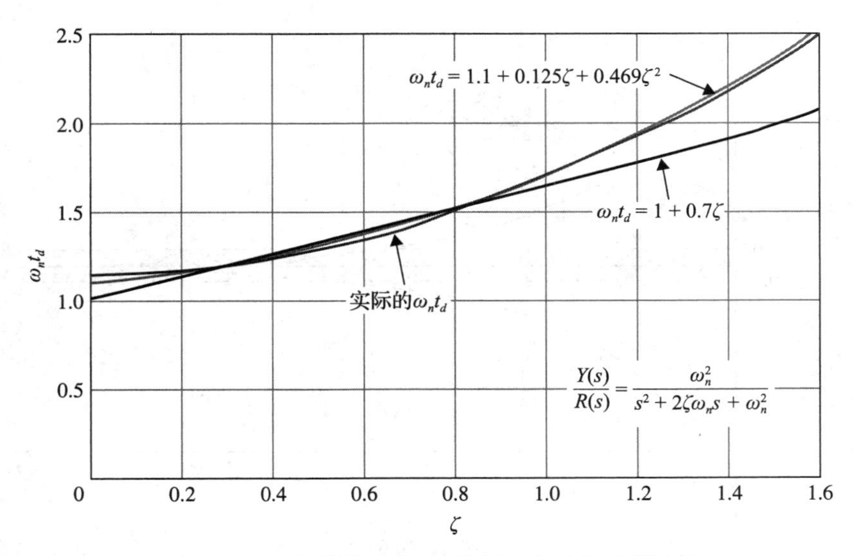

图 7-15　二阶系统对应于 ζ 的归一化后的延迟时间

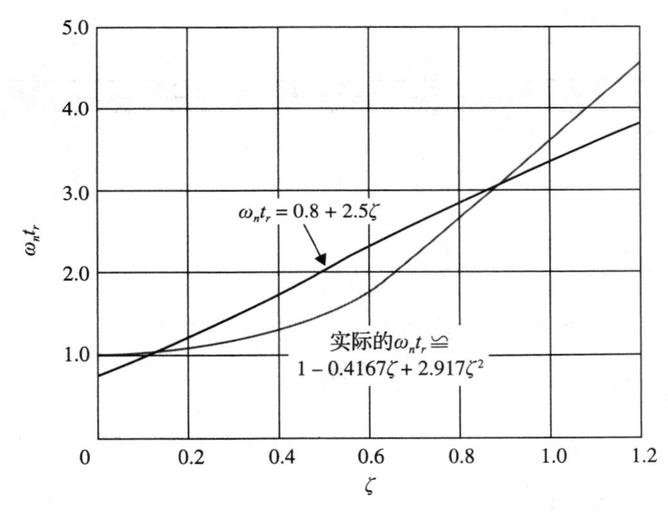

图 7-16　二阶系统对应于 ζ 的归一化后的上升时间

从上述讨论可以对二阶系统的上升时间和延迟时间做出如下结论：

- t_r 和 t_d 与 ζ 成正比，与 ω_n 成反比。
- 提高（降低）自然频率 ω_n 将减少（增加）t_r 和 t_d。

335

7.5.4　调节时间（5% 和 2%）

从字面意思理解，调节时间是用来衡量阶跃响应稳定于其终值的速度的指标。我们从图 7-11 可以看出，当 $0<\zeta<0.69$ 时，单位阶跃响应的最大超调都超过 5%，响应曲线可以从上一时刻的顶部或底部进入 0.95 到 1.05 的区域。当 ζ 大于 0.69 时，超调则小于 5%，响应曲线只能从底部进入 0.95 到 1.05 的区域。图 7-17a 和 b 分别画出了这两种不同的情形。因此，调节时间在 $\zeta=0.69$ 处不连续。要得到调节时间 t_s 的解析式是很困难的。我们可以将衰减的正弦曲线 $y(t)$ 封装在上下 5% 之内来得到 $0<\zeta<0.69$ 时 t_s 的近似解，如图 7-17a 所示。通常而言，当调节时间对应于 $y(t)$ 上边界的交点时，有如下关系式：

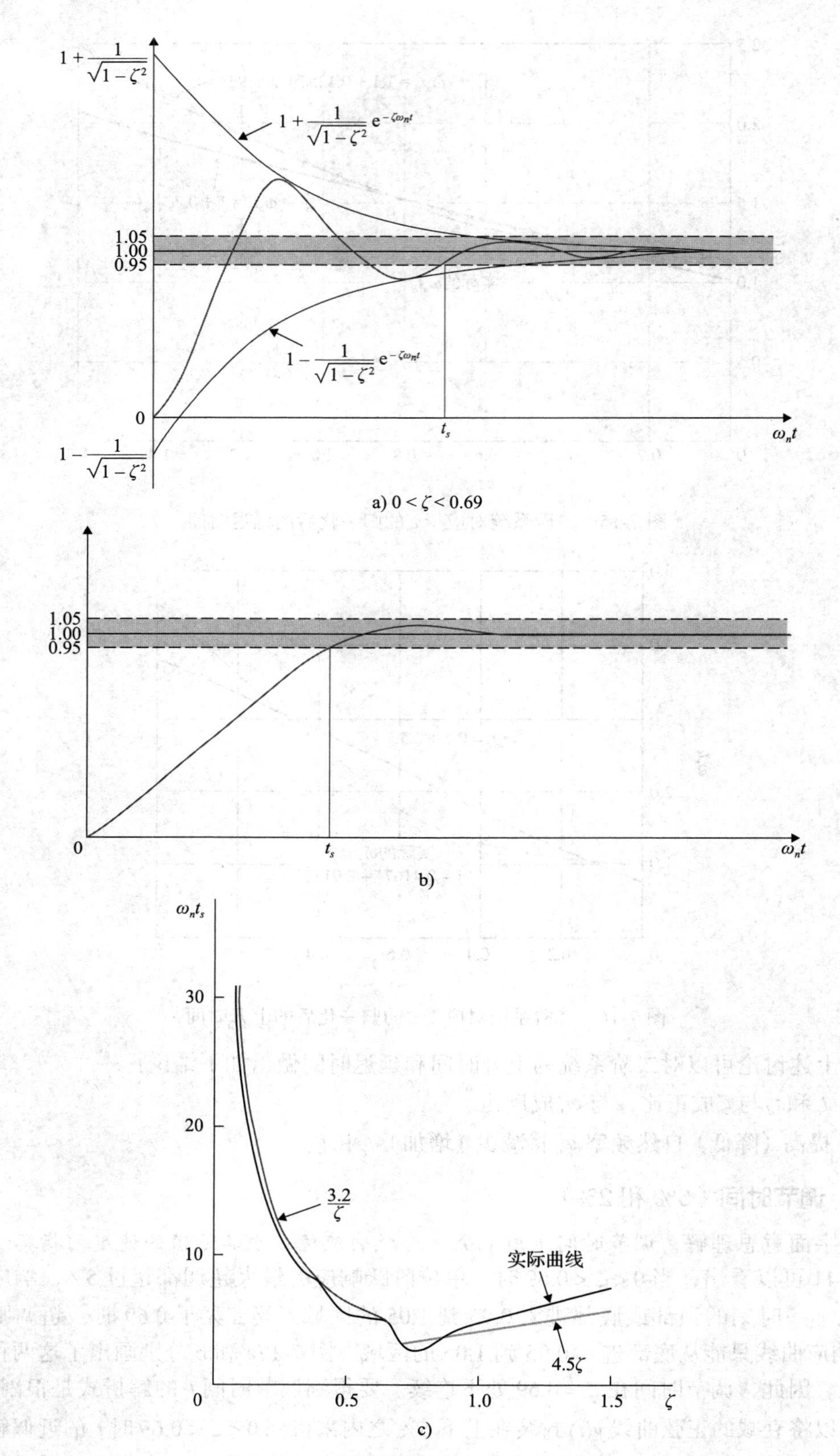

图 7-17 单位阶跃响应的 5% 调节时间

$$1+\frac{1}{\sqrt{1-\zeta^2}}\mathrm{e}^{-\xi\omega_n t_s}=\text{单位阶跃响应的上界} \tag{7-47}$$

当调节时间对应于 $y(t)$ 下边界的交点时，t_s 则满足如下关系式：

$$1-\frac{1}{\sqrt{1-\zeta^2}}\mathrm{e}^{-\xi\omega_n t_s}=\text{单位阶跃响应的下界} \tag{7-48}$$

调节时间要求在 5% 时，式（7-47）的右边等于 1.05，式（7-48）的右边等于 0.95。我们不难发现用式（7-47）或式（7-48）都能得到相同的 t_s 值。

我们从式（7-47）中可以求解得到 $\omega_n t_s$：

336~337

$$\omega_n t_s=-\frac{1}{\zeta}\ln(c_{ts}\sqrt{1-\zeta^2}) \tag{7-49}$$

其中，c_{ts} 是调节时间的百分比。例如，如果阈值是 5%，则 $c_{ts}=0.05$。因此，对于 5% 的调节时间，当 ζ 从 0 变到 0.69 时，式（7-49）的右边从 3.0 变到 3.32。二阶系统的调节时间可以近似为

$$5\%\text{调节时间：}\ t_s\cong\frac{3.2}{\zeta\omega_n},\quad 0<\zeta<0.69 \tag{7-50}$$

当阻尼比大于 0.69 时，从图 7-17b 中可以看出，单位阶跃响应总是从下方进入 0.95～1.05 的区域。从图 7-11 我们可以发现此时 $\omega_n t_s$ 几乎与 ζ 成正比。因而在 $\zeta>0.69$ 时可以用如下近似值：

$$5\%\text{调节时间：}\ t_s=\frac{4.5\zeta}{\omega_n},\quad \zeta>0.69 \tag{7-51}$$

图 7-17c 画出了式（7-18）中二阶系统的 $\omega_n t_s$ 对 ζ 的实际值，图中也在相应的有效区域画出了式（7-50）和（7-51）的近似曲线。有关数据在表 7-3 中列出。

表 7-3　二阶系统的调节时间 $\omega_n t_s$ 对比

ζ	实际	$\frac{3.2}{\zeta}$	4.5ζ	ζ	实际	$\frac{3.2}{\zeta}$	4.5ζ
0.10	28.7	32.0		0.68	4.71	4.71	
0.20	13.7	16.0		0.69	4.35	4.64	
0.30	10.0	10.7		0.70	2.86		3.15
0.40	7.5	8.0		0.80	3.33		3.60
0.50	5.2	6.4		0.90	4.00		4.05
0.60	5.2	5.3		1.00	4.73		4.50
0.62	5.16	5.16		1.10	5.50		4.95
0.64	5.00	5.00		1.20	6.21		5.40
0.65	5.03	4.92		1.50	8.20		6.75

338

这里还要指出 5% 并不是一个一成不变的阈值，很多情形甚至要求系统响应在小于 5% 的范围内完成调节过程。对于 2% 的调节时间，运用同样的方法，我们可以得到：

$$2\%\text{调节时间：}\ t_s=\frac{4.0}{\zeta\omega_n},\quad 0<\zeta<0.9 \tag{7-52}$$

7.5.5 暂态响应性能指标总结

前文讨论的暂态响应性能指标还可以作为暂态响应设计准则，用于指导控制系统设计。为了有效设计一个控制系统，至关重要的一点是要充分了解极点在复平面上移动是如何影响超调百分比（PO）、上升时间和调节时间的。如图 7-18 所示，对于式（7-18）所表示的二阶传递函数来说：

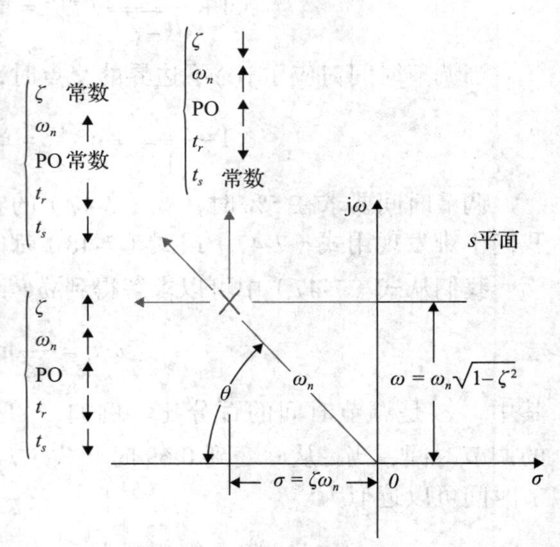

图 7-18　极点位置与 ζ、ω_n、PO、t_r 和 t_s 之间的关系

- 当极点沿对角线远离原点，因为 θ 保持不变，阻尼比也不变，而自然频率 ω_n 增大。参考前文所述性能指标的定义可知，超调百分比保持常数，而 $t_{\max}$、t_r 和 t_s 减小。
- 当极点沿垂直线远离原点，系统自然频率增大，而阻尼比减小。在这种情况下，超调百分比增大，$t_{\max}$ 和 t_r 减小，而 t_s 保持不变。
- 当极点沿水平线向左移动，q 保持不变，所以系统自然频率增大。在这种情况下，超调百分比增大，t_r 和 t_s 减小。注意在这里 $t_{\max}$ 保持不变。

339

因为反映 t_s 的方程是基于近似值的，随百分比阈值的不同（比如 2% 或 5%）而与真实值有所偏差，所以上述基于复平面的结论并不总是准确的——参考例 7-5-1。

最后，请牢记 $y_{\max}$、$t_{\max}$、t_d、t_r 和 t_s 的定义适用于任意阶系统的，而阻尼比 ζ 和自然无阻尼频率 ω_n 的定义仅适用于二阶系统，其闭环传递函数由式（7-18）给定。所以，t_d、t_r、t_s、ζ 和 ω_n 的关系也仅适用于相同的二阶系统模型。然而，如果高阶系统的某些高阶极点可被忽略，高阶系统可近似为二阶系统，那么这些关系也可用于衡量高阶系统的性能。

例 7-5-1 直流电动机的位置控制。

在 7.4.3 节中我们曾讨论过直流电动机的位置控制问题，控制框图如图 7-19 所示，运用例 7-4-1 中的电动机参数，来研究控制增益 K 对超调、上升时间和调节时间的影响。本例能对直流电动机的位置控制起到重要的引导作用。

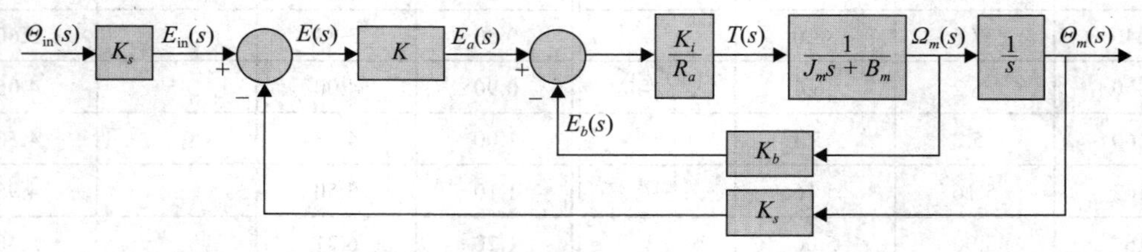

图 7-19　电枢控制直流电动机位置控制框图

注意到为了进行适当的比较，我们需要确保输入输出信号具有相同的单位。因此，输入电压 $E_{in}(s)$ 与通过输出传感器增益 K_s 的位置输出 $\Theta_{in}(s)$ 具有相同的单位。我们的目的是通过一个单位阶跃输入，使得电动机轴转动 1rad，如图 7-20 所示。注意到与电动机轴相连的磁盘非常薄（无惯量）。在这种情况下，L_a 比较小，电动机机械时间常数 $\tau_e = \left(\frac{L_a}{R_a}\right)$

可以忽略。因此可得简化的闭环传递函数：

$$\frac{\Theta_m(s)}{\Theta_{\text{in}}(s)}=\frac{\dfrac{KK_iK_s}{R_aJ}}{s^2+\left(\dfrac{R_aB_m+K_iK_b}{R_aJ}\right)s+\dfrac{KK_iK_s}{R_aJ}}=\frac{\omega_n^2}{(s^2+2\zeta\omega_n s+\omega_n^2)} \tag{7-53}$$

其中，K_s 是传感器增益，本例中是 $K_s=1$ 的电位计。式（7-53）为一个二阶系统，我们可得：

$$2\zeta\omega_n=\frac{R_aB_m+K_iK_b}{R_aJ} \tag{7-54}$$

$$\omega_n^2=\frac{KK_iK_s}{R_aJ} \tag{7-55}$$

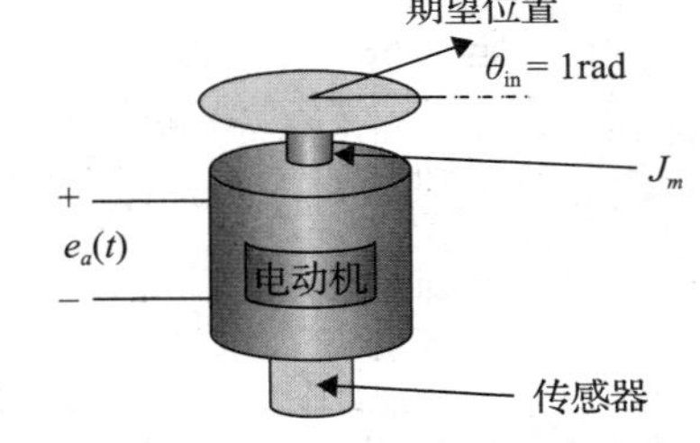

图 7-20　电枢控制直流电动机的期望转动

340

对于一个给定的电动机和位置传感器，所有的参数已知，唯一变化的项是放大器增益 K——控制器增益。因为 K 是变化的，我们可以直接改变 ω_n，而让 $\sigma=\zeta\omega_n$ 保持不变。因此，间接导致 ζ 变化。对于一个正的 K，无论何种类型的响应（例如临界阻尼或欠阻尼），系统的终值 $\theta_{fv}=1$，表示输出将跟踪输入（这里用的是一个单位阶跃输入）。表 7-4 中列出了三个不同 K 值情况下电动机的性能。运用工具箱 7-5-1 可得三种情况下的电动机响应，如图 7-21 所示。从表中可以看出，实际超调百分比和 $t_{\max}$ 与表中数据完全吻合，而上升时间和调节时间则是近似值。

表 7-4　三个不同增益 *K* 下的电动机性能

控制器增益 K	阻尼比 ζ	自然频率 ω_n	响应
$K=1.0$	$\zeta=1.0$		临界阻尼
$K=2.0$	$\zeta=0.707$	$\omega_n=844.8\text{rad/s}$	欠阻尼 $5\%\ t_s=\dfrac{4.5\zeta}{\omega_n}=0.0038\text{s},\quad \zeta>0.69$ 注意：调节时间在超调之前（PO < 5） $2\%\ t_s=\dfrac{4}{\zeta\omega_n}=0.0067\text{s},\quad 0<\zeta<0.9$ $t_r=\dfrac{1-0.4167\zeta+2.917\zeta^2}{\omega_n}=0.0026\text{s},\quad 0<\zeta<1$ $t_{\max}=\dfrac{\pi}{\omega_n\sqrt{1-\zeta^2}}=0.0053\text{s}$ $\text{PO}=100\text{e}^{-\pi\zeta/\sqrt{1-\zeta^2}}=4.3$
$K=4.0$	$\zeta=0.5$	$\omega_n=1\ 194.8\text{rad/s}$	欠阻尼 $5\%\ t_s=\dfrac{3.2}{\zeta\omega_n}=0.0054\text{s},\quad 0<\zeta<0.69$ $2\%\ t_s=\dfrac{4}{\zeta\omega_n}=0.0067\text{s},\quad 0<\zeta<0.9$ $t_r=\dfrac{1-0.4167\zeta+2.917\zeta^2}{\omega_n},\quad 0<\zeta<1$ $=0.0013\text{s}$ $t_{\max}=\dfrac{\pi}{\omega_n\sqrt{1-\zeta^2}}=0.003\text{s}$ $\text{PO}=100\text{e}^{-\pi\zeta/\sqrt{1-\zeta^2}}=16.3$

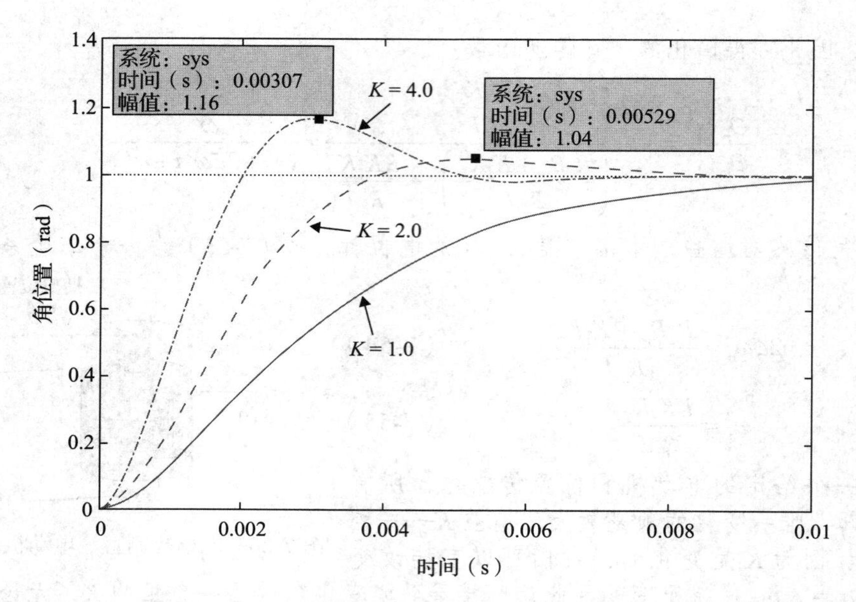

图 7-21　例 7-5-1 的直流电动机在单位阶跃输入下分别对应三个不同增益 K 的位置控制响应

基于上述结果，我们可以观察到，随着 K 的增大，阻尼比减小，而自然频率增大。因此，系统超调百分比增大，导致更短的上升时间 t_r。在这里，5% 的调节时间随 K 的增大而增大，而与前面小节中在复平面的观察结论相反。这是因为当 ζ 大于 0.69 时，超调小于 5%，且调节时间小于 t_{max}。对于 2% 的调节时间则与前面的结论一致，且调节时间大于 t_{max}。

工具箱 7-5-1

使用 MATLAB 得到例 7-5-1 中的位置响应：

```
clear all
ks=19.826;ra=5.0;ki=9.0;kb=0.0636;jm=0.0001;bm=0.005; %enter system parameters
k=1; %enter controller gain
num = [k*ki*ks/(ra*jm)]; %transfer function numerator
den = [1 (ki*kb+ra*bm)/(ra*jm) k*ki*ks/(ra*jm)];%transfer function denominator
omn=sqrt(k*ki*ks/(ra*jm)) % display the natural frequency value
zeta=((ki*kb+ra*bm)/(ra*jm))/(2*sqrt(k*ki*ks/(ra*jm))) % display the damping ratio value
step(num,den)%apply a unit step input
hold on;
k=2;%change controller gain value
num = [k*ki*ks/(ra*jm)]; %transfer function numerator
den = [1 (ki*kb+ra*bm)/(ra*jm) k*ki*ks/(ra*jm)];%transfer function denominator
omn=sqrt(k*ki*ks/(ra*jm)) % display the natural frequency value
zeta=((ki*kb+ra*bm)/(ra*jm))/(2*sqrt(k*ki*ks/(ra*jm))) % display the damping ratio value
step(num,den)
k=4;%change controller gain value
num = [k*ki*ks/(ra*jm)]; %transfer function numerator
den = [1 (ki*kb+ra*bm)/(ra*jm) k*ki*ks/(ra*jm)];%transfer function denominator
omn=sqrt(k*ki*ks/(ra*jm)) % display the natural frequency value
zeta=((ki*kb+ra*bm)/(ra*jm))/(2*sqrt(k*ki*ks/(ra*jm))) % display the damping ratio value
step(num,den)
xlabel('Time')
ylabel('Angular Position (rad)')
```

341 ~ 342

▲

7.6 稳态误差

大多数控制系统的目标之一是系统输出的稳态响应要精确跟踪指定的参考信号。例如，拾取和放置机械臂必须准确出现期望位置上以拾取和放置物体（在附录 A 中可看到拾取和放置机械臂示例）输出信号稳态值和参考信号之间的误差就是前面所定义的稳态误差。现实中，由于摩擦力和其他因素的存在，输出响应的稳态值很难与参考信号完全一致。因此，控制系统中的稳态误差是难以避免的。在设计控制系统时，其中一个目标就是要求稳态误差最小化，或保持在某个可以接受的范围内，同时暂态响应也必须满足一整套相应的指标要求。

控制系统的精确度很大程度上取决于系统的控制目标。例如，电梯最终位置的精确度与太空飞船上装备的大型太空望远镜的位置精确度相比要低很多。后者的位置控制的精确度往往是用微弧度测量的。

7.6.1 稳态误差的定义

单位反馈系统

在单位反馈控制系统中，误差即**输入输出**之差。如图 7-22 所示的闭环系统，误差为

$$e(t)=r(t)-y(t) \tag{7-56}$$

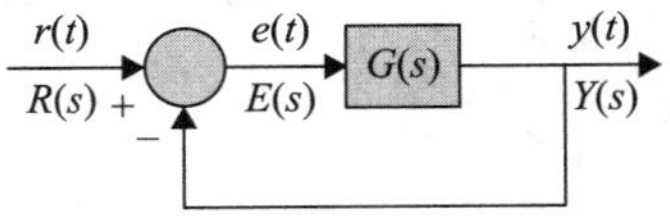

其中，输入 $r(t)$ 是输出 $y(t)$ 跟踪的信号。注意到式（7-56）中的量都具有相同的**单位**或**维度**（如伏特、米等）。在这里，输入 $r(t)$ 还可称为**参考信号**，是输出的期望值。在拉普拉斯域中，误差可表示为

图 7-22 单位反馈控制系统误差

$$E(s)=R(s)-Y(s) \tag{7-57}$$

或

$$E(s)=\left(\frac{1}{1+G(s)}\right)R(s) \tag{7-58}$$

343

稳态误差定义为误差稳态值，或者误差的终值，即

$$e_{ss}=\lim_{t\to\infty}e(t)=\lim_{s\to 0}sE(s) \tag{7-59}$$

对于单位反馈系统，稳态误差可由式（7-59）得：

$$e_{ss}=\lim_{s\to 0}sE(s)=\lim_{s\to 0}s\left(\frac{1}{1+G(s)}\right)R(s) \tag{7-60}$$

非单位反馈系统

我们考虑如图 7-23 所示的非单位反馈系统，其中 $r(t)$ 是输入信号（但不是参考信号），$u(t)$ 是作用信号，$b(t)$ 是反馈信号，$y(t)$ 是输出。在这里，式（7-57）的误差公式不成立，因为输入输出的**单位**可能**不相同**或者**维度不同**。为建立适当的误差表达式，首先必须了解参考信号是什么。在第 3 章和本章的前面部分中我们讨论过，对于一个稳定系统，稳态输出将跟踪参考信号。系统误差总是参考信号与输出之差。为了找到参考信号，我们首先对图 7-23 中的控制框图做了修改，如图 7-24 所示，提出反馈增益 $H(s)$。系统误差是输出与输出期望值或者**参考信号**之差。根据图 7-24 可得拉普拉斯域的参考信号为 $R(s)G_1(s)$。$G_1(s)$ 的值显然与 $1/H(s)$ 有关，可由图 7-23 中原始系统的时域响应特性得到。显然，参考信号反映了基于一个给定输入的系统输出期望值，由于 $H(s)$ 的存在它不能包含其他暂态行为。

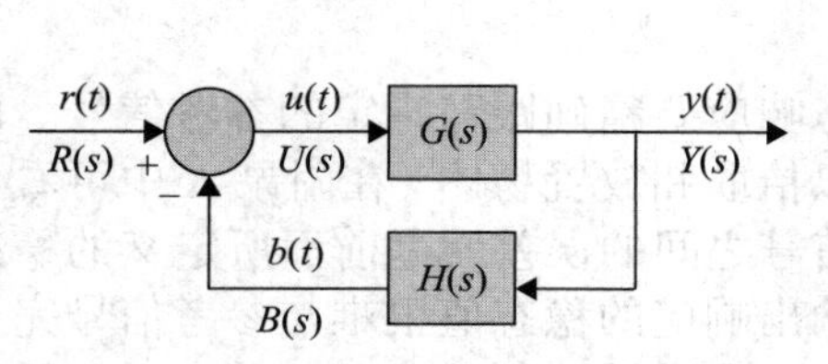

图 7-23 非单位反馈控制系统

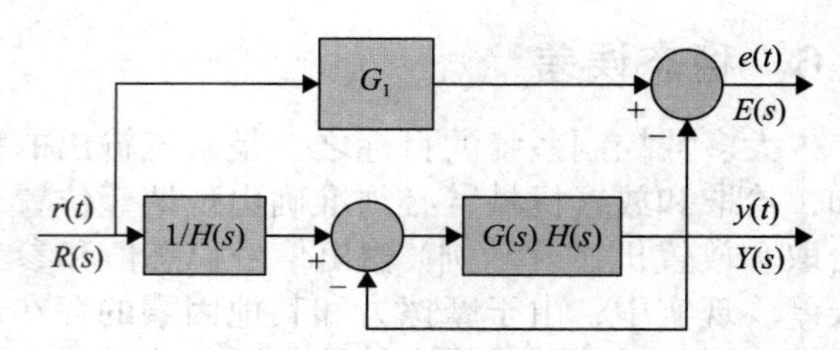

图 7-24 非单位反馈控制系统的误差

基于 $H(s)$ 的值，有两种可能的情形。

情形一：

$$G_1(s)=\frac{1}{\lim\limits_{s\to 0}H(s)}=\frac{1}{H(0)}=\text{常数} \tag{7-61}$$

344

表示 $H(s)$ 在 $s=0$ 处无极点。因此，参考信号为

$$\text{参考信号}=R(s)[1/H(0)]=R(s)G_1(s) \tag{7-62}$$

情形二： $H(s)$ 在 $s=0$ 处有 N 阶零点

$$G_1(s)=\left(\frac{1}{s^N}\right)\frac{1}{\lim\limits_{s\to 0}H(s)}=\frac{1}{s^N H(0)} \tag{7-63}$$

$$\text{参考信号}=\frac{R(s)}{s^N H(0)}=R(s)G_1(s) \tag{7-64}$$

在这两种情形中，拉普拉斯域的误差信号为

$$E(s)=\text{参考信号}-Y(s)=R(s)G_1(s)-Y(s) \tag{7-65}$$

或

$$E(s)=\left(G_1(s)-\frac{Y(s)}{R(s)}\right)R(s)=\left(G_1(s)-\frac{G(s)}{1+G(s)H(s)}\right)R(s) \tag{7-66}$$

非单位反馈系统的稳态误差可由式（7-65）得到：

$$e_{ss}=\lim_{s\to 0}sE(s)=\lim_{s\to 0}s\left(G_1(s)-\frac{G(s)}{1+G(s)H(s)}\right)R(s) \tag{7-67}$$

我们还可以通过重新排列图 7-24 中的方框得到一个单位反馈系统，从而可通过式（7-60）来定义稳态误差。可通过一个能等价图 7-24 中单位反馈系统的模型来实现。首先使非单位反馈系统的误差信号等于单位反馈系统的误差等价，即

$$E(s)=\left(\frac{1}{1+G_{\text{eq}}(s)}\right)R(s)=\left(\frac{G_1(s)+G_1(s)G(s)H(s)-G(s)}{1+G(s)H(s)}\right)R(s) \tag{7-68}$$

为使上式成立

$$G_{\text{eq}}(s)=\left(\frac{[1+G(s)H(s)][1-G_1(s)]+G(s)}{G_1(s)[1+G(s)H(s)]-G(s)}\right) \tag{7-69}$$

这样，式（7-65）中的系统可等价为单位反馈形式，如图 7-25 所示。如果 $H(s)=1$，则 $G_1(s)=1$，可得 $G_{\text{eq}}=G$。因此图 7-22 和图 7-25 中的两个系统等价。

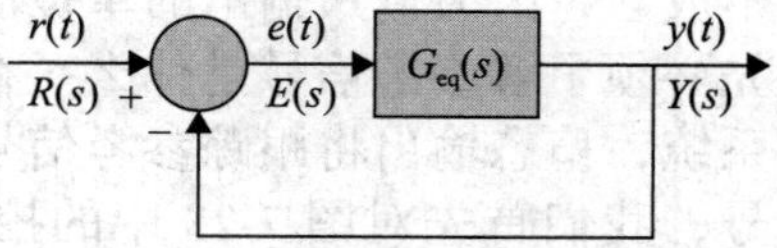

345

图 7-25 等价图 7-23 中非单位反馈系统的单位反馈控制系统

例 7-6-1 给定图 7-22 所示系统的前向通道和闭环传递函数。假定系统是单位反馈，$H(s)=1$，运用式（7-60）计算误差信号：

$$G(s)=\frac{5(s+1)}{s^2(s+12)(s+5)} \tag{7-70}$$

$$M(s)=\frac{G(s)}{1+G(s)}=\frac{5(s+1)}{s^4+17s^3+60s^2+5s+5} \tag{7-71}$$

$M(s)$ 的极点都在复平面左边。因此，系统是稳定的。对应三种典型输入的系统稳态误差如下。

单位阶跃输入：

$$e_{ss}=\lim_{s\to 0}sE(s)=\lim_{s\to 0}s\left(\frac{1}{1+G(s)}\right)R(s)=\lim_{s\to 0}s\left(\frac{s^4+17s^3+60s^2}{s^4+17s^3+60s^2+5s+5}\right)\left(\frac{1}{s}\right)=0 \tag{7-72a}$$

单位斜坡输入：

$$e_{ss}=\lim_{s\to 0}s\left(\frac{s^4+17s^3+60s^2}{s^4+17s^3+60s^2+5s+5}\right)\left(\frac{1}{s^2}\right)=0 \tag{7-72b}$$

单位抛物线输入：

$$e_{ss}=\lim_{s\to 0}s\left(\frac{s^4+17s^3+60s^2}{s^4+17s^3+60s^2+5s+5}\right)\left(\frac{1}{s^3}\right)=\frac{60}{5}=12 \tag{7-72c}$$ ▲

例 7-6-2 考虑如图 7-23 所示非单位反馈系统，其传递函数如下：

$$G(s)=\frac{1}{s^2(s+12)} \qquad H(s)=\frac{5(s+1)}{s+5} \tag{7-73}$$

因为 $H(s)$ 在 $s=0$ 处无零点，运用情形一中的式（7-61）计算误差，即 $G_1(s)=\frac{1}{H(0)}=1$。图 7-23 中 $r(t)$ 为参考信号。系统传递函数为

$$M(s)=\frac{Y(s)}{R(s)}=\frac{G(s)}{1+G(s)H(s)}=\frac{s+5}{s^4+17s^3+60s^2+5s+5} \tag{7-74}$$

根据式（7-67）可得三个典型输入信号对应的系统稳态误差。

单位阶跃输入：

$$e_{ss}=\lim_{s\to 0}sE(s)=\lim_{s\to 0}s[1-M(s)]R(s)=\lim_{s\to 0}s\left(1-\frac{s+5}{s^4+17s^3+60s^2+5s+5}\right)\left(\frac{1}{s}\right)$$

$$=\lim_{s\to 0}s\left(\frac{s^4+17s^3+60s^2+4s}{s^4+17s^3+60s^2+5s+5}\right)\left(\frac{1}{s}\right)=0 \tag{7-75}$$

单位斜坡输入：

$$e_{ss}=\lim_{s\to 0}sE(s)=\lim_{s\to 0}s[1-M(s)]R(s)=\lim_{s\to 0}s\left(\frac{s^4+17s^3+60s^2+4s}{s^4+17s^3+60s^2+5s+5}\right)\left(\frac{1}{s^2}\right)=0.8 \tag{7-76}$$

346

单位抛物线输入：

$$e_{ss}=\lim_{s\to 0}sE(s)=\lim_{s\to 0}s[1-M(s)]R(s)=\lim_{s\to 0}s\left(\frac{s^4+17s^3+60s^2+4s}{s^4+17s^3+60s^2+5s+5}\right)\left(\frac{1}{s^3}\right)=\infty \tag{7-77}$$

通过系统的时域响应来得到输入输出之差计算稳态误差，然后与上面的结果比较也是很重要的。对式（7-74）表示的系统输入单位阶跃信号、单位斜坡信号和单位抛物线信号，并对 $Y(s)$ 进行反拉普拉斯变化，得到输出。

单位阶跃输入：

$$y(t)=1-0.000\,56\mathrm{e}^{-12.05t}-0.000\,138\,1\mathrm{e}^{-4.886t}-0.999\,3\mathrm{e}^{-0.0302t}\cos(0.289\,8t)$$

$$-0.1301\mathrm{e}^{-0.0302t}\sin(0.2898t),\quad t\geqslant 0 \tag{7-78}$$

参考输入为单位阶跃信号，$y(t)$ 的稳态值也是单位阶跃信号，因此可得稳态误差为零。

单位斜坡输入：

$$y(t)=t-0.8+4.682\times10^{-5}\mathrm{e}^{-12.05t}+2.826\times10^{-5}\mathrm{e}^{-4.886t}$$
$$+0.8\mathrm{e}^{-0.0302t}\cos(0.2898t)-3.365\mathrm{e}^{-0.0302t}\sin(0.2898t),\quad t\geqslant 0 \tag{7-79}$$

参考输入为单位斜坡信号 $tu_s(t)$，$y(t)$ 的稳态部分为 $t-0.8$，因此单位斜坡输入的稳态误差为 0.8。

单位抛物线输入：

$$y(t)=0.5t^2-0.8t-11.2-3.8842\times10^{-6}\mathrm{e}^{-12.05t}-5.784\times10^{-6}\mathrm{e}^{-4.886t}$$
$$+11.2\mathrm{e}^{-0.0302t}\cos(0.2898t)+3.9289\mathrm{e}^{-0.0302t}\sin(0.2898t),\quad t\geqslant 0 \tag{7-80}$$

参考输入为单位抛物线信号 $t^2u_s(t)/2$，$y(t)$ 的稳态部分为 $0.5t^2-0.8t+11.2$，因此单位斜坡输入的稳态误差为 $0.8t+11.2$，随时间增大而趋于无穷。

假设改变传递函数 $H(s)$ 使得

$$G(s)=\frac{1}{s^2(s+12)}\quad H(s)=\frac{10(s+1)}{s+5} \tag{7-81}$$

那么

$$G_1(s)=\frac{1}{\lim\limits_{s\to\infty}H(s)}=1/2 \tag{7-82}$$

闭环传递函数为

$$M(s)=\frac{Y(s)}{R(s)}=\frac{G(s)}{1+G(s)H(s)}=\frac{s+5}{s^4+17s^3+60s^2+10s+10} \tag{7-83}$$

对应三种典型输入信号的系统稳态误差如下。

单位阶跃输入：

根据式（7-83）中的 $M(s)$ 求解输出为

347

$$y(t)=0.5u_s(t)+\text{暂态项} \tag{7-84}$$

因此，$y(t)$ 的稳态值为 0.5，又因为 $K_H=2$，所以单位阶跃输入的稳态误差为零。

单位斜坡输入：

单位斜坡输入的系统响应为

$$y(t)=[0.5t-0.4]u_s(t)+\text{暂态项} \tag{7-85}$$

当时间 t 趋于无穷时暂态项将会消失，因此单位斜坡输入的稳态误差为 0.4。

单位抛物线输入：

单位抛物线输入的系统响应为

$$y(t)=[0.25t^2-0.4t-2.6]u_s(t)+\text{暂态项} \tag{7-86}$$

所以稳态误差为 $0.4t+2.6$，随时间增长。 ▲

例 7-6-3 考虑图 7-23 中的非单位反馈系统，传递函数如下：

$$G(s)=\frac{1}{s^2(s+12)}\quad H(s)=\frac{10s}{s+5} \tag{7-87}$$

其中，$H(s)$ 在 $s=0$ 处有一个零点。因此，

$$G_1(s)=\left(\frac{1}{s}\right)\frac{1}{\lim\limits_{s\to 0}H(s)}=\frac{1}{2s} \tag{7-88}$$

因此，

$$\text{参考信号}=\frac{R(s)}{2s} \tag{7-89}$$

闭环传递函数为

$$M(s)=\frac{Y(s)}{R(s)}=\frac{s+5}{s^4+17s^3+60s^2+10s} \tag{7-90}$$

根据式（7-67）可得单位阶跃输入的稳态误差如下：

$$\begin{aligned}e_{ss}&=\lim_{s\to 0}sE(s)=\lim_{s\to 0}s\left[\frac{1}{2s}-M(s)\right]R(s)\\&=\lim_{s\to 0}s\left[\frac{1}{2s}-\frac{s+5}{s^4+17s^3+60s^2+10s}\right]\frac{1}{s}\\&=\lim_{s\to 0}s\left[\frac{s^4+17s^3+58s^2}{2s^5+34s^4+120s^3+20s^2}\right]\left(\frac{1}{s}\right)=\frac{58}{20}=2.9\end{aligned} \tag{7-91}$$

为验证上述结果，我们用式（7-90）中的闭环传递函数来求单位阶跃响应，可得：

$$y(t)=[0.5t-2.9]u_s(t)+\text{暂态项} \tag{7-92}$$

348

参考信号为 $0.5tu_s(t)=0.5t$，由式（7-92）可知稳态误差为 2.9。当然，在拉普拉斯域参考信号为式（7-89）中的斜坡函数 $\dfrac{1}{2s^2}$。▲

例 7-6-4 直流电动机的速度控制。

在 7.4.2 节中的直流电动机的速度控制框图里，无负载，电气时间常数小，如图 7-25 所示。在这里，因为 $r(t)$ 和 $\omega_m(t)$ 维度不同，根据式（7-61）中的情形一，我们可以得到参考信号 $r(t)/K_t$ 来计算误差。这等价于将角速度 $\omega_m(t)$ 作为输入，$\omega_m(t)=r(t)/K_t$，如图 7-26 所示，增益 K_t 为转速计增益。这样使得输入输出具有相同的单位和维度。因此，**参考信号**是**期望速度**而不是输入电压 $r(t)$。

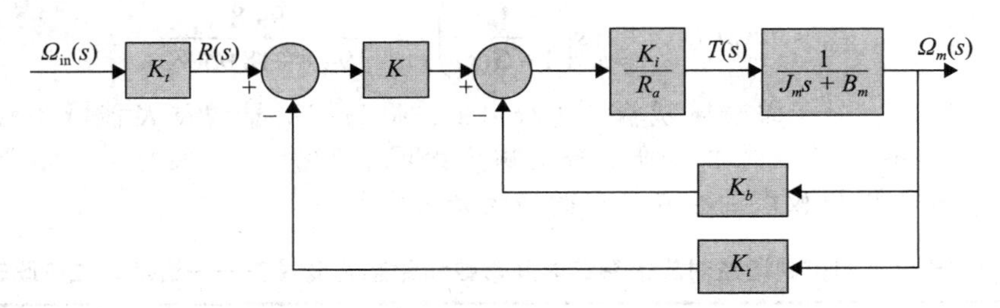

图 7-26　直流电动机的速度控制框图

化简图 7-26 中的控制框图，我们得到最终的系统单位反馈表达，如图 7-22 所示，其中系统开环传递函数为

$$G(s)=\frac{\dfrac{K_tK_iK}{R_aJ_m}}{s+\left(\dfrac{K_iK_b+R_aB_m}{R_aJ_m}\right)} \tag{7-93}$$

系统角速度可通过系统输入得到：

$$\Omega_m(s)=\frac{\dfrac{K_tK_iK}{R_aJ_m}}{s+\left(\dfrac{K_iK_b+R_aB_m+K_tK_iK}{R_aJ_m}\right)}\Omega_{\text{in}}(s) \tag{7-94}$$

其中，

$$\tau_c=\frac{R_aJ_m}{K_iK_b+R_aB_m+K_tK_iK} \tag{7-95}$$

是系统时间常数。注意到式（7-94）表示的系统对于任意 $K>0$ 始终是**稳定的**。最后可以得到参考信号 $\Omega_{\text{in}}(s)=1/s$ 的系统时间响应：

349

$$\omega_m(t)=\frac{K_tK_iK}{K_iK_b+R_aB_m+K_tK_iK}(1-\mathrm{e}^{-t/\tau_c}) \tag{7-96}$$

角速度输出的终值为

$$\omega_{fv}=\lim_{s\to0}s\Omega_m(s)=\lim_{s\to0}s\left(\frac{G(s)}{1+G(s)}\right)\frac{1}{s}=\frac{K_tK_iK}{K_iK_b+R_aB_m+K_tK_iK} \tag{7-97}$$

稳态误差为

$$e_{ss}=\lim_{s\to0}sE(s)=\lim_{s\to0}s\left(\frac{1}{1+G(s)}\right)\frac{1}{s}=\frac{K_iK_b+R_aB_m}{K_iK_b+R_aB_m+K_tK_iK} \tag{7-98}$$

对于 $H(s)=K_t=1$（即当测量到 1V 时使传感器显示 1rad/s），参照例 7-4-1 选取系统参数，可得：

$$G(s)=\frac{18\,000K}{(s+1194.8)} \tag{7-99}$$

角速度输出的终值为

$$\omega_{fv}=\lim_{s\to0}s\Omega_m(s)=\lim_{s\to0}s\left(\frac{G(s)}{1+G(s)}\right)\frac{1}{s}=\frac{18\,000K}{1194.8+18\,000K} \tag{7-100}$$

根据式（7-61）得到稳态误差：

$$e_{ss}=\lim_{s\to0}sE(s)=\lim_{s\to0}s\left(\frac{1}{1+G(s)}\right)\frac{1}{s}=\frac{1194.8}{1194.8+18\,000K} \tag{7-101}$$

如表 7-5 所示，对于单位阶跃输入（1rad/s），提高控制器增益 K 能减小稳态误差和系统时间常数。不同 K 值的单位阶跃时间响应如图 7-27 所示。实际上，由于放大器饱和或者电动机输入电压极限的存在，K 的增大是有极限的。▲

350

表 7-5　三个不同控制增益对应的系统时间常数和稳态速度误差——给定单位阶跃输入

控制器增益 K	稳态误差 e_{ss}	系统时间常数 $\tau_c=\dfrac{R_aJ_m}{K_iK_b+R_aB_m+K_tK_iK}$
0.1	0.3990rad/s	$\tau_c=3.3391\times10^{-4}$s
1.0	0.0622rad/s	$\tau_c=5.2097\times10^{-5}$s
10.0	0.0066rad/s	$\tau_c=5.5189\times10^{-6}$s

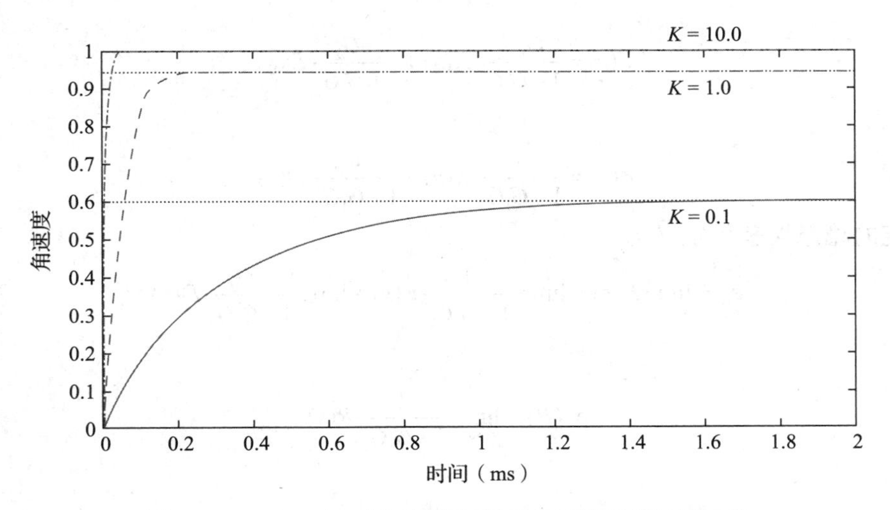

图 7-27　$K_t=1$ 时三个不同控制器增益下的系统时间响应

工具箱 7-6-1

使用 MATLAB 得到例 7-6-4 的速度响应：

```
clear all
ra=5.0;ki=9.0;kb=0.0636;jm=0.0001;bm=0.005;
for k=[0.1 1 10]
num = [ki*k/(ra*jm)];
den = [1 (ki*kb+ra*bm+ki*k)/(ra*jm)];
step(num,den)
hold on;
end
xlabel('Time')
ylabel('Angular Speed (rad/s)')
```

7.6.2　有干扰情况下的系统稳态误差

不是所有的系统误差都以输入的响应来定义。图 7-28 中的单位反馈系统除了输入信号 $R(s)$ 之外，还有一干扰信号 $D(s)$。单独由 $D(s)$ 产生的输出信号也可以作为误差的一种形式。我们曾在 4.1.4 节中讨论过，扰动通过给控制器 / 执行器部分增加负载而起到降低控制系统性能的作用。在设计适当的控制系统之前，首先要了解 $D(s)$ 对系统的影响。

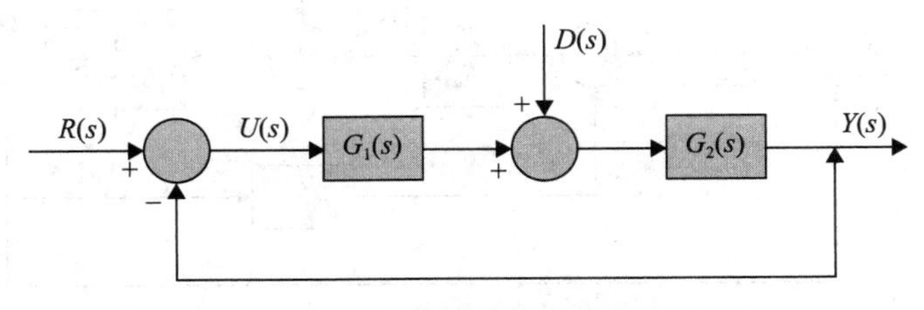

图 7-28　有干扰的系统控制框图

对于图 7-28 中的系统而言，运用叠加原理，输出可写作输入 $R(s)$ 和扰动 $D(s)$ 的函数：

$$Y_{\text{total}}=\left.\frac{Y(s)}{R(s)}\right|_{D=0}R(s)+\left.\frac{Y(s)}{D(s)}\right|_{R=0}D(s)$$

$$Y(s)=\frac{G_1G_2}{1+G_1G_2}R(s)+\frac{-G_2}{1+G_1G_2}D(s) \tag{7-102}$$

误差为

$$E(s)=\frac{1}{1+G_1G_2}R(s)+\frac{-G_2}{1+G_1G_2}D(s) \tag{7-103}$$

351

系统的**稳态误差**可定义为

$$e_{ss}=\lim_{s\to 0}sE(s)=\lim_{s\to 0}s\frac{1}{1+G_1G_2}R(s)+\lim_{s\to 0}s\frac{-G_2}{1+G_1G_2}D(s) \tag{7-104}$$

其中，

$$e_{ss}(R)=\lim_{s\to 0}s\frac{1}{1+G_1G_2}R(s) \tag{7-105}$$

和

$$e_{ss}(D)=\lim_{s\to 0}s\frac{-G_2}{1+G_1G_2}D(s) \tag{7-106}$$

分别是参考输入和扰动产生的稳态误差。

观察

如果扰动信号在前向通道，则 $e_{ss}(R)$ 和 $e_{ss}(D)$ 具有相同的维度。$e_{ss}(D)$ 分子中的负号表示在稳态下扰动信号总是对系统性能起反作用。所以，为了校正扰动的影响，控制系统需要改变稳态性能。

例 7-6-5 带有扰动的直流电动机的速度控制。

紧跟例 7-6-4，我们在电动机速度控制系统中添加一个干扰转矩 TL，如图 7-29 所示。注意到为了能运用式（7-60）计算稳态误差计算，增益 K_t 需要被移到前向通道中，从而使系统成为一个单位反馈系统——比较图 7-29 和图 7-26 中的控制框图。简化图 7-29 中的控制框图，可得：

$$\Omega_m(s)=\frac{\dfrac{K_tK_iK}{R_aJ_m}}{s+\left(\dfrac{K_iK_b+R_aB_m+K_tK_iK}{R_aJ_m}\right)}\Omega_{\text{in}}(s)-\frac{\dfrac{1}{J_m}}{s+\left(\dfrac{K_iK_b+R_aB_m+K_tK_iK}{R_aJ_m}\right)}T_L(s) \tag{7-107}$$

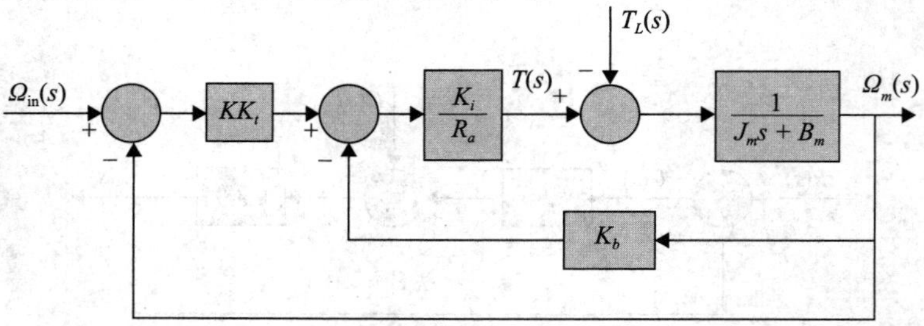

352

图 7-29　直流电动机的速度控制框图

对于单位阶跃输入 $\Omega_{\text{in}}=1/s$ 和单位扰动转矩 $T_L=1/s$，输出为

$$\omega_m(t)=\frac{KK_iK_t}{R_aJ_m}\tau_c\left(1-\mathrm{e}^{-\frac{t}{\tau_c}}\right)-\frac{\tau_c}{J_m}\left(1-\mathrm{e}^{-\frac{t}{\tau_c}}\right) \tag{7-108}$$

其中，$\tau_c = \dfrac{R_a J_m}{K_i K_b + R_a B + K_t K_i K}$ 为系统时间常数。稳态响应和稳态误差如下：

$$\omega_{fv} = \left(\frac{K K_i K_t}{K_i K_b + R_a B_m + K_t K_i K} - \frac{R_a}{K_i K_b + R_a B_m + K_t K_i K} \right) \tag{7-109a}$$

$$e_{ss}(\Omega_{\text{in}}) = \frac{K_i K_b + R_a B_m}{K_i K_b + R_a B_m + K_i K} \tag{7-109b}$$

$$e_{ss}(T_L) = \frac{R_a}{K_i K_b + R_a B_m + K K_i K} \tag{7-109c}$$

如例 7-6-4 中的结论，随着 K 增大，来自输入和扰动信号的稳态误差均减小。▲

7.6.3　控制系统的类型：单位反馈系统

考虑一个单位反馈控制系统，其简化控制框图如图 7-22 所示，其中 $H(s)=1$。系统稳态误差为

$$e_{ss} = \lim_{t\to\infty} e(t) = \lim_{s\to 0} sE(s) = \lim_{s\to 0} \frac{sR(s)}{1+G(s)} \tag{7-110}$$

显然，e_{ss} 依赖于 $G(s)$。更准确地说，e_{ss} 依赖于 $G(s)$ 在 $s=0$ 时的极点个数。我们通常称这个数字为控制系统的类型，简称为系统类型。

353

这里统一从前向通道传递函数 $G(s)$ 的形式来讨论系统类型。通常 $G(s)$ 写为

$$G(s) = \frac{K(s+z_1)(s+z_2)\cdots}{s^j(s+p_1)(s+p_2)\cdots} \tag{7-111}$$

系统的类型则是当 $s=0$ 时 $G(s)$ 的极点的阶次，即前向通道传递函数为（7-111）的闭环系统的型号为 j，其中 $j=0,1,2,\cdots$，分子和分母的项数、各项系数对于系统类型并不重要，因为它只代表 $G(s)$ 在 $s=0$ 时的极点个数。我们用下面的例子来说明不同形式的 $G(s)$ 的系统类型。

例 7-6-6　系统控制框图如图 7-30 所示，对于下述传递函数，系统类型定义为

$$G(s) = \frac{K(1+0.5s)}{s(1+s)(1+2s)(1+s+s^2)} \quad \text{类型1} \tag{7-112}$$

$$G(s) = \frac{K(1+2s)}{s^3} \quad \text{类型3} \tag{7-113}$$

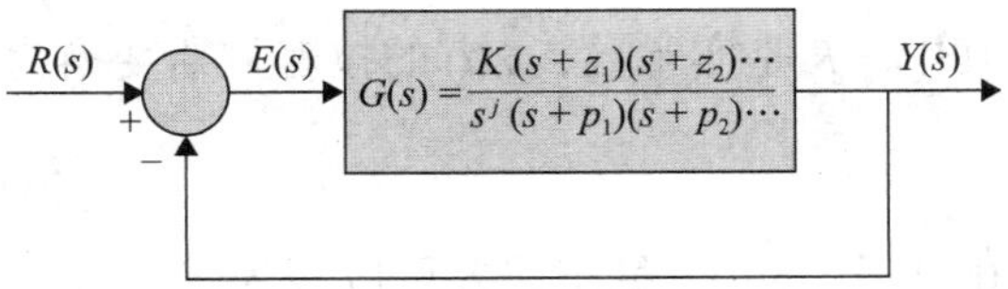

R(s)　E(s)　$G(s) = \dfrac{K(s+z_1)(s+z_2)\cdots}{s^j(s+p_1)(s+p_2)\cdots}$　Y(s)　+　−

图 7-30　用于定义系统类型的单位反馈控制系统

下面，我们讨论不同类型的输入信号对稳态误差的影响。这里只考虑阶跃、斜坡和抛物线函数输入信号。▲

7.6.4　误差常数

阶跃函数输入时系统的稳态误差

对于如图 7-22 所示的单位反馈系统，当输入 $r(t)$ 为幅值为 R 的单位阶跃函数，$R(s)=R/s$，根据式（7-60），其稳态误差可写为

$$e_{ss} = \lim_{s\to 0} \frac{sR(s)}{1+G(s)} = \lim_{s\to 0} \frac{R}{1+G(s)} = \frac{R}{1+\lim\limits_{s\to 0} G(s)} \tag{7-114}$$

方便起见，我们令

354

$$K_P = \lim_{s\to 0} G(s) \tag{7-115}$$

为**阶跃误差常数**。则式（7-114）可以写成：

$$e_{ss} = \frac{R}{1+K_P} \tag{7-116}$$

图 7-31 是 K_P 为非零有限常数时阶跃输入的 e_{ss} 的示意图。我们从（7-116）可以知道，在阶跃输入的情形下，要使得 e_{ss} 为 0，则 K_P 必须为无穷。如果 $G(s)$ 为式（7-111）的形式，要使得 K_P 为无穷，则 j 必须至少等于 1，即 $G(s)$ 至少在 $s=0$ 处要有一个极点。因此，我们可以归纳阶跃函数输入的系统稳态误差如下：

类型 0 系统：$e_{ss} = \dfrac{R}{1+K_P} =$ 常数

类型 1 或更高类型的系统：$e_{ss} = 0$

斜坡函数输入时系统的稳态误差

已知如图 7-22 所示的控制系统，当它的输入为幅值 R 的斜坡函数时，

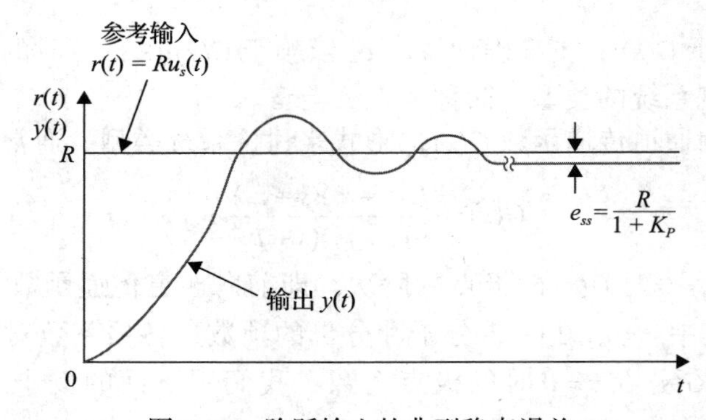

图 7-31 阶跃输入的典型稳态误差

$$r(t) = Rtu_s(t) \tag{7-117}$$

其中，R 是实常数，$r(t)$ 的拉普拉斯变换为

$$R(s) = \frac{R}{s^2} \tag{7-118}$$

由式（7-60），稳态误差可以写为

$$e_{ss} = \lim_{s\to 0}\frac{R(s)}{s+sG(s)} = \frac{R}{\lim\limits_{s\to 0} sG(s)} \tag{7-119}$$

我们令斜坡误差常数为

355

$$K_v = \lim_{s\to 0} sG(s) \tag{7-120}$$

则式（7-119）等同于

$$e_{ss} = \frac{R}{K_v} \tag{7-121}$$

这就是输入为斜坡函数时的稳态误差。图 7-32 是 K_v 为非零有限常数时斜坡函数输入的 e_{ss} 示意图。

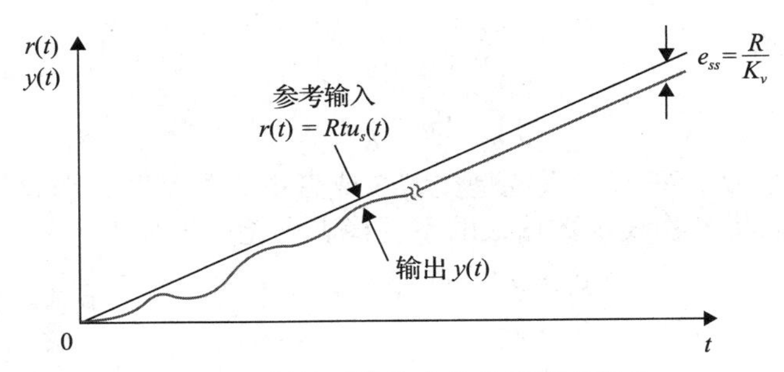

图 7-32 斜坡函数输入的典型稳态误差

式（7-121）说明在输入为斜坡函数时，要使得 e_{ss} 为 0，K_v 必须为无穷。我们从式（7-120）和（7-111）可以得到：

$$K_v = \lim_{s\to 0} sG(s) = \lim_{s\to 0}\frac{K}{s^{j-1}}, \quad j = 0,1,2,\cdots \tag{7-122}$$

因此，K_v 要无穷，则 j 必须大于等于 2，即系统至少为类型 2 或者更高类型。这样，我们可以将斜坡函数输入的系统稳态误差归纳如下。

类型 0 系统：$e_{ss}=\infty$

类型 1 系统：$e_{ss}=\dfrac{R}{K_v}=$常数

类型 2 系统：$e_{ss}=0$

抛物线函数输入时系统的稳态误差

当输入信号是标准的抛物线形式时，

$$r(t) = \frac{Rt^2}{2}u_s(t) \tag{7-123}$$

$r(t)$ 的拉普拉斯变换为

$$R(s) = \frac{R}{s^3} \tag{7-124}$$

图 7-22 中的系统稳态误差为

$$e_{ss} = \frac{R}{\lim\limits_{s\to 0} s^2 G(s)} \tag{7-125}$$

356

图 7-33 为 K_a 为非零有限常数时抛物线函数输入的 e_{ss} 示意图。

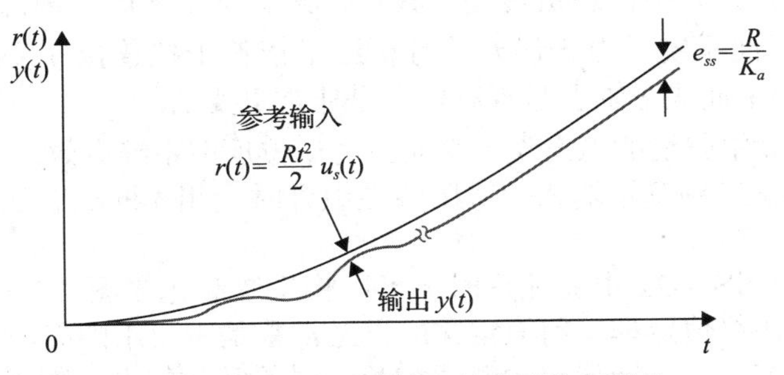

图 7-33 抛物线函数输入的典型稳态误差

定义抛物线误差常数：

$$K_a = \lim_{s\to 0} s^2 G(s) \tag{7-126}$$

则稳态误差可以写成：

$$e_{ss}=\frac{R}{K_a} \tag{7-127}$$

与阶跃和斜坡输入相似，只有在系统是类型 3 或者更高类型时，抛物线输入所产生的稳态误差才为 0。我们将抛物线函数输入的系统稳态误差归纳如下。

类型 0 系统：　　$e_{ss}=\infty$

类型 1 系统：　　$e_{ss}=\infty$

类型 2 系统：　　$e_{ss}=\frac{R}{K_a}=$常数

类型 3 或更高的系统：　　$e_{ss}=0$

需要强调的是，只有当闭环系统**稳定**，上面的这些结论才成立。

利用前面介绍的方法：任何一个线性闭环系统在比抛物线函数更高阶的输入下，它的稳态误差也可以类似得到。作为对误差分析的小结，我们在表 7-6 中归纳了误差常数、式（7-111）定义下的系统类型和输入类型之间的关系。

表 7-6　单位反馈系统在阶跃、斜坡、抛物线函数输入下的稳态误差归纳

系统类型	误差常数			稳态误差 e_{ss}		
				阶跃输入	斜坡输入	抛物线输入
j	K_p	K_v	K_a	$\frac{R}{1+K_p}$	$\frac{R}{K_v}$	$\frac{R}{K_a}$
0	K	0	0	$\frac{R}{1+K}$	∞	∞
1	∞	K	0	0	$\frac{R}{K}$	∞
2	∞	∞	K	0	0	$\frac{R}{K}$
3	∞	∞	∞	0	0	0

在运用误差常数分析时，还必须要注意下面几点：

1. 只有当输入信号是阶跃函数、斜坡函数或抛物线函数时，相应的阶跃、斜坡、抛物线误差常数在误差分析中才有意义。

2. 因为误差常数是在前向通道传递函数 $G(s)$ 意义下定义的，因此上述方法只适用于图 7-22 中的单位反馈系统。由于误差的分析结果依赖于拉普拉斯变换的终值定理，先检验 $sE(s)$ 在右复半平面或虚轴上是否有极点是非常重要的。

357

3. 我们在表 7-6 中归纳的稳态误差性质只对单位反馈系统有效。

4. 当系统输入是三种基本输入信号的线性组合时，相应的稳态误差是各误差分量的叠加。

5. 当系统不同于图 7-22 中的配置时，可以将系统简化成图 7-22 所示形式，或直接确定误差信号再应用终值定理。前面定义的误差常数是否使用则应该视具体情形而定。

当稳态误差无穷大时，即误差随时间增长，误差常数的方法就无法显示误差如何随时间变化。这是误差常数方法的缺陷之一。误差常数方法还不能用于系统的输入为正弦信号的情况，因为这时终值定理不再适用。我们将通过下面的例子来说明如何利用误差常数和相应的常数值确定单位反馈线性控制系统的稳态误差。

例 7-6-7　已知如图 7-22 所示的 $H(s)=1$ 的系统有如下传递函数。用误差常数计算三种基本输入的稳态误差值。

（a）$G(s)=\dfrac{K(s+3.15)}{s(s+1.5)(s+0.5)}$　$H(s)=1$　类型1系统

阶跃输入：阶跃误差常数 $K_P=\infty$　$e_{ss}=\dfrac{R}{1+K_P}=0$

358

斜坡输入：斜坡误差常数 $K_v=4.2K$　$e_{ss}=\dfrac{R}{K_v}=\dfrac{R}{4.2K}$

抛物线输入：抛物线误差常数 $K_a=0$　$e_{ss}=\dfrac{R}{K_a}=\infty$

这些结果只有在 K 位于保证闭环系统稳定的范围内时才有意义，即 $0<K<1.304$。

（b）$G(s)=\dfrac{K}{s^2(s+12)}$　$H(s)=1$　类型2系统

因为无论 K 为何值，闭环系统都不稳定，因此误差分析没有意义。

（c）$G(s)=\dfrac{5(s+1)}{s^2(s+12)(s+5)}$　$H(s)=1$　类型2系统

可以证明该闭环系统是稳定的，我们进一步计算三种基本输入类型的稳态误差。

阶跃输入：阶跃误差常数 $K_P=\infty$　$e_{ss}=\dfrac{R}{1+K_P}=0$

斜坡输入：斜坡误差常数 $K_v=\infty$　$e_{ss}=\dfrac{R}{K_v}=0$

抛物线输入：抛物线误差常数 $K_a=1/12$　$e_{ss}=\dfrac{R}{K_a}=12R$　▲

7.6.5　非线性系统元件产生的稳态误差

很多情况下，控制系统的稳态误差是由系统非线性特征产生的，如非线性摩擦力或死区等。例如，如果控制系统中的放大器的输入输出特性如图 7-44 所示，当放大器输入信号恰好落入死区时，放大器输出将为 0，此时的控制器就无法校正可能存在的误差。图 7-34 所示的非线性的死区特性不仅仅只限于放大器。电动机磁场的磁通量 – 电流关系也存在类似的特征。当电动机电流正好处于死区 D 时，将没有磁通量产生，因而电动机无法产生转矩来推动负荷。

359

控制系统中数字部件的输出信号，如微处理器，只能处理离散或者量化的电平。图 7-35 刻画了这一量化特性。当量化器的输入低于 $\pm q/2$、输出为 0 时，若输出的量级与 $\pm q/2$ 有关，系统可能产生输出误差。这类误差也被称为数字控制系统中的量化误差。

当控制系统中包含实际物理部件时，通常伴随着摩擦。库仑摩擦是一种常见的造成控制系统中稳态位置误差的原因。如图 7-36 所示，是一个控制系统的恢复转矩 – 位置曲线。转矩曲线通常由步进电动机或开关磁阻电动机或带有位置编码器的闭环系统产生。当转矩曲线的坡度为负时，0 点和转矩曲线周期与

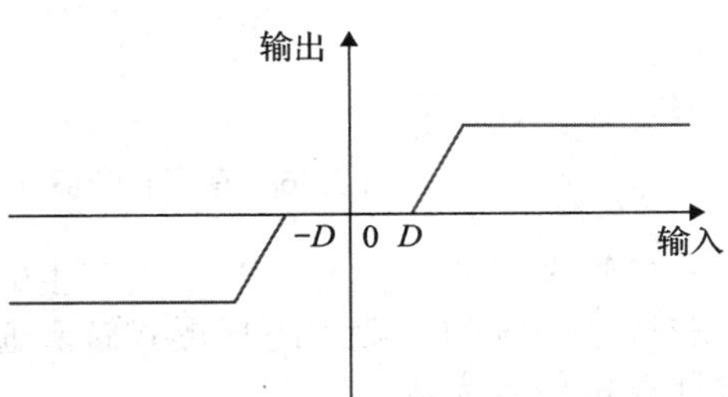

图 7-34　有死区和饱和特征的放大器的典型输入输出特性

水平轴相交的点都是稳定平衡点。0 点两侧的转矩都是恢复转矩，当存在一定角度的位置扰动都会趋向于使输出回到平衡点。在无摩擦的情况下，位置误差应该为零，因为当位置不在平衡点时总是存在一个恢复转矩使输出回到零点。如果电动机的转子存在一个库仑摩擦力矩 T_F，那么电动机转矩在产生任何动作之前必须首先克服这个摩擦转矩。因此，当电动机转子位置在接近稳定平衡点的过程中，如果转矩小于 T_F 时，则电动机将会停在误差带 $\pm\theta_e$ 内的任意位置，如图 7-36 所示。

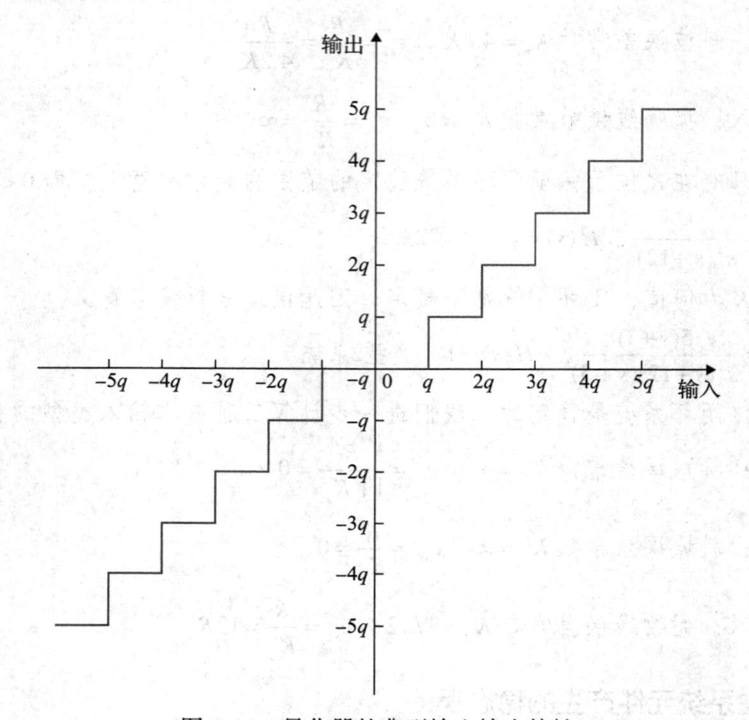

360

图 7-35　量化器的典型输入输出特性

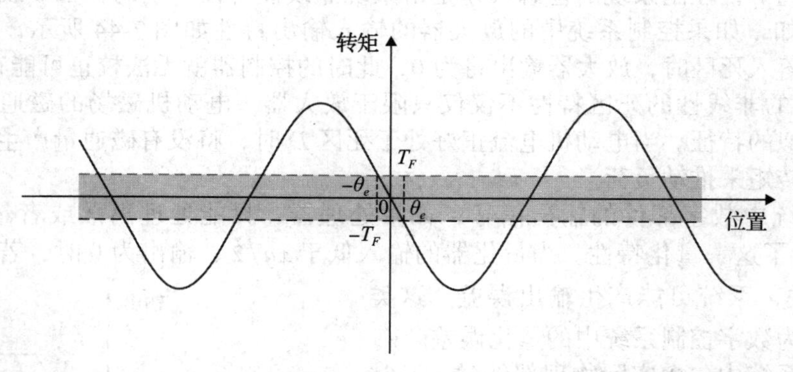

图 7-36　有库仑摩擦存在的电动机或闭环系统的转矩角曲线

尽管理解非线性元件对误差产生的影响和建立误差的最大上界都不难，困难在于建立非线性系统的一般和闭环形式解。通常，非线性系统误差的精确和详细的分析只能通过计算机仿真完成。

我们必须知道在现实世界中不存在没有误差的控制系统，而且因为所有的物理部件都或多或少存在非线性特性，因此，稳态误差可能削弱而不可能完全消除。

7.7 基础控制系统以及传递函数增加零极点带来的影响

在所有我们之前讨论过的控制系统例子中，控制器都是一个增益为常数 K 的简单放大器。这类控制被称为**比例控制**，因为控制器输出信号与控制器输入的比例为常数。

直观地说，除了比例控制，也应该应用输入信号的微分和积分。因此，我们可以考虑一种更一般的连续控制器，包含加法器或减法器、放大器、衰减器、微分器和积分器，详情可参考 6.1 节和第 11 章。例如，在实际中应用最广泛的 PID 控制器，代表着**比例**、**积分**和**微分**。PID 控制器的积分和微分部分有着独立的性能含义，需要充分理解它们才能正确应用。

总之，控制器的作用就是给全局系统的开环或闭环传递函数*增加零极点*。因此，首先理解增加零极点对系统的影响是很重要的。在这里要指出的是，尽管系统的特征方程的根，即闭环传递函数的极点，能够影响线性时不变系统的暂态响应，尤其是它的稳定性，传递函数的零点，如果也存在的话，仍然是很重要的。因此，控制系统要获得满意的时域特性，增加或消除那些不期望的传递函数的零极点是非常有必要的。

本节将讨论在回路中增加零极点对闭环系统暂态响应的影响。　361

7.7.1 在前向通道传递函数中增加一个极点：单位反馈系统

为了研究在单位反馈系统的前向通道传递函数中增加一个极点的影响及其相应的位置，我们考虑如下传递函数：

$$G(s)=\frac{\omega_n^2}{s(s+2\zeta\omega_n)(1+T_p s)} \tag{7-128}$$

$s=-1/T_p$ 的极点是新加入到二阶原型传递函数中的。闭环传递函数可写成：

$$M(s)=\frac{Y(s)}{R(s)}=\frac{G(s)}{1+G(s)}=\frac{\omega_n^2}{T_p s^3+(1+2\zeta\omega_n T_p)s^2+2\zeta\omega_n s+\omega_n^2} \tag{7-129}$$

表 7-7 所示为当 $\omega_n=1$，$\zeta=1$，$T_p=0$，1，2，5 时，闭环系统的极点。随着 T_p 的值增大，增加的**开环极点** $-1/T_p$ 在复平面离原点越来越近，使得闭环系统的一对共轭复极点**离原点越来越近**。闭环系统在 $\omega_n=1$，$\zeta=1$，$T_p=0$，1，2，5 时的单位阶跃响应如图 7-37 所示。随着 T_p 的值增大，增加的开环极点 $-1/T_p$ 在复平面**离原点越来越近**，**最大超调**也随之增大。同时还可以从图中看出，这个新增的极点使得阶跃响应的**上升时间增大**。

表 7-7　当 ω_n=1，ζ=1，T_p=0, 1, 2, 5 时的式（7-129）所示闭环系统的极点

T_p		极点	
0	二阶系统	$s_1=-1$	$s_2=-1$
1	$s_1=-2.32$	$s_2=-0.34+\mathrm{j}\,0.56$	$s_3=-0.34-\mathrm{j}\,0.56$
2	$s_1=-2.14$	$s_2=-0.18+\mathrm{j}\,0.45$	$s_3=-0.18-\mathrm{j}\,0.45$
5	$s_1=-2.05$	$s_2=-0.07+\mathrm{j}\,0.30$	$s_3=-0.07-\mathrm{j}\,0.30$

从如图 7-38 所示的单位阶跃响应也可得出相同的结论，其中 $\omega_n=1$，$\zeta=0.25$，$T_p=0, 0.2, 0.667, 1.0$。当 T_p 大于 0.667 时，单位阶跃响应的幅值随时间增大，系统是**不稳定的**。

一般来说，在前向通道传递函数中增加一个极点通常会使得闭环系统的最大超调增大。

关于这个问题更具体的讨论请参考 7.9 节的研究实例。

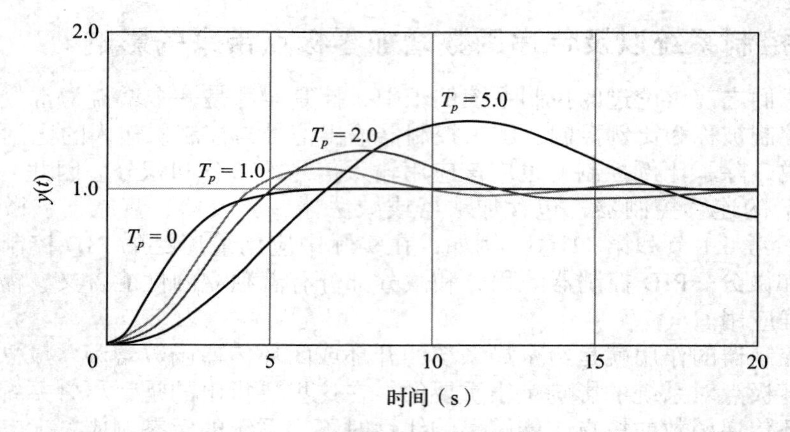

图 7-37 闭环传递函数为式（7-129）的系统的单位阶跃响应：$\omega_n=1$，$\zeta=1$，$T_p=0,1,2,5$

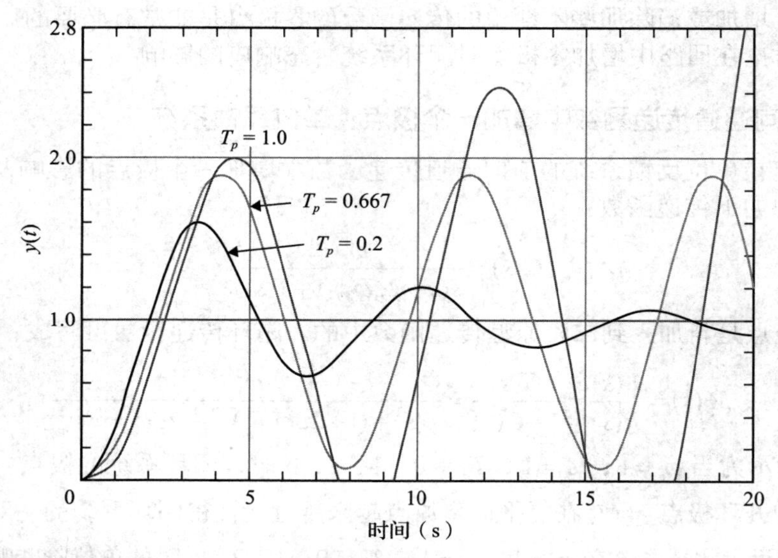

图 7-38 闭环传递函数为式（7-129）的系统的单位阶跃响应：$\omega_n=1$，$\zeta=0.25$，$T_p=0, 0.2, 0.667, 1.0$

工具箱 7-7-1

通过下列的 MATLAB 函数序列获得图 7-37 对应的响应：

```
clear all
w=1; l=1;
for Tp=[0 1 2 5];
t=0:0.001:20;
num = [w];
den = [Tp 1+2*l*w*Tp 2*l*w w^2];
roots(den)
step(num,den,t);
hold on;
end
xlabel('Time(secs)')
ylabel('apos;y(t)')
title('Unit-step responses of the system')
```

362
~
363

通过下列的 MATLAB 函数序列获得图 7-38 对应的响应

```
clear all
w=1;l=0.25;
for Tp=[0,0.2,0.667,1];
t=0:0.001:20;
num = [w];
den = [Tp 1+2*l*w*Tp 2*l*w w^2];
step(num,den,t);
hold on;
end
xlabel('Time(secs)')
ylabel('y(t)')
title('Unit-step responses of the system')
```

7.7.2　在闭环传递函数中增加一个极点

闭环传递函数的极点就是特征方程的根，它们直接影响着系统的暂态响应。已知闭环传递函数

$$M(s)=\frac{Y(s)}{R(s)}=\frac{\omega_n^2}{(s^2+2\zeta\omega_n s+\omega_n^2)(1+T_p s)} \tag{7-130}$$

其中，$(1+T_p s)$项是新加入到二阶原型传递函数中的。表 7-8 所示为 $\omega_n=1$，$\zeta=1$，$T_p=0,1,2,5$ 时的闭环系统的极点。随着 T_p 的值增大，增加的**闭环极点** $-1/T_p$ 在**复平面离原点越来越近**。图 7-39 画出了系统的单位阶跃响应。因为极点 $s=-1/T_p$ 向**复平面的原点靠拢**，响应的**上升时间**增大，而**最大超调**减小。因此，就超调而言，在闭环传递函数中增加极点和在前向通道传递函数中增加极点的作用相反。

364

表 7-8　当 ω_n=1，ζ=1，T_p=0, 0.5, 1, 2, 4 时式（7-130）所示闭环系统的极点

T_p		极点	
0	二阶系统	$s_1=-0.5+\mathrm{j}\,0.87$	$s_2=-0.5-\mathrm{j}\,0.87$
0.5	$s_1=-2$	$s_2=-0.5+\mathrm{j}\,0.87$	$s_3=-0.5-\mathrm{j}\,0.87$
1	$s_1=-1$	$s_2=-0.5+\mathrm{j}\,0.87$	$s_3=-0.5-\mathrm{j}\,0.87$
2	$s_1=-0.5$	$s_2=-0.5+\mathrm{j}\,0.87$	$s_3=-0.5-\mathrm{j}\,0.87$
4	$s_1=-0.25$	$s_2=-0.5+\mathrm{j}\,0.87$	$s_3=-0.5-\mathrm{j}\,0.87$

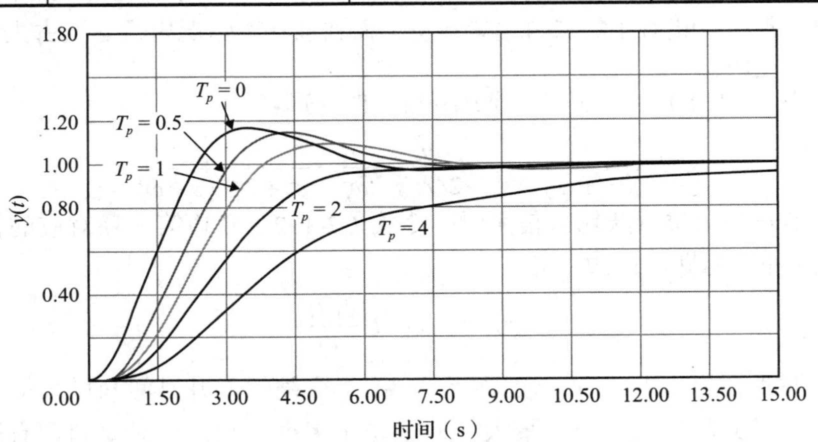

图 7-39　闭环传递函数为式（7-130）的系统的单位阶跃响应：$\omega_n=1$，$\zeta=0.5$，$T_p=0,0.5,1,2,4$

工具箱 7-7-2

通过下列的 MATLAB 函数序列获得的图 7-39 对应的响应：

```
clear all
w=1;l=0.5;
for Tp=[0 0.5 1 2 4];
t=0:0.001:15;
num = [w^2];
den = conv([1 2*l*w w^2],[Tp 1]);
step(num,den,t);
hold on;
end
xlabel('Time(secs)')
ylabel('y(t)')
title('Unit-step responses of the system')
```

7.7.3 在闭环传递函数中增加一个零点

考虑如下增加了一个零点的闭环传递函数：

$$M(s)=\frac{Y(s)}{R(s)}=\frac{\omega_n^2(1+T_z s)}{(s^2+2\zeta\omega_n s+\omega_n^2)} \tag{7-131}$$

表 7-9 所示为当 $\omega_n=1$，$\zeta=0.5$，$T_p=0,1,3,6,10$ 时系统的根。随着 T_z 的值增大，增加的**闭环零点** $-1/T_z$ 离复平面**原点越来越近**。图 7-40 所示为闭环系统的单位阶跃响应。我们不难发现，在闭环传递函数中**增加一个零点**会使得阶跃响应的**上升时间**缩短，**最大超调**增大。

表 7-9 当 ω_n=1，ζ=0.5，T_p=0, 1, 3, 6, 10 时式（7-130）所示闭环系统的根

T_p	零点	极点	
0	二阶系统	s_1= −0.5+j 0.87	s_2= −0.5−j 0.87
1	s_1= −0.5	s_2= −0.5+j 0.87	s_3= −0.5−j 0.87
3	s_1= −0.33	s_2= −0.5+j 0.87	s_3= −0.5−j 0.87
6	s_1= −0.17	s_2= −0.5+j 0.87	s_3= −0.5−j 0.87
10	s_1= −0.10	s_2= −0.5+j 0.87	s_3= −0.5−j 0.87

对于 $T_z<1$，零点小于共轭复极点的实部。当 $T_z>1$ 时，零点比复极点离原点更近。后一种情况，复极点相对于零点占主导地位，而在前一种情况中，零点占主导地位，所以导致更大的超调。

我们将式（7-131）写成如下形式来分析一般情形：

$$M(s)=\frac{Y(s)}{R(s)}=\frac{\omega_n^2}{s^2+2\zeta\omega_n s+\omega_n^2}+\frac{T_z\omega_n^2 s}{s^2+2\zeta\omega_n s+\omega_n^2} \tag{7-132}$$

当输入信号为单位阶跃输入信号时，令式（7-132）右边第一项对应的输出响应为 $y_1(t)$，则整个单位阶跃响应为

365
~
366

$$y(t)=y_1(t)+T_z\frac{\mathrm{d}y_1(t)}{\mathrm{d}t} \tag{7-133}$$

图 7-41 说明了式（7-133）增加零点 $s=-1/T_z$ 会缩短上升时间和增大最大超调的原因。实际上，当 T_z 趋于无穷时，最大超调也趋于无穷。然而，只要超调有限并且 ζ 为正，则系统仍然是**稳定的**。

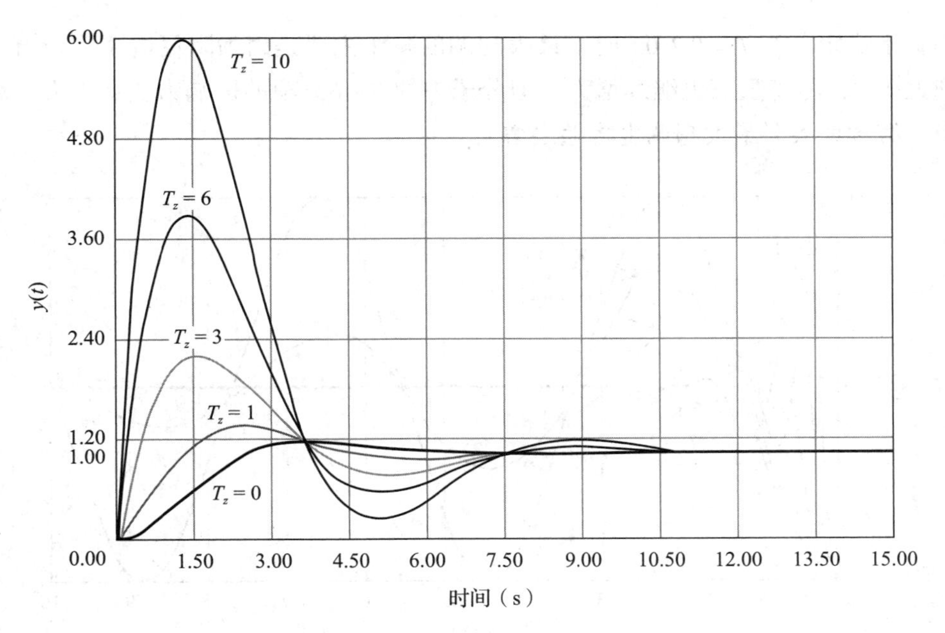

图 7-40　当 $\omega_n = 1$，$\zeta = 0.5$，$T_z = 0, 1, 3, 6, 10$ 时闭环系统单位阶跃响应

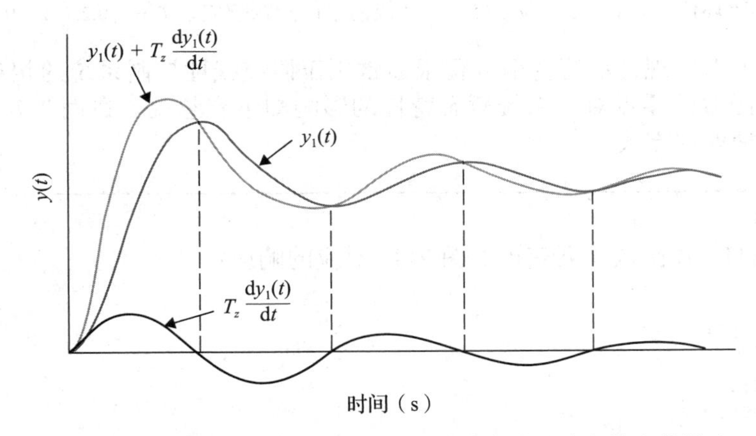

图 7-41　闭环传递函数增加一个零点给单位阶跃响应带来的影响

7.7.4　在前向通道传递函数中增加一个零点：单位反馈系统

我们接着考虑在三阶系统的前向通道传递函数中增加一个零点 $-1/T_z$，则

$$G(s) = \frac{6(1+T_z s)}{s(s+1)(s+2)} \tag{7-134}$$

相应的闭环传递函数为

$$M(s) = \frac{Y(s)}{R(s)} = \frac{6(1+T_z s)}{s^3 + 3s^2 + (2+6T_z)s + 6} \tag{7-135}$$

与在闭环传递函数中增加一个零点不同的是，这里不仅 $M(s)$ 的分子中有 $(1+T_z s)$ 项，$M(s)$ 的分母中也包含有 T_z。$M(s)$ 分子中的 $(1+T_z s)$ 项使得最大超调增大，但 T_z 同样出现在分母中 s 项的系数里，所带来的影响是阻尼增大，或最大超调减小。图 7-42 是 $T_z = 0, 0.2, 0.5, 2.0, 5.0, 10.0$ 时系统的单位阶跃响应示意图。我们可以注意到当 $T_z = 0$ 时闭环

系统濒临不稳定。当 $T_z = 0.2, 0.5$ 时，最大超调的减小主要是因为阻尼增大了。当 T_z 继续增大到大于 2，尽管阻尼也继续增大，但分子中的 $(1+T_z s)$ 项的影响力变得更大，因此实际上当 T_z 继续增大时最大超调也将随之增大。

367

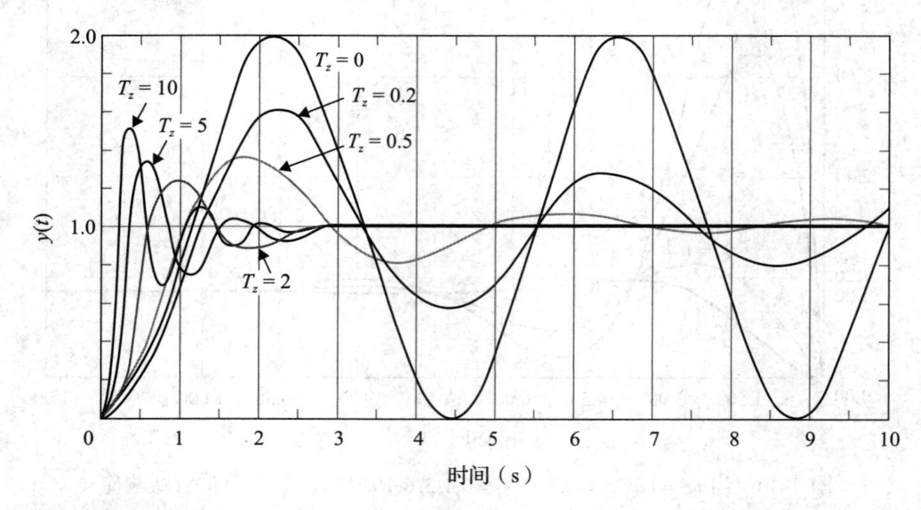

图 7-42 闭环传递函数为式（7-135）的系统的单位阶跃响应，$T_z = 0, 0.2, 0.5, 2.0, 5.0, 10.0$

从讨论中可以发现，尽管特征方程根通常用于研究线性控制系统的相对阻尼和相对稳定性，传递函数的零点对于系统暂态特性的影响却不容忽视。在例 7-7-1 中有针对这一问题的另一种处理方式。

工具箱 7-7-3

通过下列 MATLAB 函数序列获得的图 7-42 对应的响应：

```
clear all
for Tz=[0 0.2 0.5 3 5];
t=0:0.001:15;
num = [6*Tz 6];
den = [1 3 2+6*Tz 6];
step(num,den,t);
hold on;
end
xlabel('Time(secs)')
ylabel('y(t)')
title('Unit-step responses of the system')
```

7.7.5 增加零极点：时域响应控制

在实际应用中，我们可以通过增加传递函数的零极点或有简单常数增益 K 的放大器来控制系统的响应。本章目前为止讨论过增加一个简单的放大器（即比例控制）对时域响应的影响。在本节中，我们在比例控制的基础上将进一步关注输入信号的微分和积分。

368

例 7-7-1 考虑二阶模型

$$G_P(s) = \frac{2}{s(s+2)} = \frac{\omega_n^2}{s(s+2\zeta\omega_n)} \tag{7-136}$$

其中，$\omega_n = 1.414\text{rad/s}$，$\zeta = 0.707$。前向通道传递函数有两个极点，在 0 和 −2 处。图 7-43

所示为系统控制框图。串级控制器在前向通道传递函数中增加了一个零点，它是一个比例－微分（PD）类型，传递函数为

$$G_c(s)=K_P+K_D s \tag{7-137}$$

在本例中，校正后的系统的前向通道传递函数为

$$G(s)=\frac{Y(s)}{E(s)}=G_c(s)G_P(s)=\frac{\omega_n^2(K_P+K_D s)}{s(s+2\zeta\omega_n)} \tag{7-138}$$

可以看出 PD 控制等价于在前向通路传递函数中增加一个简单的零点 $s=-K_P/K_D$。**注意到控制器不会影响系统类型，它只会改变系统的暂态响应。**

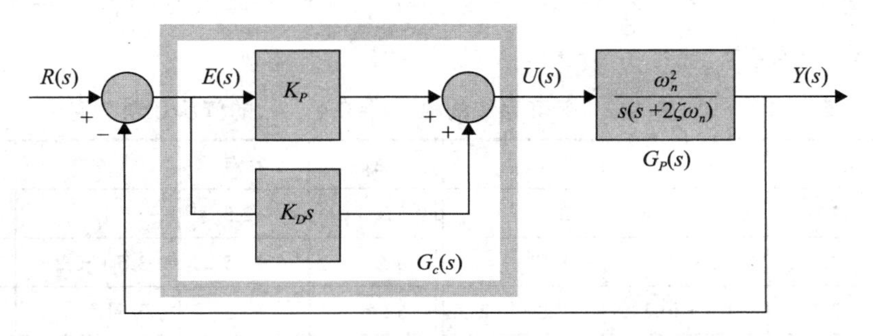

图 7-43 有 PD 控制器的控制系统

重新写出 PD 控制器的传递函数

$$G_c(s)=(K_P+K_D s)=K_P(1+T_z s) \tag{7-139}$$

其中，

$$T_z=K_D/K_P \tag{7-140}$$

系统的前向通路传递函数变成

$$G(s)=\frac{Y(s)}{E(s)}=\frac{2K_P(1+T_z s)}{s(s+2)} \tag{7-141}$$

闭环传递函数变成

$$\frac{Y(s)}{R(s)}=\frac{2K_P(1+T_z s)}{s^2+(2+2K_P T_z)s+2K_P} \tag{7-142}$$

我们应迅速指出式（7-142）已经不能代表一个典型二阶系统了，因为它的暂态响应也受传递函数在 $s=-K_P/K_D$ 处的零点影响——进一步讨论可参考 7.7.4 节。 369

现在来检验控制器增益 K_P 和 K_D 是如何影响系统响应的。显然，由于这里有两个控制增益可变，这个过程不唯一。在第 11 章中，我们将进一步讨论。在本例中，我们运用一种简单的方法来检验 K_P 和 K_D 是如何影响系统零极点的。首先将零点固定在系统前向传递函数极点 0 和 −2 的左边的任意位置。如果 T_z 太小，则式（7-142）的系统将收敛为一个典型二阶传递函数，即

$$\frac{Y(s)}{R(s)}=\lim_{T_z\to 0}\frac{2K_P(1+T_z s)}{s^2+(2+2K_P T_z)s+2K_P}=\frac{2K_P}{s^2+2s+2K_P} \tag{7-143}$$

这说明一个大的负的零点对系统暂态响应的影响最小。为了更好地检验零点的影响，我们选择零点位置为 $s=-\frac{1}{T_z}=-2.5$，即 $T_z=0.4$。极点值可通过特征方程得到：

$$s^2+(2+2K_PT_z)s+2K_P=0 \tag{7-144}$$

或

$$s_{1,2}=-1-K_PT_z\pm\sqrt{(1+K_PT_z)^2-2K_P} \tag{7-145}$$

表 7-10 所示为 K_P 的值从 0 变化到 7 时的极点值。图 7-44 所示为上述结果在复平面的图像，也称为系统的根轨迹。根轨迹本质上表示对于所有 K_P 值系统的零点和式（7-145）的根的图像。从图中可以看出，当 K_P 变化时，系统极点一起移动，在 $K_P=0.9549$ 时在 $s=-1.38$ 处相遇。然后极点变成复数并围绕着 −2.5 处的零点移动。两极点在 $s=-3.64$ 再次相遇，此时 $K_P=6.5463$。之后，一个极点向 −2.5 处的零点移动，另一个向左移动。最终，随着 $K_P\to\infty$，$s_1\to\infty$，$s_2\to-2.5$。

表 7-10　式（7-142）闭环系统的根，T_z=0.4，K_P 的值从 0 到 7 变化

K_P	零点		极点	K_P	零点		极点
0	−2.5	0	−2	5	−2.5	−3 + j	−3 − j
0.9549	−2.5	−1.38	−1.38	6.5	−2.5	−3.6 + j0.2	−3.6 − j0.2
1	−2.5	−1.4 + j0.2	−1.4 − j0.2	6.5463	−2.5	−3.64	−3.64
3	−2.5	−2.2 + j1.08	−2.2 − j1.08	6.6	−2.5	−3.86	−3.42
4	−2.5	−2.6 + j1.11	−2.6 − j1.11				

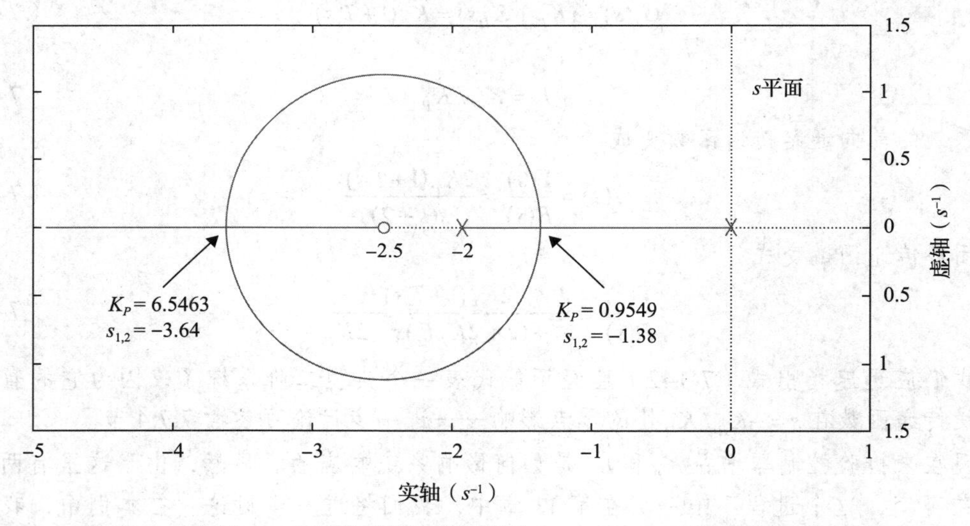

图 7-44　式（7-142）系统零极点的根轨迹，$T_z=0.4$，K_P 的值从 0 到 ∞ 变化

通过观察根轨迹图，基于前文的讨论，当 $K_P=0.9549$ 时，两个在 −1.38 处的极点相对在 −2.5 处的零点占主导作用，我们将观察到非常明显的阻尼响应。相反地在 $K_P=6.5463$ 时，−2.5 处的零点相对在 −3.64 处的极点占主导作用。因此，我们将观察到更大的超调和更快的上升时间——可参考 7.7.3 节和 7.7.4 节。在这两个值中间，系统将表现为振荡响应，这依赖于 −2.5 处零点的影响。我们可通过式（7-142）所示系统的单位阶跃响应检验我们的结论，其中 $K_P=0.9549, 1, 6.5463$。注意到在本例中零点的影响抑制了系统本身的振荡效应，即使在极点为复数的情况下。

370

工具箱 7-7-4

通过下列 MATLAB 函数序列获得图 7-45 对应的响应：

```
clear all
Tz=0.4; % fix the zero
for KP =[0.9549 4 6.5463];% plot three responses
t=0:0.001:5; % time resolution and final limit
num = [2*KP *Tz 2*KP ];
den = [1 2+2*KP *Tz 2*KP ];
step(num,den,t); % plot the responses
hold on;
end
xlabel('Time')
ylabel('y(t)')
title('Unit-step responses of the system')
```

通过下列 MATLAB 函数序列获得图 7-44 的根轨迹：

```
clear all
Tz=0.4; % fix the zero
KP =0.001; % start from a very small KP value.
num = [2*KP *Tz 2*KP];
den = [1 2+2*KP *Tz 2*KP];
rlocus(num,den); % find and plot the root locus
```

371

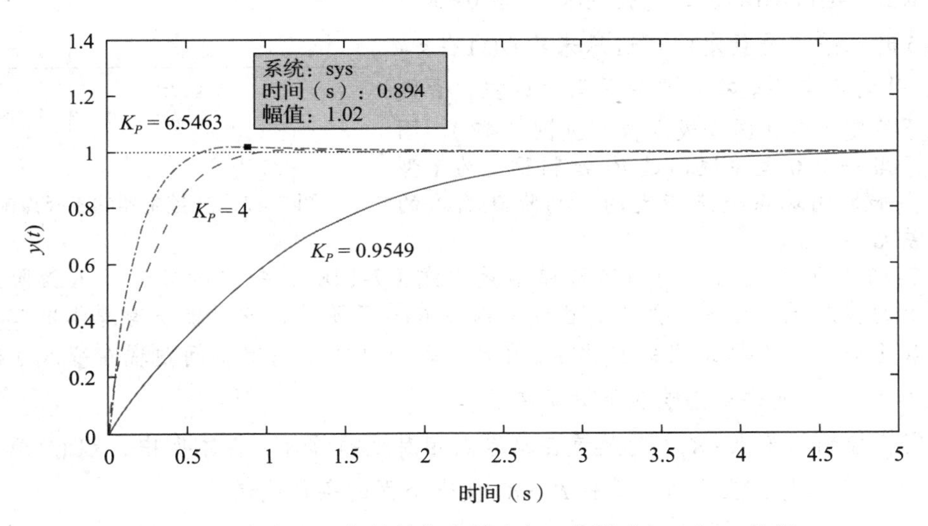

图 7-45　式（7-142）的单位阶跃响应，分别对应三个 K_P 的值

例 7-7-2　考虑下面的二阶系统

$$G_P(s)=\frac{2}{(s+1)(s+2)} \tag{7-146}$$

图 7-46 所示为串联 PI 控制器的系统控制框图。运用第 6 章表 7-1 中的电路元件，可得到 PI 控制器的传递函数：

$$G(s)=K_P+\frac{K_I}{s} \tag{7-147}$$

相当于在前向通道传递函数中添加一个零点和一个极点。在 $s=0$ 处的极点将系统变为 1 型系统，因而消除了系统阶跃输入响应的稳态误差。校正后的系统前向通道传递函数为

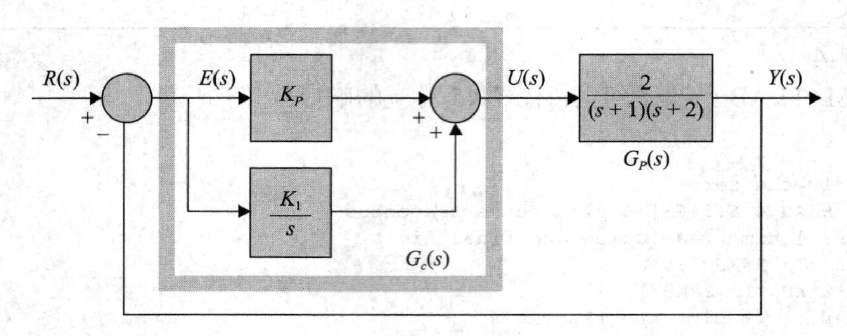

图 7-46 PI 控制器系统

372

$$G(s)=G_c(s)G_P(s)=\frac{2K_P(s+K_I/K_P)}{s(s+1)(s+2)}=\frac{2K_P(s+K_I/K_P)}{s^3+3s^2+2s} \tag{7-148}$$

在本例中我们的设计准则是稳态零误差和单位阶跃输入的响应最大超调百分比为 4.33。闭环系统传递函数为

$$\frac{Y(s)}{R(s)}=\frac{2K_P(s+K_I/K_P)}{s^3+3s^2+2(1+K_P)s+2K_I} \tag{7-149}$$

其闭环系统特征方程为

$$s^3+3s^2+2(1+K_P)s+2K_I=0 \tag{7-150}$$

由 Routh-Hurwitz 稳定判据可知，当 $0<K_I/K_P<13.5$ 时，系统是稳定的。这意味着 $G(s)$ 在 $s=-K_I/K_P$ 处的零点不能在左复半平面太偏左，否则系统会不稳定（控制器零极点位置见图 7-47）。因此可得，当一个 0 型系统通过 PI 控制器变为 1 型系统时，如果闭环系统是稳定的，则阶跃输入的稳态误差始终为 0。

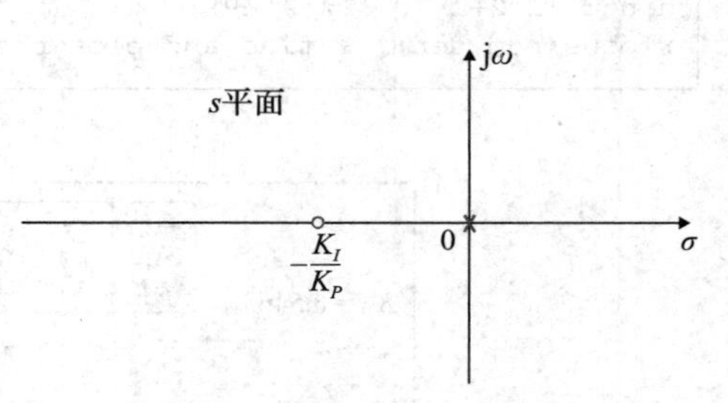

图 7-47 PI 控制器的零极点配置

图 7-46 所示系统的前向通道传递函数为式（7-148），当它的参考输入为阶跃函数时，系统的稳态误差为零。然而，由于系统现在是三阶的，它可能没有原本的二阶系统稳定，甚至当没有选择适当的 K_I 和 K_P 值时，系统可能不稳定。问题现在变成了选择适当的 K_I 和 K_P 值，使得暂态响应能满足要求。

我们将控制器零点 $-K_I/K_P$ 放置在离原点相对近的位置。在本例中，$G_P(s)$ 最关键的极点在 -1 处。因此，应当适当选择 K_I/K_P 使得下面的条件能满足：

$$\frac{K_I}{K_P}<1 \tag{7-151}$$

设计控制器时，我们首先考虑条件（7-151），将式（7-149）粗略地近似成：

$$G(s)\cong\frac{2K_P}{s^2+3s+2+2K_P} \tag{7-152}$$

其中，分子中的 K_I/K_P 项和分母中的 K_I 项被忽略。

作为一个设计准则，我们要求单位阶跃输入的期望最大超调百分比值为 4.3，通过式（7-40）可得相对阻尼比为 0.707。比较式（7-152）的分母与典型二阶系统，我们可得自然频率 $\omega_n=2.1213\text{rad/s}$ 和必要的比例增益 $K_P=1.25$ ——时域响应如图 7-48 所示。令 $K_P=1.25$，我们现在检验式（7-149）的三阶系统的时域响应。如图 7-48 所示，如果

373

K_I太小，在本例中等于 0.625，系统的时域响应缓慢，零稳态误差的要求达到得不够快。如果增大K_P到 1.125，则能达到期望的响应，如图 7-48 所示，且控制器零点仍满足条件（7-151）。

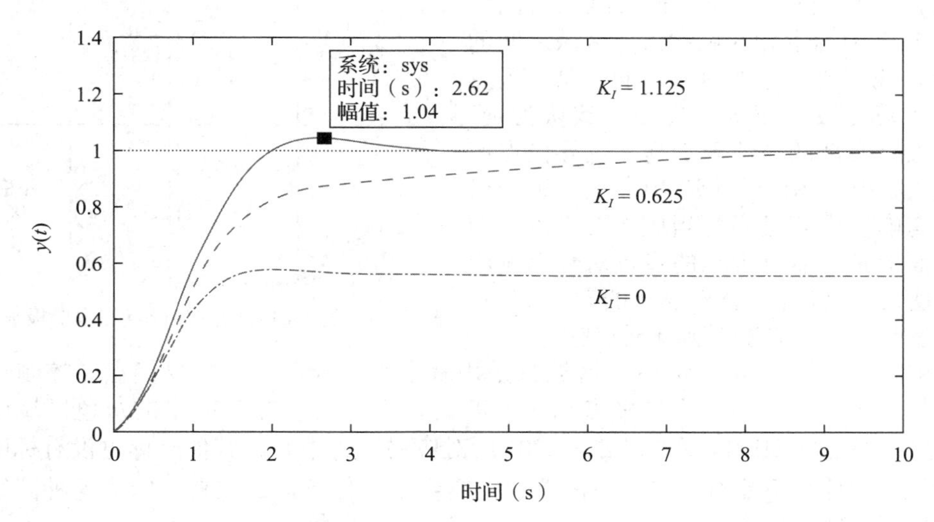

图 7-48　式（7-149）的单位阶跃响应，$K_P = 1.25$，K_I有 3 个不同值

因此，新增的$s = 0$处的控制器极点能消除稳态误差，同时控制器零点对瞬态响应的影响也能满足最大超调百分比的要求。

工具箱 7-7-5

通过下列 MATLAB 函数序列能获得图 7-48 对应的响应：

```
clear all
KP=1.25 % set KP
for KI=[0 0.625 1.125]; % Response for three values of KI
t=0:0.001:10; % time resolution
num = [2*KP 2*KI];
den = [1 3 2+2*KP 2*KI];
step(num,den,t);
hold on;
end
xlabel('Time')
ylabel('y(t)')
title('Unit-step responses of the system')
```

▲

7.8　传递函数的主导零极点

我们在前面章节中已经知道，传递函数的零极点在复平面上的位置显然对于系统的暂态响应有很重要的影响。为了便于分析和设计，挑选出对暂态响应起主导作用的极点是很重要的，我们称这些极点为主导极点。

374

因为现实中绝大多数控制系统的阶数都高于二阶，因此在考虑暂态响应的同时，研究如何用低阶系统来近似高阶系统的法则是非常实用的。在设计过程中，我们可以用主导极点来控制系统的动态性能，而利用次要极点来确保控制器传递函数能够物理实现。

出于实际需要，我们将复平面划分成主导极点和次要极点各自分布的不同区域，如

图 7-49 所示。其中并没有给出具体的坐标，因为坐标值跟给定的系统有关。

在左复半平面上的极点靠近虚轴会导致暂态响应衰减缓慢，而远离虚轴的极点（相对于主导极点）则对应于迅速衰减的时间响应。图 7-49 中的主导区域和次要区域之间的距离 D 是我们要讨论的对象。问题是：极点多大时才算是真的很大？现在一致认为是，当一个极点实部的幅值至少是一主导极点或一对复主导极点幅值的 5 到 10 倍时，这个极点就暂态响应而言已经可当成次要极点。左复半平面上越是靠近虚轴的零点对暂态响应的影响越大，相应地，离轴越远的零点（相对于主导极点）对时域响应的影响就越小。

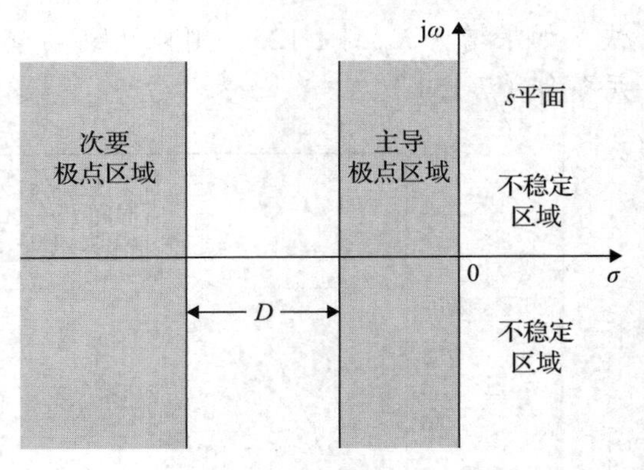

图 7-49　复平面上的主导极点和次要极点的区域

必须指出，图 7-49 中的各个区域只是用来定义主导极点和次要极点。控制器设计时，例如在极点配置时，主导极点和次要极点应该放置在图 7-50 中的灰色区域内。这里除了主导极点的期望区域是以 $\zeta = 0.707$ 所对应的线为中心，其他坐标也没有标明。要指出的是，设计时不能将次要极点配置在左复半平面任意远的位置，因为这种图纸上的设计在物理实现中可能会要求根本不可能存在的系统参数。

375

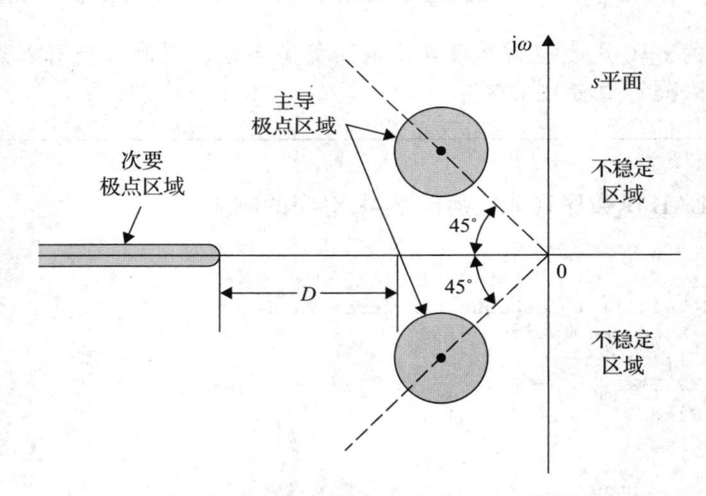

图 7-50　设计时复平面上的主导极点和次要极点的区域

7.8.1　零极点影响的总结

基于前面的观察，我们做出如下总结：

1. 闭环传递函数的共轭复极点会导致阶跃响应欠阻尼。如果系统所有的极点都是实数，则阶跃响应是过阻尼的。如果系统是过阻尼的，则闭环传递函数的零点会导致超调。

2. 系统响应受离复平面原点最近的极点主导。这些极点越往左偏，系统的暂态响应消失得越快。

3. 系统的主导极点越偏向复平面左边，系统响应越快，带宽越宽。

4. 系统的主导极点越偏向复平面左边，它越重要，包含的内部信号越大。这个结论可由分析法得到，就像越用力锤钉子，钉子锤进去的速度越快，但是相应地每锤需要更多的能量。类似地，一辆车如果使用比普通的车更多的燃料，它就能更快地加速。

5. 当系统的一个极点几乎和一个零点可以相互抵消时，系统响应中与该极点相关的部分的幅值会更小。

7.8.2　相对阻尼比

当系统阶数高于二阶时，二阶系统中所定义的阻尼比 ζ 和自然无阻尼频率 ω_n 就不再适用了。然而，当系统动态特性可以用一对共轭复主导极点准确描述时，我们仍然可以用 ζ 和 ω_n 来表示暂态响应的动态过程。这时的阻尼比称为系统的相对阻尼比。例如，已知闭环传递函数

$$M(s)=\frac{Y(s)}{R(s)}=\frac{20}{(s+10)(s^2+2s+2)} \qquad (7\text{-}153)$$

极点 $s=-10$ 的幅值是共轭复极点 $-1\pm \mathrm{j}1$ 实部的 10 倍，因而系统的相对阻尼比为 0.707。 376

7.8.3　稳态响应考虑下的次要极点忽略方法

至此，给出了从暂态响应的角度出发，忽略传递函数的次要极点的方法。然而，从全局出发，稳态特性同样也应该予以重视。已知式（7-153）的传递函数，-10 处的极点从暂态响应的角度可以忽略。我们先将式（7-153）写成下面形式：

$$M(s)=\frac{20}{10(s/10+1)(s^2+2s+2)} \qquad (7\text{-}154)$$

当 s 的幅值比 10 小很多时，因为共轭复主导极点的存在，我们可以认为 $|s/10|\ll 1$ 。$s/10$ 项与 1 相比较时就可以忽略不计。式（7-154）可以近似为

$$M(s)\cong\frac{20}{10(s^2+2s+2)} \qquad (7\text{-}155)$$

这样，三阶系统的稳态响应特性也不会因为近似而受到影响。换而言之，式（7-153）的三阶系统和式（7-155）中近似得到的二阶系统在单位阶跃输入信号下有相同的单位稳态终值。另一方面，如果只是简单地将式（7-153）中的 $(s+10)$ 项略去，则得到的二阶近似系统在单位阶跃输入时的稳态值将为 5。

7.9　案例研究：定位控制系统的时域分析

因为要求具有更高的响应速度和可靠性，飞机的翼面由带有电子控制的电动执行机构来控制。考虑如图 7-51 所示的系统，其用于控制机翼位置。所谓的电传飞行控制系统也意味着飞机的姿态不再受机械装置控制。图 7-51 是控制翼面示意图和定位控制系统其中一个方向轴上的控制框图。图 7-52 画出了采用图 7-51 中的直流电动机模型的解析控制框图。这里，我们对系统做了一定程度的简化，放大器增益的饱和、电动机转矩、齿轮后冲和轴杆变形等都忽略不计。（实际应用中的数学模型则需要考虑这些非线性影响，这样才能设计出更好的控制器。） 377

系统目标是，要求系统输出 $\theta_y(t)$ 跟随输入 $\theta_r(t)$ 。系统参数的初始状态如下：

编码器增益：$K_s=1\mathrm{V/rad}$

前置放大器增益：K= 可调节值

功率放大器增益：$K_1=10\mathrm{V/V}$

电流反馈增益：$K_2=0.5\mathrm{V/A}$

转速计反馈增益：$K_t=0\mathrm{V/rad/s}$

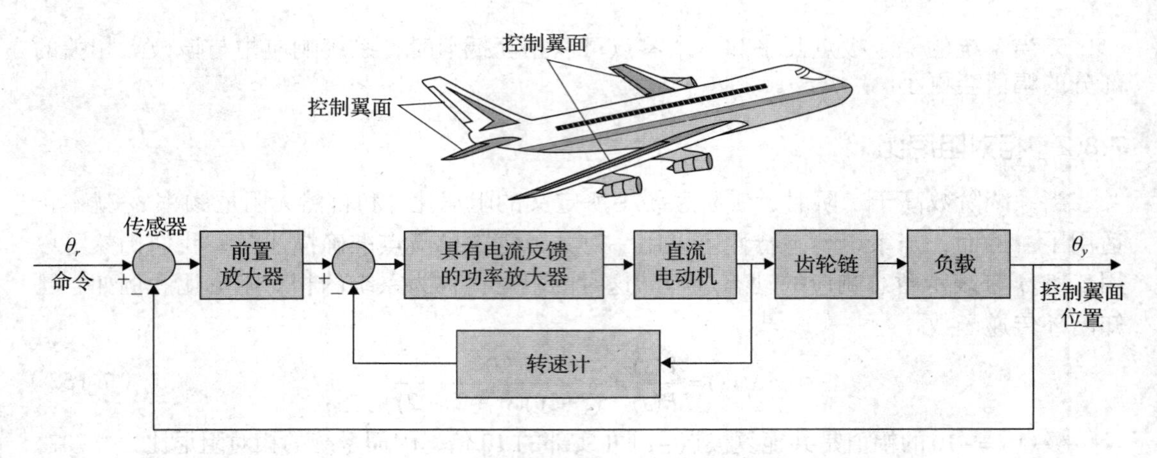

图 7-51　飞机姿态控制系统的控制框图

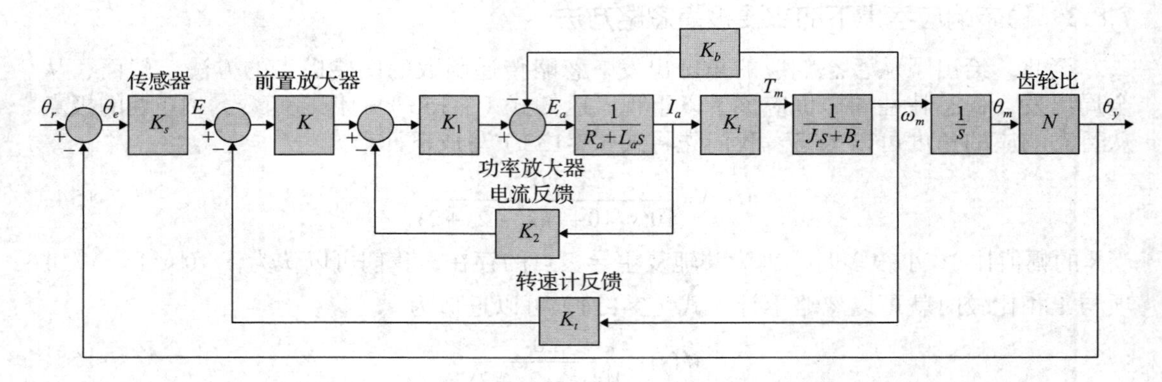

图 7-52　图 7-51 所示系统的传递函数的控制框图

电动机电枢阻抗：$R_a = 5.0\Omega$

电动机电枢感应系数：$L_a = 0.003\text{H}$

电动机转矩常数：$K_i = 9.0\text{oz}\cdot\text{in/A}$

电动机反电动势：$K_b = 0.0636\text{V/rad/s}$

电动机转动惯量：$J_m = 0.0001\text{oz}\cdot\text{in}\cdot\text{s}^2$

负载惯量：$J_L = 0.01\text{oz}\cdot\text{in}\cdot\text{s}^2$

电动机黏性摩擦系数：$B_m = 0.005\text{oz}\cdot\text{in}\cdot\text{s}^2$

负荷黏性摩擦系数：$B_L = 1.0\text{oz}\cdot\text{in}\cdot\text{s}^2$

电动机和负荷之间的齿轮比：$N = \theta_y / \theta_m = 1/10$

因为电动机轴杆通过齿轮比为 N 、$\theta_y = N\theta_m$ 的齿轮传动链与负荷连接起来，电动机的总惯量和黏性摩擦系数分别为

$$J_t = J_m + N^2 J_L = 0.0001 + 0.01/100 = 0.0002\text{oz}\cdot\text{in}\cdot\text{s}^2$$

378

$$B_t = B_m + N^2 B_L = 0.005 + 1/100 = 0.015\text{oz}\cdot\text{in}\cdot\text{s} \tag{7-156}$$

对图 7-52 用 SFG 增益公式，我们可以写出单位反馈系统的前向通道传递函数：

$$G(s) = \frac{\Theta_y(s)}{\Theta_e(s)} = \frac{K_s K_1 K_i K N}{s[L_a J_t s^2 + (R_a J_t + L_a B_t + K_1 K_2 J_t)s + R_a B_t + K_1 K_2 B_t + K_i K_b + K K_1 K_t K_i]} \tag{7-157}$$

$G(s)$ 中最高阶项为 s^3，因此这是一个三阶系统。放大器 - 电动机系统的电气时间常数为

$$\tau_a = \frac{L_a}{R_a + K_1 K_2} = \frac{0.003}{5+5} = 0.0003\text{s} \tag{7-158}$$

电动机 - 负荷系统的机械时间常数为

$$\tau_t = \frac{J_t}{B_t} = \frac{0.0002}{0.015} = 0.013\,33\text{s} \tag{7-159}$$

因为电子时间常数要远小于机械时间常数，考虑到电动机的低感应系数，我们近似忽略电枢感应系数 L_a。因此得到的二阶系统是前面三阶系统的近似。稍后将指出这并不是用低阶系统近似高阶系统的最好方法。近似后的前向通道传递函数为

$$\begin{aligned} G(s) &= \frac{K_s K_1 K_i K N}{s[(R_a J_t + K_1 K_2 J_t)s + R_a B_t + K_1 K_2 B_t + K_i K_b + K K_1 K_i K_t]} \\ &= \frac{\dfrac{K_s K_1 K_i K N}{R_a J_t + K_1 K_2 J_t}}{s\left(s + \dfrac{R_a B_t + K_1 K_2 B_t + K_i K_b + K K_1 K_i K_t}{R_a J_t + K_1 K_2 J_t}\right)} \end{aligned} \tag{7-160}$$

将系统参数代入上式，我们可以得到：

$$G(s) = \frac{4500K}{s(s+361.2)} \tag{7-161}$$

单位反馈控制系统的闭环传递函数为

$$\frac{\Theta_y(s)}{\Theta_r(s)} = \frac{4500K}{s^2 + 361.2s + 4500K} \tag{7-162a}$$

379

将式（7-162）和式（7-18）的二阶系统传递函数做对照，则

$$\begin{cases} \omega_n = \sqrt{\dfrac{K_s K_1 K_i K N}{R_a J_t + K_1 K_2 J_t}} = \sqrt{4500K}\ \text{rad/s} \\ \zeta = \dfrac{R_a B_t + K_1 K_2 B_t + K_i K_b + K K_1 K_i K_t}{2\sqrt{K_s K_1 K_i K N (R_a J_t + K_1 K_2 J_t)}} = \dfrac{2.692}{\sqrt{K}} \end{cases} \tag{7-162b}$$

我们可以发现，自然无阻尼频率 ω_n 和放大器增益 K 的平方根成正比，而阻尼比 ζ 则与 $\sqrt{K}$ 成反比。

7.9.1　二阶系统：单位阶跃暂态响应

特征方程式（7-162）的根为

$$s_1 = -180.6 + \sqrt{32\,616 - 4500K} \tag{7-163}$$

$$s_2 = -180.6 - \sqrt{32\,616 - 4500K} \tag{7-164}$$

当 $K = 7.248\,08, 14.5, 181.2$ 时，特征方程的根分别为

$K = 7.248\,08$:　$s_1 = s_2 = -180.6$

$K = 14.5$:　$s_1 = -180.6 + \text{j}180.6$　$s_2 = -180.6 - \text{j}180.6$

$K = 181.2$:　$s_1 = -180.6 + \text{j}884.7$　$s_2 = -180.6 + \text{j}884.7$

图 7-53 画出了这些根的位置图。图中还画出了当 K 从 $-\infty$ 到 $+\infty$ 变化时的两个特征

方程的根的轨迹曲线。这些根的轨迹曲线称为式（7-162）的**根轨迹**，它们在分析和设计线性控制系统中用途广泛。

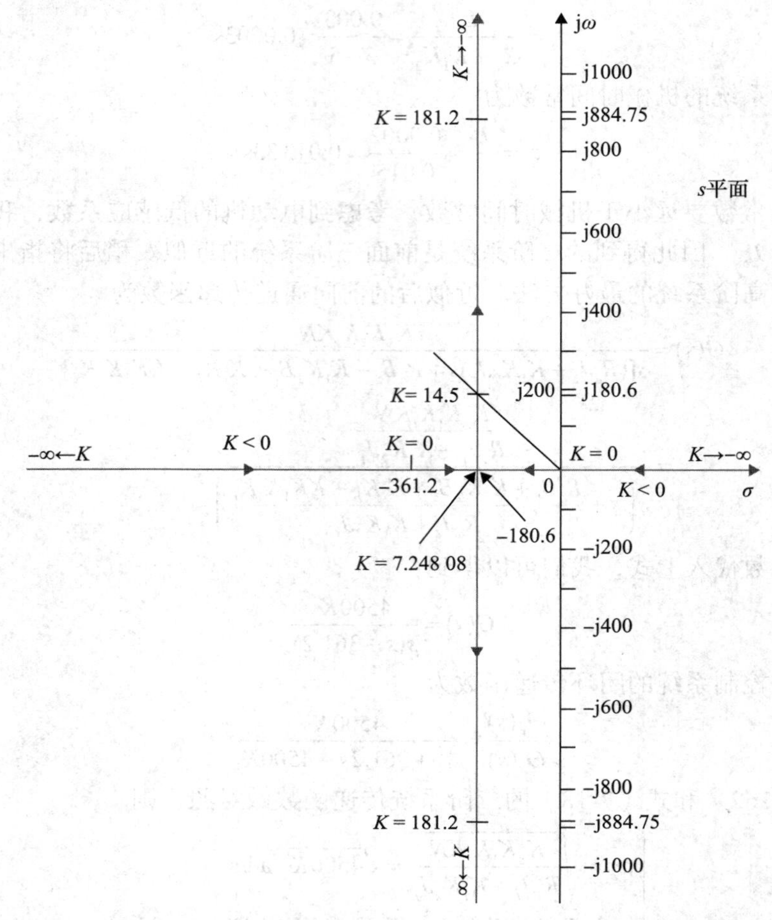

图 7-53　特征方程（7-162）中K变化时的根轨迹

我们从式（7-163）、式（7-164）可以发现，当K在 0 到 7.248 08 之间时，两个根都是负实数。这说明系统此时是过阻尼的，并且这个范围K值的阶跃响应将不存在超调。当K大于 7.248 08 时，自然无阻尼频率随$\sqrt{K}$的增加而增加。当K为负值时，系统特征方程有一个正的特征根，对应的时间响应则随时间单调增加，系统此时不稳定。由图 7-53 的根轨迹图可以总结出如下暂态阶跃响应的动态特征：

放大器增益	特征方程的根	系　统
$0 < K < 7.248\ 08$	两个不同的负实根	过阻尼（$\zeta > 1$）
$K = 7.248\ 08$	两个相同的负实根	临界阻尼（$\zeta = 1$）
$7.248\ 08 < K < \infty$	两个负实部的共轭复根	低阻尼（$\zeta < 1$）
$-\infty < K < 0$	两个不同的实根，一个为正，一个为负	不稳定系统（$\zeta < 0$）

通过单位阶跃输入，我们可以运用最大超调、上升时间、延迟时间、调节时间等来分析系统性能。我们令参考输入信号为单位阶跃函数$\theta_r(t) = u_s(t)$，则$\Theta(s) = 1/s$。系统在三个不同K值时，零初始条件下的输出如下。

$K=7.248(\zeta \cong 1.0)$：

$$\theta_y(t)=(1-151\mathrm{e}^{-180t}+150\mathrm{e}^{-181.2t})u_s(t) \tag{7-165}$$

$K=14.5(\zeta \cong 0.707)$：

380 ~ 381

$$\theta_y(t)=(1-\mathrm{e}^{-180.6t}\cos(180.6t)-0.9997\mathrm{e}^{-180.6t}\sin(180.6t))u_s(t) \tag{7-166}$$

$K=181.17(\zeta \cong 0.2)$：

$$\theta_y(t)=(1-\mathrm{e}^{-180.6t}\cos(884.7t)-0.2041\mathrm{e}^{-180.6t}\sin(884.7t))u_s(t) \tag{7-167}$$

我们在图 7-54 中画出了这三个响应曲线。表 7-11 对三个不同 K 值相应的单位阶跃响应各项特征做了比较。当 $K=181.17$，$\zeta=0.2$ 时，系统是轻微阻尼的，最大超调是 52.7%。当 K 值为 7.248 时，ζ 接近于 1.0，此时的系统几乎是临界阻尼的。相应的单位阶跃响应没有超调和振荡。当 K 值为 14.5 时，阻尼比为 0.707，超调是 4.3%。

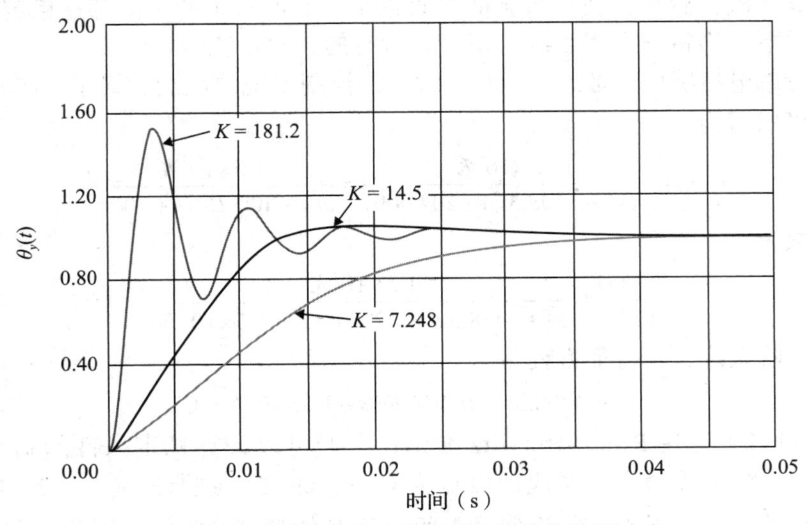

图 7-54　如图 7-52 所示的姿态控制系统的单位阶跃响应，$L_a=0$

表 7-11　二阶定位控制系统在增益 K 变化时的性能比较

增益 K	ζ	ω_n(rad/s)	最大超调百分比	t_d(s)	t_r(s)	t_s(s)	$t_{\max}$(s)
7.248 08	1.000	180.62	0	0.009 29	0.018 6	0.025 9	—
14.50	0.707	255.44	4.3	0.005 60	0.008 4	0.011 4	0.017 35
181.17	0.200	903.00	52.7	0.001 25	0.001 36	0.015 0	0.003 69

工具箱 7-9-1

可由下列 MATLAB 函数序列获得如图 7-54 所示的响应：

```
% Unit-Step Transient Response
for k=[7.248,14.5,181.2]
num = [4500*k];
den = [1 361.2 4500*k];
step(num,den)
hold on;
end
xlabel('Time(secs)')
ylabel('Amplitude')
title('Closed-Loop Step')
```

382

7.9.2 二阶系统：单位阶跃稳态响应

式（7-161）的前向通道传递函数在 $s=0$ 处有一个简单极点，所以系统的类型为 1。在输入为阶跃函数信号时，对所有的正的 K 值，系统稳态误差都将为 0。我们将式（7-161）代入式（7-115），计算阶跃误差常数为

$$K_P=\lim_{s\to 0}\frac{4500K}{s(s+361.2)}=\infty \tag{7-168}$$

因此，在阶跃输入时，式（7-116）的系统稳态误差为 0。图 7-54 中的单位阶跃响应曲线验证了这一结果。之所以稳态误差为 0，是因为简化后的系统模型只考虑了黏性摩擦的存在。因为实际系统中静摩擦几乎总是存在的，所以系统的稳态定位准确度不可能是百分之百。

7.9.3 三阶系统的时间响应——电气时间常数不能忽略

前面忽略了电枢感性系数后得到的二阶系统，对所有正的 K 值都是稳定的。不难证明，通常情况下，当特征方程系统为正时，所有的二阶系统稳定。

下面将考虑电枢感应系数 $L_a=0.003\text{H}$ 时定位控制系统的性能。式（7-160）的前向通道传递函数可以写为

$$G(s)=\frac{1.5\times10^7K}{s(s^2+3408.3s+1\,204\,000)}=\frac{1.5\times10^7K}{s(s+400.26)(s+3008)} \tag{7-169}$$

闭环传递函数为

$$\frac{\Theta_y(s)}{\Theta_r(s)}=\frac{1.5\times10^7K}{s^3+3408.3s^2+1\,204\,000s+1.5\times10^7K} \tag{7-170}$$

此时系统是三阶系统，其特征方程为

383

$$s^3+3408.3s^2+1\,204\,000s+1.5\times10^7K=0 \tag{7-171}$$

对式（7-171）运用 Routh-Hurwitz 准则，我们可以计算稳定条件的临界 K 值等于 273.57，三阶系统临界稳定，对应的极点为 $s_{1,2}=\pm1097.3$。这与式（7-162）的二阶系统的近似结果显然不同，因为二阶近似对于所有正 K 值都是稳定的。因此，在下一节中我们将要进一步讨论，对于某些 K 值，是否忽略电气时间常数的条件是不成立的。

7.9.4 三阶系统：单位阶跃暂态响应

应用之前的二阶系统，我们得到三个不同 K 值下的特征方程的根：

$K=7.248$	$s_1=-156.21$	$s_2=-230.33$	$s_3=-3021.8$
$K=14.5$	$s_1=-186.53+\text{j}192$	$s_2=-186.53-\text{j}192$	$s_3=-3035.2$
$K=181.2$	$s_1=-57.49+\text{j}906.6$	$s_2=-57.49-\text{j}906.6$	$s_3=-3293.3$

比较上述结果与近似二阶系统的特征根比较可以发现，当 $K=7.428$ 时，二阶系统是临界阻尼，而三阶系统有三个不同的实数根，并且系统此时有些许过阻尼。在 −3021.8 处的根对应于 0.33μs 的时间常数，它是在 −230.33 处的根所对应的第二快的时间常数的 13 倍多。由于极点 −3021.8 对应的暂态响应部分迅速衰减，从暂态过程来看该极点都可以忽略不计。输出暂态响应主要由 −156.21 和 −230.33 的两个根决定。这个结果可以通过写出拉普拉斯变换后的输出响应来验证：

$$\Theta_y(s)=\frac{10.87\times10^7}{s(s+156.21)(s+230.33)(s+3021.8)} \tag{7-172}$$

对上式做拉普拉斯逆变换得到：

$$\theta_y(t) = (1 - 3.28\mathrm{e}^{-156.21t} + 2.28\mathrm{e}^{-230.33t} - 0.0045\mathrm{e}^{-3021.8t})u_s(t) \tag{7-173}$$

式（7-173）中的最后一项对应于 −3021.8 处的根，并且迅速衰减到 0。此外，此项在 $t=0$ 处的幅值远小于其他两项。这说明，在通常情况下，位于左复半平面很远位置的根对于暂态响应影响甚微。距离虚轴更近的根将决定暂态响应，它们被称为系统特征方程的主导根。在这种情况下，式（7-162）的二阶系统是一个对式（7-170）中三阶系统很好的近似。

当 $K=14.5$ 时，二阶系统的阻尼比为 0.707，特征方程的两个根的实部和虚部相同。三阶系统并没有阻尼比的定义。然而，因为在 −3201.8 处的根对暂态响应的影响可以忽略不计，决定暂态响应的两个主导根所对应的阻尼比是 0.697。因此，当 $K=14.5$ 时，令 $L_a=0$ 所得到的二阶系统近似还不错。要注意的是，当 $K=14.5$ 时二阶系统的近似效果很好并不意味着在所有 K 值时这样的近似都有效。

当 $K=181.2$ 时，三阶系统的两个共轭复根再次决定暂态响应，而由这两个根得到的阻尼比只有 0.0633，远小于近似二阶系统的值 0.2。因此，随着 K 的增加，二阶系统近似的合理性和准确度都在降低。

384

图 7-55 是式（7-171）的三阶特征方程随着 K 值变化时的根轨迹曲线示意图。当 $K=181.2$ 时，在 −3293.3 处的根仍然对暂态响应没有太大影响，但同样这个 K 值下，三阶系统在 $-57.49\pm \mathrm{j}906.6$ 处的两个共轭复根要比二阶系统在 $-180.6\pm \mathrm{j}884.75$ 处的共轭复根距离虚轴更近。这就解释了为什么当 $K=181.2$ 时三阶系统的稳定程度要比二阶系统小得多的原因。

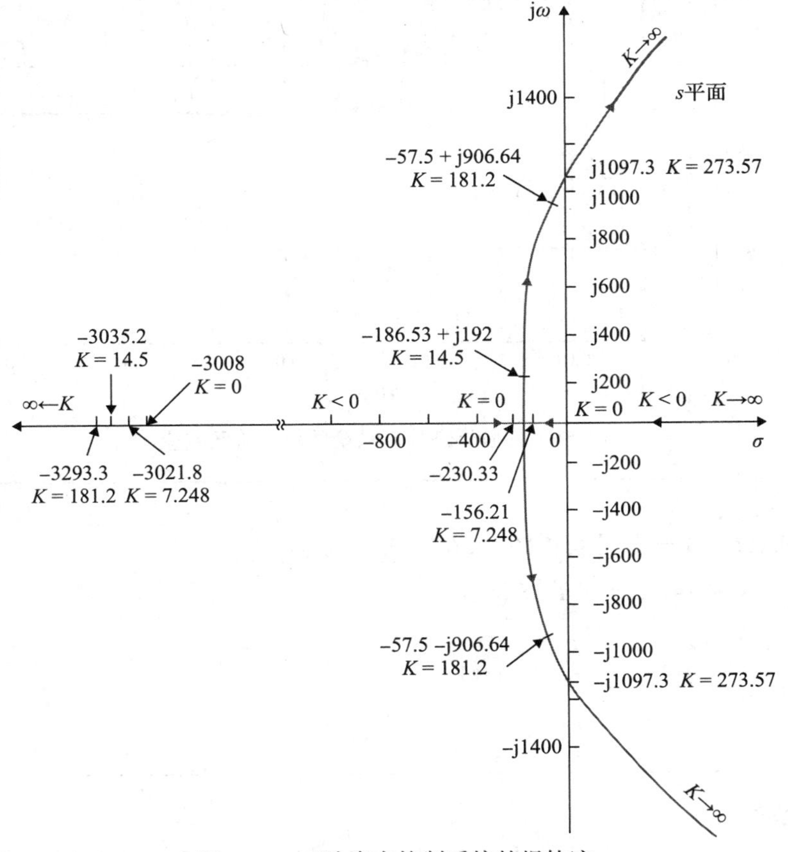

图 7-55　三阶姿态控制系统的根轨迹

利用 Routh-Hurwitz 准则，可以计算稳定条件的临界 K 值等于 273.57。在这个临界 K 值下，相应的闭环传递函数为

385

$$\frac{\Theta_y(s)}{\Theta_r(s)} = \frac{1.0872\times10^8}{(s+3408.3)(s^2+1.204\times10^6)} \tag{7-174}$$

对应特征方程的根为 $s=-3408.3, -\mathrm{j}1097.3, \mathrm{j}1097.3$。这些点的位置都已经在图 7-55 的根轨迹上标示出来了。

当 $K=273.57$ 时系统的单位阶跃响应为

$$\theta_y(t) = [1-0.094\mathrm{e}^{-3408.3t} - 0.952\sin(1097.3t+72.16°)]u_s(t) \tag{7-175}$$

稳态响应是一个频率为 1097.3rad/s 的无阻尼正弦曲线，此时系统是临界稳定的。当 K 大于 273.57 时，两个共轭复根将有正实部，时间响应的正弦项会随着时间增加而增加，系统**不稳定**。因此可以发现三阶系统可以是不稳定的，而在令 $L_a=0$ 所得到的二阶系统，对于所有正的有限 K 值都是稳定的。

图 7-56 是三阶系统的三个不同 K 值的单位阶跃响应曲线示意图。其中，$K=7.248$ 和 $K=14.5$ 时的响应曲线和图 7-54 中的二阶系统同等 K 值的响应曲线非常相近。然而，$K=181.2$ 时两组响应曲线则差别很大。

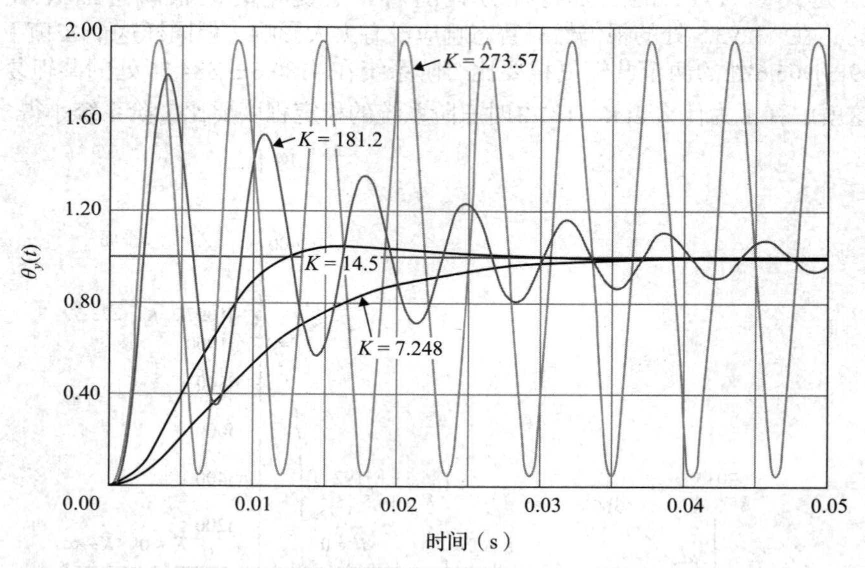

图 7-56　三阶姿态控制系统的单位阶跃响应

工具箱 7-9-2

由下列的 MATLAB 命令可获得图 7-56 中的根轨迹：

```
for k=[7.248,14.5,181.2,273.57]
t=0:0.001:0.05;
num = [1.5*(10^7)*k];
den = [1 3408.3 1204000 1.5*(10^7)*k];
rlocus(num,den)
hold on;
end
```

386

最后的思考

当电枢感性系统不为零时，系统是三阶的，明显的效果就是在前向通道传递函数

中增加一个极点。对于 K 的值较小的情况，三阶系统这个新增的极点在左复半平面的远处，影响很小。然而，当 K 的值越来越大，$G(s)$ 的新增极点相当于将另外两个二阶系统共轭复根的轨迹“推开”“弯折”到右复半平面。因此对于大增益 K，三阶系统将变得不稳定。

7.9.5　三阶系统：单位阶跃稳态响应

由式（7-169）可以发现，电枢感性系数不为零的三阶系统仍然是类型 1 系统。K_v 的值和式（7-168）的一样。因此，只要系统是稳定的，电枢感应系数并不影响系统的稳态特性。这也正是人们所期望的，因为 L_a 只会影响电动机电流的变化率，而不是它的终值。

7.10　控制实验室：LEGO MIMDSTORMS NXT 电动机介绍——位置控制

继续我们在 6.6 节中的工作，假设电动机参数都已经测量得到，这些参数可以通过比较仿真结果和电动机实际位置来进一步调试。电动机的详细信息可参考附录 D。

无负载位置响应

这里用到例 7-5-1 中的简化闭环传递函数，

$$\frac{\Theta_m(s)}{\Theta_{\text{in}}(s)}=\frac{\dfrac{K_PK_iK_s}{R_aJ}}{s^2+\left(\dfrac{R_aB_m+K_iK_b}{R_aJ}\right)s+\dfrac{K_PK_iK_s}{R_aJ}}=\frac{\omega_n^2}{(s^2+2\zeta\omega_ns+\omega_n^2)}\tag{7-176}$$

其中，K_s 是传感器增益，这里取 $K_s=1$（即 1V = 1rad）。电动机的无负载闭环位置响应输入为一个 160° 或 5.585rad 的阶跃信号。对于多个不同控制器增益 K_P 的响应曲线如图 7-57 所示。

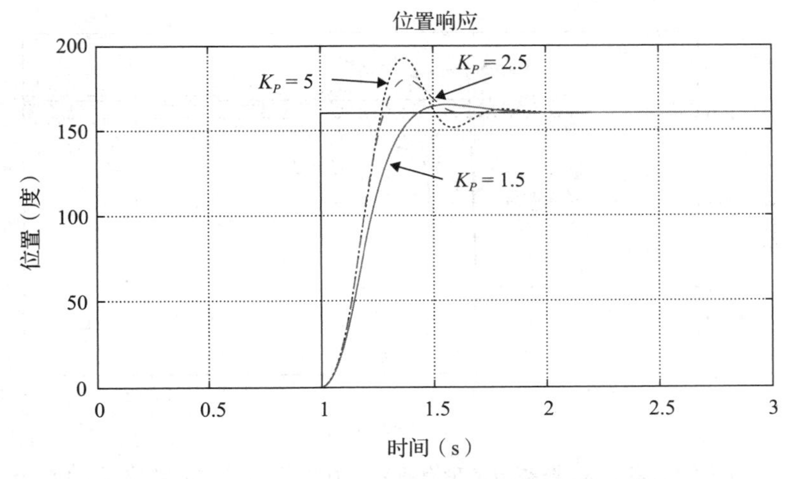

图 7-57　不同控制器增益 K_P 下无负载闭环响应曲线

接下来，NXT 电动机对应不同增益 K_P 的闭环位置响应如图 7-58 所示。

表 7-12 列出了模型响应和实际电动机响应的性能指标。通过分析表 7-12 中的结果可知，系统模型能很好地匹配实际电动机，不需要进一步调试参数。

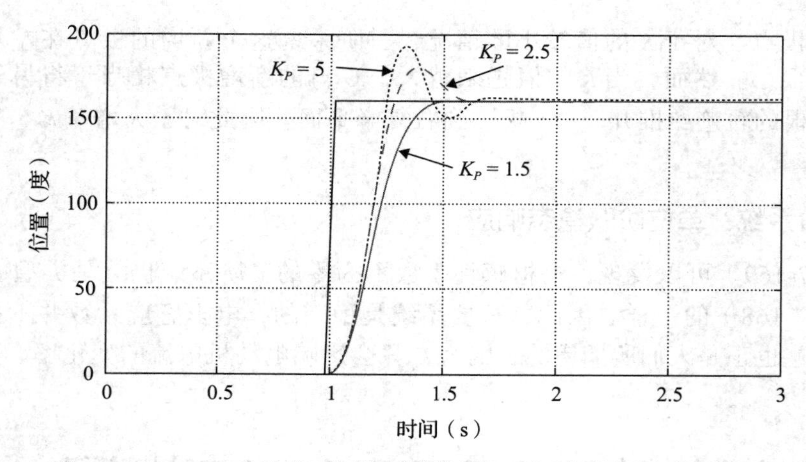

图 7-58 NXT 电动机的不同控制器增益 K_P 下无负载闭环响应曲线

表 7-12 无负载闭环位置响应性能指标比较

	K_P	超调百分比	调节时间（s）(%)	上升时间（s）
仿真位置响应	增益 =1.5	0.8	0.37	0.25
	增益 =2.5	12.5	0.50	0.10
	增益 =5	18.9	0.48	0.09
NXT 电动机位置响应	增益 =1.5	0	0.37	0.28
	增益 =2.5	12.5	0.51	0.21
	增益 =5	18	0.61	0.17

机械臂位置响应

接下来是带有机械臂和有效载荷的 NXT 电动机闭环位置响应。多个 K_P 增益的结果如图 7-59 所示。注意到由于齿轮后冲，终值并不总是 160°。

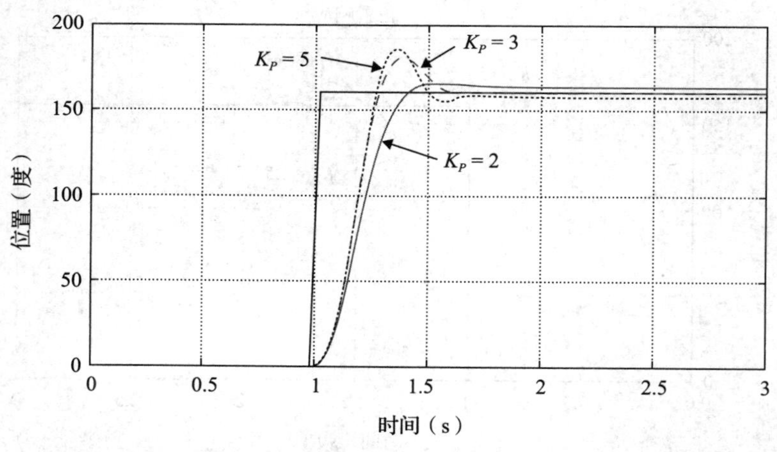

图 7-59 多个 K_P 增益值下带有有效载荷的机械臂的闭环位置响应

当机械臂接上电动机时测量得到的参数如表 7-13 所示。注意到，总惯量和黏性阻尼系数相比 6.6 节中的无负载情况要高。接下来是取 $K_P = 3$ 时带有机械臂和有效载荷的电动机闭环位置响应仿真。注意到，在接下来所有的试验中，为了降低机械臂的速度，令电压在最大值（约 ±2.25V）的一半处达到饱和。图 7-60 所示为仿真结果和实验结果的比较。

387
~
388

表 7-13　机械臂和有效载荷的试验参数

电枢电阻	$R_a = 2.27\Omega$	等效黏性摩擦系数	$B = 0.0027\text{N}\cdot\text{m/s}$
电枢电感	$L_a = 0.0047\text{H}$	机械时间常数	$\tau_m = 0.1\text{s}$
电动机转矩常数	$K_i = 0.25\text{N}\cdot\text{m/A}$	总转动惯量	$J_{\text{toal}} = 0.003\ 05\text{kg}\cdot\text{m}^2$
反电动势常数	$K_b = 0.25\text{V/rad/s}$		

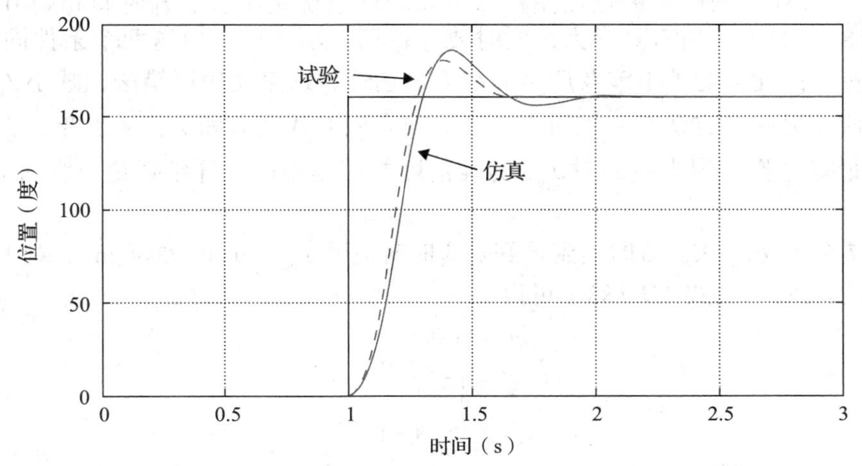

图 7-60　带有有效载荷的机械臂闭环位置响应仿真结果和实验结果比较，$K_P = 3$

比较两条响应曲线，显然机械臂 / 载荷模型参数需要进一步调试。为了提高模型准确度，系统超调、上升时间和调节时间必须降低。首先我们检查系统数学模型。注意到，本节讨论的参数辨识内容中假定模型是二阶的，因为电动机电气时间常数 $\tau_e = \dfrac{L_a}{R_a} = 0.002\text{s}$，非常小。因此，与例 7-5-1 类似，简化闭环传递函数为

$$\frac{\Theta_{\text{arm/payload}}(s)}{\Theta_{\text{in}}(s)} = \frac{\dfrac{K_P K_i K_s}{R_a J_{\text{total}}}}{s^2 + \left(\dfrac{R_a B + K_i K_b}{R_a J_{\text{total}}}\right)s + \dfrac{K_P K_i K_s}{R_a J_{\text{total}}}} = \frac{\omega_n^2}{(s^2 + 2\zeta\omega_n s + \omega_n^2)} \tag{7-177}$$

389

其中，K_s 是传感器增益，这里取 $K_s = 1$（即 1V = 1rad）。因为式（7-177）是二阶模型，我们可得：

$$2\zeta\omega_n = \frac{R_a B + K_i K_b}{R_a J_{\text{total}}} \tag{7-178a}$$

$$\omega_n = \sqrt{\frac{K_P K_i}{R_a J_{\text{total}}}} \tag{7-178b}$$

结合式（7-177）和式（7-178），可得：

$$\zeta = \frac{R_a B + K_i K_b}{2\sqrt{K_P K_i R_a J_{\text{total}}}} \tag{7-179}$$

系统极点为

$$s_{1,2} = -\frac{R_a B + K_i K_b}{2R_a J_{\text{total}}} \pm \sqrt{\left(\frac{R_a B + K_i K_b}{2R_a J_{\text{total}}}\right)^2 - \frac{K_P K_i}{R_a J_{\text{total}}}} \tag{7-180}$$

结合式（7-178）到式（7-180），以及表 7-8 中的参数，$K_P=3$，可得：

$$\omega_n = 10.45\text{rad/s} \tag{7-181}$$

$$\zeta = 0.478 \tag{7-182}$$

$$s_{1,2} = -5 + \text{j}9.18 \tag{7-183}$$

通过观察图 7-18，我们可知在 s 平面移动二阶系统极点对系统时间响应性能的影响，[390] 因此将式（7-180）的两个极点往左移动可以降低系统超调、上升时间和调节时间。首先式（7-180）的第一项需要增大，同时要保持第二项不变。要这两个条件同时满足可能比较困难。因此，为了不涉及严格的数学表达式，这里使用试错法，减小 J_{total} 同时观察系统响应。另一个方法是，也可以改变 B 或者同时改变 B 和 J_{total}。改变 J_{total} 似乎是调试参数的最好选择，因为我们对 J_{total} 的确信度并不是很高，详细讨论可参考 6.6.3 节和 6.6.4 节。

如图 7-61 所示，$K_P=3$ 时达到最好响应时对应的 $J_{\text{total}} = 0.002\,73\text{kg}\cdot\text{m}^2$。对于这个 J_{total} 值，由式（7-181）到式（7-183）可得：

$$\omega_n = 11.0\text{rad/s} \tag{7-184}$$

$$\zeta = 0.503 \tag{7-185}$$

$$s_{1,2} = -5.54 + \text{j}9.03 \tag{7-186}$$

其中，式（7-186）所示的极点与式（7-183）中的极点比较，向左移动了，z 和 ω_n 的值都增大了。从式（7-42）可知，最大超调百分比应该会减小。同时从式（7-46）和式（7-50）可知，上升时间和调节时间也会减小。对于这个二阶模型，我们可计算它的性能指标：

$$\text{最大超调百分比} = 100\text{e}^{-\pi\zeta/\sqrt{1-\zeta^2}} = 16 \tag{7-187}$$

$$t_{\max} = \frac{\pi}{\omega_n\sqrt{1-\zeta^2}} = 0.33\text{s} \tag{7-188}$$

$$t_r = \frac{1-0.4167\zeta + 2.917\zeta^2}{\omega_n} = 0.14\text{s} \tag{7-189}$$

$$5\%\text{调节时间：} t_s \cong \frac{3.2}{\zeta\omega_n} \cong 0.58\text{s} \tag{7-190}$$

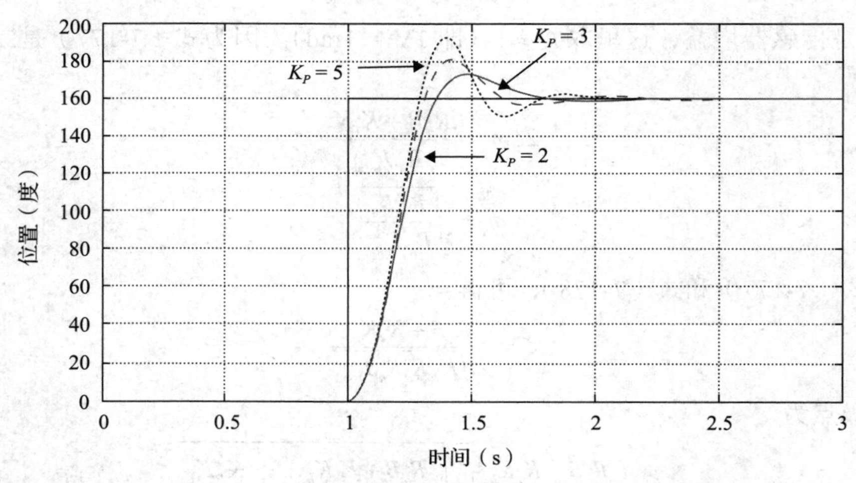

[391] 图 7-61　对应多个增益 K_P 的带有载荷的机械臂闭环位置响应仿真

系统的性能指标如表 7-14 所示，对于 $K_P=3$，符合预期。式（7-188）和式（7-189）的计算值与表 7-14 中仿真测量值的小偏差显然是由于二阶模型和三阶模型的偏差造成的——仿真软件用的模型（Simulink，可参考附录 D）是三阶模型。同时要注意到，因为我们的系统实际是非线性的，对于其他控制器增益值，可能仿真结果就不能准确匹配实际系统了。

表 7-14　机械臂闭环位置响应性能指标比较

	K_P	超调百分比	调节时间（s）(%)	上升时间（s）
仿真位置响应	增益 =2	8	0.61	0.22
	增益 =3	**13**	**0.55**	**0.19**
	增益 =5	19.4	0.68	0.18
机械臂位置响应	增益 =2	1.8	0.33	0.23
	增益 =3	**12.5**	**0.53**	**0.18**
	增益 =5	17.1	0.48	0.18

不要忘记的一点是，实验系统的最大超调百分比是通过测量响应的终值，用式（7-41）得到的。例如 $K_P=2$，NXT 电动机（带有机械臂和载荷）的响应终值和峰值分别是 164 和 167。因此

$$PO=100\times\left(\frac{167-164}{164}\right)=1.8 \tag{7-191}$$

这时你可能觉得需要进一步调试系统参数，或者也可能觉得模型已经够好了。从实际应用方面考虑，表 7-15 所示的参数值看起来是合理的，我们不需要进一步调试参数。

表 7-15　调试好的带有载荷的机械臂试验参数

电枢电阻	$R_a=2.27\Omega$	等效黏性摩擦系数	$B=0.002\,7\text{N}\cdot\text{m/s}$
电枢电感	$L_a=0.004\,7\text{H}$	机械时间常数	$\tau_m=0.09\text{s}$
电动机转矩常数	$K_i=0.25\text{N}\cdot\text{m/A}$	总转动惯量	$J_{toal}=0.002\,73\text{kg}\cdot\text{m}^2$
反电动势常数	$K_b=0.25\text{V/rad/s}$		

最后，我们在已经有一个好的系统模型的情况下设计不同的控制器类型。在附录 D 中，我们给出了可以进一步进行实际电动机特性与 MATLAB 和 Simulink 得到的仿真结果比较的实验室。

392

7.11　小结

本章介绍了线性连续控制系统的时域分析。控制系统的时域响应可分为暂态响应和稳态响应。暂态响应性能由最大超调、上升时间、延迟时间和调节时间等指标和阻尼比、自然无阻尼频率和时间常数等参数来刻画。如果系统是简单的二阶系统，这些参数的解析表达式可与系统参数建立简单的关联。对于其他的二阶系统或更高阶系统，暂态参数与系统常数之间的关系难以得到解析表达。对于这类系统的性能建议用计算机仿真得到。为了更好地说明这个问题，本章进行了电动机速度响应和位置控制的实例分析。

稳态误差是当时间接近无限时系统准确度的一个指标。当系统是单位反馈系统，输

入为阶跃、斜坡和抛物线时，稳态误差分别与误差常数 K_P、K_v、K_a 和系统类型有关。在进行稳态误差分析时，拉普拉斯变换的终值定理是理论基础。首先必须保证闭环系统是稳定的，否则稳态误差分析就没有意义。误差常数不适用于非单位反馈系统。对于非单位反馈系统，介绍了一种通过闭环传递函数确定稳态误差的方法。为了更好地说明这个问题，本章进行了电动机速度控制的实例分析。

然后进行了位置控制系统的时域响应分析。首先将系统近似为二阶系统，然后进行暂态和稳态分析，其中分析了变化的放大器增益 K 对暂态和稳态性能的影响，介绍了根轨迹方法来分析三阶系统，得出二阶系统近似法只有在 K 值较小的时候才会比较准确的结论。

之后分析了在前向通道和闭环传递函数中增加零极点的影响，讨论了传递函数的主导极点，也说明了传递函数的极点在复平面上的位置的重要性，并给出了次要极点（和零点）在暂态响应中可以忽略的条件。

本章最后介绍了简单控制器，即 PD、PI 和 PID 在时域（和 s 域）中的设计。时域设计与相关阻尼比、最大超调、上升时间、延迟时间、调节时间等指标或特征方程根的位置有关。注意系统传递函数的零点同样也会影响暂态响应。性能的好坏通常由阶跃响应和稳态误差来表征。

参考文献

1. J. C. Willems and S. K. Mitter, "Controllability, Observability, Pole Allocation, and State Reconstruction," *IEEE Trans. Automatic Control*, Vol. AC-16 pp. 582–595, Dec. 1971.
2. H. W. Smith and E. J. Davison, "Design of Industrial Regulators," *Proc. IEE (London)*, Vol. 119, pp. 1210–1216, Aug. 1972.
3. F. N. Bailey and S. Meshkat, "Root Locus Design of a Robust Speed Control," *Proc. Incremental Motion Control Symposium*, pp. 49–54, June 1983.
4. M. Vidyasagar, "On Undershoot and Nonminimum Phase Zeros," *IEEE Trans. Automatic Control*, Vol. AC-31, p. 440, May 1986.
5. T. Norimatsu and M. Ito, "On the Zero Non-Regular Control System," *J. Inst. Elec. Eng. Japan*, Vol. 81, pp. 567–575, 1961.
6. K. Ogata, *Modern Control Engineering*, 4th Ed., Prentice Hall, NJ, 2002.
7. G. F. Franklin and J. D. Powell, *Feedback Control of Dynamic Systems*, 5th Ed., Prentice-Hall, NJ, 2006.
8. J. J. Distefano, III, A. R. Stubberud, and I. J. Williams, *Schaum's Outline of Theory and Problems of Feedback and Control Systems*, 2nd Ed. New York; McGraw-Hill, 1990.
9. F. Golnaraghi and B. C. Kuo, *Automatic Control Systems*, 9th Ed. 2009.
10. Retrieved February 24, 2012, from http://www.philohome.com/nxtmotor/nxtmotor.htm.
11. LEGO Education. (n.d.) LEGO® MINDSTORMS Education NXT User Guide. Retrieved March 07, 2012, from http://education.lego.com/downloads/?q={02FB6AC1-07B0-4E1A-862D-7AE2DBC88F9E}.
12. Paul Oh. (n.d.) NXT Motor Characteristics: Part 2—Electrical Connections. Retrieved March 07, 2012, from http://www.pages.drexel.edu/~pyo22/mem380Mechatronics2Spring2010-2011/week09/lab/mechatronics2-LabNxtMotorCharacteristics-Part02.pdf
13. Mathworks In. (n.d.) Simulink Getting Started Guide. Retrieved April 1, 2012, from http://www.mathworks.com/access/helpdesk/help/pdf_doc/simulink/sl_gs.pdf.

393

习题

除了传统方法，还可以运用 MATLAB 来求解本章中的问题。

7-1 复平面上一对共轭复根要求达到下列几种规格的指标要求。在每项要求中，说明极点应该处于复平面上的位置。

（a）$\zeta \geqslant 0.0707$　　$\omega_n \geqslant 2\text{rad/s}$（正阻尼）

（b）$0 \leqslant \zeta \leqslant 0.707$　　$\omega_n \leqslant 2\text{rad/s}$（正阻尼）

（c）$\zeta \leqslant 0.5$　　$1 \leqslant \omega_n \leqslant 5\text{rad/s}$（正阻尼）

（d）$0.5 \leqslant \zeta \leqslant 0.707$　　$\omega_n \leqslant 5\text{rad/s}$（正阻尼和负阻尼）

7-2 由下列前向通道传递函数来确定相应单位反馈系统的类型。

（a）$G(s)=\dfrac{K}{(1+s)(1+10s)(1+20s)}$

（b）$G(s)=\dfrac{10e^{-0.2s}}{(1+s)(1+10s)(1+20s)}$

（c）$G(s)=\dfrac{10(s+1)}{s(s+5)(s+6)}$

（d）$G(s)=\dfrac{100(s-1)}{s^2(s+5)(s+6)^2}$

（e）$G(s)=\dfrac{10(s+1)}{s^3(s^2+5s+5)}$

（f）$G(s)=\dfrac{100}{s^3(s+2)^2}$

（g）$G(s)=\dfrac{5(s+2)}{s^2(s+4)}$

（h）$G(s)=\dfrac{8(s+1)}{(s^2+2s+3)(s+1)}$

394

7-3　求下列单位反馈系统对于阶跃、斜坡和抛物线输入的误差常数。已知相应的前向通路传递函数为

（a）$G(s)=\dfrac{1000}{(1+0.1s)(1+10s)}$

（b）$G(s)=\dfrac{100}{s(s^2+10s+100)}$

（c）$G(s)=\dfrac{K}{s(1+0.1s)(1+0.5s)}$

（d）$G(s)=\dfrac{100}{s^2(s^2+10s+100)}$

（e）$G(s)=\dfrac{1000}{s(s+10)(s+100)}$

（f）$G(s)=\dfrac{K(1+2s)(1+4s)}{s^2(s^2+s+1)}$

7-4　已知习题 7-2 中的单位反馈控制系统，试求对于单位阶跃输入、单位斜坡输入、抛物线输入 $(t^2/2)u_s(t)$ 的稳态误差。在应用终值定理前要检查系统的稳定性。

7-5　已知如下单回路非单位反馈控制系统的传递函数，试求单位阶跃输入、单位斜坡输入、抛物线输入 $(t^2/2)u_s(t)$ 的稳态误差。

（a）$G(s)=\dfrac{1}{(s^2+s+2)}$　　$H(s)=\dfrac{1}{(s+1)}$

（b）$G(s)=\dfrac{1}{s(s+5)}$　　$H(s)=5$

（c）$G(s)=\dfrac{1}{s^2(s+10)}$　　$H(s)=\dfrac{s+1}{s+5}$

（d）$G(s)=\dfrac{1}{s^2(s+12)}$　　$H(s)=5(s+2)$

7-6　试求下列单回路控制系统对于单位阶跃输入、单位斜坡输入、抛物线输入 $(t^2/2)u_s(t)$ 的稳态误差。对于包含参数 K 的系统，试求出相应的参数范围。

（a）$M(s)=\dfrac{s+4}{s^4+16s^3+48s^2+4s+4}$　　$K_H=1$

（b）$M(s)=\dfrac{K(s+3)}{s^3+3s^2+(K+2)s+3K}$　　$K_H=1$

（c）$M(s)=\dfrac{s+5}{s^4+15s^3+50s^2+10s}$　　　$H(s)=\dfrac{10s}{s+5}$

395

（d）$M(s)=\dfrac{K(s+5)}{s^4+17s^3+60s^2+5Ks+5K}$　　$K_H=1$

7-7　如图 7P-8 所示的系统的输出传递函数为 Y/X。试求闭环系统的零极点并确定系统类型。

7-8　系统如图 7P-8 所示，试求位置、速度和加速度误差常数。

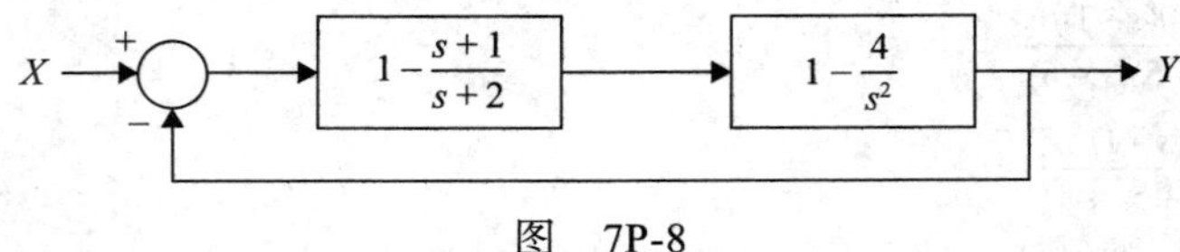

图　7P-8

7-9　试求习题 7-8 中系统的稳态误差，输入分别为单位阶跃输入、单位斜坡输入和单位抛物线输入。

7-10　重做习题 7-8，将系统替换为图 7P-10 所示系统。

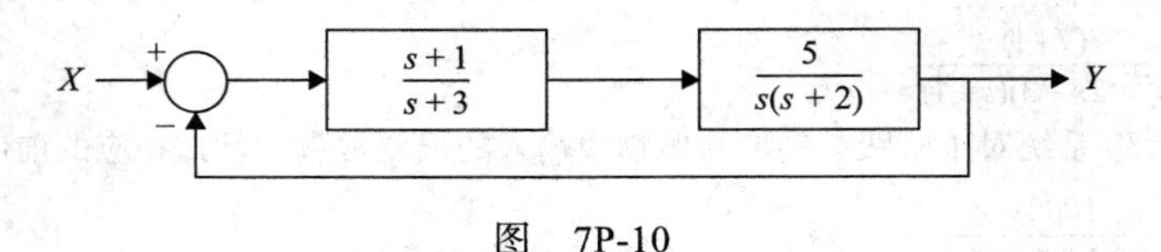

图　7P-10

7-11　试求习题 7-10 所示系统的稳态误差，输入为

$$X=\frac{5}{2s}-\frac{3}{s^2}+\frac{4}{s^3}$$

7-12　试求如下一阶系统的上升时间

$$G(s)=\frac{1-k}{s-k},\quad |k|<1$$

7-13　已知控制系统的控制框图如图 7P-13 所示。试求相应的阶跃、斜坡、抛物线输入的系统误差常数。误差信号为 $e(t)$，在下列输入信号下求关于 K 和 K_t 的稳态误差。假定系统稳定。

（a）$r(t)=u_s(t)$

（b）$r(t)=tu_s(t)$

（c）$r(t)=(t^2/2)u_s(t)$

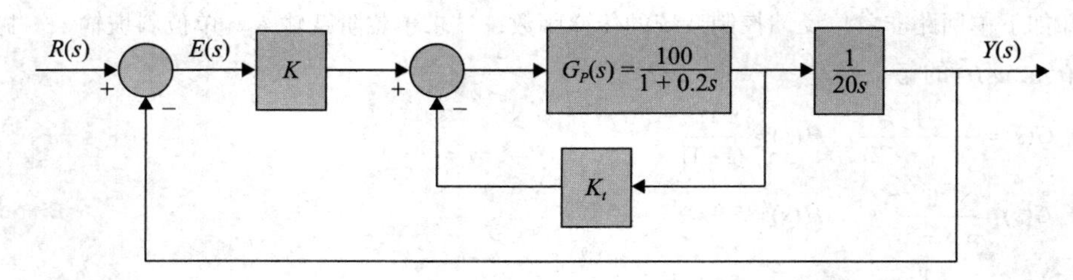

396

图　7P-13

7-14　重做习题 7-13，将传递函数替换为

$$G_P(s)=\frac{100}{(1+0.1s)(1+0.5s)}$$

试问 K 和 K_t 要满足什么约束条件才会使答案有意义？当 K 和 K_t 变化时单位斜坡输入下稳态误差的最小值。

7-15　已知图 6P-14 中的位置控制系统，

(a) 在单位阶跃输入下求关于系统参数的误差信号 $\theta_e(t)$ 的稳态值。

(b) 在单位斜坡输入下重复 (a)。假定系统稳定。

7-16 已知反馈控制系统的控制框图如图 7P-16 所示，误差信号为 $e(t)$ 。

(a) 在单位斜坡输入下求系统关于 K 和 K_t 的稳态误差。要使得到的答案有意义，K 和 K_t 要满足什么约束条件？这里令 $n(t)=0$ 。

(b) 当 $n(t)$ 是单位阶跃函数时，试求 $y(t)$ 的稳态值。令 $r(t)=0$ ，假定系统稳定。

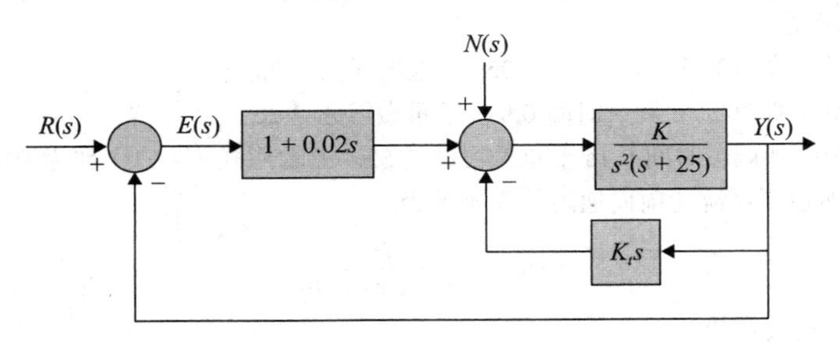

图　7P-16

7-17 已知线性控制系统的控制框图如图 7P-17 所示，其中 $r(t)$ 是参考输入信号，$n(t)$ 是干扰信号。

(a) 当 $n(t)=0$ ，$r(t)=tu_s(t)$ 时，求 $e(t)$ 的稳态值。α 和 K 应满足什么条件，才使得得到的解有意义？

(b) 当 $r(t)=0$ ，$n(t)=u_s(t)$ 时求 $y(t)$ 的稳态值。

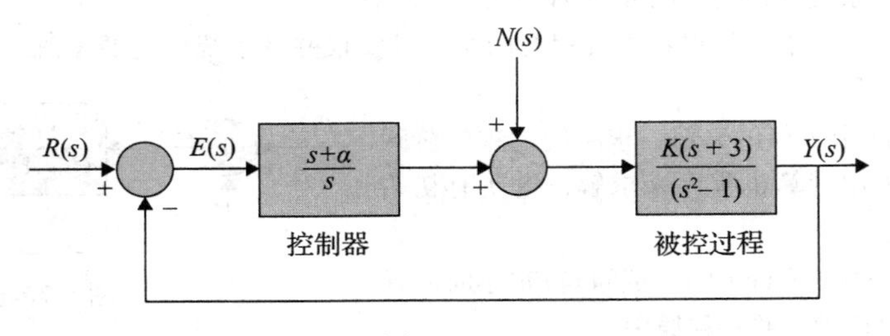

图　7P-17

397

7-18 已知线性控制系统的单位阶跃响应如图 7P-18 所示，求相应的二阶系统的传递函数。

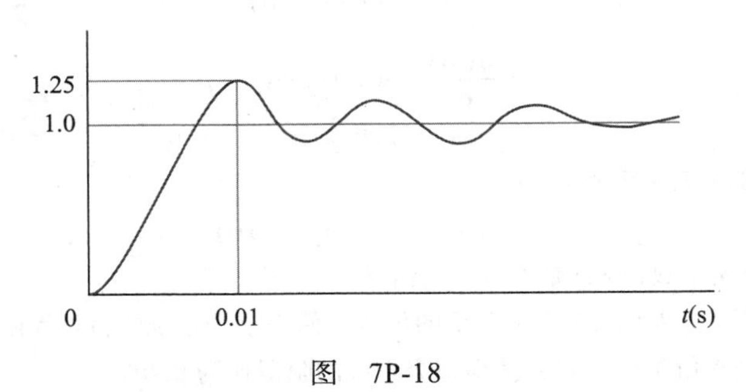

图　7P-18

7-19 已知图 7P-13 中的控制系统，试求 K 和 K_t 的值，使得输出的最大超调大约是 4.3%，上升时间 t_r 大约是 0.2s。要求用式 (7-45) 作为上升时间关系式。用任何时间响应仿真程序来对该系统做仿真，检验你所得到的解的准确度。

7-20 在最大超调的 10% 和上升时间 0.1s 下重做习题 7-19。

7-21 在最大超调的 20% 和上升时间 0.05s 下重做习题 7-19。

7-22 已知图 7P-13 的控制系统，求 K 和 K_t 的值，使得输出的最大超调大约是 4.3%，延迟时间 t_d 大约是 0.1s。要求用式 (7-43) 作为延迟时间关系式。用计算机程序对该系统做仿真，检验你所得到的解的准确度。

7-23 在最大超调的 10% 和延迟时间 0.05s 下重做习题 7-22。

7-24 在最大超调的 20% 和延迟时间 0.01s 下重做习题 7-22。

7-25 已知图 7P-13 的控制系统，求 K 和 K_t 的值，使得系统阻尼比是 0.6，单位阶跃响应的调节时间是 0.1s。要求用式（7-102）作为调节时间关系式。用计算机程序对该系统做仿真，检验你所得到的解的准确度。

7-26 (a) 在最大超调的 10% 和调节时间 0.05s 下重做习题 7-25。

(b) 在最大超调的 20% 和调节时间 0.01s 下重做习题 7-25。

7-27 在阻尼比 0.707 和调节时间 0.1s 下重做习题 7-25。要求用式（7-51）作为调节时间关系式。

7-28 已知单位反馈控制系统的前向通道传递函数为

$$G(s)=\frac{K}{s(s+a)(s+30)}$$

其中，a 和 K 是实常数。

(a) 求出相应的 a 和 K 值，使得特征方程复根的相对阻尼比等于 0.5，单位阶跃响应的上升时间大约为 1s。要求用式（7-98）作为上升时间的近似公式。用所求得的 a 和 K 值，通过计算机仿真来确定实际上升时间。

(b) 用（a）问中求得的 a 和 K 值，求下列参考输入下的系统稳态误差：单位阶跃函数；单位斜坡函数。

7-29 已知线性控制系统的控制框图如图 7P-29 所示。

398

(a) 用实验的方法求出使得特征方程有两个相等实根并且系统稳定的 K 值。可以用计算机程序来求解本题。

(b) 用（a）问中求得的 K 值，求系统的单位阶跃响应。可用计算机程序来求解，令所有初始条件为 0。

(c) 当 $K=-1$ 时重复（b）问。试问当 t 很小时阶跃响应有何特别？并解释原因。

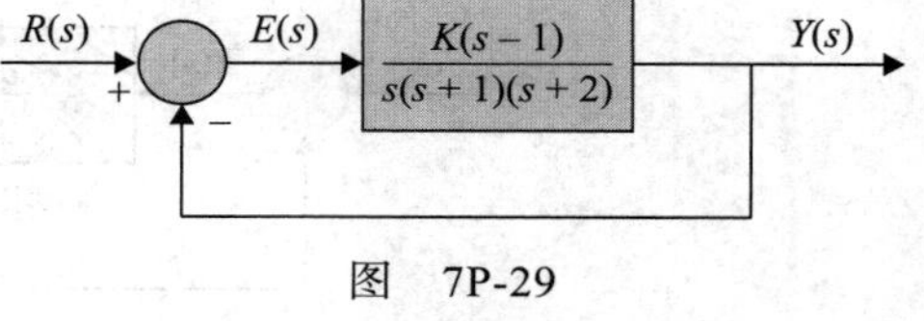

图 7P-29

7-30 已知某被控过程由如下状态方程描述：

$$\frac{dx_1(t)}{dt}=-x_1(t)+5x_2(t)$$

$$\frac{dx_2(t)}{dt}=-6x_1(t)+u(t)$$

$$y(t)=x_1(t)$$

由状态反馈得到相应的控制信号

$$u(t)=-k_1x_1(t)-k_2x_2(t)+r(t)$$

其中，k_1 和 k_2 是实常数，$r(t)$ 是参考输入信号。

(a) 在 k_1-k_2 平面（k_1 为纵轴）上求解根的位置，使得整个系统的自然无阻尼频率为 10rad/s。

(b) 在 k_1-k_2 平面求解根的位置，使得整个系统的阻尼比为 0.707。

(c) 求 k_1、k_2 的值，使得 $\zeta=0707$，$\omega_n=10\text{rad/s}$。

(d) 令误差信号为 $e(t)=r(t)-y(t)$。当 $r(t)=u_s(t)$，并且 k_1、k_2 为（c）问中求得的值时系统的稳态误差。

(e) 在 k_1-k_2 平面上求解根的位置，使得单位阶跃输入下的系统稳态误差为 0。

7-31 已知线性控制系统的控制框图如图 7P-31 所示。构造参数平面 K_p-K_d（K_p 为纵轴），并在平面上画出下列轨迹或区域。

(a) 不稳定和稳定区域。

（b）临界阻尼时（$\zeta=1$）的轨迹。

（c）系统过阻尼时（$\zeta>1$）的区域。

（d）系统负阻尼时（$\zeta<1$）的区域。

（e）抛物线误差常数 K_a 等于 1000s^{-2} 时的轨迹。

（f）自然无阻尼频率 ω_n 等于 50rad/s 时的轨迹。

（g）系统既不能控也不能观时的轨迹（提示：零极相消法）。

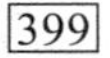

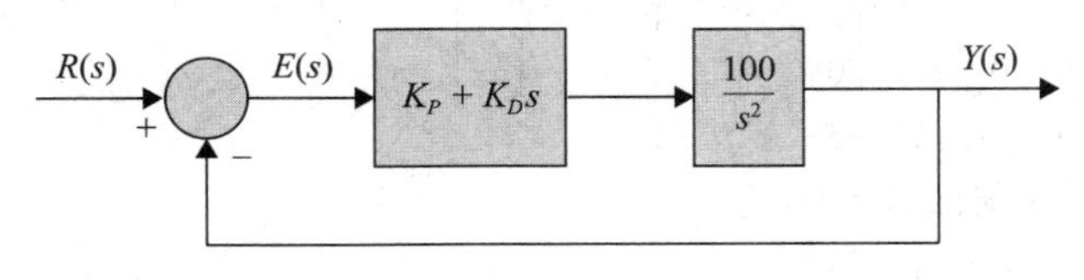

图　7P-31

7-32　已知线性控制系统的控制框图如图 7P-32 所示。$T=0.1$，$J=0.01$，$K_i=10$ 为给定的系统参数。

（a）当 $r(t)=tu_s(t)$，$T_d(t)=0$ 时，说明 K 和 K_i 的值如何影响 $e(t)$ 的稳态值。求出系统稳定时 K 和 K_i 的约束条件。

（b）令 $r(t)=0$。当干扰输入信号 $T_d(t)=u_s(t)$ 时，说明 K 和 K_i 的值如何影响 $y(t)$ 的稳态值。

（c）令 $K_t=0.01$，$r(t)=0$。通过改变 K 值求 $T_d(t)$ 是单位阶跃函数时 $y(t)$ 的最小稳态值。求出相应的 K 值。从暂态响应的角度看，你是否使系统运行在这个 K 值下？解释原因。

（d）假定期望在（c）的 K 值下运行该系统。求解 K_t，使得特征方程的复根的实部为 −2.5。求出特征方程的所有三个根。

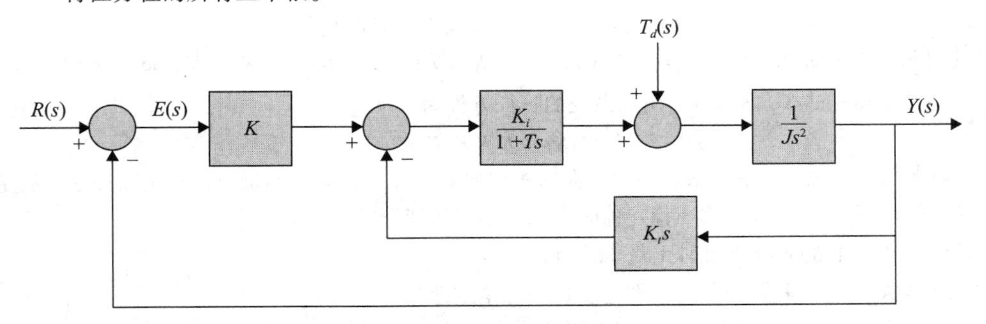

图　7P-32

7-33　考虑一个二阶单位反馈系统，$\zeta=0.6$，$\omega_n=5\text{rad/s}$。当输入信号为单位阶跃函数时，计算系统的上升时间、峰值时间、最大超调和调节时间。

7-34　伺服电动机系统控制框图如图 7P-34 所示。$J=1\text{kg}\cdot\text{m}^2$，$B=1\text{N}\cdot\text{m}/\text{rad/s}$。如果单位阶跃输入下系统的最大超调和峰值时间分别为 0.2 和 0.1s。

（a）试求系统的阻尼比和自然无阻尼频率。

（b）试求增益 K 和速度反馈 K_f。同时计算上升时间和调节时间。

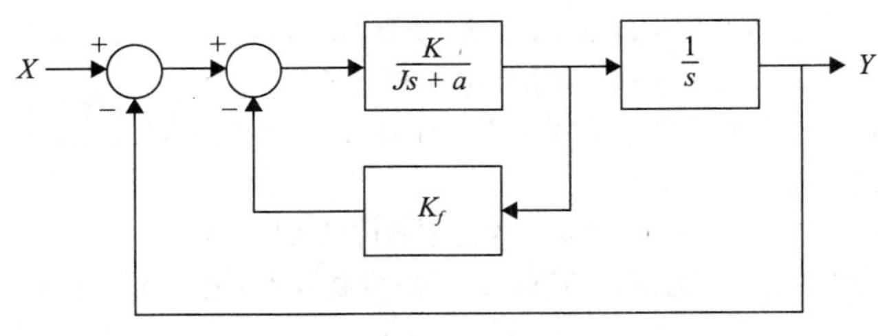

图　7P-34

400

7-35 试求下列系统的零初始条件下的单位阶跃响应：

(a) $\begin{bmatrix}\dot{x}_1\\ \dot{x}_2\end{bmatrix}=\begin{bmatrix}-1 & -1\\ 6.5 & 0\end{bmatrix}\begin{bmatrix}x_1\\ x_2\end{bmatrix}+\begin{bmatrix}1 & 1\\ 1 & 0\end{bmatrix}\begin{bmatrix}u_1\\ u_2\end{bmatrix}\begin{bmatrix}y_1\\ y_2\end{bmatrix}=\begin{bmatrix}1 & 0\\ 0 & 1\end{bmatrix}\begin{bmatrix}x_1\\ x_2\end{bmatrix}+\begin{bmatrix}0 & 0\\ 0 & 0\end{bmatrix}\begin{bmatrix}u_1\\ u_2\end{bmatrix}$

(b) $\begin{bmatrix}\dot{x}_1\\ \dot{x}_2\end{bmatrix}=\begin{bmatrix}0 & 1\\ -1 & -1\end{bmatrix}\begin{bmatrix}x_1\\ x_2\end{bmatrix}+\begin{bmatrix}0\\ 1\end{bmatrix}u \quad y_1=[1\quad 0]\begin{bmatrix}x_1\\ x_2\end{bmatrix}+[0]u$

(c) $\begin{bmatrix}\dot{x}_1\\ \dot{x}_2\\ \dot{x}_3\end{bmatrix}=\begin{bmatrix}0 & 1 & 0\\ -1 & -1 & 0\\ 1 & 0 & 0\end{bmatrix}\begin{bmatrix}x_1\\ x_2\\ x_3\end{bmatrix}+\begin{bmatrix}0\\ 1\\ 0\end{bmatrix}u \quad y=[0\quad 0\quad 1]\begin{bmatrix}x_1\\ x_2\\ x_3\end{bmatrix}$

7-36 试用 MATLAB 求解习题 7-35。

7-37 试求习题 7-35 中系统的脉冲响应。

7-38 试用 MATLAB 求解习题 7-37。

7-39 机械系统如图 7P-39 所示。

(a) 试求系统的微分方程。

(b) 试用 MATLAB 求解系统的单位阶跃响应。

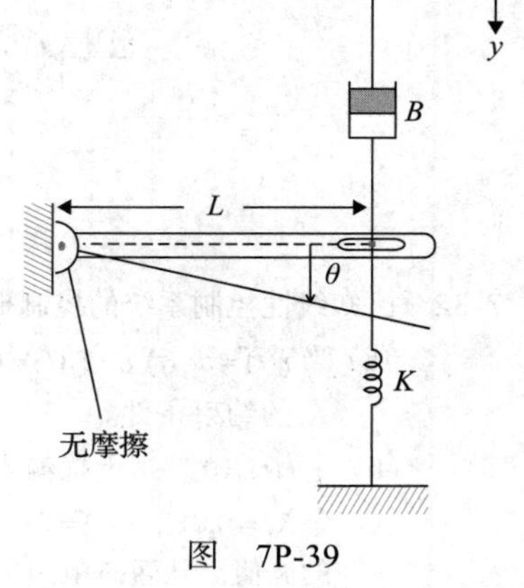

图 7P-39

7-40 已知用来控制印刷轮的直流电动机控制系统，其前向通道传递函数为

$$G(s)=\frac{\Theta_o(s)}{\Theta_e(s)}=\frac{nK_sK_iK_LK}{\Delta(s)}$$

其中，
$$\begin{aligned}\Delta(s)=s[&L_aJ_mJ_Ls^4+J_L(R_aJ_m+B_mL_a)s^3\\ &+(n^2K_LL_aJ_L+K_LL_aJ_m+K_iK_bJ_L+R_aB_mJ_L)s^2\\ &+(n^2R_aK_LJ_L+R_aK_LJ_m+B_mK_LL_a)s+R_aB_mK_L+K_iK_bK_L]\end{aligned}$$

401

这里，$K_i=9\text{oz}\cdot\text{in}/\text{A}$，$K_b=0.636\text{V}/\text{rad/s}$，$R_a=5\Omega$，$L_a=1\text{mH}$，$K_s=1\text{V}/\text{rad}$，$n=1/10$，$J_m=J_L=0.001\text{oz}\cdot\text{in}\cdot\text{s}^2$，$B_m\approx 0$。闭环系统的特征方程为

$$\Delta(S)+nK_sK_iK_LK=0$$

(a) 令 $K_L=10\,000\text{oz}\cdot\text{in}/\text{rad}$。写出前向通道传递函数 $G(s)$ 并求出其极点。求出闭环系统稳定时 K 的临界值。当 K 为临界稳定值时求闭环系统的特征方程的根。

(b) 当 $K_L=1000\text{oz}\cdot\text{in}/\text{rad}$ 时重复（a）问。

(c) 当 $K_L=\infty$ 时重复（a）问，即电动机轴杆是刚性的。

(d) 比较（a）问、(b) 问、(c) 问得到的结果，说明 K_L 的值对 $G(s)$ 的极点和特征方程根的影响。

7-41 已知导弹姿态控制系统的控制框图如图 7P-41 所示。命令输入为 $r(t)$，$d(t)$ 是扰动输入。本题是要讨论控制器 $G_c(s)$ 对系统稳态和暂态响应的影响。

(a) 令 $G_c(s)=1$。当 $r(t)$ 为单位阶跃输入时系统的稳态误差，令 $d(t)=0$。

(b) 令 $G_c(s)=(s+a)/s$。求 $r(t)$ 为单位阶跃输入时系统的稳态误差。

(c) 求出 $0\leqslant t\leqslant 0.5\text{s}$ 的系统的单位阶跃响应。此时 $G_c(s)$ 同（b）问，a = 5、50、500，假定初始条件为 0，记录不同 a 值时 $y(t)$ 的最大超调。可以使用计算机程序仿真，试解释控制器变化的 a 值对暂态响应的影响。

(d) 令 $r(t)=0$，$G_c(s)=1$。当 $d(t)=u_s(t)$ 时求 $y(t)$ 的稳态值。

(e) 令 $G_c(s)=(s+a)/s$。当 $d(t)=u_s(t)$ 时求 $y(t)$ 的稳态值。

(f) 求出 $0\leqslant t\leqslant 0.5\text{s}$ 的系统的单位阶跃响应。此时 $G_c(s)$ 同（e）问，$r(t)=0$，$d(t)=u_s(t)$，a = 5、50、500，假定初始条件为 0。

(g) 说明控制器 a 值的变化对 $y(t)$ 和 $d(t)$ 的暂态响应的影响。

7-42 已知图 7P-42 中的控制框图为液位控制系统。液位高度为 $h(t)$，N 代表入口数目。

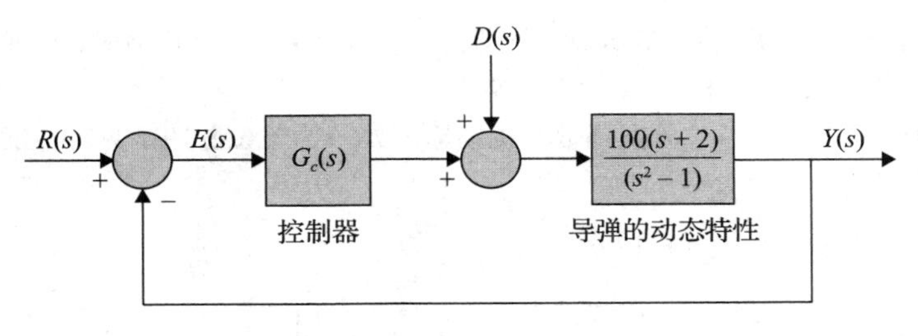

图　7P-41

（a）因为开环传递函数的极点 $s=-10$ 在复平面上距离实轴比较远，建议忽略 $G(s)$ 的极点 $s=-10$，得到原系统的二阶近似系统。近似系统必须对暂态和稳态响应都有效。求最大超调和峰值时间 $t_{\max}$ 公式用到 N 值分别等于 1 和 10 的二阶模型。 402

（b）当 N 值分别等于 1 和 10 时求原三阶系统的（零初始条件）单位阶跃响应。将原系统的响应与二阶近似系统的响应做比较。说明以 N 为函数的近似模型的准确度。

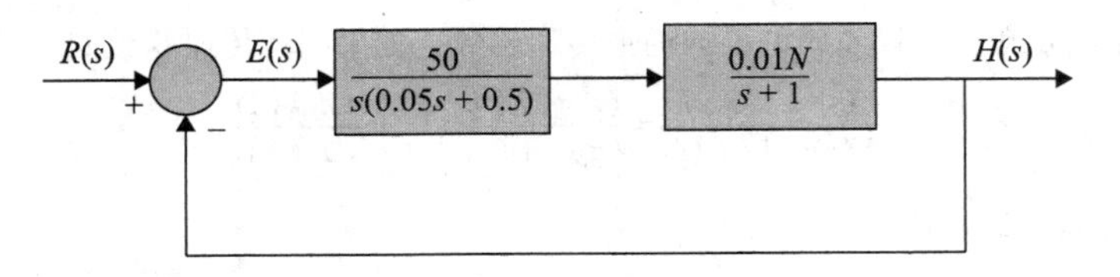

图　7P-42

7-43　已知单位反馈控制系统的前向通道传递函数为

$$G(s)=\frac{1+T_z s}{s(s+1)^2}$$

当 $T_z=0$、0.5、1.0、10.0、50.0 时，计算并画出闭环系统的单位阶跃响应。假设初始条件为 0，可以使用计算机仿真程序，说明 T_z 值变化时对阶跃响应的影响。

7-44　已知单位反馈控制系统的前向通道传递函数为

$$G(s)=\frac{1}{s(s+1)^2(1+T_p s)}$$

当 $T_p=0$、0.5、0.707 时，计算并画出闭环系统的单位阶跃响应。假设初始条件为 0，可以使用计算机仿真程序，求出闭环系统临界稳定时 T_p 的临界值，说明 $G(s)$ 的极点 $s=-1/T_p$ 的作用。

7-45　比较并画出下列前向通道传递函数的单位反馈闭环系统单位阶跃响应。假设初始状态为 0。

（a）$G(s)=\dfrac{1+T_z s}{s(s+0.55)(s+1.5)}$　其中 $T_z=0,1,5,20$

（b）$G(s)=\dfrac{1+T_z s}{(s^2+2s+2)}$　其中 $T_z=0,1,5,20$

（c）$G(s)=\dfrac{2}{(s^2+2s+2)(1+T_p s)}$　其中 $T_p=0,0.5,1.0$

（d）$G(s)=\dfrac{10}{s(s+5)(1+T_p s)}$　其中 $T_p=0,0.5,1.0$

（e）$G(s)=\dfrac{K}{s(s+1.25)(s^2+2.5s+10)}$　其中 $K=5,10,30$ 403

（f）$G(s)=\dfrac{K(s+2.5)}{s(s+1.25)(s^2+2.5s+10)}$　其中 $K=5,10,30$

7-46　图 7P-46 所示为带有转速计反馈的伺服电动机的控制框图。

（a）试求误差信号 $E(s)$ 与参考输入 $X(s)$ 和扰动输入 $D(s)$ 的关系式。

（b）当参考输入 $X(s)$ 为单位斜坡函数，扰动输入 $D(s)$ 为单位阶跃函数时，试求系统的稳态误差。

（c）试用 MATLAB 画出（b）问中的系统响应。

（d）当参考输入 $X(s)$ 为单位阶跃函数，扰动输入 $D(s)$ 为单位脉冲函数时，试用 MATLAB 画出系统响应。

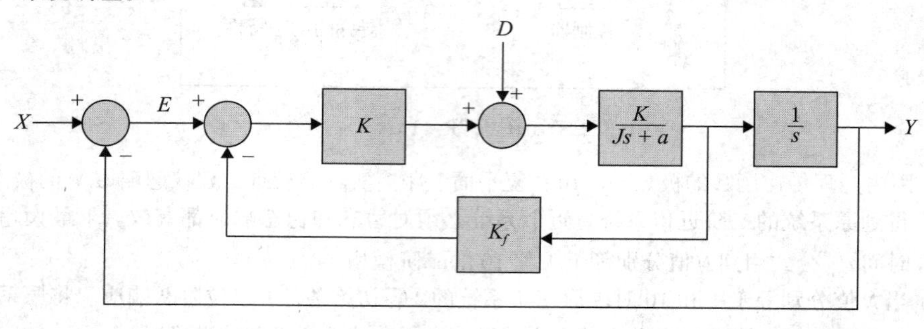

图 7P-46

7-47 $G(s)$ 为一个稳定单位反馈系统的前向通道传递函数。如果闭环传递函数如下：

$$\frac{Y(s)}{X(s)}=\frac{G(s)}{1+G(s)}=\frac{(A_1s+1)(A_2s+1)\cdots(A_ns+1)}{(B_1s+1)(B_2s+1)\cdots(B_ms+1)}$$

（a）$e(t)$ 为单位阶跃响应误差，试求 $\int_0^\infty e(s)$。

（b）计算 $\frac{1}{K}=\frac{1}{\lim_{s\to 0}sG(s)}$

7-48 闭环系统如图 7P-48 所示，如果系统的单位阶跃响应最大超调和 1% 调节时间分别不超过 25% 和 0.1s，试求校正器的增益 K 和极点位置 P。然后，试用 MATLAB 画出系统的单位阶跃输入响应并验证你的控制器设计。

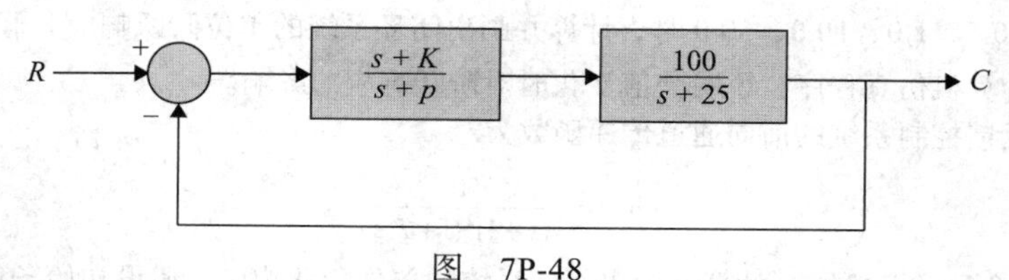

404

图 7P-48

7-49 给定一个二阶系统，要求峰值时间小于 t，试求满足要求的极点在复平面上的对应区域。

7-50 单位反馈控制系统如图 7P-50a 所示，其闭环极点位于图 7P-50b 所示的区域中。

（a）试求 ω_n 和 ζ 的值。

（b）如果 $K_P=2$，$P=2$，试求 K 和 K_I 的值。

（c）试证无论 K_P 和 P 取何值，都可以设计一个控制器，使得极点可以位于左复半平面任意位置。

7-51 直流电动机的运动方程如下

$$J_m\ddot{\theta}_m+\left(B+\frac{K_1K_2}{R}\right)\ddot{\theta}_m=\frac{K_1}{R}v$$

假设 $J_m=0.02\text{kg}\cdot\text{m}^2$，$B=0.002\text{N}\cdot\text{m}\cdot\text{s}$，$K_1=0.04\text{N}\cdot\text{m/A}$，$K_2=0.04\text{V}\cdot\text{s}$，$R=20\Omega$。

（a）试求输入电压与电动机速度的传递函数。

（b）当电压输入为 10V 时，计算电动机的稳态速度。

（c）试求输入电压和轴间角 θ_m 的传递函数。

（d）在（c）问的基础上添加一个闭环反馈环节使得 $v=K(\theta_P-\theta_m)$，其中 K 为反馈增益，试求 θ_p 和 θ_m 之间的传递函数。

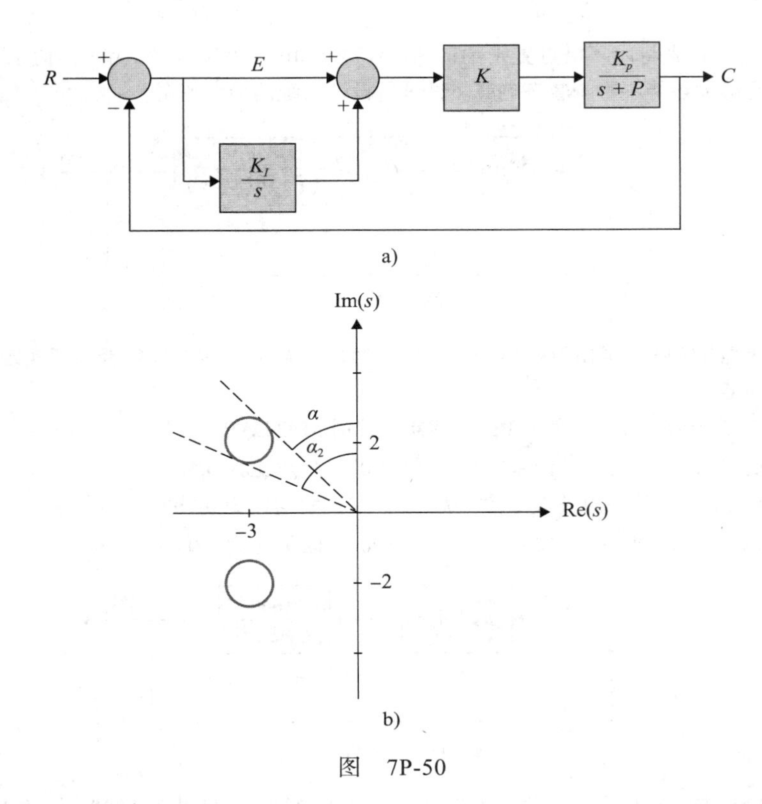

图 7P-50

405

(e) 试求 K 使得最大超调不超过 25%。

(f) 试求 K 使得上升小于 3s。

(g) 试用 MATLAB 画出位置伺服系统在 $K=0.5, 1.0$ 和 2.0 时的系统阶跃响应。试求上升时间和超调。

7-52 考虑一个单位反馈闭环系统，结构如图 7P-48，系统传递函数为 $G(s)=\dfrac{1}{s(s+3)}$，控制器传递函数为

$$H(s)=\frac{k(s+a)}{(s+b)}$$

请设计控制器参数，使得闭环系统的单位阶跃输入下的最大超调不超过 10%，1% 调节时间不超过 1.5s。

7-53 设计一个自动驾驶仪，使得飞机的俯仰角维持在 α。俯仰角 α 与舵偏角 β 之间的传递函数为

$$\frac{\alpha(s)}{\beta(s)}=\frac{60(s+1)(s+2)}{(s^2+6s+40)(s^2+0.04s+0.07)}$$

自动驾驶俯仰角控制器利用角偏差 e 来调整升降舵：

$$\frac{\beta_e(s)}{E(s)}=\frac{K(s+3)}{s+10}$$

试用 MATLAB 求解 K，使得系统的单位阶跃响应超调不超过 10%，上升时间小于 0.5s。解释对于复杂系统的设计难点。

7-54 图 7P-54 所示为串联控制系统控制框图。试求控制器的传递函数 $G_c(s)$，使得下列条件得以满足：

(a) 斜坡误差常数 K_v 等于 5。

(b) 闭环传递函数的形式如下：

$$M(s)=\frac{Y(s)}{R(s)}=\frac{K}{(s^2+20s+200)(s+a)}$$

其中，K 和 a 为实常数。试用 MATLAB 求解 K 和 a 的值。

设计策略是，首先将闭环极点置于 $-10+\mathrm{j}10$ 和 $-10-\mathrm{j}10$，然后调整 K 和 a 的值来满足稳态要求。a 的值要足够大才能不影响暂态响应。试求所设计系统的最大超调。

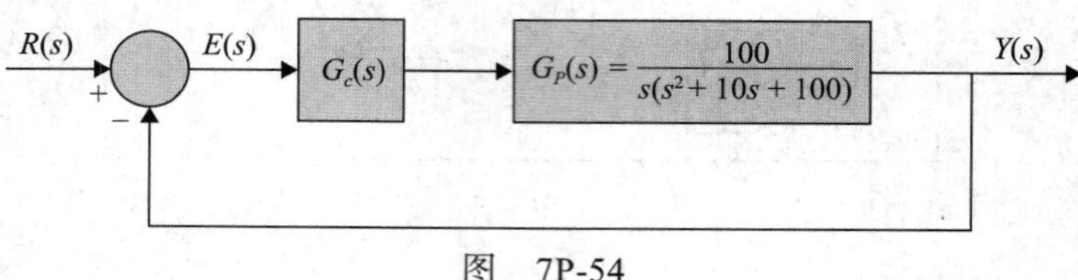

406

图 7P-54

7-55 使斜坡误差常数为 9，重做习题 7-54。最大可实现的 K_v 是多少？并解释为了实现非常大的 K_v 值会遇到的难点。

7-56 控制系统如图 7P-56 所示，为一 PD 控制器。试用 MATLAB

(a) 求解 K_P 和 K_D，使得斜坡误差常数 K_v 为 1000，阻尼比为 0.5。

(b) 求解 K_P 和 K_D，使得斜坡误差常数 K_v 为 1000，阻尼比为 0.707。

(c) 求解 K_P 和 K_D，使得斜坡误差常数 K_v 为 1000，阻尼比为 1.0。

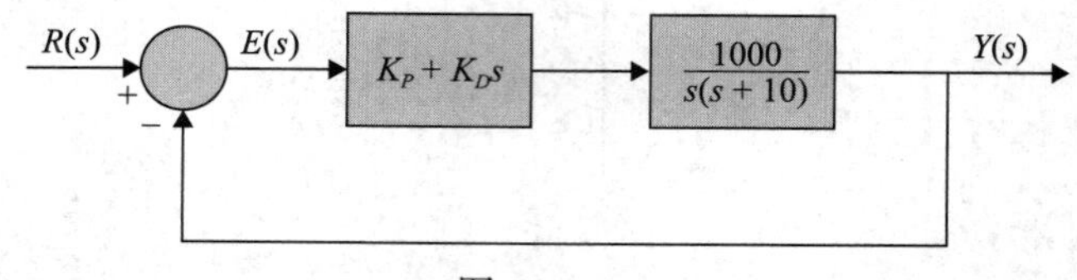

图 7P-56

7-57 对于图 7P-56 中的控制系统，设定好 K_P 的值，使得斜坡误差常数为 1000。试用 MATLAB

(a) 改变 K_D 的值，从 0.2 起，每次增加 0.2，直到 1.0，求解系统的上升时间和最大超调。

(b) 改变 K_D 的值，从 0.2 起，每次增加 0.2，直到 1.0，找到一个 K_D 值，使得对应的系统最大超调最小。

7-58 考虑图 7-51 所示飞行器姿态控制系统的二阶模型，过程传递函数为 $G_P(s)=\dfrac{4500K}{s(s+361.2)}$。试用 MATLAB 设计串联 PD 控制器，传递函数为 $G_c(s)=K_D+K_Ps$，并满足下列性能指标：

- 单位斜坡输入下的稳态误差 $\leqslant 0.001$
- 最大超调 $\leqslant 5\%$
- 上升时间 $t_r \leqslant 0.005\mathrm{s}$
- 调节时间 $t_s \leqslant 0.005\mathrm{s}$

7-59 图 7P-59 所示为液位控制系统的控制框图。入口数为 N。设 $N=20$。试用 MATLAB 来设计 PD 控制器，使得在单位阶跃输入下，水箱的液位在 3s 内到达参考液位的 5% 范围内，并且无超调。

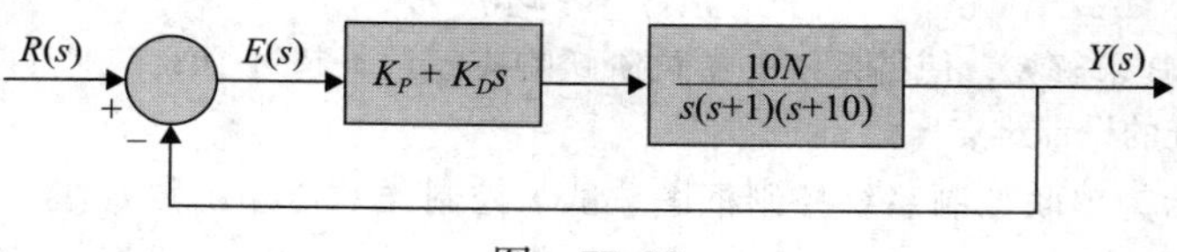

407

图 7P-59

7-60 对于习题 7-59 中的液位控制系统，设定 K_P 使得斜坡误差常数为 1。试用 MATLAB 从 0 到 0.5 改变 K_D 的值，并求解系统的上升时间和最大超调。

7-61 一个 0 型控制系统 G_P 和一个 PI 控制器如图 7P-61 所示。试用 MATLAB

(a) 求解 K_I 的值，使得斜坡误差常数 K_v 为 10。

(b) 求解 K_P 的值，使得系统特征方程的复根的虚部幅值为 15rad/s，并求解特征方程的根。

(c) 取 (a) 问中得到的 K_I 值，画出 $0 \leq K_P \leq \infty$ 时特征方程的根轨迹。

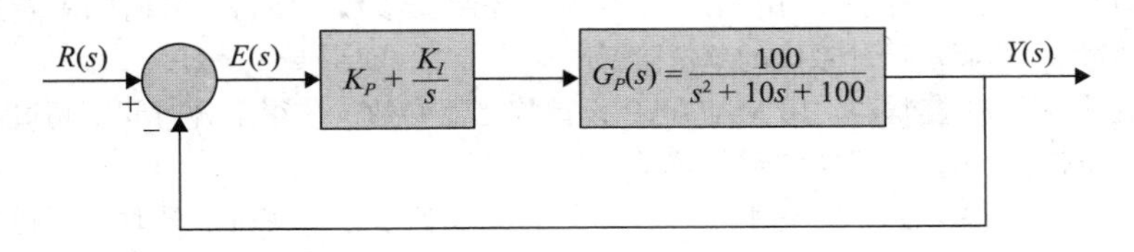

图　7P-61

7-62　对于习题 7-61 中的控制系统，设定 K_I 的值，使得斜坡误差常数为 10。试用 MATLAB 改变 K_P 的值，并求得系统的上升时间和最大超调。

7-63　对于习题 7-61 中的控制系统，试用 MATLAB

(a) 求 K_I，使得斜坡误差常数为 100。

(b) 用 (a) 问中求得的 K_I，求出系统稳定的临界 K_P 值，画出 $0 \leq K_P \leq \infty$ 时特征方程的根轨迹图。

(c) 证明无论 K_P 值是大还是小，最大超调都很大。用 (a) 问中求得的 K_I 值，求解使得最大超调最小的 K_P 值，并求出最小的最大超调值。

7-64　令 $K_P = 10$，重做习题 7-63。

7-65　一个 0 型系统和一个 PID 控制器组成的控制系统如图 7P-65 所示。试用 MATLAB 设计控制器参数，使得下列指标能够得以满足：

- 斜坡误差常数 K_v 为 100
- 上升时间 $t_r \leq 0.01$s
- 最大超调 ≤ 2%

画出所设计系统的单位阶跃响应图。

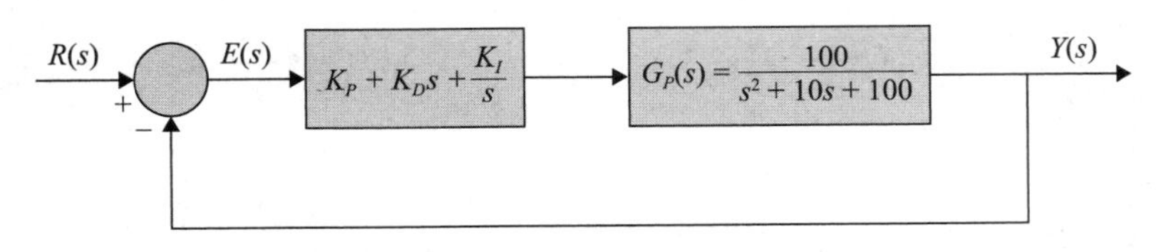

图　7P-65

408

7-66　考虑习题 2-18 中的汽车悬挂系统的四分之一车辆模型，系统参数如下：

- 有效 1/4 汽车质量为 10kg
- 有效劲度为 2.7135N/m
- 有效阻尼为 0.9135N · m/s
- 质量 m 的绝对位移，以米为单位
- 基座绝对位移，以米为单位
- 相对位移 $(x(t) - y(t))$，以米为单位

系统的运动方程为

$$m\ddot{x}(t) + c\dot{x}(t) + kx(t) = c\dot{y}(t) + ky(t)$$

代入关系式 $z(t) = x(t) - y(t)$，使系数无量纲化，可得如下形式：

$$\ddot{z}(t) + 2\zeta\omega_n\dot{z}(t) + \omega_n^2 z(t) = -\ddot{y}(t)$$

基座加速度和位移的拉普拉斯变换为

$$\frac{Z(s)}{\ddot{Y}}(s) = \frac{-1}{s^2 + 2\zeta\omega_n s + \omega_n^2}$$

(a) 试设计一个比例控制器。用 MATLAB 设计控制器参数，使得上升时间不超过 0.05s，超调不超过 3%。画出设计系统的单位阶跃响应。

(b) 试设计一个 PD 控制器。用 MATLAB 设计控制器参数，使得上升时间不超过 0.05s，超调不超过 3%。画出设计系统的单位阶跃响应。

(c) 试设计一个 PI 控制器。用 MATLAB 设计控制器参数，使得上升时间不超过 0.05s，超调不超过 3%。画出设计系统的单位阶跃响应。

(d) 试设计一个 PID 控制器。用 MATLAB 设计控制器参数，使得上升时间不超过 0.05s，超调不超过 3%。画出设计系统的单位阶跃响应。

7-67 考虑图 7P-67 中的弹簧质点系统，传递函数为 $\frac{Y(s)}{F(s)}=\frac{1}{Ms^2+Bs+K}$。令 $M=1\text{kg}$，$B=10\text{N}\cdot\text{s}/\text{m}$，

409

$K=20\text{N}/\text{m}$，重做习题 7-66。

7-68 考虑习题 2-3 中车辆悬挂系统撞击实验。用 MATLAB 设计一个比例控制器，使得 1% 调节时间小于 0.1s，超调不超过 2%。假设 $m=25\text{kg}$，$J=5\text{kg}\cdot\text{m}^2$，$K=100\text{N}/\text{m}$，$r=0.35\text{m}$，画出系统的脉冲响应图。

7-69 考虑习题 2-6 中的列车系统。用 MATLAB 设计一个比例控制器，使得峰值时间小于 0.05s，超调不超过 4%。假设 $M=1\text{kg}$，$m=0.5\text{kg}$，$K=1\text{N/m}$，$\mu=0.002\text{s/m}$，$g=9.8\text{m/s}^2$。

7-70 考虑习题 2-9 中的倒立摆系统，令 $M=1\text{kg}$，$m=0.2\text{kg}$，$\mu=0.1\text{N/m/s}$（车的摩擦），$I=0.006\text{kg}\cdot\text{m}^2$，$g=9.8\text{m}/\text{s}^2$，$l=0.3\text{m}$。用 MATLAB

410

设计一个 PD 控制器，使得上升时间小于 0.2s，超调不超过 10%。

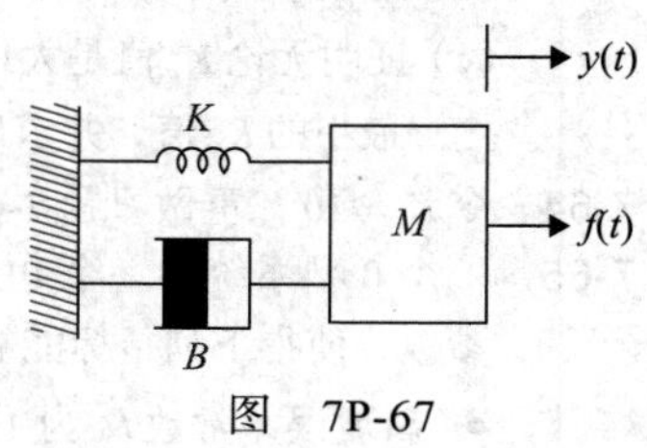

图 7P-67

第 8 章

状态空间分析与控制器设计

完成本章的学习后，你将能够

1）得到状态空间方法的应用知识。

2）运用变换，有助于状态变量域中线性控制系统的分析和设计。

3）建立常规传递函数和状态变量之间的关系。

4）运用线性系统的能控性和能观性及其应用。

5）通过使用 LEGO MINDSTROMS 和 MATLAB 工具对实际控制系统有更为直观的理解。

8.1 状态变量分析

在第 2 章和第 3 章，我们介绍了线性连续动态系统的状态变量和状态方程。在第 4 章，我们用控制框图和信号流图（SFG）方法去求得线性系统的传递函数。将信号流图的概念更进一步扩展到状态方程的建模过程中去，我们得到了**状态控制框图**。相比于用来分析与设计线性控制系统的传递函数方法，状态变量方法作为最优控制设计的基础被认为是更为现代的。线性和非线性系统、时变和时不变系统、单变量和多变量系统都可用状态变量法统一表述，而传递函数方法仅适用于线性时不变系统。

本章主要介绍状态变量和状态方程的基本方法，以便让读者掌握相关知识并进一步学习基于状态空间的现代最优控制理论。首先，我们介绍线性时不变系统的闭环解，以及各种适用于状态空间下的线性控制系统的分析与设计的变换方法。我们还将建立传统的传递函数方法和状态变量方法之间的关系，这样可以便于分析者用不同的方法来研究同一个系统的问题。然后，我们给出了线性系统的能控性与能观性的概念，并介绍了相关应用的例子。最后我们提供了一个**状态空间控制器设计**问题，它是以第 2 章和第 7 章介绍过的 LEGO MINDSTORMS NXT 为基础的案例。在本章的末尾，我们也给出了基于 MATLAB 的自动控制系统状态工具（ACSYS）来解决最常遇到的状态空间问题。

8.2 控制框图、传递函数和状态控制框图

8.2.1 传递函数（多变量系统）

一个传递函数的定义很容易扩展到一个多输入多输出系统上来。多输入多输出的系统通常被认为是一个多变量系统。正如在第 3 章中讨论的那样，在一个多变量系统中，当其他的输入被设置为 0 的时候，我们可以用一个形如式（8-1）的微分方程来描述一对输入和输出变量的关系。

$$\begin{aligned}&\frac{\mathrm{d}^n y(t)}{\mathrm{d}t^n}+a_{n-1}\frac{\mathrm{d}^{n-1}y(t)}{\mathrm{d}t^{n-1}}+\cdots+a_1\frac{\mathrm{d}y(t)}{\mathrm{d}t}+a_0y(t)\\&=b_m\frac{\mathrm{d}^m u(t)}{\mathrm{d}t^m}+b_{m-1}\frac{\mathrm{d}^{m-1}u(t)}{\mathrm{d}t^{m-1}}+\cdots+b_1\frac{\mathrm{d}u(t)}{\mathrm{d}t}+b_0u(t)\end{aligned}\tag{8-1}$$

参数 $a_0,a_1,\cdots,a_{n-1}$ 和 $b_0,b_1,\cdots,b_m$ 是实数。由于线性系统符合叠加性原理，系统的任意

一个由所有输入同时影响的输出的可以看成由每个输入单独施加影响的输出叠加而得。

一般情况下，如果一个线性系统有 p 个输入和 q 个输出，其中第 j 个输入和第 i 个输出的传递函数可以定义为：

$$G_{ij}(s)=\frac{Y_i(s)}{R_j(s)} \tag{8-2}$$

其中，$R_k(s)=0, k=1,2,\cdots,p, k\neq j$，式（8-2）中仅仅包含第 j 个输入，其他的输入全部设置为 0。当所有的 p 个输入都起作用时，其输出形式可以写成：

$$Y_i(s)=G_{i1}(s)R_1(s)+G_{i2}(s)R_2(s)+\cdots+G_{ip}(s)R_p(s) \tag{8-3}$$

为了便于表述，式（8-3）可以表示成为矩阵向量形式：

$$\boldsymbol{Y}(s)=\boldsymbol{G}(s)\boldsymbol{R}(s) \tag{8-4}$$

其中，

$$\boldsymbol{Y}(s)=\begin{bmatrix} Y_1(s) \\ Y_2(s) \\ \vdots \\ Y_q(s) \end{bmatrix} \tag{8-5}$$

是 $q\times 1$ 维输出向量，

$$\boldsymbol{R}(s)=\begin{bmatrix} R_1(s) \\ R_2(s) \\ \vdots \\ R_p(s) \end{bmatrix} \tag{8-6}$$

412

是 $p\times 1$ 维输入向量，

$$\boldsymbol{G}(s)=\begin{bmatrix} G_{11}(s) & G_{12}(s) & \cdots & G_{1p}(s) \\ G_{21}(s) & G_{22}(s) & \cdots & G_{2p}(s) \\ \vdots & \vdots & & \vdots \\ G_{q1}(s) & G_{q2}(s) & \cdots & G_{qp}(s) \end{bmatrix} \tag{8-7}$$

是 $q\times p$ 维传递函数矩阵。

8.2.2 多变量系统的控制框图和传递函数

在本节，我们举例说明了控制框图和矩阵表示形式的多变量系统。图 8-1a 和 b 分别用两个控制框图表示了一个 p 输入和 q 输出的多变量系统。在图 8-1a 中，单个输入和输出信号分别被表示出来，在图 8-1b 中，多输入和多输出被表示成为向量形式。由于表示简单，图 8-1b 在实际中更多地采用。

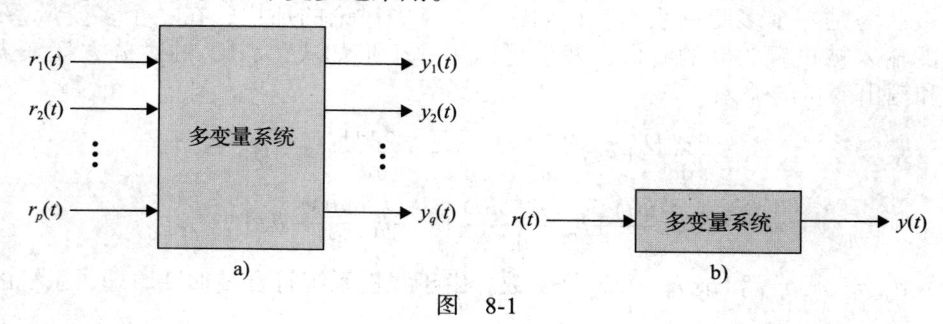

图 8-1

图 8-2 表示了一个多变量反馈控制系统的控制框图。系统的传递函数关系用向量矩阵（详见 8-3 节）表示为

$$\boldsymbol{Y}(s)=\boldsymbol{G}(s)\boldsymbol{U}(s) \tag{8-8}$$

$$\boldsymbol{U}(s)=\boldsymbol{R}(s)-\boldsymbol{B}(s) \tag{8-9}$$

$$\boldsymbol{B}(s)=\boldsymbol{H}(s)\boldsymbol{Y}(s) \tag{8-10}$$

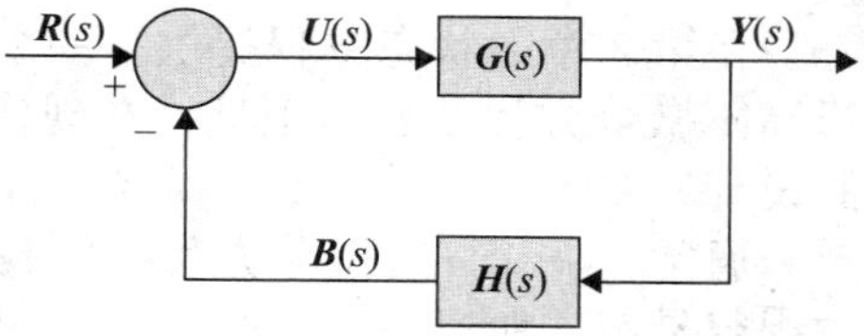

图 8-2　多变量反馈控制系统控制框图

413

其中，$\boldsymbol{Y}(s)$ 是 $q\times1$ 维输出向量，$\boldsymbol{U}(s)$、$\boldsymbol{R}(s)$ 和 $\boldsymbol{B}(s)$ 都是 $p\times1$ 维向量，$\boldsymbol{G}(s)$ 和 $\boldsymbol{H}(s)$ 分别是 $q\times p$ 维和 $p\times q$ 维传递函数矩阵。将式（8-9）代入式（8-8），然后根据式（8-8）到（8-10）可以得到：

$$\boldsymbol{Y}(s)=\boldsymbol{G}(s)\boldsymbol{R}(s)-\boldsymbol{G}(s)\boldsymbol{H}(s)\boldsymbol{Y}(s) \tag{8-11}$$

从式（8-11）可以解得 $\boldsymbol{Y}(s)$：

$$\boldsymbol{Y}(s)=[\boldsymbol{I}+\boldsymbol{G}(s)\boldsymbol{H}(s)]^{-1}\boldsymbol{G}(s)\boldsymbol{R}(s) \tag{8-12}$$

假设 $\boldsymbol{I}+\boldsymbol{G}(s)\boldsymbol{H}(s)$ 是非奇异的。闭环传递函数矩阵可以定义为

$$\boldsymbol{M}(s)=[\boldsymbol{I}+\boldsymbol{G}(s)\boldsymbol{H}(s)]^{-1}\boldsymbol{G}(s) \tag{8-13}$$

那么式（8-12）可以写成：

$$\boldsymbol{Y}(s)=\boldsymbol{M}(s)\boldsymbol{R}(s) \tag{8-14}$$

例 8-2-1

考虑如图 8-2 所示的系统的前向通道传递函数矩阵和反馈传递函数矩阵分别为

$$\boldsymbol{G}(s)=\begin{bmatrix}\dfrac{1}{s+1} & -\dfrac{1}{s}\\ 2 & \dfrac{1}{s+2}\end{bmatrix}\quad \boldsymbol{H}(s)=\begin{bmatrix}1 & 0\\ 0 & 1\end{bmatrix} \tag{8-15}$$

系统闭环传递函数矩阵由式（8-14）给出，求解如下：

$$\boldsymbol{I}+\boldsymbol{G}(s)\boldsymbol{H}(s)=\begin{bmatrix}1+\dfrac{1}{s+1} & -\dfrac{1}{s}\\ 2 & 1+\dfrac{1}{s+2}\end{bmatrix}=\begin{bmatrix}\dfrac{s+2}{s+1} & -\dfrac{1}{s}\\ 2 & \dfrac{s+3}{s+2}\end{bmatrix} \tag{8-16}$$

闭环传递函数矩阵是

$$\boldsymbol{M}(s)=[\boldsymbol{I}+\boldsymbol{G}(s)\boldsymbol{H}(s)]^{-1}\boldsymbol{G}(s)=\frac{1}{\Delta}\begin{bmatrix}\dfrac{s+3}{s+2} & \dfrac{1}{s}\\ -2 & \dfrac{s+2}{s+1}\end{bmatrix}\begin{bmatrix}\dfrac{1}{s+1} & -\dfrac{1}{s}\\ 2 & \dfrac{1}{s+2}\end{bmatrix} \tag{8-17}$$

414

其中，

$$\Delta=\frac{s+2}{s+1}\frac{s+3}{s+2}+\frac{2}{s}=\frac{s^2+5s+2}{s(s+1)} \tag{8-18}$$

因此

$$\boldsymbol{M}(s)=\frac{s(s+1)}{s^2+5s+2}\begin{bmatrix}\dfrac{3s^2+9s+4}{s(s+1)(s+2)} & -\dfrac{1}{s}\\ 2 & \dfrac{3s+2}{s(s+1)}\end{bmatrix} \tag{8-19}$$ ▲

8.3 一阶微分系统的状态方程

在第 3 章，状态方程提供了一个传递函数方法来研究微分方程。这种方法是一种分析高阶微分方程的有力工具，在现代控制理论和更为高级的控制系统问题（比如最优控制设计）中使用。

通常，一个 n 阶微分方程能够被分解成 n 个一阶微分方程。因为，一阶方程比高阶方程容易解，所以一阶微分方程被用于进行控制系统的分析研究。

对于式（8-1），如果定义

$$\begin{aligned} x_1(t) &= y(t) \\ x_2(t) &= \frac{\mathrm{d}y(t)}{\mathrm{d}t} \\ &\vdots \\ x_n(t) &= \frac{\mathrm{d}^{n-1}y(t)}{\mathrm{d}t^{n-1}} \end{aligned} \tag{8-20}$$

那么，n 阶微分方程可被分解成 n 个一阶微分方程：

$$\begin{aligned} \frac{\mathrm{d}x_1(t)}{\mathrm{d}t} &= x_2(t) \\ \frac{\mathrm{d}x_2(t)}{\mathrm{d}t} &= x_3(t) \\ &\vdots \\ \frac{\mathrm{d}x_n(t)}{\mathrm{d}t} &= -a_0x_1(t) - a_1x_2(t) - \cdots - a_{n-2}x_{n-1}(t) - a_{n-1}x_n(t) + f(t) \end{aligned} \tag{8-21}$$

值得注意的是，上述的最后一个等式是通过将最高阶的微分系数等于式（8-1）中的剩余项得到的。在控制系统理论中，式（8-21）中的一阶等式集合称为**状态方程**，其中 $x_1, x_2, \cdots, x_n$ 为状态变量。最后，状态变量个数的最小值通常与微分方程的阶数 n 相一致。

415

8.3.1 状态变量的定义

一个系统的状态指的是一个系统过去、现在、将来的状况。从数学角度，通过定义一个状态变量和状态方程集合去给一个动态系统建模是比较方便的。在前文也提到，式（8-20）定义的变量 $x_1(t), x_2(t), \cdots, x_n(t)$ 是由式（8-1）定义的 n 阶系统的状态变量。式（8-21）中的 n 个一阶微分方程是**状态方程**。通常，定义一个状态变量和状态方程有一些基本的规则。状态变量必须满足如下条件：

- 在任意初始时间 $t = t_0$，状态变量 $x_1(t_0), x_2(t_0), \cdots, x_n(t_0)$ 定义了系统的**初始状态**。
- 一旦系统在 $t \geqslant t_0$ 时的输入和初始状态确定后，状态变量可以完全定义系统的未来行为。

系统的状态变量被定义为变量 $x_1(t), x_2(t), \cdots, x_n(t)$ 的**最小集合**，这样只要知道在任意时刻 t_0 的变量和输入信息，就可以确定系统在任意未来时刻 $t \geqslant t_0$ 的状态。因此 n 个状态变量的**状态空间形式**如下：

$$\dot{\boldsymbol{x}}(t) = \boldsymbol{A}\boldsymbol{x}(t) + \boldsymbol{B}\boldsymbol{u}(t) \tag{8-22}$$

其中，$\boldsymbol{x}(t)$ 是有 n 行的状态向量：

$$\boldsymbol{x}(t)=\begin{bmatrix}x_1(t)\\x_2(t)\\\vdots\\x_n(t)\end{bmatrix} \tag{8-23}$$

$\boldsymbol{u}(t)$ 是有 p 行的输入向量：

$$\boldsymbol{u}(t)=\begin{bmatrix}u_1(t)\\u_2(t)\\\vdots\\u_p(t)\end{bmatrix} \tag{8-24}$$

系数矩阵 $\boldsymbol{A}$ 和 $\boldsymbol{B}$ 被定义为

$$\boldsymbol{A}=\begin{bmatrix}a_{11} & a_{12} & \cdots & a_{1n}\\a_{21} & a_{22} & \cdots & a_{2n}\\\vdots & \vdots & & \vdots\\a_{n1} & a_{n2} & \cdots & a_{nn}\end{bmatrix}(n\times n) \tag{8-25}$$

416

$$\boldsymbol{B}=\begin{bmatrix}b_{11} & b_{12} & \cdots & b_{1p}\\b_{21} & b_{22} & \cdots & b_{2p}\\\vdots & \vdots & & \vdots\\b_{n1} & b_{n2} & \cdots & b_{np}\end{bmatrix}(n\times p) \tag{8-26}$$

8.3.2　输出方程

我们不应该将系统的状态变量和系统的输出搞混淆。一个系统的**输出**是一个可被测量的变量，但是系统的状态变量不总是可以满足这个要求的。比如，在一个电动机中，绕组电流、转子速度和位置之类的状态变量是可以被物理测量的，这些变量都可以当作输出变量。但是，磁通量也能作为电动机中的一个状态变量，因为它代表了电动机过去、现在、未来的状态，但是它不能在运行中被直接测量，所以就不能直接拿来作为输出变量。通常，一个输出变量可以表示成为状态变量的代数组合形式。对于系统式（8-1）来说，如果 $y(t)$ 表示输出，那么，输出方程可以简单写成 $y(t)=x_1(t)$ 。通常

$$\boldsymbol{y}(t)=\begin{bmatrix}y_1(t)\\y_2(t)\\\vdots\\y_q(t)\end{bmatrix}=\boldsymbol{Cx}(t)+\boldsymbol{Du}(t) \tag{8-27}$$

$$\boldsymbol{C}=\begin{bmatrix}c_{11} & c_{12} & \cdots & c_{1n}\\c_{21} & c_{22} & \cdots & c_{2n}\\\vdots & \vdots & & \vdots\\c_{q1} & c_{q2} & \cdots & c_{qn}\end{bmatrix} \tag{8-28}$$

$$\boldsymbol{D}=\begin{bmatrix}d_{11} & d_{12} & \cdots & d_{1p}\\d_{21} & d_{22} & \cdots & d_{2p}\\\vdots & \vdots & & \vdots\\d_{q1} & d_{q2} & \cdots & d_{qp}\end{bmatrix} \tag{8-29}$$

接着会使用这些概念来对不同的动态系统建模。

例 8-3-1 考虑例 3-4-1 中也使用过的二阶微分方程：

$$\frac{d^2y(t)}{dt^2}+3\frac{dy(t)}{dt}+2y(t)=2u(t) \tag{8-30}$$

417

如果令

$$\begin{aligned}x_1(t)&=y(t)\\ x_2(t)&=\frac{dx_1(t)}{dt}=\frac{dy(t)}{dt}\end{aligned} \tag{8-31}$$

那么式（8-30）可分解成为如下两个一阶方程：

$$\frac{dx_1(t)}{dt}=x_2(t) \tag{8-32}$$

$$\frac{dx_2(t)}{dt}=-2x_1(t)-3x_2(t)+2u(t) \tag{8-33}$$

其中，$x_1(t)$、$x_2(t)$ 是状态变量，$u(t)$ 是输入，我们可以任意定义一个状态为输出 $y(t)$：

$$y(t)=x_1(t) \tag{8-34}$$

在这里，我们仅仅将 $x_1(t)$ 状态变量作为系统输出，可以得到：

$$\begin{gathered}\boldsymbol{x}(t)=\begin{bmatrix}x_1(t)\\ x_2(t)\end{bmatrix} \qquad \boldsymbol{u}(t)=u(t)\\ \boldsymbol{A}=\begin{bmatrix}0 & 1\\ -2 & -3\end{bmatrix} \quad \boldsymbol{B}=\begin{bmatrix}0\\ 2\end{bmatrix} \quad \boldsymbol{C}=\begin{bmatrix}1 & 0\end{bmatrix} \quad \boldsymbol{D}=0\end{gathered} \tag{8-35}$$ ▲

8.4 状态方程的向量 - 矩阵表示

n 阶动态系统可以写成如下的 n 个状态方程：

$$\frac{dx_i(t)}{dt}=f_i[x_1(t),x_2(t),\cdots,x_n(t),u_1(t),u_2(t),\cdots,u_p(t),w_1(t),w_2(t),\cdots,w_v(t)] \tag{8-36}$$

其中，$i=1,2,\cdots,n$。$x_i(t)$ 为第 i 个状态变量，$u_j(t)$ 为第 j 个输入变量，$j=1,2,\cdots,p$，$w_k(t)$ 表示第 k 个干扰输入变量，$k=1,2,\cdots,v$。

系统的 q 个输出变量记为 $y_1(t),y_2(t),\cdots,y_q(t)$，它们通常是关于状态变量和输入变量的函数，**输出方程**可写成：

$$y_j(t)=g_j[x_1(t),x_2(t),\cdots,x_n(t),u_1(t),u_2(t),\cdots,u_p(t),w_1(t),w_2(t),\cdots,w_v(t)] \tag{8-37}$$

其中，$j=1,2,\cdots,q$。

我们将式（8-36）的 n 个状态方程和式（8-37）的 q 个输出方程统称为**动态方程**。

418

为了便于表述，将动态方程写成向量 - 矩阵形式，并定义如下向量。

状态向量：

$$\boldsymbol{x}(t)=\begin{bmatrix}x_1(t)\\ x_2(t)\\ \vdots\\ x_n(t)\end{bmatrix}(n\times 1) \tag{8-38}$$

输入向量：

$$\boldsymbol{u}(t)=\begin{bmatrix} u_1(t) \\ u_2(t) \\ \vdots \\ u_p(t) \end{bmatrix}(p\times 1) \tag{8-39}$$

输出向量：

$$\boldsymbol{y}(t)=\begin{bmatrix} y_1(t) \\ y_2(t) \\ \vdots \\ y_q(t) \end{bmatrix}(q\times 1) \tag{8-40}$$

干扰向量：

$$\boldsymbol{w}(t)=\begin{bmatrix} w_1(t) \\ w_2(t) \\ \vdots \\ w_v(t) \end{bmatrix}(v\times 1) \tag{8-41}$$

注意：在大多数教科书中，为了表示简明，扰动变量被表示进输入向量里。

通过这些向量，式（8-36）的 n 个状态方程可以写成下面的向量形式：

$$\frac{\mathrm{d}\boldsymbol{x}(t)}{\mathrm{d}t}=\boldsymbol{f}[\boldsymbol{x}(t),\boldsymbol{u}(t),\boldsymbol{w}(t)] \tag{8-42}$$

其中，$\boldsymbol{f}$ 为 $n\times 1$ 列函数矩阵，函数 $f_1, f_2, \cdots, f_n$ 是其矩阵元素。类似地，式（8-37）也可以表示成为

$$\boldsymbol{y}(t)=\boldsymbol{g}[\boldsymbol{x}(t),\boldsymbol{u}(t),\boldsymbol{w}(t)] \tag{8-43}$$

其中，$\boldsymbol{g}$ 为 $q\times 1$ 列函数矩阵，函数 $g_1, g_2, \cdots, g_q$ 是其矩阵元素。

线性时不变系统的动态方程如下。

状态方程：

$$\frac{\mathrm{d}\boldsymbol{x}(t)}{\mathrm{d}t}=\boldsymbol{A}\boldsymbol{x}(t)+\boldsymbol{B}\boldsymbol{u}(t)+\boldsymbol{E}\boldsymbol{w}(t) \tag{8-44}$$

419

输出方程：

$$\boldsymbol{y}(t)=\boldsymbol{C}\boldsymbol{x}(t)+\boldsymbol{D}\boldsymbol{u}(t)+\boldsymbol{H}\boldsymbol{w}(t) \tag{8-45}$$

其中，

$$\boldsymbol{A}=\begin{bmatrix} a_{11} & a_{12} & \cdots & a_{1n} \\ a_{21} & a_{22} & \cdots & a_{2n} \\ \vdots & \vdots & & \vdots \\ a_{n1} & a_{n2} & \cdots & a_{nn} \end{bmatrix}(n\times n) \tag{8-46}$$

$$\boldsymbol{B}=\begin{bmatrix} b_{11} & b_{12} & \cdots & b_{1p} \\ b_{21} & b_{22} & \cdots & b_{2p} \\ \vdots & \vdots & & \vdots \\ b_{n1} & b_{n2} & \cdots & b_{np} \end{bmatrix}(n\times p) \tag{8-47}$$

$$\boldsymbol{C}=\begin{bmatrix} c_{11} & c_{12} & \cdots & c_{1n} \\ c_{21} & c_{22} & \cdots & c_{2n} \\ \vdots & \vdots & & \vdots \\ c_{q1} & c_{q2} & \cdots & c_{qn} \end{bmatrix}(q\times n) \tag{8-48}$$

$$\boldsymbol{D}=\begin{bmatrix} d_{11} & d_{12} & \cdots & d_{1p} \\ d_{21} & d_{22} & \cdots & d_{2p} \\ \vdots & \vdots & & \vdots \\ d_{q1} & d_{q2} & \cdots & d_{qp} \end{bmatrix}(q\times p) \tag{8-49}$$

$$\boldsymbol{E}=\begin{bmatrix} e_{11} & e_{12} & \cdots & e_{1v} \\ e_{21} & a_{22} & \cdots & e_{2v} \\ \vdots & \vdots & & \vdots \\ e_{n1} & e_{n2} & \cdots & e_{nv} \end{bmatrix}(n\times v) \tag{8-50}$$

$$\boldsymbol{H}=\begin{bmatrix} h_{11} & h_{12} & \cdots & h_{1v} \\ h_{21} & h_{22} & \cdots & h_{2v} \\ \vdots & \vdots & & \vdots \\ h_{q1} & h_{q2} & \cdots & h_{qv} \end{bmatrix}(q\times v) \tag{8-51}$$

8.5 状态转移矩阵

一旦线性时不变系统的状态方程写成式（8-44）的形式后，下一步往往是计算该方程在给定 $t\geqslant t_0$ 时刻的初始状态向量 $\boldsymbol{x}(t_0)$ 、输入向量 $\boldsymbol{u}(t)$ 和干扰向量 $\boldsymbol{w}(t)$ 下的解。式（8-44）右边的第一项是状态方程的齐次部分，后两项则代表强制函数 $\boldsymbol{u}(t)$ 和 $\boldsymbol{w}(t)$ 。

420

定义**状态转移矩阵**满足线性齐次状态方程：

$$\frac{\mathrm{d}\boldsymbol{x}(t)}{\mathrm{d}t}=\boldsymbol{A}\boldsymbol{x}(t) \tag{8-52}$$

令矩阵 $\phi(t)$ 为 $n\times n$ 维状态转移矩阵，则其必须满足：

$$\frac{\mathrm{d}\phi(t)}{\mathrm{d}t}=\boldsymbol{A}\phi(t) \tag{8-53}$$

令 $\boldsymbol{x}(0)$ 表示 $t=0$ 时的初始状态，则同样可以用下面的矩阵方程来定义 $\phi(t)$ ：

$$\boldsymbol{x}(t)=\phi(t)\boldsymbol{x}(0) \tag{8-54}$$

这是齐次方程在 $t\geqslant 0$ 时的解。

一种计算 $\phi(t)$ 的方法是在式（8-52）的两边同时进行拉普拉斯变换，即

$$s\boldsymbol{X}(s)-\boldsymbol{x}(0)=\boldsymbol{A}\boldsymbol{X}(s) \tag{8-55}$$

我们可以从式（8-55）中解得：

$$\boldsymbol{X}(s)=(s\boldsymbol{I}-\boldsymbol{A})^{-1}\boldsymbol{x}(0) \tag{8-56}$$

其中，假定 $(s\boldsymbol{I}-\boldsymbol{A})$ 是非奇异的。我们对式（8-56）两边同时进行拉普拉斯逆变换，可以得到：

$$\boldsymbol{x}(t)=\mathcal{L}^{-1}[(s\boldsymbol{I}-\boldsymbol{A})^{-1}]\boldsymbol{x}(0),\quad t\geqslant 0 \tag{8-57}$$

比较式（8-54）和式（8-57），可以得到状态转移矩阵：

$$\phi(t)=\mathcal{L}^{-1}[(s\boldsymbol{I}-\boldsymbol{A})^{-1}] \tag{8-58}$$

另外一种求解齐次状态方程的方法则与求解线性微分方程的方法一样，先假设存在一个解。我们令式（8-52）的解为

$$\boldsymbol{x}(t)=\mathrm{e}^{\boldsymbol{A}t}\boldsymbol{x}(0) \tag{8-59}$$

对于所有 $t\geqslant 0$ 成立，其中 $\mathrm{e}^{\boldsymbol{A}t}$ 是矩阵 $\boldsymbol{A}t$ 的幂级数：

$$\mathrm{e}^{\boldsymbol{A}t}=\boldsymbol{I}+\boldsymbol{A}t+\frac{1}{2!}\boldsymbol{A}^2t^2+\frac{1}{3!}\boldsymbol{A}^3t^3+\cdots \tag{8-60}$$

421

显然式（8-59）是该齐次方程的一个解，从式（8-60）可知：

$$\frac{\mathrm{d}\mathrm{e}^{\boldsymbol{A}t}}{\mathrm{d}t}=\boldsymbol{A}\mathrm{e}^{\boldsymbol{A}t} \tag{8-61}$$

因此，除了式（8-58）之外，状态转移矩阵还可以写成：

$$\phi(t)=\mathrm{e}^{\boldsymbol{A}t}=\boldsymbol{I}+\boldsymbol{A}t+\frac{1}{2!}\boldsymbol{A}^2t^2+\frac{1}{3!}\boldsymbol{A}^3t^3+\cdots \tag{8-62}$$

式（8-62）也可以从式（8-58）直接得到，我们把这个推导过程作为习题留给读者（习题 8-5）。

8.5.1　状态转移矩阵的意义

因为状态转移矩阵是满足齐次状态方程的，它也是系统的**自由响应**。换言之，它反映了仅由初始状态条件激励的系统响应。从式（8-58）和式（8-62）可以看出，状态转移矩阵只依赖于矩阵 $\boldsymbol{A}$，因此我们也常常称之为 $\boldsymbol{A}$ 的**状态转移矩阵**，即状态转移矩阵 $\phi(t)$ 完全定义了在外部输入为 0 时从初始时刻 $t=0$ 到任一时刻 t 的状态转移。

8.5.2　状态转移矩阵的性质

状态转移矩阵有如下性质：

1.

$$\phi(0)=\boldsymbol{I}\quad\text{（单位阵）} \tag{8-63}$$

证明：令式（8-62）中的 $t=0$ 即可得到式（8-63）。

2.

$$\phi^{-1}(t)=\phi(-t) \tag{8-64}$$

证明：对式（8-62）两边同时右乘 $\mathrm{e}^{-\boldsymbol{A}t}$ 可得：

$$\phi(t)\mathrm{e}^{-\boldsymbol{A}t}=\mathrm{e}^{\boldsymbol{A}t}\mathrm{e}^{-\boldsymbol{A}t}=I \tag{8-65}$$

再对式（8-65）两边同时左乘 $\phi^{-1}(t)$ 得到：

$$\mathrm{e}^{-\boldsymbol{A}t}=\phi^{-1}(t) \tag{8-66}$$

因此

$$\phi(-t)=\phi^{-1}(t)=\mathrm{e}^{-\boldsymbol{A}t} \tag{8-67}$$

从 $\phi(t)$ 的这个性质得到的一个有趣的结论是式（8-59）可以写成如下形式：

$$\boldsymbol{x}(0)=\phi(-t)\boldsymbol{x}(t) \tag{8-68}$$

422

这表明状态转移过程可以看作双向的，即在时间轴上的状态转移可以向前后任一方向进行。

3.

$$\phi(t_2-t_1)\phi(t_1-t_0)=\phi(t_2-t_0) \quad \forall\, t_0,t_1,t_2 \tag{8-69}$$

证明：

$$\phi(t_2-t_1)\phi(t_1-t_0)=\mathrm{e}^{A(t_2-t_1)}\mathrm{e}^{A(t_1-t_0)}=\mathrm{e}^{A(t_2-t_0)}=\phi(t_2-t_0) \tag{8-70}$$

状态转移矩阵的这个性质非常重要，因为它意味着一个状态转移过程可以被划分为许多一系列的转移。图 8-3 揭示了从 $t=t_0$ 到 $t=t_2$ 的转移等于先从 t_0 到 t_1 的转移再从 t_1 到 t_2 的转移。当然，状态的转移过程可以分为任意多的部分。

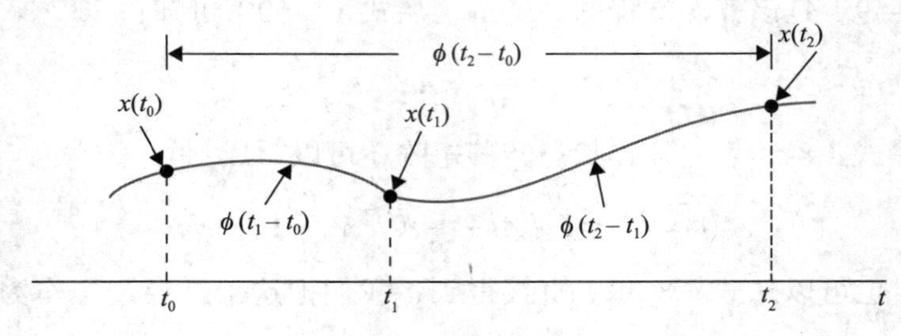

图 8-3 状态转移矩阵的性质

4.

$$[\phi(t)]^k=\phi(kt),\quad k\text{为正整数} \tag{8-71}$$

证明：

$$[\phi(t)]^k=\mathrm{e}^{At}\mathrm{e}^{At}\cdots\mathrm{e}^{At}=\mathrm{e}^{kAt}=\phi(kt) \tag{8-72}$$

8.6 状态转移方程

状态转移方程是线性齐次状态方程的解。线性时不变状态方程

$$\frac{\mathrm{d}\boldsymbol{x}(t)}{\mathrm{d}t}=\boldsymbol{A}\boldsymbol{x}(t)+\boldsymbol{B}\boldsymbol{u}(t)+\boldsymbol{E}\boldsymbol{w}(t) \tag{8-73}$$

可以用经典的线性微分方程求解方法或拉普拉斯变换求解。下面是用拉普拉斯变换求得的解。

我们对式（8-73）两边同时进行拉普拉斯变换，可得：

423

$$s\boldsymbol{X}(s)-\boldsymbol{x}(0)=\boldsymbol{A}\boldsymbol{X}(s)+\boldsymbol{B}\boldsymbol{U}(s)+\boldsymbol{E}\boldsymbol{W}(s) \tag{8-74}$$

其中，$\boldsymbol{x}(0)$ 为 $t=0$ 时的初始状态向量。从式（8-74）中解得 $\boldsymbol{X}(s)$：

$$\boldsymbol{X}(s)=(s\boldsymbol{I}-\boldsymbol{A})^{-1}\boldsymbol{x}(0)+(s\boldsymbol{I}-\boldsymbol{A})^{-1}[\boldsymbol{B}\boldsymbol{U}(s)+\boldsymbol{E}\boldsymbol{W}(s)] \tag{8-75}$$

对式（8-75）两边进行拉普拉斯逆变换，得到式（8-73）的状态转移方程：

$$\begin{aligned}\boldsymbol{x}(t)&=\mathcal{L}^{-1}[(s\boldsymbol{I}-\boldsymbol{A})^{-1}]\boldsymbol{x}(0)+\mathcal{L}^{-1}\{(s\boldsymbol{I}-\boldsymbol{A})^{-1}[\boldsymbol{B}\boldsymbol{U}(s)+\boldsymbol{E}\boldsymbol{W}(s)]\}\\&=\phi(0)\boldsymbol{x}(0)+\int_0^t\phi(t-\tau)[\boldsymbol{B}\boldsymbol{u}(\tau)+\boldsymbol{E}\boldsymbol{w}(\tau)]\mathrm{d}\tau,\quad t\geqslant 0\end{aligned} \tag{8-76}$$

式（8-76）的状态转移矩阵只适用于初始时刻为 $t=0$ 的情形。在控制系统（尤其是离散控制系统）的研究中，我们常常需要将一个状态转移过程分割成为一系列的转移过程，因此初始时刻更加灵活。令初始时刻为 t_0，相应的初始状态为 $\boldsymbol{x}(t_0)$，并假设在 $t\geqslant 0$ 时刻施加输入 $\boldsymbol{u}(t)$ 和干扰 $\boldsymbol{w}(t)$。令式（8-76）中 $t=t_0$，可得 $\boldsymbol{x}(0)$：

$$\boldsymbol{x}(0)=\phi(-t_0)\boldsymbol{x}(t_0)-\phi(-t_0)\int_0^{t_0}\phi(t_0-\tau)[\boldsymbol{B}\boldsymbol{u}(\tau)+\boldsymbol{E}\boldsymbol{w}(\tau)]\mathrm{d}\tau \tag{8-77}$$

其中应用了 $\phi(t)$ 在式（8-64）中的性质。

将式（8-77）代入公式（8-76），则可以得到：

$$\begin{aligned}\boldsymbol{x}(t)=&\phi(t)\phi(-t_0)\boldsymbol{x}(t_0)-\phi(t)\phi(-t_0)\int_0^{t_0}\phi(t_0-\tau)[\boldsymbol{Bu}(\tau)+\boldsymbol{Ew}(\tau)]\mathrm{d}\tau\\&+\int_0^t\phi(t-\tau)[\boldsymbol{Bu}(\tau)+\boldsymbol{Ew}(\tau)]\mathrm{d}\tau\end{aligned}\tag{8-78}$$

运用式（8-69）的性质，整理式（8-78）中最后两个积分项可得到：

$$\boldsymbol{x}(t)=\phi(t-t_0)\boldsymbol{x}(t_0)+\int_0^t\phi(t-\tau)[\boldsymbol{Bu}(\tau)+\boldsymbol{Ew}(\tau)]\mathrm{d}\tau,\quad t\geqslant t_0\tag{8-79}$$

显然，式（8-79）在 $t=0$ 时即为式（8-77）。

在求得状态转移方程后，输出向量可以写成初始状态和输入向量的函数形式，这只要将由式（8-79）得到的 $\boldsymbol{x}(t)$ 代入式（8-45）即可。此时，输出向量为

$$y(t)=\boldsymbol{C}\phi(t-t_0)\boldsymbol{x}(t_0)+\int_0^t\boldsymbol{C}\phi(t-\tau)[\boldsymbol{Bu}(\tau)+\boldsymbol{Ew}(\tau)]\mathrm{d}\tau+\boldsymbol{Du}(t)+\boldsymbol{Hw}(t),\ t\geqslant t_0\tag{8-80}$$

下面的例子用来说明状态转移矩阵和方程的确定过程。 424

例 8-6-1 考虑如下状态方程：

$$\begin{bmatrix}\dfrac{\mathrm{d}x_1(t)}{\mathrm{d}t}\\\dfrac{\mathrm{d}x_2(t)}{\mathrm{d}t}\end{bmatrix}=\begin{bmatrix}0&1\\-2&-3\end{bmatrix}\begin{bmatrix}x_1(t)\\x_2(t)\end{bmatrix}+\begin{bmatrix}0\\1\end{bmatrix}u(t)\tag{8-81}$$

对于 $t\geqslant0$，当输入 $u(t)=1$ 时计算状态转移矩阵 $\phi(t)$ 和状态向量 $\boldsymbol{x}(t)$。已知系数矩阵为

$$\boldsymbol{A}=\begin{bmatrix}0&1\\-2&-3\end{bmatrix}\quad\boldsymbol{B}=\begin{bmatrix}0\\1\end{bmatrix}\quad\boldsymbol{E}=0\tag{8-82}$$

因此

$$s\boldsymbol{I}-\boldsymbol{A}=\begin{bmatrix}s&0\\0&s\end{bmatrix}-\begin{bmatrix}0&1\\-2&-3\end{bmatrix}=\begin{bmatrix}s&-1\\2&s+3\end{bmatrix}\tag{8-83}$$

$(s\boldsymbol{I}-\boldsymbol{A})$ 的逆矩阵为

$$(s\boldsymbol{I}-\boldsymbol{A})^{-1}=\frac{1}{s^2+3s+2}\begin{bmatrix}s+3&1\\-2&s\end{bmatrix}\tag{8-84}$$

对式（8-84）进行拉普拉斯逆变换可以求出 $\boldsymbol{A}$ 的状态转移矩阵：

$$\phi(t)=\mathcal{L}^{-1}[(s\boldsymbol{I}-\boldsymbol{A})^{-1}]=\begin{bmatrix}2\mathrm{e}^{-t}-\mathrm{e}^{-2t}&\mathrm{e}^{-t}-\mathrm{e}^{-2t}\\-2\mathrm{e}^{-t}+2\mathrm{e}^{-2t}&-\mathrm{e}^{-t}+2\mathrm{e}^{-2t}\end{bmatrix}\tag{8-85}$$

将式（8-85）、$\boldsymbol{B}$ 和 $u(t)$ 代入式（8-76）得到相应的状态转移方程：

$$\begin{aligned}\boldsymbol{x}(t)=&\begin{bmatrix}2\mathrm{e}^{-t}-\mathrm{e}^{-2t}&\mathrm{e}^{-t}-\mathrm{e}^{-2t}\\-2\mathrm{e}^{-t}+2\mathrm{e}^{-2t}&-\mathrm{e}^{-t}+2\mathrm{e}^{-2t}\end{bmatrix}\boldsymbol{x}(0)\\&+\int_0^t\begin{bmatrix}2\mathrm{e}^{-(t-\tau)}-\mathrm{e}^{-2(t-\tau)}&\mathrm{e}^{-(t-\tau)}-\mathrm{e}^{-2(t-\tau)}\\-2\mathrm{e}^{-(t-\tau)}+2\mathrm{e}^{-2(t-\tau)}&-\mathrm{e}^{-(t-\tau)}+2\mathrm{e}^{-2(t-\tau)}\end{bmatrix}\begin{bmatrix}0\\1\end{bmatrix}\mathrm{d}\tau\end{aligned}\tag{8-86}$$

或

$$\boldsymbol{x}(t)=\begin{bmatrix}2\mathrm{e}^{-t}-\mathrm{e}^{-2t}&\mathrm{e}^{-t}-\mathrm{e}^{-2t}\\-2\mathrm{e}^{-t}+2\mathrm{e}^{-2t}&-\mathrm{e}^{-t}+2\mathrm{e}^{-2t}\end{bmatrix}\boldsymbol{x}(0)+\begin{bmatrix}0.5-\mathrm{e}^{-t}+0.5\mathrm{e}^{-2t}\\\mathrm{e}^{-t}-\mathrm{e}^{-2t}\end{bmatrix},\quad t\geqslant0\tag{8-87}$$

其中，状态转移方程右边的第二项也可以通过对 $(s\boldsymbol{I}-\boldsymbol{A})^{-1}\boldsymbol{BU}(s)$ 进行拉普拉斯逆变换得到，即

$$\mathcal{L}^{-1}[(s\boldsymbol{I}-\boldsymbol{A})^{-1}\boldsymbol{B}U(s)]=\mathcal{L}^{-1}\left(\frac{1}{s^2+3s+2}\begin{bmatrix}s+3 & 1\\ -2 & s\end{bmatrix}\begin{bmatrix}0\\1\end{bmatrix}\frac{1}{s}\right)$$

$$=\mathcal{L}^{-1}\left(\frac{1}{s^2+3s+2}\begin{bmatrix}\frac{1}{s}\\ 1\end{bmatrix}\right)=\begin{bmatrix}0.5-\mathrm{e}^{-t}+0.5\mathrm{e}^{-2t}\\ \mathrm{e}^{-t}-\mathrm{e}^{-2t}\end{bmatrix},\quad t\geqslant 0 \tag{8-88}$$

▲

425

从状态图求状态转移方程

式（8-75）和式（8-76）揭示了用拉普拉斯变换求解状态方程的方法需要计算 $(s\boldsymbol{I}-\boldsymbol{A})$ 的逆矩阵。本节将采用第 4 章介绍的状态图和 SFG 增益公式来求解拉普拉斯域中式（8-75）的状态转移方程。设初始时刻为 t_0，则式（8-75）可以写成

$$\boldsymbol{X}(s)=(s\boldsymbol{I}-\boldsymbol{A})^{-1}\boldsymbol{x}(t_0)+(s\boldsymbol{I}-\boldsymbol{A})^{-1}[\boldsymbol{B}\boldsymbol{U}(s)+\boldsymbol{E}\boldsymbol{W}(s)],\quad t\geqslant t_0 \tag{8-89}$$

由增益公式和状态图可直接得到上式，其中输出节点为 $X_i(s), i=1,2,\cdots,n$。下面将举例说明用状态图的方法来求解例 8-2-1 的状态转移方程。

例 8-6-2 式（8-81）所述系统的状态图如图 8-4 所示，初始时刻为 t_0，令积分器的输出为各状态变量。对图 8-4 中的状态图采用增益公式，这时，$X_1(s)$ 和 $X_2(s)$ 为输出节点，$x_1(t_0)$、$x_2(t_0)$ 和 $u(t)$ 或 s 域中的 $U(s)$ 为输入节点，可以得到：

$$X_1(s)=\frac{s^{-1}(1+3s^{-1})}{\Delta}x_1(t_0)+\frac{s^{-2}}{\Delta}x_2(t_0)+\frac{s^{-2}}{\Delta}U(s) \tag{8-90}$$

$$X_2(s)=\frac{-2s^{-2}}{\Delta}x_1(t_0)+\frac{s^{-1}}{\Delta}x_2(t_0)+\frac{s^{-1}}{\Delta}U(s) \tag{8-91}$$

其中，

$$\Delta=1+3s^{-1}+2s^{-2} \tag{8-92}$$

式（8-90）和式（8-91）可以简化为如下向量矩阵形式：

$$\begin{bmatrix}X_1(s)\\ X_2(s)\end{bmatrix}=\frac{1}{(s+1)(s+2)}\begin{bmatrix}s+3 & 1\\ -2 & s\end{bmatrix}\begin{bmatrix}x_1(t_0)\\ x_2(t_0)\end{bmatrix}+\frac{1}{(s+1)(s+2)}\begin{bmatrix}1\\ s\end{bmatrix}U(s) \tag{8-93}$$

426

对式（8-93）两边同时进行拉普拉斯逆变换即可得到 $t\geqslant t_0$ 时的状态转移方程。

如果在 $t=t_0$ 时刻施加单位阶跃输入 $u(t)$，可以得到下面的拉普拉斯逆变换公式：

$$\mathcal{L}^{-1}\left(\frac{1}{s}\right)=u_s(t-t_0),\quad t\geqslant t_0 \tag{8-94}$$

$$\mathcal{L}^{-1}\left(\frac{1}{s+a}\right)=\mathrm{e}^{-a(t-t_0)}u_s(t-t_0),\quad t\geqslant t_0 \tag{8-95}$$

由于初始时刻为 t_0，因此这里的拉普拉斯变换表达式没有延迟因子 $\mathrm{e}^{-t_0 s}$。式（8-93）经过拉普拉斯逆变换后变为

$$\begin{bmatrix}x_1(t)\\ x_2(t)\end{bmatrix}=\begin{bmatrix}2\mathrm{e}^{-(t-t_0)}-\mathrm{e}^{-2(t-t_0)} & \mathrm{e}^{-(t-t_0)}-\mathrm{e}^{-2(t-t_0)}\\ -2\mathrm{e}^{-(t-t_0)}+2\mathrm{e}^{-2(t-t_0)} & -\mathrm{e}^{-(t-t_0)}+2\mathrm{e}^{-2(t-t_0)}\end{bmatrix}\begin{bmatrix}x_1(t_0)\\ x_2(t_0)\end{bmatrix}$$
$$+\begin{bmatrix}0.5u_s(t-t_0)-\mathrm{e}^{-(t-t_0)}+0.5\mathrm{e}^{-2(t-t_0)}\\ \mathrm{e}^{-(t-t_0)}-\mathrm{e}^{-2(t-t_0)}\end{bmatrix},\quad t\geqslant t_0 \tag{8-96}$$

读者可以将该结果和 $t\geqslant 0$ 时所得的式（8-87）做比较。 ▲

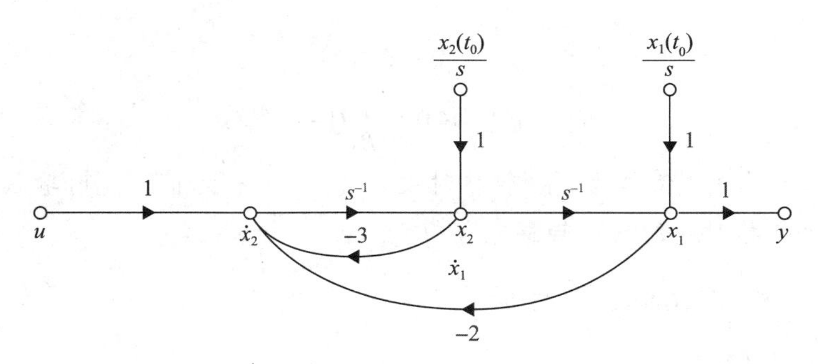

图 8-4　式（8-81）的状态图

例 8-6-3　在这个例子中，我们将说明对一个输入不连续的系统如何应用状态转移方法。一个 *RL* 网络如图 8-5 所示。网络的历史状态完全由初始电路的感性系数、$t=0$ 时刻的 $i(0)$ 来决定。假设在 $t=0$，加载在电路上的电压 $e_{in}(t)$ 如图 8-6 所示，则 $t \geqslant 0$ 时，该电路的状态方程为

$$\frac{\mathrm{d}i(t)}{\mathrm{d}t}=-\frac{R}{L}i(t)+\frac{1}{L}e_{in}(t) \tag{8-97}$$

427

将上式与式（8-44）做比较，可以知道状态方程的各个标量系数为

$$A=-\frac{R}{L}i(t) \quad B=\frac{1}{L} \quad E=0 \tag{8-98}$$

状态转移矩阵为

$$\phi(t)=\mathrm{e}^{-At}=\mathrm{e}^{-Rt/L} \tag{8-99}$$

传统求解 $t \geqslant 0$ 时 $i(t)$ 的方法是将输入电压写为

$$e(t)=E_{in}u_s(t)+E_{in}u_s(t-t_1) \tag{8-100}$$

其中，$u_s(t)$ 是阶跃函数。对 $e(t)$ 进行拉普拉斯变换后，可得到：

$$E_{in}(s)=\frac{E_{in}}{s}(1+\mathrm{e}^{-t_1 s}) \tag{8-101}$$

则

$$(s\boldsymbol{I}-\boldsymbol{A})^{-1}\boldsymbol{B}\boldsymbol{U}(s)=\frac{E_{in}}{Ls(s+R/L)}(1+\mathrm{e}^{-t_1 s}) \tag{8-102}$$

将式（8-102）代入状态转移方程（8-76），可得到 $t \geqslant 0$ 时的电流为

$$i(t)=\mathrm{e}^{-Rt/L}i(0)u_s(t)+\frac{E_{in}}{R}(1-\mathrm{e}^{-Rt/L})u_s(t)+\frac{E_{in}}{R}(1-\mathrm{e}^{-R(t-t_1)/L})u_s(t-t_1) \tag{8-103}$$

使用状态转移方法时，我们可以将整个转移过程分为两个阶段，从 $t=0$ 到 $t=t_1$，以及从 $t=t_1$ 到 $t=\infty$。首先当 $0 \leqslant t \leqslant t_1$ 时，输入为

$$e(t)=E_{in}u_s(t), \quad 0 \leqslant t \leqslant t_1 \tag{8-104}$$

则

$$(s\boldsymbol{I}-\boldsymbol{A})^{-1}\boldsymbol{B}\boldsymbol{U}(s)=\frac{E_{in}}{Ls(s+R/L)}=\frac{E_{in}}{Rs[1+(L/R)s]} \tag{8-105}$$

因此 $0 \leqslant t \leqslant t_1$ 时的状态转移方程为

$$i(t)=\left[\mathrm{e}^{-Rt/L}i(0)+\frac{E_{in}}{R}(1-\mathrm{e}^{-Rt/L})\right]u_s(t) \tag{8-106}$$

将 $t=t_1$ 代入式（8-106）可得：

$$i(t_1)=\mathrm{e}^{-Rt_1/L}i(0)+\frac{E_{\mathrm{in}}}{R}(1-\mathrm{e}^{-Rt_1/L}) \tag{8-107}$$

将 $i(t)$ 在 $t=t_1$ 时刻的值作为下一转移时段 $t_1 \leqslant t \leqslant \infty$ 的初始值。此时输入电压的幅值是 $2E_{\mathrm{in}}$，则第二个转移时段的状态转移方程为

$$i(t)=\mathrm{e}^{-R(t-t_1)/L}i(t_1)+\frac{2E_{\mathrm{in}}}{R}(1-\mathrm{e}^{-R(t-t_1)/L}),\quad t \geqslant t_1 \tag{8-108}$$

428 其中，$i(t_1)$ 可由式（8-107）求得。

这个例子说明了求解状态转移问题的两种方法。在第一种方法中，转移被看作一个连续过程。在第二种方法中，转移时期被划分为多个时间间隔段以便于输入的解析表示。虽然第一方法只需要做一次操作，但用第二种方法求解状态转移方程却可以得到更为简单的结果，并且常常比第一种方法显示出计算简单的优势。值得注意的是，在第二种方法中，$t=t_1$ 时刻的状态被用作从 t_1 时刻开始的下一个转移间隔的初始状态。▲

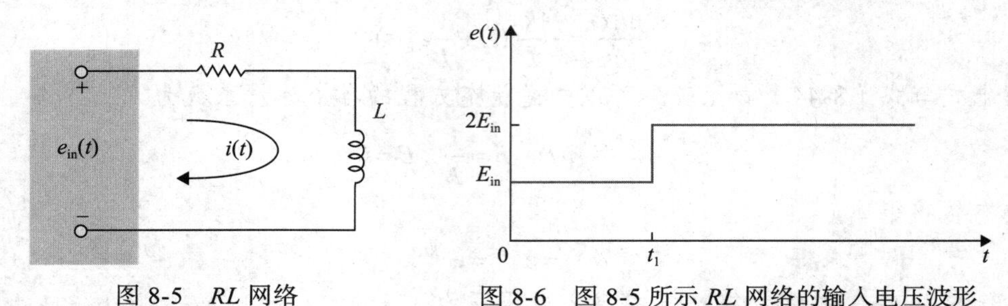

图 8-5 *RL* 网络　　图 8-6 图 8-5 所示 *RL* 网络的输入电压波形

8.7 状态方程与高阶微分方程之间的关系

在前面的章节中，我们定义了线性时不变系统的状态方程及其解。虽然往往能够根据系统的示意图直接写出系统的状态方程，但实际上该系统可能已经有相应的高阶微分方程或者传递函数。因此，有必要研究如何从高阶微分方程或传递函数来求取状态方程。在第 2 章，我们说明了如何从式（2-97）中定义一个 n 阶的微分方程的状态变量（2-105），并最终获得状态方程（2-106）。

状态方程可写成如下矩阵向量形式：

$$\frac{\mathrm{d}\boldsymbol{x}(t)}{\mathrm{d}t}=\boldsymbol{A}\boldsymbol{x}(t)+\boldsymbol{B}\boldsymbol{u}(t) \tag{8-109}$$

其中，

$$\boldsymbol{A}=\begin{bmatrix} 0 & 1 & 0 & \cdots & 0 \\ 0 & 0 & 1 & \cdots & 0 \\ \vdots & \vdots & \vdots & & \vdots \\ 0 & 0 & 0 & \cdots & 1 \\ -a_0 & -a_1 & -a_2 & \cdots & -a_{n-1} \end{bmatrix}(n\times n) \tag{8-110}$$

$$\boldsymbol{B}=\begin{bmatrix} 0 \\ 0 \\ \vdots \\ 0 \\ 1 \end{bmatrix}(n\times 1) \tag{8-111}$$

值得注意的是，矩阵 $\boldsymbol{A}$ 最后一行是微分方程齐次部分的各个系数的负数值，但不包括微分方程最高阶项的单位系数。列向量 $\boldsymbol{B}$ 的最后一行元素为 1，其他元素为 0。我们将式（8-109）的状态方程和式（8-110）、式（8-111）给出的 $\boldsymbol{A}$ 和 $\boldsymbol{B}$ 统称为**相位变量标准型**（PVCF），又称为**能控标准型**（CCF）。

系统的输出方程可以写成：

$$y(t)=\boldsymbol{C}\boldsymbol{x}(t)=x_1(t) \tag{8-112}$$

429

其中，

$$\boldsymbol{C}=[1 \quad 0 \quad 0 \quad \cdots \quad 0] \tag{8-113}$$

已经知晓系统的状态变量不是唯一的。通常，在满足状态变量的定义下，我们可以用最方便的方式来选择状态变量。在 8.11 节中还将介绍首先写出系统的传递函数，然后通过分解传递函数得到系统状态图的方法，这样可以轻松地写出任意一个系统的状态变量和状态方程。

例 8-7-1　将微分方程

$$\frac{\mathrm{d}^3y(t)}{\mathrm{d}t^3}+5\frac{\mathrm{d}^2y(t)}{\mathrm{d}t^2}+\frac{\mathrm{d}y(t)}{\mathrm{d}t}+2y(t)=u(t) \tag{8-114}$$

写成

$$\frac{\mathrm{d}^3y(t)}{\mathrm{d}t^3}=-5\frac{\mathrm{d}^2y(t)}{\mathrm{d}t^2}-\frac{\mathrm{d}y(t)}{\mathrm{d}t}-2y(t)+u(t) \tag{8-115}$$

定义状态变量

$$\begin{aligned}x_1(t)&=y(t)\\x_2(t)&=\frac{\mathrm{d}y(t)}{\mathrm{d}t}\\x_3(t)&=\frac{\mathrm{d}^2y(t)}{\mathrm{d}t^2}\end{aligned} \tag{8-116}$$

则其状态方程可以写成向量矩阵形式：

$$\frac{\mathrm{d}\boldsymbol{x}(t)}{\mathrm{d}t}=\boldsymbol{A}\boldsymbol{x}(t)+\boldsymbol{B}u(t) \tag{8-117}$$

其中，$\boldsymbol{x}(t)$ 是 2×1 维状态向量，$u(t)$ 是输入标量，且

$$\boldsymbol{A}=\begin{bmatrix}0&1&0\\0&0&1\\-2&-1&-5\end{bmatrix}\quad \boldsymbol{B}=\begin{bmatrix}0\\0\\1\end{bmatrix} \tag{8-118}$$

输出方程为

$$y(t)=x_1(t)=[1 \quad 0]\boldsymbol{x}(t) \tag{8-119}$$ ▲

8.8　状态方程与传递函数之间的关系

我们已经介绍了如何用传递函数和动态方程来描述线性时不变系统。本节主要研究这两者之间的关系。

430

用如下动态方程来表示一个线性时不变系统：

$$\frac{\mathrm{d}\boldsymbol{x}(t)}{\mathrm{d}t}=\boldsymbol{A}\boldsymbol{x}(t)+\boldsymbol{B}\boldsymbol{u}(t)+\boldsymbol{E}\boldsymbol{w}(t) \tag{8-120}$$

$$\boldsymbol{y}(t)=\boldsymbol{C}\boldsymbol{x}(t)+\boldsymbol{D}\boldsymbol{u}(t)+\boldsymbol{H}\boldsymbol{w}(t) \tag{8-121}$$

其中，

$$\boldsymbol{x}(t)=n\times1\quad 状态变量$$
$$\boldsymbol{u}(t)=p\times1\quad 输入变量$$
$$\boldsymbol{y}(t)=q\times1\quad 输出变量$$
$$\boldsymbol{w}(t)=v\times1\quad 扰动变量$$

$\boldsymbol{A}$、$\boldsymbol{B}$、$\boldsymbol{C}$、$\boldsymbol{D}$、$\boldsymbol{E}$ 和 $\boldsymbol{H}$ 是相应维数的系数矩阵。

对式（8-120）两边同时进行拉普拉斯变换，可以解得：

$$\boldsymbol{X}(s)=(s\boldsymbol{I}-\boldsymbol{A})^{-1}\boldsymbol{x}(0)+(s\boldsymbol{I}-\boldsymbol{A})^{-1}[\boldsymbol{BU}(s)+\boldsymbol{EW}(s)] \tag{8-122}$$

对（8-121）做拉普拉斯变换可得：

$$\boldsymbol{Y}(s)=\boldsymbol{CX}(s)+\boldsymbol{DU}(s)+\boldsymbol{HW}(s) \tag{8-123}$$

将式（8-122）代入式（8-123）可得：

$$\boldsymbol{Y}(s)=\boldsymbol{C}(s\boldsymbol{I}-\boldsymbol{A})^{-1}\boldsymbol{x}(0)+\boldsymbol{C}(s\boldsymbol{I}-\boldsymbol{A})^{-1}[\boldsymbol{BU}(s)+\boldsymbol{EW}(s)]+\boldsymbol{DU}(s)+\boldsymbol{HW}(s) \tag{8-124}$$

由于传递函数的定义要求零初始条件，即 $\boldsymbol{x}(0)=\boldsymbol{0}$。因此，式（8-124）简化为

$$\boldsymbol{Y}(s)=[\boldsymbol{C}(s\boldsymbol{I}-\boldsymbol{A})^{-1}\boldsymbol{B}+\boldsymbol{D}]\boldsymbol{U}(s)+[\boldsymbol{C}(s\boldsymbol{I}-\boldsymbol{A})^{-1}\boldsymbol{E}+\boldsymbol{H}]\boldsymbol{W}(s) \tag{8-125}$$

定义

$$\boldsymbol{G}_u(s)=\boldsymbol{C}(s\boldsymbol{I}-\boldsymbol{A})^{-1}\boldsymbol{B}+\boldsymbol{D} \tag{8-126}$$

$$\boldsymbol{G}_w(s)=\boldsymbol{C}(s\boldsymbol{I}-\boldsymbol{A})^{-1}\boldsymbol{E}+\boldsymbol{H} \tag{8-127}$$

其中，$\boldsymbol{G}_u(s)$ 是 $\boldsymbol{w}(t)=\boldsymbol{0}$ 时 $\boldsymbol{u}(t)$ 和 $\boldsymbol{y}(t)$ 之间的 $q\times p$ 维传递函数矩阵，$\boldsymbol{G}_w(s)$ 是 $\boldsymbol{u}(t)=\boldsymbol{0}$ 时 $\boldsymbol{w}(t)$ 和 $\boldsymbol{y}(t)$ 之间的 $q\times v$ 维传递函数矩阵。

式（8-125）可写为

$$\boldsymbol{Y}(s)=\boldsymbol{G}_u(s)\boldsymbol{U}(s)+\boldsymbol{G}_w(s)\boldsymbol{W}(s) \tag{8-128}$$

例 8-8-1 考虑如下微分方程描述的多变量系统：

431

$$\frac{\mathrm{d}^2y_1(t)}{\mathrm{d}t^2}+4\frac{\mathrm{d}y_1(t)}{\mathrm{d}t}-3y_2(t)=u_1(t)+2w(t) \tag{8-129}$$

$$\frac{\mathrm{d}y_1(t)}{\mathrm{d}t}+\frac{\mathrm{d}y_2(t)}{\mathrm{d}t}+y_1(t)+2y_2(t)=u_2(t) \tag{8-130}$$

将各状态变量取为

$$\begin{aligned}x_1(t)&=y_1(t)\\ x_2(t)&=\frac{\mathrm{d}y_1(t)}{\mathrm{d}t}\\ x_3(t)&=y_2(t)\end{aligned} \tag{8-131}$$

这些状态变量的定义只是从两个微分方程最简便的表示角度来选择，并没有其他特别的考虑。我们将式（8-129）和式（8-130）左边除第一项以外其他各项移到等号右边，并代入式（8-131），得到下面的矩阵向量形式的状态方程和输出方程：

$$\begin{bmatrix}\dfrac{\mathrm{d}x_1(t)}{\mathrm{d}t}\\ \dfrac{\mathrm{d}x_2(t)}{\mathrm{d}t}\\ \dfrac{\mathrm{d}x_3(t)}{\mathrm{d}t}\end{bmatrix}=\begin{bmatrix}0&1&0\\0&-4&3\\-1&-1&-2\end{bmatrix}\begin{bmatrix}x_1(t)\\x_2(t)\\x_3(t)\end{bmatrix}+\begin{bmatrix}0&0\\1&0\\0&1\end{bmatrix}\begin{bmatrix}u_1(t)\\u_2(t)\end{bmatrix}+\begin{bmatrix}0\\2\\0\end{bmatrix}w(t) \tag{8-132}$$

$$\begin{bmatrix} y_1(t) \\ y_2(t) \end{bmatrix} = \begin{bmatrix} 1 & 0 & 0 \\ 0 & 0 & 1 \end{bmatrix} \begin{bmatrix} x_1(t) \\ x_2(t) \\ x_3(t) \end{bmatrix} = \boldsymbol{Cx}(t) \tag{8-133}$$

为了从状态变量形式得到原系统的传递函数矩阵，将矩阵 $\boldsymbol{A}$、$\boldsymbol{B}$、$\boldsymbol{C}$、$\boldsymbol{D}$ 和 $\boldsymbol{E}$ 代入式（8-125），首先计算矩阵 $(s\boldsymbol{I}-\boldsymbol{A})$：

$$(s\boldsymbol{I}-\boldsymbol{A}) = \begin{bmatrix} s & -1 & 0 \\ 0 & s+4 & -3 \\ 1 & 1 & s+2 \end{bmatrix} \tag{8-134}$$

$(s\boldsymbol{I}-\boldsymbol{A})$ 的行列式值为

$$(s\boldsymbol{I}-\boldsymbol{A}) = s^3+6s^2+11s+3 \tag{8-135}$$

则

$$(s\boldsymbol{I}-\boldsymbol{A})^{-1} = \frac{1}{|s\boldsymbol{I}-\boldsymbol{A}|} \begin{bmatrix} s^2+6s+11 & s+2 & 3 \\ -3 & s(s+2) & 3s \\ -(s+4) & -(s+1) & s(s+4) \end{bmatrix} \tag{8-136}$$

$\boldsymbol{u}(t)$ 到 $\boldsymbol{y}(t)$ 的传递函数矩阵如下：

$$\boldsymbol{G}_u(\boldsymbol{s}) = \boldsymbol{C}(s\boldsymbol{I}-\boldsymbol{A})^{-1}\boldsymbol{B} = \frac{1}{s^3+6s^2+11s+3} \begin{bmatrix} s+2 & 3 \\ -(s+1) & s(s+4) \end{bmatrix} \tag{8-137}$$

432

$\boldsymbol{w}(t)$ 到 $\boldsymbol{y}(t)$ 的传递函数矩阵如下：

$$\boldsymbol{G}_w(\boldsymbol{s}) = \boldsymbol{C}(s\boldsymbol{I}-\boldsymbol{A})^{-1}\boldsymbol{E} = \frac{1}{s^3+6s^2+11s+3} \begin{bmatrix} 2(s+2) \\ -2(s+1) \end{bmatrix} \tag{8-138}$$

利用传统的方法，对式（8-129）和式（8-130）两边同时进行拉普拉斯变换，并假设初始条件为 0，则可以得到传递方程，并写成向量矩阵形式：

$$\begin{bmatrix} s(s+4) & -3 \\ s+1 & s+2 \end{bmatrix} \begin{bmatrix} Y_1(s) \\ Y_2(s) \end{bmatrix} = \begin{bmatrix} U_1(s) \\ U_2(s) \end{bmatrix} + \begin{bmatrix} 2 \\ 0 \end{bmatrix} W(s) \tag{8-139}$$

根据式（8-130）求解得到 $\boldsymbol{Y}(s)$：

$$\boldsymbol{Y}(s) = \boldsymbol{G}_u(s)\boldsymbol{U}(s) + \boldsymbol{G}_w(s)\boldsymbol{W}(s)] \tag{8-140}$$

其中，

$$\boldsymbol{G}_u(s) = \left[\begin{pmatrix} s(s+4) & -3 \\ s+1 & s+2 \end{pmatrix}\right]^{-1} \tag{8-141}$$

$$\boldsymbol{G}_w(s) = \begin{bmatrix} s(s+4) & -3 \\ s+1 & s+2 \end{bmatrix}^{-1} \begin{bmatrix} 2 \\ 0 \end{bmatrix} \tag{8-142}$$

计算逆矩阵后，可以得到与式（8-137）和式（8-138）一样的结果。 ▲

8.9 特征方程、特征值和特征向量

特征方程在线性系统的研究中很重要的。我们可以从微分方程、传递函数或状态方程来得到系统的特征方程。

8.9.1 由微分方程求特征方程

考虑有如下微分方程描述的一个线性时不变系统：

$$\begin{aligned}&\frac{\mathrm{d}^n y(t)}{\mathrm{d}t^n}+a_{n-1}\frac{\mathrm{d}^{n-1} y(t)}{\mathrm{d}t^{n-1}}+\cdots+a_1\frac{\mathrm{d}y(t)}{\mathrm{d}t}+a_0 y(t)\\&=b_m\frac{\mathrm{d}^m u(t)}{\mathrm{d}t^m}+b_{m-1}\frac{\mathrm{d}^{m-1} u(t)}{\mathrm{d}t^{m-1}}+\cdots+b_1\frac{\mathrm{d}u(t)}{\mathrm{d}t}+b_0 u(t)\end{aligned} \tag{8-143}$$

其中，$n>m$。定义算子 s 为

$$s^k=\frac{\mathrm{d}^k}{\mathrm{d}t^k},\quad k=1,2,\cdots,n \tag{8-144}$$

则式（8-143）可以写成：

$$(s^n+a_{n-1}s^{n-1}+\cdots+a_1 s+a_0)y(t)=(b_m s^m+b_{m-1}s^{m-1}+\cdots+b_1 s+b_0)u(t) \tag{8-145}$$

系统的**特征方程**是

$$s^n+a_{n-1}s^{n-1}+\cdots+a_1 s+a_0=0 \tag{8-146}$$

433 即，令式（8-145）的齐次部分等于 0 即可得到上面的特征方程。

例 8-9-1 考虑微分方程式（8-114），我们可直接观察得到其特征方程：

$$s^3+5s^2+s+2=0 \tag{8-147}$$ ▲

8.9.2 由传递函数求特征方程

由式（8-143）描述的线性时不变系统的传递函数如下：

$$G(s)=\frac{b_m s^m+b_{m-1}s^{m-1}+\cdots+b_1 s+b_0}{s^n+a_{n-1}s^{n-1}+\cdots+a_1 s+a_0} \tag{8-148}$$

令传递函数的分母多项式为 0 即可得到特征方程。

例 8-9-2 式（8-114）的系统传递函数如下：

$$\frac{Y(s)}{U(s)}=\frac{1}{s^3+5s^2+s+2} \tag{8-149}$$

令其分母多项式为 0 即可得到与式（8-147）相同的特征方程。 ▲

8.9.3 由状态方程求特征方程

由状态变量方法，式（8-126）可写成：

$$\boldsymbol{G}_u(s)=\boldsymbol{C}\frac{\mathrm{adj}(s\boldsymbol{I}-\boldsymbol{A})}{(s\boldsymbol{I}-\boldsymbol{A})}\boldsymbol{B}+\boldsymbol{D}=\frac{\boldsymbol{C}[\mathrm{adj}(s\boldsymbol{I}-\boldsymbol{A})]\boldsymbol{B}+|s\boldsymbol{I}-\boldsymbol{A}|\boldsymbol{D}}{|s\boldsymbol{I}-\boldsymbol{A}|} \tag{8-150}$$

令传递函数矩阵 $\boldsymbol{G}_u(s)$ 的分母为 0，则特征方程如下：

$$|s\boldsymbol{I}-\boldsymbol{A}|=0 \tag{8-151}$$

虽然与前面得到的特征方程的形式不一样，但是最终都能得到如同式（8-146）的特征方程。特征方程的一个重要性质是，如果矩阵 $\boldsymbol{A}$ 是实矩阵，则 $|s\boldsymbol{I}-\boldsymbol{A}|$ 各项系数也都是实数。

例 8-9-3 考虑式（8-118）的微分方程，其状态方程的矩阵 $\boldsymbol{A}$ 如式（8-118）所示，则 $\boldsymbol{A}$ 的特征方程为

$$|s\boldsymbol{I}-\boldsymbol{A}|=\begin{vmatrix}s&-1&0\\0&s&-1\\2&1&s+5\end{vmatrix}=s^3+5s^2+s+2=0 \tag{8-152}$$ ▲

434

8.9.4　特征值

我们将矩阵 $\boldsymbol{A}$ 的特征方程的根称为矩阵 $\boldsymbol{A}$ 的特征值。

下面是一些矩阵 $\boldsymbol{A}$ 的特征值的一些重要性质：

1. 如果矩阵 $\boldsymbol{A}$ 是实矩阵，那么其特征值是实根或共轭复根。

2. 如果 $\lambda_1, \lambda_2, \cdots, \lambda_n$ 是 $\boldsymbol{A}$ 的特征值，那么

$$\mathrm{tr}(\boldsymbol{A}) = \sum_{i=1}^{n} \lambda_i \tag{8-153}$$

即 $\boldsymbol{A}$ 的迹是其所有特征值的和。

3. 如果 $\lambda_i, i = 1, 2, \cdots, n$ 是 $\boldsymbol{A}$ 的特征值，那么也是 $\boldsymbol{A}'$ 的特征值。

4. 如果 $\boldsymbol{A}$ 是非奇异的，且其特征值为 $\lambda_i, i = 1, 2, \cdots, n$，那么 $1/\lambda_i, i = 1, 2, \cdots, n$ 是 $\boldsymbol{A}^{-1}$ 的特征值

例 8-9-4 通过求解式（8-152）的根来得到矩阵 $\boldsymbol{A}$（见式（8-118））的特征方程的特征值或根：

$$s = -0.06047 + \mathrm{j}0.63738 \quad s = -0.06047 - \mathrm{j}0.63738 \quad s = -4.87906 \tag{8-154}$$ ▲

8.9.5　特征向量

特征向量在现代控制方法中非常有用，用途之一就是后面要介绍的相似变换。

对任意一个满足如下矩阵方程的非零向量 $\boldsymbol{p}_i$：

$$(\lambda_i \boldsymbol{I} - \boldsymbol{A})\boldsymbol{p}_i = 0 \tag{8-155}$$

我们称之为 $\boldsymbol{A}$ 的属于特征值 λ_i 的特征向量，其中，$\lambda_i, i = 1, 2, \cdots, n$，是 $\boldsymbol{A}$ 的第 i 个特征值。如果 $\boldsymbol{A}$ 没有多重特征值，那么可以直接从式（8-155）中求解特征向量。

例 8-9-5 式（8-44）描述的状态方程的各系数矩阵为

$$\boldsymbol{A} = \begin{bmatrix} 1 & -1 \\ 0 & -1 \end{bmatrix} \quad \boldsymbol{B} = \begin{bmatrix} 1 \\ 1 \end{bmatrix} \quad \boldsymbol{E} = 0 \tag{8-156}$$

由 $\boldsymbol{A}$ 的特征方程

$$|s\boldsymbol{I} - \boldsymbol{A}| = s^2 - 1 \tag{8-157}$$

可以计算得到其特征值为 $\lambda_1 = 1$ 和 $\lambda_2 = -1$。令其特征向量为

$$\boldsymbol{p}_1 = \begin{bmatrix} p_{11} \\ p_{21} \end{bmatrix} \quad \boldsymbol{p}_2 = \begin{bmatrix} p_{12} \\ p_{22} \end{bmatrix} \tag{8-158}$$

435

将 $\lambda_1 = 1$ 和 $\boldsymbol{p}_1$ 代入式（8-155）可得到：

$$\begin{bmatrix} 0 & 1 \\ 0 & 2 \end{bmatrix} \begin{bmatrix} p_{11} \\ p_{21} \end{bmatrix} = \begin{bmatrix} 0 \\ 0 \end{bmatrix} \tag{8-159}$$

即 $p_{21} = 0$，而 p_{11} 为任意值，这里不妨设其为 1。

同样地，对于 $\lambda_2 = -1$，式（8-155）写为

$$\begin{bmatrix} -2 & 1 \\ 0 & 0 \end{bmatrix} \begin{bmatrix} p_{12} \\ p_{22} \end{bmatrix} = \begin{bmatrix} 0 \\ 0 \end{bmatrix} \tag{8-160}$$

即

$$-2p_{12} + p_{22} = 0 \tag{8-161}$$

此时，上式有无穷多解。不妨取 $p_{12}=1$，则 $p_{22}=2$。相应的特征向量为

$$\boldsymbol{p}_1=\begin{bmatrix}1\\0\end{bmatrix}\quad \boldsymbol{p}_2=\begin{bmatrix}1\\2\end{bmatrix} \tag{8-162}$$ ▲

8.9.6 广义特征向量

需要特别指出的是，如果 $\boldsymbol{A}$ 有多重特征值且是非对称矩阵，那么不能用式（8-155）求解得到所有的特征向量。不妨假设 $\boldsymbol{A}$ 的 n 个特征值中有 $q(<n)$ 个互不相同的特征值，则属于这 q 个互不相同的特征向量仍可用前面所述的方法来计算：

$$(\lambda_i\boldsymbol{I}-\boldsymbol{A})\boldsymbol{p}_i=0 \tag{8-163}$$

其中，λ_i 是 i 个互不相同的特征值，$i=1,2,\cdots,q$。在余下的多重特征值中，令 λ_j 的重数为 $m(\leqslant n-q)$，则其特征向量被称为**广义特征向量**，可以通过如下 m 个向量方程求解得到：

$$\begin{aligned}&(\boldsymbol{1}_j\boldsymbol{I}-\boldsymbol{A})\boldsymbol{p}_{n-q+1}=0\\&(\lambda_j\boldsymbol{I}-\boldsymbol{A})\boldsymbol{p}_{n-q+2}=-\boldsymbol{p}_{n-q+1}\\&(\lambda_j\boldsymbol{I}-\boldsymbol{A})\boldsymbol{p}_{n-q+3}=-\boldsymbol{p}_{n-q+2}\\&\quad\vdots\\&(\lambda_j\boldsymbol{I}-\boldsymbol{A})\boldsymbol{p}_{n-q+m}=-\boldsymbol{p}_{n-q+m-1}\end{aligned} \tag{8-164}$$

例 8-9-6 考虑如下矩阵：

$$\boldsymbol{A}=\begin{bmatrix}0&6&-5\\1&0&2\\3&2&4\end{bmatrix} \tag{8-165}$$

436

$\boldsymbol{A}$ 的特征值为 $\lambda_1=2,\lambda_2=\lambda_3=1$。因此 $\boldsymbol{A}$ 有一个二重特征值 1。属于特征值 $\lambda_1=2$ 的特征向量可以通过式（8-163）计算得到，即

$$(\lambda_1\boldsymbol{I}-\boldsymbol{A})\boldsymbol{p}_1=\begin{bmatrix}2&-6&5\\-1&2&-2\\-3&-2&-2\end{bmatrix}\begin{bmatrix}p_{11}\\p_{21}\\p_{31}\end{bmatrix}=0 \tag{8-166}$$

因为式（8-166）中只有两个相互独立的方程，不妨令 $p_{11}=2$，则可得 $p_{21}=-1$ 和 $p_{31}=-2$。因此

$$\boldsymbol{p}_1=\begin{bmatrix}2\\-1\\-2\end{bmatrix} \tag{8-167}$$

下面来求二重特征值的广义特征向量。我们将 $\lambda_2=1$ 代入式（8-164）的第一个方程，则得到：

$$(\lambda_2\boldsymbol{I}-\boldsymbol{A})\boldsymbol{p}_2=\begin{bmatrix}1&-6&5\\-1&1&-2\\-3&-2&-3\end{bmatrix}\begin{bmatrix}p_{12}\\p_{22}\\p_{32}\end{bmatrix}=0 \tag{8-168}$$

不妨设 $p_{12}=1$，此时 $p_{22}=-\dfrac{3}{7},p_{32}=-\dfrac{5}{7}$。因此

$$\boldsymbol{p}_2=\begin{bmatrix}1\\-\dfrac{3}{7}\\-\dfrac{5}{7}\end{bmatrix} \tag{8-169}$$

将 $\lambda_3=1$ 代入式（8-164）的第二个方程，则

$$(\lambda_3\boldsymbol{I}-\boldsymbol{A})\boldsymbol{p}_3=\begin{bmatrix}1 & -6 & -5\\-1 & 1 & -2\\-3 & -2 & -3\end{bmatrix}\begin{bmatrix}p_{13}\\p_{23}\\p_{33}\end{bmatrix}=-\boldsymbol{p}_2=\begin{bmatrix}-1\\\dfrac{3}{7}\\\dfrac{5}{7}\end{bmatrix} \tag{8-170}$$

令 $p_{13}=1$，可以得到第二个广义特征向量：

$$\boldsymbol{p}_3=\begin{bmatrix}1\\-\dfrac{22}{49}\\-\dfrac{46}{49}\end{bmatrix} \tag{8-171}$$ ▲

437

8.10　相似变换

单输入单输出系统的动态方程为

$$\frac{\mathrm{d}\boldsymbol{x}(t)}{\mathrm{d}t}=\boldsymbol{A}\boldsymbol{x}(t)+\boldsymbol{B}u(t) \tag{8-172}$$

$$y(t)=\boldsymbol{C}\boldsymbol{x}(t)+\boldsymbol{D}u(t) \tag{8-173}$$

其中，$\boldsymbol{x}(t)$ 是 $n\times1$ 维的状态向量，输入 $u(t)$ 和输出 $y(t)$ 均为标量。我们把这些方程转换成为某些特定的形式，这样有利于在状态空间进行分析和设计。比如下文即将要介绍的能控标准型（CCF）的许多特性使得检验能控性和设计状态反馈都非常方便。

将式（8-172）和式（8-173）的动态方程通过如下变换得到另一组相同维数的方程：

$$\boldsymbol{x}(t)=\boldsymbol{P}\overline{\boldsymbol{x}}(t) \tag{8-174}$$

其中，$\boldsymbol{P}$ 是 $n\times n$ 维的非奇异矩阵，因此

$$\overline{\boldsymbol{x}}(t)=\boldsymbol{P}^{-1}\boldsymbol{x}(t) \tag{8-175}$$

变换后的动态方程可写为

$$\frac{\mathrm{d}\overline{\boldsymbol{x}}(t)}{\mathrm{d}t}=\overline{\boldsymbol{A}}\overline{\boldsymbol{x}}(t)+\overline{\boldsymbol{B}}u(t) \tag{8-176}$$

$$\overline{y}(t)=\overline{\boldsymbol{C}}\,\overline{\boldsymbol{x}}(t)+\overline{\boldsymbol{D}}u(t) \tag{8-177}$$

对式（8-175）两边关于 t 求导可以得到：

$$\frac{\mathrm{d}\overline{\boldsymbol{x}}(t)}{\mathrm{d}t}=\boldsymbol{P}^{-1}\frac{\mathrm{d}\boldsymbol{x}(t)}{\mathrm{d}t}=\boldsymbol{P}^{-1}\boldsymbol{A}\boldsymbol{x}(t)+\boldsymbol{P}^{-1}\boldsymbol{B}u(t)=\boldsymbol{P}^{-1}\boldsymbol{A}\boldsymbol{P}\overline{\boldsymbol{x}}+P^{-1}\boldsymbol{B}u(t) \tag{8-178}$$

比较式（8-178）与式（8-176）可知：

$$\bar{\boldsymbol{A}}=\boldsymbol{P}^{-1}\boldsymbol{A}\boldsymbol{P} \tag{8-179}$$

或

$$\bar{\boldsymbol{B}}=\boldsymbol{P}^{-1}\boldsymbol{B} \tag{8-180}$$

根据式（8-174），式（8-177）可写成：

$$\bar{y}(t)=\boldsymbol{C}\boldsymbol{P}\boldsymbol{x}(t)+\bar{\boldsymbol{D}}u(t) \tag{8-181}$$

比较式（8-181）与式（8-173），我们得到：

438

$$\bar{\boldsymbol{C}}=\boldsymbol{C}\boldsymbol{P} \quad \bar{\boldsymbol{D}}=\boldsymbol{D} \tag{8-182}$$

我们称上述的变换为**相似变换**。因为变换后的各系统特征，如特征方程、特征向量、特征值和传递函数等都保持不变。在后面的章节，我们会先介绍能控标准型（CCF）、能观标准型（OCF）和对角标准型（DCF），其变换方程将直接给出而不再予以证明。

8.10.1 相似变换的不变特性

相似变换的一个重要性质是，变换后的特征方程、特征值、特征向量和传递函数都保持不变。

8.10.2 相似变换前后的特征方程、特征值和特征向量

把式（8-176）所示系统的特征方程$|s\boldsymbol{I}-\boldsymbol{A}|=0$进一步写成：

$$|s\boldsymbol{I}-\boldsymbol{A}|=|s\boldsymbol{I}-\boldsymbol{P}^{-1}\boldsymbol{A}\boldsymbol{P}|=|s\boldsymbol{P}^{-1}\boldsymbol{P}-\boldsymbol{P}^{-1}\boldsymbol{A}\boldsymbol{P}| \tag{8-183}$$

因为矩阵乘积的行列式等于矩阵行列式的乘积，上式等价于：

$$|s\boldsymbol{I}-\bar{\boldsymbol{A}}|-|\boldsymbol{P}^{-1}||s\boldsymbol{I}-\boldsymbol{A}||\boldsymbol{P}|=|s\boldsymbol{I}-\boldsymbol{A}| \tag{8-184}$$

因此经过相似变换后系统的特征方程不变，特征值和特征向量自然也不变。

8.10.3 传递函数矩阵

由式（8-126）可得，式（8-176）和式（8-177）所示系统的传递函数矩阵如下：

$$\bar{\boldsymbol{G}}(s)=\bar{\boldsymbol{C}}(s\boldsymbol{I}-\bar{\boldsymbol{A}})\bar{\boldsymbol{B}}+\bar{\boldsymbol{D}}=\boldsymbol{C}\boldsymbol{P}(s\boldsymbol{I}-\boldsymbol{P}^{-1}\boldsymbol{A}\boldsymbol{P})\boldsymbol{P}^{-1}\boldsymbol{B}+\boldsymbol{D} \tag{8-185}$$

简化上式可以得到：

$$\bar{\boldsymbol{G}}(s)=\boldsymbol{C}(s\boldsymbol{I}-\boldsymbol{A})\boldsymbol{B}+\boldsymbol{D}=\boldsymbol{G}(s) \tag{8-186}$$

8.10.4 能控标准型

考虑式（8-172）和式（8-173）的动态方程，则$\boldsymbol{A}$的特征方程为

439

$$|s\boldsymbol{I}-\boldsymbol{A}|=s^n+a_{n-1}s^{n-1}+\cdots+a_1s+a_0=0 \tag{8-187}$$

为了将动态方程（8-172）和式（8-173）变换成如式（8-176）和式（8-177）的能控标准型，我们采用式（8-174）的相似变换，相应的变换矩阵$\boldsymbol{P}$为

$$\boldsymbol{P}=\boldsymbol{S}\boldsymbol{M} \tag{8-188}$$

其中，

$$\boldsymbol{S}=[\boldsymbol{B} \quad \boldsymbol{A}\boldsymbol{B} \quad \boldsymbol{A}^2\boldsymbol{B}\cdots\boldsymbol{A}^{n-1}\boldsymbol{B}] \tag{8-189}$$

或

$$M=\begin{bmatrix} a_1 & a_2 & a_{n-1} & 1 \\ a_2 & a_3 & 1 & 0 \\ \vdots & \vdots & \vdots & \vdots \\ a_{n-1} & 1 & 0 & 1 \\ 1 & 0 & 0 & 0 \end{bmatrix} \quad (8\text{-}190)$$

则

$$\bar{A}=P^{-1}AP=\begin{bmatrix} 0 & 1 & 0 & \cdots & 0 \\ 0 & 0 & 1 & \cdots & 0 \\ \vdots & \vdots & \vdots & & \vdots \\ 0 & 0 & 0 & \cdots & 1 \\ -a_0 & -a_1 & -a_2 & \cdots & -a_{n-1} \end{bmatrix} \quad (8\text{-}191)$$

$$\bar{B}=P^{-1}B=\begin{bmatrix} 0 \\ 0 \\ \vdots \\ 0 \\ 1 \end{bmatrix} \quad (8\text{-}192)$$

式（8-182）中的矩阵 $\bar{C}$ 和 $\bar{D}$ 可以是任意形式。能控标准型变换要求 P^{-1} 存在，即矩阵 S 要存在逆矩阵。由于矩阵 M 的行列式 $(-1)^{n-1}$ 非零，因此 M 总是可逆的。我们将式（8-189）中的 $n\times n$ 维矩阵 S 称为**能控性矩阵**。

例 8-10-1　考虑式（8-172）的状态方程，其各系数矩阵分别为

$$A=\begin{bmatrix} 1 & 2 & 1 \\ 0 & 1 & 3 \\ 1 & 1 & 1 \end{bmatrix} \quad B=\begin{bmatrix} 1 \\ 0 \\ 1 \end{bmatrix} \quad (8\text{-}193)$$

下面将该状态方程写成能控标准型。

A 的特征方程是

$$|sI-A|=\begin{vmatrix} s-1 & -2 & -1 \\ 0 & s-1 & -3 \\ -1 & -1 & s-1 \end{vmatrix}=s^3-3s^2-s-3=0 \quad (8\text{-}194)$$

440

因此，特征方程的各项系数是 $a_0=-3, a_1=-1$ 和 $a_2=-3$，将它们代入式（8-190），得到：

$$M=\begin{bmatrix} a_1 & a_2 & 1 \\ a_2 & 1 & 0 \\ 1 & 0 & 0 \end{bmatrix}=\begin{bmatrix} -1 & -3 & 1 \\ -3 & 1 & 0 \\ 1 & 0 & 0 \end{bmatrix} \quad (8\text{-}195)$$

能控性矩阵为

$$S=[B \quad AB \quad A^2B]=\begin{bmatrix} 1 & 2 & 10 \\ 0 & 3 & 9 \\ 1 & 2 & 7 \end{bmatrix} \quad (8\text{-}196)$$

不难发现矩阵 S 是非奇异的，因此系统可以写成能控标准型。将 S 和 M 代入式（8-188）后得到：

$$P = SM = \begin{bmatrix} 3 & -1 & 1 \\ 0 & 3 & 0 \\ 0 & -1 & 1 \end{bmatrix} \tag{8-197}$$

因此，由式（8-191）和式（8-192），能控标准型模型的状态方程的各个系数矩阵为

$$\bar{A} = P^{-1}AP = \begin{bmatrix} 0 & 1 & 0 \\ 0 & 0 & 1 \\ 3 & 1 & 3 \end{bmatrix} \quad \bar{B} = P^{-1}B = \begin{bmatrix} 0 \\ 0 \\ 1 \end{bmatrix} \tag{8-198}$$

上式还可以通过特征方程的各项系数直接计算得到，我们主要通过这个例子展示如何求出能控标准型的转换矩阵 P。 ▲

8.10.5 能观标准型

能控标准型系统的对偶变换是**能观标准型**（OCF）。为了将动态方程（8-172）和（8-173）描述的系统转换成能观标准型，我们采用如下变换：

$$x(t) = Q\bar{x}(t) \tag{8-199}$$

变换得到的方程如式（8-176）和式（8-177）所示，因此

$$\bar{A} = Q^{-1}AQ \quad \bar{B} = Q^{-1}B \quad \bar{C} = CQ \quad \bar{D} = D \tag{8-200}$$

其中，

$$\bar{A} = Q^{-1}AQ = \begin{bmatrix} 0 & 0 & \cdots & 0 & -a_0 \\ 1 & 0 & \cdots & 0 & -a_1 \\ 0 & 1 & \cdots & 0 & -a_2 \\ \vdots & \vdots & & \vdots & \vdots \\ 0 & 0 & \cdots & 1 & -a_{n-1} \end{bmatrix} \tag{8-201}$$

441

$$\bar{C} = CQ = [0 \quad 0 \quad \cdots \quad 0 \quad 1] \tag{8-202}$$

矩阵 $\bar{B}$ 和 $\bar{D}$ 的元素可以为任意形式。值得注意的是，OCF 中的 $\bar{A}$ 和 $\bar{C}$ 恰好是 CCF 中的 $\bar{A}$ 和 $\bar{B}$ 的转置。

令 OCF 变换矩阵 Q 为

$$Q = (MV)^{-1} \tag{8-203}$$

其中，M 如式（8-190）所示，且

$$V = \begin{bmatrix} C \\ CA \\ CA^2 \\ \vdots \\ CA^{n-1} \end{bmatrix} (n \times n) \tag{8-204}$$

矩阵 V 称为**能观性矩阵**，并且只有 V^{-1} 存在时才能保证能观标准型的存在。

例 8-10-2 这里考虑系统（8-172）和（8-138），其各个系数矩阵为

$$A = \begin{bmatrix} 1 & 2 & 1 \\ 0 & 1 & 3 \\ 1 & 1 & 1 \end{bmatrix} \quad B = \begin{bmatrix} 1 \\ 0 \\ 1 \end{bmatrix} \quad C = [1 \quad 1 \quad 0] \quad D = 0 \tag{8-205}$$

这里的矩阵 A 与例 8-8-1 中的相同，因此矩阵 M 同式（8-195）。能观矩阵为

$$V=\begin{bmatrix} C \\ CA \\ CA^2 \end{bmatrix}=\begin{bmatrix} 1 & 1 & 0 \\ 1 & 3 & 4 \\ 5 & 9 & 14 \end{bmatrix} \tag{8-206}$$

因为矩阵 V 非奇异，则系统可以转换成能观标准型。我们将 V 和 M 代入式（8-203），则 OCF 的变换矩阵为

$$Q=(MV)^{-1}=\begin{bmatrix} 0.3333 & -0.1667 & 0.3333 \\ -0.3333 & 0.1667 & 0.6667 \\ 0.1667 & 0.1667 & 0.1667 \end{bmatrix} \tag{8-207}$$

由式（8-191）得到系统能观型模型的各个系数矩阵：

$$\bar{A}=Q^{-1}AQ=\begin{bmatrix} 0 & 0 & 3 \\ 1 & 0 & 1 \\ 0 & 1 & 3 \end{bmatrix} \quad \bar{C}=CQ=[0 \quad 0 \quad 1] \quad \bar{B}=Q^{-1}B=\begin{bmatrix} 3 \\ 2 \\ 1 \end{bmatrix} \tag{8-208}$$

其中，$\bar{A}$ 和 $\bar{C}$ 均为式（8-201）和式（8-202）的能观型形式，而 $\bar{B}$ 则为任意形式。　▲　442

8.10.6　对角标准型

考虑动态方程（8-172）和（8-173），如果矩阵 A 的特征值互不相同，则有如下的非奇异变换：

$$x(t)=T\bar{x}(t) \tag{8-209}$$

变换得到式（8-176）和式（8-177）的动态方程，其中，

$$\bar{A}=T^{-1}AT \quad \bar{B}=T^{-1}B \quad \bar{C}=CT \quad \bar{D}=D \tag{8-210}$$

此时 $\bar{A}$ 为对角阵

$$\bar{A}=\begin{bmatrix} \lambda_1 & 0 & 0 & \cdots & 0 \\ 0 & \lambda_2 & 0 & \cdots & 0 \\ 0 & 0 & \lambda_3 & \cdots & 0 \\ \vdots & \vdots & \vdots & & \vdots \\ 0 & 0 & 0 & \cdots & \lambda_n \end{bmatrix}(n\times n) \tag{8-211}$$

其中，$\lambda_1,\lambda_2,\cdots,\lambda_n$ 是 A 的 n 个互不相同特征值。式（8-210）中的系数矩阵 B 和 C 可以为任意形式。

显然，**对角标准型**（DCF）系统的一个优势在于变换得到的状态方程之间已经解耦，因而可以分别求解。

我们将讨论如何由 A 的特征向量来构造 DCF 的变换矩阵 T，即

$$T=[p_1 \quad p_2 \quad p_3 \quad \cdots \quad p_n] \tag{8-212}$$

其中，$p_i, i=1,2,\cdots,n$ 是属于特征值 λ_i 的特征向量，即式（8-155）所证的：

$$\lambda_i p_i = Ap_i \quad i=1,2,\cdots,n \tag{8-213}$$

现在，构造如下 $n\times n$ 维矩阵：

$$[\lambda_1 p_1 \quad \lambda_2 p_2 \quad \cdots \quad \lambda_n p_n]=[Ap_1 \quad Ap_2 \quad \cdots \quad Ap_n]=A[p_1 \quad p_2 \quad \cdots \quad p_n] \tag{8-214}$$

上式也可以写成：

$$[p_1 \quad p_2 \quad \cdots \quad p_n]\bar{A}=A[p_1 \quad p_2 \quad \cdots \quad p_n] \tag{8-215}$$

其中，$\bar{A}$ 如式（8-211）所示。因此如果令

443

$$T = [\boldsymbol{p}_1 \quad \boldsymbol{p}_2 \quad \cdots \quad \boldsymbol{p}_n] \tag{8-216}$$

则式（8-215）可以写成：

$$\bar{A} = T^{21} A T \tag{8-217}$$

如果 A 是能控标准型，并且只有互不相同的特征值，此时，对角标准型的变换矩阵是 Vandermonde 矩阵：

$$T = \begin{bmatrix} 1 & 1 & 1 & \cdots & 1 \\ \lambda_1 & \lambda_2 & \lambda_3 & \cdots & \lambda_n \\ \lambda_1^2 & \lambda_2^2 & \lambda_3^2 & \cdots & \lambda_n^2 \\ \cdots & \cdots & \cdots & & \cdots \\ \lambda_1^{n-1} & \lambda_2^{n-1} & \lambda_3^{n-1} & \cdots & \lambda_n^{n-1} \end{bmatrix} \tag{8-218}$$

其中，$\lambda_1, \lambda_2, \cdots, \lambda_n$ 是 A 的特征值。我们将式（8-110）中 A 的能控标准型代入式（8-155）就可以得到上式。因此，第 i 个特征向量 $\boldsymbol{p}_i$ 等同于矩阵 T 的第 i 个列向量。

例 8-10-3 已知矩阵

$$\bar{A} = \begin{bmatrix} 0 & 1 & 0 \\ 0 & 0 & 1 \\ -6 & -11 & -6 \end{bmatrix} \tag{8-219}$$

的特征值分别为 $\lambda_1 = -1, \lambda_2 = -2, \lambda_3 = -3$，由于 A 是能控标准型，将它变换成对角标准型，变换矩阵可以是式（8-218）所示的 Vandermonde 矩阵，即

$$T = \begin{bmatrix} 1 & 1 & 1 \\ \lambda_1 & \lambda_2 & \lambda_3 \\ \lambda_1^2 & \lambda_2^2 & \lambda_3^2 \end{bmatrix} = \begin{bmatrix} 1 & 1 & 1 \\ -1 & -2 & -3 \\ 1 & 4 & 9 \end{bmatrix} \tag{8-220}$$

则 A 的对角标准型为

$$\bar{A} = T^{-1} A T = \begin{bmatrix} -1 & 0 & 0 \\ 0 & -2 & 0 \\ 0 & 0 & -3 \end{bmatrix} \tag{8-221}$$ ▲

8.10.7 Jordan 标准型

通常，如果矩阵 A 有多重特征值且不是实对称矩阵，那么 A 不能对角化。但通过式（8-217）的相似变换可得到几乎对角化的矩阵 $\bar{A}$，称为 **Jordan 标准型**（JCF）。典型的 Jordan 标准型为

$$\bar{A} = \begin{bmatrix} \lambda_1 & 1 & 0 & 0 & 0 \\ 0 & \lambda_1 & 1 & 0 & 0 \\ 0 & 0 & \lambda_1 & 0 & 0 \\ 0 & 0 & 0 & \lambda_2 & 0 \\ 0 & 0 & 0 & 0 & \lambda_3 \end{bmatrix} \tag{8-222}$$

444

这里假设 A 有一个三重特征值 λ_1，以及两个互不相同的特征值 λ_2 和 λ_3。

Jordan 标准型有如下性质：

1. 主对角线元素为特征值。
2. 主对角线下方的所有元素为 0。

3. 多重特征值的主对角线上斜线元素为 1，如式（8-222）所示。

4. 特征值和元素 1 形成的特殊模块称为 **Jordan 块**，式（8-222）中有三个 Jordan 块。

5. 当非对称矩阵 $\boldsymbol{A}$ 有多重特征值时，其特征向量不是线性独立的。$n\times n$ 维矩阵 $\boldsymbol{A}$ 此时只有 r 个线性独立的特征向量，其中正整数 r 由多重特征值的个数 n 决定。

6. Jordan 块的个数等于线性独立特征向量的个数 r。对于每一个 Jordan 块有且只有一个属于它的特征向量。

7. 主对角线上方为 1 的元素的个数等于 $n-r$。

在 Jordan 标准型的变换中，变换矩阵 $\boldsymbol{T}$ 的列向量由特征向量和广义特征向量组成。

例 8-10-4 已知，式（8-165）中的矩阵有特征值 2、1 和 1。因此，它的 Jordan 标准型变换矩阵可由式（8-167）、式（8-169）和式（8-171）的特征向量和广义特征向量得到，即

$$\boldsymbol{T}=[\boldsymbol{p}_1 \quad \boldsymbol{p}_2 \quad \boldsymbol{p}_3]=\begin{bmatrix} 2 & 1 & 1 \\ -1 & -\dfrac{3}{7} & -\dfrac{22}{49} \\ -2 & -\dfrac{5}{7} & -\dfrac{46}{49} \end{bmatrix} \tag{8-223}$$

由此，我们得到原矩阵的 Jordan 标准型为

$$\overline{\boldsymbol{A}}=\boldsymbol{T}^{-1}\boldsymbol{A}\boldsymbol{T}=\begin{bmatrix} 2 & 0 & 0 \\ 0 & 1 & 1 \\ 0 & 0 & 1 \end{bmatrix} \tag{8-224}$$

值得注意的是，上式有两个 Jordan 块，且主对角线上方只有一个元素为 1。▲

8.11 传递函数分解

至此，我们已经介绍了几种描述线性系统的方法。简而言之，一个线性系统可以用微分方程、传递函数或动态方程来描述，这些描述方法是密切相关的。此外，状态图不仅仅是用于求解状态方程的工具，还可以用于将一种描述方法转换成另一种描述方法。控制框图 8-7 揭示了线性系统的各种描述方法之间的转换关系。例如，从该图中，可以找到从系统的微分方程转换成为传递函数或状态方程的解决方法；还可以知道，描述方法之间的转换关系大多是双向的，因此各种描述方法之间的转换可以很灵活。 445

本节需要讨论的是从输入输出之间的传递函数来构造状态图。我们把从传递函数到状态图的过程称为**分解**。通常有三种分解传递函数的方式，分别是**直接分解**、**串级分解**和**并行分解**。这三种方式都有相应的特点和适用范围。

8.11.1 直接分解

直接分解适用于无法写成因子形式的输入输出传递函数。考虑如下从输入 $U(s)$ 到输出 $Y(s)$ 的 n 阶 SISO 系统的传递函数：

$$\frac{Y(s)}{U(s)}=\frac{b_{n-1}s^{n-1}+b_{b-2}s^{n-2}+\cdots+b_1s+b_0}{s^n+a_{n-1}s^{n-1}+\cdots+a_1s+a_0} \tag{8-225}$$

446

其中假设分母多项式的阶数高于分子多项式的阶数。

直接分解可分为两种，一种可以得到能控标准型的状态图，另一种则能得到能观标准型的状态图。

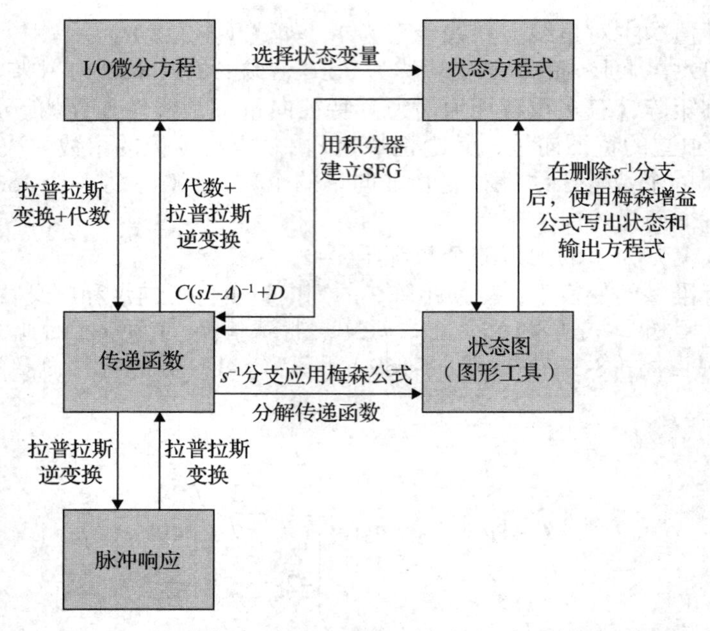

图 8-7　描述线性系统的不同方法之间的关系控制框图

能控标准型的直接分解

构造式（8-225）的传递函数构建对应的状态图的步骤如下：

1. 将传递函数写成 s 的负幂的形式。这可以通过对传递函数的分子和分母多项式同时乘以 s^{-n} 得到。

2. 对传递函数的分子和分母多项式同时乘以一个冗余变量 $X(s)$。此时式（8-225）可以写成

$$\frac{Y(s)}{U(s)}=\frac{b_{n-1}s^{-1}+b_{n-2}s^{-2}+\cdots+b_1s^{-n+1}+b_0s^{-n}}{1+a_{n-1}s^{-1}+\cdots+a_1s^{-n+1}+a_0s^{-n}}\frac{X(s)}{X(s)} \tag{8-226}$$

3. 令式（8-226）两边各自对应的分子和分母相等，即

$$Y(s)=(b_{n-1}s^{-1}+b_{n-2}s^{-2}+\cdots+b_1s^{-n+1}+b_0s^{-n})X(s) \tag{8-227}$$

$$U(s)=(1+a_{n-1}s^{-1}+\cdots+a_1s^{-n+1}+a_0s^{-n})X(s) \tag{8-228}$$

4. 要从式（8-227）和式（8-228）构造状态图，首先这两个方程应该满足相应的因果关系。显然，式（8-227）满足这一先决条件，但式（8-228）的左边是输入项，因而需要做适当变换。重新将式（8-228）写成：

$$X(s)=U(s)-(a_{n-1}s^{-1}+a_{n-2}s^{-2}+\cdots+a_1s^{-n+1}+a_0s^{-n})X(s) \tag{8-229}$$

由式（8-227）和式（8-228）构造出的状态图如图 8-8 所示。为简单起见，其中并没有画出初始状态。令状态变量 $x_1(t), x_2(t), \cdots, x_n(t)$ 是积分器的输出，并且在状态图中从右至左依次排列。由 SFG 增益公式，在图 8-8 中忽略积分器分支，把状态变量的导数作为输出，状态变量和 $u(t)$ 为输入，可以得到相应的状态方程。输出方程仍由在状态变量、输入、输出 $y(t)$ 之间应用增益公式得到。因此动态方程可写成：

$$\frac{\mathrm{d}\boldsymbol{x}(t)}{\mathrm{d}t}=\boldsymbol{A}\boldsymbol{x}(t)+\boldsymbol{B}u(t) \tag{8-230}$$

447

$$y(t)=\boldsymbol{C}\boldsymbol{x}(t)+\boldsymbol{D}u(t) \tag{8-231}$$

其中，

$$\boldsymbol{A}=\begin{bmatrix} 0 & 1 & 0 & \cdots & 0 \\ 0 & 0 & 1 & \cdots & 0 \\ \vdots & \vdots & \vdots & & \vdots \\ 0 & 0 & 0 & 0 & 1 \\ -a_0 & -a_1 & -a_2 & \cdots & -a_{n-1} \end{bmatrix} \quad \boldsymbol{B}=\begin{bmatrix} 0 \\ 0 \\ \vdots \\ 0 \\ 1 \end{bmatrix} \tag{8-232}$$

$$\boldsymbol{C}=[b_0 \quad b_1 \quad \cdots \quad b_{n-2} \quad b_{n-1}] \qquad \boldsymbol{D}=0 \tag{8-233}$$

显然，式（8-232）中的 $\boldsymbol{A}$ 和 $\boldsymbol{B}$ 是能控标准型。

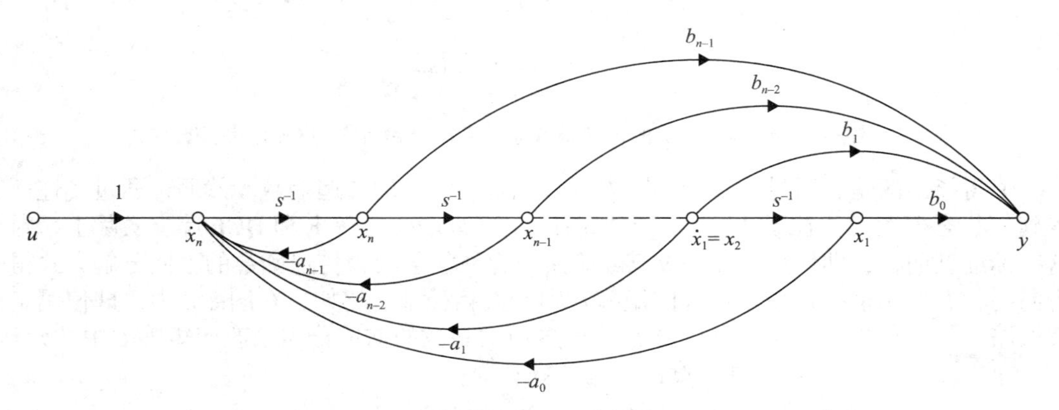

图 8-8　式（8-225）中的传递函数通过直接分解所得的 CCF 状态图

能观标准型的直接分解

将式（8-225）的分子和分母多项式同乘以 s^{-n}，可得：

$$\begin{aligned}&(1+a_{n-1}s^{-1}+\cdots+a_1 s^{-n+1}+a_0 s^{-n})Y(s)\\&=(b_{n-1}s^{-1}+b_{n-2}s^{-2}+\cdots+b_1 s^{-n+1}+b_0 s^{-n})U(s)\end{aligned} \tag{8-234}$$

或

$$\begin{aligned}Y(s)=&-(a_{n-1}s^{-1}+\cdots+a_1 s^{-n+1}+a_0 s^{-n})Y(s)\\&+(b_{n-1}s^{-1}+b_{n-2}s^{-2}+\cdots+b_1 s^{-n+1}+b_0 s^{-n})U(s)\end{aligned} \tag{8-235}$$

由式（8-235）得到的状态控制框图如图 8-9 所示。状态变量是积分器的输出，但与前面不同的是，这里的状态变量从右至左降序排列。对状态图应用 SFG 增益公式，式（8-230）和式（8-231）中的动态方程可写成： 448

$$\boldsymbol{A}=\begin{bmatrix} 0 & 0 & \cdots & 0 & -a_0 \\ 1 & 0 & \cdots & 0 & -a_1 \\ 0 & 0 & \cdots & 0 & -a_2 \\ \vdots & \vdots & & \vdots & \vdots \\ 0 & 0 & \cdots & 1 & -a_{n-1} \end{bmatrix} \quad \boldsymbol{B}=\begin{bmatrix} b_0 \\ b_1 \\ b_2 \\ \vdots \\ b_{n-1} \end{bmatrix} \tag{8-236}$$

和

$$\boldsymbol{C}=[0 \quad 0 \quad \cdots \quad 0 \quad 1] \quad \boldsymbol{D}=0 \tag{8-237}$$

显然，矩阵 $\boldsymbol{A}$ 和 $\boldsymbol{C}$ 是能观标准型。

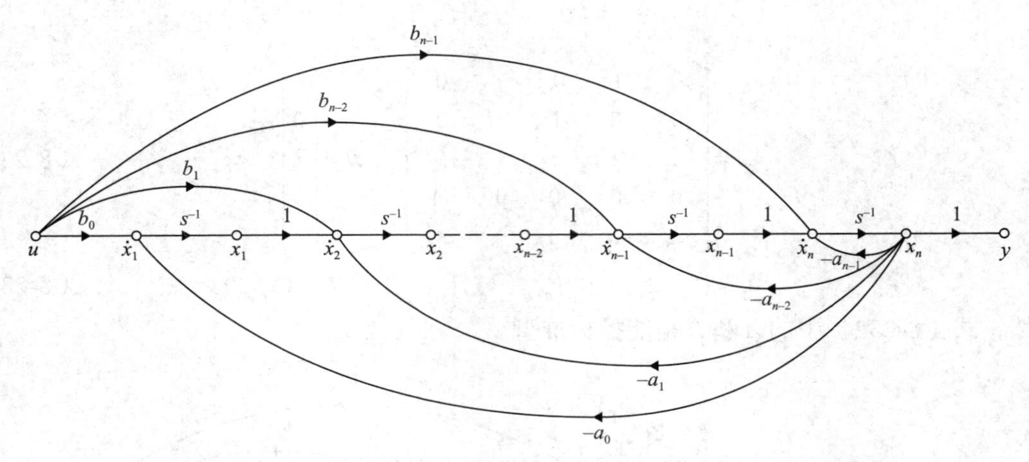

图 8-9　式（8-225）的传递函数通过直接分解所得的 OCF 状态图

值得指出的是，通过系统的动态方程只能得到唯一的传递函数。然而，通过传递函数得到的状态模型却往往不止一个，比如前面介绍的 CCF、OCF 和 DCF 等。实际上，对于这些标准型而言，即使矩阵 $\boldsymbol{A}$ 和 $\boldsymbol{B}$ 已经确定，也往往会因为传递函数的不同分解方式得到不同的状态控制框图，使得最终的矩阵 $\boldsymbol{C}$ 和 $\boldsymbol{D}$ 大相径庭。比如，在图 8-8 中，即使固定反馈回路，仍然可以通过含有传递函数分子多项式系数的前馈分支来改变矩阵 $\boldsymbol{C}$ 中的元素。

例 8-11-1　考虑如下输入输出传递函数：

449

$$\frac{Y(s)}{U(s)}=\frac{2s^2+s+5}{s^3+6s^2+11s+4} \tag{8-238}$$

其能控标准型的状态如图 8-10 所示，这可以通过下面的方程得到：

$$Y(s)=(2s^{-1}+s^{-2}+5s^{-3})X(s) \tag{8-239}$$

$$X(s)=U(s)-(6s^{-1}+11s^{-2}+4s^{-3})X(s) \tag{8-240}$$

则其能控标准型的动态方程组为

$$\begin{bmatrix}\dfrac{\mathrm{d}x_1(t)}{\mathrm{d}t}\\ \dfrac{\mathrm{d}x_2(t)}{\mathrm{d}t}\\ \dfrac{\mathrm{d}x_3(t)}{\mathrm{d}t}\end{bmatrix}=\begin{bmatrix}0 & 1 & 0\\ 0 & 0 & 1\\ -4 & -11 & -6\end{bmatrix}\begin{bmatrix}x_1(t)\\ x_2(t)\\ x_3(t)\end{bmatrix}+\begin{bmatrix}0\\ 0\\ 1\end{bmatrix}u(t) \tag{8-241}$$

$$y(t)=[5\quad 1\quad 2]\ \boldsymbol{x}(t) \tag{8-242}$$

为了得到能观标准型，将式（8-238）写成：

$$Y(s)=(2s^{-1}+s^{-2}+5s^{-3})U(s)-(6s^{-1}+s^{-2}+5s^{-3})Y(s) \tag{8-243}$$

其能观标准型如图 8-11 所示，则能观标准型的动态方程为

$$\begin{bmatrix}\dfrac{\mathrm{d}x_1(t)}{\mathrm{d}t}\\ \dfrac{\mathrm{d}x_2(t)}{\mathrm{d}t}\\ \dfrac{\mathrm{d}x_3(t)}{\mathrm{d}t}\end{bmatrix}=\begin{bmatrix}0 & 0 & -4\\ 1 & 0 & -11\\ 0 & 1 & -6\end{bmatrix}\begin{bmatrix}x_1(t)\\ x_2(t)\\ x_3(t)\end{bmatrix}+\begin{bmatrix}5\\ 1\\ 2\end{bmatrix}u(t) \tag{8-244}$$

450

$$y(t)=[0\quad 0\quad 1]\ \boldsymbol{x}(t) \tag{8-245}$$ ▲

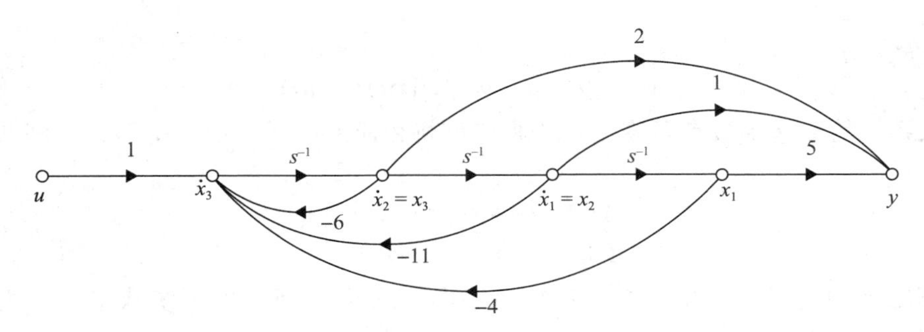

图 8-10　式（8-238）的传递函数的 CCF 状态图

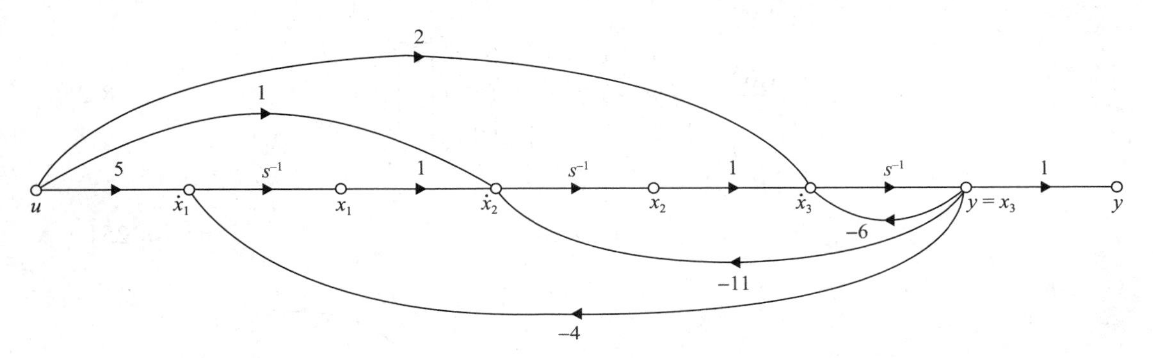

图 8-11　式（8-238）的传递函数的 OCF 状态图

8.11.2　串级分解

串级分解是指将传递函数写成多个一阶或二阶部分的乘积。考虑如下的传递函数，它是两个一阶传递函数的乘积：

$$\frac{Y(s)}{U(s)} = K\left(\frac{s+b_1}{s+a_1}\right)\left(\frac{s+b_2}{s+a_2}\right) \tag{8-246}$$

其中，a_1 、a_2 、b_1 和 b_2 是实常数，直接分解两个一阶传递函数，将得到的两个状态图，再串接起来，结果如图 8-12 所示。将该图中的状态变量的导数作为输出，状态变量和 $u(t)$ 作为输入，则应用 SFG 增益公式，忽略图 8-12 中的积分部分，可以写出相应的状态方程：

$$\begin{bmatrix} \dfrac{\mathrm{d}x_1(t)}{\mathrm{d}t} \\ \dfrac{\mathrm{d}x_2(t)}{\mathrm{d}t} \end{bmatrix} = \begin{bmatrix} -a_1 & b_2 - a_2 \\ 0 & -a_2 \end{bmatrix}\begin{bmatrix} x_1(t) \\ x_2(t) \end{bmatrix} + \begin{bmatrix} K \\ K \end{bmatrix} u(t) \tag{8-247}$$

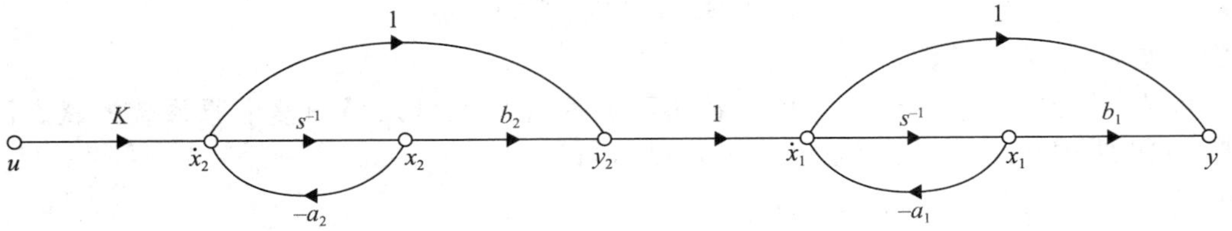

图 8-12　串级分解式（8-246）中的传递函数而得的状态图

将图 8-12 中的状态变量和 $u(t)$ 作为输入，$y(t)$ 作为输出，由增益公式得到相应的输出方程：

451

$$y(t)=[b_1-a_1 \quad b_2-a_2]\boldsymbol{x}(t)+Ku(t) \tag{8-248}$$

如果系统的传递函数有复零极点，则应该将相应的因子写成二阶形式。例如下面的传递函数：

$$\frac{Y(s)}{U(s)}=\left(\frac{s+5}{s+2}\right)\left(\frac{s+1.5}{s^2+3s+4}\right) \tag{8-249}$$

其中，第二项为复极点。将两个子系统串接得到图 8-13 所示的系统状态图，相应的动态方程为

$$\begin{bmatrix}\dfrac{\mathrm{d}x_1(t)}{\mathrm{d}t}\\ \dfrac{\mathrm{d}x_2(t)}{\mathrm{d}t}\\ \dfrac{\mathrm{d}x_3(t)}{\mathrm{d}t}\end{bmatrix}=\begin{bmatrix}0 & 1 & 0\\ -4 & -3 & 3\\ 0 & 0 & -2\end{bmatrix}\begin{bmatrix}x_1(t)\\ x_2(t)\\ x_3(t)\end{bmatrix}+\begin{bmatrix}0\\ 1\\ 1\end{bmatrix}u(t) \tag{8-250}$$

$$y(t)=[1.5 \quad 1 \quad 0]\boldsymbol{x}(t) \tag{8-251}$$ ▲

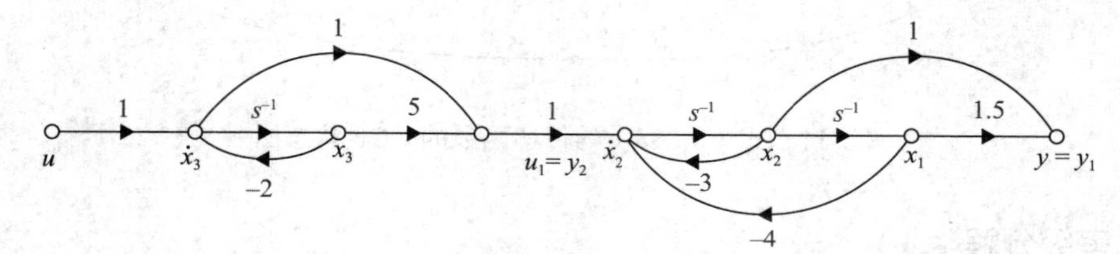

图 8-13　串级分解式（8-249）中的传递函数而得的状态图

8.11.3　并行分解

当系统传递函数的分母多项式可以写成因子乘积形式时，我们可以通过因式分解来展开原来的传递函数。所得到的状态图将由多个一阶或二阶子系统并联构成，并且可以得到 DCF 或 JCF 形式的状态方程。后者对应系统有多重特征值的情况。

考虑如下传递函数描述的二阶系统：

$$\frac{Y(s)}{U(s)}=\frac{Q(s)}{(s+a_1)(s+a_2)} \tag{8-252}$$

其中，$Q(s)$ 是阶次小于 2 的多项式，a_1 和 a_2 为不同实数。虽然理论上 a_1 和 a_2 在这里也可以为复数，但是复数在计算中往往会带来很多困难。将式（8-252）因式分解为

$$\frac{Y(s)}{U(s)}=\frac{K_1}{s+a_1}+\frac{K_2}{s+a_2} \tag{8-253}$$

452 其中，K_1 和 K_2 为实常数。

将式（8-253）中各个一阶项的状态图并联起来就可以得到整个原系统的状态图，如图 8-14 所示。此时，系统的动态方程可以写为

$$\begin{bmatrix}\dfrac{\mathrm{d}x_1(t)}{\mathrm{d}t}\\ \dfrac{\mathrm{d}x_2(t)}{\mathrm{d}t}\end{bmatrix}=\begin{bmatrix}-a_1 & 0\\ 0 & -a_2\end{bmatrix}\begin{bmatrix}x_1(t)\\ x_2(t)\end{bmatrix}+\begin{bmatrix}1\\ 1\end{bmatrix}u(t) \tag{8-254}$$

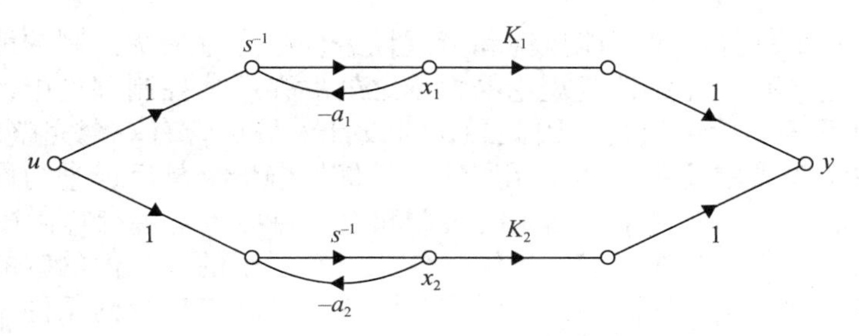

图 8-14　并行分解式（8-252）中的传递函数而得的状态图

$$y(t)=[K_1 \quad K_2]\boldsymbol{x}(t) \tag{8-255}$$

这样，系统的状态方程是 DCF 的。

所以，如果传递函数有互不相同的极点，则可以通过并行分解得到对角标准型的状态方程。当传递函数有多重特征值时，通过并行分解成有最少积分器的状态图可以得到 Jordan 标准型的状态方程。下面的例子可以证明这一点。

例 8-11-2 考虑有如下因式分解的传递函数：

$$\frac{Y(s)}{U(s)}=\frac{2s^2+6s+5}{(s+1)^2(s+2)}=\frac{1}{(s+1)^2}+\frac{1}{s+1}+\frac{1}{s+2} \tag{8-256}$$

值得注意的是，尽管式（8-256）因式分解后等号右边各项的阶次之和是 4，但该传递函数的阶次为 3。在状态图 8-15 中我们也仅仅使用了 3 个积分器。这里只使用了最少数量的 3 个积分器，其中一个积分器由两个通路共享。由图 8-15 可以直接写出系统的状态方程：

$$\begin{bmatrix}\dfrac{\mathrm{d}x_1(t)}{\mathrm{d}t}\\ \dfrac{\mathrm{d}x_2(t)}{\mathrm{d}t}\\ \dfrac{\mathrm{d}x_3(t)}{\mathrm{d}t}\end{bmatrix}=\begin{bmatrix}-1 & 1 & 0\\ 0 & -1 & 0\\ 0 & 0 & -2\end{bmatrix}\begin{bmatrix}x_1(t)\\ x_2(t)\\ x_3(t)\end{bmatrix}+\begin{bmatrix}0\\ 1\\ 1\end{bmatrix}u(t) \tag{8-257}$$

上述状态方程是 Jordan 标准型。 ▲ 453

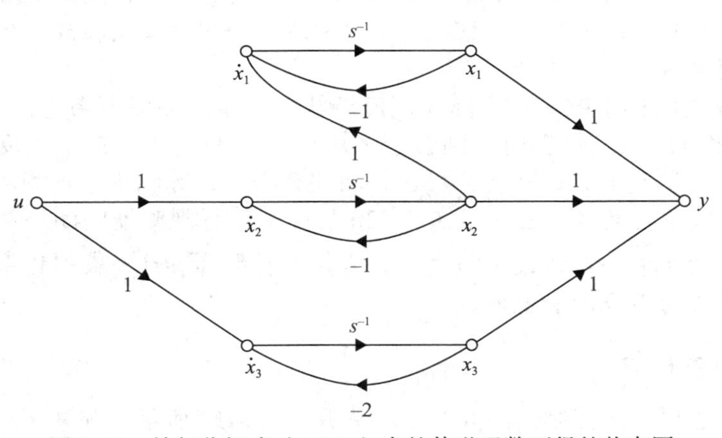

图 8-15　并行分解式（8-256）中的传递函数而得的状态图

8.12　控制系统的能控性

由 Kalman[3] 最先引入的能控性和能观性的概念在现代控制理论和实践方面都有着

很重要的地位。在最优控制中，能控性和能观性条件决定着最优控制的解的存在性。这也是最优控制理论区别于经典控制理论的根本之处。在经典控制理论中，控制器的设计方法主要是通过反复实验来获得，因此最初时设计人员尽管有一套完整的设计说明书，却对是否存在系统对象的控制方案一无所知。最优控制恰恰相反，它为设计者提供一系列判据，使得人们可以判断在特定的系统参数和设计目标下是否有解存在。

系统的能控性的条件与通过状态反馈来任意配置系统的特征值的解的存在性密切相关。能观性的概念则定义了通过输出变量来观测或估计状态变量的条件，因为输出变量往往是可测的。

控制框图 8-16 说明了研究能控性和能控性的动机。图 8-16a 中，系统的动态过程为

$$\frac{\mathrm{d}\boldsymbol{x}(t)}{\mathrm{d}t}=\boldsymbol{A}\boldsymbol{x}(t)+\boldsymbol{B}\boldsymbol{u}(t) \tag{8-258}$$

状态变量通过反馈增益常数矩阵 $\boldsymbol{K}$ 反馈回来后构成整个闭环系统，由图 8-16 可知：

$$\boldsymbol{u}(t)=-\boldsymbol{K}\boldsymbol{x}(t)+\boldsymbol{r}(t) \tag{8-259}$$

其中，$\boldsymbol{K}$ 是 $p\times n$、元素均为常数的反馈矩阵。闭环系统可以写为

454

$$\frac{\mathrm{d}\boldsymbol{x}(t)}{\mathrm{d}t}=(\boldsymbol{A}-\boldsymbol{B}\boldsymbol{K})\boldsymbol{x}(t)+\boldsymbol{B}\boldsymbol{r}(t) \tag{8-260}$$

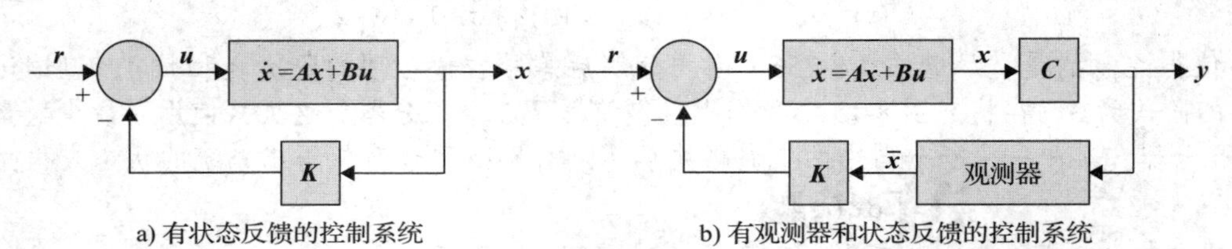

a) 有状态反馈的控制系统　　b) 有观测器和状态反馈的控制系统

图 8-16

这个过程也常常被称为通过状态反馈来进行**极点配置**。配置的目标是，找到某一反馈矩阵 $\boldsymbol{K}$ 使得闭环系统或 $(\boldsymbol{A}-\boldsymbol{B}\boldsymbol{K})$ 的特征值配置到指定值。这里的极点配置指的是闭环传递函数的极点，也就是 $(\boldsymbol{A}-\boldsymbol{B}\boldsymbol{K})$ 的特征值。

稍后，我们会说明是否能够通过状态反馈来配置到任意极点与系统的能控性有直接的关系。结论是，如果系统（8-225）能控，那么存在一个常数反馈矩阵 $\boldsymbol{K}$ 使得 $(\boldsymbol{A}-\boldsymbol{B}\boldsymbol{K})$ 的特征值可以任意配置。

一旦设计好了闭环系统，在实际应用反馈状态变量时还需要考虑两个方面的问题。首先，当状态变量的数目过多时，则会带来用于判断哪些状态是不能反馈的成本。其次，在实际中并非所有的状态变量都可达，因此有必要设计和构造观测器来从输出向量 $\boldsymbol{y}(t)$ 中估计出这些状态向量。控制框图 8-22b 是一个带有观测器的闭环系统。可以用由观测器得到的状态向量 $\boldsymbol{x}(t)$ 通过反馈矩阵 $\boldsymbol{K}$ 来得到控制量 $\boldsymbol{u}(t)$。我们称系统能设计观测器所要满足的条件为系统的能观性。

8.12.1 能控性的概念

能控性的概念可以用控制框图 8-16a 来说明。如 8-17 所示，如果一个过程的每一个状态变量都在 $\boldsymbol{u}(t)$ 的控制下在有限时间内可以到达任意指定的状态，则我们称过程是完全能控的。直观上，如果任何一个状态变量与控制 $\boldsymbol{u}(t)$ 无关，则显然不能通过控制作用 $\boldsymbol{u}(t)$ 在有限时间内将该状态变量控制转移到指定状态。此时，该状态变量被称为不能控

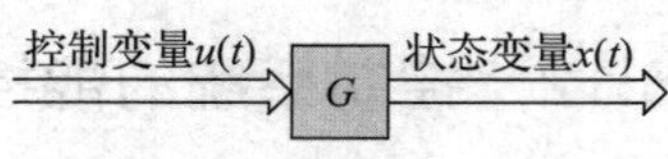

图 8-17　线性时不变系统

的，而只要系统有一个状态变量不能控，则称系统不完全能控，或简称为不能控。 455

不能控的系统的例子如图 8-18 所示，图中的状态图是一个包含两个状态变量的线性系统。由于 $\boldsymbol{U}(t)$ 只能控制状态变量 $x_1(t)$，从而 $x_2(t)$ 不能控。因此不能通过控制输入 $\boldsymbol{U}(t)$，使得 $x_2(t)$ 在有限的时间间隔 $t_f - t_0$ 内，从初始状态 $x_2(t_0)$ 转移到指定的任一状态 $x_2(t_f)$。因此，整个系统是不能控的。

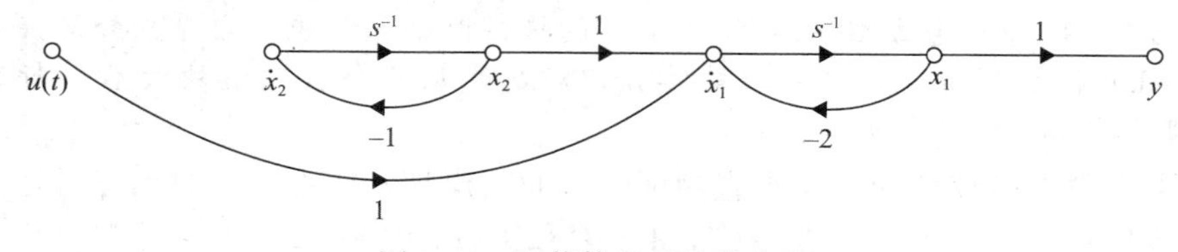

图 8-18　不能控的系统状态图

这里讨论的能控性的概念是状态的能控性，因此常常也可以称之为**状态能控性**。同样可以对系统的输出定义能控性，输出能控性和状态能控性是不同的。

8.12.2　状态能控性的定义

考虑如下动态方程描述的线性时不变系统：

$$\frac{d\boldsymbol{x}(t)}{dt} = \boldsymbol{A}\boldsymbol{x}(t) + \boldsymbol{B}\boldsymbol{u}(t) \tag{8-261}$$

$$\boldsymbol{y}(t) = \boldsymbol{C}\boldsymbol{x}(t) + \boldsymbol{D}\boldsymbol{u}(t) \tag{8-262}$$

其中，$\boldsymbol{x}(t)$ 是 $n\times 1$ 维状态向量，$\boldsymbol{u}(t)$ 是 $r\times 1$ 维输入向量，$\boldsymbol{y}(t)$ 是 $p\times 1$ 的输出变量。$\boldsymbol{A}$、$\boldsymbol{B}$、$\boldsymbol{C}$、$\boldsymbol{D}$ 是相应维数的系数矩阵。

如果存在一个分段连续的输入 $\boldsymbol{u}(t)$，能够在有限的时间间隔 $(t_f - t_0) \geqslant 0$ 内，使得状态 $\boldsymbol{x}(t)$ 到达任意一个最终状态 $\boldsymbol{x}(t_f)$，那么称状态 $\boldsymbol{x}(t)$ 在 $t_0 = 0$ 时是能控的。如果系统的所有状态 $\boldsymbol{x}(t_0)$ 在有限时间间隔内都是能控的，我们称该系统是完全状态能控的，简称为能控。

下面的定理给出了系统能控性依赖于系统系数矩阵 $\boldsymbol{A}$ 和 $\boldsymbol{B}$ 的条件，这个定理也可以作为检验状态能控性的一种方法。

定理 8-1　由状态方程（8-261）描述的系统状态完全能控的充分必要条件是，如下 $n\times nr$ 维能控性矩阵

$$\boldsymbol{S} = [\boldsymbol{B} \quad \boldsymbol{AB} \quad \boldsymbol{A}^2\boldsymbol{B} \ \cdots \ \boldsymbol{A}^{n-1}\boldsymbol{B}] \tag{8-263}$$

的秩为 n。通常我们称矩阵对 $[\boldsymbol{A}, \boldsymbol{B}]$ 能控，即意味着矩阵 $\boldsymbol{S}$ 的秩为 n。

这个定理的证明在有关最优控制系统的教科书上都可以找到。整个证明思路是从状态转移方程（8-79）出发的，证明只有满足了式（8-263）的条件，才可以保证通过控制输入使得所有的状态量可达。

虽然在定理 8-1 中给出了一个直接检验状态能控性的判断准则，但对于高阶系统或者是有很多输入量的系统而言，这样的检验并不容易。当 $\boldsymbol{S}$ 不是方阵的时候，我们可以用 $n\times n$ 维方阵 $\boldsymbol{SS}'$ 来替代。当 $\boldsymbol{SS}'$ 非奇异时，矩阵 $\boldsymbol{S}$ 的秩为 n。 456

8.12.3　能控性的其他检验方法

我们还可以用其他方法来检验系统的能控性，其中一些方法比式（8-263）中的条件更为方便。

定理 8-2 已知状态方程（8-261）描述的是单输入单输出系统，这里 $r=1$，如果矩阵 $\boldsymbol{A}$ 和 $\boldsymbol{B}$ 是能控标准型，或可以通过相似变换转换成能控标准型，则矩阵对 $[\boldsymbol{A},\boldsymbol{B}]$ 是完全能控的。

我们在 8.10 节中已经指出，CCF 变换要求能控性矩阵 $\boldsymbol{S}$ 是非奇异的，因此定理 8-2 可以直接得证。由于在 8.10 节中，我们只针对 SISO 系统定义了 CCF 变换，因此，定理 8-2 只适用于这一类系统。

定理 8-3 已知状态方程（8-261）描述的线性时不变系统。当系数矩阵 $\boldsymbol{A}$ 是对角标准型或 Jordan 标准型时，如果系数矩阵 $\boldsymbol{B}$ 中对应于每一个 Jordan 块最后一行的元素都不为 0，则矩阵对 $[\boldsymbol{A},\boldsymbol{B}]$ 是完全能控的。

我们可以根据能控性的定义来直接证明上面的定理。假设 $\boldsymbol{A}$ 是对角阵且特征值互不相同，则 $\boldsymbol{B}$ 中任一行元素不全为 0 时，$[\boldsymbol{A},\boldsymbol{B}]$ 是能控的。这是因为当 $\boldsymbol{A}$ 为对角阵时，所有的状态变量是相互分离的，如果 $\boldsymbol{B}$ 中某一行元素全为 0，则相应的状态不能被控制输入所驱动，因此该状态变量是不能控的。

当系统是 Jordan 标准型时，我们不妨设矩阵 $\boldsymbol{A}$ 和 $\boldsymbol{B}$ 如式（8-264）所示，此时能控性就要求 $\boldsymbol{B}$ 中每一行对应于每一个 Jordan 块最后一行的元素全不为 0。$\boldsymbol{B}$ 中其他各行元素不要求为非 0，因为相应的状态变量可以由矩阵 $\boldsymbol{A}$ 中的 Jordan 块的 1 元素来相互耦合在一起。

$$\boldsymbol{A}=\begin{bmatrix}\lambda_1 & 1 & 0 & 0\\ 0 & \lambda_1 & 1 & 0\\ 0 & 0 & \lambda_1 & 0\\ 0 & 0 & 0 & \lambda_2\end{bmatrix}\quad \boldsymbol{B}=\begin{bmatrix}b_{11} & b_{12}\\ b_{21} & b_{22}\\ b_{31} & b_{32}\\ b_{41} & b_{42}\end{bmatrix} \tag{8-264}$$

因此，式（8-264）中的 $\boldsymbol{A}$ 和 $\boldsymbol{B}$ 能控的条件是 $b_{31}\neq 0, b_{32}\neq 0, b_{41}\neq 0$ 和 $b_{42}\neq 0$。

例 8-12-1 下面的矩阵表示一个有两个相同特征值的系统，其中矩阵 $\boldsymbol{A}$ 是对角阵：

$$\boldsymbol{A}=\begin{bmatrix}\lambda_1 & 0\\ 0 & \lambda_1\end{bmatrix}\quad \boldsymbol{B}=\begin{bmatrix}b_{11}\\ b_{21}\end{bmatrix} \tag{8-265}$$

该系统不可控，因为两个状态方程相关。也就是说，不能通过输入分别控制状态。很明显，这种情况下，$\boldsymbol{S}=[\boldsymbol{BAB}]$ 是奇异的。 ▲

457

例 8-12-2 考虑图 8-24 所示的系统，之前分析得到该系统是不可控的。让我们用式（8-263）的条件分析同样的系统。系统的状态方程按照式（8-263）的形式写成：

$$\boldsymbol{A}=\begin{bmatrix}-2 & 0\\ 0 & -1\end{bmatrix}\quad \boldsymbol{B}=\begin{bmatrix}1\\ 0\end{bmatrix} \tag{8-266}$$

因此，根据式（8-263），能控性矩阵

$$\boldsymbol{S}=[\boldsymbol{B}\quad \boldsymbol{AB}]=\begin{bmatrix}1 & -2\\ 0 & 0\end{bmatrix} \tag{8-267}$$

是奇异的，故系统不可控。 ▲

例 8-12-3 已知一个三阶系统的系数矩阵为

$$\boldsymbol{A}=\begin{bmatrix}1 & 2 & -1\\ 0 & 1 & 0\\ 1 & -4 & 3\end{bmatrix}\quad \boldsymbol{B}=\begin{bmatrix}0\\ 0\\ 1\end{bmatrix} \tag{8-268}$$

其能控性矩阵

$$S=[B \quad AB \quad A^2B]=\begin{bmatrix}0 & -1 & -4\\0 & 0 & 0\\1 & 3 & 8\end{bmatrix} \tag{8-269}$$

是奇异的，因此这个系统不能控。

矩阵 $\boldsymbol{A}$ 的特征值为 $\lambda_1=2,\lambda_2=2$ 和 $\lambda_3=1$。通过变换 $\boldsymbol{x}(t)=\boldsymbol{T}\boldsymbol{x}(t)$ 可以得到 $\boldsymbol{A}$ 和 $\boldsymbol{B}$ 的 Jordan 标准型，其中

$$\boldsymbol{T}=\begin{bmatrix}1 & 0 & 0\\0 & 0 & 1\\-1 & 1 & 2\end{bmatrix} \tag{8-270}$$

则

$$\overline{\boldsymbol{A}}=\boldsymbol{T}^{-1}\boldsymbol{A}\boldsymbol{T}=\begin{bmatrix}2 & -1 & 0\\0 & 2 & 0\\0 & 0 & 1\end{bmatrix} \quad \overline{\boldsymbol{B}}=\boldsymbol{T}^{-1}\boldsymbol{B}=\begin{bmatrix}0\\-1\\0\end{bmatrix} \tag{8-271}$$

由于 $\boldsymbol{B}$ 的最后一行元素为 0，而它恰好对应于特征值 λ_3 的 Jordan 块，因此变换得到的状态变量 $\overline{x}_3(t)$ 不能控。根据式（8-235）的变换矩阵 $\boldsymbol{T}$，$x_2=\overline{x}_3$，这就意味着原系统的 x_2 不能控。这里要说明的是，Jordan 块中 1 元素前的负号不会改变 Jordan 块的基本定义。▲

8.13　线性系统的能观性

我们在 8.11 节中已经提到了能观性的概念。如果系统的每一个状态变量都能影响系统的输出，则可以称系统是完全能观的。换言之，人们往往希望能够通过观测系统的输入输出来获得系统状态变量的信息。如果系统存在任意一个状态不能通过输出观测得到，则称该状态是不能观的，此时系统是非完全能观的，简称为系统不能观。在图 8-19 所示的线性系统状态图中，状态 x_2 与系统输出 $y(t)$ 没有任何的连接。当观测 $y(t)$ 时，因为 $x_1(t)=y(t)$，我们只能观测到状态 $x_1(t)$。然而从 $y(t)$ 中却得不到任何有关状态 x_2 的信息，因此，如图 8-19 所示的线性系统是不能观的。 458

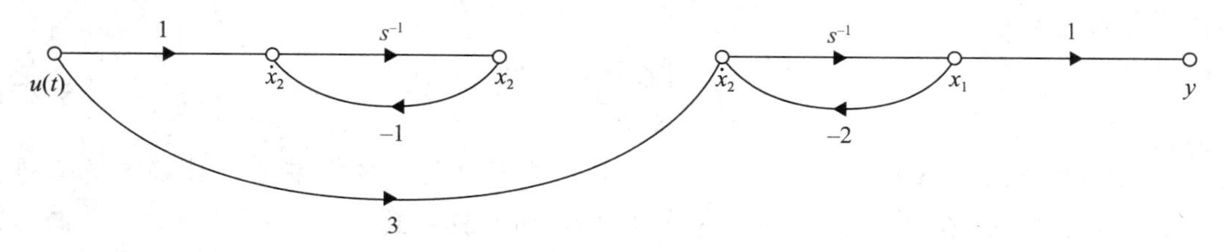

图 8-19　不能观的系统的状态图

8.13.1　能观性的定义

考虑动态方程（8-261）和（8-262）描述的线性时不变系统，对任一输入 $\boldsymbol{u}(t)$，在有限时间间隔 $t_f \geqslant t_0$ 内，如果可以由矩阵 $\boldsymbol{A}$、$\boldsymbol{B}$、$\boldsymbol{C}$、$\boldsymbol{D}$，输入 $\boldsymbol{u}(t)$ 和输出 $\boldsymbol{y}(t)$，其中 $t_0 \leqslant t < t_f$，来确定 $\boldsymbol{x}(t_0)$，则称状态 $\boldsymbol{x}(t_0)$ 是能观的。如果系统的每一个状态都在有限的 t_f 内能观，则称系统是完全能观的，简称为能观性。

下面的定理给出了系统能观时矩阵 $\boldsymbol{A}$ 和 $\boldsymbol{C}$ 应该满足的条件，也可以用它来检验系统的能观性。

定理 8-4 系统（8-261）和（8-262）完全能观，当且仅当 $n\times np$ 维能观性矩阵

$$\boldsymbol{V}=\begin{bmatrix}\boldsymbol{C}\\ \boldsymbol{CA}\\ \boldsymbol{CA}^2\\ \vdots\\ \boldsymbol{CA}^{n-1}\end{bmatrix} \tag{8-272}$$

的秩为 n。此时，也称矩阵对 $[\boldsymbol{A},\boldsymbol{C}]$ 是能观的。特别地，如果系统只有一个输出，则 $\boldsymbol{C}$ 是 $1\times n$ 维行矩阵，$\boldsymbol{V}$ 是 $n\times n$ 维方阵，这时只要 $\boldsymbol{V}$ 非奇异，则系统完全能观的。

该定理的证明过程不在这里给出。证明思路是，只有满足式（8-272），$\boldsymbol{x}(t_0)$ 才能由输出 $\boldsymbol{y}(t)$ 唯一确定。

8.13.2 能观性的其他检验方法

和能控性一样，能观性也有其他几种检验方法，分别在下面的定理中给出。

定理 8-5 已知 SISO 系统（8-261）和（8-262），其中 $r=1, p=1$，如果矩阵 $\boldsymbol{A}$ 和 $\boldsymbol{C}$ 是能观标准型或可以通过相似变换成为能观标准型，那么矩阵对 $[\boldsymbol{A},\boldsymbol{C}]$ 是完全能观的。

459

在 8.10 节中，我们已经指出能观性变换必须满足能观性矩阵 $\boldsymbol{V}$ 非奇异的条件，因此上面的定理可直接得证。

定理 8-6 已知由动态方程（8-261）和（8-262）描述的系统，如果矩阵 $\boldsymbol{A}$ 是对角标准型或者 Jordan 标准型，则当矩阵 $\boldsymbol{C}$ 中各列与每一个 Jordan 块第一行对应的元素不为 0 时，矩阵对 $[\boldsymbol{A},\boldsymbol{C}]$ 完全能观。

这个定理是定理 8-3 的能控性检验的对偶定理。如果系统的特征值互不相同，$\boldsymbol{A}$ 是对角阵，则能观性的条件是 $\boldsymbol{C}$ 中各列元素不全为 0。

例 8-13-1 已知系统如图 8-19 所示，我们已经知道系统是不能观的。其动态方程写成式（8-261）和式（8-262）的形式，各系数矩阵为

$$\boldsymbol{A}=\begin{bmatrix}-2 & 0\\ 0 & -1\end{bmatrix}\quad \boldsymbol{B}=\begin{bmatrix}3\\ 1\end{bmatrix}\quad \boldsymbol{C}=[1\quad 0] \tag{8-273}$$

因此，能观性矩阵

$$\boldsymbol{V}=\begin{bmatrix}\boldsymbol{C}\\ \boldsymbol{CA}\end{bmatrix}=\begin{bmatrix}1 & 0\\ -2 & 0\end{bmatrix} \tag{8-274}$$

是奇异的，矩阵对 $[\boldsymbol{A},\boldsymbol{C}]$ 不能观。实际上，因为矩阵 $\boldsymbol{A}$ 是对角标准型，且 $\boldsymbol{C}$ 的第二列元素为 0，因此状态 $x_2(t)$ 是不能观的，这和图 8-18 的结论一致。 ▲

8.14 能控性、能观性和传递函数之间的关系

在控制系统的经典分析方法中，我们用传递函数来描述线性时不变系统。虽然能控性和能观性是现代控制理论的概念，但实际上这两者和传递函数之间也有着密切的联系。

定理 8-7 如果线性系统的输入输出传递函数中存在零极点相消，则系统或者不能控，或者不能观，或者既不能控也不能观，视所定义的状态变量而定。相反的，如果输入输出传递函数不存在零极点对消，则该系统总可以写成完全能控能观的动态方程形式。

这里不会给出这个定理的证明过程。这个定理的重要性在于如果一个线性系统可以写成没有零极点相消的传递函数，那么我们就可以确定这个线性系统是能控能观的，而不必考虑其状态变量模型的具体形态。我们将通过下面这个 SISO 系统进一步说明。

$$\boldsymbol{A}=\begin{bmatrix}-1 & 0 & 0 & 0\\ 0 & -2 & 0 & 0\\ 0 & 0 & -3 & 0\\ 0 & 0 & 0 & -4\end{bmatrix}\quad \boldsymbol{B}=\begin{bmatrix}1\\1\\0\\0\end{bmatrix}\quad \boldsymbol{C}=[1\quad 0\quad 1\quad 0]\quad \boldsymbol{D}=0 \tag{8-275}$$

460

由于$\boldsymbol{A}$是对角阵，我们可以直接观察到系统四个状态变量的能控性和能观性：

x_1：能控能观

x_2：能控不能观

x_3：不能控能观

x_4：不能控不能观

该系统的对角标准型控制框图如图 8-20 所示。显然其能控能观系统的传递函数为

$$\frac{Y(s)}{U(s)}=\frac{1}{s+1} \tag{8-276}$$

而式（8-275）描述的系统的传递函数如下：

$$\frac{Y(s)}{U(s)}=\boldsymbol{C}(s\boldsymbol{I}-\boldsymbol{A})^{-1}\boldsymbol{B}=\frac{(s+2)(s+3)(s+4)}{(s+1)(s+2)(s+3)(s+4)} \tag{8-277}$$

存在三对零极点对消。这个例子说明没有零极点对消的“最低阶”传递函数仅仅是原系统中的能控能观的那一部分。

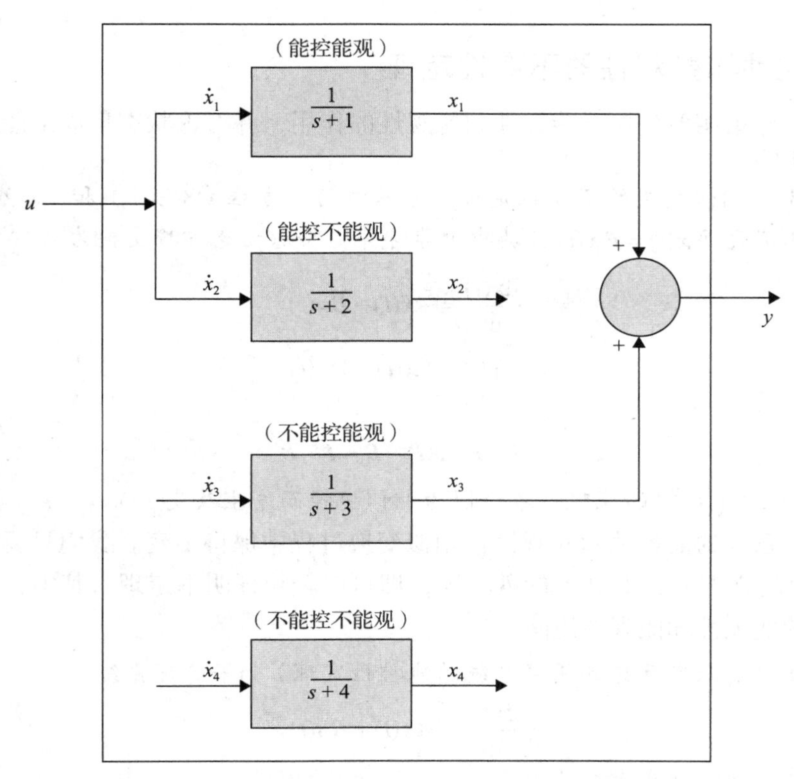

图 8-20　式（8-275）所描述系统的能控、不能控、能观、不能观部分的控制框图

461

例 8-14-1 由式（8-277）化简后得到的传递函数如下：

$$\frac{Y(s)}{U(s)}=\frac{s+2}{(s+1)(s+2)} \tag{8-278}$$

将上式分解成如下能控标准型和能观标准型。

能控标准型：

$$\boldsymbol{A}=\begin{bmatrix}0 & 1\\ -2 & -3\end{bmatrix}\quad \boldsymbol{B}=\begin{bmatrix}0\\ 1\end{bmatrix}\quad \boldsymbol{C}=[1\quad 1] \tag{8-279}$$

由于能得到能控标准型，显然能控标准型的矩阵对 $[\boldsymbol{A},\boldsymbol{B}]$ 是能控的，此时能观性矩阵

$$\boldsymbol{V}=\begin{bmatrix}\boldsymbol{C}\\ \boldsymbol{CA}\end{bmatrix}=\begin{bmatrix}1 & 1\\ -2 & -2\end{bmatrix} \tag{8-280}$$

是奇异的，因此能控标准型的矩阵对 $[\boldsymbol{A},\boldsymbol{C}]$ 是不能观的。

能观标准型：

$$\boldsymbol{A}=\begin{bmatrix}0 & -2\\ 1 & -3\end{bmatrix}\quad \boldsymbol{B}=\begin{bmatrix}1\\ 1\end{bmatrix}\quad \boldsymbol{C}=[0\quad 1] \tag{8-281}$$

由于能得到能观标准型，显然能观标准型的矩阵对 $[\boldsymbol{A},\boldsymbol{C}]$ 是能观的，此时能控性矩阵

$$\boldsymbol{S}=[\boldsymbol{B}\quad \boldsymbol{AB}]=\begin{bmatrix}1 & -2\\ 1 & -2\end{bmatrix} \tag{8-282}$$

是奇异的，因此能观性标准型的矩阵对 $[\boldsymbol{A},\boldsymbol{B}]$ 是不能控的。

从这个例子可以得出结论，当系统用传递函数来描述时，系统的能控性和能观性取决于状态变量如何定义。▲

8.15 能控性和能观性的不变性定理

本节我们介绍相似变换对能控性和能观性的作用，并讨论状态反馈给能控性和能观性所带来的影响。

定理 8-8（相似变换的不变性定理）考虑由动态方程（8-261）和（8-262）描述的系统。通过相似变换 $\boldsymbol{x}(t)=\boldsymbol{P}\bar{\boldsymbol{x}}(t)$，其中 $\boldsymbol{P}$ 非奇异，将原动态方程变换为

$$\frac{\mathrm{d}\bar{\boldsymbol{x}}(t)}{\mathrm{d}t}=\bar{\boldsymbol{A}}\bar{\boldsymbol{x}}(t)+\bar{\boldsymbol{B}}\boldsymbol{u}(t) \tag{8-283}$$

462

$$\bar{\boldsymbol{y}}(t)=\bar{\boldsymbol{C}}\boldsymbol{x}(t)+\bar{\boldsymbol{D}}\boldsymbol{u}(t) \tag{8-284}$$

其中，

$$\bar{\boldsymbol{A}}=\boldsymbol{P}^{-1}\boldsymbol{AP}\quad \bar{\boldsymbol{B}}=\boldsymbol{P}^{-1}\boldsymbol{B} \tag{8-285}$$

$[\bar{\boldsymbol{A}},\bar{\boldsymbol{B}}]$ 的能控性和 $[\bar{\boldsymbol{A}},\bar{\boldsymbol{C}}]$ 的能观性不会因为相似变换而发生改变。

换言之，系统的能控性和能观性在相似变换过程中保持不变。我们只要通过比较发现矩阵 $\bar{\boldsymbol{S}}$ 和 $\boldsymbol{S}$ 的秩相同，$\bar{\boldsymbol{V}}$ 和 $\boldsymbol{V}$ 的秩相同，即可以轻松证明本定理。其中，$\bar{\boldsymbol{S}}$ 和 $\bar{\boldsymbol{V}}$ 是变换后的系统的能控性和能观性矩阵。

定理 8-9（有状态反馈的闭环系统的能控性定理）如果开环系统

$$\frac{\mathrm{d}\boldsymbol{x}(t)}{\mathrm{d}t}=\boldsymbol{Ax}(t)+\boldsymbol{Bu}(t) \tag{8-286}$$

是完全能控的，则通过状态反馈

$$u(t) = r(t) - Kx(t) \tag{8-287}$$

得到的闭环系统

$$\frac{dx(t)}{dt} = (A - BK)x(t) + Br(t) \tag{8-288}$$

仍然完全能控。相反，如果 $[A, B]$ 不能控，则不存在反馈矩阵 K 使得矩阵对 $[A - BK, B]$ 能控。因此，如果开环系统不能控，则不能通过状态反馈使得闭环系统能控。

证明：如果 $[A, B]$ 能控，因此在时间间隔 $[t_0, t_f]$ 内，存在一个控制输入 $u(t)$ 能在有限时间 $t_f - t_0$ 内将**初始状态** $x(t_0)$ 转移到终端状态 $x(t_f)$。我们将闭环系统（8-252）的控制输入写成

$$r(t) = u(t) + Kx(t) \tag{8-289}$$

因此如果存在一个 $u(t)$，它可以在有限时间内将 $x(t_0)$ 转移到另一个 $x(t_f)$，则存在另外一个输入 $r(t)$ 能够对 $x(t)$ 做同样的转移。反之亦然。

定理 8-10（状态反馈闭观系统的能观性） 如果开环系统是能控能观的，则式（8-287）的状态反馈可能破坏闭环系统的能观性。即，开环系统的能观性不能保证状态反馈闭环系统的能观性。

下面的例子将用来说明能观性和状态反馈之间的关系。

例 8-15-1 已知有如下系数矩阵的线性系统：

$$A = \begin{bmatrix} 0 & 1 \\ -2 & -3 \end{bmatrix} \quad B = \begin{bmatrix} 1 \\ 1 \end{bmatrix} \quad C = [1 \quad 2] \tag{8-290}$$

显然，$[A, B]$ 能控，$[A, C]$ 能观。

463

定义状态反馈如下：

$$u(t) = r(t) - Kx(t) \tag{8-291}$$

其中，

$$K = [k_1 \quad k_2] \tag{8-292}$$

则闭环系统的状态方程为

$$\frac{dx(t)}{dt} = (A - BK)x(t) + Br(t) \tag{8-293}$$

$$A - BK = \begin{bmatrix} -k_1 & 1 - k_2 \\ -2 - k_1 & -3 - g_2 \end{bmatrix} \tag{8-294}$$

闭环系统的能观性矩阵为

$$V = \begin{bmatrix} C \\ C(A - BK) \end{bmatrix} = \begin{bmatrix} 1 & 2 \\ -k_1 - 4 & -3k_2 - 5 \end{bmatrix} \tag{8-295}$$

V 的行列式为

$$|V| = 6k_1 - 3k_2 + 3 \tag{8-296}$$

因此，如果选择 k_1 和 k_2 使得 $|V| = 0$，则闭环系统不能观。 ▲

8.16 案例研究：磁球悬浮系统

磁球悬浮系统如图 8-21 所示，用这个例子来对本章前面的内容做一个说明。该系统的目的是调节电磁铁的电流使得小球能够和电磁铁底部保持固定的距离。整个磁球悬

浮系统的动态方程为

$$M\frac{\mathrm{d}^2y(t)}{\mathrm{d}t^2}=Mg-\frac{ki^2(t)}{x(t)} \quad (8\text{-}297)$$

$$v(t)=Ri(t)+L\frac{\mathrm{d}i(t)}{\mathrm{d}t} \quad (8\text{-}298)$$

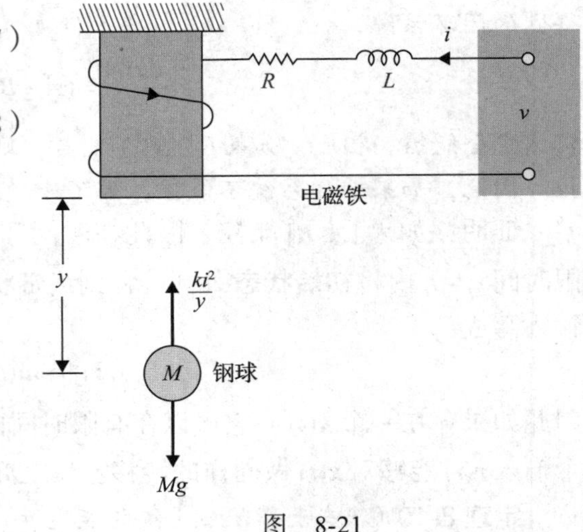

图 8-21

系统的变量和参数定义如下：

$v(t)$ = 输入电压（V）
$x(t)$ = 小球的位置（m）
$i(t)$ = 绕组电流（A）
k = 比例常数 = 1.0
R = 绕组阻抗 = 1Ω
L = 绕组感应系数 = 0.01H
M = 小球质量 = 1.0kg
g = 重力加速度 = 32.2m/s²

464

定义状态变量如下：

$$x_1(t)=x(t)$$
$$x_2(t)=\frac{\mathrm{d}x(t)}{\mathrm{d}t} \quad (8\text{-}299)$$
$$x_3(t)=i(t)$$

得到下面的状态方程：

$$\frac{\mathrm{d}x_1(t)}{\mathrm{d}t}=x_2(t) \quad (8\text{-}300)$$

$$\frac{\mathrm{d}x_2(t)}{\mathrm{d}t}=g-\frac{k}{M}\frac{x_3^2(t)}{x_1(t)} \quad (8\text{-}301)$$

$$\frac{\mathrm{d}x_3(t)}{\mathrm{d}t}=-\frac{R}{L}x_3(t)+\frac{v(t)}{L} \quad (8\text{-}302)$$

用第 3 章的线性化方法对上面的非线性状态方程在平衡点 $y_0(t)=x_{01}(t)=0.5\text{m}$ 进行线性化，得 $x_{02}(t)=\frac{\mathrm{d}x_{01}(t)}{\mathrm{d}t}=0$ 和 $\frac{\mathrm{d}^2y_0(t)}{\mathrm{d}t}=0$。代入相应的参数值后，得到线性化方程：

$$\Delta\dot{\boldsymbol{x}}(t)=\boldsymbol{A}^*\Delta\boldsymbol{x}(t)+\boldsymbol{B}^*\Delta v(t) \quad (8\text{-}303)$$

其中，$\Delta\boldsymbol{x}(t)$ 是线性化后的系统状态变量，$\Delta v(t)$ 是相应的输入变量，各系数矩阵为

$$\boldsymbol{A}^*=\begin{bmatrix}0 & 1 & 0\\ 64.4 & 0 & -16\\ 0 & 0 & -100\end{bmatrix}\quad \boldsymbol{B}^*=\begin{bmatrix}0\\ 0\\ 100\end{bmatrix} \quad (8\text{-}304)$$

465

本节下面所有的计算都可以用计算程序如 MATLAB 工具箱（见 8.20 节）来完成。为了说明整个分析方法，下面将逐步进行推导。

特征方程

$$|s\boldsymbol{I}-\boldsymbol{A}^*|=\begin{bmatrix}s & -1 & 0\\ -64.4 & s & 16\\ 0 & 0 & s+100\end{bmatrix}=s^3+100s^2-64.4s-6440=0 \quad (8\text{-}305)$$

特征值

$\boldsymbol{A}^*$ 的特征值，或者说特征方程的根如下：

$$s=-100 \quad s=-8.025 \quad s=8.025$$

状态转移矩阵

$\boldsymbol{A}^*$ 的状态转移矩阵如下：

$$\phi(t)=\mathcal{L}^{-1}[(s\boldsymbol{I}-\boldsymbol{A}^*)^{-1}]=\mathcal{L}^{-1}\left(\begin{bmatrix} s & -1 & 0 \\ -64.4 & s & 16 \\ 0 & 0 & s+100 \end{bmatrix}^{-1}\right) \tag{8-306}$$

或下面这种形式：

$$\phi(t)=\mathcal{L}^{-1}\left(\frac{1}{(s+100)(s+8.025)(s-8.025)}\begin{bmatrix} s(s+100) & s+100 & -16 \\ 64.4(s+100) & s(s+100) & -16s \\ 0 & 0 & s^2-64.4 \end{bmatrix}\right) \tag{8-307}$$

我们将其分式展开后进行拉普拉斯逆变换，最终得到状态转移矩阵：

$$\begin{aligned}\phi(t)=&\begin{bmatrix} 0 & 0 & -0.0016 \\ 0 & 0 & 0.16 \\ 0 & 0 & 1 \end{bmatrix}\mathrm{e}^{-100t}+\begin{bmatrix} 0.5 & -0.062 & 0.0108 \\ -4.012 & 0.5 & -0.087 \\ 0 & 0 & 0 \end{bmatrix}\mathrm{e}^{-8.025t} \\ &+\begin{bmatrix} 0.5 & 0.062 & -0.0092 \\ 4.012 & 0.5 & -0.074 \\ 0 & 0 & 0 \end{bmatrix}\mathrm{e}^{8.025t}\end{aligned} \tag{8-308}$$

由于上式最后一项包含正指数项，$\phi(t)$ 将随着时间的增长而增长，因此系统不稳定。这也是意料之中的。这是因为如果不施以控制，钢球会被磁力所吸引至与电磁铁底部相撞。 466

传递函数

我们定义小球位置 $x(t)$ 为系统输出 $y(t)$，输入为 $v(t)$，则系统的输入输出传递函数为

$$\frac{Y(s)}{V(s)}=\boldsymbol{C}^*(s\boldsymbol{I}-\boldsymbol{A}^*)^{-1}\boldsymbol{B}^*=[1 \quad 0 \quad 0](s\boldsymbol{I}-\boldsymbol{A}^*)^{-1}\boldsymbol{B}^*=\frac{-1600}{(s+100)(s+8.025)(s-8.025)} \tag{8-309}$$

能控性

能控性矩阵为

$$\boldsymbol{S}=[\boldsymbol{B}^* \quad \boldsymbol{A}^*\boldsymbol{B}^* \quad \boldsymbol{A}^*2\boldsymbol{B}^*]=\begin{bmatrix} 0 & 0 & -1600 \\ 0 & -1600 & 160\,000 \\ 100 & -10\,000 & 1\,000\,000 \end{bmatrix} \tag{8-310}$$

因为矩阵 $\boldsymbol{S}$ 的秩为 3，此时系统完全能控。

能观性

系统的能观性依赖所定义的输出变量。全状态控制器应包括三个状态变量 $x_1(t)$、$x_2(t)$ 和 $x_3(t)$ 的反馈。然而从经济角度考虑，也许我们只打算反馈其中的一个状态变量。通常来说，我们需要考虑选择哪个状态变量作为输出可以避免使得系统不能观。

1. $y(t)=$小球位置$=x(t)$：$\boldsymbol{C}^*=[1 \quad 0 \quad 0]$。此时，能观矩阵

$$\boldsymbol{V}=\begin{bmatrix} \boldsymbol{C}^* \\ \boldsymbol{C}^*\boldsymbol{A}^* \\ \boldsymbol{C}^*\boldsymbol{A}^*2 \end{bmatrix}=\begin{bmatrix} 1 & 0 & 0 \\ 0 & 1 & 0 \\ 64.4 & 0 & -16 \end{bmatrix} \tag{8-311}$$

的秩为 3。因此系统此时是完全能观的。

2. $y(t)=$小球速度$=\mathrm{d}x(t)/\mathrm{d}t$： $\boldsymbol{C}^*=[0\quad 1\quad 0]$。此时，能观矩阵

$$\boldsymbol{V}=\begin{bmatrix}\boldsymbol{C}^*\\ \boldsymbol{C}^*\boldsymbol{A}^*\\ \boldsymbol{C}^*\boldsymbol{A}^*2\end{bmatrix}=\begin{bmatrix}0 & 1 & 0\\ 64.4 & 0 & -16\\ 0 & 64.4 & 1600\end{bmatrix} \tag{8-312}$$

的秩为 3。此时系统也是完全能观的。

3. $y(t)=$绕组电流$=i(t)$： $\boldsymbol{C}^*=[0\quad 0\quad 1]$。此时，能观矩阵

$$\boldsymbol{V}=\begin{bmatrix}\boldsymbol{C}^*\\ \boldsymbol{C}^*\boldsymbol{A}^*\\ \boldsymbol{C}^*\boldsymbol{A}^*2\end{bmatrix}=\begin{bmatrix}0 & 0 & 1\\ 0 & 0 & -100\\ 0 & 0 & -10\,000\end{bmatrix} \tag{8-313}$$

的秩为 1。此时系统不能观。这个结论的物理含义是，如果选择电流 $i(t)$ 作为观测输出，则无法通过观测得到的信息重新构造得到需要的状态变量。

有兴趣的读者可以将这个系统的数据输入到相应的计算机程序来检验上面得到的结果。

467

8.17 状态反馈控制

现代控制理论中一种使用较多的设计技术就是基于状态反馈的配置。这种方法替代了以前传统的在前馈或反馈路径上的固定配置来达到控制目标，使用实数增益在状态反馈控制上达到控制目标。图 8-22 显示了采用状态反馈的控制系统控制框图。

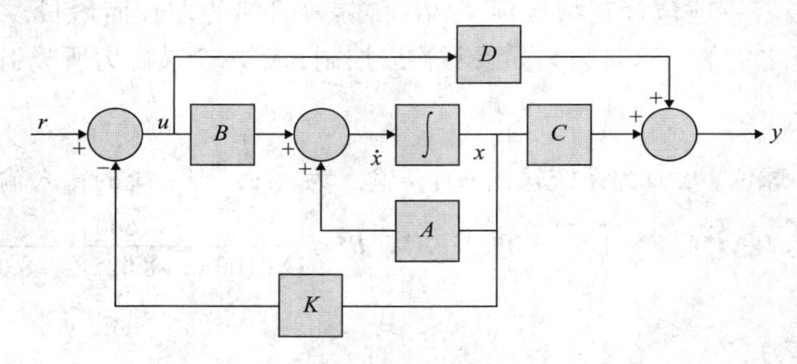

图 8-22 采用状态反馈的控制系统控制框图

我们可以说明前面介绍过的 PID 控制、转速计反馈控制都是状态反馈控制策略的一种特殊实例。考虑一种二阶系统的转速计反馈控制。该过程可以直接分解成如图 8-23 所示的控制框图。如果状态 $x_1(t)$ 和 $x_2(t)$ 是物理可测的，那么这些变量都可以分别用实增益 $-k_1$ 和 $-k_2$ 反馈，构成输入 $u(t)$，结果如图 8-23b 所示。采用状态反馈的该系统的传递函数为

$$\frac{Y(s)}{R(s)}=\frac{\omega_n^2}{s^2+(2\zeta\omega_n+K_2)s+K_1} \tag{8-314}$$

为了比较方便，我将系统包含转速计反馈和 PD 控制的系统传递函数写成如下形式。

转速计反馈：

$$\frac{Y(s)}{R(s)}=\frac{\omega_n^2}{s^2+(2\zeta\omega_n+K_t\omega_n^2)s+\omega_n^2} \tag{8-315}$$

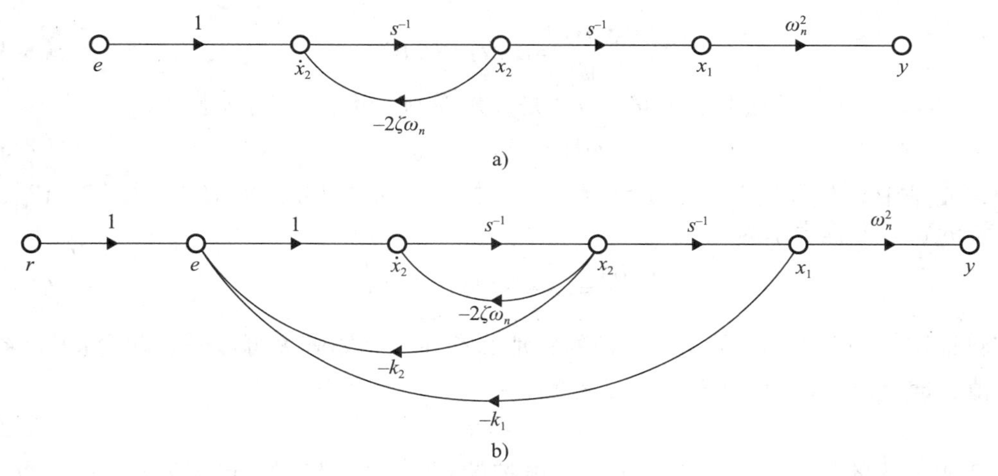

图 8-23　采用状态反馈的二阶系统的控制

PD 控制：

$$\frac{Y(s)}{R(s)}=\frac{\omega_n^2(K_p+K_Ds)}{s^2+(2\zeta\omega_n+K_D\omega_n^2)s+\omega_n^2K_p} \tag{8-316}$$

若是 $k_1=\omega_n^2$ 和 $k_2=K_t\omega_n^2$，那么转速计反馈相当于状态反馈。将式（8-314）与式（8-316）做比较，若是 $k_1=\omega_n^2K_p$ 和 $k_2=\omega_n^2K_D$，那么状态反馈系统的特征方程与 PD 控制系统的一样。但是，两个传递函数的分子部分不一样。 468

当系统的输入是零参考输入，即 $r(t)=0$ 时，通常被认为是**调节器**。当 $r(t)=0$ 时，系统的控制目标是将有任意初始条件的系统按照一定要求的模式驱动到零点。比如有要求系统尽可能快速地达到原点。这样，一个 PD 控制的二阶系统就和状态反馈控制系统一样了。

应该需要强调的是，这样的比较仅仅适用所有的二阶系统。对于高阶系统来说，PD 控制和转速计反馈控制仅仅相当于 x_1 和 x_2 状态变量反馈，而此时系统状态反馈控制所有状态变量的反馈。

因为 PI 控制将系统的阶次提高了 1，所以不能等价于通过常数增益的状态反馈。在 8.18 节中将说明，如果状态反馈是带有积分控制的，我们能够以一种状态反馈控制实现 PI 控制。

8.18　通过状态反馈进行极点配置

当根轨迹方法用于设计控制系统时，这种方法通常被描述为**极点配置方法**。这里的极点指的是闭环传递函数（也是特征方程）的根。在知晓闭环系统极点和系统性能之间的关系后，我们可以很有效地通过配置系统的极点位置来设计控制器。

前面章节讨论的设计方法都具有这样的系统特性：极点是基于固定控制器配置以及控制器参数的物理范围取得的。那么自然有一个问题：什么条件下能够任意配置？这是一个全新的设计哲学和自由度。很显然，只可能在一定条件下才能满足。

当我们有一个三阶或更高阶次的可控过程时，我们不能单独用 PD、PI 或者单阶相位超前、滞后配置极点，因为这些控制器仅仅只有两个自由度参数。 469

当我们研究一个 n 阶系统的可以任意配置极点的条件时，考虑有如下描述的状态方程：

$$\frac{\mathrm{d}\boldsymbol{x}(t)}{\mathrm{d}t}=\boldsymbol{A}\boldsymbol{x}(t)+\boldsymbol{B}u(t) \tag{8-317}$$

其中，$\boldsymbol{x}(t)$ 是一个 $n\times 1$ 维状态向量，$u(t)$ 是标量控制。状态反馈控制

$$u(t)=-\boldsymbol{K}\boldsymbol{x}(t)+r(t) \tag{8-318}$$

其中，$\boldsymbol{K}$ 是带有常数增益的 $1\times n$ 维反馈矩阵控制。将式（8-318）代入式（8-317），闭环系统的状态方程表示为

$$\frac{\mathrm{d}\boldsymbol{x}(t)}{\mathrm{d}t}=(\boldsymbol{A}-\boldsymbol{B}\boldsymbol{K})\boldsymbol{x}(t)+\boldsymbol{B}r(t) \tag{8-319}$$

我们将证明，如果 $[\boldsymbol{A},\boldsymbol{B}]$ 是完全能控的，那么存在一个矩阵 $\boldsymbol{K}$ 可以任意配置 $(\boldsymbol{A}-\boldsymbol{B}\boldsymbol{K})$ 的特征值，即特征方程的 n 个根可以任意配置：

$$\left|s\boldsymbol{I}-\boldsymbol{A}+\boldsymbol{B}\boldsymbol{K}\right|=0 \tag{8-320}$$

为了证明上述的结果，我们将一个完全能控的系统变换成能控标准型（CCF），也就是式（8-317）：

$$\boldsymbol{A}=\begin{bmatrix}0 & 1 & 0 & \cdots & 0\\ 0 & 0 & 1 & \cdots & 0\\ \vdots & \vdots & \vdots & \cdots & \vdots\\ 0 & 0 & 0 & & 1\\ -a_0 & -a_1 & -a_2 & \cdots & -a_{n-1}\end{bmatrix}\quad \boldsymbol{B}=\begin{bmatrix}0\\0\\ \vdots\\0\\1\end{bmatrix} \tag{8-321}$$

反馈增益矩阵 $\boldsymbol{K}$ 可以表示为

$$\boldsymbol{K}=[k_1\quad k_2\quad \cdots\quad k_n] \tag{8-322}$$

其中，$k_1,k_2,\cdots,k_n$ 是实数。那么

$$\boldsymbol{A}-\boldsymbol{B}\boldsymbol{K}=\begin{bmatrix}0 & 1 & 0 & \cdots & 0\\ 0 & 0 & 1 & \cdots & 0\\ \vdots & \vdots & \vdots & & \vdots\\ 0 & 0 & 0 & \cdots & 1\\ -a_0-k_1 & -a_1-k_2 & -a_2-k_3 & \cdots & -a_{n-1}-k_n\end{bmatrix} \tag{8-323}$$

$\boldsymbol{A}-\boldsymbol{B}\boldsymbol{K}$ 的特征值可以从特征方程得到：

470

$$\left|s\boldsymbol{I}-(\boldsymbol{A}-\boldsymbol{B}\boldsymbol{K})\right|=s^n+(a_{n-1}+k_n)s^{n-1}+(a_{n-2}+k_{n-1})s^{n-2}+\cdots+(a_0+k_1)=0 \tag{8-324}$$

显然，特征值可以被任意配置，因为反馈增益 $k_1,k_2,\cdots,k_n$ 在特征方程中的每个系数是孤立的。直觉上，一个系统必须是能控的，极点才能任意配置。如果有一个或多个状态变量不能控，那么与这些状态变量相关联的极点也不能控且不能移到想要的位置。下面的例子说明系统的状态反馈设计。

例 8-18-1 考虑 8.16 节分析的磁球悬浮系统。这是一个典型的调节系统控制问题——控制球到平衡点。在 8.16 节中，已经证明，如果没有控制，系统是不稳定的。

磁球悬浮系统的线性状态模型如下：

$$\frac{\mathrm{d}\Delta\boldsymbol{x}(t)}{\mathrm{d}t}=\boldsymbol{A}^*\Delta\boldsymbol{x}(t)+\boldsymbol{B}^*\Delta v(t) \tag{8-325}$$

其中，$\Delta\boldsymbol{x}(t)$ 定义了线性状态向量，$\Delta v(t)$ 是线性化后的输入电压，系数矩阵为

$$\boldsymbol{A}^*=\begin{bmatrix}0 & 1 & 0\\ 64.4 & 0 & -16\\ 0 & 0 & -100\end{bmatrix}\quad \boldsymbol{B}^*=\begin{bmatrix}0\\0\\100\end{bmatrix} \tag{8-326}$$

A^* 的特征值是 $s=-100,-8.025,8.025$。因此系统在没有反馈控制的情况下是不稳定的。

我们给出如下设计准则：

1. 系统必须是稳定的。

2. 对于小球在平衡位置的任何初始扰动，如果是零稳态误差的系统，那么小球都必须回到平衡位置。

3. 时间响应必须设置为 0.5s 以内的 5% 的初始扰动。

4. 控制是由状态反馈控制实现的：

$$\Delta v(t)=-\boldsymbol{K}\Delta\boldsymbol{x}(t)=-[k_1 \quad k_2 \quad k_3]\Delta\boldsymbol{x}(t) \tag{8-327}$$

其中，k_1,k_2,k_3 是实数。

图 8-24a 所示是一个开环磁球悬浮系统的状态图。带有状态反馈的闭环系统在图 8-24b 中。

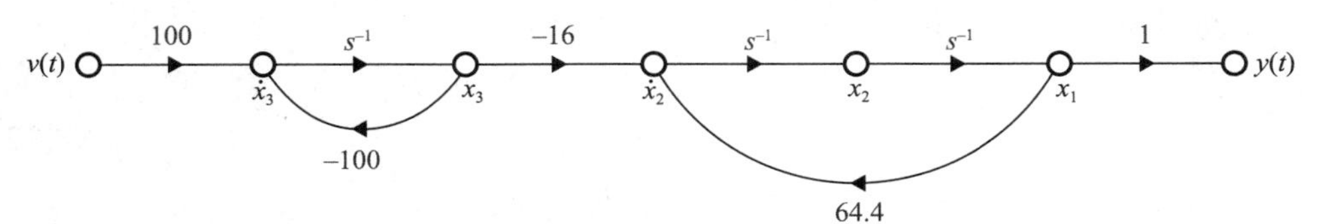

a) 磁球悬浮系统的状态图

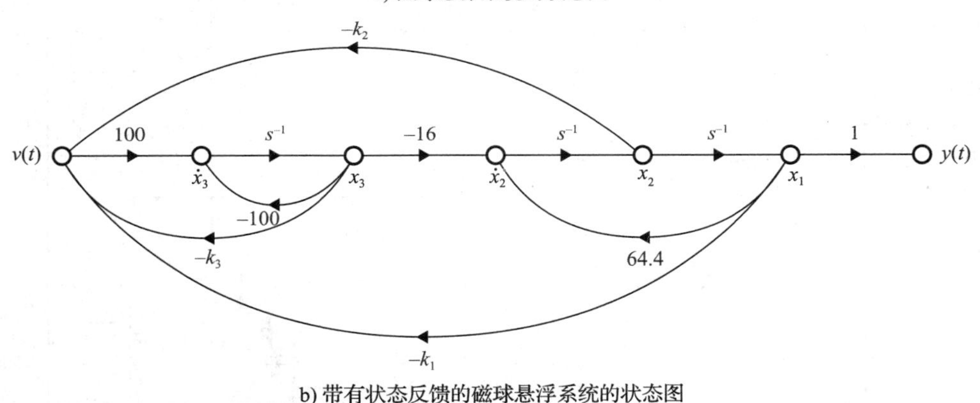

b) 带有状态反馈的磁球悬浮系统的状态图

图　8-24

我们必须选择 $(s\boldsymbol{I}-\boldsymbol{A}^*+\boldsymbol{B}^*\boldsymbol{K})$ 的特征值，以满足要求 3 所述的时间响应。在不考虑所有试错的情况，我们可以从以下结论开始：

1. 系统动态性能可以被两个主极点控制。

2. 为了得到较快的响应，两个极点是复数。

3. 由复极点的实数部分控制的阻尼必须是适当的。为了使得暂态快速消失，虚数部分应该足够大。

在一系列的试错后，我们使用 ACSYS/MATLAB 工具（见 8.20 节）可得到如下满足设计需求的特征方程的解：

$$s=-20 \quad s=-6+\mathrm{j}4.9 \quad s=-6-\mathrm{j}4.9$$

471

相应的特征方程如下：

$$s^3+32s^2+300s+1200=0 \tag{8-328}$$

带有状态反馈的闭环系统的特征方程为

$$
s\boldsymbol{I}-\boldsymbol{A}^*+\boldsymbol{B}^*\boldsymbol{K}=\begin{bmatrix} s & -1 & 0 \\ -64.4 & s & 16 \\ 100k_1 & 100k_2 & s+100+100k_3 \end{bmatrix} \tag{8-329}
$$

$$
=s^3+100(k_3+1)s^2-(64.4+1600k_2)s-1600k_1-6440(k_3+1)=0
$$

我们也可以直接利用 SFG 增益方法从图 8-24b 获得上述特征方程。类似于式（8-328）和式（8-329），我们同时得到下述方程：

$$
\begin{aligned} 100(k_3+1)&=32 \\ -64.4-1600k_2&=300 \\ -1600k_1-6440(k_3+1)&=1200 \end{aligned} \tag{8-330}
$$

解上述三个方程，我们知道，解是存在且唯一的，并得到如下状态反馈增益矩阵：

472

$$
\boldsymbol{K}=[k_1 \quad k_2 \quad k_3]=[-2.038 \quad -0.227\,75 \quad -0.68] \tag{8-331}
$$

图 8-25 展现了初始状态如下时的输出响应 $y(t)$：

$$
\boldsymbol{x}(0)=\begin{bmatrix}1\\0\\0\end{bmatrix} \tag{8-332}
$$

▲

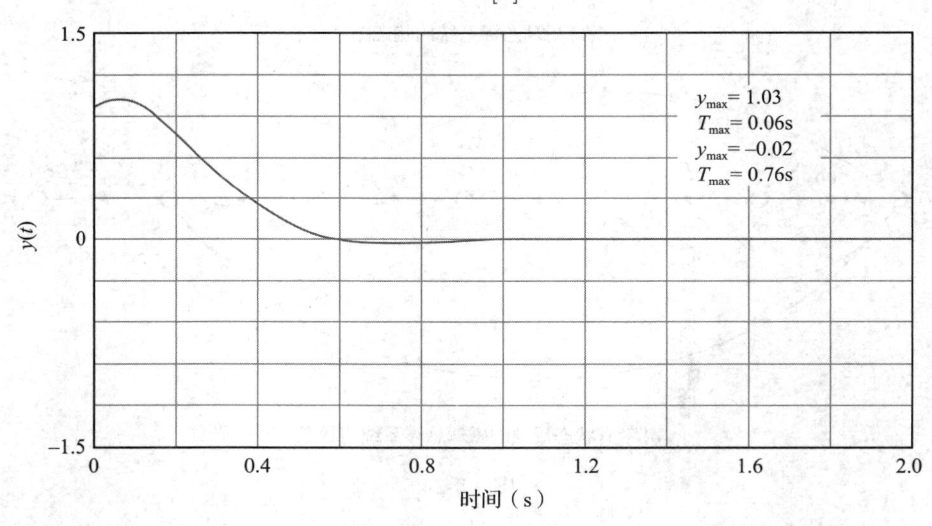

图 8-25 初始条件 $y(0)=x_1(0)=1$ 时，带有状态反馈的磁球悬浮系统的输出响应

例 8-18-2 在本例中，我们将为 6.5.1 节中的二阶太阳跟踪系统设计一个状态反馈控制器，也可见第 11 章。当反馈增益为 $K=1$ 时，CCF 状态图如图 8-26a 所示，那么系统的状态反馈设计问题变成：

$$
\theta_e(t)=-\boldsymbol{K}\boldsymbol{x}(t)=-[k_1 \quad k_2]\boldsymbol{x}(t) \tag{8-333}
$$

状态方程的向量矩阵形式如下：

$$
\frac{\mathrm{d}\boldsymbol{x}(t)}{\mathrm{d}t}=\boldsymbol{A}\boldsymbol{x}(t)+\boldsymbol{B}\theta_e(t) \tag{8-334}
$$

其中，

$$
\boldsymbol{A}=\begin{bmatrix}0 & 1\\0 & -25\end{bmatrix} \quad \boldsymbol{B}=\begin{bmatrix}0\\1\end{bmatrix} \tag{8-335}
$$

输出方程如下：

$$\theta_o(t) = \boldsymbol{C}\boldsymbol{x}(t) \tag{8-336}$$

其中，

$$\boldsymbol{C} = [1 \quad 0] \tag{8-337}$$

473

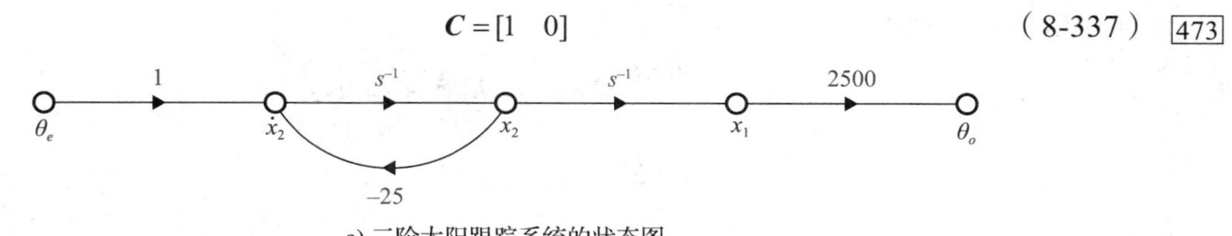

a) 二阶太阳跟踪系统的状态图

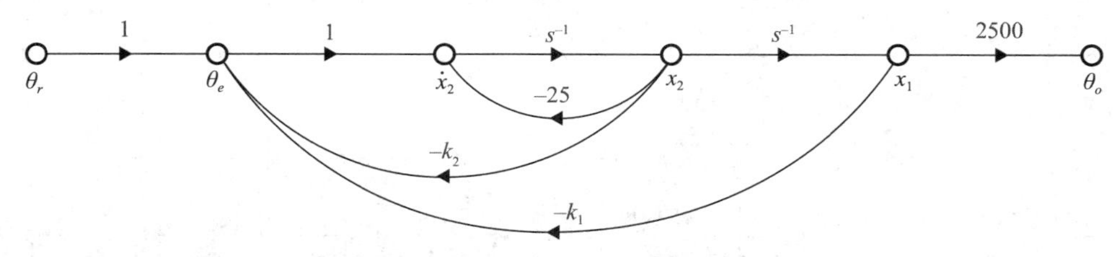

b) 带有状态反馈的二阶太阳跟踪系统的状态图

图　8-26

控制目标如下：

1. 在阶跃函数输入情况下，稳态误差为 0。

2. 在状态反馈控制下，单位阶跃响应产生的超调、上升时间以及调节时间都是最小的。

状态反馈的传递函数为

$$\frac{\Theta_o(s)}{\Theta_e(s)} = \frac{2500}{s^2 + (25 + k_2)s + k_1} \tag{8-338}$$

对于一个阶跃输入，如果输出的稳态误差是 0，那么分子和分母的常数项应该相等，即 $k_1 = 2500$。当系统完全能控时，我们不能任意配置如下特征方程的解：

$$s^2 + (25 + k_2)s + 2500 = 0 \tag{8-339}$$

换句话说，只有上述特征方程的一个解是任意配置的。我们用 ACSYS 工具箱（见 8.20 节）来解这个问题。在一些试错之后，我们发现当 $k_2 = 75$ 时，最大超调量、上升时间、调节时间都是最小。此时两个解是 $s = -50$ 和 -50。单位阶跃响应的属性为

$$\text{最大超调量} = 0\% \quad t_r = 0.067\,17\text{s} \quad t_s = 0.094\,67\text{s}$$

状态反馈增益矩阵为

$$\boldsymbol{K} = [2500 \quad 75] \tag{8-340}$$

从这个例子，我们可以看出状态反馈控制通常会产生一个 0 型系统。对于一个跟踪阶跃输入没有稳态误差的系统，它需要 1 型或者更高类型的系统，在 CCF 状态图中系统的反馈增益不能任意配置。对于一个 n 阶的系统，只有 $n-1$ 个特征方程的解可以任意配置。 ▲

474

8.19　带有积分控制的状态反馈

前面章节介绍的状态反馈控制系统结构都不提升系统的类型。所以，当特征方程的解可以任意配置时，常数增益的状态反馈系统通常仅仅对镇定系统有效，对于跟踪输入无效。

通常，大多数系统都会跟踪输入。解决这个问题的一个方法是，在反馈常数增益状态控制中引入积分控制，即 PI 控制。一个带有积分控制的常数增益状态反馈控制器的

控制框图如图 8-27 所示。系统还有一个白噪声输入 $n(t)$ 。对于一个单输入单输出的积分控制器添加了一个积分器到系统上。如图 8-27 所示，假设第 $n+1$ 积分器的输出为 x_{n+1} ，系统的动态方程被写成：

$$\frac{\mathrm{d}\boldsymbol{x}(t)}{\mathrm{d}t}=\boldsymbol{A}\boldsymbol{x}(t)+\boldsymbol{B}u(t)+\boldsymbol{E}n(t) \tag{8-341}$$

$$\frac{\mathrm{d}x_{n+1}(t)}{\mathrm{d}t}=r(t)-y(t) \tag{8-342}$$

$$y(t)=\boldsymbol{C}\boldsymbol{x}(t)+Du(t) \tag{8-343}$$

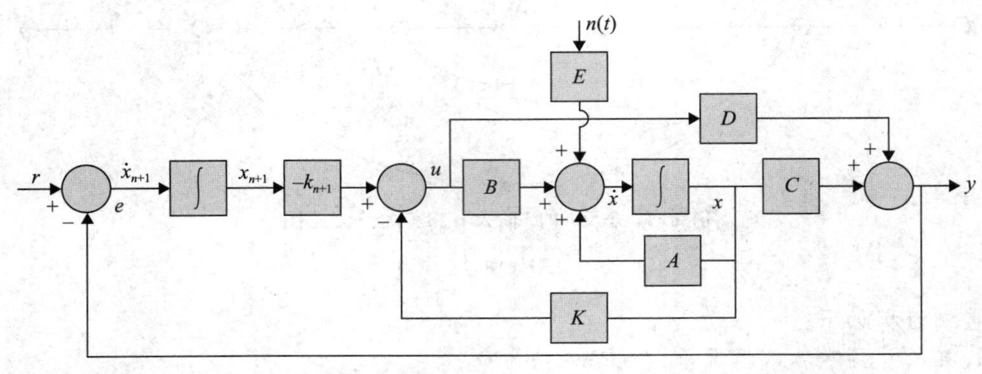

图 8-27　带有积分输出反馈和状态反馈的控制系统控制框图

其中， $\boldsymbol{x}(t)$ 是 $n\times1$ 维状态向量， $u(t)$ 和 $y(t)$ 分别是标量执行器信号和输出， $r(t)$ 是标量参考输入， $n(t)$ 是标量扰动输入。$\boldsymbol{A}$、$\boldsymbol{B}$、$\boldsymbol{C}$、D、$\boldsymbol{E}$ 分别为适当维数的系数矩阵。执行信号 $u(t)$ 是通过常数状态和积分反馈控制与状态变量关联在一起的：

$$u(t)=-\boldsymbol{K}\boldsymbol{x}(t)-k_{n+1}x_{n+1}(t) \tag{8-344}$$

其中，

475

$$\boldsymbol{K}=[k_1\quad k_2\quad k_3\quad \cdots\quad k_n] \tag{8-345}$$

是常数增益， k_{n+1} 是标量积分反馈增益。

将式（8-344）代入式（8-341）并且联合式（8-342），我们可以将常数增益和积分反馈控制的整个系统的 $n+1$ 个状态方程写成：

$$\frac{\mathrm{d}\bar{\boldsymbol{x}}(t)}{\mathrm{d}t}=(\bar{\boldsymbol{A}}-\bar{\boldsymbol{B}}\bar{\boldsymbol{K}})\bar{\boldsymbol{x}}(t)+\begin{bmatrix}0\\1\end{bmatrix}r(t)+\bar{\boldsymbol{E}}n(t) \tag{8-346}$$

其中，

$$\bar{\boldsymbol{x}}(t)=\begin{bmatrix}\dfrac{\mathrm{d}\boldsymbol{x}(t)}{\mathrm{d}t}\\ \dfrac{\mathrm{d}x_{n+1}(t)}{\mathrm{d}t}\end{bmatrix}[(n+1)\times1] \tag{8-347}$$

$$\bar{\boldsymbol{A}}=\begin{bmatrix}\boldsymbol{A} & 0\\ -\boldsymbol{C} & \boldsymbol{0}\end{bmatrix}(n+1)\times(n+1)\quad \bar{\boldsymbol{B}}=\begin{bmatrix}\boldsymbol{B}\\ D\end{bmatrix}[(n+1)\times1] \tag{8-348}$$

$$\bar{\boldsymbol{K}}=[K\quad K_{n+1}]=[k_1\quad k_2\quad \cdots\quad k_n\quad k_{n+1}][1\times(n+1)] \tag{8-349}$$

$$\bar{\boldsymbol{E}}=\begin{bmatrix}\boldsymbol{E}\\ 0\end{bmatrix}[(n+1)\times1] \tag{8-350}$$

将式（8-344）代入式（8-343）中，整个系统的输出方程如下：

$$y(t)=\overline{\boldsymbol{C}}\,\overline{\boldsymbol{x}}(t) \tag{8-351}$$

其中，

$$\overline{\boldsymbol{C}}=[\boldsymbol{C}-D\boldsymbol{K}\quad D\boldsymbol{K}][1\times(n+1)] \tag{8-352}$$

设计目标如下：

1. 系统输出 $y(t)$ 的稳态值以零稳态误差跟踪一个阶跃输入，如：

$$e_{ss}=\lim_{t\to\infty}e(t)=0 \tag{8-353}$$

2. $(\boldsymbol{A}-\boldsymbol{BK})$ 的特征值可以被任意配置在想要的位置。为了满足这个要求，$[\boldsymbol{A},\boldsymbol{B}]$ 是完全能控的。

下面这个例子说明带有积分控制的状态反馈应用。

例 8-19-1　在例 8-18-2 中，我们已经说明当系统需要追踪一个不带稳态误差的阶跃输入，带有状态反馈控制的二阶太阳跟踪系统仅仅能配置两个解中的一个。我们考虑一个相同的二阶太阳追踪系统，在前向通道中增加积分控制器，全局系统的状态控制框图如图 8-28 所示，例 8-18-2 中积分控制的系数矩阵为

$$\boldsymbol{A}=\begin{bmatrix}0 & 1\\ 0 & -25\end{bmatrix}\quad \boldsymbol{B}=\begin{bmatrix}0\\ 1\end{bmatrix}\quad \boldsymbol{C}=[2500\quad 0]\quad D=0 \tag{8-354}$$

476

根据式（8-348），

$$\overline{\boldsymbol{A}}=\begin{bmatrix}\boldsymbol{A} & \boldsymbol{0}\\ -\boldsymbol{C} & 0\end{bmatrix}=\begin{bmatrix}0 & 1 & 0\\ 0 & -25 & 0\\ -2500 & 0 & 0\end{bmatrix}\quad \overline{\boldsymbol{B}}=\begin{bmatrix}\boldsymbol{B}\\ D\end{bmatrix}=\begin{bmatrix}0\\ 1\\ 0\end{bmatrix} \tag{8-355}$$

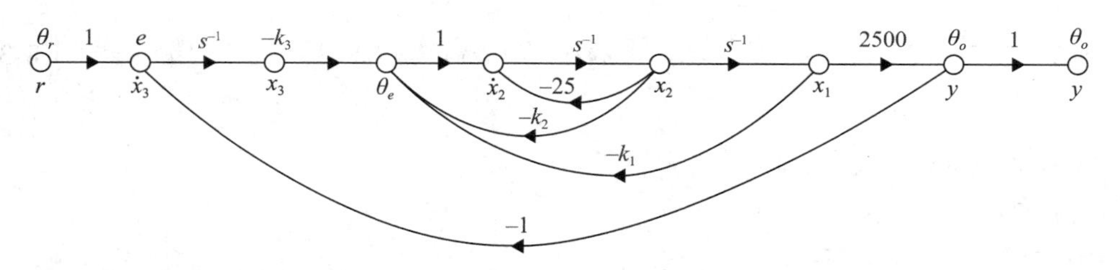

图 8-28　例 8-18-2 中带有状态反馈和积分控制的太阳跟踪系统

我们能够证明 $[\overline{\boldsymbol{A}},\overline{\boldsymbol{B}}]$ 是完全能控的。那么，$\left(\left|s\boldsymbol{I}-\overline{\boldsymbol{A}}+\overline{\boldsymbol{B}}\overline{\boldsymbol{K}}\right|\right)$ 的特征值能够被任意配置。将 $\overline{\boldsymbol{A}}$、$\overline{\boldsymbol{B}}$、$\overline{\boldsymbol{K}}$ 代入带有状态和积分反馈的闭环系统的特征方程，可得到：

$$\left|s\boldsymbol{I}-\overline{\boldsymbol{A}}+\overline{\boldsymbol{B}}\overline{\boldsymbol{K}}\right|=\begin{vmatrix}s & -1 & 0\\ k_1 & s+25+k_2 & k_3\\ -2500 & 0 & s\end{vmatrix} \tag{8-356}$$
$$=s^3+(25+k_2)s^2+k_1s+2500k_3=0$$

上述公式也可以通过图 8-28 使用 SFG 增益公式得到。

设计目标如下：

1. 稳态输出必须跟上一个带有零误差的阶跃函数输入。
2. 上升时间和调节时间必须小于 0.05s。
3. 单位阶跃响应的最大超调量必须小于 5%。

因为特征方程的所有的三个解能够任意配置，所以不能够像例 8-18-2 那样，同时要求最小上升时间和调节时间。

为了实现较小的上升时间和调节时间，特征方程的解应该配置得远离 s 左半平面，且自然频率会比较高。有一点需要记住，解的幅值比较大会给状态反馈矩阵造成较高的增益。

用 MATLAB 的 ACSYS 工具箱来解决这个问题。在经过一些试错运行后，选择如下解可满足设计规格：

$$s=-200 \quad -50+\mathrm{j}50 \text{ 和 } -50-\mathrm{j}50$$

期望的特征方程如下：

$$s^3+300s^2+25\,000s+1\,000\,000=0 \tag{8-357}$$

令式（8-356）和式（8-357）的系数分别相等，则有：

477

$$k_1=25\,000 \quad k_2=275 \text{ 和 } k_3=4000$$

在单位阶跃的响应下：

$$\text{超调量}=4\%$$

$$t_r=0.032\,47\mathrm{s}$$

$$t_s=0.046\,67\mathrm{s}$$

值得注意的是，较大的反馈增益 k_1 是由于选择较大的解产生的，这可能会导致一些物理问题。如果是这样的话，设计参数需要重新设计选择。

例 8-19-2 在本例中，我们将带有积分控制器的状态反馈应用到一个带有扰动输入的系统上。

考虑一个直流电动机控制系统的状态方程：

$$\frac{\mathrm{d}\omega(t)}{\mathrm{d}t}=\frac{-B}{J}\omega(t)+\frac{K_i}{J}i_a(t)-\frac{1}{J}T_L \tag{8-358}$$

$$\frac{\mathrm{d}i_a(t)}{\mathrm{d}t}=\frac{-K_b}{L}\omega(t)-\frac{R}{L}i_a(t)+\frac{1}{L}e_a(t) \tag{8-359}$$

478 其中，

$i_a(t)$ = 电枢电流，A

$e_a(t)$ = 电枢电压，V

$\omega(t)$ = 电动机转速，rad/s

B = 电动机和负载的黏性摩擦系数 = 0

J = 电动机和负载的惯量 = $0.02\mathrm{N\cdot m/rad/s^2}$

K_i = 电动机的转矩常数 = $1\mathrm{N\cdot m/A}$

K_b = 电动机的反电动势常数 = 1V/rad/s

T_L = 常数负载转矩，$\mathrm{N\cdot m}$

L = 电枢电感 = 0.005H

R = 电枢电阻 = 1Ω

输出方程为

$$y(t)=\boldsymbol{C}\boldsymbol{x}(t)=[1 \quad 0]\boldsymbol{x}(t) \tag{8-360}$$

现在设计问题变成，需要通过状态反馈和积分控制使得控制输入 $u(t)=e_a(t)$。

1.

$$\lim_{t\to\infty}i_a(t)=0 \text{和} \lim_{t\to\infty}\frac{\mathrm{d}\omega(t)}{\mathrm{d}t}=0 \tag{8-361}$$

2.

$$\lim_{t\to\infty}\omega(t)=\text{阶跃输入}r(t)=u_s(t) \tag{8-362}$$

3. 带有状态反馈和积分控制的闭环系统的特征值为 $s=-300$，$-10+\mathrm{j}10$ 和 $-10-\mathrm{j}10$。

令状态变量为 $x_1(t)=\omega(t), x_2(t)=i_a(t)$。式（8-358）和（8-359）的状态方程可以写成矩阵向量的形式：

$$\frac{\mathrm{d}\boldsymbol{x}(t)}{\mathrm{d}t}=\boldsymbol{A}\boldsymbol{x}(t)+\boldsymbol{B}u(t)+\boldsymbol{E}n(t) \tag{8-363}$$

其中，$n(t)=T_L u_s(t)$。

478

$$\boldsymbol{A}=\begin{bmatrix}-\dfrac{B}{J} & \dfrac{K_i}{J}\\ -\dfrac{K_b}{L} & -\dfrac{R}{L}\end{bmatrix}=\begin{bmatrix}0 & 50\\ -200 & -200\end{bmatrix} \tag{8-364}$$

$$\boldsymbol{B}=\begin{bmatrix}0\\ \dfrac{1}{L}\end{bmatrix}=\begin{bmatrix}0\\ 200\end{bmatrix} \tag{8-365}$$

$$\boldsymbol{E}=\begin{bmatrix}-\dfrac{1}{J}\\ 0\end{bmatrix}=\begin{bmatrix}-50\\ 0\end{bmatrix} \tag{8-366}$$

根据式（8-348），

$$\bar{\boldsymbol{A}}=\begin{bmatrix}\boldsymbol{A} & \boldsymbol{0}\\ -\boldsymbol{C} & 0\end{bmatrix}=\begin{bmatrix}0 & 50 & 0\\ -200 & -200 & 0\\ -1 & 0 & 0\end{bmatrix}\quad \bar{\boldsymbol{B}}=\begin{bmatrix}\boldsymbol{B}\\ D\end{bmatrix}=\begin{bmatrix}0\\ 200\\ 0\end{bmatrix} \tag{8-367}$$

$$\bar{\boldsymbol{C}}=[\boldsymbol{C}\quad 0]=[1\quad 0\quad 0]\quad \boldsymbol{E}=\begin{bmatrix}\boldsymbol{E}\\ 0\end{bmatrix}=\begin{bmatrix}-50\\ 0\\ 0\end{bmatrix} \tag{8-368}$$

控制由下式给出：

$$u(t)=-\boldsymbol{K}\boldsymbol{x}(t)-k_{n+1}x_{n+1}(t)=\bar{\boldsymbol{K}}\,\bar{\boldsymbol{x}}(t) \tag{8-369}$$

其中，

$$\bar{\boldsymbol{K}}=[k_1\quad k_2\quad k_3] \tag{8-370}$$

图 8-29 说明了整个所设计系统的状态图。

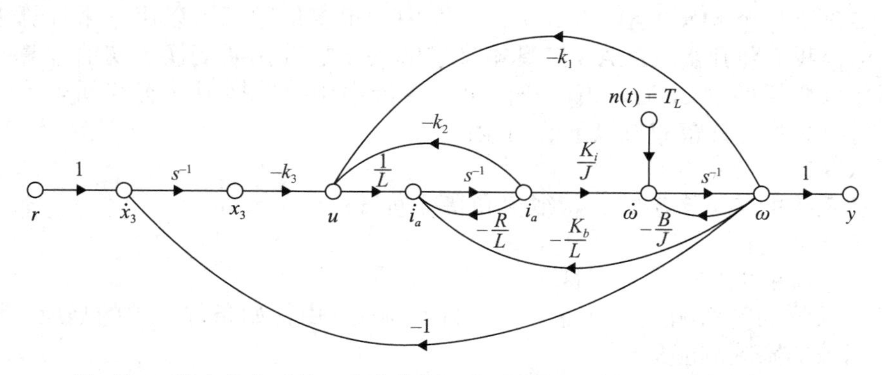

图 8-29　带有状态反馈、积分控制、扰动转矩的直流电动机控制系统

闭环系统的系数矩阵如下：

$$\bar{A}-\bar{B}\bar{K}=\begin{bmatrix}0 & 50 & 0\\ -200-200k_1 & -200-200k_2 & -200k_3\\ -1 & 0 & 0\end{bmatrix} \tag{8-371}$$

特征方程为

$$|sI-\bar{A}+\bar{B}\bar{K}|=s^3+200(1+k_2)s^2+10\,000(1+k_1)s-10\,000k_3=0 \tag{8-372}$$

上述方程更容易通过图 8-29 应用 SFG 增益公式来得到。

根据三个指定的解，上述方程等价于：

479

$$s^3+320s^2+6200s+60\,000=0 \tag{8-373}$$

令式（8-372）和式（8-373）的系数分别相等，我们得到：

$$k_1=-0.38\quad k_2=0.6\quad k_3=-6.0$$

应用 SFG 增益公式到图 8-29 的输入 $r(t)$、$n(t)$ 和状态 $\omega(t)$、$i_a(t)$ 之间，我们得到：

$$\begin{bmatrix}\Omega(s)\\ I_a(s)\end{bmatrix}=\frac{1}{\Delta_c(s)}\begin{bmatrix}-\frac{1}{J}\left(s^2+\frac{R}{L}s+\frac{k_2}{L}s\right) & -\frac{k_3K_i}{JL}\\ -\frac{1}{J}\left(-\frac{K_b}{L}s-\frac{k_1}{L}s+\frac{k_3}{L}\right) & -\frac{k_3}{L}\left(s+\frac{B}{J}\right)\end{bmatrix}\begin{bmatrix}\frac{T_L}{s}\\ \frac{1}{s}\end{bmatrix} \tag{8-374}$$

其中，$\Delta_c(s)$ 是式（8-373）所给的特征多项式。

对于上式应用终值定理，可得到状态变量的稳态值：

$$\lim_{t\to\infty}\begin{bmatrix}\omega(t)\\ i_a(t)\end{bmatrix}=\lim_{s\to 0}\begin{bmatrix}\Omega(t)\\ I_a(t)\end{bmatrix}=\begin{bmatrix}0 & K_i\\ 1 & B\end{bmatrix}\begin{bmatrix}T_L\\ 1\end{bmatrix}=\begin{bmatrix}1\\ T_L\end{bmatrix} \tag{8-375}$$

这样，当时间 t 趋于无穷大时，电动机的速度 $\omega(t)$ 将趋近于常数参考输入阶跃函数 $r(t)=u_s(t)$，与扰动转矩 T_L 无关。将系统参数代入式（8-374）中得到：

$$\begin{bmatrix}\Omega(s)\\ I_a(s)\end{bmatrix}=\frac{1}{\Delta_c(s)}\begin{bmatrix}-50(s+320)s & 60\,000\\ 6200s+60\,000 & 1200s\end{bmatrix}\begin{bmatrix}\frac{T_L}{s}\\ \frac{1}{s}\end{bmatrix} \tag{8-376}$$

480 图 8-30 说明在 $T_L=1$ 和 $T_L=0$ 时 $\omega(t)$ 和 $i_a(t)$ 的时间响应。参考输入是一个单位阶跃函数。▲

8.20 MATLAB 工具箱和案例学习

本节将介绍一个 MATLAB 工具箱，本章中的很多例题都可以用它来计算求解。和第 2 章一样，我们将用 MATLAB 工具箱来求解关于拉普拉斯变换的初值计算问题。最后，用第 3 章介绍的 tfcal 工具箱，我们可以将传递函数转换成状态空间表示形式。使用者可以利用这些工具箱完成以下的功能：

- 输入状态矩阵；
- 求解系统的特征多项式、特征值和特征向量；
- 求解相似变换矩阵；
- 检验系统的能控性和能观性；
- 求解系统的阶跃响应、脉冲响应、自然响应（由初始条件产生的响应）和任意时间函数的系统响应；
- 用 MATLAB 符号工具箱通过拉普拉斯逆变换求解状态传递矩阵；

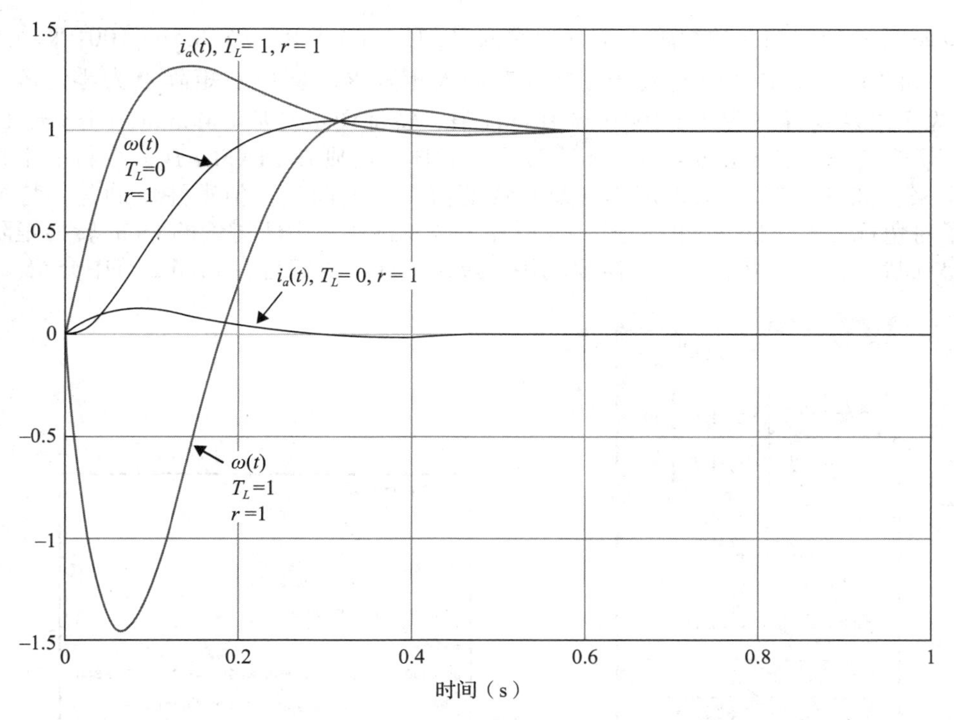

图 8-30　带有状态反馈、积分控制和扰动转矩的直流电动机控制系统的时间响应

- 转换传递函数得到状态空间形式的描述，反之亦然。

为了更好地说明如何使用这个工具箱，我们用本章的一些例题来做示范。

401

8.20.1　状态空间分析工具箱的使用和说明

状态空间分析工具箱包括分析状态空间系统的 m 文件和 GUI 文件。我们在 MATLAB 命令行中只要敲入 statetool 就可以使用该工具箱，也可以通过在 ACSYS 程序中点击相应的按钮来使用它，结果如图 8-31 所示。这里首先考虑 8.16 节中的例子。

482

为了输入下列系数矩阵：

$$\boldsymbol{A}^* = \begin{bmatrix} 0 & 1 & 0 \\ 64.4 & 0 & -16 \\ 0 & 0 & -100 \end{bmatrix} \tag{8-377}$$

$$\boldsymbol{B}^* = \begin{bmatrix} 0 \\ 0 \\ 100 \end{bmatrix} \tag{8-378}$$

$$\boldsymbol{C}^* = [1 \quad 0 \quad 0] \tag{8-379}$$

在相应的编辑文本框中输入这些值。值得注意的是，初始条件的默认值为 0，本例中不需要对此进行修改。根据屏幕上的提示一步一步操作。矩阵的行元素可以用空格或逗号隔开，而矩阵的行与行之间用分号隔开。例如，

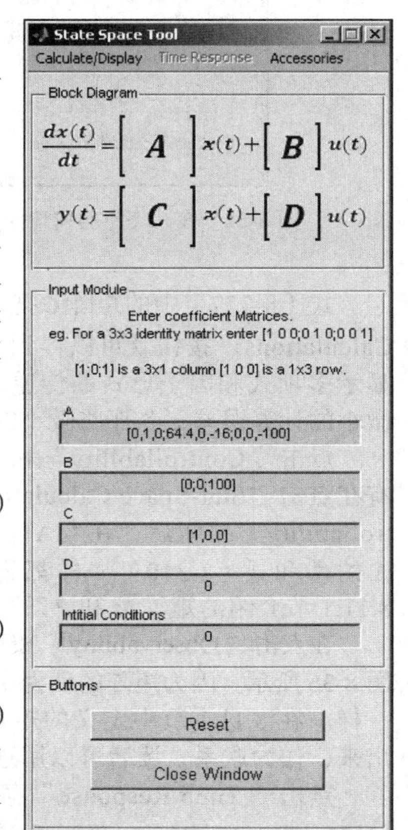

图 8-31　状态空间分析窗口

可以按照图 8-32，在 $\boldsymbol{A}$ 的编辑文本框中输入 [0, 1, 0; 64.4, 0, −16; 0, 0, −100] 来输入矩阵 $\boldsymbol{A}$，在 $\boldsymbol{B}$ 的编辑文本框中输入 [0; 0;100] 来输入矩阵 $\boldsymbol{B}$。这里的矩阵 $\boldsymbol{D}$ 为零矩阵（默认值）。为了求解特征方程（8-305）及其特征值、特征向量。从 Calculate/Display（计算 / 显示）菜单点击“ Eigenvals & vects of A”。具体的解则在 MATLAB 命令行的主画面上显示出来。如图 8-33 所示为矩阵 $\boldsymbol{A}$ 及其特征值和特征向量。值得注意的是，特征值 $\boldsymbol{A}$ 写成了对角标准型（DCF）的形式，当矩阵 $\boldsymbol{T}$ 是 8.11.4 节中所讨论的 DCF 转换矩阵。如果要得到状态转移矩阵 $\phi(t)$，还需要利用 tfsym 工具，我们将在 8.20.2 节中介绍。

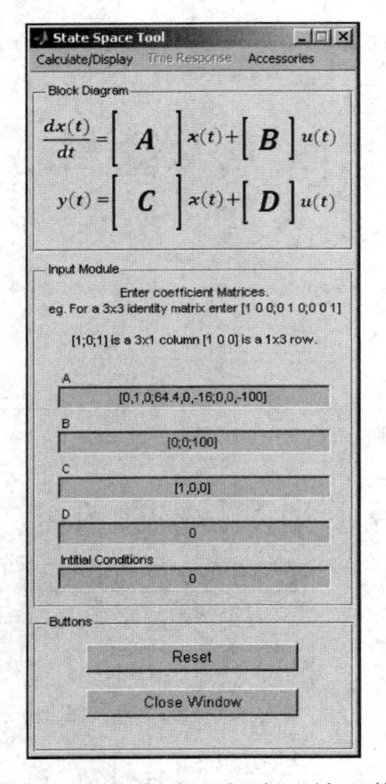

图 8-32　在状态空间窗口输入值

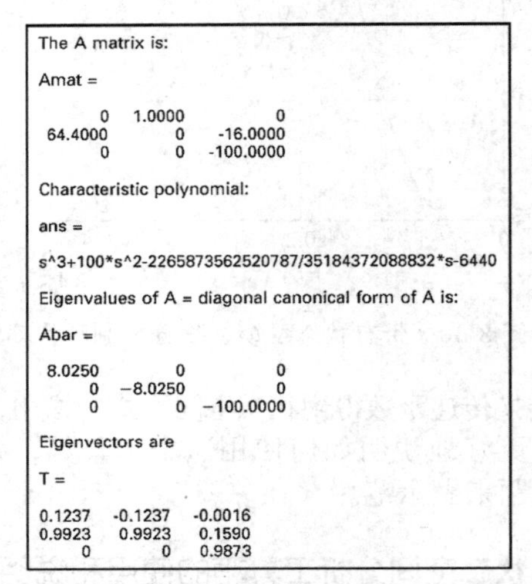

```
The A matrix is:

Amat =

        0    1.0000         0
  64.4000         0  -16.0000
        0         0 -100.0000

Characteristic polynomial:

ans =

s^3+100*s^2-2265873562520787/35184372088832*s-6440

Eigenvalues of A = diagonal canonical form of A is:

Abar =

  8.0250         0         0
       0   -8.0250         0
       0         0 -100.0000

Eigenvectors are

T =

0.1237   -0.1237   -0.0016
0.9923    0.9923    0.1590
     0         0    0.9873
```

图 8-33　点击“Eigenvals & vects of A”按钮后的 MATLAB 命令窗口显示

式（8-377）中的矩阵 $\boldsymbol{C}$ 把小球位置作为系统输入 $v(t)$ 的输出 $y(t)$。点击“Stat-Space Calculations”按钮就可以得到系统的输入输出传递函数。在 MATLAB 命令窗口中将会显示多项式和因子形式的传递函数，如图 8-34 所示。读者可以发现数值仿真中会存在微小的计算误差，令那些微小的项为 0 就可以得到式（8-309）。

点击“Controllability”和“Observability”按钮还可以检验系统是否能控能观。只有在点击“Stat-Space Calculations”按钮之后，这两个按钮才可以使用。在点击“Controllability”按钮后，在 MATLAB 命令窗口会显示如图 8-35 所示画面。计算得到矩阵 $\boldsymbol{S}$ 的秩和式（8-310）一样都为 3。因此系统是完全能控的。显示画面中还列出了在 8.11.1 节介绍的矩阵 $\boldsymbol{M}$ 和 $\boldsymbol{P}$ 以及能控标准型等结果。

在点击“Observability”按钮后，系统的能观性也会在 MATLAB 命令行窗口显示，如图 8-36 所示。因为矩阵的秩为 3，因此系统完全能观。图 8-36 所示的矩阵 $\boldsymbol{V}$ 和式（8-311）一样。在 8.11.1 节中定义的矩阵 $\boldsymbol{M}$ 和 $\boldsymbol{Q}$ 以及系统的能观标准型也在命令行窗口中显示出来，作为联系，读者可以用这个工具计算式（8-312）和式（8-313）。

点击“Time Response”菜单中的合适按钮还可以得到系统的输出 $y(t)$ 的自然响应（对初始条件的响应）、阶跃响应、脉冲响应和其他任何输入函数的时间响应。

483

工具箱还可以用来求解本章中的例子，只要求解过程不会涉及拉普拉斯逆变换和闭环解。为了求得解析解，还要利用 tfsym 工具箱，这需要 MATLAB 中的符号工具箱支持。

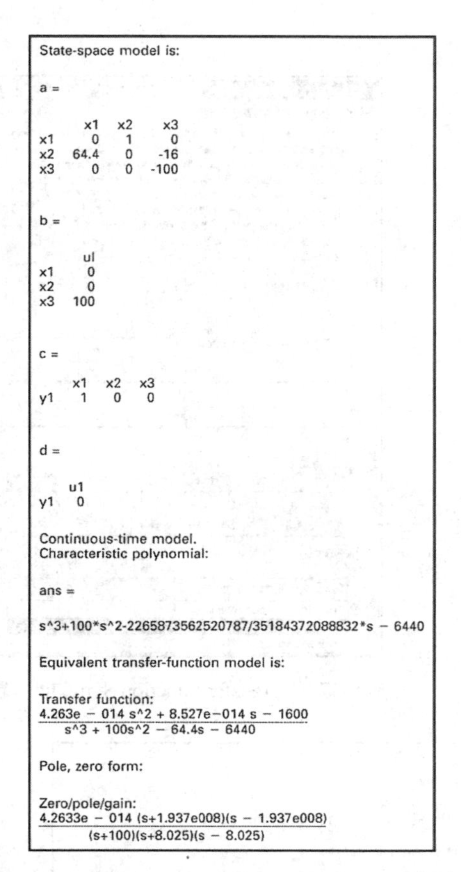

图 8-34　点击“State-Space Calculations”按钮得到的 MATLAB 命令

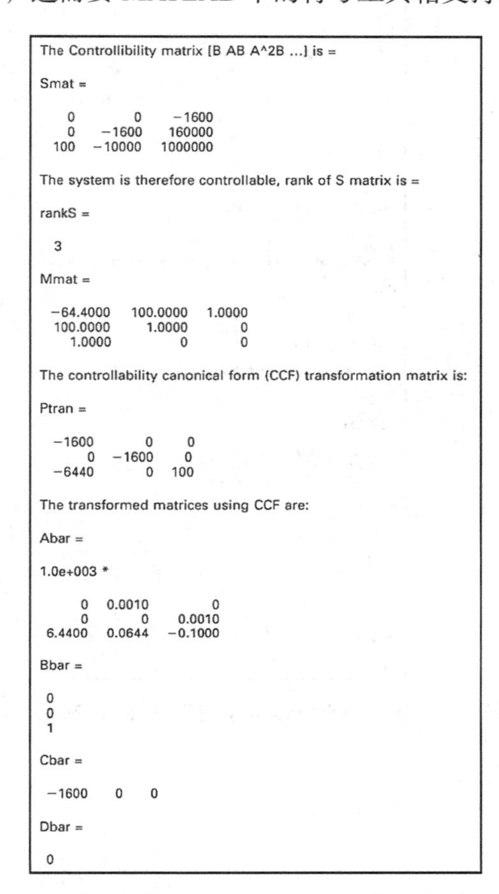

The Controllibility matrix [B AB A^2B ...] is =
Smat =
0 0 −1600
0 −1600 160000
100 −10000 1000000
The system is therefore controllable, rank of S matrix is =
rankS =
3
Mmat =
−64.4000 100.0000 1.0000
100.0000 1.0000 0
1.0000 0 0
The controllability canonical form (CCF) transformation matrix is:
Ptran =
−1600 0 0
0 −1600 0
−6440 0 100
The transformed matrices using CCF are:
Abar =
1.0e+003 *
0 0.0010 0
0 0 0.0010
6.4400 0.0644 −0.1000
Bbar =
0
0
1
Cbar =
−1600 0 0
Dbar =
0

图 8-35　点击“Controllability”按钮得到的 MATLAB 命令窗口

8.20.2　tfsym 在状态空间应用中的使用和说明

读者可以在 ACSYS 窗口中点击“Transfer Function Symbolic”按钮来运行传递函数符号工具箱。对于这个例子，我们采用状态空间模式。如图 8-37 所示，从下拉菜单中选择适当的选项。

继续求解先前的例子。如图 8-38 所示，将输入矩阵输入到状态空间窗口。MATLAB 命令行窗口显示输入和输出矩阵，如图 8-39 所示。虽然矩阵 $(s\boldsymbol{I}-\boldsymbol{A})^{-1}$ 和 $\phi(t)$ 看起来似乎和式（8-306）以及（8-307）不尽相同。但是，稍作简化后，我们可以发现两组结果是一致的。这种不同的显示结果是由于 MATLAB 符号方法所造成的。我们可以在 MATLAB 命令行窗口中敲入“simple”来简化矩阵的显示结果。比如，为了简化 $\phi(t)$，我们可以在 MATLAB 命令行窗口中敲入“simple(phi)”来实现。如果仍然无法得到你所想要的显示形式，则可能是因为达到了工具箱设置的显示限度。

484～485

8.21　案例研究：LEGO MINDSTORMS 机器臂系统的位置控制

现在考虑一个如图 2-41 所示的机器臂系统，在附录 D 的 D.1.6 节中用 PD 控制器来控制机器臂的位置。在本节，我们用状态空间方法解决同样的问题。

```
The observability matrix (transpose:[C CA CA^2 ...]) is =

Vmat =

   1.0000         0         0
        0    1.0000         0
  64.4000         0  -16.0000

The system is therefore observable, rank of V matrix is =

rankV =

   3

Mmat =

 -64.4000  100.0000    1.0000
 100.0000    1.0000         0
   1.0000         0         0

The observability canonical form (OCF) transformation matrix is:

Qtran =

        0         0    1.0000
        0    1.0000 -100.0000
  -0.0625    6.2500 -625.0000

The transformed matrices using OCF are:

Abar =

1.0e+003 *

   0.0000   -0.0000    6.4400
   0.0010   -0.0000    0.0644
        0    0.0010   -0.1000

Bbar =

  -1600
      0
      0

Cbar =

   0   0   1

Dbar =

   0
```

图 8-36　点击“Observability”按钮得到的 MATLAB 命令窗口

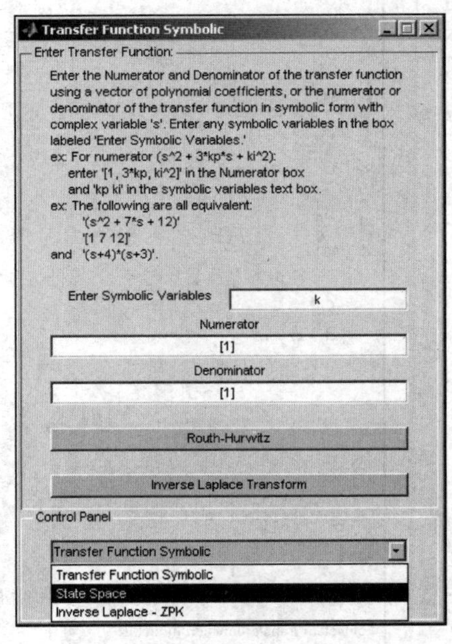

图 8-37　“Transfer Function Symbdic”窗口

```
Transfer Function Symbolic
Enter Matrix
Enter the Coefficient Matrices (empty matrices will give error)

E.g. For a 2x2 identity matrix type in: [1 0; 0 1]
[1 ; 0 ; 1] is a 3x1 column vector & [1 0 1] is a 1x3 row
vector

A = [0,1,0;64.4,0,-16;0,0,-100]
B = [0;0;100]
C = [1,0,0]
D = 0
u = 1
ICs:
State Space
Control Panel
State Space
Close
```

图 8-38　“Transfer Function Symbolic”窗口的输入

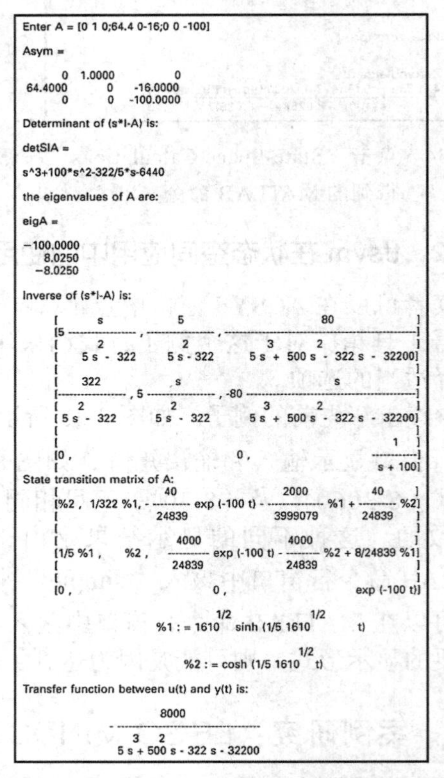

图 8-39　tfsym 工具的 MATLAB 命令窗口的选择性显示

比例控制

从式（6-57）得出，系统的传递函数如下：

$$\frac{\Theta(s)}{\Theta_{\text{in}}(s)}=\frac{\dfrac{K_pK_iK_s}{R_aJ}}{\left(\dfrac{L_a}{R_a}s+1\right)\left\{Js^2+\left(B+\dfrac{K_bK_i}{R_a}\right)s+\dfrac{K_pK_iK_s}{R_aJ}\right\}} \tag{8-380}$$

如前面一样，由于 L_a 比较小，L_a/R_a 可以被忽略不计。这样，从式（6-58），可以得到简化后的系统传递函数：

$$\frac{\Theta(s)}{\Theta_{\text{in}}(s)}=\frac{\dfrac{K_pK_iK_s}{R_aJ}}{s^2+\left(\dfrac{R_aB+K_bK_i}{R_aJ}\right)s+\dfrac{K_pK_iK_s}{R_aJ}} \tag{8-381}$$

486 ~ 491

表 8-1 重新显示了一些前面已列举过的 LEGO NXT 电动机参数值。

表 8-1　机械臂和有效载荷实验参数

电枢电阻	$R_a=2.27\Omega$	等效黏性摩擦系数	$B=0.0027\text{Nm/s}$
电枢电感	$L_a=0.0047\text{H}$	机械时间常数	$\tau_m=0.1\text{s}$
电动机转矩常数	$K_i=0.25\text{Nm/A}$	总惯量	$J=0.003\ 02\text{kg}\cdot\text{m}^2$
反电动势常数	$K_b=0.25\text{V/rad/s}$	传感器增益	$K_s=1$

式（8-381）同时左乘两边分母，得到：

$$\left(s^2+\frac{R_aB+K_bK_i}{R_aJ}s+\frac{K_pK_iK_s}{R_aJ}\right)\Theta(s)=\frac{K_pK_iK_s}{R_aJ}\Theta_{\text{in}}(s) \tag{8-382}$$

对式（8-382）两边求拉普拉斯逆变换。由于传递函数与系统的初始条件无关，我们可得到下列带有常数实系数的微分方程：

$$\frac{\mathrm{d}^2\theta(t)}{\mathrm{d}t^2}+\frac{R_aB+K_bK_i}{R_aJ}\frac{\mathrm{d}\theta(t)}{\mathrm{d}t}+\frac{K_pK_iK_s}{R_aJ}\theta(t)=\frac{K_pK_iK_s}{R_aJ}\theta_{\text{in}}(t) \tag{8-383}$$

显然，你也可以通过第 2 章和第 6 章中讨论的建模方法直接得到式（8-384）。定义状态变量：

$$\begin{aligned}x_1(t)&=\theta(t)\\x_2(t)&=\frac{\mathrm{d}\theta(t)}{\mathrm{d}t}\\u(t)&=\theta_{\text{in}}(t)\\y(t)&=x_1(t)\end{aligned} \tag{8-384}$$

其中，$x_1(t)$、$x_2(t)$ 是状态变量，$u(t)$ 是输入，$y(t)$ 是输出。

状态方程如下：

$$\begin{bmatrix}\dfrac{\mathrm{d}x_1(t)}{\mathrm{d}t}\\\dfrac{\mathrm{d}x_2(t)}{\mathrm{d}t}\end{bmatrix}=\begin{bmatrix}0 & 1\\-\dfrac{K_pK_iK_s}{R_aJ} & -\dfrac{R_aB+K_bK_i}{R_aJ}\end{bmatrix}\begin{bmatrix}x_1(t)\\x_2(t)\end{bmatrix}+\begin{bmatrix}0\\\dfrac{K_pK_iK_s}{R_aJ}\end{bmatrix}u(t) \tag{8-385}$$

$$y(t)=[1\quad 0]\boldsymbol{x}(t) \tag{8-386}$$

在比例控制系统（8-385）和（8-386）与状态反馈控制系统（8-317）和（8-318）之间
492
有一个小的但是很重要的区别。将当前系统与例 8-18-2 相比，我们能发现，由于比例控制 K_P 出现在前向通道中而不是在反馈回路中，通过比较式（8-338）和图 8-26b 可以发现它也同样出现在输入 $u(t)$ 的系数矩阵 $\boldsymbol{B}$ 中，所以系数矩阵变成：

$$\boldsymbol{A}=\begin{bmatrix}0 & 1\\ -\dfrac{K_pK_iK_s}{R_aJ} & -\dfrac{R_aB+K_bK_i}{R_aJ}\end{bmatrix}\quad \boldsymbol{B}=\begin{bmatrix}0\\ \dfrac{K_pK_iK_s}{R_aJ}\end{bmatrix}$$
$$\boldsymbol{C}=[1\quad 0]\qquad D=0 \tag{8-387}$$

取 $K_P=3$，将表 8-1 中的参数值代入到系数矩阵中，我们得到：

$$\boldsymbol{A}=\begin{bmatrix}0 & 1\\ -109.4028 & -10.0109\end{bmatrix}\quad \boldsymbol{B}=\begin{bmatrix}0\\ 109.4028\end{bmatrix}$$
$$\boldsymbol{C}=[1\quad 0]\qquad D=0 \tag{8-388}$$

利用 ACSYS 工具箱可得到下列结果。

特征方程

$$|s\boldsymbol{I}-\boldsymbol{A}|=\begin{bmatrix}s & 1\\ 109.4028 & s+10.0109\end{bmatrix}=s^2+10.0109s+109.4028=0 \tag{8-389}$$

$\boldsymbol{A}$ 的特征值或者特征方程的解如下：

$$s_{1,2}=-5.0054\pm \mathrm{j}9.1841=-\zeta\omega_n\pm \mathrm{j}\omega_n\sqrt{1-\zeta^2} \tag{8-390}$$

能控性

能控性矩阵如下：

$$\boldsymbol{S}=[\boldsymbol{B}\quad \boldsymbol{AB}]=\begin{bmatrix}0 & 109.4028\\ 109.4028 & -1095.22\end{bmatrix} \tag{8-391}$$

因为 $\boldsymbol{S}$ 的秩为 2，系统完全能控。

系统的能控标准型如下：

$$\bar{\boldsymbol{A}}=\begin{bmatrix}0 & 1\\ -109.4028 & -10.0109\end{bmatrix}\quad \bar{\boldsymbol{B}}=\begin{bmatrix}0\\ 109.4028\end{bmatrix}$$
$$\bar{\boldsymbol{C}}=[1\quad 0]\qquad \bar{D}=0 \tag{8-392}$$

能观性

可观性矩阵如下：

$$\boldsymbol{V}=\begin{bmatrix}\boldsymbol{C}\\ \boldsymbol{CA}\end{bmatrix}=\begin{bmatrix}1 & 0\\ 0 & 1\end{bmatrix} \tag{8-393}$$

493
其秩为 2。因此，这样的系统也是完全能观的。

系统的能观标准型如下：

$$\bar{\boldsymbol{A}}=\begin{bmatrix}0 & -109.4028\\ 1 & -10.0109\end{bmatrix}\quad \bar{\boldsymbol{B}}=\begin{bmatrix}109.4028\\ 0\end{bmatrix}$$
$$\bar{\boldsymbol{C}}=[0\quad 1]\qquad \bar{D}=0 \tag{8-394}$$

利用状态空间工具箱中的“Time Response”菜单，可以得到系统在单位阶跃输入下的阶跃响应，如图 8-40 所示。在 160° 阶跃输入下的结果和图 8-31 是一致的。为了要和 PD 控制器比较，我们使用工具箱 8-21-1 来代替。

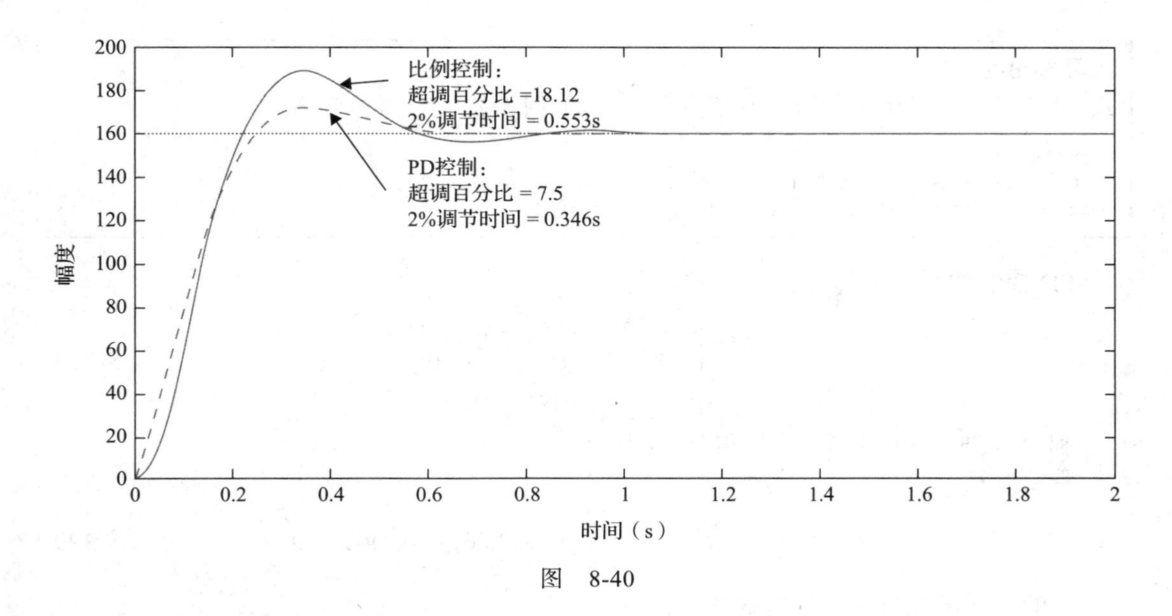

图　8-40

工具箱 8-21-1

通过下列 MATLAB 函数序列获得图 8-40 所示曲线：

```
KD=0;KP=3;
% enter transfer function numerator and denominator
num =160*36.4676*[KD KP]; % apply an input amplitude of 160 degrees
num =160*36.4676*[KD KP];
den = [1 10.0109+36.4676*KD 36.4676*KP];
step(num,den)
hold on
KD=0.1;KP=3;
% enter transfer function numerator and denominator
num =160*36.4676*[KD KP]; % apply an input amplitude of 160 degrees
den = [1 10.0109+36.4676*KD 36.4676*KP];
step(num,den)
axis([0 2 0 200])
```

PD 控制

系统的传递函数如下：

$$\frac{\Theta(s)}{\Theta_{\text{in}}(s)}=\frac{\dfrac{K_iK_s}{R_aJ}(K_p+K_Ds)}{s^2+\left(\dfrac{R_aB+K_bK_i}{R_aJ}+\dfrac{K_DK_iK_s}{R_aJ}\right)s+\dfrac{K_pK_iK_s}{R_aJ}} \tag{8-395}$$

将表 8-1 中的参数代入，可得到：

$$\frac{\Theta(s)}{\Theta_{\text{in}}(s)}=\frac{34.4676(K_p+K_Ds)}{s^2+(10.0109+36.4676K_D)s+34.4676K_p} \tag{8-396}$$

为了便于和比例控制比较，我们取与前面相同的 $K_P=3$ 和不同的 K_D。对于 $K_D=0.1$，式（8-396）的传递函数变为

$$\frac{\Theta(s)}{\Theta_{\text{in}}(s)}=\frac{3.647s+109.4028}{s^2+13.66s+109.4028} \tag{8-397}$$

利用工具箱 8-21-2，可以得到等价的系统状态方程。

工具箱 8-21-2

式（8-397）中的传递函数到状态空间形式的转换：

```
s=tf('s')
G=36.4676*(0.1*s+3)/(s^2+(10.0109+36.4676*0.1)*s+36.4676*3)
controller_ss=ss(G)
```

PD 控制的系数矩阵为

$$\boldsymbol{A}=\begin{bmatrix}-13.66 & -13.68\\ 8 & 0\end{bmatrix}\quad \boldsymbol{B}=\begin{bmatrix}4\\0\end{bmatrix}$$
$$\boldsymbol{C}=[0.9117\quad 3.419]\quad D=0 \tag{8-398}$$

利用 ACSYS 工具箱，可以得到下列结果。

特征方程

$$|s\boldsymbol{I}-\boldsymbol{A}|=\begin{vmatrix}s+13.66 & 13.68\\ -8 & s\end{vmatrix}=s^2+13.66s+109.4028=0 \tag{8-399}$$

$\boldsymbol{A}$ 的特征值或特征方程的解如下：

$$s_{1,2}=-6.83\pm \mathrm{j}7.9241=\omega_n(-\zeta\pm \mathrm{j}\sqrt{1-\zeta^2}) \tag{8-400}$$

能控性

能控矩阵如下：

$$\boldsymbol{S}=[\boldsymbol{B}\quad \boldsymbol{AB}]=\begin{bmatrix}4 & -54.64\\ 0 & 32\end{bmatrix} \tag{8-401}$$

由于 $\boldsymbol{S}$ 的秩为 2，系统是完全能控的。

系统的能控标准型如下：

$$\bar{\boldsymbol{A}}=\begin{bmatrix}0 & 1\\ -109.4028 & -13.66\end{bmatrix}\quad \bar{\boldsymbol{B}}=\begin{bmatrix}0\\1\end{bmatrix}$$
$$\bar{\boldsymbol{C}}=[109.4028\quad 3.6468]\quad \bar{D}=0 \tag{8-402}$$

能观性

能观性矩阵如下：

$$\boldsymbol{V}=\begin{bmatrix}\boldsymbol{C}\\ \boldsymbol{CA}\end{bmatrix}=\begin{bmatrix}0.9117 & 3.4190\\ 14.8982 & -12.4721\end{bmatrix} \tag{8-403}$$

495

如果 $K_P\neq 0$，矩阵的秩为 2，这样系统是完全能观的。

系统可观标准型如下：

$$\bar{\boldsymbol{A}}=\begin{bmatrix}0 & -109.4028\\ 1 & -13.66\end{bmatrix}\quad \bar{\boldsymbol{B}}=\begin{bmatrix}109.4028\\ 3.6468\end{bmatrix}$$
$$\bar{\boldsymbol{C}}=[0\quad 1]\quad \bar{D}=0 \tag{8-404}$$

利用状态空间工具的“Time Response”菜单，我们可以获得系统在单位阶跃输入下的阶跃响应，如图 8-40 所示。将比例控制和 PD 控制相比，我们发现 PD 控制器通过提高系统的阻尼提升了超调百分比和调节时间。

8.22 小结

本章主要介绍了线性系统的状态变量分析。有关状态变量和状态方程的基本概念已经在第 2 章和第 3 章中介绍过了。本章重点介绍了状态转移矩阵和状态转移方程，以及状态方程和传递函数之间的关系。给定线性系统的传递函数，可以通过分解传递函数来得到系统的状态方程。若给定系统的状态方程和输出方程，则可以分析得到或直接由状态图得到相应的传递函数。

我们还在本章定义了状态方程和传递函数的特征方程和特征值等概念，定义了特征值互不相同和有多重特征值时，矩阵 $\boldsymbol{A}$ 的特征向量。我们讨论了能控标准型，能观标准型、对角标准型和 Jordan 标准型的相似变换。定义并举例说明了线性时不变系统的状态能控性和能观性的概念。通过磁球悬浮例子回顾了本章线性系统的状态变量分析的重要内容。

496

最后，8.20 节还介绍了 MATLAB 软件工具箱，通过两个例子说明了各项程序的功能。本章的例题和习题都可以使用这些工具箱来求解。最后，8.21 节还将第 2、6、7 章以及附录 D 中介绍的 NXT 机器人例子拓展到状态空间形式，并且研究设计了一个比例控制器和 PD 控制器。

参考文献

1. B. C. Kuo, *Linear Networks and Systems*, McGraw-Hill, New York, 1967.
2. R. A. Gabel and R. A. Roberts, *Signals and Linear Systems*, 3rd Ed., John Wiley & Sons, New York, 1987.
3. R. E. Kalman, "On the General Theory of Control Systems," *Proc. IFAC*, Vol. 1, pp. 481–492, Butterworths, London, 1961.
4. W. L. Brogan, *Modern Control Theory*, 2nd Ed., Prentice Hall, Englewood Cliffs, NJ, 1985.

习题

8-1 已知如下微分方程描述的线性时不变系统，请写出其向量矩阵形式的动态方程（状态方程和输出方程）。

（a）$\dfrac{\mathrm{d}^2y(t)}{\mathrm{d}t^2}+4\dfrac{\mathrm{d}y(t)}{\mathrm{d}t}+y(t)=5r(t)$

（b）$2\dfrac{\mathrm{d}^3y(t)}{\mathrm{d}t^3}+3\dfrac{\mathrm{d}^2y(t)}{\mathrm{d}t^2}+5\dfrac{\mathrm{d}y(t)}{\mathrm{d}t}+2y(t)=r(t)$

（c）$\dfrac{\mathrm{d}^3y(t)}{\mathrm{d}t^3}+5\dfrac{\mathrm{d}^2y(t)}{\mathrm{d}t^2}+3\dfrac{\mathrm{d}y(t)}{\mathrm{d}t}+y(t)+\int_0^t y(\tau)\mathrm{d}\tau=r(t)$

（d）$\dfrac{\mathrm{d}^4y(t)}{\mathrm{d}t^4}+1.5\dfrac{\mathrm{d}^3y(t)}{\mathrm{d}t^3}+2.5\dfrac{\mathrm{d}y(t)}{\mathrm{d}t}+y(t)=2r(t)$

8-2 已知如下传递函数描述的线性时不变系统，请写出向量矩阵形式的动态方程（状态方程和输出方程）。

（a）$G(s)=\dfrac{s+3}{s^2+3s+2}$

（b）$G(s)=\dfrac{6}{s^3+6s^2+11s+6}$

（c）$G(s)=\dfrac{s+2}{s^2+7s+12}$

（d）$G(s)=\dfrac{s^3+11s^2+35s+250}{s^2(s^3+4s^2+39s+108)}$

497

8-3 请使用 MATLAB 重做习题 8-2。

8-4 写出如图 8P-4 所示系统控制框图的状态方程。

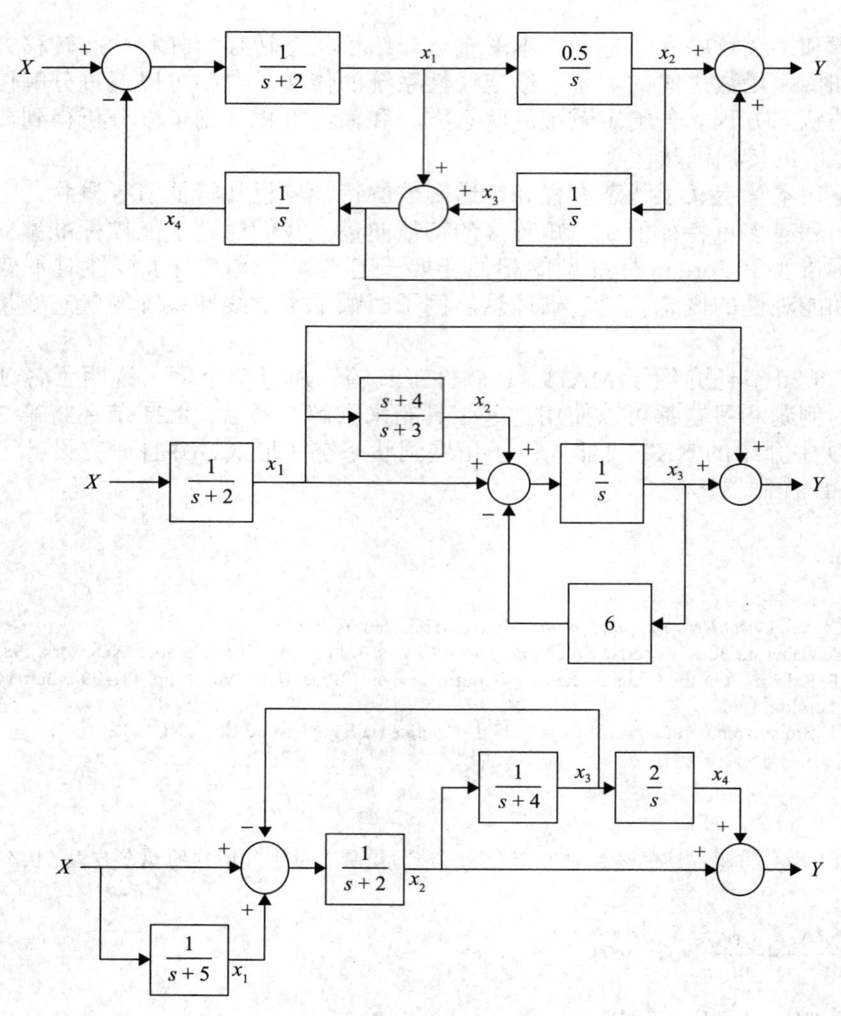

图 8P-4

8-5 请用式（8-58）证明下式成立。

$$\phi(t) = \boldsymbol{I} + \boldsymbol{A}t + \frac{1}{2!}\boldsymbol{A}^2t^2 + \frac{1}{3!}\boldsymbol{A}^3t^3 + \cdots$$

8-6 已知线性时不变系统的状态方程

$$\frac{\mathrm{d}\boldsymbol{x}(t)}{\mathrm{d}t} = \boldsymbol{A}\boldsymbol{x}(t) + \boldsymbol{B}\boldsymbol{u}(t)$$

请写出如下不同系数矩阵下的状态转移矩阵 $\phi(t)$，以及 $\boldsymbol{A}$ 的特征方程和特征值：

498

（a）$\boldsymbol{A} = \begin{bmatrix} 0 & 1 \\ -2 & -1 \end{bmatrix} \quad \boldsymbol{B} = \begin{bmatrix} 0 & 1 \\ 1 & 0 \end{bmatrix}$

（b）$\boldsymbol{A} = \begin{bmatrix} 0 & 1 \\ -4 & -5 \end{bmatrix} \quad \boldsymbol{B} = \begin{bmatrix} 1 \\ 1 \end{bmatrix}$

（c）$\boldsymbol{A} = \begin{bmatrix} -3 & 0 \\ 0 & -3 \end{bmatrix} \quad \boldsymbol{B} = \begin{bmatrix} 0 \\ 1 \end{bmatrix}$

（d）$\boldsymbol{A} = \begin{bmatrix} 3 & 0 \\ 0 & -3 \end{bmatrix} \quad \boldsymbol{B} = \begin{bmatrix} 0 \\ 1 \end{bmatrix}$

（e）$A=\begin{bmatrix}0 & 2\\ -2 & 0\end{bmatrix}$　$B=\begin{bmatrix}0\\ 1\end{bmatrix}$

（f）$A=\begin{bmatrix}-1 & 0 & 0\\ 0 & -2 & 1\\ 0 & 0 & -2\end{bmatrix}$　$B=\begin{bmatrix}0\\ 1\\ 0\end{bmatrix}$

（g）$A=\begin{bmatrix}-5 & 1 & 0\\ 0 & -5 & 1\\ 0 & 0 & -5\end{bmatrix}$　$B=\begin{bmatrix}0\\ 0\\ 1\end{bmatrix}$

8-7　请用计算机程序计算习题 8-6 的 $\phi(t)$ 和状态变量的特征方程。

8-8　请写出习题 8-6 中，各个系数矩阵在 $t \geqslant 0$ 时的状态转移方程。假定 $\boldsymbol{x}(0)$ 是初始状态向量，输入向量 $\boldsymbol{u}(t)$ 的各项元素均为阶跃函数。

8-9　请判断下列各矩阵是否为状态转移矩阵（提示：检查 $\phi(t)$ 的性质）。

（a）$\begin{bmatrix}-e^{-t} & 0\\ 0 & 1-e^{-t}\end{bmatrix}$

（b）$\begin{bmatrix}1-e^{-t} & 0\\ 1 & e^{-t}\end{bmatrix}$

（c）$\begin{bmatrix}1 & 0\\ 1-e^{-t} & e^{-t}\end{bmatrix}$

（d）$\begin{bmatrix}e^{-2t} & te^{-2t} & t^2e^{-2t}/2\\ 0 & e^{-2t} & te^{-2t}\\ 0 & 0 & e^{-2t}\end{bmatrix}$

8-10　求出下列系统的时间响应：

（a）$\begin{bmatrix}\dot{x}_1\\ \dot{x}_2\end{bmatrix}=\begin{bmatrix}0 & 1\\ -2 & -3\end{bmatrix}\begin{bmatrix}x_1\\ x_2\end{bmatrix}+\begin{bmatrix}0\\ 1\end{bmatrix}u$

（b）$\begin{bmatrix}\dot{x}_1\\ \dot{x}_2\end{bmatrix}=\begin{bmatrix}-1 & -0.5\\ 1 & 0\end{bmatrix}\begin{bmatrix}x_1\\ x_2\end{bmatrix}+\begin{bmatrix}0.5\\ 0\end{bmatrix}u y=[1\quad 0]\begin{bmatrix}x_1\\ x_2\end{bmatrix}$

499

8-11　已知系统的动态方程

$$\frac{d\boldsymbol{x}(t)}{dt}=\boldsymbol{A}\boldsymbol{x}(t)+\boldsymbol{B}u(t)\quad y(t)=\boldsymbol{C}\boldsymbol{x}(t)$$

（a）$A=\begin{bmatrix}0 & 1 & 0\\ 0 & 0 & 1\\ -1 & -2 & -3\end{bmatrix}$　$B=\begin{bmatrix}0\\ 0\\ 1\end{bmatrix}$　$C=[1\quad 0\quad 0]$

（b）$A=\begin{bmatrix}-1 & 1\\ 0 & -1\end{bmatrix}$　$B=\begin{bmatrix}0\\ 1\end{bmatrix}$　$C=[1\quad 1]$

（c）$A=\begin{bmatrix}0 & 1 & 0\\ 0 & 0 & 1\\ 0 & -1 & -2\end{bmatrix}$　$B=\begin{bmatrix}0\\ 0\\ 1\end{bmatrix}$　$C=[1\quad 1\quad 0]$

（1）求 $\boldsymbol{A}$ 的特征值。使用 ACSYS 计算程序检验求得的结果。读者可以用 tfsym 或 tcal 模块求得特征方程并计算其根。

（2）求 $\boldsymbol{X}(s)$ 和 $U(s)$ 之间的传递函数关系。

（3）求传递函数 $Y(s)/U(s)$。

8-12 已知线性时不变系统的动态方程

$$\frac{\mathrm{d}\boldsymbol{x}(t)}{\mathrm{d}t}=\boldsymbol{A}\boldsymbol{x}(t)+\boldsymbol{B}u(t)\quad y(t)=\boldsymbol{C}\boldsymbol{x}(t)$$

其中，

$$\boldsymbol{A}=\begin{bmatrix}0&1&0\\0&0&1\\-1&-2&-3\end{bmatrix}\quad \boldsymbol{B}=\begin{bmatrix}0\\0\\1\end{bmatrix}\quad \boldsymbol{C}=[1\ \ 1\ \ 0]$$

求矩阵 $\boldsymbol{A}_1$ 和 $\boldsymbol{B}_1$，使得状态方程可以写成：

$$\frac{\mathrm{d}\overline{\boldsymbol{x}}(t)}{\mathrm{d}t}=\boldsymbol{A}_1\overline{\boldsymbol{x}}(t)+\boldsymbol{B}_1u(t)$$

其中，

$$\overline{\boldsymbol{x}}(t)=\begin{bmatrix}x_1(t)\\y(t)\\\dfrac{\mathrm{d}y(t)}{\mathrm{d}t}\end{bmatrix}$$

8-13 已知动态方程

$$\frac{\mathrm{d}\boldsymbol{x}(t)}{\mathrm{d}t}=\boldsymbol{A}\boldsymbol{x}(t)+\boldsymbol{B}u(t)\quad y(t)=\boldsymbol{C}\boldsymbol{x}(t)$$

(a) $\boldsymbol{A}=\begin{bmatrix}0&2&0\\1&2&0\\-1&0&1\end{bmatrix}\quad \boldsymbol{B}=\begin{bmatrix}0\\1\\1\end{bmatrix}\quad \boldsymbol{C}=[1\ \ 0\ \ 1]$

500

(b) $\boldsymbol{A}=\begin{bmatrix}0&2&0\\1&2&0\\-1&1&1\end{bmatrix}\quad \boldsymbol{B}=\begin{bmatrix}1\\1\\0\end{bmatrix}\quad \boldsymbol{C}=[1\ \ 0\ \ 1]$

(c) $\boldsymbol{A}=\begin{bmatrix}-2&0&0\\0&-2&0\\-1&-2&-3\end{bmatrix}\quad \boldsymbol{B}=\begin{bmatrix}1\\1\\1\end{bmatrix}\quad \boldsymbol{C}=[1\ \ 0\ \ 0]$

(d) $\boldsymbol{A}=\begin{bmatrix}-1&1&0\\0&-1&1\\0&0&-1\end{bmatrix}\quad \boldsymbol{B}=\begin{bmatrix}0\\1\\1\end{bmatrix}\quad \boldsymbol{C}=[1\ \ 0\ \ 1]$

(e) $\boldsymbol{A}=\begin{bmatrix}1&1\\-2&-3\end{bmatrix}\quad \boldsymbol{B}=\begin{bmatrix}0\\1\end{bmatrix}\quad \boldsymbol{C}=[1\ \ 0]$

求解变换 $\boldsymbol{x}(t)=\boldsymbol{P}\overline{\boldsymbol{x}}(t)$ 使得能够将状态方程转换成能控标准型。

8-14 对习题 8-13 中的系统，求解变换 $\boldsymbol{x}(t)=\boldsymbol{Q}\overline{\boldsymbol{x}}(t)$ 使得状态方程可以转换成可观标准型。

8-15 对习题 8-13 中的系统，求解变换 $\boldsymbol{x}(t)=\boldsymbol{T}\,\overline{\boldsymbol{x}}(t)$ 使得 $\boldsymbol{A}$ 的特征值互不相同的时候能转换成为对角标准型，或者 $\boldsymbol{A}$ 有多重特征值时状态方程可以转换成 Jordan 标准型。

8-16 将下列传递函数从状态方程转换成能控标准型和能观标准型。

(a) $\dfrac{s^2-1}{s^2(s^2-2)}$

(b) $\dfrac{2s+1}{s^2+4s+4}$

8-17 已知线性状态方程

$$\frac{\mathrm{d}\boldsymbol{x}(t)}{\mathrm{d}t}=\boldsymbol{A}\boldsymbol{x}(t)+\boldsymbol{B}u(t)$$

各个系数矩阵如下：

(a) $\boldsymbol{A}=\begin{bmatrix}-2 & 0\\ 0 & -1\end{bmatrix}\quad \boldsymbol{B}=\begin{bmatrix}0\\ 1\end{bmatrix}$

(b) $\boldsymbol{A}=\begin{bmatrix}-1 & 0 & 0\\ 0 & -1 & 0\\ 0 & 0 & -1\end{bmatrix}\quad \boldsymbol{B}=\begin{bmatrix}1\\ 2\\ 3\end{bmatrix}$

(c) $\boldsymbol{A}=\begin{bmatrix}1 & 2\\ 1 & 1\end{bmatrix}\quad \boldsymbol{B}=\begin{bmatrix}2\\ \sqrt{2}\end{bmatrix}$

(d) $\boldsymbol{A}=\begin{bmatrix}-2 & 1 & 0\\ 0 & -2 & 0\\ -1 & -2 & -3\end{bmatrix}\quad \boldsymbol{B}=\begin{bmatrix}1\\ 0\\ 1\end{bmatrix}$

501

请说明这些状态方程不能转换成为能控标准型的原因。

8-18　检验判断下列系统的能控性：

(a) $\begin{bmatrix}\dot{x}_1\\ \dot{x}_2\end{bmatrix}=\begin{bmatrix}-1 & 0\\ 0 & -2\end{bmatrix}\begin{bmatrix}x_1\\ x_2\end{bmatrix}+\begin{bmatrix}2\\ 5\end{bmatrix}u$

(b) $\begin{bmatrix}\dot{x}_1\\ \dot{x}_2\end{bmatrix}=\begin{bmatrix}-1 & 0\\ 0 & -2\end{bmatrix}\begin{bmatrix}x_1\\ x_2\end{bmatrix}+\begin{bmatrix}2\\ 0\end{bmatrix}u$

(c) $\begin{bmatrix}\dot{x}_1\\ \dot{x}_2\end{bmatrix}=\begin{bmatrix}-1 & 1 & 0\\ 0 & -1 & 0\\ 0 & 0 & -2\end{bmatrix}\begin{bmatrix}x_1\\ x_2\\ x_3\end{bmatrix}+\begin{bmatrix}4 & 2\\ 0 & 0\\ 3 & 0\end{bmatrix}\begin{bmatrix}u_1\\ u_2\end{bmatrix}$

(d) $\begin{bmatrix}\dot{x}_1\\ \dot{x}_2\\ \dot{x}_3\end{bmatrix}=\begin{bmatrix}-1 & 1 & 0\\ 0 & -1 & 0\\ 0 & 0 & -2\end{bmatrix}\begin{bmatrix}x_1\\ x_2\\ x_3\end{bmatrix}+\begin{bmatrix}0\\ 4\\ 3\end{bmatrix}u$

(e) $\begin{bmatrix}\dot{x}_1\\ \dot{x}_2\\ \dot{x}_3\\ \dot{x}_4\\ \dot{x}_5\end{bmatrix}=\begin{bmatrix}-2 & 1 & 0 & 0 & 0\\ 0 & -2 & 1 & 0 & 0\\ 0 & 0 & -2 & 0 & 0\\ 0 & 0 & 0 & -5 & 1\\ 0 & 0 & 0 & 0 & -5\end{bmatrix}\begin{bmatrix}x_1\\ x_2\\ x_3\\ x_4\\ x_5\end{bmatrix}+\begin{bmatrix}0 & 1\\ 0 & 0\\ 3 & 0\\ 0 & 0\\ 2 & 0\end{bmatrix}\begin{bmatrix}u_1\\ u_2\end{bmatrix}$

(f) $\begin{bmatrix}\dot{x}_1\\ \dot{x}_2\\ \dot{x}_3\\ \dot{x}_4\\ \dot{x}_5\end{bmatrix}=\begin{bmatrix}-2 & 1 & 0 & 0 & 0\\ 0 & -2 & 1 & 0 & 0\\ 0 & 0 & -2 & 0 & 0\\ 0 & 0 & 0 & -5 & 1\\ 0 & 0 & 0 & 0 & -5\end{bmatrix}\begin{bmatrix}x_1\\ x_2\\ x_3\\ x_4\\ x_5\end{bmatrix}+\begin{bmatrix}4\\ 2\\ 1\\ 3\\ 0\end{bmatrix}u$

8-19　检验判断下列系统的能观性：

(a) $\begin{bmatrix}\dot{x}_1\\ \dot{x}_2\end{bmatrix}=\begin{bmatrix}-1 & 0\\ 0 & -2\end{bmatrix}\begin{bmatrix}x_1\\ x_2\end{bmatrix}\quad y=[1\quad 3]\begin{bmatrix}x_1\\ x_2\end{bmatrix}$

(b) $\begin{bmatrix}\dot{x}_1\\ \dot{x}_2\end{bmatrix}=\begin{bmatrix}-1 & 0\\ 0 & -2\end{bmatrix}\begin{bmatrix}x_1\\ x_2\end{bmatrix}\quad y=[0\quad 1]\begin{bmatrix}x_1\\ x_2\end{bmatrix}$

(c) $\begin{bmatrix}\dot{x}_1\\ \dot{x}_2\\ \dot{x}_3\end{bmatrix}=\begin{bmatrix}2 & 1 & 0\\ 0 & 2 & 0\\ 0 & 0 & 2\end{bmatrix}\begin{bmatrix}x_1\\ x_2\\ x_3\end{bmatrix}\begin{bmatrix}y_1\\ y_2\end{bmatrix}=\begin{bmatrix}0 & 1 & 3\\ 0 & 2 & 4\end{bmatrix}\begin{bmatrix}x_1\\ x_2\\ x_3\end{bmatrix}$

(d) $\begin{bmatrix}\dot{x}_1\\ \dot{x}_2\\ \dot{x}_3\end{bmatrix}=\begin{bmatrix}2 & 1 & 0\\ 0 & 2 & 0\\ 0 & 0 & 2\end{bmatrix}\begin{bmatrix}x_1\\ x_2\\ x_3\end{bmatrix}\begin{bmatrix}y_1\\ y_2\end{bmatrix}=\begin{bmatrix}3 & 0 & 0\\ 4 & 0 & 0\end{bmatrix}\begin{bmatrix}x_1\\ x_2\\ x_3\end{bmatrix}$

502

(e) $\begin{bmatrix} \dot{x}_1 \\ \dot{x}_2 \\ \dot{x}_3 \\ \dot{x}_4 \\ \dot{x}_5 \end{bmatrix} = \begin{bmatrix} 2 & 1 & 0 & 0 & 0 \\ 0 & 2 & 1 & 0 & 0 \\ 0 & 0 & 2 & 0 & 0 \\ 0 & 0 & 0 & -3 & 1 \\ 0 & 0 & 0 & 0 & -3 \end{bmatrix} \begin{bmatrix} x_1 \\ x_2 \\ x_3 \\ x_4 \\ x_5 \end{bmatrix} \quad \begin{bmatrix} y_1 \\ y_2 \end{bmatrix} = \begin{bmatrix} 1 & 1 & 1 & 0 & 0 \\ 0 & 1 & 1 & 1 & 0 \end{bmatrix} \begin{bmatrix} x_1 \\ x_2 \\ x_3 \\ x_4 \\ x_5 \end{bmatrix}$

(f) $\begin{bmatrix} \dot{x}_1 \\ \dot{x}_2 \\ \dot{x}_3 \\ \dot{x}_4 \\ \dot{x}_5 \end{bmatrix} = \begin{bmatrix} 2 & 1 & 0 & 0 & 0 \\ 0 & 2 & 1 & 0 & 0 \\ 0 & 0 & 2 & 0 & 0 \\ 0 & 0 & 0 & -3 & 1 \\ 0 & 0 & 0 & 0 & -3 \end{bmatrix} \begin{bmatrix} x_1 \\ x_2 \\ x_3 \\ x_4 \\ x_5 \end{bmatrix} \quad \begin{bmatrix} y_1 \\ y_2 \end{bmatrix} = \begin{bmatrix} 1 & 1 & 1 & 0 & 0 \\ 0 & 1 & 1 & 0 & 0 \end{bmatrix} \begin{bmatrix} x_1 \\ x_2 \\ x_3 \\ x_4 \\ x_5 \end{bmatrix}$

8-20 已知电动机控制系统的动态方程

$$e_a(t) = R_a i_a(t) + L_a \frac{\mathrm{d}i_a(t)}{\mathrm{d}t} + K_b \frac{\mathrm{d}\theta_m(t)}{\mathrm{d}t}$$
$$T_m(t) = K_i i_a(t)$$
$$T_m(t) = J\frac{\mathrm{d}^2\theta_m(t)}{\mathrm{d}t^2} + B\frac{\mathrm{d}\theta_m(t)}{\mathrm{d}t} + K\theta_m(t)$$
$$e_a(t) = K_a e(t)$$
$$e(t) = K_s[\theta_r(t) - \theta_m(t)]$$

(a) 令状态变量 $x_1(t) = \theta_m(t), x_2(t) = \mathrm{d}\theta_m(t)/\mathrm{d}t, x_3(t) = i_a(t)$，请写出如下形式的状态方程：

$$\frac{\mathrm{d}\boldsymbol{x}(t)}{\mathrm{d}t} = \boldsymbol{Ax}(t) + \boldsymbol{B}\theta_r(t)$$

将输出方程写成 $y(t) = \boldsymbol{Cx}(t)$ 形式，其中 $y(t) = \theta_m(t)$。

(b) 当 $\Theta_m(s)$ 到 $E(s)$ 的反馈通道断开时，请写出此时的传递函数 $G(s) = \Theta_m(s)/E(s)$，以及闭环传递函数 $M(s) = \Theta_m(s)/\Theta_r(s)$。

8-21 已知系统的状态方程

$$\frac{\mathrm{d}\boldsymbol{x}(t)}{\mathrm{d}t} = \boldsymbol{Ax}(t) + \boldsymbol{B}u(t)$$

的系数矩阵 $\boldsymbol{A}$：

(a) $\boldsymbol{A} = \begin{bmatrix} 0 & 1 \\ -1 & 0 \end{bmatrix}$

(b) $\boldsymbol{A} = \begin{bmatrix} -1 & 0 \\ 0 & -2 \end{bmatrix}$

(c) $\boldsymbol{A} = \begin{bmatrix} 0 & 1 \\ 1 & 0 \end{bmatrix}$

请用下面两种方法分别求状态转移矩阵 $\phi(t)$：

(1) 闭环形式，$\mathrm{e}^{\boldsymbol{A}t}$ 无穷级数展开。

503

(2) $(s\boldsymbol{I} - \boldsymbol{A})^{-1}$ 的拉普拉斯逆变换。

8-22 已知采用直流电动机反馈控制系统的结构示意如图 8P-22 所示。电动机转矩 $T_m(t) = K_i i_a(t)$，其中 K_i 是转矩常数。

其他系统常数如下：

$$K_s = 2 \quad R = 2\Omega \quad R_s = 0.1\Omega$$
$$K_b = 5\mathrm{V/rad/s} \quad K_i = 5\mathrm{N\cdot m/A} \quad L_a \cong 0\mathrm{H}$$
$$J_m + J_L = 0.1\mathrm{N\cdot m\cdot s^2} \quad B_m \cong 0\mathrm{N\cdot m\cdot s}$$

假设所有单位一致相容，不需要任何转换。

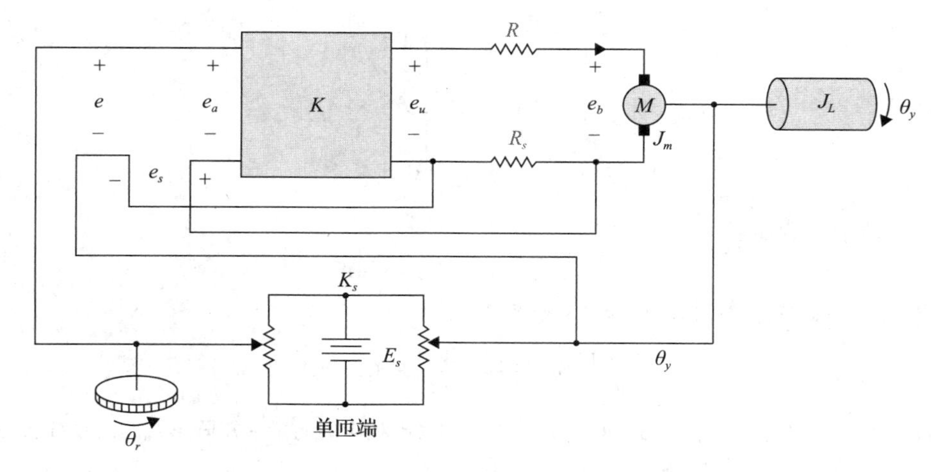

图 8P-22

a）令状态变量 $x_1(t)=\theta_y(t), x_2(t)=\mathrm{d}\theta_y(t)/\mathrm{d}t$，输出为 $y=\theta_y$。请写出向量矩阵形式的状态方程，且 $\boldsymbol{A}$ 和 $\boldsymbol{B}$ 为能控标准型。

b）令 $\theta_r(t)$ 为阶跃函数，请利用拉普拉斯变换求从初始状态 $\boldsymbol{x}(0)$ 开始的 $\boldsymbol{x}(t)$。

c）求 $\boldsymbol{A}$ 的特征方程和特征值。

d）解释反馈电阻 R_s 的作用。

8-23 请用下列系统参数重做习题 8-22。

$$K_s=1 \quad K=9 \quad R_a=0.1\Omega$$
$$R_s=0.1\Omega \quad K_b=1\text{V/rad/s} \quad K_i=1\text{N}\cdot\text{m/A}$$
$$L_a\cong 0\text{H} \quad J_m+J_L=0.01\text{N}\cdot\text{m}\cdot\text{s}^2 \quad B_m\cong 0\text{N}\cdot\text{m}\cdot\text{s}$$

8-24 矩阵 $\boldsymbol{A}$ 是可对角化的。证明 $\mathrm{e}^{\boldsymbol{A}t}=\boldsymbol{P}\mathrm{e}^{\boldsymbol{D}t}\boldsymbol{P}^{-1}$，其中 $\boldsymbol{P}$ 是 $\boldsymbol{A}$ 的对角化矩阵，并且 $\boldsymbol{PAP}^{-1}=\boldsymbol{D}$，$\boldsymbol{D}$ 是一个对角阵。

8-25 矩阵 $\boldsymbol{A}$ 可转换成 Jordan 标准型，那么 $\mathrm{e}^{\boldsymbol{A}t}=\boldsymbol{S}\mathrm{e}^{\boldsymbol{J}t}\boldsymbol{S}^{-1}$，其中矩阵 $\boldsymbol{S}$ 将 $\boldsymbol{A}$ Jordan 标准化，$\boldsymbol{J}$ 是 Jordan 标准型。

8-26 已知反馈控制系统的控制框图如图 8P-26 所示。

（a）求出前向通道的传递函数 $Y(s)/E(s)$ 和闭环传递函数 $Y(s)/R(s)$。 504

（b）请写出如下形式的动态方程：

$$\frac{\mathrm{d}\boldsymbol{x}(t)}{\mathrm{d}t}=\boldsymbol{Ax}(t)+\boldsymbol{B}r(t) \quad y(t)=\boldsymbol{Cx}(t)+\boldsymbol{D}r(t)$$

写出相应的系数矩阵 $\boldsymbol{A}$、$\boldsymbol{B}$、$\boldsymbol{C}$、$\boldsymbol{D}$。

（c）当输入 $r(t)$ 为阶跃函数时，利用终值定理求输出 $y(t)$ 的稳态值。假定闭环系统是稳定的。

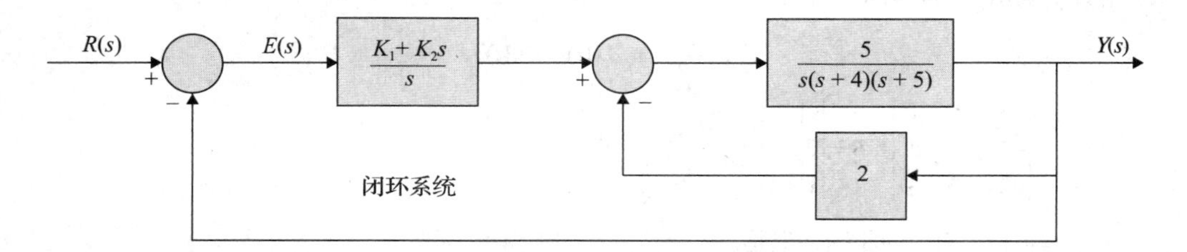

图 8P-26

8-27 已知线性时不变系统的状态方程系数如式（8-191）和（8-192）中的能控标准型所示。证明

$$\operatorname{adj}(s\boldsymbol{I}-\boldsymbol{A})\boldsymbol{B}=\begin{bmatrix}1\\ s\\ s^2\\ \vdots\\ s^{n-1}\end{bmatrix}$$

且$\boldsymbol{A}$的特征方程如下：

$$s^n+a_{n-1}s^{n-1}+\cdots+a_1s+a_0=0$$

8-28 已知如下的微分方程描述的线性时不变系统：

$$\frac{\mathrm{d}^3y(t)}{\mathrm{d}t^3}+3\frac{\mathrm{d}^2y(t)}{\mathrm{d}t^2}+3\frac{\mathrm{d}y(t)}{\mathrm{d}t}+y(t)=r(t)$$

(a) 令状态变量为$x_1=y, x_2=\mathrm{d}y/\mathrm{d}t, x_3=\mathrm{d}^2y/\mathrm{d}t^2$，写出相应的向量－矩阵形式的的系统状态方程。

(b) 求$\boldsymbol{A}$的状态转移矩阵$\phi(t)$。

(c) 令$y(0)=1, \mathrm{d}y(0)/\mathrm{d}t=0, \mathrm{d}^2y(0)/\mathrm{d}t^2=0, r(t)=u_s(t)$，求系统的状态转移矩阵。

(d) 求$\boldsymbol{A}$的特征方程和特征值。

8-29 已知弹簧摩擦系统由下面的微分方程描述：

$$\frac{\mathrm{d}^2y(t)}{\mathrm{d}t^2}+2\frac{\mathrm{d}y(t)}{\mathrm{d}t}+y(t)=r(t)$$

(a) 令状态变量$x_1(t)=y(t), x_2=\mathrm{d}y(t)/\mathrm{d}t$，写出其向量－矩阵形式的状态方程，并求出$\boldsymbol{A}$的状态转移矩阵$\phi(t)$。

505

(b) 令状态变量$x_1(t)=y(t), x_2(t)=y(t)+\mathrm{d}y(t)/\mathrm{d}t$，写出其向量－矩阵形式的状态方程，并求出$\boldsymbol{A}$的状态转移矩阵$\phi(t)$。

(c) 证明 (a) 和 (b) 问的特征方程$|s\boldsymbol{I}-\boldsymbol{A}|=0$相等。

8-30 已知状态方程$\mathrm{d}\boldsymbol{x}(t)/\mathrm{d}t=\boldsymbol{A}\boldsymbol{x}(t)$，其中$\sigma$和$\omega$是实数。

(a) 求$\boldsymbol{A}$的状态转移矩阵。

(b) 求$\boldsymbol{A}$的特征值。

8-31 (a) 请证明图 8P-31 所示两个系统的输入输出传递函数是相同的。

(b) 如果将图 8P-31a 所示系统的动态方程写成：

$$\frac{\mathrm{d}\boldsymbol{x}(t)}{\mathrm{d}t}=\boldsymbol{A}_1\boldsymbol{x}(t)+\boldsymbol{B}_1u_1(t)\quad y_1(t)=\boldsymbol{C}_1\boldsymbol{x}(t)$$

将图 8P-31b 所示系统的动态方程写成：

$$\frac{\mathrm{d}\boldsymbol{x}(t)}{\mathrm{d}t}=\boldsymbol{A}_2\boldsymbol{x}(t)+\boldsymbol{B}_2u_2(t)\quad y_2(t)=\boldsymbol{C}_2\boldsymbol{x}(t)$$

写出相应的系数矩阵。

8-32 请分别画出下面系统的状态图

$$\frac{\mathrm{d}\boldsymbol{x}(t)}{\mathrm{d}t}=\boldsymbol{A}\boldsymbol{x}(t)+\boldsymbol{B}\boldsymbol{u}(t)$$

(a) $\boldsymbol{A}=\begin{bmatrix}-3 & 2 & 0\\ -1 & 0 & 1\\ -2 & -3 & -4\end{bmatrix}\quad \boldsymbol{B}=\begin{bmatrix}0\\ 0\\ 1\end{bmatrix}$

(b) $\boldsymbol{A}$与 (a) 问中的相同，但是

$$\boldsymbol{B}=\begin{bmatrix}0 & 1\\ 1 & 0\\ 1 & 0\end{bmatrix}$$

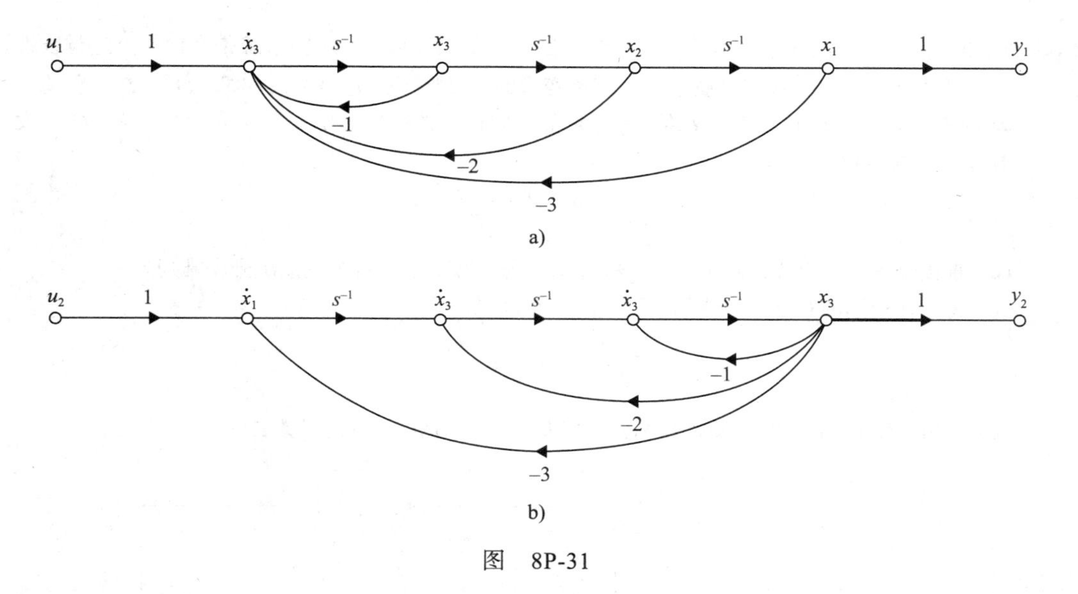

图　8P-31

506

8-33　直接分解下列传递函数，画出相应的状态图。其中，状态变量从左至右依次排列为 $x_1(s), x_2(s), \cdots$。根据画出的状态图写出其状态方程，并证明它们是能控标准型。

（a）$G(s)=\dfrac{10}{s^3+8.5s^2+20.5s+15}$

（b）$G(s)=\dfrac{10(s+2)}{s^2(s+1)(s+3.5)}$

（c）$G(s)=\dfrac{5(s+1)}{s(s+2)(s+10)}$

（d）$G(s)=\dfrac{1}{s(s+5)(s^2+2s+2)}$

8-34　并行分解习题 8-33 中的传递函数，画出相应的状态图，并且所得到的状态图包含最少的积分器，各支路常数增益为实数。根据得到的状态图写出其状态方程。

8-35　串级分解习题 8-33 中的传递函数，画出相应的状态图。令状态变量从右至左升序排列。写出相应的状态方程。

8-36　已知反馈控制系统的控制框图如图 8P-36 所示。

（a）直接分解系统的传递函数 $G(s)$，画出其状态图。令状态变量从右至左按 $x_1(s), x_2(s), \cdots$ 升序排列。除了状态变量节点外，状态图中还包括代表 $R(s)$、$E(s)$ 和 $C(s)$ 的节点。

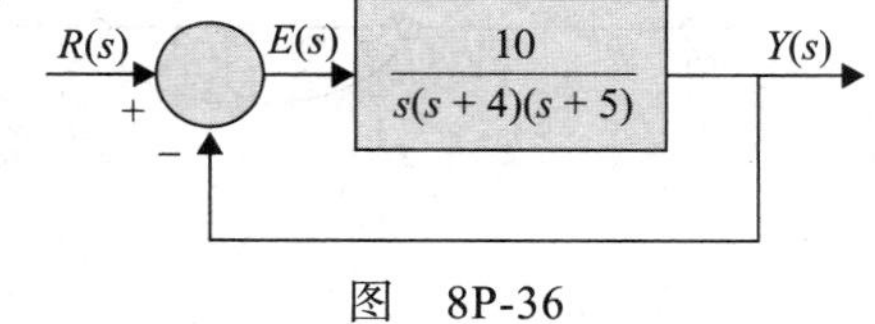

图　8P-36

（b）将系统的动态方程写成向量 – 矩阵形式。

（c）利用（b）问中得到的状态方程求相应的状态转移方程。初始条件为 $x(0)$ 和 $r(t)=u_s(t)$。

（d）由初始状态 $x(0)$ 和 $r(t)=u_s(t)$ 求输出 $y(t), t\geqslant 0$。

8-37　（a）找出闭环传递函数 $Y(s)/R(s)$，画出其状态图。

（b）直接分解 $Y(s)/R(s)$，画出其状态图。

（c）令状态变量从右至左按 $x_1(s), x_2(s), \cdots$ 升序排列，写出向量 – 矩阵形式的状态方程。

（d）用（c）问中找出的状态方程求状态转移方程，初始状态为 $x(0)$ 和 $r(t)=u_s(t)$。

（e）由初始状态 $x(0)$ 和 $r(t)=u_s(t)$ 求输出 $y(t), t\geqslant 0$。

8-38 已知线性化后的汽车怠速引擎控制系统控制框图如图 8P-38 所示。系统是在操作点进行线性化的，因而各个变量代表线性扰动量。有关变量的定义如下：$T_m(t)$ 为发动机转矩，T_D 为负荷－扰动转矩常数，$\omega(t)$ 为发动机速度，$u(t)$ 是节气阀执行器的输入电压，α 为节气阀调节角。发动模型的延时可以近似为

507

$$e^{-0.2s} \cong \frac{1-0.1s}{1+0.1s}$$

(a) 直接分解各个模块，画出相应的状态图，令状态变量从右至左依次升序排列。

(b) 将上述得到的状态图写成如下形式的状态方程：

$$\frac{d\boldsymbol{x}(t)}{dt} = \boldsymbol{A}\boldsymbol{x}(t) + \boldsymbol{B}\begin{bmatrix} u(t) \\ T_D(t) \end{bmatrix}$$

(c) 求出关于 $U(s)$ 和 $T_D(s)$ 的函数 $Y(s)$，以及关于 $U(s)$ 和 $T_D(s)$ 的函数 $\Omega(s)$。

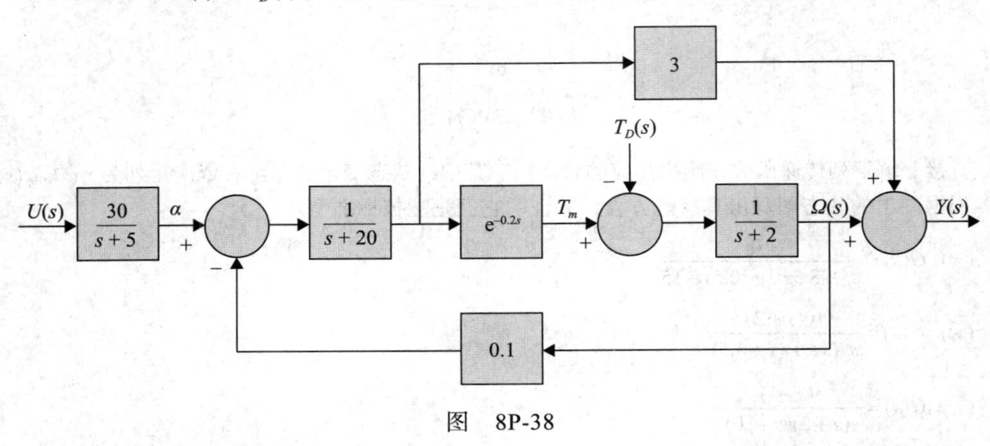

图 8P-38

8-39 已知线性系统的状态图如图 8P-39 所示。

(a) 令图中状态变量从右至左升序排列，如有需要可以增加节点，使得在去掉积分器分支后，状态变量节点可以为“输入节点”。

(b) 根据前面得到的状态图写出相应系统的动态方程。

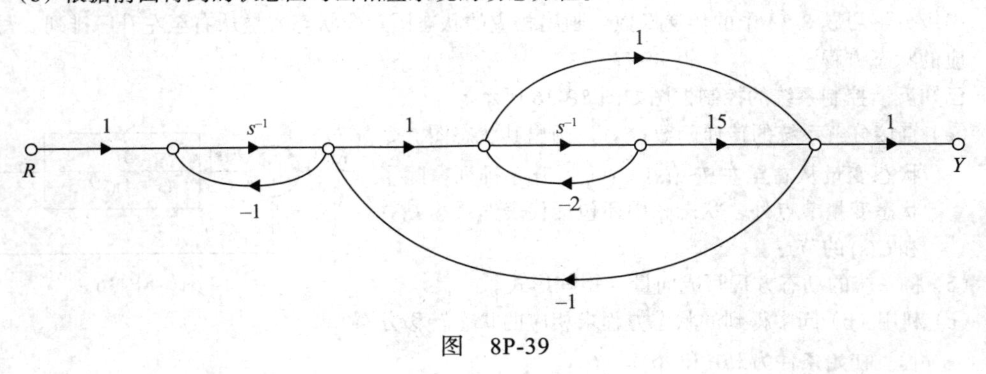

508

图 8P-39

8-40 已知线性的太空船控制系统的控制框图如图 8P-40 所示。

(a) 请求出传递函数 $Y(s)/R(s)$

(b) 计算系统的特征方程和特征值。证明特征方程的根与 K 无关。

(c) 当 $K=1$ 时，分解 $Y(s)/R(s)$，并用最少的积分器画出相应的状态图。

(d) 当 $K=4$ 时，重复 (c) 问。

(e) 求出 K 的取值范围，使得系统既能控又能观。

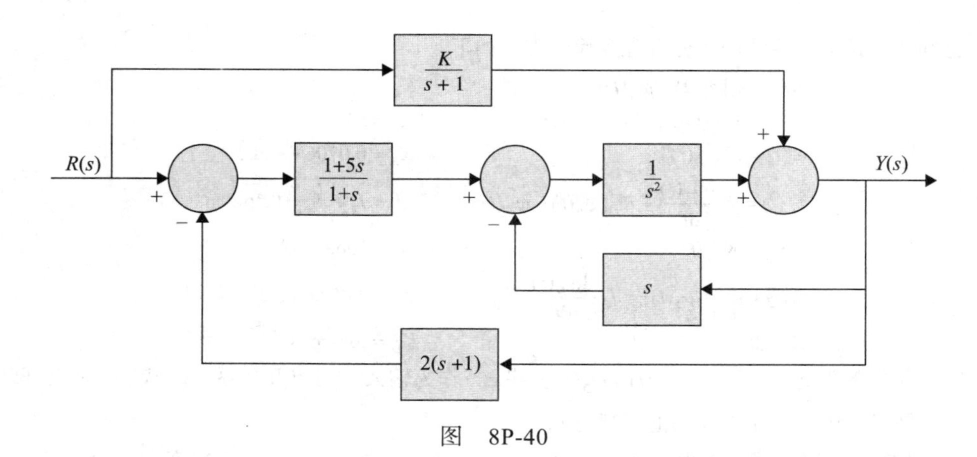

图　8P-40

8-41 汽车制造商为达到政府规定的尾气排放标准做了大量的努力。当代汽车的能源系统包括一个配置了催化式排气净化器的内燃机。该装置需要控制引擎的空气燃料（A/F）比例、打火时间、尾气循环、注入空气量等。这个习题主要考虑 A/F 比例的控制问题。通常，考虑到燃料分解等其他因素，标准的 A/F 化学计量比例为 14.7:1，即每克燃料配 14.7g 的空气。高于或低于这个数值的 A/F 比例会造成排放的尾气含有大量的碳氢化合物、一氧化碳、一氧化二氮。如图 8P-41 所示的控制系统用于控制 A/F 的比例来获得所需要的输出。

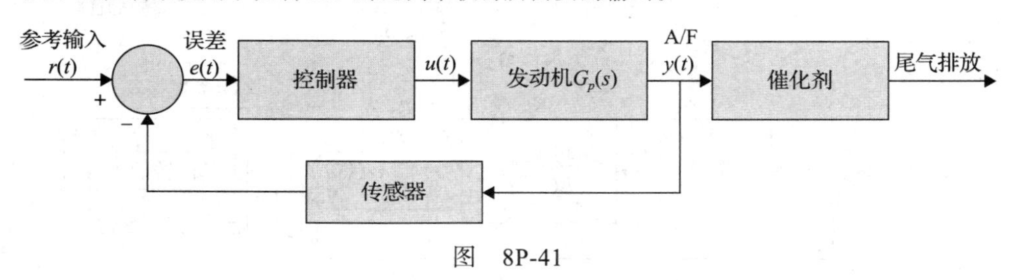

图　8P-41

传感器将得到的尾气混合物与排放标准间的误差后，就会计算出相应的控制信号来消除误差，从而得到符合标准的尾气混合物。输出 $y(t)$ 代表实际的空气 – 燃料比例。引擎的传递函数为 509

$$G(s)=\frac{Y(s)}{U(s)}=\frac{e^{-T_d s}}{1+0.5s}$$

其中，延时 $T_d=0.2\text{s}$，可由下式近似得到：

$$e^{-T_d s}=\frac{1}{e^{T_d s}}=\frac{1}{1+T_d s+T_d^2 s^2/2!+\cdots}\cong\frac{1}{1+T_d s+T_d^2 s^2/2!}$$

传感器增益为 1.0。

（a）请利用近似的 $e^{-T_d s}$ 求出 $G_p(s)$ 的表达式。直接分解 $G_p(s)$，画出以 $u(t)$ 为输入、$y(t)$ 为输出的状态图。其中状态变量从右到左升序排列。写出向量 – 矩阵的状态方程。

（b）假定控制器是一个简单的增益为 1 的放大器，即 $u(t)=e(t)$，求闭环系统的特征方程及其根。

8-42 若习题 8-41 中汽车发动机的延时近似写成

$$e^{-T_d s}\cong\frac{1-T_d s/3}{1+\frac{2}{3}T_d s+\frac{1}{6}T_d^2 s^2},\quad T_d=0.2\text{s}$$

重新做习题。

8-43 装配有黏性惯量阻尼器的永磁直流电动机控制系统的示意图如图 8P-43 所示。这种黏性惯量的机械阻尼器常常用于简单经济的控制系统中，通过黏性流体对电动机的延缓来获得阻尼效果。510

已知描述该动态系统的微分方程和代数方程如下：

$$e(t)=K_s[\omega_r(t)-\omega_m(t)] \qquad K_s=1\text{V/rad/s}$$

$$e_a(t)=K_s e(t)=R_a i_a(t)+e_b(t) \qquad K=10$$

$$e_b(t)=K_b\omega_m(t) \qquad K_b=0.0706\text{V/rad/s}$$

$$T_m(t)=J\frac{\mathrm{d}\omega_m(t)}{\mathrm{d}t}+K_D[\omega_m(t)-\omega_D(t)] \qquad J=J_h+J_m=0.1\text{oz}\cdot\text{in}\cdot\text{s}^2$$

$$T_m(t)=K_i i_a(t) \qquad K_i=10\text{oz}\cdot\text{in/A}$$

$$K_D[\omega_m(t)-\omega_D(t)]=J_R\frac{\mathrm{d}\omega_D(t)}{\mathrm{d}t} \qquad J_R=0.05\text{oz}\cdot\text{in}\cdot\text{s}^2$$

$$R_a=1\Omega \qquad K_D=1\text{oz}\cdot\text{in}\cdot\text{s}$$

（a）令状态变量 $x_1(t)=\omega_m(t), x_2(t)=\omega_D(t)$。将 $e(t)$ 作为输入，写出开环系统的状态方程（开环系统是指，从 ω_m 到 e 的反馈通道断开）。

（b）根据上述得到状态方程，令 $e(t)=K_s[\omega_r(t)-\omega_m(t)]$，画出整个系统的状态图。

（c）求开环传递函数 $\Omega_m(s)/E(s)$ 和闭环传递函数 $\Omega_m(s)/\Omega_r(s)$。

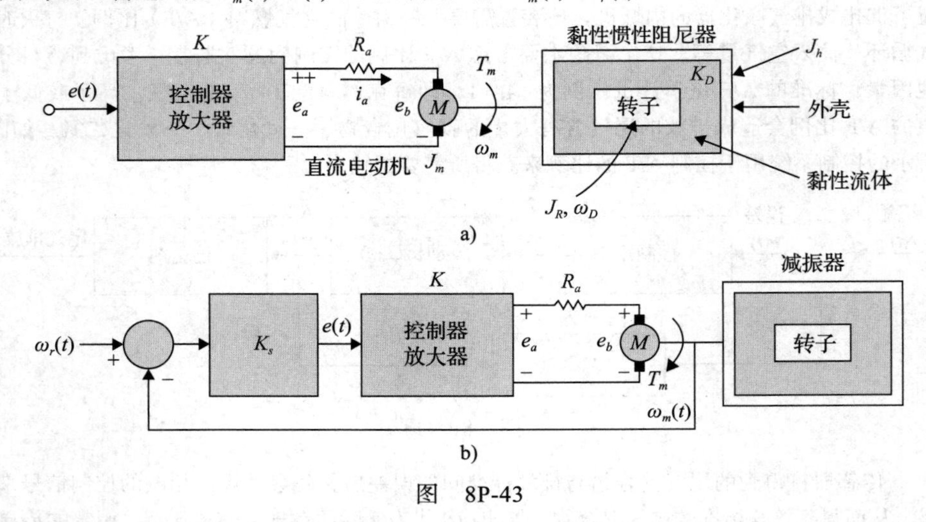

图 8P-43

8-44 试判断图 8P-44 所示系统的能控性。

（a）$a=1, b=2, c=2, d=1$

（b）是否存在非零的 a, b, c, d，使得相应的系统是不能控的？

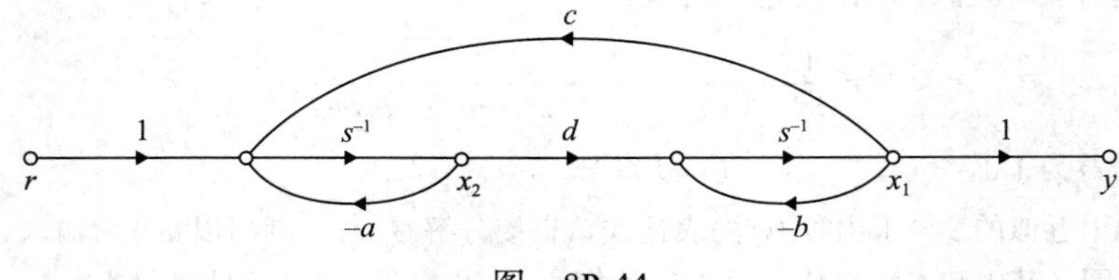

图 8P-44

8-45 试判断下列系统的能控性。

（a）$\boldsymbol{A}=\begin{bmatrix}-1 & 0 & 0\\ 0 & -1 & 0\\ 0 & 0 & -1\end{bmatrix} \quad \boldsymbol{B}=\begin{bmatrix}1\\1\\1\end{bmatrix}$

（b）$\boldsymbol{A}=\begin{bmatrix}-1 & 0 & 0\\ 0 & -2 & 0\\ 0 & 0 & -3\end{bmatrix} \quad \boldsymbol{B}=\begin{bmatrix}1\\1\\1\end{bmatrix}$

8-46　请用如下的方法判断如图 8P-46 所示系统的能控性和能观性。

(a) 矩阵 $\boldsymbol{A}$、$\boldsymbol{B}$、$\boldsymbol{C}$、$\boldsymbol{D}$ 的条件。

(b) 传递函数的零极相消的条件。

511

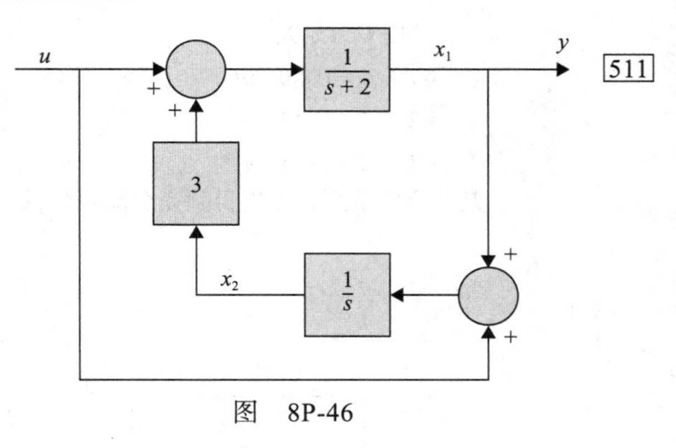

图　8P-46

8-47　已知线性系统的传递函数为

$$\frac{Y(s)}{U(s)}=\frac{s+\alpha}{s^3+7s^2+14s+8}$$

(a) 求当系统不能控或不能观时 α 的值。

(b) 由（a）问中求得的 α 值，定义状态变量使得其中之一是不能控的。

(c) 由（a）问中求得的 α 值，定义状态变量使得其中之一是不能观的。

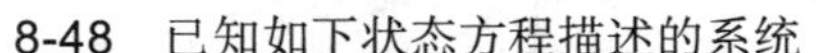

8-48　已知如下状态方程描述的系统

$$\frac{\mathrm{d}\boldsymbol{x}(t)}{\mathrm{d}t}=\boldsymbol{A}\boldsymbol{x}(t)+\boldsymbol{B}u(t)$$

其中，

$$\boldsymbol{A}=\begin{bmatrix}0 & 1\\ -1 & a\end{bmatrix}\quad \boldsymbol{B}=\begin{bmatrix}1\\ b\end{bmatrix}$$

在 a–b 平面求出使得系统完全能控的参数范围。

8-49　求使得如下系统完全能控能观的 b_1、b_2、c_1、c_2 应满足的条件。

$$\frac{\mathrm{d}\boldsymbol{x}(t)}{\mathrm{d}t}=\boldsymbol{A}\boldsymbol{x}(t)+\boldsymbol{B}u(t)\quad y(t)=\boldsymbol{C}\boldsymbol{x}(t)$$

$$\boldsymbol{A}=\begin{bmatrix}1 & 1\\ 0 & 1\end{bmatrix}\quad \boldsymbol{B}=\begin{bmatrix}b_1\\ b_2\end{bmatrix}$$

8-50　用于保持水箱中的液位在期望水平的控制系统的示意图如图 8P-50 所示。液位高度由浮塞控制，浮塞的位置 $h(t)$ 受到监控。开环系统的输入信号为 $e(t)$，系统参数和方程如下：

512

电动机阻抗 $R_a=10\Omega$	电动机感应系数 $L_a=0\mathrm{H}$
转矩常数 $K_i=10\mathrm{oz\cdot in/A}$	电动机惯量 $J_m=0.005\mathrm{oz\cdot in\cdot s^2}$
反向电动势常数 $K_b=0.0706\mathrm{V/rad/s}$	齿轮比 $n=N_1/N_2=1/100$
负载惯量 $J_L=10\mathrm{oz\cdot in\cdot s^2}$	负载和电动机摩擦力忽略不计
放大器增益 $K_a=50$	水箱面积 $A=50\mathrm{ft}^2$

$$e_a(t)=R_ai_a(t)+K_b\omega_m(t)\quad \omega_m(t)=\frac{\mathrm{d}\theta_m(t)}{\mathrm{d}t}$$

$$T_m(t)=K_ii_a(t)=(J_m+n^2J_L)\frac{\mathrm{d}\omega_m(t)}{\mathrm{d}t}\quad \theta_y(t)=n\theta_m(t)$$

蓄水池到水箱的阀门数目为 $N=10$。所用的阀门均完全一样且同时受 θ_y 控制。液体流量的计算方程为

$$q_i(t)=K_IN\theta_y(t)\quad K_I=10\mathrm{ft^3/s\cdot rad}$$

$$q_o(t)=K_oh(t)\qquad K_o=50\mathrm{ft^2/s}$$

$$h(t)=\frac{\text{水箱体积}}{\text{水箱底面积}}=\frac{1}{A}\int[q_i(t)-q_o(t)]\,\mathrm{d}t$$

(a) 定义状态变量 $x_1(t)=h(t), x_2(t)=\theta_m(t), x_3(t)=\mathrm{d}\theta_m(t)/\mathrm{d}t$，将系统的状态方程写成 $\mathrm{d}\boldsymbol{x}(t)/\mathrm{d}t=\boldsymbol{A}\boldsymbol{x}(t)+\boldsymbol{B}e_i(t)$ 的形式，画出系统的状态图。

(b) 计算（a）问中得到的矩阵 $\boldsymbol{A}$ 的特征方程和特征值。

(c) 证明闭环系统是完全能控的，即矩阵对 $[\boldsymbol{A},\boldsymbol{B}]$ 能控。

513

（d）从经济角度考虑，只观测三个变量中的一个，并将其反馈回控制系统，则输出方程为$y = \boldsymbol{C}\boldsymbol{x}$，其中$\boldsymbol{C}$分别是：

（1）$\boldsymbol{C} = [1\ \ 0\ \ 0]$

（2）$\boldsymbol{C} = [0\ \ 1\ \ 0]$

（3）$\boldsymbol{C} = [0\ \ 0\ \ 1]$

判断哪些情形是可以得到完全能观的系统。

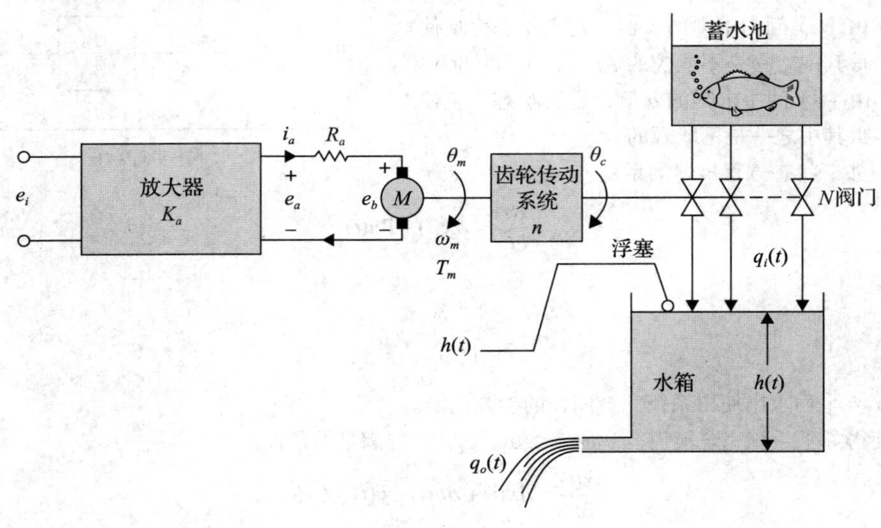

图 8P-50

8-51 已知习题 6-22 中的控制系统参数如下：

$$M_b = 1\text{kg} \quad M_c = 10\text{kg} \quad L = 1\text{m} \quad g = 32.2\text{ft/s}^2$$

线性化该系统后得到的状态方程为：

$$\Delta\boldsymbol{x}(t) = \boldsymbol{A}^* \Delta\boldsymbol{x}(t) + \boldsymbol{B}^* \Delta r(t)$$

其中，

$$\boldsymbol{A}^* \begin{bmatrix} 0 & 1 & 0 & 0 \\ 25.92 & 0 & 0 & 0 \\ 0 & 0 & 0 & 1 \\ -2.36 & 0 & 0 & 0 \end{bmatrix} \quad \boldsymbol{B}^* \begin{bmatrix} 0 \\ -0.0732 \\ 0 \\ 0.976 \end{bmatrix}$$

（a）求$\boldsymbol{A}^*$的特征方程和特征值。

（b）检查$[\boldsymbol{A}^*, \boldsymbol{B}^*]$的能控性。

（c）从经济角度考虑，只观测并反馈一个变量。输出方程为$\Delta y(t) = \boldsymbol{C}^* \Delta\boldsymbol{x}(t)$，$\boldsymbol{C}^*$分别是

（1）$\boldsymbol{C}^* = [1\ \ 0\ \ 0\ \ 0]$

（2）$\boldsymbol{C}^* = [0\ \ 1\ \ 0\ \ 0]$

（3）$\boldsymbol{C}^* = [0\ \ 0\ \ 1\ \ 0]$

（4）$\boldsymbol{C}^* = [0\ \ 0\ \ 0\ \ 1]$

检验哪个$\boldsymbol{C}^*$能够得到能观系统。

8-52 已知如图 8P-52 所示的双逆倒立摆由如下线性方程近似描述：

514

$$\frac{\mathrm{d}\boldsymbol{x}(t)}{\mathrm{d}t} = \boldsymbol{A}\boldsymbol{x}(t) + \boldsymbol{B}u(t)$$

其中，

$$
\boldsymbol{x}(t)=\begin{bmatrix}\theta_1(t)\\ \dot{\theta}_1(t)\\ \theta_2(t)\\ \dot{\theta}_1(t)\\ x(t)\\ \dot{x}(t)\end{bmatrix}\quad \boldsymbol{A}=\begin{bmatrix}0&1&0&0&0&0\\ 16&0&-8&0&0&0\\ 0&0&0&1&0&0\\ -16&0&16&0&0&0\\ 0&0&0&0&0&1\\ 0&0&0&0&0&0\end{bmatrix}\quad \boldsymbol{B}=\begin{bmatrix}0\\ -1\\ 0\\ 0\\ 0\\ 1\end{bmatrix}
$$

试检查各状态的能控性。

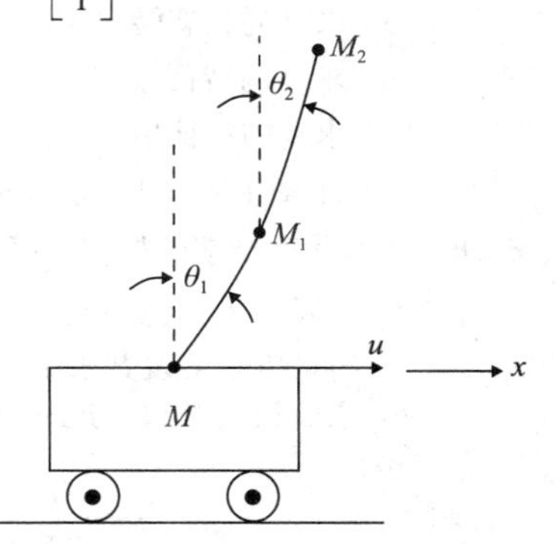

图 8P-52

8-53 大型空间望远镜简化后的控制系统控制框图如图 8P-53 所示。为了便于模拟和控制，用状态方程和状态图来描述它。

（a）画出系统的状态图，并将其状态方程写成向量 - 矩阵形式。状态图中应该包括最少数量的状态变量，先写出系统的传递函数，以利于画状态图。

（b）求出系统的特征方程。

515

8-54 已知如图 8P-54 所示的状态图中的两个子系统串接在一起。

（a）检验系统的能控性和能观性。

（b）考虑输出反馈，将 y_2 反馈给 u_2，即 $u_2=-ky_2$，其中 k 是常数。说明 k 的值是如何影响闭环系统的能控性和能观性的。

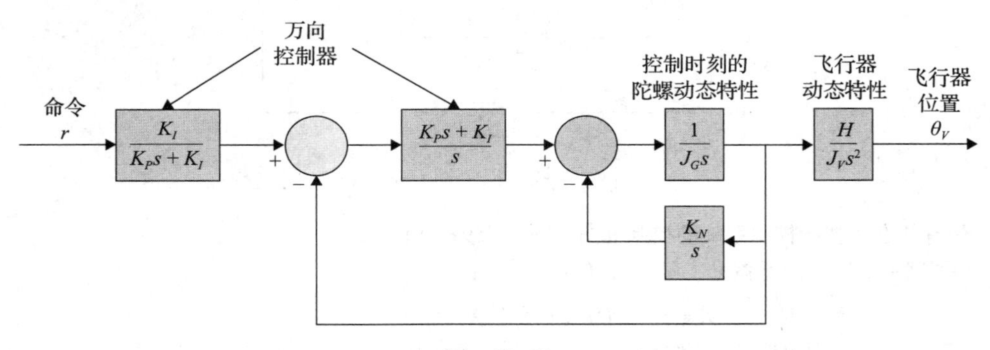

图 8P-53

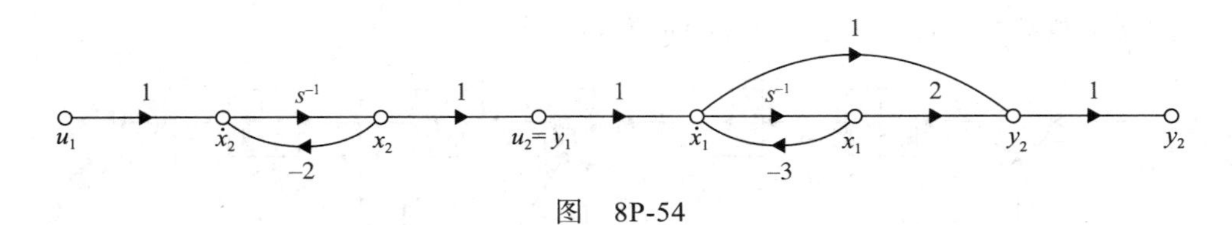

图 8P-54

8-55 已知系统

$$
\frac{\mathrm{d}\boldsymbol{x}(t)}{\mathrm{d}t}=\boldsymbol{A}\boldsymbol{x}(t)+\boldsymbol{B}u(t)\quad y(t)=\boldsymbol{C}\boldsymbol{x}(t)
$$

其中，

$$
\boldsymbol{A}=\begin{bmatrix}0&1\\ -1&-3\end{bmatrix}\quad \boldsymbol{B}=\begin{bmatrix}1\\ 2\end{bmatrix}\quad \boldsymbol{C}=[1\quad 1]
$$

（a）判断系统的能控性和能观性。

（b）令 $u(t)=-\boldsymbol{K}\boldsymbol{x}(t)$，其中 $\boldsymbol{K}=[k_1\quad k_2]$，且 k_1,k_2 均为实数。说明 $\boldsymbol{K}$ 的元素值是否影响且如何影响闭环系统的能控性和能观性。

8-56 系统的转矩方程如下：

$$J\frac{\mathrm{d}^2\theta(t)}{\mathrm{d}t^2}=K_F d_1\theta(t)+T_s d_2\delta(t)$$

其中，$K_F d_1=1, J=1$。令状态变量 $x_1=\theta, x_2=\mathrm{d}\theta/\mathrm{d}t$。用 ACSYS/MATLAB 计算状态转移矩阵 $\phi(t)$。

8-57 对于习题 8-22 得到的状态方程 $\mathrm{d}\boldsymbol{x}(t)/\mathrm{d}t=\boldsymbol{A}\boldsymbol{x}(t)+\boldsymbol{B}\theta_r$，用 ACYSYS/MATLAB 做如下计算：

(a) 求 $\boldsymbol{A}$ 的状态转移矩阵 $\phi(t)$。

516

(b) 求 $\boldsymbol{A}$ 的特征方程。

(c) 求 $\boldsymbol{A}$ 的特征值。

(d) 计算并画出 3s 处的阶跃响应 $y(t)=\theta_y(t)$，所有的初始条件设为 0。

8-58 带有状态反馈的控制系统的控制框图如图 8P-58 所示。试求解实反馈增益 k_1、k_2、k_3，使得

- 阶跃输入的稳态误差 e_{ss}（$e(t)$ 为误差信号）为 0。
- 特征方程的复数根部分在 $-1+\mathrm{j}$ 和 $-1-\mathrm{j}$ 处。
- 求解第三个根。这三个根在满足稳态要求的前提下可以任意配置吗？

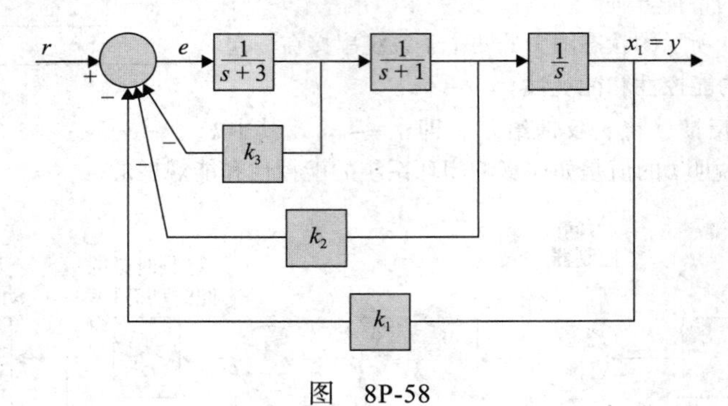

图 8P-58

8-59 带有状态反馈的控制系统的控制框图如图 8P-59a 所示。

(a) 试求解实反馈增益 k_1、k_2、k_3，使得

- 阶跃输入的稳态误差 e_{ss}（$e(t)$ 为误差信号）为 0。
- 特征方程的复数根部分在 $-1+\mathrm{j}$，$-1-\mathrm{j}$ 和 -10 处。

(b) 如图 8P-59b 所示，采用了一些非状态反馈的控制方法。根据（a）问中获得的 k_1、k_2、k_3 以及其他系统参数，求解控制器 $G_c(s)$ 的传递函数。

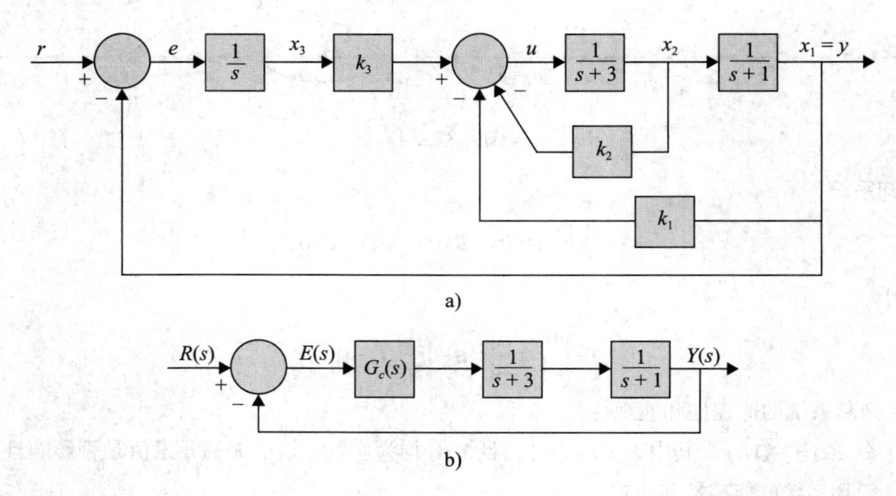

图 8P-59

517

8-60　习题 8-39 已经说明不能仅仅依靠一些 PD 控制器来镇定习题 6-22 和习题 8-51 中提到的扫把平衡控制系统。现在，假设系统通过状态反馈控制，$\Delta r(t) = -\boldsymbol{K}\boldsymbol{x}(t)$，其中

$$\boldsymbol{K} = [k_1 \quad k_2 \quad k_3 \quad k_4]$$

（a）求出 k_1、k_2、k_3、k_4 使得 $\boldsymbol{A}^*-\boldsymbol{B}^*\boldsymbol{K}$ 的特征值在 $-1+\mathrm{j}$，$-1-\mathrm{j}$，10 和 -10 处。计算并且画出初始条件为 $\Delta x_1(0)=0.1, \Delta\theta(0)=0.1$，其他初始条件为 0 时，$\Delta x_1(t)$、$\Delta x_2(t)$、$\Delta x_3(t)$、$\Delta x_4(t)$ 的响应。

（b）将特征值设在 $-2+\mathrm{j}2$，$-2-\mathrm{j}2$，20 和 -20 处，重复上面的设计过程，并比较两个系统之间的不同。

8-61　习题 6-23 中描述的小球悬浮控制系统线性化后的状态方程如下：

$$\Delta\dot{\boldsymbol{x}}(t) = \boldsymbol{A}^*\Delta\boldsymbol{x}(t) + \boldsymbol{B}^*\Delta i(t)$$

其中

$$\boldsymbol{A}^* = \begin{bmatrix} 0 & 1 & 0 & 0 \\ 115.2 & -0.05 & -18.6 & 0 \\ 0 & 0 & 0 & 1 \\ -37.2 & 0 & 37.2 & -0.1 \end{bmatrix} \quad \boldsymbol{B}^* = \begin{bmatrix} 0 \\ -6.55 \\ 0 \\ -6.55 \end{bmatrix}$$

令控制电流 $\Delta i(t)$ 是从状态反馈 $\Delta i(t) = -\boldsymbol{K}\Delta\boldsymbol{x}(t)$ 中获得的，其中

$$\boldsymbol{K} = [k_1 \quad k_2 \quad k_3 \quad k_4]$$

（a）求解 $\boldsymbol{K}$ 中的元素值使得 $\boldsymbol{A}^*-\boldsymbol{B}^*\boldsymbol{K}$ 的特征值在 $-1+\mathrm{j}$，$-1-\mathrm{j}$，10 和 -10 处。

（b）初始条件如下：

$$\Delta\boldsymbol{x}(0) = \begin{bmatrix} 0.1 \\ 0 \\ 0 \\ 0 \end{bmatrix}$$

画出响应 $\Delta x_1(t) = \Delta y_1(t)$（磁铁位移）和 $\Delta x_3(t) = \Delta y_2(t)$（小球位移）。

（c）初始条件如下：

$$\Delta\boldsymbol{x}(0) = \begin{bmatrix} 0 \\ 0 \\ 0.1 \\ 0 \end{bmatrix}$$

重复上述过程。

比较两种初始条件下闭环系统的响应。

8-62　如图 8P-62 所示电炉中的温度 $x(t)$ 由如下动态方程描述：

$$\frac{\mathrm{d}x(t)}{\mathrm{d}t} = -2x(t) + u(t) + n(t)$$

其中，$u(t)$ 是控制信号，$n(t)$ 是由于热损失导致的不知幅度大小的常数扰动。系统的控制目标是，温度 $x(t)$ 能够跟上一个常数输入 r。

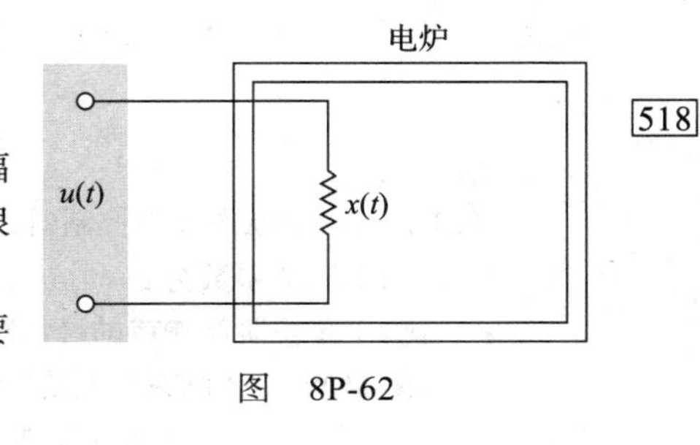

图　8P-62

518

（a）设计一个带有状态和积分控制的控制系统使得下列要求得到满足：

- $\lim\limits_{t\to\infty} x(t) = r =$ 常数。
- 闭环系统的特征值在 10 和 -10 处。
- 画出当 $r=1, n(t)=-1$ 时的系统状态响应 $x(t), t\geqslant 0$，以及当 $r=1, n(t)=0$ 时的系统状态响应 $x(t), t\geqslant 0$，初始条件总为 $x(0)=0$。

（b）设计一个 PI 控制器使得

$$G_c(s)=\frac{U(s)}{E(s)}=K_P+\frac{K_I}{s}$$
$$E(s)=R(s)-X(s)$$

其中，$R(s)=R/s$。

求解 K_P 和 K_I 使得特征方程的解在 10 和 −10 处。画出当 $r=1, n(t)=-1$ 时的系统状态响应 $x(t), t\geqslant 0$，以及当 $r=1, n(t)=0$ 时的系统状态响应 $x(t), t\geqslant 0$，初始条件总为 $x(0)=0$。

8-63 系统的传递函数如下：

$$G(s)=\frac{10}{(s+1)(s+2)(s+3)}$$

令

$$x_1=y$$
$$x_2=\dot{x}_1$$
$$x_3=\dot{x}_2$$

求解状态空间模型。

设计一个状态反馈控制器 $u=-Kx$ 使得闭环系统的极点在 $s=-2+\mathrm{j}2\sqrt{3}$，$s=-2-\mathrm{j}2\sqrt{3}$ 和 $s=-10$ 处。

8-64 如图 8P-64 所示为在一个移动平台上的倒立摆。假设 $M=2\text{kg}$，$m=0.5\text{kg}$ 和 $l=1\text{m}$。

(a) 令状态变量为 $x_1=\theta, x_2=\dot{\theta}, x_3=x, x_4=\dot{x}, y_1=x_1=\theta, y_2=x_3=x$，求解系统的状态空间模型。

(b) 设计一个增益为 $-K$ 的状态反馈控制器使得闭环系统的极点在 $s=-4+4\mathrm{j}$，$s=-4-4\mathrm{j}$，$s=210$ 和 $s=-210$ 处。

519

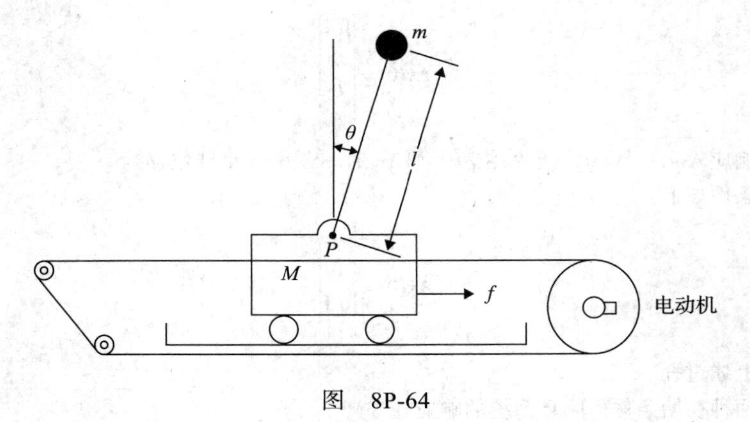

图 8P-64

8-65 考虑一个有如下描述的系统状态空间方程：

$$\begin{bmatrix}\dot{x}_1\\\dot{x}_2\end{bmatrix}=\begin{bmatrix}0&1\\-6&-5\end{bmatrix}\begin{bmatrix}x_1\\x_2\end{bmatrix}+\begin{bmatrix}0\\1\end{bmatrix}u$$

(a) 设计一个状态反馈控制器使得

(1) 阻尼系数为 $\zeta=0.707$。

(2) 单位阶跃响应的峰值时间 3s。

(b) 用 MATLAB 画系统的阶跃响应，并且说明设计是怎么满足 (a) 问中的要求的。

8-66 考虑如下一个状态空间方程描述的系统：

$$\begin{bmatrix}\dot{x}_1\\\dot{x}_2\\\dot{x}_3\end{bmatrix}=\begin{bmatrix}-1&-2&-2\\0&-1&1\\1&0&1\end{bmatrix}\begin{bmatrix}x_1\\x_2\\x_3\end{bmatrix}+\begin{bmatrix}2\\0\\1\end{bmatrix}u$$

(a) 设计一个状态反馈控制器使得

（1）调节时间小于 5s（1% 的整定时间）。

（2）超调量小于 10%。

(b) 用 MATLAB 检验你的设计。

8-67 如图 8P-67 所示为一个 *RLC* 设计电路。

(a) 当 $v(t)$ 是输入，$i(t)$ 是输出，电容电压和电感电流为状态变量，求解电路的状态方程。

(b) 求解系统是能控的条件。

(c) 求解系统是能观的条件。

(d) 如果 $v(t)$ 是输入，R_2 的电压是输出，电容电压和电感电流为状态变量重复上述三步。

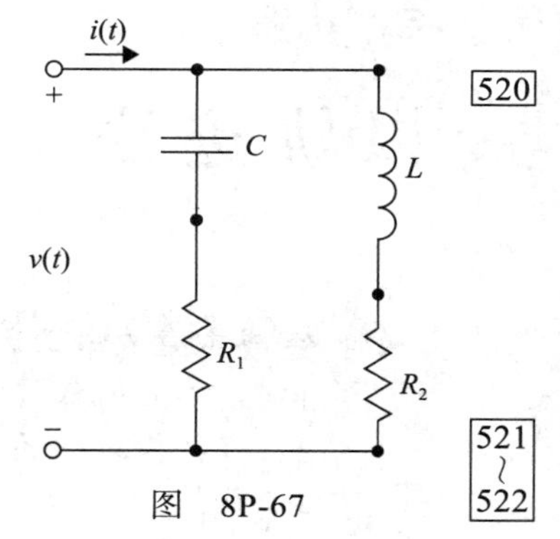

图　8P-67

520

521 ~ 522

第 9 章

根轨迹法

完成本章的学习后，你将能够

1）绘制或解释根轨迹图，从而确定参数变化对系统闭环极点的影响。

2）根据根轨迹的特性，手工绘制根轨迹图。

3）构造多参数变化系统的根轨迹族进行多参数变化的研究（例如，PD 或 PI 控制器）。

4）使用 MATLAB 绘制根轨迹或根轨迹族。

5）使用根轨迹或根轨迹族设计控制系统。

在学习本章之前，读者可以参考附录 B 来复习有关复变量的理论基础。

在前面的章节中，我们已经阐述了线性控制系统闭环传递函数的零极点对于系统动态性能的重要性。特征方程的根（即闭环传递函数的极点）决定了线性 SISO 系统的绝对和相对稳定性，而系统的暂态特性也依赖于闭环传递函数的零点。

线性控制系统中的一个重要课题是，当系统某一参数发生变化时，研究特征方程的根的轨迹，或者简称**根轨迹**。在第 7 章中，我们已经在很多例子中说明了特征方程的根轨迹对于研究线性控制系统是非常有用的。根轨迹的基本特性和系统化设计最早是由 W. R. Evans[1,3] 提出的。通常而言，根轨迹可以用下面这些简单的规则和性质画出。

正如第 7 章所讨论的，为了准确地画出根轨迹，可以使用 MATLAB 中的根轨迹工具箱。对于一个普通的设计工程师而言，能够根据设计目标使用计算机工具获得根轨迹就足够了。然而，如何解释用根轨迹所提供的数据来分析和设计，这对于根轨迹及其特性的基础研究是十分重要的。本章正是以此为目标的。

根轨迹并不仅仅局限于控制系统的研究。一般而言，该方法可应用于研究具有一个或多个变化参数的代数方程的根的特性。一般的根轨迹问题可以根据下面的复变量代数方程来定义：

$$F(s) = P(s) + KQ(s) = 0 \tag{9-1}$$

其中，$P(s)$ 是 s 的 n 阶多项式：

$$P(s) = s^n + a_{n-1}s^{n-1} + \cdots + a_1 s + a_0 \tag{9-2}$$

$Q(s)$ 是 s 的 m 阶多项式；n 和 m 均是正整数。

$$Q(s) = s^m + b_{m-1}s^{m-1} + \cdots + b_1 s + b_0 \tag{9-3}$$

这里，我们先不对 m 和 n 之间的相对大小进行限制。K 是在 $-\infty$ 到 $+\infty$ 之间变化的一个实常数。

系数 $a_1, a_2, \cdots, a_n, b_1, b_2, \cdots, b_m$ 被看作固定的实数。

多个参数变化的根轨迹可以通过每次变化某一个参数的方法得到，所得到的根轨迹统称为**根轨迹族**，9.5 节会详细介绍这部分内容。类似地，也可以通过将式（9-1）～式（9-3）中的 s 替换成 z 来构造线性离散系统的特征方程的根轨迹（参见附录 H）。

为了区分清楚，我们定义下面两类基于变量 K 的根轨迹。

1. **根轨迹（RL）**：当 $-\infty < K < +\infty$ 时的完全根轨迹；

这个性质是因为一个具有实系数的多项式，其根必定是实数或共轭复数对。一般地，如果 $G(s)H(s)$ 的零极点关于除 s 平面内的实轴以外的轴对称，我们可以将该对称轴作为一个通过线性变换后得到的新复平面的实轴。

例 9-2-3 考虑方程

$$s(s+1)(s+2)+K=0 \tag{9-30}$$

将式（9-30）两侧同时除以不含 K 的项，可以得到：

$$G(s)H(s)=\frac{K}{s(s+1)(s+2)} \tag{9-31}$$

当 K 从 $-\infty$ 变化到 $+\infty$ 时，式（9-30）的根轨迹如图 9-3 所示。因为 $G(s)H(s)$ 的零极点关于实轴以及 $s=-1$ 轴对称，因此，根轨迹曲线也关于这两个轴对称。

回顾目前为止学到的根轨迹性质，我们在图 9-3 中进行下面练习。

当 $K=0$ 时，$G(s)H(s)$ 的极点是 $s=0$，-1，-2。当 $K=\pm\infty$ 时，函数 $G(s)H(s)$ 在 $s=\infty$ 处有 3 个零点。读者应该尝试描绘出根轨迹的 3 条分支，每条分支均从 $K=-\infty$ 的点开始，经同一分支上的 $K=0$ 的点，终止于 $s=\infty$ 处的 $K=\infty$ 的点。▲

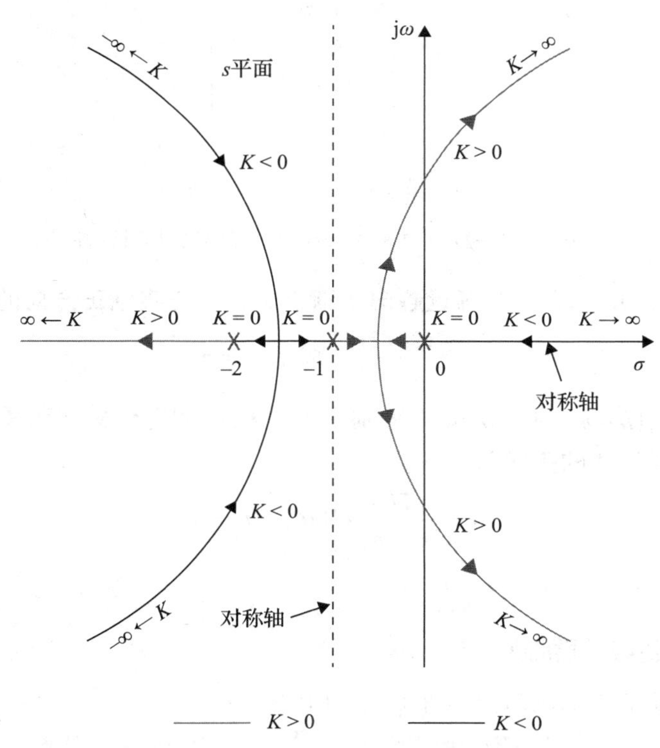

图 9-3 $s(s+2)(s+3)+K(s+1)=0$ 的根轨迹及其对称性

530

例 9-2-4 当 $G(s)H(s)$ 的零极点关于 s 平面上的某个点对称时，其根轨迹也关于该点对称。这可以通过下式的根轨迹来说明，如图 9-4 所示。

$$s(s+1)(s+1+\mathrm{j})(s+1-\mathrm{j})+K=0 \tag{9-32}$$ ▲

9.2.4 RL 的渐近线交角：$|s|=\infty$ 处 RL 的行为

当 $P(s)$ 的阶数 n 不等于 $Q(s)$ 的阶数 m 时，部分根轨迹将在 s 平面上趋于无穷远处。

RL 在 s 平面上靠近无穷远处的性质是由当 $|s|=\infty$ 时的**渐近线**描述的。一般地，当 $n\neq m$ 时，共有 $2|n-m|$ 条渐近线来描述 $|s|=\infty$ 处 RL 的行为。渐近线以及它与 s 平面实轴的夹角描述如下。

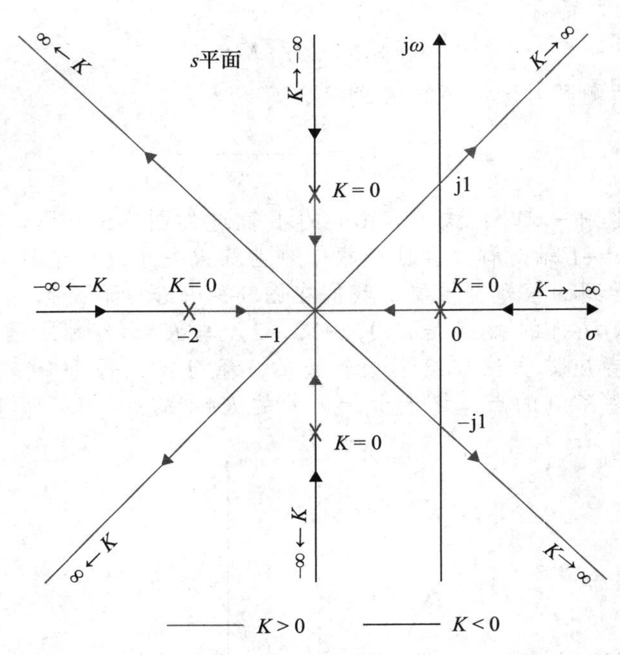

图 9-4　$s(s+2)(s^2+2s+2)+K=0$ 的根轨迹及其对称性

当 s 值很大时，$K\geqslant 0$ 的 RL 渐近趋向于渐近线，它与实轴正方向的夹角为

$$\theta_i=\frac{(2i+1)}{|n-m|}\times 180°,\quad n\neq m \tag{9-33}$$

其中，$i=0,1,2,\cdots,|n-m|-1$；n 和 m 分别是 $G(s)H(s)$ 的有限极点和零点的数目。

当 $K\leqslant 0$ 时，渐近线的夹角为

$$\theta_i=\frac{2i}{|n-m|}\times 180°,\quad n\neq m \tag{9-34}$$

531 其中，$i=0,1,2,\cdots,|n-m|-1$ 。

9.2.5　渐近线的交点（质心）

RL 的 $2|n-m|$ 条渐近线相交于 s 平面实轴上的一点：

$$\sigma_1=\frac{\sum G(s)H(s)\text{的有限极点}-\sum G(s)H(s)\text{的有限零点}}{n-m} \tag{9-35}$$

其中，n 是 $G(s)H(s)$ 有限极点的个数，m 是 $G(s)H(s)$ 有限零点的个数。渐近线的交点 σ_1 代表了根轨迹的重心，并且总是一个实数，或

$$\sigma_1=\frac{\sum G(s)H(s)\text{的极点的实部}-\sum G(s)H(s)\text{的零点的实部}}{n-m} \tag{9-36}$$

例 9-2-5 图 9-5 给出了当 $-\infty\leqslant K\leqslant\infty$ 时式（9-26）的根轨迹及其渐近线。

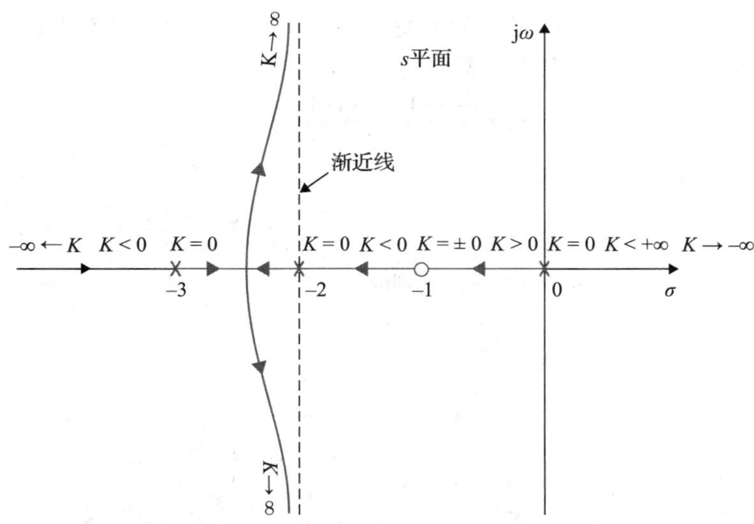

图 9-5 $-\infty \leqslant K \leqslant \infty$ 时，$s(s+2)(s+3)+K(s+1)=0$ 的根轨迹及渐近线 ▲

工具箱 9-2-1

图 9-5 中根轨迹对应的 MATLAB 代码：

```
num=[1 1];
den=conv([1 0],[1 2]);
den=conv(den,[1 3]);
mysys=tf(num,den);
rlocus(mysys);
axis([-3 0 -8 8])

[k,poles] = rlocfind(mysys) % rlocfind command in MATLAB can choose the desired poles on the
locus
```

532

例 9-2-6 考虑传递函数

$$G(s)H(s)=\frac{K(s+1)}{s(s+4)(s^2+2s+2)} \tag{9-37}$$

与上式相对应的特征方程是

$$s(s+4)(s^2+2s+2)+K(s+1)=0 \tag{9-38}$$

$G(s)H(s)$ 的零极点配置如图 9-6 所示。根据目前为止学习的 6 条根轨迹的性质，当 K 从 $-\infty$ 变化到 $+\infty$ 时，式（9-38）的相应根轨迹信息如下：

1. $K=0$：根轨迹上 $K=0$ 的点是 $G(s)H(s)$ 的极点：$s=0$，-4，$-1+\mathrm{j}$，和 $-1-\mathrm{j}$。

2. $K=\pm\infty$：根轨迹上 $K=\pm\infty$ 的点是 $G(s)H(s)$ 的零点：$s=-1$，∞，∞ 和 ∞。

3. 4 条根轨迹分支，因为式（9-37）和式（9-38）是四阶的。

4. 根轨迹关于实轴对称。

5. 因为 $G(s)H(s)$ 有限极点的个数比它的有限零点个数多 3 个（$n-m=4-1=3$），所以当 $K=\pm\infty$ 时，3 条根轨迹接近 $s=\infty$。

根据式（9-33），RL（$K\geqslant 0$）的渐近线的夹角如下：

$$\mathrm{j}=0:\theta_0=\frac{180^\circ}{3}=60^\circ$$

$$\mathrm{j}=1:\theta_1=\frac{540^\circ}{3}=180^\circ$$

$$\mathrm{j}=2:\theta_2=\frac{900^\circ}{3}=300^\circ$$

当$K \leqslant 0$时，RL 的渐近线的夹角可以根据式（9-34）计算得到，分别为 0°、120°、240°。

6. 根据式（9-36），渐近线的交点为

$$\sigma_1 = \frac{(-4-1-1)-(-1)}{4-1} = -\frac{5}{3} \tag{9-39}$$

根轨迹的渐近线如图 9-6 所示。▲

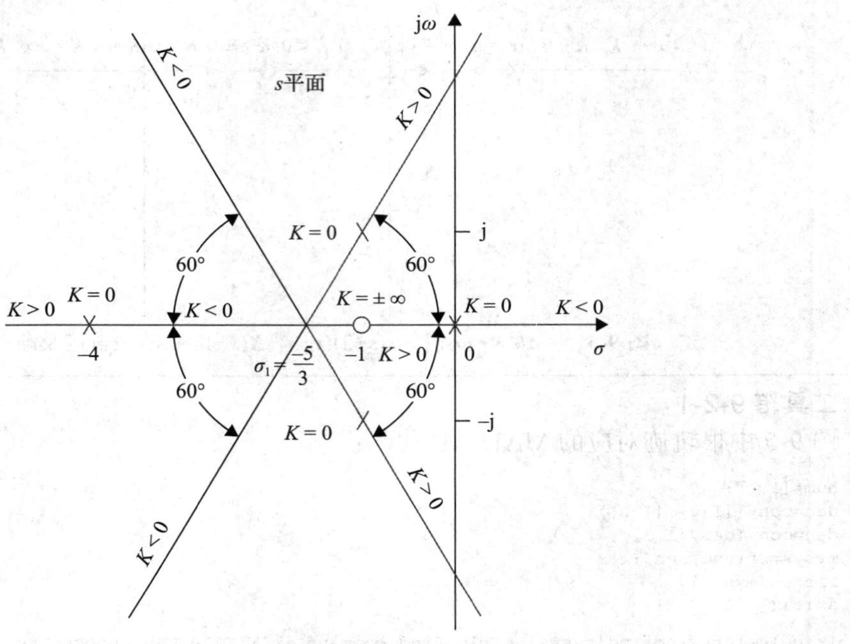

图 9-6 $s(s+4)(s^2+2s+2)+K(s+1)=0$ 的根轨迹的渐近线

例 9-2-7 图 9-7 给出了一些方程的根轨迹的渐近线。▲

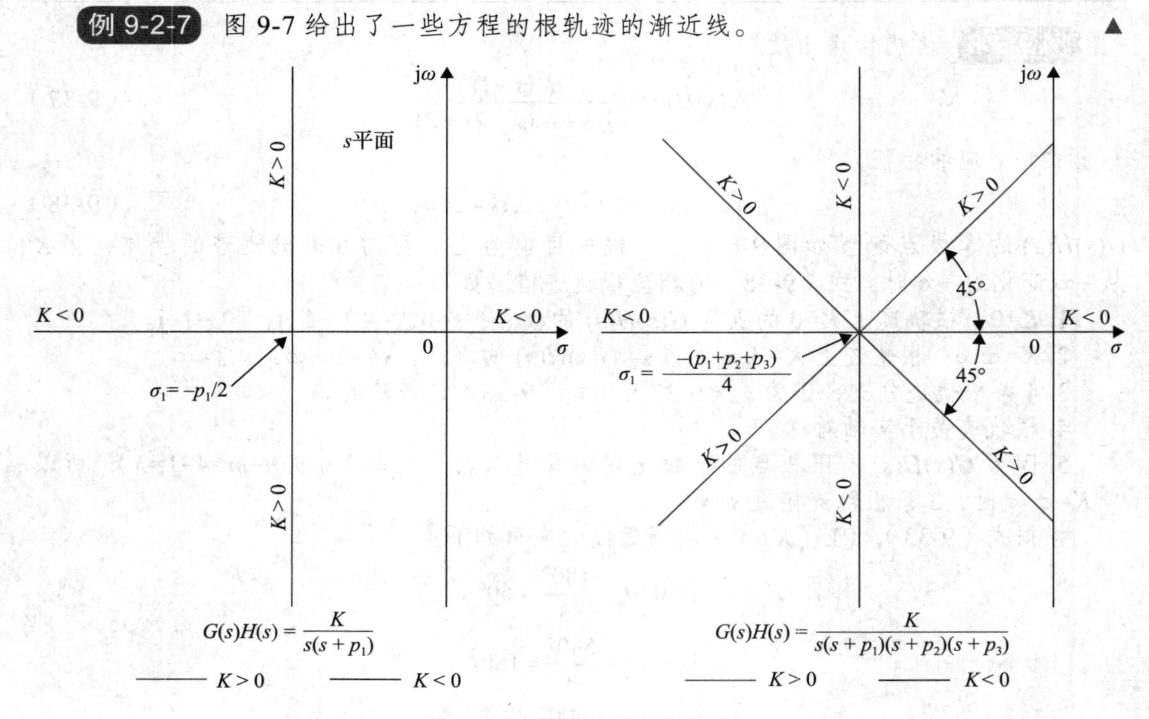

图 9-7 根轨迹的渐近线例子

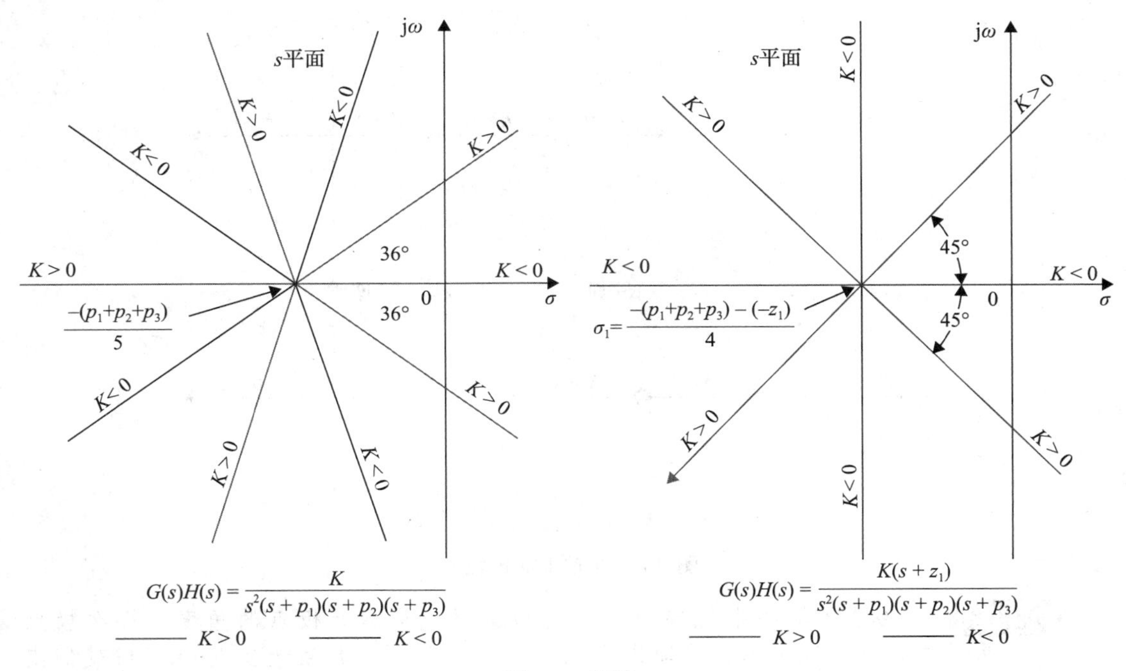

图 9-7 （续）

9.2.6 实轴上的 RL

s 平面的整个实轴被所有 K 值的根轨迹所覆盖。实轴上的一个给定线段属于 $K \geqslant 0$ 时的 RL，仅当位于该段右侧的 $G(s)H(s)$ 的极点与零点个数和为奇数。而实轴上的剩余部分被 $K \leqslant 0$ 时的 RL 所覆盖。$G(s)H(s)$ 的共轭极点和零点并不影响实轴上 RL 的类型。 533

这些特性是基于以下观察得出的：

1. 在实轴上的任意一点 s_1，从 $G(s)H(s)$ 的共轭极点和零点出发的向量的角度和为 0°。因此，只有 $G(s)H(s)$ 的实数极点和零点对式（9-18）和式（9-19）中的相位关系有帮助。

2. 只有位于点 s_1 右侧的 $G(s)H(s)$ 的实数极点和零点对式（9-18）和式（9-19）有帮助，因为左侧的实数极点和零点没有用。

3. 点 s_1 右侧的 $G(s)H(s)$ 的每个极点对式（9-18）和式（9-19）的贡献是 −180°，点 s_1 右侧的 $G(s)H(s)$ 的每个零点对式（9-18）和式（9-19）的贡献是 +180°。

最后一个观察表明：点 s_1 如果是根轨迹（$K \geqslant 0$）上的一个点，那么，位于该点右侧的 $G(s)H(s)$ 的极点和零点的数目必须为**奇数**。如果点 s_1 是 $K \leqslant 0$ 时对应根轨迹上的一点，那么，位于该点右侧的 $G(s)H(s)$ 的极点和零点的个数必须是**偶数**。用以下示例来说明根轨迹在 s 平面实轴上的性质。

例 9-2-8 图 9-8 给出了两幅 $G(s)H(s)$ 的零极点配置图及相应的实轴上的根轨迹图。注意整个实轴被包含所有 K 值的根轨迹所占。 ▲

9.2.7 RL 的出射角和入射角

根轨迹离开或进入 $G(s)H(s)$ 极点或零点的切线方向与实轴正方向的夹角分别为根轨迹的出射角或入射角。 534

K 为正值时，根轨迹的出射角和入射角可以用式（9-18）计算得到，K 为负值时根轨迹的出射角和入射角可以由式（9-19）确定。由下面的例子来详细说明。

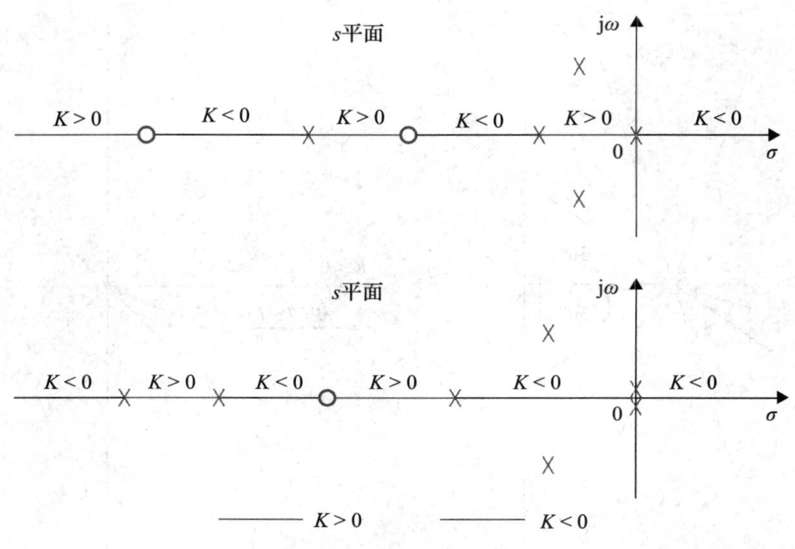

图 9-8　实轴上的根轨迹

例 9-2-9 图 9-9 所给的根轨迹中，如果知道根轨迹离开极点的角度，那么极点 s=−1+j 附近的根轨迹可以更加精确地描绘。如图 9-10 所示，根轨迹在点 s=−1+j 处的出射角用 θ_2 表示。假设点 s_1 在离开极点 −1+j 的根轨迹上，并且非常接近该点。那么，s_1 必满足式（9-18），因此

$$\angle G(s_1)H(s_1) = -(\theta_1+\theta_2+\theta_3+\theta_4) = (2i+1)180° \tag{9-40}$$

其中，i 是任意整数。因为 s_1 非常靠近极点 −1+j，所以从另外三个极点出发的向量的角度可以用 s_1 在 −1+j 处的角度近似。那么，式（9-40）可以写成：

$$-(135°+\theta_2+90°+26.6°) = (2i+1)180° \tag{9-41}$$

其中，只有 θ_2 是未知的。此时，我们可以设 i 为 −1，那么 θ_2 是 −71.6°。

K 为正值时，当确定根轨迹在 $G(s)H(s)$ 的极点或零点处的出射角和入射角时，K 为负值时的根轨迹在 $G(s)H(s)$ 的相同极点或零点处的出射角和入射角与其相差 180°，方程（9-19）被使用。图 9-9 中，K 为负值时，根轨迹在点 −1+j 处的入射角为 108.4° = 180° − 71.6°。类似地，在图 9-10 的根轨迹图中，K 为负值时，根轨迹到达点 s = −3 处的角度为 180°，K 为正值时，离开该点的角度为 0°。在点 s=0 处，K 为负值时对应根轨迹的入射角为 180°，而 K 为正值时的根轨迹的出射角为 180°。这些角度也是由 $G(s)H(s)$ 的极点和零点所划分的实轴部分的根轨迹类型知识来确定的。因为从共轭极点和零点出发到实轴上任意一点的向量的角度和总是 0°，所以实轴上根轨迹的入射角和出射角并不受 $G(s)H(s)$ 的共轭极点和零点的影响。

535～536

▲

例 9-2-10 在这个例子中，我们将要检测当 $G(s)H(s)$ 具有多重极点或零点时，根轨迹在这些零极点处的出射角和入射角。考虑到 $G(s)H(s)$ 在实轴上有多重（3 重）极点，如图 9-10 所示。因为共轭极点和零点对于实轴上的根轨迹的入射角和出射角没有影响，所以只画出 $G(s)H(s)$ 的实数极点和零点。在三重极点 s=−2 处存在 3 条 K 为正值时离开该点的根轨迹和 3 条 K 为负值时到达该点的根轨迹。为了计算 K 为正值时根轨迹的出射角，假设点 s_1 在靠近 s=−2 点的根轨迹上，然后应用式（9-18），可以得到：

$$-\theta_1 - 3\theta_2 + \theta_3 = (2i+1)180° \tag{9-42}$$

其中，θ_1 和 θ_3 分别表示极点 0 到 s_1 和零点 −3 到 s_1 的向量的夹角。因为在 s=−2 处有 3 个极点，那么 −2 到点 s_1 有 3 个向量，θ_2 要乘以 3。在式（9-40）中，令 i=0，因为

θ_1=180°，θ_3=0°，我们可以得到在点 s=0 和点 s=−2 间的根轨迹（K 为正值）的出射角 θ_2=0°。对于 K 为正值时所对应的另外两条根轨迹，分别令式（9-42）中的 i=1 和 i=2，得到 θ_2=120° 和 −120°。类似地，当 3 个 K 为负值时，根据式（9-19）可以得到相应根轨迹在 s=−2 处的入射角分别为 60°、180° 和 −60°。 ▲

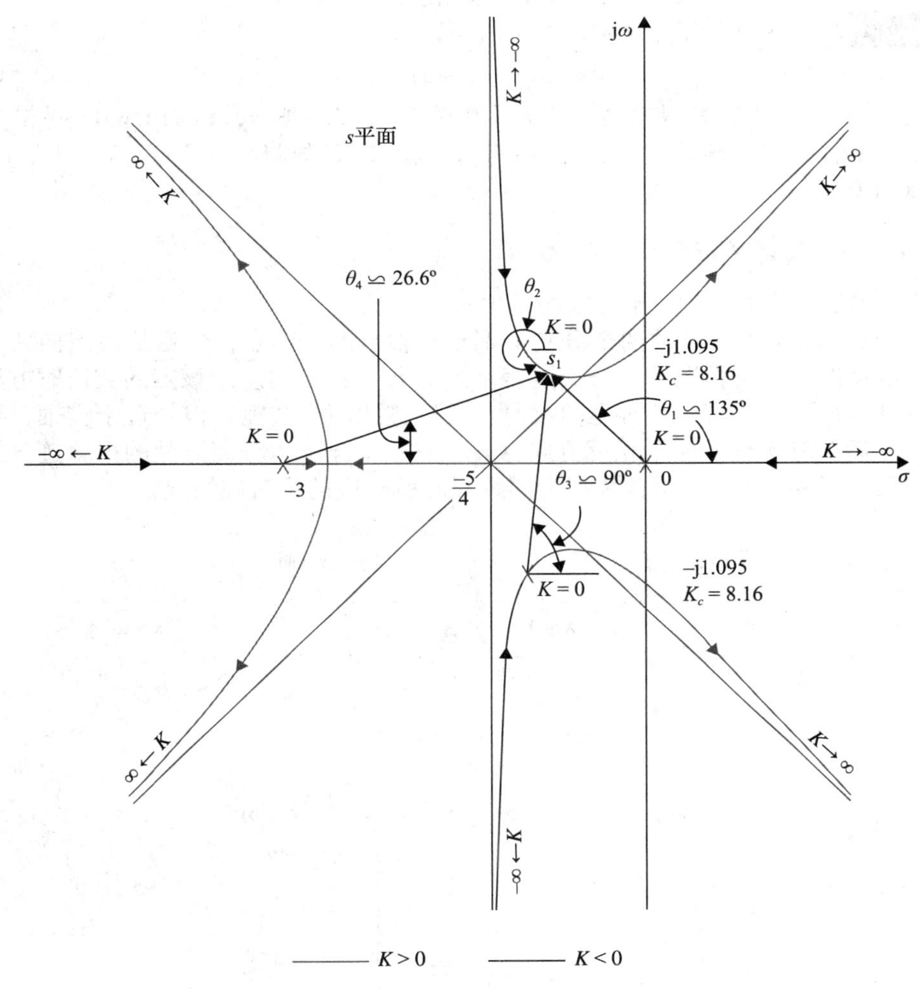

图 9-9　$s(s+3)(s^2+2s+2)+K=0$ 的根轨迹的出射角或入射角

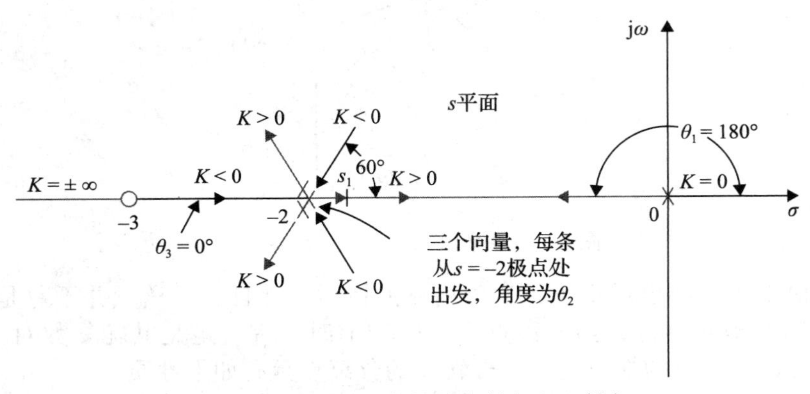

图 9-10　在三重极点处的出射角和入射角

9.2.8 RL 与虚轴的交点

s 平面上 RL 与虚轴的交点以及相应的 K 值可以用 Routh-Hurwitz 判据来确定。对于 RL 与虚轴有多个交点的复杂情况，可以利用根轨迹的计算机程序来确定交点和 K 值，也可以使用第 10 章所介绍的与频率响应相关的 Bode 图。

例 9-2-11 图 9-9 给出了方程

$$s(s+3)(s^2+2s+2)+K=0 \tag{9-43}$$

的根轨迹。图 9-9 表明其根轨迹与 jω 轴有两个交点，将 Routh-Hurwitz 判据应用到式（9-43）中，并求解辅助方程，可得到保证稳定的 K 的临界值 K=8.16，且与 jω 轴的交点为 ±j1.095。▲

9.2.9 RL 的分离点（鞍点）

方程的 RL 的分离点对应于方程的重根。

图 9-11a 展示了根轨迹的两个分支汇聚于实轴上的分离点，然后从该点向两个相反方向分开的情况。这种情况下，分离点表示当 K 被分配了对应于该点的数值时方程的二重根。图 9-11b 展示了另一种常见的情况，根轨迹的两个共轭复根趋近于实轴，汇聚于分离点，然后沿着实轴的两个相反方向分开。一般情况下，分离点处的根轨迹分支数可能超过两条。图 9-11c 展示了分离点为四重根时所对应的根轨迹情况。

537～538

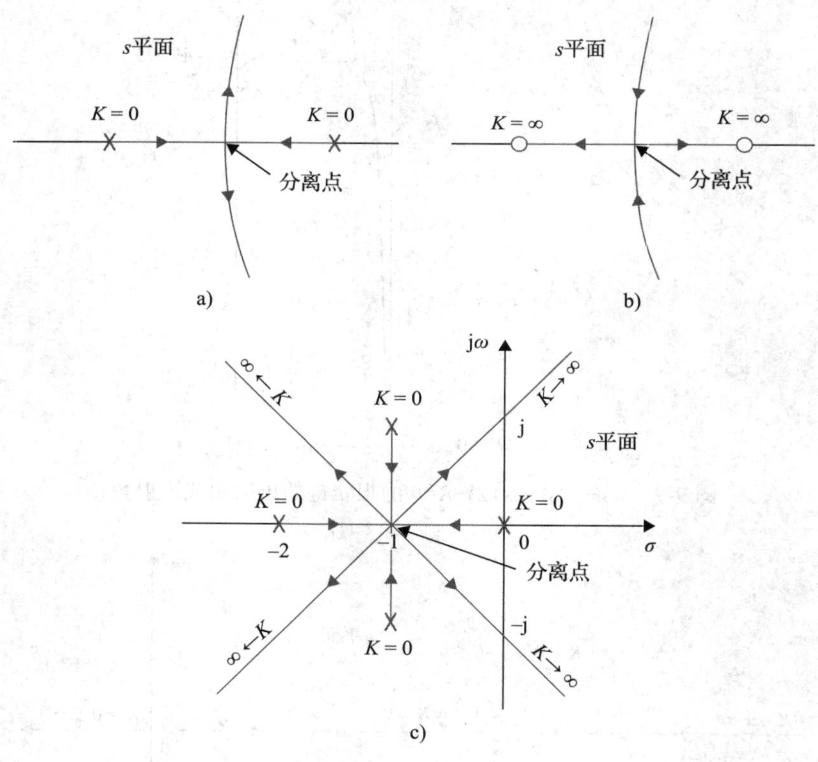

图 9-11 s 平面实轴上的分离点示例

当然，根轨迹中会出现不止一个分离点的情况。并且，分离点并不总是在实轴上。由于根轨迹的共轭对称性，当分离点不在实轴上时，它一定是共轭复数对。如图 9-14 所示为共轭复数分离点的根轨迹图。根轨迹的分离点具有如下性质。

方程 $1+KG_1(s)H_1(s)=0$ 的根轨迹的分离点一定满足如下条件：

$$\frac{\mathrm{d}G_1(s)H_1(s)}{\mathrm{d}s}=0 \tag{9-44}$$

需要指出的是，式（9-44）所给出的条件不是存在分离点的充分条件而仅仅是必要条件。换而言之，根轨迹上所有的分离点必须满足式（9-44），但是式（9-44）的解未必就是分离点。要成为分离点，式（9-44）的解还必须满足式（9-5），也就是说，对于某些实数 K，该点还必须是根轨迹上的点。

如果将式（9-12）两侧同时对 s 进行求导，可以得到：

$$\frac{\mathrm{d}K}{\mathrm{d}s}=\frac{\mathrm{d}G_1(s)H_1(s)/\mathrm{d}s}{[G_1(s)H_1(s)]^2} \tag{9-45}$$

539

因此，条件（9-44）等价于

$$\frac{\mathrm{d}K}{\mathrm{d}s}=0 \tag{9-46}$$

9.2.10 RL 在分离点处的入射角和出射角

根轨迹到达分离点或者离开分离点的角度由该点处根轨迹的分支数决定。例如，图 9-11a 和图 9-11b 所示的根轨迹到达或离开分离点的角度均是 180°，而图 9-11c 所示四条根轨迹分支到达和离开分离点的角度是 90°。**通常情况下，n 条根轨迹（$-\infty\leqslant K\leqslant\infty$）到达分离点或从分离点分开的角度是 180/$n$。**

很多根轨迹计算机程序可以帮助我们确定分离点及其分离点的其他特性，这对于人工计算来说是一项艰巨的任务。

例 9-2-12 考虑一个二阶方程（类似于例 7-7-1 中的 PD 控制系统）

$$s(s+2)+K(s+4)=0 \tag{9-47}$$

根据目前所描述的根轨迹的性质，可以画出式（9-47）所对应的根轨迹（$-\infty<K<\infty$）的草图，如图 9-12 所示。可以看出根轨迹的复数部分是一个圆。两个分离点在实轴上，一个在 0～−2 之间，还有一个在 −4～−∞ 之间。从式（9-48），可以得到：

$$G_1(s)H_1(s)=\frac{s+4}{s(s+2)} \tag{9-48}$$

540

利用式（9-44），根轨迹的分离点必须满足

$$\frac{\mathrm{d}G_1(s)H_1(s)}{\mathrm{d}s}=\frac{s(s+2)-2(s+1)(s+4)}{s^2(s+2)^2}=0 \tag{9-49}$$

或者

$$s^2+8s+8=0 \tag{9-50}$$

求解式（9-50），我们可以找到根轨迹的两个分离点 s=−1.172 和 −6.828。图 9-12 表明两个分离点都在 K 为正值时所对应的根轨迹上。▲

例 9-2-13 考虑如下方程（PD 控制系统的另一个例子）

$$s^2+2s+2+K(s+2)=0 \tag{9-51}$$

在式（9-51）两侧同时除以不包含 K 的项，可以得到等价的 $G(s)H(s)$：

$$G(s)H(s)=\frac{K(s+2)}{s^2+2s+2} \tag{9-52}$$

根据 $G(s)H(s)$ 的零极点，式（9-52）的根轨迹如图 9-13 所示。曲线表明根轨迹上有两个分离点，一个对应于 $K>0$ 的根轨迹，一个对应于 $K<0$ 的根轨迹。这两个分离点可以根据下式确定：

$$\frac{\mathrm{d}G_1(s)H_1(s)}{\mathrm{d}s}=\frac{\mathrm{d}}{\mathrm{d}s}\left(\frac{s+2}{s^2+2s+2}\right)=\frac{s^2+2s+2-2(s+1)(s+2)}{(s^2+2s+2)^2}=0 \tag{9-53}$$

或者

$$s^2+4s+2=0 \tag{9-54}$$

该方程的解给定分离点为 s=−0.586 和 −3.414。▲

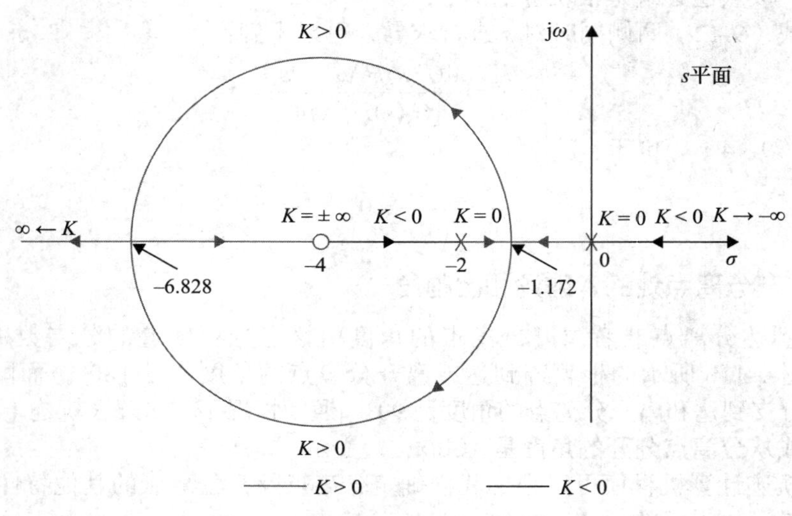

图 9-12　$s(s+2)+K(s+4)=0$ 的根轨迹

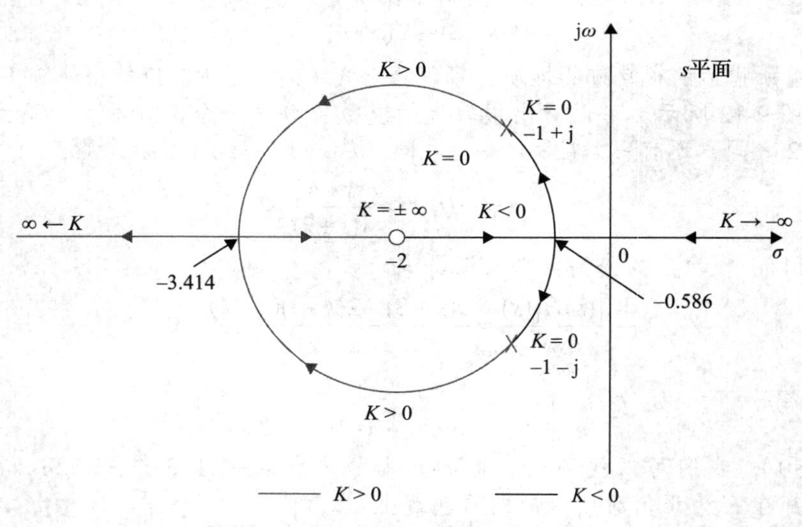

541

图 9-13　$s^2+2s+2+K(s+2)=0$ 的根轨迹

例 9-2-14　图 9-14 所示为方程

$$s(s+4)(s^2+4s+20)+K=0 \tag{9-55}$$

的根轨迹。将上述方程两侧同时除以不含 K 的项，可以得到：

$$1+KG_1(s)H_1(s)=1+\frac{K}{s(s+4)(s^2+4s+20)}=0 \tag{9-56}$$

由于 $G_1(s)H_1(s)$ 的极点关于 s 平面上的轴 σ=−2 和 ω=0 对称，方程的根轨迹同样关于这两个轴对称。将 $G_1(s)H_1(s)$ 对 s 求导，可以得到：

$$\frac{dG_1(s)H_1(s)}{ds} = -\frac{4s^3+24s^2+72s+80}{[s(s+4)(s^2+4s+20)]^2} = 0 \tag{9-57}$$

或者

$$s^3+6s^2+18s+20=0 \tag{9-58}$$

上述方程的解是 $s=-2$，$-2+j2.45$ 和 $-2-j2.45$。此时，图 9-14 表明式（9-58）的所有解都是根轨迹上的分离点，并且其中两个还是复数点。▲

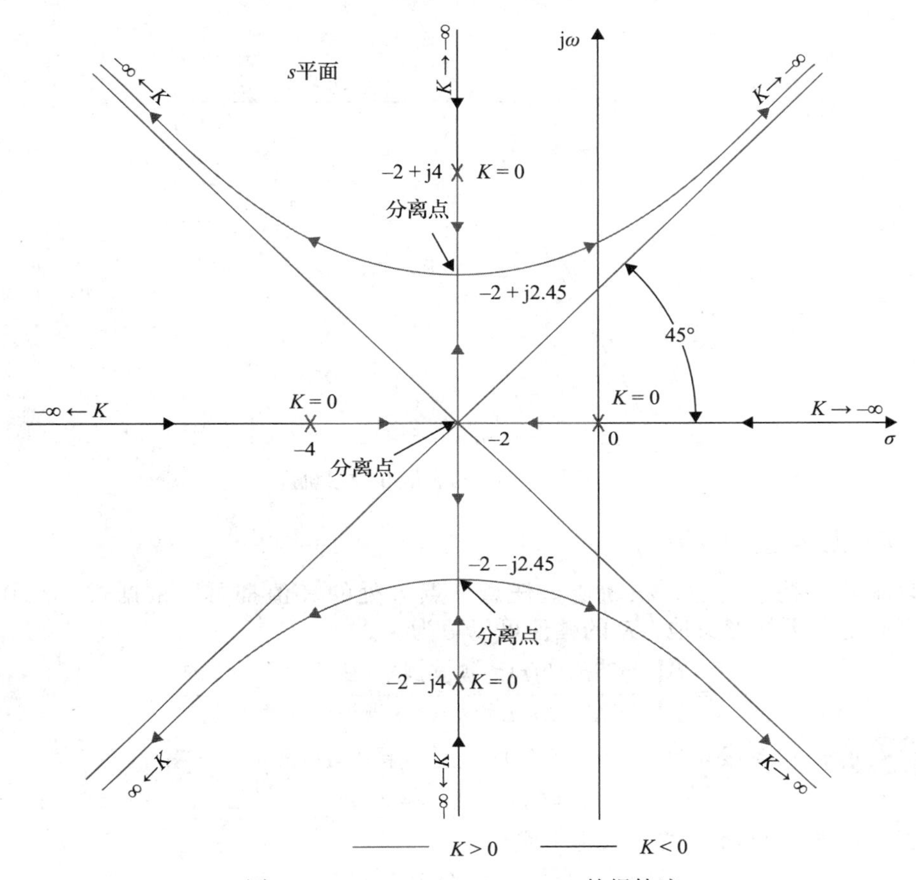

图 9-14 $s(s+4)(s^2+4s+20)+K=0$ 的根轨迹

542

例 9-2-15 在这个例子中，我们将要说明式（9-44）的所有解未必是根轨迹的分离点。图 9-15 给出了方程

$$s(s^2+2s+2)+K=0 \tag{9-59}$$

的根轨迹。这种情况下，无论是 $K\geqslant0$ 的根轨迹，还是 $K\leqslant0$ 对应的根轨迹，都不存在分离点。但是，将式（9-59）写为

$$1+KG_1(s)H_1(s)=1+\frac{K}{s(s^2+2s+2)}=0 \tag{9-60}$$

然后利用式（9-44），我们可以根据下面的方程计算其分离点：

$$3s^2+4s+2=0 \tag{9-61}$$

式（9-61）的根是 $s=-0.667+j0.471$ 和 $-0.667-j0.471$。这两个根都不是根轨迹的分离点，因为对于任意正数 K，它们不满足式（9-59）。▲

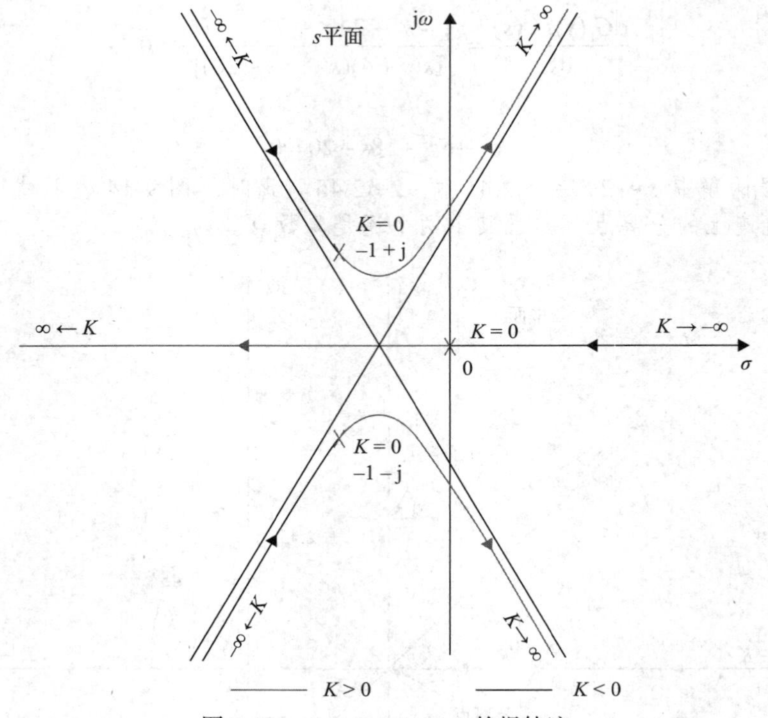

543

图 9-15 $s(s^2+2s+2)+K=0$ 的根轨迹

9.2.11 RL 上 *K* 值的计算

一旦根轨迹构造完后，根轨迹上任意一点 s_1 处的 K 值都可以根据式（9-20）的定义方程来确定。更加形象地，K 的幅值可以写为

$$|K|=\frac{\prod \text{从}G_1(s)H_1(s)\text{的极点到}s_1\text{点处的向量的长度}}{\prod \text{从}G_1(s)H_1(s)\text{的零点到}s_1\text{点处的向量的长度}} \tag{9-62}$$

例 9-2-16 作为根轨迹上计算 K 值的例子，图 9-16 画出了方程

$$s^2+2s+2+K(s+2)=0 \tag{9-63}$$

的根轨迹。在点 s_1 处的 K 值可以由下式给定：

$$K=\frac{A\times B}{C} \tag{9-64}$$

其中，A 和 B 是 $G(s)H(s)=K(s+2)/(s^2+2s+s)$ 的极点到点 s_1 处的向量的长度，C 是 $G(s)H(s)$ 的零点到点 s_1 处的向量长度。此时，点 s_1 在 K 为正值时的根轨迹上。一般情况下，根轨迹与虚轴交点处的 K 值也可以通过该方法得到。图 9-16 表明在 $s=0$ 处的 K 值为 −1。计算机方法和 Routh-Hurwitz 判据是另外两个可以选择的较为方便的确定保证稳定的 K 值的方法。▲

9.2.12 小结

总之，除了极个别复杂的情况，我们所介绍的根轨迹的性质已经可以用来画出一个足够精确的根轨迹图，而不需要一点一点地去画。计算机程序可以用来确定根的具体位置、分离点以及其他有关根轨迹的细节，包括画出最终根轨迹。但是，我们不能完全依赖于计算机，我们必须能够自己确定 K 的范围和分辨率，这样才能使得所绘制的根轨迹具有合理的显示。为了便于读者快速查阅，表 9-1 归纳了根轨迹的重要性质。

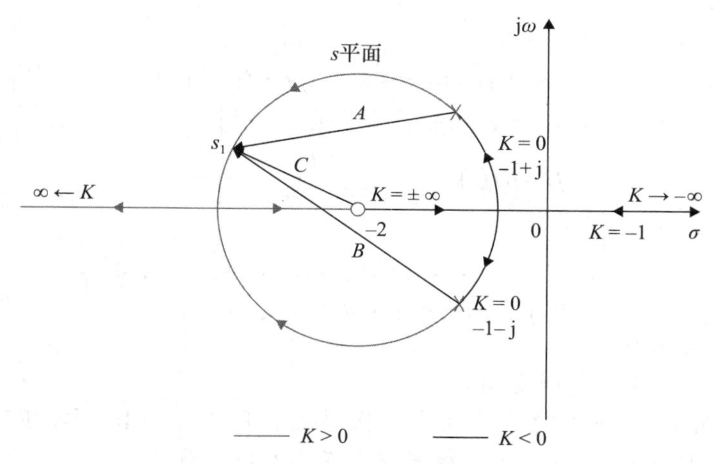

图 9-16　确定实轴上 K 值的图像计算法

544

表 9-1　$1+KG_1(s)H_1(s)=0$ 的根轨迹的性质

1. $K=0$ 的点	$K=0$ 的点在 $G(s)H(s)$ 的极点处，包括那些在 $s=\infty$ 处的点
2. $K=\pm\infty$ 的点	$K=\pm\infty$ 的点在 $G(s)H(s)$ 的零点处，包括那些在 $s=\infty$ 处的点
3. 根轨迹的分支数	RL 的分支数等于方程 $1+KG_1(s)H_1(s)=0$ 的阶数
4. 根轨迹的对称性	根轨迹关于 $G(s)H(s)$ 零极点的对称轴对称
5. 当 $s\to\infty$ 时，根轨迹的渐近线	当 s 值很大时，对于 $K>0$，RL 渐近趋向于渐近线，它与实轴正方向的夹角为 $$\theta_i=\frac{2i+1}{\lvert n-m\rvert}\times 180^\circ$$ 对于 $K<0$，其渐近夹角为 $$\theta_i=\frac{2i}{\lvert n-m\rvert}\times 180^\circ$$ 其中，$i=0,1,2,\cdots,\lvert n-m\rvert-1$，$n$ 和 m 分别是 $G(s)H(s)$ 的有限极点和有限零点的数目
6. 渐近线的交点	(a) RL 的渐近线相交于 s 平面实轴上的一点。 (b) 渐近线的交点为 $$\sigma_1=\frac{\sum G(s)H(s)\text{的极点的实部}-\sum G(s)H(s)\text{的零点的实部}}{n-m}$$
7. 实轴上的根轨迹	当 $k\geqslant 0$ 时，实轴上的 RL 只能是那些在其**右侧**的 $G(s)H(s)$ 的实极点与实零点的总数为**奇数**的线段；当 $k\leqslant 0$ 时，实轴上的 RL 只能是那些在其**右侧**的 $G(s)H(s)$ 的实极点与实零点的总数为**偶数**的线段
8. 出射角	RL 从 $G(s)H(s)$ 的零极点分离或汇合的角度（即出射角和入射角）是通过假设某个非常接近极点或零点的 s_1 点，然后应用下述方程确定的：$$\angle G(s_1)H(s_1)=\sum_{k=1}^{m}\angle(s_1-z_k)-\sum_{j=1}^{m}\angle(s_1-p_j)$$ $$=2(i+1)\times 180^\circ,\ K\geqslant 0$$ $$=2i\times 180^\circ,\ K\leqslant 0$$ 其中，$i=0,\pm 1,\pm 2,\cdots$
9. 根轨迹与虚轴的交点	s 平面内 RL 与虚轴的交点以及相应的 K 值，可以通过 Routh-Hurwitz 判据来确定
10. 分离点	RL 的分离点可以通过求解 $\mathrm{d}K/\mathrm{d}s=0$ 或 $\mathrm{d}[G(s)H(s)]/\mathrm{d}s=0$ 的根来确定。这仅仅是必要条件
11. K 值的计算	RL 上某点 s_1 的 K 的绝对值由下述方程确定：$$\lvert K\rvert=\frac{1}{\lvert G_1(s_1)H_1(s_1)\rvert}$$

545

例 9-2-17 考虑方程

$$s(s+5)(s+6)(s^2+2s+2)+K(s+3)=0 \tag{9-65}$$

在方程的两侧同时除以不含 K 的项，我们可以得到：

$$G(s)H(s)=\frac{K(s+3)}{s(s+5)(s+6)(s^2+2s+2)} \tag{9-66}$$

根轨迹的特性确定如下：

1. $K=0$ 的点在 $G(s)H(s)$ 的极点处：$s=-5$，-6，$-1+\mathrm{j}$ 和 $-1-\mathrm{j}$。
2. $K=\pm\infty$ 的点在 $G(s)H(s)$ 的零点处：$s=-3$，∞，∞，∞。
3. 根轨迹有 5 条分支。
4. 根轨迹关于 s 平面上的实轴对称。
5. 由于 $G(s)H(s)$ 有 5 个极点和 1 个有限零点，所以 4 条 RL 和 CRL（互补根轨迹）沿着渐近线趋于无穷远处。RL 渐近线夹角由式（9-33）确定：

$$\theta_i=\frac{2i+1}{|n-m|}\times180°=\frac{2i+1}{|5-1|}\times180°,\ \ 0\leqslant K\leqslant\infty \tag{9-67}$$

其中，i=0, 1, 2, 3。因此，当 K 趋于无穷时，4 条根轨迹分别趋向于渐近线，其与实轴的夹角分别是 45°、−45°、135°、−135°。根据式（9-34）可以得到 CRL 的渐近线的夹角为

$$\theta_i=\frac{2i}{|n-m|}\times180°=\frac{2i}{|5-1|}\times180°,\ \ -\infty<K\leqslant0 \tag{9-68}$$

其中，i=0, 1, 2, 3。因此，对于 $K<0$ 时的根轨迹，当 K 趋近于 $-\infty$ 时，4 条根轨迹所趋向的渐近线的夹角分别为 0°、90°、180°、270°。

6. 式（9-36）给出了渐近线的交点：

$$\sigma_1=\frac{\Sigma(-5-6-1-1)-(-3)}{4}=-2.5 \tag{9-69}$$

上述 6 条特性如图 9-17 所示。值得说明的是，一般情况下，渐近线的特性并不能确定根轨迹在渐近线的哪一侧。渐近线只能说明当 $|s|\to\infty$ 时根轨迹的特性。实际上，根轨迹甚至可以在 s 的有限域内越过渐近线。只有通过额外的信息才能更加精确地画出图 9-17 中的根轨迹。

7. 实轴上的根轨迹：在 s=0 和 −3 之间，以及 s=−5 和 −6 之间存在 $K\geqslant0$ 的根轨迹。实轴上剩下的部分存在 $K\leqslant0$ 的根轨迹。也就是说，在 s=−3 和 −5 之间，以及 s=−6 和 $-\infty$ 之间存在 $K\leqslant0$ 对应的根轨迹，如图 9-18 所示。

8. 出射角：根轨迹离开极点 $-1+\mathrm{j}$ 的出射角 θ 由式（9-18）确定。假设点 s_1 在离开极点 $-1+\mathrm{j}$ 的根轨迹上，并且非常靠近极点，如图 9-19 所示，由式（9-18）可以得到：

$$\angle(s_1+3)-\angle s_1-\angle(s_1+1+\mathrm{j})-\angle(s_1+5)-\angle(s_1+1-\mathrm{j})=2(i+1)\times180° \tag{9-70}$$

或者

$$26.6°-135°-90°-14°-11.4°-\theta\cong2(i+1)\times180° \tag{9-71}$$

546 其中，$i=0,\pm1,\pm2,\cdots$。因此，当 i=2 时，$\theta\cong-43.8°$。

类似地，利用式（9-19）确定当 $K\leqslant0$ 时，根轨迹到达极点 $-1+\mathrm{j}$ 的入射角 θ'。容易看出，θ' 与 θ 相差 180°，因此，

$$\theta'=180°-43.8°=136.2° \tag{9-72}$$

9. 根轨迹与虚轴的交点根据 Routh-Hurwitz 判据确定。式（F-42）可以写成：

$$s^5+13s^4+54s^3+82s^2+(60+K)s+3K=0 \tag{9-73}$$

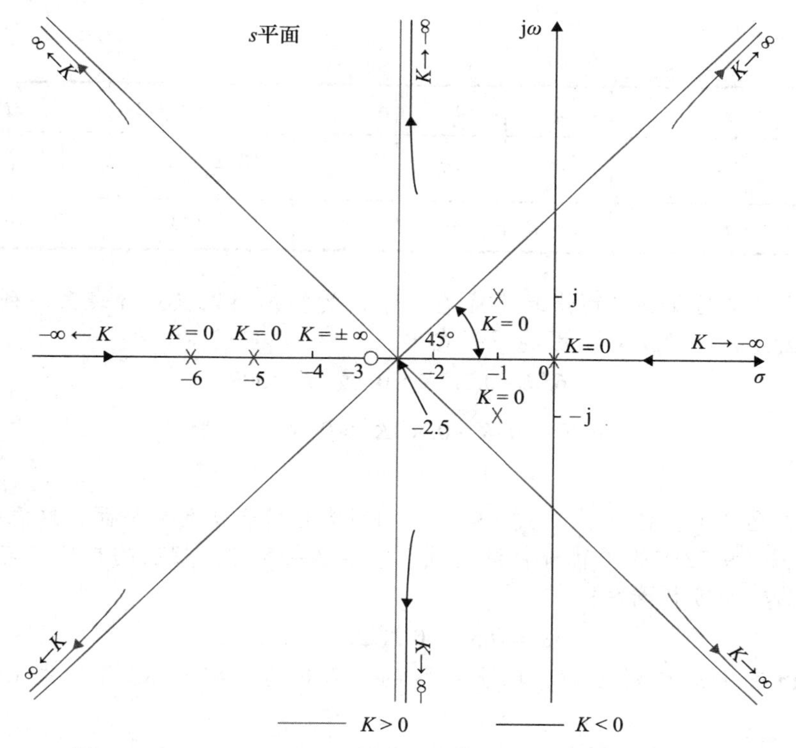

图 9-17　$s(s+5)(s+6)(s^2+2s+2)+K(s+3)=0$ 的根轨迹的初步计算

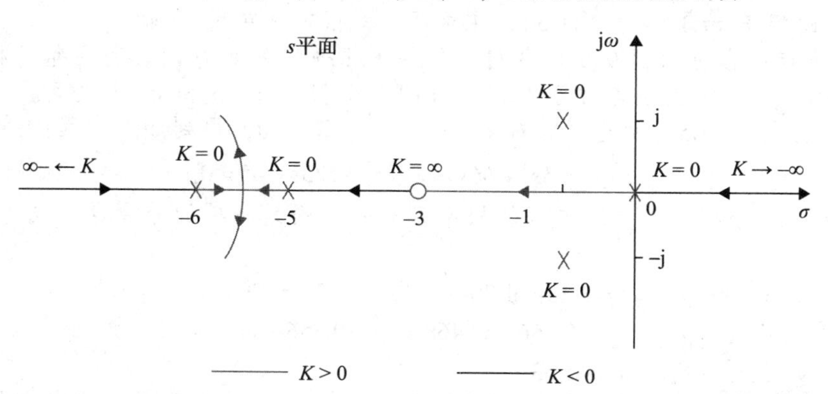

图 9-18　$s(s+5)(s+6)(s^2+2s+2)+K(s+3)=0$ 在实轴上的根轨迹

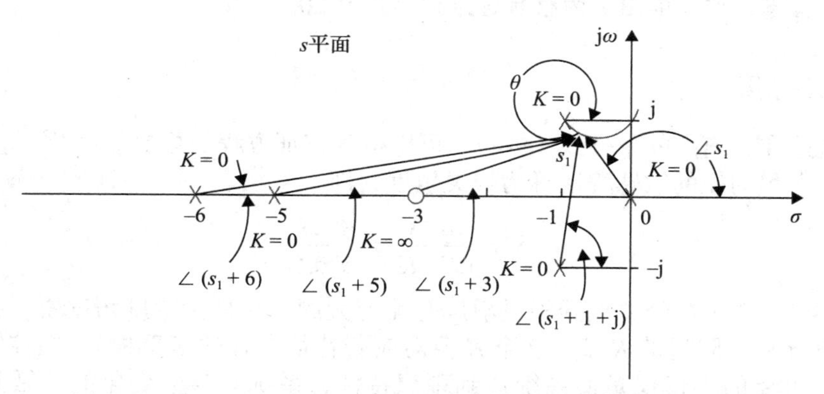

图 9-19　$s(s+5)(s+6)(s^2+2s+2)+K(s+3)=0$ 的根轨迹的出射角计算

Routh 表如下：

s^5	1	54	$60+K$	s^2	$65.6-0.212K$	$3K$	0
s^4	13	82	$3K$	s^1	$\dfrac{3940-105K-0.163K^2}{65.6-0.212K}$	0	0
s^3	47.7	$0.769K$	0	s^0	$3K$	0	0

式（9-73）不存在位于 s 平面虚轴上或右半平面的根，所以 Routh 表第一列的元素符号必须相同。因此，必须满足下面的不等式：

$$65.6-0.212K>0 \quad 或 \quad K<309 \tag{9-74}$$

$$3940-105K-0.163K^2>0 \quad 或 \quad K<35 \tag{9-75}$$

$$K>0 \tag{9-76}$$

547～548

因此，如果 K 位于 0～35 之间，式（9-73）的所有根位于 s 左半平面，这意味着当 K=35 和 K=0 时，式（9-73）的根轨迹将穿过虚轴。当 K=35 时，相应的根轨迹与虚轴交点的坐标由下面的辅助方程确定：

$$A(s)=(65.6-0.212K)s^2+3K=0 \tag{9-77}$$

上式由 Routh 表中 s_1 所对应的行的上一行的系数确定。将 K=35 代入式（9-77），我们得到：

$$58.2s^2+105=0_3 \tag{9-78}$$

式（9-78）的根是 s=j1.34 和 −j1.34，在这两点处根轨迹穿过 jω 轴。

10. 分离点：根据前面 9 步所获得的信息，根轨迹的示意图表明在整条根轨迹上只存在一个分离点，并且该点位于 $G(s)H(s)$ 的两个极点 s=−5 和 s=−6 之间。为了找到分离点，我们在式（9-65）两边同时对 s 进行求导并设为 0，得到如下方程：

$$s^5+13.5s^4+66s^3+142s^2+123s+45=0_3 \tag{9-79}$$

由于只存在一个分离点，上述方程的根中只有一个根是所要的分离点。式（9-79）的 5 个根如下：

$$s=3.33+\mathrm{j}1.204 \qquad s=3.33-\mathrm{j}1.204$$

$$s=-0.656+\mathrm{j}0.468 \qquad s=-0.656-\mathrm{j}0.468$$

$$s=-5.53$$

显然，分离点位于 −5.53。另外 4 个根不满足式（9-73），所以不是分离点。基于上述 10 步所获得的信息，式（9-73）的根轨迹绘制为图 9-20。▲

9.3 根灵敏度

由根轨迹在分离点的条件式（9-47）可以得到特征方程的根灵敏度 [17,19]。当 K 发生变化时特征方程的根的敏感程度称为根灵敏度，即

$$S_k=\frac{\mathrm{d}s/s}{\mathrm{d}K/K}=\frac{K}{s}\frac{\mathrm{d}s}{\mathrm{d}K} \tag{9-80}$$

式（9-47）说明在分离点的根灵敏度是无穷大的。从根灵敏度角度看，我们应该尽量避免选取分离点附近的 K 值（这个 K 值对应着特征方程的多重根）。在控制系统的设计过程中，重要的不仅仅是使系统达到理想特性，系统对参数变化的不敏感性也同样

重要。例如，一个系统在某个 K 值也许具有满意的性能，而它对 K 值的变化十分敏感，当 K 发生很小的数值变化时，系统特性就会发生剧烈变化或者变得不稳定。在控制系统的术语中，如果系统对参数的变化不敏感则称之为**鲁棒系统**。因此，在研究控制系统的根轨迹时，我们不仅要研究参数 K 变化时的根轨迹的形状，还要研究根轨迹是如何随着 K 值的变化而变化的。 549

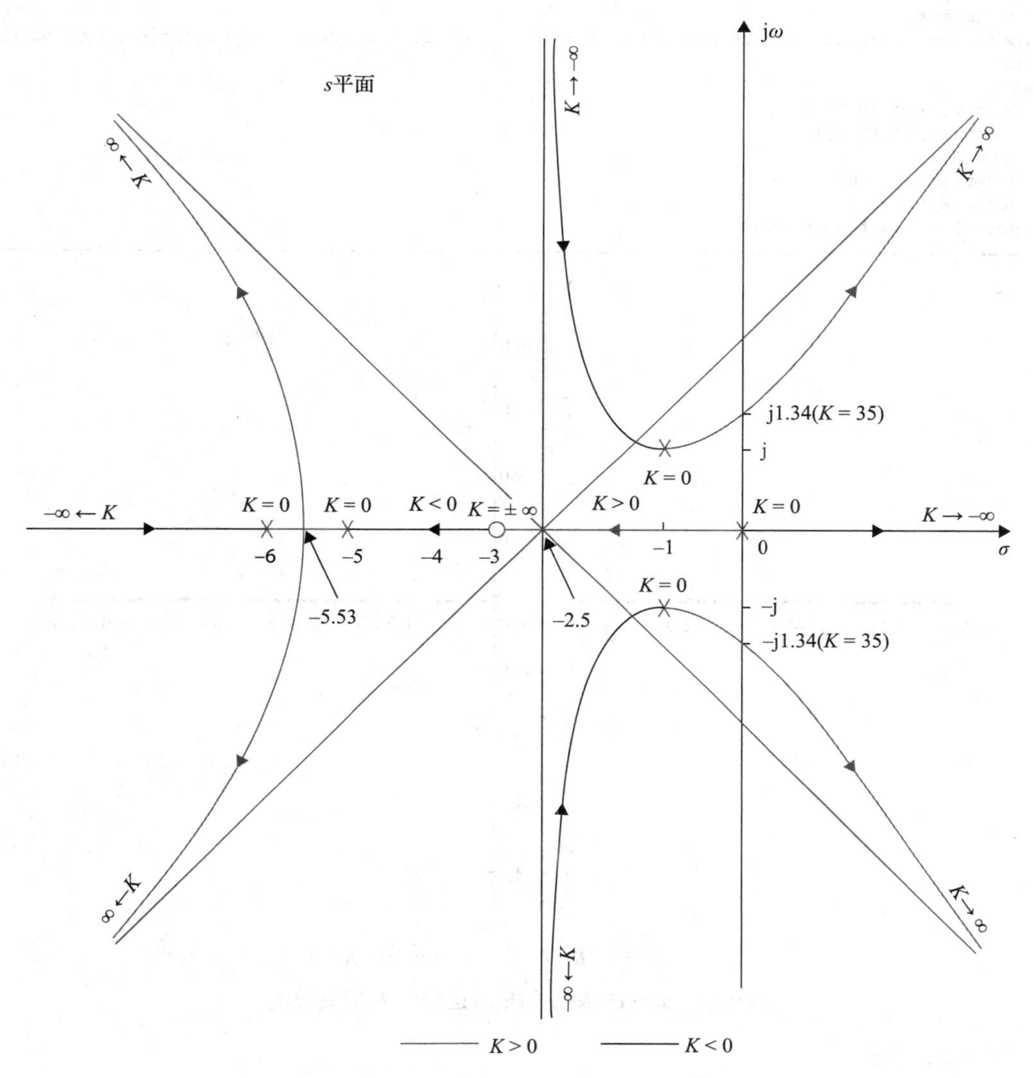

图 9-20 $s(s+5)(s+6)(s^2+2s+2)+K(s+3)=0$ 的根轨迹

例 9-3-1 图 9-21 给出了方程

$$s(s+1)+K=0 \tag{9-81}$$

的根轨迹，其中 K 取从 −20～20 均匀递增的 100 个值。根轨迹上的每个点代表 K 取不同值时的一个根。从图中可以看出，当 K 值很大时，根灵敏度较低。随着 K 值减小，对于 K 值相同的增量改变，根的偏移也越来越大。在分离点 $s=-0.5$，根灵敏度达到无穷。

工具箱 9-3-1

式（9-81）和式（9-82）对应的 MATLAB 代码：

```
num1=[1];
den1=conv([1 0],[1 1]);
mysys1=tf(num1,den1);
subplot(2,1,1);
rlocus(mysys1);
[k,poles] = rlocfind(mysys1) %rlocfind command in MATLAB can choose the desired poles on the locus.
num2=[1 2];
den2=conv([1 0 0],[1 1]);
den2=conv(den2,[1 1]);
subplot(2,1,2)
mysys2=tf(num2,den2);
rlocus(mysys2);
[k,poles] = rlocfind(mysys2)
```

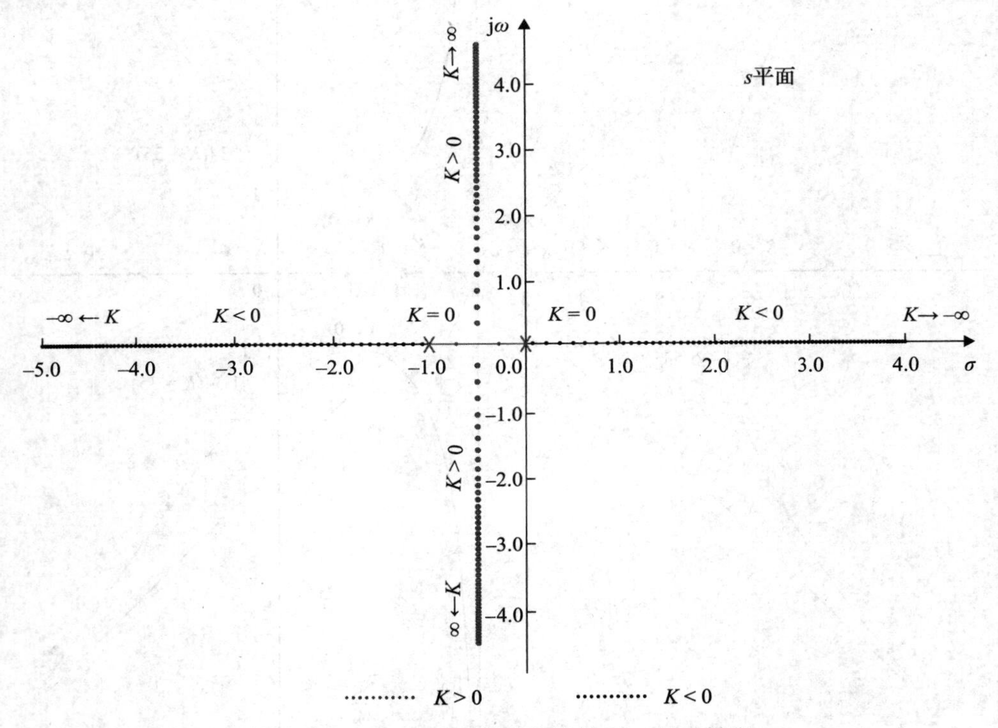

图 9-21　$s(s+1)+K=0$ 的根轨迹关于 K 的灵敏度

图 9-22 给出了

$$s^2(s+1)^2+K(s+2)=0 \tag{9-82}$$

的根轨迹，其中 K 取从 −40 到 50 均匀递增的 200 个值。从图中可以看出，根灵敏度随着根向分离点 s=0、−0.543、−1.0 和 −2.457 的靠拢而逐渐增大。我们进一步用式（9-47）来分析根灵敏度。对于式（9-81）有

$$\frac{\mathrm{d}K}{\mathrm{d}s}=-2s-1 \tag{9-83}$$

由式（9-81）可知，$K=-s(s+1)$，根灵敏度为

$$S_k=\frac{\mathrm{d}s}{\mathrm{d}K}\frac{K}{s}=\frac{s+1}{2s+1} \tag{9-84}$$

其中，$s=\sigma+j\omega$，s 是式（9-84）的根。当根在实轴上时，即 $\omega=0$，则式（9-84）为

$$|S_k|_{\omega=0}=\left|\frac{\sigma+1}{2\sigma+1}\right| \tag{9-85}$$

当根为共轭复数时，对于所有的 ω 取 $s=-0.5$，则由式（9-84）可以得到：

$$|S_k|_{\sigma=-0.5}=\left(\frac{0.25+\omega^2}{4\omega^2}\right)^{1/2} \tag{9-86}$$

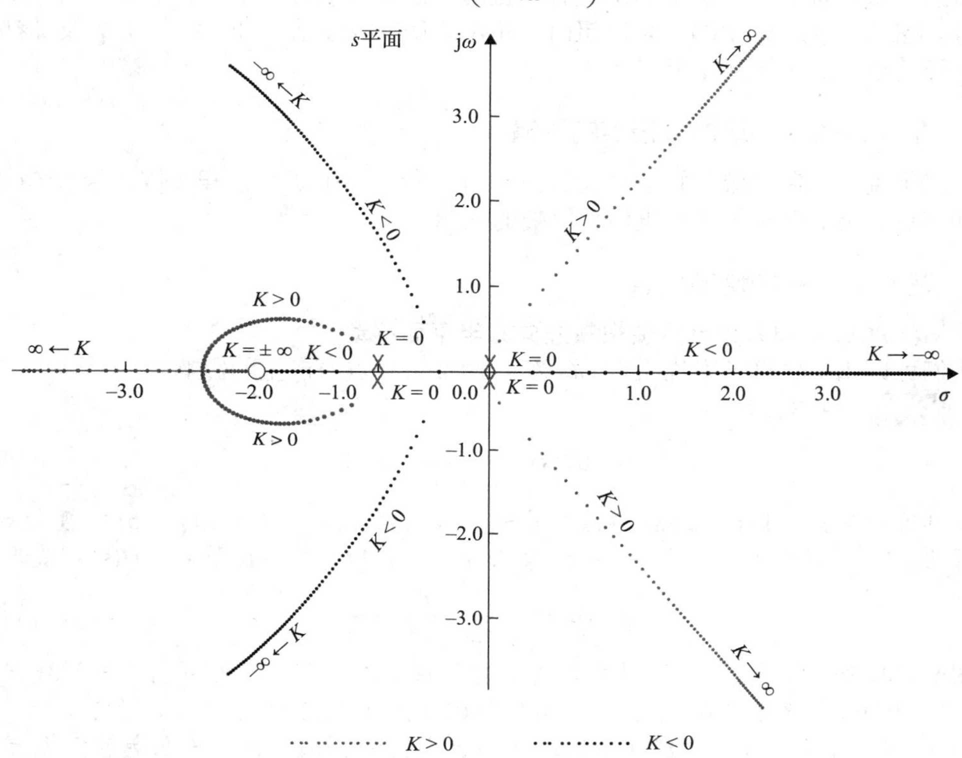

图 9-22 $s^2(s+1)2+K(s+2)=0$ 的根轨迹关于 K 的灵敏度

从式（9-86）可以看出，共轭复根的灵敏度是相同的，因为在方程中 ω 只以 ω^2 的形式出现。式（9-85）表明，对于给定的某个 K 值，两个实根的灵敏度是不同的。表 9-2 列出了当 K 取不同数值时，式（9-81）的两个根的灵敏度的幅值，其中 $|S_{K1}|$ 是第一个根的灵敏度，$|S_{K2}|$ 是第二个根的灵敏度。这些值说明，尽管当 $K=0.25$ 时，两个实根均为 $s=-0.5$，并且它们都分别从点 $\sigma=0$ 和点 $s=-1$ 走过相同的距离，但是两个实根的灵敏度却并不相同。 ▲

550~552

表 9-2 根的灵敏度

K	根 1	$\|S_{K1}\|$	根 2	$\|S_{K2}\|$	K	根 1	$\|S_{K1}\|$	根 2	$\|S_{K2}\|$
0	0	1.000	−1.000	0	0.28	−0.5+j0.173	1.527	−0.5−j0.173	1.527
0.04	−0.042	1.045	−0.958	0.454	0.40	−0.5+j0.387	0.817	−0.5−j0.387	0.817
0.16	−0.200	1.333	−0.800	0.333	1.20	−0.5+j0.975	0.562	−0.5−j0.975	0.562
0.24	−0.400	3.000	−0.600	2.000	4.00	−0.5+j1.937	0.516	−0.5−j1.937	0.516
0.25	−0.500	∞	−0.500	∞	∞	−0.5+j∞	0.500	−0.5−j∞	0.500

9.4 根轨迹设计

根轨迹的一个重要方面是，对于大多数比较复杂的控制系统，分析人员或设计者都能够用根轨迹的一些或全部性质来迅速绘制出根轨迹的草图，从而获得有关系统性能的关键信息。因此，即使根轨迹图可以在计算机程序的帮助下得到，了解根轨迹的全部性质也是十分重要的。从设计的角度来看，了解在 $G(s)H(s)$ 中增加零极点或在 s 平面移动零极点对根轨迹所产生的影响是大有裨益的。这些性质有助于画出根轨迹图。本书第11章中将要介绍的 PI、PID、相位超前、相位滞后以及超前 - 滞后控制器的设计都意味着在开环传递函数中增加零极点。

9.4.1 在 $G(s)H(s)$ 中增加零极点的影响

一般来说，控制系统的控制器设计问题可以看成一个研究在开环传递函数 $G(s)H(s)$ 中增加零点和极点对根轨迹产生何种影响的问题。

9.4.2 在 $G(s)H(s)$ 中增加极点

在 $G(s)H(s)$ 中加入极点将使根轨迹向右半平面移动。

我们可以用一些例子来说明在 $G(s)H(s)$ 中加入极点所产生的影响。

例 9-4-1 考虑函数

$$G(s)H(s)=\frac{K}{s(s+a)},\quad a>0 \tag{9-87}$$

553

图 9-23a 给出了 $1+G(s)H(s)=0$ 的根轨迹。这些根轨迹是根据 $G(s)H(s)$ 的极点 $s=0$ 和 $s=-a$ 画出的。现在引入一个极点 $s=-b$，其中 $b>a$，这时，传递函数 $G(s)H(s)$ 将变成

$$G(s)H(s)=\frac{K}{s(s+a)(s+b)} \tag{9-88}$$

图 9-23b 表明极点 $s=-b$ 使得根轨迹的复数部分向 s 右半平面弯曲。渐近线与虚轴的夹角从 $\pm 90°$ 变化为 $\pm 60°$。渐近线与实轴的交点从 $-a/2$ 移动到 $-(a+b)/2$。

如果 $G(s)H(s)$ 表示一个控制系统的开环传递函数，那么，当 K 值超出了稳定的临界值时，具有图 9-23b 中的根轨迹的系统将变得不稳定，而具有图 9-23a 中的根轨迹的系统对于所有的 $K>0$ 始终是稳定的。图 9-23c 说明，如果在 $G(s)H(s)$ 中继续加入一个极点 $s=-c$，$c>b$，则此时系统变为四阶系统，两个复数根轨迹会向右弯曲得更厉害。这两个复数根轨迹的渐近线夹角变为 $\pm 45°$。这时，四阶系统的稳定条件比前面的三阶系统更敏感。图 9-23d 显示出，如果在传递函数（9-87）中加入一对共轭复极点也会产生类似的影响。因此，我们可以得出这样的一个结论，在传递函数 $G(s)H(s)$ 中加入极点将使根轨迹的主要部分向 s 平面的右半部分移动。

工具箱 9-4-1

图 9-23 所示结果可以通过下面的 MATLAB 代码得到：

```
a=2;
b=3;
c=5;
num4=[1];
den4=conv([1 0],[1 a]);
subplot(2,2,1)
mysys4=tf(num4,den4);
rlocus(mysys4);
axis([-3 0 -8 8])
```

```
num3=[1];
den3=conv([1 0],conv([1 a],[1 a/2]));
subplot(2,2,2)
mysys3=tf(num3,den3);
rlocus(mysys3);
axis([-3 0 -8 8])
num2=[1];
den2=conv([1 0],conv([1 a],[1 b]));
subplot(2,2,3)
mysys2=tf(num2,den2);
rlocus(mysys2);
axis([-3 0 -8 8])
num1=[1];
den1=conv([1 0],conv([1 a],[1 b]));
den1=conv(den1, [1 c]);
mysys1=tf(num1,den1);
subplot(2,2,4);
rlocus(mysys1);
```

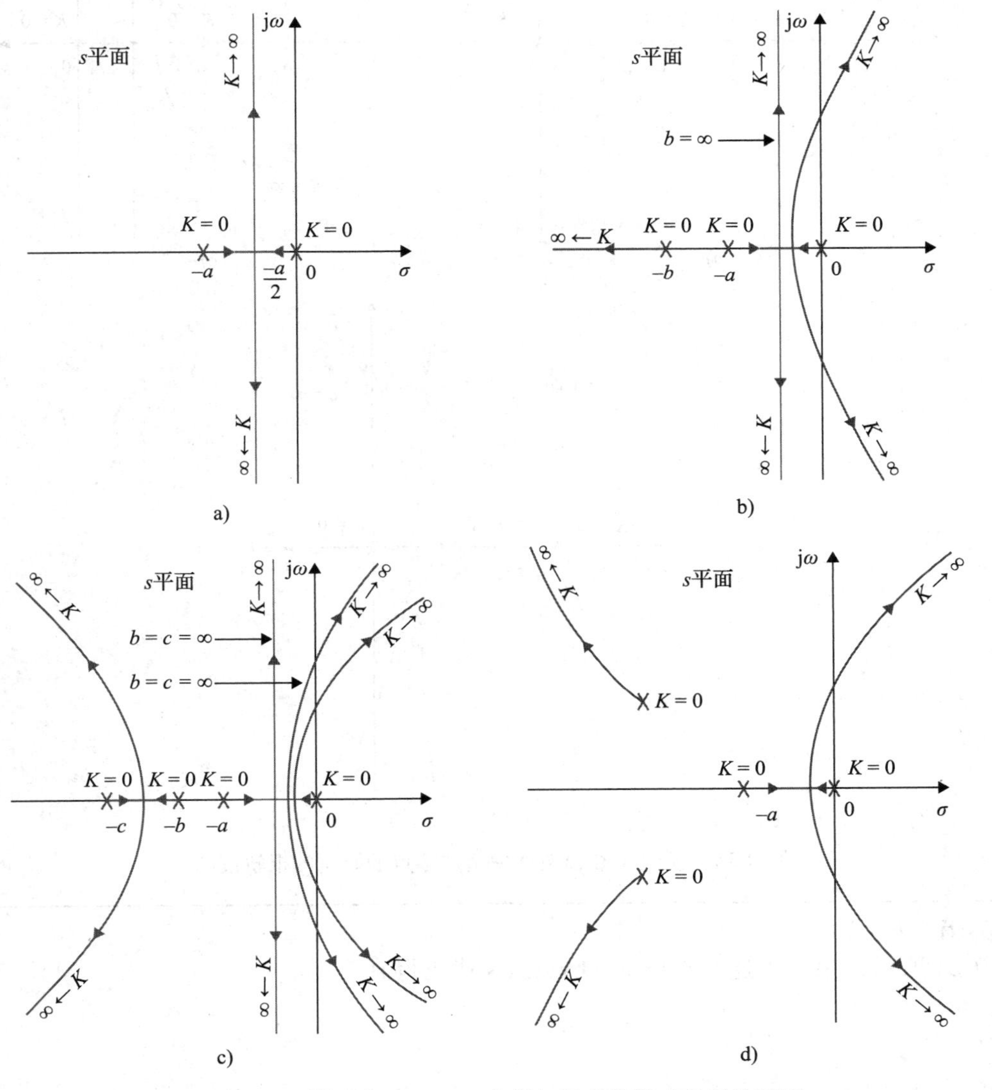

图 9-23　说明在 $G(s)H(s)$ 中增加极点的影响的根轨迹图

554
~
555

9.4.3 在 $G(s)H(s)$ 中增加零点

在 $G(s)H(s)$ 中加入零点通常会使得根轨迹向 s 左半平面移动和弯曲。

下面用例子来说明在 $G(s)H(s)$ 中加入一个或多个零点时对根轨迹产生的影响。

例 9-4-2 图 9-24a 给出了在 $G(s)H(s)$ 中加入一个零点 $s=-b(b>a)$ 时的根轨迹。原系统根轨迹的共轭复根部分向左弯曲形成一个圆环。因此，如果 $G(s)H(s)$ 是一个控制系统的开环传递函数，则在系统中增加零点会改进系统的相对稳定性。图 9-24b 说明在式（9-87）中加入一对共轭复根零点也会得到类似的结论。图 9-24c 给出了在式（9-88）中增加一个零点 $s=-c$ 时的根轨迹。

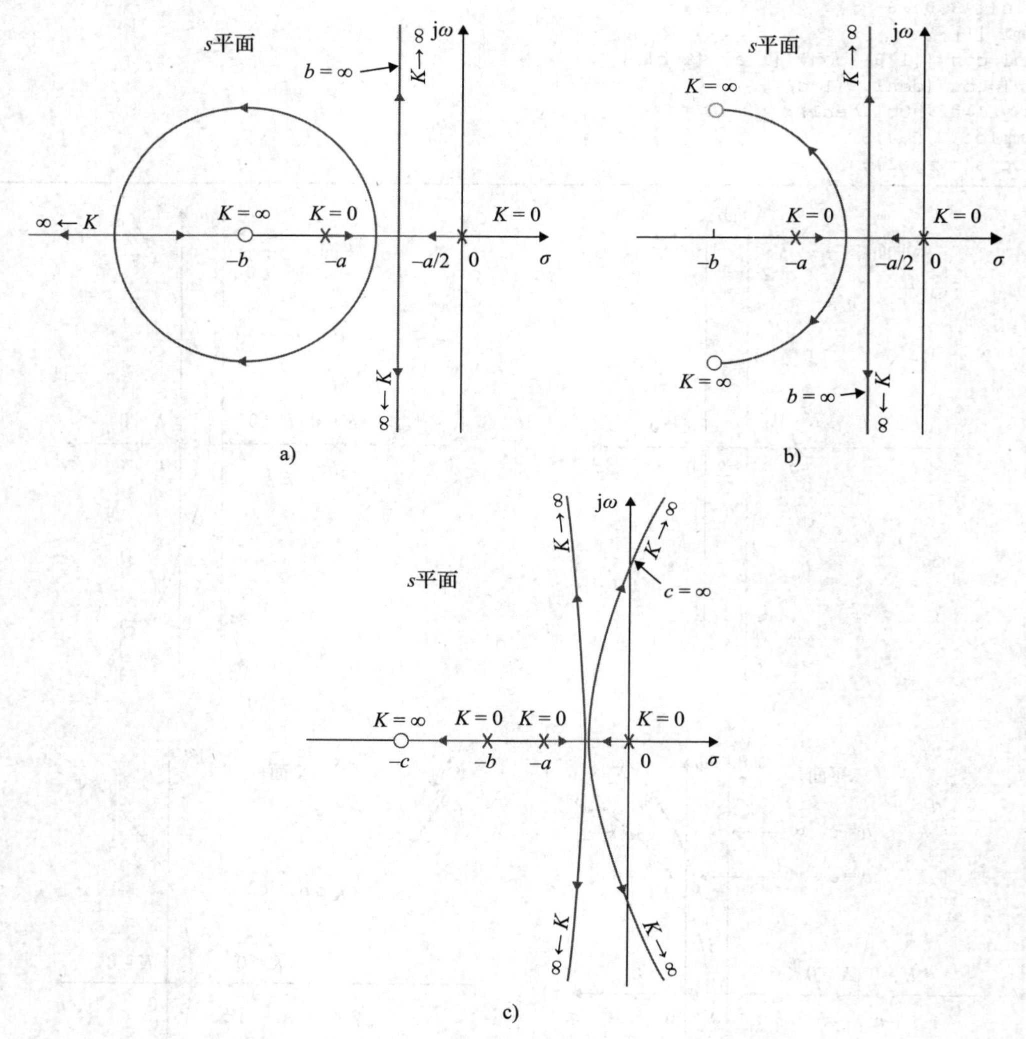

556

图 9-24 说明在 $G(s)H(s)$ 中增加零点的影响的根轨迹图

工具箱 9-4-2

图 9-24 所示结果可以通过下面的 MATLAB 代码得到：

```
a=2;
b=3;
d=6;
c=20;
```

```
num4=[1 d];
den4=conv([1 0],[1 a]);
subplot(2,2,1)
mysys4=tf(num4,den4);
rlocus(mysys4);
num3=[1 c];
den3=conv([1 0],[1 a]);
subplot(2,2,2)
mysys3=tf(num3,den3);
rlocus(mysys3);
axis([-6 0 -8 8])
num2=[1 d];
den2=conv([1 0],conv([1 a],[1 b]));
subplot(2,2,3)
mysys2=tf(num2,den2);
rlocus(mysys2);
axis([-6 0 -8 8])
```

▲

例 9-4-3 考虑方程

$$s^2(s+a)+K(s+b)=0 \tag{9-89}$$

对式（9-89）两边同时除以不含 K 的项，可以得到开环传递函数：

$$G(s)H(s)=\frac{K(s+b)}{s^2(s+a)} \tag{9-90}$$

可以发现这个函数的非零分离点依赖于 a 的值，它们是

$$s=-\frac{a+3}{4}\pm\frac{1}{4}\sqrt{a^2-10a+9} \tag{9-91}$$

图 9-25 给出了 $b=1$，a 取一些值时式（9-44）的根轨迹，现总结如下。

图 9-25a：$a=10$。分离点为 $s=-2.5$ 和 -4.0。

图 9-25b：$a=9$。由式（9-91）计算得到的两个分离点重合为 $s=-3$。读者要注意当极点 $-a$ 从 -10 移动到 -9 时根轨迹的变化。

若 a 值小于 9，由式（9-91）得到的 s 不再满足式（9-89），这意味着此时不存在有限的非零分离点。

图 9-25c：$a=8$。根轨迹没有分离点。

当极点 $s=-a$ 沿着实轴向右移动时，根轨迹的复数部分也向右移动。

图 9-25d：$a=3$。

图 9-25e：$a=b=1$。极点 $s=-a$ 和零点 $s=-b$ 对消，这时根轨迹退化为二阶的情形，并且都在虚轴上。

557

工具箱 9-4-3

图 9-25 所示结果可以通过下面的 MATLAB 代码得到：

```
a1=10;a2=9;a3=8;a4=3;b=1;
num1=[1 b];
den1=conv([1 0 0],[1 a1]);
subplot(2,2,1)
mysys1=tf(num1,den1);
rlocus(mysys1);
num2=[1 b];
den2=conv([1 0 0],[1 a2]);
subplot(2,2,2)
```

```
mysys2=tf(num2,den2);
rlocus(mysys2);
num3=[1 b];
den3=conv([1 0 0],[1 a3]);
subplot(2,2,3)
mysys3=tf(num3,den3);
rlocus(mysys3);
num4=[1 b];
den4=conv([1 0 0],[1 a4]);
subplot(2,2,4)
mysys4=tf(num4,den4);
rlocus(mysys4);
```

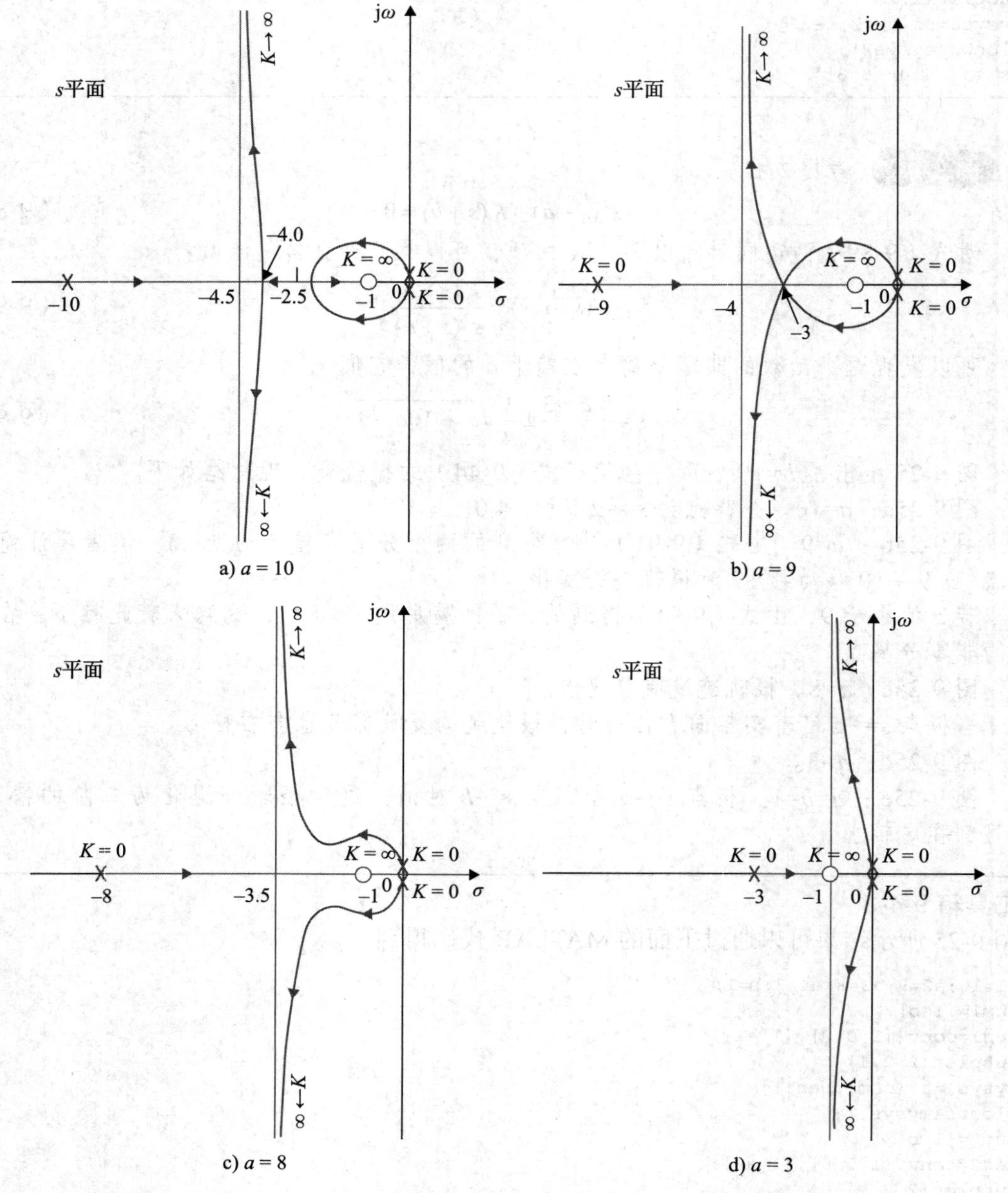

图 9-25　说明移动 $G(s)H(s)=K(s+1)/[s^2(s+a)]$ 的一个极点的影响的根轨迹图

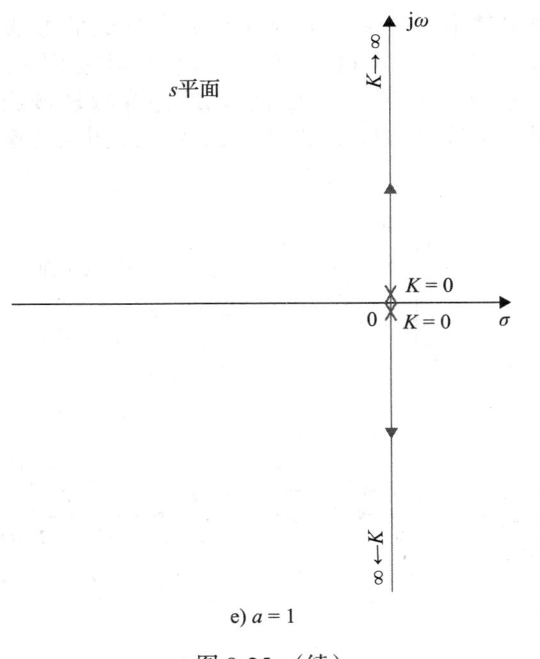

e) $a=1$

图 9-25 （续）　▲

558~559

例 9-4-4　考虑方程

$$s(s^2+2s+a)+K(s+2)=0 \tag{9-92}$$

其等价的 $G(s)H(s)$ 为

$$G(s)H(s)=\frac{K(s+2)}{s(s^2+2s+a)} \tag{9-93}$$

我们的目标是研究不同 $a(a>0)$ 时的根轨迹。根轨迹的分离点方程为

$$s^3+4s^2+4s+a=0 \tag{9-94}$$

图 9-26 给出了在下面不同条件下式（9-92）的根轨迹。

图 9-26a：a=1。分离点：s=−0.38，−1.0，−2.618，其中，$K \geqslant 0$ 时最后一个分离点始终在根轨迹上。当 a 的值从 1 逐渐增大时，$G(s)H(s)$ 在 s=−1 处的二重极点将垂直地上下移动，其实部为 −1。在 s=−0.38 和 s=−2.618 处的分离点都向左移动，而在 s=−1 处的分离点向右移动。

图 9-26b：a=1.12。分离点：s=−0.493，−0.857，−2.65。因为 $G(s)H(s)$ 的零点和极点的实部不受 a 的影响，因此渐近线的交点仍在 s=0 处。

图 9-26c：a=1.185。分离点：s=−0.667，−0.667，−2.667。此时，在 s=0 和 s=−1 处的两个分离点合并为一个点。

图 9-26d：a=3。分离点为 s=−3。当 a 值大于 1.185 时，式（9-94）仅有一个分离点。

读者可以比较图 9-26c 和图 9-26d 所示根轨迹的区别，然后补充当 a 取 1.185 到 3 之间的值或大于 3 时根轨迹的变化情况。　▲

560

9.5　根轨迹族：多参数变化情形

迄今为止，我们所介绍的根轨迹法都只限于一个参数变量 K 发生变化。实际上，许多控制系统往往需要研究多个参数的变化对根轨迹的影响。例如，在为一个有零极点的传递函数设计控制器时，应该考虑到当零点和极点取不同值时，特征方程根的变化。在

9.4 节中，我们通过固定其中一个参数而改变另一个参数的方法，已经研究了具有两个变化参数的方程的根轨迹情况。在这一节里，我们将用更系统的方法来研究多参数问题。当多个参数从 -∞ 连续变化到 +∞ 时的根轨迹称为**根轨迹族**（RC）。我们会发现根轨迹族和一个参数的根轨迹具有相同的性质，因此，绘制根轨迹的方法同样适用于绘制根轨迹族图。

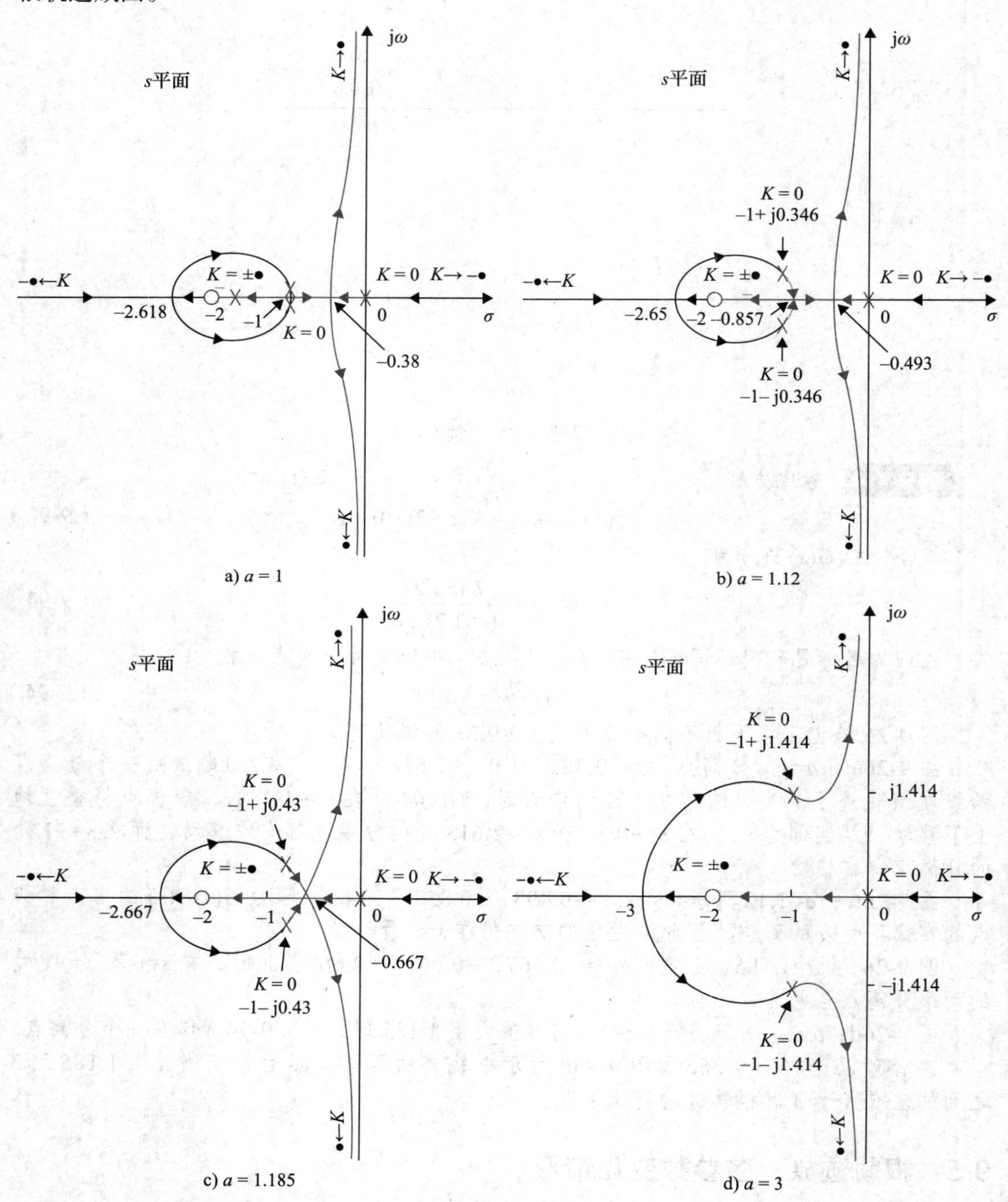

图 9-26　说明移动 $G(s)H(s)=K(s+2)/[s(s^2+2s+a)]$ 的一个极点的影响的根轨迹图

用下面的方程来研究根轨迹族的原理：

$$P(s)+K_1Q_1(s)+K_2Q_2(s)=0 \qquad (9\text{-}95)$$

其中，K_1 和 K_2 为参数变量，$P(s)$、$Q_1(s)$ 和 $Q_2(s)$ 是 s 的多项式。第一步，我们将其中一个参数设为 0。这里，我们令 K_2=0。这时式（9-95）变为

$$P(s)+K_1Q_1(s)=0 \qquad (9\text{-}96)$$

561

这样，上式中只含有一个变量 K_1。将式（9-96）两侧同时除以 $P(s)$，可以得到：

$$1+\frac{K_1Q_1(s)}{P(s)}=0 \qquad (9\text{-}97)$$

式（9-97）具有 $1+K_1G_1(s)H_1(s)=0$ 的形式，因此我们可以根据 $G_1(s)H_1(s)$ 的零极点位置来画出根轨迹图。接着，我们恢复 K_2 的值，这时将 K_1 固定，将式（9-95）两侧同时除以不含 K_2 的项，得到：

$$1+\frac{K_2Q_2(s)}{P(s)+K_1Q_1(s)}=0 \qquad (9\text{-}98)$$

式（9-98）具有 $1+K_2G_2(s)H_2(s)=0$ 的形式。当 K_2 变化（K_1 固定）时，式（9-95）的根轨迹族可以基于以下函数的零极点位置来构造：

$$G_2(s)H_2(s)=\frac{Q_2(s)}{P(s)+K_1Q_1(s)} \qquad (9\text{-}99)$$

值得注意的是，$G_2(s)H_2(s)$ 的极点与式（9-96）的根相同。因此，当 K_2 变化时，式（9-95）的根轨迹族一定是从式（9-96）的根轨迹上的某个点（K_2=0）出发的。这也是为什么一个根轨迹族问题被看成嵌入在另一个根轨迹族问题中的原因。相同的步骤可以扩展到参数变量多于两个的情形。在下面的例子中将说明当存在多个参数变量时 RC 的构建。

例 9-5-1 考虑方程

$$s^3+K_2s^2+K_1s+K_1=0 \qquad (9\text{-}100)$$

其中，K_1 和 K_2 为参数变量，它们在 0～∞ 之间变化。

第一步，令 K_2=0，式（9-100）变成：

$$s^3+K_1s+K_1=0 \qquad (9\text{-}101)$$

将方程两侧同除以不含 K_1 的那一项 s^3，可得到：

$$1+\frac{K_1(s+1)}{s^3}=0 \qquad (9\text{-}102)$$

式（9-101）的根轨迹族可以由下面这个函数的零极点得到：

$$G_1(s)H_1(s)=\frac{s+1}{s^3} \qquad (9\text{-}103)$$

如图 9-27a 所示。下一步，我们取 K_1 为某个非零的固定常数值，让 K_2 在 0～+∞ 之间变化。然后将式（9-100）两侧同除以不含 K_2 的项，得到：

$$1+\frac{K_2s^2}{s^3+K_1s+K_1}=0 \qquad (9\text{-}104)$$

因此，当 K_2 变化时，式（9-100）的根轨迹族可以通过下面这个函数的零极点得到：

$$G_2(s)H_2(s)=\frac{s^2}{s^3+K_1s+K_1} \qquad (9\text{-}105)$$

562

$G_2(s)H_2(s)$ 的零点在 s=0 处，而极点在 $1+K_1G_1(s)H_1(s)=0$ 的处，它们可以在图 9-27a 中的 RL 上找到。因此，我们可以看到，K_1 固定，K_2 变化时，根轨迹族都将从图 9-17a 中的根轨迹族中发射出来。图 9-27b 显示的是 K_1=0.0184、0.25 和 2.56，K_2 在 0 和 ∞ 之

间变化时，式（9-100）的根轨迹族。

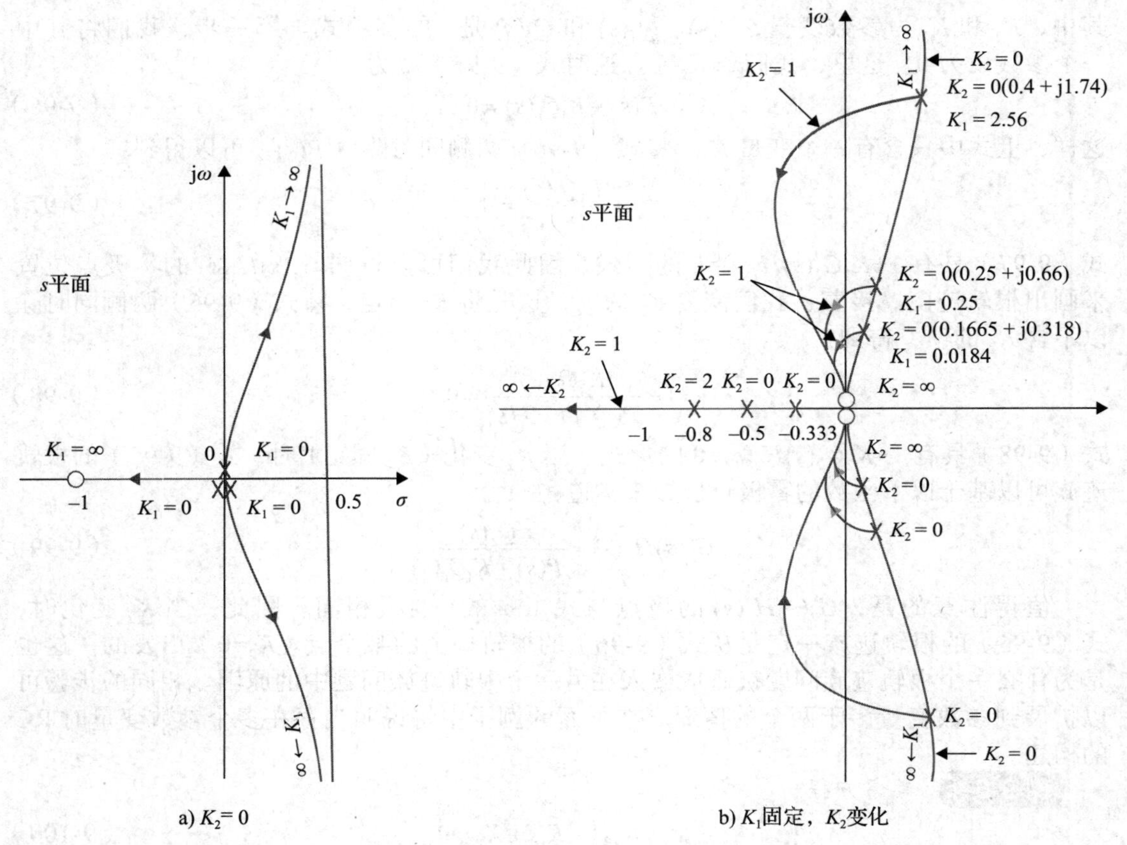

图 9-27 $s^3+K_2s^2+K_1s+K_1=0$ 的根轨迹族

工具箱 9-5-1

图 9-27 所示结果可以通过下面的 MATLAB 代码得到：

```
figure(1)
num=[1 1];
den=[1 0 0 0];
mysys=tf(num,den);
rlocus(mysys);
figure(2)
for k1=[0.0184,0.25,2.56];
num=[1 0 0];
den=[1 0 k1 k1];
mysys=tf(num,den);
rlocus(mysys);
hold on;
end;
```

563

▲

例 9-5-2 给定一闭环控制系统的开环传递函数：

$$G(s)H(s)=\frac{K}{s(1+Ts)(s^2+2s+2)} \tag{9-106}$$

我们想要得到以 K 和 T 作为变化参数的特征方程的根轨迹族图。系统的特征方程为

$$s(1+Ts)(s^2+2s+2)+K=0 \tag{9-107}$$

首先，将 T 取值为 0。这时的特征方程变为

$$s(s^2+2s+2)+K=0 \tag{9-108}$$

当 K 变化时，该方程的根轨迹族可以从下面这个函数的零极点得到：

$$G_1(s)H_1(s)=\frac{1}{s(s^2+2s+2)} \tag{9-109}$$

如图 9-28a 所示。然后，固定 K 值，把 T 作为变化参数。

将式（9-107）两侧同除以不含 T 的项，可以得到：

$$1+TG_2(s)H_2(s)=1+\frac{Ts^2(s^2+2s+2)}{s(s^2+2s+2)+K}=0 \tag{9-110}$$

当 T 变化时，根轨迹族可以通过函数 $G_2(s)H_2(s)$ 的零极点得到。当 T=0 时，根轨迹族上的点在 $G_2(s)H_2(s)$ 的极点处，即在式（9-108）的根轨迹族上。当 T=∞ 时，式（9-107）的根在 $G_2(s)H_2(s)$ 的零点处，即在点 s=0，0，−1+j 和 −1−j 处。图 9-28b 给出了在 K=10 时 $G_2(s)H_2(s)$ 的零极点位置。我们可以看到 $G_2(s)H_2(s)$ 有三个有限极点和四个有限零点。图 9-29～图 9-31 分别给出了当 K 取三个不同值、T 变化时式（9-107）的根轨迹族图。

根轨迹族图 9-30 说明，当 K=0.5，T=0.5 时，特征方程（9-107）在 s=−1 处有一个四重根。

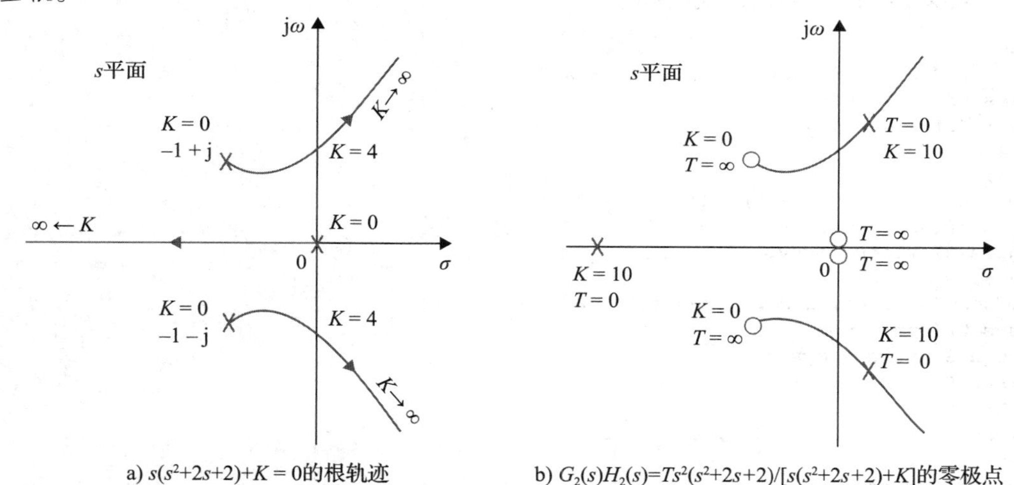

a) $s(s^2+2s+2)+K=0$的根轨迹　　b) $G_2(s)H_2(s)=Ts^2(s^2+2s+2)/[s(s^2+2s+2)+K]$的零极点

图　9-28

564

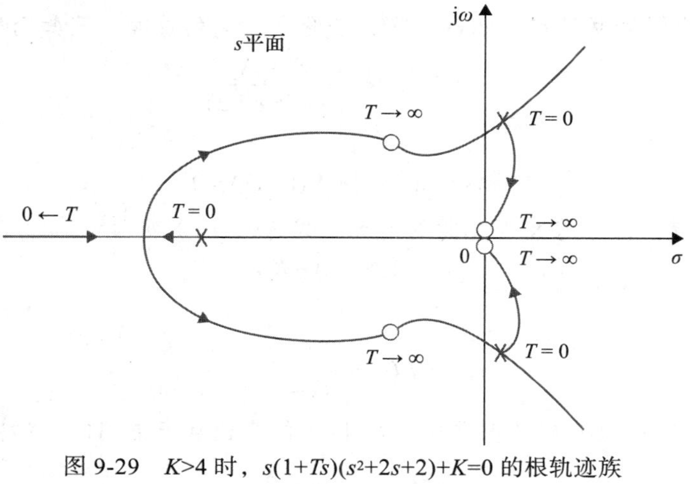

图 9-29　K>4 时，$s(1+Ts)(s^2+2s+2)+K=0$ 的根轨迹族

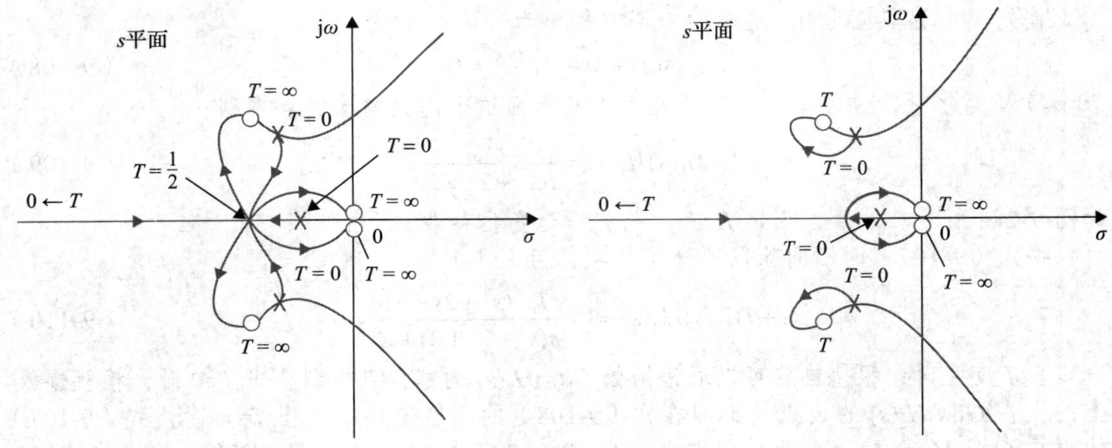

图 9-30 K=0.5 时，$s(1+Ts)(s^2+2s+2)+K=0$ 的根轨迹族

图 9-31 0<K<0.5 时，$s(1+Ts)(s^2+2s+2)+K=0$ 的根轨迹族

565

工具箱 9-5-2

例 9-5-2 对应的 MATLAB 代码如下：

```
%T=0
num=[1];den=conv([1 0],conv([0 1],[1 2 2]));
mysys=tf(num,den);
figure(1);rlocus(mysys);
%k>4
k=10;
num=conv([1 0 0],[1 2 2]);den=([1 2 2 k]);
mysys=tf(num,den);
figure(2);rlocus(mysys);
k=0.5;
num=conv([1 0 0],[1 2 2]);den=([1 2 2 k]);
mysys=tf(num,den);
figure(3);rlocus(mysys);
%0<k<0.5
k=.1;
num=conv([1 0 0],[1 2 2]);den=([1 2 2 k]);
mysys=tf(num,den);
figure(4);rlocus(mysys);
```

▲

例 9-5-3 此例将说明 $G(s)H(s)$ 的零点变化所产生的影响，已知函数

$$G(s)H(s)=\frac{K(1+Ts)}{s(s+1)(s+2)} \tag{9-111}$$

其特征方程为

$$s(s+1)(s+2)+K(1+Ts)=0 \tag{9-112}$$

首先将 T 设为 0，考虑 K 变化时的情况。式（9-112）变为

$$s(s+1)(s+2)+K=0 \tag{9-113}$$

于是

$$G_1(s)H_1(s)=\frac{1}{s(s+1)(s+2)} \tag{9-114}$$

式（9-113）的根轨迹族是根据式（9-114）的零极点来得到的，如图 9-32 所示。

当 K 取非零的固定值时，将式（9-114）两侧同除以不含 T 的项，我们得到

$$1+TG_2(s)H_2(s)=1+\frac{TKs}{s(s+1)(s+2)+K}=0 \qquad (9\text{-}115)$$

在根轨迹族上对应于 T=0 的那些点都是 $G_2(s)H_2(s)$ 的极点或是 $s(s+1)(s+2)+K$ 的零点。图 9-32 给出了当 K 变化时的根轨迹族图。图 9-33 给出了当 K=20 时，$G_2(s)H_2(s)$ 的零极点位置。图 9-34 给出了当 K 取三个不同值，$0 \leqslant T < \infty$ 时，式（9-112）的根轨迹族图。 566

因为 $G_2(s)H_2(s)$ 有三个极点和一个零点，当 T 变化时，根轨迹族与渐近线的夹角为 90° 和 −90°。又因为 $G_2(s)H_2(s)$ 极点数之和为 3，即式（9-115）的分母项中含 s_2 项的系数为 3，而 $G_2(s)H_2(s)$ 的零点数之和为 0，并且 $n-m$=2，则由式（9-35）可以知道，渐近线的交点总是在 s=1.5 处。

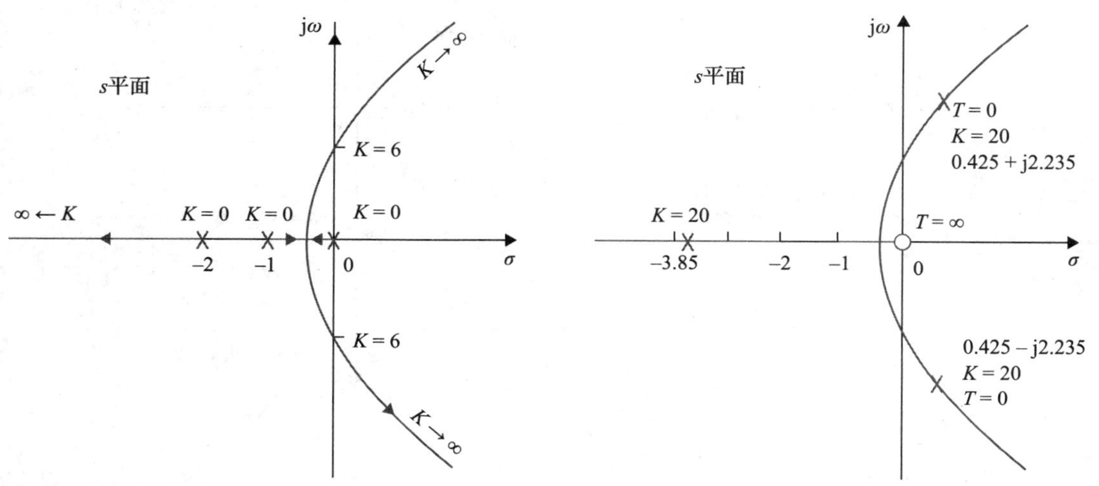

图 9-32　$s(s+1)(s+2)+K$=0 的根轨迹

图 9-33　$G_2(s)H_2(s)$=Ks[$s(s+1)(s+2)+K$] 的零极点位置，K=20

图 9-34 的根轨迹族说明，在传递函数中增加一个零点会使得特征方程的根向 s 的左半平面移动，从而提高了闭环系统的相对稳定性。如图 9-34 所示，当 K=20 时，只要有 T>0.2333，系统就稳定。然而，增加 T 时系统所能得到的最大相对阻尼比也只有近似 30%。

工具箱 9-5-3

图 9-34 对应的 MATLAB 代码如下：

```
for k= [3 6 20];
num=[k 0];
den=([1 3 2 k]);
mysys=tf(num,den);
rlocus(mysys);
hold on
end;
```

▲

9.6 MATLAB 工具箱

由于本章重点关注于理论发展，所以本章除了 MATLAB 工具箱外不包含任何软件的介绍。在第 11 章，当处理控制系统的设计问题时，我们将要介绍 MATLAB SISO 设计工具，这将给根轨迹问题的求解带来极大的便利。 567～568

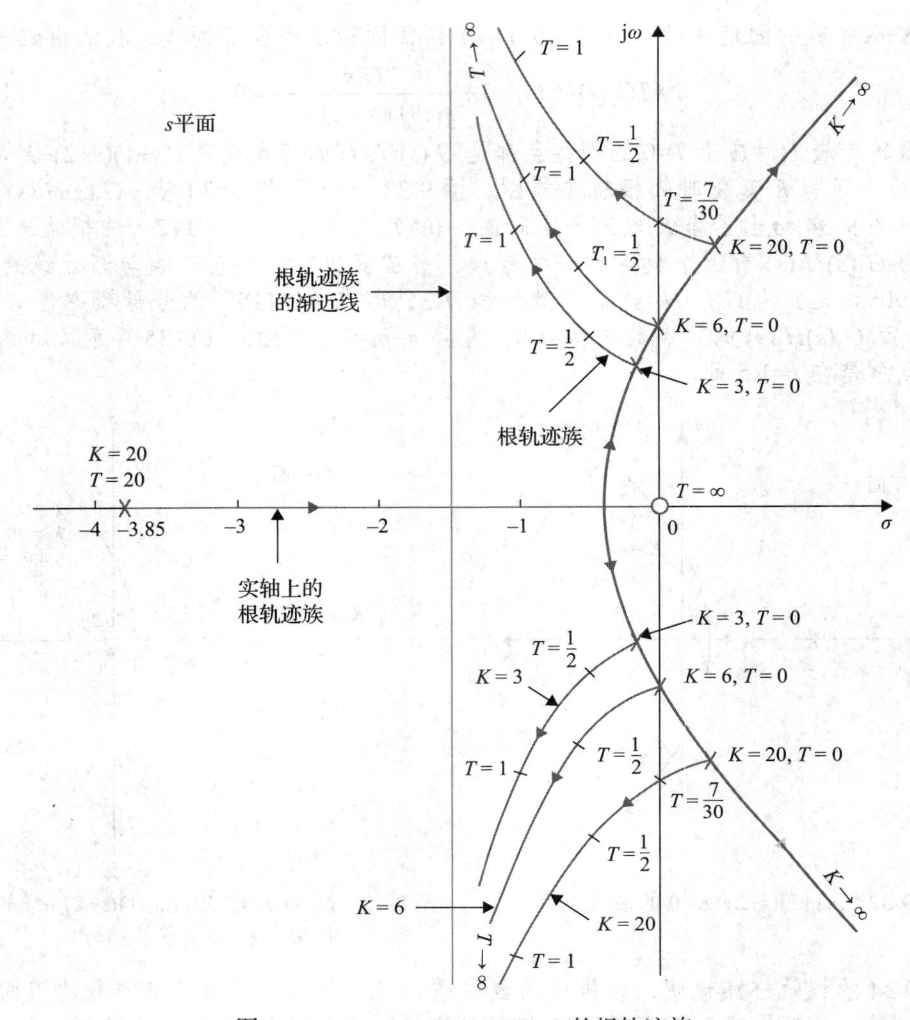

图 9-34 $s(s+1)(s+2)+K+KTs=0$ 的根轨迹族

9.7 小结

本章介绍了线性连续控制系统的根轨迹法。这种方法本质上是一种图解方法，它研究当一个线性时不变系统中一个或多个参数发生变化时，系统特征方程的根。在第 11 章中，我们将利用根轨迹法来设计控制系统。然而，应当记住的是，特征方程的根确切地给出了线性 SISO 系统的绝对稳定性的信息，而只定性地给出了有关相对稳定性的信息，这是因为闭环传递函数的零点对于系统的动态性能也具有重要作用。

根轨迹法也可以应用于离散系统，这时它的特征方程是用 z 变换来表示。从附录 H 可以知道，z 平面上的根轨迹性质和绘制与连续系统在 s 平面上的根轨迹绘制本质上是相同的，只是反映系统性能的根的位置的解释所基于的是单位圆 $|z|=1$ 以及 z 平面区域的意义。

本章主要介绍了构造根轨迹的一些基础知识，可以利用 MATLAB 工具箱等计算机程序来绘制根轨迹图和得到根轨迹的细节。第 11 章最后将介绍 MATLAB 的根轨迹工具箱。但是，作者认为计算机程序仅仅只是一个工具，明智的研究者应该对根轨迹的基础有一个整体的透彻了解。

根轨迹法也应用于具有纯时滞部分的线性系统。这里没有介绍这方面的内容，因为利用第 10 章的频域方法来解决纯时滞系统问题会更加容易。

参考文献

1. W. R. Evans, "Graphical Analysis of Control Systems," *Trans. AIEE*, Vol. 67, pp. 548–551, 1948.
2. W. R. Evans, "Control System Synthesis by Root Locus Method," *Trans. AIEE*, Vol. 69, pp. 66–69, 1950.
3. W. R. Evans, *Control System Dynamics*, McGraw-Hill Book Company, New York, 1954.
4. C. C. MacDuff, *Theory of Equations*, John Wiley & Sons, New York, pp. 29–104, 1954.
5. C. S. Lorens and R. C. Titsworth, "Properties of Root Locus Asymptotes," *IRE Trans. Automatic Control*, AC-5, pp. 71–72, Jan. 1960.
6. C. A. Stapleton, "On Root Locus Breakaway Points," *IRE Trans. Automatic Control*, Vol. AC-7, pp. 88–89, April 1962.
7. M. J. Remec, "Saddle-Points of a Complete Root Locus and an Algorithm for Their Easy Location in the Complex Frequency Plane," *Proc. Natl. Electronics Conf.*, Vol. 21, pp. 605–608, 1965.
8. C. F. Chen, "A New Rule for Finding Breaking Points of Root Loci Involving Complex Roots," *IEEE Trans. Automatic Control*, AC-10, pp. 373–374, July 1965.
9. V. Krishran, "Semi-Analytic Approach to Root Locus," *IEEE Trans. Automatic Control*, Vol. AC-11, pp. 102–108, Jan. 1966.
10. R. H. Labounty and C. H. Houpis, "Root Locus Analysis of a High-Grain Linear System with Variable Coefficients; Application of Horowitz's Method," *IEEE Trans. Automatic Control*, Vol. AC-11, pp. 255–263, April 1966.
11. A. Fregosi and J. Feinstein, "Some Exclusive Properties of the Negative Root Locus," *IEEE Trans. Automatic Control*, Vol. AC-14, pp. 304–305, June 1969.
12. G. A. Bendrikov and K. F. Teodorchik, "The Analytic Theory of Constructing Root Loci," *Automation and Remote Control*, pp. 340–344, March 1959.
13. K. Steiglitz, "Analytical Approach to Root Loci," *IRE Trans. Automatic Control*, Vol. AC-6, pp. 326–332, Sept. 1961.
14. C. Wojcik, "Analytical Representation of Root Locus," *Trans. ASME*, J. Basic Engineering, Ser. D. Vol. 86, March 1964.
15. C. S. Chang, "An Analytical Method for Obtaining the Root Locus with Positive and Negative Gain," *IEEE Trans. Automatic Control*, Vol. AC-10, pp. 92–94, January 1965.
16. B. P. Bhattacharyya, "Root Locus Equations of the Fourth Degree," *Interna. J. Control*, Vol. 1, No. 6, pp. 533–556, 1965.
17. J. G. Truxal and M. Horowitz, "Sensitivity Consideration in Active Network Synthesis," *Proc. Second Midwest Symposium on Circuit Theory*, East Lansing, MI, 1956.
18. R. Y. Huang, "The Sensitivity of the Poles of Linear Closed-Loop Systems," *IEEE Trans. Appl. Ind.*, Vol. 77, Part 2, pp. 182–187, September 1958.
19. H. Ur, "Root Locus Properties and Sensitivity Relations in Control Systems," *IRE Trans. Automatic Control*, Vol. AC-5, pp. 58–65, January 1960.

569

习题

9-1 对下列方程求出 K 从 $-\infty$ 到 ∞ 变化时对应根轨迹的渐近线夹角及其交点。

（a）$s^4+4s^3+4s^2+(K+8)s+K=0$

（b）$s^3+5s^2+(K+1)s+K=0$

（c）$s^2+K(s^3+3s^2+2s+8)=0$

（d）$s^3+2s^2++3s+K(s^2-1)(s+3)=0$

（e）$s^5+2s^4+3s^3+K(s^2+3s+5)=0$

（f）$s^4+2s^2+10+K(s+5)=0$

9-2 用 MATLAB 求解习题 9-1。

9-3 证明渐近线与实轴正方向夹角是

$$\begin{cases}\theta_i=\dfrac{2i+1}{|n-m|}\times 180^\circ,\ K>0\\[2ex] \theta_i=\dfrac{2i}{|n-m|}\times 180^\circ,\ K<0\end{cases}$$

9-4 证明渐近线与实轴交点为

$$\sigma_1=\frac{\sum G(s)H(s)\text{的有限极点}-\sum G(s)H(s)\text{的有限零点}}{n-m}$$

9-5 已知下面开环传递函数，画出当 $K>0$ 和 $K<0$ 时的渐近线。

$$GH=\frac{K}{s(s+2)(s^2+2s+2)}$$

570

9-6 已知下列开环传递函数，求根轨迹在指定零点或极点的出射角或入射角。

（a）$G(s)H(s)=\dfrac{Ks}{(s+1)(s^2+1)}$

在 s=j 处的入射角（$K<0$）及出射角（$K>0$）。

（b）$G(s)H(s)=\dfrac{Ks}{(s-1)(s^2+1)}$

在 s=j 处的入射角（$K<0$）及出射角（$K>0$）。

（c）$G(s)H(s)=\dfrac{K}{s(s+2)(s^2+2s+2)}$

在 s=−1+j 处的出射角（$K>0$）。

（d）$G(s)H(s)=\dfrac{K}{s^2(s^2+2s+2)}$

在 s=−1+j 处的出射角（$K>0$）。

（e）$G(s)H(s)=\dfrac{K(s^2+2s+2)}{s^2(s+2)(s+3)}$

在 s=−1+j 处的入射角（$K>0$）。

9-7 证明

（a）根轨迹离开其复极点的出射角是 $\theta_D=180°-\arg GH'$，其中 $\arg GH'$ 是 GH 在该复数点处的相位（忽略极点的影响）。

（b）根轨迹到达其复极点的入射角是 $\theta_D=180°-\arg GH''$，其中 $\arg GH''$ 是 GH 在该复零点处的相位（忽略特殊零点的影响）。

9-8 找到下面开环传递函数在所有复极点和零点处的出射角和入射角。

$$G(s)H(s)=\frac{K(s^2+2s+2)}{s(s^2+4)},\quad K>0$$

9-9 对于零极点位置图 9P-9，标出实轴上 K=0，$K=\pm\infty$ 的点、根轨迹（RL）和互补根轨迹（CRL）。用箭头标出当 K 增加时实轴上根轨迹的方向。

571

9-10 证明分离点 α 满足如下方程：

$$\sum_{i=1}^{n}\frac{1}{\alpha+P_i}=\sum_{i=1}^{m}\frac{1}{\alpha+Z_i}$$

9-11 根据图 9P-9 中的零极点求出系统根轨迹上的所有分离点。

9-12 根据下列控制系统的 $G(s)H(s)$ 的零极点绘制根轨迹图。其特征方程可以通过令 $1+G(s)H(s)$ 的分子为 0 来得到。

（a）极点为 0，−5，−6；零点为 −8。

（b）极点为 0，−1，−3，−4；没有有限零点。

（c）极点为 0，0，−2，−2；零点为 −4。

（d）极点为 0，−1+j，−1−j；零点为 −2。

（e）极点为 0，−1+j，−1−j；零点为 −5。

（f）极点为 0，−1+j，−1−j；没有有限零点。

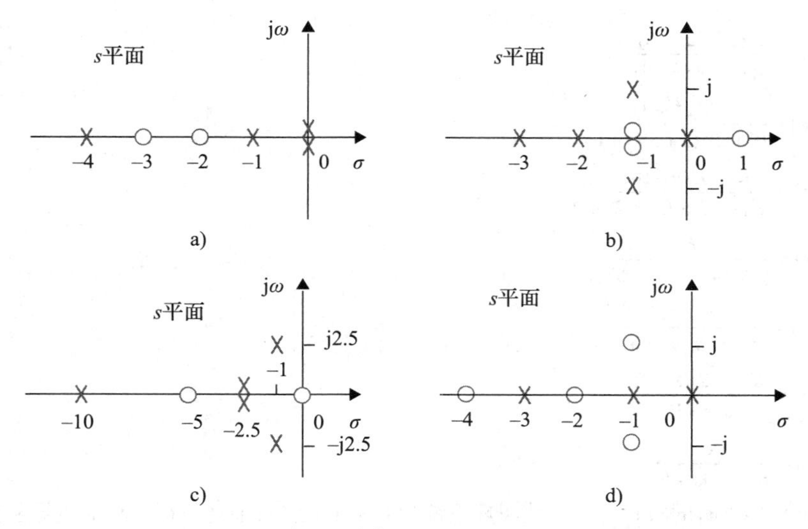

图　9P-9

（g）极点为 0，0，−8，−8；零点为 −4，−4。

（h）极点为 0，0，−8，−8；没有有限零点。

（i）极点为 0，0，−8，−8；零点为 −4+j2，−4−j2。

（j）极点为 −2，2；零点为 0，0。

（k）极点为 j，−j，j2，−j2；零点为 −2，2。

（l）极点为 j，−j，j2，−j2；零点为 −1，1。

（m）极点为 0，0，0，1；零点为 −1，−2，−3。

（n）极点为 0，0，0，−100，−200；零点为 −5，−40。

（o）极点为 0，−1，−2；零点为 1。

9-13　用 MATLAB 求解习题 9-12。

9-14　线性控制系统的特征方程如下，绘制出 $K\geqslant 0$ 时的根轨迹。

（a）$s^3+3s^2+(K+2)s+5K=0$

（b）$s^3+s^2+(K+2)s+3K=0$

（c）$s^3+5Ks^2+10=0$

（d）$s^4+(K+3)s^3+(K+1)s^2+(2K+5)+10=0$

（e）$s^3+2s^2+2s+K(s^2-1)(s+2)=0$

（f）$s^3-2s+K(s+4)(s+1)=0$

（g）$s^4+6s^3+9s^2+K(s^2+4s+5)=0$

（h）$s^3+2s^2+2s+K(s^2-2)(s+4)=0$

（i）$s(s^2-1)+K(s+2)(s+0.5)=0$

（j）$s^4+2s^3+2s^2+2Ks+5K=0$

（k）$s^5+2s^4+3s^3+2s^2+s+K=0$

572

9-15　用 MATLAB 求解习题 9-14。

9-16　已知单位反馈控制系统的前向通道传递函数如下：

（a）$G(s)=\dfrac{K(s+3)}{s(s^2+4s+4)(s+5)(s+6)}$

（b）$G(s)=\dfrac{K}{s(s+2)(s+4)(s+10)}$

（c）$G(s)=\dfrac{K(s^2+2s+8)}{s(s+5)(s+10)}$

（d）$G(s)=\dfrac{K(s^2+4)}{(s+2)^2(s+5)(s+6)}$

（e）$G(s)=\dfrac{K(s+10)}{s^2(s+2.5)(s^2+2s+2)}$

（f）$G(s)=\dfrac{K}{(s+1)(s^2+4s+5)}$

（g）$G(s)=\dfrac{K(s+2)}{(s+1)(s^2+6s+10)}$

（h）$G(s)=\dfrac{K(s+2)(s+3)}{s(s+1)}$

（i）$G(s)=\dfrac{K}{s(s^2+4s+5)}$

画出 $K\geqslant 0$ 时的根轨迹。求使闭环系统相对阻尼比（可通过特征方程的主导复根得到）等于 0.707 的 K 值（如果该值存在的话）。

9-17 用 MATLAB 验证习题 9-16 的答案。

9-18 已知单位反馈控制系统的前向通道传递函数如下，画出 $K\geqslant 0$ 时的根轨迹，并求出所有分离点的 K 值。

（a）$G(s)=\dfrac{K}{s(s+10)(s+20)}$

（b）$G(s)=\dfrac{K}{s(s+1)(s+3)(s+5)}$

（c）$G(s)=\dfrac{K(s-0.5)}{(s-1)^2}$

（d）$G(s)=\dfrac{K}{(s+0.5)(s-1.5)}$

（e）$G(s)=\dfrac{K\left(s+\dfrac{1}{3}\right)(s+1)}{s\left(s+\dfrac{1}{2}\right)(s-1)}$

573

（f）$G(s)=\dfrac{K}{s(s^2+6s+25)}$

9-19 用 MATLAB 验证习题 9-18 的答案。

9-20 已知一个单位反馈控制系统的前向通道传递函数

$$G(s)=\frac{K}{(s+4)^n}$$

画出 $K\geqslant\infty$ 时闭环系统的特征方程的根轨迹，其中 n 分别取值为

（a）n=1，（b）n=2，（c）n=3，（d）n=4，（e）n=5。

9-21 用 MATLAB 求解习题 9-20。

9-22 如图 7P-16 所示，当 K=100 时，控制系统的特征方程为

$$s^3+25s^2+(100K_t+2)s+100=0$$

画出 $K_t\geqslant 0$ 时方程的根轨迹。

9-23 用 MATLAB 验证习题 9-22 的答案。

9-24 图 9P-24 为一个转速计反馈控制系统的结构示意图。

（a）当 $K_t\geqslant 0$ 时，画出特征方程在 $K\geqslant 0$ 时的根轨迹。

（b）令 K=10，画出在 $K_t\geqslant 0$ 时特征方程的根轨迹。

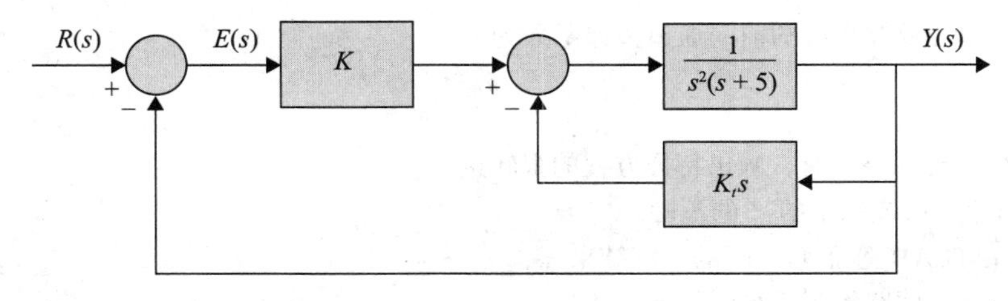

图　9P-24

9-25　用 MATLAB 求解问题 9-24。

9-26　电动机控制系统的特征方程可以近似写为

$$2.05J_L s^3 + (1 + 10.25J_L)s^2 + 116.84s + 1843 = 0$$

当 K_L=∞ 时，载荷惯量 J_L 可以看作变化参数。画出 $K_L \geqslant 0$ 时特征方程的根轨迹。

9-27　用 MATLAB 验证习题 9-26 的答案。

9-28　已知如图 9P-24 所示的控制系统的前向通道传递函数为

$$G(s) = \frac{K(s+\alpha)(s+3)}{s(s^2-1)}$$

（a）画出 $\alpha=5$，$K \geqslant 0$ 时的根轨迹。

（b）画出 $\alpha \geqslant 0$，$K=10$ 时的根轨迹。

9-29　用 MATLAB 求解习题 9-28。

9-30　已知一个控制系统的前向通道传递函数为

$$G(s) = \frac{K(s+0.4)}{s^2(s+3.6)}$$

（a）画出 $K \geqslant 0$ 时的根轨迹。

（b）用 MATLAB 验证（a）问所得的结果。　574

9-31　已知液位控制系统的特征方程为

$$0.06s(s+12.5)(As+K_o)+250N=0$$

（a）令 $A=K_o=50$，画出当 N 从 0 变化到 ∞ 时特征方程的根轨迹。

（b）令 $N=10$，$K_o=50$，画出当 $A \geqslant 0$ 时特征方程的根轨迹。

（c）令 $A=50$，$N=20$，画出当 $K_o \geqslant 0$ 时的根轨迹。

9-32　用 MATLAB 求解习题 9-31。

9-33　对下列情形重复习题 9-31。

（a）$A=K_o=100$，（b）$N=20$，$K_o=50$，（c）$A=100$，$N=20$

9-34　用 MATLAB 验证习题 9-33 的答案。

9-35　已知一个单位反馈控制系统的前向通道传递函数为

$$G(s) = \frac{K(s+2)^2}{(s^2+4)(s+5)^2}$$

（a）画出当 $K=25$ 时的根轨迹。

（b）找到使得系统稳定的 K 的范围。

（c）用 MATLAB 验证（a）问的求解结果。

9-36　已知单位反馈控制系统的传递函数为

$$G(s) = \frac{K}{s^2(s+1)(s+5)} H(s) = 1$$

（a）画出 $K \geqslant 0$ 时 $1+G(s)$ 零点的轨迹。

（b）当 $H(s)=1+5s$ 时，重复（a）问。

9-37　用 MATLAB 求解习题 9-36。

9-38 已知一个单位反馈系统的前向通道传递函数为

$$G(s)=\frac{K\mathrm{e}^{-Ts}}{s+1}$$

(a) 当 $T=1s$，$K>1$ 时，画出特征方程的根轨迹。

(b) 找出使得系统稳定的 K 的范围。

(c) 用 MATLAB 验证 (a) 问的求解结果。

9-39 已知单位反馈回路控制系统的传递函数为

$$G(s)=\frac{10}{s^2(s+1)(s+5)}H(s)=1+T_d s$$

(a) 当 $T_d\geqslant 0$ 时，画出特征方程的根轨迹。

575 (b) 用 MATLAB 验证 (a) 问的求解结果。

9-40 已知系统方程为

$$s^3+\alpha s^2+Ks+K=0$$

希望得到 α 变化和 $-\infty<K<\infty$ 时，方程的根轨迹。

(a) 令 $\alpha=12$，画出 $-\infty<K<\infty$ 时的根轨迹。

(b) 令 $\alpha=4$，重复 (a) 问。

(c) 当 $-\infty<K<\infty$ 时，求出 α 为何值时，整个根轨迹只有一个非零分离点，绘制出根轨迹。

9-41 用 MATLAB 求解习题 9-40。

9-42 已知单位反馈控制系统的前向通道传递函数为

$$G(s)=\frac{K(s+\alpha)}{s^2(s+3)}$$

当 $-\infty<K<\infty$ 时，求出 α 为何值时，根轨迹分别有 0 个、1 个和 2 个非零分离点，并画出这三种情形下的根轨迹图。

9-43 图 9P-43 为一个单位反馈控制系统的控制框图，为系统设计一个合适的控制器 $H(s)$。

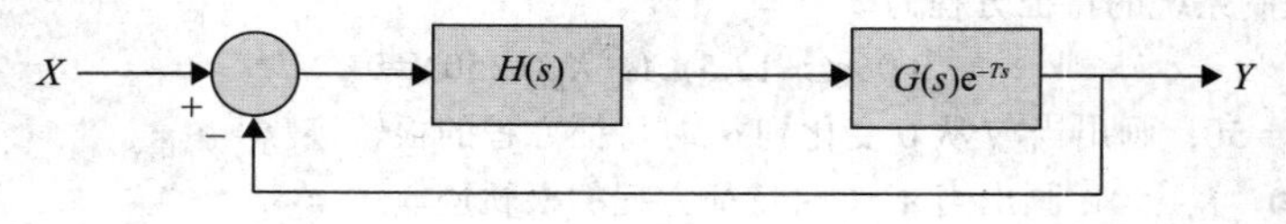

576 图 9P-43

9-44 已知单反馈回路控制系统 $G(s)H(s)$ 的零极点位置如图 9P-44 所示，不必画出根轨迹图，利用根轨迹的出射角和入射角的性质来判断哪个根轨迹图是正确的。

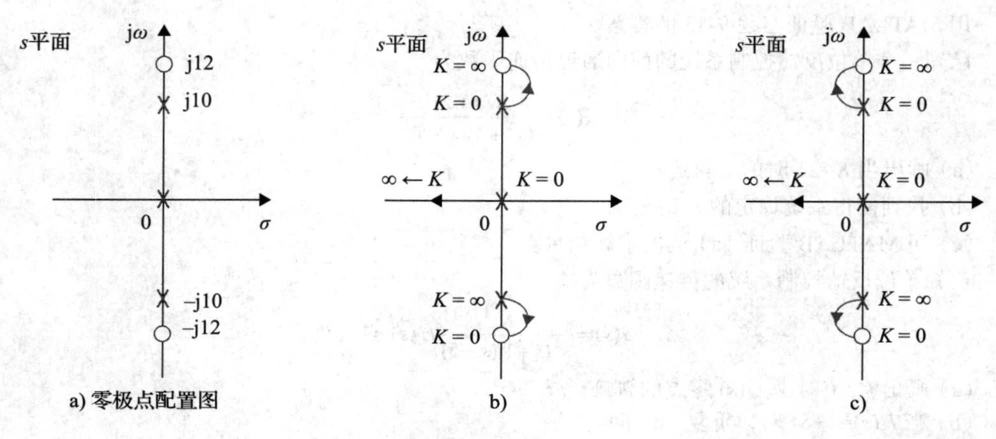

图 9P-44

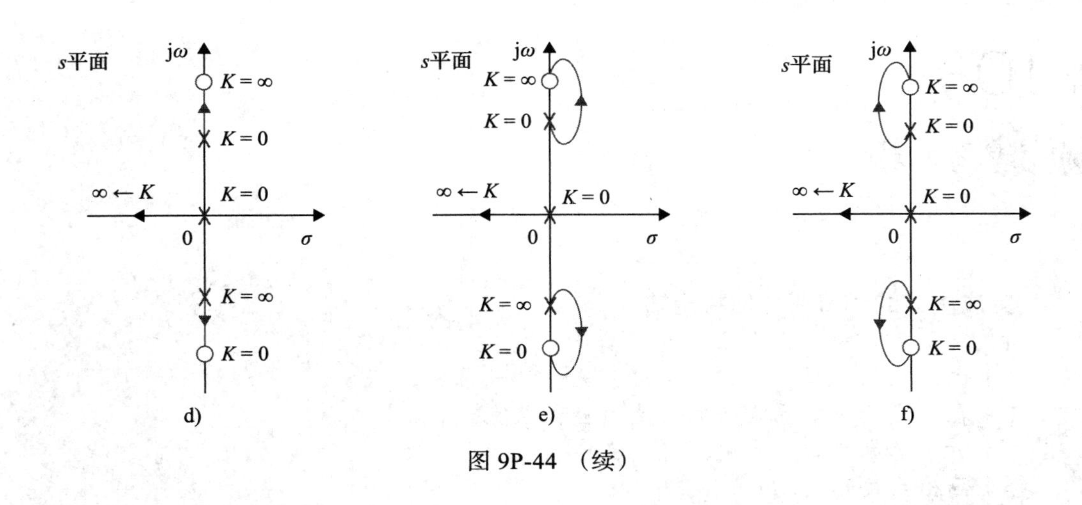

图 9P-44 （续）

577～578

第10章

频域分析

完成本章的学习后，你将能够

1）进行系统的频域响应分析。

2）运用极点、幅值和相位画出系统的频域响应。

3）在频域响应中确认谐振峰值频率和幅值、带宽。

4）对于标准的二阶系统，将频域特性与时域特性相关联。

5）画出系统的 Nyquist 图。

6）运用 Nyquist 稳定判据进行系统稳定性分析。

7）使用 MATLAB 画频域响应、Nyquist 曲线和 Nichols 图。

8）运用频域响应技术设计控制系统。

在开始本章之前，建议读者参考附录 B 来了解关于复变量和频域分析相关的理论背景以及频率曲线图（包括其渐近近似——伯德（Bode）图）。

在实践中，控制系统的性能指标经常是通过实际测量其时域特性来衡量的。因为大多数控制系统的性能指标是通过特定测试信号的时间响应来评价的，这与通信系统的分析和设计情况形成鲜明对比。在通信系统中，频域响应更为重要，因为通信系统处理的大多数信号或是正弦信号，或是由正弦信号组合而成的。在第 7 章我们学过，控制系统的时间响应通常很难解析地确定，特别是高阶系统的情况。对于控制系统的设计问题，目前没有统一的方法使得设计好的系统能够满足特定的时域性能指标，例如：最大超调量、上升时间、延迟时间、调节时间等。而从频域角度，有许多图形化的分析方法不局限于低阶系统。对于线性系统，重要的是，频域和时域性能是相互关联的，所以可以通过线性系统的频域特性来预测其时域特性。此外，频域分析还能更为方便地测量系统对噪声和参数变化的敏感程度。有了上述的这些概念，我们认为选择在频域进行控制系统分析和设计的主要原因在于频域分析的方便性和可以充分利用现有的分析工具。另一个原因是对于控制系统问题，频域分析提供了一种新的看问题的角度，而这一视角经常能给控制系统的复杂分析和设计提供有价值或关键的信息。因此，对线性控制系统进行频域分析并不意味着限制系统仅能用正弦输入信号。而且，通过频域响应的研究，我们还能够分析系统的时域性能。

579

10.1 引言

线性系统频域分析的出发点在于其传递函数。根据线性系统理论我们知道如果一个线性时不变系统的输入是幅值为 R、频率为 ω 的正弦信号：

$$r(t) = R\sin\omega t \tag{10-1}$$

那么系统的稳态输出 $y(t)$ 是一个具有相同频率 ω 但幅值和相位可能不同的正弦信号，即

$$y(t) = Y\sin(\omega t + \phi) \tag{10-2}$$

其中，Y 是输出正弦信号的幅值，ϕ 是以 deg 或 rad 为单位的相位。

通过下面的实例来说明这一概念。

例 10-1-1　对于例 6-5-2 给出的测试用车辆悬挂系统，如图 10-1a 所示，一台四柱振动器通过给车辆提供多种激励来测试车辆悬挂系统的性能。借助 1 自由度的 1/4 车辆模型，如图 10-1b 所示，我们可以研究每个车辆悬挂系统的性能及其对不同路面输入的响应。在此情况下，我们对每个车轮施加正弦输入信号，来研究该系统随着激励信号频率从零到非常高（取决于振荡器的频率限制）时的反应。

a)

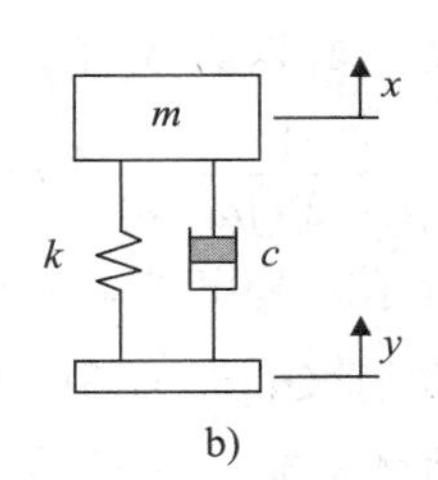

b)

图　10-1

1/4 车辆系统可以归类为一个基本的激励系统（见第 2 章），其运动方程定义如下：

$$\ddot{z}(t)+2\zeta\omega_n\dot{z}(t)+\omega_n^2 z(t)=-\ddot{y}(t) \tag{10-3}$$

其中，系统参数设为标量来简化实例的处理。

m	1/4 车辆的实际质量	10kg	$x(t)$	质量 m 的绝对位移	m
k	实际刚度	160N · m	$y(t)$	基座的绝对位移	m
c	实际阻尼	100N · m/s^{-1}	$z(t)$	相对位移 $z(t)=x(t)-y(t)$	m

式（10-3）反映了车辆对于路面激励的弹力。相对运动的传递函数如下所示：

$$G(s)=\frac{1}{(s+2)(s+8)}=\frac{1}{s^2+10s+16}=\frac{1}{s^2+2\zeta\omega_n s+\omega_n^2} \tag{10-4}$$

其中，系统的阻尼系数为 $\zeta=1.25$ 和 $\omega_n=4\text{ rad/s}$。系统在信号 $-\ddot{y}(t)=A\sin(\omega t)$ 作用下的时间响应可以由拉普拉斯逆变换得到（见第 3 章）。根据式（10-3）和附录 C 中的拉普拉斯变换公式 $\mathcal{L}[\sin(\omega t)]=\dfrac{\omega}{s^2+\omega^2}$ 可得：

$$Z(s)=\frac{A\omega}{s^2+\omega^2}\frac{1}{(s+2)(s+8)} \tag{10-5}$$

580

因此

$$z(t)=\{暂态\to 0\}+A\frac{1}{\sqrt{(\omega^2+4)(\omega^2+64)}}\sin\left(\omega t+\arctan\left(\frac{-10\omega}{16-\omega^2}\right)\right) \tag{10-6}$$

其中，因为系统稳定，所以其暂态响应为零。稳态响应 $z(t)=Z\sin(\omega t+\phi)$ 可以表示为极坐标形式：

$$\begin{aligned} z(t) &= Z\sin(\omega t+\phi) \\ &= A|G(\mathrm{j}\omega)|\angle G(\mathrm{j}\omega) \\ &= AM\angle\phi \\ &= Z\angle\phi \end{aligned} \tag{10-7}$$

其中，$G(\mathrm{j}\omega)=|G(\mathrm{j}\omega)|\angle G(\mathrm{j}\omega)$ 是频率响应函数。参考附录B中关于复变量的介绍，分别定义频率响应的幅值和相位如下：

$$M=|G(\mathrm{j}\omega)|=\frac{1}{\sqrt{(\omega^2+4)(\omega^2+64)}} \tag{10-8a}$$

$$\phi=\angle G(\mathrm{j}\omega)=\arctan\left(\frac{-10\omega}{16-\omega^2}\right) \tag{10-8b}$$

581

注意：因为式（10-8a）的分母符号会随着 ω 而改变，所以必须计算相位。频率响应函数 $G(\mathrm{j}\omega)=\dfrac{1}{(\mathrm{j}\omega+2)(\mathrm{j}\omega+8)}$ 在 $\omega=1\mathrm{rad/s}$ 时的极坐标形式如图10-2所示。其中频率响应定义为幅值为 M、相位为 ϕ 的向量 $G(\mathrm{j}\omega)=|G(\mathrm{j}\omega)|\angle G(\mathrm{j}\omega)=M\angle\phi$。根据图10-3所示的输入－输出时间响应曲线，可以得到幅值和相位。

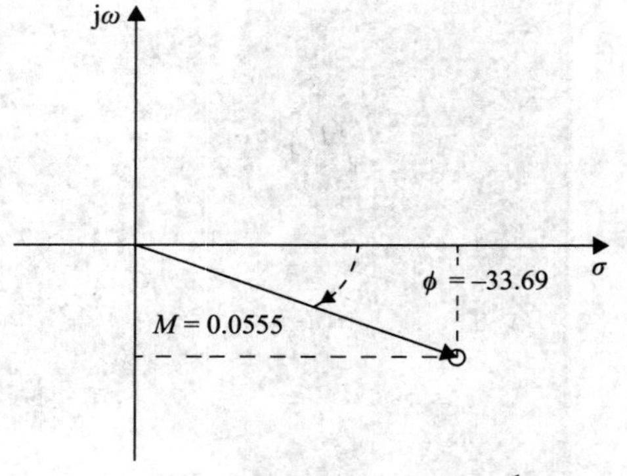

图10-2 频率响应函数 $G(\mathrm{j}\omega)=\dfrac{1}{(\mathrm{j}\omega+2)(\mathrm{j}\omega+8)}$ 在 $\omega=1\mathrm{rad/s}$ 时的极坐标形式

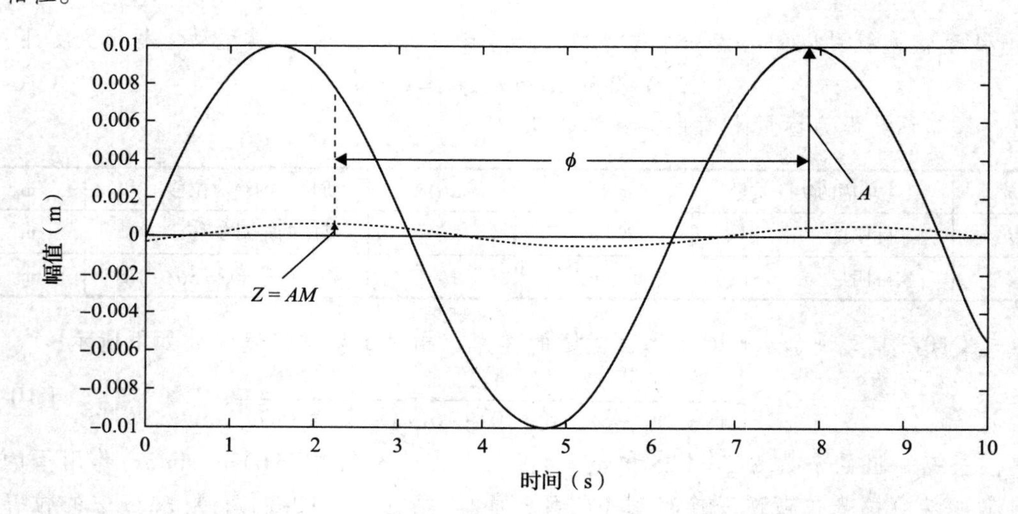

图10-3 A=0.01和 ω=1rad/s下输入 $A\sin(\omega t)$ 和输出 $z(t)=Z\sin(\omega t+\phi)$ 的图形表示

表10-1给出了不同频率 ω 对应的幅值 M 和相位 ϕ，其中随着频率增加，幅值 M 逐渐减小，而相位 ϕ 从0°变到−180°。频率响应函数 $G(\mathrm{j}\omega)=\dfrac{1}{(\mathrm{j}\omega+2)(\mathrm{j}\omega+8)}$ 在 ω 为0.1～100rad/s的极坐标形式如图10-4所示，其中“×”对应表10-1所示的激励频率。一般而言，我们可以把极坐标频率响应曲线看作幅值 M、相位 ϕ 的向量随着 ω 从零变到无穷大时如何改变自身幅值和方向的过程。

表 10-1 例 10-1-1 中取样的系统幅值和相位的数值

ω(rad/s)	M	ϕ(deg)	ω(rad/s)	M	ϕ(deg)
0.1	0.0625	−3.58	10	0.0077	−130.03
1	0.0555	−33.69	100	0.0001	−174.28

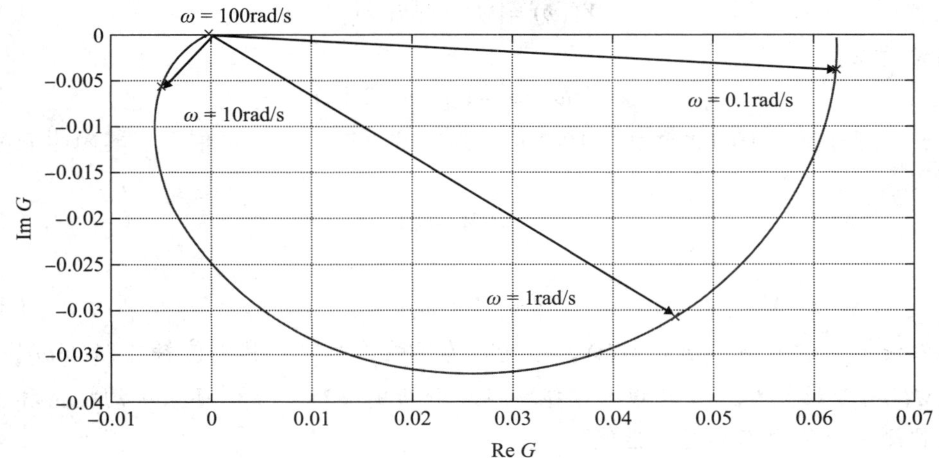

图 10-4 频率响应函数 $G(j\omega)=\dfrac{1}{(j\omega+2)(j\omega+8)}$ 在 ω 为 0.1～100rad/s 的极坐标形式

根据附录 B 可知，图 10-4 中的极坐标曲线可以表示为幅值和相位分离的频率响应曲线——也就是系统的 Bode 图，如图 10-5 所示。注意：就像附录 B 所提的，通常情况下 Bode 图中横坐标使用对数标尺，幅值标尺为 $\text{dB}=(20\log M)$，频率标尺为度数。

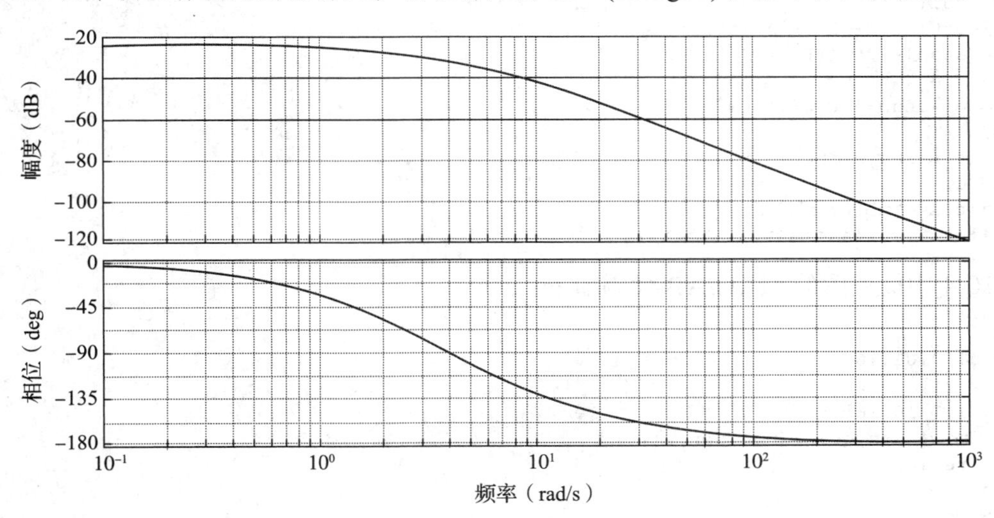

图 10-5 ω 从 0.1 变化到 100rad/s 时，频率响应函数 $G(j\omega)=\dfrac{1}{(\omega j+2)(\omega j+8)}$ 的幅值和相位

运行 MATLAB 工具箱 10-1-1 可以得到图 10-3 到图 10-5。

通常，对于一个传递函数为 $M(s)$ 的线性单入单出系统，其输入和输出（见式（10-1）和式（10-2））的拉普拉斯变换关系如下：

$$Y(s)=M(s)R(s) \tag{10-9}$$

为了进行正弦稳态分析，将 s 替换为 $j\omega$，上式变为

$$Y(\mathrm{j}\omega)=M(\mathrm{j}\omega)R(\mathrm{j}\omega) \tag{10-10}$$

类似于 $M(\mathrm{j}\omega)$ 和 $R(\mathrm{j}\omega)$ 的定义，可以将 $Y(\mathrm{j}\omega)$ 写作：

$$Y(\mathrm{j}\omega)=|Y(\mathrm{j}\omega)|\angle Y(\mathrm{j}\omega) \tag{10-11}$$

从而由式（10-10）得到输入和输出的幅值关系：

$$|Y(\mathrm{j}\omega)|=|M(\mathrm{j}\omega)||R(\mathrm{j}\omega)| \tag{10-12}$$

582 ~ 583

以及相位关系：

$$\angle Y(\mathrm{j}\omega)=\angle M(\mathrm{j}\omega)+\angle R(\mathrm{j}\omega) \tag{10-13}$$

因此，对于式（10-1）和式（10-2）分别描述的输入和输出信号，其输出正弦曲线的幅值为

$$Y=R|M(\mathrm{j}\omega_0)| \tag{10-14}$$

相位为

$$\phi=\angle M(\mathrm{j}\omega_0) \tag{10-15}$$

已知线性系统的传递函数 $M(s)$，当输入为正弦信号时，其幅值特性 $|M(\mathrm{j}\omega)|$ 和相位特性 $\angle M(\mathrm{j}\omega)$ 能够完整描述其稳态性能。频域分析的关键在于闭环系统的幅值和相位可以用来预测系统的暂态和稳态性能。

工具箱 10-1-1

图 10-3 中输入输出时间响应曲线的 MATLAB 代码如下：

```
A=0.01;
w=10;
t=0:.001:10;
M=1/sqrt((w^2+4)*(w^2+64));
phi= atan(-10*w/(16-w^2));
if w > 4
phi= pi-atan(-10*w/(16-w^2));
end
plot(t,A*sin(w*t))
hold on
plot(t,A*R*sin(w*t+phi))
%%%%%%%%%%%%%%%%%%%%%%%%%%%%%%%%%%%
```

图 10-4 中极点图的 MATLAB 代码如下：

```
clf
w=0.01:0.01:100;
num = [1];
den = [1 10 16];
[re,im,w] = nyquist(num,den,w);
plot(re,im);
grid
hold on
w=.1;
phi= atan(-10*w/(16-w^2));
M=1/sqrt((w^2+4)*(w^2+64));
plot(R*cos(phi),R*sin(phi),'x')
w=1;
phi= atan(-10*w/(16-w^2));
M=1/sqrt((w^2+4)*(w^2+64));
plot(M*cos(phi),M*sin(phi),'x');
w=10;
phi= pi-atan(10*w/(16-w^2));
```

```
M=1/sqrt((w^2+4)*(w^2+64));
plot(M*cos(phi),M*sin(phi),'x')
w=100;
phi= pi-atan(10*w/(16-w^2));
R=1/sqrt((w^2+4)*(w^2+64));
plot(M*cos(phi),M*sin(phi),'x')
%%%%%%%%%%%%%%%%%%%%%%%%%%%%%%%%%%%%%%%%%%%%%%%%%%%%%%%%%%%%%%%%%%%%%%
```

图 10-5 中 Bode 图的 MATLAB 代码如下：

```
clf
num = [1];
den = [1 10 16];
G = tf(num,den);
bode(G);
grid
```

最终，根据图 10-3～图 10-5，我们可以知道悬挂系统像一个滤波器那样减缓路面激励的影响。然而，悬挂系统的性能与频率相关：随着相位从 0° 到 −180° 变化，频率逐渐升高，相应地，悬挂系统传递函数的幅值逐渐减少。

▲

例 10-1-2 控制系统的频域分析中通常需要确定极坐标曲线的一些基本性质。考虑如下传递函数（也可见例 B-2-4）：

$$G(s)=\frac{10}{s(s+1)(s+2)} \tag{10-16}$$

将上式中的 s 替换为 $j\omega$，$G(j\omega)$ 在 $\omega=0$ 和 $\omega\to\infty$ 时的幅值和相位的计算结果如下：

$$\lim_{\omega\to0}|G(j\omega)|=\lim_{\omega\to0}\frac{5}{\omega}=\infty \tag{10-17}$$

$$\lim_{\omega\to0}\angle G(j\omega)=\lim_{\omega\to0}\angle 5/j\omega=-90° \tag{10-18}$$

$$\lim_{\omega\to\infty}|G(j\omega)|=\lim_{\omega\to\infty}\frac{10}{\omega^3}=0 \tag{10-19}$$

584～585

因此，可以确定 $G(j\omega)$ 在 $\omega=0$ 和 $\omega\to\infty$ 时的极坐标曲线性质。

为了将 $G(j\omega)$ 表示成实部和虚部相加的形式，需要通过分子、分母同时乘以分母的共轭复数来将其有理化。因此，可以求得 $G(j\omega)$ 与复数域实轴和虚轴的交叉点，有理化 $G(j\omega)$ 得到

$$G(j\omega)=\frac{10(-j\omega)(-j\omega+1)(-j\omega+2)}{j\omega(j\omega+1)(j\omega+2)(-j\omega)(-j\omega+1)(-j\omega+2)} \tag{10-20}$$

将上式化简得：

$$G(j\omega)=\mathrm{Re}[G(j\omega)]+j\mathrm{Im}[G(j\omega)]=\frac{-30}{9\omega^2+(2-\omega^2)^2}-\frac{j10(2-\omega^2)}{9\omega^3+\omega(2-\omega^2)^2} \tag{10-21}$$

下面来确定其极坐标曲线可能存在的与复数域两轴的交叉点。如果 $G(j\omega)$ 的极坐标曲线与实轴相交，则该点处 $G(j\omega)$ 的虚部为零，也就是

$$\mathrm{Im}[G(j\omega)]=0 \tag{10-22}$$

同样，$G(j\omega)$ 与虚轴的交叉点可以通过令式（10-21）中的 $\mathrm{Re}[G(j\omega)]$ 为零求得，也就是

$$\mathrm{Re}[G(j\omega)]=0 \tag{10-23}$$

令 $\mathrm{Re}[G(\mathrm{j}\omega)]$ 为零，我们有 $\omega\to\infty$ 以及 $G(\mathrm{j}\infty)=0$，这意味着 $G(\mathrm{j}\omega)$ 的极坐标曲线只在原点与虚轴相交。令 $\mathrm{Im}[G(\mathrm{j}\omega)]$ 为零，我们得到 $\omega=\pm\sqrt{2}$，从而可知在实轴上的交点为

$$G(\pm \mathrm{j}\sqrt{2})=-5/3 \tag{10-24}$$

因为频率为负值，所以 $\omega=-\sqrt{2}$ 这一结果没有任何物理意义，它仅仅表示 s 域负实轴上的一个点。通常而言，如果 $G(s)$ 是一个关于 s 的有理函数（两个关于 s 的多项式之商），对于负值 ω，$G(\mathrm{j}\omega)$ 的极坐标曲线与 ω 为正时的曲线在复频域上关于实轴镜像对称。根据式（B-58），我们可知 $\mathrm{Re}[G(\mathrm{j}0)]=\infty$ 以及 $\mathrm{Im}[G(\mathrm{j}0)]=\infty$。基于此，可以画出式（10-16）中传递函数对应的极坐标曲线，如图 10-6 所示。

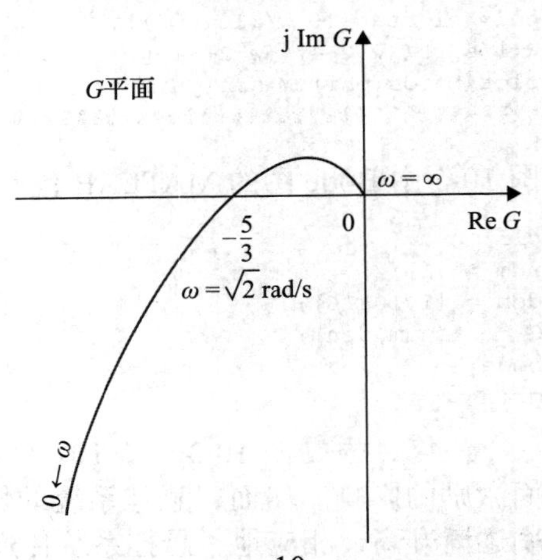

图 10-6 $G(s)=\dfrac{10}{s(s+1)(s+2)}$ 的极坐标曲线

同样应该也可以画出系统近似幅值或相位曲线。可以参考附录 B 来进一步了解这一话题。

586

MATLAB 工具箱 10-1-2 用于画出图 10-6 和系统的 Bode 图（见图 10-7）。

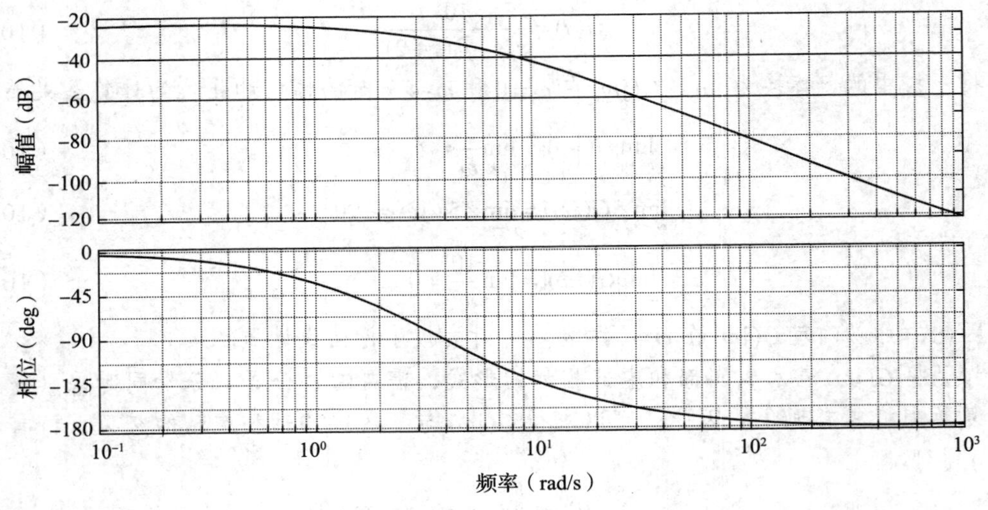

图 10-7 $G(s)=\dfrac{10}{s(s+1)(s+2)}$ 的 Bode 图

工具箱 10-1-2

图 10-6 中极点图的 MATLAB 代码如下：

```
clf
w=0.01:0.01:100;
num = [10];
den = [1 3 2 0];
[re,im,w] = nyquist(num,den,w);
plot(re,im);
grid
%%%%%%%%%%%%%%%%%%%%%%%%%%%%%%%%%%%
```

图 10-7 中 Bode 图的 MATLAB 代码如下：

```
clf
num = [10];
den = [1 3 2 0];
G = tf(num,den);
bode(G);
grid
```

▲

10.1.1 闭环系统的频率响应

对于前面章节研究的单回路控制系统，其闭环传递函数为

$$M(s)=\frac{Y(s)}{R(s)}=\frac{G(s)}{1+G(s)H(s)} \tag{10-25}$$

587

在正弦稳态情况下，取 $s=\mathrm{j}\omega$，式（10-25）变为

$$M(\mathrm{j}\omega)=\frac{Y(\mathrm{j}\omega)}{R(\mathrm{j}\omega)}=\frac{G(\mathrm{j}\omega)}{1+G(\mathrm{j}\omega)H(\mathrm{j}\omega)} \tag{10-26}$$

正弦稳态传递函数 $M(\mathrm{j}\omega)$ 能够以幅值和相位的形式来表示，即

$$M(\mathrm{j}\omega)=|M(\mathrm{j}\omega)|\angle M(\mathrm{j}\omega) \tag{10-27}$$

或者也能够用实部和虚部来表示：

$$M(\mathrm{j}\omega)=\mathrm{Re}[M(\mathrm{j}\omega)]+\mathrm{jIm}[M(\mathrm{j}\omega)] \tag{10-28}$$

$M(\mathrm{j}\omega)$ 的幅值为

$$|M(\mathrm{j}\omega)|=\left|\frac{G(\mathrm{j}\omega)}{1+G(\mathrm{j}\omega)H(\mathrm{j}\omega)}\right|=\frac{|G(\mathrm{j}\omega)|}{|1+G(\mathrm{j}\omega)H(\mathrm{j}\omega)|} \tag{10-29}$$

$M(\mathrm{j}\omega)$ 的相位为

$$\angle M(\mathrm{j}\omega)=\phi_M(\mathrm{j}\omega)=\angle G(\mathrm{j}\omega)-\angle[1+G(\mathrm{j}\omega)H(\mathrm{j}\omega)] \tag{10-30}$$

如果 $M(s)$ 是电子滤波器的输入输出传递函数，那么 $M(\mathrm{j}\omega)$ 的幅值和相位就表示其对输入信号的滤波特性。图 10-8 显示了一个有很陡截止频率 ω_c 的理想低通滤波器的增益和相角。众所周知，一个理想滤波器在物理上是不可实现的。在很多情况下，控制系统设计与滤波器设计非常类似，且控制系统会被当成信号处理器。事实上，如果图 10-8 所示的理想低通滤波器特性是物理上可以实现的，那么它在控制系统中有很高的需求，因为所有低于频率 ω_c 的信号都能没有失真地通过滤波器，而高于频率 ω_c 的信号则被完全去除。

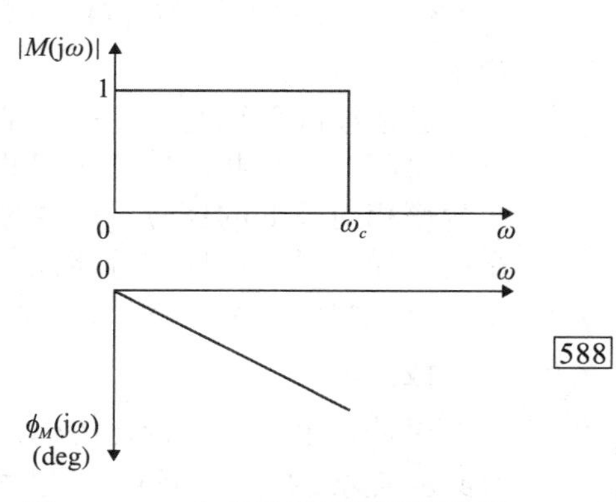

图 10-8 一个理想低通滤波器的增益 - 相位特性

如果 ω_c 无限增大，那么输出 $Y(\mathrm{j}\omega)$ 应该在所有频率上都等于输入 $R(\mathrm{j}\omega)$。这样的系统在时域上能能够精确地跟踪阶跃函数输入。从式（10-29）可以看出如果要求 $|M(\mathrm{j}\omega)|$ 在所有频率时都等于 1，$G(\mathrm{j}\omega)$ 的幅值必须为无穷大。当然，一个无穷大幅值的 $G(\mathrm{j}\omega)$ 在实际情况下是不可能实现的，并且也不是人们所期望的，因为当控制系统的闭环增益太高时，大多数控制系统会变得不稳

588

定。此外，所有的控制系统在运行时都会受到噪声的影响，因此控制系统除了响应输入信号，还要能够屏蔽或者抑制噪声和不想要的信号。对于带高频噪声的控制系统，比如飞行器的空中框架振动，其频率响应应该有一个有限的截止频率 ω_c。

控制系统频率响应中的相位特性也十分重要，因为它对系统的稳定性会产生影响。

图 10-9 显示了控制系统典型的增益与相位特性。正如式（10-29）和式（10-30）所示，闭环系统的幅值和相位能够由前向通道和反馈回路的传递函数来决定。实际情况中，$G(s)$ 和 $H(s)$ 的频率响应大多能够通过引入正弦信号作用到系统中，并将频率从 0 变化到系统频率范围以上的某个值来得到。

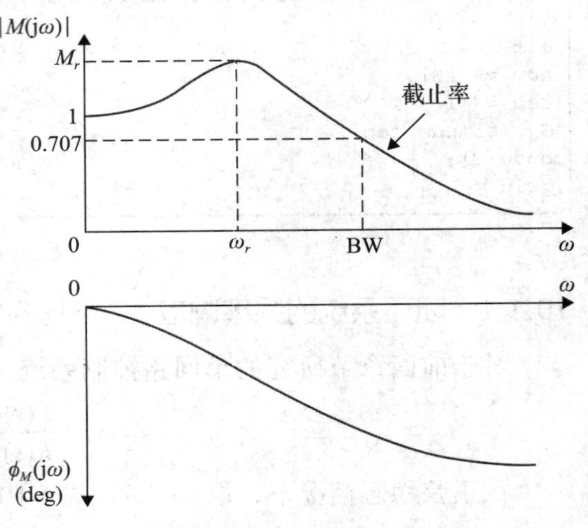

图 10-9 反馈控制系统的典型增益 – 相位特性

10.1.2 频域指标

在用频率法进行线性控制系统设计时，有必要定义一系列表征系统性能的指标。比如最大超调量、阻尼比这些用于时域的指标已不再能够直接用于频域。下面的频域指标经常用于实践中。

谐振峰值 M_r

谐振峰值 M_r 是 $|M(j\omega)|$ 的最大值。

通常情况下，M_r 的幅值反映出一个稳定闭环系统的相对稳定性。通常而言，一个大的 M_r 对应一个大的阶跃响应最大超调量。对于大多数控制系统，实践中理想的 M_r 值应该在 1.1 到 1.5 之间。

589

谐振频率 ω_r

谐振频率 ω_r 是谐振峰值 M_r 出现时的频率。

带宽（BW）

带宽（BW）是 $|M(j\omega)|$ 从频率为零时的值下降到它的 70.7%，或者下降到 3dB 时的频率。

通常控制系统的带宽表明了系统在时域的暂态响应特性。大的带宽值对应着更快的上升时间，因为此时更高频率的信号更容易通过系统。相反，若是带宽值较小，仅有那些频率相对较低的信号可以通过系统，系统的时间响应将变得十分缓慢。带宽还表明了系统的噪声过滤特性和鲁棒性。鲁棒性代表着系统对参数变化的敏感程度。一个鲁棒的系统对参数变化不敏感。

截止率

通常，单独一个带宽指标并不能充分反映系统区分信号与噪声的能力。有时，可能有必要考察 $|M(j\omega)|$ 的斜率，这称为频率响应在高频处的截止率。显然，两个系统可以有相同的带宽，但截止率可能不同。

上面定义的频域性能指标由图 10-9 说明，其他重要的频域指标将在后面的章节中定义。

10.2　二阶系统的谐振峰值、谐振频率和带宽

10.2.1　谐振峰值和谐振频率

对于标准的二阶系统，谐振峰值 M_r、谐振频率 ω_r 和带宽 BW 全都与系统的阻尼比 ζ 和自然无阻尼频率 ω_n 唯一相关。

若二阶系统的闭环传递函数方程为

$$M(s)=\frac{Y(s)}{R(s)}=\frac{\omega_n^2}{s^2+2\zeta\omega_n s+\omega_n^2} \tag{10-31}$$

在正弦稳态情况下，$s=\mathrm{j}\omega$，式（10-31）变为

$$\begin{aligned}M(\mathrm{j}\omega)&=\frac{Y(\mathrm{j}\omega)}{R(\mathrm{j}\omega)}=\frac{\omega_n^2}{(\mathrm{j}\omega)^2+2\zeta\omega_n(\mathrm{j}\omega)+\omega_n^2}\\&=\frac{1}{1+\mathrm{j}2(\omega/\omega_n)\zeta-(\omega/\omega_n)^2}\end{aligned} \tag{10-32}$$

590

设 $u=\omega/\omega_n$，则式（10-32）简化为

$$M(\mathrm{j}u)=\frac{1}{1+\mathrm{j}2u\zeta-u^2} \tag{10-33}$$

$M(\mathrm{j}u)$ 的幅值与相位分别为

$$|M(\mathrm{j}u)|=\frac{1}{[(1-u^2)^2+(2\zeta u)^2]^{1/2}} \tag{10-34}$$

和

$$\angle M(\mathrm{j}u)=\phi_M(\mathrm{j}u)=-\arctan\frac{2\zeta u}{1-u^2} \tag{10-35}$$

谐振频率由 $|M(\mathrm{j}u)|$ 对 u 求导，并使之等于 0 而得，于是

$$\frac{\mathrm{d}|M(\mathrm{j}u)|}{\mathrm{d}u}=-\frac{1}{2}[(1-u^2)^2+(2\zeta u)^2]^{-3/2}(4u^3-4u+8u\zeta^2)=0 \tag{10-36}$$

由上式可得：

$$4u^3-4u+8u\zeta^2=4u(u^2-1+2\zeta^2)=0 \tag{10-37}$$

在标准化频率下，式（10-37）的根是 $u_r=0$ 和

$$u_r=\sqrt{1-2\zeta^2} \tag{10-38}$$

解 $u_r=0$ 仅仅表明 $|M(\mathrm{j}u)|$ 对 ω 的斜率在 $\omega=0$ 时为 0；当 ζ 小于 0.707 时，它并不是真的最大值。式（10-38）给出了谐振频率

$$\omega_r=\omega_n\sqrt{1-2\zeta^2} \tag{10-39}$$

因为频率是实数，式（10-39）仅在 $2\zeta^2\leqslant 1$ 或 $\zeta\leqslant 0.707$ 时有意义。这表明对于所有 ζ 大于 0.707 的值，谐振频率是 $\omega_r=0$ 且 $M_r=1$。

将式（10-38）代入式（10-35）以替换u并化简，得到：

$$M_r = \frac{1}{2\zeta\sqrt{1-2\zeta^2}}, \quad \zeta \leqslant 0.707 \tag{10-40}$$

需要强调的是，对于二阶系统，M_r仅仅是阻尼比ζ的函数，ω_r是ζ和ω_n的函数。此外，虽然对于高阶系统采用$|M(\mathrm{j}u)|$对u求导来决定M_r和ω_r是一个可能的方法，但是这种解析方法相当烦琐，故不推荐使用。下面将要讨论的图形方法和数值计算方法对于高阶系统更为有效。

591

图 10-10 画出了在不同ζ值下，式（10-34）中$|M(\mathrm{j}u)|$关于u的曲线。需要注意的是，正如式（10-39）表明的那样，如果频率标度没有标准化，当ζ减小时，$\omega_r = u_r\omega_n$的值将增加。当$\zeta=0$，$\omega_r=\omega_n$时，图 10-11 和图 10-12 分别表明了M_r和ζ，$u_r(=\omega_r/\omega_n)$和ζ之间的关系。

工具箱 10-2-1

图 10-10 对应的 MATLAB 代码如下：

```
i=1;
zeta = [0 0.1 0.2 0.4 0.6 0.707 1 1.5 2.0];
for u=0:0.001:3
z=1;
M(z,i)= abs(1/(1+(j*2*zeta(z)*u)-(u^2)));z=z+1;
M(z,i)= abs(1/(1+(j*2*zeta(z)*u)-(u^2)));z=z+1;
M(z,i)= abs(1/(1+(j*2*zeta(z)*u)-(u^2)));z=z+1;
M(z,i)= abs(1/(1+(j*2*zeta(z)*u)-(u^2)));z=z+1;
M(z,i)= abs(1/(1+(j*2*zeta(z)*u)-(u^2)));z=z+1;
M(z,i)= abs(1/(1+(j*2*zeta(z)*u)-(u^2)));z=z+1;
M(z,i)= abs(1/(1+(j*2*zeta(z)*u)-(u^2)));z=z+1;
M(z,i)= abs(1/(1+(j*2*zeta(z)*u)-(u^2)));z=z+1;
M(z,i)= abs(1/(1+(j*2*zeta(z)*u)-(u^2)));z=z+1;
i=i+1;
end
u=0:0.001:3;
for i = 1:length(zeta)
plot(u,M(i,:));
hold on;
end
xlabel('\mu = \omega/\omega_n');
ylabel('|M(j\omega)| ');
axis([0 3 0 6]);
grid
```

10.2.2 带宽

根据带宽的定义，设$|M(\mathrm{j}u)|$的值为$1/\sqrt{2} \cong 0.707$：

$$|M(\mathrm{j}u)| = \frac{1}{[(1-u^2)^2+(2\zeta u)^2]^{1/2}} = \frac{1}{\sqrt{2}} \tag{10-41}$$

那么

$$[(1-u^2)^2+(2\zeta u)^2]^{1/2} = \sqrt{2} \tag{10-42}$$

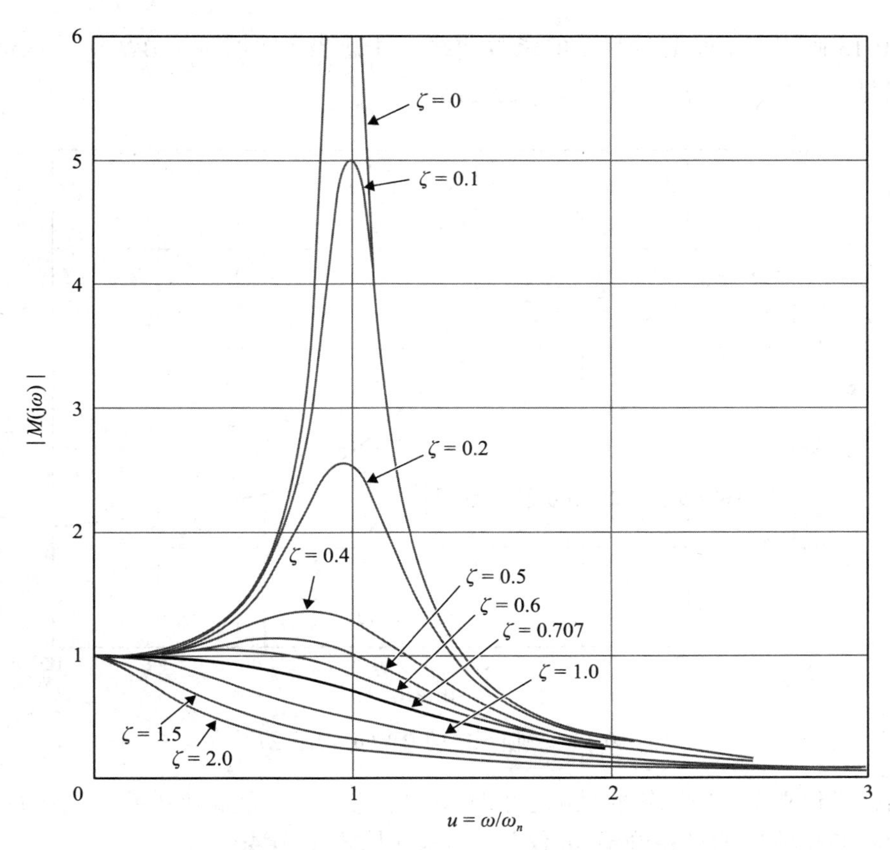

图 10-10　二阶系统的 $|M(j\omega)|$ 与标准化频率

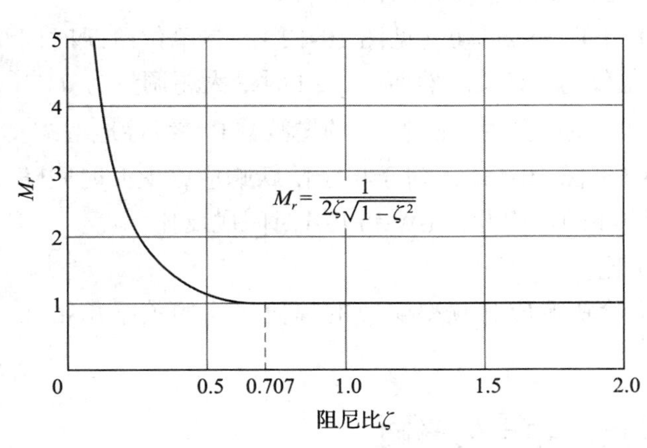

图 10-11　二阶系统的 M_r 与阻尼比

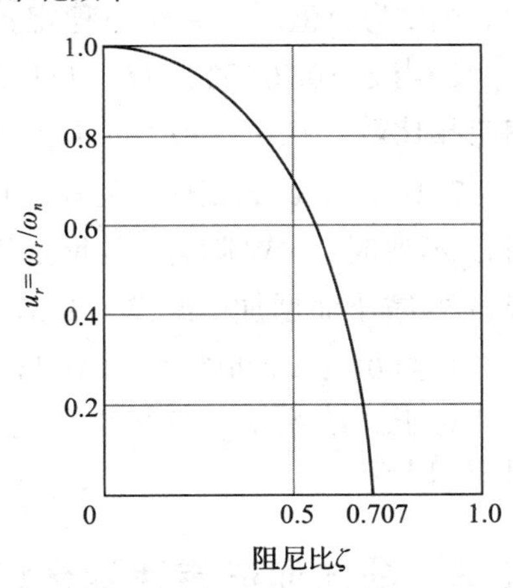

图 10-12　二阶系统的标准化谐振频率与阻尼比，$u_r=\sqrt{1-2\zeta^2}$

可推导出

$$u^2=(1-2\zeta^2)\pm\sqrt{4\zeta^4-4\zeta^2+2} \tag{10-43}$$

最后一个等式中应该选择加号，因为对于任何 ζ，u 必须是正实值。因此，式（10-43）决定了二阶系统的带宽：

$$\mathrm{BW}=\omega_n\left[(1-2\zeta^2)+\sqrt{4\zeta^4-4\zeta^2+2}\right]^{1/2} \tag{10-44}$$

592
~
593

图 10-13 画出了 BW/ω_n 作为 ζ 的函数曲线。注意当 ζ 增加时，BW/ω_n 单调递减。更为重要的是式（10-44）表明BW与 ω_n 成正比。

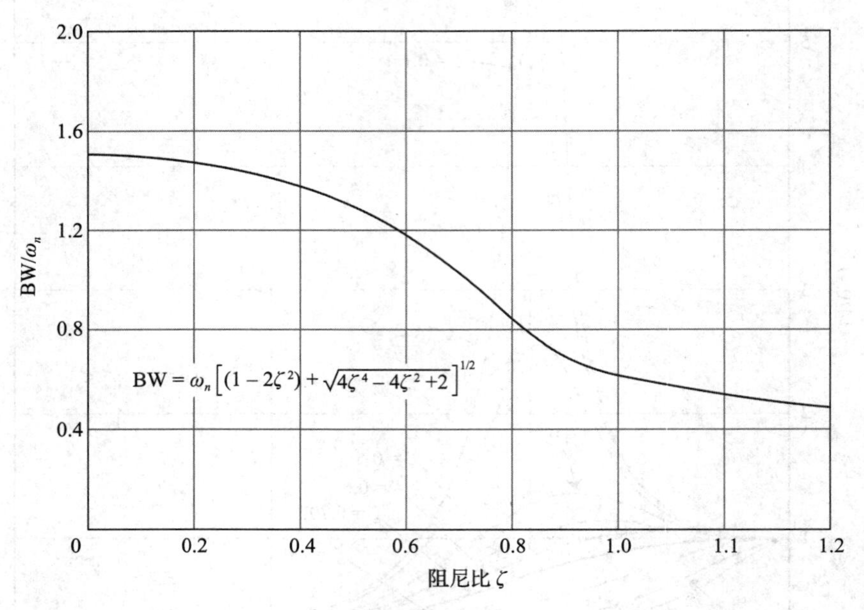

图 10-13　二阶系统的 BW/ω_n 与阻尼比

我们已经建立了二阶系统时域响应和频域响应之间的一些简单关系，总结如下：

1. 闭环频率响应的谐振峰值 M_r 仅与 ζ 有关（见式（10-40））。当 ζ 为 0 时，M_r 无穷大。当 ζ 为负值时，系统不稳定，且 M_r 无意义。当 ζ 增加时，M_r 减小。

594

2. 当 $\zeta \geqslant 0.707$ 时，$M_r = 1$（见图 10-11），且 $\omega_r = 0$（见图 10-12）。与单位阶跃时间响应相比较，式（7-40）的最大超调量也仅与 ζ 有关。然而，$\zeta \geqslant 1$ 时最大超调量为 0。

3. BW 与 ω_n 成正比（见式（10-44））。也就是说，随着 ω_n 的增减，BW 线性地增减。当 ω_n 不变时，BW 随着 ζ 的增加而减小（见图 10-13）。对于单位阶跃响应，上升时间随着 ω_n 的减小而增加（见式（7-46）和图 7-15）。因此，BW 和上升时间成反比。

4. 当 $0 \leqslant \zeta \leqslant 0.707$ 时，BW 与 M_r 成正比。

对于二阶系统，其极点位置、单位阶跃响应和频率响应的幅值之间的关系总结在图 10-14 中。

10.3　前向通道传递函数增加极点和零点的影响

前一节介绍的时域和频域响应之间的关系仅适用于式（10-31）描述的二阶系统。当研究其他二阶系统或高阶系统时，这两种响应之间的关系可能与前面介绍的不同或者更为复杂。因此考虑在二阶系统的传递函数中增加极点和零点对频域响应的影响是有意义的。考虑在闭环传递函数中增加极点和零点的影响要容易一些，但是，从设计角度而言，修改前向通道传递函数更具现实意义。

下面两节主要展示了 BW 、M_r 以及二阶系统的前向通道传递函数之间的关系，并且描述了在前向通道传递函数中增加极点和零点对带宽的典型影响。

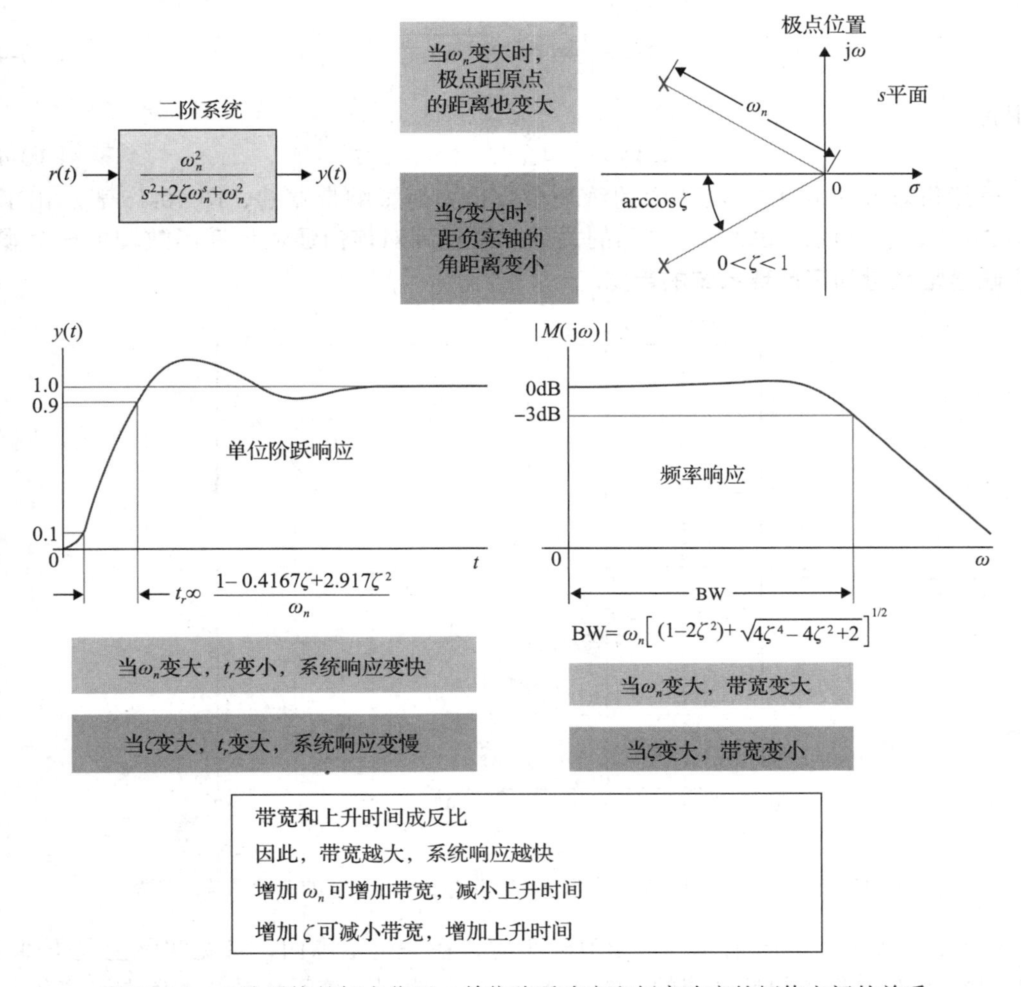

图 10-14　二阶系统的标点位置、单位阶跃响应和频率响应的幅值之间的关系

10.3.1　前向通道传递函数增加零点的影响

式（10-31）的闭环传递函数可以看作具有二阶前向通道传递函数

$$G(s)=\frac{\omega_n^2}{s(s+2\zeta\omega_n)} \tag{10-45}$$

的单位反馈控制系统。在上述传递函数中增加一个零点 $s=-1/T$ 可得：

$$G(s)=\frac{\omega_n^2(1+Ts)}{s(s+2\zeta\omega_n)} \tag{10-46}$$

则闭环传递函数为

$$M(s)=\frac{\omega_n^2(1+Ts)}{s^2+(2\zeta\omega_n+T\omega_n^2)s+\omega_n^2} \tag{10-47}$$

原理上讲，系统的 M_r、ω_r 和 BW 全都可以按照前一节的步骤求出。然而，因为有 ζ、ω_n 和 T 三个参数，尽管此时的系统仍为二阶，但 M_r、ω_r 和 BW 的精确表达式难以用解析的方法求得。经过繁复的推导可得系统带宽：

$$\mathrm{BW}=\left(-b+\frac{1}{2}\sqrt{b^2+4\omega_n^4}\right)^{1/2} \tag{10-48}$$

其中，

$$b=4\zeta^2\omega_n^2+4\zeta\omega_n^3T-2\omega_n^2-\omega_n^4T^2 \tag{10-49}$$

虽然很难看出式（10-48）中的每个参数是如何影响带宽的，图 10-15 表示出了当 $\zeta=0.707$ 和 $\omega_n=1$ 时，BW 和 T 之间的关系。注意到**对前向通道传递函数增加一个零点的影响通常是增加了闭环系统的带宽**。

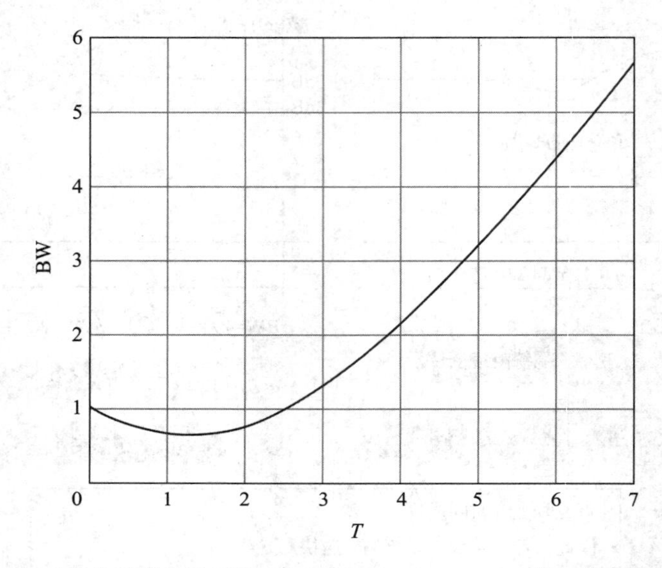

图 10-15　带有开环传递函数 $G(s)=(1+Ts)/[s(s+1.414)]$ 的二阶系统的带宽

595~596

然而，正如图 10-15 所示，当 T 值较小时，在一定范围内，带宽实际上是下降的。图 10-16a 和 b 画出了闭环系统的 $|M(j\omega)|$ 对 ω 的曲线图，该闭环系统的前向通道传递函数为式（10-46）中的 $G(s)$，式中 $\omega_n=1$，ζ 分别为 0.707 和 0.2，T 取不同的值。这些曲线验证了在 $G(s)$ 上增加零点时，带宽通常随着 T 的增加而增加，但当 T 比较小时，在一定范围内，带宽实际上是下降的。

工具箱 10-3-1

图 10-16a 对应的 MATLAB 代码：

```
clear all
i=1;T=[5 1.414 1 0.1 0];zeta=0.707;
for w=0:0.01:4
t=1; s=j*w;
M(t,i) = abs((1+(T(t)*s))/(s^2+(2*zeta+T(t))*s+1));t=t+1;
M(t,i) = abs((1+(T(t)*s))/(s^2+(2*zeta+T(t))*s+1));t=t+1;
M(t,i) = abs((1+(T(t)*s))/(s^2+(2*zeta+T(t))*s+1));t=t+1;
M(t,i) = abs((1+(T(t)*s))/(s^2+(2*zeta+T(t))*s+1));t=t+1;
M(t,i) = abs((1+(T(t)*s))/(s^2+(2*zeta+T(t))*s+1));t=t+1;
i=i+1;
end
w=0:0.01:4;
```

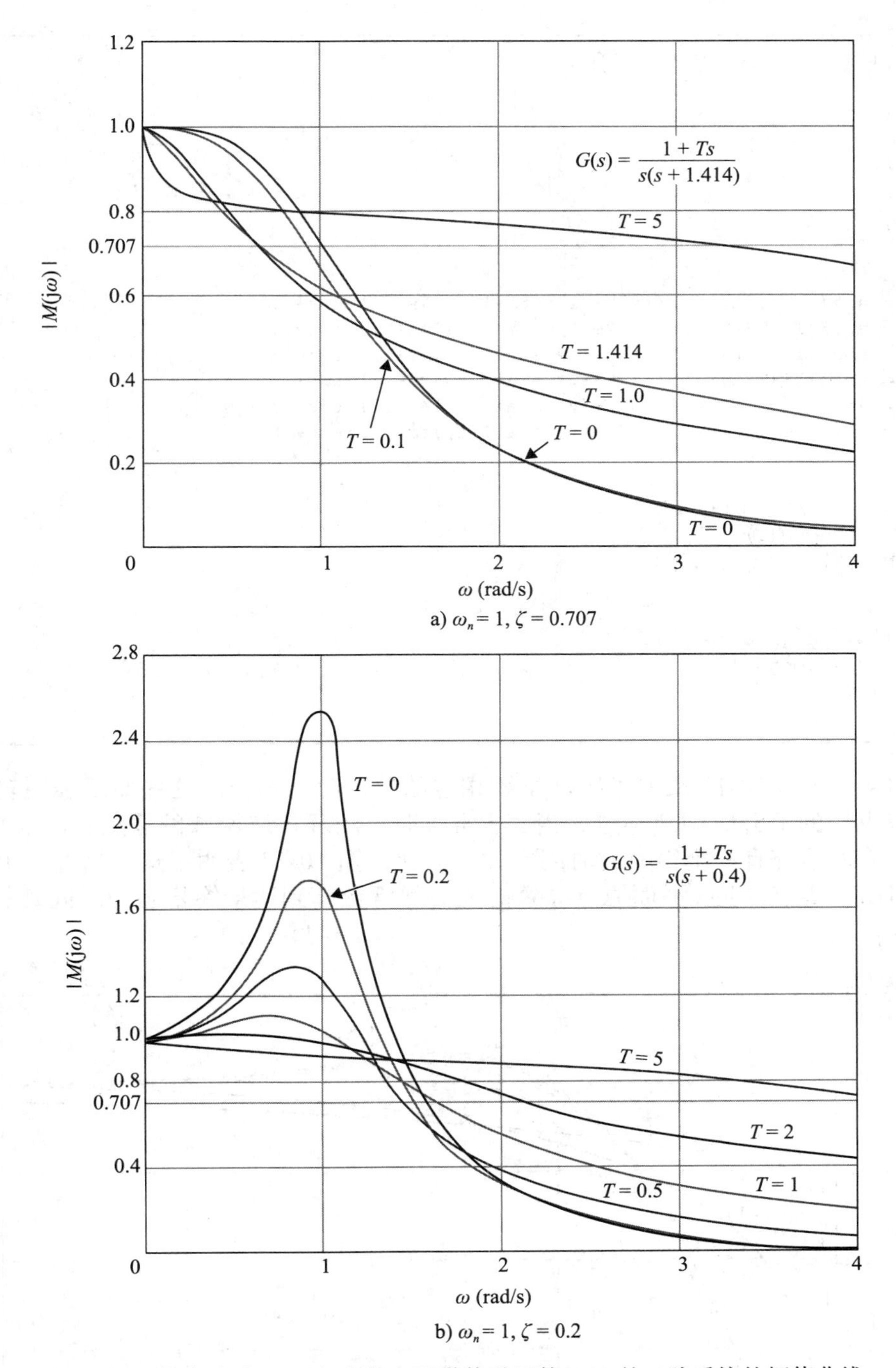

a) $\omega_n = 1, \zeta = 0.707$

b) $\omega_n = 1, \zeta = 0.2$

图 10-16　带有式（10-46）中前向通道传递函数 $G(s)$ 的二阶系统的幅值曲线

```
for i = 1:length(T)
plot(w,M(i,:));
hold on;
end
xlabel('\omega (rad/sec)');ylabel('|M(j\omega)|');
axis([0 4 0 1.2]);
grid
%%%%%%%%%%%%%%%%%%%%%%%%%%%%%%%
```

图 10-16b 对应的 MATLAB 代码：

```
clear all
i=1;
T=[0 0.2 5 2 1 0.5];
zeta=0.2;
for w=0:0.001:4
t=1;
s=j*w;
M(t,i) = abs((1+(T(t)*s))/(s^2+(2*zeta+T(t))*s+1));t=t+1;
M(t,i) = abs((1+(T(t)*s))/(s^2+(2*zeta+T(t))*s+1));t=t+1;
M(t,i) = abs((1+(T(t)*s))/(s^2+(2*zeta+T(t))*s+1));t=t+1;
M(t,i) = abs((1+(T(t)*s))/(s^2+(2*zeta+T(t))*s+1));t=t+1;
M(t,i) = abs((1+(T(t)*s))/(s^2+(2*zeta+T(t))*s+1));t=t+1;
M(t,i) = abs((1+(T(t)*s))/(s^2+(2*zeta+T(t))*s+1));t=t+1;
i=i+1;
end
w=0:0.001:4; TMP_COLOR = 1;
for i = 1:length(T)
plot(w,M(i,:));
hold on;
end
xlabel('\omega (rad/sec)');
ylabel('|M(j\omega)|');
axis([0 4 0 2.8]);
grid
```

图 10-17 和图 10-18 反映了闭环系统相应的单位阶跃响应。这些曲线表明较高的带宽值对应更快的上升时间。不过，当 T 非常大时，闭环传递函数的零点 $s=-1/T$ 非常靠近原点，使得系统有一个很大的时间常数。因此，图 10-17 表明了这一情况：上升时间很快，但由于零点靠近 s 平面原点导致的大时间常数，到达最终稳态的时间延长（即调节时间变长）。

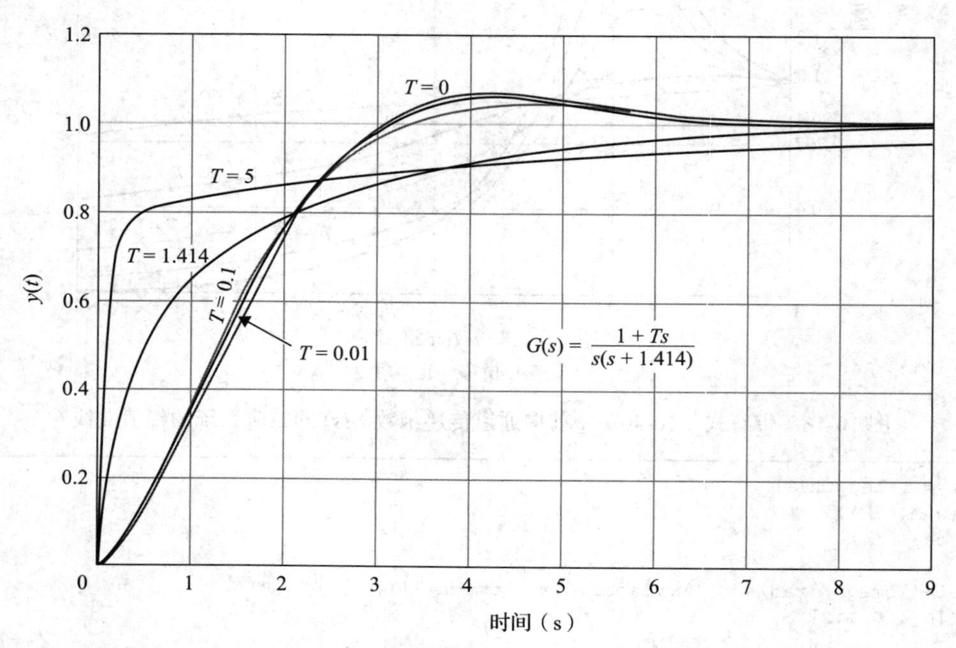

图 10-17 带有前向通道传递函数 $G(s)$ 的二阶系统的单位阶跃响应

597 ~ 599

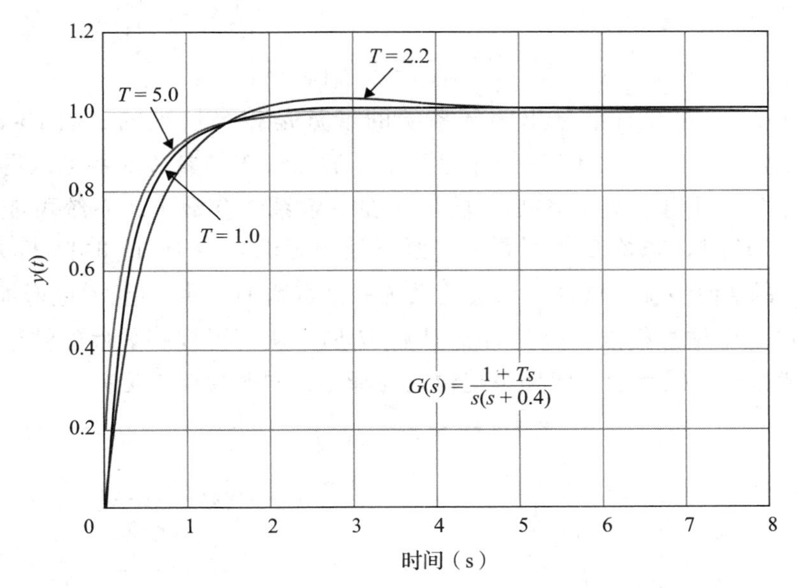

图 10-18　带有前向通道传递函数 $G(s)$ 的二阶系统的单位阶跃响应

工具箱 10-3-2

图 10-17 对应的 MATLAB 代码——如果需要，使用全部清除、全部关闭：

```
clf
T=[5 1.414 0.1 0.01 0];
t=0:0.01:9;
for i=1:length(T)
num=[T(i) 1];
den = [1 1.414+T(i) 1];
step(num,den,t);
hold on;
end
xlabel('Time');
ylabel('y(t)');
grid
```

600

工具箱 10-3-3

图 10-18 对应的 MATLAB 代码——如果需要，使用全部清除、全部关闭：

```
clf
T=[1 5 2.2];
t=0:0.01:9;
for i=1:length(T)
num=[T(i) 1];
den = [1 0.4+T(i) 1];
step(num,den,t);
hold on;
end
xlabel('Time (seconds)');
ylabel('y(t)');
grid
```

10.3.2　前向通道传递函数增加极点的影响

在式（10-45）的前向通道传递函数中增加一个极点 $s=-1/T$ 可得：

$$G(s)=\frac{\omega_n^2}{s(s+2\zeta\omega_n)(1+Ts)} \tag{10-50}$$

由式（10-50）的 $G(s)$ 推导出闭环系统的带宽是相当烦琐的。图 10-19 画出了当 $\omega_n=1$，$\zeta=0.707$ 时，不同 T 值下 $|M(\mathrm{j}\omega)|$ 关于 ω 的曲线图，参考这些可以得到关于带宽性质的定性结论。由于系统现在是三阶的，在一定系统参数下，系统可能不稳定。当 $\omega_n=1$，$\zeta=0.707$ 时，系统在所有正的 T 值下是稳定的。图 10-19 的 $|M(\mathrm{j}\omega)|$ 对 ω 曲线表明对于较小的 T 值情况，增加极点会使系统的带宽增加一些，但 M_r 也增加了。当 T 值变大时，在 $G(s)$ 中增加极点会降低带宽但 M_r 增加。从而得到一般性的结论：**对前向通道传递函数增加一个极点会使闭环系统稳定性降低，同时会使带宽减小。**

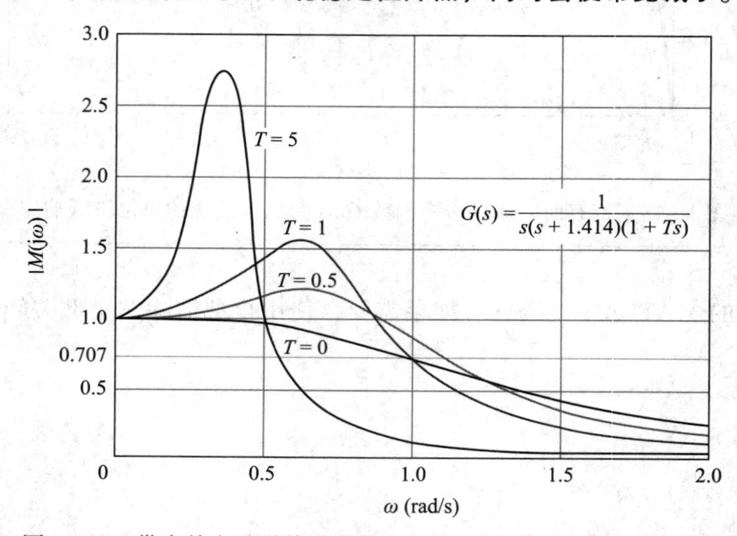

601

图 10-19　带有前向通道传递函数 $G(s)$ 的三阶系统的 $|M(\mathrm{j}\omega)|$ 曲线

图 10-20 的单位阶跃响应表明，对于较大的 T 值，$T=1$ 和 $T=5$，可以观察到如下关系：

1. 上升时间随着带宽的减小而增加；
2. 在单位阶跃响应中，M_r 越大，对应的最大超调量越大。

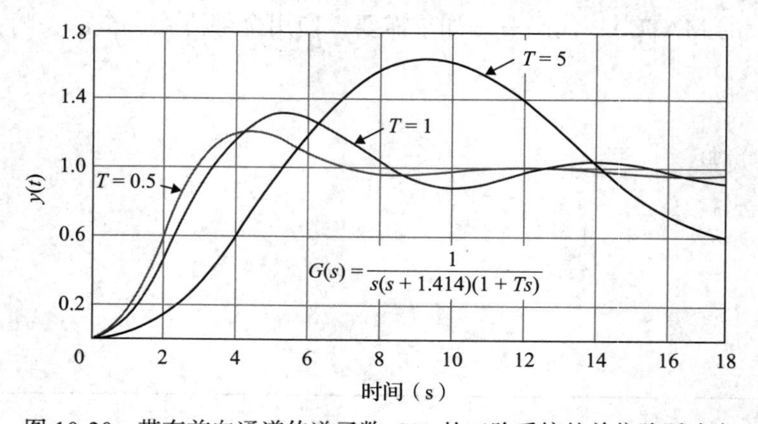

图 10-20　带有前向通道传递函数 $G(s)$ 的三阶系统的单位阶跃响应

只有当系统稳定时，阶跃响应的 M_r 和最大超调量之间的关系才有意义。当 $G(\mathrm{j}\omega)=-1$

时，$|M(\mathrm{j}\omega)|$无穷大，且闭环系统是临界稳定的。另一方面，系统不稳定时，在$|M(\mathrm{j}\omega)|$的值在解析上是有意义的，但不再有任何意义。

工具箱 10-3-4

图 10-20 对应的 MATLAB 代码——如果需要，使用全部清除、全部关闭：

```
clf
T=[0 0.5 1 5];
t=0:0.1:18
for i=1:length(T)
num=[1];
den=conv([1 1.1414 0],[T(i) 1]);
G=tf(num,den);
Cloop=feedback(G,1);
y=step(Cloop,t); %step response for basic system
plot(t,y);
hold on
end
xlabel('Time (rad/s)');
ylabel('y(t)');
title('Step Response');
```

602

10.4 Nyquist 稳定性判据：基本原理

目前为止，我们已经展现了两种确定线性 SISO 系统稳定性的方法：通过特征方程的根在s平面的位置来进行研究的 Routh-Hurwitz 判据法和根轨迹法。当然，如果已知特征方程的全部系数，我们就能用 MATLAB 来求解方程所有的根。

Nyquist 判据是一种确定闭环系统稳定性的半图形化方法，它研究开环传递函数$G(s)H(s)$或$L(s)$的频域曲线——**Nyquist 图**的特性。$L(s)$的 Nyquist 图就是$L(\mathrm{j}\omega)$在极坐标系下的图形，横纵坐标分别为$\mathrm{Re}|L(\mathrm{j}\omega)|$和$\mathrm{Im}|L(\mathrm{j}\omega)|$，$\omega$从 0 变化到$\infty$。这是又一个利用开环传递函数来确定闭环系统性能的例子。Nyquist 判据具有如下性质，这些性质使得它成为分析和设计控制系统的受欢迎的另一种方法。

1. 除了像 Routh-Hurwitz 判据那样可以判断绝对稳定性，Nyquist 判据还能够揭示稳定系统的相对稳定性和不稳定系统的不稳定程度。如果需要，它还能够提示如何改善系统稳定性。

2. $G(s)H(s)$或$L(s)$的 Nyquist 图很容易得到，尤其是在计算机的帮助下。

3. $G(s)H(s)$的 Nyquist 图能够提供频域特性（如M_r、ω_r、BW 以及其他一些量）的信息。

4. 对于时滞系统，无法运用 Routh-Hurwitz 判据，根轨迹法也很难用于分析，在这种情况下，Nyquist 图仍然有用。

10.4.1 稳定性问题

Nyquist 判据是一种确定特征方程的根是在s左半平面还是右半平面的方法。不同于根轨迹法，Nyquist 判据并不给出特征方程根的精确位置。

给定一个 SISO 系统的闭环传递函数：

$$M(s)=\frac{G(s)}{1+G(s)H(s)} \tag{10-51}$$

其中，$G(s)H(s)$ 设为如下形式：

$$G(s)H(s)=\frac{K(1+T_1s)(1+T_2s)\cdots(1+T_ms)}{s^p(1+T_as)(1+T_bs)\cdots(1+T_ns)}\mathrm{e}^{-T_ds} \tag{10-52}$$

603 其中，T_d 是实时滞，其他的 T 是实或共轭复系数[⊖]。

因为特征方程是通过令 $M(s)$ 的分母多项式为 0 得到的，特征方程的根也就是 $1+G(s)H(s)$ 的零点。也就是说，特征方程必须满足

$$\Delta(s)=1+G(s)H(s)=0 \tag{10-53}$$

一般而言，对于具有多个回路的系统，$M(s)$ 的分母可以写成：

$$\Delta(s)=1+L(s)=0 \tag{10-54}$$

其中，$L(s)$ 是开环传递函数，具有式（10-52）的形式。

在介绍 Nyquist 判据的具体内容之前，有必要总结不同系统传递函数之间的零极点关系。

辨识极点和零点

- 开环传递函数的零点：$L(s)$ 的零点。
- 开环传递函数的极点：$L(s)$ 的极点。
- 闭环传递函数的极点：$1+L(s)$ 的零点 = 特征方程的根；$1+L(s)$ 的极点 $=L(s)$ 的极点。

稳定性条件

根据系统的配置，定义两种稳定性的类型。

- **开环稳定性**。如果一个系统的开环传递函数 $L(s)$ 的极点都在 s 左半平面，则称该系统是**开环稳定的**。对于单回路系统，这等价于当回路在任意点断开时，系统是稳定的。
- **闭环稳定性**。如果一个系统的闭环传递函数的极点或 $1+L(s)$ 的零点都在 s 左半平面，则称该系统是**闭环稳定的**，简称稳定的。当系统具有 $s=0$ 处的极点或零点时上述定义存在例外。

10.4.2 环绕和闭合的定义

既然 Nyquist 判据是图形方法，我们需要建立环绕（encircled）和闭合（enclosed）的概念，这对于用 Nyquist 图解释稳定性有帮助。

环绕

复平面内的一个点或区域称为是被一条闭合路径环绕的，如果这个点或区域在这条路径的内部。

例如，图 10-21 中的点 A 被闭合路径 Γ 环绕，因为点 A 在这条闭合路径内部；点 B 不被闭合路径 Γ 环绕，因为它在该路径外部。进一步地，如果闭合路径 Γ 存在方向，那么环绕可分为顺时针方向（CW）环绕和逆时针方向（CCW）环绕。如图 10-21 所示，点 A 被 Γ 以逆时针方向环绕。我们可以说路径内部的区域被以规定的方向环绕，路径外部的区域没有被环绕。

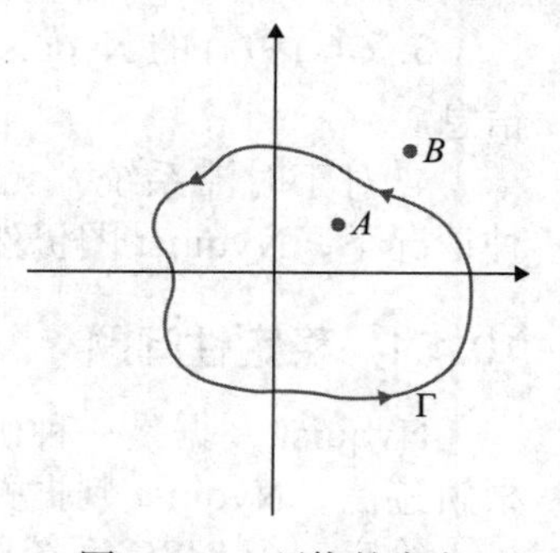

图 10-21 环绕的定义

⊖ 若是没有时滞，即 $T_d=0$，式（10-52）应该为 $G(s)H(s)=\dfrac{K(1+T_1s)(1+T_2s)\cdots(1+T_ms)}{s^p(1+T_as)(1+T_bs)\cdots(1+T_ns)}$。

包围

一个点或区域称为是被一条闭合路径包围的，如果该点或区域是被这条路径以逆时针方向环绕，或者当以规定方向沿着这条路径行走的时候，这个点或区域在该路径的左侧。

604

若是仅显示了闭合路径的一部分，那么包围的概念就特别有用。例如，图 10-22a 和图 10-22b 的阴影区域可以看作是被闭合路径 Γ 包围的。换句话说，图 10-22a 中的点 A 被 Γ 包围，而图 10-22b 中的点 A 则不是。然而，图 10-22b 中的点 B 和所有 Γ 外阴影区域的点都被包围。

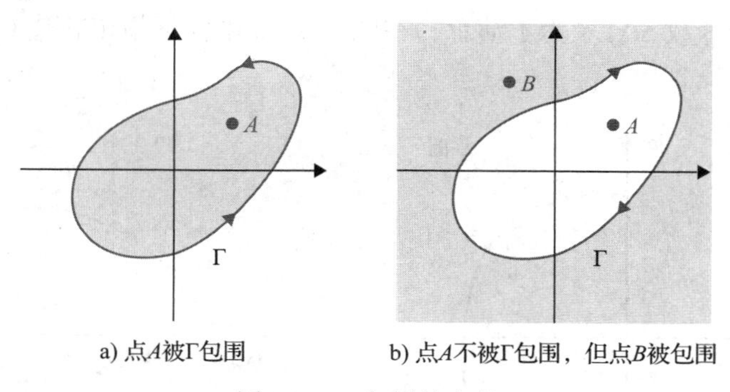

a) 点 A 被 Γ 包围　　b) 点 A 不被 Γ 包围，但点 B 被包围

图 10-22　包围的定义

10.4.3　环绕和闭合的次数

当一个点被闭合路径 Γ 环绕时，环绕的次数定义为 N。N 的大小可以按如下方法确定：从这个点画一条带箭头的直线到闭合路径上的任意一点 s_1，然后让 s_1 按照规定的方向沿着这条路径前进，直到它返回起点。箭头旋转的净周数就是 N，或者旋转的净角度为 $2\pi N$(rad)。例如，图 10-23a 中的点 A 被 Γ 顺时针环绕一周或 2π(rad)，点 B 被 Γ 顺时针环绕两周或 4π(rad)。图 10-23b 中的点 A 被 Γ 包围一周，点 B 被 Γ 包围两周。按照定义，N 在逆时针环绕时是正值，顺时针环绕时是负值。

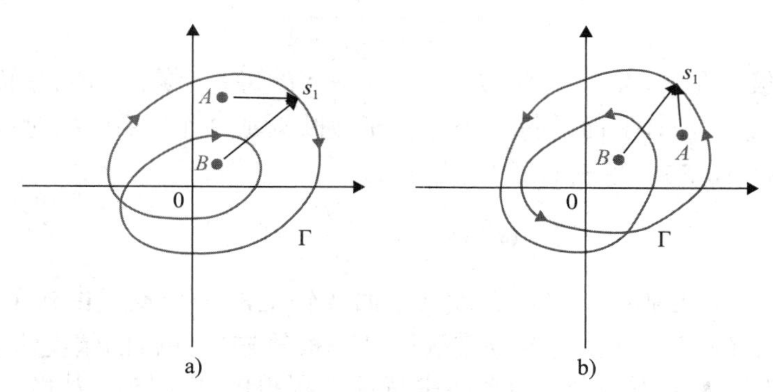

a)　　b)

图 10-23　环绕和闭合的次数定义

10.4.4　幅角原理

Nyquist 判据是复变理论中著名的“幅角原理”的一个工程应用。该原理以启发式的形式叙述如下。

605

设 $\Delta(s)$ 是具有式（10-52）右边形式的单值函数，它在 s 平面具有有限个极点。单值意味着对于 s 平面的每一个点，包括无穷远，在复 $\Delta(s)$ 平面都存在并且唯一存在一个点与之对应。正如第 9 章定义的那样，复平面中的无穷远被解释为一个点。

如图 10-24a 所示，假设在 s 平面任意选择一条连续闭合路径 Γ_s。如果 Γ_s 并不通过 $\Delta(s)$ 的任何极点，那么被 $\Delta(s)$ 映射到 $\Delta(s)$ 平面的轨迹 Γ_Δ 也是一条闭合路径，如图 10-24b 所示。从点 s_1 开始，轨迹 Γ_s 按照任意选择的方向（如例子中的顺时针方向）前进，通过点 s_2 和 s_3，在经过轨迹 Γ_s 上的所有点之后，最终返回点 s_1，如图 10-24a 所示。相应地，轨迹 Γ_Δ 也由点 $\Delta(s_1)$ 开始，通过 $\Delta(s_2)$ 和 $\Delta(s_3)$（这三个点分别对应点 s_1、s_2 和 s_3），最终返回起点 $\Delta(s_1)$。轨迹 Γ_Δ 前进的方向可以是顺时针或者逆时针方向，也就是，同轨迹 Γ_s 的方向相同或相反取决于函数 $\Delta(s)$。为了演示，在图 10-24b 中任意指定轨迹 Γ_Δ 前进的方向为逆时针方向。

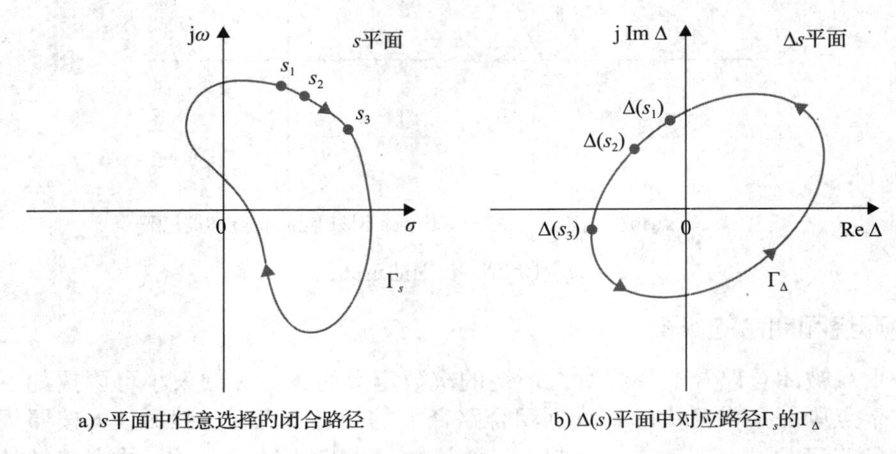

a) s 平面中任意选择的闭合路径　　b) $\Delta(s)$ 平面中对应路径 Γ_s 的 Γ_Δ

606

图 10-24

虽然从 s 平面到 $\Delta(s)$ 平面的映射是单值映射，但其逆过程并不是单值映射。例如，考虑函数

$$\Delta(s)=\frac{K}{s(s+1)(s+2)} \tag{10-55}$$

它在 s 平面中的极点是 $s=0$、-1 和 -2。对于 s 平面的每一个点，$\Delta(s)$ 平面仅有一个点与之对应。可是，对于 $\Delta(s)$ 平面的每一个点，函数映射成 3 个 s 平面的对应点。最简单的说明方法是将式（10-55）写成

$$s(s+1)(s+2)-\frac{K}{\Delta(s)}=0 \tag{10-56}$$

如果 $\Delta(s)$ 是一个实常数，它代表 $\Delta(s)$ 平面实轴上的一个点。由式（10-56）的三阶方程可得到 s 平面的三个根。读者应该认识到，根轨迹中并行的情况本质上反映的是，$\Delta(s)=-1+\mathrm{j}0$ 在给定 K 值下映射到 s 平面中特征方程根的轨迹图。因此，式（10-55）的根轨迹在 s 平面有 3 个独立的分支。

幅角原理可以描述如下。

设 $\Delta(s)$ 是 s 平面中存在有限个极点的单值函数。假设 Γ_s 是在 s 平面中任意选择的一条不通过 $\Delta(s)$ 任意一个极点和零点的闭合路径；相应映射到 $\Delta(s)$ 平面的轨迹 Γ_Δ 将环绕原点运动，其环绕原点的周数等于被 s 平面中的轨迹 Γ_s 环绕的 $\Delta(s)$ 的零点与极点个数之差。

幅角原理可以用方程形式表示为

$$N = Z - P \tag{10-57}$$

其中，

$N = \Delta(s)$ 平面中轨迹 Γ_Δ 环绕原点的次数；

$Z =$ 由 s 平面中的轨迹 Γ_s 环绕的 $\Delta(s)$ 的零点个数；

$P =$ 由 s 平面中的轨迹 Γ_s 环绕的 $\Delta(s)$ 的极点个数。

通常情况，N 可以是正（$Z > P$）、零（$Z = P$）或负（$Z < P$）。这三种情况详细描述如下：

1. $N > 0(Z > P)$。如果在特定方向（CW 或 CCW）下，s 平面中轨迹包围 $\Delta(s)$ 的零点的个数比极点多，N 是一个正整数。这种情况下，$\Delta(s)$ 平面的轨迹 Γ_Δ 将以与 Γ_s 相同的方向环绕 $\Delta(s)$ 平面的原点 N 次。

2. $N = 0(Z = P)$。如果 s 平面中轨迹包围 $\Delta(s)$ 的极点和零点的个数一样多，或者没有极点和零点，$\Delta(s)$ 平面的轨迹 Γ_Δ 将不会环绕 $\Delta(s)$ 平面的原点。

3. $N < 0(Z < P)$。如果以特定方向，s 平面中轨迹包围 $\Delta(s)$ 的极点的个数比零点多，N 是一个负整数。这种情况下，$\Delta(s)$ 平面的轨迹 Γ_Δ 将以与 Γ_s 相反的方向环绕 $\Delta(s)$ 平面的原点 N 次。

一种确定 $\Delta(s)$ 平面中关于原点（或任一点）的 N 的简便方法是，从这点到尽可能远的点画一条直线，根据 $\Delta(s)$ 的轨迹穿越这条直线的净次数可以确定 N 的绝对值。图 10-25 给出了几个用这种方法确定 N 的例子。在这些例子中，假定轨迹 Γ_s 是逆时针方向的。

607

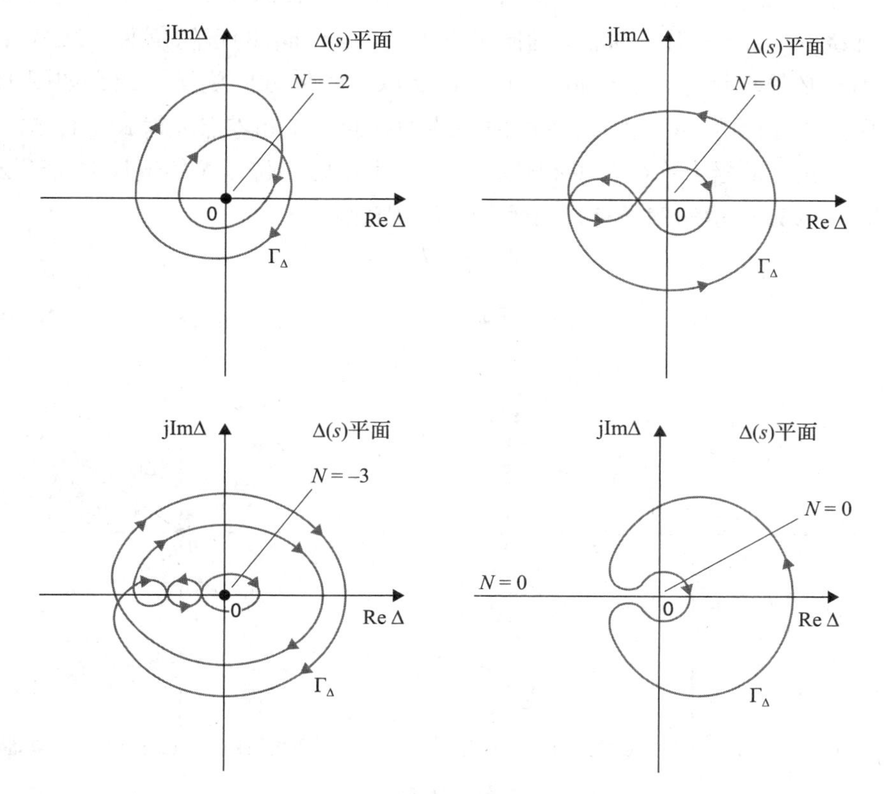

图 10-25 确定 $\Delta(s)$ 平面中的 N 的例子

临界点

方便起见，我们指定$\Delta(s)$平面的原点作为**临界点**，从这点来确定N的值。后面，我们将指定复平面的其他点作为临界点，这是由 Nyquist 判据的应用方式决定的。

这里没有给出幅角原理的严格证明。下面的图例可以看作这个原理的一个启发式的解释。

设函数$\Delta(s)$具有如下形式：

$$\Delta(s)=\frac{K(s+z_1)}{(s+p_1)(s+p_2)} \tag{10-58}$$

其中，K是正实数。假设$\Delta(s)$的极点和零点如图 10-26a 所示。函数$\Delta(s)$可以写成

$$\Delta(s)=|\Delta(s)|\angle\Delta(s)=\frac{K|s+z_1|}{|s+p_1||s+p_2|}[\angle(s+z_1)-\angle(s+p_1)-\angle(s+p_2)] \tag{10-59}$$

图 10-26a 展现了s平面中任意选择的轨迹Γ_s，s_1为轨迹中的任意一点，Γ_s不通过$\Delta(s)$的任何一个极点和零点。函数$\Delta(s)$在$s=s_1$处的值为

$$\Delta(s_1)=\frac{K(s+z_1)}{(s_1+p_1)(s+p_2)} \tag{10-60}$$

608

(s_1+z_1)这一项可以图形化地表示为一条从$-z_1$到s_1的向量。(s_1+p_1)和(s_1+p_2)这两项也可以用类似的向量表示。因此，$\Delta(s_1)$可由从$\Delta(s)$的有限极点和零点到点s_1的向量表示，如图 10-26a 所示。如果s_1按规定的逆时针方向沿着轨迹Γ_s移动，直到返回起点，当完成一圈时，由两个不被轨迹Γ_s环绕的极点引出到点s_1的向量产生的角度为 0。此时，被轨迹Γ_s环绕的零点$-z_1$引出到点s_1的向量产生一个2π(rad)的正的角度（CCW），这意味着相应的$\Delta(s)$必须环绕原点2π(rad)，或者说是以逆时针方向旋转一周，如图 10-26b 所示。这就是为什么仅有s平面中轨迹Γ_s内部的$\Delta(s)$的极点和零点才对式（10-57）的N值有影响。因为$\Delta(s)$的极点产生负的相位，零点产生正的相位，N的值仅取决于Z和P之差。对于图 10-26a 所示的例子有$Z=1$和$P=0$，因此

$$N=Z-P=1 \tag{10-61}$$

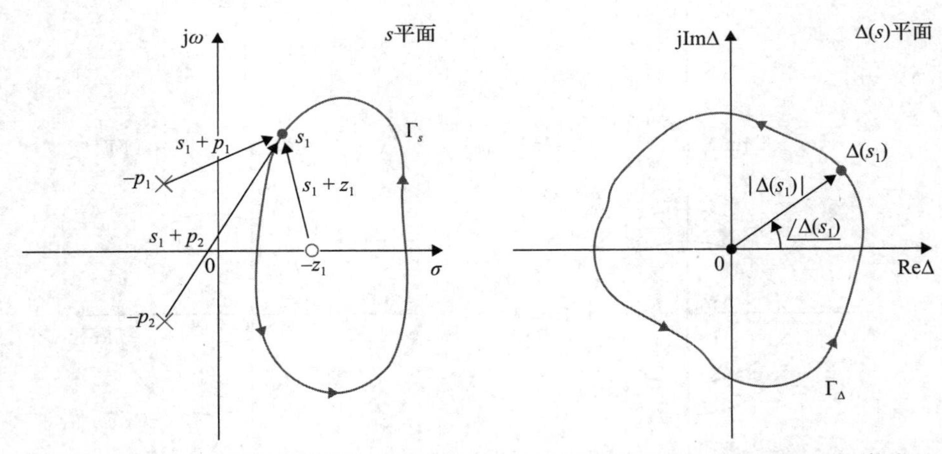

a) 式（10-59）中的$\Delta(s)$的零极点位置和s平面轨迹Γ_s　　b) $\Delta(s)$平面的轨迹Γ_Δ，它对应于s平面轨迹Γ_s

图　10-26

这意味着 $\Delta(s)$ 平面的轨迹 Γ_Δ 应该与 s 平面中的轨迹 Γ_s 以相同的方向环绕原点一次。需要记住 Z 和 P 仅分别与 Γ_s 环绕的 $\Delta(s)$ 的零点和极点有关，而不是与 $\Delta(s)$ 的零点和极点的总数有关。

通常，随着 s 平面轨迹以任何方向穿越一次，$\Delta(s)$ 平面轨迹穿越的净角度等于

$$2\pi(Z-P)=2\pi N(\text{rad}) \tag{10-62}$$

该方程表明如果 s 平面中被轨迹 Γ_s 以规定方向环绕的 $\Delta(s)$ 的零点比极点多 N 个，那么 $\Delta(s)$ 平面中的轨迹将以与 Γ_s 相同的方向环绕原点 N 次。相反地，如果被轨迹 Γ_s 以规定方向环绕的极点比零点多 N 个，式（10-62）中的 N 为负值，$\Delta(s)$ 平面中的轨迹将以与 Γ_s 相反的方向环绕原点 N 次。 609

幅角原理所有可能的情况总结在表 10-2 中。

表 10-2　幅角原理所有可能结果的小结

$N=Z-P$	s 平面轨迹方向	$\Delta(s)$ 平面轨迹	
		环绕原点次数	环绕方向
$N>0$	CW	N	CW
	CCW	N	CCW
$N<0$	CW	N	CCW
	CCW	N	CW
$N=0$	CW	0	无环绕
	CCW	0	无环绕

10.4.5 Nyquist 曲线

多年以前，Nyquist 面对需要确定函数 $\Delta(s)=1+L(s)$ 是否在 s 右半平面有零点这样的稳定性问题时，他显然发现了，如果 s 平面中能够取得一条轨迹 Γ_s 来环绕整个右半平面，幅角原理就能用于解决这类稳定性问题。当然，轨迹 Γ_s 也可以取作环绕整个 s 左半平面，那么结论要做相应改变。图 10-27 表明了一条轨迹 Γ_s 以逆时针方向环绕了 s 平面的整个右半平面。这条轨迹被选为用于 Nyquist 判据的 s 平面的轨迹 Γ_s，因为在数学领域，传统意义上将逆时针方向定义为正方向。图 10-27 所示的曲线 Γ_s 定义为 **Nyquist 曲线**。因为 $\Delta(s)$ 的极点和零点位于 $j\omega$ 轴时，Nyquist 曲线一定不会穿过其中的任何一个点，图 10-27 上沿着 $j\omega$ 轴的小半圆用于表明这条路径应该绕开这些极点和零点。很明显，如果任何一个 $\Delta(s)$ 的极点和零点在 s 平面的右半平面，它一定会被 Nyquist 曲线 Γ_s 所环绕。 610

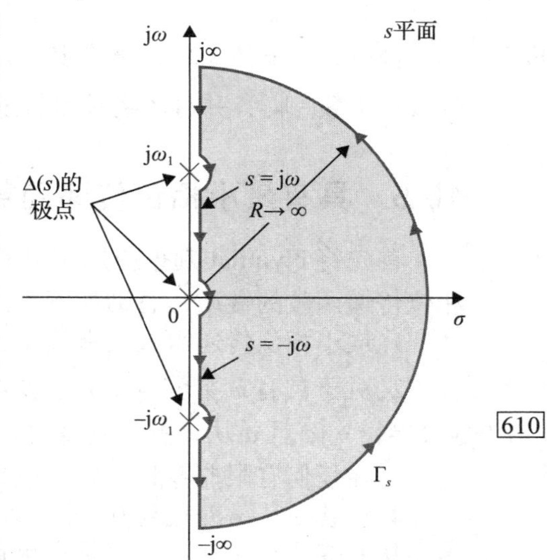

图 10-27　Nyquist 曲线

10.4.6 Nyquist 判据以及 $L(s)$ 或 $G(s)H(s)$ 图

当 s 平面的轨迹是图 10-27 所示的 Nyquist 曲线时，Nyquist 判据是幅角原理的直接应用。原理上而

言，一旦 Nyquist 曲线确定了，闭环系统的稳定性就可以通过画出 $\Delta(s)=1+L(s)$ 的轨迹并让 s 沿着 Nyquist 曲线运动而确定，并且还能研究 $\Delta(s)$ 图关于**临界点**的行为，在这里临界点指的是 $\Delta(s)$ 平面的原点。

既然函数 $L(s)$ 通常是已知的，更简单的方法是，画出对应于 Nyquist 曲线的 $L(s)$ 图，通过研究 $L(s)$ 图相对于 $L(s)$ 平面中点 $(-1, \mathrm{j}0)$ 的行为来得出等同于闭环系统稳定性的结论。这是因为 $\Delta(s)=1+L(s)$ 平面的原点对应于 $L(s)$ 平面的点 $(-1, \mathrm{j}0)$。因此，$L(s)$ 平面的点 $(-1, \mathrm{j}0)$ 变为确定闭环系统稳定性的临界点。

对于单回路系统，$L(s)=G(s)H(s)$，上述方法变为通过研究 $G(s)H(s)$ 图相对于 $G(s)H(s)$ 平面中点 $(-1, \mathrm{j}0)$ 的行为来确定闭环稳定性。因此，Nyquist 稳定性判据是另一个利用开环传递函数来确定闭环系统行为的例子。

那么，给定一个控制系统，通过令多项式 $1+L(s)$ 等于 0 得到它的特征方程，其中 $L(s)$ 是开环传递函数，应用 Nyquist 判据解决稳定性问题的步骤如下：

1. 如图 10-27 所示，定义 s 平面的 Nyquist 曲线 Γ_s。
2. 画出 $L(s)$ 平面中对应 Nyquist 曲线的 $L(s)$ 图。
3. 确定 $L(s)$ 图环绕点 $(-1, \mathrm{j}0)$ 的次数，即 N 值。
4. 根据式（10-57）得到 Nyquist 判据：

$$N=Z-P \tag{10-63}$$

其中，

$N=L(s)$ 图环绕点 $(-1, \mathrm{j}0)$ 的次数。

$Z=$ 在 Nyquist 曲线内部的，也就是在 s 右半平面的 $1+L(s)$ 的零点个数。

$P=$ 在 Nyquist 曲线内部的，也就是在 s 右半平面的 $1+L(s)$ 的极点个数。注意，$1+L(s)$ 的极点和 $L(s)$ 的极点相同。

前面定义的两种稳定性条件可以用 Z 和 P 的形式来解释。

对于闭环稳定性，Z 必须等于 0；对于开环稳定性，P 必须等于 0。

这样，根据 Nyquist 判据的稳定性条件表述为

$$N=-P \tag{10-64}$$

611 也就是，要使闭环系统稳定，$L(s)$ 图环绕点 $(-1, \mathrm{j}0)$ 的次数必须和 $L(s)$ 在 s 右半平面中的极点个数一样，并且环绕必须是按顺时针方向的（如果轨迹 Γ_s 定义为逆时针方向）。

10.5 具有最小相位传递函数的系统的 Nyquist 判据

首先将 Nyquist 判据应用于具有最小相位传递函数 $L(s)$ 的系统。附录 G 介绍了最小相位传递函数的性质，总结如下：

1. 最小相位传递函数没有位于 s 右半平面或 $\mathrm{j}\omega$ 轴上的极点或零点，不包括原点。
2. 对于具有 m 个零点和 n 个极点的最小相位传递函数 $L(s)$，其中不包括 $s=0$ 处的极点，当 $s=\mathrm{j}\omega$ 且 ω 从 ∞ 变化到 0 时，$L(\mathrm{j}\omega)$ 总的相位变化为 $(n-m)\pi/2(\mathrm{rad})$。
3. 在任何有限非零频率处，最小相位传递函数的值不为 0 或 ∞。
4. 随着 ω 从 ∞ 变化到 0，非最小相位传递函数有更正的相位变化。或者，等价而言，当 ω 从 0 变化到 ∞ 时，它总是有更负的相位变化。

因为在实际中大量开环传递函数满足条件 1 且是最小相位的，所以需要谨慎地研

究 Nyquist 判据在这类系统中的应用。结果证实，对这类系统应用 Nyquist 判据十分简单。

因为最小相位 $L(s)$ 没有位于 s 右半平面或 $\mathrm{j}\omega$ 轴上的极点或零点（除了在 $s=0$ 处 $P=0$），并且 $1+L(s)$ 的极点有同样的性质。这样对于具有最小相位传递函数 $L(s)$ 的系统，Nyquist 判据可以简化为

$$N=0 \tag{10-65}$$

这样，Nyquist 判据可以表述为：对于具有最小相位开环传递函数 $L(s)$ 的闭环系统，如果与 Nyquist 曲线对应的 $L(s)$ 图在 $L(s)$ 平面中没有环绕临界点 $(-1, \mathrm{j}0)$，则这个系统是闭环稳定的。

进一步讲，如果系统是不稳定的，$Z\neq 0$，式（10-65）中的 N 会是一个正整数，这意味着临界点 $(-1, \mathrm{j}0)$ 被**包围** N 次（对应这里定义的 Nyquist 曲线的方向）。因此，具有最小相位开环传递函数的系统，其 Nyquist 稳定性判据可以进一步简化成：对于具有最小相位开环传递函数 $L(s)$ 的闭环系统，如果与 Nyquist 曲线对应的 $L(s)$ 图在 $L(s)$ 平面没有包围临界点 $(-1, \mathrm{j}0)$，则这个系统是闭环稳定的。如果临界点 $(-1, \mathrm{j}0)$ 被 Nyquist 曲线包围，那么系统不稳定。

因为当轨迹以规定方向穿越时，被轨迹包围的区域是被定义为位于该轨迹左侧的，Nyquist 判据可以通过画出 ω 从 ∞ 变化到 0 时的部分轨迹或者正 $\mathrm{j}\omega$ 轴上的点来简单校验。这样在一定程度上简化了程序，因为计算机可以很容易地画出这种图。该方法的唯一不足在于与 $\mathrm{j}\omega$ 轴对应的 Nyquist 图仅能说明临界点是否被包围，如果被包围，并不知道是多少圈。因此，如果发现系统是不稳定的，这种包围特性并不能确定特征方程的根有多少个在 s 右半平面。然而，从实践角度考虑，这一信息并不重要。从这点而言，我们应该把对应于 s 平面正 $\mathrm{j}\omega$ 轴的 $L(\mathrm{j}\omega)$ 图作为 $L(s)$ 的 Nyquist 图。 612

Nyquist 判据在非严真最小相位传递函数中的应用

正如根轨迹的情形一样，设计中经常有必要建立一个等价的开环传递函数 $L_{\mathrm{eq}}(s)$，以便于可变参数 K 可以作为 $L_{\mathrm{eq}}(s)$ 中的乘数因子，也就是说 $L(s)=KL_{\mathrm{eq}}(s)$。因为等价的开环传递函数不表示任何物理实体，它可能极点没有零点多，所以这一传递函数按照附录 G 的定义并不是严真的。从原理上讲，构造一个非严真传递函数的 Nyquist 图没有困难，且 Nyquist 判据应用于稳定性研究中也不复杂。然而，有些计算机程序不适合处理非严真传递函数，因此有必要改写方程以兼容计算机程序。为检查这种情况，考虑具有可变参数 K 的系统的特征方程：

$$1+KL_{\mathrm{eq}}(s)=0 \tag{10-66}$$

如果 $L_{\mathrm{eq}}(s)$ 中的极点没有零点多，通过在式（10-66）两边同时除以 $KL_{\mathrm{eq}}(s)$ 可得：

$$1+\frac{1}{KL_{\mathrm{eq}}(s)}=0 \tag{10-67}$$

现在可以画出 $1/L_{\mathrm{eq}}(s)$ 的 Nyquist 图，并且当 $K>0$ 时临界点仍然为 $(-1, \mathrm{j}0)$。Nyquist 图的可变参数现在是 $1/K$。这样，通过微小调整，Nyquist 判据仍然适用。

这里的 Nyquist 判据在开环传递函数是非最小相位时运用起来很麻烦，例如，当 $L(s)$ 在 s 右半平面有极点或 / 和零点时。附录 G 中介绍的一类广义 Nyquist 判据将考虑传递函数的所有类型。

10.6 根轨迹和 Nyquist 图的关系

因为根轨迹分析和 Nyquist 判据都是研究线性 SISO 系统特征方程根的分布，所以这两种分析方法紧密相关。研究两者之间的关系将有助于加深对它们的理解。设特征方程为

$$1+L(s)=1+KG_1(s)H_1(s)=0 \tag{10-68}$$

$L(s)$ 平面中 $L(s)$ 的 Nyquist 图是 s 平面中 Nyquist 图的映射。因为式（10-68）的根轨迹一定满足如下条件：

$$\angle KG_1(s)H_1(s)=(2j+1)\pi, \quad K\geqslant 0 \tag{10-69}$$

$$\angle KG_1(s)H_1(s)=2j\pi, \quad K\leqslant 0 \tag{10-70}$$

当 $j=0,\pm1,\pm2,\cdots$ 时，根轨迹简化成 $L(s)$ 或 $G(s)H(s)$ 平面中实轴到 s 平面的映射。实际上，对于 RL $K\geqslant 0$ 时，映射点是在 $L(s)$ 平面的负实轴上；对于 RL $K\leqslant 0$ 时，映射点是在 $L(s)$ 平面的正实轴上。此前提过，对于有理函数从 s 平面到函数平面的映射是单值的，但其逆过程是多值的。举个简单的例子，一个 s 平面 $j\omega$ 轴上的点，其对应的 1 型三阶传递函数 $G(s)H(s)$ 的 Nyquist 图如图 10-28 所示。同样系统的根轨迹作为 $G(s)H(s)$ 平面的实轴到 s 平面的映射，如图 10-29 所示。注意在这个例子中，每个 $G(s)H(s)$ 平面的点对应中 s 平面的 3 个点。$G(s)H(s)$ 平面的点 $(-1, j0)$ 对应两个根轨迹穿越 $j\omega$ 轴的点和一个在实轴上的点。

613

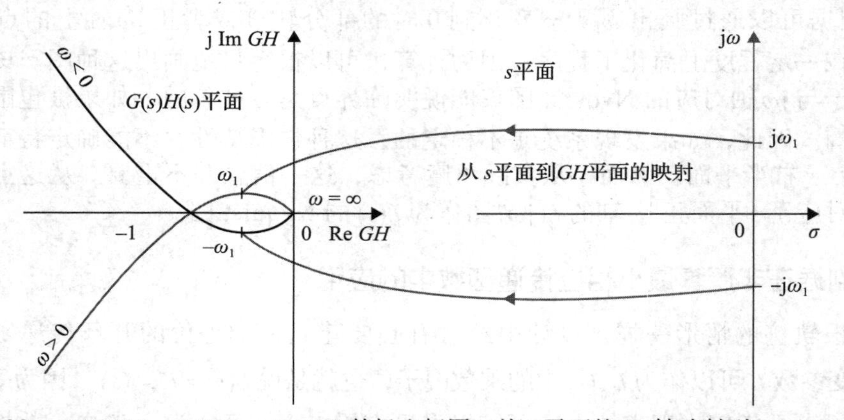

图 10-28　$G(s)H(s)=K/[s(s+a)(s+b)]$ 的极坐标图，从 s 平面的 $j\omega$ 轴映射到 $G(s)H(s)$ 平面

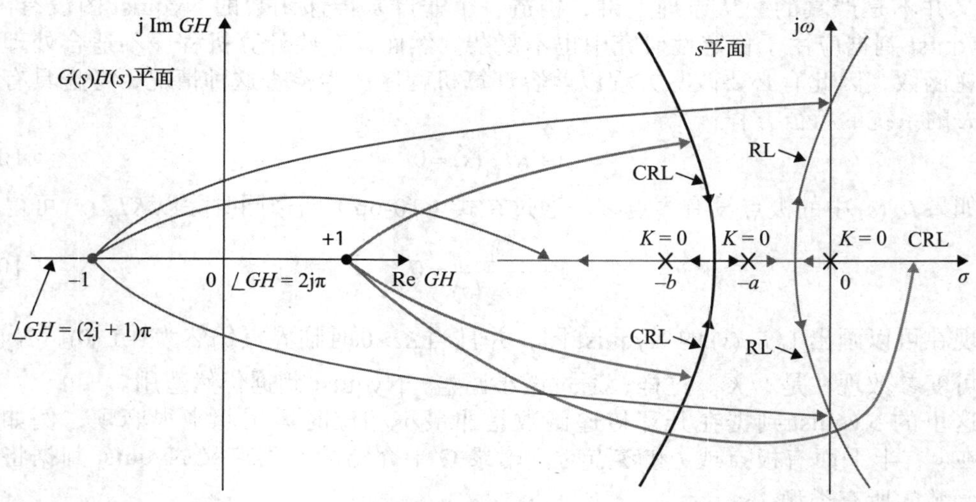

图 10-29　$G(s)H(s)=K/[s(s+a)(s+b)]$ 的根轨迹图，从 $G(s)H(s)$ 平面的实轴映射到 s 平面

Nyquist 图和根轨迹都仅仅代表了从一个域到另一个域非常有限部分的映射。一般而言，考虑除 s 平面中 $j\omega$ 轴和 $G(s)H(s)$ 平面中实轴上的点的映射是有用的。例如，我们可以使用 s 平面中定常阻尼率线到 $G(s)H(s)$ 平面的映射来确定闭环系统的相对稳定性。图 10-30 反映的正是对应 s 平面中不同定常阻尼率线的 $G(s)H(s)$ 图。如图 10-30 中的曲线 (3) 所示，当 $G(s)H(s)$ 曲线穿越点 $(-1, j0)$ 时，意味着它满足式（10-67），且相应的 s 平面的轨迹通过特征方程的根。同样，我们可以像图 10-31 这样，构造 $G(s)H(s)$ 平面从实轴旋转不同角度的直线所对应的根轨迹。注意，这些根轨迹现在满足条件 614

$$\angle KG_1(s)H_1(s)=(2j+1)\pi-\theta,\quad K\geqslant 0 \tag{10-71}$$

或者，对于不同的 θ 值，图 10-31 中的根轨迹必须满足方程

$$1+G(s)H(s)e^{j\theta}=0 \tag{10-72}$$

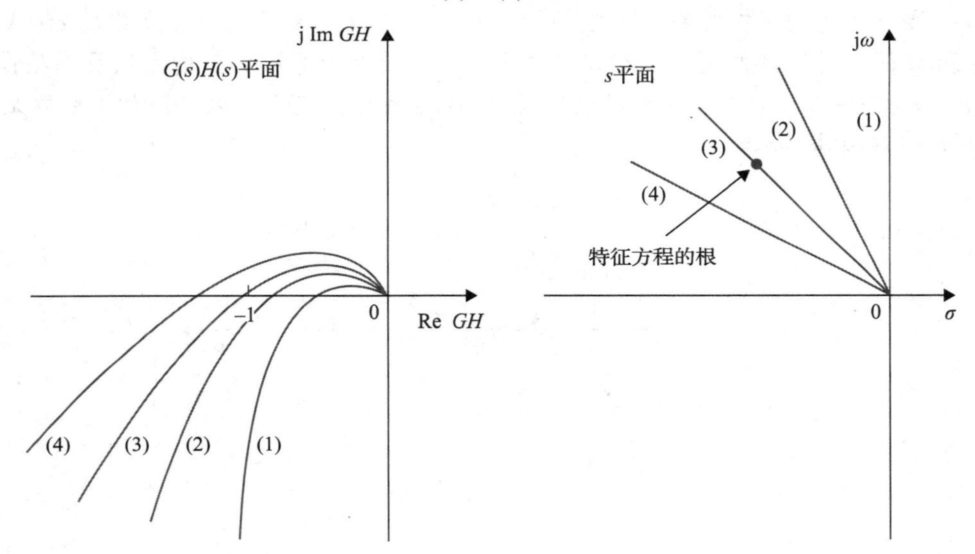

图 10-30　对应于 s 平面中定常阻尼率线的 $G(s)H(s)$ 图

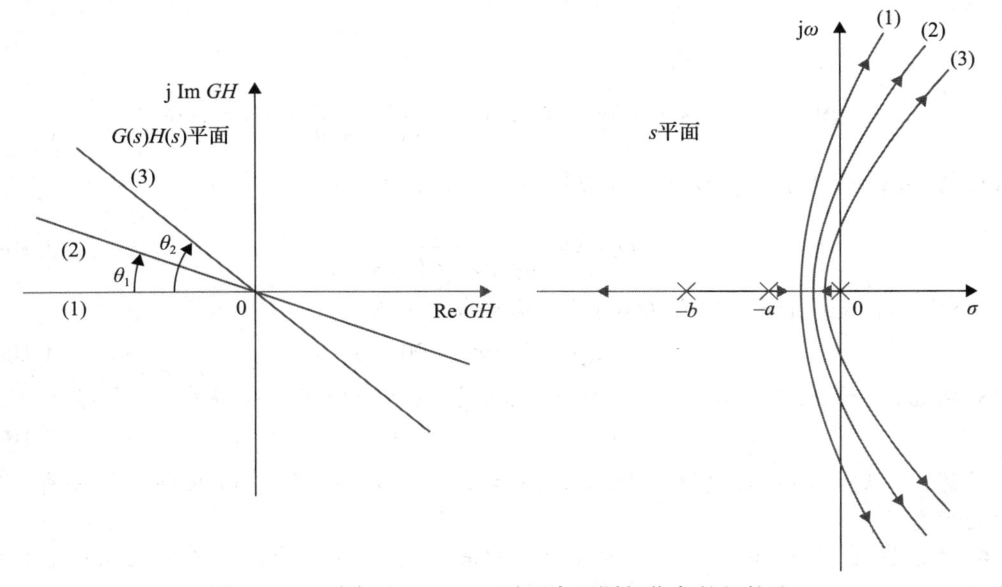

图 10-31　对应于 $G(s)H(s)$ 平面中不同相位角的根轨迹

10.7 示例：最小相位传递函数的 Nyquist 判据

下面的例子用于说明 Nyquist 判据在具有最小相位开环传递函数的系统中的应用。

例 10-7-1 考虑一个单回路反馈控制系统，其开环传递函数为

$$L(s)=G(s)H(s)=\frac{K}{s(s+2)(s+10)} \tag{10-73}$$

这是最小相位类型的。闭环系统的稳定性能够通过研究当 ω 从 ∞ 变化到 0 时，$L(j\omega)/K$ 的 Nyquist 图是否包围点 (−1, j0) 来确定。$L(j\omega)/K$ 的 Nyquist 图可以使用 MATLAB 工具箱 freqtool 来画出。图 10-32 显示的当 ω 从 ∞ 变化到 0 时 $L(j\omega)/K$ 的 Nyquist 图。然而，通常我们仅对是否存在临界点被包围感兴趣，所以没必要画出精确的 Nyquist 图。因为被 Nyquist 图包围的是曲线的左侧，且穿越的方向与 Nyquist 曲线上 ω 从 ∞ 变化到 0 的方向相对应，那么确定稳定性所要做的就是找到一个或一些点，这个或这些点是 $L(j\omega)/K$ 平面上 Nyquist 图穿过实轴的地方。在许多情况下，只要知道穿越实轴的点以及 $L(j\omega)/K$ 平面在 $\omega=\infty$ 和 $\omega=0$ 时的性质就可以大致画出 Nyquist 图。我们可以按照如下步骤来得到 $L(j\omega)/K$ 的 Nyquist 草图。

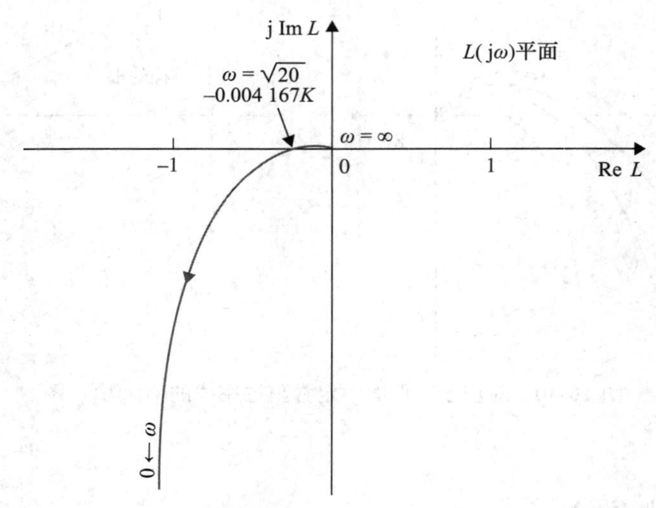

图 10-32 ω 从 ∞ 变化到 0 时 $L(s)K=\dfrac{1}{s(s+2)(s+10)}$ 的 Nyquist 图

1. 将 $s=j\omega$ 代入 $L(s)$。设式（10-73）中 $s=j\omega$，得：

615 ~ 616

$$L(j\omega)/K=\frac{1}{j\omega(j\omega+2)(j\omega+10)} \tag{10-74}$$

2. 将 $\omega=0$ 代入上式，得到 $L(j\omega)$ 的零频率特性：

$$L(j0)/K=\infty\angle-90^\circ \tag{10-75}$$

3. 将 $\omega=\infty$ 代入式（10-74），得到 Nyquist 图在无穷频率处的特性：

$$L(j\infty)/K=0\angle-270^\circ \tag{10-76}$$

显然，这些结论可以通过图 10-32 来验证，也可以参考附录 G 来得到更多关于极坐标图的信息。

4. 为了找到 Nyquist 图与实轴的交点（如果存在），令分子分母同时乘以分母的共轭复值将 $L(j\omega)/K$ 有理化。这样，式（10-74）变为

$$L(\mathrm{j}\omega)/K = \frac{[-12\omega^2 - \mathrm{j}\omega(20-\omega^2)]}{[-12\omega^2 + \mathrm{j}\omega(20-\omega^2)][-12\omega^2 - \mathrm{j}\omega(20-\omega^2)]} = \frac{[-12\omega - \mathrm{j}(20-\omega^2)]}{\omega[144\omega^2 + (20-\omega^2)]} \tag{10-77}$$

5. 为了找到可能的与实轴的交点，我们令 $L(\mathrm{j}\omega)/K$ 的虚部为 0，可得到：

$$\mathrm{Im}[L(\mathrm{j}\omega)/K] = \frac{-(20-\omega^2)}{\omega[144\omega^2 + (20-\omega^2)]} = 0 \tag{10-78}$$

工具箱 10-7-1

图 10-32 对应的 MATLAB 代码如下：

```
w=0.1:0.1:1000;
num = [1];
den = conv(conv([1 10],[1,2]),[1 0]);
[re,im,w] = nyquist(num,den,w);
plot(re,im);
grid
```

最后一个方程的解是：$\omega=\infty$（这是 $L(\mathrm{j}\omega)/K=0$ 处的解）和

$$\omega = \pm\sqrt{20}(\mathrm{rad/s}) \tag{10-79}$$

由于 ω 应该是正值，所以正确答案为 $\omega=\sqrt{20}(\mathrm{rad/s})$。将这一频率代入式（10-77），可得到与 $L(\mathrm{j}\omega)$ 平面中实轴的交点位于

$$L(\mathrm{j}\sqrt{20})/K = -\frac{12}{2880} = -0.004167 \tag{10-80}$$

根据上述步骤可以得到一个 $L(\mathrm{j}\omega)/K$ 的 Nyquist 图的适当草图。此外，我们知道，如果 K 小于 240，$L(\mathrm{j}\omega)$ 轨迹与实轴上的交点位于临界点 $(-1, \mathrm{j}0)$ 的右侧，后者不会被包围，系统是稳定的。如果 $K=240$，$L(\mathrm{j}\omega)$ 的 Nyquist 图将与实轴交于点 -1，系统临界稳定。在这种情况下，特征方程在 s 平面的 $\mathrm{j}\omega$ 轴上有两个根 $s=\pm\mathrm{j}\sqrt{20}$。如果增益增加到超过 240，交点将位于实轴点 -1 的左侧，系统是不稳定的。当 K 为负值时，我们可以用 $L(\mathrm{j}\omega)$ 平面中的点 $(+1, \mathrm{j}0)$ 作为临界点。图 10-32 表明在这种情况下，对于所有负的 K 值，实轴上的点 $+1$ 都将被包围，这样系统总是不稳定的。因此，依照 Nyquist 判据可以得出结论：系统在 $0<K<240$ 范围内是稳定的。应用 Routh-Hurwitz 稳定性判据也能得到同样的结论。 617

图 10-33 显示了由式（10-73）中开环传递函数描述的系统特征方程的根轨迹。从图中可以轻松地看出 Nyquist 判据和根轨迹之间的关系。

工具箱 10-7-2

图 10-33 对应的 MATLAB 代码如下：

```
den=conv([1 2 0],[1 10]);
mysys=tf(.0001,den);
rlocus(mysys);
```

▲

例 10-7-2 考虑特征方程

$$Ks^3 + (2K+1)s^2 + (2K+5)s + 1 = 0 \tag{10-81}$$

将上述方程两边同时除以不含 K 的项，得：

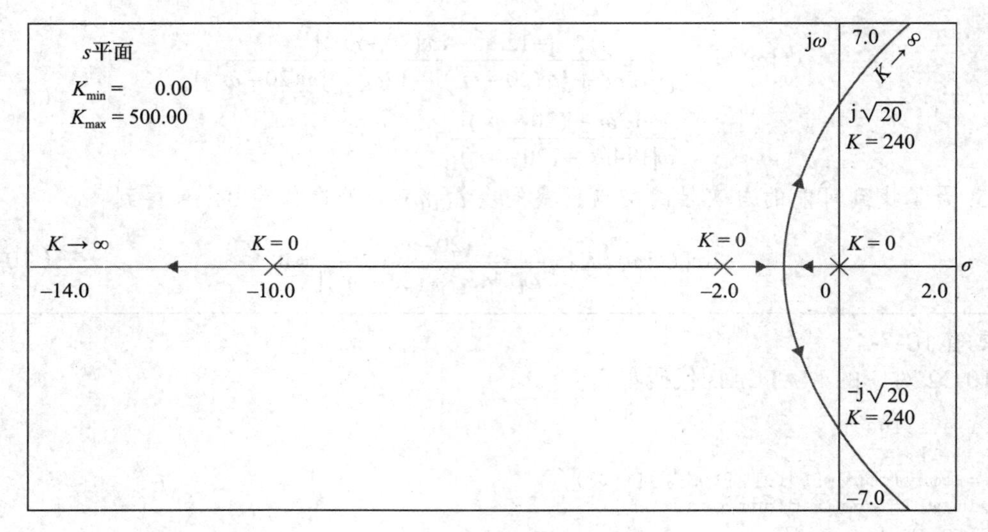

图 10-33 $L(s)=\dfrac{K}{s(s+2)(s+10)}$ 的根轨迹

618

$$1+KL_{\mathrm{eq}}(s)=1+\frac{Ks(s^2+2s+2)}{s^2+5s+1}=0 \tag{10-82}$$

$$L_{\mathrm{eq}}(s)=\frac{s(s^2+2s+2)}{s^2+5s+1} \tag{10-83}$$

这是一个非真函数。我们能够手绘出 $L_{\mathrm{eq}}(s)$ 的 Nyquist 图，以便确定系统的稳定性。设式（10-83）中 $s=\mathrm{j}\omega$，得：

$$\frac{L_{\mathrm{eq}}(\mathrm{j}\omega)}{K}=\frac{\omega[-2\omega+\mathrm{j}(2-\omega^2)]}{(1-\omega^2)+5\mathrm{j}\omega} \tag{10-84}$$

根据上面的方程得出 Nyquist 图的两个终点：

$$L_{\mathrm{eq}}(\mathrm{j}0)=0\angle 90^\circ \text{ 和 } L_{\mathrm{eq}}(\mathrm{j}\infty)=\infty\angle 90^\circ \tag{10-85}$$

令分子分母同时乘以分母的共轭复值将式（10-84）有理化，得：

$$\frac{L_{\mathrm{eq}}(\mathrm{j}\omega)}{K}=\frac{\omega^2[5(2-\omega^2)-2(1-\omega^2)]+\mathrm{j}\omega[10\omega^2+(2-\omega^2)(1-\omega^2)]}{(1-\omega^2)^2+25\omega^2} \tag{10-86}$$

为了找到 $L_{\mathrm{eq}}(\mathrm{j}\omega)/K$ 图与实轴的交点，设式（10-86）的虚部为 0，可得 $\omega=0$ 和

$$\omega^4+7\omega^2+2=0 \tag{10-87}$$

工具箱 10-7-3

图 10-34 对应的 MATLAB 代码如下：

```
w=0.1:0.1:1000;
num =[1 2 2 0];
den = [1 5 1];
[re,im,w] = nyquist(num,den,w);
plot(re,im);
axis([-2 1 -1 5]);
grid
```

运用 MATLAB 命令行 “roots([1 0 7 0 2])”，可以得到式（10-87）的四个根为虚数 $(\pm\mathrm{j}2.589,\pm\mathrm{j}0.546)$，这表明 $L_{\mathrm{eq}}(\mathrm{j}\omega)/K$ 与实轴仅在 $\omega=0$ 处相交。使用式（10-70）所给的

信息以及实轴上除了点 $\omega=0$ 外没有其他交点这一事实，可以画出 $L_{eq}(j\omega)/K$ 的 Nyquist 图，如图 10-34 所示。注意这是一张没有计算 $L_{eq}(j\omega)/K$ 得到任何详细数据的草图，实际上，它可能很不精确。但这张草图已经足够判定系统的稳定性了。因为当 ω 从 ∞ 变化到 0 时，图 10-34 中的 Nyquist 图始终没有包围点 $(-1, j0)$，所以系统对所有有限的正 K 值是稳定的。

图 10-35 基于式（10-83）中 $L_{eq}(s)/K$ 的零极点画出了式（10-81）的 Nyquist 图。注意 RL 在所有正 K 值情况下都是在 s 左半平面，这一结果证实了 Nyquist 判据对系统稳定性的判断。

$$\frac{K}{L_{eq}(j\omega)}=\frac{(1-\omega^2)+5j\omega}{[-2\omega^2+j\omega(2-\omega^2)]} \tag{10-88}$$

其中，ω 从 ∞ 变化到 0。Nyquist 图并没有包含点 $(-1, j0)$，通过解释 $K/L_{eq}(j\omega)$ 的 Nyquist 图，系统再次对所有正 K 值是稳定的。

619

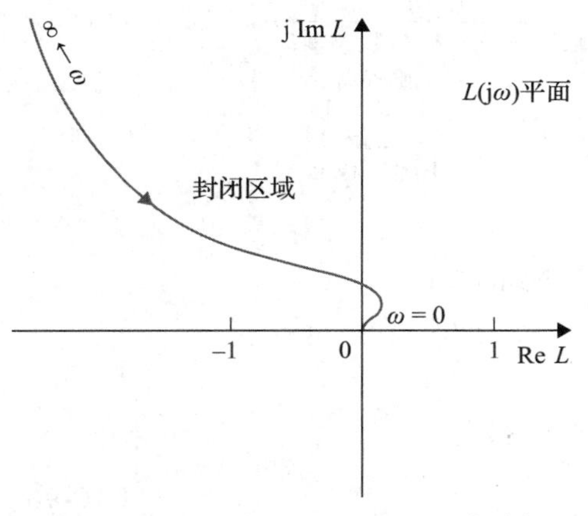

图 10-34 当 ω 从 ∞ 变化到 0 时，$\frac{L_{eq}(s)}{K}=\frac{s(s^2+2s+2)}{s^2+5s+1}$ 的 Nyquist 图

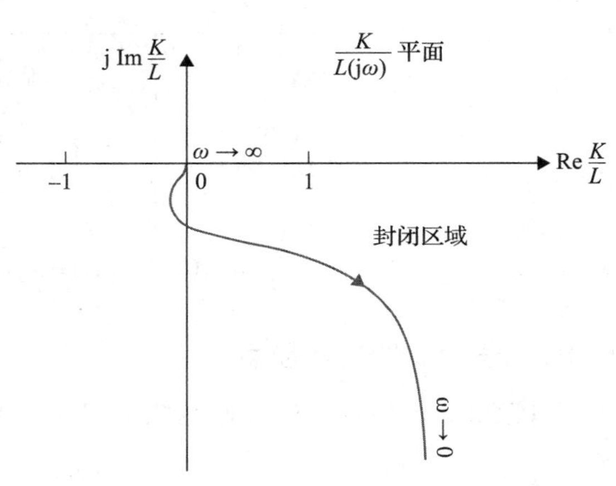

图 10-35 当 ω 从 ∞ 变化到 0 时，$\frac{L_{eq}(s)}{K}=\frac{s(s^2+2s+2)}{s^2+5s+1}$ 在 $\frac{K}{L_{eq}(j\omega)}$ 平面上的 Nyquist 图

图 10-36 画出了使用式（10-83）中 $L_{eq}(s)$ 的极点－零点配置时，式（10-82）在 $K>0$ 时的 RL。因为对所有正 K 值 RL 都是在 s 左半平面，系统对于 $0<K<\infty$ 是稳定的，这与用 Nyquist 判据得到的结果一致。 ▲

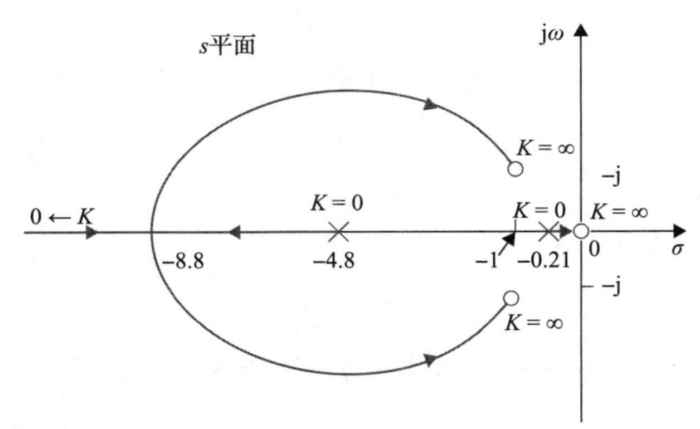

图 10-36 $L(s)=\frac{Ks(s^2+2s+2)}{s^2+5s+1}$ 的根轨迹

620

10.8 增加 $L(s)$ 的极点和零点对 Nyquist 图的形状的影响

因为开环传递函数极点和零点的增减通常会影响控制系统的性能，所以研究极点和零点加入 $L(s)$ 对 Nyquist 图的影响很重要。

首先考虑一阶传递函数

$$L(s)=\frac{K}{1+T_1 s} \tag{10-89}$$

其中，T_1 是正的实常数。当 $0\leqslant\omega\leqslant\infty$ 时，$L(\mathrm{j}\omega)$ 的 Nyquist 图是一个半圆，如图 10-37 所示。该图也解释了当 K 值在 $-\infty$ 和 ∞ 之间的闭环稳定性。

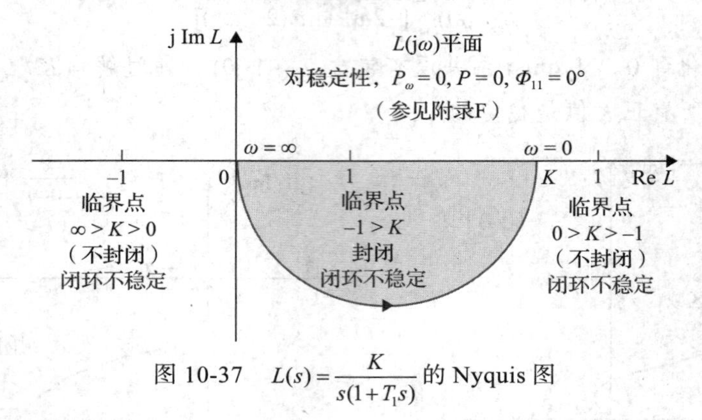

图 10-37 $L(s)=\dfrac{K}{s(1+T_1 s)}$ 的 Nyquis 图

10.8.1 在 s=0 处加入极点

考虑在式（10-74）的传递函数中加入一个极点，那么

$$L(s)=\frac{K}{s(1+T_1 s)} \tag{10-90}$$

因为在 $s=0$ 处增加一个极点等价于 $L(s)$ 被 $\mathrm{j}\omega$ 除，$L(\mathrm{j}\omega)$ 的相位在零和无穷频率处减少 90°。另外，$L(\mathrm{j}\omega)$ 的幅值在 $\omega=0$ 处变为无穷。图 10-38 显示了式（10-90）中 $L(\mathrm{j}\omega)$ 的 Nyquist 图，并解释了当 $-\infty<L<\infty$ 时关于临界点的闭环稳定性。通常，式（10-89）的传递函数在 $s=0$ 处增加一个 p 阶极点会使 $L(\mathrm{j}\omega)$ 的 Nyquist 图具有如下性质：

$$\lim_{\omega\to\infty}\angle L(\mathrm{j}\omega)=-(p+1)90^\circ \tag{10-91}$$

$$\lim_{\omega\to 0}\angle L(\mathrm{j}\omega)=-p\times 90^\circ \tag{10-92}$$

$$\lim_{\omega\to\infty}|L(\mathrm{j}\omega)|=0 \tag{10-93}$$

$$\lim_{\omega\to 0}|L(\mathrm{j}\omega)|=\infty \tag{10-94}$$

621 下面的例子说明了在 $L(s)$ 中增加 p 阶极点的影响。

例 10-8-1 考虑传递函数

$$L(s)=\frac{K}{s^2(1+T_1 s)} \tag{10-95}$$

图 10-39 画出了它的 Nyquist 图和临界点，以及稳定性解释。类似地，图 10-40 对应的传递函数为

$$L(s)=\frac{K}{s^3(1+T_1 s)} \tag{10-96}$$

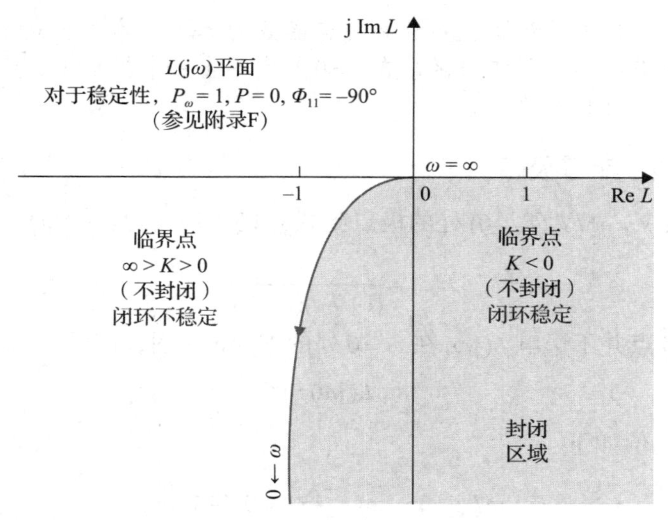

图 10-38 $L(s)=\dfrac{K}{s(1+T_1 s)}$ 的 Nyquist 图

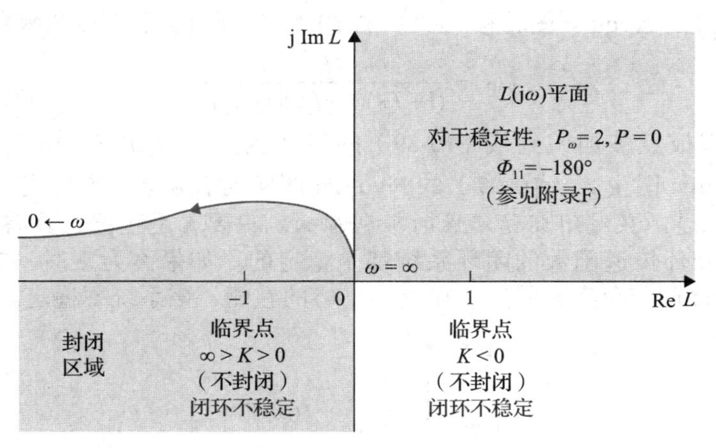

图 10-39 $L(s)=\dfrac{K}{s^2(1+T_1 s)}$ 的 Nyquist 图

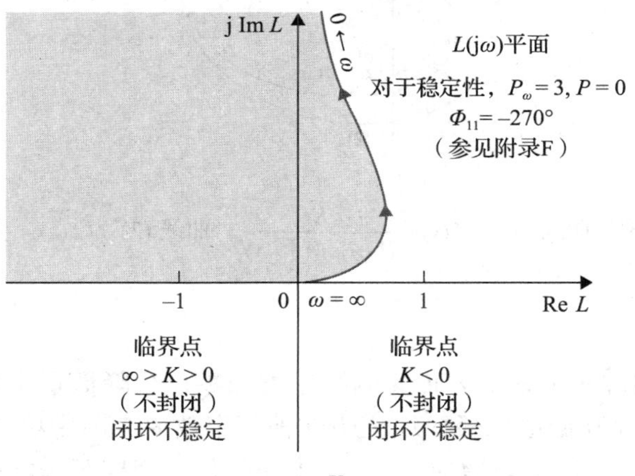

图 10-40 $L(s)=\dfrac{K}{s^3(1+T_1 s)}$ 的 Nyquist 图

根据这些图例得出的结论是，在开环传递函数的 $s=0$ 处增加极点不利于闭环系统的稳定性。如果一个系统的开环传递函数在 $s=0$ 处有不止一个极点（2 型或者更高），该系统很可能不稳定或很难稳定化。▲

10.8.2　增加有限个非零极点

当增加一个在 $s=-1/T_2(T_2>0)$ 处的极点到式（10-89）的 $L(s)$ 中时，可得到：

$$L(s)=\frac{K}{(1+T_1s)(1+T_2s)} \tag{10-97}$$

增加的这个极点并不影响 $L(\mathrm{j}\omega)$ 在 $\omega=0$ 处的 Nyquist 图，因为

$$\lim_{\omega\to 0}L(\mathrm{j}\omega)=K \tag{10-98}$$

$L(\mathrm{j}\omega)$ 在 $\omega=\infty$ 处的值如下：

$$\lim_{\omega\to\infty}L(\mathrm{j}\omega)=\lim_{\omega\to\infty}\frac{-K}{T_1T_2\omega^2}=0\angle-180° \tag{10-99}$$

因此，如图 10-41 所示，在式（10-90）的传递函数中增加一个 $s=-1/T_2$ 处的极点的影响是将 $\omega=\infty$ 处的 Nyquist 图转移 –90°。图 10-41 也画出了下面传递函数的 Nyquist 图：

$$L(s)=\frac{K}{(1+T_1s)(1+T_2s)(1+T_3s)} \tag{10-100}$$

其中，两个非零极点被加入到式（10-89）的传递函数中 $(T_1,T_2,T_3>0)$。在这一例子中，$\omega=\infty$ 处的 Nyquist 图由式（10-97）的 Nyquist 图顺时针旋转 90° 得到。这些例子表明极点加入开环传递函数对闭环稳定性的不利影响。只要 K 是正值，具有式（10-89）和式（10-97）的开环传递函数的闭环系统都是稳定的。如果 K 为正时，式（10-100）对应系统的 Nyquist 图与负实轴的交点在点 $(-1, \mathrm{j}0)$ 的左侧，该系统不稳定。

622～623

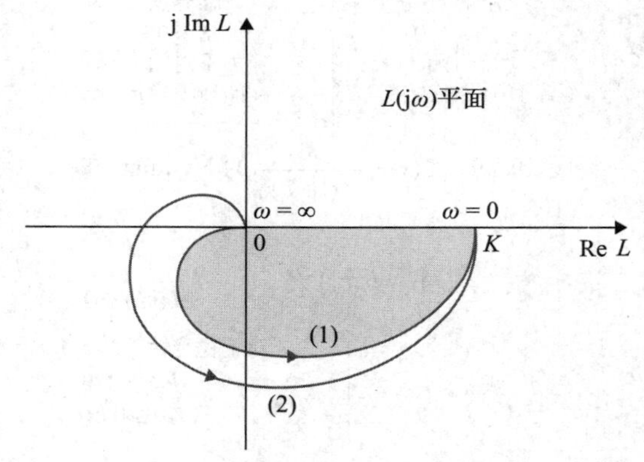

图 10-41　Nyquist 图。曲线 (1) 为 $L(s)=\dfrac{K}{(1+T_1s)(1+T_2s)}$；曲线 (2) 为 $L(s)=\dfrac{K}{(1+T_1s)}(1+T_2s)(1+T_3s)$

10.8.3　增加零点

第 7 章已经举例说明了在开环传递函数中增加零点会降低超调量，并且一般具有镇定的效果。以 Nyquist 判据也能轻松地说明这种镇定效果，因为项 $(1+T_ds)$ 乘到开环传递函数中使 $L(s)$ 的相位在 $\omega=\infty$ 处增加了 90°。下面的例子说明了当在开环传递函数中增加一个 $-1/T_d$ 处的零点对于稳定性的影响。

例 10-8-2 假定闭环控制系统的开环传递函数为

$$L(s)=\frac{K}{s(1+T_1s)(1+T_2s)} \quad (10\text{-}101)$$

当

$$0<K<\frac{T_1+T_2}{T_1T_2} \quad (10\text{-}102)$$

时，闭环系统稳定。

设在式（10-101）的传递函数中加入一个 $s=-1/T_d(T_d>0)$ 的零点，那么

$$L(s)=\frac{K(1+T_ds)}{s(1+T_1s)(1+T_2s)} \quad (10\text{-}103)$$

式（10-101）和式（10-103）的两个传递函数的 Nyquist 图如图 10-42 所示。式（10-103）中零点的影响是对式（10-101）在 $\omega=\infty$ 处的相位增加了 90°，但并不影响 $\omega=0$ 处的值。$L(\mathrm{j}\omega)$ 平面上与负实轴的交点从 $-KT_1T_2/(T_1+T_2)$ 移到 $-K(T_1T_2-T_dT_1-T_dT_2)/(T_1+T_2)$。这样当 624

$$0<K<\frac{T_1+T_2}{T_1T_2-T_d(T_1+T_2)} \quad (10\text{-}104)$$

时，具有式（10-103）中开环传递函数的系统是稳定的。对于正的 T_d 和 K，式（10-104）比式（10-102）具有更高的上界。▲

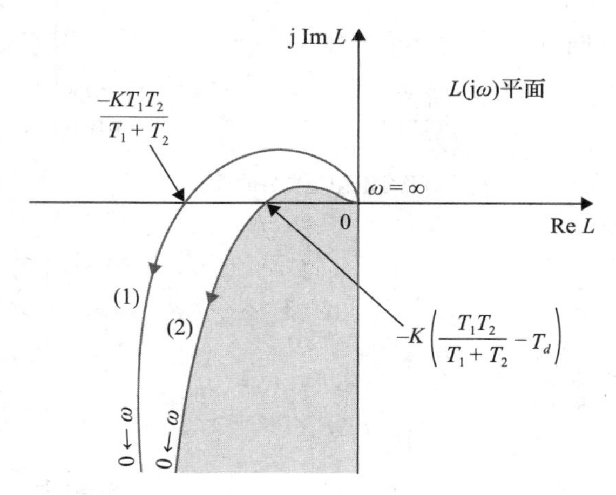

图 10-42 Nyquist 图。曲线 (1) 为 $L(s)=\frac{K}{s(1+T_1s)(1+T_2s)}$；曲线 (2) 为 $L(s)=\frac{K(1+T_ds)}{s(1+T_1s)s(1+T_2s)};T_d<T_1;T_2$

10.9 相对稳定性：增益裕量和相位裕量

我们已经在 10.2 节说明了频率响应的谐振峰值 M_r 和时域响应的最大超调量之间的一般关系。在预测控制系统性能时，像上述那样的频域和时域参数之间的比较和关联是有用的。一般而言，我们不仅对系统的绝对稳定性感兴趣，还对它的稳定程度感兴趣。后者经常被称作**相对稳定性**。时域中，相对稳定性是由最大超调量和阻尼比等参数来衡量的。频域中，则是用谐振峰值 M_r 来表征相对稳定性。频域中的另一种衡量相对稳定性的方法是看 $L(\mathrm{j}\omega)$ 的 Nyquist 图离点 (−1, j0) 有多近。

为了解释频域中相对稳定性的概念，图 10-43 画出了 4 种不同开环增益 K 值下，一个典型三阶系统的 Nyquist 图及其相应的阶跃响应和频率响应。假设 $L(\mathrm{j}\omega)$ 是最小相位

类型的，这样就可以用对点 (−1, j0) 的包围进行稳定性分析。4 种情况的讨论如下。

1. 图 10-43a，减小开环增益 K：$L(j\omega)$ 的 Nyquist 图与负实轴的交点远离点 (−1, j0) 的右侧。相应的阶跃响应是迅速衰减的，且频率响应的 M_r 值是小的。

625

2. 图 10-43a，增大开环增益 K：交点向点 (−1, j0) 靠近。因为临界点没有被包围，系统仍然稳定，但阶跃响应有较大的超调，M_r 值变大。

3. 图 10-43a，进一步增大开环增益 K：Nyquist 图现在穿过点 (−1, j0)，系统临界稳定。阶跃响应变成等幅振荡，M_r 值变为无穷。

4. 图 10-43a，非常大的开环增益 K：Nyquist 图现在包围点 (−1, j0)，系统不稳定。阶跃响应变为无界。$|M(j\omega)|$ 关于 ω 的幅值曲线降低到没有任何意义。事实上，对于不稳定系统，M_r 值仍然是有限的！在上面的所有分析中，闭环频率响应的相位曲线 $\phi(j\omega)$ 也提供了关于稳定性的定性信息。注意随着相对稳定性的降低，相位曲线的负斜率会变得更加陡峭。当系统不稳定时，在谐振频率以外的斜率变成正值。实践中，闭环系统的相位特性很少被用于系统分析与设计。

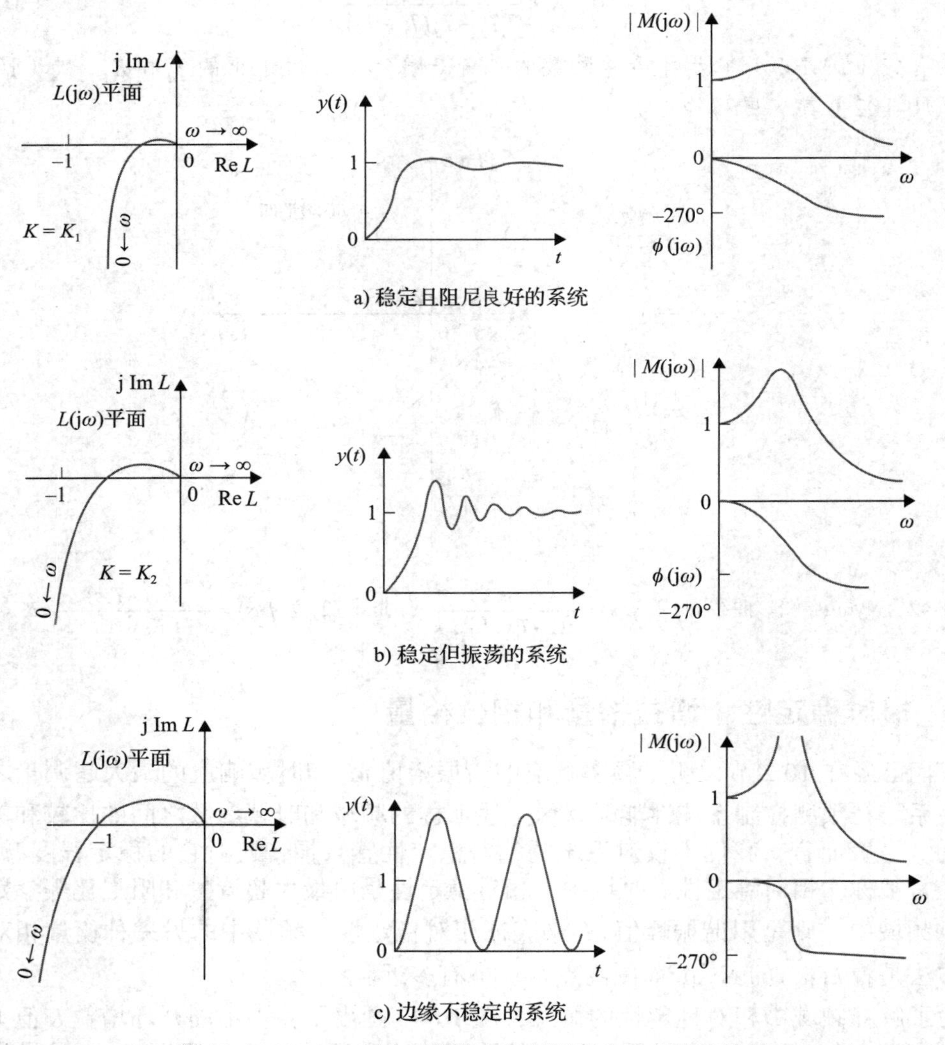

图 10-43 Nyquist 图、阶跃响应和频率响应之间的关系

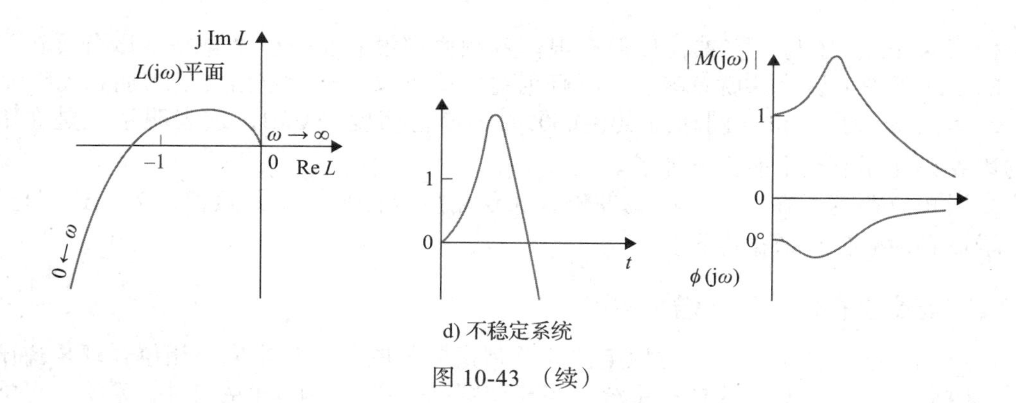

d) 不稳定系统

图 10-43 （续）

10.9.1 增益裕量

增益裕量（GM）是控制系统中用于衡量相对稳定性的最常用指标。频域中，增益裕量用于表明 $L(j\omega)$ 的 Nyquist 图与负实轴的交点与点 (–1, j0) 的接近程度。在给出增益裕量的定义之前，我们先定义 Nyquist 图中的**相位穿越点**和**相位穿越频率**。

相位穿越点：$L(j\omega)$ 图中的相位穿越点是该图与负实轴的交点。

相位穿越频率：相位穿越频率 ω_p 是相位穿越点处的频率，或者说

$$\angle L(j\omega_p)=180° \quad (10\text{-}105)$$

图 10-44 给出了一个最小相位的开环传递函数 $L(j\omega)$ 的 Nyquist 图。相位穿越频率设为 ω_p，$L(j\omega)$ 在 $\omega=\omega_p$ 处的幅值设为 $|L(j\omega_p)|$。那么，开环传递函数为 $L(s)$ 的闭环传递的增益裕量定义为

$$\text{增益裕度}=\text{GM}=20\lg\frac{1}{|L(j\omega_p)|} \quad (10\text{-}106)$$
$$=-20\lg|L(j\omega_p)|(\text{dB})$$

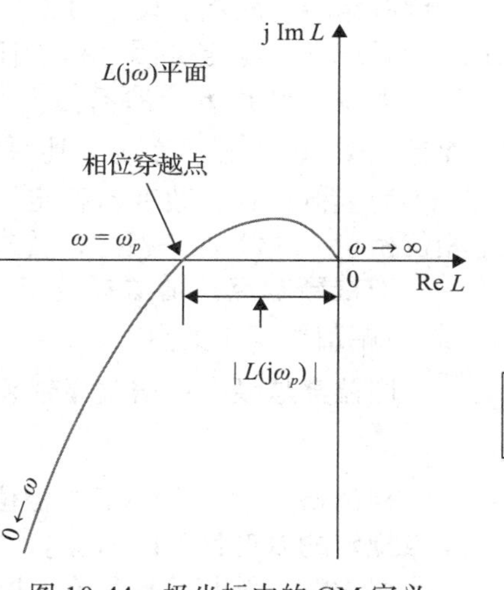

图 10-44 极坐标中的 GM 定义

在这一定义的基础上，根据 Nyquist 图的性质，我们能够得出关于图 10-44 所示系统的增益裕量的结论：

1. $L(j\omega)$ 图与负实轴没有交点（没有有限非零相位穿越点）：

$$|L(j\omega_p)|=0 \quad \text{GM}=\infty(\text{dB}) \quad (10\text{-}107)$$

2. $L(j\omega)$ 图与负实轴的交点（相位穿越点）在点 0 和 −1 之间。

$$0<|L(j\omega_p)|<1 \quad \text{GM}>0(\text{dB}) \quad (10\text{-}108)$$

3. $L(j\omega)$ 图通过（相位穿越点位于）点 (–1, j0)：

$$|L(j\omega_p)|=1 \quad \text{GM}=0(\text{dB}) \quad (10\text{-}109)$$

4. $L(j\omega)$ 图包围点 (–1, j0)（相位穿越点位于其左侧）：

$$|L(j\omega_p)|>1 \quad \text{GM}<0(\text{dB}) \quad (10\text{-}110)$$

基于前面的讨论，增益裕量的物理意义总结如下：**增益裕量是在闭环系统变得不稳定前可以加入回路的以分贝（dB）计量的增益量。**

626~627

1. 当 Nyquist 图与负实轴在任何有限非零频率都没有交点，增益裕量以分贝计量是无穷的。从理论上讲，这就意味着，开环增益的值可以在不稳定出现前增加到无穷大。

2. 当 $L(j\omega)$ 的 Nyquist 图通过点 (–1, j0) 时，增益裕度是 0dB，这表明系统是在不稳定的边界，开环增益不能再增加了。

3. 当相位穿越点在点 (–1, j0) 的左侧，相位裕度以分贝计量是负值，为了达到稳定，开环增益必须减少到增益边界。

10.9.2 非最小相位系统的增益裕量

当尝试将增益裕量作为相对稳定性的评判指标扩展到具有非最小相位开环传递函数的系统时必须小心。对于这样的系统，当相位穿越点在点 (–1, j0) 左侧时，系统也可能是稳定的，这样一个负的增益裕量可能仍然对应着一个稳定的系统。尽管如此，相位穿越点与点 (–1, j0) 的接近程度仍然反映了系统的相对稳定性。

628

10.9.3 相位裕量

增益裕量仅仅是反映闭环系统相对稳定性的一维表述形式。从名称上就可以看出，增益裕量仅是根据开环增益变化情况指出系统的稳定性。从原理上讲，人们相信具有较大增益裕量的系统总是比具有较小增益裕量的系统相对更加稳定。然而，当系统开环增益以外的参数变化时，单凭增益裕量不能充分说明系统的相对稳定性。例如，如图 10-45 中由 $L(j\omega)$ 图表示的两个系统表面上有同样的增益裕量。然而，轨迹 A 对应的系统比轨迹 B 对应的系统更加稳定，因为对于任何影响相位的系统参数改变，轨迹 B 很容易被调整到包围点 (–1, j0)。而且，图 10-45 显示系统 B 比系统 A 有更大的 M_r。

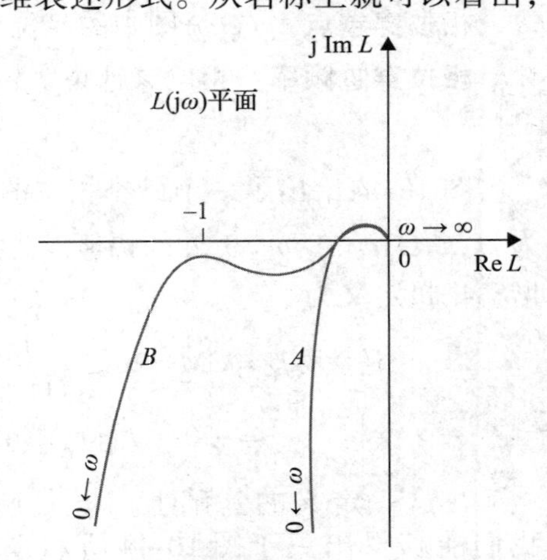

图 10-45 有相同 GM 但有不同相对稳定性的系统的 Nyquist 图

为了概括相位改变对稳定性的影响，我们引入相位裕量（PM）这一概念，首先做如下定义：

增益穿越点： 增益穿越点是 $L(j\omega)$ 图上对应着 $L(j\omega)$ 幅值等于 1 的点。

增益穿越频率： 增益穿越频率 ω_g 是在增益穿越点处的 $L(j\omega)$ 的频率，或

$$|L(j\omega_g)|=1 \tag{10-111}$$

相位裕度的定义如下：**相位裕度是为了使增益穿越点通过点 (-1, j0)，$L(j\omega)$ 图围绕原点旋转的以度计量的角度。**

图 10-46 画出了典型最小相位 $L(j\omega)$ 的 Nyquist 图，其相位裕量是通过增益穿越点的直线和通过原点的直线之间的角度。不同于由开环增益决定的增益裕量，相位裕量是表明了由系统参数改变而对系统稳定性造成的影响，这些系统参数理论上在所有频率上以一个相等的量改变了 $L(j\omega)$ 的相位。相位裕量是在闭环系统变得不稳定前可以加入开环的纯相位延迟量。

629

当系统是最小相位类型时，正如图 10-46 所示的那样，相位裕量的解析表达式为

$$\text{相位裕量 (PM)} = \angle L(j\omega_g) - 180° \tag{10-112}$$

其中，ω_g 是增益穿越频率。

当从一个非最小相位传递函数的 Nyquist 图上解释相位裕量时需要小心。如果开环传递函数是非最小相位类型的，增益穿越点可能在 $L(\mathrm{j}\omega)$ 平面的任意一个象限出现，式（10-112）定义的相位裕量不再有效。

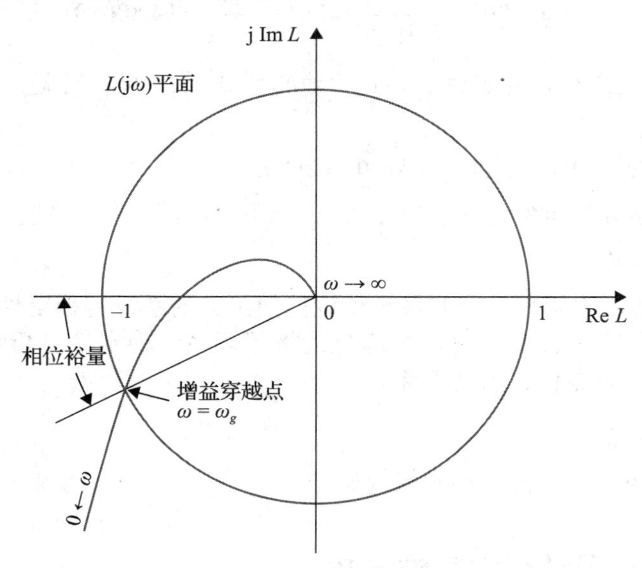

图 10-46 $L(\mathrm{j}\omega)$ 平面中的相位裕量定义

例 10-9-1 正如关于增益和相位裕量的示例那样，考虑控制系统的开环传递函数：

$$L(s)=\frac{2500}{s(s+5)(s+50)} \tag{10-113}$$

$L(\mathrm{j}\omega)$ 的 Nyquist 图如图 10-47 所示。从 Nyquist 图中可以得到如下结论：

$$\text{增益穿越频率 } \omega_g = 6.22\text{rad/s}$$

$$\text{相位穿越频率 } \omega_p = 15.88\text{rad/s}$$

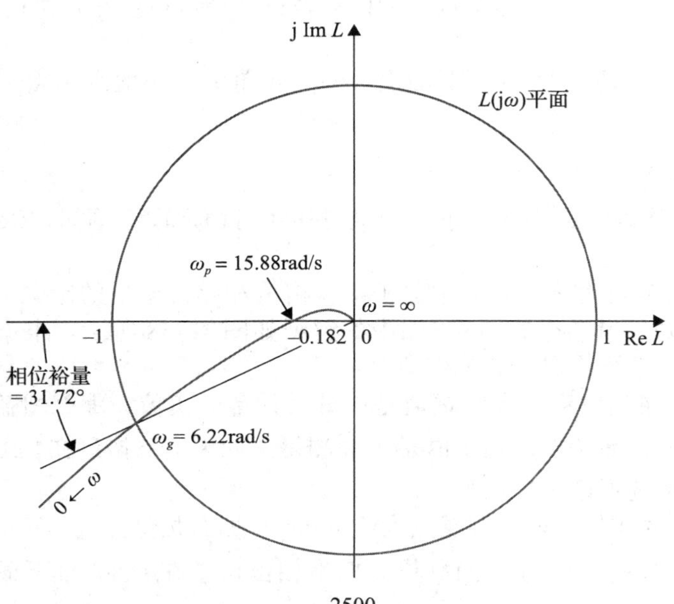

图 10-47 $L(s)=\frac{2500}{s(s+5)(s+50)}$ 的 Nyquist 图

增益裕量在相位穿越点处测得。$L(\mathrm{j}\omega_p)$ 的幅值是 0.182。因此，由式（10-106）得到增益裕量：

$$GM = 20\lg\frac{1}{|L(\mathrm{j}\omega_p)|} = 20\lg\frac{1}{0.182} = 14.80(\mathrm{dB}) \quad (10\text{-}114)$$

相位裕量在增益穿越点处测得。$L(\mathrm{j}\omega_g)$ 的相位是 211.72°。因此，由式（10-112）得到相位裕量：

$$PM = \angle L(\mathrm{j}\omega_g) - 180° = 211.72° - 180° = 31.72° \quad (10\text{-}115)$$ ▲

在以 Bode 图研究稳定性之前，总结 Nyquist 图还是很有必要的。

Nyquist 图的优点

1. Nyquist 图能用于研究具有非最小相位传递函数的系统的稳定性。

2. 一旦画出了 Nyquist 图，可以很容易地将闭环系统稳定性分析转为研究开环传递函数的 Nyquist 图相对点 (–1, j0) 的关系。

Nyquist 图的缺点

根据 Nyquist 图不容易进行控制器的设计。

10.10 用 Bode 图进行稳定性分析

630~631

传递函数的 Bode 图对于频域中线性控制系统的分析与设计是一个非常有用的图形工具。在引入计算机分析控制系统以前，Bode 图经常被称为“渐近图”，因为幅值和相位能够根据它们的渐近特性粗略画出。当前，控制系统中 Bode 图的应用具有如下优缺点。

Bode 图的优点

1. 在有计算机之前，Bode 图能用直线段近似画出幅值和相位。

2. 在 Bode 图中确定增益穿越点、相位穿越点、增益裕量和相位裕量要比在 Nyquist 图中更加容易。

3. 从设计角度，使用 Bode 图能比用 Nyquist 图更轻松地画出增加控制器及其参数的影响。

Bode 图的缺点

1. Bode 图仅能确定最小相位系统的绝对和相对稳定性。例如，Bode 图无法给出稳定性判据。

分别根据图 10-44 和图 10-46 中关于增益裕量和相位裕量的定义，对于典型的最小相位开环传递函数，其参数在 Bode 图中的解释如图 10-48 所示。根据 Bode 图的性质，能够得出如下关于系统稳定性的观察结果：

2. 如果 $L(\mathrm{j}\omega)$ 在相位穿越点的幅值是以分贝计量的负值，那么增益裕量是正的，系统稳定。也就是说，增益裕量在 0 dB 轴下面测得。如果增益裕量在 0 dB 轴上面测得，增益裕量是负的，系统不稳定。

3. 如果 $L(\mathrm{j}\omega)$ 的相位在增益穿越点大于 –180°，那么相位裕量是正的，系统稳定。也就是说，相位裕量在 –180° 轴上面测得。如果相位裕量在 –180° 轴下面测得，相位裕量是负的，系统不稳定。

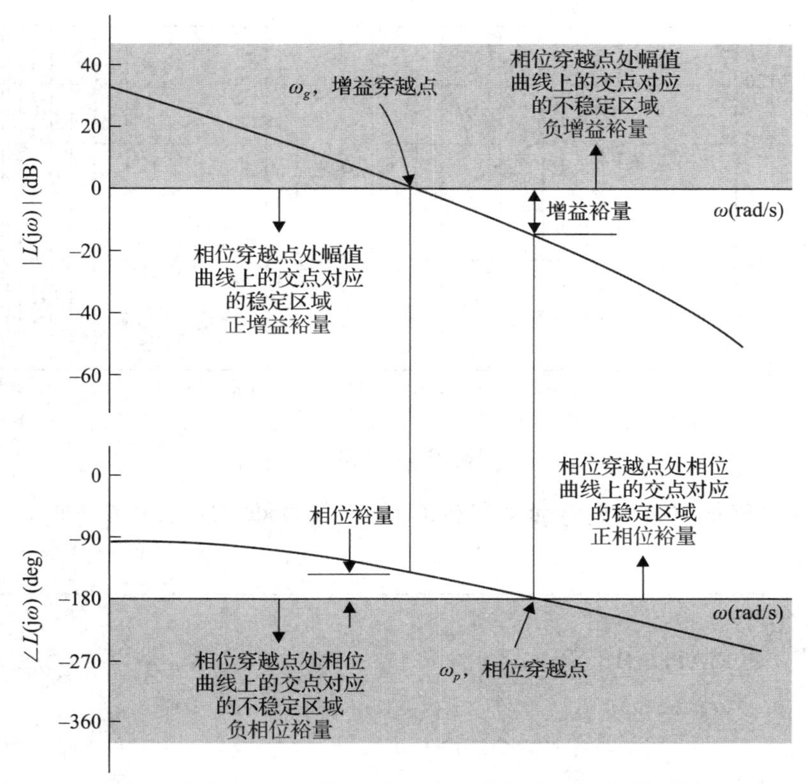

图 10-48　Bode 图上的增益裕量和相位裕量

例 10-10-1　考虑式（10-113）给出的开环传递函数，该函数的 Bode 图如图 10-49 所示。下面的结果可以轻松地从幅值和相位图中观察出来。

增益穿越点是幅值曲线与 0dB 轴的交点。增益穿越频率 ω_g 是 6.22rad/s。相位裕量是在增益穿越点处测得的。从 −180° 轴测量的相位裕量是 31.72°。因为此时相位裕量在 −180° 轴以上，相位裕量是正值，系统稳定。

相位穿越点是相位曲线与 −180° 轴的交点。相位穿越频率 $\omega_p = 15.88$ rad/s。在相位穿越点处测得的增益裕量是 14.8dB。因为增益裕量在 0 dB 轴以下，增益裕量是正值，系统稳定。

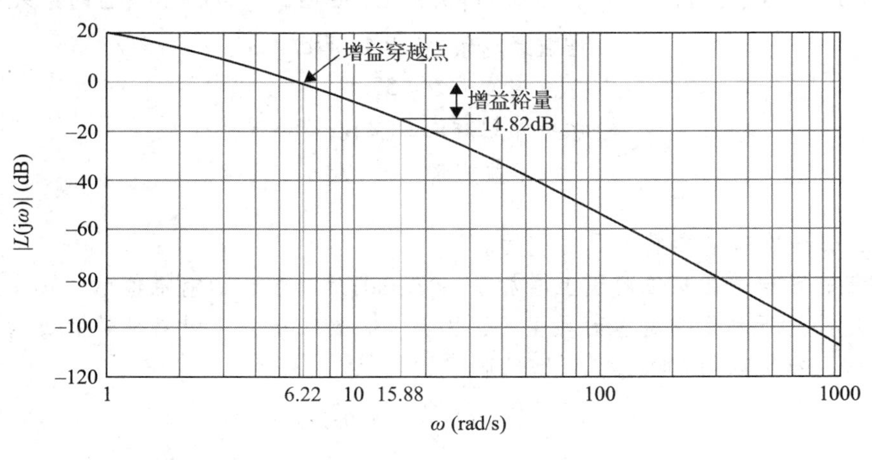

图 10-49　$L(s)=\dfrac{2500}{s(s+5)(s+50)}$ 的 Bode 图

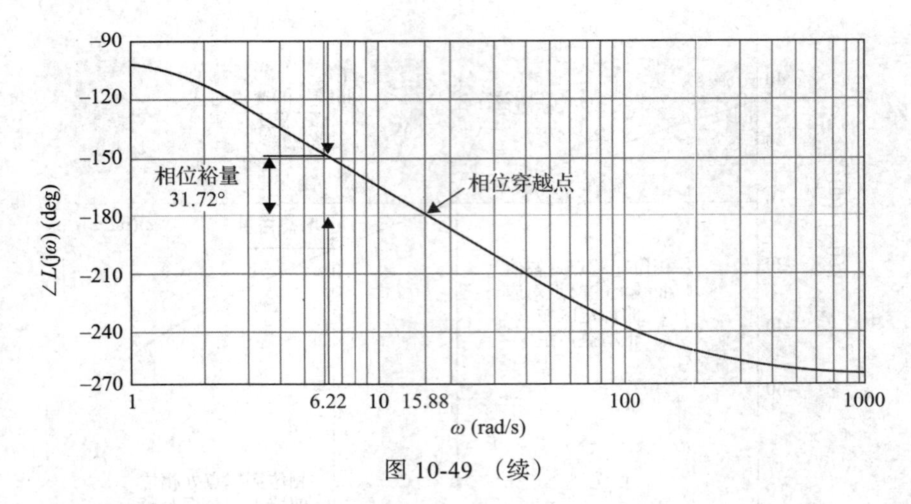

图 10-49 （续）

读者应该比较图 10-47 的 Nyquist 图和图 10-49 的 Bode 图，以及图中的 ω_g、ω_p、GM 和 PM 的解释。

工具箱 10-10-1

图 10-49 对应的 MATLAB 代码如下：

```
G = zpk([],[0 -1 -1],2500)
margin(G)
grid
```

▲

具有纯时滞的系统的 Bode 图

10.4 节讨论了开环具有纯时滞的闭环系统的稳定性分析。这类问题用 Bode 图也能很轻松分析。下面的例子给出了标准的分析过程。

例 10-10-2 考虑闭环系统的开环传递函数：

$$L(s)=\frac{K\mathrm{e}^{-T_d s}}{s(s+1)(s+2)} \tag{10-116}$$

图 10-50 画出了当 $K=1$ 和 $T_d=0$ 时 $L(\mathrm{j}\omega)$ 的 Bode 图，可以得出下面的结果：

增益穿越频率 = 0.446rad/s

相位裕量 = 53.4°

相位穿越频率 = 1.416rad/s

增益裕量 = 15.57dB

因此，系统在现有参数下是稳定的。

纯时滞的影响是在相位曲线上增加了 $-T_d\omega(\mathrm{rad})$ 的相位，而对幅值曲线没有影响。时滞对于稳定性的不利影响是显而易见的，因为当 ω 增加时，由时滞导致的负的相位改变也迅速增加。为了找到时滞对稳定性的临界值，我们设

$$T_d\omega_g = 53.4°\frac{\pi}{180°}=0.932\mathrm{rad} \tag{10-117}$$

根据上面的方程解出 T_d，从而得到 T_d 的临界值是 2.09s。

632
~
634

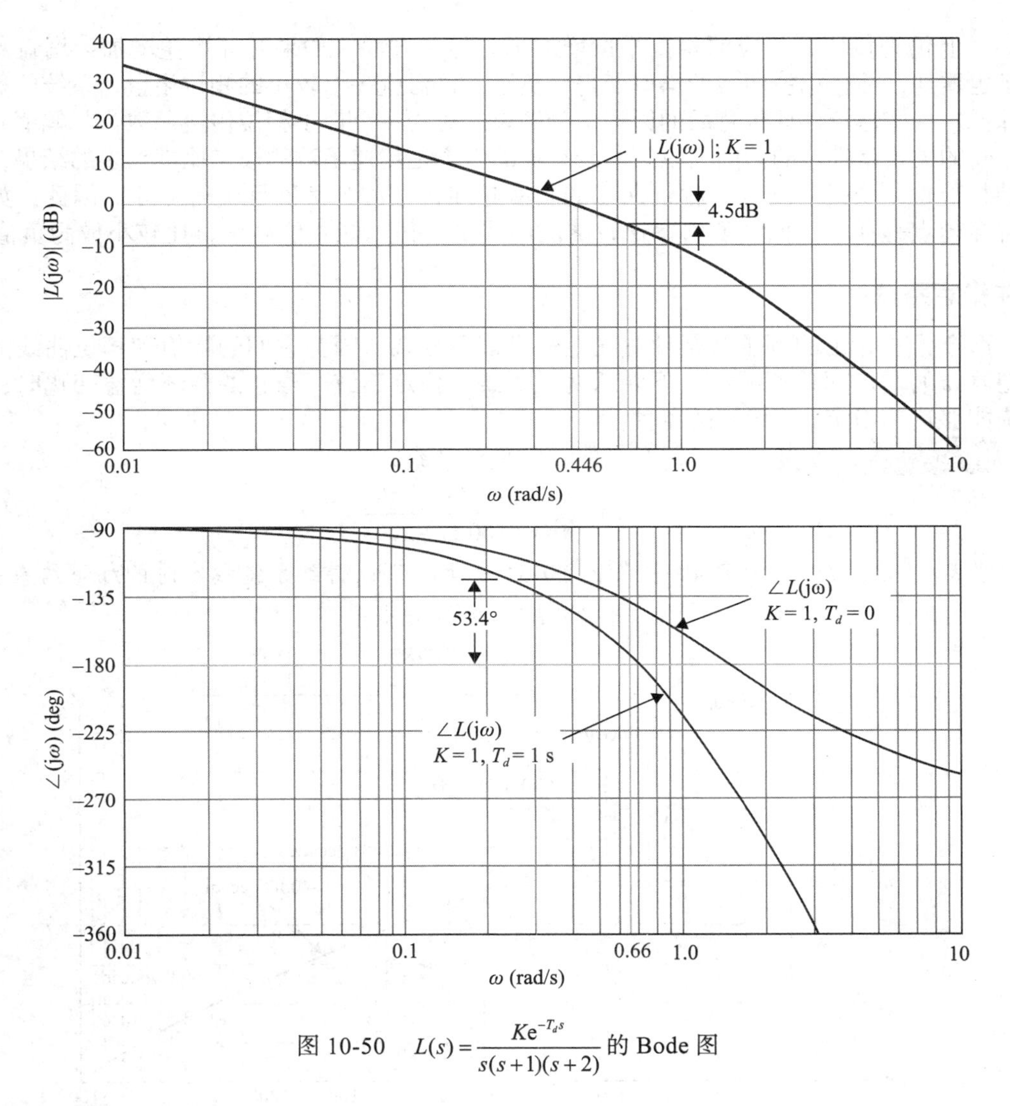

图 10-50 $L(s)=\dfrac{Ke^{-T_d s}}{s(s+1)(s+2)}$ 的 Bode 图

继续上面的例子，任意设 T_d 为 1s，找出此时保证稳定性的 K 的临界值。图 10-50 画出了 $L(j\omega)$ 在新时滞下的 Bode 图。K 仍旧等于 1 时，幅值曲线不改变。随着 ω 的增加，相位曲线与原来相比下降了，可得到下面的结果：

$$\text{相位穿越频率} = 0.66\text{rad/s}$$

$$\text{增益裕量} = 4.5\text{dB}$$

因此，使用式（10-106）所给的增益裕量的定义，系统稳定时 K 的临界值是 $10^{4.5/20}=1.68$。 ▲

10.11 相对稳定性与 Bode 图的幅值曲线的斜率之间的关系

除了 GM、PM 和 M_p 可以作为相对稳定性的测量指标外，开环传递函数 Bode 图的幅值曲线在增益穿越点的斜率也可作为闭环系统相对稳定性的定性指标。例如，在图 10-49 中，如果系统的开环增益从一个比较小的值减小，那么幅值曲线向下变化，同时相位曲线不变。这导致增益穿越频率更低了，且在这一频率处的幅值曲线的斜率向正值方向增大些，但仍为负值，相应的相位裕量增加了。另一方面，如果开环增益增加，增益穿越频率也增加，并且幅值曲线的斜率变得更负了。这对应一个较小的相位裕量，系统的稳定性降低。一些稳定性评价背后的原理十分简单。对于一个最小相位传递函数，其幅值和相位之间的关系是唯一的。因为幅值曲线有负的斜率是传递函数的极点比零点多的结果，相应的相位也是负的。通常，幅值曲线的斜率越陡，相位为负值且负得更多。因此，如果增益穿越点是在幅值曲线的斜率比较陡的曲线上，很可能相位裕量将比较小或为负值。

条件稳定系统

迄今为止介绍的例子从某种意义上来讲都不复杂，因为它们的幅值和相位曲线的斜率随着 ω 的增加而单调减小。下面示例说明**条件稳定系统**，当它的开环增益变化时，该系统能够达到稳定 / 不稳定的条件。

例 10-11-1 考虑一个闭环系统的开环传递函数：

$$L(s)=\frac{100K(s+5)(s+40)}{s^3(s+100)(s+200)} \qquad (10\text{-}118)$$

当 $K=1$ 时，$L(\mathrm{j}\omega)$ 的 Bode 图如图 10-51 所示。可以得到系统稳定时的如下结果：

$$\text{增益穿越频率}=1\text{rad/s}$$

$$\text{相位裕量}=-78°$$

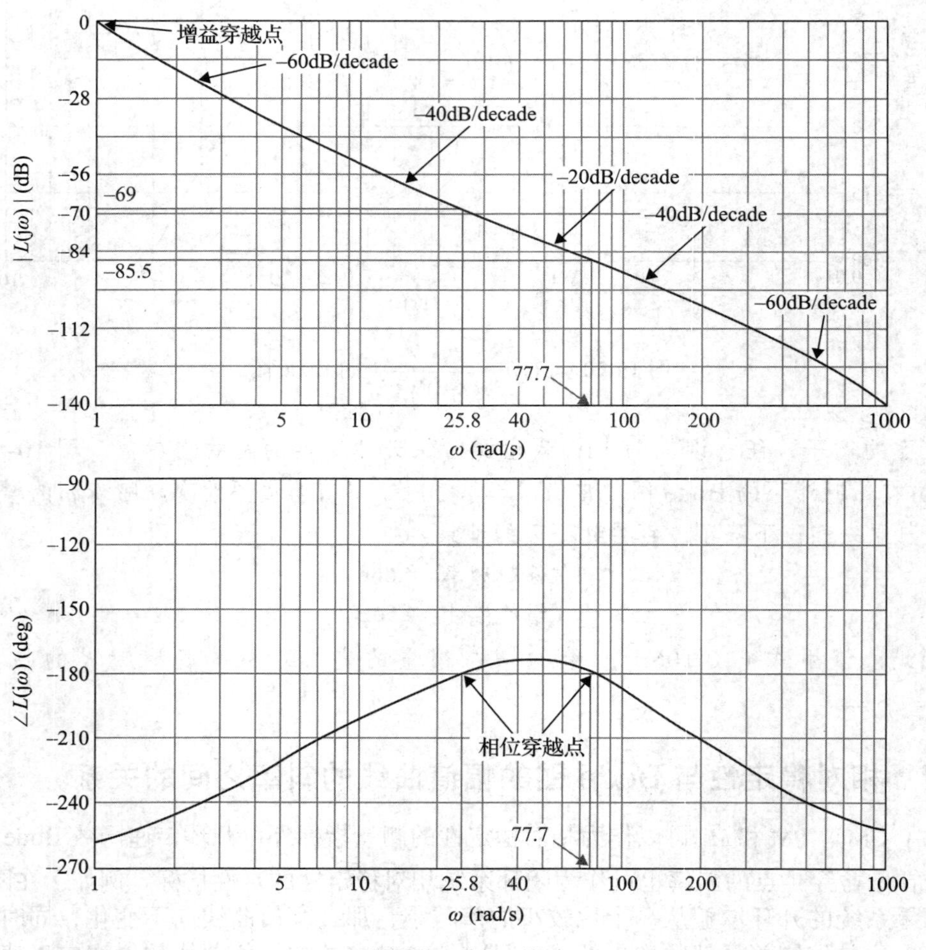

图 10-51 $L(s)=\dfrac{100K(s+5)(s+40)}{s^3(s+100)(s+200)}, K=1$ 的 Bode 图

图中有两个相位穿越点：一个在 25.8rad/s，另一个在 77.7rad/s。在这两个频率之间的相位特性表明，如果增益穿越点位于这一范围，系统是稳定的。根据幅值曲线，稳定运行的 K 值是在 69dB 和 85.5dB 之间。对于高于和低于这一范围的 K 值，$L(\mathrm{j}\omega)$ 的相位小于 $-180°$，系统不稳定。上面这个示例可以很好地说明相对稳定性和增益穿越点处幅值曲线的斜率之间的关系。正如从图 10-51 观察到的，在非常低和非常高的频率处，幅值曲线的斜率是 −60 dB/decade；如果增益穿越点落在这两个区域中的任意一个上，相位裕量是负值，系统不稳定。在幅值曲线斜率为 −40dB/decade 的两个区域，系统仅当增益穿越点位于这些区域一半的地方时是稳定的，但即便如此，相位裕量还是小的。如果增益穿越点位于幅值曲线斜率为 −20dB/decade 的区域，系统是稳定的。

图 10-52 画出了 $L(\mathrm{j}\omega)$ 的 Nyquist 图。比较从 Bode 图和 Nyquist 图得到的稳定性的结果是十分有趣的。图 10-53 画出了系统的根轨迹图。根轨迹清楚地给出了系统相对于 K 的稳定性条件。根轨迹在 s 平面 $\mathrm{j}\omega$ 轴上的交点的个数等于 $L(\mathrm{j}\omega)$ 的相位曲线与 Bode 图 $-180°$ 轴的交点的个数，也等于 $L(\mathrm{j}\omega)$ 的 Nyquist 图同负实轴的交点个数。读者应该一起核对从 Bode 图得到的增益裕量、Nyquist 图负实轴上的交点对应的增益裕量，以及根据根轨迹在 $\mathrm{j}\omega$ 轴的交点对应的 K 值。▲

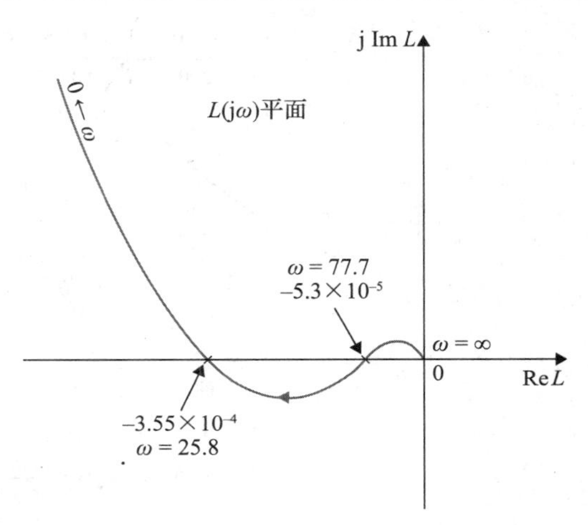

图 10-52　$L(s)=\dfrac{100K(s+5)(s+40)}{s^3(s+100)(s+200)}, K=1$ 的 Nyquist 图

636
~
637

10.12　用幅值 − 相位图进行稳定性分析

附录 G 描述的幅值 − 相位图是另一种频域图，它在频域分析与设计中具备一定优点。传递函数 $L(\mathrm{j}\omega)$ 的幅值 − 相位图的纵坐标是 $|L(\mathrm{j}\omega)|$(dB)，横坐标是 $\angle L(\mathrm{j}\omega)$(deg)。图 10-54 是式（10-113）中的传递函数依据图 10-49 的 Bode 图数据画出的幅值 − 相位图。$L(\mathrm{j}\omega)$ 的幅值 − 相位图上清楚地显示出了增益和相位穿越点以及增益和相位裕量。

1. 临界点在 0dB 轴与 $-180°$ 轴的交点上。
2. 相位穿越点位于曲线与 $-180°$ 轴的交点上。
3. 增益穿越点位于曲线与 0dB 轴的交点上。
4. 增益裕量是从相位穿越点到临界点以 dB 计量的垂直距离。
5. 相位裕量是从增益穿越点到临界点以 deg 计量的水平距离。

从系统稳定的角度，增益和相位穿越点应该位于什么区域也可以在幅值 − 相位图上表示出来。因为对于纵轴 $L(\mathrm{j}\omega)$ 的单位是 dB，当 $L(\mathrm{j}\omega)$ 的开环增益改变时，曲线仅沿着纵轴上下移动。类似地，如果一个定常相位加入 $L(\mathrm{j}\omega)$，轨迹沿着水平方向移动，且不会导致曲线扭曲变形。如果 $L(\mathrm{j}\omega)$ 包括一个纯时滞 T_d，这一时滞的影响是沿着这一曲线增加一个等于 $-\omega T_d\times180°/\pi$ 的相位。

幅值 − 相位图的另一优点是对于单位反馈系统，闭环系统的参数，如 M_r、ω_r 和 BW，能够在定常 M 曲线的帮助下全部从图中确定。这些闭环性能参数在单位反馈系统的前向通道传递函数的 Bode 图上无法体现。

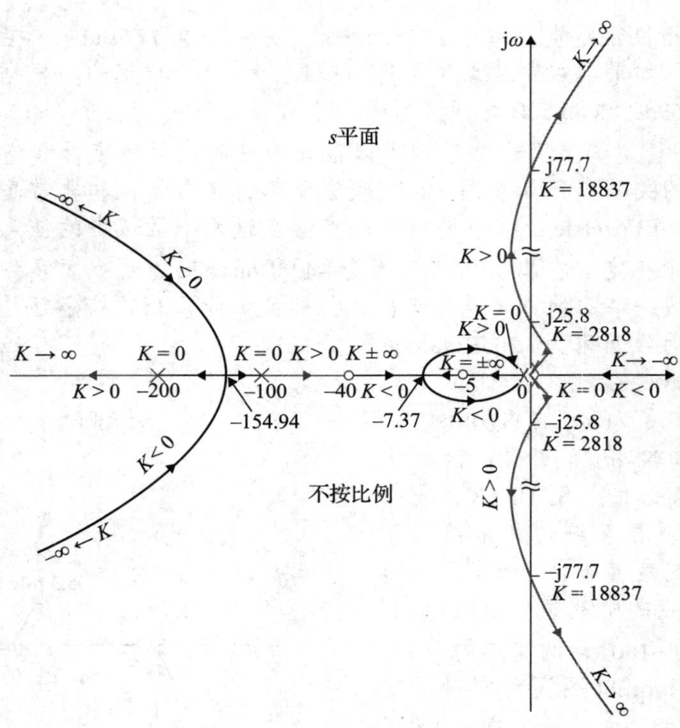

图 10-53　$G(s)=\dfrac{100K(s+5)(s+40)}{s^3(s+100)(s+200)}$ 的根轨迹

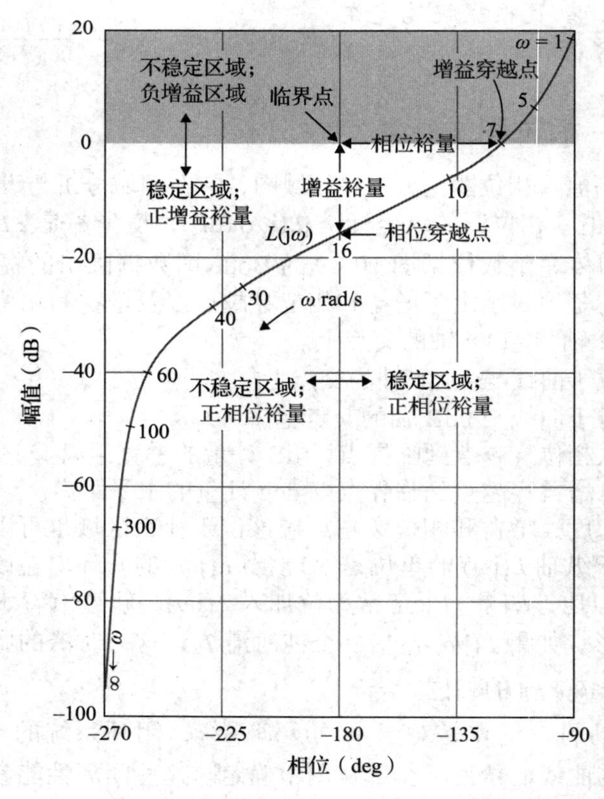

图 10-54　$L(s)=\dfrac{10}{s(1+0.2s)(1+0.02s)}$ 的增益 - 相位图

10.13 幅值-相位图中的定常 M 曲线：Nichols 图

此前已经指出很难解析得到高阶系统的谐振峰值 M_r 和带宽 BW，闭环系统 Bode 图提供的信息仅是增益裕量和相位裕量。有必要建立一种使用前向通道传递函数 $G(\mathrm{j}\omega)$ 来确定 M_r、ω_r 和 BW 的图形化方法。下面将看到，这种方法仅能直接应用于单位反馈系统，虽然在一定的改进下，也能够应用于非单位反馈系统。

638~639

设 $G(s)$ 是一个单位反馈系统的前向通道传递函数，则闭环传递函数为

$$M(s)=\frac{G(s)}{1+G(s)} \tag{10-119}$$

在正弦稳态时，用 $\mathrm{j}\omega$ 替换 s， $G(s)$ 变成

$$G(\mathrm{j}\omega)=\mathrm{Re}G(\mathrm{j}\omega)+\mathrm{jIm}G(\mathrm{j}\omega)=x+\mathrm{j}y \tag{10-120}$$

其中，为了简化，用 x 代表 $\mathrm{Re}G(\mathrm{j}\omega)$ ， y 代表 $\mathrm{Im}G(\mathrm{j}\omega)$ 。闭环传递函数的幅值可以写成

$$|M(\mathrm{j}\omega)|=\left|\frac{G(\mathrm{j}\omega)}{1+G(\mathrm{j}\omega)}\right|=\frac{\sqrt{x^2+y^2}}{\sqrt{(1+x)^2+y^2}} \tag{10-121}$$

为了符号简化，用 M 代表 $|M(\mathrm{j}\omega)|$。式（10-121）变为

$$M\sqrt{(1+x)^2+y^2}=\sqrt{x^2+y^2} \tag{10-122}$$

对式（10-122）两边同时平方可得到：

$$M^2[(1+x)^2+y^2]=x^2+y^2 \tag{10-123}$$

即

$$(1-M^2)x^2+(1-M^2)y^2-2M^2x=M^2 \tag{10-124}$$

方程两边同时除以 $(1-M^2)$ 并且同时加上 $[M^2/(1-M^2)]^2$，得：

$$x^2+y^2-\frac{2M^2}{1-M^2}x+\left(\frac{M^2}{1-M^2}\right)^2=\frac{M^2}{1-M^2}+\left(\frac{M^2}{1-M^2}\right)^2 \tag{10-125}$$

最终化简为

$$\left(x-\frac{M^2}{1-M^2}\right)^2+y^2=\left(\frac{M}{1-M^2}\right)^2,\quad M\neq 1 \tag{10-126}$$

给定 M 值，式（10-126）代表一个圆，其圆心为

$$x=\mathrm{Re}G(\mathrm{j}\omega)=\frac{M^2}{1-M^2},\quad y=0 \tag{10-127}$$

半径为

$$r=\left|\frac{M}{1-M^2}\right| \tag{10-128}$$

640

当 M 取不同值时，式（10-126）描述的是 $G(\mathrm{j}\omega)$ 平面上的一组圆，称为**定常 M 曲线**，或**定常 M 圆**。图 10-55 画出了 $G(\mathrm{j}\omega)$ 平面中一组典型的定常 M 圆。这些圆是关于直线 $M=1$ 和实轴对称的。这些圆在 $M=1$ 左侧的曲线对应的 M 值大于 1，在 $M=1$ 右侧的曲线对应的 M 值小于 1。方程（10-126）和（10-127）表明当 M 变为无穷大时，这些圆

退化成在 (−1, j0) 的一个点。从图形上看，$G(j\omega)$ 曲线和定常 M 圆的交点给出了在 $G(j\omega)$ 曲线上对应的 M 值。如果想让 M_r 始终小于一个特定的值，那么 $G(j\omega)$ 曲线一定不能与相应的 M 圆有任何交点，同时不能包围点 (−1, j0)。具有最小半径的定常 M 圆与 $G(j\omega)$ 曲线在 M_r 处相切，在 $G(j\omega)$ 曲线的切点处即可读出谐振频率 ω_r。

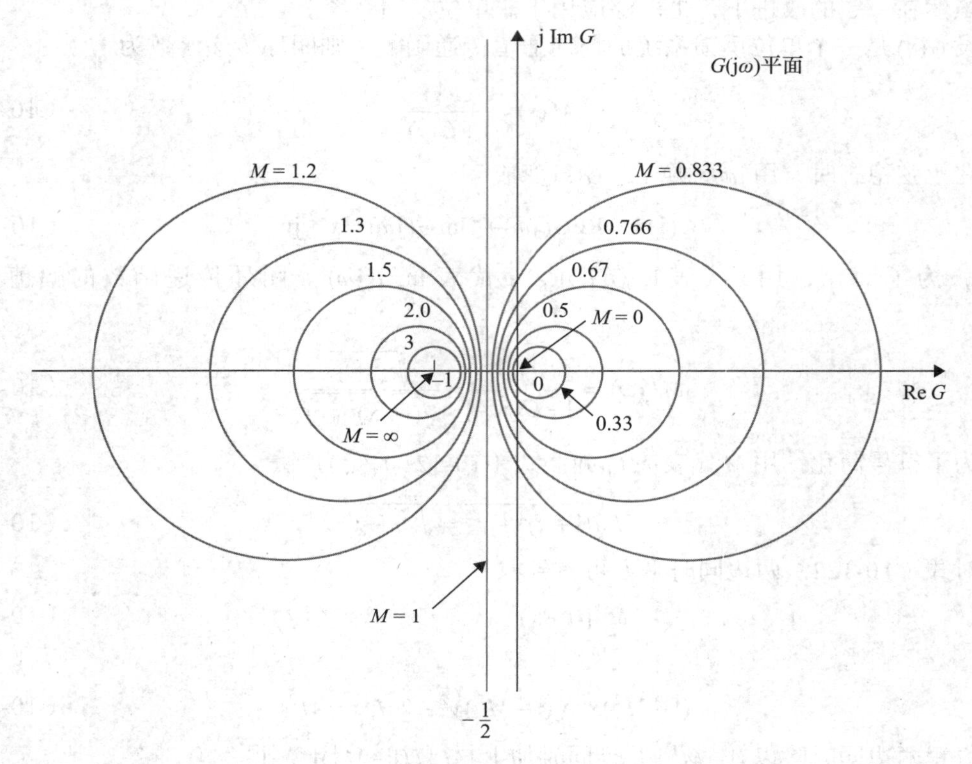

图 10-55　极坐标下的定常 M 圆

图 10-56a 画出了一个单位反馈控制系统的 $G(j\omega)$ 的 Nyquist 图，同时画出了几个定常 M 曲线。对于给定的开环增益 $K = K_1$，$G(j\omega)$ 曲线和定常 M 曲线之间的交点在曲线 $|M(j\omega)|$ 对 ω 上给出来了。通过定位与 $G(j\omega)$ 曲线相切的最小圆可以找到谐振峰值 M_r。谐振频率是切点处的频率，记作 ω_{r1}。如果开环增益增加到 K_2 时系统仍然稳定，一个对应更大 M 值的更小半径的定常 M 圆与 $G(j\omega)$ 曲线相切，因此谐振峰值将会更大。谐振频率记作 ω_{r2}，它比 ω_{r1} 更靠近相位穿越频率 ω_p。当 K 增加到 K_3，此时 $G(j\omega)$ 曲线通过点 (−1, j0)，系统是临界稳定的，M_r 无穷大，ω_{r3} 现在与谐振频率 ω_r 相同。

641

如果得到 $G(j\omega)$ 曲线和定常 M 曲线之间足够多的交点，$|M(j\omega)|$ 关于 ω 的幅值曲线就可以如图 10-56b 那样画出。

闭环系统的带宽是在 $G(j\omega)$ 曲线和 $M = 0.707$ 曲线的交点处取得。对于大于 K_3 的 K 值，系统是不稳定的，且定常 M 曲线和 M_r 不再有任何意义。

使用极坐标下的 $G(j\omega)$ 的 Nyquist 图的主要缺点在于，当存在像改变系统的开环增益这种简单的改变时，曲线不再保持它最初的形状。在设计时，不仅要频繁改变开环增益，而且还要增加一系列控制器。这要求对修改后的 $G(j\omega)$ 的 Nyquist 图完整地重构。

如果设计时用M_r和BW作为指标，使用$G(\mathrm{j}\omega)$的幅值–相位图会更加方便，因为在这种情况下，如果开环增益改变了，整个$G(\mathrm{j}\omega)$曲线仅仅是上下垂直移动，没有一点扭曲变形。当$G(\mathrm{j}\omega)$的相位特性单独改变时，不影响增益，幅值–相位图仅在水平方向上移动。

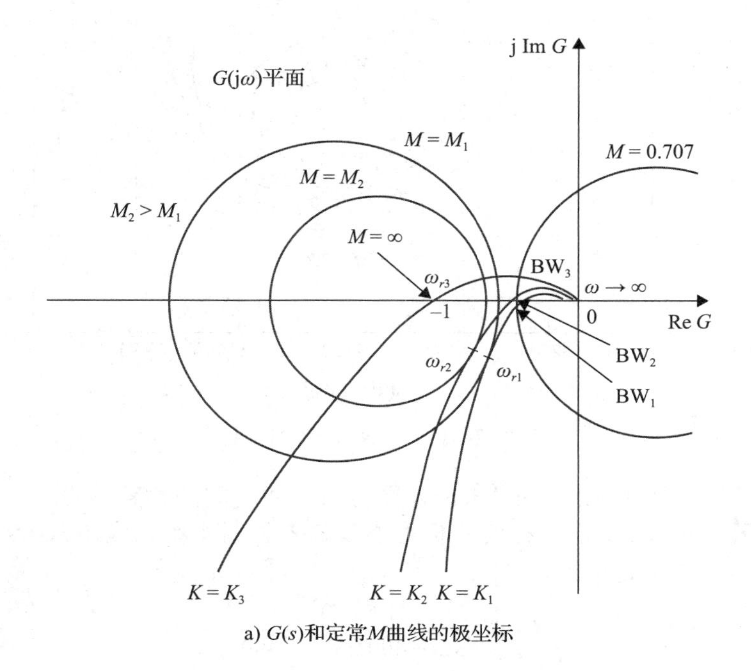

a) $G(s)$和定常M曲线的极坐标

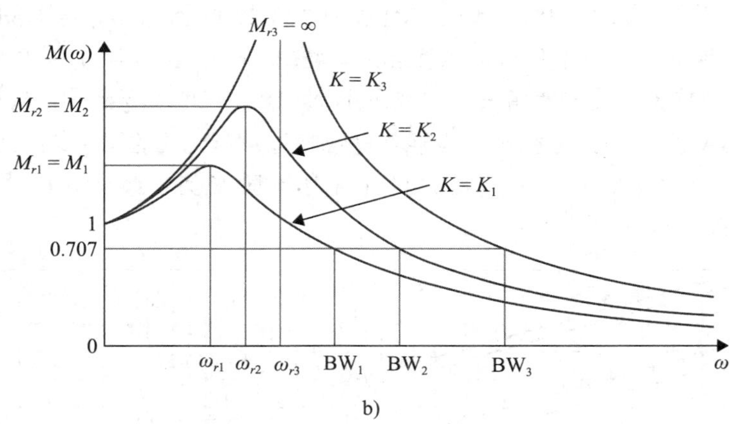

b)

图10-56　图a对应的幅值曲线

642

基于这一原因，极坐标下的定常M曲线是画在幅值–相位坐标系下的，画出的曲线称为**Nichols图**。所选定常M曲线的Nichols图见图10-57。一旦系统的$G(\mathrm{j}\omega)$曲线以Nichols曲线的形式画出，定常M曲线和$G(\mathrm{j}\omega)$曲线的交点给出了对应$G(\mathrm{j}\omega)$的频率处的M值。通过定位最小的与$G(\mathrm{j}\omega)$曲线相切的定常$M(M \geqslant 1)$曲线，可以得到谐振峰值M_r。谐振频率是在切点处的$G(\mathrm{j}\omega)$的频率。闭环系统的带宽是$G(\mathrm{j}\omega)$曲线与$M = 0.707$或$M = -3\mathrm{dB}$曲线相交的频率。

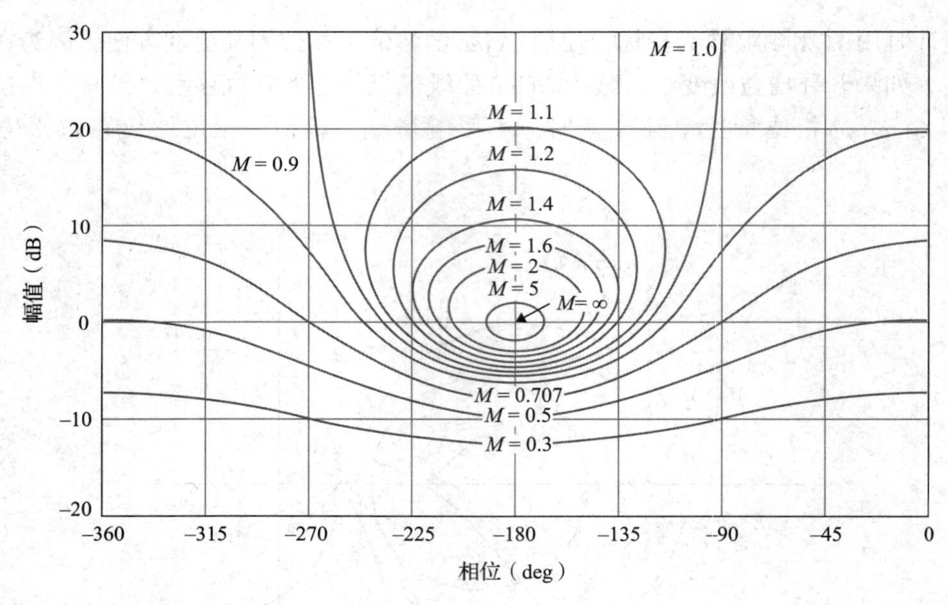

图 10-57　Nichols 图

下面的例子说明了 Bode 图和 Nichols 图分析方法之间的关系。

例 10-13-1　考虑 7.9 节分析的飞机受控面位置控制系统。式（7-169）给出了这一单位反馈系统的开环传递函数，即

$$G(s)=\frac{1.5\times10^{7}K}{s(s+400.26)(s+3008)} \tag{10-129}$$

图 10-58 画出了 $K=7.248$、14.5、181.2 和 273.57 时的 $G(j\omega)$ 的 Bode 图。确定了这些 K 值下的闭环系统的增益和相位裕量后，画在 Bode 图上。图 10-59 是对应 Bode 图的 $G(j\omega)$ 的幅值 – 相位图。这些幅值 – 相位图同 Nichols 图一起，给出了谐振峰值 M_r、谐振频率 ω_r 和带宽 BW 的信息。增益和相位裕量也清晰地被标记在幅值 – 相位图上。图 10-60 画出了闭环系统的频率响应。表 10-3 总结了 4 种不同 K 值的频域分析结果，并列出了 7.9 节所确定的时域最大超调量。▲

643

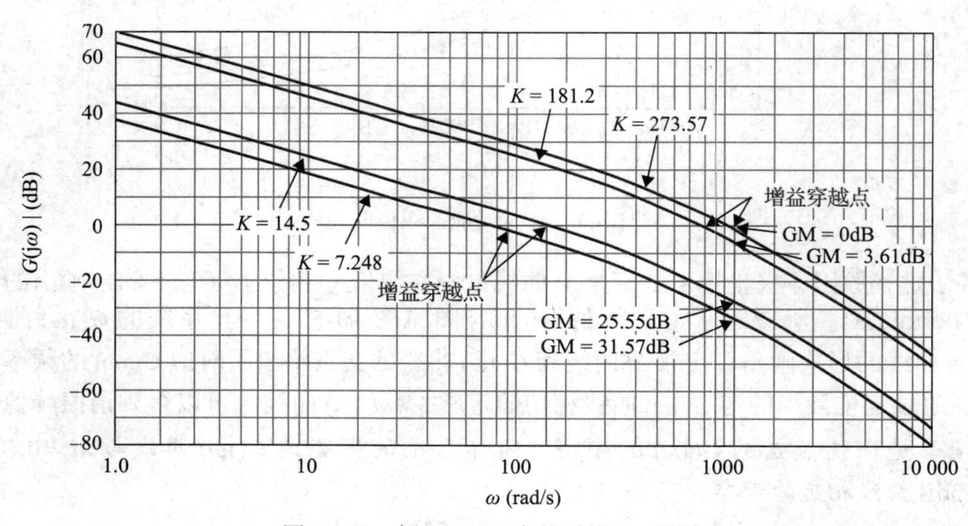

图 10-58　例 10-13-1 中的系统 Bode 图

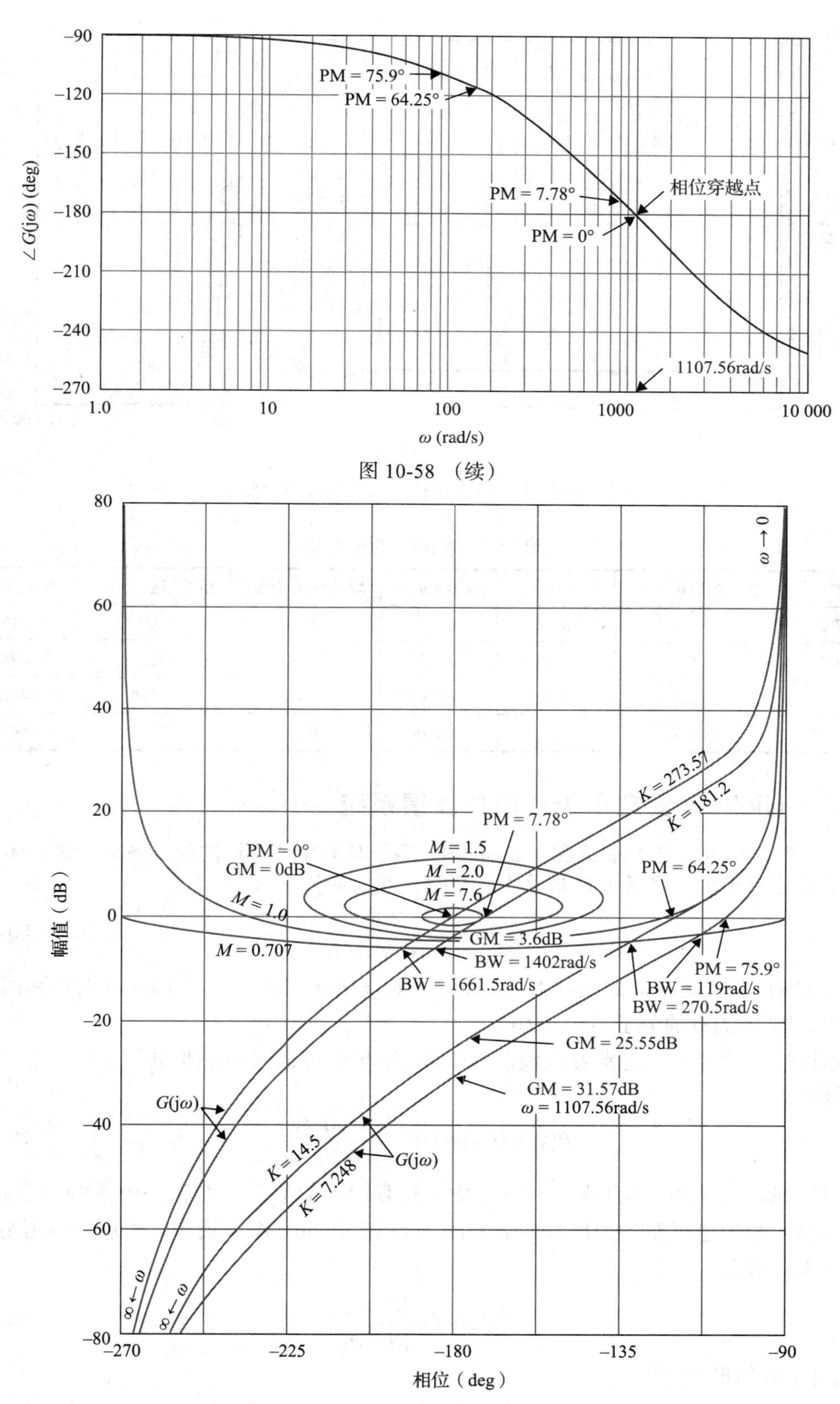

图 10-58 （续）

图 10-59　例 10-13-1 中系统的增益 - 相位图和 Nichols 图

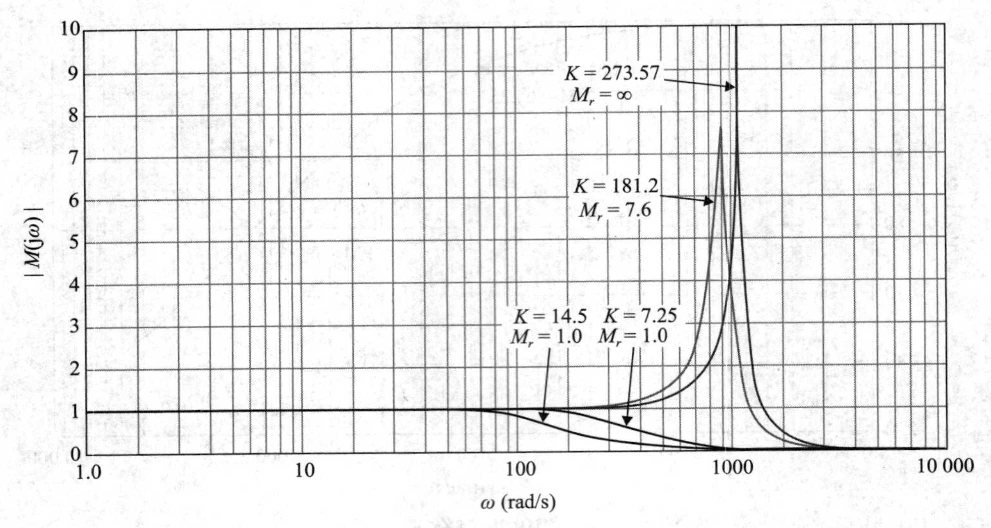

图 10-60 例 10-13-1 中系统的闭环频率响应

表 10-3 频域分析的总结

K	最大超调量（%）	M_r	ω_r(rad/s)	增益裕量（dB）	相位裕量（deg）	BW(rad/s)
7.25	0	1.0	1.0	31.57	75.9	119.0
14.5	4.3	1.0	43.33	25.55	64.25	270.5
181.2	15.2	7.6	900.00	3.61	7.78	1402.0
273.57	100.0	∞	1000.00	0	0	1661.5

10.14 Nichols 图应用于非单位反馈系统

前一节介绍的定常 M 曲线和 Nichols 图仅限于具有单位反馈的闭环系统，式（10-119）列出了其传递函数。当系统是非单位反馈时，其闭环传递函数为

$$M(s)=\frac{G(s)}{1+G(s)H(s)} \tag{10-130}$$

其中，$H(s)\neq 1$。定常 M 曲线和 Nichols 图不能直接通过画出 $G(\mathrm{j}\omega)H(\mathrm{j}\omega)$ 来得到闭环频率响应，因为 $M(s)$ 的分子不包括 $H(\mathrm{j}\omega)$。

通过适当的改动，定常 M 曲线和 Nichols 图仍然可以适用于非单位反馈系统。让我们考虑函数

$$P(s)=H(s)M(s)=\frac{G(s)H(s)}{1+G(s)H(s)} \tag{10-131}$$

很明显，式（10-131）与式（10-119）具有同样的形式。$P(\mathrm{j}\omega)$ 的频率响应可以通过在幅值 - 相位坐标系下画出 $G(\mathrm{j}\omega)H(\mathrm{j}\omega)$ 函数和 Nichols 图来决定。然后，得出 $M(\mathrm{j}\omega)$ 的频率响应信息，如下：

$$|M(\mathrm{j}\omega)|=\frac{|P(\mathrm{j}\omega)|}{|H(\mathrm{j}\omega)|} \tag{10-132}$$

或者，以 dB 的形式如下：

$$|M(\mathrm{j}\omega)|(\mathrm{dB})=|P(\mathrm{j}\omega)|(\mathrm{dB})-|H(\mathrm{j}\omega)|(\mathrm{dB}) \tag{10-133}$$

$$\phi_m(\mathrm{j}\omega)=\angle M(\mathrm{j}\omega)=\angle P(\mathrm{j}\omega)-\angle H(\mathrm{j}\omega) \tag{10-134}$$

10.15 频域中的灵敏度研究

在线性控制系统中使用频域方法的优点在于，处理高阶系统时比用时域方法更加容易。而且，系统对参数变化的灵敏度可以轻松地通过频域图来解释。下面介绍如何用 Nyquist 图和 Nichols 图来处理基于灵敏度的控制系统的分析与设计。

644～646

考虑一个具有单位反馈的线性控制系统，其传递函数为

$$M(s)=\frac{G(s)}{1+G(s)} \tag{10-135}$$

对于是 $G(s)$ 中乘积因子的开环增益 K，$M(s)$ 的灵敏度定义为

$$S_G^M(s)=\frac{\dfrac{\mathrm{d}M(s)}{M(s)}}{\dfrac{\mathrm{d}G(s)}{G(s)}}=\frac{\mathrm{d}M(s)}{\mathrm{d}G(s)}\frac{G(s)}{M(s)} \tag{10-136}$$

$M(s)$ 关于 $G(s)$ 求导，然后替换式（10-136）中的相应部分并简化，得：

$$S_G^M(s)=\frac{1}{1+G(s)}=\frac{1/G(s)}{1+1/G(s)} \tag{10-137}$$

很明显，灵敏度函数 $S_G^M(s)$ 是复变量 s 的函数。当 $G(s)$ 是式（10-113）中的传递函数时，图 10-61 画出了 $S_G^M(s)$ 的幅值图。

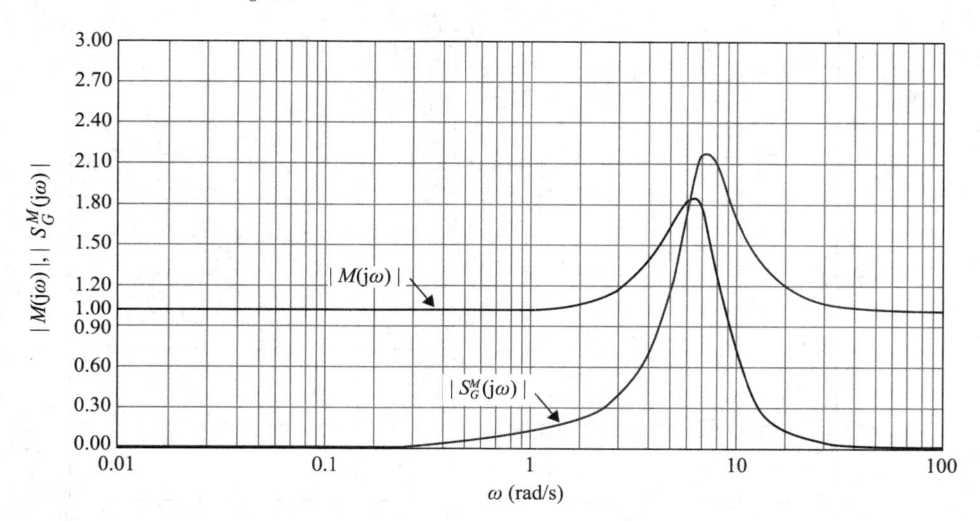

图 10-61 对于 $G(s)=\dfrac{2500}{s(s+5)(s+2500)}$，$|M(\mathrm{j}\omega)|$ 和 $|S_G^M(\mathrm{j}\omega)|$ 关于 ω 的曲线

有意思的是，闭环系统在大于 4.8rad/s 的频率处的灵敏度是差于对 K 值变化的灵敏度总为 1 的开环系统的。通常，关于灵敏度的设计指标如下：

$$\left|S_G^M(\mathrm{j}\omega)\right|=\frac{1}{|1+G(\mathrm{j}\omega)|}=\frac{|1/G(\mathrm{j}\omega)|}{|1+1/G(\mathrm{j}\omega)|}\leqslant k \tag{10-138}$$

其中，k 是正的实数值。这一灵敏度指标是对如稳态误差和相对稳定性之类的常规性能指标的补充。

647

方程（10-138）类似于式（10-121）中闭环传递函数的幅值$|M(\mathrm{j}\omega)|$，其中将$G(\mathrm{j}\omega)$用$1/G(\mathrm{j}\omega)$替换。因此，式（10-138）的灵敏度函数能通过画出$1/G(\mathrm{j}\omega)$在幅值－相位坐标下的Nichols图来确定。图10-62画出了式（10-113）的$G(\mathrm{j}\omega)$和$1/G(\mathrm{j}\omega)$的幅值－相位图。注意，$G(\mathrm{j}\omega)$从下面与曲线$M=1.8$相切，这意味着闭环系统的M_r是1.8。$1/G(\mathrm{j}\omega)$曲线从上面与曲线$M=2.2$相切，根据图10-61可知，它是$|S_G^M(s)|$的最大值。式（10-138）显示了对于较低灵敏度，必须要有高的开环增益$G(\mathrm{j}\omega)$，但通常高增益会导致不稳定。因此，设计者再次面临设计一个具有高度稳定性且较低灵敏度的系统的挑战。

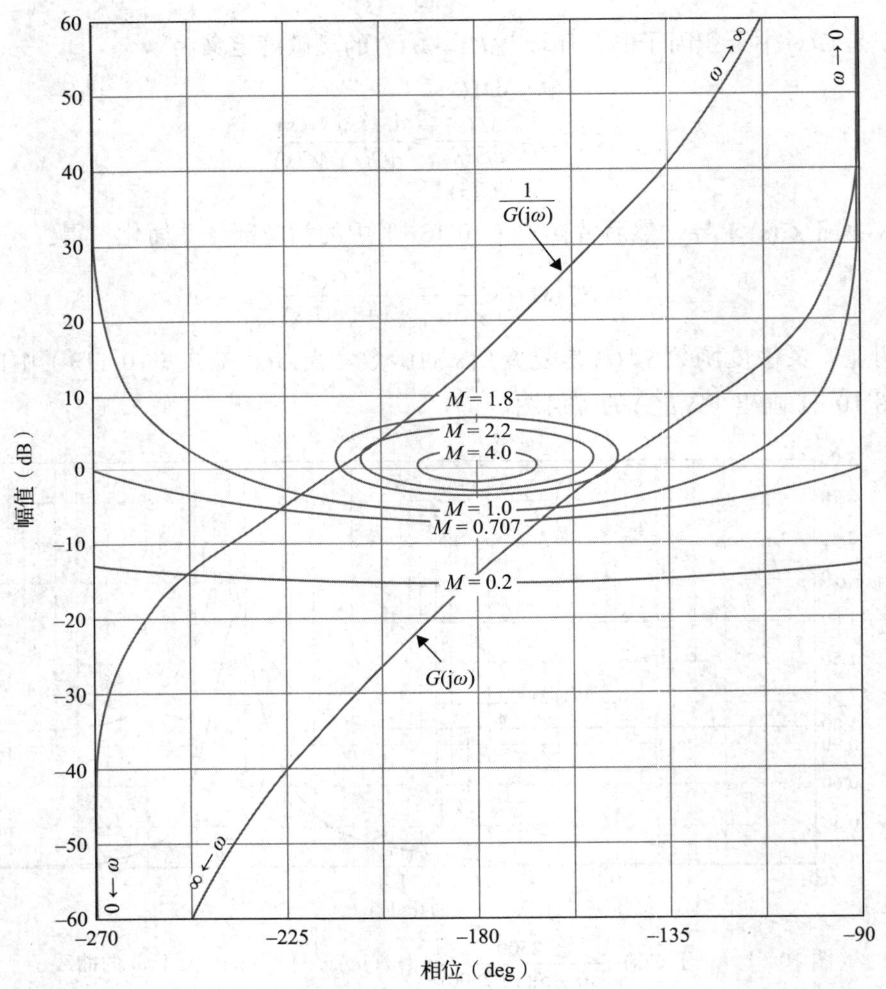

图10-62　对于$G(s)=\dfrac{2500}{s(s+5)(s+50)}$，$G(\mathrm{j}\omega)$和$1/G(\mathrm{j}\omega)$的幅值－相位曲线

648

用频域方法设计鲁棒控制系统（低灵敏度）在第11章讨论。

10.16 MATLAB工具和案例研究

除了本章的MATLAB工具箱之外，本章不包含其他任何软件。在第11章，我们将介绍MATLAB SISO设计工具，这一工具可以提供GUI（图形用户界面）方法来进行控制工程传递函数的分析。

10.17　小结

本章描述了线性系统的开环和闭环频率响应之间的典型关系。在频域中定义了性能指标，如谐振峰值 M_r、谐振频率 ω_r 和带宽 BW，解析地推导出了二阶系统中这些参数之间的关系，讨论了开环传递函数中增加简单极点和零点对 M_r 和 BW 的影响。

研究了用于线性控制系统稳定性分析的 Nyquist 判据。通过研究开环传递函数 $G(s)H(s)$ 从 $\omega=0$ 到 $\omega=\infty$ 时相对于临界点的行为，可以分析单回路控制系统的稳定性。如果 $G(s)H(s)$ 是最小相位传递函数，这一稳定性条件可以简化为 Nyquist 图不包围临界点。

10.6 节讨论了根轨迹和 Nyquist 图之间的关系。这一讨论加深了读者对这两者的理解。

相对稳定性以增益裕量和相位裕量的形式定义。这些定量指标在极坐标和 Bode 图中做了定义。增益 - 相位图可以为闭环分析画出 Nichols 图。在 Nichols 图上可以轻松画出 $G(j\omega)$ 曲线，从而找到 M_r 和 BW 的值。

用 Bode 图可以分析具有纯时滞的系统的稳定性。

灵敏度函数 $S_G^M(s)$ 作为一种由于 $G(j\omega)$ 变化而导致 $M(j\omega)$ 变化的测量指标而定义。$G(j\omega)$ 和 $1/G(j\omega)$ 的频率响应能用于灵敏度研究中。

最后，读者可以使用本章给出的 MATLAB 工具箱来实践讨论过的所有概念。

参考文献

1. H. Nyquist, "Regeneration Theory," *Bell System. Tech. J.*, Vol. 11, pp. 126–147, Jan. 1932.
2. R. W. Brockett and J. L. Willems, "Frequency Domain Stability Criteria—Part II," *IEEE Trans. Automatic Control*, Vol. AC-10, pp. 255–261, July 1965.
3. R. W. Brockett and J. L. Willems, "Frequency Domain Stability Criteria—Part II," *IEEE Trans. Automatic Control*, Vol. AC-10, pp. 407–413, Oct. 1965.
4. T. R. Natesan, "A Supplement to the Note on the Generalized Nyquist Criterion," *IEEE Trans. Automatic Control*, Vol. AC-12, pp. 215–216, April 1967.
5. K. S. Yeung, "A Reformulation of Nyquist's Criterion," *IEEE Trans. Educ.* Vol. E-28, pp. 59–60, Feb. 1985.
6. A. Gelb, "Graphical Evaluation of the Sensitivity Function Using the Nichols Chart," *IRE Trans. Automatic Control*, Vol. AC-7, pp. 57–58, Jul. 1962.

649

习题

10-1　单位反馈控制系统的前向通道传递函数如下：

$$G(s)=\frac{K}{s(s+6.54)}$$

算出下列 K 值下：$K=5$、$K=21.38$、$K=100$，所有闭环系统的谐振峰值 M_r、谐振频率 ω_r 和带宽 BW 的解析解。使用本章给出的二阶系统公式。

10-2　用 MATLAB 来验证习题 10-1 的答案。

10-3　给定系统的传递函数

$$G(s)=\frac{s+\dfrac{1}{A_1}}{s+\dfrac{1}{A_2}}$$

判断该系统是超前网络还是滞后网络。

10-4　使用 MATLAB 求解下列问题。不要尝试求出解析解。单位反馈控制系统的前向通道传递函数是下面的方程。找出闭环系统的谐振峰值 M_r、谐振频率 ω_r 和带宽 BW。（提示：确定系统是稳定的。）

（a）$G(s)=\dfrac{5}{s(1+0.5s)(1+0.1s)}$

（b）$G(s)=\dfrac{10}{s(1+0.5s)(1+0.1s)}$

（c）$G(s)=\dfrac{500}{(s+1.2)(s+4)(s+10)}$

（d）$G(s)=\dfrac{10(s+1)}{s(s+2)(s+10)}$

（e）$G(s)=\dfrac{0.5}{s(s^2+s+1)}$

（f）$G(s)=\dfrac{100\mathrm{e}^{-s}}{s(s^2+10s+50)}$

（g）$G(s)=\dfrac{100\mathrm{e}^{-s}}{s(s^2+10s+100)}$

（h）$G(s)=\dfrac{10(s+5)}{s(s^2+5s+5)}$

10-5　二阶单位反馈控制系统的闭环传递函数如下：

$$M(s)=\frac{Y(s)}{R(s)}=\frac{\omega_n^2}{s^2+2\zeta\omega_n s+\omega_n^2}$$

该系统要求最大超调量不能超过 10%，上升时间小于 0.1s。解析地求出对应的 M_r 和 BW 的限制值。

10-6　重复习题 10-5，其中最大超调量不超过 20% 且上升时间 $t_r \leqslant 0.2\text{s}$。

10-7　重复习题 10-5，其中最大超调量不超过 30% 且 $K=10$。

10-8　单位反馈控制系统的前向通道传递函数如下：

650

$$G(s)=\frac{0.5K}{s(0.25s^2+0.375s+1)}$$

(a) 解析地求出保证闭环带宽约为 1.5rad/s（0.24Hz）时的值。

(b) 用 MATLAB 来验证（a）问的结果。

10-9　重复习题 10-8，其中保证谐振峰值为 2.2。

10-10　二阶系统的闭环频率响应 $|M(\mathrm{j}\omega)|$ 对 ω 如图 10P-10 所示。画出系统相应的单位阶跃响应草图，表明在单位阶跃输入下的最大超调量、峰值时间和稳态误差的值。

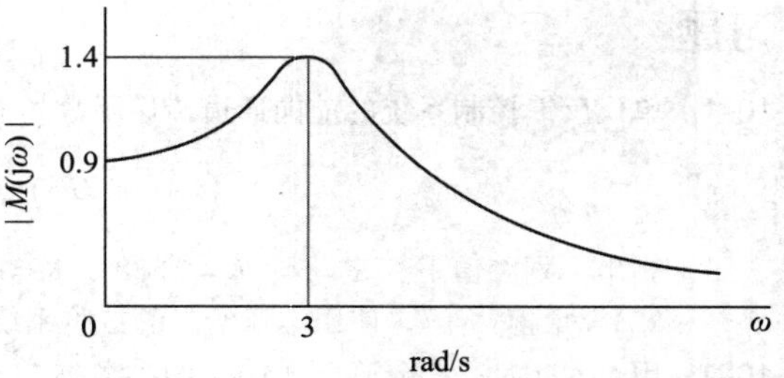

1.4
0.9
|M(jω)|
0
3
ω
rad/s

图　10P-10

10-11　带积分控制 $H(s)=\dfrac{K}{s}$ 的系统，其前向通道传递函数是

$$G(s)=\frac{1}{10s+1}$$

(a) 求出闭环谐振峰值为 1.4 时的 K 值。

(b) 确定（a）问对应的谐振频率、阶跃输入的超调量、相位增益和闭环带宽。

10-12　单位反馈控制系统的开环传递函数是

$$G(s)=\frac{1+Ts}{2s(s^2+s+1)}$$

用 MATLAB 找出闭环系统在 $T=0, 0.5, 1, 2, 3, 4, 5$ 时的 BW 和 M_r 的值。

10-13　单位反馈控制系统的开环传递函数是

$$G(s)=\frac{1}{2s(s^2+s+1)(1+Ts)}$$

用 MATLAB 找出闭环系统在 $T=0, 0.5, 1, 2, 3, 4, 5$ 时的 BW 和 M_r 的值。

10-14　系统的开环传递函数是

$$G(s)H(s)=\frac{0.5K}{0.25s^3+0.375s^2+s+0.5K}$$

（a）用二阶近似求解带宽和阻尼比。

（b）如果 BW $=1.5\text{rad/s}$，求解 K 值和阻尼比。

（c）用 MATLAB 来验证（b）问的结果。

10-15　单反馈回路系统的开环传递函数 $L(s)$ 如下。画出从 $\omega=0$ 到 $\omega=\infty$ 时 $L(\mathrm{j}\omega)$ 的 Nyquist 图。确定闭环系统的稳定性。如果系统不稳定，找出闭环传递函数在 s 右半平面的极点个数。解析地解出 $L(\mathrm{j}\omega)$ 与 $L(\mathrm{j}\omega)$ 平面的负实轴的交点。可以用 MATLAB 画出 $L(\mathrm{j}\omega)$ 的 Nyquist 图。 651

（a）$L(s)=\dfrac{20}{s(1+0.1s)(1+0.5s)}$

（b）$L(s)=\dfrac{10}{s(1+0.1s)(1+0.5s)}$

（c）$L(s)=\dfrac{100(1+s)}{s(1+0.1s)(1+0.2s)(1+0.5s)}$

（d）$L(s)=\dfrac{10}{s^2(1+0.2s)(1+0.5s)}$

（e）$L(s)=\dfrac{3(s+2)}{s(s^3+3s+1)}$

（f）$L(s)=\dfrac{0.1}{s(s+1)(s^2+s+1)}$

（g）$L(s)=\dfrac{100}{s(s+1)(s^2+2)}$

（h）$L(s)=\dfrac{10(s+10)}{s(s+1)(s+100)}$

10-16　单反馈回路系统的开环传递函数 $L(s)$ 如下。应用 Nyquist 判据确定使系统稳定的 K 值。画出当 $K=1$，ω 从 $\omega=0$ 到 $\omega=\infty$ 时 $L(\mathrm{j}\omega)$ 的 Nyquist 图。可以用计算机程序画出 Nyquist 图。

（a）$L(s)=\dfrac{K}{s(s+2)(s+10)}$

（b）$L(s)=\dfrac{K(s+1)}{s(s+2)(s+5)(s+15)}$

（c）$L(s)=\dfrac{K}{s^2(s+2)(s+10)}$

（d）$L(s)=\dfrac{K}{(s+5)(s+2)^2}$

（e）$L(s)=\dfrac{K(s+5)(s+1)}{(s+50)(s+2)^3}$

10-17　单位反馈控制系统的开环传递函数是

$$G(s)=\frac{K}{(s+5)^n}$$

用 Nyquist 判据来确定使闭环系统稳定的 $K(-\infty<K<\infty)$ 的范围。画出从 $\omega=0$ 到 $\omega=\infty$ 时 $G(\mathrm{j}\omega)$ 的 Nyquist 图。

(a) $n=2$

(b) $n=3$

(c) $n=4$

10-18 画出图 10P-18 所示受控系统的 Nyquist 图。用 Nyquist 判据来确定使闭环系统稳定的 $K(-\infty<K<\infty)$ 的范围。

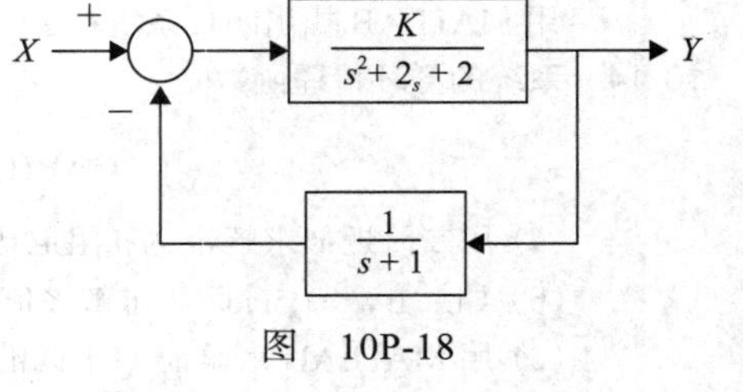

图 10P-18

10-19 线性控制系统的特征方程如下：

$$s(s^3+2s^2+s+1)+K(s^2+s+1)=0$$

(a) 应用 Nyquist 判据来确定使闭环系统稳定的 K 值。

652 (b) 用 Routh-Hurwitz 判据来验证上述结果。

10-20 重复习题 10-19，其中 $s^3+3s^2+3s+1+K=0$。

10-21 具有 PD（比例 − 微分）控制器的单位反馈控制系统的开环传递函数是

$$G(s)=\frac{10(K_p+K_D s)}{s^2}$$

选择使系统的抛物线误差常量 K_a 是 100 的 K_P 值。找出从 $\omega=0$ 到 $\omega=\infty$ 时等价的开环传递函数 $G_{eq}(s)$。用 Nyquist 判据来确定使系统稳定的 K_D 的范围。

10-22 反馈控制系统的控制框图如图 10P-22 所示。

(a) 用 Nyquist 判据来确定使系统稳定的 K 的范围。

(b) 用 Routh-Hurwitz 判据来验证（a）问的结果。

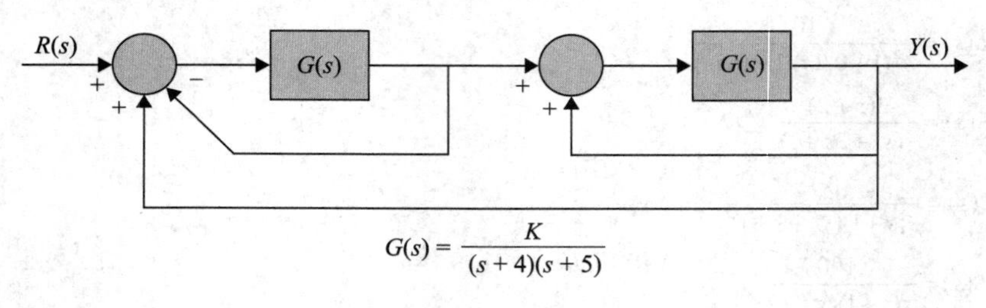

图 10P-22

10-23 习题 2-36 中的流体层控制系统的开环传递函数是

$$G(s)=\frac{K_a K_i n K_I N}{s(R_a Js+K_i K_b)(As+K_o)}$$

其中，系统参数给定如下：$K_a=50, K_i=10, K_I=50, J=0.006, K_b=0.0706, n=0.01, R_a=10$。$A$、$N$、$K_o$ 的值可变。

(a) 当 $A=50, K_o=100$ 时，画出 N 作为可变参数的从 $\omega=0$ 到 $\omega=\infty$ 时 $G(j\omega)$ 的 Nyquist 图。求出闭环系统稳定时的最大整数值 N。

(b) 当 $N=10, K_o=100$ 时，画出等价传递函数 $G_{eq}(j\omega)$ 在 A 作为乘数因子时的 Nyquist 图。求出对应系统稳定时 K_o 的临界值。

(c) 当 $A=50, N=10$ 时，画出等价传递函数 $G_{eq}(j\omega)$ 在 K_o 作为乘数因子时的 Nyquist 图。求出对应系统稳定时 K_o 的临界值。

10-24 直流电动机控制系统的控制框图如图 10P-24 所示。用 Nyquist 判据来确定系统稳定时的 K 的范围，其中 K_t 有如下值：

(a) $K_t=0$

(b) $K_t=0.01$

(c) $K_t=0.1$

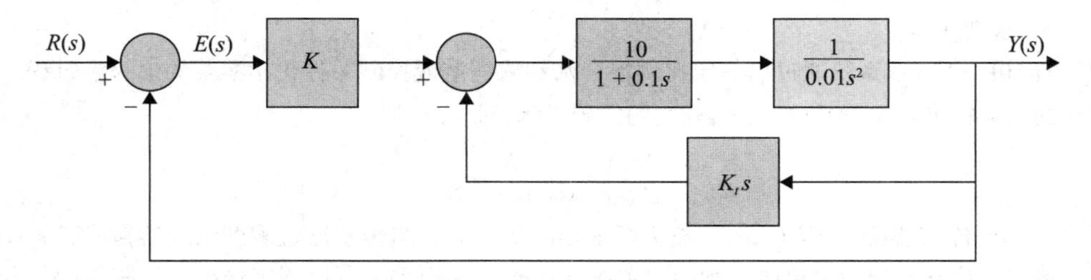

图　10P-24

653

10-25　对于如图 10P-24 所示的系统，设 $K=10$。用 Nyquist 判据来确定系统稳定时的 K_t 的范围。

10-26　图 10P-26 显示的是一个伺服电动机控制框图。

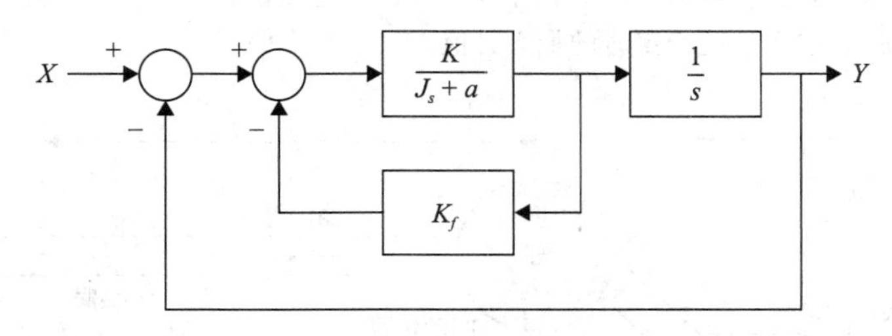

图　10P-26

设 $J=1\,\mathrm{kg\cdot m^2}$ 和 $B=1\,\mathrm{N\cdot m/rad/s}$。当 K_f 为如下值时，用 Nyquist 判据来确定系统稳定时的 K 的范围。

（a）$K_f=0$

（b）$K_f=0.1$

（c）$K_f=0.2$

10-27　对于如图 10P-26 所示的系统，设 $K=10$。用 Nyquist 判据来确定系统稳定时的 K_f 的范围。

10-28　控制系统如图 10P-28 所示，画出 Nyquist 图并用 Nyquist 判据来确定系统稳定时的 K 的范围，以及系统不稳定对应的 K 值下 s 右半平面中根的个数。

（a）$G(s)=\dfrac{s+1}{(s-1)^2}$

（b）$G(s)=\dfrac{s-1}{(s+1)^2}$

X　KG(s)　Y

图　10P-28

10-29　轧钢控制系统的开环传递函数是

$$G(s)=\frac{100Ke^{-T_d s}}{s(s^2+10s+100)}$$

（a）当 $K=1$ 时，确定闭环系统稳定时的最大时滞 T_d（以秒为单位）。

（b）当时滞 T_d 是 1s 时，确定使系统稳定的最大 K 值。

10-30　以下面的条件重做习题 10-29。

（a）当 $K=0.1$ 时，确定闭环系统稳定的最大时滞 T_d（以秒为单位）。

（b）当时滞 T_d 是 0.1s 时，确定系统稳定的最大 K 值。

10-31　系统的开环传递函数如下：

$$G(s)H(s)=\frac{K}{s(\tau_1 s+1)(\tau_2 s+1)}$$

654

分析下面条件下系统的稳定性：

（a）K 很小；

（b）K很大。

10-32 图 10P-32 所示系统通过以一定比例混合水和浓缩溶液控制一种化学溶液的浓缩溶过程。系统的放大输出 e_a(V) 和位置阀 x(in) 之间的传递函数是

$$\frac{X(s)}{E_a(s)}=\frac{K}{s^2+10s+100}$$

当传感器检测到纯水时，放大器输出 e_a 等于 0；当传感器检测到浓缩溶液时，$e_a=10\text{V}$；输出浓度从 0 到最大值时，阀门位置改变 0.1in。阀门部分可以假定输出浓度跟阀门位置是线性变换的。输出水管有 0.1in^2 的截面积，且无论阀门位置如何，其流速都是 10^3in/s。为了确保传感器检测到的是混合均匀的溶液，最好将它放置在与阀门距离为 D(in) 的地方。

（a）推导出该系统的开环传递函数。

（b）当 $K=10$ 时，用 Nyquist 稳定判据来确定系统稳定时的最大距离 D(in)。

（c）设 $D=10\text{in}$，求出系统稳定时的最大 K 值。

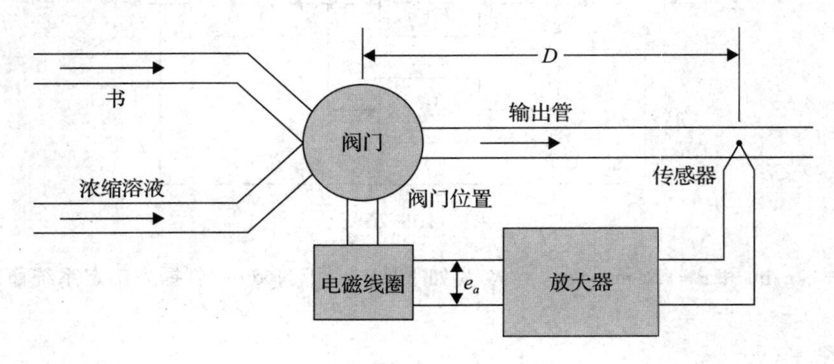

图 10p-32

10-33 对于习题 10-32 描述的混合系统，给出下面的系统参数：当传感器检测到纯水，放大器输出电压 $e_a=0\text{V}$；当传感器检测到浓缩溶液时，$e_a=1\text{V}$；输出浓度从 0 到最大值时，阀门位置改变 0.1in。其余的系统特征量与习题 10-32 相同，再回答习题 10-32 中的 3 个问题。

10-34 图 10P-34 给出了一个被控系统的控制框图。

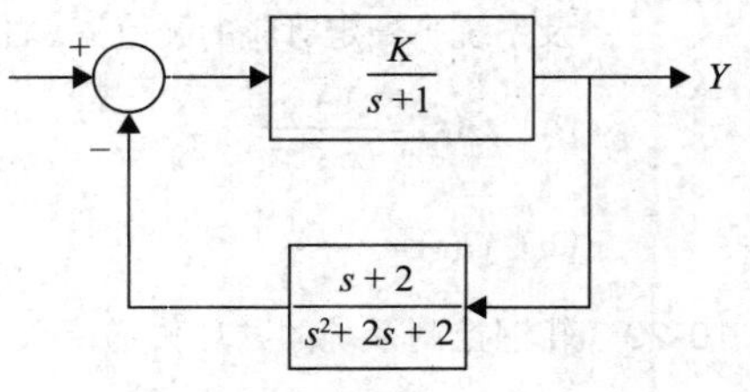

图 10P-34

（a）画出 Nyquist 图，并用 Nyquist 判据来确定系统稳定时的 K 的范围。

（b）确定系统不稳定时对应的 K 值下 s 右半平面上根的个数。

655

（c）用 Routh 判据确定系统稳定时的 K 的范围。

10-35 单位反馈控制系统的前向通道传递函数是

$$G(s)=\frac{1000}{s(s^2+105s+600)}$$

（a）求出闭环系统的的 M_r、ω_r 和 BW 值。

（b）求出与三阶系统具有相同 M_r 和 ω_r 的二阶系统的参数，其开环传递函数为

$$G_L(s)=\frac{\omega_n^2}{s(s+2\zeta\omega_n)}$$

比较两个系统的带宽。

10-36 系统的传递函数为

$$G(s)H(s)=\frac{25(s+1)}{s(s+2)(s^2+2s+16)}$$

用 MATLAB 画出系统的 Bode 图并找出系统的相位裕量和幅值裕量。

10-38　用 MATLAB 画出图 10P-34 所示系统的 Bode 图，其中 $K=1$，并用相位裕量和幅值裕量确定系统稳定时的 K 值范围。

10-39　单位反馈控制系统的前向通道传递函数由如下式子给出。画出 $G(\mathrm{j}\omega)/K$ 的 Bode 图，并且求出使系统增益裕量为 20dB 的 K 值，以及使系统相位裕量为 45° 的 K 值。

（a）$G(s)=\dfrac{K}{s(1+0.1s)(1+0.5s)}$

（b）$G(s)=\dfrac{K(s+1)}{s(1+0.1s)(s+0.2s)(1+0.5s)}$

（c）$G(s)=\dfrac{K}{(s+3)^3}$

（d）$G(s)=\dfrac{K}{(s+3)^4}$

（e）$G(s)=\dfrac{K\mathrm{e}^{-s}}{s(1+0.1s+0.01s^2)}$

（f）$G(s)=\dfrac{K(1+0.5s)}{s(s^2+s+1)}$

10-40　单位反馈控制系统的前向通道传递函数由如下式子给出。在 Nichols 图的增益 - 相位坐标下画出 $G(\mathrm{j}\omega)/K$，并且求出使系统增益裕量为 10dB 的 K 值，使系统相位裕量为 45° 的 K 值，以及使 $M_r=1.2$ 的 K 值。

（a）$G(s)=\dfrac{10K}{s(1+0.1s)(1+0.5s)}$

（b）$G(s)=\dfrac{5K(s+1)}{s(1+0.1s)(s+0.2s)(1+0.5s)}$

（c）$G(s)=\dfrac{10K}{s(1+0.1s+0.01s^2)}$

（d）$G(s)=\dfrac{10K\mathrm{e}^{-s}}{s(1+0.1s+0.01s^2)}$

10-41　单位反馈控制系统的前向通道传递函数是

$$G(s)H(s)=\frac{K(s+1)(s+2)}{s^2(s+3)(s^2+2s+25)}$$

656

（a）画出 Bode 图。

（b）画出根轨迹。

（c）找出系统不稳定时的增益和频率。

（d）找出相位裕量为 20° 时的增益。

（e）找出相位裕量为 20° 时的增益裕量。

10-42　一个单位反馈控制系统的前向通道传递函数的 Bode 图由试验得到（当前向增益 K 设为它的极小值时，如图 10P-42 所示）。

（a）尽可能从图上找到系统的增益和相位裕量，求出增益和相位穿越频率。

（b）如果增益是它的极小值的 2 倍，重做（a）问。

（c）如果增益是它的极小值的 10 倍，重做（a）问。

（d）如果增益裕量是 40dB，求出增益必须从它的极小值改变多少。

（e）如果相位裕量是 45°，求出开环增益必须从它的极小值改变多少。

（f）如果系统的参考输入是单位阶跃函数，求出系统的稳态误差。

（g）前向通道现在有一个 T_d 秒的纯时滞，所以这一开环传递函数必须乘以 $\mathrm{e}^{-T_d s}$。求出 $T_d=0.1\mathrm{s}$ 时的增益裕量和相位裕量，增益设为极小值。

(h) 当增益是极小值时，求出系统变为不稳定前能够允许的最大时滞 T_d。

10-43 在下面的条件下，重复图 10P-42 所在的习题 10-42。

(a) 如果增益是它的极小值的 4 倍，找到系统的增益和相位裕量，求出增益和相位穿越频率。

(b) 如果增益裕量是 20dB，求出增益必须从它的极小值改变多少。

(c) 求出保证系统稳定的前向通道增益裕量。

(d) 如果相位裕量是 60°，求出增益必须从它的极小值改变多少。

(e) 如果系统的参考输入是单位阶跃函数，且增益是它的极小值的 2 倍，求出系统的稳态误差。

(f) 如果系统的参考输入是单位阶跃函数，且增益是它的极小值的 20 倍，求出系统的稳态误差。

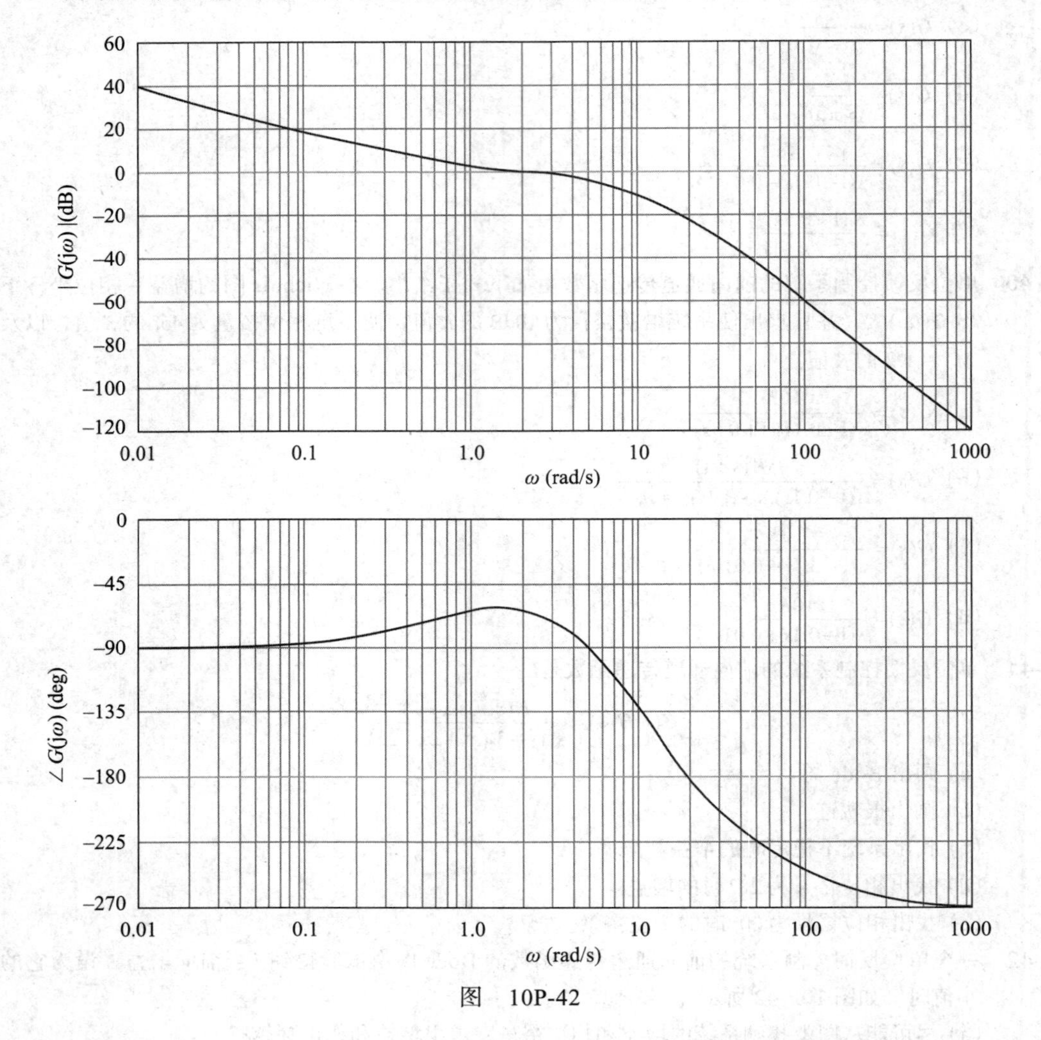

图 10P-42

(g) 系统现在有一个 T_d 秒的纯时滞，所以这一前向通道传递函数必须乘以 $e^{-T_d s}$。求出 $T_d = 0.1\text{s}$ 时的增益裕量和相位裕量，增益设为极小值。

657 (h) 当增益是极小值的 10 倍时，求出系统变为不稳定前能够允许的最大时滞 T_d。

10-44 单位反馈控制系统的前向通道传递函数是

$$G(s)H(s) = \frac{80e^{-0.1s}}{s(s+4)(s+10)}$$

(a) 画出系统的 Nyquist 图。

(b) 画出系统的 Bode 图。

(c) 求出系统的相位裕量和增益裕量。

10-45 单位反馈控制系统的前向通道传递函数是

$$G(s)=\frac{K(1+0.2s)(1+0.1s)}{s^2(1+s)(1+0.01s)^2}$$

(a) 画出 $G(j\omega)/K$ 的 Nyquist 图和伯德图，并且确定系统稳定时的 K 值范围。

(b) 画出 $K\geqslant 0$ 时系统的根轨迹。使用 Bode 图中的信息确定根轨迹与 $j\omega$ 轴相交处的 K 与 ω 值。

10-46 使用下面的传递函数重复习题 10-45：

$$G(s)=\frac{K(s+1.5)(s+2)}{s^2(s^2+2s+2)}$$

10-47 使用下面的传递函数重复习题 10-45：

$$G(s)H(s)=\frac{16\,000(s+1)(s+5)}{s(s+0.1)(s+8)(s+20)(s+50)}$$

10-48 直流电动机控制系统的前向通道传递函数是

$$G(s)=\frac{6.087\times 10^8 K}{s(s^3+423.42s^2+2.6667\times 10^6 s+4.2342\times 10^8)}$$

画出 $K=1$ 时 $G(j\omega)$ 的 Bode 图，确定系统的增益裕量和相位裕量，求出系统稳定时 K 的临界值。

10-49 对于图 6P-20 描述的机械臂模型，其输出位置 $\Theta_L(s)$ 和电动机电流 $I_a(s)$ 之间的传递函数为

$$G_p(s)=\frac{\Theta_L(s)}{I_a(s)}=\frac{K_i(Bs+K)}{\Delta_o}$$

658

其中，

$$\Delta_o=s\{J_L J_m s^3+[J_L(B_m+B)+J_m(B_L+B)]s^2+[B_L B_m+(B_L+B_m)B+(J_L+J_m)K]s+K(B_L+B_m)\}$$

这个机械臂是由闭环系统控制的，系统参数如下：

$$K_a=65, K=100, K_i=0.4, B=0.2, J_m=0.2, B_L=0.01, J_L=0.6, B_m=0.25$$

(a) 推导出前向通道传递函数 $G(s)=\Theta_L(s)/E(s)$。

(b) 画出 $G(j\omega)$ 的 Bode 图，求出系统的增益和相位裕量。

(c) 画出 $|M(j\omega)|$ 关于 ω 的曲线，其中 $M(s)$ 是闭环回路的传递函数，求出 M_r、ω_r 和 BW。

10-50 球－杆系统如图 10P-50 所示，系统参数假设如下：

m = 0.11kg	球的质量	I = 9.99×10^{6}kg/m^2	球的惯性矩
r = 0.015	球的半径	P	球的位置坐标
d = 0.03m	杠杆臂偏移量	α	杆的角度坐标
g = 9.8m/s^2	重力加速度	θ	伺服齿轮角度
L = 1.0m	杆的长度		

如果该系统由一个具有比例控制器的单位反馈控制系统控制。

(a) 找出齿轮角度 θ 和球的位置 P 之间的传递函数。

(b) 找出闭环传递函数。

(c) 找出系统稳定时的 K 值范围。

(d) 画出系统在 $K=1$ 时的 Bode 图，并找出系统的增益裕量和相位裕量。

(e) 画出 $|M(j\omega)|$ 关于 ω 的曲线，其中 $M(s)$ 是闭环回路的传递函数，求出 M_r、ω_r 和 BW。

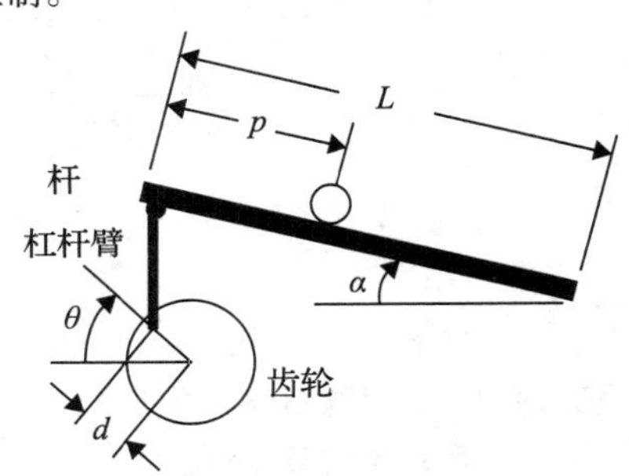

图 10P-50

10-51 图 10P-51 表示了一个单位反馈控制系统的 $G(j\omega)/K$ 的前向通道传递函数的增益－相位图，求出系统下列的性能

指标。

(a) 当$K=1$时的增益穿越频率(rad/s)。

(b) 当$K=1$时的相位穿越频率(rad/s)。

(c) 当$K=1$时的增益裕量(dB)。

(d) 当$K=1$时的相位裕量(deg)。

659 (e) 当$K=1$时的谐振峰值M_r。

(f) 当$K=1$时的谐振频率ω_r(rad/s)。

(g) 当$K=1$时闭环系统的BW。

(h) 增益裕量是20dB时的K值。

(i) 系统边界稳定时的K值。以为rad/s为单位求出等幅振荡时的频率。

(j) 当参考输入是单位阶跃函数时的稳态误差。

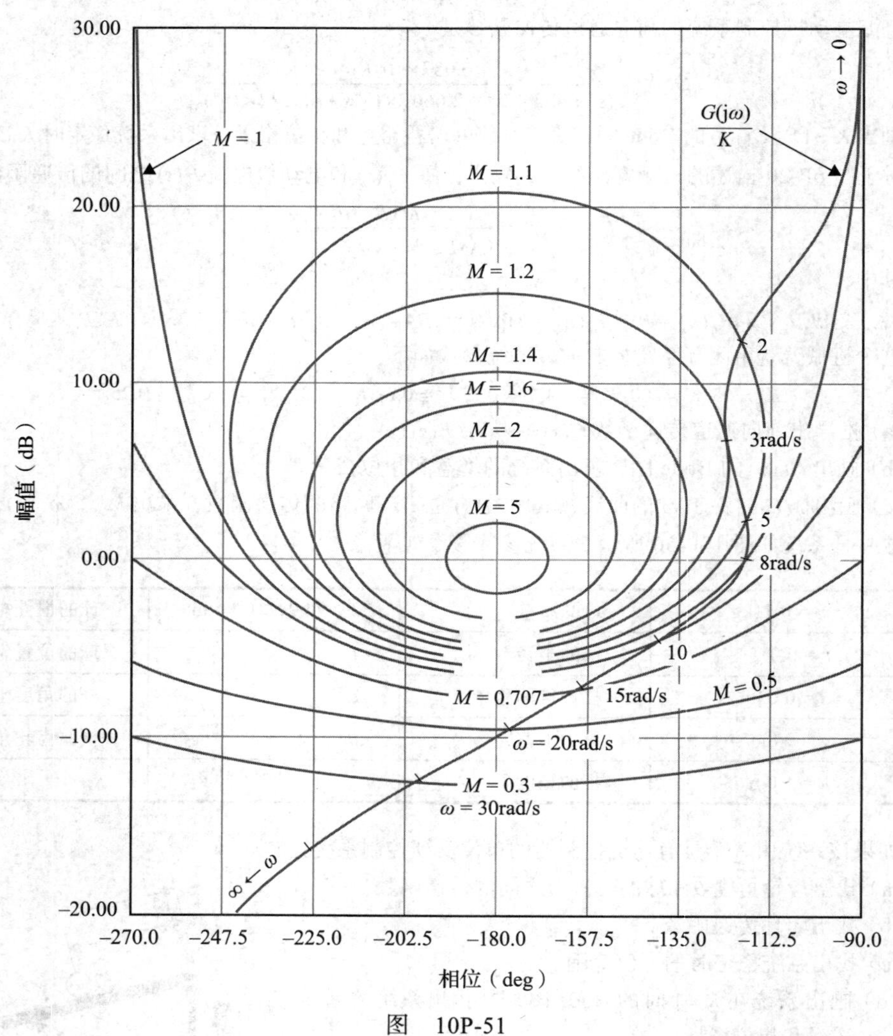

图 10P-51

10-52 当$K=10$时,重做习题10-51的(a)到(g)问。当增益裕量为40dB时,重做(h)问。

10-53 针对习题10-44中的系统,画出Nichols图,并找出闭环频域响应的增益和相角,然后画出闭环系统的Bode图。

660

10-54 用ACSYS或MATLAB分析下面的单位反馈控制系统的频率响应,画出Bode图、极坐标图和幅值－相位图，并计算相位裕量、幅值裕量、M_r和BW。

（a）$G(s)=\dfrac{1+0.1s}{s(s+1)(1+0.01s)}$

（b）$G(s)=\dfrac{0.5(s+1)}{s(1+0.2s)(1+s+0.5s^2)}$

（c）$G(s)=\dfrac{s+1}{s(1+0.2s)(1+0.5s)}$

（d）$G(s)=\dfrac{1}{s(1+s)(1+0.5s)}$

（e）$G(s)=\dfrac{50}{s(s+1)(1+0.5s^2)}$

（f）$G(s)=\dfrac{(1+0.1s)e^{-0.1s}}{s(s+1)(1+0.01s)}$

（g）$G(s)=\dfrac{10e^{-0.1s}}{s^2+2s+2}$

10-55 对于图 10P-51 的 $G(j\omega)/K$ 的增益－相位图，系统在前向通道有一个纯时滞 T_d，所以前向通道传递函数变为 $G(s)e^{-T_d s}$。

（a）当 $K=1$ 时，求出相位裕量是 40° 时的 T_d 值。

（b）当 $K=1$ 时，求出系统保持稳定时的最大 T_d 值。

10-56 当 $K=10$ 时，重做习题 10-55。

10-57 当 $K=1$ 且增益裕量是 5dB 时，重做习题 10-55。

10-58 熔炉控制系统的控制框图如图 10P-58 所示，该过程的传递函数是

$$G_p(s)=\frac{1}{(1+10s)(1+25s)}$$

其中，时滞 T_d 是 2s。

根据一个有理函数近似 $e^{-T_d s}$ 的方法有很多。其中一个是通过 Maclaurin 级数近似该指数函数，即

$$e^{-T_d s}-1\cong T_d s+\frac{T_d^2 s^2}{2}$$

或

$$e^{-T_d s}\cong\frac{1}{1+T_d s+\dfrac{T_d^2 s^2}{2}}$$

显然，当 T_d 很大时，这一近似是无效的。

一个更好的近似方法是 Pade 近似，该方法使用两项近似：

$$e^{-T_d s}\cong\frac{1-T_d s/2}{1+T_d s/2}$$

传递函数的这一近似在 s 右半平面上有一个零点，所以近似系统的阶跃响应可能在 $t=0$ 处有一个小的负值偏离量。

661

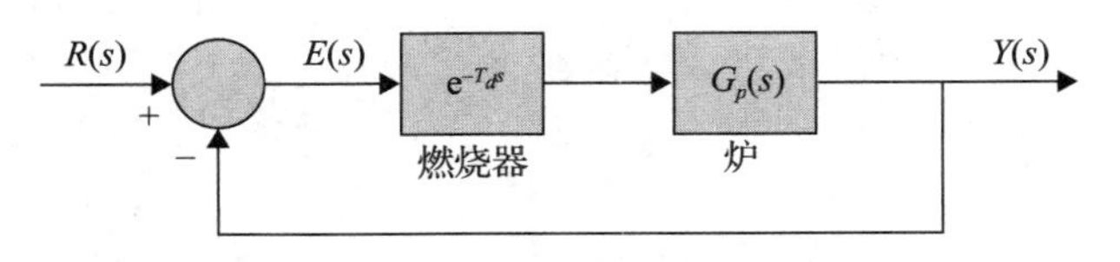

图 10P-58

（a）画出 $G(s)=Y(s)/E(s)$ 的 Bode 图，并且求出增益穿越频率和相位穿越频率，以及增益裕量

和相位裕量。

(b) 用下式近似时滞：

$$e^{-T_d s} \cong \frac{1}{1+T_d s+T_d^2 s^2/2}$$

然后重做 (a) 问。对近似的准确度做评价。多项式近似精确时的最大频率是什么？

(c) 用下式近似时滞并重做 (b) 问：

$$e^{-T_d s} \cong \frac{1-T_d s/2}{1+T_d s/2}$$

10-59 当 $T_d=1\text{s}$ 时，重做习题 10-58。

10-60 画出习题 10-49 描述的系统在 $K=1$ 时的 $|S_G^M(j\omega)|$ 关于 ω 的图。求出灵敏度最大时的频率和最大灵敏度的值。

10-61 图 10P-61 给出了 7.9 节描述的一个飞机倾斜控制系统。

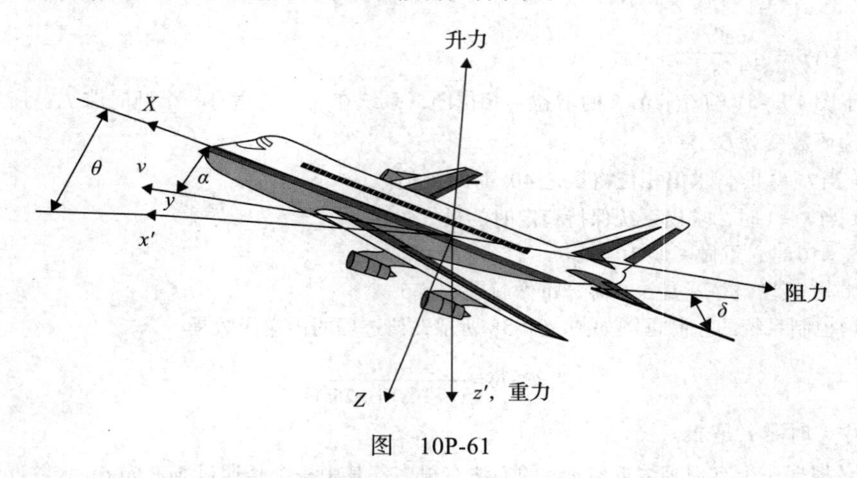

图 10P-61

如果该系统由一个具有比例控制器的单位反馈控制系统控制。

(a) 找出倾角和升降偏转角之间的传递函数。

(b) 找出闭环传递函数。

(c) 找出系统稳定时的 K 值范围。

(d) 画出系统在 $K=1$ 时的 Bode 图，并找出系统的增益裕量和相位裕量。

(e) 画出 $|M(j\omega)|$ 关于 ω 的曲线，其中 $M(s)$ 是闭环回路的传递函数，求出 M_r、ω_r 和 BW。

662

第11章

控制系统设计

在完成本章学习后，你将能够：

1）基于时域和频域的方法设计简单的控制系统。

2）在你的控制系统中，使用不同的控制器，如比例控制器、微分控制器、积分控制器、前馈控制器、反馈控制器，以实现简单的控制过程。

3）使用MATLAB分析控制系统的时域和频域特性。

4）使用MATLAB SISO设计工具来辅助设计过程。

11.1 引言

我们将利用在前述章节中介绍的所有基础知识和分析方法来实现控制系统设计这一最终目标。以图11-1所示控制框图表示的受控过程为例，控制系统设计主要涉及以下3个步骤：

1. 确定系统应该做什么以及如何做（设计要求）。

2. 根据控制器或校正器在受控系统中的连接方式，确定其结构配置。

3. 确定控制器的参数，使得系统达到设计目标。

我们将在下面几节详细介绍控制系统的设计。

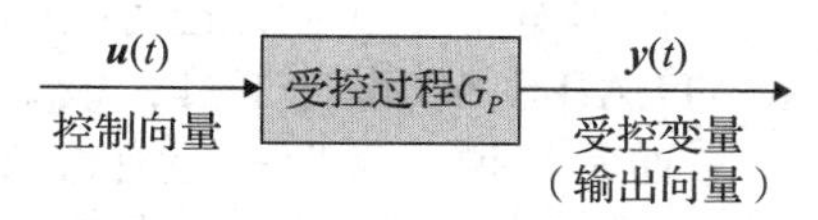

图11-1 受控过程

11.1.1 设计要求

正如第7章所讨论的，我们使用设计要求来描述给定输入系统的预期性能。根据不同的应用，设计要求也不尽相同，但通常包括**相对稳定性**、**稳态精度（误差）**、**瞬态响应**和**频率响应**等特性。在一些特殊的应用中，在系统设计时也会考虑对**参数变化的灵敏性**，即**鲁棒性**或**抗干扰性**。

线性控制系统的设计既可以使用时域方法也可以采用频域方法。例如，**稳态精度**可以通过阶跃响应、斜坡响应或抛物线响应的方法来实现，而且用时域方法可以使系统更为方便地达到设计要求。对于其他的要求，例如单位阶跃下的**最大超调**、**上升时间**和**调节时间**也都适用于时域设计。而对于**增益裕量**、**相位裕量**和**谐振峰值**M_r，这些衡量相对稳定性的频域特性，通常由Bode图、极坐标图、相位–增益图和Nichols图来表示，再运用图解法进行研究。

对于二阶系统，时域性能指标和频域性能指标之间有明确的对应关系，但对于高阶系统而言，这种时域指标和频域指标之间的关系就难以建立。值得一提的是，对控制系统的分析和设计是一个需要经验性的工作。对于同一个问题，设计者可以从诸多方法中选取合适的一个来进行设计。

因此，设计者可以根据个人喜好在时域方法或频域方法中选择一种最合适的方法来进行控制系统的设计。需要注意的是，在绝大多数情况下，时域指标（例如最大超调、上升时间和调节时间）通常作为系统性能的最终衡量标准。对于一个没有经验的设计者而言，很难理解诸如增益裕量、相位裕量和谐振峰值等频域特性和实际控制系统之间的物理联系。例如，20dB 的增益裕量是否能保证最大超调小于 10%？又比如说，人们很容易理解控制系统的最大超调应该小于 5%，调节时间应该小于 0.01s 这类指标，但相位裕量应该为 60°、M_r 应小于 1.1 这类频域指标与系统性能之间的关系却并不直观。以下几点详细解释了如何选择使用时域或频域特性指标以及选用这些指标的原因。

1. 以往，在设计线性控制系统时，会采用大量的基于频域的图形工具，例如 Bode 图、Nyquist 图、增益 – 相位图和 Nichols 图等。这些图的优点是：它们不是由精确的点绘制而成的，而是用近似的方法画的。根据图表，设计者可以得到控制系统的**增益裕量**、**相位裕量**和 M_r 等频域特性，然后再根据频域方法进行设计。这样使得设计高阶控制系统也不会特别困难。某些类型的控制器在频域中有现成的设计方法，从而可以最大限度地避免反复试验。

2. 时域中的设计主要使用诸如**上升时间**、**延迟时间**、**调节时间**和**最大超调**等性能指标，但这些分析只适用于二阶系统或可以近似成二阶系统的高阶系统。对于一般高于二阶的控制系统，在时域中就很难遵循一般的设计步骤。

随着高性能、易操作的计算机软件（例如 MATLAB）的迅速发展和广泛应用，控制系统的设计也发生了巨大的变化。借助 MATLAB，设计者可以在几分钟内完成大量的时域性能指标的设计。这种基于手动执行图形设计的便利性大大降低了频域设计以往的优势。

在本章中，我们结合小型 MATLAB 工具箱来帮助你理解示例。在本章结尾将介绍 MATLAB SISO 设计工具，该工具将有助你更好地使用根轨迹和频域方法。

664

通常来说，选取一组有意义的频域指标使得对应时域性能指标满足要求是很困难的（有经验的设计者除外）。例如，除非我们知道性能指标要求相位裕量为 60° 所对应的最大超调，否则该频域指标将是无意义的。事实证明，为了控制最大超调，通常必须至少指定相位裕量或 M_r。最终，建立一组频域特性变成了一个反复试错的过程。然而，频域方法在解决抗噪和系统灵敏度性能的问题上还是很有用的。更重要的是，频域方法为系统设计提供了另外一种选择。因此，为了方便地比较时域设计和频域设计这两种方法的特点，本章将同时介绍这两种设计方法。

11.1.2 控制器结构

通常来说，线性受控过程的动态行为可以用图 11-1 所示控制框图表示。控制系统的设计目标是在一定的时间间隔内通过控制输入信号 $u(t)$ 使得输出向量 $y(t)$ 表示的受控变量满足期望要求。

控制系统中的大多数常规设计方法依赖于所谓的**固定结构设计**：设计者一开始就决定了整个设计系统的基本结构，以及控制器相对于受控过程的位置。然后设计问题变成控制器元件的设计。由于大多数控制行为涉及对系统性能特征的修正或校正，所以一般使用固定结构的设计也称为**校正**。

几个常用的带有校正控制器的控制系统结构如图 11-2 所示。简单描述如下：

- **串联（级联）校正**。图 11-2a 展示了一种最为常用的系统控制结构：在受控过程中串联一个控制器，这种结构被称为**串联**或**级联校正**。
- **反馈校正**。如图 11-2b 所示，这种将控制器放在负反馈回路中的设计称为**反馈校正**。
- **状态反馈校正**。系统的状态变量经定常增益得到控制信号，这被称为**状态反馈**，如图 11-2c 所示。状态反馈的缺点是，对高阶系统来说，状态变量较多，为了进行状态反馈就需要较多的传感器来检测状态变量，这样在实际应用时造价高且不可行。即使对于低阶系统，并不是所有的变量都可以直接可测，因此可能需要用**观测器**或**估计器**根据测得的输出变量来估计状态变量。

- **串联反馈校正**。图 11-2d 是由一个串联控制器和一个反馈控制器组成的串联反馈校正。
- **前馈校正**。图 11-2e 和 11-2f 所示的都是**前馈校正**。图 10-2e 中，前馈控制器 $G_{cf}(s)$ 在前向通道中与由控制器 $G_c(s)$ 和受控过程组成的闭环系统串联在一起。在图 11-2f 中，前馈控制器 $G_{cf}(s)$ 与前向通道平行，而不在控制系统回路中，这样就不会影响原系统特征方程的特征根。可以选择 $G_{cf}(s)$ 的零极点来增加或抵消系统闭环传递函数的零极点。

图 11-2a～c 所示的系统中即使有的控制器中有多个可变参数，但每个控制系统中都只有一个控制器，因此都属于一阶自由度校正。用一阶自由度控制器来实现性能指标有一定的局限性。例如，如果系统要满足一定的稳定性，那么对参数变化就要不敏感；或者，如果选择特征方程的特征根来提供一定的相对阻尼，由于闭环传递函数存在零点，系统阶跃响应的最大超调量仍可能过大。图 11-2d～f 给出了带有二阶自由度的校正设计。

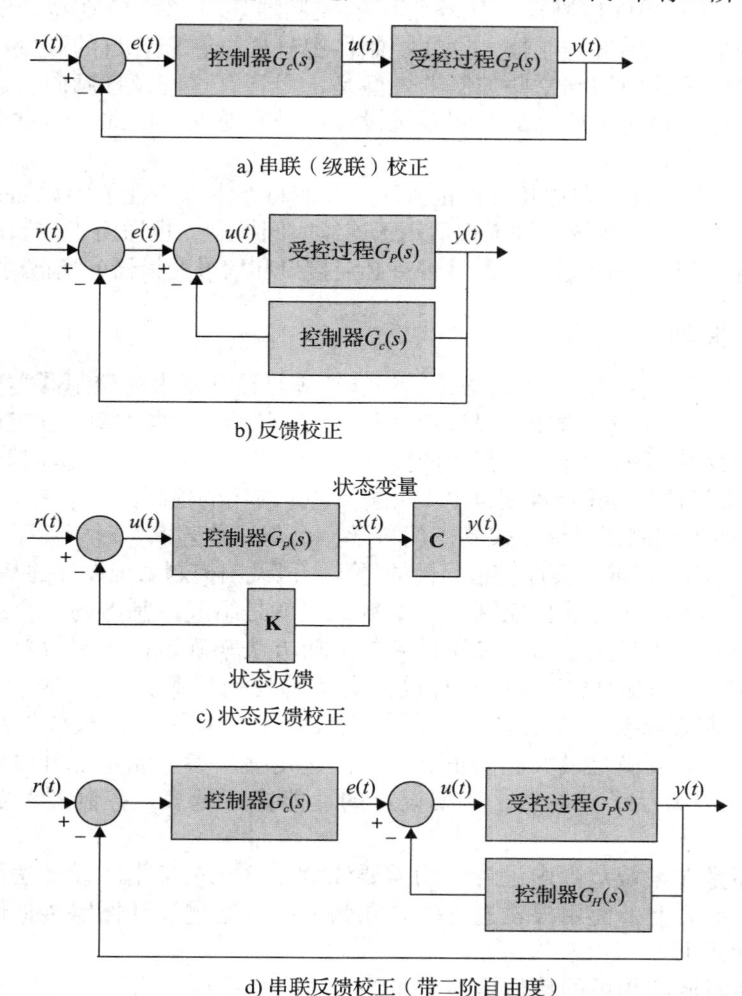

图 11-2　校正控制系统中的几种控制器结构

e) 带有串联校正的前向校正（带二阶自由度）

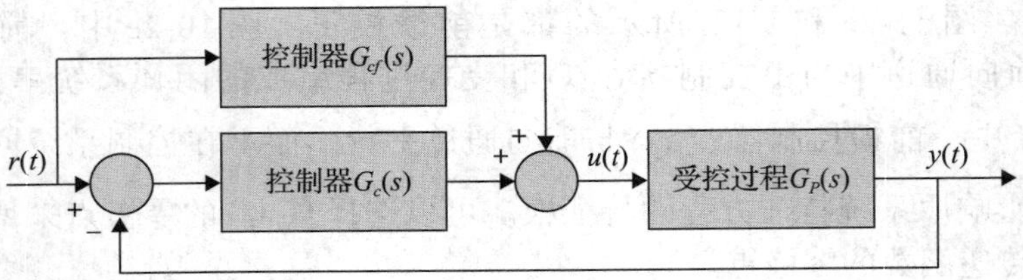

f) 前馈校正（带二阶自由度）

图 11-2 （续）

PID 控制器是校正设计中一种常用的控制器，在 PID 控制中，受控信号经过比例控制、积分控制和微分控制。因为这些信号在时域容易实现而且也容易观察，所以一般用时域方法进行设计。除了 PID 控制器，比较常用的控制器还有超前控制器、滞后控制器、超前 – 滞后控制器以及陷波控制器。这些控制器都是根据它们各自的频域特性来命名的，因此经常在频域设计中用到这些控制器。但是，尽管有这些设计倾向，从时域和频域两方面来分析设计结果对于所有的控制系统设计都是有益的。因此，本章会广泛使用时域和频域这两种方法。

需要指出的是，绝不仅仅只有这几种校正方法。我们将在本章后几节中详细介绍这些校正设计方法。图 11-2 表示的系统结构不仅适用于连续时间控制，也适用于控制器是数字的（在这种情况下，控制器必须是数字的）且带有必要接口和信号变换器的离散时间控制。

11.1.3 设计的基本原则

当一个控制器结构确定后，设计者还必须选择能够满足设计要求的控制器类型以及元件参数。对于同一个控制系统设计要求，设计者可以设计出各种控制器类型。在工程实际应用中人们一般选择能够满足设计要求的最简单的控制器。大多数情况下，控制器越复杂其造价也就越高，可靠性也就越差，设计难度也更大。选择特定应用的控制器经常是基于设计者的经验和直觉的。这使得控制器设计不仅是一门科学，也是一种艺术。对于新手来说，开始很难选择一个合适的控制。本章会提供指导性的经验，以说明控制系统设计的基本要素。

选择好控制器，下一步就是选择控制器的参数，也就是组成控制器的一个或多个传递函数的系数。基本的方法是用前面章节所讲到的分析方法来确定每个参数对于设计要求和系统特性的影响，并进而确定满足所有设计要求的控制器参数。这种方法虽然简单，但通常情况下控制器参数会互相影响，使得设计要求相互矛盾，造成设计上的重复。例如，选定一个参数以满足最大超调量要求，但选定另外参数满足上升时间时，最大超调特性可能就不再满足了。显然，所要设计的性能指标越多，控制器参数也就越多，设计过程也就越复杂。

665 ~ 667

无论是在时域还是在频域范围内设计，均需要注意以下几条基本的设计法则。在时域中，设计通常在 s 平面上，使用根轨迹方法。在频域中，通过设计回路传递函数的增益和相位来达到设计要求。

一般而言，总结时域和频域的特征是很有用的，这样它们可作为设计指导方针：

1. 闭环极点为复共轭极点，系统为欠阻尼系统，单位阶跃响应为阻尼振荡过程；闭环极点都是实数，阶跃响应为过阻尼状态。但即使系统过阻尼，闭环系统的零点也可能导致系统超调。

2. 系统的动态性能基本上由 s 平面上接近原点的闭环极点决定，闭环极点越靠左，时间响应分量的下降速度越快。

3. 对系统动态性能起主要作用的闭环极点称为主导极点，系统的主导极点在 s 平面上越靠左，系统的响应就越快，带宽也越大。

4. 在 s 平面上主导极点越靠左，在实际应用中实现这样的系统的造价就越高，系统的内部信号也越大。就像我们用锤子砸钉子，锤子冲击钉子的速度越快，砸钉子的力量就越大，所要消耗的能量也越大；同样，跑车比一般汽车速度快，它所耗费的油也多。

5. 当控制系统传递函数的一对零极点近似可抵消时，这个极点产生的那部分系统响应会有小的幅值。

6. 控制系统的时域特性和频域特性之间有一定的对应关系：上升时间和带宽是反比关系，增大相位裕量和增益裕量，减小 M_r 值可以改善系统的衰减性。

11.2　PD 控制器的设计

前面讨论的所有控制系统中的控制器都是常数增益为 K 的放大器，控制器输出的控制信号只与控制器的输入呈简单的系数比例关系，这类控制方式称为**比例控制**。

从直观上讲，除了比例运算外，我们也应该能够使用输入信号的微分或积分运算，因此，更为一般的连续控制器应包括加法器（加法或减法）、放大器、衰减器、微分器和积分器等元件。设计者的任务就是要确定采用其中的哪些元件，用多大的比例，以及如何把它们连接在一起。例如，在实际应用中最常用的一类控制器就是 PID 控制器，三个字母分别表示比例（Proportional）、积分（Integral）、微分（Derivative），在 PID 控制器中微分和积分部分都有各自的性能含义。要想应用这些部分，就必须理解它们的基本特性。为此，首先我们考虑 PD 控制。 668

任意一个二阶反馈控制系统的控制框图如图 11-3 所示，其传递函数为

$$G_P(s)=\frac{\omega_n^2}{s(s+2\xi\omega_n)} \tag{11-1}$$

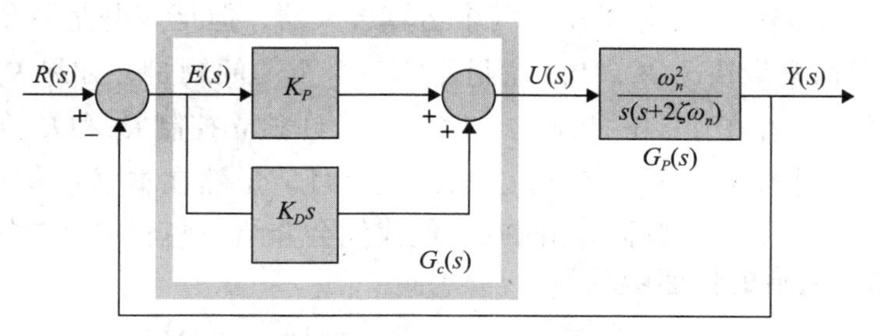

图 11-3　具有 PD 控制器的控制系统控制框图

采用比例 – 微分 (PD) 控制的串联控制器的传递函数为

$$G_c(s)=K_P+K_Ds \tag{11-2}$$

因此，系统的控制信号为

$$u(t)=K_Pe(t)+K_D\frac{\mathrm{d}e(t)}{\mathrm{d}t} \tag{11-3}$$

式中，K_P 和 K_D 分别是比例和微分系数。用表 6-1 中的元件，我们可以得到 PD 控制器的两种电路实现，如图 11-4 所示。图 11-4a 所示电路的传递函数为

$$\frac{E_o(s)}{E_{in}(s)}=\frac{R_2}{R_1}+R_2C_1s \tag{11-4}$$

比较式（11-2）和式（11-4）可得到：

$$K_P=R_2/R_1 \qquad K_D=R_2C_1 \tag{11-5}$$

图 11-4b 所示电路的传递函数为

$$\frac{E_o(s)}{E_{in}(s)}=\frac{R_2}{R_1}+R_dC_ds \tag{11-6}$$

669

同样，由式（11-2）和式（11-6）得到：

$$K_P=R_2/R_1 \qquad K_D=R_dC_d \tag{11-7}$$

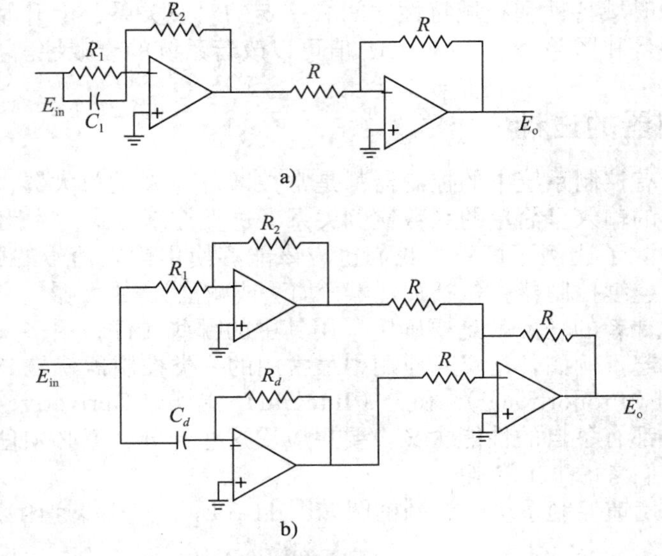

图 11-4 PD 控制器的运算放大器电路实现

图 11-4a 所示电路的优点是只用了两个运算放大器，但是该电路不允许独立选择 K_P 和 K_D，因为它们通常取决于 R_2。PD 控制器的一个重要问题是，如果 K_D 的值很大，则需要大的电容器 C_1。在图 11-4b 所示的电路中，允许独立控制 K_P 和 K_D 值。可以选择一个较大的 R_d 值来补偿较大的 K_D，使得 C_d 值比较合理。虽然在本书中我们不可能顾及设计控制器传递函数中的所有实际应用问题，但我们会介绍一些非常重要的注意事项。

校正系统前向通道的传递函数为

$$G(s)=\frac{Y(s)}{E(s)}=G_c(s)G_P(s)=\frac{\omega_n^2(K_P+K_Ds)}{s(s+2\xi\omega_n)} \tag{11-8}$$

这表明 PD 控制相当于给系统前向通道传递函数在 $s=-K_P/K_D$ 处增加了一个单零点。

11.2.1 PD 控制的时域分析

PD 控制系统的瞬态时间响应曲线如图 11-5 所示，图 11-5a 给出了具有比例控制的稳定系统单位阶跃响应曲线，从图中可以看到只具有比例控制的系统阶跃响应曲线具有偏大的最大超调量，并且振荡也很大。图 11-5b 和 c 分别表示误差信号（即单位阶跃输入和输出 $y(t)$ 之差）及其对时间的导数 $\mathrm{d}e(t)/\mathrm{d}t$。从 $e(t)$ 和 $\mathrm{d}e(t)/\mathrm{d}t$ 这两个值的变化也可

670

以看出系统的超调特性和振荡特性。为了方便解释，我们假设系统包含一个其转矩与 $e(t)$ 成正比的电动机。比例控制系统的性能分析如下：

1. 在时间段 $0<t<t_1$ 内：误差信号 $e(t)$ 为正，电动机转矩也为正并且迅速增加。此时，转矩过大使得输出 $y(t)$ 产生大的超调和振荡，在这个时间段中无阻尼。

2. 在 $t_1<t<t_3$ 内：$e(t)$ 为负，相应的转矩也为负。负转矩阻碍了输出的增长，最终使得输出 $y(t)$ 反向，低于额定值。

3. 在 $t_3<t<t_5$ 内：转矩再次为正，这样弥补了在上一个时间段由负转矩产生的欠调。由于假定系统是稳定的，所以每次振荡都会减小误差幅度，并且输出最终会达到稳定值。

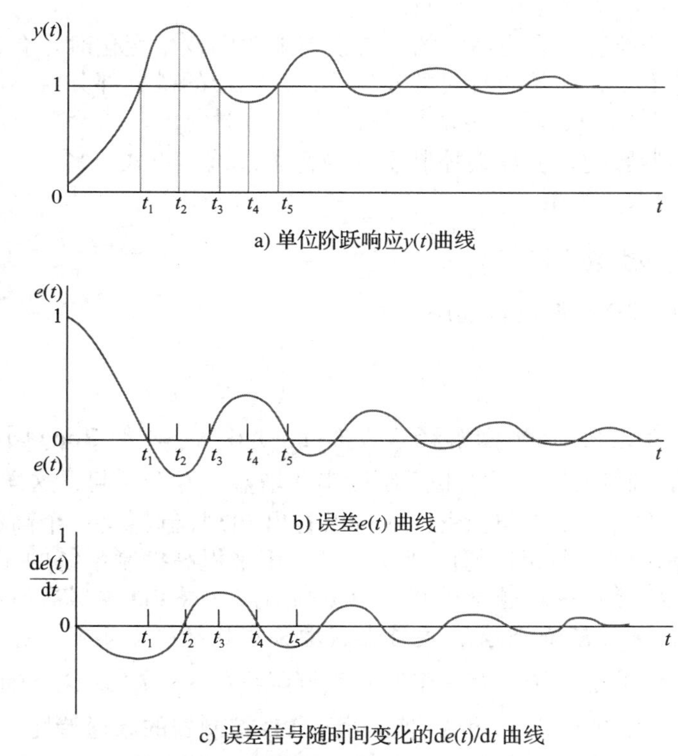

a) 单位阶跃响应 $y(t)$ 曲线

b) 误差 $e(t)$ 曲线

c) 误差信号随时间变化的 $\mathrm{d}e(t)/\mathrm{d}t$ 曲线

图 11-5　微分控制下的 $y(t)$、$e(t)$ 和 $\mathrm{d}e(t)/\mathrm{d}t$ 的波形图

考虑到以上对系统时间响应的分析，可以得出造成高超调的因素主要有：

1. 在 $0<t<t_1$，正向校正转矩太大。

2. 在 $t_1<t<t_2$，制动转矩不合适。

671

因此，为了减小阶跃响应中的超调而又不明显增加上升时间的一种合理方法是：

1. 当 $0<t<t_1$ 时，减小正向校正转矩的幅值。

2. 当 $t_1<t<t_2$ 时，增大制动转矩。

同理，在时间段 $t_2<t<t_4$ 内，应该减小在 $t_2<t<t_3$ 中的负向校正转矩，增加 $t_3<t<t_4$ 时间段内正向的制动转矩，由此来改善 $y(t)$ 的欠调。

由式（11-2）描述的 PD 控制精确给出所需的补偿效果，式（11-3）给出 PD 控制的控制信号，从图 11-5c 可看出 PD 控制器具有如下作用：

1. 当$0<t<t_1$，$\mathrm{d}e(t)/\mathrm{d}t$为负，抑制了由$e(t)$单独作用产生的原始转矩的增加。

2. 当$t_1<t<t_2$，$e(t)$和$\mathrm{d}e(t)/\mathrm{d}t$都为负，这意味着产生的负向制动转矩将大于只采用比例控制时的负向制动转矩。

3. 当$t_2<t<t_3$，$e(t)$和$\mathrm{d}e(t)/\mathrm{d}t$都反向，减小了产生欠调的负向制动转矩。

上述这些作用会使$y(t)$产生较小的超调和欠调。

我们还可以从另外一种角度来看待PD控制。由于$\mathrm{d}e(t)/\mathrm{d}t$表示$e(t)$的斜率，PD控制在本质上是一种*超前控制*，即知道了斜率，控制器可以预料到误差的方向，由此来更好地控制系统。通常情况下，在线性系统中，如果由阶跃响应得到的$e(t)$或$y(t)$的斜率很大，相应地就会产生较大的超调量，微分控制测得$e(t)$的瞬间斜率，提前预测出大的超调量，在大超调产生之前做出适当的校正。

直观上讲，微分控制只有当系统的稳态误差随时间发生变化时才会起作用。如果稳态误差随时间保持不变，误差的时间微分为零，控制器的微分部分就不能给系统提供输入。当稳态误差随时间增加时，转矩与$\mathrm{d}e(t)/\mathrm{d}t$成比例变化，就会减小误差幅值。我们知道控制系统的类型影响单位反馈控制系统的稳态误差，由式（11-8）可以清楚地看到PD控制并没有改变系统类型。

11.2.2 PD控制的频域分析

在频域设计中，PD控制的传递函数为

$$G_c(s)=K_P+K_D s=K_P\left(1+\frac{K_D}{K_P}s\right) \tag{11-9}$$

这样可以更容易地用Bode图解释。式（11-9）中$K_P=1$的Bode图如图11-6所示。一般情况下，比例控制增益K_P可以和系统的串联增益合并在一起，这样PD控制器的零频增益可看成单位增益。由Bode图11-6可以看出PD控制器是一个高通滤波器，有高通滤波器的高通滤波性，即相位超前特性，可以用来提高控制系统的相位裕量。但PD控制器的幅值特性将增益穿越频率推到一个更高值。*这样PD控制器的设计原理就涉及控制器交接频率$\omega=K_P/K_D$的配置，使得在新增益穿越频率点处可以有效地改善系统的相位裕量*。对于一个给定系统，有一个改善系统阻尼的K_P/K_D最佳范围。在PD控制器的实际设计中，还要考虑选择K_P和K_D值。由于PD控制器的高通特性，在频域中PD控制器的另一个显著优点是，在大部分情况下增加了控制系统的BW，同时减小了阶跃响应的上升时间，但它的缺点是高通滤波器的微分部分放大了系统在输入处的高频噪声。

672

11.2.3 PD控制的作用总结

虽然PD控制器对有轻微振荡或初始不稳定的系统不适用，但正确设计的PD控制器可能通过以下几个方面影响控制系统的性能：

1. 改善阻尼，减小最大超调量。
2. 缩短上升时间和调节时间。
3. 增加BW。
4. 改善GM、PM和M_r。
5. 可能放大高频噪声。
6. 在电路实现中可能需要相当大的电容。

下面几个例子解释了PD控制器对二阶系统的时域响应和频域响应的影响。

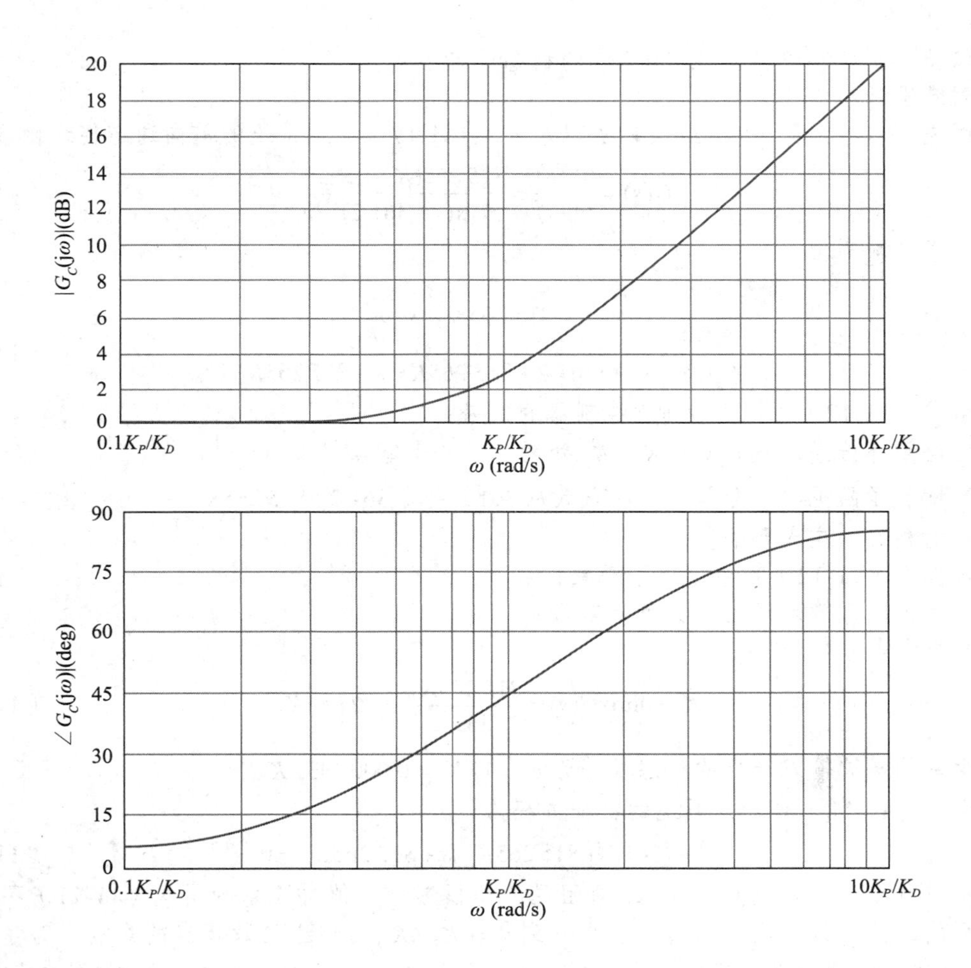

图 11-6 $1+\dfrac{K_D s}{K_P}, K_P=1$ 的 Bode 图

例 11-2-1 直流电动机的控制：小时间常数模型[⊖]。

考虑图 7-52 表示的飞行器姿态控制系统的二阶模型。式（7-161）给出了系统的前向通道传递函数，即

$$G(s)\frac{4500K}{s(s+361.2)} \tag{11-10}$$

性能指标如下：

- 单位斜坡输入的稳态误差≤0.000443
- 最大超调≤5%
- 上升时间 $t_r \leqslant 0.005\mathrm{s}$
- 2% 调节时间 $t_s \leqslant 0.005\mathrm{s}$

为满足稳态误差最大值的要求，设 K 为 181.17。重新画单位阶跃响应曲线图（参见图 7-54），由图可知，当 K=181.17 时，系统的阻尼比为 0.2，最大超调为 52.7%。现在我们在系统前向通道中放置一个 PD 控制器，这样系统的阻尼和最大超调都有了改善，

⊖ 本例在后文也展示了使用 MATLAB SISO 设计工具的解法，见例 11-10-1。

并且保持了单位斜坡输入 0.000 443 的稳态误差不变。

时域设计

由式（11-9）表示的 PD 控制器以及 $K=181.17$，得到系统的前向通道传递函数：

$$G(s)=\frac{\Theta_y(s)}{\Theta_e(s)}=\frac{815\,265(K_P+K_D s)}{s(s+361.2)} \qquad (11\text{-}11)$$

闭环传递函数为

673~674

$$\frac{\Theta_y(s)}{\Theta_r(s)}=\frac{815\,265K_D\left(s+\dfrac{K_P}{K_D}\right)}{s^2+(361.2+815\,265K_D)s+815\,265K_P} \qquad (11\text{-}12)$$

由式（11-12）可以看出 PD 控制器的效果：

1. 给闭环传递函数在 $s=-K_P/K_D$ 处增加了一个零点。

2. 增加了阻尼项，分母的 s 项系数从 361.2 变为 $361.2+815\,265K_D$。

3. 对稳态响应无影响。

根据式（11-12）可得出以下观察：

由单位阶跃输入产生的稳态误差为 $e_{ss}=0$。

斜坡误差系数为

$$K_v=\lim_{s\to 0}sG(s)=\frac{815\,265K_P}{361.2}=2257.1K_P \qquad (11\text{-}13)$$

由单位斜坡输入产生的稳态误差为 $e_{ss}=1/K_v=0.000\,443/K_P$。

由式（11-12）可知，系统的特征方程为

$$s^2+(361.2+815\,265K_D)s+815\,265K_P=0 \qquad (11\text{-}14)$$

从特征方程中可以清楚地看出 K_D 对阻尼的积极影响。值得注意的是式（11-11）不再表征典型的二阶系统，因为瞬态响应也受到 $s=-K_P/K_D$ 处传递函数零点的影响。为了设计 PD 控制器，我们首先将系统近似为二阶系统。也就是说，根据图 11-5 和 7.7.5 节的分析，如果选择相对于 K_P 小的 K_D，相比于系统的主导极点，控制器 $s=-K_P/K_D$ 处的零点对时域响应的影响可以视为很小。因此，如果使用典型二阶传递函数，根据式（11-14），可以忽略该零点的影响：

$$\text{最大超调}=0.05=\mathrm{e}^{-\pi\zeta\sqrt{1-\zeta^2}} \qquad (11\text{-}15)$$

给定期望阻尼比为 5% 的超调。因此，$\zeta=0.69$。使用 2% 的调节时间公式，对于 0.005s 的调节时间，有

$$2\%\text{的调节时间: } t_s=0.05\approx\frac{4.0}{\zeta\omega_n},\ 0<\zeta<0.9 \qquad (11\text{-}16)$$

给定期望的自然响应频率 $\omega_n=1159.2\text{rad/s}$，于是有

$$K_P=\frac{(1159.2)^2}{815\,265}=1.648\,231 \qquad (11\text{-}17)$$

$$\zeta=\frac{361.2+815\ 265K_D}{(2)(1159.2)}=0.156+351.6K_D \qquad (11\text{-}18)$$

或

$$K_D=0.001\ 519 \qquad (11\text{-}19)$$

观察式（11-13）可知，式（11-17）中的 K_P 因为单位斜坡输入≤0.000 443，而自动

满足稳态误差要求。使用这些值，系统的极点和零点可解得：

$$s_{1,2}=-\frac{(361.2+815\ 265K_D)}{2}\pm \mathrm{j}\sqrt{\frac{(361.2+815\ 265K_D)^2}{4}-815\ 265(K_P)}=-800\pm \mathrm{j}838.9 \quad (11\text{-}20)$$

675

或

$$s=-K_P/K_D=-1085 \quad (11\text{-}21)$$

由第 8 章的式（8-19）可知，若要让闭环系统的期望极点落在根轨迹上，极点必须满足角度准则。本例的情况如图 11-7 所示。

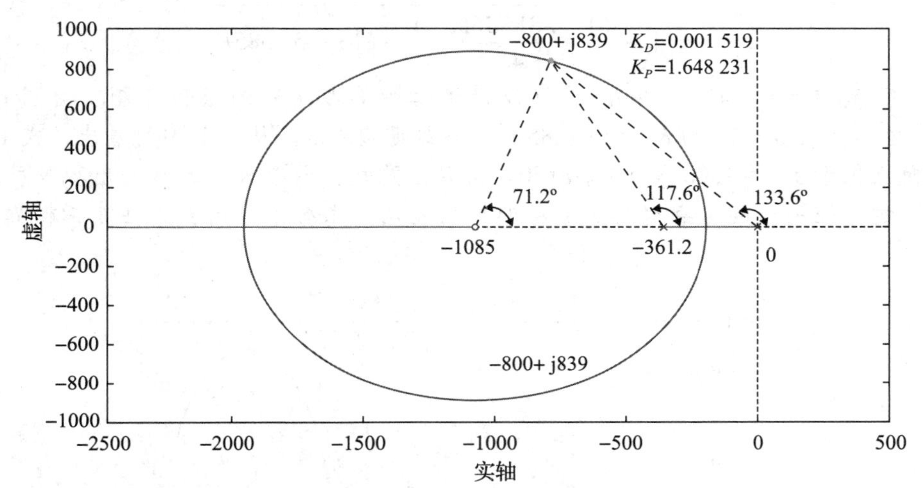

图 11-7　对于固定在 $s=-K_P/K_D=-1085$ 处的控制器零点，式（11-12）的根轨迹

$$\angle(s+361.2)+\angle s-\angle(s+1085)=117.6°+133.6°-71.2°=180° \quad (11\text{-}22)$$

显然满足根轨迹角度准则。

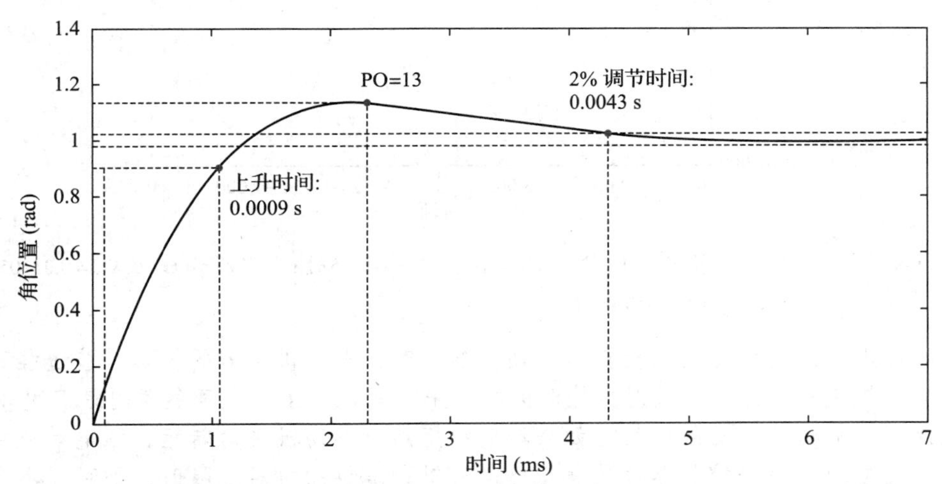

图 11-8　对于固定在 $s=-K_P/K_D=-1085$ 处的控制器零点和 $s_{1,2}=-800\pm \mathrm{j}838.9$ 处的标点，式（11-12）的单位阶跃响应

使用工具箱 11-2-1，根据式（11-17）和式（11-19）所给出的 PD 控制器参数，我们可以获得单位阶跃输入的时间响应。如图 11-8 所示，系统时域性能指标满足上升时间和调节时间要求，但最大超调远高于所期望的 5%。这是因为控制器零点的影响，可参考 7.8 节的内容。为了达到期望的响应，我们必须将系统的极点沿着根轨迹移动到新

676

的位置，并获得对应的系统响应性能。最简单的策略是将固定零点 $s=-K_P/K_D=-1085$ 代入式（11-14），并解决了 K_D 增加的闭环极点。固定控制器的零点的好处是将未知控制器参数数量从 2 减少到 1。此时，系统的特征方程式是

$$s^2+(361.2+815\,265K_D)s+815\,265(1085K_D)=0 \tag{11-23}$$

求解式（11-14）的系统极点，可得：

$$s_{1,2}=-\frac{(361.2+815\,265K_D)}{2} \pm \mathrm{j}\sqrt{\frac{(361.2+815\,265K_D)^2}{4}-815\,265(1085K_D)} \tag{11-24}$$

通过改变式（11-24）中的 K_D 值可以得到如图 11-9 所示的根轨迹图。由图 11-10 可知，系统在 $K_D=0.011\,05$ 和 $K_P=13.1285$ 时，达到期望响应。从图 11-9 可看出，式（11-24）的两个极点位于 $s_1=-1200$ 和 $s_2=-8170$。需要注意是，两个极点通常会出现高度过阻尼响应。不过，控制器的零点有助于减小非振荡超调。系统单位响应的性能指标如表 11-1 所示。

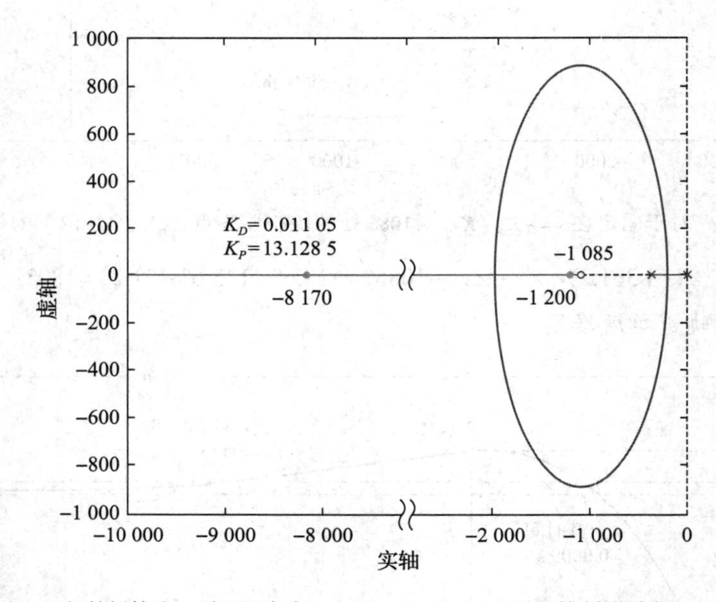

图 11-9　式（11-12）的根轨迹，对于固定在 $s=-K_P/K_D=-1085$ 处的控制器零点以及 $K_D=0.01105$、K_P=13.1285 的期望响应极点

实际应用中，设计者必须检查达到期望响应时，电动机所需的扭矩。该过程可以通过查找电动机扭矩传递函数及对应的时间响应来完成，更多内容可参考附录 D 中关于执行器电流饱和的讨论。必须记住，如果期望扭矩高于电动机失速转矩，则电动机将无法实现期望的响应。如果控制器参数需超出电动机所提供的扭矩上限时，则可以考虑将控制器零点向右移动（尽可能多地向右），并重复该过程直到找到所需的响应为止。对于 $s=K_P/K_D=-565$ 处的零点，当 $K_P=1$ 和 $K_D=0.001\,77$ 时，可以获得期望的响应，请参阅对于阶跃响应使用根轨迹方法的替代设计方法，并用 MATLAB SISO 设计方法验证例 11-10-1。

677

表 11-1　例 11-2-1 中使用 PD 控制器（固定零点处于 $s=-K_P/K_D=-1085$）的单位阶跃响应特性

K_D	$t_r(s)$	$t_s(s)$	最大超调量（%）
0	0.001 25	0.015 1	52.2
0.000 152	0.000 9	0.004 3	13
0.011 05	0.000 2	0.000 15	5

工具箱 11-2-1

使用以下 MATLAB 函数可得到如图 11-7 所示的式（11-11）的根轨迹曲线：

```
num = [815265 815265*1085];
den = [1 361.2 0];
rlocus(num,den)
%%%%%%%%%%%%%%%%%%%%%%%%%%%%%%%%%%%%%%
```

使用以下 MATLAB 函数可以得到图 11-8：

```
KD=0.001519;KP=1.648231;
num =[815265*KD 815265*KP];
den = [1 361.2+815265*KD 815265*KP];
step(num,den)
```

使用以下 MATLAB 函数可以得到图 11-10：

```
KD=0.0121;KP=13.1285;
KP/KD % zero location
num =[815265*KD 815265*KP];
den = [1 361.2+815265*KD 815265*KP];
step(num,den)
```

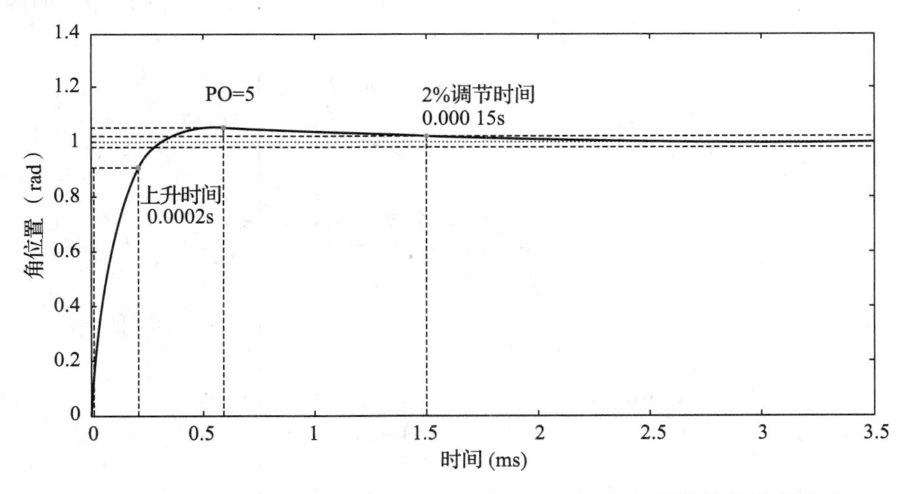

图 11-10　$K_D=0.01105$，$K_P=13.1285$ 时式（11-12）的期望单位阶跃响应　678

使用根轨迹方法代替时域设计方法

考虑式（11-14）的特征方程，根据可接受的稳态误差，可以设置 $K_P=1$，此时系统的阻尼比为

$$\zeta=\frac{361.2+815\ 265K_D}{1805.84}=0.2+451.46K_D \tag{11-25}$$

事实证明，对于这个二阶系统，随着 K_D 值的增加，零点将移动得非常接近于原点，并在 $s=0$ 处有效地消除 $G(s)$ 的极点。因此，随着 K_D 的增加，式（11-11）中的传递函数接近在 $s=-361.2$ 有极点的一阶系统，闭环系统不会有任何超调。通常，对于高阶系统，当 K_D 变得非常大时，$s=-K_P/K_D$ 处的零点可能会增加超调。

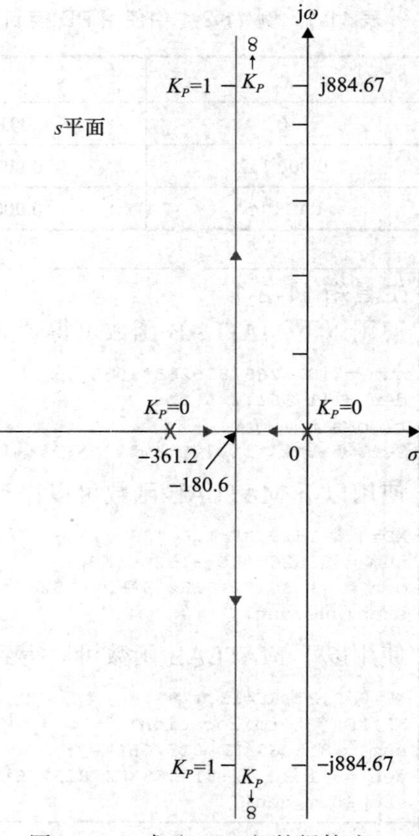

图 11-11　式（11-26）的根轨迹

我们对特征方程（11-14）应用根轨迹方法来检验改变 K_P 和 K_D 对系统的影响。首先，置 $K_D=0$，式（11-14）变为

$$s^2+316.2s+815\,265K_P=0 \qquad (11\text{-}26)$$

当 K_P 从 0 变化到 ∞ 的根轨迹图如图 11-11 所示。读者可以用工具箱 11-2-2 来绘制该根轨迹。根据第 9 章中的讨论，当 $K_P\neq 0$ 时，由特征方程（11-14）可得：

679

$$1+G_{\mathrm{eq}}(s)=1+\frac{815265K_Ds}{s^2+361.2s+815\,265K_P}=0 \qquad (11\text{-}27)$$

基于 $G_{\mathrm{eq}}(s)$ 的零极点配置，可得到 $K_P=$ 常数和 K_D 变化的式（11-14）的根轨迹。或者，根轨迹也可以通过求解式（11-20）所表示的系统特征方程的根得到。不论使用哪种方法都可以得到 K_P 固定、K_D 变化的根轨迹图。图 11-12 所示为 $K_P=0.25$ 和 $K_P=1$ 的情况。

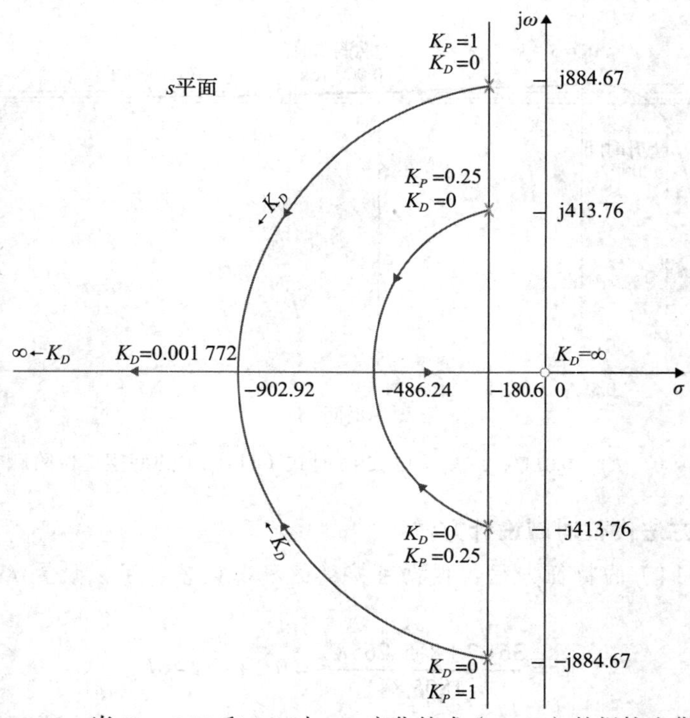

图 11-12　当 $K_P=0.25$ 和 1.0 时，K_D 变化的式（11-14）的根轨迹曲线

当 $K_P = 0.25$、$K_D = 0$ 时，两个特征根为 $-180.6 + j413.76$ 和 $-180.6-j413.76$。当 K_D 增大时，根轨迹曲线再次展示 PD 控制器可以改善系统的阻尼效应。由于考虑到稳态误差的要求，此时的 K_P 值不可取。

当 $K_P = 1$、$K_D = 0$ 时，特征方程根为 $-180.6 + j884.67$ 和 $-180.6-j884.67$，闭环系统的阻尼比为 0.2；当 K_D 值增加时，两个特征根沿圆弧轨迹向实轴移动。当 K_D 增加到 0.001 77 时，两个特征实根相等，均为 -902.92，系统处在临界阻尼状态。当 K_D 值超过 0.001 77 时，两个特征根为不等实根（-900.065 和 -905.78），系统处于过阻尼状态。但是，由于控制器零点的影响，系统的非振荡响应具有超调。图 11-13 显示了没有 PD 控制和 $K_P = 1$、$K_D = 0.001\ 77$ 的闭环系统的单位阶跃响应曲线。使用了 PD 控制，最大超调为 4.2%。在这种情况下，虽然 K_D 的选择是基于临界阻尼的，但是由于在闭环传递函数的 $s = -K_P / K_D = -565$ 处主导零点的影响，系统还是出现了超调。 680

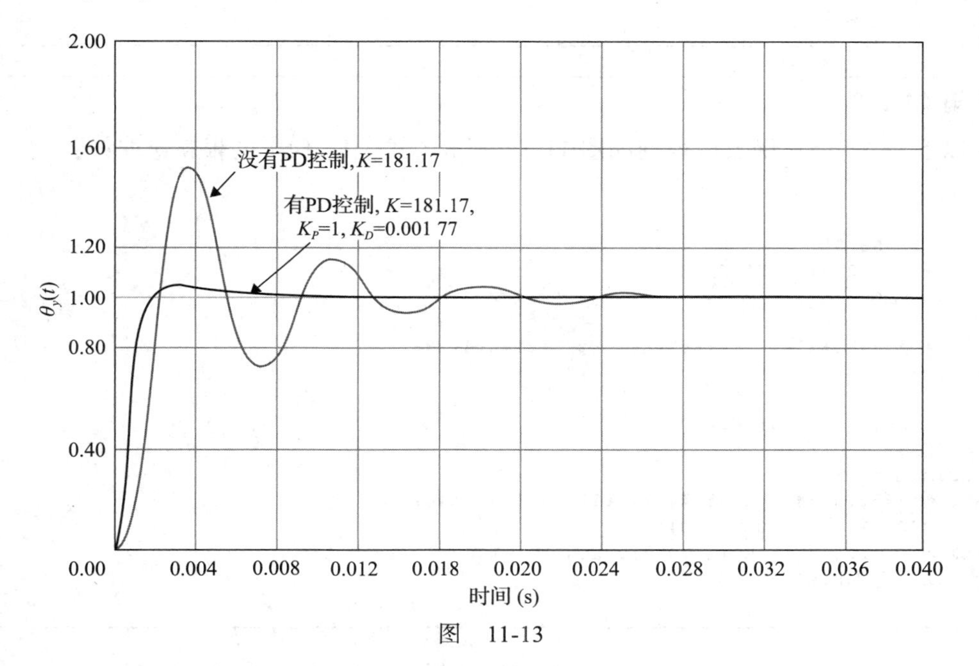

图　11-13

表 11-2 给出了 $K_P = 1$ 和 $K_D = 0, 0.000\ 5, 0.001\ 77$ 时，系统的最大超调、上升时间以及调节时间。从表 11-2 可以看出，只有当 $K_D \geqslant 0.00177$ 的时候，才能满足所有的性能指标要求。此时的性能指标更接近期望值，并且相比以前的设计方法，该方法施加给电动机的负担要更小一些。需要注意的是，K_D 应该足够大才能满足性能要求。然而大的 K_D 对应于大的 BW，这样就会产生高频噪声问题，并且在实现运算放大器电路时还要考虑电容值的大小。最后，要记得检查电动机是否能够提供足够的扭矩来实现所期望的响应。

关于 PD 控制器的一般结论是它可以降低最大超调、上升时间以及调节时间。

表 11-2　例 11-2-1 中使用根轨迹方法设计 PD 控制器的控制系统单位阶跃响应特性

K_D	$t_r(s)$	$t_s(s)$	最大超调量（%）
0	0.001 25	0.015 1	52.2
0.000 5	0.007 6	0.007 6	25.7
0.001 77	0.001 19	0.004 9	4.2
0.002 5	0.001 03	0.001 3	0.7

681

研究 K_P 和 K_D 参数的另一种分析方法就是在 K_P 和 K_D 的参数平面上评价性能指标。从特征方程（11-14）可得到：

$$\zeta = \frac{0.2 + 451.46 K_D}{\sqrt{K_P}} \tag{11-28}$$

对式（11-14）应用稳定性条件，当 $K_P > 0$ 并且 $K_D > -0.000\,443$ 时，系统可以达到稳定状态。

工具箱 11-2-2

使用以下 MATLAB 函数可得到如图 11-11 所示的式（11-26）的根轨迹曲线：

```
den = [1 361.2 0];
num = [1];
rlocus(num,den)
```

工具箱 11-2-3

使用以下 MATLAB 函数可得到如图 11-12 所示的式（11-14）的根轨迹曲线：

```
KP = 1;
KD = 0;
num = [815265 0];
den = [1 361.2 815265*KP];
rlocus(num,den)
hold on
%%%%%%%%%%%%%%%%%%%%%%%%%%%%%%%%%%%%%%%%%%%%%%%%%%
KP = 0.25;
KD = 0;
den = [1 361.2 815265*KP];
num = [815265 0];
rlocus(num,den)
%%%%%%%%%%%%%%%%%%%%%%%%%%%%%%%%%%%%%%%%%%%%%%%%%%
axis([-3000 1000 -1000 1000])
xaxis1 = -361.2/2 *ones(1,100);yaxis1 = -1000:20:1000-1;
plot(xaxis1,yaxis1);
grid
```

$K_P - K_D$ 参数平面上的稳定范围如图 11-14 所示。由式（11-28）得到的抛物线状的常阻尼比轨迹如图 11-14 所示，该图给出了 $\zeta = 0.5, 0.7071$ 和 1 时的 3 条常 ζ 轨迹。由式（11-13）得出的斜坡误差系数 K_v 表示了图 11-10 所示参数平面上的一条水平线。从图中可以清楚地看出 K_P 和 K_D 的值是如何影响系统的各项性能指标。例如，假设 $K_v = 2257.1$，即 $K_P = 1$，从常 ζ 轨迹曲线可看到阻尼随 K_D 增加而单调增加。从常 K_v 轨迹和常 ζ 轨迹的交叉点处可以得到对应的 K_D 的期望值。 682

频域设计

下面在频域中设计 PD 控制器。当 $K_P = 1$ 且 $K_D = 0$ 时，式（11-11）的 Bode 图如图 11-15 所示。无校正系统的相位裕量为 22.68°，谐振峰值 $M_r = 2.522$，这时控制系统为具有轻微阻尼的系统。下面给出系统的性能指标：

单位斜坡输入的稳态误差≤0.004 43。

相位裕量≥80°。

谐振峰值 $M_r \leq 1.05$。

BW≤2000 rad/s。

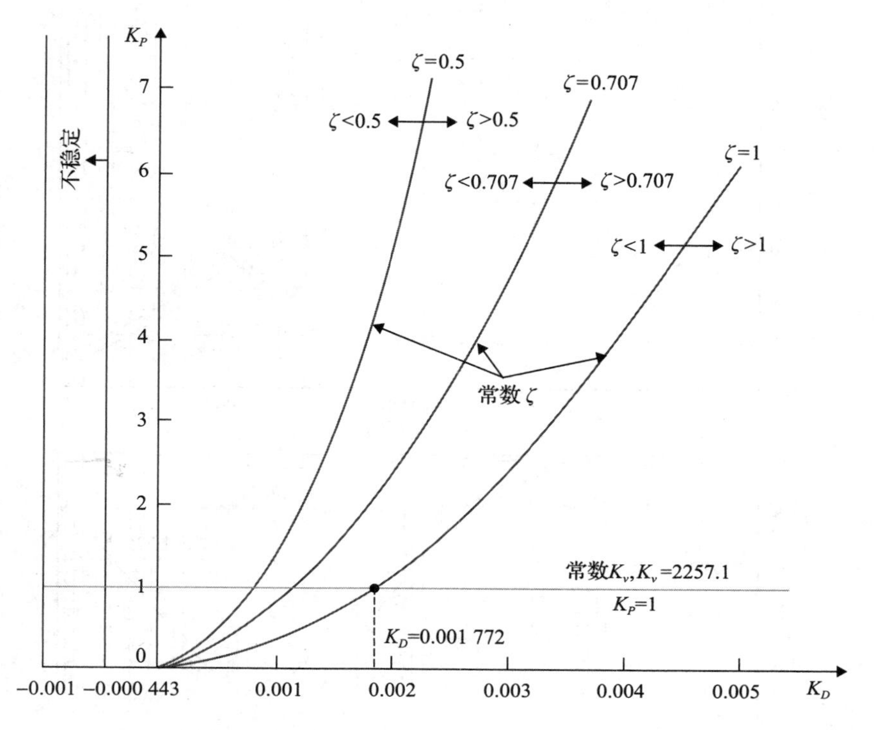

图 11-14 具有 PD 控制器的飞行器姿态控制系统的 K_P-K_D 参数平面

令 $K_P=1$ 且 $K_D=0,0.000\ 5,\ 0.001\ 77,\ 0.002\ 5$，$G(s)$ 的 Bode 图如图 11-15 所示。为了方便比较，表 11-3 列出了校正系统的频域和时域性能指标及相应的控制器参数。使用工具箱 11-2-4 可以得到上述 Bode 图和各项特性指标。 683

工具箱 11-2-4

使用以下 MATLAB 函数可得到如图 11-15 所示的 Bode 图：

```
KD = [0 0.0005 0.0025 0.00177];
for i = 1:length(KD)
num = [815265*KD(i) 815265];
den =[1 361.2 0];
bode(tf(num,den));
hold on;
end
axis([1 10000 -180 -90]);
grid
```

根据表 11-3 中的数据可以看到增益裕量均为无穷大，这样相对稳定指标就由相位裕量来表示。下面举例说明增益裕量对于系统的相对稳定性并不是一个有效的指标。当 $K_D=0.001\ 77$ 时，系统处于临界阻尼状态，相位裕量为 82.92°，谐振峰值 M_r 为 1.025，BW 为 1669rad/s。在频域中各项性能指标都满足要求。PD 控制还使得系统的 BW 和增益穿越频率增加，而相位穿越频率总是无穷大。▲

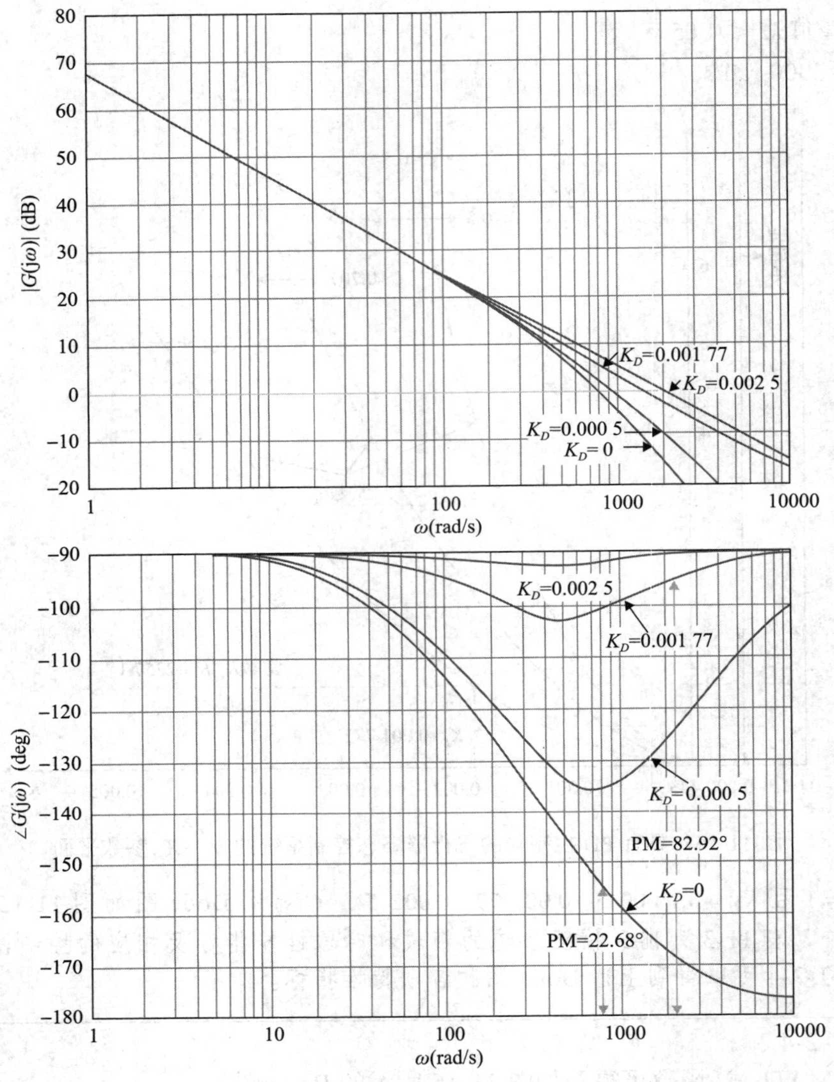

图 11-15 $G(s)=\dfrac{815\,265(1+K_D s)}{s(s+361.2)}$ 的 Bode 图

表 11-3 例 11-2-1 中具有 PD 控制器的控制系统的频域特性

K_D	GM (dB)	PM (deg)	增益穿越频率 (rad/s)	BW (rad/s)	M_r	$t_r(s)$	$t_s(s)$	最大超调量 (%)
0	∞	22.68	868	1370	2.522	0.001 25	0.015 1	52.2
0.000 5	∞	46.2	913.5	1326	1.381	0.007 6	0.007 6	25.7
0.001 77	∞	82.92	1502	1669	1.025	0.00119	0.004 9	4.2
0.002 5	∞	88.95	2046	2083	1.000	0.001 03	0.001 3	0.7

例 11-2-2 直流电动机的控制：不忽略电时间常数㊀。

考虑 7.9 节中所讨论的三阶飞行器姿态控制系统，式（7-169）给出了系统的前向通

㊀ 对应 MATLAB SISO 设计工具实现见例 11-10-2。

道传递函数：

$$G(s)=\frac{1.5\times 10^7 K}{s(s^2+3408.3s+1\,204\,000)} \tag{11-29}$$

时域中的设计要求同例 11-2-1。在 7.9 节中，我们已经知道，当 $K=181.17$ 时，系统的最大超调为 78.88%。

我们用传递函数表达式（11-2）所表示的 PD 控制器来满足系统的瞬态性能要求。当 $K=181.17$ 时，带 PD 控制器的系统的前向通道传递函数为

$$G(s)=\frac{2.718\times 10^9 (K_P+K_D s)}{s(s^2+3408.3s+1\,204\,000)} \tag{11-30}$$

注意，此时的系统传递函数为三阶，对于某些控制器参数，该系统可能会出现不稳定。如果系统不稳定，PD 控制器可能不能有效地提升系统的稳定性。

时域分析

任取 $K_P=1$，闭环系统的特征方程为

684 ~ 685

$$s^3+3408.3s^2+(1\,204\,000+2.718\times 10^9 K_D)s+2.718\times 10^9=0 \tag{11-31}$$

使用根轨迹方法，由式（11-31）得：

$$1+G_{\text{eq}}(s)=1+\frac{2.718\times 10^9 K_D s}{s^3+3408.3s^2+1\,204\,000s+2.718\times 10^9}=0 \tag{11-32}$$

其中，

$$G_{\text{eq}}(s)=\frac{2.718\times 10^9 K_D s}{(s+3293.3)(s+57.49+\text{j}906.6)(s+57.49-\text{j}906.6)} \tag{11-33}$$

基于 $G_{\text{eq}}(s)$ 的零极点配置画出式（11-31）的根轨迹曲线，如图 11-16 所示。从图 11-16 中的根轨迹曲线，我们看到 PD 控制器有效地改善了控制系统的相对稳定性。当 K_D 的值增加时，特性方程的一个特征根从 −3293.3 移向原点，另外两个复数根向左移动，最终趋近于 $s=-1740$ 处的垂直渐近线。如果 K_D 的值太大，**这两个复根会减小系统的阻尼，增加自然频率**。从相对稳定性的角度看，特征方程的两个复根的最佳位置是在接近于根轨迹的拐弯处。该处的相对阻尼比是 0.707。图 11-16 的根轨迹显示，如果原始系统为低阻尼状态或是不稳定，PD 控制器引入的零点可能不会产生足够大的阻尼，甚至无法使系统稳定。

工具箱 11-2-5

图 11-16 所示的根轨迹曲线可以使用以下 MALTAB 代码得到：

```
kd=0.005;
num = [2.718*10^9*kd 0];
den = [1 3408.2 1204000 2.718*10^9];
rlocus(num,den)
```

表 11-4 给出了系统的最大超调、上升时间、调节时间以及以 K_D 为参数的特征方程的特征根。下面总结出三阶系统中 PD 控制器的作用：

1. 当 K_D 近似为 0.002 时，最大超调达到最小值 11.37%。

2. 上升时间随 K_D 的增加而改善（减小）。

3. K_D 值太大会相应地增加最大超调和调节时间。这是因为 K_D 增加，阻尼会减小，调节时间会增大。

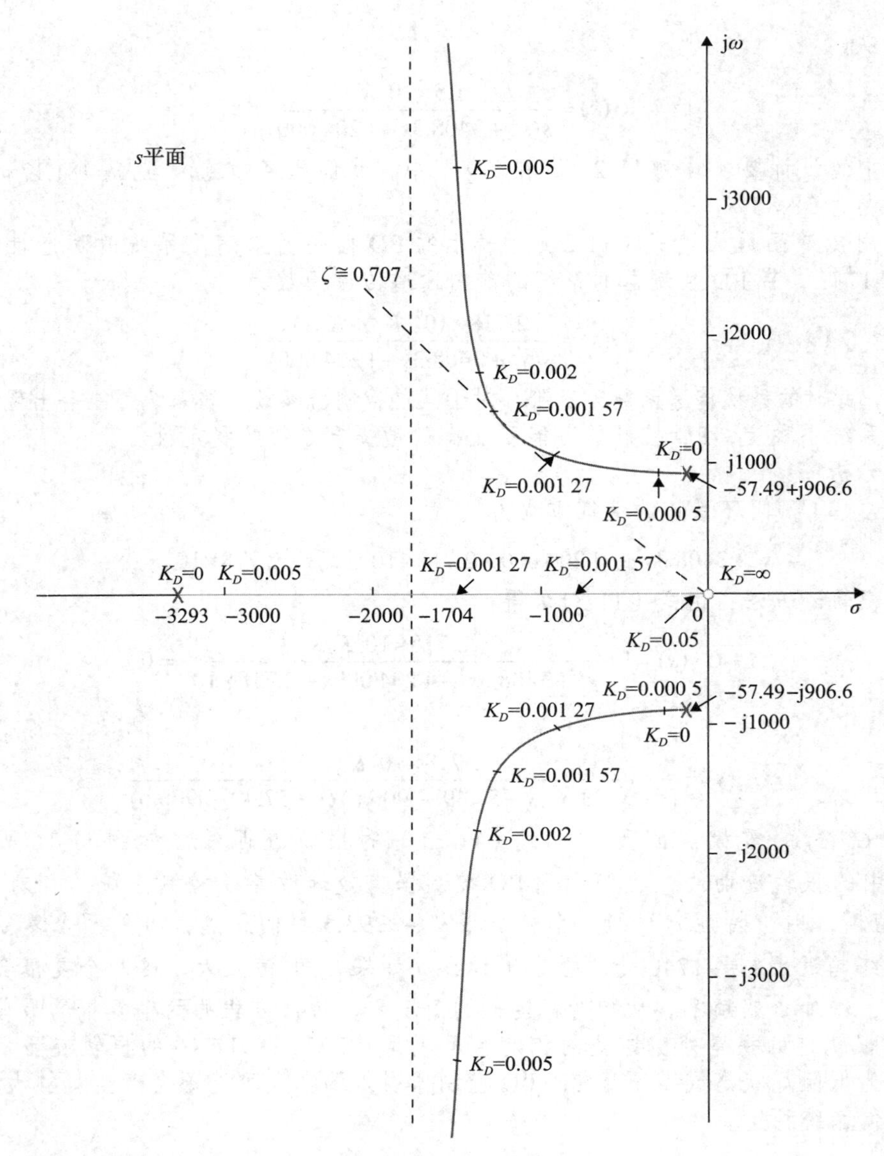

图 11-16 $s^3+3408.3s^2+(1\,204\,000+2.718\times10^9K_D)s+2.718\times10^9=0$ 的根轨迹

表 11-4 例 11-2-2 中具有 PD 控制器的三阶系统的时域特性

K_D	最大超调量（%）	t_r(s)	t_s(s)	特征根	
0	78.88	0.001 25	0.049 5	−3293.3	−57.49 ± j906.6
0.000 5	41.31	0.001 20	0.010 6	−2843.07	−282.62 ± j936.02
0.001 27	17.97	0.001 00	0.003 98	−1523.11	−942.60 ± j946.58
0.001 57	14.05	0.000 91	0.003 37	−805.33	−1 301.48 ± j1 296.59
0.002 00	11.37	0.000 80	0.002 55	−531.89	−1 438.20 ± j1 744.00
0.005 00	17.97	0.000 42	0.001 30	−191.71	−1 608.29 ± j3 404.52
0.010 00	31.14	0.000 26	0.000 93	−96.85	−1 655.72 ± j5 032
0.050 00	61.80	0.000 10	0.001 44	−19.83	−1 694.30 ± j11 583

图 11-17 给出在不同 K_D 值下，具有 PD 控制器的系统的单位阶跃响应曲线。虽然 PD 控制可以改善系统的阻尼，但不能满足最大超调要求。

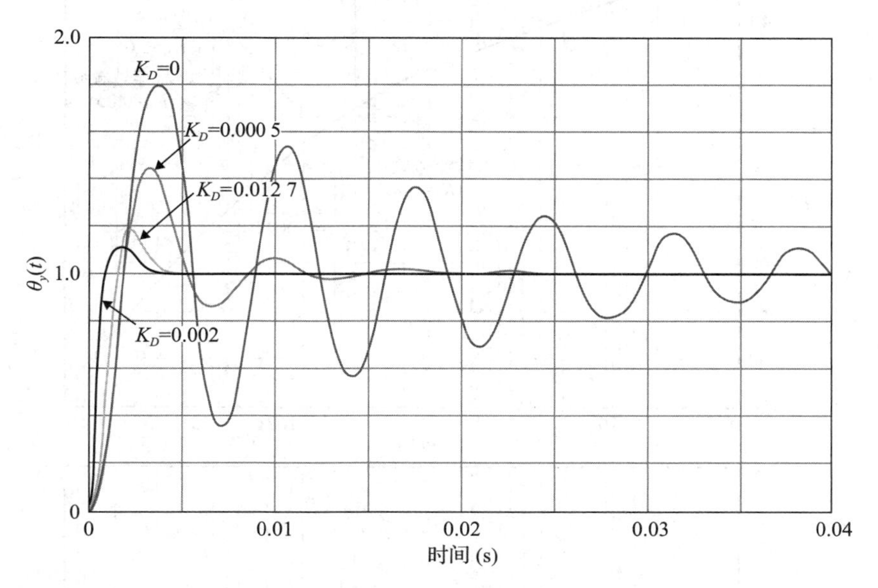

图 11-17 例 11-2-2 中具有 PD 控制器的控制器系统的单位阶跃响应曲线

频域设计

在频域中根据式（11-30）的 Bode 图设计 PD 控制器。图 11-18 给出了 $K_P = 1$ 且 $K_D = 0$ 的 Bode 图曲线。下面给出待校正系统的性能指标：

相位增益 = 3.6 dB

相位裕量 = 7.77°

谐振峰值 M_r = 7.62

带宽 BW= 1408.83 rad/s

增益穿越频率（GCO）= 888.94 rad/s

相位穿越频率（PCO）= 1103.69 rad/s

频域性能要求同例 11-2-1。要解决该问题，首先要看需要增加多少相位才能满足 80° 的相位裕量。因为待校正系统要满足稳态要求，所要求的相位裕量只有 7.77°，PD 控制器必须提供额外的 72.23° 的相位，并且必须放置于校正系统的增益穿越频率点处。根据图 11-6 所示的 PD 控制器的 Bode 图，我们发现相位的增加总是伴随着幅度曲线中增益的增加。因此，校正系统的增益穿越频率点将被推到更高的频率，在此频率下，校正系统的相位会对应于一个更小的 PM，我们需要再次减小相位。这种情况类似于图 11-16 中根轨迹的情况，增大 K_D 的值会简单地将特征根推到较高频率处，而减小了系统的阻尼。由 Bode 图得到表 11-4 中每个不同 K_D 值对应的校正系统的频域特性如表 11-5 所示，其中有些情形的 Bode 图由图 11-18 给出。由于 PD 校正系统的相位曲线在 −180° 轴上，相位穿越频率为无穷大，因此加入了 PD 控制器后增益裕量变成无穷大，相位裕量成了相对稳定性的主要测量指标。

686～688

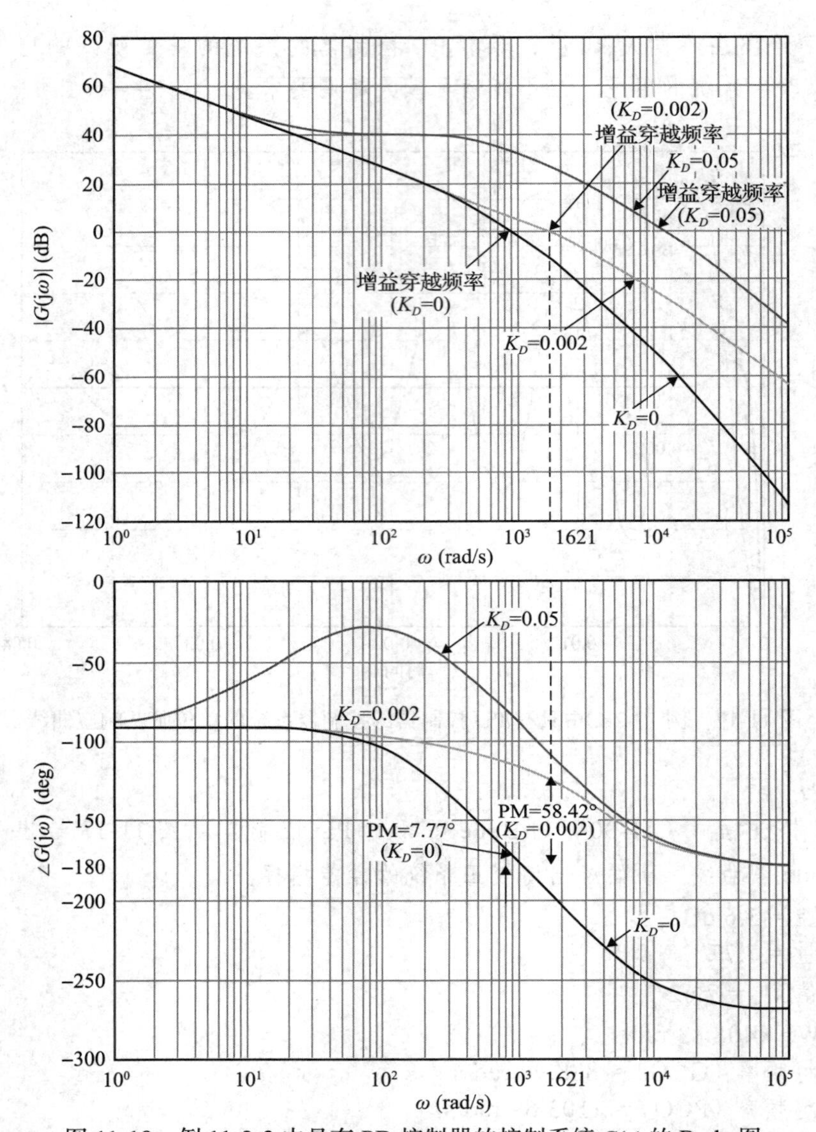

689

图 11-18 例 11-2-2 中具有 PD 控制器的控制系统 $G(s)$ 的 Bode 图

表 11-5 例 11-2-2 中具有 PD 控制器的三阶系统的频域特性

K_D	GM（dB）	PM（deg）	谐振峰值	BW（rad/s）	增益穿越频率（rad/s）	相位穿越频率（rad/s）
0	3.6	7.77	7.62	1408.83	888.94	1103.69
0.000 5	∞	30.94	1.89	1485.98	935.91	∞
0.001 27	∞	53.32	1.19	1939.21	1210.74	∞
0.001 57	∞	56.83	1.12	2198.83	1372.30	∞
0.002 00	∞	58.42	1.07	2604.99	1620.75	∞
0.005 00	∞	47.62	1.24	4980.34	3118.83	∞
0.010 00	∞	35.71	1.63	7565.89	4789.42	∞
0.050 0	∞	16.69	3.34	17 989.03	11 521.00	∞

工具箱 11-2-6

使用以下 MATLAB 函数可得到如图 11-17 所示的 Bode 图：

```
KP = 1;
KD = [0.0005 0.0127 0.002];
for i =1:length(KD)
num =[2.718e9*KD(i) 2.718e9*KP];
den = [1 3408.3 0 0];
tf(num,den);
[numCL,denCL]=cloop(num,den);
step(numCL,denCL)
hold on
end
axis([0 0.04 0 2])
```

当 $K_D = 0.002$ 时，相位裕量达到最大值 58.42°，谐振峰值 M_r 达最小值 1.07，与表 11-4 中总结的时域设计的最优值一致。当 K_D 的值超过 0.002，相位裕量就会减小，相当于在时域设计中增大 K_D 值会减小阻尼。然而，BW 和增益穿越频率随 K_D 增大而增大。这个说明频域设计中 PD 控制也不能满足系统的性能要求。在时域设计中，我们证实了如果原系统是低阻尼状态或不稳定，PD 控制不能有效地改进系统的稳定性；在频域设计中，我们也看到如果相位曲线在接近增益穿越频率时斜率很大，PD 控制就可能无效。因为在这种情况下，由 PD 控制器增加的增益导致增加的相位穿越频率的值使得相位裕量迅速减小，这样增加的相位也就无效。▲

工具箱 11-2-7

使用以下 MATLAB 函数可得到如图 11-18 所示的 Bode 图：

```
KD = [0,0.002,0.05];
KP=1;
for i = 1:length(KD)
num =[2.718e9*KD(i) 2.718e9*KP];
den = [1 3408.3 1204000 0];
bode(num,den);
hold on;
end
```

690

11.3 PI 控制器的设计

从 11.2 节中，我们得知 PD 控制器可以改进控制系统的阻尼和上升时间，但其代价是更高的带宽和谐振频率，且 PD 控制不影响稳态误差，除非稳态误差是随时间变化的，而对阶跃输入而言，PD 控制下系统的稳态误差通常是不变的。因此，PD 控制器在许多情况下不能满足系统的校正要求。

PID 控制器的积分部分产生一个与控制器输入的时间积分成比例的信号。串联一个 PI 控制器的二阶系统结构控制框图如图 11-19 所示。PI 控制器的传递函数为

$$G_c(s) = K_P + \frac{K_I}{s} \tag{11-34}$$

使用表 6-1 中给出的电子元件来实现式（11-34）的两个运算放大器电路，如图 11-20 所示。图 11-20a 中的两运算放大器的传递函数为

$$G_c(s) = \frac{E_o(s)}{E_{in}(s)} = \frac{R_2}{R_1} + \frac{R_2}{R_1 C_2 s} \tag{11-35}$$

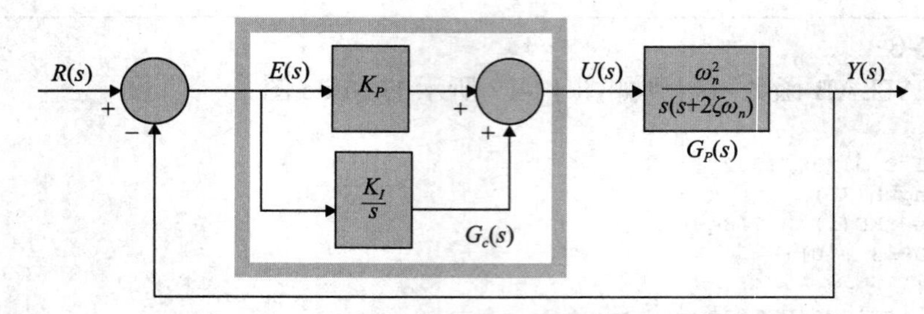

图 11-19　具有 PI 控制器的控制系统控制框图

比较式（11-34）和式（11-35）得：

$$K_P = \frac{R_2}{R_1} \qquad K_I = \frac{R_2}{R_1 C_2} \tag{11-36}$$

图 11-20b 中的三运算放大器的传递函数为

$$G_c(s) = \frac{E_o(s)}{E_{in}(s)} = \frac{R_2}{R_1} + \frac{1}{R_i C_i s} \tag{11-37}$$

因此 PI 控制器的参数与电路元件参数的关系为：

$$K_P = \frac{R_2}{R_1} \qquad K_I = \frac{1}{R_i C_i} \tag{11-38}$$

图 11-20b 所示电路的优点在于 K_P 和 K_I 的值是相互独立的，但不论是那种电路，K_I 的值都与电容值成倒数关系，有效的 PI 控制器设计一般要求有小的 K_I 值，因此必须注意避免出现不符合实际的大电容值。 691

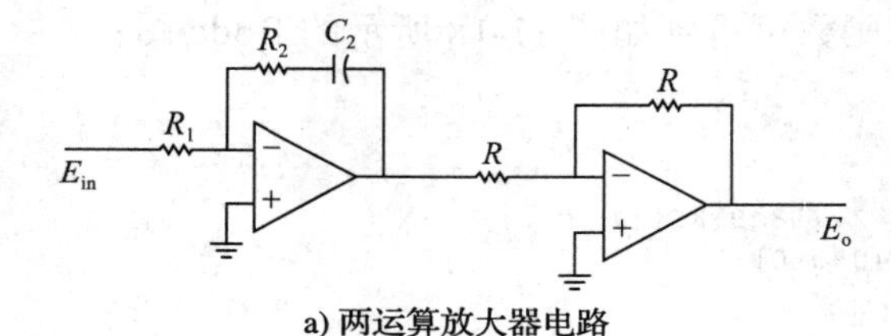

a) 两运算放大器电路

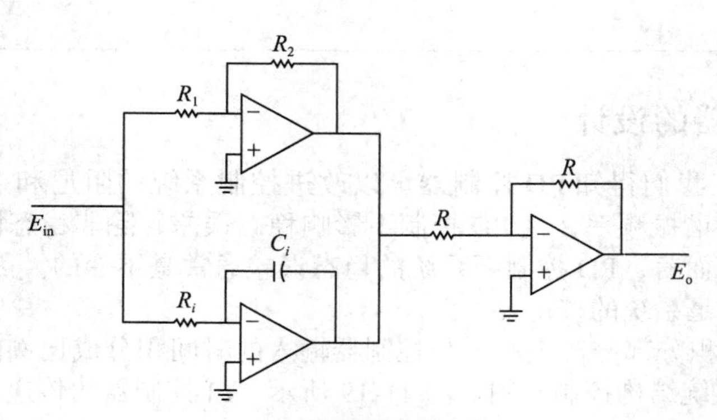

b) 三运算放大器电路

图 11-20　$G_c(s) = K_P + \frac{K_I}{s}$ 的 PI 控制器的运算放大器电路

校正系统的前向通道传递函数为

$$G(s) = G_c(s)G_P(s) = \frac{\omega_n^2 (K_P s + K_I)}{s^2 (s + 2\zeta\omega_n)} \tag{11-39}$$

通过以上分析，PI 控制器的作用如下：

1. 在前向通道传递函数 $s=-K_I/K_P$ 处增加了一个零点。

2. 在前向通道传递函数 $s=0$ 处增加了一个极点，这说明控制系统从 Ⅰ 型变为 Ⅱ 型。因此，原始系统的稳态误差可以得到改善，即，如果响应的稳态误差为常数，PI 控制会将误差减小到 0（要保证校正系统仍稳定）。

如果参考输入是斜坡函数，前向通道传递函数为式（11-39）的控制系统（系统控制框图见图 11-19）会产生零稳态误差。但是，此时系统是三阶的，所以它可能比原始的二阶系统具有更差的稳定性，甚至如果 K_P 和 K_I 的值选择不当，系统会变得不稳定。

对于具有 PD 控制的 Ⅰ 型系统来说，由于斜坡误差系数 K_v 与 K_P 成正比，当输入为斜坡信号时，稳态误差的幅值和 K_P 成反比，所以 K_P 值就非常重要。如果 K_P 太大，系统会变得不稳定。同样，对 0 型系统，阶跃输入产生的稳态误差与 K_P 呈反比。

系统加入 PI 控制器后，从 Ⅰ 型系统转化为 Ⅱ 型系统，对于稳定的 Ⅱ 型系统，在输入斜坡信号时输出稳态误差一直为 0，K_P 不再对控制系统的稳态误差有影响。现在的问题就是如何适当选择 K_P 和 K_I 的值才能够得到满意的瞬态响应。 692

11.3.1　PI 控制的时域分析与设计

由式（11-34）表示的 PI 控制器的零极点配置如图 11-21 所示。初看起来，PI 控制在改善系统的稳态误差时会牺牲系统的稳定性。但如果 $G_c(s)$ 零点选择适当，系统的阻尼和稳态误差性能都会得到改善。由于 PI 控制器本质上是一个低通滤波器，校正系统一般会有一个较慢的上升时间和较长的调节时间。PI 控制器的另一种可行设计就是将 $s=-K_I/K_P$ 处的零点设置得离原点比较近，离主导极点比较远，这样 K_P 和 K_I 的值应当相当得小。

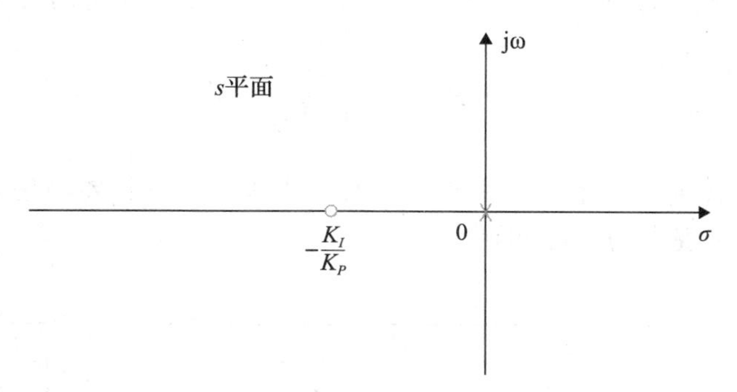

图 11-21　PI 控制器的零极点配置

11.3.2　PI 控制的频域分析与设计

在频域设计中，PI 控制器的传递函数为

$$G_c(s)=K_P+\frac{K_I}{s}=\frac{K_I\left(1+\dfrac{K_P}{K_I}s\right)}{s} \tag{11-40}$$

$G_c(\mathrm{j}\omega)$ 的 Bode 图如图 11-22 所示。当 $\omega=\infty$ 时，$G_c(\mathrm{j}\omega)$ 的幅值为 $20\lg K_P$ dB，说明如果 K_P 的值小于 1 就存在衰减，由此来改善系统的稳定性。$G_c(\mathrm{j}\omega)$ 的相位一直为负，

这样不利于稳定。因此我们置控制器的交接频率 $\omega = K_I / K_P$，使其在带宽要求允许的范围内尽可能地向左，这样 $G_c(\mathrm{j}\omega)$ 的相位滞后特性不会降低系统的期望相位裕量。

在频域中，设计用来满足期望相位裕量的 PI 控制器大体有以下几步：

1. 根据稳态性能要求，由控制系统的回路增益作出待校正系统的前向通道传递函数 693 $G_P(s)$ 的 Bode 图。

2. 由 Bode 图得到控制系统的相位裕量和增益裕度。对于特殊的相位裕量要求，在 Bode 图中找到新增益穿越频率 ω'_g 对应的相位裕量。为了能实现期望的相位裕量，校正系统传递函数的幅值曲线必须在新增益穿越频率处穿过 0dB 轴。

3. 为了使待校正系统传递函数的幅值曲线在新的增益穿越频率 ω'_g 处降为 0dB，PI 控制器所产生的衰减量一定要等于幅值曲线在新增益穿越频率处的增益。换句话说，令

$$|G_P(\mathrm{j}\omega'_g)|_{\mathrm{dB}} = -20\lg K_P \mathrm{dB}, \quad K_P < 1 \tag{11-41}$$

我们有

$$K_P = 10^{-|G_P(\mathrm{j}\omega'_g)|_{\mathrm{dB}}/20}, \quad K_P < 1 \tag{11-42}$$

一旦 K_P 的值确定下来，就只需选择适当的 K_I 值。到目前为止，我们假设加入 PI 控制器后只是通过减小 $G_c(\mathrm{j}\omega)$ 的幅值改变了 ω'_g 处的增益穿越频率，但原始相位并没有因此而改变。然而这种假设并不成立，从图 11-22 可见，与 PI 控制器的衰减特性相对应的是对相位裕量有害的相位滞后。显然，如果交接频率 $\omega = K_I / K_P$ 远小于 ω'_g，PI 控制器的相位滞后对校正系统在接近 ω'_g 处的相位影响很小。另一方面，K_I / K_P 的值不应太小，否则系统的带宽将太低，因为这样会造成上升时间和调节时间太长。一般来说，K_I / K_P 对应的频率至少是 ω'_g 的十分之一（有时可高达二十分之一），即取

$$\frac{K_I}{K_P} = \frac{\omega'_g}{10} \ (\mathrm{rad/s}) \tag{11-43}$$

根据这个基本原则，设计者选择 K_I / K_P 值时要非常慎重，要考虑到它对 BW 的影响以及运算放大电路实现中的实际问题。

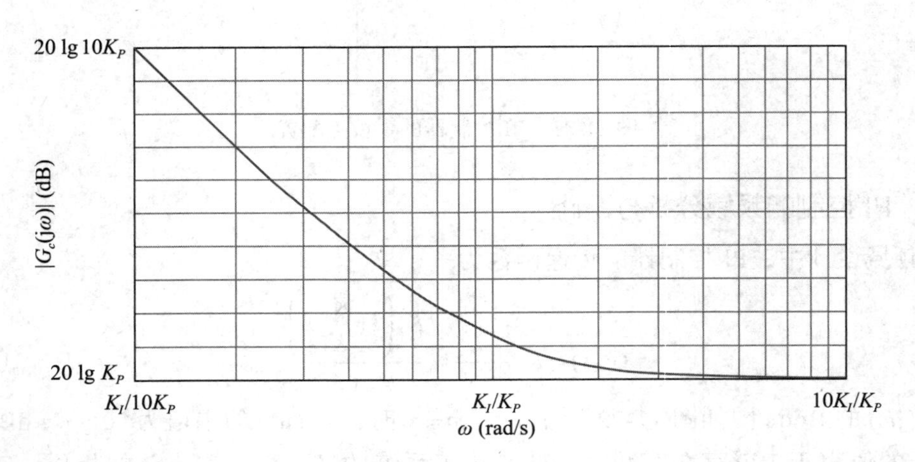

图 11-22 $G_c(s) = K_P + \dfrac{K_I}{s}$ 的 PI 控制器 Bode 图

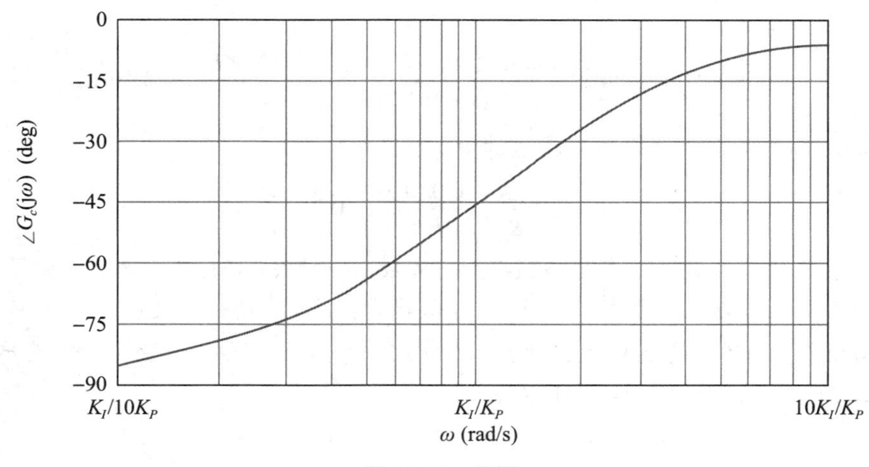

图 11-22 （续）

4. 由校正系统的 Bode 图检查性能指标是否全都满足要求。

5. 把 K_P 和 K_I 的值代入式（11-40），得到 PI 控制器的期望传递函数。

如果受控系统 $G_P(s)$ 为 0 型系统，可以根据斜坡误差系数的要求来选择 K_I，这样可能只有 K_P 一个参数需要确定。通过计算闭环系统中一组 K_P 值对应的相位裕量、增益裕量、M_r 和 BW, 很容易选出最佳 K_P 值。

基于上述讨论，我们总结一下有关设计 PI 控制器的优缺点：

1. 改善阻尼，减小最大超调。
2. 增加上升时间。
3. 降低 BW。
4. 改善增益裕量、相位裕量和 M_r。
5. 过滤掉高频噪声。

需要注意的是，在 PI 控制器的设计过程中，相比于 PD 控制器，适当选择 K_P 和 K_I 使在实现控制器电路时电容不太大变得更为困难。

以下几个例子说明了 PI 控制器的设计过程及其作用。

例 11-3-1　直流电动机的控制：小时间常数模型。

考虑在例 11-2-1 中讨论过的二阶飞行姿态控制系统，PI 控制器由式（11-34）表示，控制系统的前向通道传递函数为

$$G(s)=G_c(s)G_P(s)=\frac{4500KK_P(s+K_I/K_P)}{s^2(s+361.2)} \qquad (11\text{-}44)$$

694 ~ 695

时域设计

设时域性能指标如下：

抛物线输入产生的稳态误差 $t^2u_s(t)/2\leqslant 0.2$。

最大超调 $\leqslant 0.5$。

上升时间 $t_r\leqslant 0.01$ s。

调节时间 $t_s\leqslant 0.02$ s。

对由抛物线输入产生的稳态误差有要求的重要性在于，它间接反映了瞬态响应速度的最低要求。

抛物线误差系数为

$$K_a = \lim_{s\to 0} s^2 G(s) = \lim_{s\to 0} s^2 \frac{4500KK_P(s+K_I/K_P)}{s^2(s+361.2)} = \frac{4500KK_I}{361.2} = 12.46KK_I \tag{11-45}$$

由抛物线输入 $t^2u_s(t)/2$ 产生的稳态误差为

$$e_{ss} = \frac{1}{K_a} = \frac{0.08026}{KK_I} (\leqslant 0.2) \tag{11-46}$$

为了简单起见，我们仍然使用例 11-2-1 中的数据，设 $K=181.17$。显然，为了满足抛物线输入的稳态误差要求，K 值越大，K_I 就可以越小。将 $K=181.17$ 代入式（11-46）中，求得最小稳态误差为 0.2 的最小 K_I 值，即 $K_I = 0.002\,215$。如果需要，后面可对 K 值再做调整。

由 $K=181.17$，闭环系统的特征方程为

$$s^3 + 361.2s^2 + 815\,265K_P s + 815\,265K_I = 0 \tag{11-47}$$

稳定性检验

对式（11-47）使用 Routh 检验可知，当 $0 < K_I/K_P < 361.2$ 时系统能够稳定。这意味着 $G(s)$ 在 $s=-K_I/K_P$ 处的零点在 s 左半平面不能太靠左，否则系统会不稳定。在本例中除去在 $s=0$ 处的极点外，$G_P(s)$ 的主导极点是 -361.2，因此 K_I/K_P 应满足下列条件：

$$\frac{K_I}{K_P} << 361.2 \tag{11-48}$$

我们将 $-K_I/K_P$ 处的零点移到距离原点相对近些。当 $K_I/K_P=10$ 时式（11-47）的根轨迹曲线如图 11-23 所示。除了 $s=-10$ 处的零点周围的小环，大部分根轨迹与由式（11-26）画得的图 11-11 类似。假设期望相对阻尼比为 0.707。在这种情况下，考虑到两个根轨迹的相似性，式（11-44）可以近似为

$$G(s) \cong \frac{815\,265K_P}{s(s+361.2)} \tag{11-49}$$

其中，分子中的 K_I/K_P 项被忽略了。根据式（11-49），这个阻尼比对应的 K_P 值为 0.08。如果 K_I/K_P 值满足式（11-48），对于带 PI 控制器的三阶系统应该也是正确的。因此当 $K_P=0.08, K_I=0.8$ 时，图 11-23 中的根轨迹显示两个复根的相对阻尼比近似为 0.707，特征方程的三个特征根分别为 $s_1=-10.605$ 和 $s_{2,3}=-175.3\pm \mathrm{j}175.4$。

696

事实上，我们可以发现只要 $K_P=0.08$ 且所选的 K_I 值满足式（11-48），复根的相对阻尼比会很接近 0.707。例如，假设 $K_I/K_P=5$，则 s 的三个特征根为 -5.145，$-178.05+\mathrm{j}178.03$，$-178.05-\mathrm{j}178.03$，相对阻尼比仍为 0.707。虽然闭环传递函数的实根极点有了变化，但它距离 $s=-K_I/K_P$ 处的零点很近，这样由实极点产生的瞬态响应可以忽略。

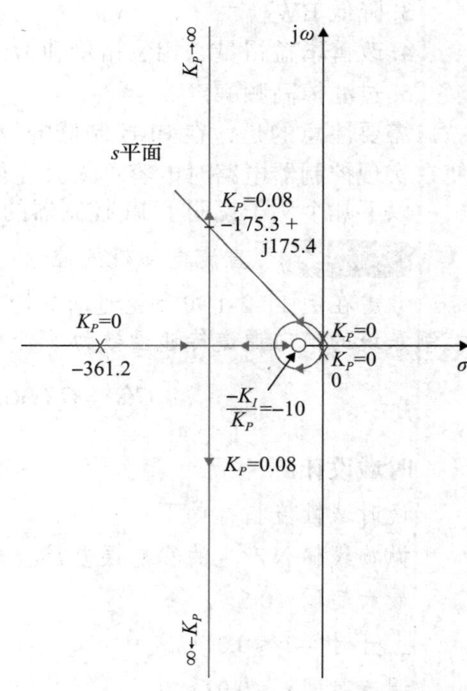

图 11-23 $K_I/K_P=10$ 且 K_P 值变化时的式（11-37）的根轨迹曲线

例如，当 $K_P = 0.08$ 且 $K_I = 0.4$ 时，校正系统的闭环传递函数为

$$\frac{\Theta_y(s)}{\Theta_r(s)} = \frac{65\,221.2(s+5)}{(s+5.145)(s+178.03+\mathrm{j}178.03)(s+178.03-\mathrm{j}178.03)} \tag{11-50}$$

因为 $s=-5.145$ 处的极点很接近于 $s=-5$ 处的零点，由这个极点引起的瞬态响应就可以忽略，系统的动态响应就由两个复极点决定。

697

工具箱 11-3-1

图 11-23 所示的式（11-47）的根轨迹可以由以下 MATLAB 程序得到：

```
KP = 0.000001; % start with a very small KP
KI=10*KP;
num = [KP KI];
den = [1 361.2 815265*KP 815265*KI];
G=tf(num,den)
rlocus(G)
```

表 11-6 给出了 $K_P = 0.08$ 时，也就是相对阻尼比为 0.707 的 PI 控制系统在不同 K_I / K_P 值下所对应的单位阶跃响应特性。

表 11-6 中的结论验证了 PI 控制会降低超调但会增加上升时间。从表 11-6 中可看到当 $K_I \leqslant 1$ 时调节时间明显减小。但实际上，在这些情况下系统的最大超调小于 5%，而且调节时间是在响应进入 0.95～1 带宽时测得的，所以真正的调节时间并没有减小。

表 11-6　例 11-3-1 中使用 PI 控制器的控制系统的单位阶跃响应特性

K_I/K_P	K_I	K_P	最大超调量（%）	t_r(s)	t_s(s)
0	0	1.00	52.7	0.001 35	0.015
20	1.60	0.08	15.16	0.007 4	0.049
10	0.80	0.08	9.93	0.007 8	0.029 4
5	0.40	0.08	7.17	0.008 0	0.023
2	0.16	0.08	5.47	0.008 3	0.019 4
1	0.08	0.08	4.89	0.008 4	0.011 4
0.5	0.04	0.08	4.61	0.008 4	0.011 4
0.1	0.008	0.08	4.38	0.008 4	0.011 5

当 K_P 的值小于 0.08 时，系统的最大超调要比表 11-6 中的结果还要小，但上升时间和调节时间会大幅增加。例如，当 $K_P = 0.04$ 且 $K_I = 0.04$ 时，最大超调为 1.1%, 但上升时间增加为 0.018 2s，调节时间为 0.024s。

从控制系统的角度考虑，除非 K_P 值也减小，否则 K_I 小于 0 .08 后，最大超调的改善就减慢。像前面所说的，电容 C_2 的值与 K_I 成反比关系，因此为了实际应用需要，K_I 值要有下限。

图 11-24 展示了一个控制系统在 PI 控制作用下的单位阶跃响应曲线，其中 $K_P = 0.08$，K_I 有多个值。对于同一系统，使用 PD 控制器的单位阶跃响应曲线也画在同一图中，其中控制器的设计是基于例题 11-2-1 的，且 $K_P = 1$，$K_D = 0.001\ 77$。图 11-24 可以通过对工具箱 11-2-1 进行调整得到。

698

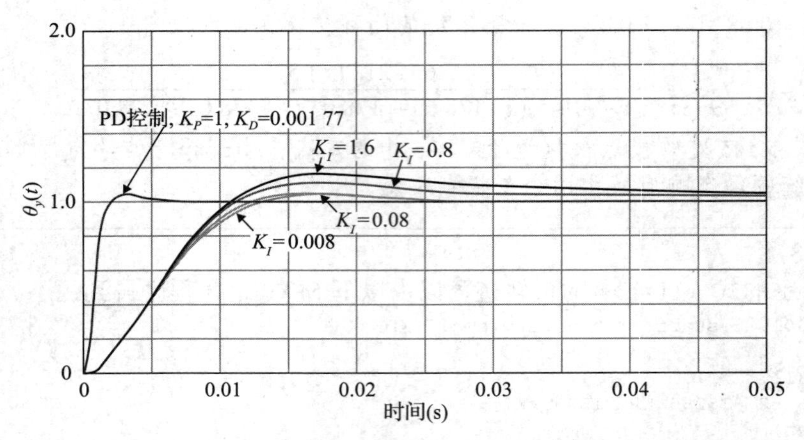

图 11-24 例 11-3-1 中使用 PI 控制器的系统单位阶跃响应曲线与例 11-2-1 中使用 PD 控制器的系统单位阶跃响应曲线对比

工具箱 11-3-2

图 11-24 可以使用以下 MATLAB 代码得到：

```
K=181.7;
num=[4500*K*0.00177 4500*K];
den=[1 361.2 0];
tf(num,den);
[numCL,denCL]=cloop(num,den);
step(numCL,denCL)
hold on
KI= [0.008 0.08 0.8 1.6];
KP=.08;
for i =1:length(KI)
num=[4500*K*KP 4500*K*KI(i)];
den=[1 361.2 0 0];
tf(num,den);
[numCL,denCL]=cloop(num,den);
step(numCL,denCL)
hold on
end
axis([0 0.05 0 2])
```

频域设计

将式（11-44）的 $G(s)$ 中的 K_P 置为 1，K_I 置为 0，得到待校正系统的前向通道传递函数，其 Bode 图如图 11-25 所示。控制系统的相位裕量为 22.68°，增益穿越频率为 868rad/s。

699

$$G(s)=\frac{815\,265K_P(s+K_I/K_P)}{s^2(s+361.2)}$$

工具箱 11-3-3

图 11-25 所示的 Bode 图可以使用以下 MALTAB 代码得到：

```
K=181.7;
KI = 0;
KP=1;
num=[4500*K*KP 4500*K*KI];
den =[1 361.2 0 0];
```

```
bode(num,den)
hold on
KI = [1.6 0.8 0.08 0.008];
KP=0.08;
for i = 1:length(KI)
num=[4500*K*KP 4500*K*KI(i)];
den =[1 361.2 0 0];
bode(num,den)
hold on
end
grid
```

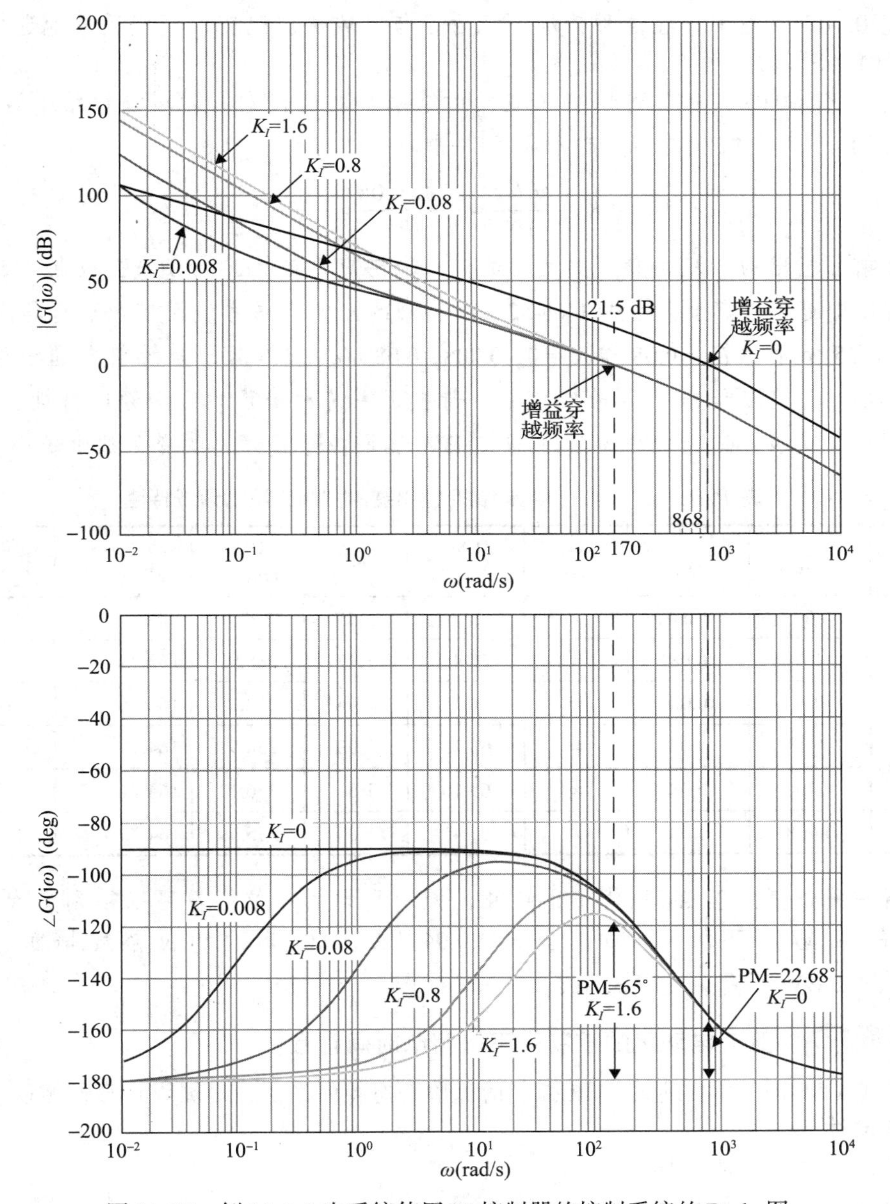

图 11-25　例 11-3-1 中系统使用 PI 控制器的控制系统的 Bode 图

700

现在讨论使用式（11-40）的 PI 控制器来实现系统所需相位裕度至少为 65° 的情况。接下来给出式（11-41）～式（11-43）中关于 PI 控制器的设计步骤，可以将其归结为以下几步：

1. 寻找相位裕度为 65° 时，新的增益穿越频率 ω_g'。由图 11-25 可知，ω_g' 的值为 170rad/s。该频率下，$G(j\omega)$ 的幅值为 21.5dB。因此，PI 控制器需要在 ω_g'=170rad / s 处提供一个 −21.5dB 的补偿。将$|G(j\omega)|$=21.5dB 代入式（11-42），求解 K_P，可得：

$$K_P=10^{-|G(j\omega_g)|_{dB}/20}=10^{-21.5/20}=0.084 \tag{11-51}$$

注意，在之前的时域设计中，K_P 被选择为 0.08，这样复数特征方程根的相对阻尼比将会是 0.707。(注意，在这种情况下，为了与时域响应比较，我们近似地选择期望相位裕度 PM=65° 。)

2. 选定 K_P= 0.08，然后可以将频域设计结果与之前得到的时域设计结果进行比较。式（11-43）给出了 K_P 确定时，选取 K_I 的一般准则，即

$$K_I=\frac{\omega_g' K_P}{10}=\frac{170\times 0.08}{10}=1.36 \tag{11-52}$$

正如前面指出的，K_I 的值不是固定的，只需要使得 K_I / K_P 比 $G(s)$ 在极点 −361.2 处的幅值足够小即可。事实上，由式（11-52）所得到的 K_I 对于该系统而言并不是足够小的。

图 11-25 所示为 K_P= 0.08 和 K_I= 0, 0.008, 0.08, 0.8, 1.6 时，系统前向通道传递函数的 Bode 图。表 11-7 给出了不同 K_I 值下，待校正系统和校正系统的频域特性。注意到，当 K_I / K_P 的值足够小时，相位裕度、M_r、BW 和增益穿越频率的变化都比较小。

701

表 11-7 例 11-3-1 中具有 PI 控制器的控制系统的频域特性

K_I / K_P	K_I	K_P	GM (dB)	PM (deg)	M_r	BW (rad/s)	增益穿越频率 (rad/s)	相位穿越频率 (rad/s)
0	0	1.0 0	∞	22.6	2.55	1390.87	868	∞
20	1.6	0.08	∞	58.45	1.12	268.92	165.73	∞
10	0.8	0.08	∞	61.98	1.06	262.38	164.96	∞
5	0.4	0.08	∞	63.75	1.03	258.95	164.77	∞
1	0.08	0.08	∞	65.15	1.01	256.13	164.71	∞
0.1	0.008	0.08	∞	65.47	1.00	255.49	164.70	∞

值得注意的是，当 K_P 的值小于 0.08，控制系统的相位裕量可以得到更大的改善，但系统的带宽会变小。例如，当 K_P= 0.04 且 K_I= 0.04 时，相位裕度增加到 75.7°，M_r=1.01，但 BW 下降到 117.3rad/s。 ▲

例 11-3-2 直流电动机的控制：不忽略电时间常数。

考虑式（11-19）所描述的带 PI 控制的三阶姿态控制系统，时域设计可遵循以下步骤。

时域设计

选取如下时域性能指标：

抛物线输入产生的稳态误差 $t^2u_s(t)/2\leqslant 0.2$ 。

最大超调≤5%。

上升时间 $t_r \leqslant 0.01\text{s}$。

调节时间 $t_s \leqslant 0.02\text{s}$。

这些指标和例 11-3-1 中的二级系统相同。

使用式（11-24）所描述的 PI 控制器，控制系统的前向通道传递函数为

$$G(s)=G_c(s)G_P(s)=\frac{1.5\times10^7 KK_P(s+K_I/K_P)}{s^2(s^2+3408.3s+1\,204\,000)}=\frac{1.5\times10^7 KK_P(s+K_I/K_P)}{s^2(s+400.26)(s+3008)} \quad (11\text{-}53)$$

由式（11-46）可以得到系统由抛物线输入产生的稳态误差，任取 K=181.17，K_I 最小值为 0.002 215。

当 K=181.17 时，闭环系统的特征方程为

$$s^4+3408.3s^3+1\,204\,000s^2+2.718\times10^9 K_P s+2.718\times10^9 K_I=0 \quad (11\text{-}54)$$

其 Routh 表如下所示：

s^4	1	1 204 000	$2.718\times10^9 K_I$
s^3	3408.3	$2.718\times10^9 K_P$	0
s^2	1 204 000-797 465K_P	$2.718\times10^9 K_I$	0
s^1	$\dfrac{1\,204\,000K_P-797\,465K_P^2-3408.3K_I}{1\,204\,000-797\,465K_P}$	0	
s^0	$2.718\times10^9 K_I$	0	

702

系统稳定的条件如下：

$$\begin{aligned}&K_I>0\\&K_P<1.5098\\&K_I<353.255K_P-233.98K_P^2\end{aligned} \quad (11\text{-}55)$$

PI 控制器的设计要求选择相对于原点 $G(s)$ 的最近极点，也就是极点 −400.26 处更小的 K_I/K_P 值。式（11-54）的根轨迹可以使用零极点配置方程（11-53）进行绘制。图 11-26a 表示 $K_I/K_P=2$ 时，随 K_P 变化所得到的根轨迹图。由于 PI 控制器的极点和零点，靠近原点的根轨迹再次形成一个小回路，而那些远离原点的根轨迹将与图 7-53 所示的待校正系统的根轨迹非常相似。通过在根轨迹上合理地选择 K_P 值，可以满足上述性能指标。为了使上升时间和调节时间最小化，应选择使主特征根为共轭复根的 K_P。表 11-8 给出了不同 K_I/K_P 和 K_P 值组合所对应的特性。注意，虽然这些参数的几个组合对应于满足性能规范的系统，但当 $K_P=0.075$ 和 $K_I=0.15$ 时，在给定的参数中，系统的上升时间和调节时间是最佳的。

表 11-8　例 11-3-2 中具有 PI 控制器的控制系统的单位阶跃响应特性

K_I/K_P	K_I	K_P	最大超调量（%）	t_r(s)	t_s(s)	特征根			
0	0	1	76.2	0.00 158	0.048 7	−3293.3	−57.5	±j906.6	
20	1.6	0.08	15.6	0.007 7	0.047 1	−3035	−22.7	−175.3	±j180.3
20	0.8	0.04	15.7	0.013 4	0.088 1	−3021.6	−259	−99	−28
5	0.4	0.08	6.3	0.008 83	0.020 2	−3035	−5.1	−184	±j189.2
2	0.08	0.04	2.1	0.022 02	0.015 15	−3021.7	−234.6	−149.9	−2

（续）

K_I/K_P	K_I	K_P	最大超调量（%）	t_r(s)	t_s(s)	特征根			
5	0.2	0.04	4.8	0.017 96	0.020 2	−3021.7	−240	−141.2	−5.3
2	0.16	0.08	5.8	0.007 87	0.018 18	−3035.2	−185.5	± j190.8	−2
1	0.08	0.08	5.2	0.007 92	0.016 16	−3035.2	−186	± j191.4	−1
2	0.15	0.075	4.9	0.008 5	0.010 1	−3033.5	−187.2	± j178	−1
2	0.14	0.070	4.0	0.009 17	0.012 12	−3031.8	−187.2	± j164	−1

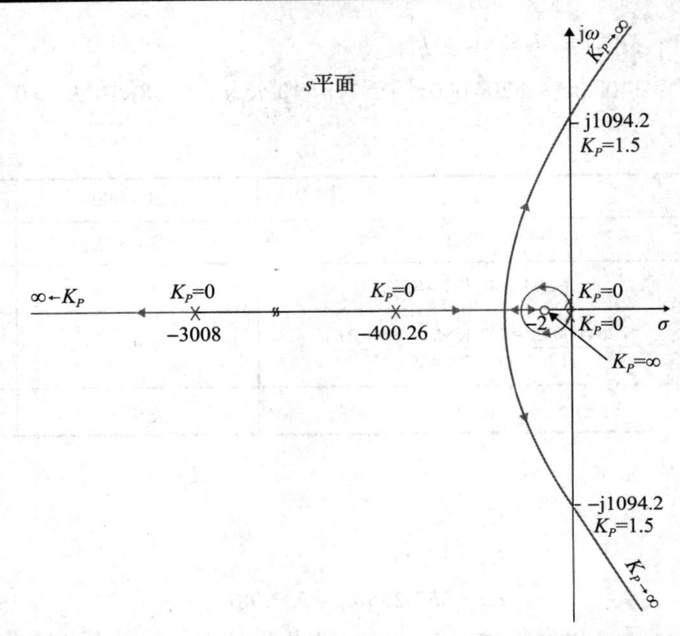

a) $K_I/K_P=2, 0\leqslant K_P<\infty$时，例 11-3-2 中具有 PI 控制器的控制系统的根轨迹

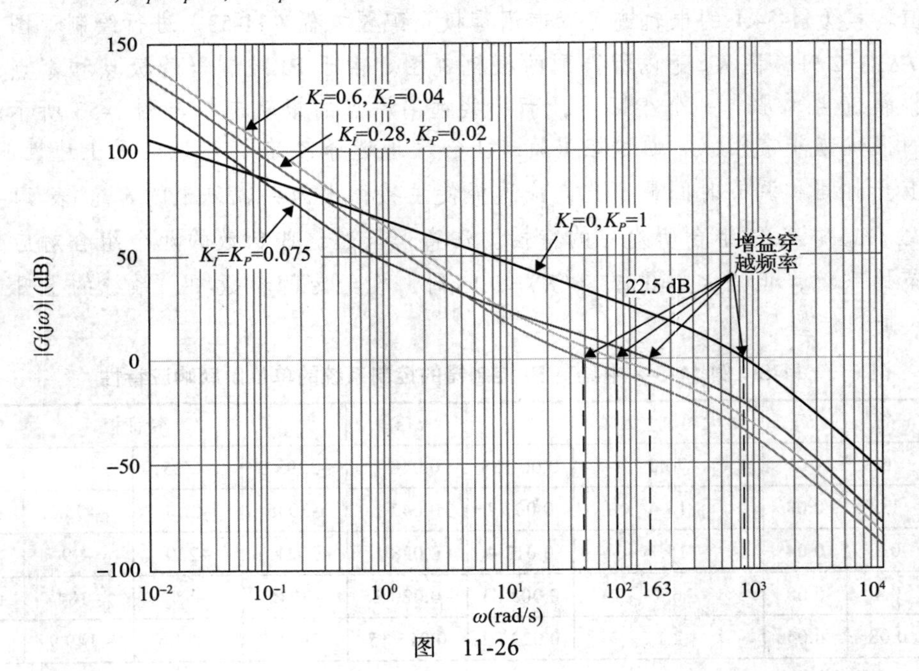

图 11-26

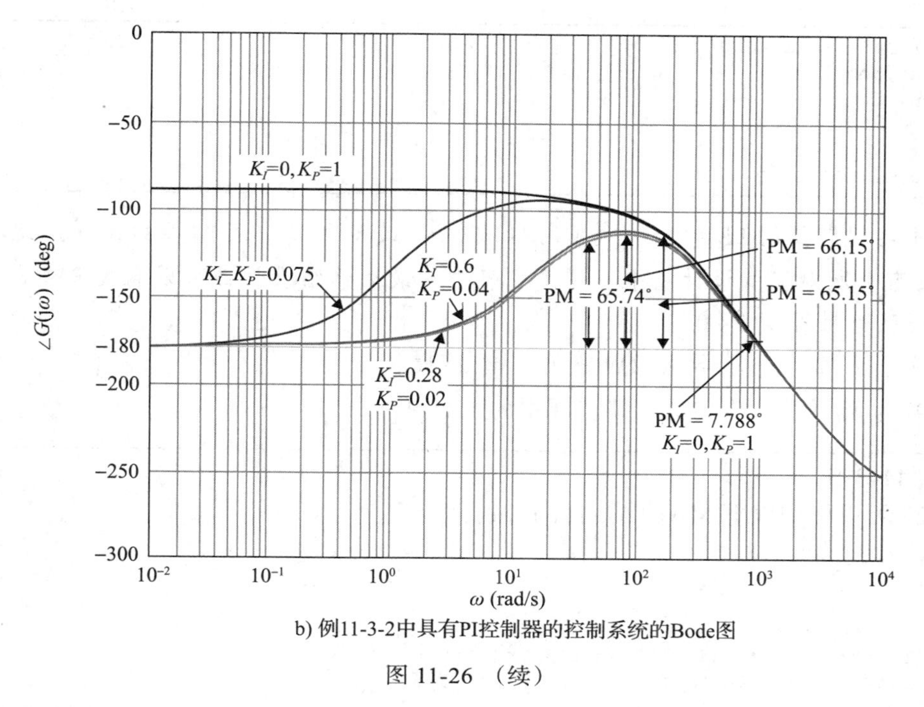

b) 例11-3-2中具有PI控制器的控制系统的Bode图

图 11-26　（续）

703～704

频域设计

当 $K=181.17$，$K_P=1$ 以及 $K_I=0$ 时，式（11-53）所示系统的 Bode 图如图 11-26b 所示。其性能指标为：

增益裕量 = 3.578dB。

相位裕量 = 7.788°。

M_r= 6.572。

BW=1378rad/s。

我们要求用式（11-40）描述的 PI 控制器来校正系统，使得系统的相位裕量至少为 65°。根据式（11-41）～式（11-43），PI 控制器的设计步骤可以分为以下几步：

1. 找到一个新的增益穿越频率 ω_g'，使得系统的相位裕度为 65° 。由图 11-20 可知，ω_g' 为 163rad/s，此时 $G(\mathrm{j}\omega_g')$ 的幅值为 22.5dB。因此，PI 控制器在 ω_g' =163rad/s 时提供了额外的 −22.5dB 的衰减。将 $|G(\mathrm{j}\omega_g')|=22.5$ 代入式（11-42），求解 K_P，可以得到：

$$K_P=10^{-|G(\mathrm{j}\omega_g')|_{\mathrm{dB}}/20}=10^{-22.5/20}=0.075 \tag{11-56}$$

这与在时域设计时，$K_I=0.15$ 或 $K_I/K_P=2$ 产生最大超调为 4.9% 的控制系统完全相同。

2. 根据式（11-43）得到 K_I 的值：

$$K_I=\frac{\omega_g' K_P}{10}=\frac{163\times 0.075}{10}=1.222 \tag{11-57}$$

705

因此，我们有 $K_I/K_P=16.3$。不过，校正后的控制系统的相位裕量只有 59.52。

工具箱 11-3-4

图 11-26b 所示 Bode 图可以使用以下 MALTAB 代码得到：

```
KI = [1.222 0.6 0.28 0.075 0];
KP = [0.075 0.04 0.02 0.075 1];
for i = 1:length(KI)
num = [1.5e7*181.17*KP(i) 1.5e7*181.17*KI(i)];
```

```
den =[1 3408.3 1204000 0 0];
bode(num,den)
hold on
end
grid
axis([0.01 10000 -270 0]);
```

为了实现期望的PM=65°，我们可以减小K_P或K_I的值。表11-9给出了几组不同的K_I和K_P组合所对应的设计结果。注意，表中的最后三组设计都可以满足PM要求。不过，从设计结果可以看到：

- 降低K_P的值，会导致BW降低，M_r增大。
- 减小K_I的值，会增大电路实现中的电容值。

工具箱 11-3-5

图11-27可以使用以下MALTAB代码得到：

```
KI = [0 0.6 0.28 0.075];
KP = [1 0.04 0.02 0.075];
t = 0:0.0001:0.2;
for i = 1:length(KI)
num = [1.5e7*181.17*KP(i) 1.5e7*181.17*KI(i)];
den =[1 3408.3 1204000 0 0];
 [numCL,denCL]=cloop(num,den);
step(numCL,denCL,t)
hold on
end
grid
axis([0 0.2 0 1.8])
```

表 11-9 例 11-3-2 中具有PI控制器的控制系统的特性总结

K_I/K_P	K_I	K_P	GM(dB)	PM(deg)	M_r	BW(rad/s)	最大超调量 (%)	t_r(s)	t_s(s)
0	0	1	3.578	7.788	6.572	1378	77.2	0.0015	0.0490
16.3	1.222	0.075	25.67	59.52	1.098	264.4	13.1	0.0086	0.0478
1	0.075	0.075	26.06	65.15	1.006	253.4	4.3	0.0085	0.0116
15	0.600	0.040	31.16	66.15	1.133	134.6	12.4	0.0142	0.0970
14	0.280	0.020	37.20	65.74	1.209	66.34	17.4	0.0268	0.1616

706

事实上，只有在$K_I = K_P = 0.075$的情况下，才能使得时域和频域中的综合性能指标达到最佳。如果想要增加K_I值，那么系统的最大超调会变得很大。这个例子仅仅用于说明期望相位裕度的不足。本例的目的是给出PI控制器的特性及其设计中需要重要考虑的事项。没有对一些细节做进一步探讨。

图11-27给出了待校正系统和几个带PI控制器的校正系统的单位阶跃响应曲线。▲

11.4 PID 控制器的设计

从前面的讨论知道，PD控制器能够增加系统的阻尼但不改变稳态响应。PI控制器可以同时改进系统的相对稳定性和稳态误差，但增加了上升时间。使用PID控制器就是为了利用PI控制器和PD控制器各自的优点。下面将要简单介绍一下设计PID控制器的步骤：

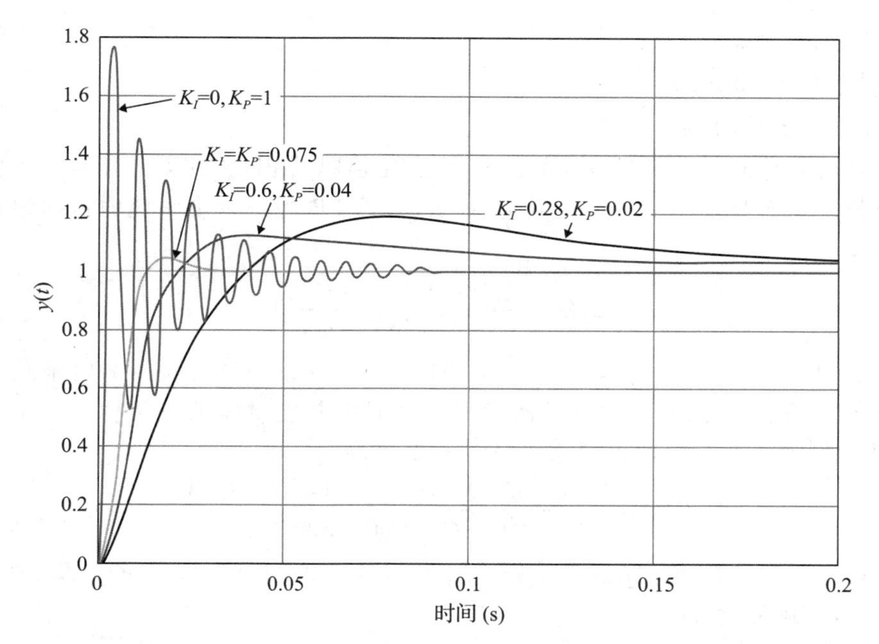

图 11-27　例 11-3-2 中具有 PI 控制器的控制系统的单位阶跃响应曲线

1. 考虑有这么一个 PID 控制器，它由 PI 控制器串联上一个 PD 控制器组成。那么该 PID 控制器的传递函数可以写为

$$G_c(s)=K_P+K_Ds+\frac{K_I}{s}=(K_{P1}+K_{D1}s)\left(K_{P2}+\frac{K_{I2}}{s}\right) \tag{11-58}$$

707

将 PD 控制器的比例常数设定为 $K_{P1}=1$，因此我们只需要设计 PID 中的 3 个参数。令式（11-58）左右两边同类项的系数相等，可以得到：

$$K_P=K_{P2}+K_{D1}K_{I2} \tag{11-59}$$

$$K_D=K_{D1}K_{P2} \tag{11-60}$$

$$K_I=K_{I2} \tag{11-61}$$

2. 考虑只有 PD 部分有效。选择 K_{D1} 的值使得部分期望的相对稳定性可以实现。在时域中，系统的相对稳定性可以表示为最大超调量；在频域中，相对稳定性可以通过相位裕量来描述。

3. 选择参数 K_{I2} 和 K_{P2} 使得系统的相对稳定性完全满足要求。

注意，设定 $K_{P1}=1$ 的步骤和例 11-2-1 和 11-2-2 中的 PD 控制器设计是一致的。下面的例子将用于说明如何在时域和频域中设计 PID 控制器。

例 11-4-1　直流电动机控制：小时间常数模型。

考虑一个三阶姿态控制系统，其前向通道传递函数由式（11-29）来表示。当 $K=181.17$ 时，传递函数为

$$G_P(s)=\frac{2.718\times10^9}{s(s+400.26)(s+3008)} \tag{11-62}$$

时域设计

给定系统的时域性能指标：

– 斜坡输入产生的稳态误差 $t^2u_s(t)/2\leqslant0.2$。

– 最大超调≤5%。

– 上升时间 $t_r \leqslant 0.005\text{s}$。

– 调节时间 $t_s \leqslant 0.005\text{s}$。

从前面几个例子中，可以知道单纯地使用 PI 控制或 PD 控制是不能满足性能指标要求的。首先，我们加入一个传递函数为 $(1+K_{D1}s)$ 的 PD 控制，则系统的前向通道传递函数变为

$$G_P(s)=\frac{2.718\times10^9\times(1+K_{D1}s)}{s(s+400.26)(s+3008)} \tag{11-63}$$

从表 11-4 中可知，在 $K_{P1}=1$，$K_{D1}=0.002$ 时，得到的 PD 控制器具有最佳的最大超调，其最大超调为 11.37%，上升时间和调节时间也都在所需的范围内。接下来，我们再加入 PI 控制器，则系统的前向通道传递函数变为

$$G(s)=\frac{5.436\times10^6\times K_{P2}(s+500)(s+K_{I2}/K_{P2})}{s^2(s+400.26)(s+3008)} \tag{11-64}$$

遵循选择相对小的 K_{I2}/K_{P2} 的原则（见例 11-3-1 和 11-3-2），令 K_{I2}/K_{P2} =15，并将其代入式（11-64），可得：

708

$$G(s)=\frac{5.436\times10^6\times K_{P2}(s+500)(s+15)}{s^2(s+400.26)(s+3008)} \tag{11-65}$$

表 11-10 列出了系统在不同的 K_{P2} 值下，特征方程根轨迹的时域特性。显然，最优的 K_{P2} 值落在 0.2～0.4。

表 11-10　例 11-4-1 中具有 PID 控制器的三阶姿态控制系统的时域特性

K_{P2}	最大超调量 (%)	t_r(s)	t_s(s)	特征根			
1.0	11.1	0.000 88	0.002 5	−15.1	−533.2	−1430 ± j	1717.5
0.9	10.8	0.001 11	0.002 02	−15.1	−538.7	−1427 ± j	1571.8
0.8	9.3	0.001 27	0.003 03	−15.1	−546.5	−1423 ± j	1385.6
0.7	8.2	0.001 30	0.003 03	−15.1	−558.4	−1417 ± j	1168.7
0.6	6.9	0.001 55	0.003 03	−15.2	−579.3	−1406 ± j	897.1
0.5	5.6	0.001 72	0.004 04	−15.2	−629	−1382 ± j	470.9
0.4	5.1	0.002 14	0.005 05	−15.3	−1993	−700 ± j	215.4
0.3	4.8	0.002 71	0.003 03	−15.3	−2355	−519 ± j	263.1
0.2	4.5	0.004 00	0.004 04	−15.5	−2613	−390 ± j	221.3
0.1	5.6	0.007 47	0.007 47	−16.1	−284	−284 ± j	94.2
0.08	6.5	0.008 95	0.045 45	−16.5	−286.3	−266 ± j	4.1

选择 $K_{P2}=0.3$，$K_{D1}=0.002$，$K_{I2}=15K_{P2}=4.5$，PID 控制器的参数值可以通过式（11-59）～式（11-61）得到：

$$\begin{aligned}&K_I=K_{I2}=4.5\\&K_P=K_{P2}+K_{D1}K_{I2}=0.3+0.002\times4.5=0.309\\&K_D=K_{D1}K_{P2}=0.002\times0.3=0.0006\end{aligned} \tag{11-66}$$

注意，这时在 PID 设计中得到的 K_D 值较小，K_I 值较大，这样子控制系统对应的电

路实现中，电容值就较小。

图 11-28 分别给出了采用 PID 控制器的系统的单位阶跃响应，以及在例子 11-2-2 和 11-3-2 中所设计得到的 PD 和 PI 控制系统的单位阶跃响应。注意，如果设计得当，PID 控制器可以同时具有 PD 和 PI 控制器的优点。

工具箱 11-4-1

图 11-28 所示曲线可以使用以下 MALTAB 代码得到：

```
KI = [0 0.15 4.5];
KP = [1 0.075 0.309];
KD = [0.002 0 0.0006];
for i = 1:length(KI)
num = [1.5e7*181.17*KD(i) 1.5e7*181.17*KP(i) 1.5e7*181.17*KI(i)];
den =[1 3408.26 1203982.08+1.5e7*181.17*KD(i) 1.5e7*181.17*KP(i) 1.5e7*181.17*KI(i)];
step(num,den)
hold on
end
grid
```

709

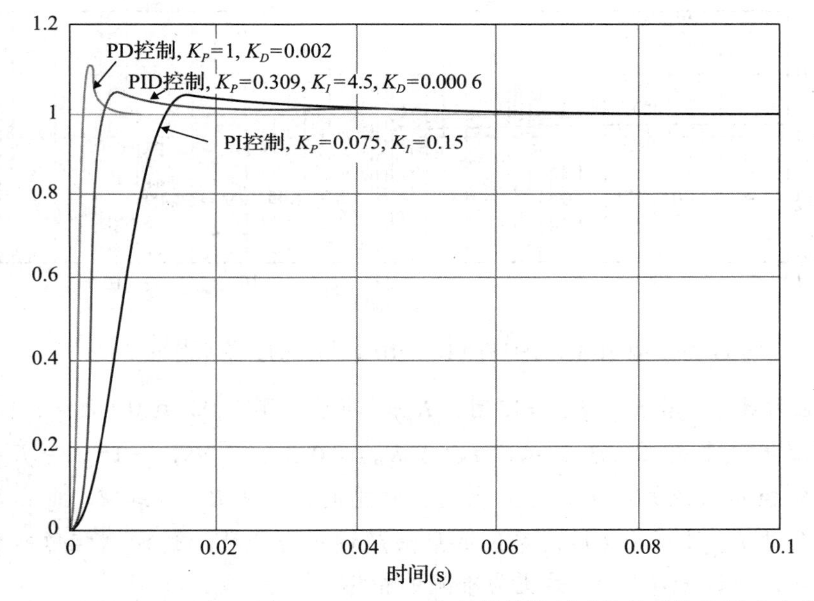

图 11-28　例 11-4-1 中具有 PD、PI、PID 控制器的控制系统的单位阶跃响应曲线

频域设计

在例 11-2-2 中，三阶姿态控制系统的 PD 控制设计已经有所介绍，其结果见表 11-4。当 $K_P=1$，$K_D=0.002$ 时，系统最大的超调为 11.37%，但这也就是 PD 控制所能提供的最佳性能了。加入 PD 控制器后，系统的前向通道传递函数为

$$G(s)=\frac{2.718\times10^9\times(1+0.002s)}{s(s+400.26)(s+3008)} \tag{11-67}$$

其 Bode 图如图 11-29 所示。对应于之前提出的时域性能指标，系统的频域性能指标可以写为：

$$相位裕度\geqslant70^\circ$$

$$M_r\leqslant1.1$$

$$\mathrm{BW}\geqslant1.000\mathrm{rad/s}$$

根据图 11-29 所示的 Bode 图，可以知道，若要实现 70° 的相位裕度，新相位穿越频率应该为 $\omega_g' = 811\text{rad/s}$，对应的 $G(j\omega)$ 的幅值为 7dB。因此，根据式（11-42），可以计算出 K_{P2} 的值为

$$K_{P2} = 10^{-7/20} = 0.45 \tag{11-68}$$

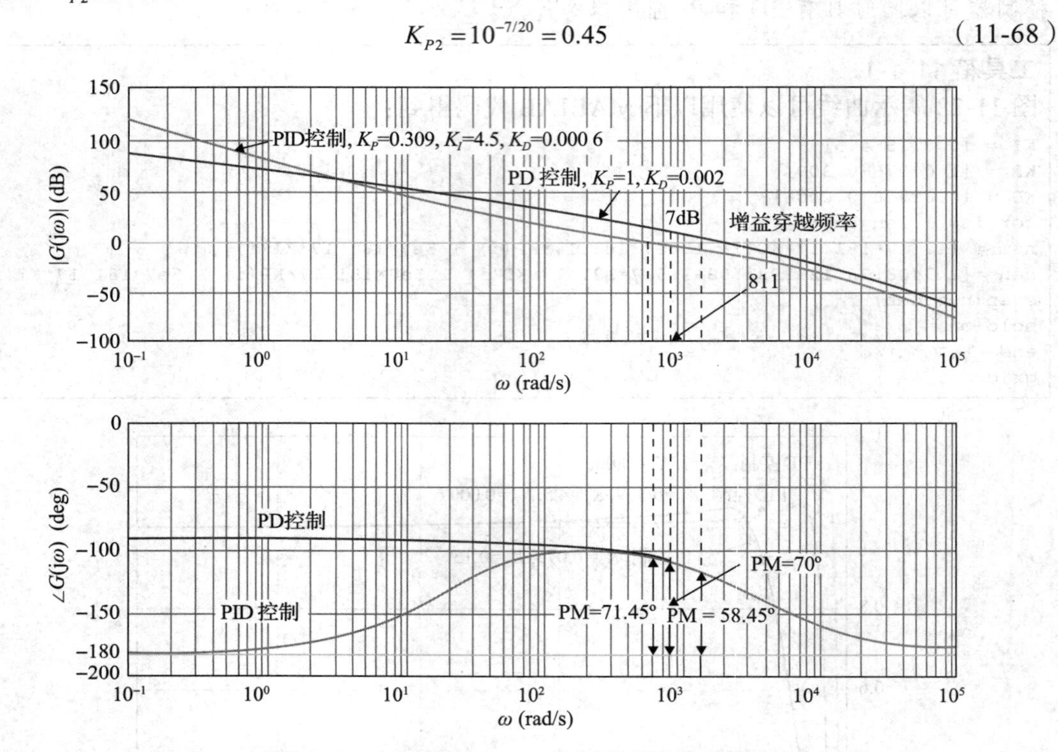

图 11-29 例 11-4-1 中具有 PD、PID 控制器的控制系统的 Bode 图

注意到在时域中，当 $K_{I2}/K_{P2} = 15$ 时，K_{P2} 的期望范围在 0.2 到 0.4 之间，而式（11-68）的结果稍稍超出这个范围。表 11-11 给出了 $K_D = 0.002$，$K_{I2}/K_{P2} = 15$，且 K_{P2} 从 0.45 开始变化的几组控制系统的频域特性结果。有意思的是，当 K_{P2} 持续减小时，相位裕量会单调增加，但当 K_{P2} 小于 0.2 后，系统的最大超调也会变化。这时，相位裕量的结果其实是一种误导，而谐振峰值 M_r 是更为准确的指标。▲

表 11-11 例 11-4-1 中具有 PID 控制器的控制系统的频域特性

K_{P2}	K_{I2}	GM(dB)	PM(deg)	M_r	BW(rad/s)	t_r(s)	t_s(s)	最大超调量 (%)
1.00	0	∞	58.45	1.07	2607	0.000 8	0.002 55	11.37
0.45	6.75	∞	68.5	1.03	1180	0.001 9	0.004 0	5.6
0.40	6.00	∞	69.3	1.027	1061	0.002 1	0.005 0	5.0
0.30	4.50	∞	71.45	1.024	1024	0.002 7	0.003 03	4.8
0.20	3.00	∞	73.88	1.031	528.8	0.004 0	0.004 04	4.5
0.10	1.5	∞	76.91	1.054	269.5	0.007 6	0.030 3	5.6

11.5 相位超前和相位滞后控制器的设计

在校正控制系统中，PID 控制器及其组成部分 PD 和 PI 控制器是对控制系统进行微分、积分操作。一般来说，我们可以把控制系统的控制器设计看作滤波器设计问题，

这样就会有很多可能的设计方案。从滤波角度来看，PD 控制器可以看作高通滤波器，PI 控制器可以看作低通滤波器，而 PID 控制器根据控制器参数值的不同，可以看成带通滤波器或带阻滤波器。在本节中，我们所介绍的高通滤波器可以称为**相位超前控制器**，因为它给控制系统引入的正向相位超出了一定的频率范围。低通滤波器因为引入了负向相位，因此称为**相位滞后控制器**。两种控制器所对应的电路如图 11-30 所示。

710～711

一个简单的相位超前或相位滞后控制器的传递函数表达式为

$$G_c(s) = K_c \frac{s+z_1}{s+p_1} \tag{11-69}$$

如果 $p_1 > z_1$，控制器为高通滤波器或相位超前控制器；如果 $p_1 > z_1$，控制器为低通滤波器或相位滞后控制器。

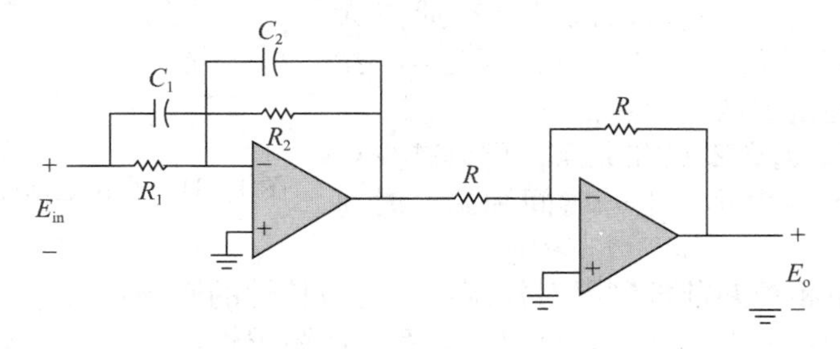

图 11-30　$G_c(s) = K_c \frac{s+z_1}{s+p_1}$ 的运算放大电路

式（11-69）所示运算放大电路的实现可见第 6 章的表 6-1g，并在图 11-30 中使用倒置放大器再次重现。该电路的传递函数可以写为

$$G_c(s) = \frac{E_o(s)}{E_{in}(s)} = \frac{C_1}{C_2}\frac{s+\dfrac{1}{R_1C_1}}{s+\dfrac{1}{R_2C_2}} \tag{11-70}$$

对比式（11-69）和式（11-70），可得：

$$\begin{aligned} K_c &= C_1 / C_2 \\ z_1 &= 1 / R_1C_1 \\ p_1 &= 1 / R_2C_2 \end{aligned} \tag{11-71}$$

令 $C = C_1 = C_2$，可以将所需设计的参数从 4 个减少到 3 个，则式（11-70）可以写为

$$G_c(s) = \frac{R_2}{R_1}\left(\frac{1+R_1Cs}{1+R_2Cs}\right) = \frac{1}{a}\left(\frac{1+aTs}{1+Ts}\right) \tag{11-72}$$

其中，

$$a = \frac{R_1}{R_2} \tag{11-73}$$

$$T = R_2C \tag{11-74}$$

712

11.5.1　相位超前控制器的时域分析和设计

在本节中，我们首先考虑式（11-70）和式（11-72）所表示的相位超前控制器（$z_1 < p_1$ 或 $a>1$）。为了使得加入相位超前控制器后，系统的稳态误差指标不会下降，式（11-72）中的因子 a 应当包含在前向通道增益系数 K 中。因此可以写为

$$G_c(s)=\frac{1+aTs}{1+Ts}, \quad a>1 \tag{11-75}$$

式（11-75）的零极点配置图如图 11-31 所示。根据第 7 章中的讨论，在前向通道传递函数中加入一对零极点（零点很接近原点）对控制系统会产生影响，若相位超前控制器的参数选择合理，则可以提高闭环系统的稳定性。超前控制器设计从本质上讲就是合理地配置 $G_c(s)$ 的零点，使得控制系统满足实际要求。根轨迹方法可以用来确定参数范围。以下列出的是选择参数 a 和 T 的几点指导性原则：

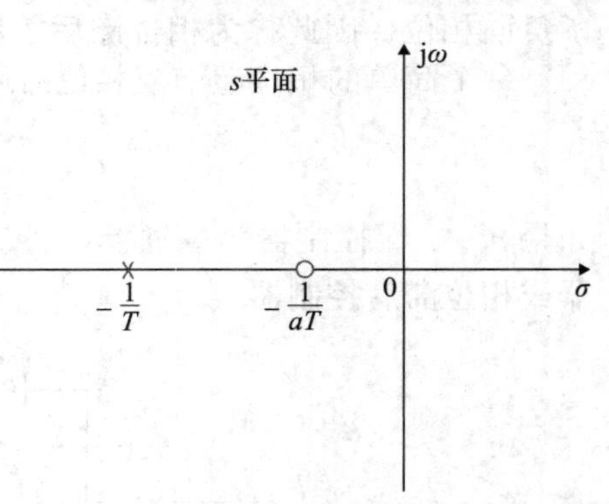

图 11-31　相位超前控制器的零极点配置

1. 将零点 $-1/aT$ 移向原点可以改善系统的上升时间和调节时间。但是如果该零点离原点太近，就会导致系统的最大超调上升，因为 $-1/aT$ 也是闭环系统传递函数的一个零点。

2. 令极点 $-1/T$ 远离零点和原点，可以减少最大超调，但若 T 的值太小，上升时间和调节时间又会增加。

我们总结一下**相位超前控制器**对控制系统时域特性的影响：

1. 若控制器的参数选择适当，可以提高系统的阻尼性。

2. 可以改善上升时间和调节时间。

713

3. 根据式（11-75），相位超前控制器不会影响系统的稳态误差，因为 $G_c(0)=1$。

11.5.2　相位超前控制器的频域分析和设计

式（11-75）所表示的相位超前控制器的 Bode 图如图 11-32 所示。两个交接频率为 $\omega=1/aT$ 和 $\omega=1/T$。下面将推导出最大的相位值 ϕ_m 和对应的频率 ω_m。因为 ω_m 是两个交接频率的几何平均值，所以有：

$$\lg\omega_m=\frac{1}{2}\left(\lg\frac{1}{aT}+\lg\frac{1}{T}\right) \tag{11-76}$$

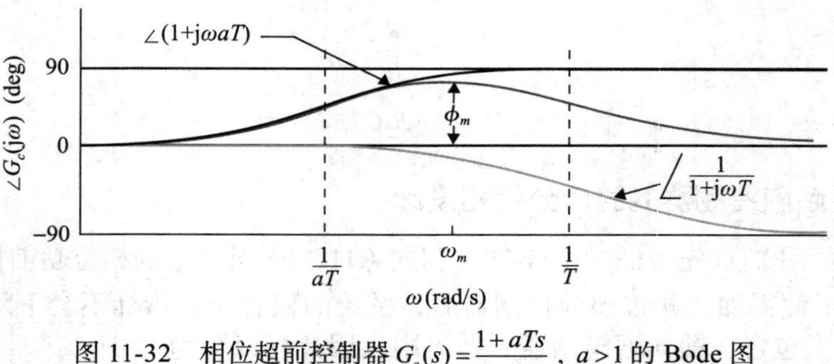

图 11-32　相位超前控制器 $G_c(s)=\dfrac{1+aTs}{1+Ts}$，$a>1$ 的 Bode 图

因此

$$\omega_m = \frac{1}{\sqrt{aT}} \tag{11-77}$$

为了确定最大相位 ϕ_m，$G_c(\mathrm{j}\omega)$ 的相位可以写成

$$\angle G_c(\mathrm{j}\omega) = \phi(\mathrm{j}\omega) = \arctan \omega aT - \arctan \omega T \tag{11-78}$$

由此可得到：

$$\tan\phi(\mathrm{j}\omega)=\frac{\omega aT - \omega T}{1+(\omega aT)(\omega T)} \tag{11-79}$$

将式（11-77）代入式（11-79）可得：

$$\tan\phi_m=\frac{a-1}{2\sqrt{a}} \tag{11-80}$$

714

或

$$\sin\phi_m=\frac{a-1}{a+1} \tag{11-81}$$

因此，只要知道 ϕ_m 的值，就可以得到 a 的值：

$$a=\frac{1+\sin\phi_m}{1-\sin\phi_m} \tag{11-82}$$

相位 ϕ_m 和 a 之间的关系以及相位超前控制器 Bode 图的一般性质为频域设计提供了一些便利。当然，困难在于确定时域和频域特性之间的相关性。频域中相位超前控制器设计的概要如下，假设设计要求仅涉及稳态误差和相位裕度。

1. 根据稳态误差要求，增益常数 K 被用于构造 $G_P(\mathrm{j}\omega)$ 的 Bode 图。一旦确定了 a 的值，就必须向上调整 K 的值。

2. 确定待校正系统的相位裕度和增益裕度，并确定实现相位裕度所需的相位超前量。根据所需的相位超前量，相应地估计所需的 ϕ_m 值，并根据式（11-82）计算 a 的值。

3. 一旦 a 的值确定，只需要确定 T 值，设计大体上就完成了。同时还要配置好相位超前控制器的两个交接频率 $1/aT$ 和 $1/T$，这样就将 ϕ_m 放置在了新增益穿越频率 ω_g' 处，可以达到校正系统的相位裕量。已知相位超前控制器的高频增益为 $20\lg a$ dB。因此，为了得到在 ω_m 处的新增益穿越频率，也就是 $1/aT$ 和 $1/T$ 的几何平均值，我们需要将 ω_m 放置在待校正系统 $G_P(\mathrm{j}\omega)$ 的 $-10\lg a$ dB 幅值处，来使得幅值曲线增加 $10\lg a$ dB，从而使得在 ω_m 处达到 0dB。

4. 检查校正系统前向通道传递函数的 Bode 图，看所有的性能指标是否都已满足。如果没有，重新选择 ϕ_m 的值，重复上述步骤。

5. 如果设计要求全部满足，则相位超前控制器的传递由 a 和 T 的值确定。

如果设计要求中还包括 M_r 或 BW 等指标，就要用 Nichols 表或计算机编程来进行确认。

我们用以下几个例子来说明时域和频域中相位超前控制器的设计。

例 11-5-1　在例 6-5-1 中提到的太阳观测控制系统的控制框图如图 11-33 所示。该系统可安装在航天器上，以便更高精度地跟踪太阳。变量 θ_r 表示光线的参考角度，θ_0 表示飞行器轴。太阳观测控制系统的控制目标是，使得 θ_r 和 θ_0 之间的偏差 α 趋近于 0。对于小电动机时间常数，该系统的参数如下：

715

$R_F = 10\,000\ \Omega$	$K_b = 0.015\,2$ V/rad/s
$K_i = 0.012\,5$ N·m/A	$R_a = 6.25\ \Omega$
$J = 10^{-6}$ kg·m²o	$K_s = 0.1$ A/rad
K = to be determined	$B = 0$
$n = 800$	

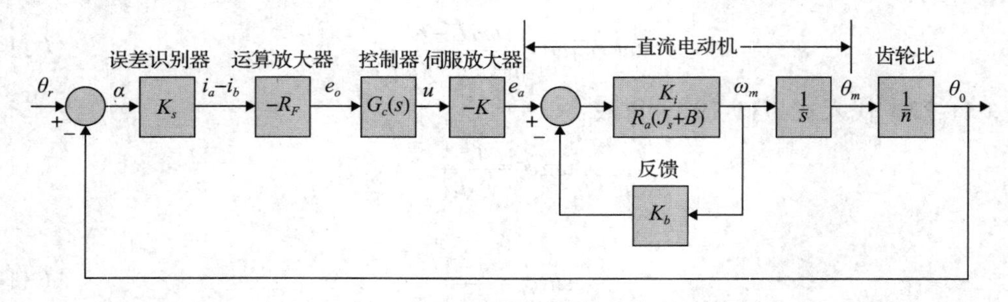

图 11-33　太阳观测控制系统的控制框图

待校正系统的前向通道传递函数为

$$G_P(s)=\frac{\Theta_o(s)}{A(s)}=\frac{K_sR_FKK_i\,/\,n}{R_aJs^2+K_iK_bs} \tag{11-83}$$

其中，$\Theta_o(s)$和$A(s)$分别表示$\theta_o(t)$和$\alpha(t)$的拉普拉斯变换。将控制系统参数代入式（11-83），可得：

$$G_P(s)=\frac{\Theta_o(s)}{A(s)}=\frac{2500K}{s(s+25)} \tag{11-84}$$

时域设计

系统的时域性能指标为：

1. 在单位斜坡函数输入作用下，系统产生的稳态误差α应该≤0.01rad 每 rad/s，即由斜坡输入产生的稳态误差应该≤1%。

2. 阶跃响应的最大超调应该<5%，或尽可能小。

3. 上升时间$t_r \leqslant 0.02$s。

4. 调节时间$t_s \leqslant 0.02$s。

根据稳态要求，放大器增益K的最小值可以直接确定。对$\alpha(t)$使用终值定理可以得到：

$$\lim_{t\to\infty}\alpha(t)=\lim_{s\to 0}sA(s)=\lim_{s\to 0}\frac{s\Theta_r(s)}{1+G_P(s)} \tag{11-85}$$

对于单位斜坡输入$\Theta_r(s)=1/s^2$，由式（11-84）和式（11-85）可得：

716

$$\lim_{t\to\infty}\alpha(t)=\frac{0.01}{K} \tag{11-86}$$

因此，若要求稳态是$\alpha \leqslant 0.01$，K必须$\geqslant 1$。我们不妨令$K=1$，则可以得到最差的稳态误差，此时待校正系统的特征方程为

$$s^2+25s+2500=0 \tag{11-87}$$

我们可以发现，当$K=1$时，待校正系统的阻尼比只有0.25，对应的最大超调为44.4%。图 11-34 展示了$K=1$是待校正系统的单位阶跃响应曲线，也可使用工具箱 11-5-1 得到。

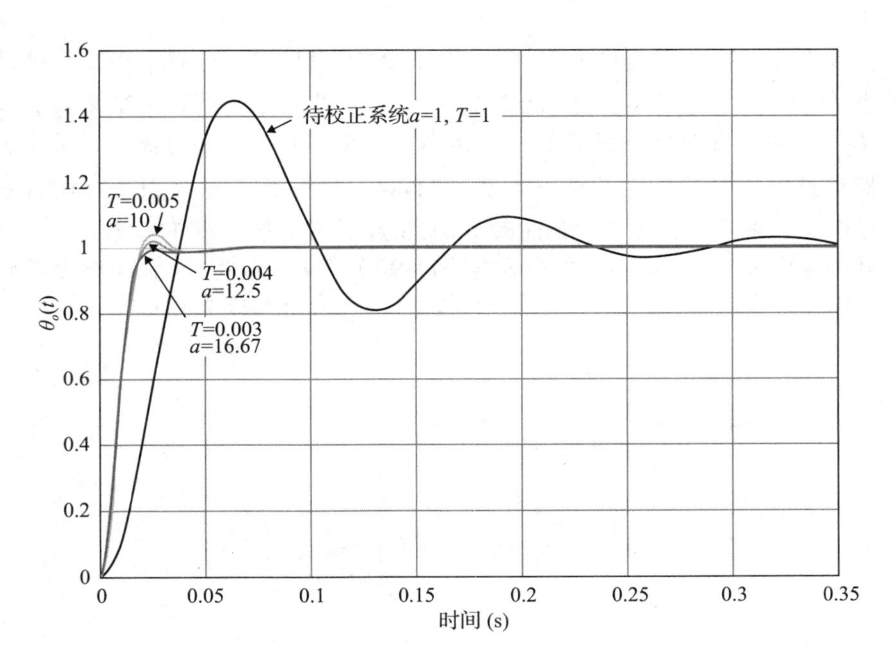

图 11-34 例 11-5-1 中太阳观测控制器的单位阶跃响应曲线

工具箱 11-5-1

图 11-34 中的单位阶跃响应曲线可以使用以下 MALTAB 代码得到：

```
a = [1 10 12.5 16.67];
T = [1 0.005 0.004 0.003];
for i = 1:length(T)
   num = [2500*a(i)*T(i) 2500];
   den =[T(i) 25*T(i)+1 25 0];
   [numCL,denCL]=cloop(num,den);
   step(numCL,denCL)
   hold on
end
grid
axis([0 0.35 0 1.8])
```

接下来我们考虑使用式（11-75）所描述的相位超前控制器来校正控制系统。对于本例题而言，校正系统的前向通道传递函数为

$$G(s)=\frac{2500K(1+aTs)}{as(s+25)(1+Ts)} \tag{11-88}$$

对于校正系统，为满足稳态误差的要求，K 必须满足

$$K \geqslant a \tag{11-89}$$

我们令 $K=a$，则系统的特征方程可以写为

$$s^2+25s+2500+Ts^2(s+25)+2500aTs=0 \tag{11-90}$$

我们可以使用根轨迹方法来获得相位超前控制器中 a 和 T 变化对控制系统的影响。首先设 $a=0$，则特征方程（11-90）变为

$$s^2+25s+2500+Ts^2(s+25)=0 \tag{11-91}$$

717

方程两边同时除以不含 T 的项，得到：

$$1+G_{\text{eq1}}(s)=1+\frac{Ts^2(s+25)}{s^2+25s+2500}=0 \tag{11-92}$$

因此，当 T 变化时，式（11-91）的根轨迹由式（11-92）中 $G_{eq1}(s)$ 的零极点配置决定。这些根轨迹可以使用工具箱 11-5-2 得到，如图 11-35 所示。注意到，当 $a=0$，$T=0$ 时，$G_{eq1}(s)$ 的极点为特征方程的根。由图 11-35 中的根轨迹曲线可以看出，因为特征方程的根被推向右半平面，因此只在式（11-84）的分母上增加因子 $(1+Ts)$ 不会改进控制系统的性能。事实上，当 T 的值超过 0.0133 后，系统就变得不稳定。为了达到相位超前控制器的全部效果，我们必须保证式（11-90）中 $a>0$。为了让 a 作为根轨迹的变量参数，将式（11-90）两边同时除以不含 a 的项，得到下列方程：

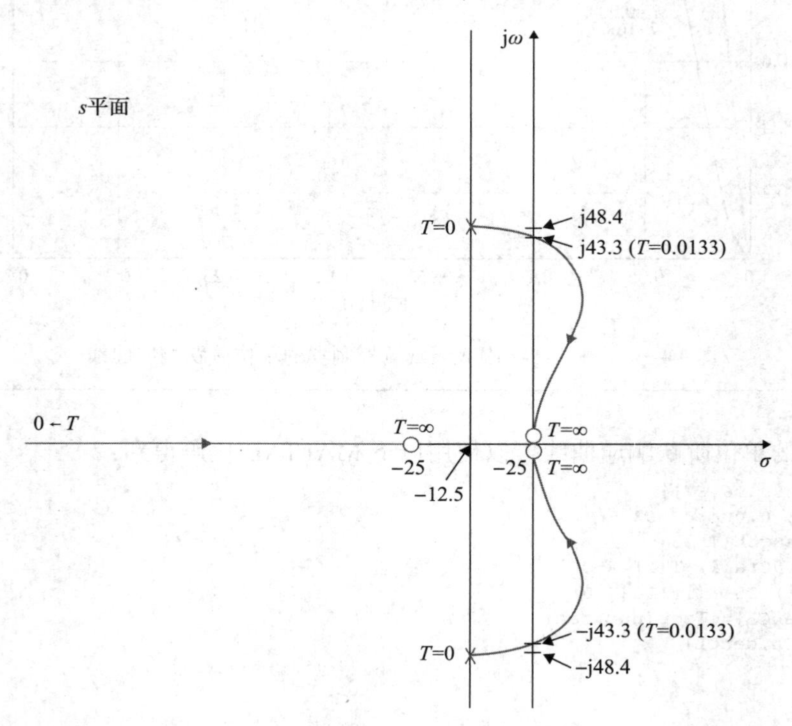

图 11-35 太阳观测控制系统，其中 $a=0$，T 从 0 变化到 ∞ 时的根轨迹曲线

$$1+aG_{eq2}(s)=1+\frac{2500aTs}{s^2+25s+2500+Ts^2(s+25)}=0 \qquad (11\text{-}93)$$

对于给定的 T，a 变化时，由 $G_{eq2}(s)$ 的零极点得到式（11-90）的根轨迹，$G_{eq2}(s)$ 的极点就是方程（11-91）的根。因此，对于给定的 T，当 a 变化时，式（11-90）的根轨迹一定从图 11-35 的根轨迹（$a=0$）开始。这些根轨迹在 $s=0$、∞、∞ 处，达到 $G_{eq2}(s)$ 的零点。图 11-36 展示了给定不同 T 时，a 从 0 变化到无穷时，式（11-90）的根轨迹曲线。

718

工具箱 11-5-2

图 11-35 中的根轨迹曲线可以使用以下 MALTAB 代码得到：

```
for i=1:1:30000
    T=0.005*i;
    num = [T 25*T 0 0];
    den = [T 1+25*T 25 2500];
    F = tf(num,den);
    P=pole(F);
    PoleData1(i)=P(1,1) ;
```

```
    PoleData2(i)=P(2,1) ;
    PoleData3(i)=P(3,1) ;
end
plot(real(PoleData1(:)),imag(PoleData1(:)))
hold on
plot(real(PoleData2(:)),imag(PoleData2(:)));
plot(real(PoleData3(:)),imag(PoleData3(:)));
axis([-100 10 -50 50])
```

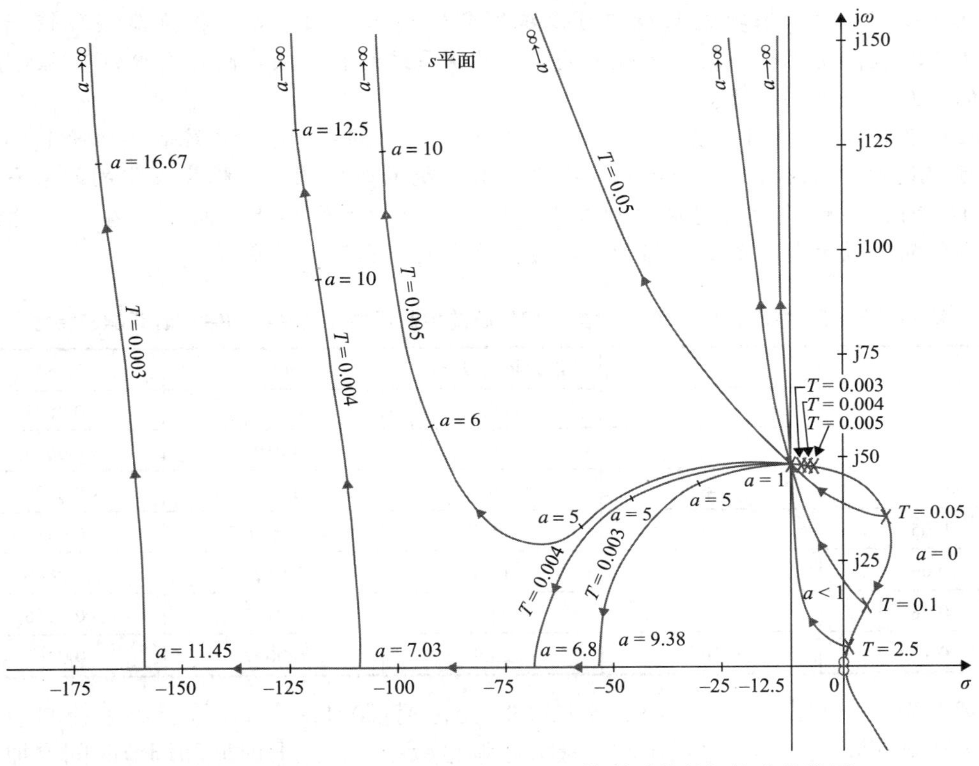

图 11-36　具有相位超前控制器的太阳观测控制系统的根轨迹曲线图

工具箱 11-5-3

图 11-36 中的根轨迹图可以使用以下 MALTAB 代码得到：

```
T = [0.003,0.004,0.005,0.05,0.1,2.5];
for j=1:length(T)
for i = 1:1500
a=i*.01 ;
num = [2500*a*T(j) 0];
den = [T(j) 25*T(j)+1 25+2500*a*T(j) 2500];
F = tf(num,den);
P=pole(F);
PoleData1(i)=P(1,1) ;
PoleData2(i)=P(2,1) ;
PoleData3(i)=P(3,1) ;
plot(real(PoleData1(i)),imag(PoleData1(i)),real(PoleData2(i)),imag(PoleData2(i)),
real(PoleData2(i)),imag(PoleData2(i)))
hold on
end
axis([-175 0 -10 150])
end
%%%%%%%%%%%%%%%%%%%%%%%%%%%%%%%%%%%%
```

表 11-11 的阶跃响应可见工具箱 11-5-1：

```
T=0.01;
a=[2 3 4 5 6 8 10];
for i = 1:length(a)
   num = [2500*a(i)*T 2500]; %Eq. (11-78) with K=a
   den = [T 25*T+1 25+2500*a(i)*T 2500]; %Closed loop Eq. (11-79) with K=a
   step(num,den)
hold on
end
```

从图 11-36 所示根轨迹曲线中可以观察到，为了让相位超前控制器实现较好的效果，T的取值需要比较小。对于较大的T，控制系统的自然频率随a的增加而迅速增加，系统的阻尼没有大的改善。

任选$T=0.01$，表 11-12 给出了aT值从 0.02 变化到 0.1 时，系统的单位阶跃响应特性。可以使用 MATLAB 工具箱 11-5-3 来计算系统的时间响应。根据表中的结果看出当$aT=0.05$时，系统的最大超调达到最小，同时上升时间和调节时间也随着aT的增加而减小。然而，最大超调的最小值为 16.2%，这也就超出了设计要求。

719~720

表 11-12　例 11-5-1 中 $T=0.01$ 时具有相位超前控制器的控制系统的单位阶跃响应特性

aT	a	最大超调量（%）	t_r(s)	t_s(s)
0.02	2	26.6	0.0222	0.0830
0.03	3	18.9	0.0191	0.0665
0.04	4	16.3	0.0164	0.0520
0.05	5	16.2	0.0146	0.0415
0.06	6	17.3	0.0129	0.0606
0.08	8	20.5	0.0112	0.0566
0.10	10	23.9	0.0097	0.0485

接下来，我们设定$aT=0.05$，T从 0.01 变化到 0.001，表 11-13 给出了控制系统的单位阶跃响应特性。当T值减小时，最大超调也减小，但上升时间和调节时间增加。根据表 11-13 中的结果，我们可以看出$aT=0.005$时满足设计要求。图 11-34 给出了 3 个不同控制器参数的相位超前校正系统的单位阶跃响应曲线。可以使用工具箱 11-5-1 来获得该结果。

表 11-13　例 11-5-1 中 $aT=0.05$ 时具有相位超前控制器的控制系统的单位阶跃响应特性

T	a	最大超调量 (%)	t_r(s)	t_s(s)
0.01	5.0	16.2	0.0146	0.0415
0.005	10.0	4.1	0.0133	0.0174
0.004	12.5	1.1	0.0135	0.0174
0.003	16.67	0	0.0141	0.0174
0.002	25.0	0	0.0154	0.0209
0.001	50.0	0	0.0179	0.0244

当 $T=0.04$ ，$a=12.5$ 时，相位超前控制器的传递函数为

$$G_c(s)=a\frac{s+1/aT}{s+1/T}=12.5\frac{s+20}{s+250} \qquad (11\text{-}94)$$

校正系统的传递函数为

$$G(s)=G_c(s)G_P(s)=\frac{31\,250(s+20)}{s(s+25)(s+250)} \qquad (11\text{-}95)$$

为了实现相位超前控制器的运算放大电路，我们任取 $C=0.1\mu f$ ，当 $R_1=500\,000\Omega$ ，$R_2=40\,000\Omega$ 时，由式（11-73）和（11-74）可以算出电路的电阻值。

频域设计

假定稳态误差的设计要求和前文一样。在频域设计中，相位裕量要求大于 45°。设计步骤如下：

1. 绘制出 $K=1$ 时，式（11-84）的 Bode 图，如图 11-37 所示。

2. 待校正系统的相位裕量在增益穿越频率 $\omega_c=47\text{rad/s}$ 处的值为 28°。因为要求的最小相位裕量为 45°，因此在增益穿越频率处至少应该增加 17° 的相位超前。

3. 由式（11-75）描述的相位超前控制器必须在校正系统增益穿越频率处提供额外的 17° 相位裕度。然而加上相位超前控制器后，增益穿越频率变得更大，Bode 图中的幅值曲线也受到影响。一个简单的方法就是调整控制器的交接频率 $1/aT$ 和 $1/T$，使得控制器的最大相位 ϕ_m 正好落在新增益穿越频率处。但是由于大部分控制系统的相位幅值随频率的增加而减小，因此原始系统的相位曲线在该点处不会超过 28°（甚至远小于 28°）。事实上，如果待校正系统的相位幅值在增益穿越频率处会随频率的增加而迅速减小，单阶相位超前控制器就不再适用。

从估算必需的相位超前值的困难性看，有必要包含一定的安全裕度以便于考虑到不可避免的相位幅值下降。因此，现将 ϕ_m 从 17° 增加到 25°。由式（11-82），我们可得：

$$a=\frac{1+\sin 25°}{1-\sin 25°}=2.46 \qquad (11\text{-}96)$$

4. 为了确定控制器两个交接频率 $1/aT$ 和 $1/T$ 的合适位置，由式（11-77）可知，最大相位 ϕ_m 需要在两个交接频率的几何平均值处出现。当 a 值确定后，要想得到最大相位裕量，ϕ_m 应该在新的增益穿越频率 ω_g' 处。为了保证 ϕ_m 在 ω_g' 处，可以采用以下步骤：

(a) 式（11-75）描述的相位超前控制器的高频增益为

$$20\lg a=20\lg 2.46=7.82\ \text{dB} \qquad (11\text{-}97)$$

(b) 两个交接频率 $1/aT$ 和 $1/T$ 的几何平均值 ω_m 处的幅值应该是校正系统传递函数 $G_P(\mathrm{j}\omega)$ 在该点处幅值的一半的负值，这样校正系统的传递函数的幅值曲线才会在 $\omega=\omega_m$ 处穿过 0dB 轴。因此 ω_m 点所在频率处

$$|G_P(\mathrm{j}\omega)|_{\text{dB}}=-10\lg 2.46=-3.91\text{dB} \qquad (11\text{-}98)$$

721~722

根据图 11-37，可以查得 $\omega_m=60\,\text{rad/s}$。根据式（11-77），我们有

$$\frac{1}{T}=\sqrt{a}\omega_m=\sqrt{2.46}\times 60=94.1\text{rad/s} \qquad (11\text{-}99)$$

因此 $1/aT=94.1/2.46=38.21\text{rad/s}$ 。相位超前控制器的传递函数为

$$G_c(s)=a\frac{s+1/aT}{s+1/T}=2.46\frac{s+38.21}{s+94.1} \qquad (11\text{-}100)$$

校正系统的前向通道传递函数为

$$G(s)=G_c(s)G_P(s)=\frac{6150(s+38.21)}{s(s+25)(s+94.1)} \tag{11-101}$$

根据图 11-37 中的曲线，校正系统的相位裕量为 47.6°。

在图 11-38 中，Nichols 图中绘制了原始系统和校正系统的幅度、相位，仅供显示。这些图可以直接基于图 11-37 的 Bode 图得到。从 Nichols 图中，我们可以轻松地得到 M_r、ω_r 和 BW 值。

检查校正系统的时域性能指标，我们有：

$$最大超调量百分比 = 22.3\%$$

$$t_r = 0.020\,45\text{s}$$

$$t_s = 0.074\,39\text{s}$$

这并不符合前面所列出的时域性能要求。图 11-37 也展示了具有 $a=5.828$ 和 $T=0.005\,88$ 的相位超前控制器的校正系统的 Bode 图，其相位裕量改进为 62.4°。利用式（11-81），我们可以知道在时域设计中 a=12.5 时对应的 ϕ_m =58.41°。再加上原来待校正系统的 28° 的相位幅值，那么得到的相位裕量应该为 86.41°。表 11-14 总结了三组具有相位超前控制器的系统的时域和频域特性。根据表 11-14 中的数据，当 a=12.5 、$T=0.004$ 时，期望得到的相位裕量为 86.41°，然而由于相位曲线在新增益穿越点处下降，实际得到的相位裕量为 68.12°。 ▲

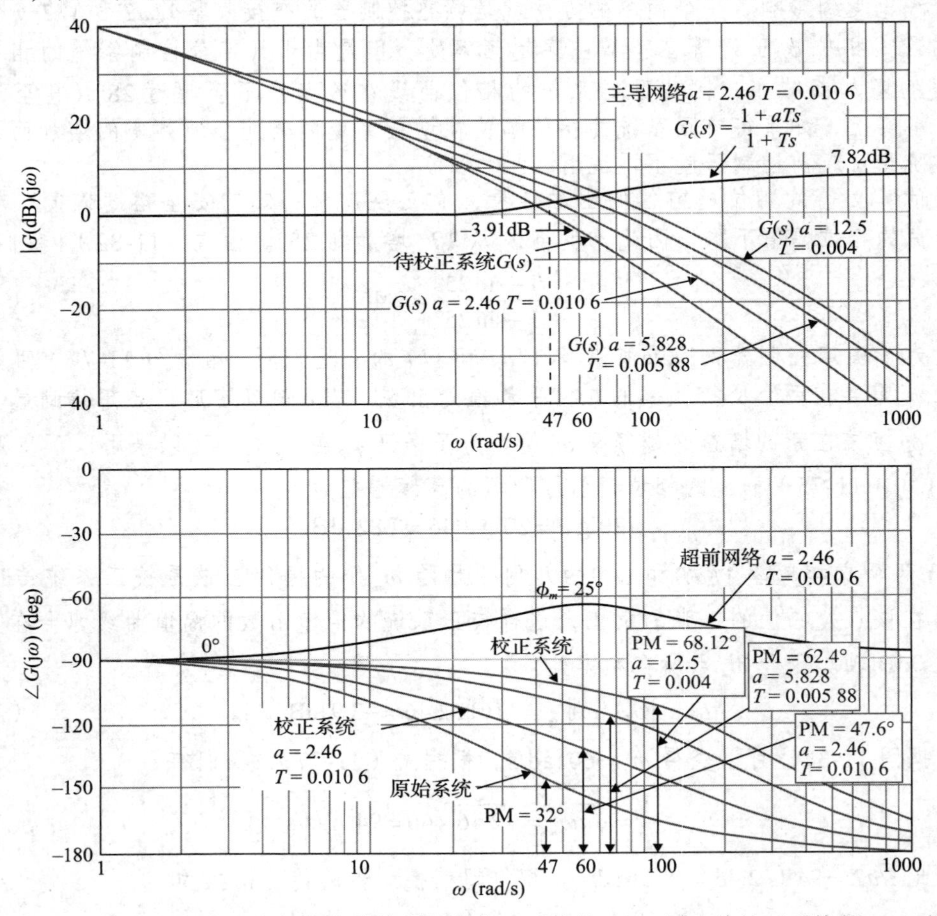

图 11-37 例 11-5-1 中具有相位超前控制器的校正系统的 Bode 图和待校正系统的 Bode 图，$G(s)=\frac{2500(1+aTs)}{s(s+25)(s+Ts)}$

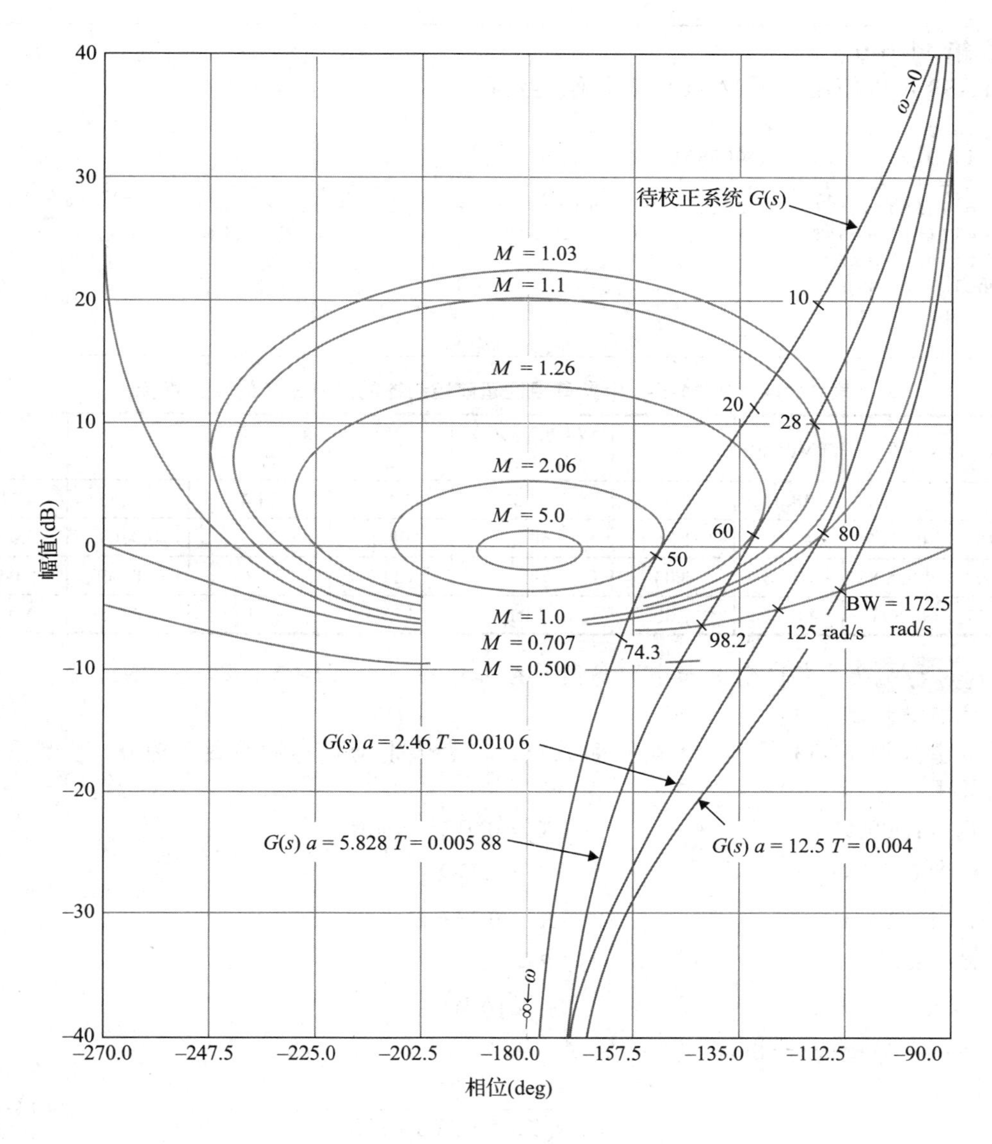

图 11-38　例 11-5-1 中控制系统的 Nichols 图，$G(s)=\dfrac{2500(1+aTs)}{s(s+25)(s+Ts)}$

工具箱 11-5-4

图 11-37 中的 Bode 图可以使用以下 MALTAB 代码得到：

```
a = [0 2.46,12.5,5.828];
T = [0 0.0106,0.004,0.00588];
for i = 1:length(T)
num = [2500*a(i)*T(i) 2500]; % numerator of Eq. (11-78) with K=a
den =[T(i) 1+25*T(i) 25 0]; % denominator of Eq. (11-78) with K=a
bode(num,den);
hold on;
end
grid
```

工具箱 11-5-5

图 11-38 可以使用以下 MALTAB 代码得到：

```
a = [0 2.46,12.5,5.828];
T = [0 0.0106,0.004,0.00588];
for i = 1:length(T)
num = [2500*a(i)*T(i) 2500]; % numerator of Eq. (11-78) with K=a
den =[T(i) 1+25*T(i) 25 0]; % denominator of Eq. (11-78) with K=a
t = tf(num,den)
nichols(t); ngrid;
hold on;
end
```

表 11-14 例 11-5-1 中具有相位超前控制器的控制系统的特性指标

a	T	PM(deg)	M_r	增益穿越频率 (rad/s)	BW (rad/s)	最大超调量 (%)	t_r(s)	t_s(s)
1	1	28.03	2.06	47.0	74.3	44.4	0.0255	0.2133
2.46	0.0106	47.53	1.26	60.2	98.2	22.3	0.0204	0.0744
5.828	0.005 88	62.36	1.03	79.1	124.7	7.7	0.0169	0.0474
12.5	0.0040	68.12	1.00	113.1	172.5	1.1	0.0135	0.0174

723 ~ 725

例 11-5-2 在这个例子中，我们介绍如何在一个回路增益比较高的三阶系统中应用相位超前控制器⊖。

考虑如图 11-33 所示的太阳观测系统，其直流电动机感应系数不为 0。控制系统的参数如下：

$R_F = 10\,000\Omega$　　$K_b = 0.0125\text{V/rad/s}$

K_i=0.0125N·m/A　　$R_a = 6.25\Omega$

$J = 10^{-6}\text{kg}\cdot\text{m}^2$　　$K_s = 0.3\text{A/rad}$

K = 未确定　　$B = 0$

$n = 800$　　$L_a = 10^{-3}\text{H}$

交流电动机的传递函数为

$$\frac{\Omega_m(s)}{E_a(s)} = \frac{K_i}{s(L_a J s^2 + J R_a s + K_i K_b)} \tag{11-102}$$

控制系统的前向通道传递函数为

$$G_P(s) = \frac{\Theta_o(s)}{A(s)} = \frac{K_s R_F K K_i}{s(L_a J s^2 + J R_a s + K_i K_b)} \tag{11-103}$$

将控制系统的参数代入式（11-102）可得：

$$G_P(s) = \frac{\Theta_o(s)}{A(s)} = \frac{4.6875\times 10^7 K}{s(s^2+625s+156\,250)} \tag{11-104}$$

时域设计

控制系统的时域性能指标如下：

1. 在单位斜坡函数输入 $\theta_r(t)$ 作用下，系统产生的稳态误差 α 应该 $\leqslant 1/300$rad/rad/s。
2. 阶跃响应的最大超调应该 $<5\%$，或尽可能小。
3. 上升时间 $t_r \leqslant 0.004$s。

⊖ MATLAB SISO 设计工具实现可参见例 11-10-3。

4. 调节时间 $t_s \leqslant 0.02\text{s}$。

根据稳态要求，放大器增益 K 的最小值可以直接确定。对 $\alpha(t)$ 使用终值定理可以得到：

$$\lim_{t\to\infty}\alpha(t)=\lim_{s\to 0}sA(s)=\lim_{s\to 0}\frac{s\Theta_r(s)}{1+G_P(s)} \tag{11-105}$$

将式（11-104）代入式（11-105），以及 $\Theta_r(s)=1/s^2$，我们有

$$\lim_{t\to\infty}\alpha(t)=\frac{1}{300K} \tag{11-106}$$

由于要求 $\alpha(t)$ 的稳态值要 $\leqslant 1/300$，因此必须有 $K\geqslant 1$。令 $K=1$，则式（11-104）所描述的前向通道传递函数变为

$$G_P(s)=\frac{4.6875\times 10^7}{s(s^2+625s+156\,250)} \tag{11-107}$$

可以得到，当 $K=1$ 时，太阳观测闭环系统的单位阶跃响应具有以下特性：

最大超调 = 43%，$t_r=0.004\,997\text{s}$，$t_s=0.045\,87\text{s}$

为了改善系统的响应特性，我们采用由式（11-75）表示的相位超前控制器来校正该系统，则校正系统的前向通道传递函数为

$$G(s)=G_c(s)G_P(s)=\frac{4.6875\times 10^7K(1+aTs)}{as(s^2+625s+156250)(1+Ts)} \tag{11-108}$$

726

为了满足稳态条件，必须满足 $K\geqslant a$。令 $K=a$，则校正系统的特征方程为

$$(s^3+625s^2+156\,250s+4.6875\times 10^7)+Ts^2(s^2+625s+156\,250)+4.6875\times 10^7aTs=0 \tag{11-109}$$

可以使用根轨迹方法来验证相位超前控制器 a 和 T 对控制系统的影响。首先假定 $a=0$。式（11-109）的特征方程变为

$$(s^3+625s^2+156\,250s+4.6875\times 10^7)+Ts^2(s^2+625s+156\,250)=0 \tag{11-110}$$

方程两边同除以不含 T 的项，得：

$$1+G_{\text{eq1}}(s)=1+\frac{Ts^2(s^2+625s+156\,250)}{s^3+625s^2+156\,250s+4.6875\times 10^7}=0 \tag{11-111}$$

当 T 变化时，式（11-110）的根轨迹可由式（11-111）中的 $G_{\text{eq1}}(s)$ 的零极点配置决定，如图 11-39 所示。当 a 从 0 变化到 ∞ 时，将式（11-109）两边同时除以不含 a 的项，得到下列方程：

$$1+G_{\text{eq2}}(s)=1+\frac{4.6875\times 10^7aTs}{s^3+625s^2+156\,250s+4.6875\times 10^7+Ts^2(s^2+625s+156\,250)}=0 \tag{11-112}$$

对于给定的 T，a 变化时，式（11-109）的根轨迹可由式 $G_{\text{eq2}}(s)$ 的零极点配置确定，而 $G_{\text{eq2}}(s)$ 的极点也就是式（11-110）的根。因此，对于给定的 T，a 变化的根轨迹一定从（$a=0$）的根轨迹开始。图 11-39 画出了 T 分别取 0.01、0.0045、0.001、0.0005、0.0001 和 0.000 01 时，a 变化的根轨迹的主要部分。注意到由于待校正系统具有轻微阻尼性，相位超前控制器要想获得有效的控制效果，T 的取值必须非常小。甚至对于非常小的 T，a 也只有在很小的一段范围内才可以增加系统的阻尼性，但控制系统的自然频率随 a 的增加而增加。图 11-39 给出了系统产生最大超调时主要特征根的大致位置。控制系统的特征根和单位阶跃响应特性见表 11-15。根据表 11-15 中的数据，可以选择 T 的值使得控制系统的最大超调接近于最小。图 11-40 给出了 $a=500$、$T=0.000\,01$ 时，系统的单位阶跃响应曲线。尽管这种情况下控制系统的最大超调只有 3.8%，但是系统的欠调量大于超调量。

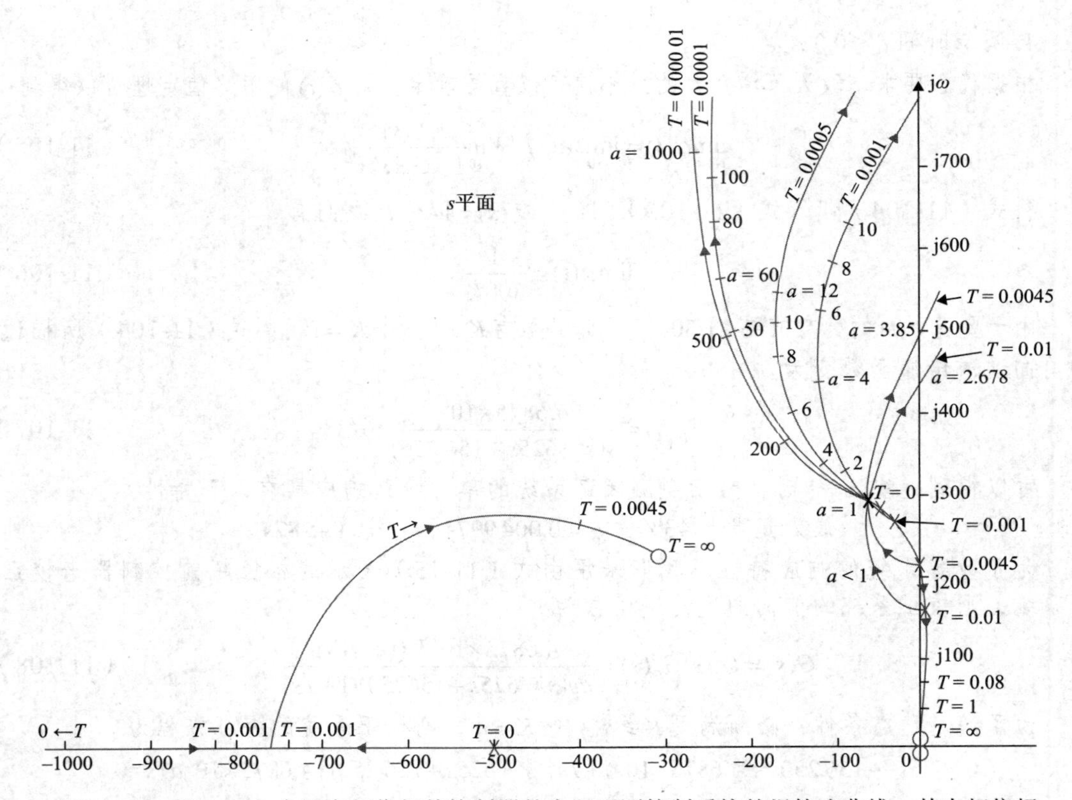

图 11-39 例 11-5-2 中具有相位超前控制器的太阳观测控制系统的根轨迹曲线，其中相位超前控制器 $G_c(s)=\dfrac{1+aTs}{1+Ts}$

表 11-15 例 11-5-2 中具有相位超前控制器的控制系统的特征根以及时域响应特性

T	a	特征根			最大超调量 (%)	t_r(s)	t_s(s)
0.001	4	−189.6	−1181.6	−126.9 ± j439.5	21.7	0.003 7	0.0184
0.0005	9	−164.6	−2114.2	−173.1 ± j489.3	13.2	0.003 45	0.0162
0.0001	50	−147	−10 024	−227 ± j517	5.4	0.003 48	0.0150
0.000 05	100	−147	−20 012	−233 ± j515	4.5	0.003 53	0.0150
0.000 01	500	−146.3	−105	−238 ± j513.55	3.8	0.003 57	0.0146

工具箱 11-5-6

图 11-40 中的单位阶跃响应曲线可以使用以下 MALTAB 代码得到：

```
a = [50,100,500];
T = [0.0001,0.00005,0.00001];
for i = 1:length(T)
num = 4.6875e7 * [a(i)*T(i) 1];
den = conv([1 625 156250 0],[T(i) 1]);
[numCL,denCL]=cloop(num,den);
format long
roots(denCL)
step(numCL,denCL)
hold on
end
axis([0 .04 0 1.2])
grid
```

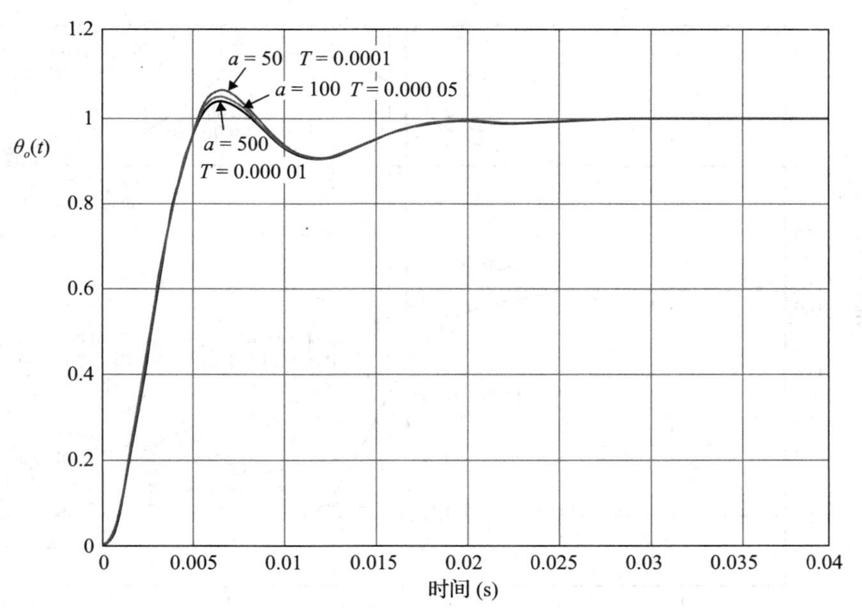

图 11-40　例 11-5-2 中具有相位超前控制器的太阳观测控制系统的单位阶跃响应曲线，其中相位超前控制器 $G_c(s)=\dfrac{1+aTs}{1+Ts}$

727～728

频域设计

式（11-104）中 $G_P(s)$ 的 Bode 图如图 11-41 所示。待校正系统的性能指标为：

$\mathrm{PM}=29.74°$　　　$M_r=2.156$　　　$\mathrm{BW}=426.5\mathrm{rad/s}$

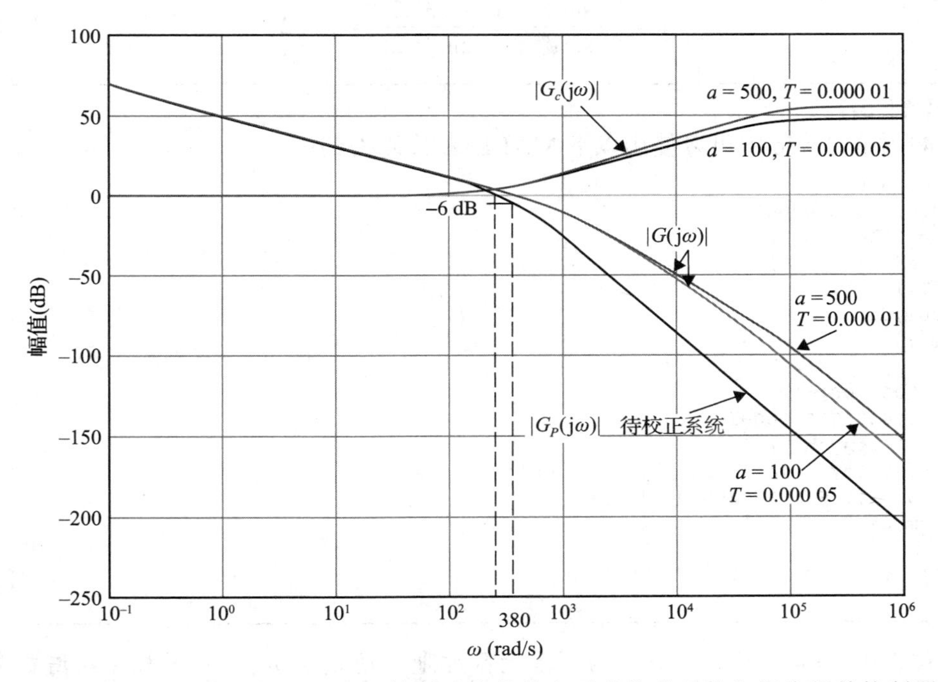

图 11-41　例 11-5-2 中太阳观测校正控制系统的前向通道传递函数和相位超前控制器的 Bode 图，其中相位超前控制器 $G_c(s)=\dfrac{1+aTs}{1+Ts}$

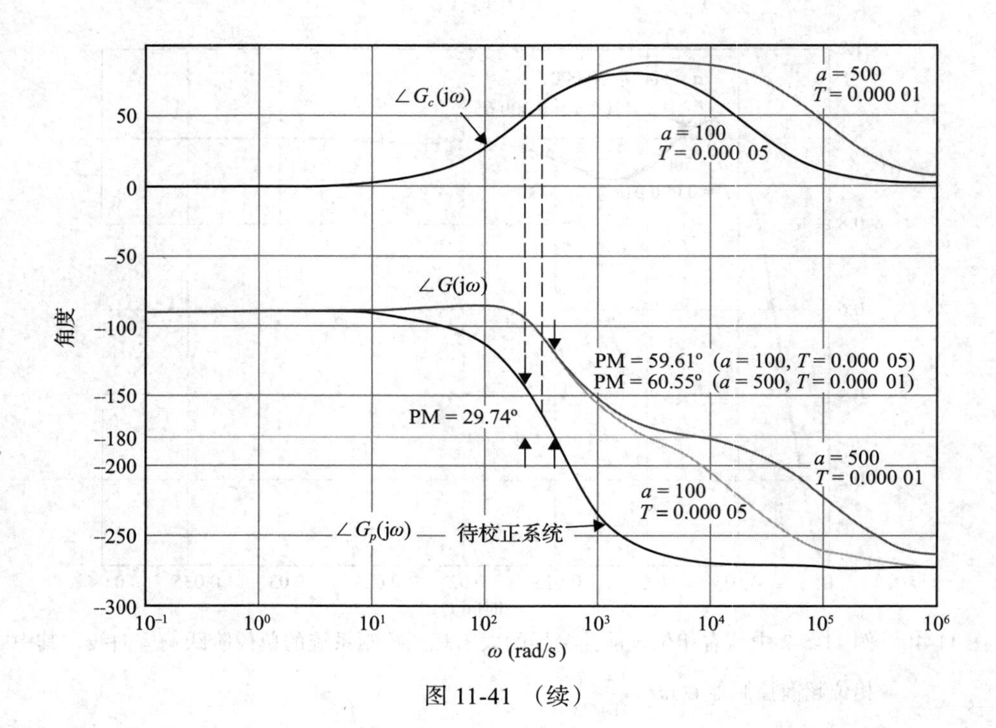

图 11-41 （续）

从图 11-41 中可以看到，$G_P(j\omega)$ 的相位曲线在增益穿越点附近的斜率很大，所以前面提到的频率设计步骤不再有效。例如，如果我们希望相位裕量为 65°，至少要有 65°–29.74°=35.26° 的相位超前，或 ϕ_m =35.26°。根据式（11-82），a 的值为

$$a=\frac{1+\sin\phi_m}{1-\sin\phi_m}=\frac{1+\sin 35.26^\circ}{1-\sin 35.26^\circ}=3.732 \tag{11-113}$$

工具箱 11-5-7

图 11-41 中的 Bode 图可以使用以下 MALTAB 代码得到：

```
a = [100 500];
T = [0.00005 0.00001];
for i = 1:length(T)
num = [a(i)*T(i) 1];
den =[T(i) 1];
bode(num,den);
hold on;
end
a = [0 100 500];
T = [0 0.00005 0.00001];
for i = 1:length(T)
num = 4.6875e7 * [a(i)*T(i) 1];
den = conv([1 625 156250 0],[T(i) 1]);
bode(num,den);
end
axis([1 1e6 -300 90]);
grid
```

729～730

不妨选取 $a=4$。理论上说，为了最大限度地利用 ϕ_m，ω_m 一定要放在新增益穿越频率处，也就是 $G_P(j\omega)$ 的幅值为 $-10\lg a\text{dB}=-10\lg_{10}4=-6\text{dB}$ 所对应的点。由图 11-41 的 Bode 图可知，该频率点为 380rad/s。因此令 $\omega_m=380\text{rad/s}$，利用式（11-77）可以计算 T

的值：

$$T=\frac{1}{\omega_m\sqrt{a}}=\frac{1}{380\sqrt{4}}=0.0013 \quad (11\text{-}114)$$

但是，因为 $G_P(j\omega)$ 的幅值曲线的负斜率较大，由 $a=4$ 和 $T=0.001\,3$ 的相位超前校正系统的频率响应可以看出，该校正系统的相位裕量只提高到 38.27°，且 $M_r=1.69$。实际上，在新的增益穿频率 380rad/s 处，$G_P(j\omega)$ 的幅值为 −170°，而开始时在增益穿越频率处为 −150.26°，下降了接近 20°！在时域设计中，根据表 11-16 中的第一行数据，当 $a=4$、$T=0.001$ 时，最大超调为 21.7%。

检查校正系统在 $a=500$、$T=0.000\,01$ 时的频率响应，得到以下特性：

PM=60.55°，M_r =1，BW=664.2rad/s

这说明 a 的值必须要足够大才可以补偿增益穿越频率点向上移动时引起的相位值的迅速减小。

图 11-41 分别展示了当 $a=100$、$T=0.000\,05$ 和 $a=500$、$T=0.000\,01$ 时，相位超前控制器和校正系统的前向通道传递函数的 Bode 图。系统性能数据小结见表 11-16。

选择 $a=100$、$T=0.000\,05$，则相位超前控制器的传递函数可以写为

$$G_c(s)=\frac{1}{a}\frac{1+aTs}{1+Ts}=\frac{1}{100}\frac{1+0.005s}{1+0.000\ 05s} \quad (11\text{-}115)$$

由式（11-73）和式（11-74），设 $C=0.01\mu F$，得到相位超前控制器的电路参数为

$$R_2=\frac{T}{C}=\frac{5\times10^{-5}}{10^{-8}}=5000\Omega \quad (11\text{-}116)$$

$$R_1=aR_2=500\,000\Omega \quad (11\text{-}117)$$

校正系统的前向通道传递函数为

$$\frac{\Theta_o(s)}{A(s)}=\frac{4.6875\times10^7(1+0.005s)}{s(s^2+625s+156\ 250)(1+0.000\ 05s)} \quad (11\text{-}118)$$

其中，放大器增益 K 为了满足稳态要求被设置为 100。 ▲

表 11-16　例 11-5-2 中具有相位超前控制器的控制系统特性

T	a	PM(deg)	GM(dB)	M_r	BW(rad/s)	最大超调量 (%)	t_r(s)	t_r(s)
1	1	29.74	6.39	2.16	430.4	43.0	0.004 78	0.0459
0.000 05	100	59.61	31.41	1.009	670.6	4.5	0.003 53	0.015
0.000 01	500	60.55	45.21	1.000	664.2	3.8	0.003 57	0.0146

731

11.5.3 相位超前控制的作用

从上面列举的两个例子，下面总结一下单阶相位超前控制器的作用和局限性。

1. 相位超前控制器给控制系统的前向通道传递函数增加了一对零极点，其中零点在极点的右边。一般而言，这使得闭环系统的阻尼增大，上升时间和调节时间减小。

2. 控制系统的前向通道传递函数在增益穿越频率点附近的相位增加，改善了闭环系统的相位裕量。

3. 控制系统前向通道传递函数的幅值曲线斜率在增益穿越频率点处减小。这通常会改善系统增益和相位裕量，从而改善系统的相对稳定性。

4. 闭环系统的带宽增加，对应于时间响应变快。

5. 控制系统的稳态误差没有影响。

11.5.4 单阶相位超前控制的局限性

一般而言，相位超前控制器并不适合所有系统。单阶相位超前控制器要能成功地用于改进系统的稳定性要依赖如下条件：

1. 带宽的考虑：如果原始系统不稳定或稳定裕量较小，则实现期望的相位裕量所需的相位超前量可能会过多。这会使得控制器的 a 值很大，结果导致校正系统产生较大的带宽，从而会使在输入端进入系统的高频噪声产生较大的影响。但是，如果噪声是在输出附近进入系统，增加的带宽对抑制噪声是有利的。并且带宽越大，控制系统的鲁棒性越好，也就是说，系统对参数变化不敏感，并如前面所说的可以抑制噪声。

2. 如果原始系统不稳定，或只具有较小的稳定裕量，控制系统前向通道传递函数的相位曲线在增益穿越频率点附近的负斜率很大。在这种情况下，由于在新增益穿越频率点处的附加的相位超前是加在一个远小于原来的增益穿越频率点处相位值的相角上的，单阶相位超前控制器不再有效，只有采用非常大的 a 值来实现期望的相位裕量，而 a 值越大就需要越高的放大器增益 K，因此必须增大 K 值，这样在实际应用中的造价成本就会很大。

如例 11-5-2 所示，校正系统的欠调可能比超调大。通常，即使满足了所需的相位裕量，一部分相位曲线仍可能会跌落到 180° 以下，从而形成条件稳定的系统。

3. 单阶相位超前控制器最大允许的相位超前不会超过 90°。因此如果需要大于 90° 的相位超前，就必须用多阶控制器。

732

11.5.5 多阶相位超前控制器

当进行相位超前控制器设计需要增加的相位超过 90° 时，就需要用到多阶相位超前控制器。图 11-42 给出了一个二阶相位超前控制器的电路实现图，电路图的输入 – 输出传递函数为

$$G_c(s)=\frac{E_o(s)}{E_{in}(s)}=\left(\frac{s+\dfrac{1}{R_1C}}{s+\dfrac{1}{R_2C}}\right)\left(\frac{s+\dfrac{1}{R_3C}}{s+\dfrac{1}{R_4C}}\right)=\frac{R_2R_4}{R_1R_3}\left(\frac{1+R_1Cs}{1+R_2Cs}\right)\left(\frac{1+R_3Cs}{1+R_4Cs}\right) \tag{11-119}$$

或者是

$$G_c(s)=\frac{1}{a_1a_2}\left(\frac{1+a_1T_1s}{1+T_1s}\right)\left(\frac{1+a_2T_2s}{1+T_2s}\right) \tag{11-120}$$

其中，$a_1=R_1/R_2$，$a_2=R_3/R_4$，$T_1=R_2C$，$T_2=R_4C$。

由于现在需要配置更多的极点和零点，因此在时域中进行多阶相位超前控制器的设计会变得更加烦琐。因为存在更多的可变参数，所以根轨迹方法的使用也变得难以操作。在这种情况下，频域设计是一种更好的设计选择。例如，对于一个二阶控制器，我们可以先选好第一阶的参数值，使得部分相位裕量满足要求，然后再使得第二阶满足剩余的要求。一般来说，这两个阶段的设计是不相同的。下面的例子将详细阐述二阶相位超前控制器的设计

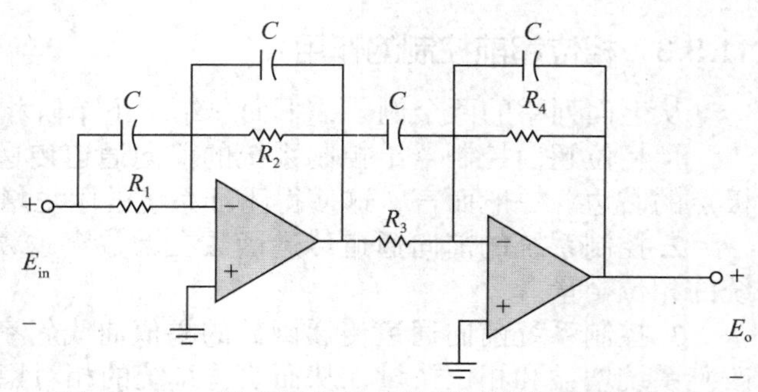

图 11-42 二阶相位超前（滞后）控制器的电路实现

过程。

例 11-5-3 对于例 11-5-2 中的太阳观测校正系统，我们将上升时间和调节时间的要求修改为

上升时间 $t_r \leqslant 0.001\text{s}$

733

调节时间 $t_s \leqslant 0.005\text{s}$

其他的各项指标保持不变。实现较快的上升时间和调节时间的一种方式是增加控制系统的前向通道增益。假设系统的前向通道传递函数具有以下形式：

$$G_P(s) = \frac{\Theta_o(s)}{A(s)} = \frac{156\,250\,000}{s(s^2 + 625s + 156\,250)} \tag{11-121}$$

另外一种前向通道增益的解释是系统的斜坡误差系数从例 11-5-1 中的 300 增加到了 1000。$G_P(s)$ 的 Bode 图如图 11-43 所示。闭环系统是不稳定的，且具有 –15.43° 的相位裕量。

考虑到在例 11-5-2 中校正系统的相位裕度为 60.55°，我们想在这个例子中更加严格地满足时间响应的要求，相应的相位裕量必须更大。显然，所需要增加的相位裕量若仅仅使用单阶相位超前控制器是无法实现的，但用二阶控制器可以满足要求。

要想得到一个满意的控制器，就需要反复尝试设计。由于我们有两个阶段的控制器可供使用，因此设计具有多种灵活性。在进行第一阶控制器设计时，我们可以任意选取 $a_1 = 100$。根据式（11-82），第一阶控制器产生的相位超前为

$$\phi_m = \arctan\left(\frac{a_1 - 1}{a_1 + 1}\right) = \arctan\left(\frac{99}{101}\right) = 78.58° \tag{11-122}$$

为了最大限度地利用 ϕ_m，新的增益穿越频率应该如下：

$$-10\lg a_1 = -10\lg 100 = -20\text{dB} \tag{11-123}$$

根据图 11-43，该点所对应的频率大约是 1150rad/s。将 $\omega_{m1} = 1150\text{rad/s}$ 和 $a_1 = 100$ 代入式（11-67），可得：

$$\frac{1}{T_1} = \frac{1}{\omega_{m1}\sqrt{a_1}} = \frac{1}{1150\sqrt{100}} = 0.000\,087 \tag{11-124}$$

第一阶相位超前控制器的前向通道传递函数为

734

$$G(s) = \frac{156\,250\,000(1 + 0.0087s)}{s(s^2 + 625s + 156\,250)(1 + 0.000\,087s)} \tag{11-125}$$

上式的 Bode 图如图 11-43 中的曲线（2）所示。我们看到临时设计的相位裕量只有 20.36°。接下来，我们任取第二阶中的 $a_2 = 100$。根据图 11-43 中传递函数（11-125）的 Bode 图，我们可看到 $G(\text{j}\omega)$ 的幅值为 –20dB 时所对应的频率近似为 3600rad/s。因此

$$\frac{1}{T_2} = \frac{1}{\omega_{m2}\sqrt{a_2}} = \frac{1}{3600\sqrt{100}} = 0.000\,027\,78 \tag{11-126}$$

这样，具有二阶相位超前控制器的太阳观测控制系统的前向通道传递函数为（$a_1 = a_2 = 100$）

$$G(s) = \frac{156\,250\,000(1 + 0.0087s)(1 + 0.002\,778s)}{s(s^2 + 625s + 156\,250)(1 + 0.000\,087s)(1 + 0.000\,027\,78s)} \tag{11-127}$$

其 Bode 图如图 11-43 中的曲线（3）所示。从图中可以看出，由（11-127）所确定的控制系统的相位裕量为 69.34°。表 11-7 给出的控制系统特性都满足时域要求。事实上，选取 $a_1 = a_2 = 100$ 有点过于严格。如果我们选择 $a_1 = a_2 = 80$ 或 70，控制系统的时域特性也都满

足要求。按照类似的设计步骤，当 $a_1 = a_2 = 70$ 时，T_1 =0.000 111 7，T_2 =0.000 039；当 $a_1 = a_2 = 80$ 时，$T_1 = T_2$ =0.000 048 4。图 11-43 中的曲线（4）为 $a_1 = a_2 = 80$ 时的校正系统的 Bode 图。表 11-17 总结了这三个控制器的系统性能特性。

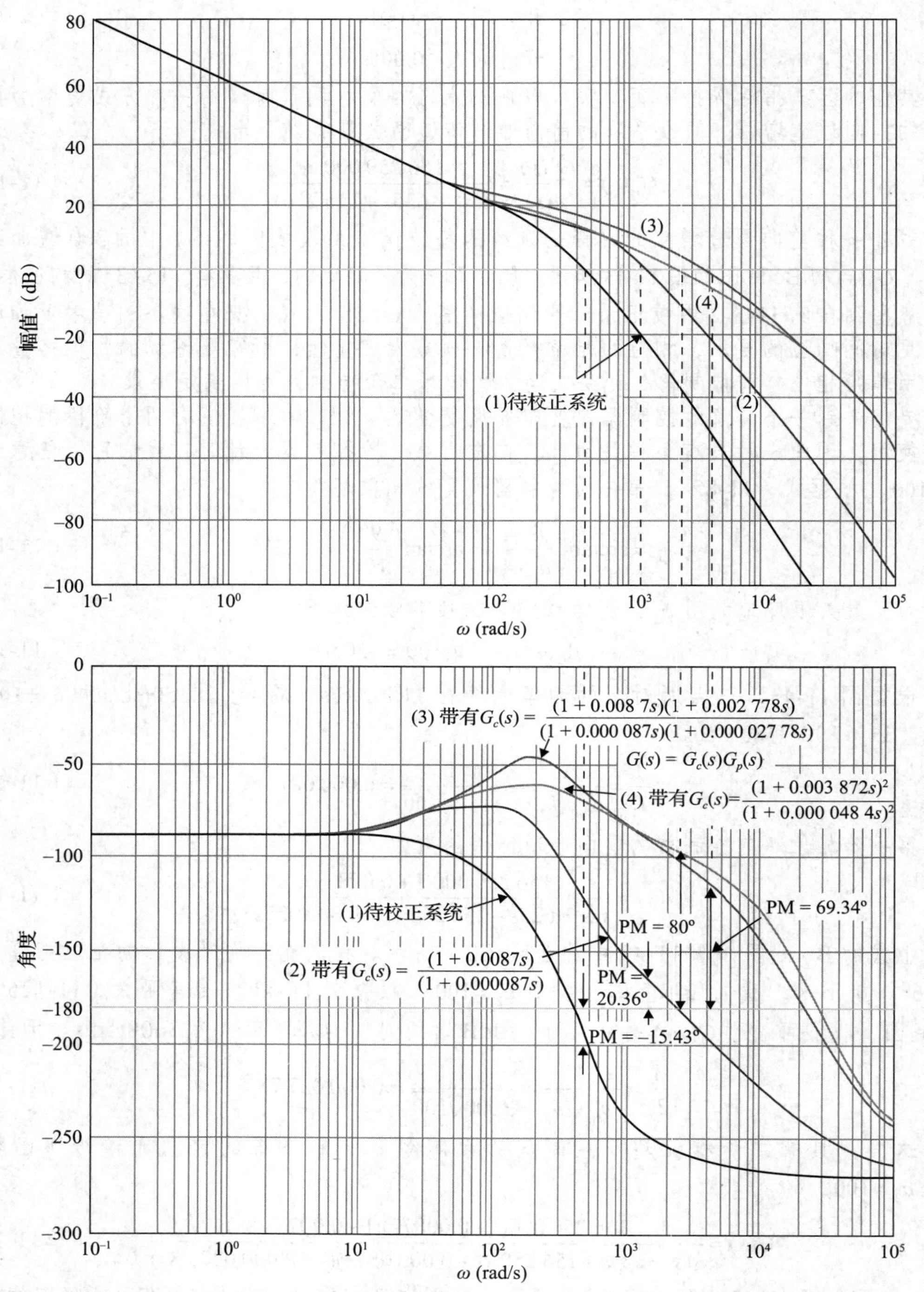

图 11-43　例 11-5-2 中具有二阶相位超前控制器的校正和待校正太阳观测控制系统的 Bode 图，$G_P(s) = \dfrac{156\,250\,000}{s(s^2 + 625s + 156\,250)}$

工具箱 11-5-8

图 11-43 中的 Bode 图可以使用以下 MALTAB 代码得到：

```
num = 156250000;
den =([1 625 156250 0]);
bode(num,den);
hold on;
num = 156250000 * [0.0087 1];
den = conv([0.000087 1],[1 625 156250 0]);
bode(num,den);
num = 156250000 * conv([0.0087 1],[0.002778 1]);
den =conv(conv([0.000087 1],[0.00002778 1]),[1 625 156250 0]);
bode(num,den);
num = 156250000 * conv([0.003872 1],[0.003872 1]);
den =conv(conv([0.0000484 1],[0.0000484 1]),[1 625 156250 0]);
bode(num,den);
axis([1 1e5 -300 20]);
grid
```

$a_1 = a_2 = 80$ 和 100 时的二阶相位超前控制系统的单位阶跃响应曲线如图 11-44 所示。

表 11-17　例 11-5-3 中具有二阶相位超前控制器的太阳观测控制系统的特性

$a_1 = a_2$	T_1	T_2	PM(deg)	M_r	BW (rad/s)	最大超调量 (%)	t_r(s)	t_s(s)
80	0.000 048 4	0.000 048 4	80	1	5686	0	0.000 95	0.004 75
100	0.000 087	0.000 027 8	69.34	1	5686	0	0.000 597	0.004 04
70	0.000 111 7	0.000 039	66.13	1	5198	0	0.000 63	0.004 04

735～736

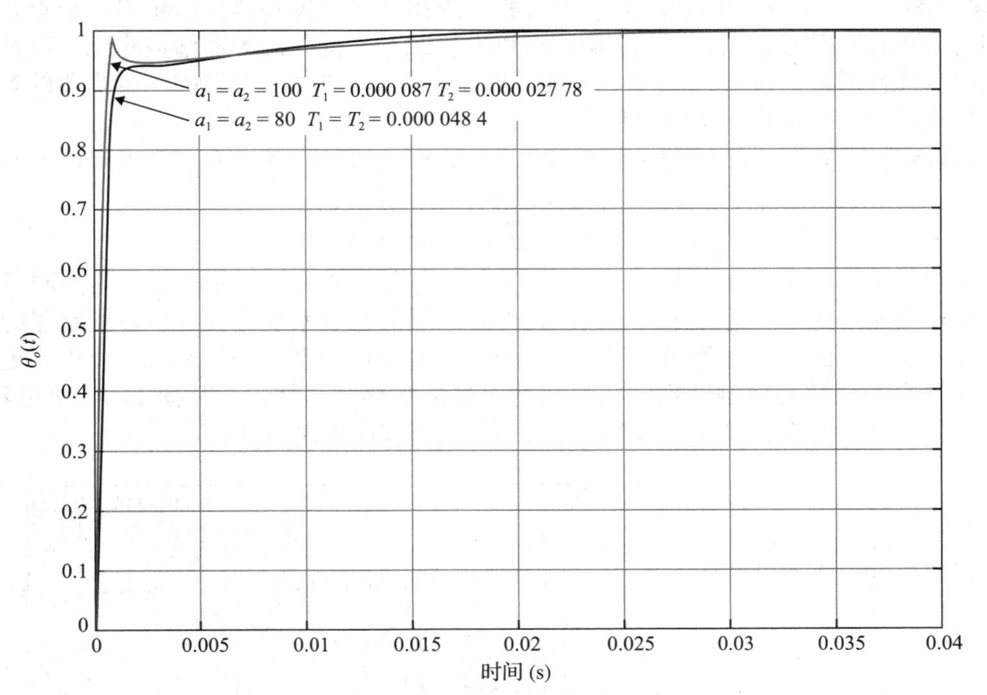

图 11-44　例 11-5-2 中具有二阶相位超前控制器的太阳观测控制系统的单位阶跃响应曲线，

$$G_c(s) = \frac{1}{a_1 a_2}\left(\frac{1 + a_1 T_1 s}{1 + T_1 s}\right)\left(\frac{1 + a_2 T_2 s}{1 + T_2 s}\right),\quad G_p(s) = \frac{156\,250\,000}{s(s^2 + 625s + 156\,250)}$$

工具箱 11-5-9

图 11-44 可以使用以下 MALTAB 代码得到：

```
num = 156250000 * conv([100*0.000087 1],[80*0.00002778 1]);
den =conv(conv([0.000087 1],[0.00002778 1]),[1 625 156250 0]);
[numCL,denCL]=cloop(num,den);
step(numCL,denCL)
hold on
num = 156250000 * conv([80*0.0000484 1],[80*0.0000484 1]);
den =conv(conv([0.0000484 1],[0.0000484 1]),[1 625 156250 0]);
[numCL,denCL]=cloop(num,den);
step(numCL,denCL)
grid
```

11.5.6 灵敏度考虑

灵敏度函数的定义出现在 10.15 节中，式（11-128）可以用来作为衡量控制系统鲁棒性的一个性能指标。闭环传递函数关于前向通道传递函数变化的灵敏度定义为

$$S_G^M(s)=\frac{\partial M(s)/M(s)}{\partial G(s)/G(s)}=\frac{G^{-1}(s)}{1+G^{-1}(s)}=\frac{1}{1+G(s)} \tag{11-128}$$

$|S_G^M(j\omega)|$关于频率的曲线反映了控制系统的灵敏度和频率之间的关系。理想的鲁棒性是希望在很大频率范围内，$|S_G^M(j\omega)|$的值很小（<<1）。例如，在例 11-5-2 中具有 $a=100$、$T=0.00005$ 的一阶相位超前控制器的太阳观测系统，其灵敏度函数曲线如图 11-45 所示。注意到，灵敏度函数在低频时的值很小，当 $\omega<400\text{rad/s}$ 时，灵敏度小于 1。尽管例 11-5-2 中的太阳观测系统不需要多阶相位超前控制器，但我们将会看到如果采用二阶相位超前控制器，不但 a 的值可以明显减小，使得放大器增益降低，而且控制系统的鲁棒性增强。按照例 11-5-3 的设计流程，我们将为式（11-104）所描述的太阳观测系统设计一个二阶相位超前控制器。

737

选取控制器参数 $a_1=a_2=5.83$，$T_1=T_2=0.000\,673$，则校正系统的前向通道传递函数为

$$G(s)=\frac{4.6875\times10^7(1+0.0\,039\,236s)^2}{s(s^2+625s+156\,250)(1+0.000\,673s)^2} \tag{11-129}$$

由图 11-45 可以看出，当 $\omega<600\text{rad/s}$ 时，具有二阶相位超前控制器的控制系统的灵敏度函数小于 1。因此具有二阶相位超前控制器的控制系统比具有单阶控制器的鲁棒性要好。这其中的原因是鲁棒性越好的系统具有越宽的带宽。一般来说，由于有更高的带宽，具有相位超前控制的系统往往具有更好的鲁棒性。然而，从图 11-45 可以看出，具有二阶相位超前控制器的控制系统在高频处也有较高的灵敏度。

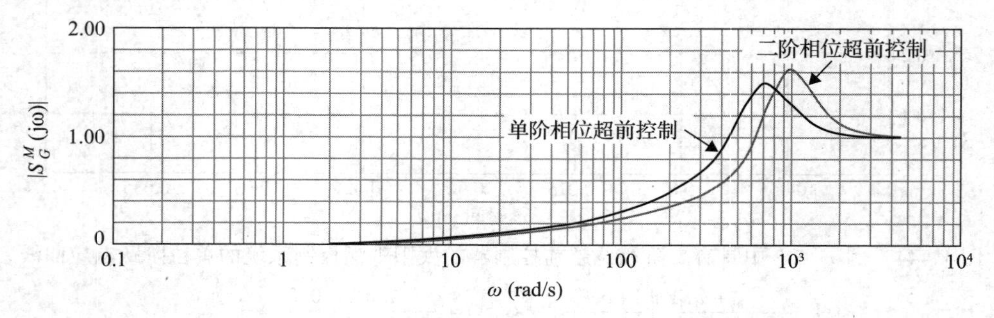

图 11-45　例 11-5-2 中太阳观测系统的灵敏度函数曲线

11.5.7　相位滞后控制的时域解释和设计

当 $a<1$ 时，式（11-72）所描述的传递函数可以用于表示相位滞后控制器或低通滤波器，其传递函数可以写为

$$G_c(s)=\frac{1}{a}\left(\frac{1+aTs}{1+Ts}\right),\ a<1 \quad (11\text{-}130)$$

$G_c(s)$ 的零极点配置如图 11-46 所示。不同于 PI 控制器能够在 $s=0$ 处提供一个极点，相位滞后控制器只有在 $G_c(s)$ 的零频增益大于 1 时才能影响系统的稳态误差。因此，任何有限的非零误差参数都会因为相位滞后控制器中的 $1/a$ 而增大。

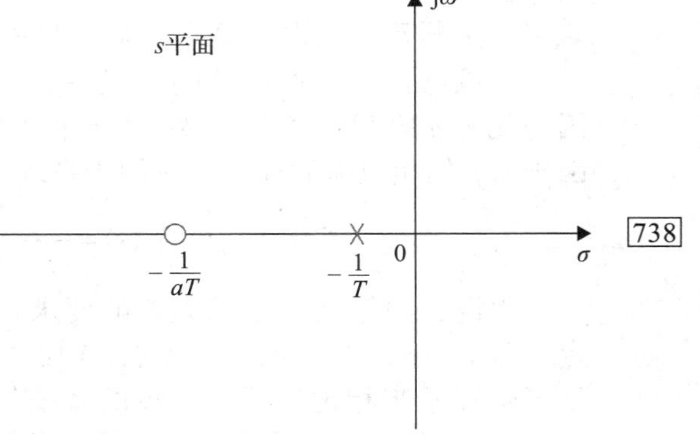

图 11-46　相位滞后控制器的零极点配置

738

因为 $s=-1/T$ 的极点在 $-1/aT$ 处的零点的右边，有效地使用相位滞后控制器来改善系统阻尼必须遵循与 11.3 节中提出的 PI 控制的相同设计原则。因此，应用相位滞后控制的正确方法是将极点和零点放在一起。对于 0 型和 1 型系统，组合应位于 s 平面的原点附近。图 11-47 用于说明 0 型和 1 型系统的 s 平面中的设计策略。相位滞后控制不应该应用于 2 型系统。

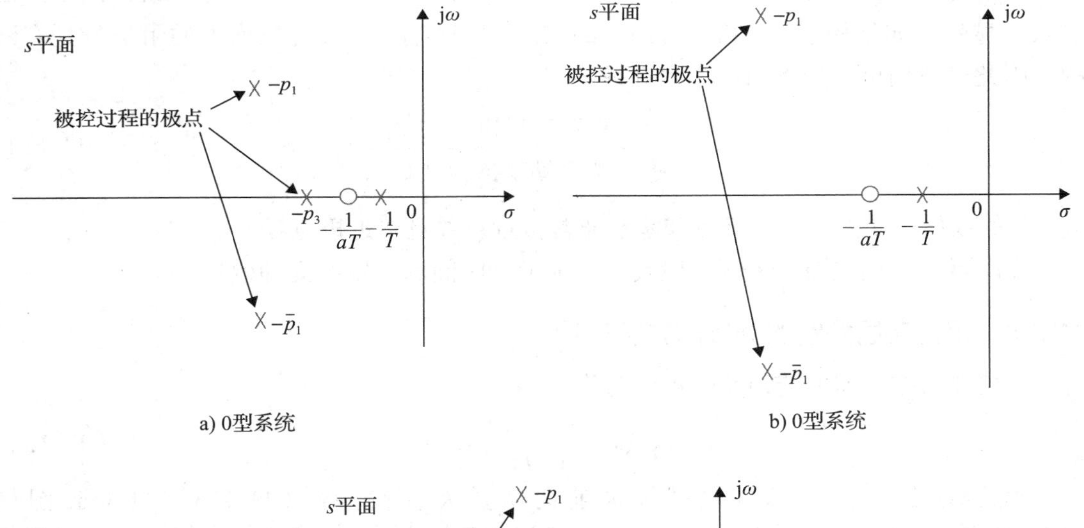

a) 0型系统　　b) 0型系统

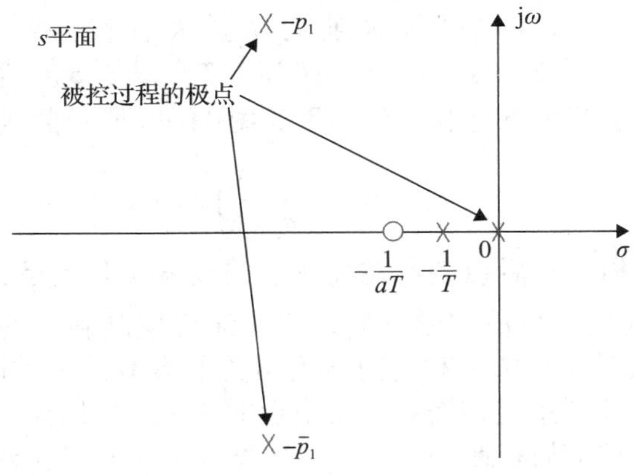

c) 1型系统

图 11-47　0 型和 1 型系统的相位滞后控制设计策略

上述设计原理可以通过考虑 0 型控制系统的受控过程进行解释：

$$G_P(s)=\frac{K}{(s+p_1)(s+\overline{p}_1)(s+p_3)} \tag{11-131}$$

式中，p_1 和 $\overline{p}_1$ 是共轭复极点，如图 11-47 所示。

就像相位超前控制器的情况一样，我们可以在式（11-131）中降低增益因子 $1/a$，因为无论 a 的值是多少，都可以调整 K 的值来补偿它。将式（11-131）所描述的不带有因子 $1/a$ 的相位滞后控制器应用于系统，可得到前向通道传递函数：

$$G(s)=G_c(s)G_P(s)=\frac{K(1+aTs)}{(s+p_1)(s+\text{p.macr}_1)(s+p_3)(1+Ts)}\text{，}a<1 \tag{11-132}$$

假设 K 的值满足稳态误差的要求。再假设对于选定的 K，系统为低阻尼甚至不稳定。令 $1/T\cong 1/aT$，然后在极点 $-1/p_3$ 处配置一对零极点，如图 11-47 所示。图 11-48 显示了带和不带相位滞后控制器的系统的根轨迹。因为控制器的零极点组合非常接近极点 $-1/p_3$，有相位滞后控制和没有相位滞后控制的主导根轨迹的形状非常相似。这现象可以轻松通过写出式（11-132）来解释：

$$G(s)=\frac{Ka(s+1/aT)}{(s+p_1)(s+\overline{p}_1)(s+p_3)(s+1/T)}\cong\frac{Ka}{(s+p_1)(s+\overline{p}_1)(s+p_3)} \tag{11-133}$$

因为 a 小于 1，相位滞后控制的应用相当于在不影响系统稳态性能的前提下，减小 K 到 K_a 的前向通道增益。由图 11-48 可知，可以选择 a 的取值，使校正系统的阻尼满足要求。显然，如果极点 $-p_1$ 和 $-\text{p.marc}_1$ 跟虚轴靠得很近，那么可以增加的阻尼量是有限的。因此，我们可以用下面的方程选择 a：

$$a=\frac{\text{可实现期望阻尼的 }K}{\text{可实现期望稳态性能的 }K} \tag{11-134}$$

739～740

T 的取值应使控制器的极点和零点非常接近，并且接近极点 $-1/p_3$。

在时域上，相位滞后控制一般具有增加上升时间和稳定时间的效果。

11.5.8 相位滞后控制的频域解释和设计

相位滞后控制器的传递函数可以写为

$$G_c(s)=\frac{1+aTs}{1+Ts}\text{，}a<1 \tag{11-135}$$

假定增益因子 $-1/a$ 可以最终被前向增益 K 补偿。式（11-135）的 Bode 图如图 11-49 所示。曲线的穿越频率为 $\omega=1/aT$ 和 $1/T$。除了 a 的取值外，相位超前和相位滞后控制器的传递函数形式都是相同的，因此图 11-49 所示曲线中最大滞后相位 ϕ_m 为

$$\phi_m=\arcsin\left(\frac{a_1-1}{a_1+1}\right)\text{，}a<1 \tag{11-136}$$

图 11-49 显示了相位滞后控制器在高频下的衰减实际上是 $20\lg a$。因此，与利用控制器最大相位超前的相位超前控制不同，相位滞后控制利用的是控制器在高频下的衰减。这与在根轨迹设计中引入 a 对前向通道增益的衰减是一致的。对于相位超前控制，控制器的目标是增加开环系统在增益交叉附近的相位，同时试图在新的增益交叉处找到最大相位超前。在相位滞后控制中，目标是将增益交叉移到实现所需相位裕度的较低频率，同时保持新增益交叉处 Bode 图的相位曲线相对不变。

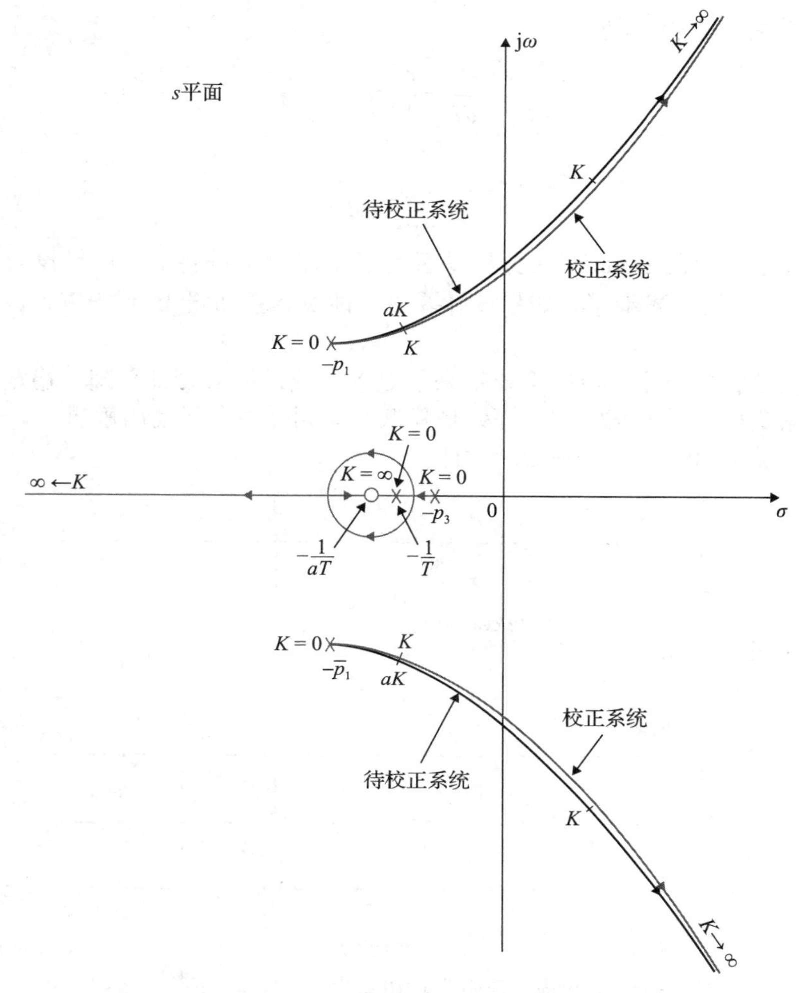

图 11-48 待校正和相位滞后校正系统的根轨迹

741～742

利用 Bode 图进行相位滞后控制的设计步骤如下：

1. 给出了待校正系统的前向传递函数 Bode 图。前向路径增益 K 根据稳态性能要求确定。

2. 由 Bode 图确定待校正系统的相位和增益裕度。

3. 假设要增加相位裕度，则在 Bode 图上确定所需相位裕度的频率。这个频率也是曲线穿过 0dB 轴所对应的新的增益穿越频率 ω_g'。

4. 为了在新的增益穿越频率 ω_g' 下使幅值曲线降至 0dB，相位滞后控制器必须提供与 ω_g' 处的幅值相等的衰减量。换言之，

$$|G_P(\mathrm{j}\omega_g')| = -20\lg a \text{ dB}, \quad a<1 \tag{11-137}$$

求解上式可以得到 a 的值：

$$a = 10^{-|G_P(\mathrm{j}\omega_g')|/20}, \quad a<1 \tag{11-138}$$

确定 a 的值后，只要选出合适的 T 就完成了设计。使用图 11-49 中的相位特征，可以发现，如果交接频率 $1/aT$ 远小于增益穿越频率 ω_g'，控制器的相位滞后作用将不会在很大程度上影响校正系统在 ω_g' 附近的相位值。换句话说，$1/aT$ 值不应该太小，否则控制系统的带宽会很窄，造成系统反应缓慢并且鲁棒性差。一般来说，频率 $1/aT$ 应该大

约是 ω_g' 的十分之一，也就是

$$\frac{1}{aT}=\frac{\omega_g'}{10}\text{rad/s} \tag{11-139}$$

那么

$$\frac{1}{T}=\frac{a\omega_g'}{10}\text{rad/s} \tag{11-140}$$

5. 绘制校正系统的 Bode 图来分析是否满足了相位裕量要求。如果没有满足，重新调整 a 和 T 值，重复上述步骤。如果设计要求还涉及增益裕量 M_r 或 BW，也需要检查这些指标是否满足。

因为相位滞后控制器给控制系统带来了更多衰减，如果设计合理，稳定性裕度会得到改善而带宽变窄。低带宽的惟一好处是降低对高频噪声和扰动的敏感度。

下面举例说明相位滞后控制器的设计。

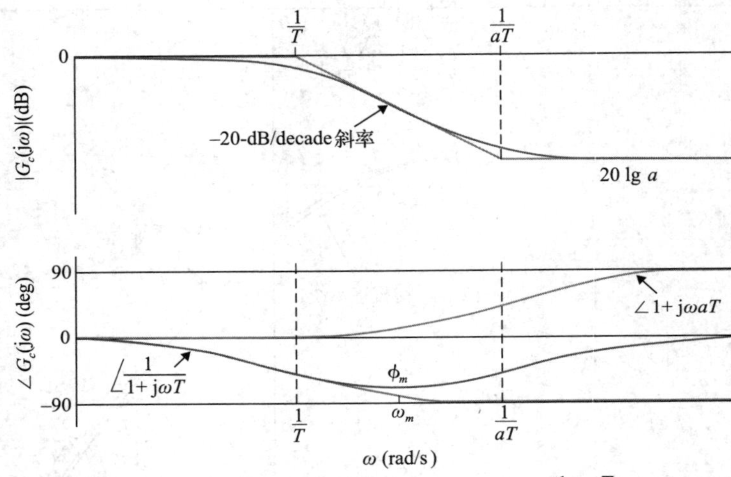

图 11-49 相位滞后控制器的 Bode 图，$G_c(s)=\dfrac{1+aTs}{1+Ts}$，$a<1$

例 11-5-4 对于例 11-5-1 中的二阶太阳观测器系统，待校正系统的前向通道传递函数为

743

$$G_P(s)=\frac{\Theta_o(s)}{A(s)}=\frac{2500K}{s(s+25)} \tag{11-141}$$

时域设计

控制系统的时域性能指标如下：

1. 在单位斜坡函数输入 $\theta_r(t)$ 的作用下，系统产生的稳态误差 $\alpha(t)$ 应该 $\leqslant 1/300$。
2. 阶跃响应的最大超调应该 $<5\%$，或尽可能小。
3. 上升时间 $t_r \leqslant 0.5\text{s}$。
4. 调节时间 $t_s \leqslant 0.5\text{s}$。
5. 由于存在噪声现象，控制系统的带宽必须 $<50\text{rad/s}$。

注意：要求的上升时间和调节时间都比例 11-5-1 中的相位超前设计有相当大的放宽。待校正系统的根轨迹如图 11-50a 所示。

同例 11-5-1 中，首先设 $K=1$。待校正系统的阻尼比是 0.25，最大超调为 44.4%。$K=1$ 时，控制系统的单位阶跃响应曲线如图 11-51 所示。

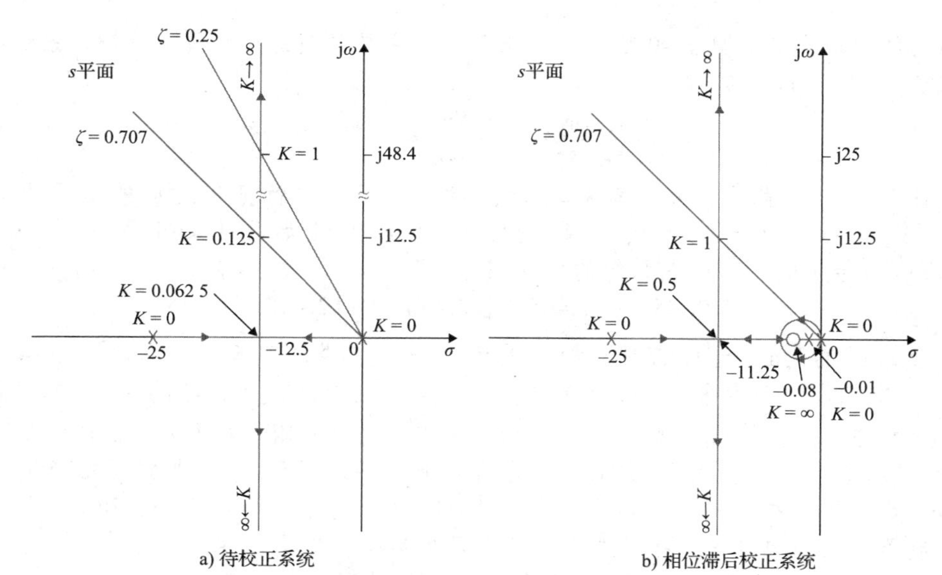

图 11-50　例 11-5-4 中太阳观测控制系统的根轨迹曲线，其中

$$G_c(s)=\frac{1+aTs}{1+Ts}\ ,\ \ G_P(s)=\frac{2500K}{s(s+25)},\ \ a=0.125\ ,\ \ T=100$$

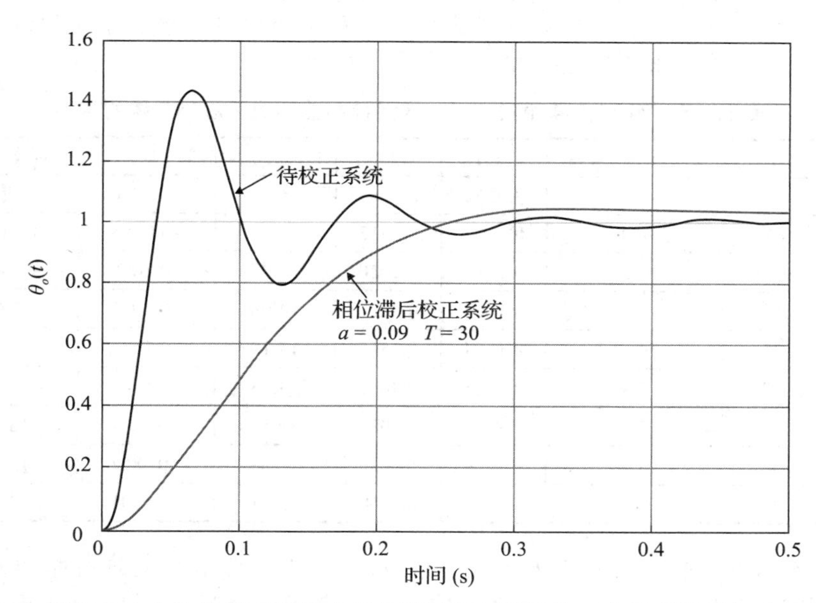

图 11-51　例 11-5-4 中的待校正和具有相位滞后控制器的校正太阳观测系统的单位响应曲线，其中 $G_c(s)=\dfrac{1+aTs}{1+Ts}$，$G_P(s)=\dfrac{2500K}{s(s+25)}$，$a=0.09$，$T=30$

选用传递函数为式（11-130）描述的相位滞后控制器，校正系统的前向通道传递函数为

$$G(s)=G_c(s)G_P(s)=\frac{2500K(s+1/aT)}{s(s+25)(s+1/T)} \tag{11-142}$$

如果 K 一直为 1，稳态误差就是 a %。因为 $a<1$，所以校正后系统要比待校正系统的稳态误差小。为了进行有效的相位滞后控制，控制器传递函数的零极点应该靠得很近，对于 1 型系统，它们应该距离 s 平面的原点也相当得近。根据图 11-50a 中待校正系统的根轨迹图，如果选取 K =0.125，控制系统的阻尼比将为 0.707，最大超调为 4.32%。 744

将控制器的零极点配置到 $s=0$ 附近，校正系统的主导根轨迹曲线就与待校正系统的根轨迹很相似。由式（11-124）解出 a 的值，即

$$a=\frac{\text{可实现期望阻尼的}K}{\text{可实现稳态性能的}K}=\frac{0.125}{1}=0.125 \tag{11-143}$$

因此如果 T 的值足够大，当 $K=1$ 时，特征方程的主特征根对应的阻尼比大约为 0.707。我们任取 $T=100$，校正系统的根轨迹曲线如图 11-50b 所示。当 $K=1$，$a=0.125$，$T=100$ 时，控制系统的特征根为

$$s=-0.0805,\ -12.465+\mathrm{j}12.465 \text{ 和 } -12.465-\mathrm{j}12.465$$

对应的阻尼比正好为 0.707。如果再选择一个较小的 T 值，阻尼比将会略微小于 0.707。从实际应用角度来看，T 的值不应该太大，因为在式（11-74）中，$T=R_2C$，大的 T 要么对应一个大电容，要么对应一个不能实现的大电阻。要减小 T 的值，同时还要满足最大超调量要求，就需要减小 a 的值，但 a 不能无限制地减小，或者说控制器在 $-1/aT$ 处的零点在实轴上不能太靠左。表 11-18 给出了对于不同的 a 和 T，具有相位滞后控制器的太阳观测系统在时域中的特性以及其他一些设计参数。

745

根据表 11-18 中的数据，比较合理的一组控制器参数是 a=0.09，T=30。当 T=30 时，选定 $C=1\mu\text{F}$，R_2 的值应该为 30MΩ。如果使用二阶相位滞后控制器，T 的值还可以更小。当 a=0.09，T=30 时，校正系统的单位阶跃响应曲线如图 11-52 所示。最大超调量的减小是以增加上升时间和调节时间为代价的。虽然相位滞后校正系统的调节时间比待校正系统的短，但校正系统要达到稳态需要更长的时间。

表 11-18 例 11-5-4 中具有相位滞后控制器的太阳观测系统的特性

a	T	最大超调量 (%)	t_r(s)	t_s(s)	BW(rad/s)	特征根	
1.000	1	44.4	0.0255	0.2133	75.00	−12.500	± j48.412
0.125	100	4.9	0.1302	0.1515	17.67	−0.0805	−12.465 ± j12.465
0.100	100	2.5	0.1517	0.2020	13.97	−0.1009	−12.455 ± j9.624
0.100	50	3.4	0.1618	0.2020	14.06	−0.2037	−12.408 ± j9.565
0.100	30	4.5	0.1594	0.1515	14.19	−0.3439	−12.345 ± j9.484
0.100	20	5.9	0.1565	0.4040	14.33	−0.5244	−12.263 ± j9.382
0.090	50	3.0	0.1746	0.2020	12.53	−0.2274	−12.396 ± j8.136
0.090	30	4.4	0.1719	0.2020	12.68	−0.3852	−12.324 ± j8.029
0.090	20	6.1	0.1686	0.5560	12.84	−0.5901	−12.230 ± j7.890

我们在例 11-5-1 中用式（11-90）至（11-93）对相位超前控制进行根轨迹设计。下面再用根轨迹方法来解释相位滞后控制器的设计。并且，图 11-35 和图 11-36 中除了 $a<1$ 对应的情况，其余对相位滞后控制器同样适用，在图 11-36 中的根轨迹只有对应于 $a<1$ 的那部分适用于相位滞后控制。从这些根轨迹可以清楚地看出对于有效的相位滞后控制，T 值应该相对大一些。如图 11-52 所示，当 T 值相对大时，控制系统的闭环传递函数的复极点对 T 值相当不敏感。

频域设计

式（11-141）中 $K=1$ 的 $G_P(\mathrm{j}\omega)$ 的 Bode 图如图 11-53 所示。从图中可以看出，待校正系统的相位裕度只有 28°。因为不知道最大超调 <5% 对应的相位裕量的大小，所以用 Bode 图 11-53 按下列步骤设计：首先初始相位裕量为 45°，这个相位裕量对应的增益穿越频率 ω_g' 为 25rad/s。这说明相位滞后控制器必须在 ω =25rad/s 处将 $G_P(\mathrm{j}\omega)$ 的幅值曲线

降到 0dB，并且不能影响在这个频率附近的相位曲线。当把交接频率 $1/aT$ 配置在 ω_g' 的十分之一处时，相位滞后控制器仍然会产生较小的负相位，因此比较妥当的方法就是在小于 25rad/s 处选择 ω_g'，也就是 ω_g' =20rad/s。

根据 Bode 图得到 $|G_P(j\omega_g')|_{dB}$ 在 ω_g' =20rad/s 处的值为 11.7dB。因此由式（11-138）可得到：

$$a=10^{-|G_P(j\omega_g')|/20}=10^{-11.7/20}=0.26 \tag{11-144}$$

$1/aT$ 的值为 ω_g' =20rad/s 的 1/10。因此

$$\frac{1}{aT}=\frac{\omega_g'}{10}=\frac{20}{10}=2\ \text{rad/s} \tag{11-145}$$

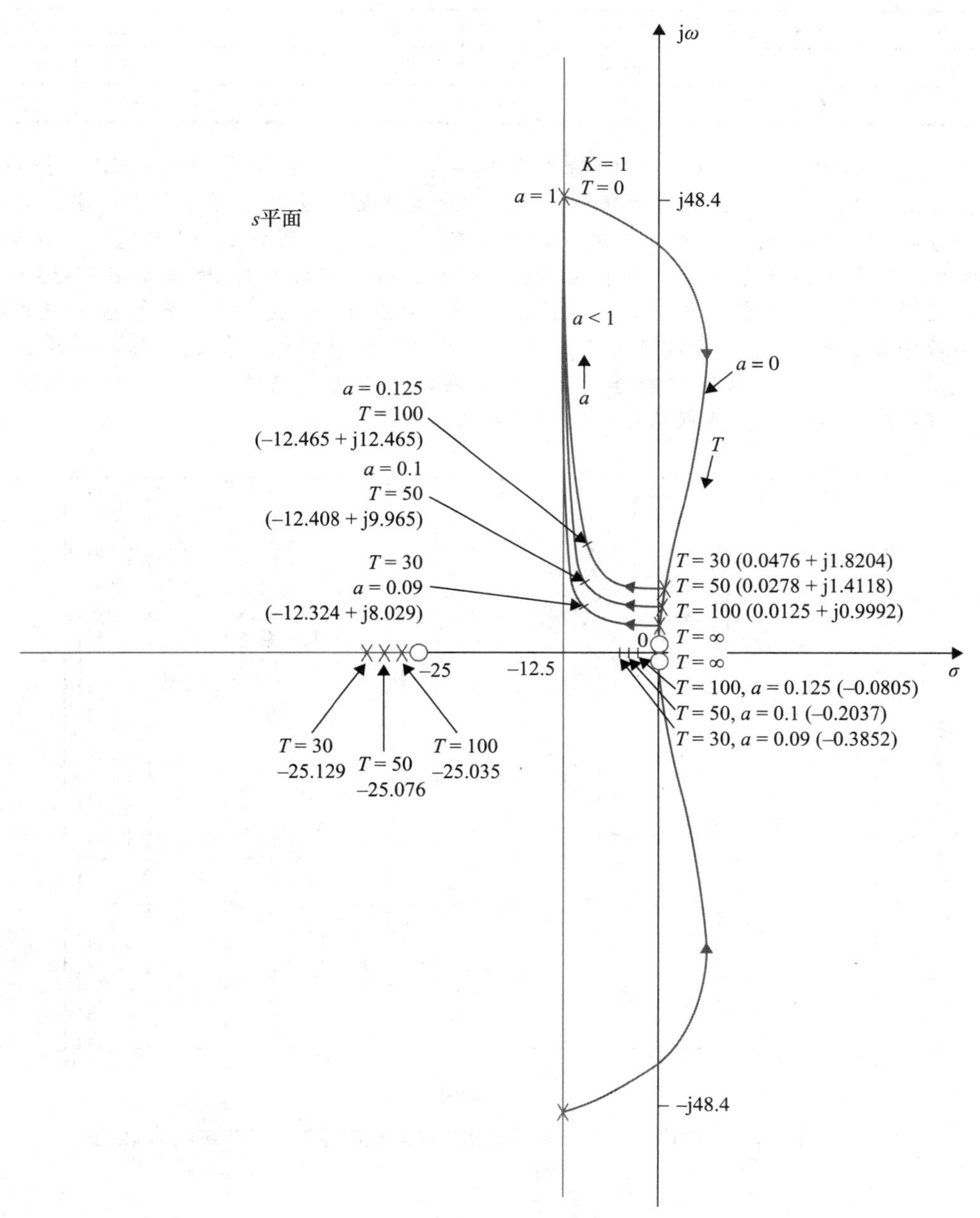

图 11-52　例 11-5-4 中具有相位滞后控制器的太阳观测系统的根轨迹曲线

以及

$$T=\frac{1}{2a}=\frac{1}{0.52}=1.923 \tag{11-146}$$

对所设计的相位滞后控制系统进行单位阶跃响应测试，得出最大超调为 24.5%。下一步就是要达到更高的相位裕量。表 11-19 给出了由不同期望的相位裕量得到的不同的设计结果，最高的相位裕量可达 80°。

746～748

表 11-19 例 11-5-4 中具有相位滞后控制器的太阳观测系统的特性

期望相位裕量（deg）	a	T	实际相位裕量（deg）	M_r	BW (rad/s)	最大超调量 (%)	t_r(s)	t_s(s)
45	0.26	1.923	46.78	1.27	33.37	24.5	0.0605	0.2222
60	0.178	3.75	54.0	1.19	25.07	17.5	0.0823	0.303
70	0.1	10	63.87	1.08	14.72	10.0	0.1369	0.7778
80	0.044	52.5	74.68	1.07	5.7	7.1	0.3635	1.933

根据表 10-19 中的结果，我们看到没有一组情况满足最大超调≤5%。a=0.044、T = 52.5 时，可以得到最小的最大超调。但 T 的值太大而无法在实际应用中使用。因此我们选择 a = 0.1、T = 10 这一组，再通过增加 T 来改进设计。从表 11-18 看出，当 a = 0.1，T = 30 时，最大超调降为 4.5%，相位裕量为 67.61°，校正系统的 Bode 图如图 11-53 所示。

相位滞后校正系统的单位阶跃响应曲线如图 11-52 所示，由于相位滞后控制器本质上是低通滤波器，因此它会增加校正系统的上升时间和调节时间。但是，我们将通过以下例子说明，与单阶相位超前控制器相比，相位滞后控制可以更通用，并且在提高稳定性方面具有更广泛的效果，特别是对于低阻尼或欠阻尼的控制系统。 ▲

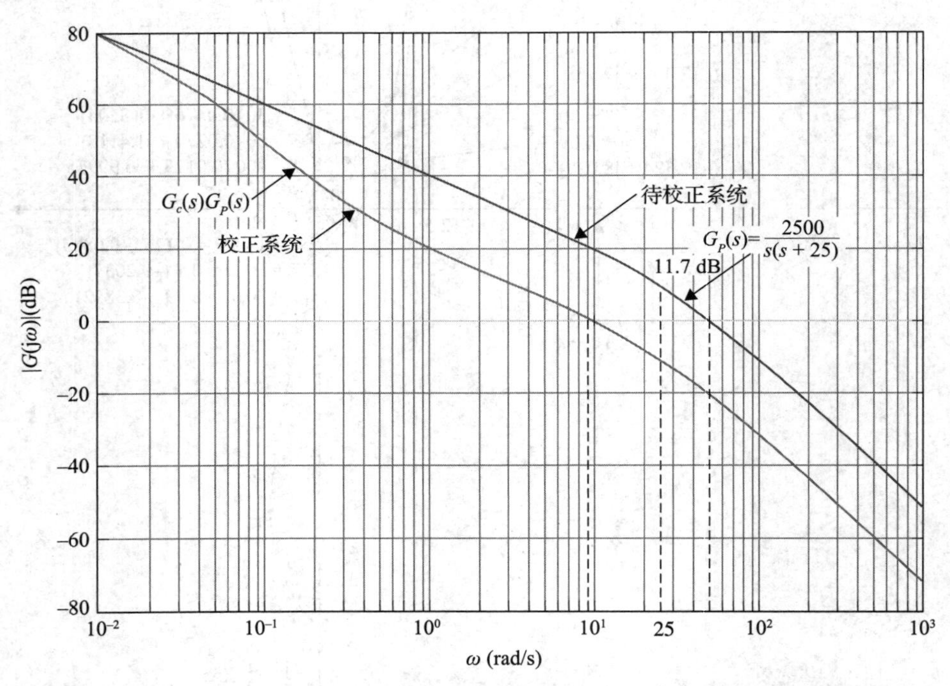

图 11-53 例 11-5-4 中待校正系统和具有相位滞后控制器的校正系统的 Bode 图，

$$G_c(s)=\frac{1+3s}{1+30s}, G_P(s)=\frac{2500}{s(s+25)}$$

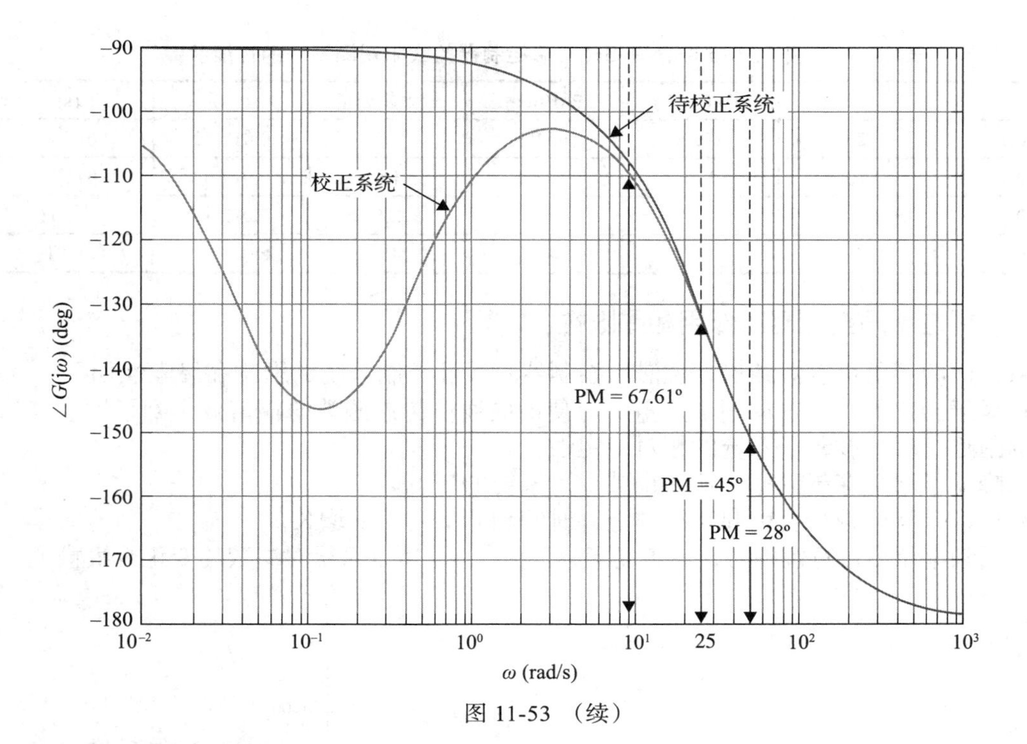

图 11-53 （续）

例 11-5-5 考虑例 11-5-3 中的太阳观测系统，其前向通道传递函数如式（11-121）所示。使增益恢复为 K，可以画出这个系统的根轨迹图。式（11-121）可以写为

$$G_P(s)=\frac{156\,250\,000K}{s(s^2+625s+156\,250)} \tag{11-147}$$

闭环系统的根轨迹曲线如图 11-54 所示。K =1 时，系统是不稳定的，此时特征方程的根为 −713.14，44.07+j466.01，44.07−j466.01。

例 11-5-3 表明单阶相位超前控制器不能满足稳定性的要求。设性能指标为

最大超调量百分比 ≤5%

上升时间 t_r ≤0.02s

调节时间 t_s ≤0.02s

假设期望的相对阻尼比是 0.707。从图 11-54 可以看出，当 K=0.106 75 时，待校正系统的特征方程的主导根为 −172.72 ± j172.73，其对应的阻尼比是 0.707。因此，由方程（11-134）可以求出 a 的值：

$$a=\frac{\text{可实现期望阻尼的}K}{\text{可实现期望稳态性能的}K}=\frac{0.106\,75}{1}=0.106\,75 \tag{11-148}$$

令 a =0.1。由于 s 平面上主导根轨迹距离原点比较远，因此 T 的取值范围比较大。表 11-20 列出了当 a =0.1 时，T 值变化所对应的各种性能指标。

因此，如例 11-5-3 所示，我们可以发现采用相位滞后控制器时，只需要一阶相位滞后控制器即可满足稳定性要求，而相位超前控制器则需要二阶。

灵敏度函数

图 11-55 为 a =0.1、T =20 时，滞后校正系统的灵敏度函数 $\left|S_G^M(\mathrm{j}\omega)\right|$ 的曲线。由图可以看出，在低频段灵敏度函数一直小于 1，直到频率上升为 102rad/s。这是由于相位滞后控制所引起的低带宽产生的结果。

表 11-20 例 11-5-5 中含有相位滞后控制器的太阳观测系统的性能参数

a	T	BW(rad/s)	PM(deg)	最大超调量	tr(s)	ts(s)
0.1	20	173.5	66.94	1.2	0.012 73	0.016 16
0.1	10	174	66.68	1.6	0.012 62	0.016 16
0.1	5	174.8	66.15	2.5	0.012 41	0.016 16
0.1	2	177.2	64.56	4.9	0.016 01	0.0101

11.5.9 相位滞后控制器的作用和局限性

由上面的例子可以总结出相位滞后控制器对线性控制系统的影响和局限性如下：

1. 对于给定的一个前向通道增益 K，使前向通道传递函数的幅值减小到了增益穿越频率的附近，因此改善了系统的相对稳定性。

2. 降低了增益穿越频率，从而也减少了系统的带宽。

3. 通常带宽的减少会引起系统的上升时间和调节时间的增长。

4. 当频率超出带宽范围时，灵敏度函数都大于 1，所以系统对参数的变化更敏感了。

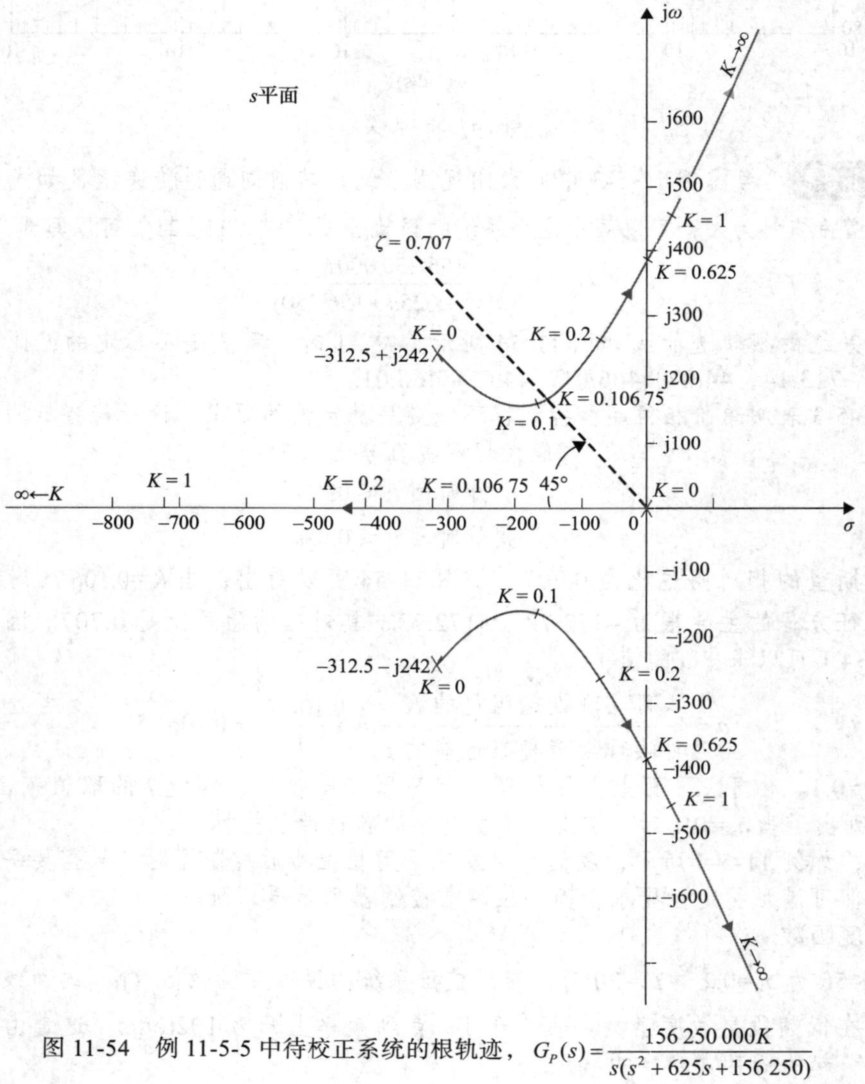

图 11-54 例 11-5-5 中待校正系统的根轨迹，$G_P(s)=\dfrac{156\,250\,000K}{s(s^2+625s+156\,250)}$

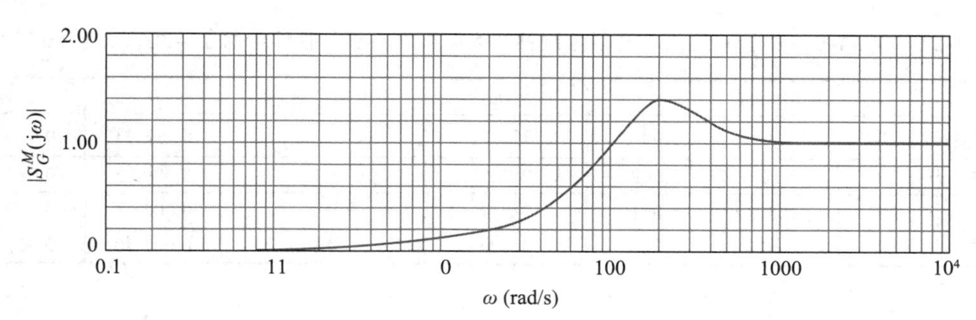

图 11-55　例 11-5-5 中校正系统的灵敏度函数

11.5.10　超前 – 滞后控制器的设计

由前面几节，我们知道相位超前控制器通常用于改善上升时间和阻尼，但是提高了闭环系统的自然频率。而适当地应用相位滞后控制可以改善阻尼，但通常会使上升时间和调节时间延长。因此，每一种控制方案都有自己的优点、缺点和局限性，许多系统单靠一种方案往往不能得到满意的校正。所以，在必要时自然就想到了把这两种方案结合起来，使二者的优点都能够得到发挥。

一个简单的超前 – 滞后（或滞后 – 超前）控制器的传递函数为

$$G_c(s)=G_{c1}(s)G_{c2}(s)=\underbrace{\left(\frac{1+a_1T_1s}{1+T_1s}\right)}_{\text{超前}}\underbrace{\left(\frac{1+a_2T_1s}{1+T_2s}\right)}_{\text{滞后}},\quad a_1>1, a_2<1 \tag{11-149}$$

这里没有包含超前和滞后控制器的增益因子，因为，如前面所示，它们的增加和减少最终会通过调整前向增益 K 得到校正。

因为式（11-149）所示的超前 – 滞后控制器的传递函数有 4 个未知参数，所以它的设计不如一阶相位超前或相位滞后控制器的设计那么简单。通常情况下，控制器的相位超前部分主要用于实现较短的上升时间和较高的带宽，并且引入相位滞后部分则是为系统提供主要阻尼的。设计时，可以选择先设计相位超前或相位滞后控制。我们将使用下一个例子来说明设计步骤。

750 ~ 751

例 11-5-6　利用例 11-5-3 中的太阳观测系统作为例子来演示超前 – 滞后控制器的设计。当 $K=1$ 时，待校正系统是不稳定的。例 11-5-4 是二阶超前控制器，而例 11-5-5 设计的是一阶滞后控制器。

在例 11-5-3 的基础上，我们可以选择 $a_1=70$，$T_1=0.000\,04$ 的相位超前控制器，剩下的相位滞后部分可以使用根轨迹法或 Bode 图进行设计。表 11-21 给出了不同 a 所对应的结果。由表 11-21 可知，从减少最大超调量的角度，选择 $a_1=70$，$T_1=0.000\,04$ 时，a_2 的最优值大约为 0.2。

与例 11-5-4 设计的一阶滞后控制器相比，BW 由 66.94rad/s 上升到 351.4rad/s，上升时间由 0.012 73s 减少到了 0.006 68s。超前 – 滞后控制器使系统的鲁棒性更强了，因为灵敏度函数的幅值只有在 BW 接近 351.4rad/s 时才上升为 1。作为比较，图 11-56 绘制了二阶相位超前控制、一阶相位滞后控制以及超前 – 滞后控制系统的单位阶跃响应。

值得注意的是，对于控制器的相位超前部分，通过增大 a_1 的值，可以分别使太阳观测系统的带宽提高，上升时间减少。但尽管相应的阶跃响应的最大超调量可以保持比较小，它却会有大的欠调。

表 11-21 例 11-5-6 中含有超前－滞后控制器的太阳观测系统的性能参数 a_1 =70，T_1 =0.000 04

a_2	T_2	PM(deg)	M_r	BW(rad/s)	最大超调量 (%)	t_r(s)	t_s(s)
0.1	20	81.81	1.004	122.2	0.4	0.018 43	0.026 26
0.15	20	76.62	1.002	225.5	0.2	0.009 85	0.015 15
0.20	20	70.39	1.001	351.4	0.1	0.006 68	0.009 09
0.25	20	63.87	1.001	443.0	4.9	0.005 30	0.007 07

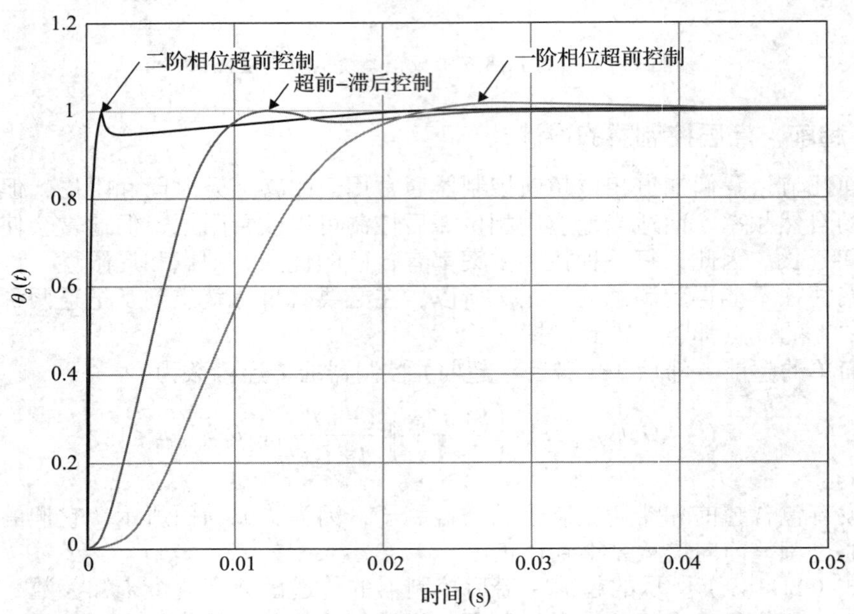

图 11-56 例 11-5-6 中分别含有一阶相位滞后控制器、超前－滞后控制器和二阶相位超前控制器的太阳观测系统

752

11.6 零极点对消设计：陷波滤波器

许多被控过程的传递函数在 s 平面的虚轴附近都有一对或多对共轭复极点，这些复极点通常会引起闭环系统的轻微阻尼或不稳定。直接的办法是利用一个控制器，通过选择该控制器传递函数的零点来消去被控过程不符合要求的极点，并把该控制器的极点配置在 s 平面上更合适的位置，从而得到希望的动态性能。例如，一个过程的传递函数为

$$G_P(s)=\frac{K}{s(s^2+s+10)} \tag{11-150}$$

如果 K 较大，其共轭复极点可能会影响闭环系统的稳定性，建议使用如下形式的串联控制器：

$$G_c(s)=\frac{s^2+s+10}{s^2+as+b} \tag{11-151}$$

其中，a 和 b 的值需通过闭环系统指定的性能来选择。

在实际应用中，许多困难阻碍了零极点对消设计方案的使用，因为传递函数的零点和极点的完美对消实际上几乎是不可能的。过程传递函数 $G_P(s)$ 通常由测试和物理建模决定，不可避免地会用到非线性过程的线性化和复杂过程的近似，因此，准确建模传递函数的真实极点和零点是很困难的。而实际系统的真实阶数也比建模得到的传递函数的阶数高。另外，随着系统元器件的老化和操作环境的改变，过程的动态特性也会发生变

化，即使是缓慢的变化，从而使得传递函数的零点和极点有可能在系统运行过程中发生移动。控制器的参数受到可使用的物理器件的约束，因此不能随意配置。由于这些以及其他的原因，即使我们能够准确地设计出控制器传递函数的零点和极点，完美的零极点对消在实际中几乎也是不可能发生的。下面说明，在大多数情况下，为了使用零极点对消方法以有效地消除不满意极点的影响，完美对消实际上是不必要的。

假设一个被控过程是

$$G_P(s)=\frac{K}{s(s+p_1)(s+p.\text{macr}_1)} \tag{11-152}$$

其中，p_1 和 $p.\text{macr}_1$ 是两个要被消去的复数共轭极点。设串联控制器的传递函数为

$$G_c(s)=\frac{(s+p_1+\varepsilon_1)(s+p.\text{macr}_1+\varepsilon.\text{macr}_1)}{s^2+as+b} \tag{11-153}$$

753

其中，ε_1 是幅值很小的复数，$\varepsilon.\text{macr}_1$ 是它的共轭复数。校正后系统的开环传递函数为

$$G(s)=G_c(s)G_P(s)=\frac{K(s+p_1+\varepsilon_1)(s+p.\text{macr}_1+\varepsilon.\text{macr}_1)}{s(s+p_1)(s+p.\text{macr}_1)(s^2+as+b)} \tag{11-154}$$

由于不完全对消，所以不能丢弃式（11-154）分母中的 $(s+p_1)(s+p.\text{macr}_1)$ 项。闭环传递函数为

$$\frac{Y(s)}{R(s)}=\frac{K(s+p_1+\varepsilon_1)(s+p.\text{macr}_1+\varepsilon.\text{macr}_1)}{s(s+p_1)(s+p.\text{macr}_1)(s^2+as+b)+K(s+p_1+\varepsilon_1)(s+p.\text{macr}_1+\varepsilon_1)} \tag{11-155}$$

图 11-57 中的根轨迹解释了零极点不完全对消的效果。注意，不完全对消产生的两个闭环极点分别位于零极点对 $s=-p_1,-p.\text{macr}_1$ 和 $-p_1-\varepsilon_1,-p.\text{macr}_1-\varepsilon.\text{macr}_1$ 之间。因此，这些闭环极点与希望消去的开环零极点非常接近。式（11-155）可以近似写为

$$\frac{Y(s)}{R(s)}\cong\frac{K(s+p_1+\varepsilon_1)(s+p.\text{macr}_1+\varepsilon.\text{macr}_2)}{(s+p_1+\delta_1)(s+\bar{p}_1+\delta_1)(s^3+as+b+K)} \tag{11-156}$$

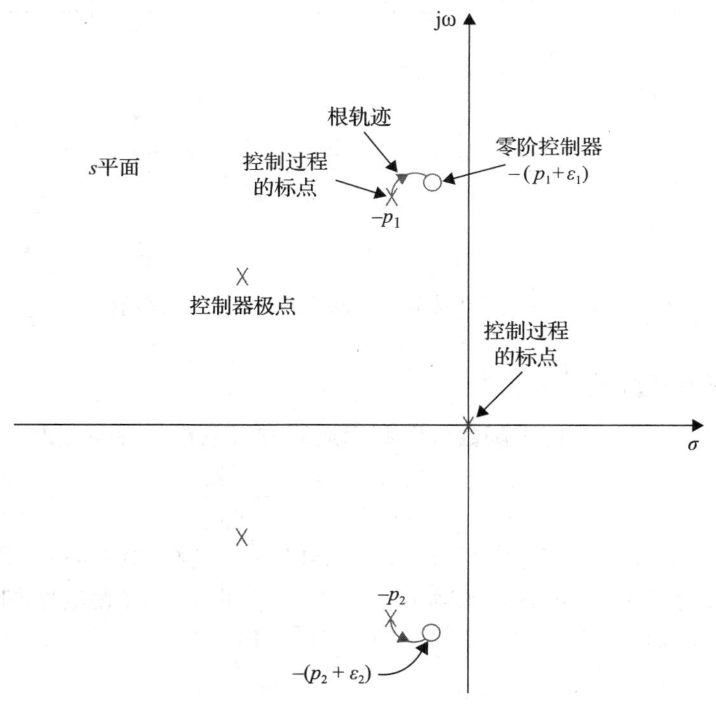

图 11-57　零极点配置以及不完全对消的根轨迹

754

其中，δ_1和$\bar{\delta}_1$是一对非常小的共轭复数，由ε_1、ε.macr$_1$和其他参数决定。对式（11-156）进行因式分解得到：

$$\frac{Y(s)}{R(s)} \cong \frac{K_1}{s+p_1+\delta_1} + \frac{K_2}{s+\bar{p}_1+\bar{\delta}_1} + \text{其他极点产出的项} \tag{11-157}$$

可以证明K_1与$\varepsilon_1-\delta_1$成正比，是一个很小的数。同样，K_2的值也很小。这恰好说明，即使$-p_1$和$-p_2$处的极点不能精确对消，由不完全对消产生的暂态响应项的幅值也会比较小，因此，除非是指定要对消的控制器零点离目标很远，否则，它们的作用实际上可以被忽略。另外，$G(s)$的零点被保留下来，成了闭环传递函数$Y(s)/R(s)$的零点，由式（11-156）可以看出两对极点和零点距离很近，从暂态响应的角度，它们是可以对消的。

注意，不要试图消去s右半平面上的极点，因为任何不完全对消都会导致系统的不稳定。如果过程传递函数的非期望极点非常接近或在s平面的虚轴上，不完全对消也会带来困难。在这种情况下，不完全对消也有可能导致系统的不稳定。图 11-58a 显示了适合对消的零极点相对位置导致系统稳定的情况，而在图 11-58b 中，不完全对消是不可接受的。尽管对消的零极点的相对距离也很小，其所产生的时域响应幅值也比较小，但随着时间的增长，它们的响应会无限增大。因此系统响应会不稳定。

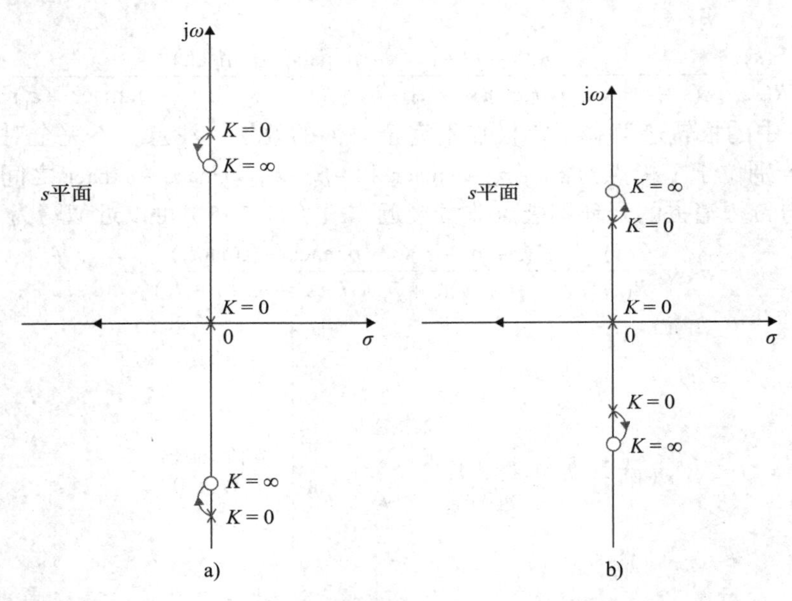

755

图 11-58　根轨迹显示零极点不完全对消的影响

11.6.1　二阶有源滤波器

包含复数极点和零点的传递函数可以利用运算放大电路实现。考虑下面的传递函数：

$$G_c(s) = \frac{E_2(s)}{E_1(s)} = K\frac{s^2+b_1s+b_2}{s^2+a_1s+a_2} \tag{11-158}$$

其中，a_1、a_2、b_1、b_2都是实系数。式（11-158）的有源滤波器可以通过使用 8.11 节所讨论的状态变量直接分解方案来实现。一个典型的运算放大电路如图 11-59 所示。式（11-158）中传递函数的参数与电路参数的关系如下所示：

$$K = -\frac{R_6}{R_7} \tag{11-159}$$

$$a_1 = \frac{1}{R_1C_1} \tag{11-160}$$

$$a_2 = \frac{1}{R_2R_4C_1C_2} \tag{11-161}$$

$$b_1 = \left(1 - \frac{R_1R_7}{R_3R_8}\right)a_1\text{，}b_1 < a_1 \tag{11-162}$$

$$b_2 = \left(1 - \frac{R_2R_7}{R_3R_9}\right)a_2\text{，}b_2 < a_2 \tag{11-163}$$

由于 $b_1 < a_1$，所以式（11-158）中的 $G_c(s)$ 的零点的阻尼比较小，因此比极点更接近 s 平面上的原点。通过使 R_9 趋于无穷，以及 R_7、R_8 的各种组合，可以实现各种二阶传递函数。应注意的是，所有的参数都可以互相独立调整。例如，可以调整 R_1 来设置 a_1；调 R_4 来设置 a_2；调 R_8 和 R_9 可以分别设置 b_1 和 b_2；增益因子 K 由 R_6 单独控制。

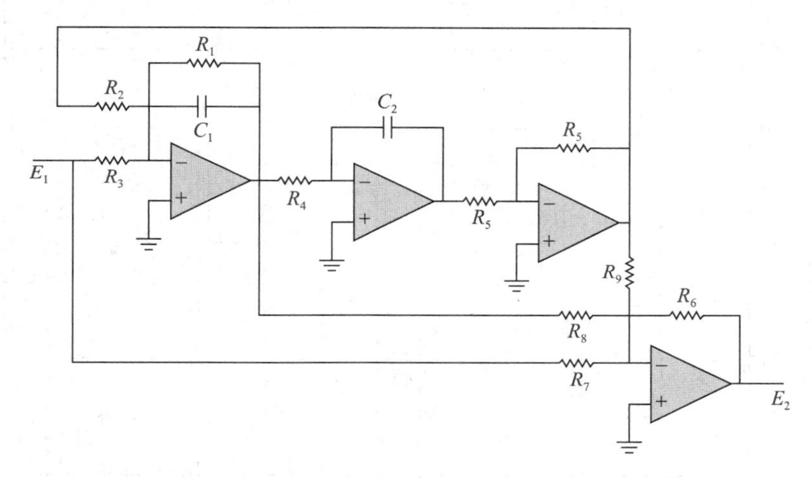

图 11-59　二阶传递函数的运算放大电路实现，$\frac{E_2(s)}{E_1(s)} = K\frac{s^2 + b_1s + b_2}{s^2 + a_1s + a_2}$　756

11.6.2　频域解释和设计

虽然 s 域的零极点对消思想很容易掌握，但频域为我们提供了另外的设计角度。图 11-60 为一个典型的含有复数零点的二阶控制器的传递函数 Bode 图。在控制器的幅频图上，谐振频率 ω_n 处有一陷波，相频图在谐振频率处由负跳到正，而谐振频率对应的恰好是 0°。幅频曲线的衰减和正相位的特点可以用来有效地改进线性系统的稳定性。由于幅频图的陷波特性，该控制器在工业上又被称为**陷波滤波器**或**陷波控制器**。

从频域的角度看，在一定的设计条件下，陷波控制器优于相位超前和滞后控制器，因为它的幅频和相频特征不影响系统的高频和低频特性。如果在频域内设计校正用的陷波控制器不采用零极点对消方案，则需要确定衰减量以及控制器的谐振频率。

式（11-158）中的陷波控制器的传递函数可以表示为

$$G_c(s) = \frac{s^2 + 2\zeta_z\omega_n s + \omega_n^2}{s^2 + 2\zeta_p\omega_n s + \omega_n^2} \tag{11-164}$$

这里通过假设 $a_2 = b_2$ 对式子做了简化。

$G_c(jw)$ 在谐振频率 ω_n 处的幅值衰减为

$$|G_c(j\omega_n)| = \frac{\zeta_z}{\zeta_p} \tag{11-165}$$

因此，知道了 ω_n 处的最大衰减，ζ_z/ζ_p 的值也就知道了。

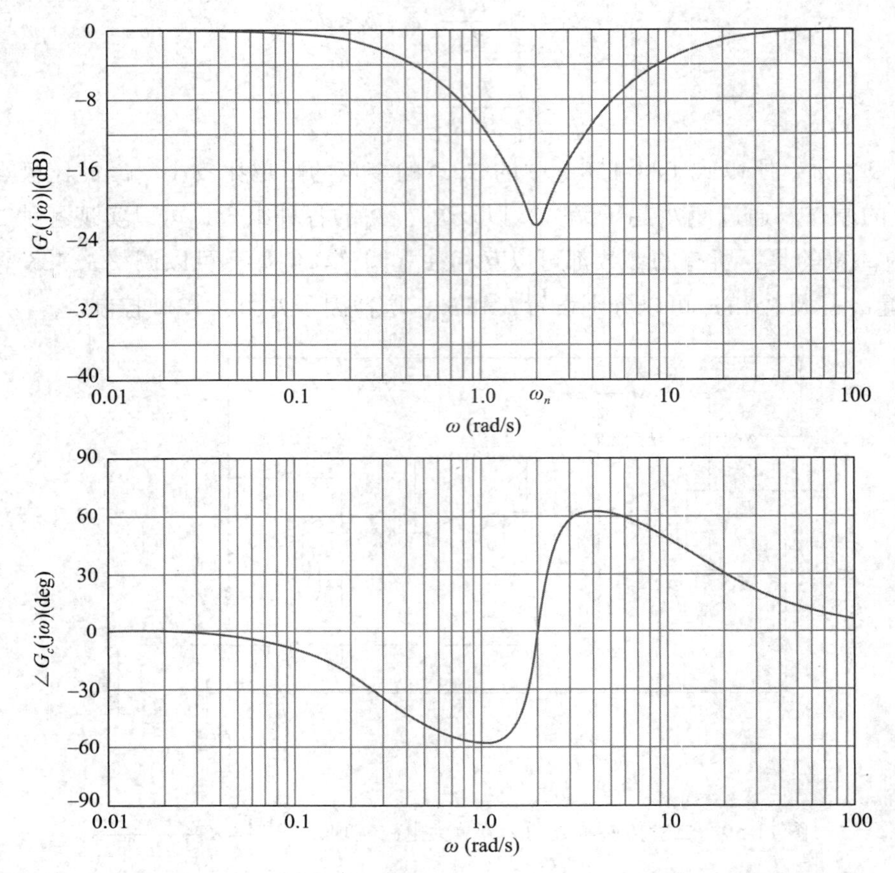

图 11-60 陷波控制器传递函数的 Bode 图，$G(s)=\dfrac{(s^2+0.8s+4)}{(s+0.384)(s+10.42)}$

下面的例子是基于零极点对消的陷波控制器的设计，谐振频率要求衰减。

例 11-6-1 系统传递函数中的共轭复极点通常是由机械元件之间的耦合柔度引起的。例如，如果电动机和负载之间的轴是非刚性的，就用一个扭力弹簧对它进行建模，这样在过程传递函数中就产生了共轭复极点。图 11-61 所示的速度控制系统中的电动机和负载之间的耦合就是用扭力弹簧建模的。系统方程为

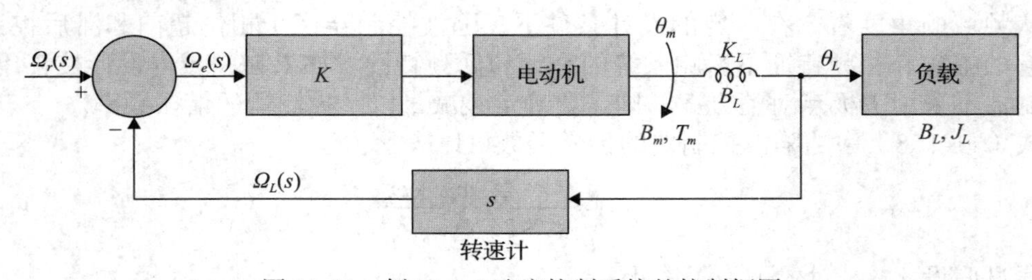

图 11-61 例 11-6-1 速度控制系统的控制框图

$$T_m(t)=J_m\frac{\mathrm{d}\omega_m(t)}{\mathrm{d}t}+B_m\omega_m(t)+J_L\frac{\mathrm{d}\omega_L(t)}{\mathrm{d}t} \tag{11-166}$$

757～758

$$K_L[\theta_m(t)-\theta_L(t)]+B_L[\omega_m(t)-\omega_L(t)]=J_L\frac{\mathrm{d}\omega_L(t)}{\mathrm{d}t} \tag{11-167}$$

$$T_m(t)=K\omega_e(t) \tag{11-168}$$

$$\omega_e(t)=\omega_r(t)-\omega_L(t) \tag{11-169}$$

其中，

$T_m(t)=$ 电动机转矩

$\omega_m(t)=$ 电动机角速度

$\omega_L(t)=$ 负载角速度

$\theta_L(t)=$ 负载角位移

$\theta_m(t)=$ 电动机角位移

$J_m=$ 电动机惯量 $=0.0001\,\mathrm{oz\cdot in\cdot s^2}$

$J_L=$ 负载惯量 $=0.0005\,\mathrm{oz\cdot in\cdot s^2}$

$B_m=$ 电动机黏性摩擦系数 $=0.01\,\mathrm{oz\cdot in\cdot s}$

$B_L=$ 轴的黏性摩擦系数 $=0.001\,\mathrm{oz\cdot in\cdot s}$

$K_L=$ 轴的弹力系数 $=100\,\mathrm{oz\cdot in/rad}$

$K=$ 放大器增益 $=1$

系统的开环传递函数为

$$G_P(s)=\frac{\Omega_L(s)}{\Omega_e(s)}=\frac{B_Ls+K_L}{J_mJ_Ls^3+(B_mJ_L+B_LJ_m+B_LJ_L)s^2+(K_LJ_L+B_mB_L+B_LJ_m)s+B_mK_L} \tag{11-170}$$

带入上面的系统参数，$G_P(s)$ 变为

$$\begin{aligned}G_P(s)&=\frac{20\,000(s+100\,000)}{s^3+112s^2+1\,200\,200s+20\,000\,000}\\&=\frac{20\,000(s+100\,000)}{(s+16.69)(s+47.66+\mathrm{j}1094)(s+47.66-\mathrm{j}1094)}\end{aligned} \tag{11-171}$$

因此，电动机和负载之间轴的柔度在 $G_P(s)$ 中生成了两个略带阻尼的共轭复极点。谐振频率大约是 1095rad/s，而且闭环系统是不稳定的。即使系统是稳定的，$G_p(s)$ 的复极点也会在速度响应中产生振荡。

采用陷波控制器的零极点对消设计

系统的性能指标如下：

1. 单位阶跃输入下负载速度的稳态误差 ≤1%。
2. 速度输出的最大超调量 ≤5%。
3. 上升时间 $t_r<0.5\mathrm{s}$。
4. 调节时间 $t_s<0.5\mathrm{s}$。

系统补偿需要去除或者减少 $G_P(s)$ 的复极点 $s=-47.66+\mathrm{j}1094$ 和 $s=-47.66-\mathrm{j}1094$ 的影响。因此，我们选择传递函数为式（11-164）所示的陷波控制器来改善系统的性能，并通过配置它的共轭复零点对消过程中的非期望极点。其传递函数为

759

$$G_c(s)=\frac{s^2+95.3s+1\,198\,606.6}{s^2+2\zeta_p\omega_n s+\omega_n^2} \tag{11-172}$$

校正后系统的前向通道传递函数为

$$G(s)=G_c(s)G_P(s)=\frac{20\,000(s+100\,000)}{(s+16.69)(s^2+2\zeta_p\omega_n s+\omega_n^2)} \tag{11-173}$$

因为是0型系统，所以阶跃误差系数为

$$K_P=\lim_{s\to 0}G(s)=\frac{2\times 10^9}{16.69\times\omega_n^2}=\frac{1.198\times 10^8}{\omega_n^2} \tag{11-174}$$

单位阶跃输入时，系统的稳态误差是

$$e_{ss}=\lim_{t\to\infty}\omega_e(t)=\lim_{s\to 0}s\Omega_e(s)=\frac{1}{1+K_P} \tag{11-175}$$

因此，$K_P\geqslant 99$ 时，稳态误差 $\leqslant 1$。相应的对 ω_n 的要求可由式（11-174）求出：

$$\omega_n\leqslant 1210 \tag{11-176}$$

可以看到，选择大一点的 ω_n 对稳定性更好。因此，可以设 $\omega_n=1210\text{rad/s}$，从稳态误差的角度，这是 ω_n 的允许上限。然而，只有使用很大的 ζ_p，上面的性能要求才能满足。例如，当 $\zeta_p=15\,000$ 时，时域响应满足如下的性能指标：

最大超调量百分比 $=3.7\%$

上升时间 $t_r=0.1897\text{s}$

调节时间 $t_s=0.256\text{s}$

此方法尽管在设计上达到了性能指标，由于实际物理控制器元件无法实现如此大的 ζ_p 值，因此无法实际应用。

现在选择 $\zeta_p=10$，$\omega_n=1000\text{rad/s}$，则含陷波控制器的系统的前向通道传递函数是

$$G(s)=G_c(s)G_P(s)=\frac{20\,000(s+100\,000)}{(s+16.69)(s+50)(s+19\,950)} \tag{11-177}$$

我们可以得到系统是稳定的，但是最大超调量达到了71.6%。现在把式（11-177）中的传递函数当成一个新的设计问题，这里会有很多满足给定性能要求的设计方法。我们选择相位滞后控制器或PI控制器来设计。

二阶相位滞后控制器的设计

设计一个滞后控制器作为系统的二阶控制器。陷波控制器系统的特征方程的根是 $s=-19\,954,-31.328+\text{j}316.36$ 和 $-31.328-\text{j}316.36$。滞后控制器的传递函数是

$$G_{c1}(s)=\frac{1+aTs}{1+Ts},\ a<1 \tag{11-178}$$

其中，为了设计方便，我们忽略了式（11-178）中的增益因子 $1/a$。

对于相位滞后控制器选择 $T=10$。表11-22列出了各种 a 值对应的时域性能参数。从整体性能看，a 的最优值是0.005。因此，相位滞后控制器的传递函数为

$$G_{c1}(s)=\frac{1+aTs}{1+Ts}=\frac{1+0.05s}{1+10s} \tag{11-179}$$

校正后，含陷波相位滞后控制器的系统的前向通道传递函数为

760

$$G(s)=G_c(s)G_{c1}(s)G_P(s)=\frac{20\,000(s+100\,000)(1+0.05s)}{(s+16.69)(s+50)(s+19\,950)(1+10s)} \tag{11-180}$$

系统的单位阶跃响应见图 11-62。阶跃误差系数是 120.13，因此阶跃输入的稳态速度误差是 1/120.13，即 0.83%。

表 11-22　例 11-6-1 中带有陷波相位滞后控制器的系统的时域性能

a	T	aT	最大超调量（%）	$t_r(s)$	$t_s(s)$
0.001	10	0.01	14.8	0.1244	0.3836
0.002	10	0.02	10.0	0.1290	0.3655
0.004	10	0.04	3.2	0.1348	0.1785
0.005	10	0.05	1.0	0.1375	0.1818
0.0055	10	0.055	0.3	0.1386	0.1889
0.006	10	0.06	0	0.1400	0.1948

二阶 PI 控制器的设计

一个实际系统中的 PI 控制器可以同时改善稳态误差及稳定性。PI 控制器的传递函数写为

$$G_{c2}(s)=K_P+\frac{K_I}{s}=K_P\left(\frac{s+K_I+K_P}{s}\right) \tag{11-181}$$

可以基于相位滞后控制器来设计 PI 控制器，把式（11-179）写为

$$G_{c1}(s)=0.005\left(\frac{s+20}{s+0.01}\right) \tag{11-182}$$

因此，可令 $K_P=15\ 000$，$K_I/K_P=20$，则 $K_I=0.1$。图 11-62 为陷波 PI 控制器系统的单位阶跃响应。阶跃响应的性能指标如下：

最大超调量百分比 =1%

上升时间 $t_r=0.1380\text{s}$

调节时间 $t_s=0.1818\text{s}$

它们和陷波相位滞后控制器的性能极为近似，只是陷波 PI 控制器的阶跃输入的稳态速度误差为 0。

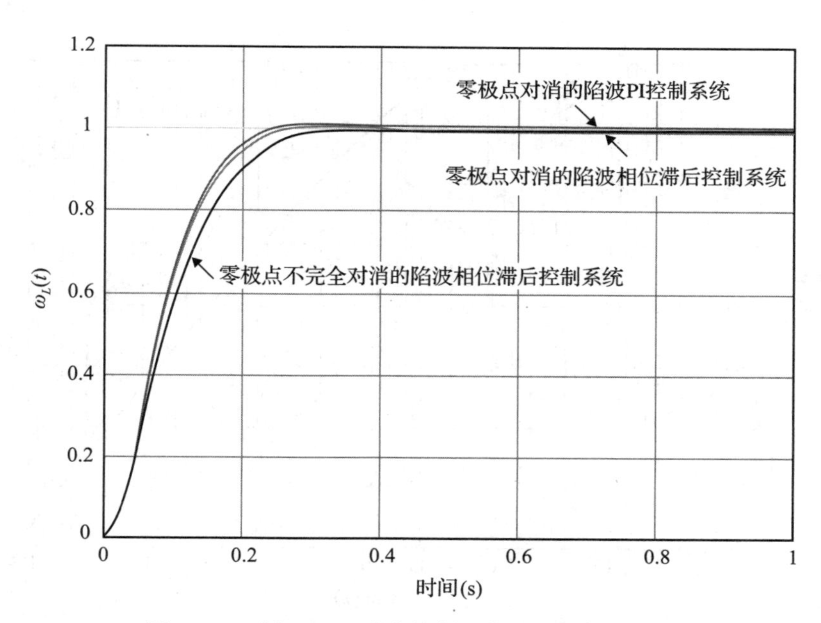

图 11-62　例 11-6-1 速度控制系统的单位阶跃响应

零极点不完全对消产生的灵敏度

正如前面所提到的，零极点的完全对消在现实中几乎是不可能的。考虑式（11-152）中陷波控制器的分子多项式不可能由物理电阻和电容完美实现。更实际地，陷波控制器的传递函数应是

$$G_c(s)=\frac{s^2+100s+1\,000\,000}{s^2+20\,000s+1\,000\,000} \tag{11-183}$$

图 11-62 为式（11-152）所示的陷波控制器系统的单位阶跃响应，其性能指标如下：

最大超调量百分比 = 0.4%

上升时间 $t_r=0.17\text{s}$

调节时间 $t_s=0.2323\text{s}$

频域设计

为了实施陷波控制器的设计，参考图 11-63 中式（11-171）的 Bode 图。由于 $G_p(s)$ 有共轭复极点，幅频图在 1095rad/s 的位置出现了一个 24.86dB 的高峰。从图 11-63 的 Bode 图看出，为了平滑谐振，我们要把谐振频率 1095rad/s 处的幅度拉低到 −20dB，这需要 −44.86dB 的衰减。因此，由式（11-165）得：

$$|G_c(\mathrm{j}\omega_c)|=-44.86\text{dB}=\frac{\zeta_z}{\zeta_p}=\frac{0.0435}{\zeta_p} \tag{11-184}$$

其中，由式（11-172）的分子获得 $\zeta_z=95.3/2\sqrt{1\,198\,606.6}=0.0435$。由上面的式子可以得到 $\zeta_p=7.612$。衰减应置于 1095rad/s 的谐振频率处，因此 $\omega_n=1095\text{rad/s}$，则式（11-162）中的陷波控制器为

$$G_c(s)=\frac{s^2+95.3s+1\,198\,606.6}{s^2+16\,670.28s+1\,199\,025} \tag{11-185}$$

式（11-185）所示的陷波控制器系统的 Bode 图见图 11-63。可看到，含陷波控制器的系统的相位裕量只有 13.7°，M_r 是 3.92。

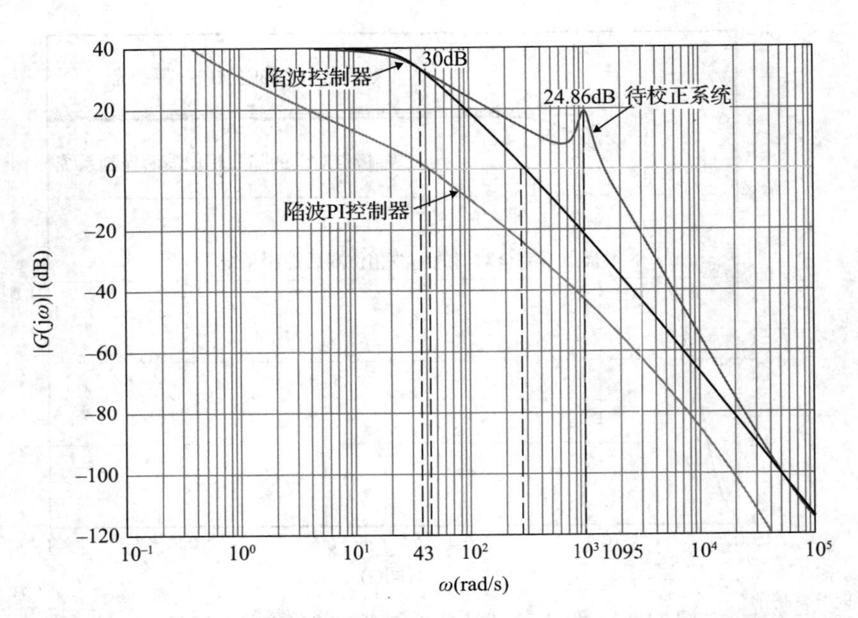

图 11-63　例 11-6-1 中陷波控制器和陷波 PI 控制器的待校正速度控制系统的 Bode 图

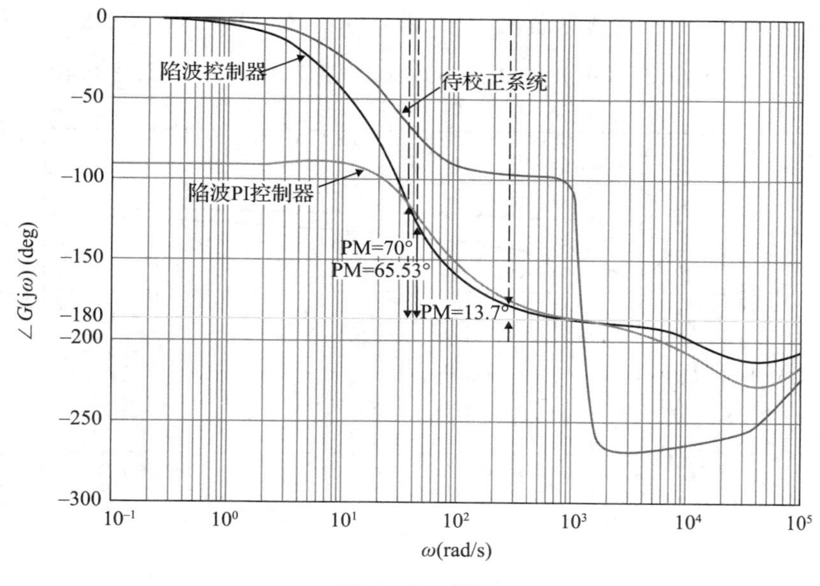

图 11-63 （续）

为了完成设计，可以用 PI 控制器作为二阶控制器。遵循 11.3 节给出的 PI 控制器设计准则，假设期望的相位裕量是 80°。由图 11-63 的 Bode 图可知，要想使相位裕量为 80°，新的增益穿越频率应该是 $\omega_g' = 43\text{rad/s}$，$G(j\omega_g')$ 的幅值是 30dB。因此，由式（11-42）得：

$$K_P = 10^{-|G(j\omega_g')|_{\text{dB}}/20} = 10^{-30/20} = 0.0316 \tag{11-186}$$

根据由式（11-43）给出的准则求出 K_I 的值：

$$K_I = \frac{\omega_g K_P}{10} = \frac{43\times 0.0316}{10} = 0.135 \tag{11-187}$$

因为原系统是 0 型的，所以最后需要调整 K_I 来改进设计。表 11-23 列出了当 $K_P = 0.0316$，K_I 从 0.135 变化时的性能参数。根据最大超调量、上升时间和调节时间的测量值，K_I 的最优值是 0.35。校正后的陷波 PI 控制器系统的前向通道传递函数为

761
~
763

$$G(s) = \frac{20\,000(s+100\,000)(0.0316s+0.35)}{s(s+16.69)(s^2+166\,720.28s+1\,199\,025)} \tag{11-188}$$

表 11-23 例 11-6-1 中带有陷波 PI 控制器的系统的频域性能

K_P	K_I	PM（deg）	M_r	最大超调量（%）	$t_r(s)$	$t_s(s)$
0.0316	0.1	76.71	1.00	0	0.2986	0.5758
0.0316	0.135	75.15	1.00	0	0.2036	0.4061
0.0316	0.200	72.22	1.00	0	0.0430	0.2403
0.0316	0.300	67.74	1.00	0	0.0350	0.1361
0.0316	0.350	65.53	1.00	1.6	0.0337	0.0401
0.0316	0.400	63.36	1.00	4.3	0.0323	0.0398

图 11-63 为陷波 PI 控制器系统的 Bode 图，$K_P = 0.0316$，$K_I = 0.35$。校正后系统的

764

单位阶跃响应见图 11-64，其中 $K_P = 0.0316$，K_I 分别为 0.135、0.35、0.40。▲

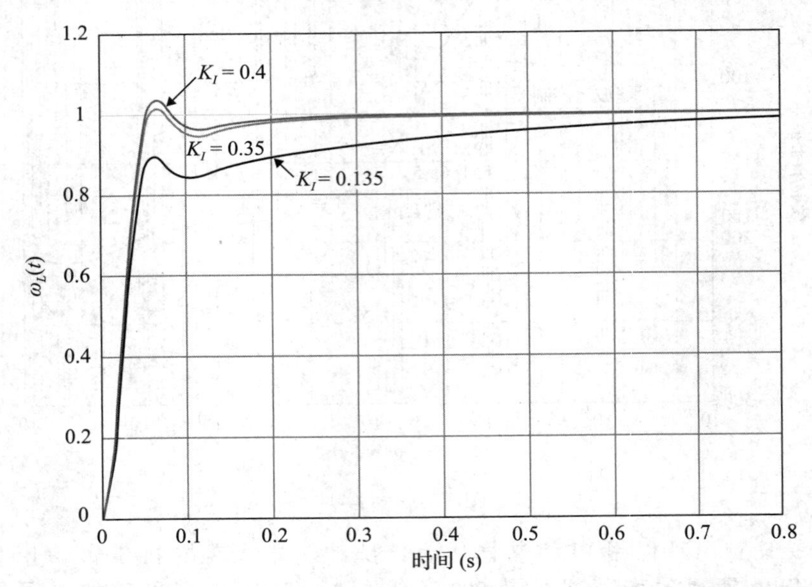

图 11-64　例 11-6-1 中带有陷波 PI 控制器的速度控制系统的单位阶跃响应，

$$G_c(s) = \frac{s^2 + 95.3s + 1198\,606.6}{s^2 + 16\,670.28s + 1199\,025},\quad G_{c2}(s) = 0.0316 + \frac{0.35}{s}$$

11.7　前向和前馈控制器

前面几节所讨论的校正方法都是只有一个自由度的，虽然控制器可能包含几部分并联或串联环节，但从本质上看系统中只有一个控制器。11.1 节讨论了一阶自由度控制器的局限性。当需要同时满足几个设计标准时，图 11-2d 到 11-2f 中的二阶自由度校正方案给设计带来了灵活性。

从图 11-2e 得系统的闭环传递函数为

$$\frac{Y(s)}{R(s)} = \frac{G_{cf}(s)G_c(s)G_P(s)}{1 + G_c(s)G_P(s)} \tag{11-189}$$

误差传递函数为

$$\frac{E(s)}{R(s)} = \frac{1}{1 + G_c(s)G_P(s)} \tag{11-190}$$

因此，可以设计 $G_c(s)$ 使误差传递函数满足一定的特性要求，且可以根据输入输出的关系选择满足性能要求的控制器 $G_{cf}(s)$。二阶自由度设计的另外一个优点是控制器 $G_c(s)$ 通常可以提供一定的系统稳定性和性能，但是，由于 $G_c(s)$ 的零点最终会是闭环传递函数的极点，所以除非某些零点被过程传递函数 $G_P(s)$ 的极点对消掉了，否则即使由特征方程确定的相对阻尼是令人满意的，这些零点也会在系统输出中产生很大的超调。在这种情况下，或由于其他的原因，传递函数 $G_{cf}(s)$ 可能用来控制或对消闭环传递函数的非期望零点，而特征方程却保持不变。当然，我们还可以利用 $G_{cf}(s)$ 的零点对消闭环传递函数的某些非期望的极点，使它们不受控制器 $G_c(s)$ 的影响。图 11-2f 所示的前馈校

正方法和前向校正的作用相同，二者的区别是系统和硬件实现要求不同。

由于前向和前馈校正可以直接用来增加或删除闭环传递函数的零极点，看起来作用很大。但这里有一个涉及反馈基本特征的问题。如果前向和前馈控制器的作用那么大，我们还要反馈干什么呢？图 11-2e 和 11-2f 中系统的 $G_{cf}(s)$ 都是在反馈环的外面，使系统对 $G_{cf}(s)$ 的参数变化很敏感。因此，这些类型的校正实际上不是对所有的情况都适用的。

例 11-7-1　为了说明前向和前馈校正设计，考虑例 11-5-4 中含相位滞后控制的二阶太阳观测系统。相位滞后控制的一个缺点是上升时间通常比较长。考虑校正后的相位滞后太阳观测系统的前向通道传递函数为

$$G(s)=G_c(s)G_P(s)=\frac{2500(1+10s)}{s(s+25)(1+100s)} \tag{11-191}$$

765

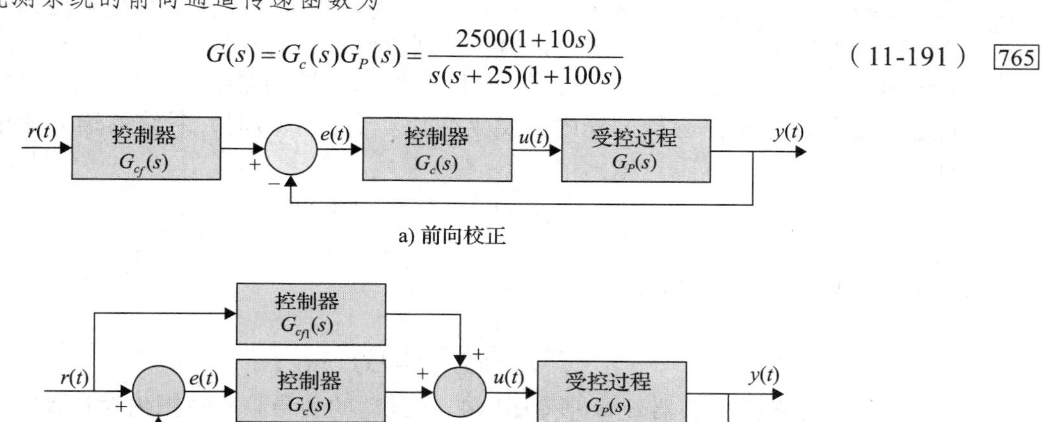

a) 前向校正

b) 前馈校正

图　11-65

时域响应的参数如下：

$$最大超调量百分比=2.5\%$$

$$t_r=0.1637\text{s}$$

$$t_s=0.2020\text{s}$$

系统中增加一个 PD 控制器 $G_{cf}(s)$ 可以改善上升时间和调节时间，且不会较大地增加超调，如图 11-65a 所示。它使闭环传递函数有效地增加一个零点，却并不影响特征方程。所选的 PD 控制器为

$$G_{cf}(s)=1+0.05s \tag{11-192}$$

时域性能指标如下：

$$最大超调量百分比=4.3\%$$

$$t_r=0.1069\text{s}$$

$$t_s=0.1313\text{s}$$

或者，选择图 11-65b 所示的前馈结构，此时 $G_{cf1}(s)$ 的传递函数和 $G_{cf}(s)$ 直接相关。使图 11-65a 和 11-65b 中两个系统的闭环传递函数相等，得到

$$\frac{[G_{cf1}(s)+G_c(s)]G_P(s)}{1+G_c(s)G_P(s)}=\frac{G_{cf}G_c(s)G_P(s)}{1+G_c(s)G_P(s)} \tag{11-193}$$

由式（11-193）解得 $G_{cf1}(s)$：

$$G_{cf1}(s)=[G_{cf}(s)-1]G_c(s) \tag{11-194}$$

因此，给定式（11-189）中的 $G_{cf}(s)$ 后，可得到前馈控制器的传递函数：

766

$$C_{cf1}(s)=0.05s\left(\frac{1+10s}{1+100s}\right) \tag{11-195}$$ ▲

11.8 鲁棒控制系统的设计

在许多控制系统应用中，系统不但必须满足阻尼和准确性要求，而且对外界的扰动和参数变化还应具有鲁棒性（非敏感性）。我们知道常规控制系统中反馈的内在特性就是减少外界扰动和参数变化的影响。但其鲁棒性只有在较高开环增益时才能实现的，而这通常对稳定性是不利的。考虑图 11-66 所示的控制系统，$d(t)$ 表示外界扰动信号，假定放大器增益 K 在运行过程中会发生变化。当 $d(t)=0$ 时，系统的输入输出传递函数如下：

$$M(s)=\frac{Y(s)}{R(s)}=\frac{KG_{cf}(s)G_c(s)G_P(s)}{1+KG_c(s)G_P(s)} \tag{11-196}$$

当 $r(t)=0$ 时，扰动输出的传递函数如下：

$$T(s)=\frac{Y(s)}{D(s)}=\frac{1}{1+KG_c(s)G_P(s)} \tag{11-197}$$

一般设计选择控制器 $G_c(s)$ 使输出 $y(t)$ 在扰动的主导频率范围内对扰动不敏感，并且设计前馈控制器 $G_{cf}(s)$，从而在输入 $r(t)$ 和输出 $y(t)$ 之间得到期望的传递函数。

定义 $M(s)$ 对 K 的变化的灵敏度为

$$s_K^M=\frac{M(s)\text{变化的百分比}}{K\text{变化的百分比}}=\frac{\mathrm{d}M(s)/M(s)}{\mathrm{d}K/K} \tag{11-198}$$

则对于图 11-66 所示系统，有

$$S_K^M=\frac{1}{1+KG_c(s)G_P(s)} \tag{11-199}$$

其与式（11-197）相同。因此灵敏度函数和扰动输出传递函数是同一函数，这意味着扰动抑制设计和关于 K 变化的鲁棒性设计可以使用同一个控制方案。

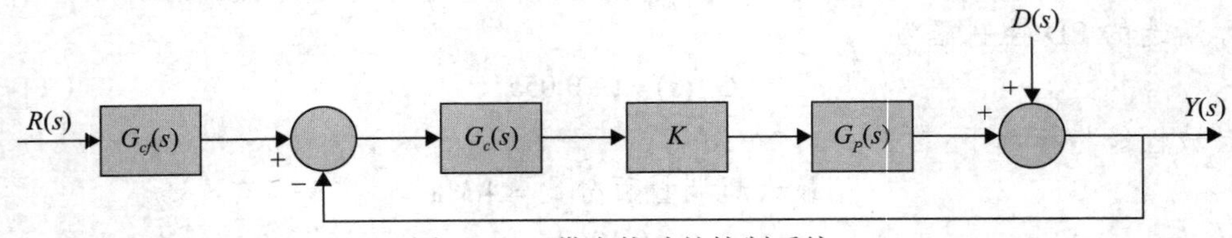

图 11-66 带有扰动的控制系统

以下通过例子说明图 11-66 中二阶自由度控制系统如何用于得到一个高增益系统，

767

该系统需满足性能指标、鲁棒性和噪声抑制的要求。

例 11-8-1 考虑例 11-5-4 中的二阶相位滞后控制校正的太阳观测系统，其前向通道传递函数为

$$G_P(s)=\frac{2500K}{s(s+25)} \tag{11-200}$$

其中，$K=1$ 。$a=0.1$ 、$T=100$ 时，相位滞后校正后系统的前向通道传递函数为

$$G(s)=G_c(s)G_P(s)=\frac{2500K(1+10s)}{s(s+25)(1+100s)},\ K=1 \tag{11-201}$$

相位滞后滤波器是低通滤波器，因此闭环传递函数 $M(s)$ 对 K 非常敏感。系统的带宽只有 13.97rad/s，但预计频率超过 13.97rad/s 时，$|S_K^M(jw)|$ 将大于 1。图 11-67 分别是 $K=1$（额定值）、0.5 和 0.2 时系统的单位阶跃响应。注意到，前向增益 K 可能偏离其额定值，滞后校正后的系统的响应变化会很大。对应这三个 K 值的阶跃响应参数和特征方程的根见表 11-24。图 11-68 是相位滞后控制系统的根轨迹，当 K 从 0.5 变到 2.0 时，特征方程的复数根变动很大。

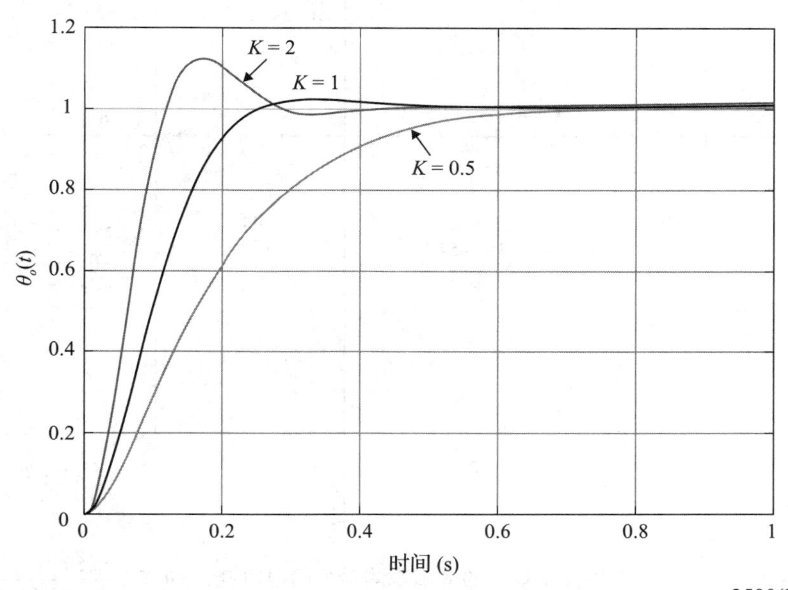

图 11-67　二阶相位滞后控制校正的太阳观测系统的单位阶跃响应，$G(s)=\dfrac{2500(1+10s)}{s(s+25)(1+100s)}$

768

表 11-24　例 11-8-1 中二阶相位滞后控制校正的太阳观测系统的单位阶跃响应特性

K	最大超调量（%）	$t_r(s)$	$t_s(s)$	特征方程的根
2.0	12.6	0.078 54	0.2323	−0.1005−12.4548 ± j18.51
1.0	2.6	0.1519	0.2020	−0.1009−12.4545 ± j9.624
0.5	1.5	0.3383	0.4646	−0.1019−6.7628−j18.1454

鲁棒控制器的设计原则是，把控制器的两个零点放在距离闭环期望极点较近的地方，根据滞后校正系统，它们是 $s=-12.455\pm j9.624$ 。因此，令控制器传递函数为

$$C_c(s)=\frac{(s+13+j10)(s+13-j10)}{269}=\frac{(s^2+26s+269)}{269} \tag{11-202}$$

含鲁棒控制器的系统的前向通道传递函数为

$$C(s)=\frac{9.2937K(s^2+26s+269)}{s(s+25)} \tag{11-203}$$

图 11-69 为含鲁棒控制器的系统的根轨迹。通过把 $G_c(s)$ 的两个零点放在理想特征方程根较近的位置，系统的灵敏度得到了很大的改善。实际上，在两个复数零点（根轨迹

的终点）附近，根的灵敏度是很弱的。图 11-69 显示，当 K 趋近无穷时，特征方程的两个根趋近 $-13\pm j10$。

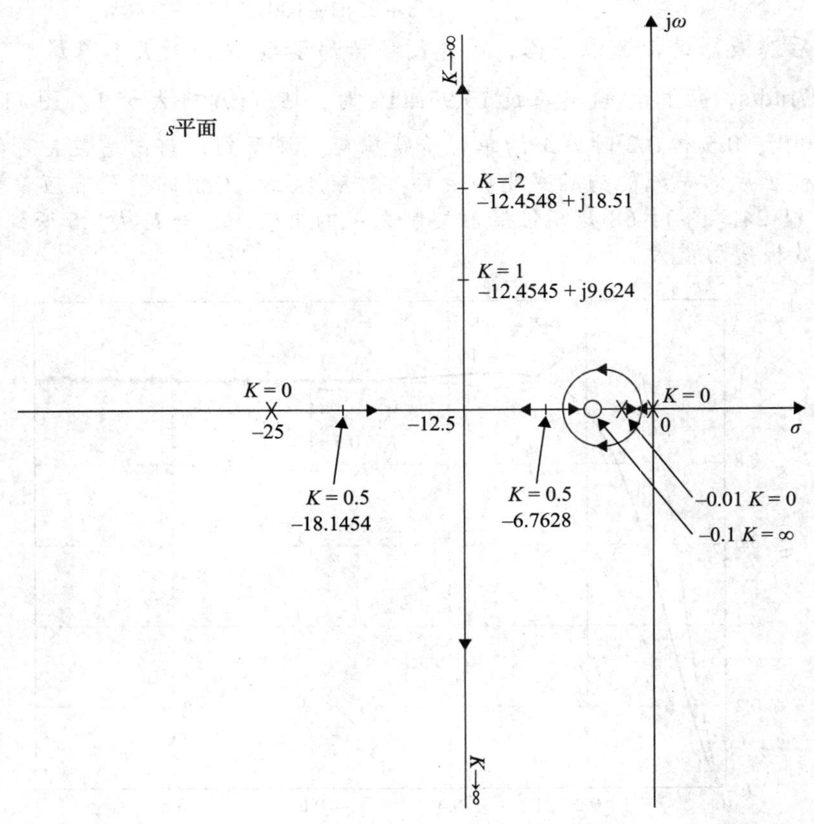

图 11-68　二阶相位滞后控制校正的太阳观测系统的根轨迹，$G(s)=\dfrac{2500(1+10s)}{s(s+25)(1+100s)}$

工具箱 11-8-1

由下面的 MATLAB 程序可得到图 11-67 所示曲线：

```
K = 1;
num = K *2500 * [10 1];
den = conv([1 25 0], [100 1]);
[numCL,denCL]=cloop(num,den);
step(numCL,denCL)
hold on;
K = 2;
num = K*2500 * [10 1];
den = conv([1 25 0], [100 1]);
[numCL,denCL]=cloop(num,den);
step(numCL,denCL)
hold on;
K = 0.5;
num = K*2500 * [10 1];
den = conv([1 25 0], [100 1]);
[numCL,denCL]=cloop(num,den);
step(numCL,denCL)
hold on;
axis([0 1 0 1.2]);
grid
```

769～770

工具箱 11-8-2

由下面的 MATLAB 程序可得到图 11-68 所示曲线：

```
num = 2500 * [10 1];
den = conv([1 25 0], [100 1]);
rlocus(num,den);
axis([-30 10 -20 20])
% Use the cursor to obtain values of K and the poles
```

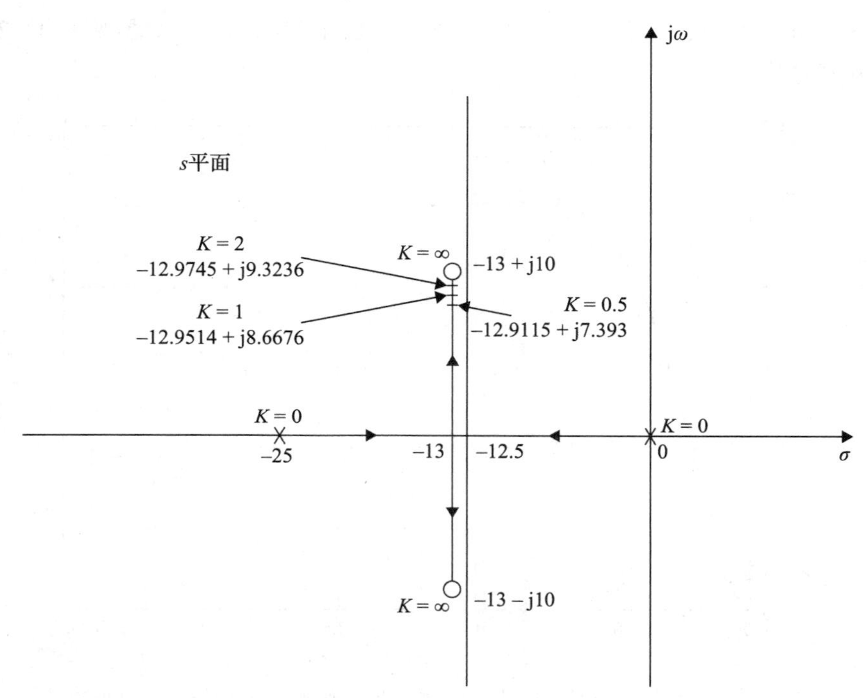

图 11-69　二阶鲁棒控制的太阳观测系统的根轨迹，$G(s)=\dfrac{9.237K(s^2+26s+269)}{s(s+25)}$

工具箱 11-8-3

由下面的 MATLAB 程序可得到图 11-69 所示曲线：

```
num = 9.2937*[1 26 269];
den = [1 25 0];
rlocus(num,den);
% Use the cursor to obtain values of K and the poles
```

因为前向通道传递函数的零点是闭环传递函数的零点，所以使用串联控制器 $G_c(s)$ 后，设计还没有完成，因为闭环零点最终要对消闭环极点。这表示我们还要增加如图 11-70 所示的前向控制器，其中 $G_{cf}(s)$ 应包含对消闭环传递函数 $s^2+26s+269$ 的零点的极点。因此，前向控制器的传递函数为

$$G_{cf}(s)=\frac{269}{s^2+26s+269} \tag{11-204}$$

整个系统的控制框图见图 11-70。$K=1$ 时，校正后系统的闭环传递函数为

$$\frac{\Theta_o(s)}{\Theta_r(s)}=\frac{242.88}{s^2+25.903s+242.88} \tag{11-205}$$

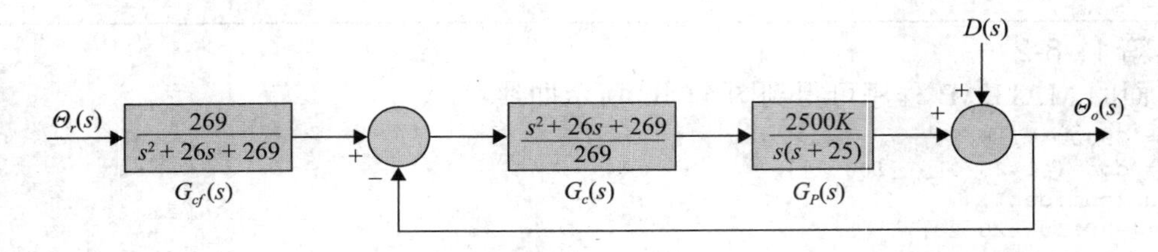

图 11-70 二阶鲁棒控制和前向控制的太阳观测系统

$K=0.5$、1.0、2.0 时，系统的单位阶跃响应见图 11-71，对应参数见表 11-25。可以看出，系统对K的变化已经不敏感了。

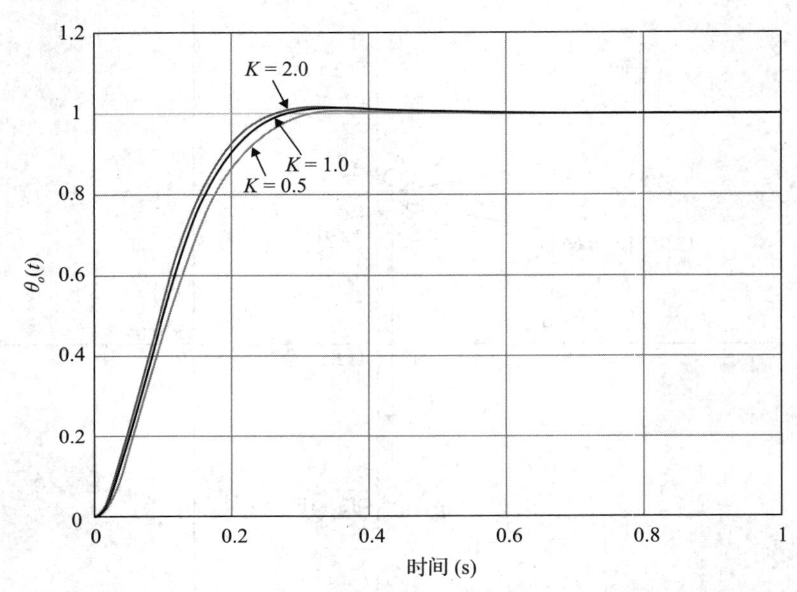

图 11-71 二阶鲁棒控制和前向控制的太阳观测系统的单位阶跃响应

表 11-25 例 11-8-1 中二阶鲁棒控制和前向控制的太阳观测系统的单位阶跃响应特性

K	最大超调量（%）	$t_r(s)$	$t_s(s)$	特征方程的根
2.0	1.3	0.1576	0.2121	$-12.9745 \pm j9.3236$
1.0	0.9	0.1664	0.2222	$-12.9514 \pm j8.6676$
0.5	0.5	0.1846	0.2525	$-12.9115 \pm j7.3930$

现在图 11-70 所示系统的鲁棒性更好了，因此可以预期扰动的作用会减弱。然而，只利用一个单位阶跃函数$d(t)$，还不能评价图 11-70 所示系统的控制器的效果。噪声抑制性能的真正改进通过观察频率响应$\Theta_o(s)/D(s)$来分析应该更合适一些。由图 11-70 可知噪声输出传递函数为

771 ~ 772

$$\frac{\Theta_o(s)}{D(s)}=\frac{1}{1+G_c(s)G_P(s)}=\frac{s(s+25)}{10.2937s^2+266.636s+2500} \tag{11-206}$$

图 11-72 给出了式（11-206）的幅频 Bode 图，同时还给出了待校正系统和滞后控制系统的幅频 Bode 图。注意，$D(s)$和$\Theta_o(s)$之间的频率响应的幅值比待校正系统和滞后控制系统的频率响应的幅值小很多。当频率升至大约 40rad/s 时，滞后控制也会削弱噪声，使系统的稳定性得到提高。

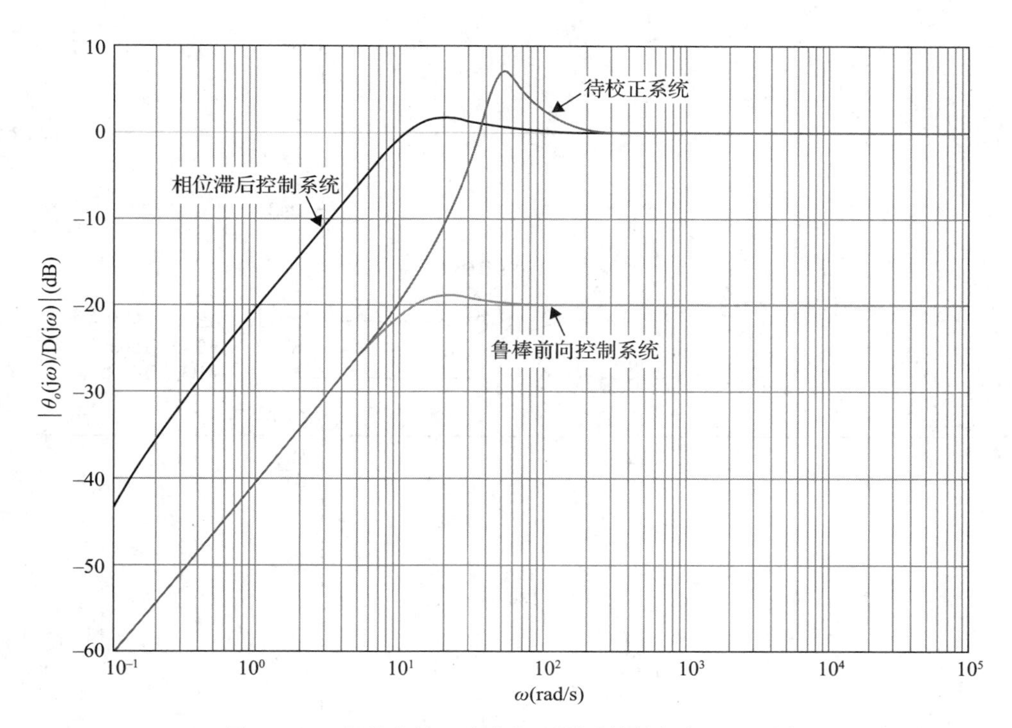

图 11-72 有噪声的二阶太阳观测系统的幅频 Bode 图

例 11-8-2 在本例中，我们要为例 11-5-5 的三阶相位滞后控制的太阳观测系统设计一个含前向校正的鲁棒控制器。待校正系统的前向通道传递函数为

$$G_P(s)=\frac{156\,250\,000K}{s(s^2+625s+156\,250)} \quad (11\text{-}207)$$

其中 $K=1$。闭环系统的根轨迹见图 11-54，其相位滞后控制产生的结果见表 11-20。选择滞后控制器的参数 $a=0.1$、$T=20$，特征方程的主导根是 $s=-187.73\pm j164.93$。

选择二阶鲁棒控制器的两个零点是 $-180\pm j166.13$，因此，控制器的传递函数是

$$G_c(s)=\frac{s^2+360s+60\,000}{60\,000} \quad (11\text{-}208)$$

为了更容易地解决控制器的高频实现问题，我们给 $G_c(s)$ 增加了两个非主导极点。校正后系统的根轨迹见图 11-73，下面的分析都是针对式（11-208）给出的 $G_c(s)$。通过把控制器的零点选在期望的主导根附近的位置，系统对 K 值在临近及超出额定值的变化不敏感了。前向控制器的传递函数为

$$G_{cf}(s)=\frac{60\,000}{s^2+360s+60\,000} \quad (11\text{-}209)$$

K 分别为 0.5、1.0、2.0 和 10.0 时，单位阶跃响应的性能参数及相应的特征方程的根见表 11-26。

例 11-8-3 本例考虑一个负载惯量变化的位置控制系统的设计。这种情况在控制系统中是很普遍的。例如，在电动打印机中，使用不同的打印轮，电动机观察到的负载惯量也是不同的。对于所有用到的打印轮，系统都应具有满意的性能。

为了设计一个对负载惯量的变化不敏感的鲁棒控制系统，考虑如下的单位反馈控制系统的前向通道传递函数：

773

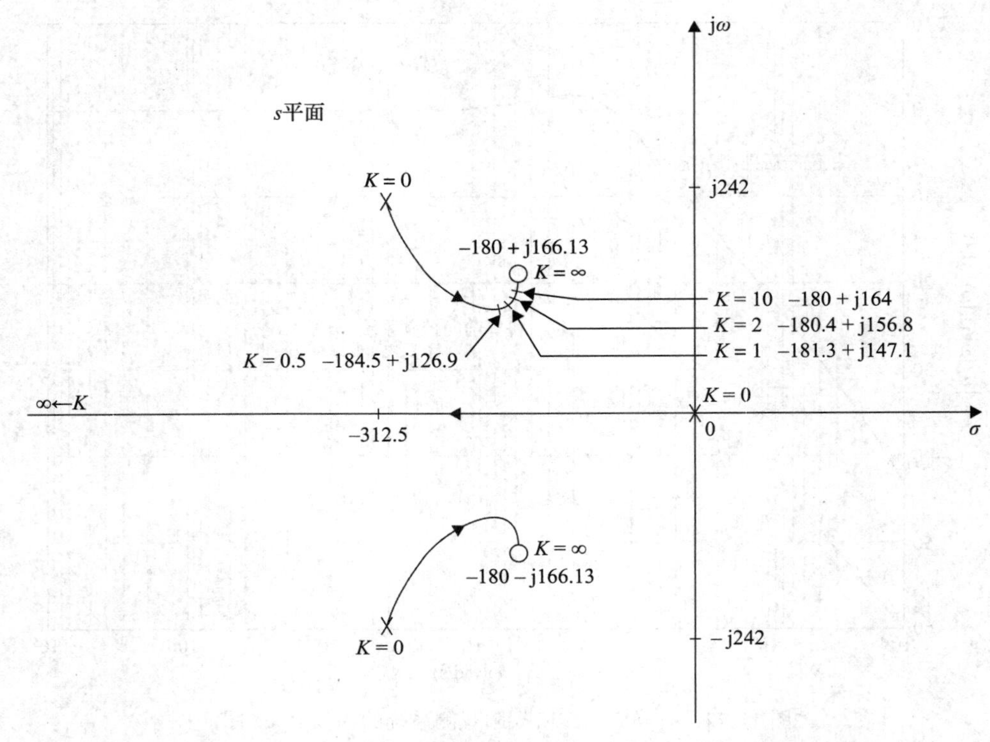

图 11-73 三阶鲁棒控制和前向控制的太阳观测系统的根轨迹

表 11-26 例 11-8-2 中三阶鲁棒控和前向控制的太阳观测系统的单位阶跃响应和特征方程根的特征

K	最大超调量（%）	$t_r(s)$	$t_s(s)$	特征方程的根
0.5	1.0	0.011 15	0.016 16	−1558.1−184.5 ± j126.9
1.0	2.1	0.010 23	0.014 14	−2866.6−181.3 ± j147.1
2.0	2.7	0.009 66	0.013 13	−5472.6−180.4 ± j156.8
10.0	3.2	0.009 24	0.012 63	−26307−180.0 ± j164.0

$$G_P(s)=\frac{KK_i}{s[(Js+B)(Ls+B)+K_iK_b]} \tag{11-210}$$

系统的参数如下：

- K_i = 电动机转矩常数 = 1N·m/A
- K_b = 电动机反向电动势常数 = 1V/rad/s
- R = 电动机电阻 = 1Ω
- L = 电动机电感 0.01H
- B = 电动机和负载的黏性摩擦系数 ≅ 0
- J = 电动机和负载惯量，范围为 0.01 ~ 0.02N·m/rad/s²
- K = 放大器增益

把这些参数带入式（11-210），得到：

$$J=0.01\text{时},\ G_P(s)=\frac{10\,000K}{s(s^2+100s+10\,000)} \tag{11-211}$$

$$J=0.02\text{时}，G_P(s)=\frac{5000K}{s(s^2+100s+5000)} \tag{11-212}$$

性能指标如下：

- 斜坡误差系数 $K_v \geqslant 200$
- 最大超调量 ≤5% 或尽可能地最小
- 上升时间 $t_r \leqslant 0.05\text{s}$
- 调节时间 $t_s \leqslant 0.05\text{s}$

这些指标对应的是 $0.01 \leqslant J \leqslant 0.02$。

图 11-74 是 $J=0.01$ 和 $J=0.02$ 时待校正系统的根轨迹。我们发现无论 J 值多大，当 $K>100$ 时，待校正系统都是不稳定的。

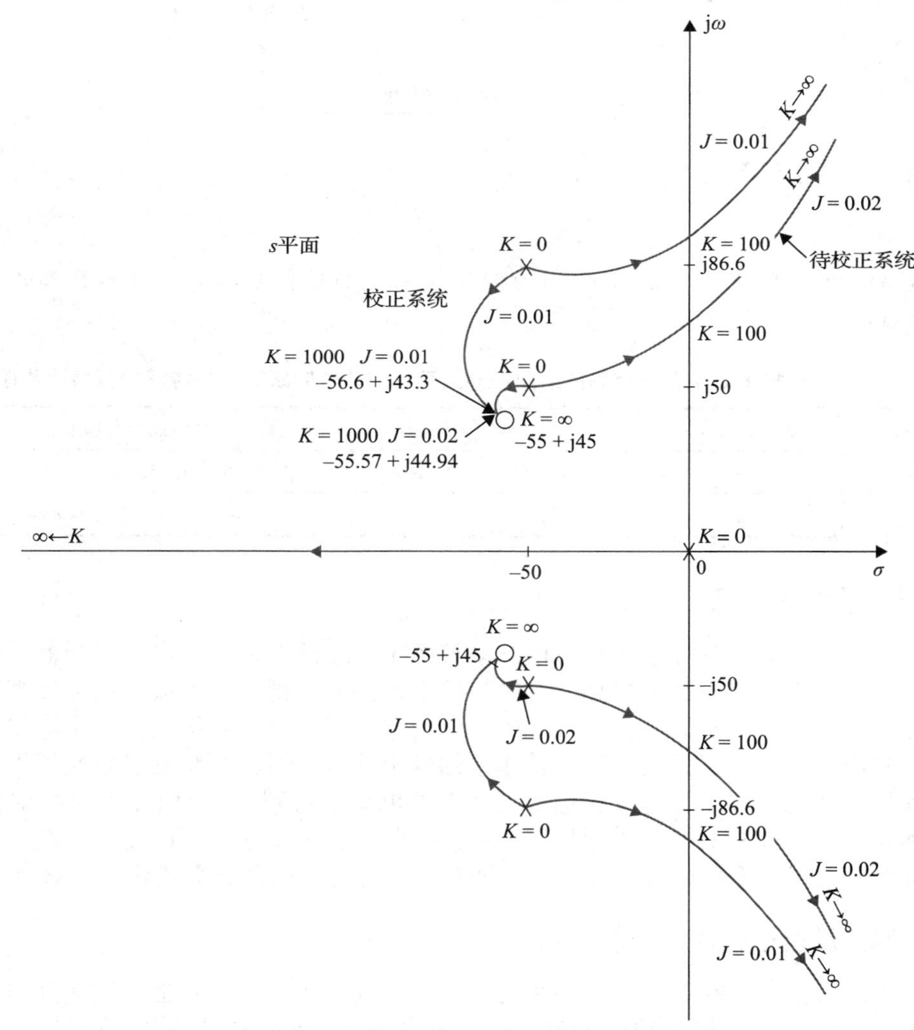

图 11-74　例 11-8-3 中带有鲁棒控制和前向控制的位置控制系统的根轨迹

为了实现鲁棒控制，选择图 11-65a 所示的系统结构。我们引入了一个二阶的串联控制器，并把它的零点置于校正系统特征方程的主导根附近，这样做是为了使特征方程的主导根对 J 的变化不那么敏感。由于对这两个零点位置的精确性要求不高，这里取为

$-55\pm j45$。从校正后系统的根轨迹看出，通过把控制器零点选择在指定位置，对应各种J值，特征方程的两个复根都非常接近零点，特别是当K值比较大的时候。鲁棒控制器的传递函数为

$$G_c(s)=\frac{s^2+110s+5050}{5050} \tag{11-213}$$

和上面的例子一样，可以给$G_c(s)$增加两个非主导极点，使控制器的高频实现更容易。下面对式（11-213）中的$G_c(s)$进行分析。

虽然K取200就可以满足K_v的要求，我们还是令$K=1000$。那么，$J=0.01$时，校正后系统的前向通道传递函数为

$$G(s)=G_c(s)G_P(s)=\frac{1980.198(s^2+110s+5050)}{s(s^2+100s+10\,000)} \tag{11-214}$$

$J=0.02$时，

774～776

$$G(s)=\frac{990.99(s^2+110s+5050)}{s(s^2+100s+5000)} \tag{11-215}$$

为了消去闭环传递函数的两个零点，前向控制器的传递函数应为

$$G_{cf}(s)=\frac{5050}{s^2+100s+5050} \tag{11-216}$$

当$K=1000$，$J=0.01$和$J=0.02$时，校正后系统的单位阶跃响应的参数和特征方程的根见表11-27。▲

表 11-27 例 11-8-3 中鲁棒控制的前向控制的系统的单位阶跃响应和特征方程根的特性

J (N·m/rad/s²)	最大超调量（%）	$t_r(s)$	$t_s(s)$	特征方程的根
0.01	1.6	0.034 53	0.044 44	−1967−56.60 ± j43.3
0.02	2.0	0.033 57	0.044 4	−978.96−55.57 ± j44.94

11.9 局部反馈控制

前面几节讨论的控制方法都是在控制系统的主环或前向通道上串联控制器。尽管串联控制器因其实现简单而最为常见，有时根据系统的性质把控制器放在局部反馈环里也是有好处的，如图11-2b所示。例如，转速计可与直流电动机直接相连，这不仅是为了显示速度的需要，更是因为通过反馈转速计的输出信号，闭环系统的稳定性可以得到改善。电动机速度也可以通过电动机运行方向上的电动势得到。原则上，PID控制器、相位滞后和相位超前控制器都可以用作局部反馈控制器，只是效果不同而已。在一定条件下，局部控制可以使系统的鲁棒性更好，即对外界扰动或内部参数变化的灵敏度较低。

11.9.1 速度反馈或转速计反馈控制

把应用执行信号的导数改善闭环系统阻尼的原理用于输出信号也可以达到类似的效果。也就是说，反馈回输入信号的导数并将其和系统的执行信号做代数相加。在应用中，如果输出变量是机械位移，那么转速计可以把它转化成一个电信号，其大小和位移的导数成正比。图11-75所示控制系统的控制框图中，第二条通道反馈的就是输出的导数。转速计的传递函数为$K_t s$，其中K_t是转速计系数，出于分析的需要，通常表示成伏特每弧度每秒。商业上，K_t会在转速计的数据表里给出，典型为伏特每1000rpm。速率

或转速计反馈的效果可以通过把它们应用到一个二阶模型系统中得到体现。图 11-75 所示系统的被控过程的传递函数为

$$G_P(s)=\frac{\omega_n^2}{s(s+2\zeta\omega_n)} \tag{11-217}$$

777

系统的闭环传递函数为

$$\frac{Y(s)}{R(s)}=\frac{\omega_n^2}{s^2+(2\zeta\omega_n+K_t\omega_n^2)s+\omega_n^2} \tag{11-218}$$

特征方程为

$$s^2+(2\zeta\omega_n+K_t\omega_n^2)s+\omega_n^2=0 \tag{11-219}$$

由特征方程看出，转速计反馈的显著作用就是提高了系统的阻尼，因为 K_t 就相当于阻尼比 ζ。

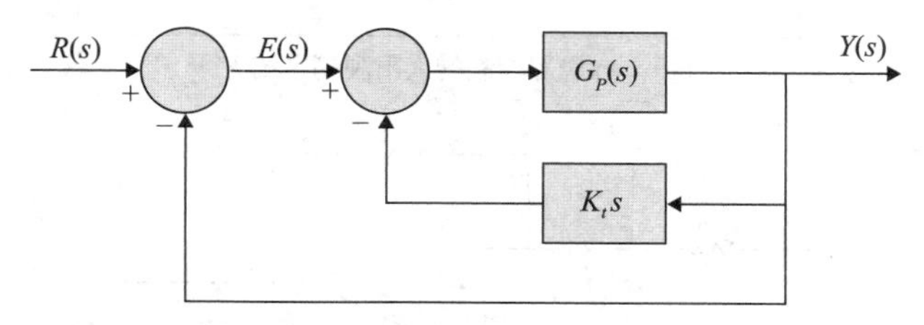

图 11-75 转速计反馈的控制系统

从这方面来说，转速计反馈控制和 PD 控制的效果恰好相同。然而，图 11-3 中含 PD 控制的系统的闭环传递函数为

$$\frac{Y(s)}{R(s)}=\frac{\omega_n^2(K_P+K_Ds)}{s^2+(2\zeta\omega+K_D\omega_n^2)s+\omega_n^2K_P} \tag{11-220}$$

比较式（11-218）和式（11-220）这两个传递函数，我们看出当 $K_P=1$、$K_D=K_t$ 时，两个特征方程是相等的。然而，式（11-220）在 $s=-K_P/K_D$ 有一零点，而（11-218）则没有。因此，转速计反馈系统的响应是由特征方程唯一决定的，而 PD 控制系统的响应还取决于零点 $s=-K_P/K_D$，它对阶跃响应的超调有很大的影响。

关于稳态分析，转速计反馈系统的前向通道传递函数为

$$\frac{Y(s)}{E(s)}=\frac{\omega_n^2}{s(s+2\zeta\omega_n+K_t\omega_n^2)} \tag{11-221}$$

因为系统仍然是 1 型的，所以转速计反馈并没有改变稳态误差的基本特征。即输入是阶跃函数时，稳态误差为 0；输入是单位斜坡函数时，系统的稳态误差是 $(2\zeta+K_t\omega_n)/\omega_n$，而图 11-3 所示的 PD 控制系统的稳态误差是 $2\zeta/\omega_n$。因此，对于 1 型系统，转速计反馈减少了阻尼误差系数 K_v，但并不影响阶跃误差系数 K_P。

11.9.2 含有源滤波器的局部反馈控制

除采用转速计以外，局部反馈环还可以将含有 *RC* 和运算放大器的有源滤波器用于校正来减少消耗，节省空间。以下通过例子说明这种方法。

778

例 11-9-1 考虑例 11-5-4 中的二阶太阳观测系统，但其前向通道并不采用串联控制器，而是采用图 11-76a 所示的局部反馈控制，其中

$$G_P(s)=\frac{2500}{s(s+25)} \tag{11-222}$$

$$H(s)=\frac{K_t s}{1+Ts} \tag{11-223}$$

为了使系统仍然保持 1 型，有必要使 $H(s)$ 包含一个 $s=0$ 的零点。式（11-223）可由图 11-76b 所示的运算放大电路来实现。这个电路不能用作前向通道的串联控制器，因为当频率为 0 时，稳态情况下它是一个开环电路。直流信号的零传播特性对局部控制器不会产生任何问题。

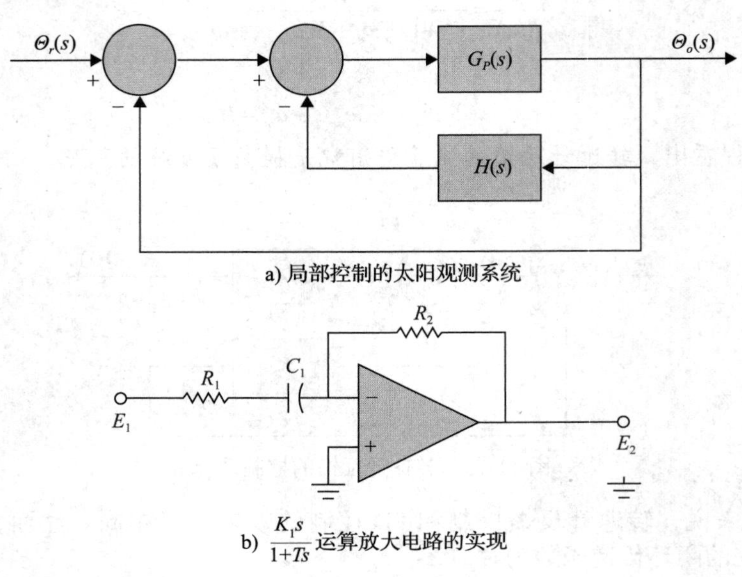

a) 局部控制的太阳观测系统

b) $\frac{K_1 s}{1+Ts}$ 运算放大电路的实现

图 11-76

图 11-76a 中系统的前向通道传递函数为

$$\frac{\Theta_o(s)}{\Theta_e(s)}=G(s)=\frac{G_P(s)}{1+G_P(s)H(s)}=\frac{2500(1+Ts)}{s[(s+25)(1+Ts)+2500K_t]} \tag{11-224}$$

系统的特征方程为

779

$$Ts^3+(25T+1)s^2+(25+2500T+2500K_t)s+2500=0 \tag{11-225}$$

为了说明参数 K_t 和 T 的作用，我们绘制了式（11-225）的根轨迹，首先，令 K_t 不变，T 变化。式（11-225）的两边同除以不含 T 的项，得：

$$1+\frac{Ts(s^2+25s+2500)}{s^2+(25+2500K_t)s+5000}=0 \tag{11-226}$$

当 K_t 相对较大时，上面方程的两个极点都是实数，其中一个接近原点。更有效的是选择 K_t 使式（11-226）的极点都是复数。

图 11-77 是 $K_t=0.02$，T 从 0 变到 ∞ 时，式（11-225）的根轨迹。

当 $T=0.006$ 时，特征方程的根是 -56.72、$-67.47+\mathrm{j}52.85$ 和 $-67.47-\mathrm{j}52.85$。单位阶跃响应的性能如下：

$$\text{最大超调量}=0$$

$$t_r=0.048\,85\mathrm{s}$$

$$t_s=0.060\,61\mathrm{s}$$

$$t_{\max}=0.4\mathrm{s}$$

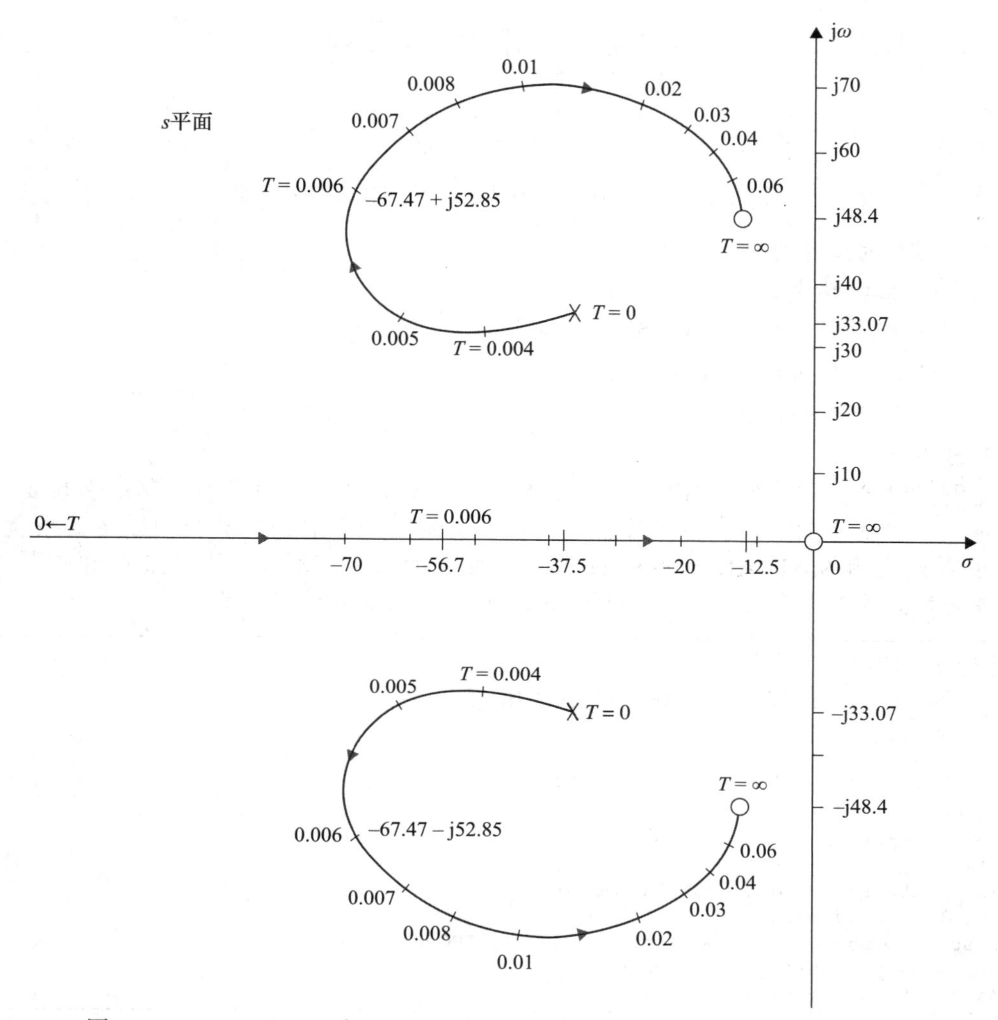

图 11-77 $K_t = 0.02$，$Ts^3 + (25T+1)s^2 + (25+2500K_t+2500T)s + 2500 = 0$ 的根轨迹

780

系统的斜坡误差系数为

$$K_v = \lim_{s\to 0} sG(s) = \frac{100}{1+100K_t} \tag{11-227}$$

因此，系统与转速计反馈一样仍然是 1 型系统，局部反馈控制器能够降低斜坡误差系数 K_v。 ▲

11.10 MATLAB 工具和案例研究

为了一步步展现本章例子的计算结果和演示图效果，我们使用 MATLAB SISO 设计工具。通过图形用户界面（GUI），SISO 设计工具创建了一个友好用户环境来减少控制系统设计的复杂度。SISO 设计工具要求使用根轨迹、Bode 图和极坐标图来设计 SISO 校正器。SISO 设计工具默认反馈控制控制框图表示如图 11-78 所示，反馈控制框图包含反馈增益 H、校正器 C 级联控制对象 G、预滤波器 F。

例 11-10-1 回顾例 11-2-1 幅值控制系统的前向通道函数为

$$G(s) = \frac{4500K}{s(s+361.2)} \tag{11-228}$$

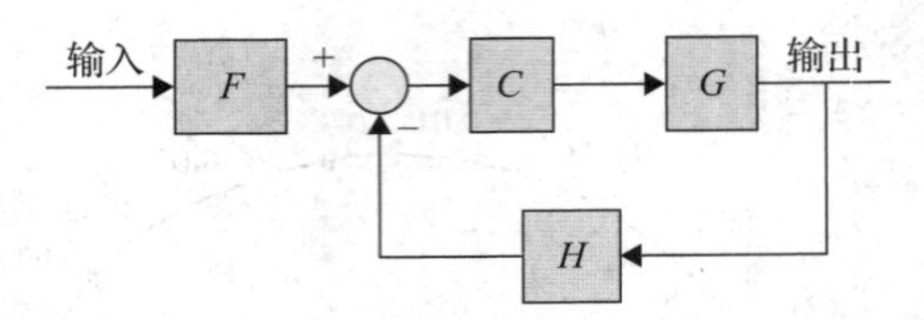

图 11-78 使用 MATLAB 设计工具的默认控制设置

这个问题的设计约束如下：

- 单位斜坡输入的稳态误差 = 0.000 443。
- 最大超调量百分比 ≤ 5%。
- 上升时间 $t_r \leqslant 0.005\text{s}$。
- 调节时间 $t_s \leqslant 0.005\text{s}$。

时域设计

比例控制器：首先使用 SISO 设计工具设计比例控制器。为了满足稳态误差要求的最大值，K 应设为 181.17。为了检验比例控制器的性能，我们需要找到系统的根轨迹。根轨迹可以利用 MATLAB 工具箱 11-10-1，设计如图 11-78 所示的对象 G 和控制器 C 的传递函数。注意到反馈增益 H 和预滤波器 F 的默认值自动统一设置。

781

工具箱 11-10-1

由下面的 MATLAB 程序得到例 11-10-1 中的根轨迹：

```
% Create plant G.
num = [4500];
den = [1 361.2 0];
G=tf(num,den);
% Create controller C.
C = 181.17;
% Launch the root locus tool in the SISO GUI.
sisotool('rlocus',G,C)
% Be sure to use the Unicode Character 'APOSTROPHE' (U+0027),
% otherwise you will get an error
%%%%%%%%%%%%%%%%%%%%%%%%%%%%%%%%%%%%
```

图 11-79 是 $K = 181.17$ 时该系统的根轨迹，闭环系统极点配置在 $s_{1,2} = -181 \pm \text{j}885$（MATLAB 做了四舍五入处理）。为了看到闭环系统的极点和零点，进入“View”菜单选择“Cloosed-Loop Poles”，见图 11-80。回想闭环系统的极点是

$$s_{1,2} = -180.6 \pm \sqrt{32\,616 - 4500K} \tag{11-229}$$

引入设计规则：作为设计控制器的第一步，我们使用了 SISO 设计工具中的设计规则选项，在根轨迹上建立了期望极点区域。需要增加设计条件时，右键点击“Root Locus”项，然后必须选择“New”项，进入下列中的一个选项：

- Settling time
- Percent overshoot
- Damping ratio
- Natural frequency

在本例中，我们已经把调节时间和百分比超调量包含进了设计条件中。为了再把上升时间设置为条件，用户必须在阻尼比和自然频率之间建立一个关系方程。一个求解典型二阶系统上升时间的近似方程已经在第 7 章给出了。由于在本例中，调节时间和百分比超调是比较重要的指标，所以我们选择它们作为首要条件。我们基于这些约束设计控制器，来确定系统是否满足上升时间的条件。

图 11-79 所示为 $K=181.17$ 时闭环系统的极点并不在期望的区域。如图所示，阻尼比为 0.2，最大超调量为 52.7%，单位阶跃响应见图 11-81。为了达到期望的响应，系统的期望极点必须位于图 11-79 中超调量百分比和 −800 边界线的左边，此边界线是由调节时间引出的。显然，比例控制器（任何 K 值下）不可能使闭环系统的极点移到左平面那么远的地方。

为了看到单位阶跃输入下闭环系统的时间响应，如图 11-79 所示，从“Analysis”菜单下选择屏幕顶端的“Response to Step Command”选项。为了得到此图，如图 11-82 所示，在“Conntrol and Estimation Tools Manager”窗口下“Analysis Plot”菜单选择“Closed Loop r to y”。

782

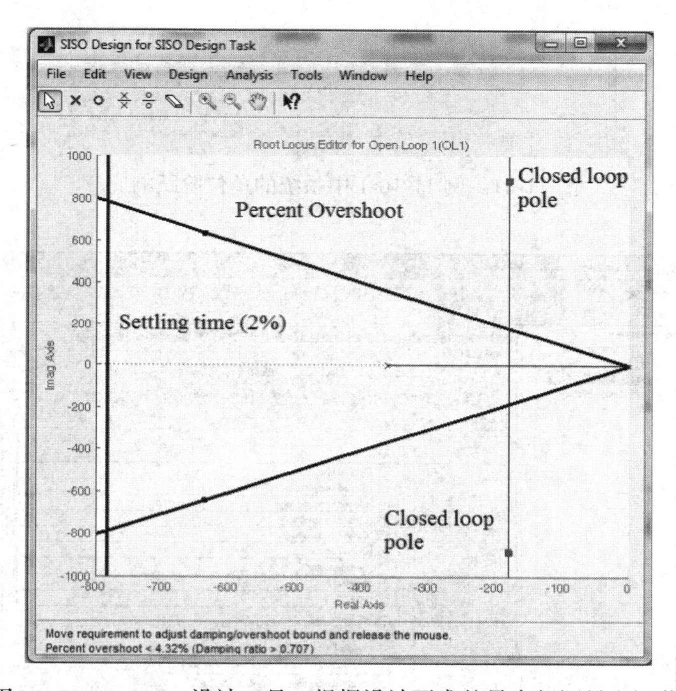

图 11-79 使用 MATLAB SISO 设计工具，根据设计要求的最大超调量和调节时间得到的例 11-10-1 中 $G(s)=\dfrac{4500K}{s(s+361.2)}$ 的根轨迹

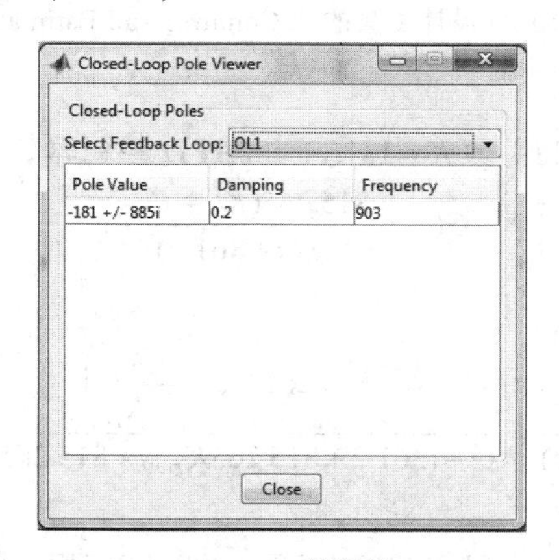

图 11-80 例 11-10-1 中 $G(s)=\dfrac{4600K}{s(s+361.2)}$ 单位反馈的闭环极点

783

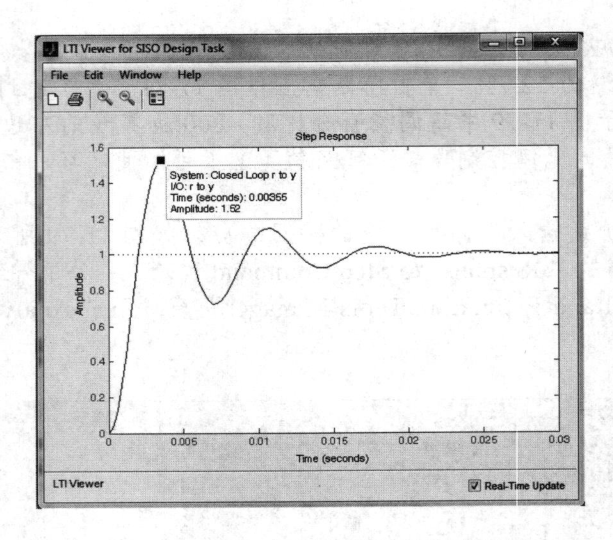

图 11-81　例 11-10-1 中系统的单位阶跃响应

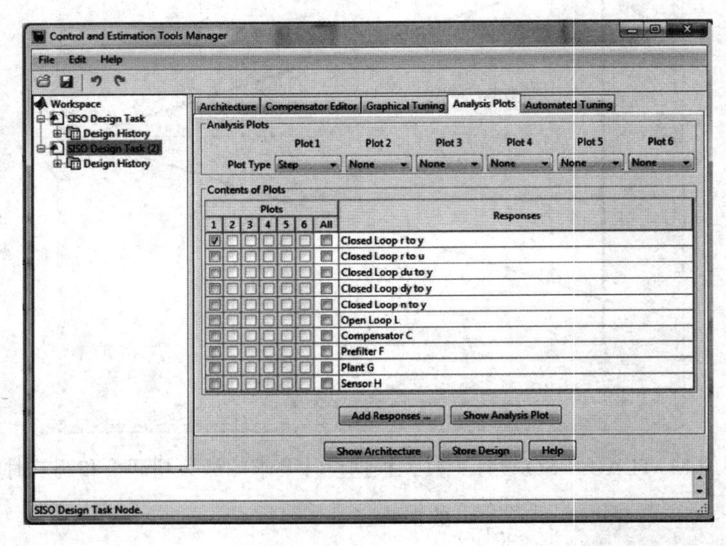

图 11-82　使用 MATLAB SISO 设计工具的“Conntrol and Estimation Tools Manager”选择闭环系统的时间响应

784

PD 控制器：式（11-228）为 $K=181.17$ 时的 PD 控制器，前向通道传递函数为

$$G(s)=\frac{815\,265(K_P+K_Ds)}{s(s+361.2)} \tag{11-230}$$

闭环系统传递函数为

$$\frac{\Theta_y(s)}{\Theta_r(s)}=\frac{815\,265K_D\left(s+\dfrac{K_P}{K_D}\right)}{s^2+(361.2+815\,265K_D)s+815\,265K_P} \tag{11-231}$$

特征方程为

$$s^2+(361.2+815\,265K_D)s+815\,265K_P=0 \tag{11-232}$$

如例 11-2-1 讨论的一样，我们对式（11-232）的特征方程应用根轨迹法去检验 K_P

和 K_D 变化的影响。$G_{eq}(s)$ 的根轨迹方程为

$$1+G_{eq}(s)=1+\frac{815\,265K_D s}{s^2+361.2s+815\,265K_P}=0 \qquad (11\text{-}233)$$

这里，根轨迹是通过固定 K_P 变化 K_D 得到的。因此，使用工具箱 11-10-2 可得到 $K_P=1$ 时式（11-232）的根轨迹，见图 11-83。此时的 K_D 设为 0.001 77，根为实数 –903，阻尼临界。

工具箱 11-10-2

由下面的 MATLAB 程序得到图 11-83 所示的根轨迹：

```
% Create plant G.
num = [815265 0];
den = [1 361.2 815265]; %KP=1
G=tf(num,den);
% Create controller C.
C = 0.00177;
% Launch the root locus tool in the SISO GUI.
sisotool('rlocus',G,C)
% Be sure to use the Unicode Character 'APOSTROPHE' (U+0027),
% otherwise you will get an error
%%%%%%%%%%%%%%%%%%%%%%%%%%%%%%%%%%%%%%%%
```

如图 11-84a 所示，接下来在“Conntrol and Estimation Tools Manager”窗口下的“Compensator Editor”菜单下对控制器 C 添加一个零点，得到 PD 控制器的根轨迹。鼠标右击“Dynamics”区域，选择添加“Pole/Zero”，点击“Pole/Zero”行进入 PD 控制器的新零点。回想例 11-2-1 的根轨迹法，$K_P=1$ 和 $K_D=0.001\,77$ 对应着 $s=-K_P/K_D=-565$ 处的一个零点。图 11-84b 显示加了 PD 控制器以后的“Compensator Editor”窗口。

785

图 11-85 为带有闭环极点值的根轨迹图，控制器增益为 181.17。从“View”菜单可以见到极点的当前位置。注意到图 11-83 和 11-85 的极点值有微小的差异，因为 MATLAB 做了四舍五入。控制系统满足所有设计准则时的阶跃响应如图 11-86 所示。2% 的调节时间现在为 0.0451s，超调量为 4%。有意思的是，由于 PD 控制器零点对响应的主导影响，尽管闭环极点都是实数，但系统带有超调量却没有振荡响应。这些结果完美与例 11-2-1 可完美匹配。

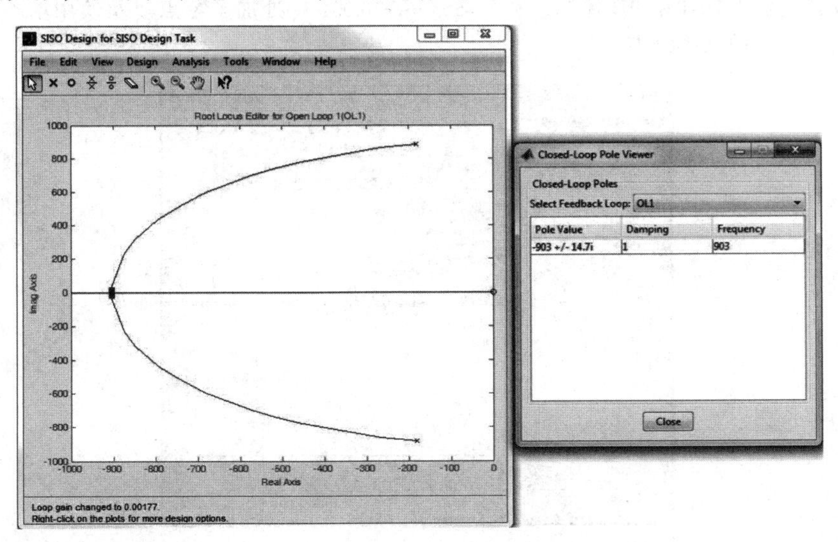

图 11-83　例 11-10-1 中 PD 被控系统的根轨迹

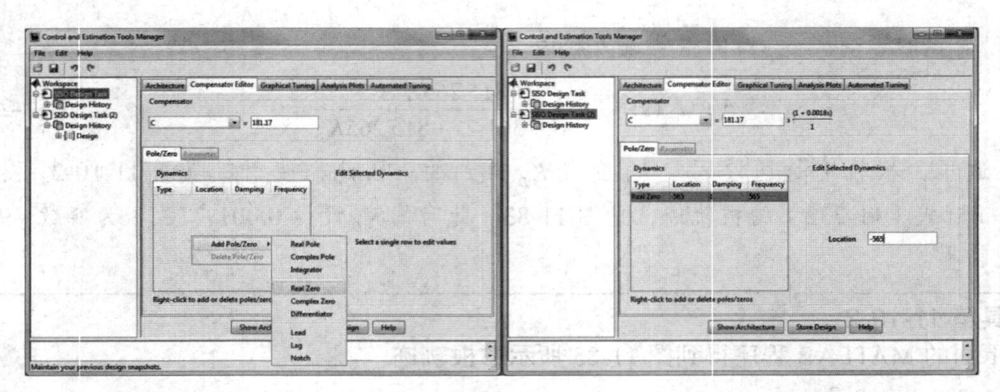

a)添加的过程　　　　b)在$S = K_P / K_D = -565$加了零点以后

图 11-84　在控制器 C 上加零点创建 PD 控制器

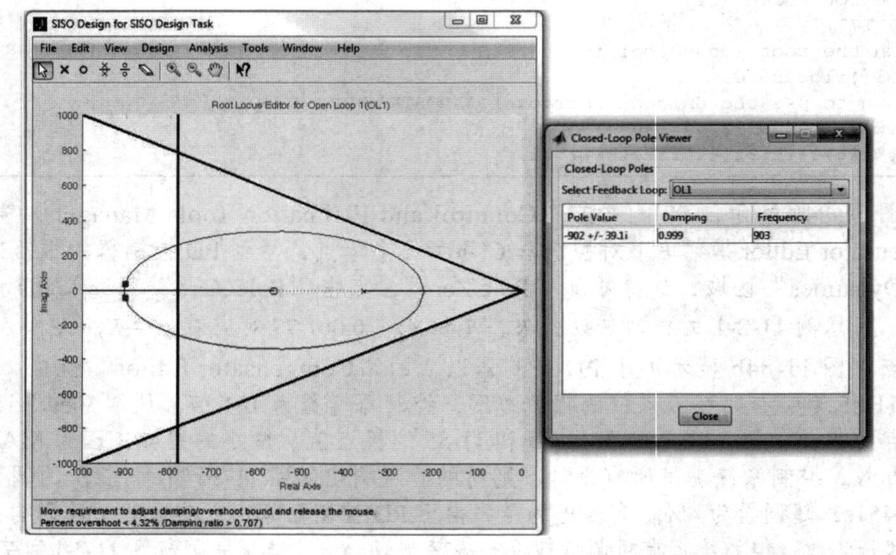

图 11-85　例 11-10-1 中 PD 控制器在 $s = 565 = -1/0.001\ 77$ 处加了零点以及使用增益 181.17 以后的根轨迹图

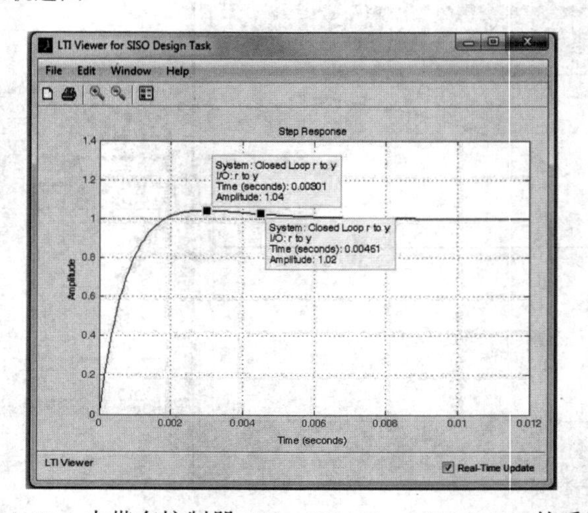

786～787

图 11-86　例 11-10-1 中带有控制器 $C(s) = 181.17(s + 1/0.001\ 77)$ 的系统的阶跃响应

除了这些结果以外，回想例 11-2-1 中电动机转矩限制是设计的最大约束。在实际应用中，总是要验证所使用的执行器是否能产生这一响应的足够转矩或负载。事实上，作为安全因素考虑，最好使电动机运行在转矩最大值的 50%。我们需要通过系统的转矩传递函数来验证结果。如图 7-52 所示，应用 SFG 增益方程，闭环转矩传递函数写为

$$\begin{aligned}T(s)&=\frac{T_m(s)}{\Theta_r(s)}\\&=\frac{K_sK_1K_i(K_P+K_Ds)s}{(R_aJ_t+K_1K_2J_t)s^2+(R_aB_t+K_tK_2B_t+K_iK_b+K_sK_1K_iK_DN)s+K_sK_1K_iK_PN}\end{aligned}\tag{11-234}$$

根据 7.9 节的参数值，我们应用工具箱 11-10-3 得到电动机转矩响应（见图 11-87）。问题在于，如果能够产生大于 14 000oz · in 的转矩，需要改变控制器参数吗？

如果要求对现在的设计进行微调，你可以轻松地把图 11-85 里的闭环极点移动到左半时域平面，如图 11-88a 所示。在这种情况下，$K_P=0.85$ 和 $K_D=0.0015$，系统极点 $s_{1,2}=-794\pm j250$。如图 11-88b 所示系统的阶跃响应显然满足要求。

频域设计

现在让我们在频域中设计 PD 控制器，性能指标如下：

- 单位斜坡输入的稳态误差≤0.000 443。
- 相位裕量≥80%。
- 谐振峰值 $M_r\leqslant1.05$。
- BW≤2000rad/s。

使用工具箱 11-10-4 来激活 MATLAB Bode 图 SISO 设计工具。使用这个设计工具得到例 11-10-1 的幅值和相位图，其中，控制器 $C(s)=181.17(s+1/0.00177)$ 如图 11-89 所示。 788

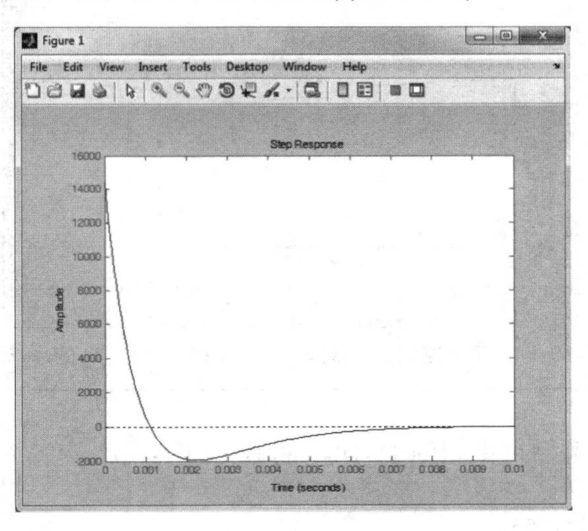

图 11-87　例 11-10-1 中带有控制器 $C(s)=181.17(s+1/0.001\,77)$ 的电动机转矩阶跃响应

工具箱 11-10-3

用下面的 MATLAB 程序得到如图 11-87 所示的式（11-234）的单位阶跃响应：

```
num = 10*9*[181.17*0.00177 1 0];
den1=5*0.0002+10*0.5*0.0002;
den2=5*0.015+10*0.5*0.015+9*0.0636+10*9*181.17*0.00177/10;
den3=10*9*181.17/10;
den = [den1 den2 den3];
step(num,den)
```

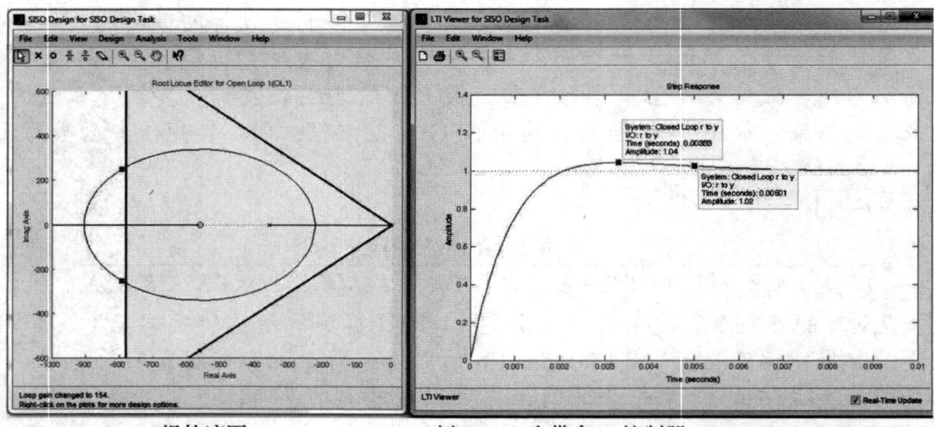

a)根轨迹图

b)例11-10-1中带有PD控制器$C(s)$=154.03(s+1/0.001 77)的系统阶跃响应

789

图 11-88

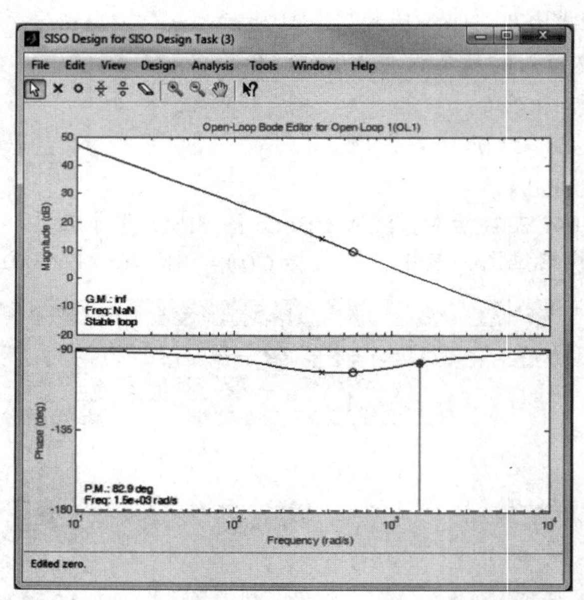

图 11-89 例 11-10-1 中带有控制器 $C(s)=181.17(s+1/0.00177)$ 的系统的幅值和相位图

工具箱 11-10-4

由下面的 MATLAB 程序可得到例 11-10-1 的 Bode 图：

```
% Create plant G.
num = [815265 815265*1085];
den = [1 361.2 0];
G=tf(num,den);
% Create controller C.
C = 181.17;
% Launch the root locus tool in the SISO GUI.
sisotool('bode',G,C)
% Be sure to use the Unicode Character 'APOSTROPHE' (U+0027),
% otherwise you will get an error
%%%%%%%%%%%%%%%%%%%%%%%%%%%%%%%%%%%%%%%%
```

根轨迹设计方法使用带有 $s=-K_P/K_D=-565$ 处零点的 PD 控制器达到目的。这个例

子的增益裕量无穷，相位裕量为 83°。结果显示，系统完全满足频域的设计准则。 ▲ 790

例 11-10-2 使用下面的工具箱实现待校正的根轨迹和式（11-30）的 Bode 图。使用的根轨迹和 Bode 图如图 11-90 所示，可以根据例 11-10-1 讨论的过程来设计 PD 控制器。

工具箱 11-10-5

由下面的 MATLAB 程序得到例 11-10-1 中的 SISO 设计工具：

```
% Create plant G.
num = [1.5e-7];
den = [1 3408.2 1204000 0];
G=tf(num,den);
% Create controller C.
C = 181.17;
% Launch the root locus tool in the SISO GUI.
sisotool(G,C)
% Be sure to use the Unicode Character 'APOSTROPHE' (U+0027),
% otherwise you will get an error
%%%%%%%%%%%%%%%%%%%%%%%%%%%%%%%%%%%
```

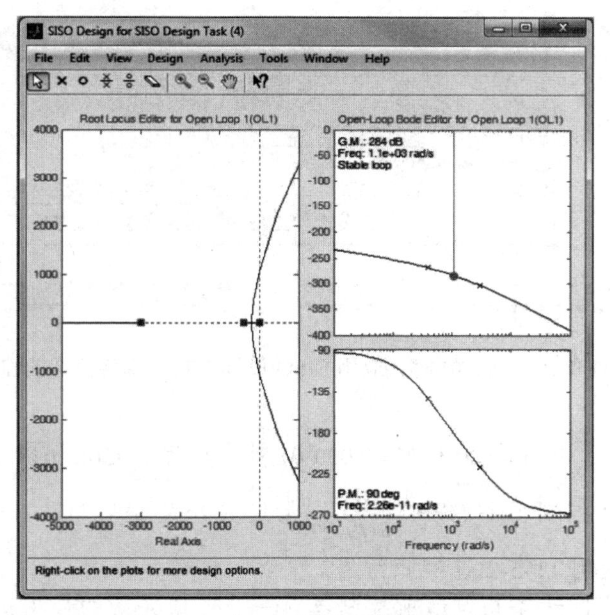

图 11-90 例 11-2-2 中 PD 控制系统的根轨迹和 Bode 图 791

例 11-10-3 使用下面的工具箱来得到待校正的根轨迹和式（11-104）的 Bode 图。使用的根轨迹和 Bode 图如图 11-91 所示，你可以根据例 11-10-1 讨论的过程来设计相位超前控制器。

工具箱 11-10-6

由下面的 MATLAB 程序得到例 11-10-1 中的 SISO 设计工具：

```
% Create plant G.
num = 4.6875e7;
den = [1 635 156250 0];
G=tf(num,den);
% Create controller C.
```

```
C = 1;
% Launch the root locus tool in the SISO GUI.
sisotool(G,C)
% Be sure to use the Unicode Character 'APOSTROPHE' (U+0027),
% otherwise you will get an error
%%%%%%%%%%%%%%%%%%%%%%%%%%%%%%%%%%%%
```

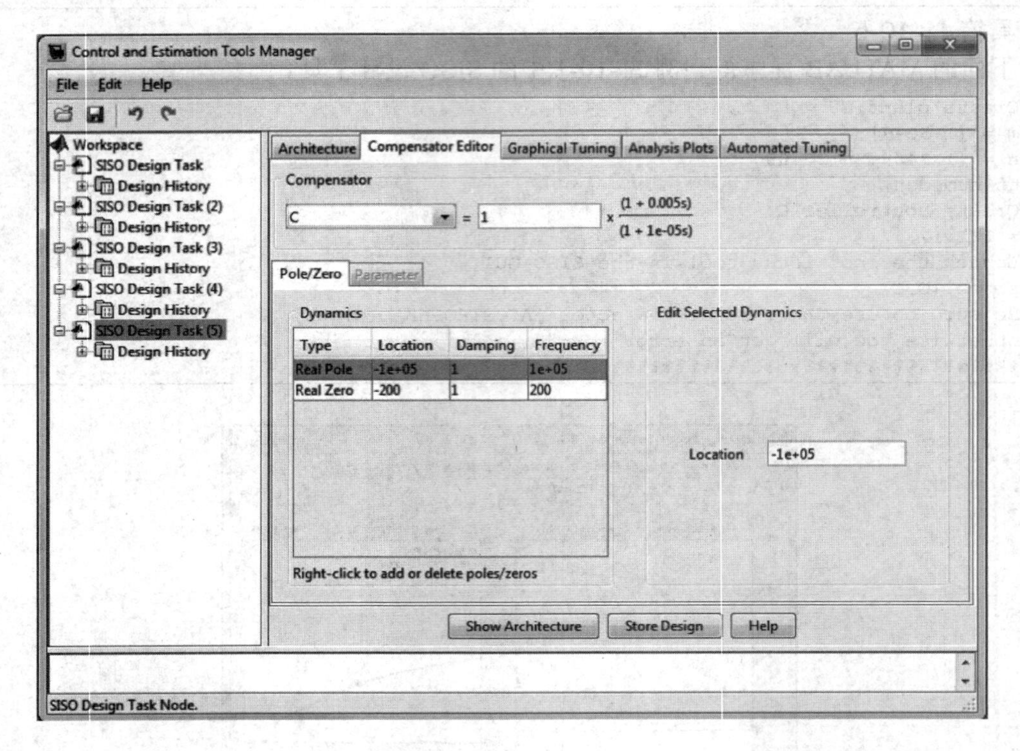

792 图 11-91 当 $a=500$ 和 $T=0.000\ 01$ 时，应用 SISO 设计工具实现相位超前控制器 $G_c(s)=\dfrac{1+aTs}{1+Ts}$

如图 11-91 所示，当 $a=500$ 和 $T=0.000\ 01$ 时，应用“Conntrol and Estimation Tools Manager”增加一个控制器 $G_c(s)=\dfrac{1+aTs}{1+Ts}$。最终系统的根轨迹、Bode 图和阶跃响应如图 11-92 所示。回顾例 11-5-2 证实此结果。

在此例中，我们阐述了相位超前控制器对一个三阶系统的应用：

$$G_P(s)=\frac{\Theta_o(s)}{A(s)}=\frac{4.6875\times10^7 K}{s(s^2+625s+156\ 250)} \qquad (11\text{-}235) \blacktriangle$$

11.11 控制实验室

在附录 D，我们提供了 LEGO MINDSTORMS 实验室的案例，包括一个拾取机器人、一个电梯监控系统。作为一个项目，你可以使用本章所讨论的方法针对这些系统设计不同的控制器。你也可以使用 MATLAB SISO 设计工具、Simulink（见附录 E）或者本章提供的工具箱来开发你的控制系统。最后，可以参考习题 11-68 的 LEGO MINDSTORMS 专题。

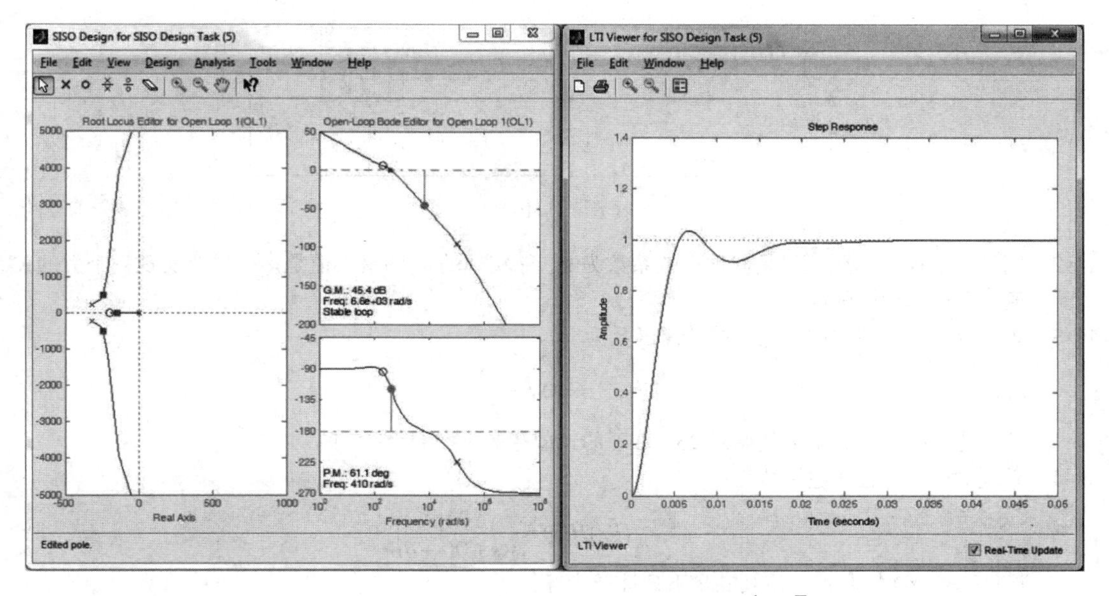

图 11-92　当 $a=500$ 和 $T=0.000\ 01$ 时，在相位超前控制器 $G_c(s)=\dfrac{1+aTs}{1+Ts}$ 下例 11-5-2 中太阳观测系统的根轨迹、Bode 图和单位阶跃响应

793

参考文献

1. Bailey, F. N., and S. Meshkat, "Root Locus Design of a Robust Speed Control," *Proc. Incremental Motion Control Symposium*, pp. 49–54, Jun. 1983.
2. Graebel, W. P., *Engineering Fluid Mechanics*, Taylor & Francis, New York, 2001.
3. Kleman, A., *Interfacing Microprocessors in Hydraulic Systems*, Marcel Dekker, New York, 1989.
4. Kuo, B. C., and F. Golnaraghi, *Automatic Control Systems*, John Wiley & Sons, New York, 2003.
5. Manring, N. D., *Hydraulic Control Systems*, John Wiley & Sons, New York, 2005.
6. McCloy, D., and H. R. Martin, *The Control of Fluid Power*, Longman Group Limited, London, 1973.
7. Ogata, K., *Modern Control Engineering*, Prentice-Hall, New Jersey, 1997.
8. Smith, H. W., and E. J. Davison, "Design of Industrial Regulators," *Proc. IEE (London)*, Vol. 119, pp. 1210–1216, Aug. 1972.
9. Willems, J. C., and S. K. Mitter, "Controllability, Observability, Pole Allocation, and State Reconstruction," *IEEE Trans. Automatic Control*, Vol. AC-16, pp. 582– 595, Dec. 1971.
10. Woods, R. L., and K. L. Lawrence, *Modeling and Simulation of Dynamic Systems*, Prentice-Hall, New Jersey, 1997.

习题

下面这些题目大多数都可以用计算机程序求解，强烈推荐读者使用这些程序。

11-1　一个含串联控制器的系统控制框图如图 11P-1 所示。求控制器 $G_c(s)$ 的传递函数，使其满足下面的指标：斜坡误差系数 K_v 等于 5。

闭环传递函数为

$$M(s)=\frac{Y(s)}{R(s)}=\frac{K}{(s^2+20s+200)(s+a)}$$

其中，K 和 a 都是实系数，求它们的值。

设计策略是使闭环极点为 $-10+\mathrm{j}10$ 和 $-10-\mathrm{j}10$，然后调整 K 和 a 的值，直到满足稳态要求。a 的值要大一点，这样才不会明显影响暂态响应。求出设计系统的最大超调量。

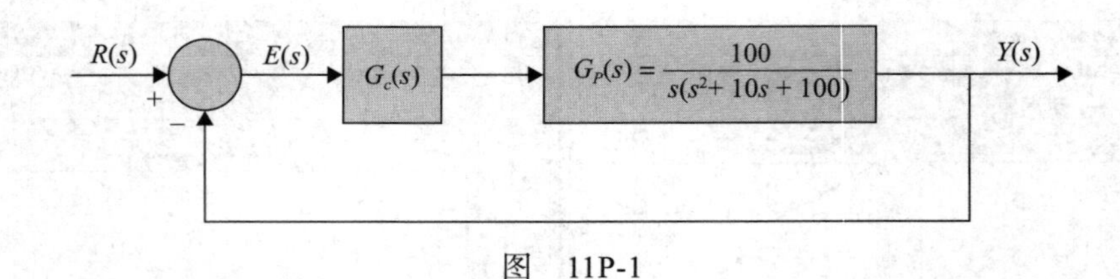

图 11P-1

11-2 同样是上面的问题，只是斜坡误差系数为 9。能实现的 K_v 的最大值是多少？要实现一个大的 K_v 值，会遇到什么困难？

11-3 单位反馈控制系统的前向反馈传递函数为

$$G(s)=\frac{K}{s(\tau s+1)}$$

求系统在 $\zeta=0.4$ 、最大超调量 25.4% 下的 K 值和 τ。

11-4 系统的前向通道传递函数为

794

$$G(s)H(s)=\frac{24}{s(s+1)(s+6)}$$

设计一个 PD 控制器，使其满足下列性能指标：

（a）当斜坡输入为 2π(rad/s) 时，稳态误差小于 $\pi/10$ 。

（b）相位裕量在 40° 和 50° 之间。

（c）增益穿越频率大于 1rad/s 。

11-5 一个含 PD 控制器的系统如 11P-5 所示。

（a）斜坡误差系数 $K_v=1000$ ，阻尼比 = 0.5 时， K_P 和 K_D 是多少？

（b）斜坡误差系数 $K_v=1000$ ，阻尼比 = 0.707 时， K_P 和 K_D 是多少？

（c）斜坡误差系数 $K_v=1000$ ，阻尼比 = 1.0 时， K_P 和 K_D 是多少？

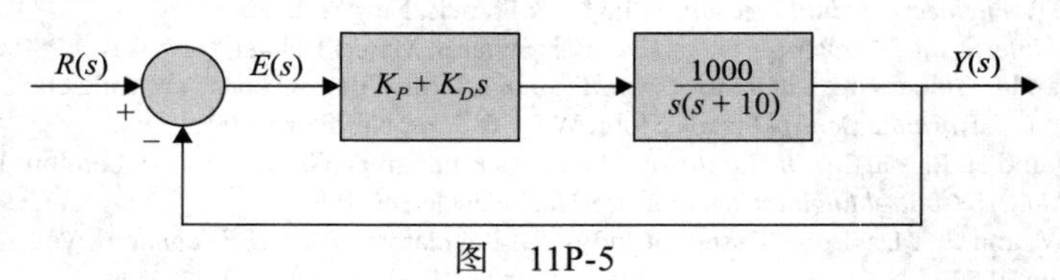

图 11P-5

11-6 对于图 11P-5 所示的系统，求 K_P ，使斜坡误差系数为 1000。

（a）当 K_D 从 0.2 每次增加 0.2，直至变为 1.0 时，相位裕量、增益裕量、M_r 和 BW 各是多少？求相位裕量最大时 K_D 的值。

（b）在 K_D 从 0.2 每次增加 0.2，直至变为 1.0 的过程中，K_D 为多大时最大超调量最小？

11-7 系统的前向通道传递函数为

$$G(s)H(s)=\frac{1}{(2s+1)(s+1)(0.5s+1)}$$

设计一个 PD 控制器，使得 $K_P=9$ ，相位裕量大于 25° 。

11-8 系统的前向通道传递函数为

$$G(s)H(s)=\frac{60}{s(0.4s+1)(s+1)(s+6)}$$

（a）设计一个满足以下指标的 PD 控制器：

（i）$K_v=10$

（ii）相位裕量为 45°

（b）使用 MATLAB 画出校正系统的 Bode 图。

11-9　考虑图 7-51 所示的飞行器姿态控制系统的二阶模型，过程的传递函数是

$$G_P(s)=\frac{4500K}{s(s+361.2)}$$

（a）设计一个串联 PD 控制器 $G_c(s)=K_D+K_P s$，使其满足下列性能指标：

- 单位斜坡输入的稳态误差 $\leqslant 0.001$
- 最大超调量 $\leqslant 5\%$
- 上升时间 $t_r \leqslant 0.005\text{s}$
- 调节时间 $t_s \leqslant 0.005\text{s}$

（b）重做（a）问，而且系统的带宽必须小于 850rad/s 。

795

11-10　图 11P-10 是习题 2-36 所描述的液位控制系统的控制框图。入口数表示为 N，令 $N=20$。设计 PD 控制器，使单位阶跃输入下的水箱在不到 3s 的时间内就能充到 5% 的参考液位，且没有超调。

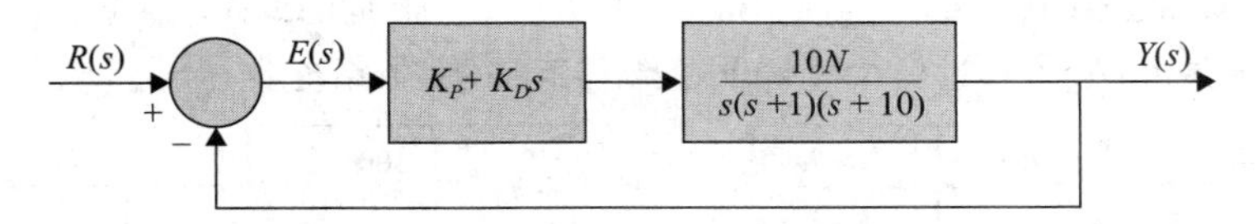

图　11P-10

11-11　对习题 11-10 中的液位控制系统，

（a）求 K_P，使斜坡误差系数为 1。K_D 在 0 和 0.5 之间变化，则 K_D 为何值时相位裕量最大？记录增益裕量、M_r 和 BW。

（b）绘制待校正及校正后系统的灵敏度函数 $\left|S_G^M(\mathrm{j}\omega)\right|$，其中系统的 K_D 和 K_P 的值已由（a）问求得。PD 控制器是如何影响灵敏度的？

11-12　伺服系统控制框图如图 11P-12 所示。

设计 PD 控制器使得相位裕量大于 50°，$\text{BW}\geqslant 20\text{rad/s}$，并使用 MATLAB 验证你的答案。

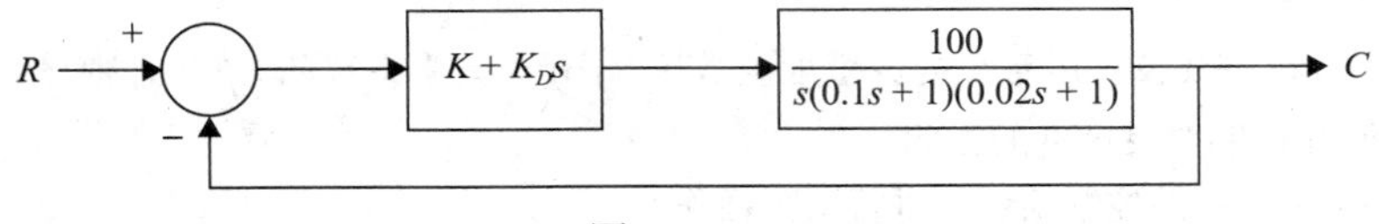

图　11P-12

11-13　单位反馈系统的前向通道传递函数为

$$G(s)H(s)=\frac{1000K}{s(0.2s+1)(0.005s+1)}$$

设计一个校正器，使得稳态误差对于单位阶跃输入小于 0.01，闭环阻尼比 $\zeta>0.4$。使用 MATLAB 画出校正系统的 Bode 图。

11-14　直流电动机的开环传递函数为

$$G(s)=\frac{250}{s(0.2s+1)}$$

设计一个 PD 控制器，使得稳态误差对于单位阶跃输入小于 0.005，最大超调量为 20%，BW 值必须与待校正系统的值近似。

11-15　塑料挤出过程的开环对象模型为

$$G(s)=\frac{40}{(s+1)(0.25s+1)}$$

设计一组超前校正器，形式如下：

796

$$G_c(s) = \frac{r(\tau s+1)}{(r\tau s+1)}$$

使得相位裕量为45°，BW值必须与待校正系统的值近似。

11-16 重做习题11-15，假设$r<0.1$。

11-17 单位反馈控制系统的前向通道传递函数为

$$G(s)H(s) = \frac{1000K}{s(0.2s+1)(0.05s+1)}$$

（a）设计一个校正器满足以下指标

（i）单位阻尼输入下的稳态误差小于0.01。

（ii）相位裕量大于45°。

（iii）正弦输入下的$\omega<0.2$，稳态误差小于0.004。

（iv）频率大于200rad/s的噪声在输出减为100。

（b）使用MATLAB画出校正系统的Bode图以及验证（a）问的设计。

11-18 图11P-18是由一个0型过程$G_P(s)$和PI控制器组成的控制系统。

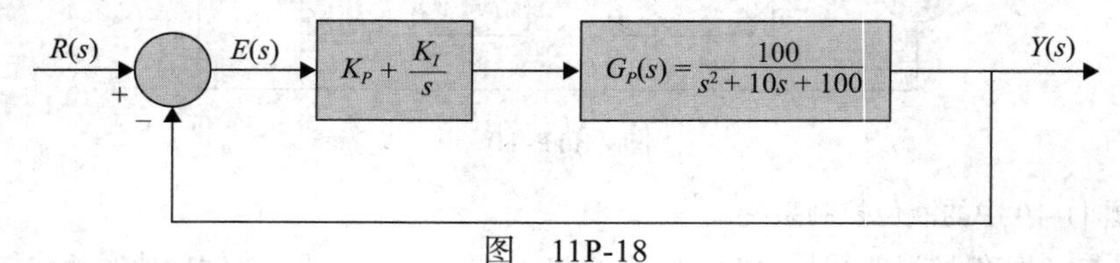

图 11P-18

（a）求K_I，使斜坡误差系数K_v为10。

（b）求K_P，使系统特征方程复根的虚部的幅值为15rad/s，求出特征方程的根。

（c）K_I由（a）问求出后，绘制$0\leqslant K_P<\infty$的特征方程的根轨迹。

11-19 对习题11-18描述的控制系统，

（a）求K_I，使斜坡误差系数K_v为10，并求出最小相位裕量对应的K_P值。记录相位裕量、增益裕量、M_r和BW。

（b）绘制待校正及校正后系统的灵敏度函数$\left|S_G^M(\mathrm{j}\omega)\right|$，其中系统的$K_I$和$K_P$值已由（a）问求得。评价PI控制对灵敏度的影响。

11-20 对图11P-18所示的控制系统，进行下列操作：

（a）求K_I，使斜坡误差系数K_v为100。

（b）K_I确定后，求出系统稳定时的K_P临界值。绘制$0\leqslant K_P<\infty$的特征方程的根轨迹。

（c）说明K_P过大或过小时，最大超调都很大。利用（a）问中的K_I值，求最大超调量最小时对应的K_P，并求出这个最小超调。

11-21 重做习题11-20，$K_v=10$。

11-22 系统的前向通道传递函数为

$$G(s) = \frac{24}{s(s+1)(s+6)}$$

（a）设计PI控制器，其满足以下性能指标：

（i）阻尼误差常数$K_v>20$。

797

（ii）相位裕量在40°和50°之间。

（iii）增益穿越频率大于1rad/s。

（b）使用MATLAB画出闭环系统的Bode图。

11-23 机械臂定位系统的前向通道传递函数为

$$G(s)=\frac{40}{s(s+2)(s+20)}$$

（a）设计 PI 控制器，其满足以下性能指标：

（i）斜坡输入下稳态误差小于 5%。

（ii）相位裕量在 32.5° 和 37.5° 之间。

（iii）增益穿越频率为 1rad/s 。

（b）使用 MATLAB 画出闭环系统的 Bode 图并验证（a）问的设计。

11-24 系统的前向通道传递函数为

$$G(s)=\frac{210}{s(5s+7)(s+3)}$$

设计带有单位直流增益的 PI 控制器，使相位裕量大于 40° ，然后找到系统的 BW 值。

11-25 船舶操舵的传递函数为

$$G(s)=\frac{2353K(71-500s)}{71s(40s+13)(5000s+181)}$$

设计 PI 控制器，使得

（a）阻尼误差系数 $K_v=2$ 。

（b）相位裕量大于 50° 。

（c）所有频率都大于穿越频率，PM > 0，这意味着系统在没有任何条件下总是保持稳定。

（d）根据 K 值显示根轨迹的闭环极点。

11-26 单位反馈系统的传递函数为

$$G(s)=\frac{2\times10^5}{s(s+20)(s^2+50s+10\,000)}$$

（a）PD 控制器的传递函数为 $H(s)=\dfrac{(\tau s+1)}{(r\tau s+1)}$ ， $r=0.2$ ， $\tau=0.05$ ，找到使穿越频率为 31.6rad/s 的增益。

（b）应用（a）问中的控制器找到阻尼误差常数 K_v 。

（c）将（a）问中的 PD 控制器应用到系统中，找到 PI 控制器的 K 值，使得阻尼误差系数 $K_v=100$ 。

（d）如果 PI 控制器的极点在 3.16rad/s ，穿越频率维持在 31.6rad/s ，那么 PI 控制器的零点是多少？$\left(\text{考虑 PI 控制器的传递函数 } H(s)=\dfrac{r(\tau s+1)}{(r\tau s+1)}\text{。}\right)$

（e）使用 MATLAB 画出校正系统的 Bode 图并且找到相位裕量。

11-27 图 11P-27 是由 0 型过程和 PID 控制器组成的控制系统。设计控制器参数，使其满足下列性能： 798

- 斜坡误差系数 $K_v=100$ 。
- 上升时间 $t_r\leqslant0.01\text{s}$ 。
- 最大超调量 < 2% 。

绘制该系统的单位阶跃响应。

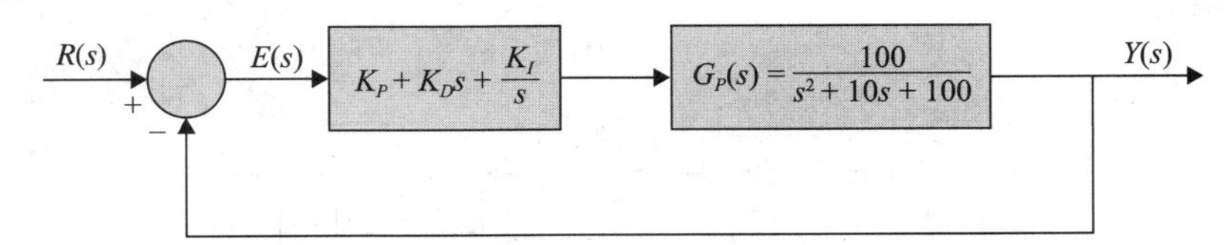

图　11P-27

11-28 汽车制造商做了大量努力来满足政府设定的废气排放标准。当代汽车节能计划系统由一个内燃机组成。内燃机内部有一个清洁装置，叫作催化式排气净化器。该系统需要控制内燃机的空气 – 燃料（A/F）比、打火时间、废气再流通和注射空气。本习题所考虑的控制系统问题是进行空气－燃料比控制。通常，一个典型的A/F化学计量组成是14.7∶1，也就是14.7g的空气对1g的燃料，这主要取决于燃料组成和其他的因素。如果A/F高于或低于这个化学计量组成，在排放的尾气中就会产生高的碳氢化合物、一氧化碳和一氧化二氮。控制系统的控制框图见图11P-28。该系统用来控制空气－燃料比，使得对于一个给定的命令信号能得到一个期望的输出变量。图11P-28显示，传感器会感知进入催化式排气净化器的废气混合物的组成。电子控制器检测命令和传感器信号的差值，并计算实现期望废气组成所必需的控制信号。输出变量$y(t)$表示有效的空气－燃料比。内燃机的传递函数是

$$\frac{Y(s)}{U(s)}=G_P(s)=\frac{\mathrm{e}^{-T_d s}}{1+\tau s}$$

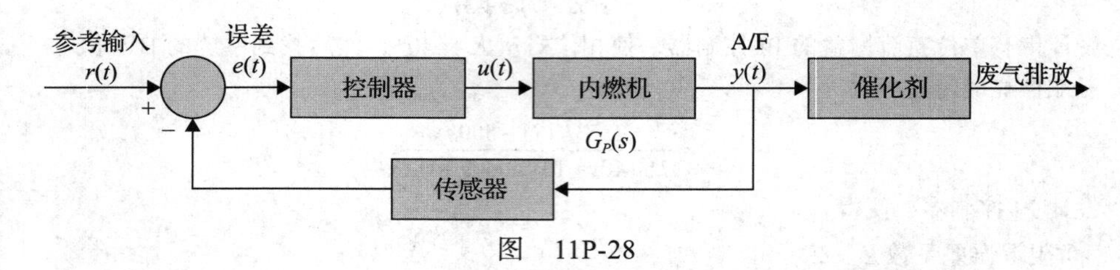

图 11P-28

其中，T_d是时间延迟，为0.2s，时间系数$\tau=0.25s$。一个幂级数的时间延迟的近似是

$$\mathrm{e}^{-T_d s}\cong\frac{1}{1+T_d s+T_d^2 s^2/2}$$

（a）设控制器为PI控制器：

$$G_c(s)=\frac{U(s)}{E(s)}=K_P+\frac{K_I}{s}$$

799

求K_I，使斜坡误差系数K_v为2。确定K_P，使单位阶跃响应的最大超调量和调节时间均最小，并求出此时的超调量和调节时间。绘制$y(t)$的单位阶跃响应，并求系统稳定时的K_P的临界值。

（b）利用下面的PID控制器能进一步改善系统的性能吗？

$$G_c(s)=\frac{U(s)}{E(s)}=K_P+K_D s+\frac{K_I}{s}$$

11-29 频域分析和设计方法的一个优点是，不用近似处理纯时滞系统。考虑习题11-28中的汽车内燃机控制系统。过程传递函数是

$$C_P(s)=\frac{\mathrm{e}^{-0.2s}}{1+0.25s}$$

设控制器是PI控制器$G_c(s)=K_P+K_I/s$。求K_I，使斜坡误差系数K_v为2，并求出最大相位裕量对应的K_P值。将此K_P值与习题11-28a求出的K_P值进行比较。求出系统稳定时的K_P临界值，并将它和习题11-28中的K_P值进行比较。

11-30 图11P-30所示是飞机姿态控制器的简化设计，这里D为扰动转矩。设计PID控制器，其满足以下指标：

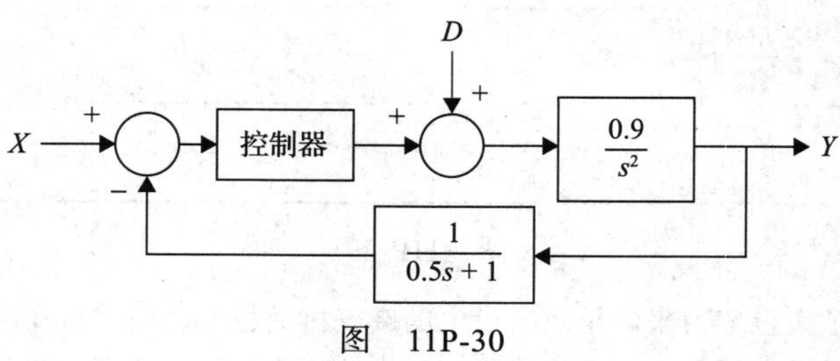

图 11P-30

（a）零稳态误差。

（b）PM = 65° 。

（c）带宽尽可能高。

11-31　考虑习题 11-15 给出的塑料挤出过程的开环对象模型。设计一组由下式描述的滞后校正器：

$$H(s)=\frac{(\tau_1 s+1)(\tau_2 s+1)}{\tau_1\tau_2 s^2+\left(\tau_1+\frac{\tau_2}{r}\right)s+1}$$

且满足以下指标：

（a）相位裕量为 45° 。

（b）单位阶跃输入下闭环系统的稳态误差小于 1%。

（c）增益穿越频率为 5rad/s 。

11-32　航天飞机上用来跟随星体的望远镜可以用一个纯块状物 M 来建模。它由一个磁轴承悬挂着，因此没有摩擦，它的姿态由位于有效载荷底部的磁传动装置控制。控制 z 轴运动的动态模型见图 11P-32a。因为望远镜里有电子元件，所以必须从电缆中引入电力。弹簧是用来模拟电缆的附加装置，它对 M 施加了一个弹力。由磁传动装置产生的力表示为 $f(t)$ 。在 z 方向运动时，力之间的方程是 [800]

$$f(t)-K_s z(t)=M\frac{\mathrm{d}^2 z(t)}{\mathrm{d}t^2}$$

其中，$K_s=1\text{lb/ft}$ ，$M=150\text{lb}$ ，$f(t)$ 的单位是英磅，$z(t)$ 的单位是英尺。

（a）说明无阻尼时，系统输出 $z(t)$ 的自然响应是振荡的，求航天飞机系统开环的无阻尼自然振荡频率。

（b）设计图 9P-32b 所示的 PID 控制器：

$$G_c(s)=K_P+K_D s+\frac{K_I}{s}$$

使其满足下列性能指标：

- 斜坡误差系数 $K_v=100$ 。
- 特征方程复根的相对阻尼比是 0.707，无阻尼自然频率是 1rad/s 。

计算并绘制设计系统的单位阶跃响应。求出最大超调量，并对设计结果做出评价。

（c）设计 PID 控制器，使其满足下列指标：

- 斜坡误差系数 $K_v=100$ 。
- 最大超调量 < 5% 。

计算并绘制系统的单位阶跃响应，求出系统的特征方程根。

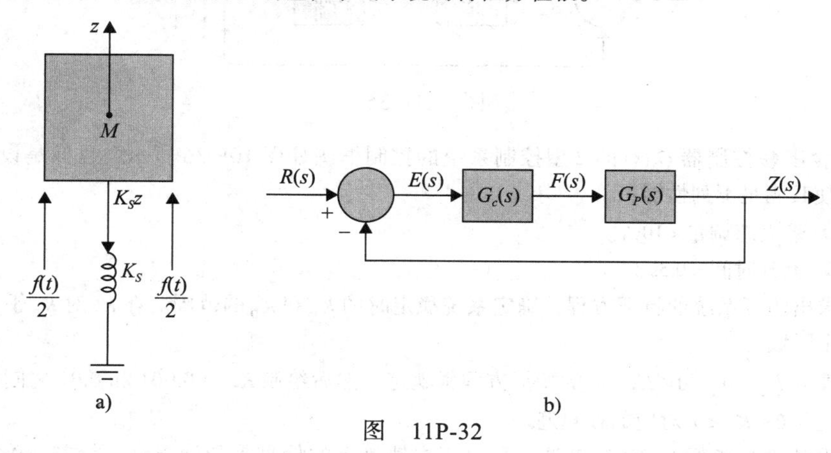

图　11P-32

11-33　重做习题 11-32b，使其满足下列指标：

- 斜坡误差系数 $K_v=100$ 。 [801]

○ 特征方程复根的相对阻尼比是 1.0，无阻尼自然频率是 1rad/s 。

11-34 考虑图 11P-34 所示的巡逻控制系统。

其中，f 是发动机驱动力，v 是速度，u 是摩擦力，$u=\mu v$。假设 $M=1000\text{kg}$，$\mu=50\text{N}\cdot(\text{s/m})$，$f=500\text{N}$ 。

(a) 找到系统的传递函数。

(b) 设计 PID 控制器，其满足以下要求：

(i) 上升时间小于 5s。

(ii) 最大超调量小于 10%。

(iii) 稳态误差小于 2%。

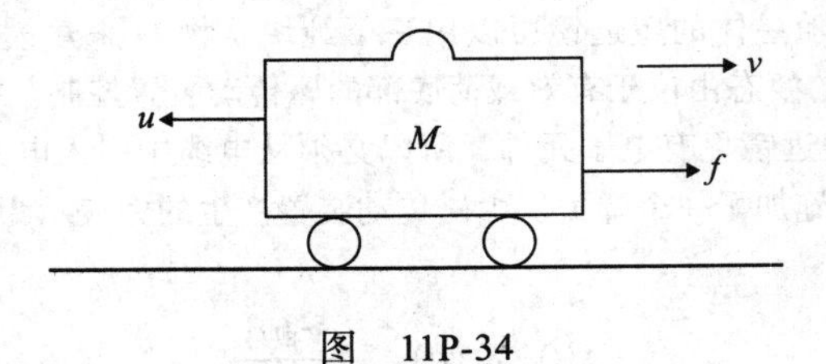

图 11P-34

11-35 一个存货控制系统可以用下面的特征方程来建模：

$$\frac{\mathrm{d}x_1(t)}{\mathrm{d}t}=-2x_2(t)$$

$$\frac{\mathrm{d}x_2(t)}{\mathrm{d}t}=-2u(t)$$

其中，$x_1(t)=$ 存货量，$x_2(t)=$ 销售率，$u(t)=$ 生产率，输出方程是 $y(t)=x_1(t)$ 。一个单位时间是一天。图 11P-35 是含串联控制器的闭环存货控制系统的控制框图。设控制器是 PD 控制器 $G_c(s)=K_P+K_Ds$ 。

(a) 求 PD 控制器的系数 K_P 和 K_D，使特征方程根的相对阻尼比为 0.707，$\omega_n=1\text{rad/s}$，绘制 $y(t)$ 的单位阶跃响应并求出最大超调量。

(b) 求系数 K_P 和 K_D，使超调量为 0，上升时间小于 0.06s。

(c) 设计 PD 控制器，使 $M_r=1$，$\text{BW}\leqslant 40\text{rad/s}$ 。

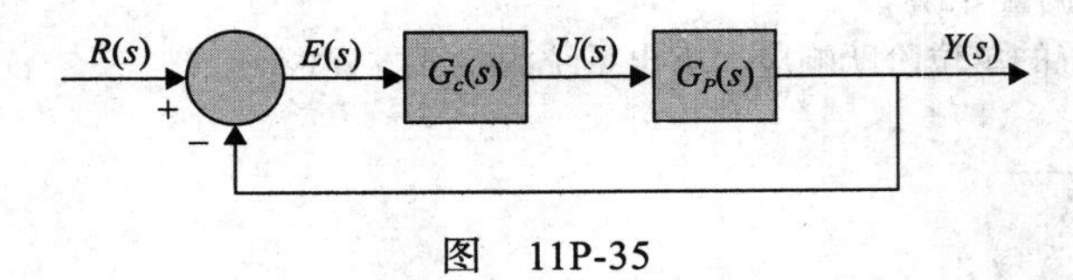

图 11P-35

802 **11-36** 一个含串联控制器 $G_c(s)$ 的 2 型控制系统的控制框图如图 10P-36 所示，目标是设计 PD 控制器，使其满足下列性能：

○ 最大超调量 <10% 。

○ 上升时间 <0.5s 。

(a) 求出闭环系统的特征方程，确定系统稳定时的 K_P 和 K_D 的范围。在 K_P 对 K_D 平面上指出稳定区域。

(b) 建立 $K_D=0$，$0\leqslant K_P<\infty$ 的特征方程根轨迹，然后绘制 K_P 为 0.001 和 0.01 之间的几个固定值和 $0\leqslant K_P<\infty$ 对应的根轨迹。

(c) 设计满足指标的 PD 控制器，可以用根轨迹上的信息来帮助设计，绘制 $y(t)$ 的单位阶跃响应。

(d) 在频域内检验 (c) 问的结果，确定系统的相位裕量、增益裕量、M_r 和 BW。

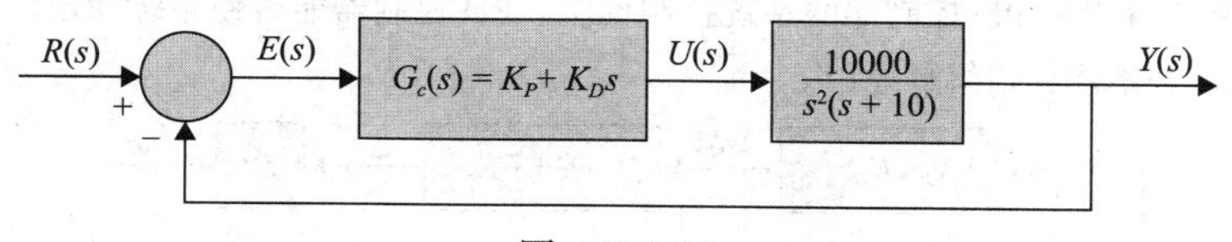

图 11P-36

11-37 考虑如图 11P-37 所示的直流电动机。

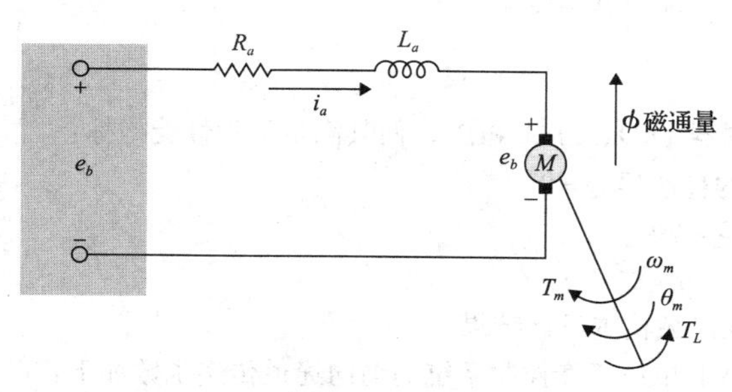

图 11P-37

假设有以下指标：

- 电动机惯量 $J = 0.01\ \mathrm{kg \cdot m^2 / s^2}$。
- 机械系统的阻尼比 $\zeta = 0.1$。
- 反电动势 $K_b = 0.01\mathrm{N \cdot m/A}$。
- 转矩系数 $K_l = 0.01\mathrm{N \cdot m/A}$。
- 电枢阻抗 $R_a = 1\ \Omega$。
- 电枢电感 $L_a = 0.5\mathrm{H}$。

设计 PID 控制器，其满足以下指标：

(a) 调节时间小于 2s。

(b) 最大超调量小于 5%。

(c) 稳态误差小于 1%。

11-38 对于习题 11-37 描述的直流电动机，假设

- 电动机惯量 $J = 3.2284 \times 10^{-6}\mathrm{kg \cdot m^2/s^2}$。
- 机械系统的阻尼比 $\zeta = 3.5077 \times 10^{-6}$。
- 反电动势 $K_b = 0.0274\mathrm{N \cdot m/A}$。
- 转矩系数 $K_l = 0.0274\mathrm{N \cdot m/A}$。
- 电枢阻抗 $R_a = 4\ \Omega$。
- 电枢电感 $L_a = 2.57 \times 10^{-6}\mathrm{H}$。

设计 PID 控制器，其满足以下指标：

(a) 调节时间小于 40ms。

(b) 最大超调量小于 16%。

(c) 零稳态误差小于 1%。

803

(d) 有扰动的零稳态误差。

11-39 考虑习题 3-43 和习题 8-51 描述的扫帚平衡系统。A^* 和 B^* 是习题 8-51 给出的小信号线性化模型的矩阵。

$$\Delta \dot{x} = A^* \Delta x(t) + B^* \Delta r(t)$$

$$\Delta y(t) = C\Delta x(t)$$

$$\boldsymbol{D}^* = [0 \quad 0 \quad 1 \quad 0]$$

图 11P-39 是含串联 PD 控制器的系统控制框图。PD 控制器能否使系统稳定？若能的话，求出 K_P 和 K_D。若不能，请解释原因。

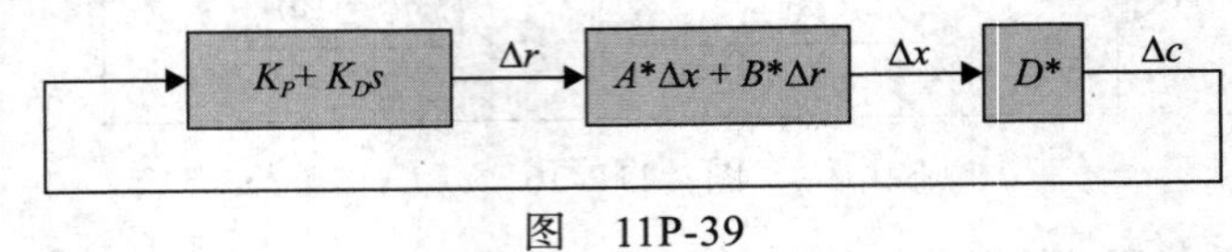

图　11P-39

11-40　一个单位反馈控制系统的过程传递函数是

$$G_P(s) = \frac{100}{s^2 + 10s + 100}$$

设计一个串联控制器（PD、PI 或 PID），使其满足下列性能指标：

- 阶跃输入的稳态误差 = 0。
- 最大超调量 < 2%。
- 上升时间 < 0.02s。

请在频域设计，在时域检查设计结果。

11-41　包含扰动信号 $D(s)$ 的单位反馈控制系统的前向通道传递函数如下：

$$G(s) = \frac{1}{s^2 + 3.6s + 9}$$

（a）设计 PI 控制器，传递函数为 $H(s) = \dfrac{K(\tau_1 s + 1)(\tau_2 s + 1)}{s}$，使得任意扰动阶跃响应在 2% 的调节时间内阻尼小于 3。

（b）使用 MATLAB 画出闭环系统针对不同阶跃扰动输入的响应并检查（a）问的设计。

11-42　对于图 11P-35 所示的存货控制系统，使用相位超前控制器

$$G_c(s) = \frac{1 + aTs}{1 + Ts}, \ a > 1$$

求 a 和 T 的值，使其满足下列性能指标：

- 单位阶跃输入的稳态误差 = 0。
- 最大超调量 < 5%。

804

（a）利用根轨迹来设计控制器的参数变量 a 和 T。绘制系统的单位阶跃响应及 $G(s) = G_c(s)G_P(s)$ 的 Bode 图，并求出 PM、M_r、GM 和 BW。

（b）设计相位超前控制器，使其满足下列性能指标：

- 单位阶跃输入的稳态误差 = 0。
- 相位裕量 > 75°。
- $M_r < 1.1$。

建立 $G(s)$ 的 Bode 图，并在频域设计。求出系统时域响应的性能。

11-43　一个单位反馈控制系统的过程如下：

$$G_P(s) = \frac{1000}{s(s + 10)}$$

利用一阶相位超前控制器作为串联控制器：

$$G_c(s) = \frac{1 + aTs}{1 + Ts}, \ a > 1$$

（a）求 a 和 T 的值，使 $G_c(s)$ 的零点可以和 $G_P(s)$ 的极点 $s = -10$ 对消。系统的阻尼比应该为 1。求系统单位阶跃响应的性能。

（b）在频域利用 Bode 图设计。设计指标如下：

- 相位裕量 > 75°。
- $M_r < 1.1$。

求系统单位阶跃响应的性能。

11-44 图 11P-44 为二阶自由度的四分之一车辆模型实现。

假设：

- 汽车质量 $m_c = 2500\text{kg}$。
- 悬挂质量 $m_w = 320\text{kg}$。
- 悬挂系统的弹簧系数 $k_c = 80\ 000\text{N/m}$。
- 车轮和轮胎的弹簧系数 $k_w = 50\ 000\text{N/m}$。
- 悬挂系统的阻尼系数 $C_s = 350\text{N}\cdot(\text{s/m})$。
- 车轮和轮胎的阻尼系数 $X_w = 15\ 020\text{N}\cdot(\text{s/m})$。

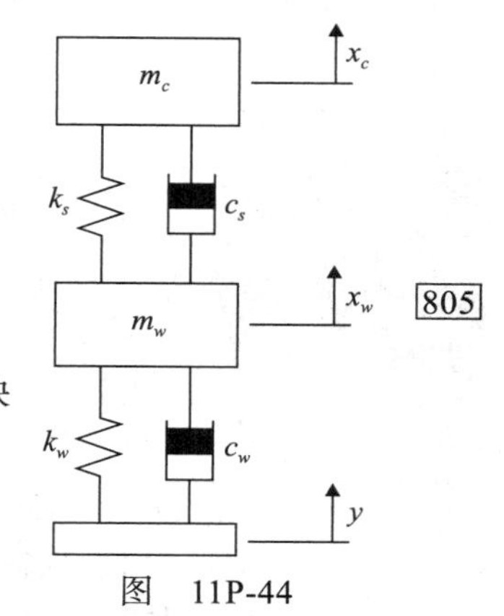

图 11P-44

805

当车辆遇到任意道路扰动时，车辆不应有巨大的振荡，振荡应该尽快消除。如果忽略轮胎变形，考虑道路扰动（D）作为阶跃输入。

（a）设计一个 PID 控制器，其满足以下要求：

- 最大超调小于 5%。
- 调节时间小于 5s。

（b）使用 MATLAB 画出闭环系统针对不同阶跃扰动的响应以及验证（a）问的设计。

11-45 考虑图 11P-10 中的液位控制系统的控制器是相位超前控制器的情况。

$$G_c(s) = \frac{1+aTs}{1+Ts},\ a>1$$

（a）$N=20$，选择 a 和 T 的值，使最大超调量刚好为 0%，a 的值不能超过 1000。求系统的单位阶跃响应的性能并画出来。

（b）$N=20$，要求在频域内设计相位超前控制器。求 a 和 T 的值，使 $\text{BW}>100$ 条件下的相位裕量最大，a 的值不能超过 1000。

11-46 一个单位反馈控制系统的过程传递函数是

$$G_P(s) = \frac{6}{s(1+0.2s)(1+0.5s)}$$

（a）建立 $G_P(\text{j}\omega)$ 的 Bode 图，并确定系统的 PM、M_r、GM 和 BW。

（b）设计一个一阶串联相位超前控制器

$$G_c(s) = \frac{1+aTs}{1+Ts},\ a>1$$

使相位裕量最大，a 的值不超过 1000。确定系统的 PM、M_r 及单位阶跃响应的性能。

（c）以（b）问设计的系统为基础，设计一个二阶相位超前控制器，使相位裕量至少为 85°。二阶相位超前控制器的传递函数是

$$C_c(s) = \left(\frac{1+aT_1s}{1+T_1s}\right)\left(\frac{1+bT_2s}{1+T_2s}\right),\ a>1\ b>1$$

其中，a 和 T_1 的值在（b）问中已求出，T_2 的值不超过 1000。确定系统的 PM、M_r 及单位阶跃响应的性能。

806

（d）绘制（a）～（c）问中输出的单位阶跃响应。

11-47 图 11P-47 为货车上的倒立摆。

假设：

M	货车质量	0.5kg
m	倒立摆质量	0.2kg
μ	货车摩擦力	0.1N/m/s
l	倒立摆的长度	0.3m
I	倒立摆惯量	0.006kg·m²

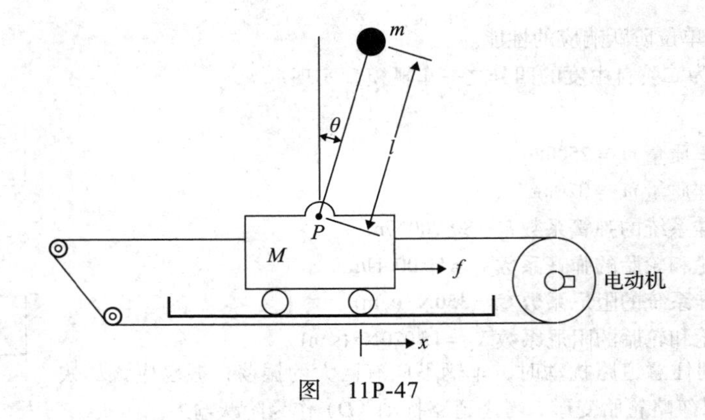

图 11P-47

（a）设计 PID 控制器，使得调节时间小于 5s，倒立摆与垂直位置的长角不大于 0.05rad。

（b）如果阶跃输入应用于货车，设计 PID 控制器，使得调节时间对于 x 和 θ 小于 5s，上升时间对于 x 小于 0.5s，最大超调角小于 20°（0.35rad）。

11-48 锁相环直流电动机速度控制系统的控制框图如图 11P-48 所示。

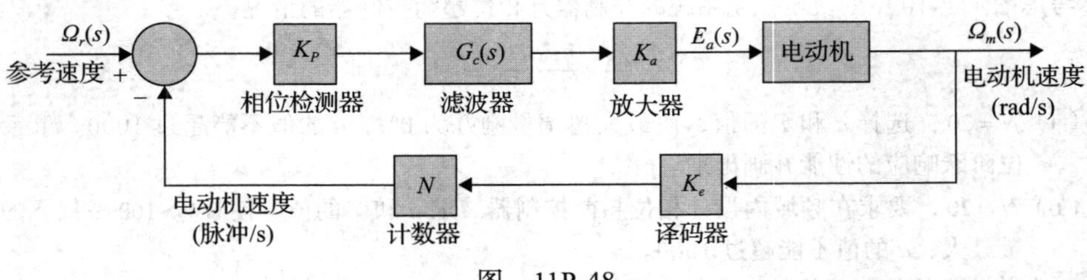

图 11P-48

下面是系统参数和传递函数：

- 参考速度命令，$\omega_r = 120$ 脉冲 /s
- 相位探测器增益，$K_P = 0.06$ V/ 脉冲 /s
- 放大器增益，$K_a = 20$
- 译码器增益，$K_e = 5.73$ 脉冲 /rad
- 计数器增益，$N = 1$

807

电动机传递函数为

$$\frac{\Omega_m(s)}{E_a(s)} = \frac{10}{s(1+0.05s)}$$

（a）设滤波器（控制器）的传递函数形式是

$$G_c(s) = \frac{E_o(s)}{E_i(s)} = \frac{1+R_2Cs}{R_1Cs}$$

其中，$R_1 = 2\times10^6\ \Omega$，$C = 1\ \mu\text{F}$。求 R_2 的值，使闭环特征方程的复根有最大的相对阻尼比。绘制 $0 \leqslant R_2 < \infty$ 的特征方程的根轨迹。求出 R_2 的值后，计算并绘制输入为 120 脉冲 /s 时电动机速度 $f_w(t)$（脉冲 /s）的单位阶跃响应。把脉冲 /s 的速度转换为 rpm 的形式。

（b）令滤波器传递函数为

$$G_c(s) = \frac{1+aTs}{1+Ts},\quad a>1$$

其中 $T = 0.01$。求 a 的值，使闭环特征方程的复根有最大的相对阻尼比。计算并绘制输入为 120 脉冲 /s 时电动机速度 $f_w(t)$（脉冲 /s）的单位阶跃响应。

（c）在频域内设计相位超前控制器，使相位裕量至少为 60°。

11-49　考虑图 11P-10 中的液位控制系统的控制器是一阶相位滞后控制器的情况。

$$G_c(s)=\frac{1+aTs}{1+Ts},\ a>1$$

（a）$N=20$，选择 a 和 T 的值，使特征方程复根的相对阻尼比大约是 0.707。画出 $y(t)$ 的单位阶跃响应并求其性能。绘制 $G_c(s)G_P(s)$ 的 Bode 图并确定系统的相位裕量。

（b）$N=20$，在频域内设计相位滞后控制器，使相位裕量大约是 60°。绘制输出 $y(t)$ 的单位阶跃响应并求其性能。

11-50　一个单位反馈控制系统的被控过程是

$$G_P(s)=\frac{K}{s(s+5)^2}$$

串联控制器的传递函数是

$$G_c(s)=\frac{1+aTs}{1+Ts}$$

（a）设计相位超前控制器（$a>1$），使其满足下面的性能要求：

- 斜坡误差系数 $K_v=10$。
- 最大超调量几乎为最小值。
- a 的值不能超过 1000。

绘制单位阶跃响应并求其性能指标。

（b）在频域内设计一个相位超前控制器，使其满足下面的性能要求：

- 斜坡误差系数 $K_v=10$。
- 相位裕量接近最大值。
- a 的值不能超过 1000。

808

（c）设计一个相位滞后控制器（$a<1$），使其满足下面的性能要求：

- 斜坡误差系数 $K_v=10$。
- 最大超调量 $<1\%$。
- 上升时间 $t_r<2\text{s}$。
- 调节时间 $t_s<2.5\text{s}$。

确定系统的 PM、M_r、GM 和 BW。

（d）在频域内设计一个相位滞后控制器，使其满足下面的性能要求：

- 斜坡误差系数 $K_v=10$。
- 相位裕量 $>70°$。

检验系统的单位阶跃响应的性能，并与（c）问中的结果相比较。

11-51　对于图 11P-51 描述的球 – 杆系统。

假设：

$m=0.1\text{kg}$	球的质量
$r=0.015$	球的半径
$d=0.03\text{m}$	杠杆臂偏移量
$g=9.8\text{m/s}^2$	重力加速度
$L=1.0\text{m}$	杆的长度
$I=9.99\text{e-}6\text{kg}\cdot\text{m}^2$	球的转动惯量
P	球的位置坐标
α	杆的角坐标
θ	伺服齿轮角

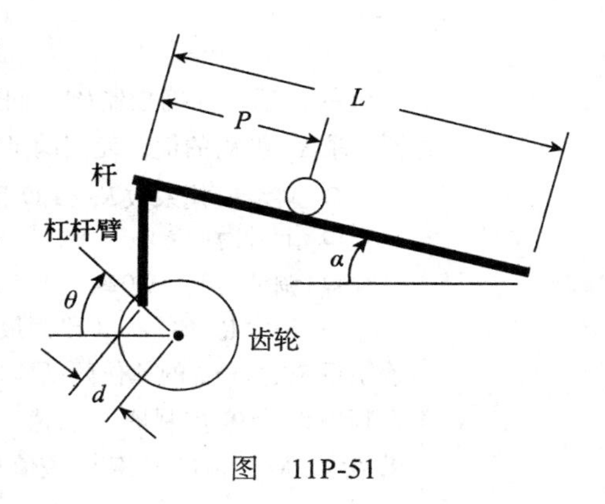

图　11P-51

809

设计 PID 控制器，使得调节时间小于 3s，最大超调量不大于 5%。

11-52 含单位反馈的直流电动机控制系统的被控过程的传递函数是

$$G_P(s)=\frac{6.087\times10^{10}}{s(s^3+423.42s^2+2.6667\times10^6 s+4.2342\times10^8)}$$

由于电动机轴之间有磨合，所以过程传递函数有两个稍有阻尼的极点，它们会在输出响应中引起振荡，下面的性能指标必须满足：

- 最大超调量 <1%。
- 上升时间 $t_r<0.15\text{s}$。
- 调节时间 $t_s<0.15\text{s}$。
- 输出响应没有振荡。
- 斜坡误差系数不受影响。

(a) 设计串联相位超前控制器

$$G_c(s)=\frac{1+aTs}{1+Ts},\quad a>1$$

使所有的阶跃响应指标（除振荡的指标外）都能满足。

(b) 为了消除电动机轴承磨合生成的振荡，给控制器增加了一阶设计，则传递函数变为

$$G_{c1}(s)=\frac{s^2+2\zeta_z\omega_n s+\omega_n^2}{s^2+2\zeta_p\omega_n s+\omega_n^2}$$

使 $G_{c1}(s)$ 的零点能够对消掉 $G_P(s)$ 的两个复数极点。求 ζ_p，使 $G_{c1}(s)$ 的两个极点不会对系统的响应有很大影响。确定单位阶跃响应的性能，看是否满足所有的要求。绘制待校正系统和（b）问中用相位超前控制器校正后的系统的单位阶跃响应。

11-53 图 11P-53a 是一个带永磁直流电动机的计算机－磁带驱动系统，建模后闭环系统的控制框图如图 11P-53b 所示。K_L 是磁带的弹性系数，B_L 是磁带和绞盘之间的黏性摩擦系数。系统的参数如下：

- K_i = 电动机转矩常数 = 10oz·in/A
- K_b = 电动机反电动势常数 = 0.0706V/rad/s
- B_m = 电动机摩擦系数 = 3oz·in/rad/s
- $R_a=0.25\Omega$
- $K_L=3000\text{oz}\cdot\text{in/rad}$
- $J_L=6\text{oz}\cdot\text{in/rad/s}^2$
- $J_m=0.05\text{oz}\cdot\text{in/rad/s}^2$

$L_a\approx0\text{H}$

$B_L=10\text{oz}\cdot\text{in/rad/s}$

$K_f=1\text{V/rad/s}$

810

(a) 用 θ_L、ω_L、θ_m、ω_m 作为状态变量，e_a 作为输入，写出 e_a 和 θ_L 之间系统的状态方程，并利用状态方程画出状态图，求出传递函数：

$$\frac{\Omega_m(s)}{E_a(s)} \quad 和 \quad \frac{\Omega_L(s)}{E_a(s)}$$

(b) 系统的目标是准确控制磁带的速度 ω_L。考虑使用传递函数为 $G_c(s)=K_P+K_I/s$ 的 PI 控制器。求 K_P 和 K_I 的值，使其满足下列性能指标：

- 斜坡误差系数 $K_v=100$。
- 上升时间 <0.02s。
- 调节时间 <0.02s。
- 最大超调量 <1% 或为最小值。

绘制系统的 $\omega_L(t)$ 的单位阶跃响应。

(c) 在频域设计 PI 控制器，K_I 值与（b）问中的相同。改变 K_P 值计算 PM、M_r、GM 和 BW。求最大 PM 对应的 K_P 值，该值与（b）问中的结果有什么不同?

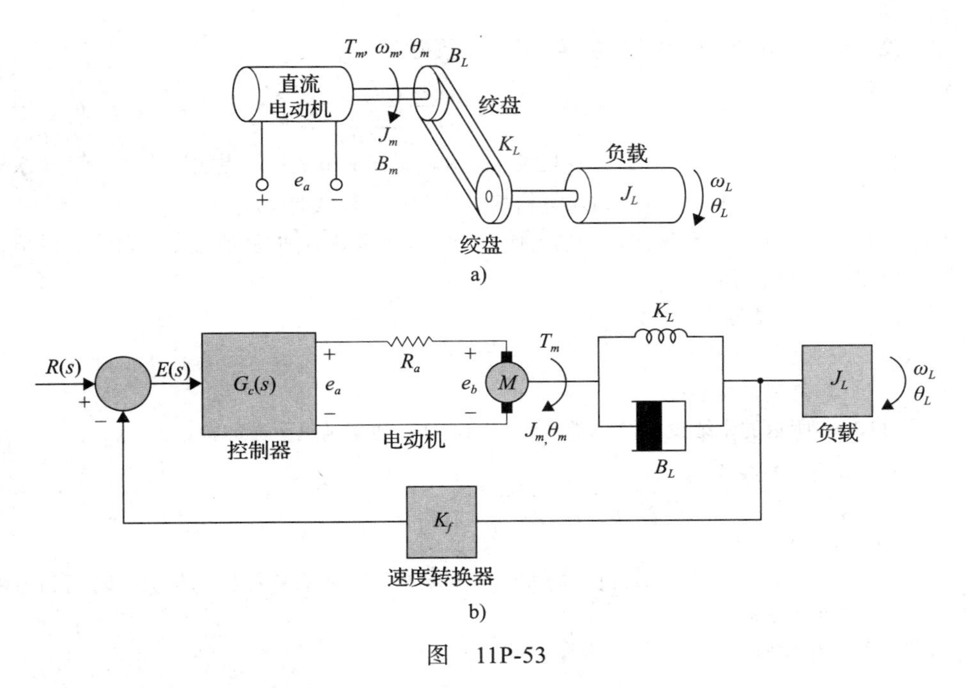

图 11P-53

811

11-54 图 11P-54 是一个电动机控制系统的控制框图，该系统在电动机和负载之间有一个软轴。电动机转矩和电动机位移之间的传递函数为

$$G_P(s)=\frac{\Theta_m(s)}{T_m(s)}=\frac{J_LS^2+B_Ls+K_L}{s[J_mJ_Ls^3+(B_mJ_L+B_LJ_m)s^2+(K_LJ_m+B_mB_L+K_LJ_L)s+B_mK_L]}$$

其中，$J_L=0.01$，$B_L=0.1$，$K_L=10$，$J_M=0.01$，$B_M=0.1$，$K=100$。

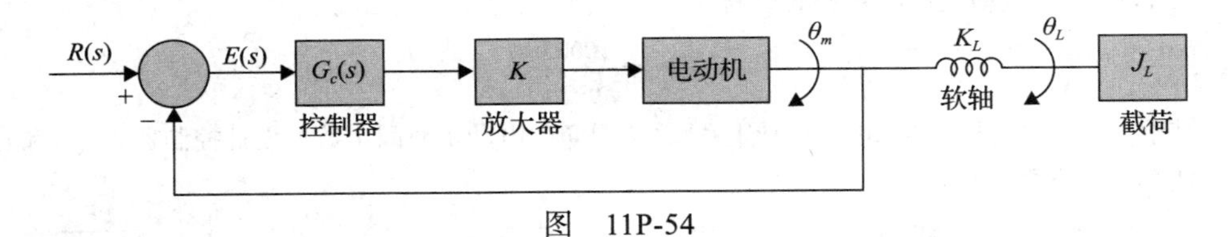

图 11P-54

(a) 计算并绘制 $\theta_m(t)$ 的单位阶跃响应，求出单位阶跃响应的性能。

(b) 设计一个二阶陷波控制器，其传递函数为

$$G_c(s)=\frac{s^2+2\zeta_z\omega_ns+\omega_n^2}{s^2+2\zeta_p\omega_ns+\omega_n^2}$$

使它的零点能够对消 $G_P(s)$ 的复数极点。选择 $G_c(s)$ 的两个极点，使其不会影响系统的稳态响应，并使超调最小。计算单位阶跃响应的性能并作出响应图。

(c) 在频域内设计二阶控制器。绘制待校正 $G_P(s)$ 的 Bode 图，并求出 PM、M_r、GM 和 BW。求出 $G_c(s)$ 的两个零点，使它们能够对消 $G_P(s)$ 的两个复数极点。通过确定二阶陷波控制器的衰减值并利用式（11-155），求出 ζ_p 的值。求校正后系统的 PM、M_r、GM 和 BW，并将频域的结果和（b）问中的结果进行比较。

11-55 一个单位反馈控制系统的过程传递函数是

$$G_P(s)=\frac{500(s+10)}{s(s^2+10s+1000)}$$

(a) 绘制 $G_P(s)$ 的 Bode 图，并求出待校正系统的 PM、M_r、GM 和 BW。计算并绘制系统的单位阶跃响应。

(b) 设计一个串联的二阶陷波控制器，传递函数为

$$G_c(s)=\frac{s^2+2\zeta_z\omega_n s+\zeta\omega_n^2}{s^2+2\zeta_p\omega_n s+\zeta\omega_n^2}$$

使它的零点能够对消 $G_P(s)$ 的复数极点。利用 11.8.2 节概括的方法确定 ζ_p 的值。求出校正后系统的 PM、M_r、GM 和 BW。计算并绘制单位阶跃响应。

(c) 设计一个串联的二阶陷波控制器，使它的零点对消 $G_P(s)$ 的复数极点。确定 ζ_p 的值，使其满足下面的指标：

812

- 最大超调量 <1% 。
- 上升时间 <0.4s 。
- 调节时间 <0.5s 。

11-56 为图 11P-56 所示的系统设计控制器 $G_{cf}(s)$ 和 $G_c(s)$，使其满足下面的指标：

- 斜坡误差系数 $K_v=50$ 。
- 特征方程的主导根大约是 $-5\pm \mathrm{j}5$ 。
- 上升时间 <0.1s 。
- 当 K 在其额定值 ±20% 范围内波动时，系统必须具有鲁棒性，且上升时间和超调量满足性能指标。

计算并绘制单位阶跃响应，检验设计结果。

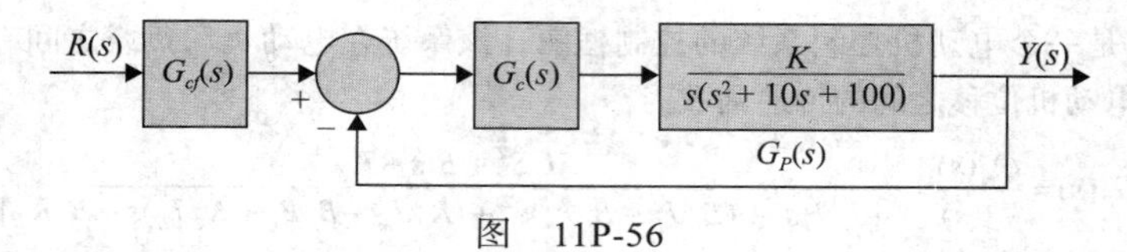

图 11P-56

11-57 图 11P-57 是电动机控制系统的控制框图，其被控过程的传递函数是

$$G_P(s)=\frac{1000K}{s(s+a)}$$

其中，K 是放大器增益和电动机转矩系数，a 是负的电动机时间常数。设计控制器 $G_{cf}(s)$ 和 $G_c(s)$，使其满足下面的指标：

- 当 $a=10$ 时斜坡误差系数 $K_v=100$ 。
- 上升时间 <0.3s 。
- 最大超调量 <8% 。
- 特征方程的主导根大约是 $-5\pm \mathrm{j}5$ 。

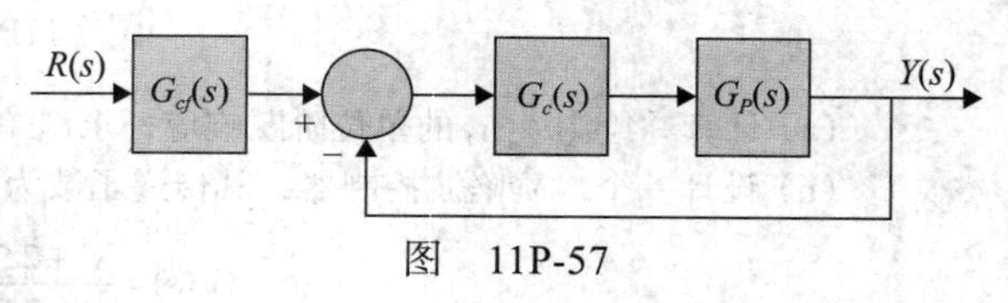

图 11P-57

当 a 为 8～12 时系统具有鲁棒性。

813

计算并绘制单位阶跃响应，检验设计结果。

11-58 图 11P-58 是含有转速计反馈的直流电动机控制系统的控制框图。确定 K、K_t 的值，使其满足下列指标：

- 斜坡误差系数 $K_v=1$ 。

特征方程的主导根的阻尼比大约是 0.707，如果 K 有两个解，选择较大的值。

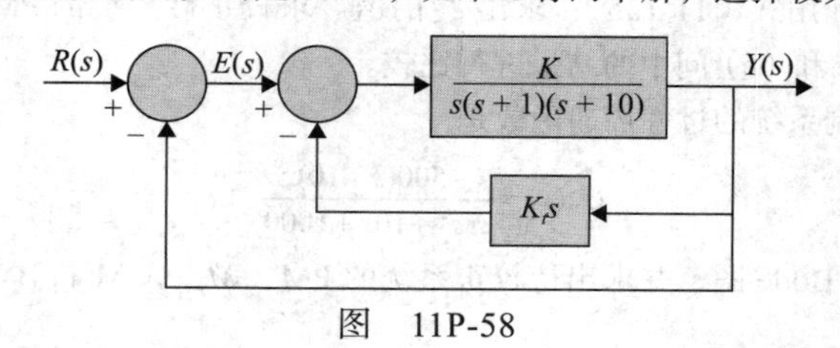

图 11P-58

11-59　以习题 11-58 所给的性能指标来设计图 11P-59 所示的系统。

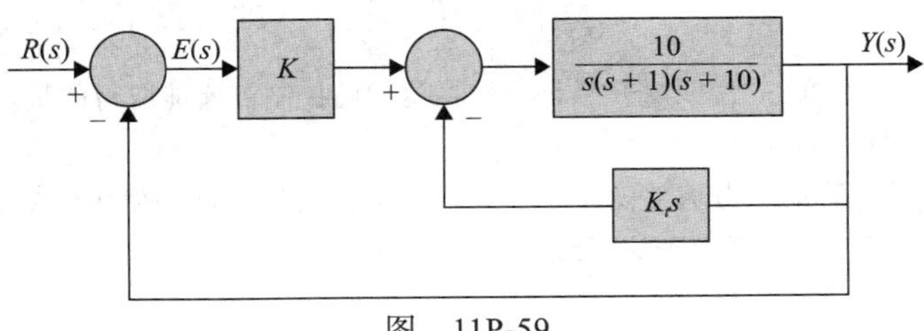

图　11P-59

11-60　图 11P-60 是一个 2 型控制系统的控制框图。利用转速计反馈和串联控制器对该系统进行校正。求满足下列性能指标的 a、T、K、K_t 的值：

- 斜坡误差系数 $K_v = 100$。
- 特征方程主导根的阻尼比是 0.707。

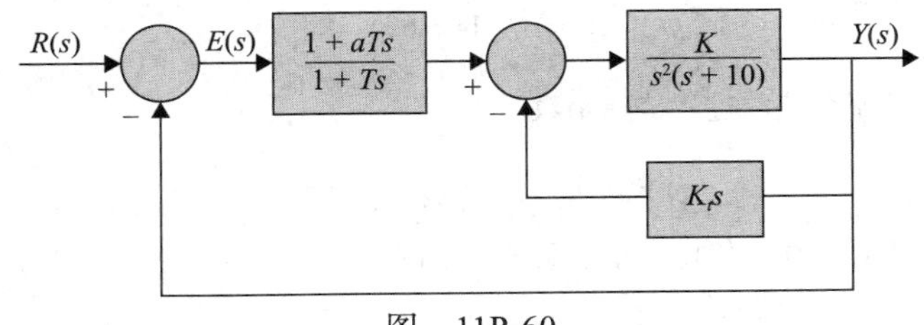

图　11P-60

814

11-61　图 11P-61 是 7.9 节描述的飞行器姿态控制系统的控制框图，系统参数如下：

$K =$ 变量	$K_s = 1$	$K_1 = 10$	$K_2 = 0.5$	$K_t =$ 变量	$R_a = 5$
$L_a = 0.003$	$K_i = 9.0$	$K_b = 0.0636$	$J_m = 0.0001$	$J_L = 0.01$	
$B_m = 0.005$	$B_L = 1.0$	$N = 0.1$			

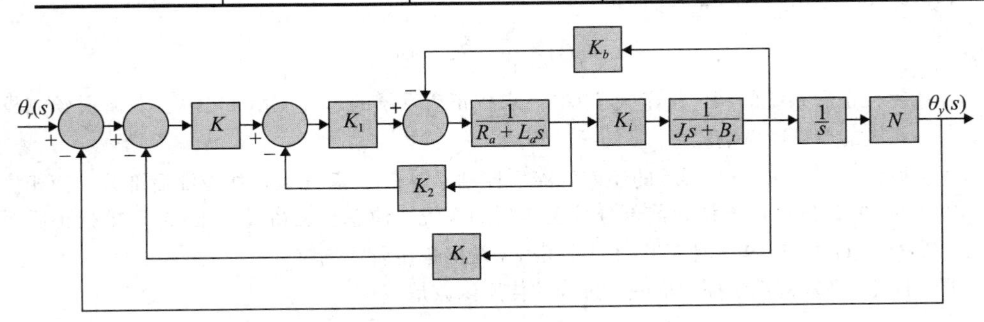

图　11P-61

求 K、K_t 的值，使其满足下列性能指标：

- 斜坡误差系数 $K_v = 100$。
- 特征方程的复根的相对阻尼比是 0.707。

绘制系统的单位阶跃响应，说明系统性能对 K 值是极不敏感的，并解释原因。

11-62　图 11P-62 是含串联控制器 $G_c(s)$ 的位置控制系统的控制框图。

(a) 确定当单位阶跃转矩扰动下的系统输出 $y(t)$ 的稳态误差 $\leqslant 0.01$ 时，放大器增益 K 的最小值。

(b) 说明当 K 为（a）问确定的最小值时，待校正系统是不稳定的，绘制开环传递函数 $G(s) = Y(s)/R(s)$ 的 Bode 图，并确定 PM 和 GM 的值。

（c）设计一个一阶相位超前控制器，其传递函数为

$$G_c(s)=\frac{1+aTs}{1+Ts}，\ a>1$$

使相位裕量为30°。说明这几乎是一阶相位超前控制器所能取得的最大相位裕量。求校正后系统的M_r、GM和BW。

815

（d）以（c）问中的系统为基础设计一个二阶相位超前控制器，使相位裕量为55°，说明这是二阶相位超前控制器用于该系统所能取得的最好的PM值。求校正后系统的M_r、GM和BW。

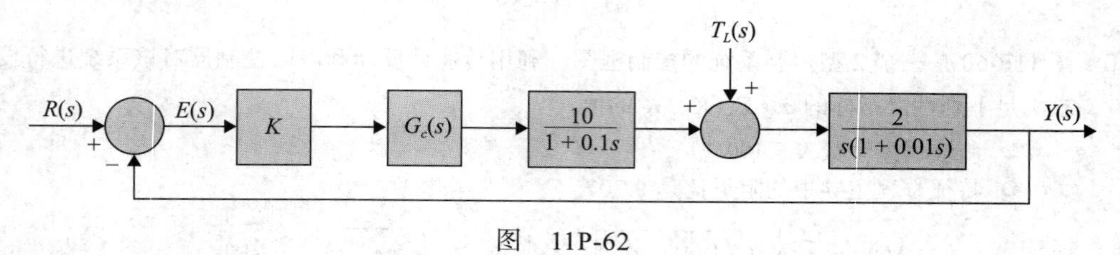

图　11P-62

11-63　一个单位反馈控制系统的过程传递函数为

$$G_c(s)=\frac{60}{s(1+0.2s)(1+0.5s)}$$

说明由于增益相对很高，待校正系统是不稳定的。

（a）设计一个二阶相位超前控制器

$$G_c(s)=\left(\frac{1+aT_1s}{1+T_1s}\right)\left(\frac{1+bT_2s}{1+T_2s}\right)，\ a>1，\ b>1$$

使相位裕量大于60°。设计的第一步是确定，当相位裕量为一阶相位超前控制器所取得的最大值时，a和T_1的值。然后设计二阶控制器实现60°相位裕量的平衡。求校正后系统的M_r、GM和BW。计算并绘制校正后系统的单位阶跃响应。

（b）设计一阶相位滞后控制器

$$G_c(s)=\frac{1+aTs}{1+Ts}，\ a<1$$

使校正后系统的相位裕量大于60°。求校正后系统的M_r、GM和BW。计算并绘制校正后系统的单位阶跃响应。

（c）设计（a）问中公式所示的超前－滞后控制器$G_c(s)$。首先设计相位滞后部分，使相位裕量为40°，然后用相位超前部分校正得到的系统，使总相位裕量等于60°。求校正后系统的M_r、GM和BW。计算并绘制校正后系统的单位阶跃响应。

11-64　图11P-64为轧钢系统控制框图，过程的传递函数是

$$G_P(s)=\frac{Y(s)}{E(s)}=\frac{5e^{-0.1s}}{s(1+0.1s)(1+0.5s)}，\ K_s=1$$

（a）时间延迟近似为

$$e^{-0.1s}\approx\frac{1-0.05s}{1+0.05s}$$

任选一个串联控制器，使校正后系统的相位裕量至少是60°。求校正后系统的M_r、GM和BW。计算并绘制待校正和校正后系统的单位阶跃响应。

（b）不使用时间延迟的近似，重做（a）问。

图 11P-64

11-65 人类呼吸是为了整个身体的气体交换，因此就需要一个呼吸控制系统来确保身体的这种气体交换的需求能够得到充分的满足。控制的标准是有充足的换气，保证动脉血液中有令人满意的氧气和二氧化碳量。呼吸由神经中枢脉冲控制，该脉冲产生于大脑的下部，被传送到腹腔和横膈膜来管理呼吸的速率和呼吸量。化学感应器的一个信号源位于呼吸中心的附近，它对二氧化碳和氧气的浓度很敏感。图 11P-65 是人类呼吸控制系统的简化模型的控制框图。控制目标是通过肺泡的有效换气，使在化学感应器里循环的血液中的二氧化碳和氧气的浓度维持满意的均衡。

816

(a) 绘制 $G_c(s)=1$ 的传递函数 $G(s)=Y(s)/E(s)$ 的 Bode 图。求出 PM 和 GM 的值。确定系统的稳定性。

(b) 设计 PI 控制器 $G_c(s)=K_P+K_I/s$，使其满足下面的性能指标：

- 斜坡误差系数 $K_v=1$。
- 相位裕量最大。

绘制系统的单位阶跃响应，求出单位阶跃响应的性能。

(c) 设计 PI 控制器，使其满足下面的性能指标：

- 斜坡误差系数 $K_v=1$。
- 最大超调量最小。

绘制系统的单位阶跃响应，并求出其性能。比较 (b) 问和 (c) 问的设计结果。

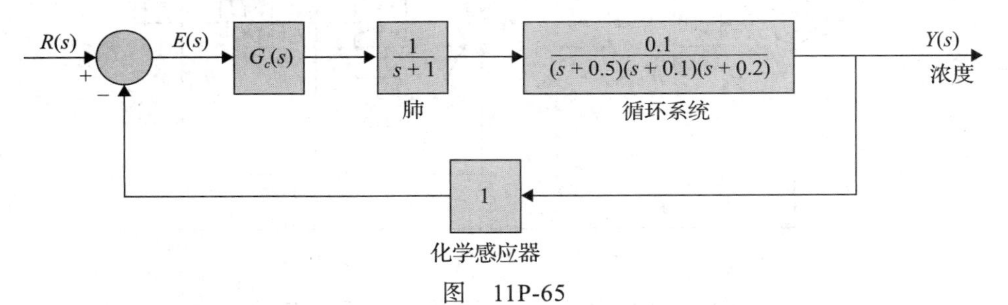

图 11P-65

11-66 图 11P-66 是含状态反馈的控制系统的控制框图，求实数反馈增益 k_1、k_2 和 k_3，使阶跃输入的稳态误差 e_{ss} 为 0（$e(t)$ 是误差信号），特征方程的复根是 $-1+\mathrm{j}$ 和 $-1-\mathrm{j}$，求出另一个根。是否能够任意配置这三个根，使其仍然满足稳态要求？

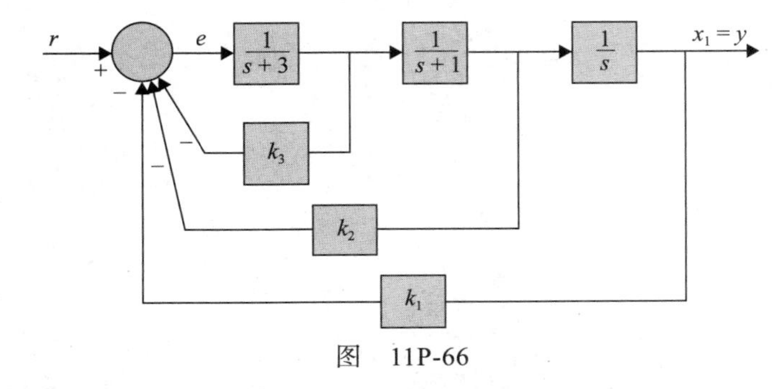

图 11P-66

817

11-67 图 11P-67a 是含状态反馈的控制系统的控制框图，反馈增益 k_1、k_2 和 k_3 都是实常数。

(a) 求反馈增益的值，使其满足：

- 阶跃输入的稳态误差 e_{ss} 为 0（$e(t)$ 是误差信号）。
- 特征方程的复根是 $-1+\mathrm{j}$ 和 $-1-\mathrm{j}$ 和 -10。

（b）不采用状态反馈，而是利用图 11P-67b 所示的串联控制器，根据（a）问中得到的 k_1、k_2 和 k_3 以及其他的系统参数，求控制器 $G_c(s)$ 的传递函数。

11-68 对于第 8 章讨论的 LEGO MINDSTORMS 机械臂设计比例、PD、PI 和 PID 控制器。

PD 性能指标如下：

- 调节时间 $t_s \leqslant 0.3\mathrm{s}$。
- 最大超调量≤5%。
- 单位斜坡输入的稳态误差≤0.05。

PI 性能指标如下：

- 调节时间 $t_s \leqslant 1.5\mathrm{s}$。
- 上升时间 $t_r \leqslant 0.3\mathrm{s}$。
- 最大超调量≤10%。
- 抛物线输入的稳态误差≤0.7。

PID 性能指标如下：

- 调节时间 $t_s \leqslant 1.5\mathrm{s}$。
- 上升时间 $t_r \leqslant 0.3\mathrm{s}$。
- 最大超调量≤5%。
- 抛物线输入的稳态误差≤0.7。

请看附录 D。（注意：控制器设计过程不是唯一的。）

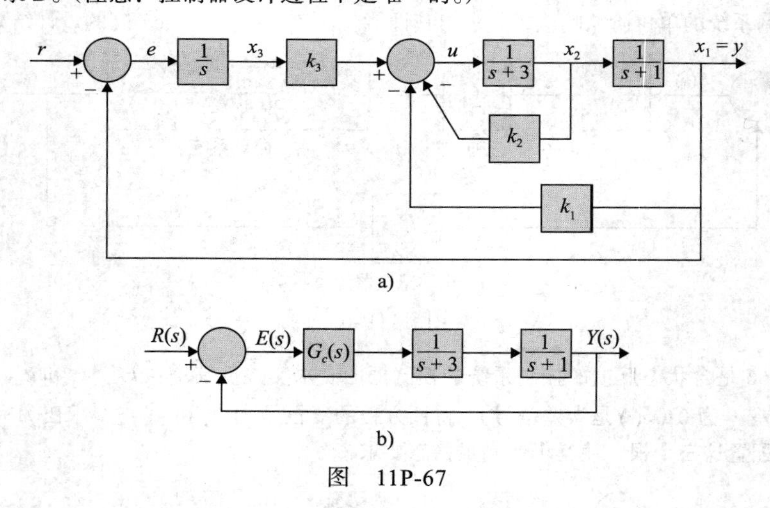

818

图 11P-67